U0264143

钻井工具手册

（2012 版）

杜晓瑞　李华泰　主编

中国石化出版社

图书在版编目(CIP)数据

钻井工具手册:2012版/杜晓瑞,李华泰主编
.—北京:中国石化出版社,2012.11(2021.6重印)
ISBN 978-7-5114-1741-1

Ⅰ.①钻… Ⅱ.①杜… ②李… Ⅲ.①油气钻井-钻井工具-手册 Ⅳ.①TE921.07-62

中国版本图书馆CIP数据核字(2012)第256263号

中国石化出版社出版发行
地址:北京市东城区安定门外大街58号
邮编:100011 电话:(010)57512446
发行部电话:(010)57512575
http://www.sinopec-press.com
E-mail:press@sinopec.com
北京富泰印刷有限责任公司印刷
全国各地新华书店经销
*
850×1168毫米 32开本 45.875印张 1170千字
2013年1月第1版 2021年6月第3次印刷
定价:256.00元

前　言

原《钻井工具手册》自1999年1月出版后，深受广大读者的欢迎和喜爱，为满足需要，曾先后6次重印。然而，十几年来，随着钻井工艺技术的发展，钻井新工艺、新工具不断推出，原有的内容已不能适应生产的需要，有必要进一步修订补充和完善，以满足读者的需要。

《钻井工具手册》(2012版)有以下特点：

一、《钻井工具手册》(2012版)的修订，是在原手册的基础上进行的，具体结构基本未脱离原手册框架，重点介绍各类钻井工具的结构、工作原理、技术参数和使用方法。再版手册保留了原手册的精华部分，同时注意吸纳近些年发展起来的钻井新技术、新工艺、新工具，执行国家最新技术标准。

二、《钻井工具手册》(2012版)主要包含以下四类产品：

1. 生产中已经大量使用的各类成熟的传统工具。

2. 市场上新推出的专利工具。这些工具有的技术比较成熟已被广泛使用，工具基本结构、性能及使用方法已公开，但尚处于专利保护阶段，但毕竟已成为生产中可选用的工具，对生产发展有促进作用，所以被选入。

3. 处于研发阶段，已被授予专利权，尚未推广的新工具。按照传统观念，不很成熟的工具一般不能入书。考虑到它们对生产发展多具有先导价值，可能成为近期发展和推广使用的工具，若等若干年后再与广大用户见面，将造成技术推广的滞后而影响产品作用的发挥，故也录入手册。但它们尚未经过实践考验证明其有效适用性，因此读者在选用此类产品时，应慎重处之。

4. 钻井新工艺新技术专用工具。如气体钻井工艺技术专用工具、超高压钻井工艺技术专用工具、径向钻井工艺技术专用工具等。

再版手册在编辑过程中得到了中原油田钻井处、各钻井公司、固井公司、管具工程公司及钻井工艺技术研究院领导及有关部门的大力支持，得到了有关生产厂家的大力支持，在此深表感谢。

由于钻井工艺所涉及的技术内容范围较广，钻井工具种类及其生产厂商较多，虽想尽可能全面准确地收录有关信息，但仍难免遗漏。加之我们水平的限制，编写经验不足，书中难免有错误和不妥之处，恳切希望读者提出宝贵意见。

杜晓瑞

2012 年 10 月

目　录

第一章　井口工具

第二章　钻头及喷嘴

第三章 钻井管材

第四章 钻井取芯工具

第五章　井下工具

第六章 定向井工具和测量仪器

第七章 钻井液净化装置

第八章　井控装备

第九章　固井工具

第十章　钻井仪器仪表

第十一章　事故处理工具

第十二章　套管开窗侧钻工具

第十三章 特种技术钻井工具

第十四章 地层测试工具

附录 A　钻井常用基础数据及计算

附录B　钻井设备

附录C　钻井常用材料及其他

第一章　井口工具

井口工具，泛指钻井施工作业中对钻柱、套管柱或油管柱实施上卸扣、提升下放和传递旋转动力等所使用的专用工具，主要包括吊卡、吊钳、卡瓦、安全卡瓦、方补心、旋扣器等。

1　吊　卡

1.1　吊卡结构

按结构分为侧开式吊卡、对开式(牛头式)吊卡和闭锁环式吊卡，如图 1－1、图 1－2 和图 1－3 所示。

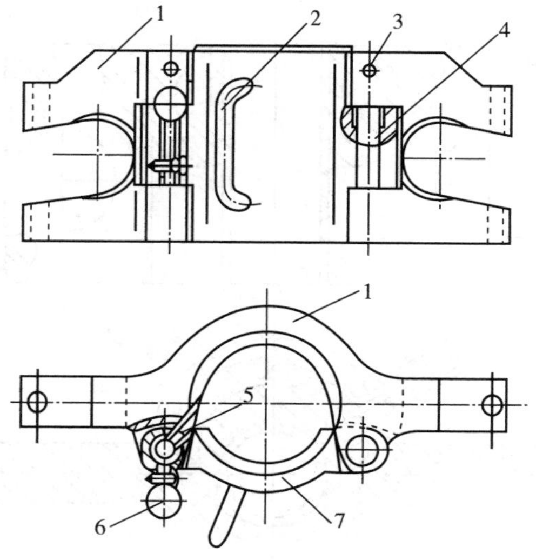

图 1－1　侧开式吊卡示意图

1—吊卡主体；2—活门手柄；3—螺钉；4—活页销；5—锁销；6—锁销手柄；7—活门

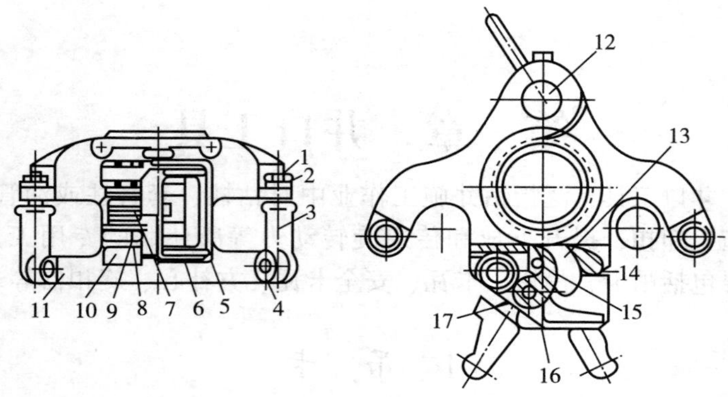

图 1-2　对开式(牛头式)吊卡示意图

1—螺栓；2—垫圈；3—耳环；4—耳销；5—锁板；6—右主体；7—扭力弹簧；8—弹簧座；9—长销；10—锁销；11—左主体；12—轴销；13—右体锁舌；14—锁孔；15—锁销；16—短锁；17—锁板

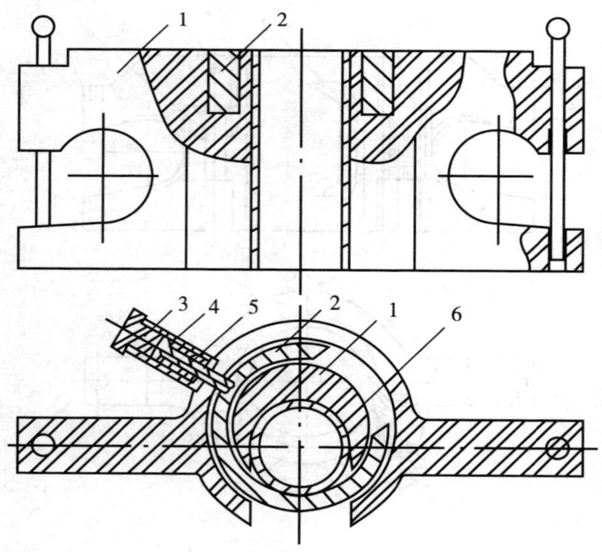

图 1-3　闭锁环式吊卡示意图

1—主体；2—闭锁环；3—锁销；4—弹簧；5—把手；6—壳体

1.2　吊卡形式和型号表示方法

1.2.1　形式

吊卡形式见表1－1。

表1－1　吊卡形式

<table>
<tr><th rowspan="2">类　型</th><th colspan="5">形　　式</th></tr>
<tr><th colspan="2">侧开式</th><th colspan="2">对开式</th><th>闭锁环式</th></tr>
<tr><td>钻杆吊卡</td><td rowspan="3">平台肩</td><td>锥形台肩</td><td rowspan="3">平台肩</td><td>锥形台肩</td><td></td></tr>
<tr><td>套管吊卡</td><td></td><td></td><td></td></tr>
<tr><td>油管吊卡</td><td></td><td></td><td>平台肩</td></tr>
</table>

1.2.2　型号

吊卡型号表示方法如下：

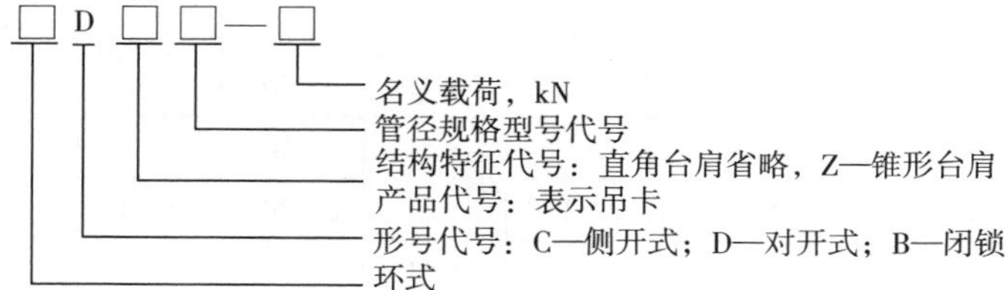

示例：侧开式锥形台肩吊卡，孔径133mm，名义载荷1350kN，可表示为CDZ133—1350。

1.3　吊卡技术规范

1.3.1　吊卡与吊环的配合尺寸

吊卡与吊环的配合如图1－4所示，具体尺寸见表1－2。

1.3.2　钻杆吊卡孔径尺寸

钻杆吊卡孔径尺寸及标记见表1－3。

1.3.3　油管吊卡孔径尺寸

油管吊卡孔径尺寸见表1－4。

1.3.4　套管吊卡孔径尺寸

套管吊卡孔径尺寸见表1－5。

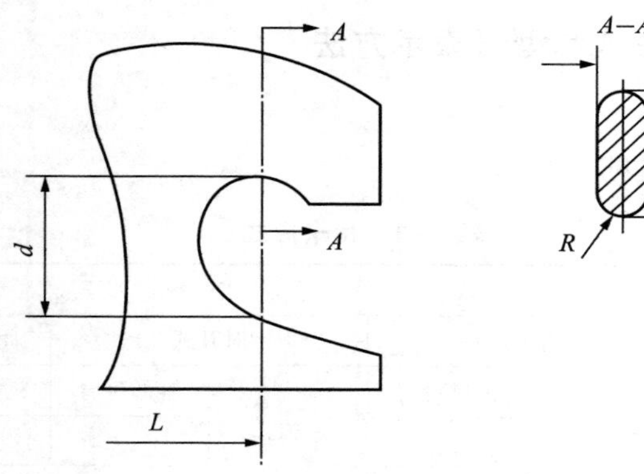

图1-4　吊卡与吊环的配合

表1-2　吊卡与吊环的配合尺寸

额定载荷代号	吊环额定载荷/kN〔tf(美)〕	d_{min}/mm	R/mm	h_{max}/mm	b_{max}/mm	L/mm
25	220(25)	≥25	≤51	≤40	≤30	侧开式钻杆吊卡应大于或等于380mm
40	355(40)	≥25	≤51	≤50	≤30	
65	580(65)	≥25	≤51	≤70	≤40	
75	665(75)	≥25	≤51	≤70	≤50	
100	890(100)	≥25	≤51	≤80	≤60	
125	1100(125)	≥38	≤51	≤80	≤65	
150	1335(150)	≥38	≤51	≤90	≤65	
200	1780(200)	≥48	≤70	≤130	≤80	
250	2225(250)	≥48	≤70	≤130	≤80	
300	2670(300)	≥48	≤70	≤150	≤120	
350	3115(350)	≥48	≤70	≤150	≤120	
400	3560(400)	≥51	≤83	≤190	≤145	
500	4450(500)	≥51	≤83	≤200	≤145	
650	5780(650)	≥60	≤127	≤200	≤145	
750	6670(750)	≥60	≤127	≤255	≤155	

表 1－3　钻杆吊卡孔径尺及标记

接头代号	钻杆规格和型式（所有质量及钢级）	钻杆对焊接头								吊卡标记
		锥形台肩				直角台肩				
		颈部直径 D_{TE}^{c}（max）		吊卡孔径[a]		颈部直径 D_{SE}^{d}（max）		吊卡孔径[a]		
		mm	in	mm	in	mm	in	mm	in	
NC26（$2\frac{3}{8}$IF）	$2\frac{3}{8}$EU①	65.09	$2\frac{9}{16}$	67.47	$2\frac{21}{32}$	—[b]		—[b]		$2\frac{3}{8}$EU
NC31（$2\frac{7}{8}$IF）	$2\frac{7}{8}$EU	80.96	$3\frac{3}{16}$	83.34	$3\frac{9}{32}$	80.96	$3\frac{3}{16}$	85.73	$3\frac{3}{8}$	$2\frac{7}{8}$EU
NC38（$3\frac{1}{2}$IF）	$3\frac{1}{2}$EU	98.43	$3\frac{7}{8}$	100.81	$3\frac{31}{32}$	98.43	$3\frac{7}{8}$	103.19	$4\frac{1}{16}$	$3\frac{1}{2}$EU
NC40（4FH）	$3\frac{1}{2}$EU	98.43	$3\frac{7}{8}$	100.81	$3\frac{31}{32}$	98.43	$3\frac{7}{8}$	103.19	$4\frac{1}{16}$	
NC40（4FH）	4IU	106.36	$4\frac{3}{16}$	108.74	$4\frac{9}{32}$	104.78	$4\frac{1}{8}$	109.54	$4\frac{5}{16}$	4IU
NC46（4IF）	4EU	114.30	$4\frac{1}{2}$	121.44	$4\frac{25}{32}$	114.30	$4\frac{1}{2}$	122.24	$4\frac{13}{16}$	4EU
	$4\frac{1}{2}$IU	119.06	$4\frac{11}{16}$	121.44	$4\frac{25}{32}$	117.48	$4\frac{5}{8}$	122.24	$4\frac{13}{16}$	
	$4\frac{1}{2}$IEU	119.06	$4\frac{11}{16}$	121.44	$4\frac{25}{32}$	117.48	$4\frac{5}{8}$	122.24	$4\frac{13}{16}$	$4\frac{1}{2}$IU
$4\frac{1}{2}$FH	$4\frac{1}{2}$IU	119.06	$4\frac{11}{16}$	121.44	$4\frac{25}{32}$	117.48	$4\frac{5}{8}$	122.24	$4\frac{13}{16}$	$4\frac{1}{2}$IEU
	$4\frac{1}{2}$IEU	119.06	$4\frac{11}{16}$	121.44	$4\frac{25}{32}$	117.48	$4\frac{5}{8}$	122.24	$4\frac{13}{16}$	
NC50（$4\frac{1}{2}$IF）	$4\frac{1}{2}$EU	127.00	5	133.35	$5\frac{1}{4}$	127.00	5	134.94	$5\frac{5}{16}$	$4\frac{1}{2}$EU
	5IEU	130.18	$5\frac{1}{8}$	133.35	$5\frac{1}{4}$	130.18	$5\frac{1}{8}$	134.94	$5\frac{5}{16}$	5IEU
$5\frac{1}{2}$FH	5IEU	130.18	$5\frac{1}{8}$	133.35	$5\frac{1}{4}$	130.18	$5\frac{1}{8}$	134.94	$5\frac{5}{16}$	
$5\frac{1}{2}$FH	$5\frac{1}{2}$IEU	144.46	$5\frac{11}{16}$	147.64	$5\frac{13}{16}$	144.46	$5\frac{11}{16}$	149.23	$5\frac{7}{8}$	$5\frac{1}{2}$IEU
$6\frac{1}{2}$FH	$6\frac{5}{8}$IEU	176.21	$6\frac{15}{16}$	178.59	$7\frac{1}{32}$					$6\frac{5}{8}$IEU

注：a. 孔径尺寸相同的吊卡均属同类吊卡；b. 不生产；c. D_{TE}尺寸根据 SY/T6407；d. D_{SE}尺寸根据 SY/T 6407。

①IU 表示内加厚钻杆；EU 表示外加厚钻杆；IEU 表示内外加厚钻杆。

表1-4　油管吊卡孔径尺寸

油管外径 D		不加厚油管						外加厚油管							
		接箍外径 W		顶径 T_B		底径 B_B^a		接箍外径 W		加厚外径 D		顶径 T_B		底径 B_B^a	
				±0.40	±1/64	+0.79 −0.40	+1/32 −1/64					±0.40	±1/64	+0.79 −0.40	+1/32 −1/64
mm	in	mm	in	mm	in	mm	in	mm	in	mm	in	mm	in	mm	in
26.67	1.050	33.35	1.313	28.58	1.125	28.58	1.125	42.16	1.660	33.40	1.315	36.12	1.422	36.12	1.422
33.40	1.315	42.16	1.660	35.31	1.390	35.31	1.390	48.26	1.900	37.31	1.469	40.08	1.578	40.08	1.578
42.16	1.660	52.17	2.054	44.04	1.734	44.04	1.734	55.88	2.200	46.02	1.812	48.82	1.922	48.82	1.922
48.26	1.900	55.88	2.200	50.39	1.984	50.39	1.984	63.50	2.500	53.19	2.094	55.96	2.203	55.96	2.203
60.33	2⅜	73.03	2.875	62.31	2.453	62.31	2.453	77.80	3.063	65.89	2.594	68.66	2.703	68.66	2.703
73.03	2⅞	88.90	3.500	75.01	2.953	75.01	2.953	93.17	3.668	78.59	3.094	81.36	3.203	81.36	3.203
88.90	3½	107.95	4.250	90.88	3.578	90.88	3.578	114.30	4.500	95.25	3.750	98.02	3.859	98.02	3.859
101.60	4	120.65	4.750	103.58	4.078	103.58	4.078	127.00	5.000	107.95	4.250	110.72	4.359	110.72	4.359
114.30	4½	132.08	5.200	116.66	4.593	116.66	4.953	141.30	5.563	120.65	4.750	123.42	4.859	123.42	4.859

注1:不加厚油管不应使用加厚油管吊卡。

注2:a 吊卡设计允许无底径“B_B”。

表1－5　套管吊卡孔径尺寸

套　管		吊卡孔径			
外径 D		顶径 T_B^a		底径 B_B^b	
mm	in	mm	in	mm	in
114. 30	$4\frac{1}{2}$	116. 69	4. 594	116. 69	4. 594
120. 65	$4\frac{3}{4}$	123. 04	4. 844	123. 04	4. 844
127. 00	5	130. 18	5. 125	130，18	5. 125
139. 70	$5\frac{1}{2}$	142. 88	5. 625	142 88	5. 625
146. 05	$5\frac{3}{4}$	149. 23	5. 875	149. 23	5. 875
152. 40	6	155. 58	6. 125	155，58	6. 125
168. 28	$6\frac{5}{8}$	171. 45	6. 750	171. 45	6. 750
177. 80	7	180. 98	7. 125	180. 98	7. 125
193. 68	$7\frac{5}{8}$	197. 64	7. 781	197. 64	7. 781
196. 85	$7\frac{3}{4}$	200. 81	7. 906	200. 81	7. 906
219. 08	$8\frac{5}{8}$	223. 04	8. 781	223. 04	8. 781
228. 60	9	232. 56	9. 156	232. 56	9. 156
244. 48	$9\frac{5}{8}$	248. 44	9. 781	248. 44	9. 781
250. 83	$9\frac{7}{8}$	254. 79	10. 031	254. 79	10. 031
273. 05	$10\frac{3}{4}$	277. 83	10. 938	277. 83	10. 938
298. 45	$11\frac{3}{4}$	303. 23	11. 938	303. 23	11. 938
327. 03	$12\frac{7}{8}$	331. 80	13. 063	331. 80	13. 063
339. 73	$13\frac{3}{8}$	344. 50	13. 563	344. 50	13. 563
346. 08	$13\frac{5}{8}$	350. 85	13. 813	350 85	13. 813
355. 60	14	360. 76	14. 203	360 76	14. 203
406. 40	16	411. 96	16. 219	411. 96	16. 219
473. 08	$18\frac{5}{8}$	479. 43	18. 875	479. 43	18. 875
508. 00	20	515. 14	20. 281	515. 14	20. 281
546. 10	$21\frac{1}{2}$	553. 24	21. 781	553. 24	21. 781
558. 80	22	565. 94	22. 281	565 94	22. 281

续表

套管		吊卡孔径			
外径 D		顶径 T_B^a		底径 B_B^b	
mm	in	mm	in	mm	in
609.60	24	617.55	24.313	617.55	24.313
622.30	24½	630.25	24.813	630.25	24.813
660.40	26	669.14	26.344	669.14	26.344
685.80	27	694.54	27.344	694.54	27.344
711.20	28	720.30	28.359	720.32	28.359
762.00	30	771.53	30.375	771.53	30.375
812.80	32	822.73	32.391	822.73	32.391
914.40	36	925.53	36.438	925.53	36.438

注 1：套管吊卡孔径根据套管外径及公差(+1%，-0.5%)确定。当包括了周围焊缝在内的套管直径在标准公差之内时，可用该孔径。

注 2：套管外部与吊卡或一个、多个卡瓦直接接触的纵焊缝、周焊缝、螺旋焊缝应打磨平。

注 3：底孔“B_B”供选择，某些吊卡设计无底孔。

a. 孔径≤254mm(10in)，公差为：±0.40mm(±1/64in)；

254mm(10in)<孔径≤508mm(20in)，公差为：+0.79mm(+1/32in)，-0.40mm(-1/64in)；

孔径>508mm(20in)，公差为：+1.59mm(+1/16in)，-0.79mm(-1/32in)。

b. 孔径≤254mm(10in)，公差为：+0.79mm(+1/32in)，-0.40mm(-1/64in)；

254mm(10in)<孔径≤508mm(20in)，公差为：+1.59mm(+1/16in)，-0.40mm(-1/64in)；

孔径>508mm(20in)，公差为：+1.59mm(+1/16in)，-0.79mm(-1/32in)

1.4 江苏如东联丰机械有限公司吊卡

(1)对开式吊卡

DDZ 型 18°锥台肩对开式吊卡，用于提升 18°锥台肩钻杆。其技术规范见表 1-6。

(2)侧开式吊卡

① CD 型平台肩侧开式吊卡，用于提升平台肩钻杆、套管、油管。其技术规范见表 1－7。

② SLX、SX 型平台肩侧开式吊卡，用于提升平台肩钻杆、套管、油管。其技术规范见表 1－8。

表 1－6 DDZ 型 18°锥台肩对开式吊卡技术规范

型号	适于钻杆规格	吊卡孔径/mm	吊卡标记	最大工作载荷/t(kN)
DDZ67	$2\frac{3}{8}$EU	67	$2\frac{3}{8}$EU	100(890) 150(1334) 250(2224) 350(3114) 500(4448)
DDZ83	$2\frac{7}{8}$EU	83	$2\frac{7}{8}$EU	
DDZ101	$3\frac{1}{2}$ EU	101	$3\frac{1}{2}$EU	
DDZ109	4 IU	109	4 IU	
DDZ121	4 EU	121	4 EU	
	$4\frac{1}{2}$IU		$4\frac{1}{2}$IU	
	$4\frac{1}{2}$IEU		$4\frac{1}{2}$IEU	
DDZ133	$4\frac{1}{2}$IU	133	$4\frac{1}{2}$IU	
	5IEU		51EU	
DDZ148	$5\frac{1}{2}$IEU	148	$5\frac{1}{2}$IEU	
DDZ159	$5\frac{7}{8}$IEU	159	$5\frac{7}{8}$IEU	
DDZ179	$6\frac{5}{8}$IEU	179	$6\frac{5}{8}$IEU	

表 1－7 CD 型平台肩侧开式吊卡技术规范

规格型号	适用管径/in	额定工作载荷/t
CD/150	$2\frac{3}{8}$～14	150
CD/200	$2\frac{3}{8}$～14	200
CD/250	$2\frac{3}{8}$～20	250
CD/350	$2\frac{7}{8}$～20	350
CD/500	$3\frac{1}{2}$～16	500
CD/750	4～$5\frac{3}{4}$	750

表1-8　SLX、SX型平台肩侧开式吊卡技术规范

规格型号	适用管径/in	最大载荷/t
SLX/65	$3\frac{1}{2}$ ~ $5\frac{1}{2}$	65
	$5\frac{3}{4}$ ~ $8\frac{5}{8}$	
	9 ~ $10\frac{3}{4}$	
	11 ~ $14\frac{1}{4}$	
SLX/100	$2\frac{3}{8}$ ~ $2\frac{7}{8}$	100
	$4\frac{1}{2}$ ~ $5\frac{3}{4}$	
SLX/150	$5\frac{1}{2}$ ~ $8\frac{5}{8}$	150
	$9\frac{5}{8}$ ~ $10\frac{3}{4}$	
	$11\frac{3}{4}$ ~ $13\frac{3}{8}$	
	16 ~ 20	
	22 ~ 30	
SLX/250	$5\frac{1}{2}$ ~ $7\frac{3}{4}$	250
	$8\frac{5}{8}$ ~ $10\frac{3}{4}$	
	$11\frac{3}{4}$ ~ 14	
	16 ~ 20	
	22 ~ 30	
SLX/350	$4\frac{1}{2}$ ~ 6	350
	$6\frac{5}{8}$ ~ $9\frac{5}{8}$	
	$11\frac{3}{4}$ ~ 14	
	16 ~ 20	
	22 ~ 30	
SX/500	$9\frac{5}{8}$ ~ 14	500
	16 ~ 20	
	22 ~ 30	

③ CDZ型18°锥台肩侧开式吊卡，适用于提升18°锥台肩钻杆。技术规范见表1-9。

表 1-9　CDZ 型 18°锥台肩侧开式吊卡技术规范

规格型号	适用管径/in	最大载荷/t
CDZ/150	$2\frac{3}{8}$ ~ $5\frac{1}{2}$	150
CDZ/250	$2\frac{3}{8}$ ~ $5\frac{1}{2}$	250
CDZ/350	$2\frac{7}{8}$ ~ $5\frac{1}{2}$	350
CDZ/500	$3\frac{1}{2}$ ~ $5\frac{1}{2}$	500

2　吊　环

吊环是石油、天然气钻井和井下修井作业过程中起下钻柱的主要悬挂工具之一，主要用于悬挂吊卡。

2.1　吊环结构

按结构，吊环分为单臂吊环和双臂吊环两种。结构见图1-5。

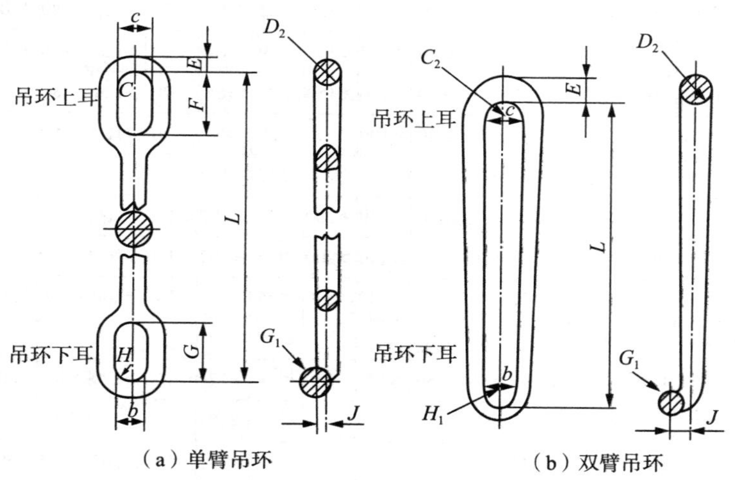

(a) 单臂吊环　(b) 双臂吊环

图 1-5　单臂和双臂吊环结构示意图

2.2　型号表示方法

吊环型号的表示方法如下：

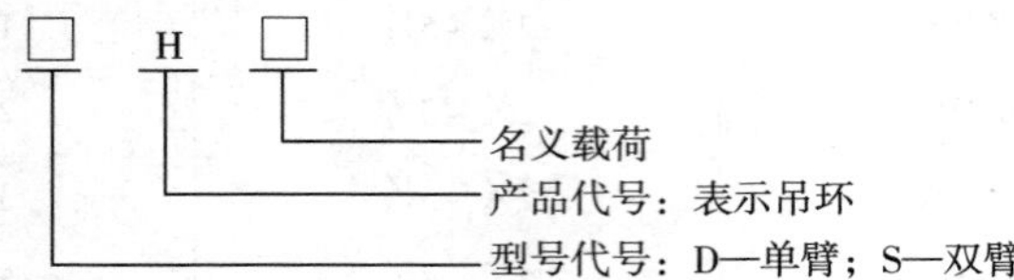

示例：吊环 DH200 代表最大载荷为 200t 的单臂吊环。

2.3　技术参数

吊环技术参数见表 1－10、表 1－11。

表 1－10　单臂吊环技术参数

型号	额定载荷/kN(t)	与吊卡配合尺寸/mm					与大钩配合尺寸/mm					L/mm
		G_1	H	J	b	G	D_2	C_2	E	C	P	
DH40	355(40)	≤20	≥51	≥20	≥100	≥150	≤22	≥38	≤60	≥120	≥180	1200
DH50	450(50)	≤22	≥51	≥20	≥100	≥150	≤22	≥64	≤70	≥120	≥180	1100
DH65	580(65)	≤22	≥51	≥20	≥100	≥150	≤22	≥64	≤70	≥120	≥180	1200
DH75	665(75)	≤22	≥51	≥20	≥100	≥150	≤29	≥64	≤70	≥120	≥180	1500
DH100	890(100)	≤22	≥51	≥20	≥100	≥150	≤29	≥64	≤70	≥120	≥180	1500
DH150	1335(150)	≤24	≥51	≥20	≥100	≥150	≤29	≥64	≤70	≥120	≥180	1800
DH200	1780(200)	≤31	≥70				≤35	≥102				
DH250	2250(250)	≤31	≥70	≥30	≥140	≥200	≤35	≥102	≤140	≥200	≥250	2700
DH300	2670(300)	≤37	≥70		≥140	≥200	≤35	≥102	≤140	≥200	≥250	
DH350	3115(350)	≤37	≥70	≥35	≥140	≥200	≤35	≥102	≤140	≥200	≥250	3300
DH400	3560(400)	≤48	≥83				≤48	≥121				
DH500	4450(500)	≤48	≥83	≥50	≥170	≥250	≤48	≥121	≤160	≥240	≥300	3600
DH650	5780(650)	≤57	≥127				≤48	≥121				
DH750	6670(750)	≤57	≥127				≤63	≥127	≤190	≥262	≥305	3660
DH1000	8900(1000)	≤70	≥159				≤70	≥127				

表 1－11　双臂吊环技术参数

型号	额定载荷/kN(t)	与吊卡配合尺寸/mm				与大钩配合尺寸/mm				L/mm
		G	H	J	b	D_2	C_2	E	C	
SH25	220(25)	≤15	≥29	≥20	≥58	≤22	≥38	≤35	≥90	600
SH30	235(30)	≤20	≥51	≥20	≥100	≤22	≥38	≤45	≥100	1100
SH40	355(40)	≤20	≥51	≥20	≥100	≤22	≥38	≤45	≥100	1100
SH50	445(50)	≤22	≥51	≥20	≥100	≤22	≥64	≤65	≥120	1100
SH65	580(65)	≤22	≥51	≥20	≥100	≤22	≥64	≤65	≥120	1200
SH75	665(75)	≤22	≥51	≥20	≥100	≤29	≥64	≤75	≥160	1500
SH100	890(100)	≤22	≥51	≥25	≥100	≤29	≥64	≤80	≥160	1500
SH150	1335(150)	≤22	≥51	≥35	≥100	≤29	≥64	≤100	≥160	1700

3　吊　钳

吊钳是钻井和修井作业中用于旋紧和卸开钻柱、套管、油管等连接螺纹的工具。吊钳按结构可分为多扣合钳和单扣合钳两种。按功用分为钻杆吊钳、套管吊钳和油管吊钳。按性能又可分为机械吊钳和液气动力钳。

3.1　机械吊钳

3.1.1　结构

吊钳结构见图 1－6、图 1－7 和图 1－8。

3.1.2　型号

机械吊钳型号表示方法如下：

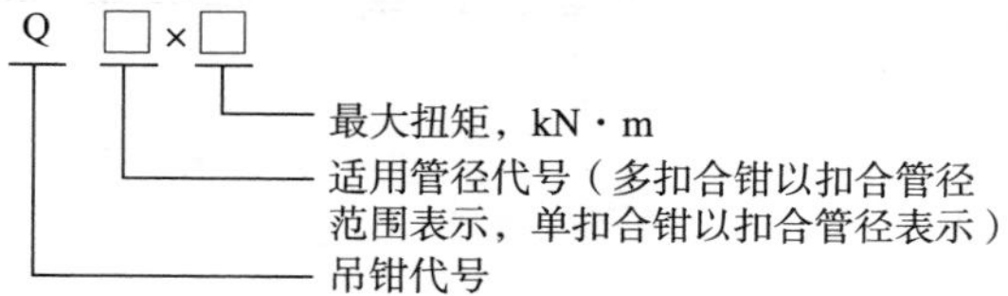

示例：Q 86～324×75 表示为多扣合钳，扣合范围为 86～324mm($3\frac{3}{8}$～$12\frac{3}{4}$in)，最大扭矩为 75kN·m。

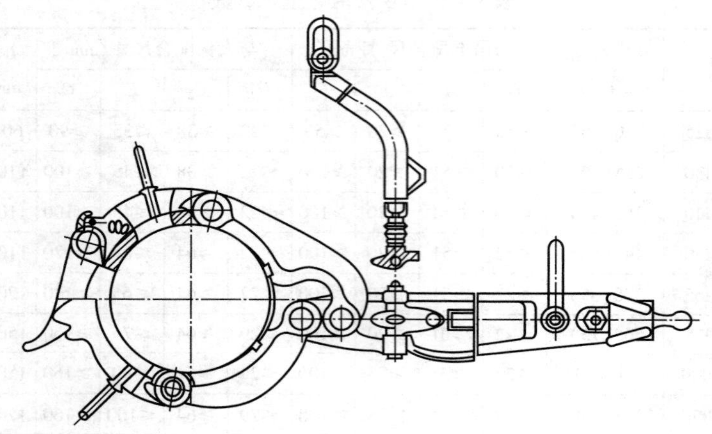

图 1 – 6　套管吊钳示意图

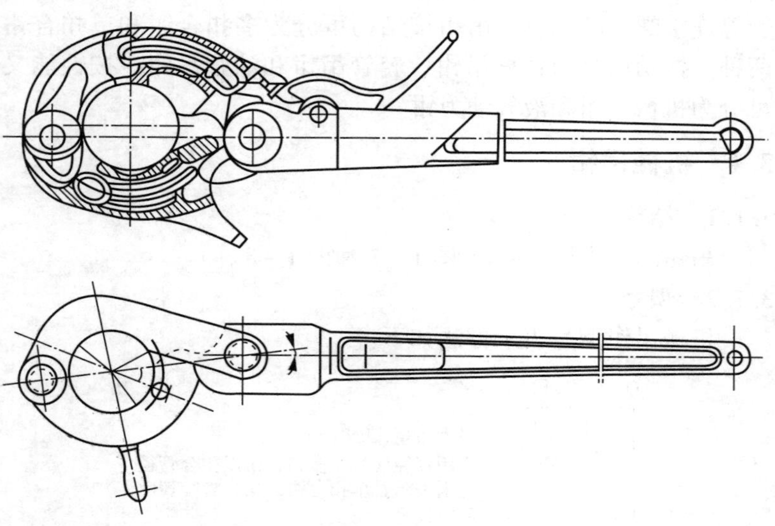

图 1 – 7　油管吊钳示意图

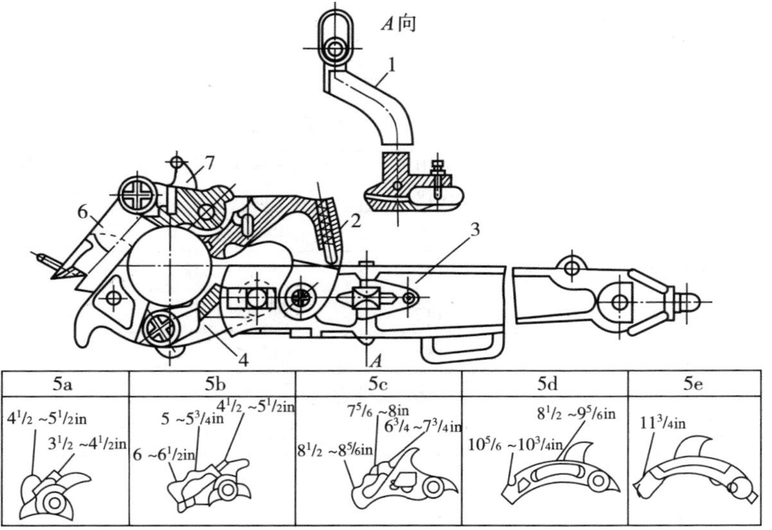

图 1－8 B 形吊钳及 5#扣合钳扣合范围示意图

1—吊杆；2—3#长钳头；3—钳柄；4—4#短钳头；5—5#扣合钳头；6—1#扣合钳头；7—2#扣合钳头

3.1.3 技术规范

3.1.3.1 多扣合钳

多扣合钳技术规范见表 1－12。

表 1－12 多扣合钳技术规范

型 号	适用管径范围/mm	适用管径代号	额定扭矩/kN · m
Q$2\frac{3}{8}$－35～Q$10\frac{3}{4}$－35	60.3～273	$2\frac{3}{8}\sim10\frac{3}{4}$	35
Q$13\frac{3}{8}$－35～Q$25\frac{1}{2}$－35	339.7～647.7	$13\frac{3}{8}\sim25\frac{1}{2}$	35
Q$3\frac{3}{8}$－75ª～Q$12\frac{3}{4}$－75ª	85.73～114.3	$3\frac{3}{8}\sim4\frac{1}{2}$	55
	114.3～196.85	$4\frac{1}{2}\sim7\frac{3}{4}$	75
	196.85～323.85	$7\frac{3}{4}\sim12\frac{3}{4}$	55
Q$3\frac{1}{2}$－90ª～Q17－90ª	88.90～114.30	$3\frac{1}{2}\sim4\frac{1}{2}$	55
	114.30～215.90	$4\frac{1}{2}\sim8\frac{1}{2}$	75
	215.90～431.80	$8\frac{1}{2}\sim17$	55
Q4－140～Q12－140	101.60～304.80	4～12	90

注：75ª 表示的是$4\frac{1}{2}\sim7\frac{3}{4}$管径范围的额定扭矩，90ª 表示$4\frac{1}{2}\sim8\frac{1}{2}$管径范围的额定扭矩。

3.1.3.2　单扣合钳

单扣合钳技术规范见表 1－13。

表 1－13　单扣合钳技术规范

型　号	适用管径/mm	适用管径代号	适用接箍或接头外径/mm(in)	额定扭矩/kN · m
Q12¾－8	323.85	12¾	349.25(13¾)	8
Q13⅜－8	339.73	13⅜	365.13(14⅜)	
Q14⅜－8	374.65	14⅜	400.05(15⅜)	
Q16¾－8	425.45	16¾	450.85(17¾)	
Q2⅜－30	60.33	2⅜	85.73(3⅜)	30
Q2⅞－30	73.03	2⅞	104.8(4⅛)	

3.2　液气动力钳

液气动力钳，是一种理想的石油钻井井口工具，广泛适用于钻井、修井作业上卸管柱丝扣作业。集扭矩钳和旋扣钳于一体，上卸扣可替代猫头、吊钳和旋绳。动力钳为开口型，能自由脱开管往，机动性能强。

3.2.1　**结构**

液气动力钳分为钻杆动力钳和套管动力钳。Q10Y－M 型钻杆动力钳结构如图 1－9 所示。

3.2.2　**型号**

液气动力钳型号表示如下：

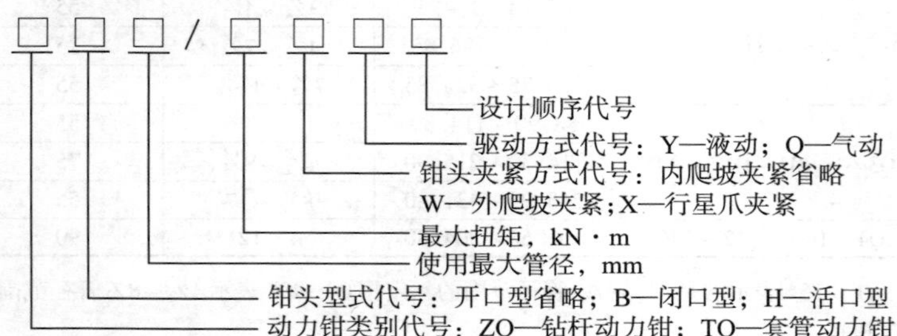

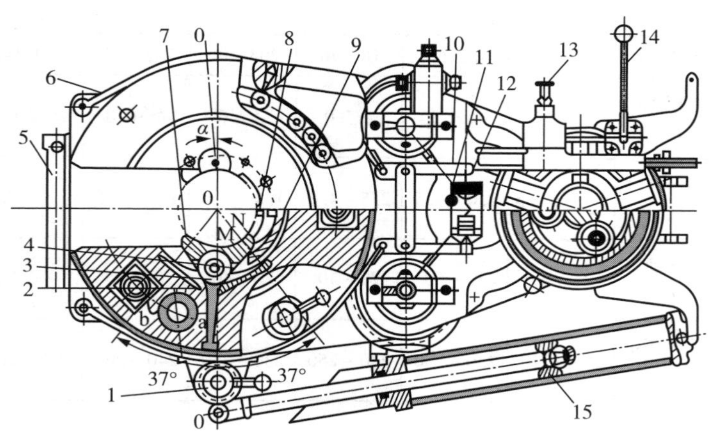

图 1-9　Q10Y-M 型钻杆动力钳结构示意图

1—定位把手；2—坡板；3—腭板；4—腭板滚子；5—腭板销子；6—刹带；7—腭板；8—堵头螺丝；9—腭板架；10—连杆；11—调节筒；12—正反螺丝；13—溢流阀；14—手动换向阀；15—夹紧气缸

3.2.3　技术参数

3.2.3.1　钻杆动力钳

钻杆动力钳技术参数见表 1-14。

表 1-14　钻杆动力钳技术参数

规格代号	127/25	162/50	162/75	203/100	203/135	254/145
使用管径范围/mm(in)	65~127 ($2\frac{3}{8}$~$3\frac{1}{2}$ 钻杆)	85~162 ($2\frac{3}{8}$~5 钻杆)	127~162 ($3\frac{1}{2}$~5 钻杆)	127~203 ($3\frac{1}{2}$钻杆~8 钻铤)	127~203 ($3\frac{1}{2}$钻杆~8 钻铤)	162~254 (5 钻杆~10 钻铤)
液压源额定压力/MPa	12~18				16~20	
工作气压/MPa	0.5~0.9					
最大扭矩/kN·m	≥25	≥50	≥75	≥100	≥125	≥145

续表

规格代号	127/25	162/50	162/75	203/100	203/135	254/145
高挡扭矩/kN·m	≥3.5	≥4.5	≥5.0	≥7.0	≥10.0	≥12.0
低挡转速/(r/min)	4.0~10.5	2.0~4.5	2.5~4.0	1.5~3.0	1.5~2.5	1.0~2.5
高挡转速/(r/min)	25~65	30~60	20~40	20~40	15~35	10~30
上下牙板中心距/mm	200~210	230~250	230~250	230~250	240~260	240~260
动力钳可移动距离/m	≥1.0				≥1.5	

3.2.3.2 套管动力钳

套管动力钳技术参数见表1-15。

表1-15 套管动力钳技术参数

规格代号	178/16	245/20	340/35	508/40
使用管径范围/mm(in)	101.6~178 (4~7)套管	101.6~244.5 (4~$9\frac{5}{8}$)套管	139.7~339.7 ($5\frac{1}{2}$~$13\frac{3}{8}$)套管	244.5~508 ($9\frac{5}{8}$~20)套管
液压源额定压力/MPa	12~18			
工作气压/MPa	0.5~0.9			
最大扭矩/kN·m	≥16	≥20	≥35	≥40
中挡扭矩/kN·m			≥6.0	≥7.5
高挡扭矩/kN·m	≥2.5	≥2.5	≥25	≥3.5
低挡转速/(r/min)	9~14	9~14	3.5~5.3	2.5~3.6
中挡转速/(r/min)			21~30	14~20
上下牙板中心距/mm	50~80	50~80	60~85	40~60
动力钳可移动距离/m	≥1.0			

3.2.4　部分生产厂家液气动力钳产品

3.2.4.1　江苏如东联丰机械有限公司动力钳技术参数

江苏如东联丰机械有限公司动力钳产品技术参数见表1－16、表1－17。

表1－16　如东联丰ZQ钻杆动力钳系列技术参数

型　号		ZQ203－125	ZQ162－50Ⅱ	ZQ203－100Ⅱ	ZQ203－100Ⅲ	ZQ203－125Ⅱ	ZQ203－125Ⅲ
适用管径	mm	127～203	85～162	127～203	127～203	127～203	127～203
	in	3½接箍～8in本体	2⅜接箍～5in接箍	3½接箍～8in本体	3½接箍～8in本体	3½接箍～8in本体	3½接箍～8in本体
最大扭矩	kN·m	125	50	100	100	125	125
钳头高档转速	r/min	40	60	40	40	40	40
钳头低档转速	r/min	2.7	4.1	2.7	2.7	2.7	2.7
工作气压	MPa	0.5～1					
液压系统额定压力	MPa	20	16	16.6	16.6	20	20
液压系统额定流量	L/min	114	120	114	114	114	114
移送缸移送距离	mm	1500	1000	1500		1500	
动力钳行走距离	mm				0～2000		0～3000
钳头升降距离	mm		0～440	0～430	0～800	0～430	0～800
外形尺寸	mm	1785×1080×1360	1570×800×1370	1760×1000×1630	1760×1650×2050	1785×1080×1630	1785×1740×2050
质　量	kg	2650	1700	2500	3250	2750	3700

3.2.4.2　江苏如东如石机械有限公司动力钳技术参数

江苏如东如石机械有限公司动力钳产品技术参数见表1－18、表1－19。

3.2.4.3　美国艾克公司动力钳技术参数

美国艾克公司动力钳产品技术参数见表1－20。

表1-17 如东联丰TQ型套管动力钳系列技术参数

型号			TQ178-16	TQ178-16Y	TQ340-35	TQ340-35Y	TQ356-55	TQ508-70Y
适用管径		mm	101.6~178	101.6~178	114.3~340	114.3~340	114.3~356	244.5~508
		in	$4 \sim 7$	$4 \sim 7$	$4\frac{1}{2} \sim 13\frac{3}{8}$	$4\frac{1}{2} \sim 13\frac{3}{8}$	$4\frac{1}{2} \sim 14$	$9\frac{5}{8} \sim 20$
液压系统额定工作压力		MPa	18	18	18	21	16.6	20
		psi	2610	2610	2610	3045	2407	2900
液压系统额定流量		L/min	110~160	110~160	110~160	110~170	110~160	110~170
		g/min	29.3~42.7	29.3~42.7	29.3~42.7	29.3~45.4	29.3~42.7	29.3~45.4
工作气压		MPa	0.5~0.9		0.5~0.9		0.5~0.9	
最大扭矩	高档	kN·m	2.4~3	2.4~3	2.5~3	4.0~5.6	3.4~4.5	8.4~10.7
	中档	kN·m			6.0~7.5			
	低档	kN·m	14.5~17.5	15~18	32~40	26~35.2	45~57.4	48.9~70.5
钳头转速	高档	r/min	54~79	54~79	60~86	57~95	52~76	26~43.6
	中档	r/min			21~30			
	低档	r/min	9~13.1	9~13	3.6~5.3	9~15	3.9~5.6	4~6.6
外形尺寸		mm	1450×760×740	1500×760×780	1580×900×880	1580×900×860	1590×950×900	2080×1280×760
质量		kg	580	560	780	760	850	1550

表 1-18　江苏如石 ZQ 钻杆动力钳系列技术参数

型号		ZQ127-25	ZQ162-50	ZQ162-50Ⅱ	ZQ203-100	ZQ203-100Ⅱ	ZQ203-125	ZQ203-125Ⅱ
适用管径	mm	65~127	85~162	85~162	127~203	127~203	127~203	127~203
	in	$2\frac{3}{8}$接箍~$3\frac{1}{2}$in 接箍	$2\frac{3}{8}$接箍~5in 接箍	$2\frac{3}{8}$接箍~5in 接箍	$3\frac{1}{2}$接箍~8in 本体	$3\frac{1}{2}$接箍~8in 本体	$3\frac{1}{2}$接箍~8in 本体	$3\frac{1}{2}$接箍~8in 本体
最大扭矩	kN·m	25	50	50	100	100	125	125
高档转速	r/min	65	60	60	40	40	40	40
低档转速	r/min	10.5	4.1	4.1	2.7	2.7	2.7	2.7
工作气压	MPa	0.5~0.9	0.5~0.9	0.5~0.9	0.5~0.9	0.5~0.9	0.5~0.9	0.5~0.9
液压系统额定压力	MPa	12	14	16	16.6	16.6	20.7	20
液压系统额定流量	L/min	120	120	120	114	114	114	114
移送缸移送距离	mm	1000	1000	1000	1500	1500	1500	1500
外形尺寸	mm	1110×735×815	1570×880×1190	1570×800×1370	1760×1000×1360	1760×1000×1630	1785×1080×1360	1785×1080×1630
质量	kg	620	1500	1700	2400	2500	2650	2750

表 1－19　江苏如石 TQ 型套管动力钳技术参数

型　号			TQ178－16	TQ178－16Y	TQ340－35	TQ340－35Y	TQ356－55	TQ508－70Y
适用管径		mm	101.6～178	114.3～340	114.3～340	114.3～340	114.3～356	244.5～508
		in	4～7	$4\frac{1}{2}$～$13\frac{3}{8}$	$4\frac{1}{2}$～$13\frac{3}{8}$	$4\frac{1}{2}$～$13\frac{3}{8}$	$4\frac{1}{2}$～14	$9\frac{5}{8}$～20
液压系统最高压力		MPa	18	16	18	20	16.6	20
		psi	2610	2320	2610	2900	2400	2900
液压系统工作流量		L/min	110～160	110～160	110～160	110～170	110～140	110～170
		g/min	29.3～42.7	29.3～42.7	29.3～42.7	29.3～45.4	29.3～37.3	29.3～45.4
工作气压		MPa	0.5～0.9		0.5～0.9		0.5～0.9	
最大扭矩	高档	kN·m	2.5～3	2.4～3	2.5～3	3.5～6	3.8～4.2	8.4～10.7
	中档	kN·m			0.6～7.5			
	低档	kN·m	14.5～17.5	16～19	32～40	22～37	53～58	48.9～70.5
钳头转速	高档	r/min	54～79	50～72	60～86	50～90	56～70	26～43.6
	中档	r/min			21～30			
	低档	r/min	9～13.1	9～13.1	3.6～5.3	8～14	4～5	4～6.6
外形尺寸		mm	1450×760×740	1500×760×880	1580×900×880	1580×900×1060	1770×960×850	2080×1280×760
质　量		kg	580	560	780	760	1150	1550

表 1－20 美国艾克公司液压动力钳技术规范

型 号	夹持管径/mm	最大扭矩/kN · m	质量/kg
3500DTT Hydra－Shift 型	26.67～88.9	9.490	362.88
3500DTTH · S 型液压固定钳	26.67～114.3		653.18
$4\frac{1}{2}$ Hydra－Shift 型	26.67～114.3	6.780	294.84
$4\frac{1}{2}$ H · S 型液压固定钳	26.67～114.3		703.08
$4\frac{1}{2}$ 标准型	26.67～114.3	11.526	353.81
$4\frac{1}{2}$ 标准型液压固定钳	26.67～114.3		771.12
$4\frac{1}{2}$ Hydra－Shift cm T 型	26.67～114.3	(高)2.576 (低)10.846	567
$5\frac{1}{2}$ Hydra－Shift(LS)型	26.67～139.7	(高)9.490 (低)20.337	607.82
液压固定钳	26.67～153.67		1215.65
$5\frac{1}{2}$ Hydra－Shift(VS)型	26.67～139.7	(高～高)2.169 (高～低)4.745 (低～高)10.846 (低～低)23.048	621.43
液压固定钳	26.67～153.67		1224.72
$5\frac{1}{2}$ 标准型	26.67～139.7	16.272	444.53
液压固定钳	26.67～153.67		1215.65
$5\frac{1}{2}$ UHT 型	52.39～139.7	27.120	707.62
液压固定钳	52.39～153.67		1315.44
$7\frac{5}{8}$ 标准型	52.39～193.68	20.340	498.96
液压固定钳	52.39～215.9		1315.44
$8\frac{5}{8}$ Hydra－Shift 型	52.39～219.08	40.665	997.92
液压固定钳	52.39～244.48		1746
$10\frac{3}{4}$ 标准型	101.6～273.65	24.408	498.96
液压固定钳	102～298		1215.65

续表

型　号	夹持管径/mm	最大扭矩/kN·m	质量/kg
13⅜标准型	101.6～346.08	27.120	571.54
液压固定钳	101.6～365.13		1338.12
14Hydra－Shift 型	101.6～355.6	(高～高)8.135 (高～低)14.913 (低～高)25.760 (低～低)47.453	988.84
14UHT 型	101.6～355.6	67.790	1134
液压固定钳	101.6～355.6		2268
17Hydra－Shift 型	139.7～431.8	47.460	1451
20 标准型	177.8～508	47.460	1242.86
20 标准型液压固定钳	177.8～533.4		2404.08
20Hydra－Shift 型	177.8～533.4	(高～高)5.423 (高～低)10.847 (低～高)40.675 (低～低)81.349	1973
20UHF 型	219.08～508	108.480	2358.72
25Hydra－Shift 型	273.05～635	81.349	1814
24UHF 型	339.73～609.6	108.480	3628.8
36Hydra－Shift 型	406.4～914.4	101.686	3175
36UHF 型	406.4～914.4	135.581	5896.8
6¾型钻杆钳	60.33～171.45	67.800	3420.14
870 型	104.78～203.2	101.700	3265.92
10 型钻杆/钻铤钳	101.6～254	169.477	4536
12 型钻杆/钻铤钳	101.6～304.8	203.373	5443.2

3.3　便携式铁钻工

便携式铁钻工为新式多功能动力大钳。其优点在于：

① 底座固定安装，结构紧凑，可实现上下，前后位置的调整，满足现场实际工作需要。

② 采用液压控制，扭矩和速度可快速调节，正反方向都可实现最大扭矩和速度。可同时替代旋绳和 B 型吊钳功能，实现上、卸扣。

③ 上扣扭矩可精确控制。上下钳合体式结构，可避免钻具因大扭矩而产生弯曲，同时防止钻杆在卡瓦中打滑，对钻杆有保护作用。

④ 上下钳分别用夹紧缸和夹紧块夹紧，夹紧机构自动对中，可保证新旧钻杆接头卡紧可靠。

⑤ 夹持范围大。

北京三星惠生和南阳二机厂生产的铁钻工技术参数，见表 1－21。

表 1－21　北京三星惠生和南阳二机厂生产的铁钻工技术参数

项　目	单　位	参　数
适用范围		$3\frac{1}{2}$in 钻杆～9in 钻铤
液压系统最高压力	MPa	14
最大上扣扭矩	kN · m	90
最大卸扣扭矩	kN · m	108.5
旋扣扭钜	kN · m	2.37
旋扣速度	r/min	75
钻具连接高度	mm	600～1250
垂直移动距离	mm	650
质　量	kg	3000

3.4　旋扣器

旋扣器按夹紧装置驱动和控制方式，可分为气动和液动两种类型。

3.4.1 钻杆气动旋扣器

钻杆气动旋扣器是用来上、卸钻具接头螺纹的工具。可替代旋绳器(或旋链)工作。适用管径范围广，可按需要随意调节。

3.4.1.1 结构

气动旋扣器主要由双向气马达、行星减速机构、夹紧机构、气缸及气控制系统组成，如图 1－10 所示。

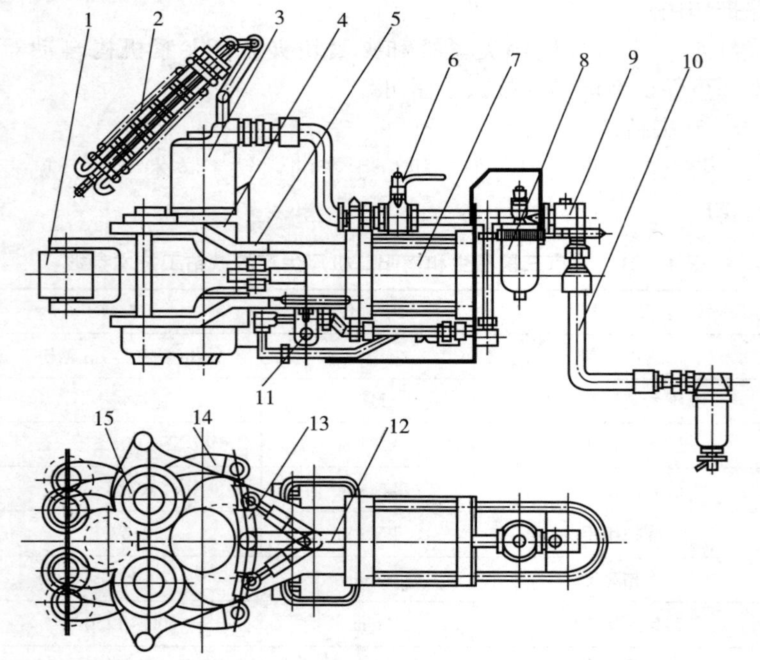

图 1－10 钻杆气动旋扣器(钳)结构示意图

1—压力滚子；2—吊簧组；3—气动马达；4—行星减速器；5—壳体；6—球阀；7—气缸；8—油雾器；9—活动接头；10—胶管；11—手动换向阀；12—活塞杆；13—增力杆；14—夹紧臂；15—驱动滚子

3.4.1.2 工作原理

将悬吊的旋扣钳送至井口，钳臂扣合在钻杆体上，操纵双向气阀，夹紧臂向中间收拢，使压力滚子和铝质驱动滚子卡紧钻杆。扳动马达球阀手柄，开动双向气马达，通过行星减速机构，带动驱动滚子旋转，由于摩擦力矩作用使钻杆随之旋转，实现钻杆螺纹的连接或卸开。

3.4.1.3　技术规范

(1)气动旋扣器结技术参数

在气压为0.7~0.9MPa时，气动旋扣器旋扣转速、旋扣力矩及钳子制动力矩见表1-22。

表1-22　气动旋扣器技术参数

钻杆直径/mm(in)	旋扣转速/(r/min)	最大功率时旋扣力矩/kN·m	制动力矩/kN·m
139.7(5½)	56.8	10	15~20
127(5)	62.5	9	13~18
114.3(4½)	69.5	8	12~16
101.6(4)	78	7.1	10~14.5
88.9(3½)	89.3	6.2	9.5~12.6

气动旋扣器外形尺寸(长×宽×高)为1400mm×530mm×835mm。

钳子质量为378kg，总质量为467kg。

(2) 气动系统参数

气缸直径为200mm，行程为152.4mm；

工作压力：0.7~0.9MPa；

气马达额定功率：8.82kW；

空气消耗量：10.3m^3/min；

气马达额定转速：3200r/min。

(3) 压力滚子的选用与安装位置

压力滚子选用与安装位置见表1-23。

3.4.1.4　江苏如石公司钻杆旋扣器技术规范

江苏如石公司旋扣器技术规范见表1-24。

表 1－23　压力滚子选用与安装位置

钻杆直径/mm(in)		压力滚子直径/mm(in)		夹紧臂安装位置
139.7	5½	101.6	4	前孔
127	5	127	5	前孔
114.3	4½	120.65	4½	后孔
101.6	4	146.5	5½	后孔
88.9	3½	168.27	6½	后孔

表 1－24　江苏如石公司钻杆旋扣器技术规范

型　　号		Q140－200	Q254－250	Q254－300Y
驱动方式		气　　动		液　动
适用管径	mm	88.9～139.7	88.9～254	88.9～254
	in	3½～5½	3½～10	3½～10
工作气压	MPa	0.5～0.9	0.5～0.9	
液压系统额定压力	MPa			14
最大制动扭矩	N·m	2000	2500	3000
旋扣速度	r/min	0～90	0～120	0～95
耗气量	m^3/min	10.3	15	
液压系统流量	L/min			120～140
	g/min			32～37
外形尺寸	mm	1400×530×835	1250×570×465	1100×560×700
质量	kg	378	440	400
	lb	833	970	880

3.4.2　方钻杆旋扣器

方钻杆旋扣器，用于钻井接单根时旋转方钻杆使其与钻杆单根丝扣连接。

方钻杆旋扣器按结构分为内置式和外置式两种。内置式安装于水龙头内部，又称为两用水龙头。外置式安装于水龙头外部下方。

旋扣器的动力来源于其本身自带的起动马达，马达有气驱动和液驱动两种。

3.4.2.1　方钻杆旋扣器结构

江苏如石公司方钻杆旋扣器结构见图1－11。

（a）A6C方钻杆旋扣器

（b）Q3方钻杆旋扣器

（c）FXD方钻杆旋扣器

图1－11　江苏如石公司的方钻杆旋扣器

3.4.2.2　方钻杆旋扣器技术规范

江苏如石公司方钻杆旋扣器技术参数见表1－25。

表1－25　江苏如石方钻杆旋扣器技术参数

型　号		FXD	QF2	Q3	A6C	6600	6800
驱动方式		气动					液动
最大静载荷	kN	2250					
气压/液压	MPa	0.5～0.9					16
	psi	72～130					2320
制动扭矩	N·m	1000	1600	1650	1500	1500	1650
空载转速	r/min	110	100	100	1100	1100	1215
旋　向		单项	双向				
耗气量/流量	m^3/min	9.3	20	20	9.3	15	91 LPM
中心管连接螺纹		6⅝ REG LH					
外形尺寸	mm	845×740×725	558×558×935	860×725×980	760×760×1220	740×710×978	740×710×978
质　量	kg	383	450	520	540	500	504

4 卡　瓦

4.1　卡瓦的分类

在石油和天然气钻井中，卡瓦是用来卡持钻杆、钻铤、套管本体用以悬持管柱重量的井口工具。按操作方式分为手动卡瓦和动力卡瓦(包括气动卡瓦和液动卡瓦)两种型式。

4.2　卡瓦型号的表示方法

卡瓦型号的表示方法如下：

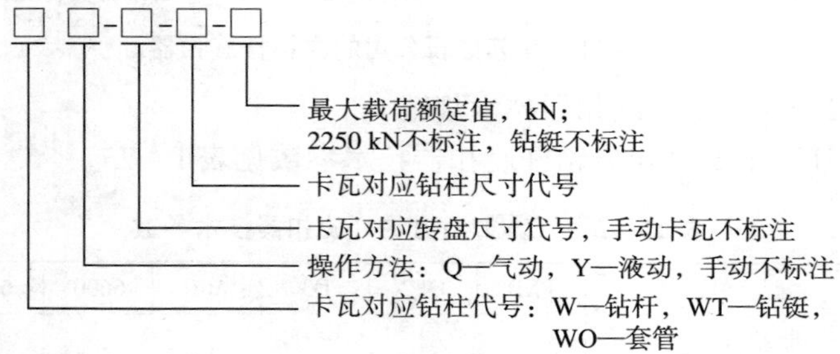

示例 1：用于 127mm(5in)钻杆，最大载荷额定值 2250kN 的钻杆手动卡瓦型号为 W－5。

示例 2；用于 ZP－275 型转盘，139. 7mm($5\frac{1}{2}$in)套管，最大载荷额定值 2250kN 的套管气动卡瓦型号为 WGQ－275－$5\frac{1}{2}$。

示例 3：用于 ZP－495 型转盘，168. 3nma($6\frac{5}{8}$in)钻杆，最大载荷额定值 3150kN 的钻杆液动卡瓦型号为 WY－495－$6\frac{5}{8}$－3150。

示例 4：用于 $4\frac{1}{2}$in～6in 钻铤，最大载荷额定值 360kN 的钻铤手动卡瓦型号为 WT－$4\frac{1}{2}$－6。

4.3　手动卡瓦

由卡瓦牙和卡瓦体组成的依靠人力进行操作的卡瓦。按结构分为三片式和多片式；按用途分为钻杆卡瓦、钻铤卡瓦和套管卡瓦三种。

手动卡瓦结构见图1－12、图1－13和图1－14。

4.4　动力卡瓦

靠气压(液压)作为动力的钻井卡瓦，由卡瓦体、卡瓦座、支撑盘和动力缸等组成，可控制卡瓦体自动升降，采用四片(多片式)卡瓦体，动力缸与支撑板为快装式组合结构。动力卡瓦分气动卡瓦(pneumatic slip)和液动卡瓦(hydraulic slip)两种型式。

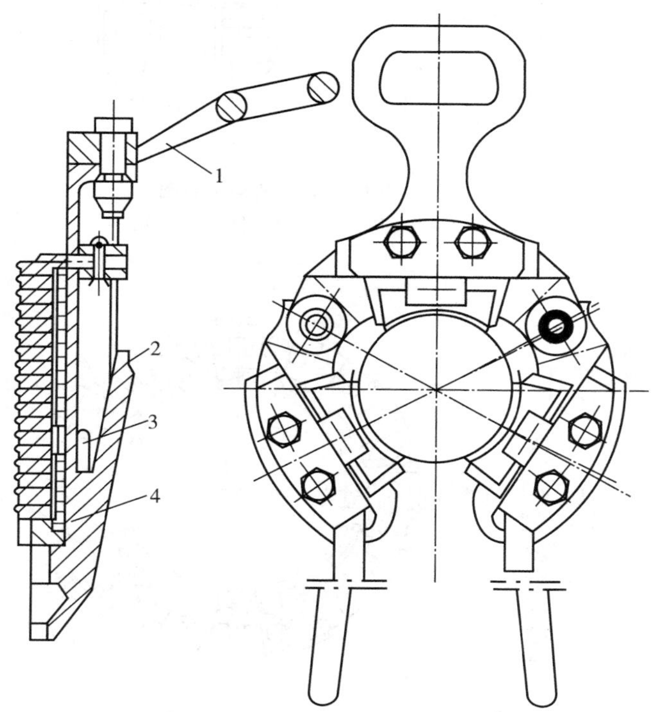

图1－12　三片式卡瓦结构示意图

1—手柄；2—卡瓦体；3—卡瓦牙；4—衬套

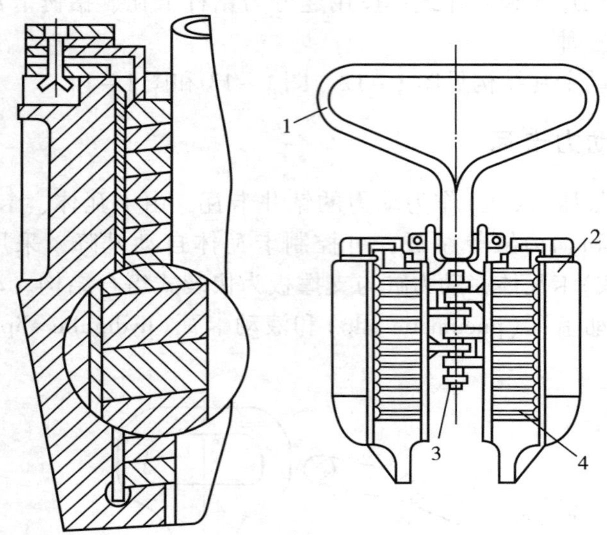

图 1 - 13　四片式卡瓦结构示意图

1—手柄；2—卡瓦体；3—铰链销钉；4—卡瓦牙

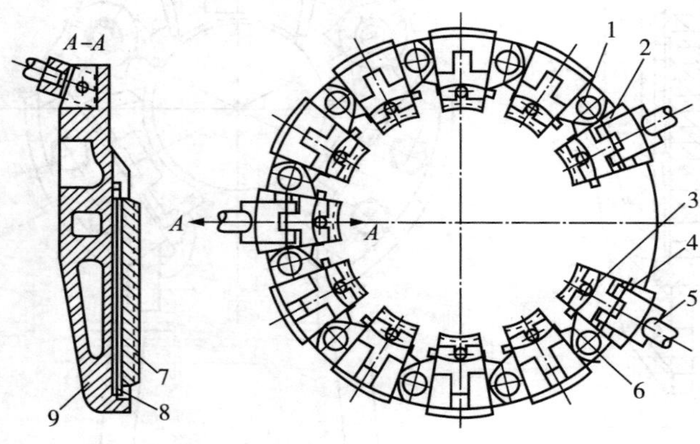

图 1 - 14　多片式卡瓦结构示意图

1—卡瓦连接销；2—右卡瓦体；3—左卡瓦体；4—手柄连接销；
5—手柄；6—开口销；7—卡瓦牙；8—卡瓦牙固定销；9—中卡瓦体

气动卡瓦分为气动钻杆卡瓦和气动套管卡瓦两种类型。气动钻杆卡瓦，具有在起下钻作业时自动卡持钻杆和起钻作业时自动进行钻杆刮泥的双重功能。气动套管卡瓦具有防扭矩机构，能克服套管钳的旋转扭矩，配合液压套管大钳进行下套管作业，不用打背钳，即可平稳上扣。气动卡瓦结构如图 1－15、图 1－16所示。

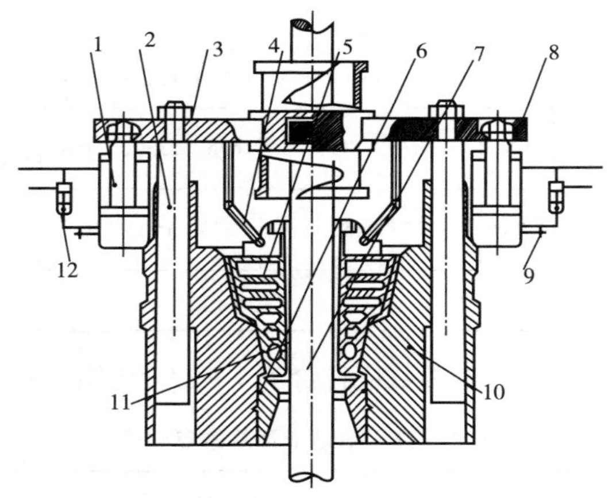

图 1－15　气动钻杆卡瓦结构示意图

1—动力缸；2—导向杆；3—左提升架；4—连杆；5—楔体；6—衬套；7—管柱；8—右提升架；9—限压阀；10—座体；11—牙板；12—气控阀

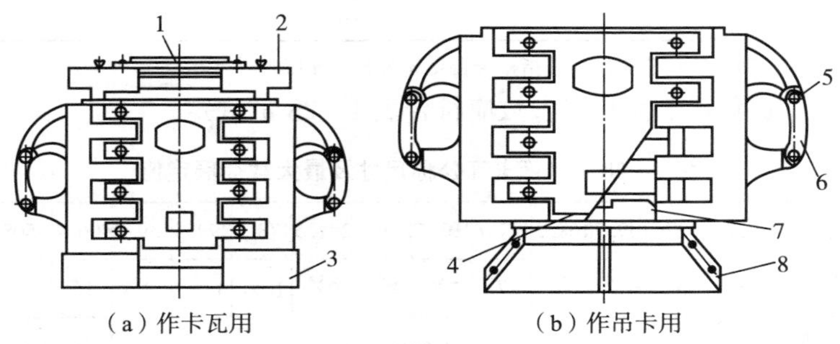

（a）作卡瓦用　　（b）作吊卡用

图 1－16　气动套管卡瓦结构示意图

1—上扶正块；2—上护盖；3—转盘连接盘；4—下扶正前块；5—上插销；6—耳环；7—下扶正块；8—下导向罩

4.5　卡瓦技术参数

① 钻杆卡瓦基本参数应符合表 1－26 的规定。

表 1－26　钻杆卡瓦基本参数表

公称尺寸	mm	88.9			127			168.3	
	in	3½			5			6⅝	
配用卡瓦牙尺寸/mm		60.3	73	88.9	101.6	114.3	127	139.7	168.3
最大载荷额定值	kN	675，1350			675，1350，2250			2250，3150，4500，6750	
	US t[a]	75，150			75，150，250			250，350，500，750	

[a]. 1US t = 907.18kg

② 钻铤卡瓦基本参数应符合表 1－27 的规定。

表 1－27　钻铤卡瓦基本参数表

公称尺寸	mm	114.3～152.4	139.7～177.8	171.4～209.6	203.2～241.3	215.9～254.0
	in	4½～6	5½～7	6¾～8¼	8～9½	8½～10
最大载荷额定值	kN	360				
	US t	40				

注：钻铤卡瓦公称尺寸是指被卡持钻铤外径的实际尺寸。

③ 套管卡瓦基本参数应符合表 1－28 的规定。

表 1－28　套管卡瓦公称尺寸及最大载荷额定值

公称尺寸	mm	127	139.7	168.3	177.8	193.7	219.1	244.5	273.0	298.4	339.7	406.4	508
	in	5	5½	6⅝	7	7⅝	8⅝	9⅝	10¾	11¾	13⅜	16	20
最大载荷额定值	kN	1350，2250，3150										1350	
	t	150，250，350										150	

④ 卡瓦体背锥及卡瓦座内锥设计锥度为1∶3，即卡瓦体背锥斜角为9°27′45″±2′30″。

⑤ 动力卡瓦与转盘配合的卡瓦座外形尺寸及最大静载荷应符合表1-29的规定。

表1-29　卡瓦座外形尺寸及最大静载荷

动力卡瓦型号（对应转盘尺寸代号）	适用转盘规格	卡瓦座上端外形（边长×边长或上下直径）/mm×mm	卡瓦座下端直径/mm	卡瓦座最大静载荷	
				kN	US t
175	ZP-175(450)	460×460	442.9	1350	150
275	ZP-205(520)	536×536	520	2250	250
275	ZP-275(700)	712×712	697	3150	350
375	ZP-375(950)	ϕ600×ϕ519	481	4500	500
495	ZP-495(1257)	ϕ600×ϕ519	481	6750	750

⑥ 卡瓦牙材料应符合GB/T3077的规定，卡瓦牙热处理后应达到：表面硬度HRC58～HRC62，渗碳深度0.8～1.2mm，心部硬度HRC34～HRC44。

⑦ 卡瓦体材料的力学性能应不低于表1-30的要求。

表1-30　卡瓦体材料的力学性能要求

抗拉强度 R_m/MPa	规定残余延伸强度 $R_{r0.2}$/MPa	断后伸长率 A/%	断面收缩率 Z/%	冲击韧度 α_k
686	540	12	25	42

4.6　部分生产厂卡瓦技术规范

4.6.1　江苏如东通用机械厂卡瓦产品

江苏如东通用机械厂卡瓦技术规范见表1-31、表1-32、

表1－33。

表1－31　江苏如东通用机械厂钻杆卡瓦技术规范

规格型号		适用钻杆外径 in	适用钻杆外径 mm	最大载荷/kN
SDS	3½	2⅜	60.3	675 1125
		2⅞	73	
		3½	88.9	
	4½	3½	88.9	
		4	101.6	
		4½	114.3	
SDML	3½	2⅜	60.3	1125 2250
		2⅞	73	
		3½	88.9	
	4½	3½	88.9	
		4	101.6	
		4½	114.3	
SDML	5	4	101.6	1125 2250
		4½	114.3	
		5	127	
	5½	4½	114.3	
		5	127	
		5½	139.7	
SDXL	4½	3½	88.9	2250 3150
		4	101.6	
		4½	114.3	
SDXL	5	4	101.6	2250 3150
		4½	114.3	
		5	127	

续表

规格型号		适用钻杆外径 in	适用钻杆外径 mm	最大载荷/kN
SDXL	$5\frac{1}{2}$	$4\frac{1}{2}$	114.3	2250 3150
		5	127	
		$5\frac{1}{2}$	139.7	

注：按卡瓦牙与钻杆的接触长度，卡瓦分为超短型(SDS－S)、短型(SDS)、中型(SDML)和加长型(SDXL)4类。SDS－S、SDS型适用于浅井，SDML型适用于中深井，SDXL型适用于深井。

表1－32　江苏如东通用机械厂套管卡瓦技术规范

适用套管外径	in	$6\frac{5}{8}$	7	$7\frac{5}{8}$	$8\frac{5}{8}$	$9\frac{5}{8}$	$10\frac{3}{4}$	$11\frac{3}{4}$
	mm	168.3	177.8	193.7	219.1	244.5	273.1	298.5
最大载荷/t(kN)		250(2250)						
适用套管外径	in	$13\frac{3}{8}$	16	$18\frac{5}{8}$	20	24	26	30
	mm	339.7	406.4	473.1	508	609.6	660.4	762
最大载荷/t(kN)		250(2250)			125(1125)			

表1－33　江苏如东通用机械厂钻铤卡瓦技术规范

型　号		DCS－S		DCS－R	
扣合管径	in	3～4	4～$4\frac{7}{8}$	$4\frac{1}{2}$～6	$5\frac{1}{2}$～7
	mm	76.2～101.6	101.6～123.8	114.3～152.4	139.7～177.8
最大载荷/kN		360			

型号		DCS－L				
扣合管径	in	$6\frac{3}{4}$～$8\frac{1}{4}$	8～$9\frac{1}{2}$	$8\frac{1}{2}$～10	$9\frac{1}{4}$～$11\frac{1}{4}$	11～$12\frac{3}{4}$
	mm	171.4～209.6	208.2～241.3	215.9～254	235～285.7	279.4～323.9
最大载荷/kN		360				

4.6.2　扬州诚创公司卡瓦产品

扬州诚创公司气动卡瓦技术参数见表1－34、表1－35。

表1-34　扬州诚创公司气动钻杆卡瓦技术参数

型号	JSQW175	JSQW205	JSQW275	JSQW375
适用转盘	ZP175	ZP205(520)	ZP275	ZP375
气源工作压力/MPa	0.6~0.9	0.6~0.9	0.6~0.9	0.6~0.9
有效卡紧长度/mm	420	420	420	420
额定载荷/kN	1500	2250	2250	2500
最大通径/mm	220	220	220	310
卡瓦体卡紧位置高度/mm	≤45	≤45	≤45	≤45
卡瓦体放开位置高度/mm	≤300	≤300	≤300	≤300
适用钻杆尺寸/in	$3\frac{1}{2}\sim5\frac{1}{2}$	$3\frac{1}{2}\sim5\frac{1}{2}$	$3\frac{1}{2}\sim5\frac{1}{2}$	$3\frac{1}{2}\sim5\frac{1}{2}$
外形尺寸(直径×高)/mm	443×584	520×584	697×581	481×612
质量/kg	440	620	1020	920

表1-35　扬州诚创公司气动套管卡瓦技术参数

型　　号	JSQWG205(520)	JSQWG275
适用转盘	ZP205(520)	ZP275
气源工作压力/MPa	0.6~0.9	0.6~0.9
有效卡紧长度/mm	420	420
额定载荷/kN	2500	3500
最大通径/mm	220	310
卡瓦体卡紧位置高度/mm	≤45	≤45
卡瓦体放开位置高度/mm	≤305	≤315
适用套管尺寸/in	$4\frac{1}{2}\sim5\frac{1}{2}$	$4\frac{1}{2}\sim9\frac{5}{8}$
外形尺寸(直径×高)/mm	520×644	697×610
质量/kg	710	1050

5　安全卡瓦

安全卡瓦是防止无台肩、无接头的管柱或工具从卡瓦中滑脱落井的保险卡紧工具，是重要的安全辅助工具。

5.1 安全卡瓦结构

安全卡瓦主要由牙板套、卡瓦牙、弹簧、调节丝杠、调节螺母、手柄及连接销等组成(见图1－17)。

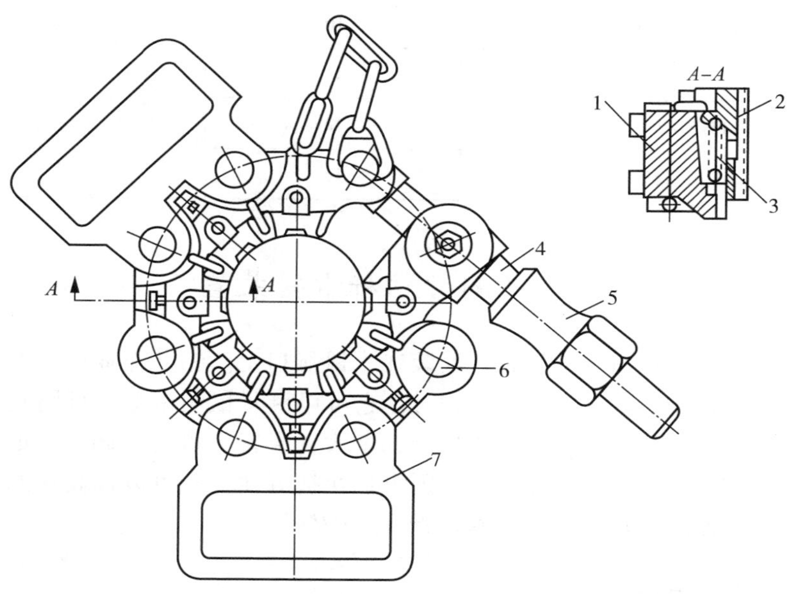

图1－17 安全卡瓦结构示意图

1—牙板套；2—卡瓦牙；3—弹簧；4—调节丝杠；5—调节螺母；6—连接销；7—手柄

5.2 技术规范

安全卡瓦技术规范见表1－36。

表1－36 安全卡瓦技术规范

卡持物体外径/mm(in)	安全卡瓦的使用节数/节	最大载荷/kN
92.25～117.5 ($3\frac{5}{8}$～$4\frac{5}{8}$)	7	225

续表

卡持物体外径/mm(in)	安全卡瓦的使用节数/节	最大载荷/kN
114.3～142.9 (4½～5⅝)	8	225
139.7～168.3 (5½～6⅝)	9	
165.1～193.7 (6½～7⅝)	10	
190.5～219.1 (7½～8⅝)	11	
215.9～244.5 (8½～9⅝)	12	
241.3～269.9 (9½～10⅝)	13	

6　鼠洞管钻杆卡紧装置

鼠洞管钻杆卡紧装置安装在小鼠洞口上。钻井作业中，方钻杆接卸小鼠洞中钻杆丝扣时，它可以卡紧鼠洞中的钻杆防止其旋转。而且随着上卸扣扭矩的增大，卡紧力可自动调整。如与方钻杆旋扣器配合使用，则更加快捷方便，既可以提高接卸单根速度、减轻工人的体力劳动，又安全。

6.1　结构

江苏如石石油机械有限公司的 FSQ162－36 型鼠洞管钻杆卡紧装置，结构如图 1－18 所示。

6.2　技术规范

技术规范见表 1－37。

表 1－37　鼠洞管钻杆卡紧装置技术规范

型　　号		FSQ162－36(如石)	
适用钻杆直径	mm	146	162
	in	4½接箍	5 接箍

续表

型　　号		FSQ162－36(如石)
额定扭矩	kN·m	36
	ft·lbf	2655
开口尺寸	mm	171
	in	$6\frac{3}{4}$
外形尺寸	mm	770×480×422
	in	30.3×18.9×16.6
质量	kg	240
	lb	530

图1－18　鼠洞管钻杆卡紧装置

7　方补心及小补心

7.1　用途与分类

方补心是旋转钻井中传递转盘功率、驱动方钻杆旋转的工具。小补心又名垫叉，使用小钻具作业，在接单跟或起下钻时，由于吊卡较小，为防止吊卡落入转盘方瓦内而垫入方瓦方孔内的专用工具。

按所驱动方钻杆的类型不同，方补心分为三方、四方和六方三种。按方补心结构的不同，分为对开式和滚子式两种。

7.2　滚子方补心

滚子方补心按转盘驱动方式的不同，分为销轴式和普通(四方)式两种类型。通过滚子转动减少其与方钻杆的摩擦，钻进中使钻压更加均匀平稳。同时由于其是整体结构，杜绝了补心飞出的隐患，有利于安全生产。不同规格的方钻杆，可以通过更换滚子与之配合。

7.2.1　滚子方补心的结构

滚子方补心有轴销驱动和四方驱动两种类型见图1－19，结构见图1－20。

7.2.2　型号表示方法

滚子方补心型号的表示方法如下：

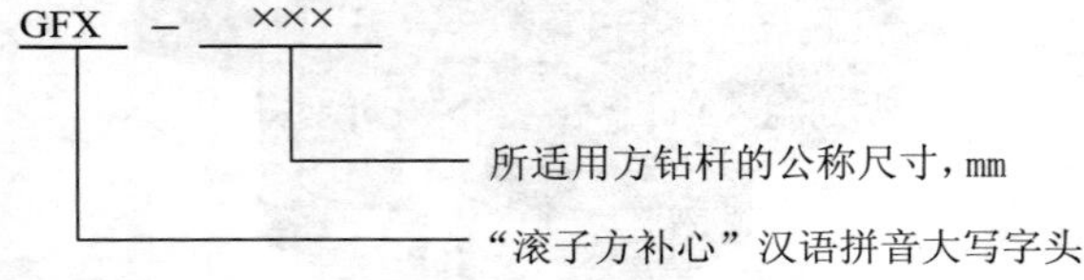

示例：GFX－134表示用于133.4mm($5\frac{1}{4}$in)方钻杆的滚子方补心。

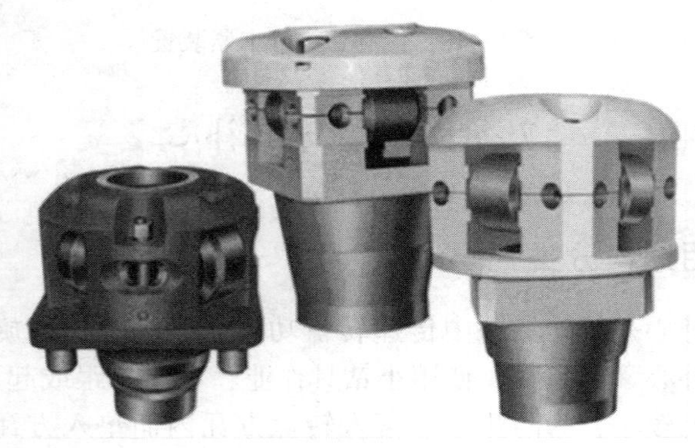

(a)销轴驱动　　(b)四方驱动

图1－19　滚子方补心类型

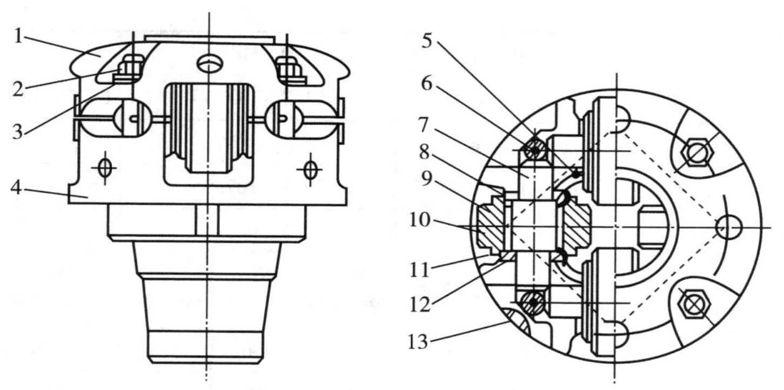

图 1－20　滚子方补心结构示意图

1—上盖；2—螺母；3—垫圈；4—下座；5—销子；6—螺栓；7—轴；8—密封体；9—滚针轴承；10—滚轮；11、12—“O”形圈；13—螺栓

7.2.3　技术规范

滚子方补心技术规范见表 1－38、表 1－39。

表 1－38　滚子方补心技术规范

方钻杆公称尺寸/mm	76.2	88.9	107.95	114.3	133.35	139，7	152.4
方补心内方尺寸/mm	80	93	112	118	138	145	158
方补心外方尺寸/mm	330×330(转盘方瓦尺寸为 335) 340×340(转盘方瓦尺寸为 344.5)						

表 1－39　江苏如石滚子方补心技术规范

型　号		HDS	27－HDP	20－HDP	MDS	20－MDP	17－MDP	LDS
类　型		重　型			中　型			轻型
最大扭矩	N·m	32365			22555			13729
	ft·lbf	23871			16636			10126
驱动方式		四方	销轴		四方	销轴		四方

续表

型号			HDS	27 - HDP	20 - HDP	MDS	20 - MDP	17 - MDP	LDS
适用方钻杆规范	四方	mm	76.2 ~ 152.4			63.5 ~ 133.35			63.5 ~ 133.3
		in	3 ~ 6			2½ ~ 5¼			2½ ~ 5¼
	六方	mm	76.2 ~ 152.4			76.2 ~ 107.95			76.2 ~ 107.9
		in	3 ~ 6			3 ~ 4¼			3 ~ 4¼
外形尺寸		mm	630 × 630 × 740	630 × 630 × 780		493 × 493 × 696	510 × 510 × 720	458 × 458 × 700	508 × 508 × 700
质量		kg	700	730	670	420	460	340	400
		lb	1540	1610	1470	924	1012	750	808

7.2.4 使用技术要求

方钻杆与滚子之间的间隙为0.25 ~ 1.5mm，最大不超过3mm。滚子磨损量不超过3.2mm。

7.3 对开式方补心

7.3.1 结构

单片结构见图1 - 21。

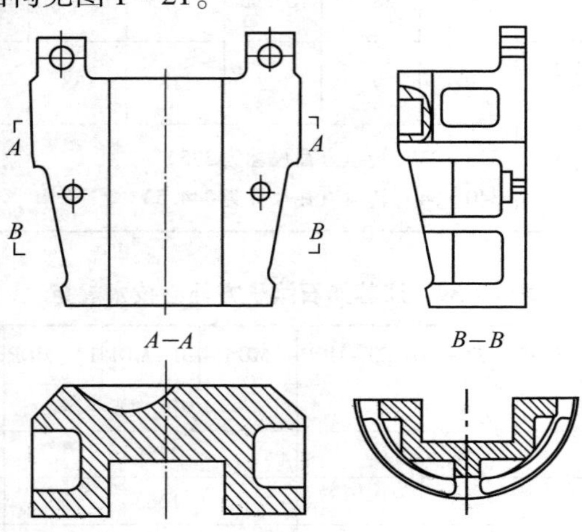

图1 - 21 对开式方补心结构示意图

7.3.2　型号表示方式

对开式方补心以外方尺寸(mm)×内方尺寸(mm)表示。其中，外方尺寸为转盘方瓦内方尺寸，内方尺寸为所驱动的方钻杆尺寸。

示例：330mm×138mm。

7.3.3　技术规范

技术规范同表1－38。

7.4　小补心(垫叉)

小补心结构见图1－22。

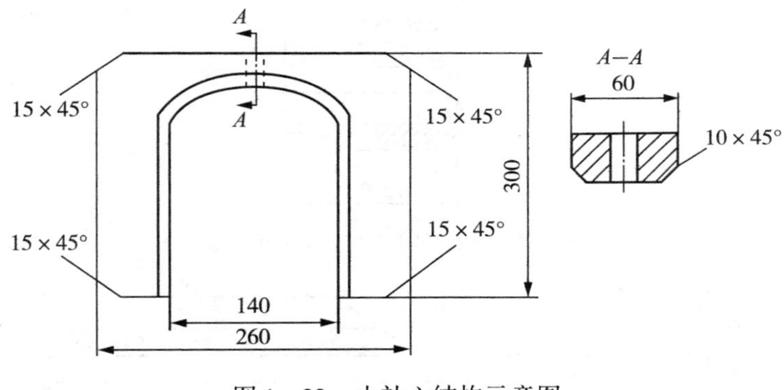

图1－22　小补心结构示意图

8　提升短节

提升短节是用来提升和起下无台肩管柱的专用工具，如钻铤、动力钻具、工具等。按结构分为整体式和分体式两种。按台肩面的形状分为直台肩式和斜台肩式。

8.1　型号表示方法

提升短节型号表示方法如下：

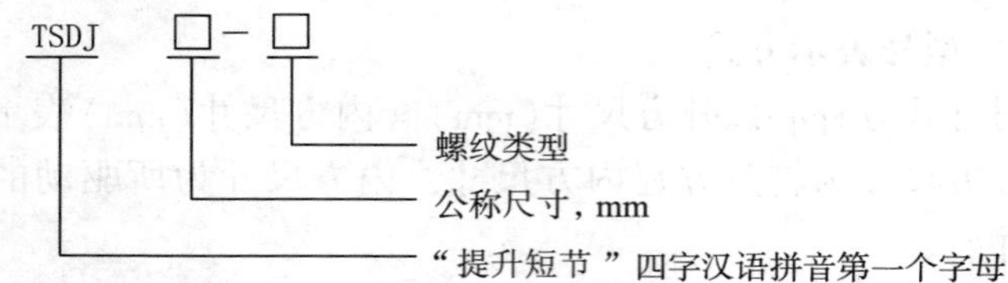

示例：公称尺寸为127mm，螺纹类型为6⅝REG的提升短节，其型号表示为：TSDJ 127－6⅝REG。

8.2 提升短节结构

提升短节结构见图1－23。

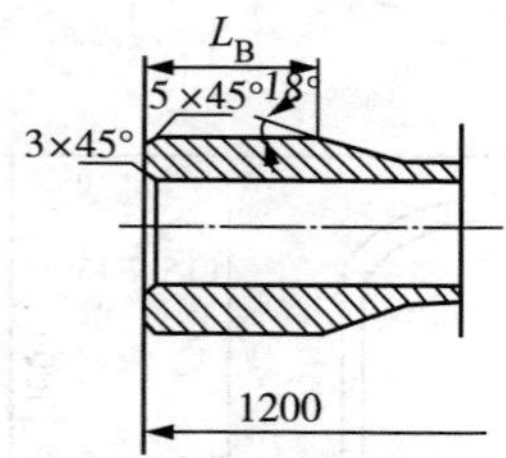

（a）用于18°吊卡台肩的提升短节端部结构图

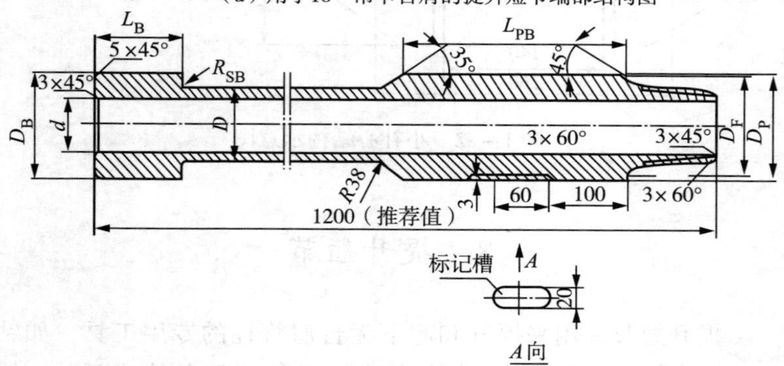

（b）用于90°吊卡台肩的提升短节整体结构图

图1－23 提升短节结构示意图

8.3 技术规范

提升短节主要规格尺寸应符合表1－40的规定。

提升短节的力学性能应符合表1－41的规定。

表1－40　提升短节主要规格尺寸

公称尺寸 $D\pm0.8$ (1/32)/mm(in)	内径 $d_0^{+1.6}$/mm	外螺纹接头				提升端		
		螺纹类型	外径 $D_p\pm0.8$(1/32)/mm(in)	倒角直径 D_F/mm	吊钳咬合长度 L_{PB}/mm	外径 $D_B\pm0.8$/mm	吊卡台肩根部圆角半径 $R_{SE}\pm0.4$/mm	吊钳咬合长度 L_B/mm
73.0(2⅞)	31.8	NC23	79.4(3⅛)	76.2	250.0	111.1	4.8	100.0
	44.5	NC26	88.9(3½)	82.9				
88.9(3½)	54.0	NC31	104.8(4⅛)	100.4		127.0		
	50.8	NC35	120.7(4¾)	114.7				
	68.3	NC38	127.0(5)	121.0				
127.0(5)	71.4	NC44	152.4(6)	144.5	250.0	168.3	6.4	100.0
			158.8(6¼)	149.2				
	82.6	NC46	158.8(6¼)	150.0				
			165.1(6½)	154.8				
			171.5(6¾)	159.5				
	95.3	NC50	177.8(7)	164.7				
			184.2(7¼)	169.5				
		NC56	196.8(7¾)	185.3	300.0			
			203.2(8)	190.1				
		6⅝REG	209.6(8¼)	195.7				
		NC61	228.6(9)	212.7				
		7⅝REG	241.3(9½)	223.8				
		NC70	247.7(9¾)	232.6				
			254.0(10)	237.3				
		8⅝REG	279.4(11)	266.7				

表 1-41　提升短节力学性能

外螺纹接头外径尺寸 D/mm(in)	抗拉强度 R_b/MPa	屈服强度 $R_{r0.2}$/MPa	伸长率 A/%	夏比吸收能 A_{kv}/J	硬度 HB
79.4～171.5 (3⅛～6¾)	≥970	≥760	≥13	≥54	285～341
177.8～279.4 (7～11)	≥930	≥690	≥13	≥54	285～341

9　液压提升机

液压提升机，是一种适用于各种类型钻机配套的提放重物的装置。提升速度可调，运行平稳，操作方便，安全可靠，给钻井施工带来极大方便。

9.1　液压提升机结构

液压提升机安装结构见图 1-24。

图 1-24　液压提升机安装示意图

9.2　液压提升机技术规范

江苏如石液压提升机技术规范见表1－42。

表1－42　江苏如石液压提升机技术规范

型号		TS－1.5/8.3	TS－1.5/9.8	TS－1.5/10.5	TS－1.5/10.5Z
液压系统额定流量	L/min	35.5	35.5	35.5	35.5
液压系统额定压力	MPa	20	20	20	20
	psi	2900	2900	2900	2900
额定载荷	kN	15	15	15	15
	US t	1.65	1.65	1.65	1.65
提升高度	m	0～8.3	0～9.8	0～10.5	0～10.5
	ft	0～27	0～32	0～34	0～34
外形尺寸	mm	1360×1860×10500	1360×1860×12000	1360×1860×13000	1360×1860×14000
	in	54×73×414	54×73×473	54×73×512	54×73×551
质量	kg	2400	2500	2600	2700
	lb	5290	5510	5730	5951

注：TS－1.5/10.5Z为防坠落液压提升机。

第二章　钻头及喷嘴

石油钻井中，按结构将钻头分为刮刀钻头、牙轮钻头、金刚石钻头、特种钻头和取芯钻头五大类型。

1　刮刀钻头

刮刀钻头按刮刀片(又称刀翼)数目可分为二、三、四和多翼刮刀钻头，按切削材料可分为硬质合金和聚晶金刚石刮刀钻头。

1.1　钻头结构

1.1.1　刮刀钻头结构

刮刀钻头由刮刀片、上钻头体、下钻头体和喷嘴组成，其结构型式如图 2 –1 所示。

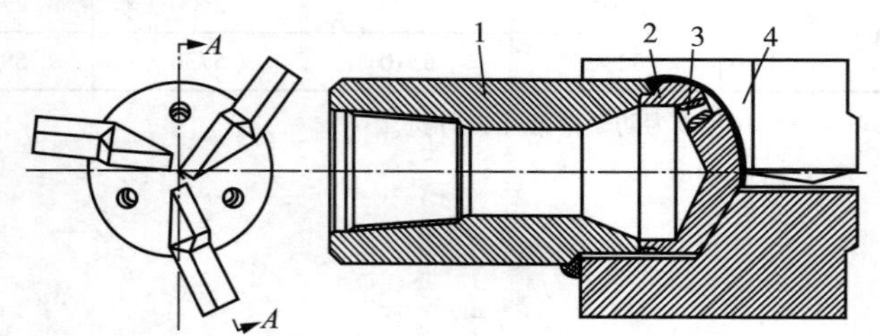

图 2 –1　三翼刮刀钻头结构

1—上钻头体；2—下钻头体；3—喷嘴；4—刮刀片

1.1.2　刮刀片

刮刀片也称刀翼，是刮刀钻头破碎地层的主要部件。刮刀片是由刀片基体(钢体)及镶焊在上面的硬质合金和槽孔内的大颗粒人造聚晶金刚石孕镶块组成。刮刀钻头依其刀翼的数量命名。

刀翼焊在钻头体上。刀翼的几何形状，基体钢材质量，硬质合金、人造聚晶金刚石及孕镶块的质量、数量，排列方式，以及它们的镶焊质量等，都直接影响着刮刀钻头的质量。刀翼结构特点包括以下方面：

①刀翼几何形状：刀翼的厚度随距刀刃距离的增加而逐渐增厚，呈抛物线形。刀翼底部有平底、正阶梯、反阶梯和反锥形等几种形状，常用的形状为正二阶梯，如图 2－2 所示。

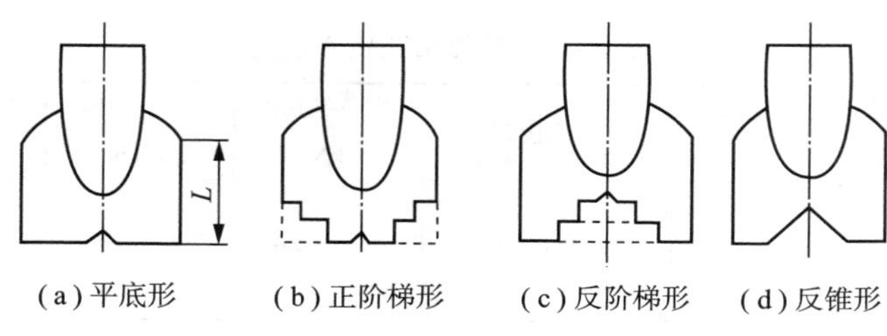

图 2－2　刀翼底部几何形状

②刀翼结构角：包括刃尖角 β、切削角 α、刃前角 ϕ 和刃后角 ψ，如图 2－3 所示。

刃尖角 β 表示刀翼的尖锐程度，对软地层 β 角可稍小，一般为 8°～10°；较硬地层 β 角平均为 12°～15°；夹层多，井较深时，β 角应适当增大。

切削角 α 主要根据地层岩石性质确定。松软地层，$\alpha = 70°$；软地层，$\alpha = 70° \sim 80°$；中硬地层 $\alpha = 80° \sim 85°$。

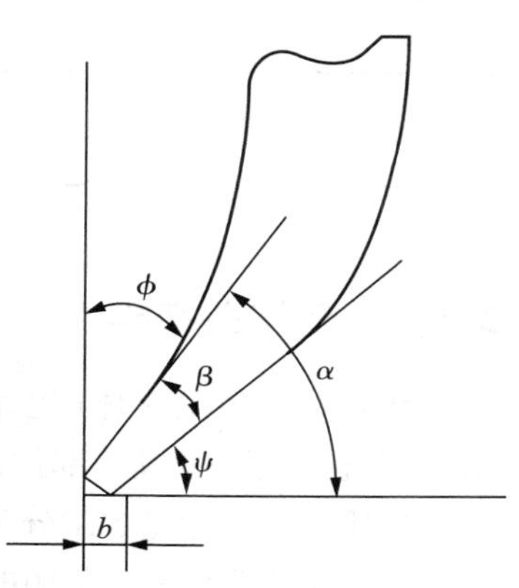

图 2－3　刮刀钻头刀翼结构角

1.2　工作原理

刮刀钻头在钻压和扭矩的作

用下，刀翼以正螺旋面吃入地层，并以切削、剪切和刮挤方式破碎岩石。在钻遇塑性岩石时，主要靠切削作用；在钻遇塑脆性岩石时，靠碰撞、压碎及小剪切、大剪切这三个过程破碎岩石；在钻遇硬地层的岩石时，靠刀翼中不断磨损出来的硬质合金或金刚石等硬质点形成的梳齿破碎岩石。

1.3 钻头尺寸及技术规范

刮刀钻头尺寸及技术规范见表 2－1。

表 2－1 刮刀钻头技术规范

公称尺寸/in	钻头直径/mm	连接螺纹	推荐钻压/kN	推荐转速/(r/min)	质量/kg
$7\frac{3}{4}$	203±1 200±1 198±1	$4\frac{1}{2}$FH	120～160	200～120	35
$8\frac{1}{2}$	222±1 220±1 218±1	$4\frac{1}{2}$FH	140～180	200～120	45
$9\frac{3}{4}$	250±1 248±1 246±1	$5\frac{1}{2}$FH	140～200	200～120	60

2 牙轮钻头

2.1 牙轮钻头结构

牙轮钻头由钻头体(巴掌)、牙轮、轴承、锁紧元件、储油密封装置、喷嘴装置等部件组成。

牙轮钻头按牙轮数量分为，单牙轮钻头、两牙轮钻头、三牙轮钻头、四牙轮钻头。常用的是三牙轮钻头(简称牙轮钻头)，小井眼使用单牙轮钻头。按切削材质可分为铣齿(钢齿)和镶齿(硬质合金)牙轮钻头。三牙轮钻头的结构如图 2－4 所示。

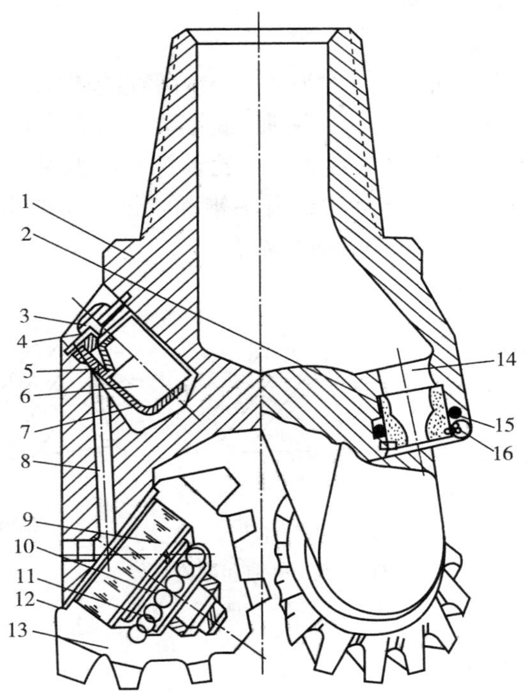

图2-4 三牙轮钻头(铣齿密封滚动轴承喷射式)

1—巴掌；2—喷嘴；3—传压孔；4—压盖；5—压力补偿膜；6—储油腔；7—护膜杯；8—长油孔；9—滚柱；10—滚珠；11—衬套；12—密封圈；13—牙轮；14—水眼；15—“O”形圈；16—卡簧挡圈

2.1.1 巴掌

巴掌是牙轮钻头的主要零件。三牙轮钻头是由三片巴掌组装焊接在一起的。上部有连接螺纹，以便与钻具连接，下部制成有一定倾斜角度的轴颈，与牙轮内孔组成轴承副。巴掌上有水孔流道，可以安装储油压力补偿装置。轴颈承受载荷，需要较高的耐磨性及硬度，同时基体内部又需要有足够的强度及耐冲击韧性。

2.1.2　牙轮与牙齿

2.1.2.1　牙轮

牙轮是用合金钢(一般为 20 CrMo)经过模锻而制成的椎体，牙轮锥面或铣出牙齿(铣齿钻头)或镶装硬质合金(镶齿钻头)。牙轮内部有轴承跑道及台肩，牙轮外锥面有两种至数种锥度，如图 2-5 所示。单锥牙轮仅有主锥和背锥，复锥牙轮由主锥、副锥和背锥组成，有的有两个副锥。

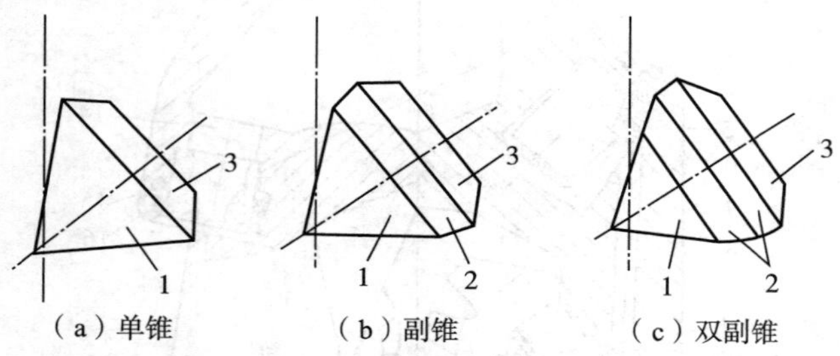

图 2-5　单锥和副锥牙轮

1—主锥；2—副锥；3—背锥

2.1.2.2　牙齿

牙轮钻头的牙齿按材料分为铣齿(钢齿)和镶齿(又称硬质合金齿)两类。

①铣齿。铣齿形状多为楔形，齿的结构参数如图 2-6 所示。为了加强钻头保径，外排齿往往设计成“T”、“L”或“Π”形，如图 2-7 所示。齿面敷焊有硬质合金粉。

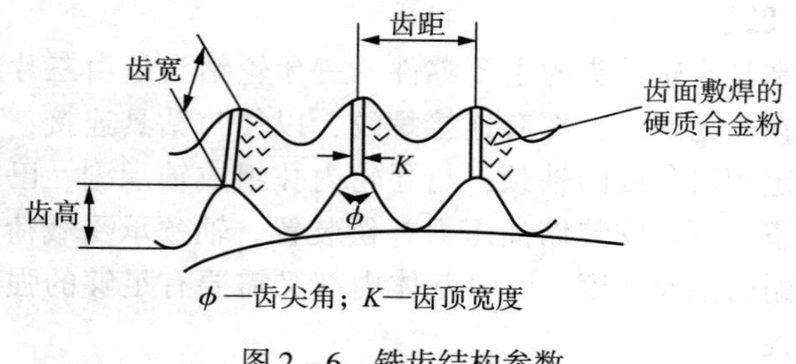

ϕ—齿尖角；K—齿顶宽度

图 2-6　铣齿结构参数

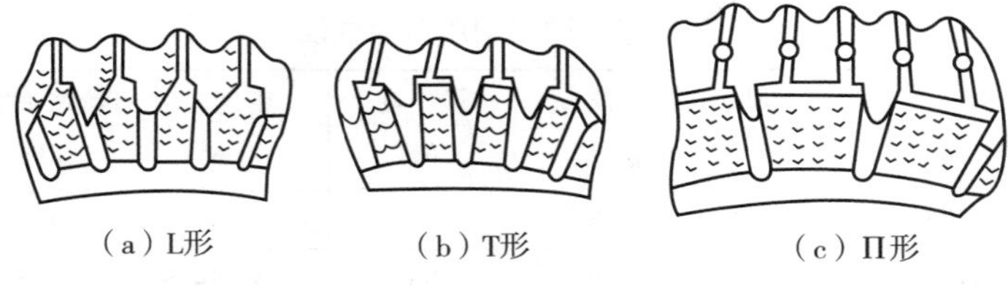

图2－7　铣齿保径齿齿形

②硬质合金镶齿。牙轮钻头上使用的硬质合金是碳化钨(WC)－钴(Co)系列硬质合金。它是以碳化钨粉末为骨架金属、钴粉末为黏结剂，有时加入少量的钽或铌的碳化物用粉末冶金方法压制、烧结而成的。合金中随着钴的含量的增加，耐磨性能降低，但抗冲击韧性提高。在不改变碳化钨和钴含量的情况下，增大碳化钨的粒度，可以提高硬质合金的韧性，而其硬度和耐磨性不变。

国产镶齿钻头常使用的硬质合金材料及其性能见表2－2。

硬质合金齿的形状即通常所称的齿形，对钻头的机械钻速和进尺有很大影响。常用的硬质合金齿的齿形有十多种，如球形、尖卵形、圆锥形、楔形、勺形、锥勺形、偏顶勺形、边楔形、平头形等，如图2－8所示。

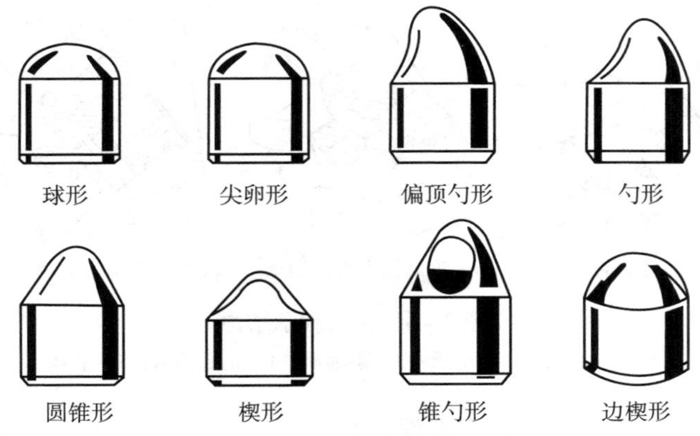

图2－8　镶齿(硬质合金齿)齿形示意图

表 2－2　国产硬质合金性能

牌号	硬质合金成分/%		硬　度	密度/	抗弯强度
	WC	Co	R_A	（g/cm³）	MPa
YG8	89	8	89	14.4～14.8	15
YG8C	92	8	88	14.4～14.8	17.5
YG11	89	11			
YG11C	89	11	87	14.0～14.4	20

2.1.2.3　轴承

牙轮钻头轴承由牙轮内腔、轴承跑道、巴掌轴颈、锁紧元件等组成。轴承副有大、中、小和止推轴承四种。根据轴承的密封与否，分为密封和非密封两类。根据轴承副的结构，分为滚动轴承和滑动轴承两大类。滚动轴承的结构形式有“滚柱—滚柱—止推”和“滚柱—滚珠—滑动—止推”两类；滑动轴承的结构有“滑动—滚动—滑动—止推”及“滑动—滑动—滑动—止推”两种。为了保证牙轮与巴掌装配牢靠，必须对牙轮进行锁紧，牙轮的锁紧方式有钢球锁紧和卡簧锁紧两种。各种轴承结构特点见图 2－9。

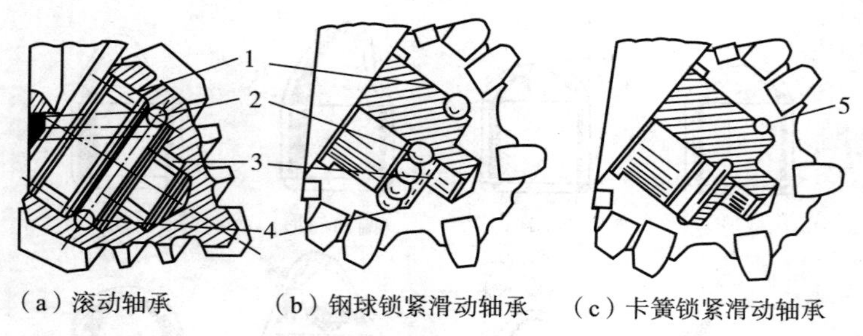

（a）滚动轴承　（b）钢球锁紧滑动轴承　（c）卡簧锁紧滑动轴承

图 2－9　钻头轴承结构

1—大轴承；2—中轴承；3—小轴承；4—止推轴承；5—卡簧

2.1.2.4　储油密封压力补偿系统

该装置由轴承密封圈、储油囊、保护杯、压盖、丝堵、挡圈等组成。其作用是平衡牙轮工作时轴承腔内外的压力差，使轴承密封圈在较小的内外压差下正常工作，避免润滑脂流失和防止钻井液进入轴承腔内，贮存足够的润滑脂向轴承腔内不断补充，使钻头轴承处于良好润滑的密封状态下工作。

密封结构有O形橡胶圈密封、碟形橡胶密封圈和金属密封环三种形式，如图2－10、图2－11所示。

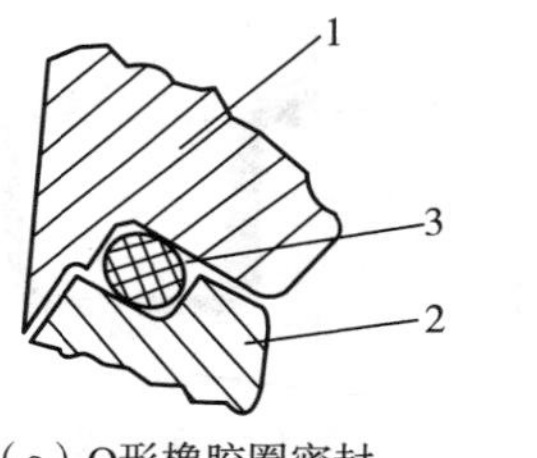

（a）O形橡胶圈密封

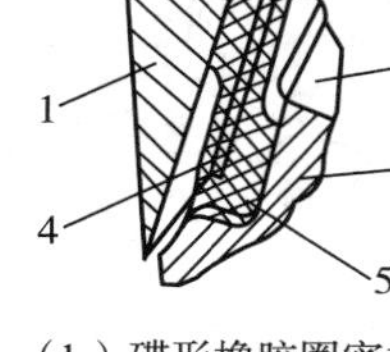

（b）碟形橡胶圈密封

图2－10　钻头橡胶密封结构

1—巴掌；2—牙轮；3—O形橡胶密封圈；4—碟形弹簧片；5—碟形橡胶密封圈；6—滚柱

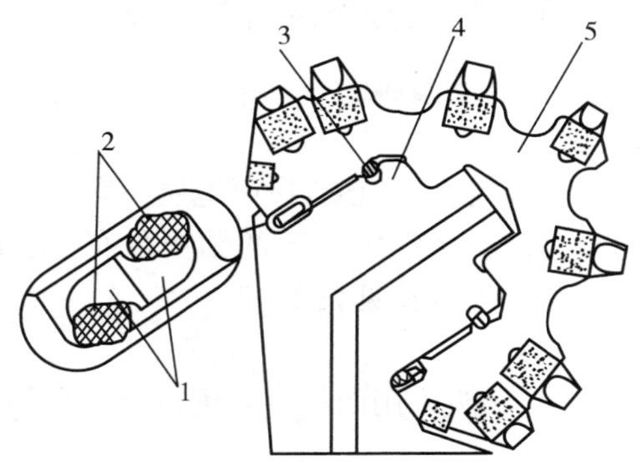

图2－11　钻头金属密封结构

1—O形橡胶增能圈；2—金属密封环；3—牙轮卡簧；4—巴掌；5—牙轮

储油囊是储油压力补偿系统中的关键部件，常用的有金属加强折叠式储油囊和全橡胶储油囊两种，如图2－12所示。

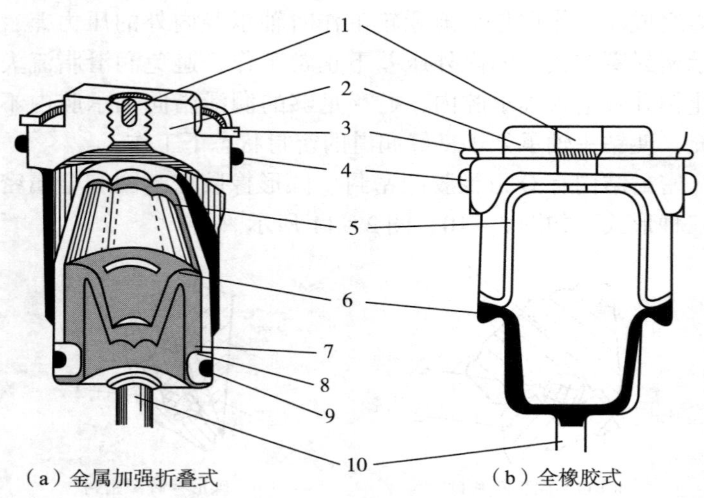

图2－12　储油囊结构

1—丝堵；2—压盖；3—挡圈；4—压盖密封圈；5—保护杯；6—储油囊；7—加强片；8—密封杯；9—油囊密封圈；10—传压孔

2.2　IADC三牙轮钻头分类及有关标准

2.2.1　牙轮钻头分类及编码

(1)分类

国际钻井承包商协会(IADC)按照地层硬度顺序制定了牙轮钻头的统一分类标准，各厂家生产的钻头虽有自己的代号，但都采用该分类标准和编号，见表2－3。

(2)编码规则

IADC规定牙轮钻头采用四位字码进行分类和编号，各字码的意义如下：

第一位字码为系列代号，用数字1～8分别表示8个系列，1～3为铣齿钻头，4～8为镶齿钻头，同时表示所适应的地层。

第二位字码为岩性级别代号，在第一位字码表示的钻头所适用的地层中，再依次从软到硬分成1、2、3、4四个等级。用数字1～4分别表示。

第三位字码为钻头结构特征代号，用数字1～9计9个数字表示，其中1～7表示钻头轴承及保径特征(见表2－3)，8表示定向钻头，9留待未来的新结构特征钻头用。

表2－3　钻头分类及编码

钻头系列	适用地层			结构特征						
	系列	岩性	分级	非密封滚动轴承	空气冷却滚动轴承	滚动轴承保径	密封滚动轴承	密封滚动轴承保径	滑动密封轴承	滑动密封轴承保径
				1	2	3	4	5	6	7
铣齿钻头	1	低抗压强度高可钻性的软地层	1 2 3 4							
	2	高抗压强度的中到中硬地层	1 2 3 4							
	3	中等研磨性或研磨性的硬地层	1 2 3 4							
镶齿钻头	4	低抗压强度高可钻性的软地层	1 2 3 4							
	5	低抗压强度的软到中等地层	1 2 3 4							
	6	高抗压强度的中硬地层	1 2 3 4							
	7	中等研磨性或研磨性的硬地层	1 2 3 4							
	8	高研磨性的极硬地层	1 2 3 4							

第四位字码为钻头附加结构特征代号，用以表示第三位数字无法表达的特征，用英文字母表示。到目前，IADC已定义的

特征，见表2－4。某些钻头可能兼有多种附加结构特征，可选择一个主要的特征符号表示。

表2－4　钻头附加结构特征代号及意义

代号	附加特征	代号	附加特征
A	空气冷却	L	掌背扶正块
B	特殊密封轴承	M	马达应用
C	中心喷嘴	R	加强焊缝(用于顿钻)
D	定向控制	S	标准铣齿
E	加长喷嘴(全长喷嘴)	T	加强切削结构
G	附加保径(掌背强化)	X	楔形镶齿
H	水平井/导向应用	Y	圆锥形镶齿
J	喷嘴偏射	Z	其他形状镶齿

2.2.2　牙轮钻头尺寸、公差、连接螺纹和上紧扭矩标准

IADC规定了牙轮钻头尺寸、公差、连接螺纹和上紧扭矩标准，见表2－5所示。

2.3　国产三牙轮钻头

2.3.1　江钻牌牙轮钻头

2.3.1.1　型号

江钻牌牙轮钻头型号表示如下：

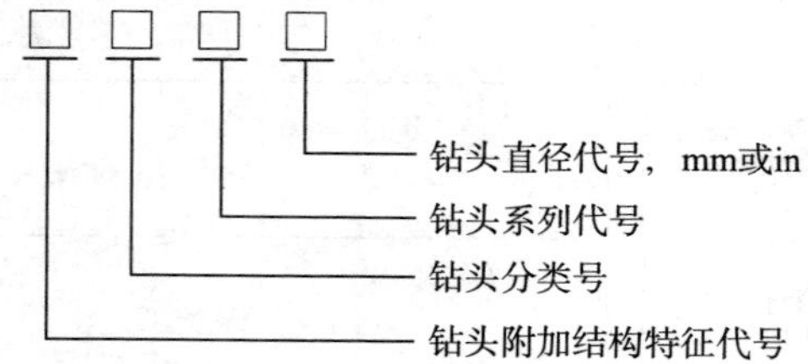

说明：

①钻头系列代号：对于牙轮钻头，按其轴承及密封结构主要特征，分为10个标准系列。除轴承和密封外，钻头结构上比

较大的改进作为特殊结构，标准系列与特殊结构或特殊结构的组合组成特殊系列。钻头系列代号见表2－6。

表2－5　牙轮钻头直径、公差及连接螺纹标准

序号	钻头直径		直径公差/	连接螺纹/	上紧扣扭矩/
	mm	in	mm	in	kN·m
1	95.2	$3\frac{3}{4}$	$_{0}^{+0.80}$	$2\frac{3}{8}$REG 外螺纹	4.1～4.7
2	98.4	$3\frac{7}{8}$			
3	104.8	$4\frac{1}{8}$			
4	114.3	$4\frac{1}{2}$	$_{0}^{+0.80}$		
5	117，5	$4\frac{5}{8}$		$2\frac{7}{8}$REG 外螺纹	6.1～7.5
6	120.6	$4\frac{3}{4}$			
7	149.2	$5\frac{7}{8}$		$3\frac{1}{2}$REG 外螺纹	9.5～12.2
8	152.4	8			
9	155.6	$6\frac{1}{8}$			
10	158.7	$6\frac{1}{4}$			
11	165.1	$6\frac{1}{2}$			
12	171.4	$6\frac{3}{4}$			
13	193.7	$7\frac{5}{8}$		$4\frac{1}{2}$REG 外螺纹	16.3～21.7
14	200.0	$7\frac{7}{8}$			
15	212.7	$8\frac{3}{8}$			
16	215.9	$8\frac{1}{2}$			
17	222.2	$8\frac{3}{4}$			
18	241.3	$9\frac{1}{2}$		$6\frac{5}{8}$REG 外螺纹	38.0～43.4
19	250.8	$9\frac{7}{8}$			
20	269.9	$10\frac{5}{8}$			
21	279.4	11			
22	311.1	$12\frac{1}{4}$			
23	342.9	$13\frac{1}{2}$			
24	352.0	$13\frac{3}{4}$			

续表

序号	钻头直径		直径公差/	连接螺纹/	上紧扣扭矩/
	mm	in	mm	in	kN · m
25	374.6	$14\frac{3}{4}$	+1.60 0	$7\frac{5}{8}$REG 内或外螺纹	46.1～54.2
26	444.5	$17\frac{1}{2}$			
27	508.0	20	+2.40 0	$8\frac{5}{8}$REG 内或外螺纹	54.2～81.3
28	609.6	24			
29	660.4	26			

表 2－6　江钻牌钻头系列代号

序号	轴承及密封 主要结构特征	标准 系列	特殊系列		
			T (特别保径)	D (等磨损齿)	B (双流道低 喷嘴座)
1	滑动轴承橡胶密封	H	HT	HD	HB
2	滑动轴承橡胶密封改进型	HA	HAT	HAD	HAB
3	滑动轴承金属密封	HJ	HJT	HJD	HJB
4	滑动轴承浮动密封	HF	HFT	HFD	HFB
5	浮动轴承橡胶密封改进型	FA	FAT	FAD	FAB
6	浮动轴承金属密封	FJ	FJT	FJD	FJB
7	滚动轴承橡胶密封改进型	GA	GAT	GAD	GAB
8	滚动轴承金属密封	GJ	GJT	GJD	GJB
9	滚动轴承浮动密封	GF	GFT	GFD	GFB
10	非密封滚动轴承	W			
11	滑动轴承橡胶密封	YA			
12	空气轴承(矿用)	K			

注 1：特殊结构 T 系列钻头，是在原系列钻头的基础上，在背锥齿和外排齿之间增加了一排修边齿的特别保径钻头系列。

注 2：特殊结构 D 系列钻头，是在原系列钻头的基础上，在牙轮各齿圈镶装不等宽齿顶合金齿和不等宽偏顶勺形合金齿的等磨损齿钻头。

注 3：特殊结构 B 系列钻头，是在原系列钻头的基础上，开发出的双流道低喷嘴座钻头(专利号：ZL95221168.8)。两喷嘴组合避免了常规三喷嘴钻头简单堵一喷嘴引发的流道冲蚀和流态紊乱现象。

②钻头附加结构特征代号：为了满足钻井及地层的某些特殊需要，钻头需进行改进或加强时，则在分类号后加附加结构特征，采

用一个或多个字母表示。钻头附加结构特征代号见表2－7。

③钻头分类号：分类号采用SPE/IADC23937的规定，由三位数字组成，见表2－8。

2.3.1.2 规格系列

江钻牌铣齿钻头规格系列见表2－9，镶齿钻头规格系列见表2－10。

表2－7 钻头附加结构特征代号

代号	附加结构特征	代号	附加结构特征
A	改进型钻头	H	金刚石保径
B	合金齿保径	L	掌背扶正块
C	中心喷嘴	M	齿加密
DM	等磨损合金齿	S	标准勺形合金齿
E	加长喷嘴	X	锲形合金齿
G	掌背强化	Y	圆锥形齿

示例：8½MD517X，代表直径为8.5in(215.9mm)的高速马达钻头系列，IADC编码为517，主切削齿为凸顶楔形齿的三牙轮钻头。

表2－8 江钻牌三牙轮钻头分类号

钻头类别	适用地层			结构特征						
	系列	岩 性	分级	普通滚动轴承 1	空气冷却滚动轴承 2	滚动轴承保径 3	密封滚动轴承 4	密封滚动保径 5	密封滑动轴承 6	密封滑动保径 7
铣齿钻头	1	低抗压强度高可钻性的软地层	1	111			114	115	116	117
			2	121					126	127
			3	131			134	135	136	137
			4							
	2	高抗压强度的中到中硬地层	1	211					216	217
			2	221						
			3							
			4							

续表

钻头类别	适用地层			结构特征						
	系列	岩性	分级	普通滚动轴承 1	空气冷却滚动轴承 2	滚动轴承保径 3	密封滚动轴承 4	密封滚动保径 5	密封滑动轴承 6	密封滑动保径 7
铣齿钻头	3	半研磨性及研磨性的硬地层	1						316	
			2	321						
			3							
			4							
镶齿钻头	4	低抗压强度高可钻性的极软地层	1					415		417
			2							427
			3					435		437
			4							447
	5	低抗压强度的软到中硬地层	1		512			515		517
			2							527
			3		532			535		537
			4					545		547
	6	高抗压强度的中硬地层	1		612			615		617
			2							627
			3		632					637
			4							
	7	半研磨性及研磨性的硬地层	1		712			715		
			2							
			3		732					737
			4							
	8	高研磨性的极硬地层	1							
			2							
			3		832					837
			4		842					

表 2－9　江钻牌铣齿钻头规格系列

钻头尺寸 min	钻头尺寸 in	API 正规螺纹/in	O 形密封滑动轴承钻头	O 形密封滚动轴承钻头	金属密封滑动轴承钻头	金属密封滚动轴承钻头	非密封滚动轴承钻头	钻头质量/kg
149.2	$5\frac{7}{8}$	$3\frac{1}{2}$	H136 H216					14
152.4	6		H126 H136 H216	SWT116G SWT117G SWT137G SWT217G	MD117G MD127G MD217G			14
155.6	$6\frac{1}{8}$			GA214				16
165.1	$6\frac{1}{2}$		H126 H136 H216					18
200.0	$7\frac{7}{8}$	$4\frac{1}{2}$	H126 H136 H217 HA116 HAT127					32
212.7	$8\frac{3}{8}$							
215.9	$8\frac{1}{2}$		H116 H126 H136 H216 H127 HB127 HB137 HB217 HA116 HAT127 HAT127L HFT127 FAT127 FAT127L	GA114 GA115 GA134 GA135 GA214 GA215 GA435 GAB115 GAB135 SWT116 SWT117G SWT137G SWT217G	HJ117 HJ127 HJ137 FJ117 FJ127 MD117G MD127G MD217G SWT117GM SWT137GM SWT217GM			36～38

续表

钻头尺寸		API 正规螺纹/in	O 形密封滑动轴承钻头	O 形密封滚动轴承钻头	金属密封滑动轴承钻头	金属密封滚动轴承钻头	非密封滚动轴承钻头	钻头质量/kg
min	in							
241.3	$9\frac{1}{2}$	$6\frac{5}{8}$	H126 H136 H216 HA116					56
311.1	$12\frac{1}{4}$		H116 H126 H136 H216 HB137 HB217 HA1116 HAT117 HJ117 HJT117G HJT127L	GA114 GA115 CA214 GAB114 GAB135 SWT116 SWT117G SWT137G SWT217G	HJ116 HJB117 HJB137 MD117G MD127G MD217G	GJ115 GJ115L GJ135	W111 W121 W131 W321	87~90
444.5	$17\frac{1}{2}$	$7\frac{5}{8}$		GA114 GA125 GA134 GA215 GAT115 SWT114 SWT115G SWT135G SWT215G	GJ115 GJ115L GJ135 GJ135L GJT115L MD117G MD127G MD217		W111 W121 W131	222

表 2－10 江钻牌镶齿钻头规格系列

钻头尺寸		API 正规螺纹/in	O 形密封滑动轴承钻头	O 形密封滚动轴承钻头	金属密封滑动轴承钻头	金属密封滚动轴承钻头	钻头质量/kg
mm	in						
149.2	$5\frac{7}{8}$	$3\frac{1}{2}$	HA517 HA537 HA637 HA437 HA527Y SD517G SD637G				16
152.4	6		H537 H617 H637 HA517 HA537 HA617 HA637 SD517G SD637G		MD447GL MD517GL MD537GL MD547GL MD617GL MD637GL Q617CGY Q627CGH		16
155.6	$6\frac{1}{8}$		HA517 HA527Y				18
165.1	$6\frac{1}{2}$		HA437 HA517 HA537 HA617 HA627				20
200.0	$7\frac{7}{8}$	$4\frac{1}{2}$	HA417 HA437 HA447 HA517 HA527 HA537 HA547 HA617 HA627 HA637 HAT517 HAT537				34
212.7	$8\frac{3}{8}$		H517 HA517 HA537 HA617 HA627 HA637				39
215.9	$8\frac{1}{2}$		H517 H537 HA417 HA437 HT437 HD437 HT517 HA517 HB517 HA527 HA537 HA547 HA617 HA627 HA637 HA737 HA837 HF447 FA447 FA447L		HJ417 HJ437 HJ447 HJ517 HJ527 HJ537 HJB517 HJT437G HJT437L HJT447L HJT537 HJT547GH HJT637GH HJT737G HJT737GH HJD437 HJD517 MD447GL MD517GL MD537GL MD547GL MD617GL MD637GL MD537GLY MD547GLY MD617GLY Q617CGY Q627CGH		38 ~ 40

续表

钻头尺寸		API 正规螺纹/in	O 形密封滑动轴承钻头	O 形密封滚动轴承钻头	金属密封滑动轴承钻头	金属密封滚动轴承钻头	钻头质量/kg
mm	in						
241.3	$9\frac{1}{2}$	$6\frac{5}{8}$	H437 H517 H517L HA417 HA437 HA437L HA517 HA517L HAT517 HA527 H537 HA537 HA617 HA627 HA637 HA737 HA837 HFT517		HJ437 HJ437L HJ517 HJ537 HJ537L HJT517L HJT537L		59
311.1	$12\frac{1}{4}$		H447 H517 H527 H537 H547 H617 H637 HA437 HA437L HA517 HA517L HB517 HA527 HA537 HA617 HA617Y HA627 HA637 HA737 HA837 HAT437 HAT447 HAT517 HAT527 HAT537 HFT517	GA435 GA515	HJ417 HJ437 HJ447 HJ517 HJ527 HJ537 HJB517 HJ547 HJT437L MD447GL MD517GL MD537GL MD547GL Q617CGY Q627CGH MD617GL MD637GL		92 ~ 96
444.5	$17\frac{1}{2}$	$7\frac{5}{8}$	HA437 HA517	GA435 GA515 GAT435	HJ437 HJ517 HJ517Y HJ537 HJ537Y Q617CGY Q627CGH	GJ415 GJ435	226

2.3.1.3　推荐钻压与转速

江钻牌三牙轮钻头推荐钻压与转速见表2－11。

表2－11　江钻牌三牙轮钻头推荐钻压与转速

系列	钻头型号	正常钻压/（kN/mm）	转速/（r/min）	系列	钻头型号	正常钻压/（kN/mm）	转速/（r/min）
H	H126	0.35～1.00	150～70	HJ	HJ117	0.35～0.90	300～80
	H136	0.35～1.05	120～60		HJ137	0.35～0.90	300～80
	H216	0.50～1.20	90～50		HJ417	0.35～0.90	280～70
	H437DM	0.50～0.70	150～60		HJ437	0.35～0.90	280～60
	H517	0.60～0.90	80～40		HJ517	0.35～1.05	240～50
	H537	0.60～0.90	80～40		HJ537	0.50～1.05	220～40
	H617	0.70～1.00	60～45	G	G115A	0.25～0.70	200～80
	H637	0.80～1.00	55～45		G135A	0.25～0.70	200～80
	H116A	0.35～0.90	180～80		G435A	0.20～0.70	200～80
	H417A	035～0.90	140～70		G515A	0.25～0.80	200～80
	H437A	0.35～0.90	140～60	GJ	GJ115B	0.20～0.70	350～80
	H517A	0.35～1.05	120～50		GJ135B	0.20～0.70	350～80
	H537A	0.50～1.05	110～40		GJ415	0.20～0.60	350～80
	H617A	0.50～1.05	80～40		GJ435	0.20～0.70	350～80
	H637A	0.70～1.20	70～40	K	K532	0.18～0.70	150～50
	H737A	0.50～1.05	65～35		K612	0.35～0.88	120～50
	H837A	0.70～1.15	55～30		K742	0.53～1.05	90～50
					K832	0.88～1.40	80～40

2.3.2 立林牙轮钻头

2.3.2.1 型号

(1)型号表示方法

立林牙轮钻头型号表示如下：

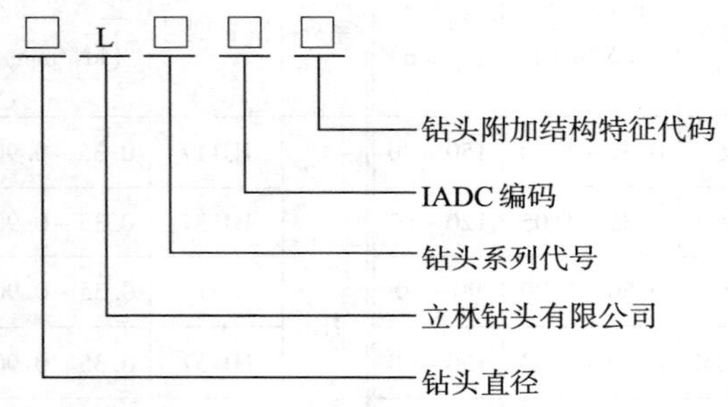

(2)型号编码规则

钻头直径代号：用数字(整数或分数)表示，其数字表示钻头直径(mm 或 in)。

钻头系列代号：按牙轮钻头轴承及密封结构主要特征，分为 5 个标准系列，具体代号见表 2－12。

表 2－12　立林公司牙轮钻头系列代号

序号	系 列 代 号	主要结构特征
1	E	橡胶密封
2	R	复合材料密封
3	S	三高钻头(金属密封)
4	A	特殊布齿
5	T	修边齿

钻头分类号：分类号采用 SPE/IADC23937 的规定，由三位数字组成。首位为切削结构类别及地层系列号；第二位为地层分级号；第三位为钻头结构特征代号。

钻头附加结构特征代号：

钻头附加结构特征代号见表2－13。

表2－13 钻头附加特征代码

代　号	附加结构特征	代　号	附加结构特征
C	中心喷嘴	D	金刚石加强保径
E	加长喷嘴	G	掌背强化
K	切削齿为宽顶齿	L	掌背扶正块
Y	切削齿为锥形齿	X	切削齿为楔形齿
Z	切削齿为球楔齿	SP	掌背加密布齿

示例：8½ LST 517G 钻头：表示立林公司生产的直径为8.5in，滑动轴承金属密封、特别保径和掌背强化的镶齿钻头。

2.3.2.2 立林牌牙轮钻头与其他厂家型号对照

立林牌牙轮钻头与其他厂家型号对照见表2－14。

表2－14 立林牙轮钻头与其他厂家型号对照

钻头类别	轴承型式	密封型式	立林钻头型号	IADC钻头代码	美国休斯型号	江钻型号	其他国产钻头型号
镶齿钻头	滑动轴承	密封橡胶	LET117	117		HAT117	
			LET127	127		HAT127	
			LET137	137		HAT137	
		复合密封	LRT117	117			
			LRT127	127			
			LRT137	137			
			LRT217	217			
			LRT237	237			

续表

钻头类别	轴承型式	密封型式	立林钻头型号	IADC 钻头代码	美国休斯型号	江钻型号	其他国产钻头型号
镶齿钻头	滑动轴承	橡胶密封	LE417 LEA417	417		H417 HA417	
			LE437 LEA437	437	J11 ATJ11	H437 HA437	SH11R XHP1
			LE517 LEA517	517	J22 ATJ22	H517 HA517	SH22R XHP2
			LE537 LEA537	537	J33 ATJ33	H537 HA537	SH33R XHP3
			LE617 LEA617	617	J44 ATJ44	H617 HA617	SH44 XHP4
			LE637 LEA637	637	J55 ATJ55	H637 HA637	SH55 XHP5
			LE737 LEA737	737	J77 ATJ77	H737 HA737	SH66 XHP6
			LE837 LEA837	837	J99 ATJ99	H837 HA837	SH77 XHP7
		复合密封	LR437	437			
			LR517	517			
			LR537	537			
			LR617	617			
			LR637	637			
	浮动轴承	复合密封	LS437	437		MD437	
			LS517	517		MD517	
			LS537	537		MD537	
			LS617	617		MD617	
			LS717	737		MD717	

续表

钻头类别	轴承型式	密封型式	立林钻头型号	IADC 钻头代码	美国休斯型号	江钻型号	其他国产钻头型号
镶齿钻头	滚动轴承	橡胶密封	LGT415	415		GAT415	
			LGT435	435		GAT435	
			LGT515	515	ATX22 MAX22	GAT515	
			LGT535	535	ATX33	GAT535	

注：浮动轴承复合密封又称为三高钻头。

2.3.2.3　立林牌三牙轮钻头推荐钻压与转速

立林牌三牙轮钻头推荐钻压与转速见表 2－15。

表 2－15　立林三牙轮钻头推荐钻压与转速

轴承类型	牙齿类型	密封形式	钻头型号	正常钻压/(kN/mm)	转速/(r/min)
滑动	钢齿	橡胶	LET117	0.48～1.00	160～80
			LET127		150～70
			LET137		130～60
			LET147		160～50
	镶齿	橡胶	LE417	0.5～0.7	150～80
			LE437		130～50
			LE447	0.5～0.9	120～50
			LE517		100～45
			LE537	0.6～0.9	80～45
			LE617	0.6～1.0	60～45
			LE637		
			LE737	0.6～1.1	
			LE837	1.0～1.3	

续表

轴承类型	牙齿类型	密封形式	钻头型号	正常钻压/(kN/mm)	转速/(r/min)
滑动	镶齿	橡胶	LEA417	0.4～0.9	140～70
			LEA437		140～60
			LEA447		
			LEA517	0.5～1.0	120～50
			LEA537		110～50
			LEA547		
			LEA617	0.6～1.1	100～40
			LEA637	0.7～1.2	80～40
			LEA737		70～40
			LEA837		60～40
		金属	LS417	0.4～0.9	280～60
			LS437		260～60
			LS447		250～60
			LS517	0.5～1.0	250～60
			LS537		230～60
			LS547		
			LS617	0.6～1.1	220～50
			LS637	0.7～1.2	200～40
滚动	钢齿	橡胶	LE114	0.4～0.7	200～80
			LET115		
			LET125		
			LET135		
			LET145		
	镶齿		LET415		180～80
			LET435		160～80
			LET515		140～80
			LET535		120～80

2.3.3 川石牌牙轮钻头

2.3.3.1 型号及主要结构特点

(1)型号

川石牌三牙轮钻头型号见表2－16。

表2－16　川石牌三牙轮钻头型号

序号	型　号	结　构　特　点
1	S	滑动或滚动轴承，橡胶密封
2	SJ	金属密封轴承
3	SG	改进型滚动轴承，橡胶密封
4	SV	金属密封滑动轴承，高速马达钻头
5	SK	空气冷却滚动轴承
6	SD	单牙轮钻头
7	SL	领眼钻头

(2)结构特点

各系列三牙轮钻头结构特点见表2－17。

表2－17　各系列三牙轮钻头结构特点

系列	结　构　特　点
S (滑动)	S系列为滑动轴承橡胶密封三牙轮钻头。结构特征如下： ①钢齿钻头齿面敷焊新型耐磨合金，增强了切削齿耐磨性，镶齿钻头采用优质硬质合金齿。增强了切削齿的综合机械性能。 ②采用多重保径结构，牙轮外排镶修边齿(GT齿)，轮背、掌背镶有硬质合金齿或堆焊耐磨合金，加强爪尖及前侧敷焊。 ③采用高精度配合的径向滑动、两道止推轴承，巴掌轴颈和二止面焊有耐磨合金，牙轮大孔和二止面镶嵌特殊合金并镀银，增加了轴承副的耐磨性和抗咬合能力。钢球锁紧牙轮。 ④轴承密封选用丁晴橡胶O形密封圈。采用进口钻头专用润滑脂。在常规转速下能承受较高的钻压，可适合各种地层钻进

续表

系列	结 构 特 点
S (滚动)	S 系列为滚动轴承橡胶密封三牙轮钻头。结构特征如下： ①除轴承结构外，其余与 S(滑动)相同。 ②轴承结构：为了使钻头适应较高转速钻进，采用径向滚动轴承。钢球锁紧牙轮。 ③在中低钻压下能实现较高转速，适合软到中软地层钻进
SJ	SJ 系列为金属密封轴承三牙轮钻头。结构特征如下： ①采用新配方新工艺的优质硬质合金齿。 ②采用多重保径结构：牙轮外排镶修边齿(GT 齿)，轮背、掌背镶有硬质合金齿、堆焊耐磨合金。 ③采用高精度配合的径向滑动、两道止推轴承，钢球锁紧。牙爪大轴颈和二止面焊有耐磨合金、牙轮大孔和二止面镶嵌特殊合金并镀银，增加轴承副的耐磨性和抗咬合能力，提高轴承副适应高转速的能力。 ④采用先进的金属密封。可限制压差式贮油补偿结构提高了轴承润滑的可靠性。采用进口钻头专用润滑脂。 ⑤适合井下动力钻具和高钻速转盘钻井
SG	SG 系列为改进型滚动密封轴承三牙轮钻头。结构特征如下： ①钢齿钻头齿面敷焊新型耐磨合金，镶齿钻头采用新配方新工艺的优质硬质合金齿。 ②采用多重保径结构：牙轮外排镶修边齿(GT 齿)，轮背、爪背镶有硬质合金齿或堆焊耐磨合金，加强掌尖及前侧敷焊，提高了钻头的保径能力。 ③轴承采用了滚动结构，钢球锁紧。 ④轴承密封采用丁氰胶“O”形密封圈，采用进口钻头专用润滑脂。 ⑤产品比普通滚动轴承三牙轮钻头的承载能力和转速更高，更适合高转速钻井

续表

系列	结构特点
SV	SV 系列为高速马达三牙轮钻头。结构特征如下： ①采用优质硬质合金齿，增强切削齿的综合机械性能。 ②采用多重保径结构：牙轮外排镶修边齿(GT 齿)，轮背、掌背镶有硬质合金齿或堆焊耐磨合金。 ③采用高精度配合的径向滑动、两道止推轴承，钢球锁紧。牙爪大轴颈和二止面焊有耐磨合金、牙轮大孔和二止面镶嵌特殊合金并镀银，增加轴承副的耐磨性和抗咬合能力，提高轴承副适应高转速的能力。 ④采用先进的金属密封结构，可限制压差式贮油补偿结构，进口钻头专用润滑脂。 ⑤六点定位结构。巴掌采用特殊的整体式掌背结构，使喷嘴外壁和掌背可同时接触井壁，实现钻头六点定位功能，不仅使钻进特别平稳，避免牙齿过载，井身质量好，而且能有效保护喷嘴壁和储油孔壁，提高了钻头的整体性能。 ⑥产品适合井下动力钻具和高钻速转盘钻井。为定向井、水平井钻井的理想工具
SK	SK 系列为空气冷却滚动轴承三牙轮钻头。结构特征如下： ①采用优质硬质合金齿，增强了切削齿的综合机械性能。 ②轮背和掌背都镶有硬质合金齿，加强爪尖敷焊，提高了钻头的保径能力。 ③空气冷却滚动轴承结构，钢球锁紧牙轮。 ④适应以气体作为循环介质的欠平衡钻井工艺，在中低钻压下能实现较高转速，适合软到中软地层钻进

2.3.3.2　川石牌牙轮钻头的规格系列：

川石牌牙轮钻头的规格系列见表 2－18。

表2-18　川石牌牙轮钻头规格系列

钻头尺寸		API正规螺纹/in	O形密封滑动轴承钻头	O形密封滚动轴承钻头	金属密封滑动轴承钻头	钻头大约质量/kg
mm	in					
149.2	5⅞	3½	S216 S537 S547 S637	S214		16
152.4	6		S117W S216 S246 S517 S547			16
155.6	6⅛		S117W S247 S517 S527 S547 S637			18
165.1	6½		S127W S127 S517 S537			20
200.0	7⅞	4½	S117GW S437G S517G S527G S537G S547G S547GY S627G S617GY S637GY	S114 S124 S134	SJ517G SJ527G SJ547GY SJ617GY SJ627G SJ637GY	34
212.7	8⅜		S217 S527 S547	S215		39
215.9	8½		ST117W ST127W S137W S217 S247 ST437GK ST447GK ST517GK ST527GK ST537G ST547G S617G S627G S637G	S124W S134	SJT437GK SJT447GK SJT517G SJT537G SJT617GY SJT627G SJT637GY SVT417G SVT437G SVT447G SVT517G SVT527G SVT537G SVT547G	38~40

续表

钻头尺寸		API 正规螺纹/in	O 形密封滑动轴承钻头	O 形密封滚动轴承钻头	金属密封滑动轴承钻头	钻头大约质量/kg
mm	in					
241.3	$9\frac{1}{2}$	$6\frac{5}{8}$	ST117GW ST127GW ST417G ST437G ST517G ST527G ST537G		SJT437G SJT517G SJT537G	59
250.8	$9\frac{7}{8}$			SK512G SK542G SK612G SK732G		70
311.1	$12\frac{1}{4}$		ST117W S127W S137 ST417GK ST437G ST517G ST527G ST537G ST547G ST617GY S627G S637G	ST115GW ST125GW S135 S214 S244 S324	SJT437G SJT517G SJT537G SJT617GY SJT627G SJT637GY SVT417G SVT437G SVT447G SVT517G SVT527G SVT537G SVT547G	92~96
349.2	$13\frac{3}{4}$		S437 S517	ST115W ST125W ST135W		120

续表

钻头尺寸		API 正规螺纹/in	O 形密封滑动轴承钻头	O 形密封滚动轴承钻头	金属密封滑动轴承钻头	钻头大约质量/kg
mm	in					
393.7	$15\frac{1}{2}$	$7\frac{5}{8}$	S127GW S217G S517G S527G S537G S547G			
406.4	16		ST117GW ST127GW S127G ST517G ST527G S535 ST537G ST547G S545	SGT115GW		204～231
444.5	$17\frac{1}{2}$	$7\frac{5}{8}$	ST117GW S127W S137 ST437G ST517G ST527G ST537G ST547G	S115GW S125GW S135G S215G SGT115GW SG125G SG135G SGT435G SGT515G SGT525G SGT535G SGT545G SGT615G SGT635G		234～254
508.0	20	$8\frac{5}{8}$		S125CGW S215CGW S515CG S525CG ST525CG ST545CG		320～353

2.3.3.3　川石牌三牙轮钻头推荐钻压与转速

川石牌三牙轮钻头推荐钻压与转速见表2－19。

表2－19　川石三牙轮钻头推荐钻压与转速

轴承类型	密封形式	钻头系列	IADC	正常钻压/(kN/mm)	转速/(r/min)
滑动	橡胶	S	116、117	0.35～0.8	150～80
			126、127	0.35～0.9	150～70
			136、137	0.35～1.0	120～60
			216、217	0.4～1.0	100～60
			246、247	0.4～1.0	90～50
			417、437、447	0.35～0.9	150～70
			517、527	0.35～1.0	120～60
			537、547	0.45～1.0	120～50
			617、627	0.45～1.1	90～50
			637	0.5～1.2	80～40
	金属	SJ	417、437、447	0.35～0.9	240～70
			517、527	0.35～1.0	220～60
			537、547	0.45～1.0	220～50
		SV	417、437、447	0.35～0.9	240～70
			517、527	0.35～1.0	220～60
			537、547	0.45～1.0	220～50
滚动	橡胶	S	114、115	0.3～0.75	180～60
			124、125	0.3～0.85	180～60
			134、135	0.3～0.95	150～60
			214、215	0.35～0.95	150～60
		S	244	0.35～0.95	150～50
			324	0.4～1.0	120～50
			515、525	0.35～0.9	180～60
			535、545	0.35～1.0	150～60
		SG	115	0.3～0.75	200～80
			125	0.3～0.85	200～80

续表

轴承类型	密封形式	钻头系列	IADC	正常钻压/(kN/mm)	转速/(r/min)
滚动	橡胶	SG	135	0.3～0.95	180～80
			215	0.35～0.95	180～80
			435、445	0.35～0.95	150～60
			515	0.3～0.8	200～80
			535、545	0.35～0.9	180～80
			615、625	0.35～1.0	180～80
			635	0.4～1.1	150～60
		SK	512	0.35～0.7	120～60
			542	0.4～0.8	100～60
			612	0.5～0.9	100～60
			732	0.6～1.1	90～50

注：表中推荐的钻压和转速不可同时使用上限。

2.4　国外三牙轮钻头

2.4.1　休斯公司牙轮钻头

休斯公司牙轮钻头型号与选型见表 2－20。

2.4.2　瑞德公司牙轮钻头

瑞德公司牙轮钻头型号与选型见表 2－21。

2.4.3　赛克公司牙轮钻头

赛克公司牙轮钻头型号与选型见表 2－22。

2.4.4　史密斯公司牙轮钻头

史密斯公司牙轮钻头型号与选型见表 2－23。

2.4.5　江钻牌三牙轮钻头与美国四大钻头公司钻头型号对照

江钻牌三牙轮钻头与美国四大钻头公司钻头型号对照见表 2－24。

表 2－20　休斯公司牙轮钻头型号与选型

系列		地层	分级	结构特点								
				标准型滚动轴承 1	滚动轴承空气冷却 2	滚动轴承保径 3	滚动密封轴承 4	滚动密封轴承保径 5		滑动密封轴承 6	滑动密封轴承保径 7	
								橡胶密封	金属密封		橡胶密封	金属密封
铣齿钻头	1	低抗压强度、高可钻性的软地层	1	R1			GTX－1	GTX－G1 ATX－1	MAX－GT1 MX－1	GT－1 ATJ－1	GT－G1H GT－G1 STR－1 STX－1	MX－1
			3	R3			GTX－3	GTX－G3 ATX－G3	MAX－G13 MX－3			MX－3
	2	高抗压强度的中到中硬地层	1							ATJ－4	ATJ－G4	
			2	DR5								
	3	硬、半研磨性或研磨性地层	2	R7								
			4								ATJ－G8	
镶齿钻头	4	低抗压强度、高可钻性的软地层	1					GTX－00 GTX－03 GTX－03H	MAXGT－00 MAXGT－03 MX－00 MX－08		GT－00 GT－03 H－03 STR－03	MX－00 MX－03
			2					GTX－03C			HX－05C STR－05C	

续表

系列		地层	分级	结构特点								
				标准型滚动轴承1	滚动轴承空气冷却2	滚动轴承保径3	滚动密封轴承4	滚动密封轴承保径5		滑动密封轴承6	滑动密封轴承保径7	
								橡胶密封	金属密封		橡胶密封	金属密封
镶齿钻头	4	低抗压强度、高可钻性的软地层	3					GTX－09 GTX－09H GTX－11H	MAXGT－09 MX－09 MX－11 MX－09H MX－11S		GT－09 CT－09C H－09 H－09C STR－09 STR－09C STX－09 STX－09C STX－09H	MX－09. MX－09G MX－09H. MX－09G MX－09CG, MX－11 MX－11H. MX－11S
			4						MAXGT－18 MX－18		GT－18 GT－18C H－18 H－18C H－18H HX－18 STR－18 STX－18	MX－18 MX－18H MX－18C
	5	低抗压强度的软到中地层	1					GTX－20 GTX－20G GTX－20H	MAXCT－20 MX－20		GT－20 GT－20S H－20 HX－20 STR－20 STX－20	MX－20 MX－20G MX－20H
			2					GTX－20C	MAXGT－20CG MX－28G		GT－20C GT－28 GT－28C H－28 H－20C H－28C HX－28 HX－28C	MX－20C MX－28

续表

系列		地层	分级	结构特点								
				标准型滚动轴承1	滚动轴承空气冷却2	滚动轴承保径3	滚动密封轴承4	滚动密封轴承保径5		滑动密封轴承6	滑动密封轴承保径7	
								橡胶密封	金属密封		橡胶密封	金属密封
镶齿钻头	5	低抗压强度的软到中硬地层	3						MAXGT－30 MX－30H		CT－30 GT－30H H－30 HX－30 STR－30 STX－30	MX－30， MX－30G MX－30H
			4					GTX－30C	MAXGT－30CG		GT－30C H－30C H－30CG HR－35C HR－30C HR－35 STR－35C STX－30C	MX－35C MX－35CG
	6	高抗压强度的中到中硬地层	1		G44						HR－44 HR－44C STR－40 STX－40	MX－40， MX－40G
			2					GTX－40C	MAX－44C		HR－40C HR－44C HR－44CH STR－40C STR－44C STR－40CG STX－44C	MX－40CG MX－40C MX－44CH

续表

系列		地层	分级	结构特点								
				标准型滚动轴承 1	滚动轴承空气冷却 2	滚动轴承保径 3	滚动密封轴承 4	滚动密封轴承保径 5		滑动密封轴承 6	滑动密封轴承保径 7	
								橡胶密封	金属密封		橡胶密封	金属密封
镶齿钻头	6	高抗压强度的中到中硬地层	3		G55				MAX－55		HR－50. HR－50R HR－50RG. HR－55 HR－55R, HR－55RG STR－50, STX－50	MX－50R, MX－50RG MX－50 MX－55
			4								HR－60. HR－66	
	7	硬、半研磨性或研磨性地层	1		G77						HR－70 STR－70 STX－70	
			3								HR－80 HR－88 STR－80 STX－80	
	8	极硬的研磨性地层	3		G99						HR－90, HR－99 STR－90. STX－90	

表 2－21 瑞德公司牙轮钻头型号与选型

系列		地层	分级	结构特点						
				标准型滚动轴承 1	滚动轴承空气冷却 2	滚动轴承保径 3	滚动密封轴承 4	滚动密封轴承保径 5	滑动密封轴承 6	滑动密封轴承保径 7
铣齿钻头	1	低抗压强度、高可钻的软地层	1	Y11			S11	EMS11DH EMS11G MS11G MS11DH	HP11 EHT11	MHT11G MHT11DH
			2	Y12					HP12 EHP12 EHT12	
			3	Y13			S13	EMS13DH EMS13G ETS13G MS13G	HP13	HP13G. MHP13G MHT13DH
			4							
	2	高抗压强度的中到中硬地层	1	Y21			S21	S21G, MS21G	HP21	HP21G
			2							
			3							
			4							
	3	硬、半研磨性或研磨性地层	1	Y31				S31G		HP31G
			2							
			3							
			4							

续表

系列		地层	分级	结构特点						
				标准型滚动轴承1	滚动轴承空气冷却2	滚动轴承保径3	滚动密封轴承4	滚动密封轴承保径5	滑动密封轴承6	滑动密封轴承保径7
镶齿钻头	4	低抗压强度、高可钻的软地层	1					MS41A		EHP41A,EHP41H
			2							
			3					EMS43A/ADH MS43A－M MS43AD－M		EHP43A/H/ADH/HDH,HP43/A/A－MM
			4					EMS44A,EMS44H EMS44HDH EMS44ADH		HP44－M EHP44H EHP44HDH HP44
	5	低抗压强度的软到中硬地层	1					S51A. MS51A		HP51,HP51A
			2					S52A		HP52, HP52A
			3					S53A		EHP53A/DH/ADH/ADG HP53DH/A/A－M/ADH/JA
			4							HP54
	6	高抗压强度的中到中硬地层	1							EHP61,EHP61A. HP61DH HP61 EHP61DH HP61A EHP61ADH HP61DG

续表

系列		地层	分级	结构特点						
				标准型滚动轴承1	滚动轴承空气冷却2	滚动轴承保径3	滚动密封轴承4	滚动密封轴承保径5	滑动密封轴承6	滑动密封轴承保径7
镶齿钻头	6	高抗压强度的中到中硬地层	2		Y62JA			S62A		HP62,HP62A,EHP62,EHP62A EHP62DG HP62DH HP62ADH
			3		Y63JA					HP63,EHP63 HP63DH
			4							HP64
	7	硬、半研磨性或研磨性地	1							
			2							
			3		Y73JA					HP73. EHP73 HP73DH
			4		Y74RAP					HP74 HP74DH
	8	极硬的研磨性地层	1							
			2							
			3		Y83JA					HP83,HP83DH EHP83 EHP83DH
			4							HP84

表2-22 赛克公司牙轮钻头型号与选型

系列		地层	分级	结构特点						
				标准型滚动轴承1	滚动轴承空气冷却2	滚动轴承保径3	滚动密封轴承4	滚动密封轴承保径5	滑动密封轴承6	滑动密封轴承保径7
铣齿钻头	1	低抗压强度、高可钻性的软地层	1	S3SJ			S33S	S33SG. SS33SG	S33SF,PSF	S33SGF. MPSF. ERAMPSF
			2	S3J			S33	S33G SS33G	S33F	S33TGF. S33GF
			3	S4J,S4TJ			S44	S44G SS44G	S44F	S44GF
			4							
	2	高抗压强度的中到中硬地层	1	M4NJ			M44N	M44NG. MM44NG	M44NF	M44NGF
			2	M4						
			3							
			4							
	3	硬、半研磨性或研磨性地层	1	H7			H77		H77F	
			2	H7J						
			3					H77SG		
			4							
镶齿钻头	4	低抗压强度、高可钻性的软地层	1					SS80		S80F,ERA03
			2					SS81		S81F. ERA07
			3					SS82		S82F. S82CF. SS82F. ERA13. ERA13C,ERA14C
			4							S83F. SS83F. ERA17

续表

系列		地层	分级	结构特点						
				标准型滚动轴承 1	滚动轴承空气冷却 2	滚动轴承保径 3	滚动密封轴承 4	滚动密封轴承保径 5	滑动密封轴承 6	滑动密封轴承保径 7
镶齿钻头	5	低抗压强度的软到中地层	1					SS84		S84F,SS84F,S84CF,ERA22,ERA22C
			2							S85F,S85CF,ERA25,ERA25C
			3					S86,SS86		S86F,S86CF,SS86F,ERA33,ERA33C
			4		S8JA			SS88C		S88F,S88CF,S88FA. S88CFH
	6	高抗压强度的中到中硬地层	1		M8MJA			M84		MAF,M84F
			2					M89T MM88		M84TF. M84CF. M85F,M86CF
			3							M89F
			4							
	7	硬、半研磨性或研磨性地层	1							H83F
			2							
			3							H87F
			4		H8JA					
	8	极硬的研磨性地层	1		H9JA					H89F
			3		H10JA			H100 HH100		H100F

表2-23 史密斯公司牙轮钻头型号与选型

钻头类型	地层系列	地层岩性	地层分级	结构特点						
				标准型滚动轴承1	滚动轴承空气冷却2	滚动轴承、保径3	滚动密封轴承4	滚动密封轴承保径5	滑动密封轴承6	滑动密封轴承保径7
铣齿钻头	1	低抗压强度、高可钻性的软地层	1	DSJ			SDS	MSDSH, MSDSHOD, MSDSSH	FDS, FDS+, FDS+2, FDSS+, FDSS+2	MFDSH, FDSH+, MFDSHOD, MFDSSH
			2	DTJ		DTT	SDT	SVH, MSVH	FDT	FVH
			3	DGJ		DCT	SDG	SDGH	FDG	
			4							FDGH
	2	高抗压强度的中到中硬地层	1	V2		V2H	SV	SVH	FV	
			2							FVH
			3			T2H	ST2			
	3	硬、半研磨性或研磨性地层	1	L4		L4H	SL4			
			2					SL4H		
镶齿钻头	4	低抗压强度、高可钻性的软地层	1					M01S, M01SOD		MF02. 02MF
			2					M05S, 05M, 05MD		F07, F05, MF05, 05MF, 05MFD
			3					10M, 10MD, 12M, 12MD, 12MY, M1S, M1SOD, M10T, M12S, M12YT		10MF, 10MFD, 12MF, 12MFD, 12MFY, F1, F10D, F10T, F12T, MF1, MF10D, MF12
			4					15M, 15MD, M15S, M15SD, M15SOD, M15T		15MF, 15MFD, F14, F15, MA15, MF15, MF150D. MF15D

续表

钻头类型	地层系列	地层岩性	地层分级	结构特点						
				标准型滚动轴承1	滚动轴承空气冷却2	滚动轴承、保径3	滚动密封轴承4	滚动密封轴承保径5	滑动密封轴承6	滑动密封轴承保径7
镶齿钻头	5	低抗压强度的软到中硬地层	1					20M,20MD,A1JSL,M2S,M2SD,M20T,MA1SL2JS		20MF,20MFD,A1,F15H,F16,F17,F2,F2D,F2H,F20T,F25,F25A,MF2D,MF2
			2					M27S,M27SOD		F27,F27A,F271,MF27,MF27D,
			3					3JS,M3S,M3SOD		F3,F3H,MF3D,MF3H,MF30D,MF3,F3D
			4							F37,F37D,F37A,F35,F35A,F67,MF37,MF37D
	6	高抗压强度的中硬地层	1					4JS		F4,F45A,F4H,F45H,F45A,F47,F47A
			2		4JA 4GA			5JS,47JS		F47H,F57,MF5D,MF50D,MF5
			3		5JA 5GA					F47H,F5,MF5D,F57DD,F570D,MF57
			4							F670D
	7	硬、半研磨性或研磨性地层	3							F7. F70D. MF7
			4		73A 7GA					F7
	8	极硬的研磨性地层	1							F8,F8DD,F80D
			3		9JA					F9

表 2－24　江钻牌三牙轮钻头与美国四大钻头公司钻头型号对照

钻头系列	系列	地层级别	1					2					3				
			非密封滚动轴承					空气冷却滚动轴承					滚动轴承保径				
			江钻	休斯	瑞德	赛克	史密斯	江钻	休斯	瑞德	赛克	史密斯	江钻	休斯	瑞德	赛克	史密斯
铣齿	1	1	W111	R1	Y11	S3SJ	DSJ							GTX－1 ATX－1	S11	S33S	
		2	W121	R2	Y12	S3J	DTJ									S33	DTT
		3	W131	R3	Y13	S4J S4TJ	DGJ									S44	DCT
		4															
	2	1			Y21	M4NJ	V2J									M44N	V2H
		2		DR5	Y22R	M4											
		3															T2H
		4															
	3	1			Y31	H7	L4									H77	L4H
		2	W321	R7	Y31RAP	H7J											
		3															
		4															
镶齿	4	1															
		2															
		3															
		4															

续表

钻头系列	系列	地层级别	1					2					3				
			非密封滚动轴承					空气冷却滚动轴承					滚动轴承保径				
			江钻	休斯	瑞德	赛克	史密斯	江钻	休斯	瑞德	赛克	史密斯	江钻	休斯	瑞德	赛克	史密斯
镶齿	5	1															
		2															
		3															
		4															
	6	1						K612	G44								
		2								Y62JA		4GA					
		3							G55	Y63JA		5GA					
		4															
	7	1															
		2															
		3						K732	G77	Y73JA		7JA					
		4						K742		Y73RAP		7GA					
	8	1															
		2															
		3						K832	G99	Y83JA		9JA					
		4						K842									

续表

钻头系列	系列	地层级别	4					5				
			密封滚动轴承					密封滚动轴承保径				
			江钻	休斯	瑞德	赛克	史密斯	江钻	休斯	瑞德	赛克	史密斯
铣齿	1	1	G114 GA114	GTX - 1	S11	S33S	SDS	GAT115G GJ115L GJT115L	GTX - G1 ATX - 1 MAX - GT1 MX - 1	MS11G, EMS11G MS11DH	S33SG SS33SG	MSDSH, MSDSSH MSDSHOD
		2	GA124G			S33	SDT	GA125			S33G SS33G	SVH MSVH
		3	GA134	GTX - 3	S13	S44	SDG	GJ135L	GTX - G3 ATX - G3 MAX - GT3 MX - 3	EMS13G, MS13G ETS13G	S44G SS44G	SDGH, MSDGH MSDSHOD
		4										
	2	1	GAT214		S21	M44N	SV			S21G MS21G	M44NG MM44NG	SVH MSVH
		2										
		3					ST2					
		4										
	3	1				H77	SL4			S31G		
		2										
		3									H77SG	
		4										

续表

钻头系列	系列	地层级别	4					5				
			密封滚动轴承					密封滚动轴承保径				
			江钻	休斯	瑞德	赛克	史密斯	江钻	休斯	瑞德	赛克	史密斯
镶齿	4	1						G415，GA415 GAT415，GJ415 GJT415	ATX－05，GTX－00 GTX－03，MAX－05 MAXGT－00 MAXGT－03	MS41A	SS80	M01S，M02S M01SOD， M02SOD
		2									SS81	M05S
		3						G435，GA435 GAT435，GJ435 GJT435	ATX－11H，GTX－09 MAX－11H，MAX－ 11HG MAXGT－09	S43A MS43A	SS82	M1S M1SOD
		4							MAX－11CG MAXGT－18	S44A MS44A		J5JS，M15SD M15S，M15SOD
	5	1						G515，GA515 GAT515，GJ515 GJrr515 GJ515Y	ATX－22 MAX－22 MAX－22G	S51A MS51A	SS84	A1JSL MA1SL 2JS，M2S，M2SD
		2								S52A		M27S M27SD
		3						G535，GA535 GJ535		S53A	S86 SS86	3JS，M3S M3SOD

续表

钻头系列	系列	地层级别	4					5				
			密封滚动轴承					密封滚动轴承保径				
			江钻	休斯	瑞德	赛克	史密斯	江钻	休斯	瑞德	赛克	史密斯
	5	4							ATX－33C		SS88C	
	6	1						G615,GA15 GJ615			M84	4JS
		2							ATX44C MAX44C	S62A	M89T MM88	5JS,47JS
		3							MAX－55			
		4										
镶齿	7	1										
		2										
		3										
		4										
	8	1										
		2										
		3									H100 HH100	
		4										

续表

钻头系列	系列	地层级别	6					7				
			密封滑动轴承					密封滑动轴承保径				
			江钻	休斯	瑞德	赛克	史密斯	江钻	休斯	瑞德	赛克	史密斯
铣齿	1	1	H116 Ha116	GT－1 ATJ－1 ATJ－1S	P11 PMC	S33SF PSF	FDS FDS＋ FDSS＋	H117，HAT117，HJ117 HJT117，HJT117G	GT－G1，GT－G1H ATJ－G1，ATM－GT1	HP11G	S33SGF MPSF ERA	MFDSH MFDSSH
		2	H126 Ha126		HP12 EHP12	S33F	FDT	H127，HAT127 HAT127L，FAT127 FAT127L，HJT127L HFT127			S33TGF S33GF	
		3	H136 Ha136			S44F	FDG	H137，Ha137， HAT137，HJ137，HJT137	ATM－GT3	HP13G MHP13G	S44GF	FDSH MFDSH
		4										
	2	1	H216 HA216	ATJ－4		M44NF	FV	H217 HA217	ATJ－G4	HP21G	M44NGF	FVH
		2										
		3										
		4										
	3	1				H77F				HP3IG		
		2										
		3										
		4							ATJ－G8			

续表

钻头系列	系列	地层级别	6					7				
			密封滑动轴承					保径密封滑动轴承				
			江钻	休斯	瑞德	赛克	史密斯	江钻	休斯	瑞德	赛克	史密斯
镶齿	4	1						H417,HA417 HAT417,HJ417 HJT417	ATJ-05,GT-00 GT-03,ATM05 ATMGT03	EHP41A EHP41H	S80F ERA03	MF02
		2						HA427Y HJ427Y	ATJ-05C,GT-09C ATMGT09C		S81F ERA07	F05,F07 MF05
		3						H437,H437E,H437L HA437,HT437,HD437 HA437L,HAT437 HAD437,HJ437 HJT437,HJ437L HJT437G,HJT437L HJD437	ATJ11,ATJ11H GT09,STR09 ATMGT09,ATM11H ATM11HG	HP43A EHP43A EHP43H	S82F S82CF SS82F ERA13 ERA13C ERA14C	F1 MF15 F10D MF10D
		4						H447,HA447,HAT447 HA447Y,FA447 FA447L,HJ447Y HJT447L,HF447 HFT447	ATJ11C,ATJ18 GT18,GT18C ATMGT18 ATM11CG	HP44A	S83F SS83F ERA17	F15, MF15 F15D F150D Ma15 MF150D

续表

钻头系列	系列	地层级别	6					7				
			密封滑动轴承					保径密封滑动轴承				
			江钻	休斯	瑞德	赛克	史密斯	江钻	休斯	瑞德	赛克	史密斯
镶齿	5	1						H517，HT517，H517E H517L，HA517，HA517Y HA517G，HA517L， HAT517，HAD517 HB517，HJ517，HJT517 HJ517Y，HJT517L HJD517，HFT517	ATJ22，ATJ22S GT20，GT20S ATJ22G ATMGT20 ATM22 ATM22G	HP51XM HP51 HP51A HP51X HP51H EHP51A EHP51H	S84F SS84P S84CF ERA22 ERA22C	F2，F2H F25，A1 F15H F25A F17，MF2 F2D，F17 MF2D
		2						H527，HA527 HAT527，HA527Y HJ527，HJ527Y	A11J22C，ATJ28 ATT28C，GT20C GT28C，GT28 ATM22C	HP52A HP52X HP52	S85F S85CF ERA25 ERA25C	F271 F27 MF27D MF27
		3						H537，H537L，HA537 HA537GL，HAT537 HJ537，HJT537 HJ537Y，HJ537L HJT537L	ATJ33，ATJ33S ATJ33A，ATJ33H ATJ35，STR30 ATM33，ATM33G	EHP53 EHP53A HP53AM HP53 HP53A	S86F S86CF SS86F ERA33 ERA33C	MF3，F3 F3H，F3D MF30D MF3H，MF3D
		4						HA547Y HJ547Y HJT547GH	ATJ33C，ATJ35C ATM33C，ATM33CG	HP54	S88F S88CF S88FA S88CFH	F35，F35A F37，F37D MF37，F37A MF37D

续表

钻头系列	系列	地层级别	6					7				
			密封滑动轴承					保径密封滑动轴承				
			江钻	休斯	瑞德	赛克	史密斯	江钻	休斯	瑞德	赛克	史密斯
镶齿	6	1						H617,HA617 HA617Y,HA617GL	ATJ44,ATJ44A ATJ44G	HP61 EHP61 HP61A EHP61A	MAF M84F	F4,F4A E45A,F47 F47A,F4H
		2							ATJ44C,ATJ44CA	HP62 EHP62 HP62A EHP62A	M89TF M84CF M85F M86CF	F50D,F47H F5,MF5D MF5,F45H
		3						H637,HA637 HJT637GH	ATJ55R,A1155RG ATJ55,AYJ55A	HP63 EHP63	M89F	F57,F57A F57D,F570D F57DD
		4							ATJ66			F670D
	7	1									H83F	
		3						H737,HA737 HJT737G,HJT737GH	ATJ77	HP73 EHP73	H87F	MF7,F7 F70D
		4							ATJ88			
	8	1									H89F	F80D,F8DD
		2										
		3						H837,HA837	ATJ99	HP83 EHP83	H100F	F9

2.5 特种牙轮钻头

2.5.1 单牙轮钻头

单牙轮钻头是在成熟的三牙轮钻头及金刚石钻头制造技术的基础上研究开发的。牙轮呈球面、锥面和阶梯面等多种形状，采用牙轮和钻头体两级保径齿、交错布齿和主、副两水眼式结构。单牙轮钻头结构如图2－13所示。

单牙轮钻头的优点是能承受较大的钻压，受到的冲击载荷比三牙轮钻头小，轴承尺寸大使用寿命长，适用于小井眼钻井(如开窗侧钻、老井加深等)和中深井使用。但牙齿寿命短，易引起井斜。

2.5.2 双牙轮钻头

双牙轮钻头牙齿大，清洗效果好，不易掉齿和泥包，机械钻速快，使用寿命长，适用于钻软地层的直井。结构如图2－14所示。

图2－13　单牙轮钻头

图2－14　双牙轮钻头

2.5.3 扩孔钻头

扩眼钻头由 4 个或更多牙轮组成，主切削齿为敷焊新型耐磨合金的钢齿或优质硬质合金齿。轴承采用钻头专用润滑脂润滑及高性能氢化丁氰胶“O”形密封圈密封。领眼扩孔牙轮钻头如图 2－15 所示。

图 2－15　领眼扩孔牙轮钻头

2.5.4 独轮扩孔钻头

2.5.4.1 用途及优点

独轮扩孔钻头是江苏德瑞石油机械有限公司开发的产品，用于在小井眼中，使局部井眼井径扩大，是在裸眼井中进行径向井或套管井段铣后进行径向井钻井准备的理想工具。其优点在于：

①可以在小井眼中下入，至任何裸眼井段进行局部井眼扩大。扩眼完成后再从原井眼起出，无需全井从上到下全井扩眼，

节省大量扩孔周期和费用。

②扩孔井径范围，可由150mm最大扩到1m。

2.5.4.2 结构及工作原理

(1) 结构

独轮扩孔钻头由本体、推杆、轴销、牙轮轴和牙轮组成。如图2－16所示。本体内装有喷嘴、活塞、滑块和弹簧；牙轮轴除装牙轮外，其内部还有钻井液循环通道及一系列密封机构；牙轮呈“棒槌”形，与牙轮轴主轴为滑动轴承，用钢球锁紧在牙轮轴上。

在上部软地层，可将牙轮换成刀片，除刀片与牙轮切削刃不同外，其余结构基本一样。

(2)工作原理

独轮扩孔器，下到预定井段开泵后，在喷嘴上下形成泵压差，推动活塞下行，活塞带动滑块迫使推杆下行，推杆推动牙轮轴台肩，牙轮轴带动牙轮绕轴销沿井身轴线偏转一个角度，吃入井壁。此时转动钻具即可扩眼。

扩眼完成，停泵后泵压消失，活塞在弹簧的作用下上升，推杆对牙轮轴的压力消失，牙轮在重力和井壁的作用下复位，钻头即可从原井眼起出。

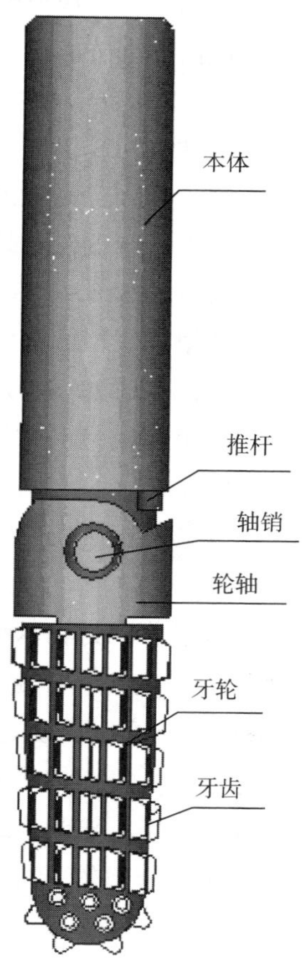

图2－16 独牙轮扩孔钻头

2.6 三牙轮钻头磨损分级标准

国际承包商协会制定的三牙轮钻头磨损分级标准，用字母与数字混合编码形式来描述钻头的切削齿、轴承密封、钻头外径等磨损情况见表 2 - 25。

①第一栏(I)，记述半径内 2/3(内区) 的牙齿磨损情况。

②第二栏(O)，记述半径外 1/3(外区)的牙齿磨损情况。

铣齿的划分以牙齿磨损的高度来确定的，磨损高度在齿高 1/8 以内为 1 级，磨损高度在齿高 1/8 ~ 2/8 范围内为 2 级，依次类推共分为 8 级。

镶齿的划分是以崩碎和掉落的齿数总和与原有总齿数之比来确定的，当崩碎和掉落的齿数为总齿数的 1/8 以内时为 1 级，为总齿数的 1/8 ~ 2/8 时为 2 级，依次类推共分为 8 级。

③第三栏(D)，记述钻头的主要磨损特征，即与原新钻头相比，使用过的钻头外表有何明显变化。

④第四栏(L)，用一个字母或数字 1 ~ 3 记述第一磨损特征发生的位置。

⑤第五栏(B)，用一个字母或数字 0 ~ 8 记述钻头轴承情况。

对于非密封轴承钻头，轴承磨损以钻头使用时间与轴承寿命(小时)之比来评定分级：0 表示新轴承，使用时间达到轴承寿命(指厂家出厂规定的轴承寿命)的 1/8 时定为 1 级，使用时间达到轴承寿命的 2/8 时定为 2 级，依次类推共分为 8 级，轴承寿命已用完定为 8 级。

对于密封轴承钻头分为密封有效(代号 E)和密封无效(代号 F)。

⑥第六栏(G)，记述钻头直径变化情况。钻头直径未变，填“0”。如果钻头外径磨小了，以 1/16in 为单位度量填写，如“3/16”表示直径磨小 3/16in。

⑦第七栏(O)，记述钻头第二磨损特征，对第三栏磨损特征以外的磨损情况作进一步描述。

⑧第八栏(R)，填写钻头的起出原因，用一组字母表示。

表2-25 IADC钻头磨损分级标准及代号

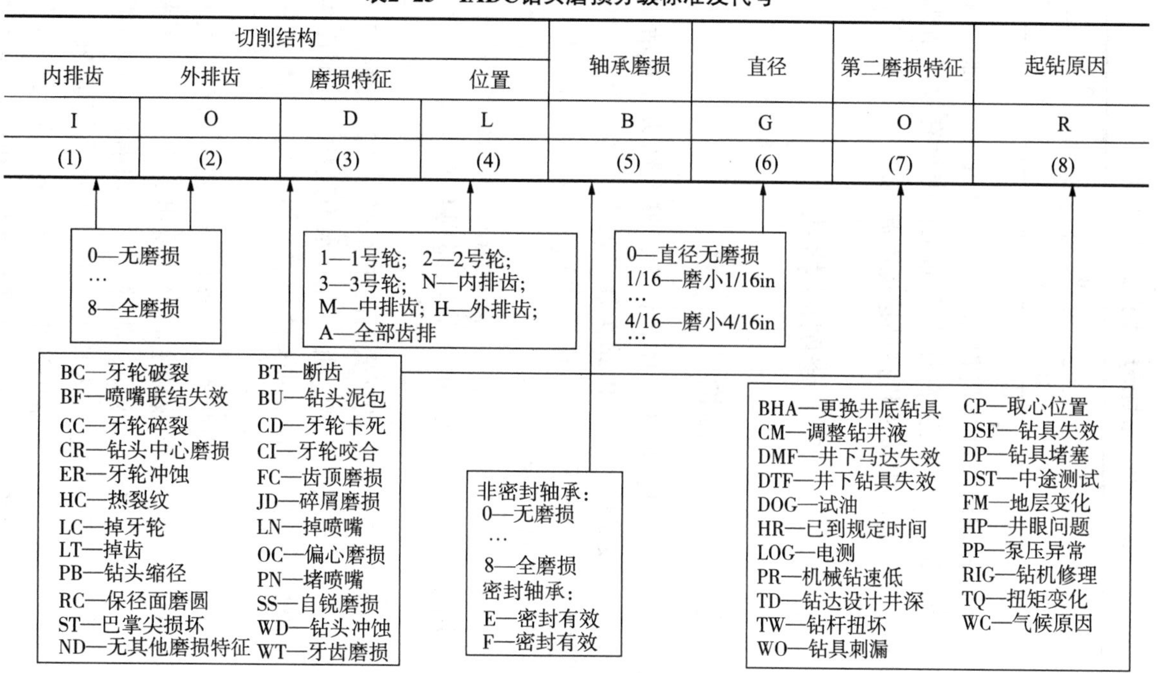

切削结构				轴承磨损	直径	第二磨损特征	起钻原因
内排齿	外排齿	磨损特征	位置				
I	O	D	L	B	G	O	R
(1)	(2)	(3)	(4)	(5)	(6)	(7)	(8)

钻头磨损情况表示方法示例见表 2 –26：

表 2 –26　密封滑动轴承镶齿钻头磨损记录

I	O	D	L	B	G	O	R
2	8	BT	H	E	I	WT	PR

表 2 –26 表示：内排齿损坏 1/4；外排齿已全部失效；主要磨损特征是断齿；位置在外排齿部位；密封有效；钻头直径未磨损；牙齿有磨损；因机械钻速低而起钻。

3　金刚石钻头

3.1　金刚石钻头的结构

金刚石材料钻头属于一体式钻头，整个钻头没有活动零部件，结构比较简单。主要由钻头体、冠部、水力结构(包括水眼或喷嘴、水槽亦称流道、排屑槽)、保径、切削齿五部分组成，如图 2 –17 所示。

钻头体是钢质材料体，上部是丝扣，和钻柱相连接；下部与冠部胎体烧结在一起(钢质的冠部则与钻头体成为一个整体)。

钻头的冠部是钻头切削岩石的工作部分，其表面(工作面)镶装有金刚石材料切削齿，并布置有水力结构，其侧面为保径部分(镶装保径齿)，它和钻头体相连，由碳化钨胎体或钢质材料制成。

钻头水力结构分为两类。一类用于天然金刚石钻头和 TSP 钻头，这类钻头的钻井液从中心水孔流出．经钻头表面水槽分散到钻头工作面各处，冷却、清洗、润滑切削齿，最后携带岩屑从侧面水槽及排屑槽流入环形空间。另一类用于 PDC 钻头，这类钻头的钻井液从水眼中流出，经过各种分流元件分散到钻头工作面各处，冷却、清洗、润滑切削齿。PDC 钻头的水眼位置和数量根据钻头结构而定。

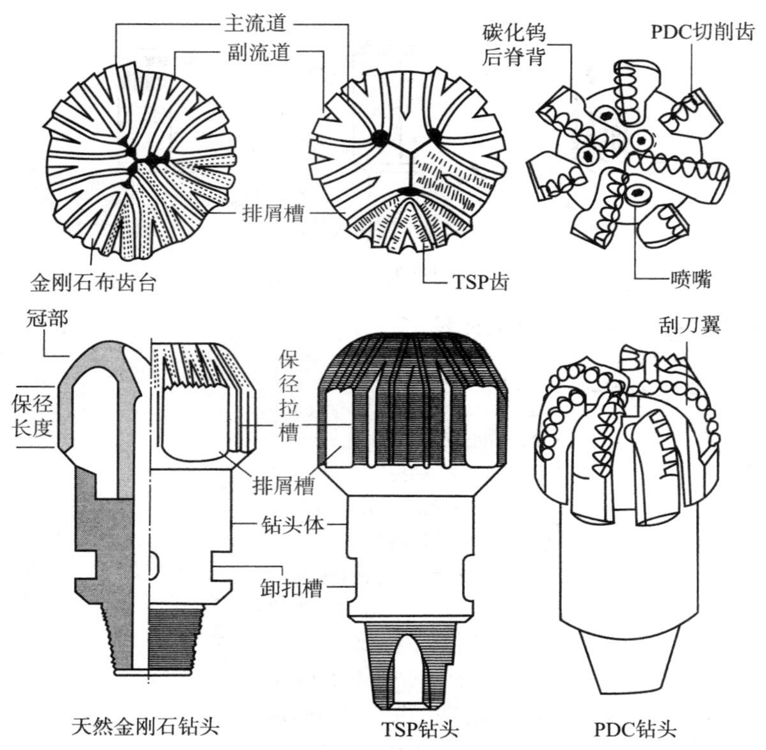

图 2-17　金刚石钻头结构示意图

钻头保径部分在钻进时起到扶正钻头、保证井径不致缩小的作用。采用在钻头侧面镶装金刚石的方法达到保径目的时，金刚石的密度和质量可根据钻头所钻岩石的研磨性和硬度而定。对于硬而研磨性高的地层，保径部位的金刚石的质量应较高，密度也应较大。保径部分结构见图 2-18。

切削齿可以采用天然金刚石、TSP 齿及 PDC 齿。天然金刚石齿和 TSP 齿(包括保径齿)通过烧结直接固结到钻头胎体上，PDC 钻头的切削齿则通过低温钎焊、固定到钻头胎体上。钻头所采用的喷嘴为可换式硬质合金整体喷嘴，喷嘴与喷嘴座之间采用“O”形橡胶密封圈密封。

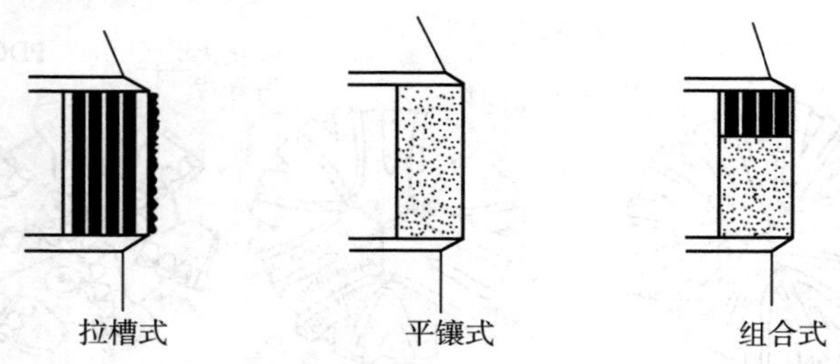

图 2－18　保径结构及方式

3.2　金刚石钻头的类型

金刚石钻头分类如下：

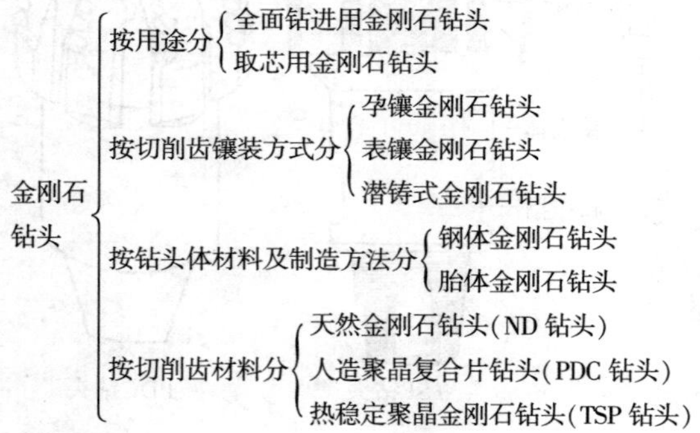

胎体金刚石钻头具有固齿牢靠、钻头体抗冲蚀能力强、耐磨性好、钻头寿命长、钻头结构设计灵活、产品制造周期短、非标准尺寸钻头制造容易等优点，在金刚石钻头市场上占绝大多数，为目前各生产厂家广泛采用。

(1)天然金刚石钻头

以优质天然金刚石作为切削刃。按金刚石的镶装方式分为表镶和孕镶两种。切削结构选用不同粒度金刚石，采用不同的布齿密度和布齿方式，以满足在中至坚硬地层钻井的需要。

(2)TSP(热稳定聚晶金刚石)钻头

切削元件采用了各种不同形状具有自锐作用的热稳定聚

晶金刚石(TSP 齿)。与天然金刚石齿相比，这种 TSP 齿具有良好的耐热性(可耐 1200℃的高温)、抗破碎性及耐磨性俱佳。TSP 钻头与天然金刚石钻头一样，其切削齿直接烧结在碳化钨胎体上。TSP 钻头更适合予在带有研磨性的中等至硬地层快速钻井。

(3)PDC(聚晶金刚石复合片)钻头

采用聚晶金刚石复合片(PDC 片)作为切削刃，以钎焊方式将其固定到碳化钨胎体上的预留齿穴中。钻头所采用的 PDC 切削齿，具有高强度、高耐磨性和抗冲击能力，且切削齿刃口和刃面均具有良好的自锐特性，在钻进过程中切削刃能始终保持锋利。钻头在软到中等硬度地层中以剪切方式破碎岩石，采用较小钻压，即可获得较高的机械钻速，是一种高效钻井钻头。

3.3 金刚石钻头的分类编码及描述

IADC 采用四位字码描述各种型号的固定切削齿钻头的切削齿种类、钻头体材料、钻头冠部形状、水眼(喷嘴)类型、液流分布方式、切削齿大小、切削齿密度七个方面的结构特征。

固定切削齿钻头 IADC 分类编码及意义如下：

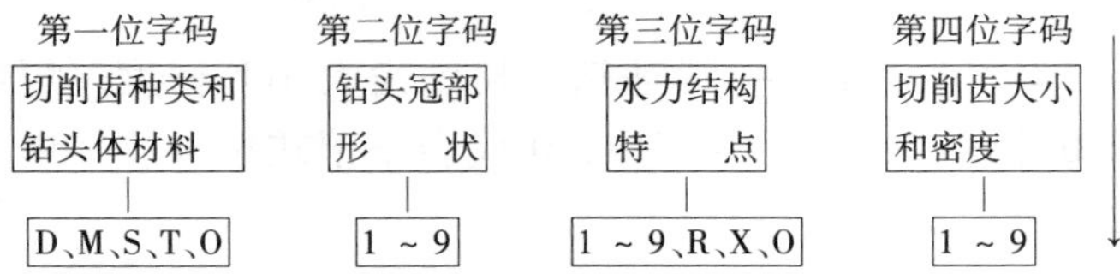

(1)第一位字码——描述钻头切削齿种类和钻头体材料。用 D、M、S、T 及 O 五个字母中的一个表示，具体定义为：D—胎体、天然金刚石切削齿；M—胎体、PDC 切削齿；S—钢体、PDC 切削齿；T—胎体、TSP 切削齿；O—其他

(2)第二位字码——描述钻头剖面形状。用数字 1 ~ 9 和 0 中的一个表示，具体定义见表 2 – 27。

表2-27　钻头剖面形状编码定义

外锥高度(G)	内锥高度(C)		
	高 $C>3/8d$	中 $1/8d\leqslant C\leqslant 1/4d$	低 $C<1/8d$
高 $G>3/8d$	1	2	3
中 $1/8d\leqslant G\leqslant 1/4d$	4	5	6
低 $G<1/8d$	7	8	9

注：表中 d 为钻头直径。

(3)第三位字码——描述钻头水力结构。用数字1~9或字母R、X、O中的一个表示。水力结构包括水眼种类以及液流分布方式，具体定义见表2-28。其中，替换编码R表示放射式流道；X表示分流式流道；O表示其他形式流道。

表2-28　钻头水力结构编码定义

液流分布方式	水 眼 种 类		
	可换喷嘴	不可换喷嘴	中心出口水孔
刀翼式	1	2	3
组合式	4	5	6
单齿式	7	8	9

(4)第四位字码——描述钻头切削齿大小和密度。用数字1~9和0中的一个表示，其中，0代表孕镶式钻头。具体定义见表2-29。

表2-29　切削齿大小和密度编码定义

切削齿大小	布 齿 密 度		
	低	中	高
大	1	2	3
中	4	5	6
小	7	8	9

切削齿大小划分的方法见表2－30。

表2－30　金刚石切削齿尺寸划分方法

切削齿大小	天然金刚石粒度/(粒/克拉)	人造金刚石有用高度/mm
大	<3	>15.85
中	3～7	9.5～15.85
小	>7	<9.5

3.4　金刚石钻头尺寸、公差、连接螺纹和上紧扭矩标准

IADC规定了金刚石钻头尺寸、公差、连接螺纹和上紧扭矩标准，见表2－31。

表2－31　金刚石钻头基本尺寸、公差、连接螺纹和上紧扭矩

钻头直径			连接螺纹/in	上紧扭矩/kN·m
基本尺寸/mm	尺寸代号/in	公差/mm		
95.2～107.9	$3\frac{3}{4}$～$4\frac{1}{4}$	+0 －0.38	$2\frac{3}{8}$REG	2.4～3.7
120.6	$4\frac{3}{4}$		$2\frac{7}{8}$REG	4.2～6.9
142.9～171.4	$5\frac{5}{8}$～$6\frac{3}{4}$		$3\frac{1}{2}$REG	7.1～11.5
190.5～222.2	$7\frac{1}{2}$～$8\frac{3}{8}$	+0 －0.51	$4\frac{1}{2}$REG	17.0～26.4
241.3～342.9	$9\frac{1}{2}$～$13\frac{1}{2}$	+0 －0.76	$6\frac{5}{8}$REG	50.3～57.5
374.6～444.5	$14\frac{3}{4}$～$17\frac{1}{2}$	+0 －1.14	$7\frac{5}{8}$REG	65.5～86.1
508.0～660.4	20～26		$8\frac{5}{8}$REG	

3.5　金刚石钻头制造厂家及其产品

3.5.1　四川川石·科锐达金刚石钻头有限公司金刚石钻头

3.5.1.1　钻头分类

钻头分类及代码见表2－32。

表 2-32　钻头分类及代码

分　类	代　　码	
	全面钻进钻头	取芯钻头
复合片(PDC)钻头	R、G、GS、BD…	RC、GC
热稳定聚晶(TSP)钻头	S	SC
天然金刚石钻头	D	C

3.5.1.2　钻头型号表示方法

型号表示方法：

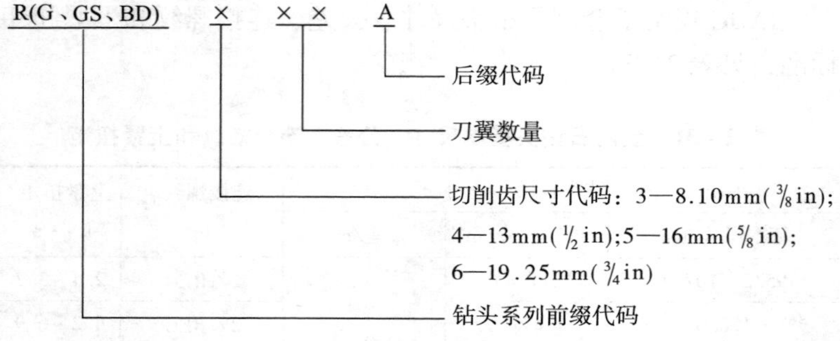

3.5.1.3　金刚石钻头型号前缀、后缀名称及含义

金刚石钻头型号前缀、后缀名称及含义见表 2-33。

表 2-33　金刚石钻头型号前缀、后缀代码名称及含义

前缀代码		含　义
复合片(PDC)	G	金系列钻头，为传统钻井而设计
	AG	金系列钻头，融合了抗回旋技术，适于钻粘软性地层
	GS	钢体式钻头
	BD	黑金刚石钻头，可以满足特殊地层和特殊参数的要求
	BX	拥有全部 BD 钻头的特征，用于定向井的新型钻头

续表

前缀代码		含　　义
复合片（PDC）	STR	星系列钻头，专为小井眼、定向井和深井而设计
	CK	新一代 PDC 钻头，适于在致密、高研磨性的复杂地层中使用
巴拉斯	S	用 TSP 为切削齿，可在中至硬地层中使用。使用金刚石孕镶块，适于硬且研磨性高的地层使用
天然金刚石	D	钻头表面布置有各种级别的天然金刚石，适于硬且研磨性高的地层使用
后缀代码		含　　义
复合片（PDC）	A	小后倾角
	B	双心钻头
	D	定向井、水平井特征
	E	微扩眼
	F	快速钻井
	G	规径特征
	H	适应硬研磨地层
	K	磨损节或硬质合金柱
	KG	二级齿设计
	P	塑性地层钻头
	S	螺旋规径
	ST	侧钻钻头
	U	倒划眼
	V	不同尺寸的主切削齿配合
	X	附加切削齿

3.5.1.4　PDC 钻头新旧型号对照

PDC 钻头新旧型号对照见表 2－34。

表 2-34　PDC 钻头新旧型号对照

新型号	旧型号			
	R 系列	G 系列	BD 系列	STR 系列
305				STR325
306	R335			STR335 STR386 STR382
308	R434	G348，G382		
404	R426	G434，G434DX，G435		STR434
405	R435，R437，R445	G426，G436H，G426M，G453，G426U		STR426
406		G445，G445XL，G436，G437	BD445 BD445P BD445ZT	STR445XL
407		G446		
408		G447XL，G447XG，G488	BD447	STR447
409		AG437		
410	R449	G449	BD449	
505				
506		G536X，G536XD		
508				
603	R573	G573		
604	R554，R574	G554，AG554，AG574，G574	BD554	STR554
605	R526，AR526	G526，AG526，AG527，G534，G564，G542，G554 G554P，G554H，G546T	BD535 BD527	STR535

续表

新型号	旧型号			
	R 系列	G 系列	BD 系列	STR 系列
606	R564，R535，R536，R545	GS536，G545，G536H，G535，G545H，JEG535，G536D	BD536 BD536H BD536P	
607		G538		
608		G548		

3.5.1.5　金刚石钻头选型

金刚石钻头选型指南见表2-35。

表2-35　金刚石钻头选型指南

牙轮钻头分级	地层	岩性	PDC 钻头	巴拉斯钻头	天然金刚石钻头
111~126 417	极软、含黏土夹层和低抗压强度地层	强黏土、黏土、泥灰岩	R574，G554，G574，G604，AG554，AG574，BD554，STR554		
116~126 417~447	软、低抗压强度高可钻性地层	泥灰岩、盐岩、石膏岩、页岩、砂岩	G505，G526，G544P，G605P，AG526，AG574，GS605F，BD535，BD605，STR535，STR605		
126~127 417~447	软至中硬、低抗压强度的均质夹层地层	页岩、砂岩、白垩岩	G405，G435，G535，G536，G545，G605，G544H，G605KG，GS605T，AG527，BD536P，BD506XL，STR325，STR434，STR426		

续表

牙轮钻头分级	地层	岩性	PDC 钻头	巴拉斯钻头	天然金刚石钻头
417～447	软至中硬、低抗压强度的非均质夹层地层	页岩、砂岩、灰岩	G406，G407，G445XL，G506，G535，G536X，G536XL，G545H，GS606，BD406，BD536，BD445，BD445ZT，BD506XL，BD606，BD606KG，STR335，STR434，STR445	S225 S725	D331，D41
437～517	中至硬，中等抗压强度，含少量研磨性夹层的地层	页岩、砂岩、灰岩	G408，G447XL，G535，BD407，BD408，BD447，BD449，BD606KG，STR386，STR447	S226 S248 S725	D41，D24
517～547	硬且致密，高抗压强度无研磨性地层	粉砂、砂岩、灰岩、白云岩	G447XL，G449XL，BD409，BD447，BD449，STR382，STR386，STR447	S725 S278 S280 S279 S281	D24
547～637	硬且致密，高抗压强度研磨性地层	砂岩、灰岩、白云岩		S278 S280 S790 S281	
647～837	极硬和研磨性地层	火成岩	BD308，STR386	S279 S280 S281	

3.5.1.6　取芯钻头选型及推荐钻井参数

取芯钻头选型指南及推荐钻井参数见表2－36。

表 2-36　取芯钻头选型指南及推荐钻井参数

钻头型号	钻头尺寸/in（外径×内径）	适应地层				推荐钻井参数	
		软	软至中硬	中至硬	硬	钻压/kN	转速/(r/min)
	$5\frac{7}{8}\times2\frac{5}{8}$					45～90	
GC476	$6\times2\frac{5}{8}$		√			45～90	60～500
	$8\frac{1}{2}\times4$					75～113	
	$5\frac{7}{8}\times2\frac{5}{8}$					45～90	
GC315	$6\times2\frac{5}{8}$		√			45～90	60～500
	$8\frac{1}{2}\times4$					75～113	
	$5\frac{7}{8}\times2\frac{5}{8}$					23～68	
SC226	$6\times2\frac{5}{8}$			√		23～68	60～500
	$8\frac{1}{2}\times4$					45～90	
	$5\frac{7}{8}\times2\frac{5}{8}$					23～68	
SC276	$6\times2\frac{5}{8}$			√		23～68	60～500
	$8\frac{1}{2}\times4$					45～90	
	$5\frac{4}{8}\times2\frac{5}{8}$					23～68	
SC777	$6\times2\frac{5}{8}$		√			23～68	60～500
	$8\frac{1}{2}\times4$					45～90	
	$5\frac{7}{8}\times2\frac{5}{8}$					22～90	
SC279	$6\times2\frac{5}{8}$				√	22～90	100～500
	$8\frac{1}{2}\times4$					45～113	
	$5\frac{7}{8}\times2\frac{5}{8}$					45～90	
SC280	$6\times2\frac{5}{8}$				√	45～90	100～500
	$8\frac{1}{2}\times4$					45～113	
	$5\frac{7}{8}\times2\frac{5}{8}$					23～75	
C201	$6\times2\frac{5}{8}$			√		23～75	60～500
	$8\frac{1}{2}\times4$					45～90	

3.5.2　渤海石油装备中成机械制造有限公司金刚石钻头

3.5.2.1　钻头编码规则

钻头编码规则如下：

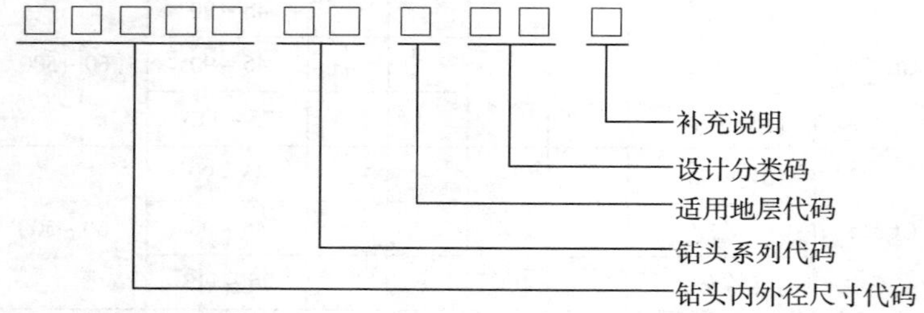

代码含义：

①钻头尺寸代码：外径尺寸，内径尺寸。

②切削齿种类代码：F，K，S，R，J，D

③钻头种类代码：M，X，B，Q

④适用地层的钻头代码：1～5(地层 5 级分级)

⑤附加特征：一般为选用材料等级。

3.5.2.2　钻头系列

(1) 全面钻进金刚石钻头系列(见表 2－37)

表 2－37　全面钻进金刚石钻头系列

系列	钻头型号	IADC	钻头尺寸		联接螺纹	构特征
			in	mm		
PDC 钻头	174KM226	M223	$17\frac{1}{2}$	444.5	$7\frac{5}{8}$REG	胎体刀翼式 抛物线头型 超深宽水槽
	122KM226	M223	$12\frac{1}{4}$	311.1	$6\frac{5}{8}$REG	
	122KM236	M323				
	122KM281	M422				

续表

系列	钻头型号	IADC	钻头尺寸		联接螺纹	构特征
			in	mm		
PDC 钻头	94KM225	M223	$9\frac{1}{2}$	241.3	$6\frac{5}{8}$REG	胎体刀翼式 抛物线头型 超深宽水槽
	94KM236	M323				
	90KM226	M223	9	228.6	$4\frac{1}{2}$ REG	
	84KM225	M223	$8\frac{1}{2}$	215.9		
	84KM226	M223				
	84KM226 – Ⅰ	M223				
	84KM236	M323				
	84KM243	M223				
	84KM243 – Ⅱ	M223				
	84KM245	M323				
	84KM284	M322				
	84KM288	M323				
	80KM202	M222	8	203.2	$4\frac{1}{2}$IF	
	80KM243	M223				
	122FM226	M233	$12\frac{1}{2}$	311.1	$6\frac{5}{8}$REG	
	122FM236	M333				
	122FM281	M432				
	122FM282	M432				
	94FM281	M332	$9\frac{1}{2}$	241.3		
	86FM281	M332	$8\frac{3}{4}$	222.3	$4\frac{1}{2}$REG	
	84FM235	M332	$8\frac{1}{2}$	215.9		
	84FM244	M433				
	84FM245	M333				

续表

系列	钻头型号	IADC	钻头尺寸		联接螺纹	构特征
			in	mm		
PDC钻头	84FM282	M232	8½	215.9	4½REG	胎体刀翼式 抛物线头型 超深宽水槽
	84FM285	M332				
	84FM286	M332				
	84FM288	M332				
	77FM282	M232	7⅞	200	4½REG	
	77FM284	M332				
	64FM225	M333	6½	165.1	3½REG	
	64FM236	M333				
	62FM236	M333	6¼	158.8		
	62FM253	M333				
	62FM281	M332				
	60FM225	M333	6	152.4		
	60FM236	M333				
	60FM281	M332				
	46FM202	M332	4¾	120.7	2⅞REG	
	45FM202	M332	4⅝	117.5	2⅜REG	
造斜钻头	122FX226	M333	12¼	311.1	6⅝REG	浅锥头型 螺旋线 散步型 短保径 胎体式
	122FX282	M332				
	84FX225	M333	8½	215.9	4½REG	
	84FX236	M333				
	84FX282	M232				
	45FX202	M332	4⅝	117.5	2⅜REG	

(2)双芯钻头系列(见表2－38)

表2－38　双芯钻头系列

系列	钻头型号	钻头尺寸		联接螺纹	领眼直径/mm	扩眼直径/mm
		in	mm			
Fb系列双芯钻头	45FB3551	$4\frac{5}{8}$	117.6	$2\frac{7}{8}$REG	92	130
	60FB4667	6	152.4	$3\frac{1}{2}$REG	120.65	174.6
	84FB7094	$8\frac{1}{2}$	215.9	$4\frac{1}{2}$ REG	177.8	241.3
Jb系列双芯钻头	45JB3551	$4\frac{5}{8}$	117.6	$2\frac{7}{8}$ REG	92	130
	60JB4667	6	152.4	$3\frac{1}{2}$ REG	120.65	174.6

(3)取芯钻头系列(见表2－39)

表2－39　取芯钻头系列

系列	钻头型号	钻头外径 *OD*		钻头内径尺寸 *ID*		联接螺纹
		in	mm	in	mm	
FQ系列取芯钻头	8341FQ202	$8\frac{3}{8}$	212	$4\frac{1}{8}$	105	川8－4
	8441FQ202	$8\frac{1}{2}$	215.4	$4\frac{1}{8}$	105	川8－3
	8441FQ205	$8\frac{1}{2}$	215.4	$4\frac{1}{8}$	105	川8－3
	8240FQ206	$8\frac{1}{4}$	210	4	101.6	250P
	8440FQ202	$8\frac{1}{2}$	215.4	4	101.6	250P
	8440FQ203	$8\frac{1}{2}$	215.4	4	101.6	250P
	8440FQ205	$8\frac{1}{2}$	215.4	4	101.6	250P
	8440FQ206	$8\frac{1}{2}$	215.4	4	101.6	250P
	6025FQ206	6	152.4	$2\frac{5}{8}$	66.7	小250P
RQ系列取芯钻头	8441RQ301	$8\frac{1}{2}$	215.4	$4\frac{1}{8}$	105	川8－3
	8441RQ302	$8\frac{1}{2}$	215.4	$4\frac{1}{8}$	105	川8－3
	8440RQ303	$8\frac{1}{2}$	215.4	4	101.6	250P

续表

系列	钻头型号	钻头外径 OD		钻头内径尺寸 ID		联接螺纹
		in	mm	in	mm	
RQ系列取芯钻头	8440RQ306	8½	215.4	4	101.6	250P
	8440RQ316	8½	215.4	4	101.6	250P
	6025RQ306	6	152.4	2	66.7	小250P
	6025RQ316	6	152.4	2⅝	66.7	小250P
	6026RQ306	6	152.4	2¾	69.8	川6-3
	6026RQ316	6	152.4	2¾	69.8	川6-3
JQ系列取芯钻头	8441JQ402	8½	215.4	4⅛	105	川8-3
	8441JQ416	8½	215.4	4⅛	105	川8-3
	8440JQ403	8½	215.4	4	101.6	250P
	8440JQ406	8½	215.4	4	101.6	250P
	8440JQ407	8½	215.4	4	101.6	250P
	6025JQ406	6	152.4	2⅝	66.7	小250P
	6025JQ407	6	152.4	2⅝	66.7	小250P
	6026JQ401	6	152.4	2¾	69.8	川6-3
DQ系列取芯钻头	8440DQ502	8½	215.4	4	101.6	250P
	8440DQ506	8½	215.4	4	101.6	250P
	6025DQ506	6	152.4	2⅝	66.7	小250P
	6026DQ501	6	152.4	2¾	69.8	川6-3
TQ系列取芯钻头	8441TQ601	8½	215.4	4⅛	105	川8-3
	8440TQ601	8½	215.4	4	101.6	250P
	6025TQ601	6	152.4	2⅝	66.7	小250P
	6026TQ601	6	152.4	2¾	69.8	川6-3

3.5.3　新疆帝陛艾斯钻头工具有限公司(XJDBS)金刚石钻头

3.5.3.1　钻头编码规则

(1)编码规则

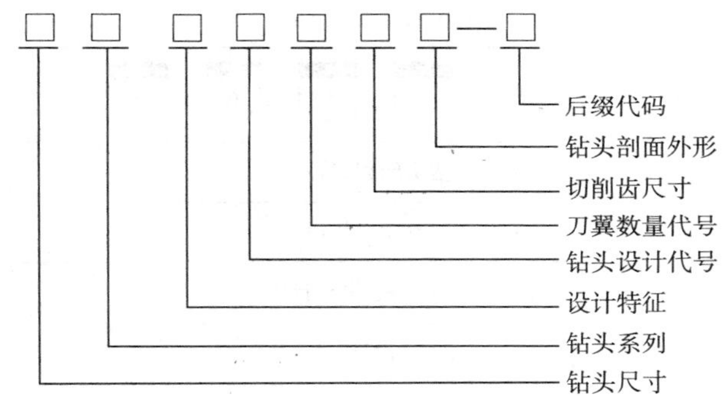

(2)代码含义

钻头代码含义见表2－40。

表2－40　钻头代码含义

代码名称	代码	含　义
钻头尺寸代码		外径尺寸
钻头系列代码	FS	全面钻进钢体PDC钻头，抗回旋设计
	FM	全面钻进胎体PDC钻头，抗回旋设计
	SE	全面钻进胎体PDC钻头，定向井设计
	TI	金刚石孕镶钻头
设计特征	H	硬地层设计
	R	定向井设计
	F	定向井设计，与旋转导向工具配套使用
钻头设计代号	2，3	FS2000/FS3000系列设计技术

续表

代码名称	代码	含　义
刀翼数量代号	0 ~ 9	3 ~ 9，0—10，1—11，2—12
切削齿尺寸	2 ~ 8	2—8mm，3—10mm，4—13mm，5—16mm，7—19mm，8—25mm
钻头剖面外形	2 ~ 8	2　4　6　8
后缀代码	B	钻头倒划眼设计
	D	加厚环挂齿设计
	ES	超级 ES 齿设计
	Z	Z3 齿设计
	G	增强保径设计
	H	水平井设计
	T	TSP 保径设计
	i	金刚石孕镶片与 PDC 复合设计
	R	R - 1 抗磨齿
	M	混合布齿设计
	S	尖、圆混合布齿设计
	N	改型设计
	U	倒钻设计
	ZZ	双排 Z3 齿设计

3. 5. 3. 2　PDC 钻头选型指南

PDC 钻头选型见表 2 - 41。

3. 5. 3. 3　推荐 PDC 钻头钻井参数

推荐 PDC 钻头钻井参数见图 2 - 19。

表2-41　PDC钻头选型

牙轮钻头	牙轮钻头机械钻速/(m/h)		地层硬度	岩石类型	SM/FM/FI/SE刀翼数					TBT代号		TI刀翼数		
	水基	油基			4	5	6	7	8+	17	18	10	20	30
111、124	15～30	18～33	很软	黏土、粉砂岩、砂岩										
116/137437	9～15	12～18	软	黏土岩、泥灰岩、褐煤、砂岩、凝灰岩										
126/139517/527	4.5～9	6～12	中软	黏土岩、泥灰岩、褐煤、砂岩、粉砂岩、硬石膏凝灰岩										
211/217517/537	2.5～6	3～6	中等	泥岩、泥灰岩、砂岩(钙质)、硬石膏										
211/236537/617	1.5～2.5	1.5～3	中硬	灰岩、白云岩、硬石膏										
311/347627/637	1～1.5	1～1.5	硬	页岩（钙质）、粉砂岩、砂岩（硅质）										
637,737,837	1	1	很硬	石英岩、火成岩										

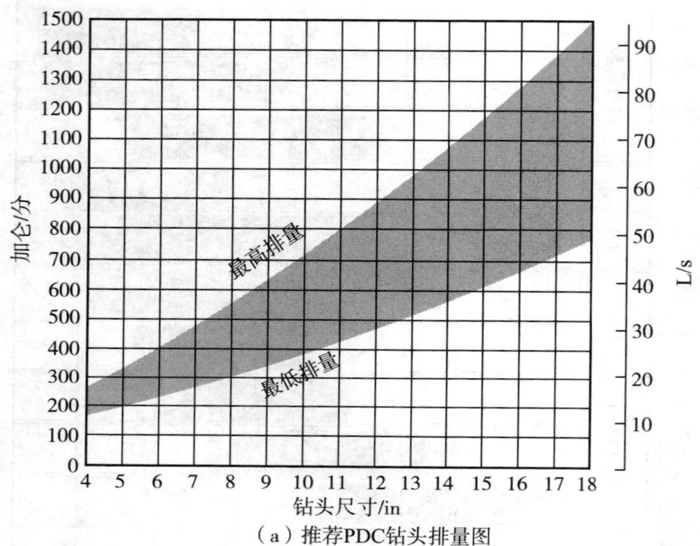

（a）推荐PDC钻头排量图

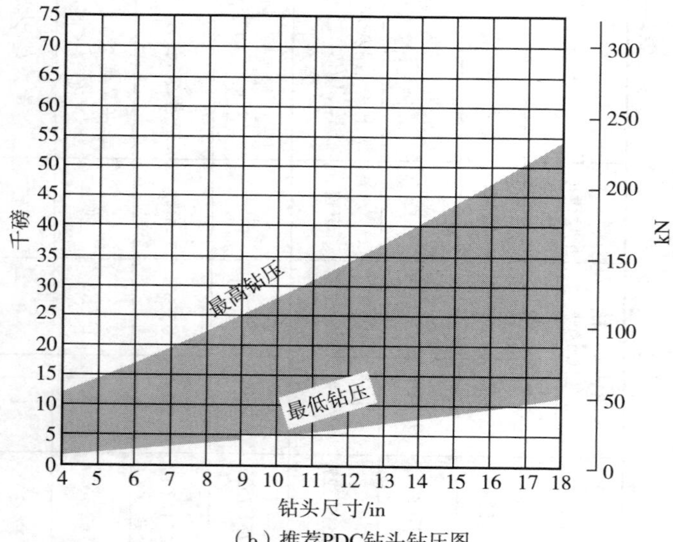

（b）推荐PDC钻头钻压图

图 2－19　推荐 PDC 钻头钻井参数

3.5.3.4 全面钻进金刚石钻头系列

全面钻进金刚石钻头系列见表 2-42。

表 2-42 全面钻进金刚石钻头系列

钻头直径		钻头型号	IADC 编码	保径长度/mm	API 接头
in	mm				
4	101	4.0-FM2631	M442	38.1	$2\frac{3}{8}$REG
$4\frac{3}{4}$	120	4.75-FM2442	M432	38.1	$2\frac{7}{8}$REG
5	127	5.0-FM2533	M443	38.1	
$5\frac{5}{8}$	142	5.625-FM2631	M442	25	$3\frac{1}{2}$REG
$5\frac{7}{8}$	149	5.785-FM2645	M434	25	
$5\frac{7}{8}$	149	5.785-FMH3743ZR	M433	51	
6	152	6.0-FM2643	M333	51	
		6.0-FM3643	M433	25	
		6.0-FMH3643ZR	M433	76	
		6.0-FMR3643	M433	13	
		6.0-Fi2643	M233	76	
		6.0-TBT17	M634	76	
		6.0-Ti3163	M843	76	
$6\frac{1}{2}$	165	6.5-FM2543	M434	51	
		6.5-FMH3843ZR	M433	51	
$8\frac{1}{2}$	216	8.5-FM2663	M333	64	$4\frac{1}{2}$REG
		8.5-FM2543	M433	64	
		8.5-FM2653	M423	25	
		8.5-FM2743	M433	50.8	
		8.5-FM2843	M433	64	

续表

钻头直径		钻头型号	IADC 编码	保径长度/mm	API 接头
in	mm				
8½	216	8.5 – FM3565	M424	64	4½REG
		8.5 – FM3663	M424	76	
		8.5 – FM3843	M433	51	
		8.5 – FM3563	M423	38	
		8.5 – FMF3553	M423	76	4½L. F. BOX
		8.5 – FMF3653	M423	51 +203	
		8.5 – FMF3743	M423	76 +203	
		8.5 – FMH3665ZR	M424	76	4½REG
		8.5 – FMH3743ZR	M433	64	
		8.5 – FMH3852ZR	M423	38	4½REG. pin
		8.5 – FMR3563	M423	38	4½REG
		8.5 – FMR3651	M422	38	
		8.5 – FMR3743	M433	51	
		8.5 – FMR3843	M433	13	
		8.5 – FS2463	S323	25	
		8.5 – FS2565	S424	64	
		8.5 – SE3641	M233	64	
		8.5 – SE3653	M424	25	
		8.5 – SE3661	M422	51	
		8.5 – SE3843	M433	37	
		8.5 – TBT17	M633	75	
		8.5 – TBT18	M634	75	
		8.5 – Ti3105B	M843	356	
		8.5 – Ti3244	M843	356	

续表

<table>
<tr><th colspan="2">钻头直径</th><th rowspan="2">钻头型号</th><th rowspan="2">IADC
编码</th><th rowspan="2">保径长度/
mm</th><th rowspan="2">API 接头</th></tr>
<tr><th>in</th><th>mm</th></tr>
<tr><td rowspan="6">9½</td><td>241</td><td>9.5 – FM2743</td><td>M433</td><td>64</td><td rowspan="15">6⅝REG</td></tr>
<tr><td rowspan="2">251</td><td>9.875 – FM2555</td><td>M324</td><td>38</td></tr>
<tr><td>9.875 – FM3653</td><td>M323</td><td>64</td></tr>
<tr><td>251</td><td>9.875 – FMR3653</td><td>M323</td><td>64</td></tr>
<tr><td rowspan="2">241</td><td>9.5 – FS2463</td><td>S323</td><td>25</td></tr>
<tr><td>9.5 – FS2563</td><td>S323</td><td>25</td></tr>
<tr><td rowspan="17">12¼</td><td rowspan="17">311</td><td>12.25 – FM2463</td><td>M424</td><td>64</td></tr>
<tr><td>12.25 – FM2565</td><td>M324</td><td>64</td></tr>
<tr><td>12.25 – FM2643</td><td>M233</td><td>12.7</td></tr>
<tr><td>12.25 – FM2743</td><td>M333</td><td>76</td></tr>
<tr><td>12.25 – FM2843</td><td>M333</td><td>64</td></tr>
<tr><td>12.25 – FM3565</td><td>M324</td><td>76</td></tr>
<tr><td>12.25 – FM3663</td><td>M323</td><td>102</td></tr>
<tr><td>12.25 – FM3743</td><td>M233</td><td>51</td></tr>
<tr><td>12.25 – FM3853</td><td>M233</td><td>152</td></tr>
<tr><td>12.25 – FMF3553</td><td>M223</td><td>38 + 356</td><td rowspan="4">6⅝REG. BOX</td></tr>
<tr><td>12.25 – FMF3643</td><td>M133</td><td>76 + 381</td></tr>
<tr><td>12.25 – FMF3743</td><td>M433</td><td>76 + 381</td></tr>
<tr><td>12.25 – FMF3851</td><td>M222</td><td>76 + 381</td></tr>
<tr><td>12.25 – FMH3755ZR</td><td>M324</td><td>102</td><td rowspan="2">6⅝REG</td></tr>
<tr><td>12.25 – FMH3853ZR</td><td>M323</td><td>76</td></tr>
<tr><td>12.25 – FMR2643</td><td>M143</td><td>13</td><td>6⅝REG. pin</td></tr>
<tr><td>12.25 – FMR2843</td><td>M233</td><td>0</td><td>6⅝REG</td></tr>
</table>

续表

钻头直径		钻头型号	IADC 编码	保径长度/mm	API 接头
in	mm				
12¼	311	12.25 – FMR3653	M223	64	6⅝REG
		12.25 – FMR3743	M233	51	
		12.25 – FMR3951	M222	25	
		12.25 – FS2463	S123	76	
		12.25 – FS2563	S223	76	
		12.25 – FS2663	S323	51	
		12.25 – FS2763	S243	76	
		12.25 – FS2843	S233	0	
		12.25 – SE3653	M223	51	
		12.25 – SE3843	M423	25	
		12.25 – FM2745i	M234	76 + 305	
		12.25 – Ti3244	M844	75	
		12.25 – Ti3304	M843	445	
16	406	16.0 – FM2863	M223	64	7⅝REG
		16.0 – FS2563	S123	102	
		16.0 – FS2663	S123	76	
		16.0 – FS2963	S223	51	
		16.0 – SE3863	M323	51	
17½	444	17.5 – FM2663	M123	127	
		17.5 – FM2943	M133	76	
		17.5 – FS2563	S123	76	
		17.5 – FS2663	S123	76	
		17.5 – FS2863	S123	89	

3.5.4 成都百施特金刚石钻头有限公司金刚石钻头

3.5.4.1 钻头编码规则

钻头编码规则见表2－43。

表2－43 成都百施特金刚石钻头编码规则

<table>
<tr><th rowspan="2">钻头系列</th><th rowspan="2">前缀代码及含义</th><th colspan="3">数字代码</th><th rowspan="2">后缀代码</th></tr>
<tr><th>第一位</th><th>第二位</th><th>第三位</th></tr>
<tr><td rowspan="3">PDC 钻头</td><td>M(胎体钻头)</td><td rowspan="3">切削齿尺寸/mm
25，19，16
13，08</td><td rowspan="3">刀翼数量
3～12</td><td rowspan="3">冠部形状及布齿密度
1～9</td><td rowspan="3">M，RS，
SG，SGS，SS</td></tr>
<tr><td>MC(胎体取芯钻头)</td></tr>
<tr><td>MS(钢体钻头)</td></tr>
<tr><td rowspan="2">天然金刚石钻头</td><td>N(全面钻进钻头)</td><td rowspan="2">金刚石粒度
1～12</td><td>布齿密度</td><td>冠部形状</td><td rowspan="2"></td></tr>
<tr><td>NC(取芯钻头)</td><td>1～3</td><td>1～9</td></tr>
<tr><td rowspan="2">热稳定聚晶金刚石钻头</td><td>P(全面钻进钻头)</td><td>聚晶类型及规格</td><td>布齿密度:</td><td>冠部形状:</td><td rowspan="2"></td></tr>
<tr><td>PC(取芯钻头)</td><td>1～3</td><td>1～3</td><td>1～9</td></tr>
<tr><td rowspan="2">孕镶金刚石钻头</td><td>I(全面钻进钻头)</td><td rowspan="2">单晶粒度
20～80</td><td rowspan="2">孕镶块密度
1～3</td><td rowspan="2">冠部形状
1～9</td><td rowspan="2"></td></tr>
<tr><td>IC(取芯钻头)</td></tr>
</table>

注：后缀代码含义：SG—特殊保径；RS—旋转导向钻头；SGS—特殊保径，螺旋刀翼；SS—螺旋刀翼，螺旋保径；M—混装齿。

示例：型号为“8½inM1963SGS”钻头，表示直径为8½in(215mm)，切削齿直径19mm，6个刀翼，冠部抛物线较长、布齿密度较低的PDC胎体金刚石钻头。

3.5.4.2 钻头系列型号及选型指南

钻头系列型号及选型指南见表2－44。

表2－44 成都百施特金刚石钻头选型

牙轮钻头分级	地　层	岩　性	金刚石钻头
111～124	低抗压强度极软地层	黏土，粉砂岩，砂岩	MS1951，M1951，M1953

续表

牙轮钻头分级	地　层	岩　性	金刚石钻头
116～137	低抗压强度的软地层	黏土，泥灰岩，盐岩，页岩，褐煤，砂岩	MS1951，M1951，M1953，M1963，M1965
517～527	低抗压强度的均质夹层中软地层	黏土，泥灰岩，褐煤，砂岩，粉砂岩，硬石膏，凝灰岩	MS1951，MS1963，M1953，M1963，M1964，M1965，M1973
517～537	中等抗压强度的非均质夹层地层	泥岩，灰岩，硬石膏，钙质砂岩，页岩	MS1963，M1963，M1964，M1965，M1973，M1974
537～617	中等抗压强度和含研磨性夹层的中硬地层	灰岩，硬石膏，白云岩，砂岩，页岩	M1963，M1964，M1965，M1973，M1974，M1975，M1985，M1674，M1677，M1365，M1386，M1388
627～637	高抗压强度的硬及致密地层	钙质页岩，硅质砂岩，粉砂岩，灰岩	M1985，M1674，M1677，M1386，M1388
637～837	极硬和研磨性地层	石英岩，火成岩	13018，13026，13028

3.5.4.3　推荐钻压和转速

钻头使用推荐钻压和转速见表 2－45。

表 2－45　四川百施特钻头推荐使用参数

钻　头	推荐钻压/(kN/mm^2)	推荐转速/(r/min)
PDC 钻头	0.10～0.60	60～260
TSP 钻头和天然金刚石钻头	0.19～0.42	60～180
孕镶金刚石钻头	0.10～0.37	60～180

3.5.5　江汉石油钻头股份有限公司金刚石钻头

3.5.5.1　型号及编码规则

江汉金刚石钻头型号表示如下：

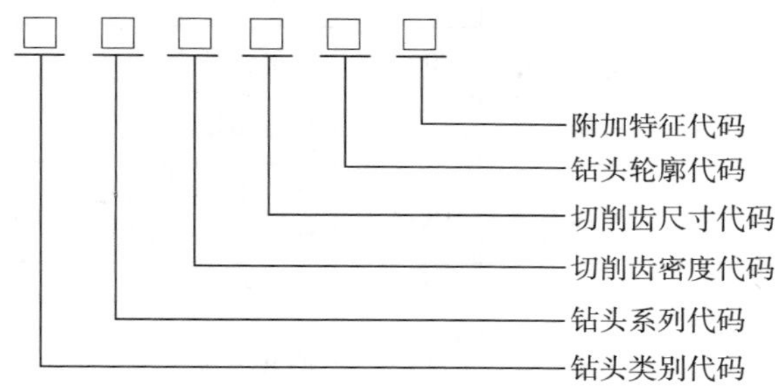

钻头型号编码说明见表 2－46。

表 2－46　江钻金刚石钻头型号编码说明

钻头类别	代码顺序	代码内容	取值范围	说　　明
B (BC)	1	钻头类别	B(BC)	B—PDC 钻头；BC—PDC 取芯钻头
	2	钻头系列	H、W	H—力平衡系列；W—抗回旋系列；无—普通系列
	3	布齿密度	1～9	1～3—低密度；4～6—中密度；7～9—高密度
	4	切削齿直径 (in)	1～8	1—2 in；2—$1\frac{1}{2}$in；3—1 in；4—$\frac{3}{4}$in 6—$\frac{1}{2}$in；8—$\frac{3}{8}$in
	5	冠部轮廓	0～9	具体说明见表注 1
	6	附加特征		＋、M、B、ST、HZ、G、H、C、Y、R 具体说明见表注 2
P (PC)	1	钻头类别	P(PC)	P—TSP 钻头；PC—TSP 取芯钻头
	2	钻头系列		无—普通系列
	3	布齿密度	1～9	同 B 类钻头

续表

钻头类别	代码顺序	代码内容	取值范围	说　　明
P(PC)	4	TSP齿尺寸(粒/克拉)	1~3	1—1粒/克拉；2—2粒/克拉；3—3粒/克拉
	5	冠部轮廓	0~9	同B类钻头
	6	附加特征		同B类钻头
D(DC)	1	钻头类别	D(DC)	D—ND金刚石钻头；DC—ND取芯钻头
	2	钻头系列		无—普通系列
	3	布齿密度	1~9	同B类钻头
	4	TSP齿尺寸(粒/克拉)	1~9	1—1粒；2—2粒；3—3粒；4—4~5粒；7—6~8粒；9—10粒以上
	5	冠部轮廓	0~9	同B类钻头
	6	附加特征		同B类钻头

注1：冠部轮廓代码：1—短圆形、4—中圆形、7—长圆形，2—短抛物线形、5—中抛物线形、8—长抛物线形，3—短锥形、6—中长锥形、9—长锥形，0—异型

注2：附加特征代码：M—磨头/铣头、B—双芯/偏心钻头、ST—侧钻钻头、HZ—水平/定向钻头、G—钻头保径结构、H—混合齿钻头、+—尖圆齿钻头、C—柱状齿钻头、Y—孕镶齿、R—任意式布齿

3.5.5.2　江钻金刚石钻头选型

江钻金刚石钻头选型见表2-47和表2-48。

表2-47　江钻金刚石全面钻进钻头选型

钻头型号	IADC代码	软	中软	中	中硬	硬	极硬
		泥灰岩 砂岩 盐岩	页岩 砂岩 自垩岩	页岩 砂岩 石灰岩	砂岩、石灰岩、硬石膏、白云岩	砂岩 石灰岩 白云岩	石英岩 火山岩
B364，B364+，B464+B	M131	√	√				
B668，B668B	M434	√	√				

续表

钻头型号	IADC代码	软	中软	中	中硬	硬	极硬
		泥灰岩 砂岩 盐岩	页岩 砂岩 自垩岩	页岩 砂岩 石灰岩	砂岩、石灰岩、硬石膏、白云岩	砂岩 石灰岩 白云岩	石英岩 火山岩
B668 +	M434	√	√	√			
B361R, B361RG8	M132	√	√	√			
KM1944	M223	√	√	√			
B461, B461 +	M232	√	√	√			
B461R, B461R－1, B461R－2	M232	√	√	√			
B461RC, B461RH, B461RG8	M232	√	√	√			
B461＋R, B461HZ, B461ST	M232	√	√	√			
B4618, B461RB, B461＋RB	M232	√	√	√			
B462, B461RST	M232	√	√	√			
B524Y, B534Y, B534	M313	√	√	√			
B431	M212	√	√	√			
B544, KS1952SG, KS1952SGA, KS1952SGR, KS1952GRA	M323	√	√	√			
B542	M322	√	√	√			
BW542, BH542, BW542HZ	M322		√	√	√		
BW534	M313		√	√	√		
B564HZ, B564＋HZ	M333	√	√	√			
BW564, BH564	M333			√	√		
B561＋R	M332			√	√		
BH562	M332			√	√		
KM1952A	M423			√			

续表

钻头型号	IADC代码	软	中软	中	中硬	硬	极硬
		泥灰岩 砂岩 盐岩	页岩 砂岩 自垩岩	页岩 砂岩 石灰岩	砂岩、石灰岩、硬石膏、白云岩	砂岩 石灰岩 白云岩	石英岩 火山岩
B664 +，B665	M433			√	√		
B668 -1，B669 +	M434			√	√		
BW461，BH461	M232		√	√	√		
BW441，BH441	M222	√	√	√	√		
B561	M332		√	√			
BH541	M322	√	√	√	√		
B534	M312	√	√	√			
B564，B564HZ	M333			√	√		
P511ST	M621			√	√		
P516，P815	M623			√	√	√	
P616B	M723			√	√	√	
H33	M722			√	√	√	
D526，D625	M613			√	√	√	
D651ST，D751ST	M711			√	√	√	
D756	M713				√	√	
D854	M813				√	√	√

表 2-48　江钻金刚石取芯钻头选型

钻头型号	IADC代码	软	中软	中	中硬	硬	极硬
		泥灰岩 砂岩 盐岩	页岩 砂岩 自垩岩	页岩 砂岩 石灰岩	砂岩、石灰岩、硬石膏、白云岩	砂岩 石灰岩 白云岩	石英岩 火山岩
BC460	M331	√	√				
BC463	M332		√	√	√		
BC462	M334	√	√	√			

续表

钻头型号	IADC代码	软	中软	中	中硬	硬	极硬
		泥灰岩 砂岩 盐岩	页岩 砂岩 自垩岩	页岩 砂岩 石灰岩	砂岩、石灰岩、硬石膏、白云岩	砂岩 石灰岩 白云岩	石英岩 火山岩
BC463R	M332	√	√	√			
PC733	M722			√	√		
PC832	M823			√	√	√	
DC524	M612				√	√	√
DC745	M712				√	√	√

3.5.6 四川联鼎盛吉科技发展有限公司金刚石钻头

3.5.6.1 金刚石钻头型号编码规则及型号编码说明

金刚石钻头型号编码规则如下，型号编码说明见表2－49。

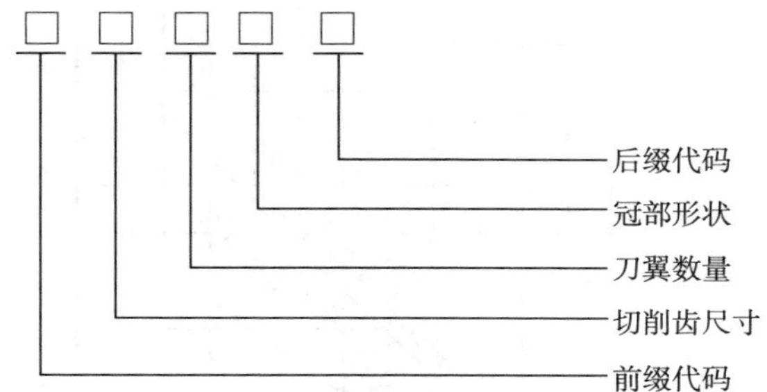

3.5.6.2 金刚石钻头推荐钻井参数

金刚石钻头推荐钻井参数见图2－20。

3.5.6.3 金刚石钻头选型

金刚石钻头选型见表2－50。

3.5.6.4 金刚石钻头常用喷嘴的总过流面积值

金刚石钻头常用喷嘴的总过流面积值（单位 in^2）见表2－51。

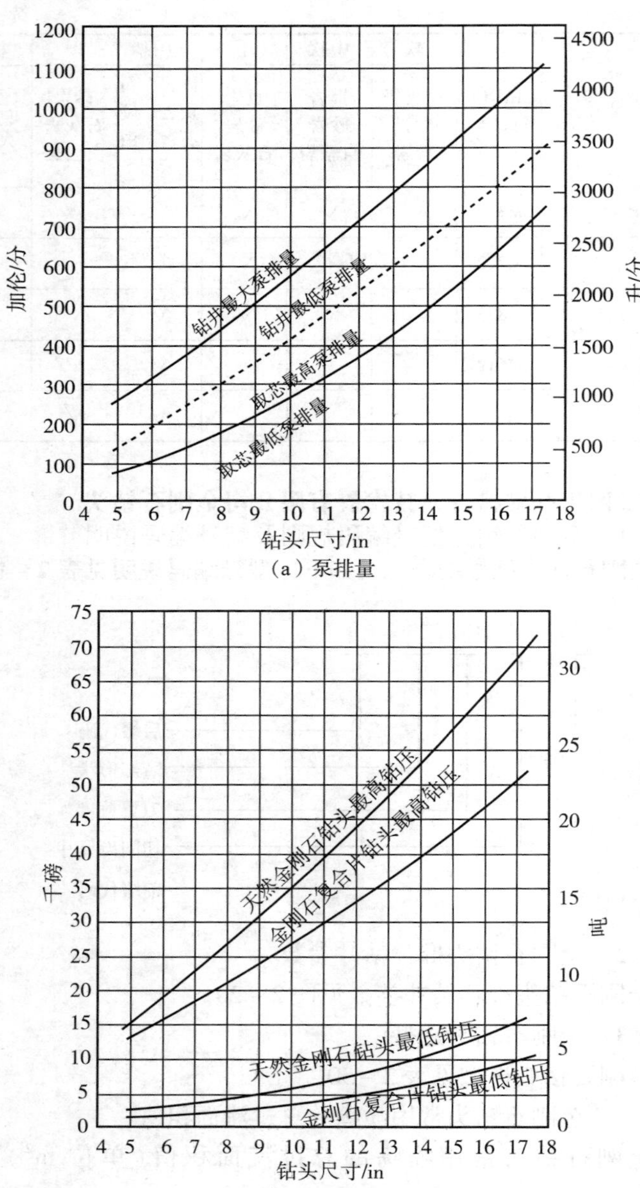
1200
1100
1000
900
800
700
600
500
400
300
200
100
0
加伦/分
4500
4000
3500
3000
2500
2000
1500
1000
500
升/分
钻井最大泵排量
钻井最低泵排量
取芯最高泵排量
取芯最低泵排量
4 5 6 7 8 9 10 11 12 13 14 15 16 17 18
钻头尺寸/in
(a) 泵排量
75
70
65
60
55
50
45
40
35
30
25
20
15
10
5
0
千磅
30
25
20
15
10
5
0
吨
天然金刚石钻头最高钻压
金刚石复合片钻头最高钻压
天然金刚石钻头最低钻压
金刚石复合片钻头最低钻压
4 5 6 7 8 9 10 11 12 13 14 15 16 17 18
钻头尺寸/in

(b) 钻压-全面钻进钻头

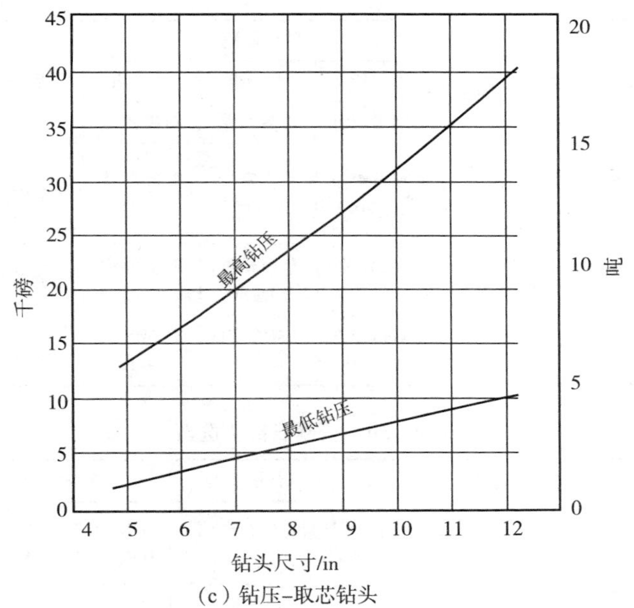

（c）钻压-取芯钻头

图 2－20　金刚石钻头推荐钻井参数

表 2－49　金刚石钻头型号编码说明

<table>
<tr><th rowspan="3">钻头类型</th><th rowspan="3">前缀代码</th><th colspan="3">数字代码</th><th rowspan="3">后缀代码</th></tr>
<tr><th>第一组</th><th>第二组</th><th>第三组</th></tr>
<tr><th>切削齿尺寸</th><th>刀翼数量</th><th>布齿密度</th></tr>
<tr><td rowspan="5">复合片钻头</td><td>M—胎体</td><td rowspan="5">4—ϕ8mm
5—ϕ11mm
6—ϕ13mm
7—ϕ16mm
8—ϕ19mm
25—ϕ25mm</td><td rowspan="5">4～10</td><td rowspan="5">1～9</td><td rowspan="5">D—定向井，G—加强保径，L—直刀翼，M—混装齿，S—螺旋刀翼，T—涡轮钻进，H—抗回旋，X—双排齿，SG—特殊保径</td></tr>
<tr><td>S—钢体</td></tr>
<tr><td>C—取芯</td></tr>
<tr><td>B—双芯扩眼</td></tr>
<tr><td>QWR—随钻扩眼工具</td></tr>
</table>

续表

钻头类型	前缀代码	数字代码			后缀代码
		第一组	第二组	第三组	
		切削齿尺寸	刀翼数量	布齿密度	
天然金刚石钻头	N—天然金刚石 NC—天然金刚石取芯	金刚石粒度 1~20	布齿密度 1~10	冠部形状 1~8	全面/取芯
热稳定聚晶金刚石钻头	P—聚晶 PC—聚晶取芯	聚晶类型规格	布齿密度 20~30	冠部形状 1~5	全面/取芯
孕镶金刚石钻头	HC—取芯	金刚石粒度 40~150	孕镶块密度 1~12	冠部形状 1~15	全面/取芯

表 2-50 金刚石钻头选型

钻头分级	地层	岩性	金刚石钻头
111~124	极软、低抗压强度	黏土、粉砂岩、砂岩	HS843GS，HS853GS，HM853GS，HM855GS
116~137	软、低抗压强度	黏土、泥灰岩、盐岩、页岩、褐煤、砂岩	HS853GS，HS855GS，HM863GS，HM855GS，HM852GS
517~527	中软、低抗压强度的均质夹层地层	黏土、泥灰岩、硬石膏、凝灰岩	HS755GS，HS853GS，HS855GS，HS863GS，HM853GS，HM855GS，HM863GS，HM873GS
517~537	中等抗压强度非均质夹层地层	泥岩、灰岩、硬石膏、钙质砂岩、页岩	HS755GS，HS863GS，HM863GS，HM865GS，HM873GS，HM875GS
537~617	中硬、中等抗压强度和研磨性夹层的地层	灰岩、硬石膏、白云岩、砂岩、页岩	HM863GS，HM865GS，HM873GS，HM875GS，HM765GS，HM765 XT，HM775GS，HM775 XT，HM753GS，HM655GS，HM665GS，HM665GSX，HM665XL，HM665XT，HM776GS

续表

钻头分级	地层	岩性	金刚石钻头
627~637	硬、高抗压强度的硬及致密地层	钙质页岩、硅质砂岩、粉砂岩、灰岩	HM687GS，HM688GS，HM687GS，HM675GS，HM675DL，HM675XL
637~837	极硬和研磨性地层	石英岩、火成岩	HM687GS，HM688GS

表 2-51　金刚石钻头常用喷嘴总过流面积值　　单位：in^2

喷嘴直径		喷嘴数量									
mm	in	1	2	3	4	5	6	7	8	9	10
5.6	7/32	0.038	0.075	0.113	0.15	0.188	0.225	0.263	0.301	0.338	0.376
6.4	8/32	0.049	0.098	0.147	0.196	0.245	0.294	0.343	0.393	0.442	0.491
7.1	9/32	0.062	0.124	0.186	0.248	0.31	0.373	0.435	0.497	0.559	0.621
7.9	10/32	0.077	0.153	0.23	0.307	0.383	0.46	0.537	0.613	0.69	0.767
8.7	11/32	0.093	0.186	0.278	0.371	0.464	0.557	0.649	0.742	0.835	0.928
9.5	12/32	0.11	0.221	0.331	0.442	0.552	0.662	0.773	0.883	0.994	1.104
10.3	13/32	0.13	0.259	0.389	0.518	0.648	0.777	0.907	1.036	1.166	1.296
11.1	14/32	0.15	0.301	0.451	0.601	0.751	0.902	1.052	1.202	1.352	1.503
11.9	15/32	0.172	0.345	0.517	0.69	0.862	1.035	1.207	1.38	1.552	1.725
12.7	16/32	0.196	0.393	0.589	0.785	0.981	1.178	1.374	1.57	1.766	1.963
13.5	17/32	0.222	0.443	0.665	0.886	1.108	1.329	1.551	1.772	1.994	2.215
14.3	18/32	0.248	0.497	0.745	0.994	1.242	1.49	1.739	1.987	2.235	2.484
15.1	19/32	0.277	0.553	0.83	1.107	1.384	1.66	1.937	2.214	2.491	2.767
15.9	20/32	0.307	0.613	0.92	1.227	1.533	1.84	2.146	2.453	2.76	3.066
16.7	21/32	0.338	0.676	1.014	1.352	1.69	2.028	2.366	2.705	3.043	3.381
17.5	22/32	0.371	0.742	1.113	1.484	1.855	2.226	2.597	2.968	3.339	3.71

3.5.7　北京探矿工程研究所金刚石钻头

3.5.7.1　钻头型号编码规则

钻头型号编码规则及说明见表 2-52。

表 2－52　探工所金刚石钻头命名规则及说明

钻头系列		编码序号	代表意义	取值范围	说　明
全面钻进钻头系列	复合片钻头	1	PDC 钻头	P	
		2、3	切削齿尺寸	2 位数字	切削齿直径
		4	冠部形状	1～9	1～9(长抛物线～近平底)
		5	布齿密度	1～9	1～3(低密度)；4～6(中密度)；7～9(高密度)
		6	基体类型	S 或 M	S 钢体；M 胎体
		7	特殊用途代号	D 或 H	
	巴拉斯钻头	1	TSP 钻头	T	
		2	切削齿尺寸	1 位数字	三角聚晶边长
		3	冠部形状	1～3	1—单锥；2—双锥；3—圆弧
		4	布齿密度	1～9	同 P 系列
		5	特殊用途代号	D 或 H	
	天然金刚石钻头	1	天然金刚石钻头	N	
		2	切削齿尺寸	1 位数字	每克拉天然金刚石数目
		3	冠部形状	1～3	同 T 系列
		4	布齿密度	1～9	同 P 系列
		5	特殊用途代号	D 或 H	
取芯钻头系列		1	取芯钻头类型	P、T、N、R	P—PDC；T—TSP；N—天然金刚石；R—人造金刚石孕镶块
		2	取芯钻头	C	

续表

钻头系列	编码序号	代表意义	取值范围	说明
取芯钻头系列	3	切削齿尺寸及数量	1~2位数字	同P、T、N系列；R系列代表孕镶块数量
	4	冠部形状	1~3	同T系列
	5	布齿密度	1~9	同P系列
	6	基体类型	S或M	同P系列
	7	特殊用途代号	D或H	同P系列
扩孔钻头系列	1	扩孔钻头类型	P、T、N、R	同取芯钻头系列
	2	扩孔钻头	K	
	3	切削齿尺寸及数量	1~2位数字	同取芯钻头系列
	4	冠部形状	1~9	同P系列
	5	布齿密度	1~9	同P系列
	6	基体类型	S或M	同P系列

3.5.7.2 钻头选型及推荐钻井参数

钻头选型及推荐钻井参数见表2-53、表2-54。

表2-53 全面钻进金刚石钻头选型及推荐钻井参数

钻头型号	钻头直径		适用地层	推荐钻井参数		
	in	mm		排量/(L/s)	转速/(r/min)	钻压/kN
P1365M	6	152.4	软至中硬地层	10~16	60~400	10~70
	$8\frac{1}{2}$	215.9		25~38		13~66
	$9\frac{1}{2}$	241.3		30~44		13~90

续表

钻头型号	钻头直径		适用地层	推荐钻井参数		
	in	mm		排量/（L/s）	转速/（r/min）	钻压/kN
P1924M	8½	215.9	软至中硬地层	25～38	60～240	13～66
	9½	241.3		30～44		13～90
	12¼	311.2		38～60		13～98
P1358M	8½	215.9	中等硬度地层	25～38		13～66
	9½	241.3		30～44		13～90
P1934M	8½	215.9	软至中硬地层	25～38		13～66
	9½	241.3		30～44		13～90
	12¼	311.2		38～60		13～98
P1387MD	4⅝	117.5	软至中硬地层中造斜、扭方位	6～12	60～500	8～50
	5⅞	149.2		10～16		10～70
	6	152.4		10～16		10～70
	7	177.8		15～25		20～80
	7⅞	200.0		20～30	60～300	20～100
	8	203.2		20～30		20～100
	8½	215.9		25～32		25～110
T527	5⅞	149.2	中硬及致密地层	10～16	80～500	25～80
	6	152.4		10～16		25～80
	7⅞	200.0		20～30		40～120
	8½	215.9		25～32		45～130
N826	4⅝	117.5	硬至极硬研磨性地层	8～15	80～500	10～70
	4¾	120.7		8～15		10～70
	5⅞	149.2		10～16		25～80
	6	152.4		10～16		25～80
	7⅞	200.0		20～26		40～120
	8½	215.9		20～28		45～130

表 2-54 取芯金刚石钻头选型及推荐钻井参数

钻头型号	钻头参数		适用地层	推荐钻井参数		
	直径/in	内径/mm		排量/(L/s)	转速/(r/min)	钻压/kN
PC1315M	6	70	中硬至硬脆碎地层	6~18	60~500	10~70
	8½	101.6		10~25		20~100
		105				
PC1336M	6	70	软至中硬地层	6~18	60~500	10~70
	8½	101.6		10~25		20~100
		105				
TC436M	6	70	中硬地层	6~18	60~500	20~75
	8½	101.6		10~25		45~100
		105				
RC1235M	6	70	中硬至坚硬地层	6~18	60~500	30~80
	8½	101.6		10~25		50~130
		105				
NC616M	6	70	硬地层	6~18	60~500	20~70
	8½	101.6		10~25		40~100
		105				

3.6 特殊金刚石钻头

特殊金刚石钻头的开发应用，为处理复杂井、事故井得到最直接有效的帮助。

川石克瑞达金刚石钻头有限公司特殊金刚石钻头：

①侧钻、定向井、水平井造斜钻头见图 2-21。

②双芯扩眼钻头见图 2-22。

③可钻出比钻头名义尺寸稍大的微偏心钻头见图 2-23。

④非标准尺寸取芯作业用双芯取芯作业钻头见图 2-24。

⑤与旋转导向工具匹配的旋转导向钻头见图 2-25。

⑥克锐达随钻扩眼工具见图 2-26。

图 2-21　造斜用钻头

图 2-22　双芯扩眼钻头

图 2-23　微偏心钻头

图 2-24　双芯取芯钻头

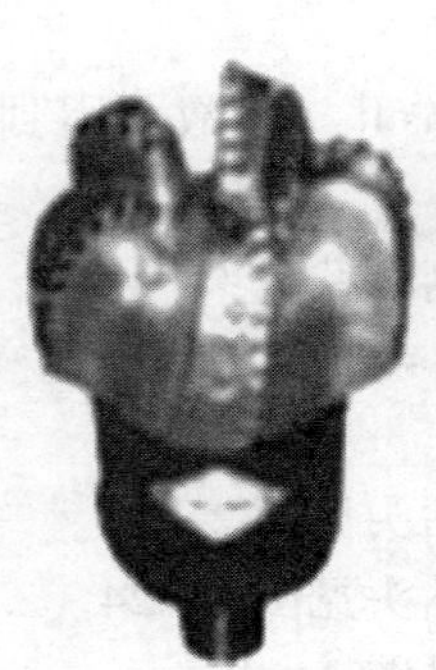

图 2-25　旋转导向钻头

图 2-26　随钻扩眼工具

(1) 结构与分类

克锐达随钻扩眼工具结构如图 2－26 所示。随钻扩眼工具包括三种类型的产品，构成了一个随钻扩眼工具系列：

RWD—常规随钻扩眼工具；SRWD—定向井随钻扩眼工具；STRWD—小井眼随钻扩眼工具。

(2) 克锐达随钻扩眼工具命名规则

随钻扩眼工具命名规则如下：

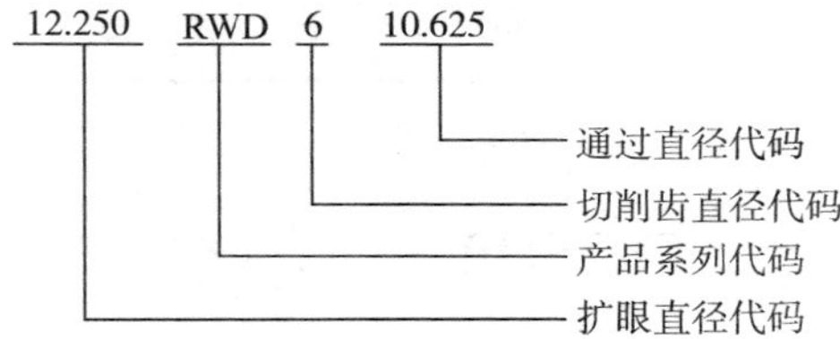

(3) 克锐达随钻扩眼工具技术参数

克锐达随钻扩眼工具技术参数见表 2－55。

表 2－55 克锐达随钻扩眼工具技术参数

工具类型	型号	扩眼直径/in	通过直径/in	领眼直径/in
RWD 常规随钻扩眼工具	20. 000RWD6－17. 000	20	17	12. 25
	18. 000RWD6－15. 750	18	15. 75	12. 25
	17. 000RWD6－14. 500	17	14. 5	10. 625
	14. 750RWD6－12. 250	14. 75	12. 25	9. 5
	14. 000RWD6－12. 000	14	12	8. 5
	12. 250RWD6－10. 625	12. 25	10. 625	8. 5
SRWD 定向井随钻扩眼工具	9. 875SRWD6－8. 375	9. 875	8. 375	6. 5
	8. 000SRWD4－6. 625	8	6. 625	4. 75

续表

工具类型	型号	扩眼直径/in	通过直径/in	领眼直径/in
SRWD 定向井随钻扩眼工具	7. 500SRWD4 – 6. 300	7. 5	6. 3	4. 75
	7. 000SRWD4 – 6. 000	7	6	4. 75
STRWD 小井眼随钻扩眼工具	6. 700STRWD4 – 5. 950	6. 7	5. 95	4. 75
	6. 000STRWD4 – 5. 400	6	5. 4	4. 75

3. 7　金刚石钻头磨损分级

IADC 制定的钻头磨损分级标准，同样也适用于金刚石钻头，与牙轮钻头的区别在于金刚石钻头没有轴承一栏。国内金刚石钻头磨损分级原则如图 2 – 27 所示，记录钻头磨损的 8 个方面因素。

①第一栏、第二栏，记录钻头牙齿磨损情况。依据牙齿磨损高度分为 0 到 8 级：0 级无磨损，……8 级牙齿全部磨光，如图 2 – 27 所示。

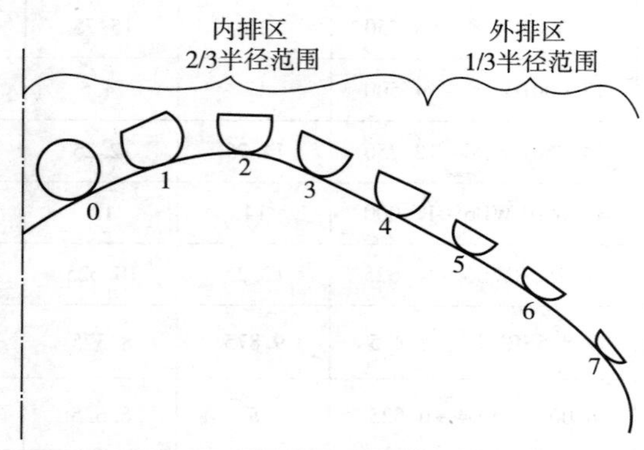

图 2 – 27　金刚石钻头牙齿磨损分级示意图

其中，第一栏记录从钻头中心至2/3半径区域内排齿的平均磨损量。例如图2－27内排区五个复合片依据其各自的磨损级别的平均值定为2级，即(0＋1＋2＋3＋4)/5＝2。第二栏记录内排区以外1/3半径区域外排齿的平均磨损量，磨损级别定为6级，即(5＋6＋7)/3＝6。

②第三栏，描述金刚石钻头磨损的基本特征。指钻头外观上的明显变化，同时这些变化又影响钻头的使用性能。图2－28给出了20种磨损特征及符号。

③第四栏，用于记录基本磨损特征的所在部位。依据结构将金刚石钻头划分为内锥、冠顶(鼻部)、外锥、肩部、保径、钻头工作面、中排齿、边缘齿8个部位。

各工作部位及其代号见图2－28。

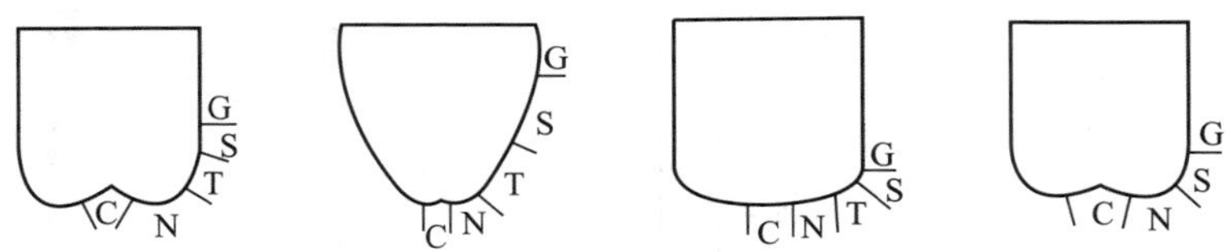

图2－28　金刚石钻头工作部位及其代号

C—内锥；N—冠顶(鼻部)；T—外锥；S—肩部；G—保径

④第五栏，记录轴承磨损情况。由于金刚石钻头没有轴承，所以该栏总填“X”。由此可以区分该记录的是牙轮钻头还是固定齿钻头。

⑤第六栏，记录钻头规径磨损变化情况。规径无变化，填“0”。如果规径有磨损，其磨损值以mm为单位填写。

⑥第七栏，用于描述钻头第二磨损特征。与第三栏用同样的符号。

⑦第八栏，记录起钻原因。所用符号意义见图2－29。

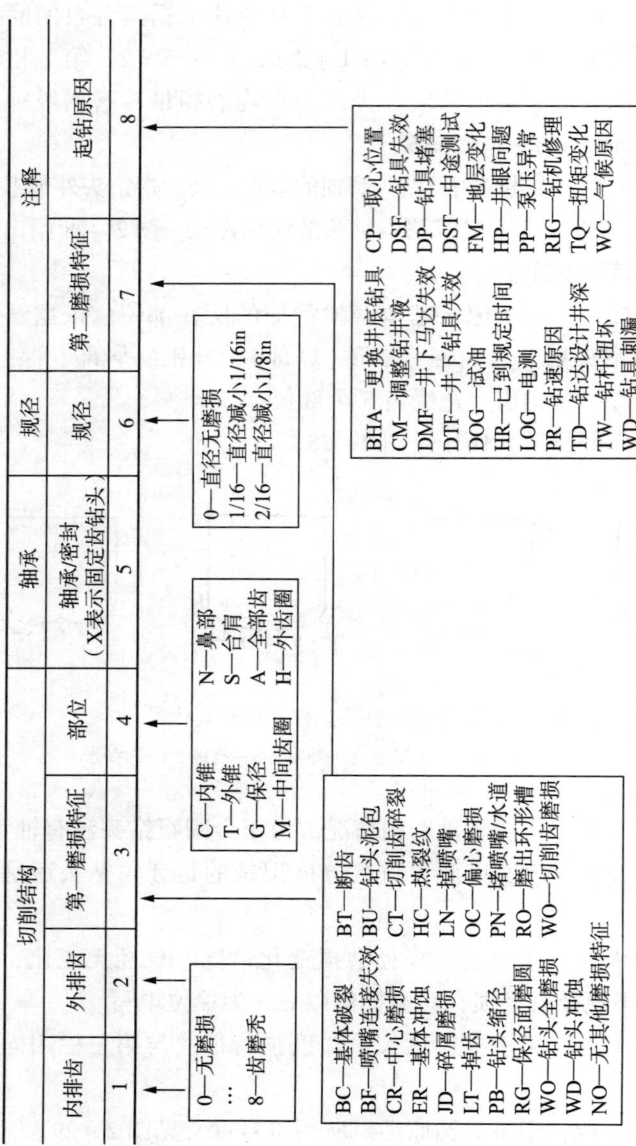

图2-29 金刚石钻头磨损分级形式及编码

4　喷嘴(水眼)

4.1　喷嘴的结构特点及种类

喷嘴是钻头内腔与外部的水力通道，选择不同的钻头喷嘴对于提高钻井速度具有至关重要的意义。

4.1.1　牙轮钻头喷嘴

牙轮钻头喷嘴包括普通喷嘴、长喷嘴、中长喷嘴、斜喷嘴、中心喷嘴、振荡脉冲射流喷嘴、旋流喷嘴、负压喷嘴等。

①普通喷嘴，结构见图 2－30。

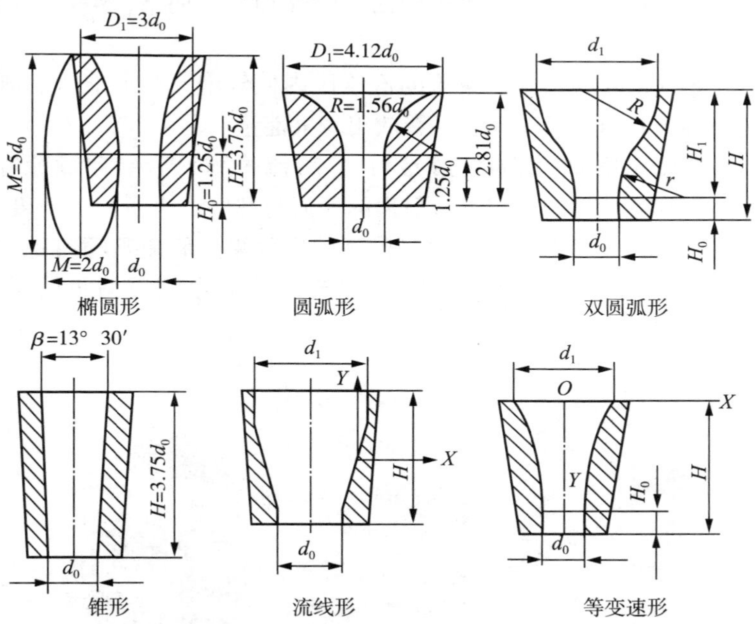

图 2－30　普通喷嘴结构示意图

②长喷嘴，出口接近井底，能充分利用水力能量进行破岩，可提高钻头机械钻速。

③中长喷嘴，比普通喷嘴增加了 35mm 左右，缩短了喷嘴

出口距井底的距离，可强化井底漫流，提高破岩效率和充分清洗井底能力，可提高钻头机械钻速。

④斜喷嘴，通过喷嘴出口的射流在井底产生较大的漫流速度，增大对岩石破碎裂缝的径向冲击压力，可提高钻头机械钻速。

⑤中心喷嘴，安装在钻头中心的喷嘴，可提高钻头中心部的清洗能力，防止泥包，提高机械钻速。

⑥振荡脉冲射流喷嘴，连续射流通过喷嘴脉冲发生器时自行转变为振动脉冲射流，增强了水力破岩能力，可提高钻头机械钻速。

⑦反喷嘴，三个喷嘴中的两个喷嘴加长并向下，另一个喷嘴反向朝上。

⑧气穴喷嘴，是在液流的低压区内使气泡产生并胀大，被液流带到高压区后溃灭，可释放出较大能量。

⑨旋流喷嘴(德瑞公司专利)：旋流喷嘴设有导向旋流叶片，在旋流叶片的作用下，射出的液流与井底产生了一个角度，对井底岩石裂缝产生冲击力，提高破岩效果。旋流喷嘴有螺纹结构与普通结构两种，可适用于牙轮钻头和金刚石钻头使用，结构见图 2 -31。

图 2 -31　旋流喷嘴

⑩负压喷嘴（新疆 DBS 公司专利）：目前在现场使用的喷嘴在井底产生的是正压力场，它对井底钻屑有压持作用，不利于有效快速清洗钻屑。负压喷嘴在井底形成的是一个负压力场，把对井底钻屑的压持作用转变为抽吸作用，及时将钻屑抽吸出井底，起到快速清岩的作用，提高机械钻速。负压喷嘴结构见图 2－32。

图 2－32　负压喷嘴外形及剖面图

喷嘴型号表示方法如下：

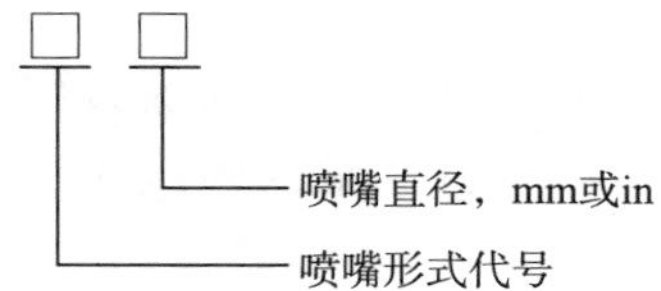

示例：M3－30 喷嘴 M—中长形；3—用于 $7\frac{1}{2}$～$7\frac{7}{8}$ 钻头；30—喷嘴出口直径 30mm。

喷嘴形式代号及技术规范见表 2－56。

表 2－56　喷嘴形式代号及技术规范

钻头尺寸/in	喷嘴直径/mm	喷嘴装配长度/mm	喷嘴形式代号		
			标准形	保护盖形	中长形
$3\frac{3}{4}$～$4\frac{3}{4}$	20.30±0.13	$17.48^{+0.13}_{-0.25}$	S1	P1	M1
$5\frac{7}{8}$～$6\frac{3}{4}$	23.50±0.13	$19.05^{+0.13}_{-0.25}$	S2	P2	M2
$7\frac{1}{2}$～$7\frac{7}{8}$	29.74±0.13	$20.62^{+0.13}_{-0.25}$	S3	P3	M3
$8\frac{3}{8}$～$13\frac{3}{4}$	32.89±0.13	$26.97^{+0.13}_{-0.25}$	S4	P4	M4
$14\frac{3}{4}$～$17\frac{1}{2}$	40.84±0.13	$26.97^{+0.13}_{-0.25}$	S5	P5	M5

4.1.2　金刚石钻头喷嘴(水眼)

PDC钻头喷嘴有固定喷嘴和活动喷嘴之分。活动喷嘴为螺纹喷嘴，其结构见图2－33、图2－34。

图2－33　螺纹喷嘴

图2－34　脉冲螺纹喷嘴

天然金刚石钻头和TSP钻头，喷嘴又称为水眼。按水槽结构形状分为逼压式、辐射式、辐射逼压式和螺旋形几种，如图2－35所示。

4.2　喷嘴过流面积及组合喷嘴计算

4.2.1　钻头喷嘴总过流面积的计算

喷嘴过流面积是指喷嘴流道最小处的截面积。

牙轮钻头和PDC钻头，喷嘴总过流面积是依据安装在钻头上的各个喷嘴出口直径大小来计算的，并可以通过调整喷嘴尺寸来改变钻头的总过流面积。计算方法如下：

$$S = 0.785(d_1^2 + d_2^2 + d_3^2 + \cdots\cdots + d_n^2) \qquad (2-1)$$

式中　S——钻头喷嘴总过流面积，mm^2 或 in^2；

d_1、d_2、d_3 …… d_n——分别为钻头各喷嘴的出口直径，mm或in。

天然金刚石钻头和TSP钻头，钻头喷嘴过流面积即钻头水眼总面积。

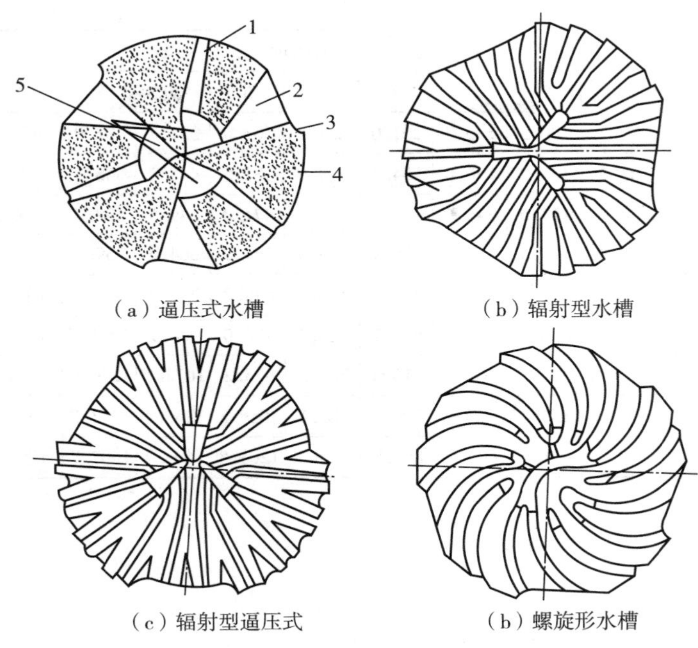

（a）逼压式水槽　（b）辐射型水槽

（c）辐射型逼压式　（b）螺旋形水槽

图 2－35　天然金刚石钻头水力结构示意图

1—高压水槽；2—低压水槽；3—排屑槽；4—金刚石；5—水眼

4.2.2 喷嘴直径与过流面积关系数据

普通喷嘴直径与过流面积关系数据，见表 2－57。

表 2－57　普通喷嘴直径与过流面积关系数据　单位：mm^2

喷嘴直径/mm	喷嘴数量								
	1	2	3	4	5	6	7	8	9
3	7.1	14.1	21.2	28.3	35.3	42.4	49.5	56.5	63.6
4	12.6	25.1	37.7	50.2	62.8	75.4	87.9	100.5	113.0
5	19.6	39.3	58.9	78.5	98.1	117.8	137.4	157.0	176.6
6	28.3	56.5	84.8	113.0	141.3	169.6	197.8	226.1	254.3
7	38.5	76.9	115.4	153.9	192.3	230.8	269.3	307.7	346.2

续表

喷嘴直径/mm	喷嘴数量								
	1	2	3	4	5	6	7	8	9
8	50.2	100.5	150.7	201.0	251.2	301.4	351.7	401.9	452.3
9	63.6	127.2	190.8	254.3	317.9	381.5	445.1	508.7	572.3
10	78.5	157.0	235.5	314.0	392.5	471.0	549.5	628.0	706.5
11	95.0	190.0	285.0	379.9	474.9	569.9	664.9	759.9	854.9
12	113.0	226.1	339.1	452.2	565.2	678.2	791.3	904.3	1017.4
13	132.7	256.3	398.0	530.7	663.3	796.0	928.7	1061.3	1194.0
14	153.9	307.7	461.6	615.4	769.3	923.2	1077.0	1230.9	1384.7
15	176.6	353.3	529.9	706.5	883.1	1059.8	1236.4	1413.0	1589.6
16	201.0	401.9	602.9	803.8	1004.8	1205.8	1406.7	1607.7	1808.6

第三章　钻井管材

1　方钻杆

方钻杆位于钻柱的最上端。在转盘钻井中，主要作用是传递扭矩并承受钻柱悬重重量；在涡轮和螺杆钻具的钻井中，方钻杆承受钻柱悬重重量和反扭矩。

1.1　方钻杆结构

方钻杆由驱动部分、上下接头等组成。上部接头螺纹为左旋螺纹，下部接头螺纹为右旋螺纹。

按方钻杆两端接头连接的方式不同，可分为有细扣方钻杆和无细扣方钻杆。我国和 API 标准系列均用无细扣方钻杆，其两端接头与方钻杆本体做成一体或对焊在一起。

按方钻杆驱动部分的断面形状，可分为四方方钻杆、六方方钻杆和三方方钻杆（见图 3 – 1 ~ 图 3 – 3），一般大型钻机都使用四方方钻杆，小型钻机多用六方方钻杆。三方方钻杆相对具有较大的驱动支撑面，所以寿命相对更长。

1.2　方钻杆规范

方钻杆规范是按其驱动部分的对边宽度来分类的。

1.2.1　四方方钻杆规格

四方方钻杆规格见表 3 – 1。

1.2.2　六方方钻杆规格

六方方钻杆规格见表 3 – 2。

1.3　方钻杆机械性能

方钻杆机械性能见表 3 – 3。

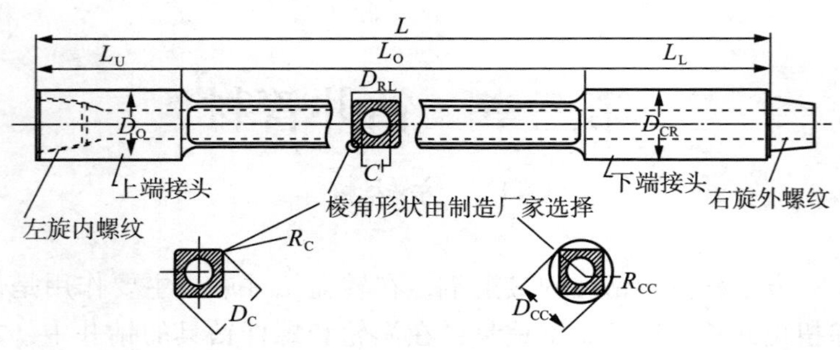

图 3－1　四方方钻杆结构示意图

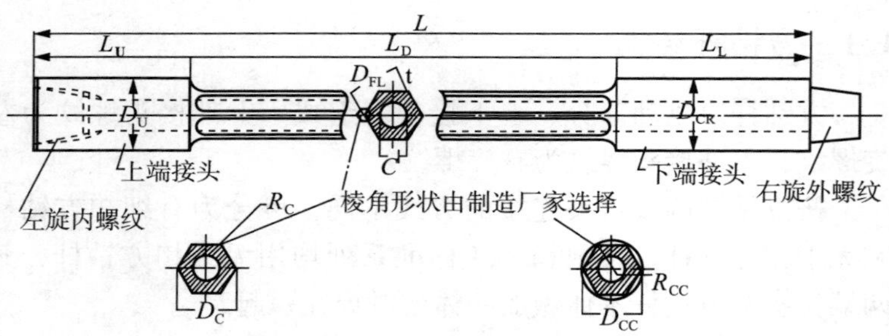

图 3－2　六方方钻杆结构示意图

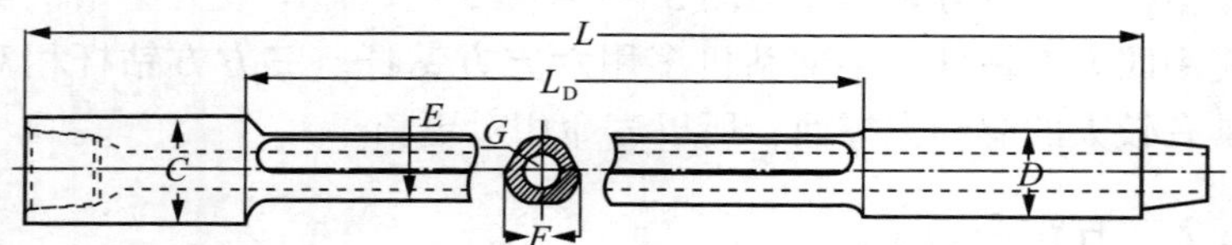

图 3－3　三方方钻杆结构示意图

表 3－1　四方方钻杆规格

规格/mm (in)	标准或选择	长度/m		驱动部分/mm					
		全长 L	有效长度 L_D	对边宽度 D_{FL}	对角宽度 D_C	对角宽度 D_{CC}	棱角半径 R_C	棱角半径 R_{CC}	偏心孔最小壁厚 t
63.5 (2½)	标准选择	12.19	11.28	63.5	83.3	82.55	7.9	41.3	11.43

续表

规格/mm (in)	标准或选择	长度/m		驱动部分/mm					
		全长 L	有效长度 L_D	对边宽度 D_{FL}	对角宽度 D_C	对角宽度 D_{CC}	棱角半径 R_C	棱角半径 R_{CC}	偏心孔最小壁厚 t
76.2 (3)	标准 选择	12.19	11.28	76.2	100.0	98.43	9.5	49.2	11.43
88.9 (3½)	标准 选择	12.19	11.28	88.9	115.1	112.70	12.7	56.4	11.43
108.0 (4¼)	标准 选择	12.19 16.46	11.28 15.54	108.0	141.3	139.70	12.7	69.9	12.07
108.0 (4¼)	标准 选择	12.19 16.46	11.28 15.54	108.0	141.3	139.70	12.7	69.9	12.07
133.4 (5¼)	标准 选择	12.19 16.46	11.28 15.54	133.4	175.4	171.45	15.9	85.7	15.88
133.4 (5¼)	标准 选择	12.19 16.46	11.28 15.54	133.4	175.4	171.45	15.9	85.7	15.88

规格/mm (in)	标准或选择	上端内螺纹接头/mm				下端外螺纹接头/mm				内径 D/mm
		螺纹类型（左旋）	外径	长度 L_U	倒角直径 D_F	螺纹类型（右旋）	外径 D_{LR}	长度 L_L	倒角直径 D_F	
63.5 (2½)	标准 选择	6⅝REG 4½REG	196.9 146.1	406.4	186.1 134.5	NC26 (2⅜IF)	85.7	508	82.9	31.8
76.2 (3)	标准 选择	6⅝REG 4½REG	196.9 146.1	406.4	186.1 134.5	NC31 (2⅞IF)	104.8	508	100.4	44.4
88.9 (3½)	标准 选择	6⅝REG 4½REG	196.9 146.1	406.4	186.1 134.5	NC38 (3½IF)	120.6	508	116.3	57.2
108.0 (4¼)	标准 选择	6⅝REG 4½REG	196.9 146.1	406.4	186.1 134.5	NC46 (4IF)	158.8	508	145.3	71.4
108.0 (4¼)	标准 选择	6⅝REG 4½REG	196.9 146.1	406.4	186.1 134.5	NC50 (4½1F)	161.9	508	154.0	71.4
133.4 (5¼)	标准 选择	65/8REG	196.9	406.4	186.1	5½FH	177.8	508	170.7	82.6
133.4 (5¼)	标准 选择	65/8REG	196.9	406.4	186.1	NC56	177.8	508	171.1	82.6

表 3-2 六方方钻杆规格

规格/mm (in)	标准或选择	长度/m		驱动部分/mm					
		全长 L	有效长度 L_D	对边宽度 D_{FL}	对角宽度 D_C	对角宽度 D_{CC}	棱角半径 R_C	棱角半径 R_{CC}	偏心孔最小壁厚 t
76.2 (3)	标准 选择	12.19	11.28	76.2	85.7	85.7	6.4	42.9	12.1
88.9 (3½)	标准 选择	12.19	11.28	88.9	100.8	100.0	6.4	50.0	13.3
108.0 (4¼)	标准 选择	12.19	11.28	108.0	122.2	121.4	9.9	60.7	15.9
133.4 (5¼)	标准 选择	12.19 16.46	11.28 15.54	133.4	151.6	149.9	9.5	75.0	15.9
133.4 (5¼)	标准 选择	12.19 16.46	11.28 15.54	133.4	151.6	149.9	9.5	75.0	15.9
152.4 (6)	标准 选择	12.19 16.46	11.28 15.54	152.4	173.0	173.0	9.5	86.6	15.9
152.4 (6)	标准 选择	12.19 16.46	11.28 15.54	152.4	173.0	173.0	9.5	86.6	15.9

规格/mm (in)	标准或选择	上端内螺纹接头/mm				下端外螺纹接头/mm				内径
		螺纹类型(左旋)	外径	长度 L_U	倒角直径 D_F	螺纹类型(右旋)	外径 D_{LR}	长度 L_L	倒角直径 D_F	D/mm
76.2 (3)	标准 选择	6⅝REG 4½REG	196.9 146.1	406.4	186.1 134.5	NC26 (2⅜IF)	85.7	508	83.0	31.8
88.9 (3½)	标准 选择	6⅝REG 4½REG	196.9 146.1	406.4	186.1 134.5	NC31 (2⅞IF)	104.8	508	100.4	44.5
108.0 (4¼)	标准 选择	6⅝REG 4½REG	196.9 146.1	406.4	186.1 134.5	NC38 (3½IF)	120.6	508	116.3	57.2
133.4 (5¼)	标准 选择	6⅝REG	196.9	406.4	186.1	NC46 (4IF)	158.8	508	145.3	71.4
133.4 (5¼)	标准 选择	6⅝REG	196.9	406.4	186.1	NC50 (4½1F)	161.9	508	154.0	71.4
152.4 (6)	标准 选择	6⅝REG	196.9	406.4	186.1	5½FH	177.8	508	170.7	82.6
152.4 (6)	标准 选择	6⅝REG	196.9	406.4	186.1	NC56	177.8	508	171.1	82.6

表 3－3 方钻杆机械性能

规格及型式/mm(in)		内径/mm	下部外螺纹接头		推荐最小套管外径/mm	抗拉屈服值/kN		抗扭屈服值/N·m		抗弯屈服（驱动部分）/N·m	抗内压强度（驱动部分）/MPa
			螺纹类型	外径/mm		下部公端	驱动部分	下部外螺纹	驱动部分		
四方	63.5(2½)	31.8	NC26(2⅜IF)	85.7	114.3	1850	1977	13084	16677	17626	205
	76.2(3)	44.5	NC31(2⅞IF)	104.8	139.7	2380	2591	19592	26438	30235	176
	88.9(3½)	57.2	NC38(3½IF)	120.6	168.3	3221	3226	30777	38370	46369	153
	108.0(4¼)	71.4	NC46(4IF)	158.8	219.1	4688	4657	53351	66571	81756	134
	108.0(4¼)	71.4	NC50(4½IF)	161.9	219.1	6117	4657	75668	66571	81756	134
	133.4(5¼)	82.6	5½FH	177.8	244.5	7157	7577	98907	134768	158631	142
六方	76.2(3)	31.8	NC26(2⅜IF)	85.7	114.3	1584	2404	11253	27659	27116	184
	88.9(3½)	47.6	NC31(2⅞IF)	104.8	139.7	2202	3158	18168	42573	42302	176
	108.0(4¼)	57.2	NC38(3½IF)	120.6	168.3	3221	4656	30777	76739	75926	172
	133.4(5¼)	76.2	NC46(41F)	158.8	219.1	4270	6706	48064	138158	139649	142
	133.4(5¼)	82.6	NC50(4½IF)	161.9	219.1	5169	6215	63384	129481	134633	142
	152.4(6)	88.9	5½FH	177.8	244.5	6508	8610	89959	203102	206762	125
三方	88.9(3½)	47.6		104.8	139.7		3319		58300	62880	
	108.0(4¼)	57.2		120.6	168.3		4920		105739	112631	
	133.4(5¼)	76.2		158.8	219.1		7171		196470	209402	

注 1:抗拉截面以距公扣台肩 19.5mm 处的丝扣根部计算。

2　钻　杆

钻杆是组成钻柱的基本部分，由管体和接头两部分组成。根据钻杆的机械特性分为普通钻杆和特种钻杆；根据钻杆的结构分为普通平台肩钻杆(俗称直台肩钻杆)、斜台肩钻杆和加重钻杆等。

2.1　API普通钻杆

2.1.1　API钻杆规范

API钻杆规范见表3－4。

表3－4　API钻杆规范

规格外径/mm(in)	名义质量/(kg/m)(lb/ft)	名义壁厚/mm(in)	钢级	加厚型式
60.3($2\frac{3}{8}$)	9.91(6.65)	7.11(0.280)	E、X、G、S	外加厚
73.0($2\frac{7}{8}$)	15.49(10.40)	9.19(0.362)	E、X、G、S	内加厚或外加厚
88.9($3\frac{1}{2}$)	14.15(9.50)	6.45(0.254)	E	内加厚或外加厚
88.9($3\frac{1}{2}$)	19.81(13.30)	9.35(0.368)*	E、X、G、S	内加厚或外加厚
88.9($3\frac{1}{2}$)	23.09(15.50)	11.40(0.449)	E	内加厚或外加厚
88.9($3\frac{1}{2}$)	23.09(15.50)	11.40(0.449)	X、G、S	外加厚或内外加厚
101.6(4)	20.85(14.00)	8.38(0.330)	E、X、G、S	内加厚或外加厚
114.3($4\frac{1}{2}$)	20.48(13.75)	6.88(0.271)	E	内加厚或外加厚
114.3($4\frac{1}{2}$)	24.73(16.60)	8.56(0.337)	E、X、G、S	外加厚或内外加厚

续表

规格外径/mm(in)	名义质量/(kg/m)(lb/ft)	名义壁厚/mm(in)	钢级	加厚型式
114.3(4½)	29.79(20.00)	10.92(0.430)*	E、X、G、S	外加厚或内外加厚
127.0(5)	24.20(16.25)	7.52(0.296)	X、G、S	内加厚
127.0(5)	29.05(19.50)	9.19(0.362)*	E	内外加厚
127.0(5)	29.20(19.50)	9.19(0.362)*	X、G、S	外加厚或内外加厚
127.0(5)	38.13(25.60)	12.70(0.500)	E	内外加厚
127.0(5)	38.13(25.60)	12.70(0.500)	X、G、S	外加厚或内外加厚
139.7(5½)	32.62(21.90)	9.17(0.361)	E、X、G、S	内外加厚
139.7(5½)	36.79(24.70)	10.54(0.415)*	E、X、G、S	内外加厚
168.3(6⅝)	37.54(25.20)	8.38(0.330)	E、X、G、S	内外加厚
168.3(6⅝)	41.26(27.70)	9.19(0.362)	E、X、G、S	内外加厚

注：带“*”者为常用钻杆壁厚。

2.1.2 钻杆管体

2.1.1.1 分类

API标准的钻杆管体长度有三类：第一类长度5.5～6.7m，第二类长度8.23～9.14m；第三类长度11.6～13.7m。第一类长度钻杆石油钻井已很少使用，但在一些水井和地质钻井上还在应用；第二类长度钻杆使用较广。

API标准的钻杆钢级是按最低屈服强度要求划分的，有D级、E级、95(X)级、105(G)级、135(S)级5种，其中X级、G级及S级为高强度钻杆。

2.1.1.2 加厚形式及规范

API对焊钻杆管体是轧制的无缝钢管。为了加强管体与接头的连接强度，在钻杆管体两端镦粗加厚。加厚形式分内加厚、外加厚和内外加厚三种。加厚形式见图 3 – 4、图 3 – 5。

API 对焊钻杆管体规范见表 3 – 5、表 3 – 6。

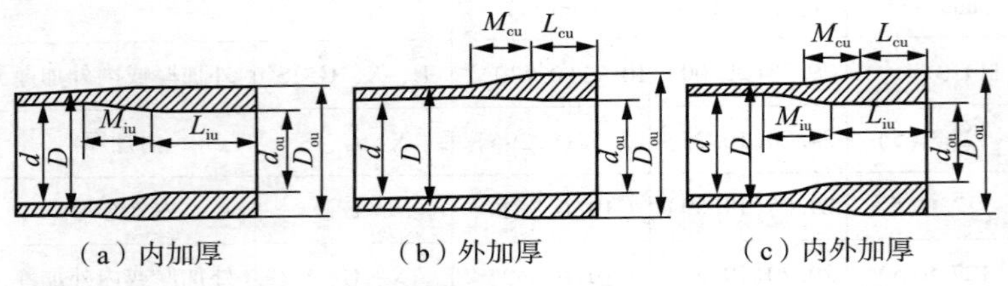

图 3 – 4　API 对焊钻杆加厚形式(D、E 钢级)

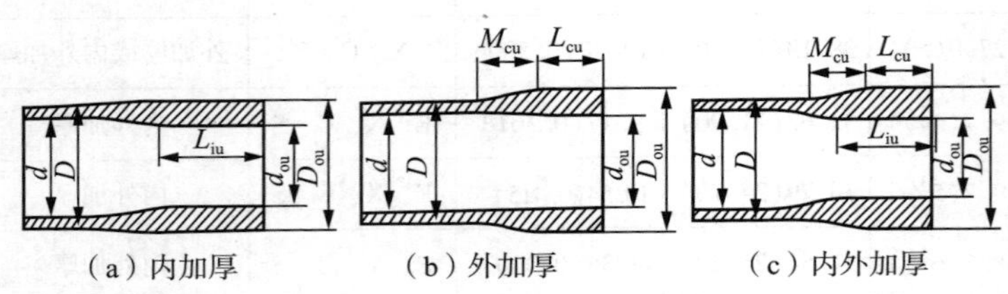

图 3 – 5　API 对焊钻杆加厚形式(X、G、S 钢级)

2. 1. 3　钻杆接头

2. 1. 3. 1　结构

钻杆内螺纹接头，吊卡扣合处的结构形状(吊卡台肩)有 18°锥形台肩和直角台肩之分，据此将钻杆接头分为斜台肩钻杆接头和直台肩钻杆接头两种。API 钻杆接头结构见图 3 – 6。

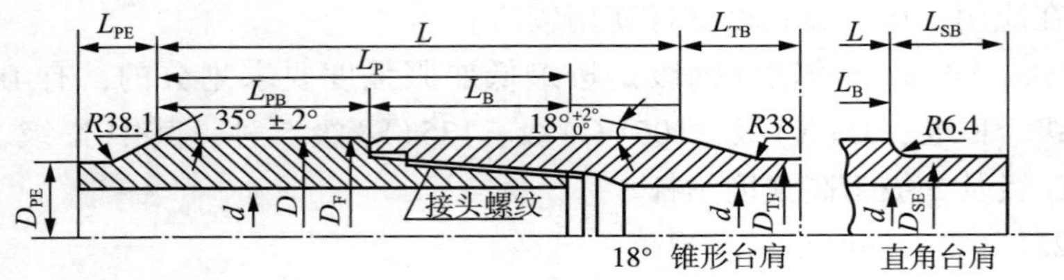

图 3 – 6　API 钻杆接头结构

表 3－5　API 对焊钻杆管体规范（D、E 钢级）

钻杆直径/mm(in)	加厚形式	公称质量/(kg/m)	壁厚 t/mm	内径 d/mm	加厚尺寸/mm						理论质量	
					外径 $D_{OU}{}^{+3.18}_{-0.79}$	内径 $d_{ou}\pm1.59$	内加厚长度 $L_{iu}{}^{+38.1}_{-12.7}$	最小内锥面长度 M_{iu}	最小外加厚长度 L_{eu}	管端至锥面消失处最大长度 $L_{eu}+M_{eu}$	光管/(kg/m)	两端加厚部分/kg
73.0(2⅞)	内加厚	15.51	9.19	54.64	73.02	33.34	44.45	38.1			14.47	1.45
88.9(3½)		14.17	6.45	76.00	88.90	57.15	44.45				13.12	2.00
88.9(3½)		19.84	9.35	70.20	88.90	49.21	44.45	38.1			18.34	2.00
88.9(3½)		23.11	11.40	66.10	88.90	49.21	44.45	38.1			21.79	1.54
101.6(4)		17.67	6.65	88.30	101.60	74.60	44.45				15.68	1.91
101.6(4)		20.88	8.38	84.84	107.95	69.85	44.45	50.8			19.27	2.09
114.3(4½)		20.51	6.88	100.54	114.30	85.72	44.45				18.23	2.36
127.0(5)		24.23	7.52	111.96	127.00	95.25	44.45				22.16	3.00
60.3(2⅜)	外加厚	9.92	7.11	46.13	67.46	46.10			38.10	101.60	9.34	0.82
73.0(2⅞)		15.51	9.19	54.64	81.76	54.64			38.10	101.60	14.47	1.09
88.9(3½)		14.71	6.45	76.00	100.02	76.00			38.10	101.60	13.12	1.18
88.9(3½)		19.84	9.35	70.20	100.02	66.09			38.10	101.60	18.34	1.81

续表

钻杆直径/mm(in)	加厚形式	公称质量/(kg/m)	壁厚 t/mm	内径 d/mm	加厚尺寸/mm						理论质量	
					外径 $D_{OU}{}^{+3.18}_{-0.79}$	内径 $d_{ou}\pm1.59$	内加厚长度 $L_{iu}{}^{+38.1}_{-12.7}$	最小内锥面长度 M_{iu}	最小外加厚长度 L_{eu}	管端至锥面消失处最大长度 $L_{eu}+M_{eu}$	光管/(kg/m)	两端加厚部分/kg
88.9(3½)	外加厚	23.11	11.40	66.10	100.02	66.09			38.10	101.60	21.79	1.27
101.6(4)	外加厚	17.67	6.65	88.30	114.30	88.30			38.10	101.60	15.68	2.27
101.6(4)	外加厚	20.88	8.38	84.84	115.90	84.84			38.10	101.60	19.27	2.27
114.3(4½)	外加厚	20.51	6.88	100.54	128.60	100.53			38.10	101.60	18.23	2.54
114.3(4½)	外加厚	24.76	8.56	97.18	128.60	97.18			38.10	101.60	22.32	2.54
114.3(4½)	外加厚	29.83	10.92	92.46	128.60	92.46			38.10	101.60	27.84	2.54
114.3(4½)	内外加厚	24.76	8.56	97.18	120.65	80.17	63.50		38.10		22.32	3.68
114.3(4½)	内外加厚	29.82	10.92	92.46	121.44	76.20	57.15	50.80	38.10		27.84	3.91
127.0(5)	内外加厚	29.08	9.19	108.62	131.78	93.66	57.15	50.80	38.10		26.70	3.91
127.0(5)	内外加厚	38.18	12.70	101.60	131.78	87.31	57.15	50.80	38.10		35.80	3.54
139.7(5½)	内外加厚	32.66	9.17	121.36	146.05	101.60	57.15	50.80	38.10		29.52	4.81
139.7(5½)	内外加厚	36.84	10.54	118.62	146.05	101.60	57.15	50.80	38.10		33.57	4.09

表 3-6 API 对焊钻杆管体规范(X、G、S 钢级)

钻杆直径/mm(in)	加厚形式	公称质量/(kg/m)	壁厚 t/mm	内径 d/mm	加厚尺寸/mm					理论质量	
					外径 $D_{OU}{}^{+3.18}_{-0.79}$	内径 $d_{ou}\pm1.59$	内加厚长度 $L_{iu}{}^{+38.1}_{-12.7}$	外加厚长度 L_{eu}	管端至锥尾消失长度 $L_{eu}+M_{eu}$	光管/(kg/m)	两端加厚部分/kg
73.0(2⅞)	内加厚	15.51	9.19	54.64	73.02	33.34	88.90			14.47	2.45
88.9(3½)	内加厚	19.84	9.35	70.20	88.90	49.21	88.90			18.34	3.56
101.6(4)	内加厚	20.88	8.38	84.84	107.95	66.68	88.90			19.27	4.00
127.0(5)	内加厚	24.23	7.52	111.96	127.00	90.49	88.90			22.16	6.17
60.3(2⅜)	外加厚	9.92	7.11	46.10	67.46	39.69	107.90	76.20	139.70	9.33	2.09
73.0(2⅞)	外加厚	15.51	9.19	54.64	82.55	49.21	107.90	76.20	139.70	14.47	2.82
88.9(3½)	外加厚	19.84	9.35	70.20	101.60	63.50	107.90	76.20	139.70	18.34	4.63
88.9(3½)	外加厚	23.12	11.40	66.10	101.60	63.50	107.90	76.20	139.70	21.79	3.72
101.6(4)	外加厚	20.88	8.38	84.84	117.48	77.79	107.90	76.20	139.70	19.27	6.54
114.3(4½)	外加厚	24.76	8.56	97.18	131.78	90.49	107.90	76.20	139.70	7.81	7.81

续表

钻杆直径/mm(in)	加厚形式	公称质量/(kg/m)	壁厚 t/mm	内径 d/mm	加厚尺寸/mm					理论质量	
					外径 $D_{OU}{}^{+3.18}_{-0.79}$	内径 $d_{ou}\pm1.59$	内加厚长度 $L_{iu}{}^{+38.1}_{-12.7}$	外加厚长度 L_{eu}	管端至锥尾消失长度 $L_{eu}+M_{eu}$	光管/(kg/m)	两端加厚部分/kg
114.3(4½)	外加厚	29.82	10.92	92.46	131.78	87.31	107.90	76.20	139.70	27.84	7.27
127.0(5)	外加厚	29.08	9.19	108.62	146.05	100.01	107.90	76.20	139.70	26.70	9.81
127.0(5)	外加厚	38.18	12.70	101.60	149.22	96.84	107.90	76.20	139.70	35.80	9.63
88.9(3½)	内外加厚	23.12	11.40	66.10	96.04	49.21	107.90	76.20	139.70	21.79	5.03
114.3(4½)	内外加厚	24.76	8.56	97.18	120.65	73.02	63.50	38.10	76.20	22.32	3.95
114.3(4½)	内外加厚	29.82	10.92	92.46	121.44	71.44	107.90	76.20	139.70	27.84	7.99
127.0(5)	内外加厚	29.08	9.18	108.62	131.78	90.49	107.90	76.20	139.70	26.70	7.63
127.0(5)	内外加厚	38.18	12.70	101.60	131.78	84.14	107.90	76.20	139.70	35.80	6.99
139.7(5½)	内外加厚	32.66	9.17	121.36	146.05	96.84	107.90	76.20	139.70	29.52	9.53
139.7(5½)	内外加厚	36.84	10.54	118.62	146.05	96.84	107.90	76.20	139.70	33.57	8.36

2.1.3.2 接头类型

钻杆接头与管体连接部位的强度都有所降低，为了补偿强度的减弱，管体与接头对焊部位是加厚的。加厚形式有内加厚、外加厚和内外加厚三种，因而产生了内平、贯眼、正规三种类型的接头。1964 年以后又出现了数字型接头。另外还有一些特殊类型的接头。各种类型的接头，都有其固定的代码表示见表 3－7。

表 3－7 各种类型接头及其代码

接头类型	正规型	贯眼型	内平型	数字型	开眼型	小眼型	双流型接头
代码(美国)	REG	FH	IF	NC	OH		DSL
接头类型	小井眼术语休斯90°螺纹	休斯 90°螺纹	内加厚	外加厚	内外加厚	加大贯眼型	V－0.076螺纹
代码(美国)	SL－H－90	H－90	IU	EU	IEU	EH. XH	PAC

(1) 内平型接头(IF)

用于外加厚和内外加厚钻杆。这种钻杆加厚处的内径和接头内径及管体内径基本一致，故钻井液流动阻力小，有利于水功率的利用。但接头外径大，容易磨损，强度较低。

(2) 贯眼型接头(FH)

适用于内加厚或内外加厚钻杆。这种钻杆接头内径等于管体加厚处内径，但小于管体内径，钻井液流动阻力大于内平式接头，但外径较小。

(3) 正规型接头(REG)

适用于内加厚的钻杆，接头内径小于钻杆加厚部分内径，加厚部分内径又小于管体内径。钻井液流动阻力最大，但外径小，强度大。

(4) 数字型接头(NC)

1964 年，美国石油学会、钻井和服务设备委员会为了改进旋转台肩式接头螺纹连接的工作性能，采用了新型数字型接头系列。这种数字型接头以螺纹基面中径的英寸和十分之一英寸数字值来表示，具有 1.651mm 的平螺纹顶和 0.965mm 的圆形螺纹底。螺纹牙型以 V－0.038R 来表示，并可与 V－0.065 牙型相连接。随后又将 API 标准中的全部内平和除 5½FH 外的全部贯眼型接头均列为废弃型接头而逐渐淘汰。

在数字型接头中有几种和旧的 API 标准中的接头有相同的节圆直径、锥度、螺距和螺纹长度，所以可以互换，见表 3－8。

表 3－8　旋转台肩式接头互换关系表

类型	尺寸代号	外螺纹锥体大端直径/mm	螺距/mm	锥度	螺纹牙型①	可互换的接头
数字型(NC)	26	73.05	6.35	1:6	V0.038R	2⅜IF、2⅞SH
	31	86.13	6.35	1:6	V0.038R	2⅞IF、3½SH
	38	102.01	6.35	1:6	V0.038R	3½IF、4½SH
	40	108.71	6.35	1:6	V0.038R	4FH、4½DSL
	46	122.78	6.35	1:6	V0.038R	4IF、4½XH
	50	133.35	6.35	1:6	V0.038R	4½IF、5XH 5½DSL
内平(IF)	2⅜	73.05	6.35	1:6	V0.065	2⅞SH、NC26
	2⅞	86.13	6.35	1:6	V0.065	3½SH、NC31
	3½	102.01	6.35	1:6	V0.065	4½SH、NC38
	4	122.78	6.35	1:6	V0.065	4½XH、NC46
	4½	133.35	6.35	1:6	V0.065	5XH、5½DSL、NC50
贯眼(FH)	4	108.71	6.35	1:6	V0.065	4½DSL、NC40

续表

类型	尺寸代号	外螺纹锥体大端直径/mm	螺距/mm	锥度	螺纹牙型①	可互换的接头
加大贯眼（XH－或 EH）	2	84.51	6.35	1:6	V0.065	3½DSL
	3½	96.82	6.35	1:6	V0.065	4SH、4½EF
	4½	122.78	6.35	1:6	V0.065	4IF、NC46
	5	133.35	6.35	1:6	V0.065	4½IF、NC50
小井眼（SH）	2⅞	73.05	6.35	1:6	V0.065	2⅜IF、NC26
	3½	86.13	6.35	1:6	V0.065	2⅞IF、NC31
	4	96.82	6.35	1:6	V0.065	3½XH、4½EF
	4½	102.01	6.35	1:6	V0.065	3½IF、NC38
双流线型（DSL）	3½	84.51	6.35	1:6	V0.065	2⅞XH
	4½	108.71	6.35	1:6	V0.065	4FH、NC40
	5½	133.35	6.35	1:6	V0.065	4½IF、5XH、NC50
外平（EF）	4½	96.82	6.35	1:6	V0.065	4SH、3½XH

注：①可以用 V0.038R 代替表中所列 V0.065 螺纹牙型，不影响尺寸检验和互换性。

2.1.3.3　接头性能

各种规格钻杆接头的机械性能要求是相同的，见表 3－9。

表 3－9　钻杆接头的机械性能

最小屈服强度 $\sigma_{0.2}$/MPa	最低抗拉强度 σ_b/MPa	最小延伸率 δ_4/%	夏比冲击吸收功 A_{kv}/J	硬度 HB
825	965	13	≥54	≥285

2.1.3.4　钻杆接头规格

API 钻杆接头规格见表 3－10。

表3-10　钻杆接头规格

钻杆接头型号	钻杆			钻杆接头/mm									外螺纹接头对钻杆的扭矩强度比
	规格和加厚形式	公称质量/(kg/m)	钢级	内、外螺纹接头外径 $D\pm0.8$	内、外螺纹接头内径 $d^{+0.4}_{-0.8}$	内、外螺纹接头台肩倒角直径 $D_F\pm0.4$	外螺纹接头体长度 $L_P{}^{+6}_{-10}$	外螺纹接头大钳空间 $L_{PB}\pm6.4$	内螺纹接头大钳空间 $L_B\pm6.4$	内、外接头组合长度 $L\pm12.7$	外螺纹接头焊颈最大直径 D_{PE}	内螺纹接头焊颈最大直径 $D_{PE}(D_{SE})$	
NC26 (2⅜IF)	2⅞EU	9.90	E75	85.7	44.45	83.0	254.0	177.8	203.2	381	65.09	65.09	1.10
			X95	85.7	44.45	83.0	254.0	177.8	203.2	381	65.09	65.09	0.87
			G105	85.7	44.45	83.0	254.0	177.8	203.2	381	65.09	65.09	0.79
NC31 (2⅞IF)	2⅞EU	15.49	E75	104.8	53.98	100.41	266.7	177.8	228.6	406.4	80.96	81.0	1.03
			X95	104.8	50.80	100.41	266.7	177.8	228.6	406.4	80.96	81.0	0.90
			G105	104.8	50.80	100.41	266.7	177.8	228.6	406.4	80.96	81.0	0.82
			S135	111.1	41.28	100.41	266.7	177.8	228.6	406.4	80.96	81.0	0.82
NC38	3½EU	14.15	E75	120.6	76.20	116.28	292.1	203.2	266.7	469.9	98.43	98.43	0.91
NC38 (3½IF)	3½EU	19.81	E75	120.6	68.26	116.28	304.8	203.2	266.7	469.9	98.43	98.43	0.98
			X95	127.0	65.09	116.28	304.8	203.2	266.7	469.9	98.43	98.43	0.87
			G105	127.0	61.91	116.28	304.8	203.2	266.7	469.9	98.43	98.43	0.86
			S135	127.0	53.98	116.28	304.8	203.2	266.7	469.9	98.43	98.43	0.80
		23.09	E75	127.0	65.09	116.28	304.8	203.2	266.7	469.9	98.43	98.43	0.97
			X95	127.0	61.91	116.28	304.8	203.2	266.7	469.9	98.43	98.43	0.83
			G105	127.0	53.98	116.28	304.8	203.2	266.7	469.9	98.43	98.43	0.90

续表

钻杆				钻杆接头/mm									外螺纹接头对钻杆的扭矩强度比
钻杆接头型号	规格和加厚形式	公称质量/(kg/m)	钢级	内、外螺纹接头外径 $D\pm0.8$	内、外螺纹接头内径 $d^{+0.4}_{-0.8}$	内、外螺纹接头台肩倒角直径 $D_F\pm0.4$	外螺纹接头体长度 $L_P{}^{+6}_{-10}$	外螺纹接头大钳空间 $L_{PB}\pm6.4$	内螺纹接头大钳空间 $L_B\pm6.4$	内、外接头组合长度 $L\pm12.7$	外螺纹接头焊颈最大直径 D_{PE}	内螺纹接头焊颈最大直径 $D_{PE}(D_{SE})$	
NC40(4FH)	3EU	23.09	S135	139.7	57.15	127.40	292.1	177.8	254.0	431.8	98.43	98.43	0.87
	4IU	20.85	E75	133.4	71.44	127.40	292.1	177.8	254.0	431.8	106.36	106.36	1.01
			X95	133.4	68.26	127.40	292.1	177.8	254.0	431.8	106.36	106.36	0.86
			G105	139.7	61.91	127.40	292.1	177.8	254.0	431.8	106.36	106.36	0.93
			S135	139.7	50.80	127.40	292.1	177.8	254.0	431.8	106.36	106.36	0.87
NC46(4IF)	4EU	20.85	E75	152.4	82.55	145.26	292.1	178.8	254.0	431.8	114.30	114.30	1.43
			X95	152.4	82.55	145.26	292.1	178.8	254.0	431.8	114.30	114.30	1.13
			G105	152.4	82.55	145.26	292.1	178.8	254.0	431.8	114.30	114.30	1.02
			S135	152.4	76.20	145.26	292.1	178.8	254.0	431.8	114.30	114.30	0.94
NC46(4IF)	4½IU	20.48	E75	152.4	85.73	145.26	292.1	178.8	254.0	431.8	119.06	119.06	1.09
	4½IEU	24.73	E75	158.8	82.55	145.26	292.1	177.8	254.0	431.8	119.06	119.06	1.09
			X95	158.8	82.55	145.26	292.1	178.8	254.0	431.8	119.06	119.06	1.01
			G105	158.8	76.20	145.26	292.1	178.8	254.0	431.8	119.06	119.06	0.91
			S135	158.8	76.20	145.26	292.1	178.8	254.0	431.8	119.06	119.06	0.81
		29.79	E75	158.8	69.85	145.26	292.1	178.8	254.0	431.8	119.06	119.06	1.07
			X95	158.8	76.20	145.3	292.1	178.8	254.0	431.8	119.06	119.06	0.96

续表

钻杆接头型号	钻杆 规格和加厚形式	钻杆 公称质量/(kg/m)	钢级	钻杆接头/mm 内、外螺纹接头外径 $D\pm0.8$	内、外螺纹接头内径 $d^{+0.4}_{-0.8}$	内、外螺纹接头台肩倒角直径 $D_F\pm0.4$	外螺纹接头体长度 $L_{P}{}^{+6}_{-10}$	外螺纹接头大钳空间 $L_{PB}\pm6.4$	内螺纹接头大钳空间 $L_B\pm6.4$	内、外接头组合长度 $L\pm12.7$	外螺纹接头焊颈最大直径 D_{PE}	内螺纹接头焊颈最大直径 $D_{PE}(D_{SE})$	外螺纹接头对钻杆的扭矩强度比
NC46(4IF)	4½IEU	29.79	G105	158.8	63.5	145.3	292.1	178.8	254.0	431.8	119.06	119.06	0.96
			S135	158.8	57.45	145.3	292.1	178.8	254.0	431.8	119.06	119.06	0.81
NC50(4½FH)	4½EU	20,48	E75	168.3	98.43	154.0	292.1	178.8	254.0	431.8	127.0	127.0	1.32
	4½EU	24.73	E75	168.3	95.25	154.0	292.1	178.8	254.0	431.8	127.0	127.0	1.23
			X95	168.3	95.25	154.0	292.1	178.8	254.0	431.8	127.0	127.0	0.97
			G105	168.3	95.25	154.0	292.1	178.8	254.0	431.8	127.0	127.0	0.88
			S135	168.3	88.90	154.0	292.1	178.8	254.0	431.8	127.0	127.0	0.81
	4½EU	29.79	E75	168.3	92.08	154.0	292.1	178.8	254.0	431.8	127.0	127.0	1.02
			X95	168.3	88.90	154.0	292.1	178.8	254.0	431.8	127.0	127.0	0.96
			G105	168.3	88.90	154.0	292.1	178.8	254.0	431.8	127.0	127.0	0.86
			S135	168.3	76.20	154.0	292.1	178.8	254.0	431.8	127.0	127.0	0.87
	5IEU	29.05	E75	168.28	95.26	154.0	292.1	178.8	254.0	431.8	130.18	130.18	0.92
			X95	168.28	88.90	154.0	292.1	178.8	254.0	431.8	130.18	130.18	0.86
			G105	168.28	82.55	154.0	292.1	178.8	254.0	431.8	130.18	130.18	0.89
			S135	168.28	69.85	154.0	292.1	178.8	254.0	431.8	130.18	130.18	0.86

续表

钻杆				钻杆接头/mm									外螺纹接头对钻杆的扭矩强度比
钻杆接头型号	规格和加厚形式	公称质量/(kg/m)	钢级	内、外螺纹接头外径 $D\pm0.8$	内、外螺纹接头内径 $d_{-0.8}^{+0.4}$	内、外螺纹接头台肩倒角直径 $D_F\pm0.4$	外螺纹接头体长度 $L_P{}_{-10}^{+6}$	外螺纹接头大钳空间 $L_{PB}\pm6.4$	内螺纹接头大钳空间 $L_B\pm6.4$	内、外接头组合长度 $L\pm12.7$	外螺纹接头焊颈最大直径 D_{PE}	内螺纹接头焊颈最大直径 $D_{PE}(D_{SE})$	
NC50 (4½FH)	5IEU	38.13	E75	168.28	88.9	154.0	292.1	178.8	254.0	431.8	130.18	130.18	0.86
			X95	168.28	76.20	154.0	292.1	178.8	254.0	431.8	130.18	130.18	0.86
			G105	168.28	69.85	154.0	292.1	178.8	254.0	431.8	130.18	130.18	0.87
	5IEU	29.05	E75	177.80	95.25	170.7	330.2	203.2	254.0	457.2	130.18	130.18	1.53
			X95	177.80	95.25	170.7	330.2	203.2	254.0	457.2	130.18	130.18	1.21
			G105	177.80	95.25	170.7	330.2	203.2	254.0	457.2	130.18	130.18	1.09
			S135	177.80	88.90	170.7	330.2	203.2	254.0	457.2	130.18	130.18	0.98
	5IEU	38.13	E75	177.80	88.90	170.7	330.2	203.2	254.0	457.2	130.18	130.18	1.21
			X95	177.80	88.90	170.7	330.2	203.2	254.0	457.2	130.18	130.18	0.95
			G105	177.80	88.90	170.7	330.2	203.2	254.0	457.2	130.18	130.18	0.99
			S135	177.80	82.55	170.7	330.2	203.2	254.0	457.2	130.18	130.18	0.83
	5½IEU	32.62	E75	177.80	101.60	170.7	330.2	203.2	254.0	457.2	144.46	144.46	1.11
			X95	177.80	95.25	170.7	330.2	203.2	254.0	457.2	144.46	144.46	0.98
			G105	184.15	88.90	170.7	330.2	203.2	254.0	457.2	144.46	144.46	1.02
			S135	190.50	76.20	170.7	330.2	203.2	254.0	457.2	144.46	144.46	0.96

续表

钻杆				钻杆接头/mm									
钻杆接头型号	规格和加厚形式	公称质量/(kg/m)	钢级	内、外螺纹接头外径 $D \pm 0.8$	内、外螺纹接头内径 $d^{+0.4}_{-0.8}$	内、外螺纹接头台肩倒角直径 $D_F \pm 0.4$	外螺纹接头体长度 $L_P{}^{+6}_{-10}$	外螺纹接头大钳空间 $L_{PB} \pm 6.4$	内螺纹接头大钳空间 $L_B \pm 6.4$	内、外接头组合长度 $L \pm 12.7$	外螺纹接头焊颈最大直径 D_{PE}	内螺纹接头焊颈最大直径 $D_{PE}(D_{SE})$	外螺纹接头对钻杆的扭矩强度比
$6\frac{1}{2}$FH	IEU	36.79	E75	177.80	101.60	170.7	330.2	203.2	254.0	457.2	144.46	144.46	0.99
			X95	184.15	88.90	170.7	330.2	203.2	254.0	457.2	144.46	144.46	1.01
			G105	184.15	88.90	170.7	330.2	203.2	254.0	457.2	144.46	144.46	0.92
			S135	190.5	76.20	180.2	330.2	203.2	254.0	457.2	144.46	144.46	0.86
	$6\frac{5}{8}$IEU	37.54	E75	203.2	127.00	195.7	330.2	203.2	254.0	457.2	176.21	176.21	1.04
			X95	203.2	127.00	195.7	330.2	203.2	254.0	457.2	176.21	176.21	0.82
			G105	209.55	120.65	195.7	330.2	203.2	254.0	457.2	176.21	176.21	0.87
			S135	215.9	107.95	195.7	330.2	203.2	254.0	457.2	176.21	176.21	0.86
	$6\frac{5}{8}$IEU	41.29	E75	203.2	127.00	195.7	330.2	203.2	254.0	457.2	176.21	176.21	0.96
			X95	209.55	127.00	195.7	330.2	203.2	254.0	457.2	176.21	176.21	0.89
			G105	209.55	120.65	195.7	330.2	203.2	254.0	457.2	176.21	176.21	0.81
			S135	215.9	107.95	195.7	330.2	203.2	254.0	457.2	176.21	176.21	0.80

注:加厚形式,EU—外加厚,IU—内加厚,IEU—内外加厚。

2.1.3.5　接头螺纹

钻杆接头螺纹为带有密封台肩的锥管螺纹，又称为旋转台肩式连接螺纹，台肩面是其唯一的密封部位，螺纹只起连接作用，而不具备密封性能。螺纹类型按其牙型的不同，分为：数字型(NC)、正规型(REG)、贯眼型(FH)和内平型(IF)四种，其中内平型属于即将淘汰的型式。

接头螺纹的结构见图 3－7，有关规范见表 3－11。螺纹牙型及其规范见图 3－8 和表 3－12。

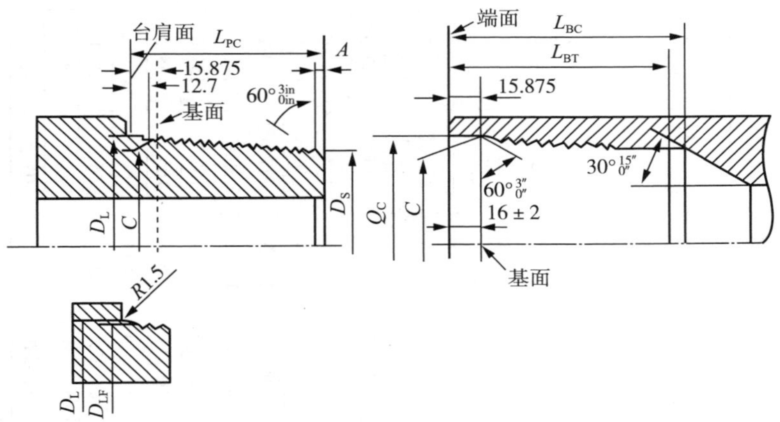

图 3－7　钻杆接头螺纹结构

图 3－8　接头螺纹牙型

表3-11　常用钻杆接头螺纹规范

单位:mm

螺纹代号	螺纹牙型	螺距	锥度	基面中径 C	外螺纹			内螺纹			
					锥体大端直径 D_L	圆柱根部直径 D_{LF}	锥体长度 $L_{PC}{}_{-3.2}^{0}$	有效螺纹最小长度 L_{BT}	锥体长度 $L_{BC}{}_{0}^{+9.5}$	镗孔大端直径 $Q_C{}_{-0.4}^{+0.84}$	锥体大端直径
数字型(NC)											
NC23	V0.038R	6.35	1:6	59.817	65.100	61.9	76.2	79.4	92.1	66.7	58.83
NC26	V0.038R	6.35	1:6	67.767	73.050	69.9	76.2	79.4	92.1	74.6	67.78
NC31	V0.038R	6.35	1:6	80.848	86.131	82.9	88.9	92.1	104.8	87.7	80.86
NC35	V0.038R	6.35	1:6	89.687	94.971	91.8	95.2	98.4	111.1	96.8	89.7
NC38	V0.038R	6.35	1:6	96.723	102.006	98.8	101.6	104.8	117.5	103.6	96.74
NC40	V0.038R	6.35	1:6	103.429	108.712	105.5	114.3	117.5	130.2	110.3	103.44
NC44	V0.038R	6.35	1:6	112.192	117.475	114.3	114.3	117.5	130.2	119.1	112.2
NC46	V0.038R	6.35	1:6	117.500	122.784	119.6	114.3	117.5	130.2	124.6	117.51
NC50	V0.038R	6.35	1:6	128.059	133.350	130.4	114.3	117.5	130.2	134.9	128.07
NC56	V0.038R	6.35	1:4	142.646	149.250	144.9	127.0	130.2	142.9	150.8	143.99
NC61	V0.038R	6.35	1:4	156.921	163.525	159.2	139.7	142.9	155.6	165.1	158.56
NC70	V0.038R	6.35	1:4	179.146	185.750	181.4	152.4	155.6	168.3	187.3	180.49
BC77	V0.038R	6.35	1:4	196.621	203.200	198.8	165.1	168.3	181	204.8	197.96
正规型(REG)											
2⅜REG	V0.040	5.08	1:4	60.080	66.675	63.9	76.2	79.4	92.1	69.3	61.42
2⅞REG	V0.040	5.08	1:4	69.605	76.200	73.4	88.9	92.1	104.8	77.8	70.95
3½REG	V0.040	5.08	1:4	82.293	88.900	86.1	95.2	98.4	111.1	90.5	83.63

续表

螺纹代号	螺纹牙型	螺距	锥度	基面中径 C	外螺纹			内螺纹			
					锥体大端直径 D_L	圆柱根部直径 D_{LF}	锥体长度 $L_{PC}{}_{-3.2}^{0}$	有效螺纹最小长度 L_{BT}	锥体长度 $L_{BC}{}_{0}^{+9.5}$	镗孔大端直径 $Q_C{}_{-0.4}^{+0.84}$	锥体大端直径
$4\frac{1}{2}$REG	V0.040	5.08	1:4	110.868	117.475	114.7	107.9	111.1	123.8	119.1	112.2L
5 REG	V0.040	5.08	1:4	132.944	140.208	137.4	120.6	123.8	136.5	141.7	133.63
$6\frac{5}{8}$REG	V0.050	6.35	1:6	146.248	152.197	149.4	127.0	130.2	142.9	154	145.6
$7\frac{5}{8}$REG	V0.040	5.08	1:4	170.549	177.800	175.0	133.3	136.5	149.2	180.2	171.24
$8\frac{5}{8}$REG	V0.040	5.08	1:4	194.731	201.981	199.1	136.5	139.7	152.4	204.4	195.42
贯眼型(FH)											
$3\frac{1}{2}$FH	V0.040	5.08	1:4	94.844	101.448		85.2	98.4	111.1	102.8	96.18
4 FH	V0.040	6.35	1:6	103.429	108.712	105.6	114.3	117.5	130.2	110.3	103.44
$4\frac{1}{2}$FH	V0.040	6.35	1:6	115.113	121.717		101.6	104.8	117.5	123.8	116.45
$5\frac{1}{2}$FH	V0.050	6.35	1:6	142.011	147.955		127.0	130.2	142.9	150	141.36
$6\frac{5}{8}$FH	V0.050	6.35	1:6	165.598	171.526		127.0	130.2	142.9	173.8	164.95
内平型(IF)											
$2\frac{3}{8}$IF	V0.065	6.35	1:6	67.767	73.050	69.9	76.2	79.4	92.1	74.6	67.78
$2\frac{7}{8}$IF	V0.065	6.35	1:6	80.848	86.131	83	88.9	92.1	104.8	87.8	80.88
$3\frac{1}{2}$IF	V0.065	6.35	1:6	96.723	102.006	98.8	101.6	104.8	117.5	103.6	96.73
4 IF	V0.065	6.35	1:6	117.500	122.784	119.6	114.3	117.5	130.2	124.6	117.51
$4\frac{1}{2}$IF	V0.065	6.35	1:6	128.059	133.350	130.4	114.3	117.5	130.2	134.9	128.07
$5\frac{1}{2}$IF	V0.065	6.35	1:6	157.201	162.484		127.0	130.2	142.9	163.9	157.21

表 3－12　接头螺纹牙型规范

牙型代号	锥度	25.4 mm 牙数	原始三角形高度 H	牙型高度 $H_n = h_s$	牙底削平高度 $S_m = S_{rs}$ $F_{un} = f_{rs}$	牙顶削平高度 $F_{cn} = f_{cs}$	牙顶宽度 $F_{cn} = f_{cs}$	牙底宽度 $F_m = F_{rs}$	牙底圆角半径 $R_m = R_{rs}$	圆角半径 r	用 途
			mm								
V0.038R	1:6	4	5.487	3.095	0.965	1.426	1.651		0.965	0.381	NC23 ~ NC50
	1:4	4	5.471	3.083	0.965	1.422	1.651		0.965	0.381	NC56 ~ NC77
V0.040	1:4	5	4.376	2.993	0.508	0.875	1.016		0.508	0.381	$2\frac{3}{8}$ ~ $4\frac{1}{2}$REG $3\frac{1}{2}$FH、$4\frac{1}{2}$FH
V0.050	1:4	4	5.471	3.741	0.635	1.094	1.270		0.635	0.381	$5\frac{1}{2}$、$7\frac{5}{8}$ $8\frac{5}{8}$REG
	1:6	4	5.487	3.754	0.635	1.097	1.270		0.635	0.381	$6\frac{5}{8}$REG $5\frac{1}{2}$FH $6\frac{5}{8}$FH
V0.065	1:6	4	5.486	2.831	1.229	1.426	1.651	1.422		0.381	$2\frac{3}{8}$ ~ $5\frac{1}{2}$IF 4FH、$2\frac{7}{8}$ ~ 5XH $2\frac{3}{8}$ ~ $4\frac{1}{2}$SH、WO
V0.065	1:6	$3\frac{1}{2}$	3.594	2.540	0.432	0.635	1.270	0.864	0.762	0.381	$3\frac{1}{2}$ ~ $6\frac{5}{8}$H90
SLH90(90° V0.084)	1:4	3	4.216	2.286	0.864	1.067	2.134	1.727	0.762	0.381	$2\frac{3}{8}$ ~ $3\frac{1}{2}$SLH90
V0.076	1:8	4	5.487	2.362	1.473	1.676	1.930	1.702		0.381	PAC、OH

2.1.4　钻杆标记

2.1.4.1　钻杆标志槽识别

钻杆标志槽是在钻杆接头上的铣槽，铣槽内打印有诸如钻杆的钢级、接头类别等信息，识别这些信息代码对掌握钻杆的有关性能至关重要。

(1)钻杆标志槽(见图3－9)

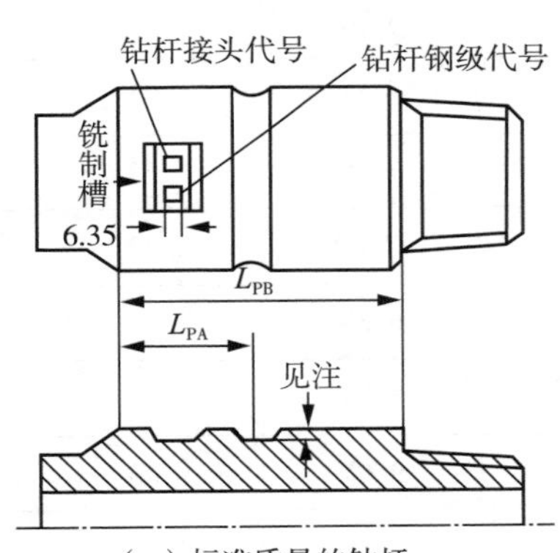

(a)标准质量的钻杆

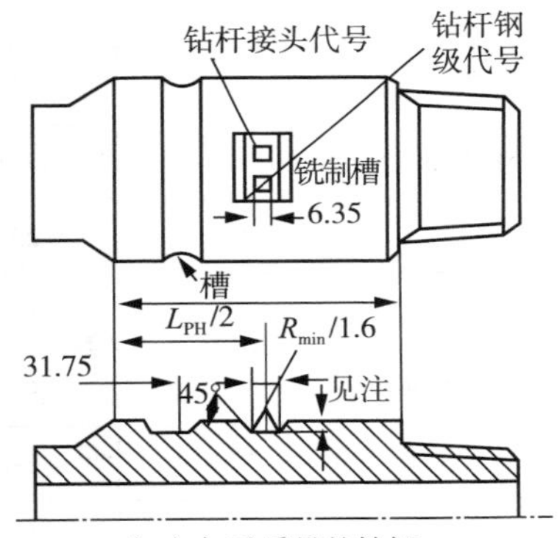

(b)加重质量的钻杆

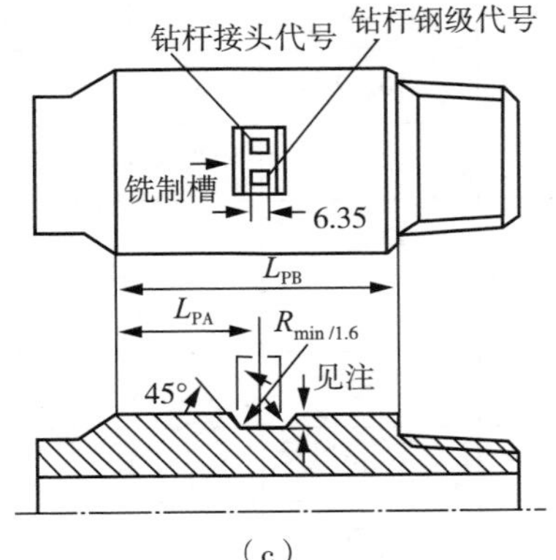

(c)

钻杆钢级代号

钢级	代号
E-75	E
G-105	G
X-95	X
S-135	S

图3－9　钻杆标志槽示意图

(2)钻杆公称外径和质量代号(见表3－13)

表 3 - 13　钻杆公称外径和质量代号

公称外径/mm(in)	公称外径代号	公称质量/(kg/m)	壁厚/mm	公称质量代号
60.3(2⅜)	1	7.2	4.83	1
		9.9①	7.11	2
73(2⅞)	2	10.2	5.51	1
		15.5①	9.19	2
88.9(3½)	3	14.1	6.45	1
		19.8①	9.35	2
		23.1	11.40	3
101.6(4)	4	17.6	6.65	1
		20.8①	8.38	2
		23.4	9.65	3
114.3(4½)	5	20.5	6.88	1
		24.7①	8.56	2
		29.8	10.92	3
		34	12.70	4
		36.7	13.97	5
		38.0	14.61	6
127.0(5)	6	24.2	7.52	1
		29.0①	9.19	2
		38.1	12.70	3
139.7(5½)	7	28.6	7.72	1
		32.6	9.17	2
		36.8	10.54	3

注：公称质量带"①"标记者，表示为标准质量钻杆。

(3)钻杆钢级代号(见表3－14)

表3－14　钻杆钢级代号

标准等级		高强度等级	
等　级	代　号	等　级	代　号
N－80	N	X－95	X
E	E	G－105	G
C－75	C	S－135	S
V－150	V		

2.1.4.2　钻杆色标识别

利用涂在钻杆两端接头和钻杆本体上的色带数量和颜色识别钻杆的等级。

(1)钻杆与接头识别色标

钻杆与接头识别色标如图3－10所示。

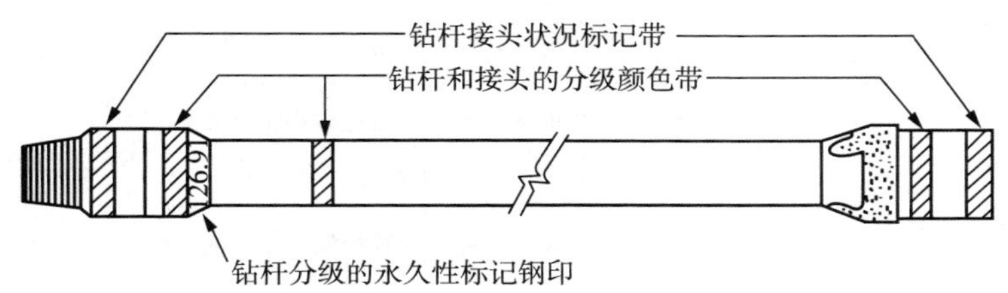

图3－10　钻杆和接头识别色标

(2)钻杆和接头等级与标记带

钻杆和接头等级与标记带的数量、颜色见表3－15。

(3)API钻杆分级判定标准

API钻杆分级判定标准见表3－16。

表 3－15　钻杆及接头等级与标记带数量颜色

钻杆和接头等级	标记带数量颜色	钻杆和接头状况	标记带数量颜色
一级	两条白色	报废或进厂修复	一条红色
二级	一条黄色	现场修复	一条绿色
三级	一条桔红色		
报废	一条红色		

表 3－16　API 钻杆分级判定标准

<table>
<tr><td colspan="4">级　别</td><td>一级</td><td>二级</td><td>三级</td></tr>
<tr><td colspan="4">标　记</td><td>两条白色带
一个中心冲坑</td><td>一条黄色带
两个中心冲坑</td><td>一条橙色带
三个中心冲坑</td></tr>
<tr><td rowspan="9">外部状况</td><td colspan="3">外径磨损</td><td>剩余壁厚≥80%</td><td>剩余壁厚≥70%</td><td rowspan="8">超过二级的任一缺陷或损害</td></tr>
<tr><td rowspan="2">卡瓦损害</td><td colspan="2">挤扁，缩颈</td><td>直径减小不超过外径的 3%</td><td>直径减小不超过外径的 4%</td></tr>
<tr><td colspan="2">凹槽，擦伤</td><td>深度不超过平均相邻壁厚的 10%</td><td>深度不超过平均相邻壁厚的 20%</td></tr>
<tr><td rowspan="2">应力引起直径变化</td><td colspan="2">伸长</td><td>直径减小不超过外径的 3%</td><td>直径减小不超过外径的 4%</td></tr>
<tr><td colspan="2">镦粗</td><td>直径增大不超过外径的 3%</td><td>直径增大不超过外径的 4%</td></tr>
<tr><td rowspan="3">腐蚀和擦伤</td><td colspan="2">腐蚀</td><td>剩余壁厚≥80%</td><td>剩余壁厚≥70%</td></tr>
<tr><td rowspan="2">擦伤</td><td>纵向</td><td>剩余壁厚≥80%</td><td>剩余壁厚≥70%</td></tr>
<tr><td>横向</td><td>剩余壁厚≥80%</td><td>剩余壁厚≥80%</td></tr>
<tr><td colspan="3">裂纹</td><td>无</td><td>无</td><td>无</td></tr>
</table>

续表

级别		一级	二级	三级
标记		两条白色带 一个中心冲坑	一条黄色带 两个中心冲坑	一条橙色带 三个中心冲坑
内部	腐蚀凹痕	剩余壁厚≥80%	剩余壁厚≥80%	超过二级的任一缺陷或损害
	冲蚀和磨损	剩余壁厚≥80%	剩余壁厚≥70%	
	裂纹	无	无	无

2.1.5 API 钻杆机械性能

2.1.5.1 API 钻杆机械性能

钻杆机械性能要求见表 3 – 17。

表 3 – 17 API 钻杆机械性能

钢级	屈服强度				抗拉强度		最小延伸率/%
	最低		最高		最低		
	psi	MPa	psi	MPa	psi	MPa	
D	55000	379	85000	586	95000	655	$e=2342A^{0.2}/U^{0.9}$ e—在 50.8mm 内最小延长率； A—拉伸试样断面积，mm^2； U—最小抗拉强度，MPa
E – 75	75000	517	105000	724	100000	689	
X – 95	95000	655	125000	862	105000	724	
G – 105	105000	724	135000	931	115000	793	
S – 135	135000	931	165000	1138	145000	1000	

为了满足用户的特殊要求，生产厂自行开发了一些特殊用途的钢级。日本新日铁和住友金属抗硫、抗低温等特殊钻杆钢级性能，见表 3 – 18 和表 3 – 19。

表 3-18　新日铁特殊钻杆钢级系列

用途	钢级	屈服强度/MPa		最低抗拉强度/MPa	最小延伸率/%	硬度 HRC
		最小	最大			
抗硫	ND-95S 加-105S	655 724	758 827	724 793	按 API 公式	≤25 ≤29
高强度	ND-150D ND-165D	1034 1138	1241 1345	1103 1207		
重量轻	ND-105LW ND-135LW ND-165LW	724 931 1138	931 1138 1345	793 1000 1207		

表 3-19　住友特殊钻杆钢级系列

用　途	钢级	屈服强度/MPa	最低抗拉强度/MPa	硬度 HRC
抗硫	SM-75DS SM-95DS	517～621 655～758	655 724	15～22 17～25
低温	SM-75DL SM-95DL SM-105DL	517～724 655～862 724～931	689 724 793	
高强度	SM-150D	1034～1241	1103	

2.1.5.2　API 钻杆强度数据

API 钻杆强度数据，见表 3-20～表 3-22。

最小抗拉强度决定了该种钻杆的钻井深度。抗扭强度是抵抗扭矩破坏的能力，一般钻杆的抗扭强度是根据管体材料最小屈服强度的 57.7% 计算的。其中一级、二级旧钻杆以外径均匀磨损，最小壁厚按名义壁厚的 80% 和 70% 计算。

在进行中途测试时，钻杆应着重考虑抗挤强度；在高压气井的中途测试和压裂时应认真核算钻杆的抗内压强度，压裂时钻杆承受的内压是泵压与静液柱压力之和。如果钻柱底部是敞口的，钻柱在任一深度的内外液体静压力是相互平衡的。

(1)拉力对抗挤的影响

在钻杆受拉的情况下，其抗挤强度要降低。例如中途测试时，如果要上提卡住的封隔器，就应计算在有拉力情况下的抗挤强度。

$$P_{CL} = \left[\sqrt{1 - 0.75(S_A/Y_P)^2} - 0.75(S_A/Y_P)\right]P_{CO} \quad (3-1)$$

式中　P_{CL}——有轴向拉力时的最低抗挤强度，MPa；

S_A——轴向拉力，MPa；

Y_P——管体的最低屈服强度，MPa；

P_{CO}——无轴向拉力时的最低抗挤强度，MPa。

此公式是以屈服变形理论的最大应变能力为基础，适应于挤压力与屈服强度成正比的情况，适用于屈服挤压和塑性挤压. 不适用于弹性挤压。

(2)拉力对抗扭的影响

卡钻时，为了解卡有时采取上提拉力后再用转盘扭转。此时钻杆的抗扭屈服强度可用下式计算。

$$Q_T = \frac{10^{-5} \times 1.16J}{D}\sqrt{10^4 Y_m^2 - \frac{P^2}{A^2}} \quad (3-2)$$

式中　Q_T——在拉力下的最小扭转屈服强度，N · m；

J——管体极惯性矩，mm^4

$$J = \frac{\pi}{32}(D^2 - d^2)$$

D——管体外径，mm；

d——管体内径，mm；

Y_m——管体材料最小屈服强度，MPa；

P——拉伸负荷，N；

A——管体横断面积，mm^2。

2.1.6　推荐 API 钻杆紧扣扭矩

推荐 API 钻杆紧扣扭矩见表 3－23。

表3-20 API新钻杆强度数据

钻杆尺寸/mm(in)	壁厚/mm	最小抗挤压强度/MPa				最小抗内压强度/MPa				抗扭屈服强度/N·m				最小抗拉强度/kN			
		E	X	G	S	E	X	G	S	E	X	G	S	E	X	G	S
60.3(2⅜)	4.83	76.1	96.4	106.6	131.5	724	91.7	101.4	130.3	6454	8162	9030	11606	435.5	551.6	609.7	783.9
60.3(2⅜)	7.11	107.5	136.2	150.6	193.6	106.7	135.1	149.3	192	8460	10711	11850	15239	615.4	779.5	861.5	1107.6
73.0(2⅞)	5.51	72.2	89.2	96.6	117.6	68.3	86.5	95.6	122.9	10941	13856	15321	19700	605.1	766.4	847.1	1089.1
73.0(2⅞)	9.19	113.8	144.2	159.3	204.9	114	114.3	159.6	205.1	15633	19809	21896	28147	954.3	1208.8	1336	1717.8
88.9(3½)	6.45	69.2	83.2	90.0	108.8	65.6	83.2	92	118.2	19144	24256	26805	34465	864.9	1095.6	1210.9	1556.9
88.9(3½)	9.35	973	123.3	136.2	175.1	95.2	120.5	133.2	171.3	25110	31807	31156	45189	1209.1	1531.5	1692.7	2176.3
88.9(3½)	11.4	115.6	146.5	161.9	208.1	116.1	147.1	162.5	209	28540	36146	39956	51327	1437.1	1820.3	2011.9	2586.7
101.6(4)	6.65	58	68.7	73.8	87.2	593	75.1	83.0	106.7	26357	33380	36905	47440	1027.3	1301.3	1438.3	1849.3
101.6(4)	8.38	78.3	99.2	109.6	139	74.7	94.6	104.5	134.4	31523	39929	44132	56727	1270.5	1609.3	1778.7	2286.9
101.6(4)	9.65	88.9	112.7	124.4	160	86.0	108.9	120.4	154.7	34926	44240	48904	62883	14432	1828	2020.5	2597.5
114.3(4½)	6.88	49.6	57.9	61.71	71.1	54.5	69	76.3	98.1	35061	44417	49094	63113	1202.2	1522.8	1683.2	2164
114.3(4½)	8.56	71.6	87.9	95.3	115.8	67.8	85.9	94.9	121.1	41691	52809	58368	75045	1471.7	1864.1	2060.4	2649
114.3(4½)	10.92	89.4	113.2	125.1	160.8	86.5	109.6	120.1	155.7	49948	63262	69920	89891	1835.9	2325.5	2570.3	3304.6
114.3(4½)	12.7	102.1	129.4	143	183.9	100.5	127.4	140.8	181.0	55467	70258	77661	99842	2098.1	2657.5	2937.3	3776.5
127.0(5)	7.52	48.8	55.8	59.4	67.8	53.6	67.8	75.0	96.5	47427	60076	66394	85376	1460.6	1850.2	2044.9	2629.2
127.0(5)	9.19	69.0	82.8	89.6	108.3	65.5	83	91.7	118.0	55711	70570	78000	100290	1761.3	2231	2465.8	3170.3
127.0(5)	12.7	93.1	117.8	130.3	167.5	90.5	114.6	126.7	162.9	70719	89579	99015	127311	2360.3	2990	3304.4	4248.6
139.7(5½)	7.72	41.9	47.8	50.3	56	50.0	63.4	70.1	90.0	59900	75872	83857	107815	1657	2099	2320	2982.6
139.7(5½)	9.17	58.2	69	74.1	87.6	59.4	75.2	83.2	106.9	68632	86935	96087	123542	1946.1	2465.1	2724.6	3503
139.7(5½)	10.54	72.1	89.1	96.5	117.6	68.3	86.5	95.6	122.9	76563	96982	107191	137819	2213.7	2804.1	3099.2	3984.7
168.3(6⅝)	8.38	33.2	36.5	37.8	41.6	45.1	57.1	63.1	81.1	95653	121156	133914		2179.1	2760.3	3050.9	

表 3-21 API 一级钻杆强度数据

钻杆尺寸/mm(in)	壁厚/mm	最小抗挤压强度/MPa				最小抗内压强度/MPa				抗扭屈服强度/N·m				最小抗拉强度/kN			
		E	X	G	S	E	X	G	S	E	X	G	S	E	X	G	S
60.3(2⅜)	4.83	58.8	70.1	75.2	88.9	66.2	83.8	92.7	119.1	5050	6398	7071	9091	342	433	479	616
60.3(2⅜)	7.11	92.2	116.8	129.1	166	97.5	123.6	136.6	175.6	6523	8261	9131	11740	479	606	670	862
73.0(2⅞)	5.51	52.7	62.2	66.4	77.1	62.4	79.1	87.4	112.4	8585	10874	12019	15452	476	603	666	856
73.0(2⅞)	9.19	98.1	124.2	137.3	176.5	104.2	132	145.8	187.5	12010	15212	16813	21619	741	938	1037	1333
88.9(3½)	6.45	48.8	57.1	60.8	69.6	60	76.1	84.1	108.1	15041	19052	21057	27073	680	862	953	1225
88.9(3½)	9.35	82.8	104.9	116	149.1	87	110.2	121.8	156.6	19471	24664	27260	35048	944	1195	1321	1696
88.9(3½)	11.4	99.8	126.4	139.7	179.6	106.1	134.1	148.6	191.1	21891	27729	30648	39404	1115	1412	1561	2007
101.6(4)	6.65	39.3	44.9	47.1	51.3	54.2	68.6	75.9	97.5	20758	26292	29059	37362	810	1026	1134	1457
101.6(4)	8.38	62.1	74.4	80.1	95.4	68.3	86.5	95.6	122.9	24670	31249	34538	44406	997	1263	1396	1795
101.6(4)	9.65	75.2	95.3	104.7	128.2	78.6	99.6	110	141.5	27207	34462	39090	48972	1129	1430	1581	2033
114.3(4½)	6.88	32.3	35.8	36.9	40.7	49.8	63.1	69.8	89.7	27663	35040	38728	49792	949	1202	1328	1708
114.3(4½)	8.56	51.9	61.1	65.3	75.6	62.0	78.5	86.7	111.5	32728	42455	45820	58910	1157	1466	1620	2083
114.3(4½)	10.92	75.7	95.8	105.8	129.7	79.1	100.1	110.7	142.3	38889	49260	54446	70001	1436	1819	2011	2586
114.3(4½)	12.7	87.3	110.5	122.2	157.1	91.9	116.4	128.7	165.5	42826	54246	59957	77086	1635	2071	2289	2943
127.0(5)	7.52	31	34	34.9	39	49	62.0	68.6	88.2	37430	47412	52402	67375	1153	1460	1614	2075
127.0(5)	9.19	48.5	56.8	60.4	69.1	59.9	75.9	83.9	107.8	43773	55446	61282	78791	1386	1755	1940	2494
127.0(5)	12.7	79	100.1	110.6	141.4	82.7	104.8	115.8	148.9	54970	69629	76959	98946	1845	2337	2582	3320
139.7(5½)	7.72	25.8	28.5	29.9	32.5	45.7	57.9	64	82.3	47134	59703	65988	84840	1309	1658	1833	2356
139.7(5½)	9.17	39.5	45.1	47.3	51.7	54.3	68.8	76	97.7	54047	68461	75667	97285	1534	1943	2147	2761
139.7(5½)	10.54	52.6	62.1	66.4	77.1	62.4	79	87.4	112.4	60090	76114	84126	108162	1741	2205	2437	3133
168.3(6⅝)	8.38	20.2	22.4	23.1	23.6	41.2	52.2	57.7	74.1	75609	96971	107177	137799	1724	2183	2413	3102
168.3(6⅝)	9.17	24.9	27.8	29.1	31.4	45.2	57.3	63.3	81.4	81609	108211	115855	148956	1879	2380	2631	3382

表 3－22　API 二级钻杆强度数据

钻杆尺寸/	壁厚/	最小抗挤压强度/MPa				最小抗内压强度/MPa				抗扭屈服强度/N · m				最小抗拉强度/kN			
mm(in)	mm	E	X	G	S	E	X	G	S	E	X	G	S	E	X	G	S
60. 3($2\frac{3}{8}$)	4. 83	47. 2	55. 1	58. 5	66. 6	57. 9	73. 4	81. 1	104. 2	4335	5536	6119	7866	297	376	415	534
60. 3($2\frac{3}{8}$)	7. 11	83. 7	106	117. 2	150. 6	85. 4	108. 1	119. 5	153. 6	5600	7094	7839	10079	413	523	578	744
73. 0($2\frac{7}{8}$)	5. 51	41. 7	48	50. 6	56	54. 6	69. 2	76. 5	98. 4	7435	9418	10409	13383	413	523	578	744
73. 0($2\frac{7}{8}$)	9. 19	89. 2	113	124. 9	160. 6	91. 2	115. 5	127. 6	164. 1	10292	13036	14408	18525	639	809	894	1149
88. 9($3\frac{1}{2}$)	6. 45	38. 2	43. 4	45. 5	49. 2	52. 5	66. 5	73. 6	94. 6	13032	16508	18245	23458	591	748	827	1063
88. 9($3\frac{1}{2}$)	9. 35	74. 9	94. 8	103. 7	126. 8	76. 1	96. 4	106. 6	137. 0	16765	21236	23472	30178	816	1033	1142	1468
88. 9($3\frac{1}{2}$)	11. 4	90. 8	115	127. 2	163. 5	92. 9	117. 6	130. 0	167. 2	18748	23747	26247	33746	961	1217	1345	1729
101. 6(4)	6. 65	29. 7	32. 4	33. 6	37. 5	47. 4	60. 1	66. 4	85. 4	18007	22809	25210	32414	703	891	985	1266
101. 6(4)	8. 38	50. 3	59. 1	63	72. 5	59. 7	75. 7	83. 6	107. 5	21338	27028	29874	38409	865	1095	1210	1556
101. 6(4)	9. 65	65. 7	79. 1	85. 3	102. 3	68. 8	87. 1	96. 3	123. 8	23476	29736	32866	42255	977	1238	1368	1759
114. 3($4\frac{1}{2}$)	6. 88	23. 4	26. 5	27. 7	29. 6	43. 6	55. 2	61	78. 5	24018	30423	33626	43233	825	1045	1155	1484
114. 3($4\frac{1}{2}$)	8. 56	41	47. 1	49. 5	54. 6	54. 2	68. 7	75. 9	97. 6	28347	35906	39686	51025	1004	1272	1406	1808
114. 3($4\frac{1}{2}$)	10. 92	66. 4	80	86. 3	103. 6	69. 2	87. 6	96. 9	124. 5	33552	42499	46972	60394	1243	1575	1741	2238
114. 3($4\frac{1}{2}$)	12. 7	79	100. 1	110. 6	141. 4	80. 4	101. 9	112. 6	144. 8	36825	46646	51556	66286	1412	1789	1977	2542
127. 0(5)	7. 52	22. 6	25. 5	26. 5	28	42. 9	54. 3	60	77. 1	32504	41173	45507	58509	1002	1270	1403	1804
127. 0(5)	9. 19	38. 0	43. 2	45. 2	48. 8	52. 4	66. 4	73. 4	94. 3	37930	48045	53102	68274	1203	1524	1684	2165
127. 0(5)	12. 7	71. 3	87. 1	94. 4	114. 4	72. 4	91. 7	101. 4	130. 3	47382	60018	66335	85288	1596	2021	2234	2872
139. 7($5\frac{1}{2}$)	7. 72	19. 5	21. 6	22. 2	22. 5	40	50. 7	56	72. 0	40957	51878	57339	73721	1139	1442	1594	2049
139. 7($5\frac{1}{2}$)	9. 17	29. 9	32. 6	33. 8	37. 7	47. 5	60. 2	66. 5	85. 5	46887	59390	65641	84396	1332	1688	1865	2398
139. 7($5\frac{1}{2}$)	10. 54	41. 7	48	50. 5	56	54. 6	69. 2	76. 5	98. 3	52040	65919	72858	93673	1510	1913	2114	2719
168. 3($6\frac{5}{8}$)	8. 38	15. 4	16. 2	16. 2	16. 2	36. 1	45. 7	50. 5	64. 9	65919	83288	92055	118356	1500	1900	2100	2700
168. 3($6\frac{5}{8}$)	9. 17	19. 1	20. 9	21. 5	21. 7	39. 6	50. 1	55. 4	71. 2	70920	89832	99288	127657	1635	2070	2288	2942

表 3－23 推荐 API 钻杆紧扣扭矩

公称外径/mm(in)	公称质量/kg/m(lb/ft)	加厚形式及钢级		接头类型	Ⅰ类接头			优类接头			Ⅱ类接头		
					接头外径/mm	接头内径/mm	紧扣扭矩/N·m	接头最小外径/mm	偏心磨损的最小内螺纹台肩/mm	紧扣扭矩/N·m	接头最小外径/mm	偏心磨损的最小内螺纹台肩/mm	紧扣扭矩/N·m
60.33 (2⅜)	7.22 (4.85)	EU	E	NC26(IF)	85.7	44.5	4390	80.2	2.4	2510	79.4	2.4	2200
		EU	E	WO	85.7	50.8	3070	78.2	2.4	2510	77.4	2.4	2200
		EU	E	OH	79.4	50.8	3070	77.0	2.4	2510	76.2	2.4	2200
		EU	E	SL－H90	82.6	50.8	3470	75.4	2.4	2510	74.6	2.4	2200
	9.90 (6.65)	EU	E	NC26(IF)	85.7	44.5	4390	81.8	2.4	3290	81.0	2.4	2900
		EU	E	OH	82.6	44.5	4270	78.6	2.8	3290	77.8	2.4	2900
		IU	E	P.A.C	73.0	34.9	3180	71.0	4.0	3290	69.8	3.2	2900
		EU	X	NC26(IF)	85.7	44.5	4390	83.7	3.6	4180	82.5	2.8	3670
		EU	X	SL－H90	82.6	46.0	4670	79.0	3.2	4180	77.8	2.8	3670
		EU	G	NC26(IF)	85.7	44.5	4390	84.5	4.0	4620	83.3	3.2	4060
		EU	G	SL－H90	82.6	46.0	4670	79.8	3.6	4620	78.6	3.2	4060
73.03 (2⅞)	10.20 (6.85)	EU	E	NC31(IF)	104.8	54.0	8050	94.5	2.4	4250	93.7	2.4	3740
		EU	E	WO	104.8	61.9	5090	92.9	2.4	4250	92.1	2.4	3740
		EU	E	OH	95.3	61.9	3790	88.9	2.8	4250	88.1	2.4	3740
		EU	E	SL－H90	98.4	61.9	5170	88.9	2.4	4250	87.7	2,4	3740
73.03 (2⅞)	15.48 (10.40)	EU	E	NC31(1F)	104.8	54.0	8050	97.6	4.0	6090	96.4	3.2	5360
		EU	E	OHb	98.4	54.8	5980	92.5	4.4	6090	90.9	3.6	5360

续表

公称外径/mm(in)	公称质量/kg/m(lb/ft)	加厚形式及钢级		接头类型	Ⅰ类接头			优类接头			Ⅱ类接头		
					接头外径/mm	接头内径/mm	紧扣扭矩/N·m	接头最小外径/mm	偏心磨损的最小内螺纹台肩/mm	紧扣扭矩/N·m	接头最小外径/mm	偏心磨损的最小内螺纹台肩/mm	紧扣扭矩/N·m
73.03 (2⅞)	15.48 (10.40)	EU	E	SL-H90	98.4	54.8	7660	91.7	3.6	6090	90.5	3.2	5360
		IU	E	XH	108.0	47.6	9220	95.6	4.0	6090	94.5	3.6	5360
		IU	E	NC26	85.7	44.5	4390	85.7	5.6	5270	85.7	5.6	5270
		IU	E	PAC	79.4	38.1	4670	79.4	7.1	4670	79.4	7.1	4670
		EU	X	NC31(IF)	104.8	50.8	8940	100.0	5.2	7720	98.4	4.4	6790
		EU	X	SL-H90	98.4	54.8	8970	94.1	4.8	7720	92.5	4.0	6790
		EU	G	NC31(IF)	104.8	50.8	8940	101.2	5.6	8530	99.6	4.8	7510
		EU	G	SL-H90	101.6	50.8	8970	95.3	5.6	8530	93.7	4.8	7510
		EU	S	NC31(IF)	111.1	41.3	11490	104.8	7.6	10970	102.8	6.3	9660
		EU	S	SL-H90	104.8	41.3	11680	98.4	7.1	10970	96.8	6.3	9660
88.90 (3½)	14.14 (9.50)	EU	E	NC38(IF)	120.7	68.3	12280	112.3	3.2	7440	111.1	2.8	6540
		EU	E	NC38(WO)	120.7	76.2	9040	112.3	3.2	7440	111.1	2.8	6540
		EU	E	H	114.3	76.2	8050	109.1	3.6	7440	108.0	2.8	6540
		EU	E	SL-H90	117.5	76.2	8570	106.8	3.2	7440	105.6	2.4	6540
	19.80 (13.30)	EU	E	NC38(IF)	120.7	68.3	12280	115.1	4.8	9780	113.9	4.0	8600
		EU	E	OH	120.7	68.3	11730	111.9	4.8	9780	110.7	4.4	8600
		EU	E	XH	120.7	61.9	11860	111.1	5.2	9780	109.5	4.4	8600
		EU	E	H90	133.4	69.9	16170	116.3	4.0	9780	115.1	3.2	8600

续表

公称外径/mm(in)	公称质量/kg/m (lb/ft)	加厚形式及钢级		接头类型	Ⅰ类接头			优类接头			Ⅱ类接头		
					接头外径/mm	接头内径/mm	紧扣扭矩/N·m	接头最小外径/mm	偏心磨损的最小内螺纹台肩/mm	紧扣扭矩/N·m	接头最小外径/mm	偏心磨损的最小内螺纹台肩/mm	紧扣扭矩/N·m
88.90 (3½)	19.80 (13.30)	IU	E	NC31(SH)	104.8	54.0	8050	104.8	7.5	9780	101.2	5.6	8600
		EU	X	NC38(IF)	127.0	65.1	13780	117.9	5.9	12380	116.3	5.2	10900
		EU	X	SL-H90	120.7	65.1	14150	111.9	5.6	12380	110.3	4.8	10900
		EU	X	H90	133.4	69.9	16170	118.7	5.2	12380	117.5	4.4	10900
		EU	G	NC38(IF)	127.0	61.9	15060	119.5	6.7	13690	117.5	6.0	12040
		EU	G	SL-H90	120.7	65.1	14150	113.5	6.4	13690	111.5	5.6	12040
		EU	S	NC38(IF)	127.0	54.0	17640	123.4	8.7	17600	121.4	7.9	15480
		EU	S	SL-H90	127.0	54.0	19030	117.5	8.3	17600	115.1	7.1	15480
		EU	S	NC40(4FH)	136.5	61.9	20290	128.6	7.9	17600	126.2	6.7	15480
	23.06 (15.50)	EU	E	NC38(IF)	127.0	65.1	13780	116.7	5.6	11120	115.1	4.8	9790
		EU	X	NC38(IF)	127.0	61.9	15060	119.9	7.1	14090	117.9	6.0	12400
		EU	G	NC38(IF)	127.0	54.0	17640	121.4	7.9	15570	119.5	6.7	13710
		EU	G	NC40(4FH)	133.4	65.1	18820	126.6	7.1	15570	124.6	6.0	13710
		EU	S	NC40(4FH)	139.7	57.2	22330	130.6	9.1	20020	128.6	7.9	17620
101.60 (4)	17.63 (11.85)	EU	E	NC46(IF)	152.4	82.6	22800	133.0	3.2	10230	132.2	2.8	8990
		EU	E	NC46(WO)	146.1	87.3	19980	133.0	3.2	10230	132.2	2.8	8990
		EU	E	OH	133.4	88.1	14890	127.0	3.6	10230	125.8	3.2	8990
		IU	E	H90	139.7	71.4	24030	124.6	3.2	10230	123.4	2.8	8990

续表

公称外径/mm(in)	公称质量/kg/m(lb/ft)	加厚形式及钢级		接头类型	I类接头			优类接头			Ⅱ类接头		
					接头外径/mm	接头内径/mm	紧扣扭矩/N·m	接头最小外径/mm	偏心磨损的最小内螺纹台肩/mm	紧扣扭矩/N·m	接头最小外径/mm	偏心磨损的最小内螺纹台肩/mm	紧扣扭矩/N·m
101.60(4)	20.83(14.00)	EU	E	NC46(IF)	152.4	82.6	22800	134.9	4.0	12260	133.7	3.6	10770
		EU	E	OH	139.7	82.6	18490	128.6	4.4	12260	127.4	4.0	10770
		IU	E	H90	139.7	71.4	24030	126.2	4.0	12260	125.0	3.6	10770
		IU	E	NC40(FH)	133.4	71.4	15920	123.0	5.2	12260	121.8	4.8	10770
		IU	E	SH	117.5	65.1	10560	113.9	6.7	12260	112.3	6.0	10770
		EU	X	NC46(IF)	152.4	82.6	22800	137.7	5.6	15520	136.1	4.8	13650
		IU	X	NC40(FH)	133.4	68.3	17400	126.2	6.7	15520	124.6	6.0	13650
		IU	X	H90	139.7	71.4	24030	129.0	5.6	15520	127.4	4.8	13650
		EU	G	NC46(IF)	152.4	82.6	22800	138.9	6.0	17160	137.3	5.2	15080
		IU	G	NC40(FH)	139.7	61.9	20420	127.8	7.5	17160	125.8	6.7	15080
		IU	G	H90	139.7	71.4	24030	130.6	6.4	17160	128.6	5.2	15080
		EU	S	NC46(IF)	152.4	76.2	25590	142.5	7.9	22060	140.5	6.7	19390
		IU	S	NC40(FH)	139.7	50.8	24650	132.6	9.9	22060	130.2	8.7	19390
		IU	S	H90	139.7	71.4	24020	134.1	7.9	22060	132.2	7.1	19390
114.30($4\frac{1}{2}$)	20.46(13.75)	EU	E	NC50(IF)	161.9	95.3	25540	144.9	4.0	13600	143.3	3.2	11950
		EU	E	NC50(WO)	155.6	98.4	23350	144.9	4.0	13600	143.3	3.2	11950
		EU	E	OH	146.1	100.8	14210	136.9	4.4	13600	135.7	3.6	11950
		IU	E	H90	152.4	82.6	26450	134.9	4.0	13600	133.4	3.2	11950

续表

公称外径/mm(in)	公称质量/kg/m(lb/ft)	加厚形式及钢级		接头类型	I类接头			优类接头			II类接头		
					接头外径/mm	接头内径/mm	紧扣扭矩/N·m	接头最小外径/mm	偏心磨损的最小内螺纹台肩/mm	紧扣扭矩/N·m	接头最小外径/mm	偏心磨损的最小内螺纹台肩/mm	紧扣扭矩/N·m
114.30 (4½)	24.70 (16.60)	EU	E	NC50(IF)	161.9	95.3	25540	146.4	4.8	16200	145.3	4.0	14240
		EU	E	OH	149.2	95.3	18490	138.9	5.2	16200	137.7	4.8	14240
		IEU	E	NC46(XH)	158.8	82.6	23050	138.1	5.6	16200	136.5	4.8	14240
		IEU	E	FH	152.4	76.2	23580	137.7	6.0	16200	136.1	5.2	14240
		IEU	E	H90	152.4	82.6	26450	130.5	4.8	16200	135.3	4.4	14240
		EU	X	NC50(IF)	161.9	95.3	25540	149.6	6.4	20520	147.6	5.2	18040
		IEU	X	NC46(XH)	158.8	76.2	26880	141.3	7.1	20520	139.7	6.4	18040
		IEU	X	FH	152.4	69.9	23580	141.3	7.5	20520	139.3	6.7	18040
		IEU	X	H90	152.4	76.2	26450	139.4	6.4	20520	138.1	5.6	18040
		EIJ	G	NC50(IF)	161.9	95.3	25540	150.8	6.7	22680	149.2	6.0	19940
		IEU	G	NC46(XH)	158.8	76.2	26890	143.3	8.3	22680	140.9	7.1	19940
		IEU	G	FH	152.4	69.9	23580	143.3	8.7	22680	140.9	7.5	19940
		IEU	G	H90	152.4	76.2	26450	141.3	7.1	22680	139.3	6.4	19940
		EU	S	NC50(IF)	161.9	88.9	30280	155.2	9.1	29160	152.8	7.9	25630
		IEU	S	NC46(XH)	158.8	69.9	30420	148.0	10.7	29160	145.3	9.1	25630
		IEU	S	FH	158.8	63.5	30350	148.0	11.1	29160	145.7	9.9	25630
		IEU	S	H90	152.4	76.2	30680	145.7	9.5	29160	143.3	8.3	25630

续表

公称外径/mm(in)	公称质量/kg/m(lb/ft)	加厚形式及钢级		接头类型	Ⅰ类接头			优类接头			Ⅱ类接头		
					接头外径/mm	接头内径/mm	紧扣扭矩/N·m	接头最小外径/mm	偏心磨损的最小内螺纹台肩/mm	紧扣扭矩/N·m	接头最小外径/mm	偏心磨损的最小内螺纹台肩/mm	紧扣扭矩/N·m
114.30 (4½)	29.76 (20.00)	EU	E	NCSO(IF)	161.9	92.1	27950	148.8	6.0	19440	147.2	5.2	17100
		IEU	E	NC46(XH)	158.8	76.2	26890	140.5	6.7	19440	138.9	6.0	17100
		IEU	E	FH	152.4	76.2	23580	140.5	7.1	19440	138.5	6.4	17100
		IEU	E	H90	152.4	76.2	30680	138.9	6.0	19440	137.3	5.2	17100
		EU	X	NC50(IF)	161.9	88.9	30280	152.4	7.5	24620	150.4	6.7	21650
		IEU	X	NC46(XH)	158.8	69.9	30420	144.5	8.7	24620	142.5	7.9	21650
		IEU	X	FH	152.4	63.5	29320	144.9	9.5	24620	142.5	8.3	21650
		IEU	X	H90	152.4	76.2	26450	142.9	7.9	24620	140.5	6.7	21650
		EU	G	NC50(IF)	161.9	88.9	30280	154.0	8.3	27210	152.0	7.5	23930
		IEU	G	NC46(XH)	158.8	63.5	33650	146.4	9.9	27210	144.1	8.7	23930
		IEU	G	FH	152.4	63.5	29320	146.8	10.3	27210	144.1	9.1	23930
		1EU	G	H90	152.4	76.2	26450	144.5	8.7	27210	142.1	7.5	23930
		EU	S	NC50(1F)	168.3	76.2	37770	159.1	11.1	34990	156.4	9.5	30770
		IEU	S	NC46(XH)	158.8	57.2	36560	152.0	12.7	34990	149.2	11.1	30770
127 (5)	29.02 (19.50)	IEU	E	NC50(XH)	161.9	95.3	25540	150.4	6.7	21640	148.4	5.6	19020
		IEU	E	5½FH	177.8	95.3	41590	162.7	5.2	21640	161.1	4.4	19020
		IEU	X	NC50(XH)	161.9	88.9	30280	154.0	8.3	27410	152.0	7.5	24090
		IEU	X	H90	165.1	82.6	35160	149.6	7.9	27410	147.6	7.1	24090
		IEU	X	5½FH	177.8	95.3	41590	165.9	6.7	27410	164.3	6.0	24090

2.2 特种钻杆

2.2.1 加重钻杆

加重钻杆的壁厚介于钻杆和钻铤之间，管体连接有特别加长的钻杆接头，其结构形式类似于钻杆。它能承受拉伸载荷，也允许承受压缩载荷。加重钻杆主要用于以下方面：

①用于钻铤与钻杆的过渡区，缓和两者弯曲刚度的变化，减少钻杆的疲劳；

②在小井眼钻井中代替钻铤，操作方便，且减少卡钻机遇；

③在深井钻井中代替钻铤减少提升负荷，增加钻深能力；

④在定向井、水平井中使用，由于其刚性比钻铤小，和井壁接触面积小，不容易形成压差卡钻。在较低扭矩的情况下可实现高速钻进。

2.2.1.1 长度与钢级

加重钻杆的长度一般为 9.30m，也有特殊长度为 2m、3m、13m 的。国产 JZ－5 Ⅰ型(长 9.3m)和 JZ－5 Ⅱ(长 13m)型两种加重钻杆，都是用 42CrMo 或 AISI 4142H/4145H 合金钢制造。二者除长度不同外，JZ－5 Ⅰ型的耐磨带用含有粗颗粒碳化钨特制焊条敷焊，而 JZ－5 Ⅱ型的耐磨带用的是铁铬硼硅粉喷焊。

2.2.1.2 加重钻杆结构、规格与机械性能

加重钻杆除两端有超长的外加厚接头外，Ⅰ型加重钻杆中部有一处、Ⅱ型加重钻杆有 2 处外加厚部分用以保护管体不受磨损。国产加重钻杆为整体式，国外产品多是管体和接头对焊而成，不论整体的还是对焊的，在其两端接头和中部加厚部分都有表面耐磨带，并且其尺寸规格是一样的。目前加重钻杆未列入 API 标准，但国外已有产品。国内根据国外产品结合现场实际需要已制订 SY/T5146—1997《整体加重钻杆》标准。国产整体加重钻杆结构见图 3－11，尺寸规格见表 3－24，机械性能见表 3－25。

Drilco公司生产的加重钻杆结构见图3－12，规格见表3－26。

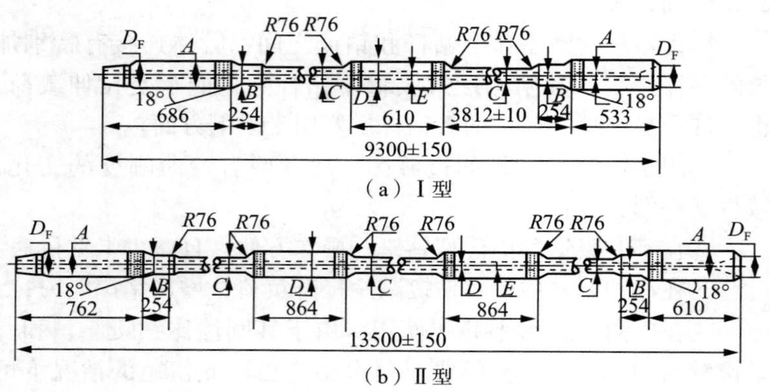

（a）Ⅰ型

（b）Ⅱ型

图3－11　国产加重钻杆结构示意图

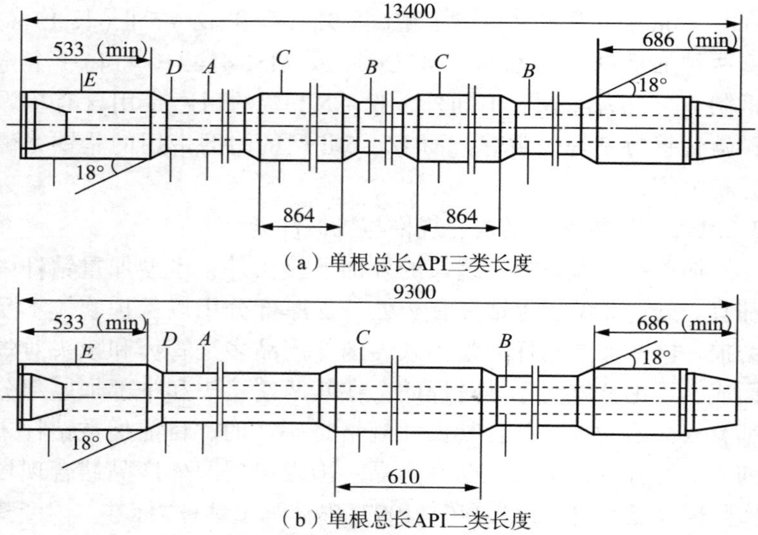

（a）单根总长API三类长度

（b）单根总长API二类长度

图3－12　Drilco公司加重钻杆结构示意图

表 3-24 国产整体加重钻杆的尺寸规格

规格	外径 C		内径 E		接头				管体		单根质量/kg
					型式	外径 A		内外螺纹台肩倒角直径 D_F/mm	加厚部分尺寸		
	mm	in	mm	in		min	in		中部 D/mm	端部 B/mm	
Ⅰ型(单根长度为9300mm)											
ZH-JZ66-6⅝FH-Ⅰ	168.3	6⅝	114.3	4½	6⅝FH	209.6	8¼	195.70	184.2	176.2	965
ZH-JZ55-5½FH-Ⅰ	139.7	5½	92.1	3⅝	5½FH	177.8	7	170.7	152.4	144.5	730
ZH-YZ50-NC50-Ⅰ	127.0	5	76.2	3	NC50(4½IF)	165.1	6½	154.0	139.7	130.2	700
ZH-JZ45-NC46-Ⅰ	114.3	4½	71.4	2 13/16	NC46(4 IF)	158.8	6¼	145.3	120.0	117.5	585
ZH-JZ35-NC38-Ⅰ	88.9	3½	52.39	2 1/16	NC38	120.7	4¾	116.3	101.6	92.1	370
Ⅱ型(单根长度为13500mm)											
ZH-JZ50-NC50-Ⅱ	127.0	5	76.2	3	NC50(4½IF)	165.1	6½	154.0	139.7	130.2	945
ZH-JZ45-NCA6-Ⅱ	114.3	4½	71.4	2 13/16	NC46(4 IF)	158.8	6¼	145.3	120.0	117.5	790

注:整体加重钻杆断面模数与钻铤断面模数之比应不大于5.5。

表 3-25 国产整体加重钻杆机械性能

抗拉强度 σ_b/MPa	屈服强度 $\sigma_{0.2}$/MPa	伸长率 δ_4/%	硬度/HB	夏比冲击吸收功 A_{kv}/J
≥964	≥758	≥13	285~341	平均值≥54 最小值≥47

表 3-26　Drilco 公司的加重钻杆规格

单根总长/m	通称直径 A/mm (in)	管体							接头					质量/(kg/m)	上扣扭矩/kN·m
		管体尺寸			中间加厚 C/mm	吊卡加厚 D/mm	机械性能		接头类型和尺寸	外径 E/mm	内径/mm	机械性能			
		内径 B/mm	壁厚/mm	截面积/mm^2			屈服张力/kN	屈服扭矩/kN·m				屈服张力/kN	屈服扭矩/kN·m		
9.30	88.9 (3½)	52.4	18.3	4052	101.6	92.1	1540	26.6	NC38 (3½IF)	120.6	55.6	3339	23.9	37.7	13.4
	101.6 (4)	65.1	18.3	4781	114.3	104.8	1817	37.6	NC40 (4 FH)	133.4	68.3	3172	32.0	44.3	18.0
	114.3 (4½)	69.8	22.2	6429	127.0	117.5	2444	55.3	NC46 (4 FH)	158.8	73.0	4568	52.7	61.1	29.6
	127.0 (5)	76.2	25.4	8107	139.7	130.2	3082	76.8	NC50 (4½IF)	165.1	79.4	5645	69.8	73.5	40.0
13.40	114.3 (4½)	69.8	22.2	6429	127.0	117.5	2444	55.3	NC46 (4 IF)	158.8	73.0	4568	52.7	59.5	29.6
	127.0 (5)	76.2	25.4	8107	139.7	130.2	3082	76.8	NC50 (4½IF)	165.1	79.4	5645	69.8	72.3	40.0

2.2.1.3 加重钻杆型号命名原则

整体加重钻杆型号命名按原则如下：

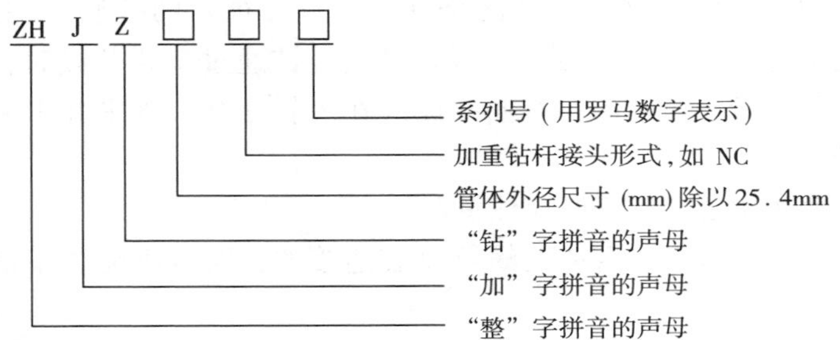

2.2.1.4 整体螺旋加重钻杆

是将整体加重钻杆的中间加厚部位延长，并铣削螺旋槽。博比特种钢管(中国)有限公司生产的整体螺旋加重钻杆结构见图3-13，规格参数见表3-27。

图3-13 整体螺旋加重钻杆结构

表3-27 整体螺旋加重钻杆规格及技术参数

管体						接头		
规格/mm(in)	内径/mm	吊卡加厚/mm	吊卡/卡瓦外径/mm	螺旋处外径/mm	螺旋槽深/mm	螺纹类型	外径/mm	内径/mm
88.9(3½)	54.0	92.1	88.9	101.6	9.5	NC38	120.6	54.0
114.3(4½)	69.8	117.5	114.3	127.0	12.7	NC46	158.8	69.8
127.0(5)	76.2	130.2	127.0	139.7	12.7	NC50	165.1	76.2

2.2.2 铝合金钻杆

2.2.2.1 概述

铝合金钻杆是由铝合金管体和钢制接头组成的。管体比一般钢质钻杆壁厚大，从正常尺寸的管体到加厚部分两端有一段锥形过渡。铝合金钻杆的主要优点是重量轻，它使钻机的钻深能力得到提高。在机械性能上韧性大，弹性好，提升时与井壁摩擦力小。由于这种钻杆的挠性好，具有很好的抗疲劳性能，其疲劳寿命比磨损寿命长，所以当它旋转通过狗腿井段时，其损坏相对较小。因此在弯曲井段或在大斜度井、水平井中使用比较有利。

使用铝合金钻杆时应注意：

①由于接头与管体是螺纹烘装连接的，所以不能用单吊钳上卸扣。

②管体尺寸和结构与钢质钻杆略有不同，并且铝合金硬度较低，有必要对卡瓦和防喷器进行适当改装，以防损伤钻杆。打捞时也应考虑这些情况。

③铝合金的抗拉屈服强度和韧性随温度升高而降低，最高井下温度不超过121℃。

④钻井液的pH值在10.5以上时，会使钻杆管体出现坑点腐蚀。应控制pH值为6~10.5。

2.2.2.2 尺寸规范及性能

铝合金钻杆还未列入API标准。其尺寸规范及机械性能只能由生产厂和用户协商确定。美国雷诺公司铝合金钻杆技术规范和性能见表3-28和表3-29。

表3-28 美国雷诺公司铝合金钻杆主要尺寸

通称尺寸/mm(in)	公称质量/(kg/m)	带接头质量/(kg/m)	外径/mm	横截面积/mm^2	壁厚/mm	加厚部分/mm		接头数据/mm			
						内径	外径	外径	内径	大钳夹紧位置	
										母接头	公接头
88.9(3½)	9.25	11.72	93.98	3307	13.0	67.95	98.43	120.65	67.47	279.4	177.8
101.6(4)	9.76	14.41	106.68	3487	11.69	83.3	117.48	146.05	82.55	311.15	196.85
114.3(4½)	11.62	16.01	116.84	4155	12.70	91.4	127.79	155.58	91.28	311.15	196.85

2.2.3 钛合金钻杆

钛合金钻杆具有高强度、高熔点、高抗疲劳强度、高抗冲蚀性、高抗震性及低密度、低的热膨胀系数、固有绕性好、耐用性和抗断裂性好和基本无磁性等优异的物理机械性能，缺点是价格昂贵。

表 3-29 美国雷诺公司铝合金钻杆机械性能

级别	通称尺寸/mm(in)	抗拉强度/kN	扭转强度/N·m	抗挤压强度/MPa	抗内压强度/MPa
1 级	88.9(3½)	1322.3	26886	84.9	96.9
	101.6(4)	1395.8	31970	69.3	76.5
	114.3(4½)	1662.9	44742	69.0	76.0
2 级	88.9(3½)	1032.9	16744	63.8	79.4
	101.6(4)	1087.1	21558	50.7	61.6
	114.3(4½)	1297.9	28133	50.2	61.2
3 级	88.9(3½)	779.9	14168	56.5	69.5
	101.6(4)	880.6	19049	45.3	53.4
	114.3(4½)	992.1	23456	44.0	53.0

钛合金钻杆具有极强的抗腐蚀性和井下环境适应性，可适用于高温及硫化氢等高腐蚀性环境里使用。也适用于大斜度及超短半径定向井、水平井及深井中使用。

2.2.4 抗硫系列钻杆

中国石油渤海装备第一机械厂生产的抗硫钻杆管体及接头机械性能见表 3-30、表 3-31。

表 3-30 抗硫钻杆管体机械性能。

钢级	屈服强度				抗拉强度		最小延伸率/%	洛氏硬度/HRC
	最小		最大		最小			
	psi	MPa	psi	MPa	psi	MPa	2in (50.8mm)	
BNK C95S	95000	655	110000	758	105000	724	API 5D	25.4
BNK C105S	105000	724	135000	931	115000	793	API 5D	28.0

表 3－31　抗硫钻杆接头机械性能。

钢级	屈服强度				抗拉强度		最小延伸率/%	洛氏硬度
	最小		最大		最小			
	psi	MPa	psi	MPa	psi	MPa	2in (50.8mm)	HRC
BNK TJ95	95000	655	110000	758	105000	724	11	25.4
BNK TJ105	105000	724	120000	827	115000	793	10	28.0
BNK TJ110	110000	758	125000	861	120000	827	10	29.0

2.2.5　高抗扭双台肩面接头钻杆

AP1 标准钻杆接头与高钢级钻杆管体配合，其钻杆接头的抗扭强度总是低于钻杆管体的抗扭强度。在钻井作业中，这种抗扭强度配合不当，往往会发生内螺纹接头胀扣及外螺纹接头断裂等失效事故。使用高强度双台肩钻杆接头则可以防止类似情况的发生。高强度双台肩钻杆接头结构见图 3－14。

高强度双台肩钻杆接头具有以下优点：

①抗扭强度比 API 接头提高 30% 左右。

②双台肩接头钻杆可以与 API 相同类型螺纹的钻杆互换使用。

③相对于 API 钻杆接头有更大的水眼尺寸，减少循环压力损失。

④双台肩接头上扣后及在承受内压的情况下，环向应力水平低。

双台肩接头钻杆适合于深井、超深井、中高压气井、大位移井定向井、水平井、开窗侧钻及含硫化氢气体井等苛刻条件下的钻井施工。

2.2.6　高压密封钻杆

为了适应超高压钻井的需要，江苏德瑞石油机械有限公司开发出一种高压密封钻杆接头，动态密封性达到 60MPa。在泵压 40MPa 条件下，用一套钻具试验钻 2 口井深为 3200m 的井，无一根刺漏和先期失效。该钻杆接头使用密封圈密封，密封效果不受丝扣紧扣扭矩、钻具震动、拉伸和弯曲应力直接影响。密封圈有破损可更换。

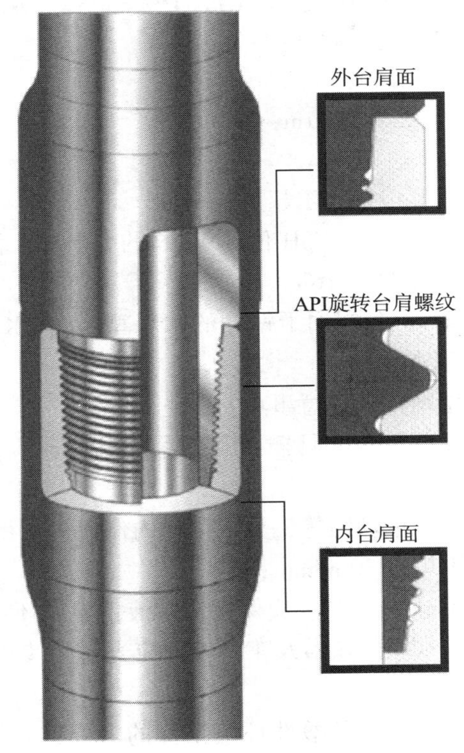

图3－14　双台肩钻杆接头结构

该钻杆适用于超高压喷射钻井、深井、超深井、大斜度定向井、水平井及空气钻井。

2.2.7　内涂层钻杆

国内外大量统计资料表明，发生在钻杆加厚过渡区附近的腐蚀疲劳(刺穿或断裂)是钻杆失效的最常见形式，钻杆内涂层是解决这一问题的有效途径。内涂层工艺是在管体内壁经清洁——喷涂——烘烤后形成具有高附着力、一定强度和柔韧度、耐腐蚀的光滑表面。内涂层钻杆可大大减少腐蚀疲劳失效，其寿命比未涂层钻杆延长一倍以上。另外，由于减少流阻，可提高井下水动力 15% ~20%。华北石油第一机械厂从美国 ICO 公司引进的内涂层工艺指标是:

涂料型号，PC200;

干膜厚度，125 ~225μm;

粘附力，B;

漏涂针孔，每根钻杆不超过 5 个;

高温高压釜试验：在 pH 值为 12.5 的介质里，温度 149℃，压力 70MPa 条件下试验 16h。

美国 Tuboscope 公司用于钻杆的涂料型号为 TK –34，主要指标与 PC200 基本相同。

使用内涂层钻杆的注意事项:

①避免尖硬撬杠等工具插到管内移动钻杆，应使用端部光滑或包有塑料的工具;

②尽可能限制钢丝绳等工具在钻杆内作业，不得不进行时，应使通过速度不超过 30m/min;

③在井温超过 94℃时，应保持钻井液正常循环;

④通过钻杆水眼的仪器及工具表面应光滑无棱角。

2.2.8　高韧性钻杆

为了满足低温环境及酸性环境钻探的需要，开发出了一种高韧性钻杆。这种钻杆的特点是独特的化学成分和特殊的淬火一回火热处理。一般均采用经过精炼的纯净钢，其中磷、硫等杂质和有害气体含量均有严格要求，如 S≤0.010%，P≤0.015%，并加入 Gr、Mo 等提高淬透性和回火稳定性的合金元素。其中一般环境用高韧性钻杆，其屈服强度可达 931MPa。酸性环境用高韧性钻杆的典型牌号如 TSS –95，其最小屈服强度为 655MPa，最大屈服强度为 758MPa，最小抗拉强度为 724MPa，最高硬度为 HRC26。

3　钻　铤

钻铤由合金钢制造，一般用棒料或空心棒镗孔制成。绝大多数钻铤是在管体上直接加工连接螺纹，但也有加替换接头的。

3.1　钻铤的类型

常用的钻铤有普通钻铤、螺旋钻铤、无磁钻铤三种类型。

A 型(圆柱型)：普通钻铤，用普通合金钢制成，管体横截面内外皆为圆形，代号为 ZT。

B 型(螺旋型)：用普通合金钢制成，管体外表面具有螺旋槽的钻铤。根据螺旋槽不同又分为Ⅰ型和Ⅱ型两种形式，代号分别为 LTⅠ和 LTⅡ。

C 型(无磁型)：用磁导率很低的不锈合金钢制成，管体横截面内外皆为圆形，代号为 WT。

另外方钻铤、偏心钻铤等几种特殊类型钻铤也时有使用。

3.2　钻铤螺纹

钻铤的扭矩薄弱处是内、外螺纹的根部。为了减少螺纹部位的疲劳破坏，推荐在螺纹根部加工应力分散槽并对其进行冷滚压加工处理。应力分散槽尺寸见图 3－15 和表 3－32。

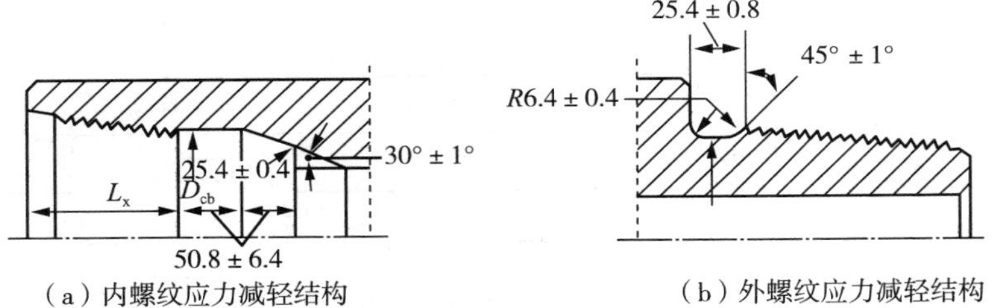

图 3－15　钻铤应力分散槽

表3-32 钻铤螺纹应力分散槽尺寸

螺纹类型	内螺纹台肩面至最后一牙螺纹长度 $L_x \pm 1.59$mm	内螺纹圆柱部位直径 $D_{cb}{}^{+0.40}_{0}$/mm	内螺纹圆柱段后锥体锥度 ±20.8/(mm/m)	外螺纹槽直径 $D_R{}^{0}_{-0.79}$/mm
NC35	82.6	82.15	166.67	82.07
NC38(3½IF)	88.9	88.11	166.67	89.10
NC44	101.6	101.60	166.67	104.57
NC46(4IF)	101.6	106.76	166.67	109.88
NC50(4½IF)	101.6	117.48	166.67	120.45
NC56	114.3	121.84	250.00	134.04
NC61	127.0	132.95	250.00	148.31
NC70	139.7	152.00	250.00	170.54
6⅝REG	114.3	134.14	166.67	137.59
7⅝REG	120.7	148.83	250.00	161.26
8⅝REG	123.8	172.24	250.00	185.45

注：NC23、NC26、NC31和2⅜IF、2⅞IF螺纹，因壁薄而不加工应力分散槽。

3.3 普通钻铤

3.3.1 结构

普通钻铤为圆环形截面。国产与API钻铤结构如图3-16所示。

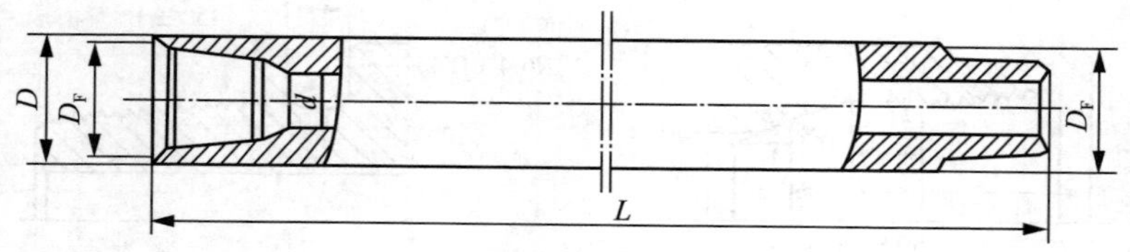

图3-16 A、C型钻铤结构示意图

3.3.2 钻铤规格及技术参数

钻铤规格及技术参数见表 3－33。

表 3－33 钻铤规格及技术参数

钻铤螺纹型号	外径 D/mm(in)	内径 d/mm(in)	长度 L/mm	台肩倒角直径 D_F/mm	参考弯曲强度比②	公称质量/(kg/m)
NC23－31①(试行)	79.4($3\frac{1}{8}$)	31.8($1\frac{1}{4}$)	9150	76.2	2.57∶1	32.8
NC26－35($2\frac{3}{8}$IF)	88.9($3\frac{1}{2}$)	38.1($1\frac{1}{2}$)	9150	82.9	2.42∶1	40.2
NC31－41($2\frac{7}{8}$1F)	104.8($4\frac{1}{8}$)	50.8(2)	9150	100.4	2.43∶1	52.1
NC35－47	120.7($4\frac{3}{4}$)	50.8(2)	9150	114.7	2.58∶1	73.0
NC38－50($3\frac{1}{2}$1F)	127.0(5)	57.2($2\frac{1}{4}$)	9150	121.0	2.38∶1	79.0
NC44－60	152.4(6)	57.2($2\frac{1}{4}$)	9150 或 9450	144.5	2.49∶1	123.7
NC44－60	152.4(6)	71.4($2\frac{13}{16}$)	9150 或 9450	144.5	2.84∶1	111.8
NC44－62	158.8($6\frac{1}{4}$)	57.2($2\frac{1}{4}$)	9150 或 9450	149.2	2.91∶1	135.6
NC46－62(4IF)	158.8($6\frac{1}{4}$)	71.4($2\frac{13}{16}$)	9150 或 9450	150.0	2.63∶1	111.8
NC46－65(4IF)	165.1($6\frac{1}{4}$)	57.2($2\frac{1}{4}$)	9150 或 9450	154.8	2.76∶1	147.5
NC46－65(4IF)	165.1($6\frac{1}{4}$)	71.4($2\frac{13}{16}$)	9150 或 9450	154.8	3.05∶1	135.6
NC46－67(4IF)	171.4($6\frac{3}{4}$)	57.2($2\frac{1}{4}$)	9150 或 9450	159.5	3.18∶1	160.9
NC50－67③($4\frac{1}{2}$IF)	171.4($6\frac{3}{4}$)	71.4($2\frac{13}{16}$)	9150 或 9450	159.5	2.37∶1	148.5
NC50－70($4\frac{1}{2}$IF)	177.8(7)	57.2($2\frac{1}{4}$)	9150 或 9450	164.7	2.54∶1	174.3
NC50－70($4\frac{1}{2}$IF)	177.8(7)	71.4($2\frac{13}{16}$)	9150 或 9450	164.7	2.73∶1	163.9
NC50－72($4\frac{1}{2}$IF)	184.2($7\frac{1}{4}$)	71.4($2\frac{13}{16}$)	9150 或 9450	169.5	3.12∶1	177.3
NC56－77	196.8($7\frac{3}{4}$)	71.4($2\frac{13}{16}$)	9150 或 9450	185.3	2.70∶1	207.1
NC56－80	203.2(8)	71.4($2\frac{13}{16}$)	9150 或 9450	190.1	3.02∶1	223.5
$6\frac{5}{8}$REG①	209.6($8\frac{1}{4}$)	71.4($2\frac{13}{16}$)	9150 或 9450	195.7	2.93∶1	238.4

续表

钻铤螺纹型号	外径 D/mm(in)	内径 d/mm(in)	长度 L/mm	台肩倒角直径 D_F/mm	参考弯曲强度比②	公称质量/(kg/m)
NC61－90	228.6(9)	71.4($2\frac{13}{16}$)	9150或9450	212.7	3.17:1	290.6
$7\frac{5}{8}$REG	241.3($9\frac{1}{2}$)	76.2(3)	9150或9450	223.8	2.81:1	323.2
NC70－97	247.6($9\frac{3}{4}$)	76.2(3)	9150或9450	232.6	2.57:1	342.3
NC70－100	254.0(10)	76.2(3)	9150或9450	237.3	2.81:1	362.0
$8\frac{5}{8}$REG	279.4(11)	76.2(3)	9150或9450	266.7	2.84:1	445.5

注1：①钻铤螺纹类型：NCXX－数字型，IF内平型，REG－正规型，括号内是可以互换的钻铤螺纹类型。

②参考弯曲强度比：内螺纹危险断面抗弯截面模数与外螺纹危险断面抗弯截面模数之比。

③仅适用于C型钻铤。

3.4 螺旋钻铤

螺旋钻铤是在圆钻铤外圆柱面上加工出三条右旋螺旋槽。在外螺纹端接头部分留有305～560mm、内螺纹端接头部分留有457～610mm不加工螺旋槽的圆钻铤段，以便于接卸操作和修扣。重量比同尺寸的圆钻铤少大约4%。

在定向钻井中，钻铤与井壁接触面积大，更容易发生粘吸卡钻，螺旋钻铤减少了与井壁的接触面积，所以得到了广泛采用。

螺旋钻铤未列入API标准，但国外已有不少厂家生产，国产螺旋钻铤规格尺寸依据SY/T5144—1997《钻铤》之规定已经大量投入生产。

BⅠ型螺旋钻铤结构见图3－17，其螺旋槽尺寸见表3－34；

BⅡ型螺旋钻铤结构见图3－18，其螺旋槽尺寸见表3－35。

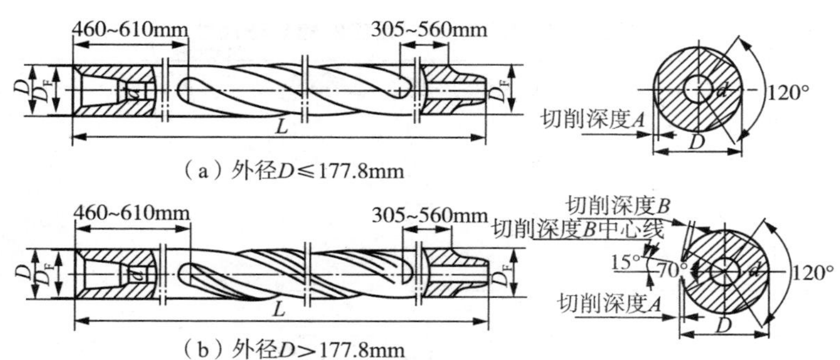

（a）外径$D \leqslant 177.8$mm

（b）外径$D > 177.8$mm

图 3－17 BⅠ型螺旋钻铤结构

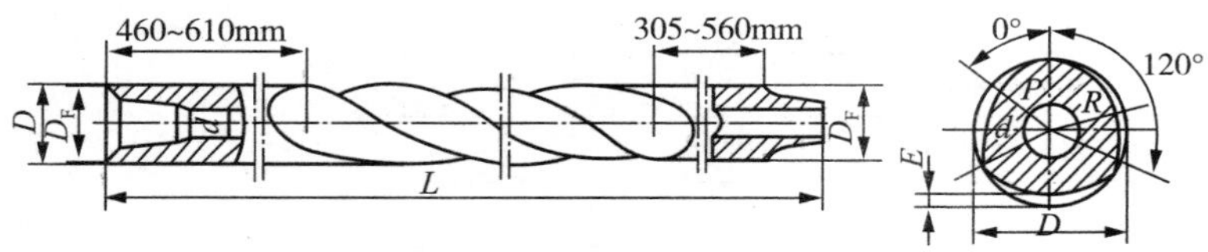

图 3－18 BⅡ型螺旋钻铤结构

表 3－34 BⅠ型螺旋钻铤的螺旋槽尺寸

外径，D/mm(in)	切削深度，A/mm	导程 ±25.4/mm	切削深度，B/mm
98.4($3\frac{7}{8}$)	4.0 ±0.79	914	
101.6～111.1(4～$4\frac{3}{8}$)	4.8 ±0.79	914	
114.3～130.2($4\frac{1}{2}$～$5\frac{1}{8}$)	5.6 ±0.79	965	
133.4～146.1($5\frac{1}{4}$～$5\frac{3}{4}$)	6.4 ±0.79	1067	
149.2～161.9($5\frac{7}{8}$～$6\frac{3}{8}$)	7.1 ±1.59	1067	
165.1～177.8($6\frac{1}{2}$～7)	7.9 ±1.59	1168	
181.0～200.0($7\frac{1}{8}$～$7\frac{7}{8}$)	8.7 ±1.59	1626	5.6 ±0.79
203.2～225.4(8～$8\frac{7}{8}$)	9.5 ±1.59	1727	6.4 ±0.79
228.6～250.8(9～$9\frac{7}{8}$)	10.3 ±2.37	1829	7.1 ±1.59
254.0～276.2(10～$10\frac{7}{8}$)	11.1 ±2.37	1930	7.9 ±1.59
279.4(11)	11.9 ±2.37	2032	8.7 ±1.59

注：B l 型螺旋钻铤有 3 个螺旋槽，右旋，均布。

表 3 - 35　BⅡ型螺旋钻铤的螺旋槽尺寸

外径，D/mm(in)	最大切削深度 $E=2e$/mm	导程 ±25.4/mm
120.7($4\frac{3}{4}$)	4.8	1000
155.6($6\frac{1}{8}$)	6.4	
158.8($6\frac{1}{4}$)	6.4	
171.5($6\frac{3}{4}$)	7.1	
184.2($7\frac{1}{4}$)	7.9	
190.5($7\frac{1}{2}$)	7.9	
196.9($7\frac{3}{4}$)	7.9	
203.2(8)	9.5	
209.6($8\frac{1}{4}$)	9.5	
215.9($8\frac{1}{2}$)	9.5	
228.6(9)	9.5	
241.3($9\frac{1}{2}$)	11.9	
254.0(10)	11.9	

注 1：BⅡ型螺旋钻铤有 3 个螺旋槽，右旋，均布。

注 2：BⅡ型螺旋钻铤外轮廓曲线方程为 $\rho=R-e(1-\cos\theta)$。

式中：ρ—极径；R—半径；e—系数；θ—极角。

各种规格螺旋钻铤的连接螺纹、内外径尺寸偏差、直度要求以及所用钢材的机械性能和化学成分要求等均和普通常用钻铤一样。

3.5　无磁钻铤

国外已有相当数量的无磁钻铤产品，于 1990 年列入 API 标准。我国根据国外产品和产品样本制订了 SY/T 5144—1997《钻铤》标准。

3.5.1　无磁钻铤材料

无磁钻铤材料主要有以下四种：

①蒙耐尔钢。这是一种含铜 30%，含镍 65% 的合金钢。这

种钢抗钻井液腐蚀性能好，但价格昂贵。

②铬一镍钢。这种钢约含 18% 的铬和 13% 的镍。这种钢易于塑性变形导致螺纹过早损坏，特别是对需要大上紧扭矩的大钻铤更加不利。

③以铬和锰为基础的奥氏体钢。这种钢含锰大于 18%，目前多数无磁钻铤都是用这种奥氏体钢制造，其制造方法为半热锻形变强化方法。这种钢的缺点是对盐水钻井液应力腐蚀很敏感。

④铍铜合金。用铍铜巴氏合金 25 制造的无磁钻铤抗钻井液腐蚀性好，尤其对硫化物应力破坏抵抗性更好。磁化率低，接头不易磨损，机加工性能好。由于其成分为重量百分比数中铜占 98%，铍占 2%，所以价格很贵。

3.5.2　无磁钻铤的物理和机械性能

SY/T5144—1997《钻铤》规定其机械性能见表 3－36。并规定磁场为 1×105/4πA/m 时，相应磁导率不大于 1.010。磁均匀性要求沿内控任意相距 100mm 的磁感强度梯度（ΔB）不大于 0.05μT。

表 3－36　无磁钻铤的机械性能

外径范围		屈服强度 $\sigma_{0.2}$/MPa	抗拉强度 σ_b/MPa	伸长率/%	硬度 HB	夏比冲击功 A_K/J
mm	in					
79.4～171.4	$3\frac{1}{8}$～$6\frac{3}{4}$	≥758	≥827	≥18		
177.8～279.4	7～11	≥689	≥758	≥20		

3.6　特殊钻铤

3.6.1　方钻铤

方钻铤的截面是四棱有一定圆角宽度的正方形，两端各留有一段圆柱管体。方钻铤由于刚度大，外径 203.2mm 的方钻铤比同尺寸的圆钻铤刚度大 72%，比 177.8mm 圆钻铤大 196%；有较长的棱边同井壁接触，能连续扶正钻头和支撑井壁。因而具有较好的防斜性能，被誉为“减慢井斜角变化的最好工具”。

方钻铤尚未列入API标准，现有串联型和井底型两种类型。其结构如图3－19所示。

美国Hydril公司生产的方钻铤，在每一根方钻铤上有52块或40块耐磨块。其规格见表3－37。

表3－37　方钻铤的技术参数(美国Hydril公司)

井眼直径/mm(in)	方断面边长/mm(in)	标准内径/mm	长度/m	质量/kg	棱面宽度/mm	对角直径/mm	钳口直径/mm	下端接头螺纹	打捞直径/mm	接头螺纹
120.65 (4¾)	95.25 (3¾)	38.1	9.14	525	15.87	119.06	88.9	2⅞ REG	83.9	根据用户要求确定
142.88 (5⅝)	114.3 (4½)	44.45	9.14	770	19.05	141.29	114.3	3½ REG	114.3	
155.58 (6⅛)	127.0 (5)	50.8	9.14	910	28.55	153.99	127.0	3½ REG	127.0	
158.75 (6¼)	127.0 (5)	50.8	9.14	935	25.40	157.16	127.0	3½ REG	127.0	
168.28 (6⅝)	139.7 (5½)	50.8	9.14	1140	34.92	166.69	139.7	3½ REG	139.7	
171.45 (6⅜)	139.7 (5½)	50.8	9.14	1170	31.75	169.96	139.7	3½ REG	139.7	
200.30 (7⅞)	165.1 (6½)	57.15	9.14	1680	38.1	198.44	165.1	4½ REG	165.1	
215.90 (8½)	177.8 (7)	57.15	9.14	1960	41.3	214.31	177.8	4½ REG	177.8	

3.6.2　偏重钻铤

偏重钻铤就是在普通钻铤的一侧钻一排盲孔(图3－20)，造成其一侧重一侧轻的不均质效果。当钻具旋转时重的一侧产生离心力，且转速越高，离心力越大。钻具每转一圈就产生一次钟摆力和离心力的重合，对井壁形成较大的冲击纠斜力，使井斜角减小。用这种偏重钻铤可以组成钟摆钻具进行纠斜。

(1)结构尺寸

试验用的偏重钻铤结构如图3－20所示。

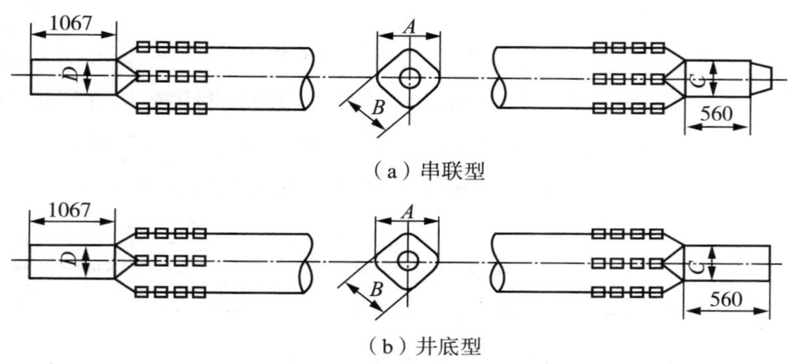

（a）串联型

（b）井底型

图 3－19 方钻铤结构示意图

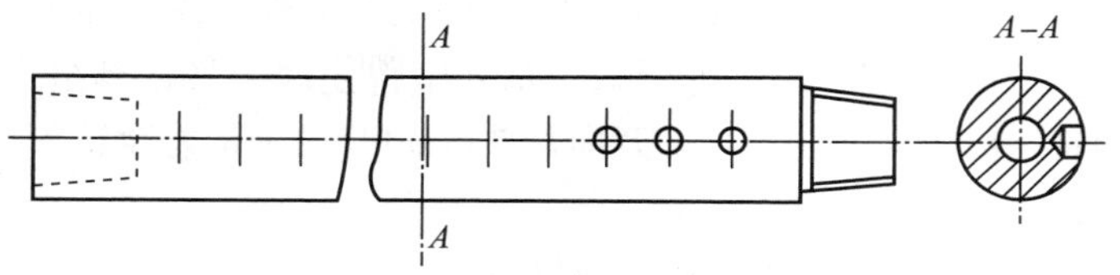

图 3－20 试验用偏重钻铤示意图

也有生产厂家（如北京麦特沃克公司）专门生产一种偏心防斜钻铤，其偏心量及具体尺寸规格可依据用户需要确定。

（2）使用特点

① 偏重钻铤是一种有效的防斜钻具，可用于易斜地区，并能使用较大钻压。它可用于防斜，也可用于纠斜。

② 在钻定向井时，如果减斜或者要将井眼恢复垂直，使用偏重钻铤也很有效，而且还可以使用较大钻压。

③ 钻具结构简单，使用方便，一般在偏重钻铤之上接普通钻挺即可，不需加扶正器，便于起下钻操作和打捞套铣等作业。

④ 偏重钻铤在井下工作安全可靠，不易发生井漏卡钻等危险。

⑤ 使用偏重钻铤时要特别注意防止泥包，以免影响防斜效果。

3.6.3　柔性钻铤

这种柔性钻铤是用于钻大曲率水平井，它由数根短钻铤靠特殊切口连接而成，这些切口使柔性钻铤能朝任意方向产生小的弯曲，并能承受拉伸载荷、压缩载荷和扭矩，其内部装有一根高压橡胶软管形成钻井液循环通道。其结构见图 3－21。

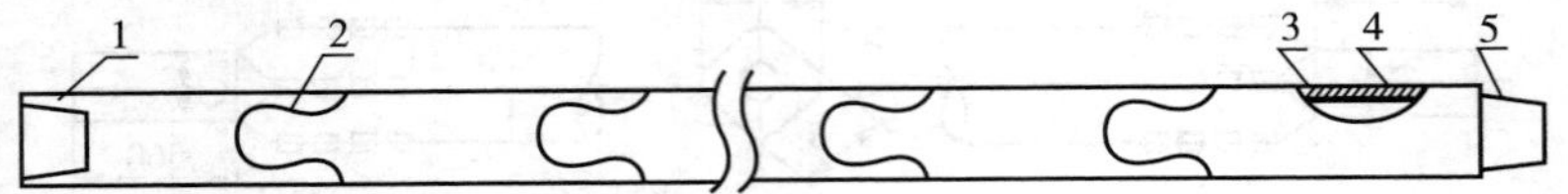

图 3－21　柔性钻铤结构示意图

1—母接头螺纹；2—万向轴节；3—钻铤体；4—高压胶管；5—公接头螺纹

这种钻铤国外虽已试用，但并不普遍。美国在大曲率水平井(造斜率 20°/30.5m)进行试验钻井中曾使用，其钻具组合为：ϕ121mm 钻头 + ϕ101.6mm 万向接头 + ϕ114.3mm 柔性钻铤 + 普通钻杆。

3.6.4　带有吊卡槽和卡瓦槽的钻铤

在圆钻铤或螺旋钻铤的内螺纹端外表面上加工吊卡槽和卡瓦槽，起下钻时就可不用提升短节和安全卡瓦。常见的吊卡槽和卡瓦槽尺寸见表 3－38。有的生产厂只加工有卡瓦槽的钻铤。

表 3－38　常见吊卡槽和卡瓦槽尺寸

钻铤外径/mm(in)	吊卡槽和卡瓦槽尺寸					使用的吊卡孔径[①]/mm	
	吊卡槽深 A/mm	圆角 R/mm	提升颈下夹角 C/(°)	卡瓦槽深 B/mm	卡瓦槽下夹角 D/(°)	顶孔 $^{0}_{-0.79}$	底孔 $^{+1.59}_{0}$
101.6～117.5 (4～4⅝)	5.56	3.18	4	4.76	3.5	外径－7.94	外径＋3.18
120.7～142.9 (4¾～5⅞)	6.35	3.18	5	4.76	3.5	外径－9.52	外径＋3.18
146，1～168.3 (5¾～6⅝)	7.94	3.18	6	6.35	5	外径－12.7	外径＋3.18

续表

钻铤外径/mm(in)	吊卡槽和卡瓦槽尺寸					使用的吊卡孔径[①]/mm	
	吊卡槽深 A/mm	圆角 R/mm	提升颈下夹角 C/(°)	卡瓦槽深 B/mm	卡瓦槽下夹角 D/(°)	顶孔 $^{0}_{-0.79}$	底孔 $^{+1.59}_{0}$
171.5~219.1 ($6\frac{3}{4}$~$8\frac{5}{8}$)	9.52	4.76	7.5	6.35	5	外径-14.29	外径+3.18
222.3 以上 ($8\frac{3}{4}$)	11.11	6.35	9	6.35	5	外径-15.88	外径+3.18

注:[①]表中“外径”指钻铤外径。

3.7 钻铤机械性能

钻铤的机械性能见表3-39。

表3-39 钻铤的机械性能

钻铤类型	外径范围/mm(in)	屈服强度 $\sigma_{0.2}$/MPa	抗拉强度 σ_b/MPa	伸长率 δ_4/%	布氏硬度 HB	夏比冲击功 A_K/J
A、B 型	79.4~171.4 ($3\frac{1}{8}$~$6\frac{3}{4}$)	≥758	≥965	≥13	285~341	≥54
	177.8~279.4 (7~11)	≥689	≥930	≥13	285~341	≥54
C 型	79.4~171.4 ($3\frac{1}{8}$~$6\frac{3}{4}$)	≥758	≥827	≥18		
	177.8~279.4 (7~11)	≥689	≥758	≥20		

3.8 推荐钻铤紧扣扭矩

推荐钻铤紧扣扭矩见表3-40。

表 3 – 40　推荐钻铤紧扣扭矩

连接螺纹		外径/mm(in)	内径/mm							
尺寸/in	型式		25.4	31.8	38.1	44.5	50.8	57.2	63.5	71.4
			最小紧扣扭矩/N · m							
	NC23	76.2(3)	3390 *	3390 *	3390 *					
		79.4($3\frac{1}{8}$)	4470 *	4470 *	3520					
		82.6($3\frac{1}{4}$)	5420	4610	3520					
$2\frac{7}{8}$	PAC(3)	76.2(3)		5150 *	5150 *	3930				
		79.4($3\frac{1}{8}$)		6640 *	5690	3930				
		82.6($3\frac{1}{4}$)		7050	5690	3930				
$2\frac{3}{8}$	IF NC26 小眼	88.9($3\frac{1}{2}$)		6230 *	6230 *	5010				
$2\frac{7}{8}$		95.3($3\frac{3}{4}$)		7450	6370	5010				
$2\frac{7}{8}$	特眼	95.3($3\frac{3}{4}$)		5550 *	5550 *	5550 *				
$3\frac{1}{2}$	双流线	98.4($3\frac{7}{8}$)		7180 *	7180 *	7180 *				
$2\frac{7}{8}$	改眼	104.3($4\frac{1}{8}$)		10840 *	10840	10030				
$2\frac{7}{8}$ API $3\frac{1}{2}$	IF NC31 小眼	98.4($3\frac{7}{8}$)		6230 *	6230 *	6230 *	6230 *			
		104.8($4\frac{1}{8}$)		9890 *	9890 *	9890 *	9220			
		108.0($4\frac{1}{4}$)		11930 *	11930 *	10980	9220			
		114.3($4\frac{1}{2}$)		13550	12600	10980	9220			
API	NC35	114.3($4\frac{1}{2}$)				12600 *	12060 *	12060 *	10030	
		120.7($4\frac{3}{4}$)				16400	14640	12470	10030	
		127.0(5)				16400	14640	12470	10030	
$3\frac{1}{2}$ 4 $3\frac{1}{2}$	特眼 小眼 改眼	108.0($4\frac{1}{4}$)				6910 *	6910 *	6910 *	6910 *	
		114.3($4\frac{1}{2}$)				11380 *	11380 *	11380 *	11110 *	
		120.7($4\frac{3}{4}$)				16130 *	15860	13550	11110	
		127.0(5)				17890	15860	13550	11110	
		133.4($5\frac{1}{4}$)				17890	15860	13550	11110	
$3\frac{1}{2}$ $3\frac{1}{2}$	IF NC38 小眼	120.7($4\frac{3}{4}$)				13420 *	13420 *	13420 *	13420 *	11250
		127.0(5)				187104	187104	17350	14770	11250
		133.4($5\frac{1}{4}$)				21690	19790	17350	14770	11250
		139.7($5\frac{1}{2}$)				21690	19790	17350	14770	11250
$3\frac{1}{2}$	H90(4)	120.7($4\frac{3}{4}$)				11790 *	11790 *	11790 *	11790 *	11790 *
		127.0(5)				172104	172108	17210 *	17210 *	14100
		133.4($5\frac{1}{4}$)				22910 *	22640	20330	17760	14100
		139.7($5\frac{1}{2}$)				25080	22640	20330	17760	14100

续表

连接螺纹		外径/mm(in)	内径/mm					
尺寸/in	型式		44.5	50.8	57.2	63.5	71.4	76.2
			最小紧扣扭矩/N·m					
4 4 4½	FH NC40 改眼 双流线	127.8(5)	14640*	14640*	14640*	14640*	14640*	
		133.4(5¼)	20470*	20470*	20470*	20060	16400	
		139.7(5½)	26710	25210	22910	20060	16400	
		146.1(5¾)	27650	25210	22910	20060	16400	
		152.4(6)	27650	25210	22910	20060	16400	
4	H90(4)	133.4(5¼)		16940*	16940*	16840*	16940*	
		139.7(5½)		23450*	23450*	23450*	22370	
		146.1(5¾)		30230*	29150	26300	22370	
		152.4(6)		31860	29150	26300	22370	
		158.8(6¼)		31860	29150	26300	22370	
4½	REG	139.7(5½)		20880*	20880*	20880*	20880*	
		146.1(5¾)		27520*	27520*	26300	21960	
		152.4(6)		31720	29280	26300	21960	
		158.8(6½)		31720	29280	26300	21960	
	NC44	146.1(5¾)		27930*	27930*	27930*	24400*	
		152.4(6)		33890	31590	28740	24400	
		158.8(6¼)		33890	31590	28740	24400	
		165.1(6½)		33890	31590	28740	24400	
4½	FH	139.7(5½)		17490*	17490*	17490*	17490*	17490*
		146.1(5¾)		24260*	24260*	24260*	24260*	23990
		152.4(6)		31590*	31590*	30910	26840	23990
		158.8(6¼)		36600	33890	30910	26840	23990
		165.1(6½)		36600	33890	30910	26840	23990
4½ 4 4 4½ 5 4½	特眼 NC46 IF 半内平 双流线 改眼	146.1(5¾)			23860*	23860*	23860*	23860*
		152.4(6)			31450*	31450*	30090	27380
		158.8(6¼)			37960	34570	30090	27380
		165.1(6½)			37960	34570	30090	27380
		171.5(6¾)			37960	34570	30090	27380
4½	H90(4)	146.1(5¾)			23860*	23860*	23860*	23860*
		152.4(6)			31720*	31720*	31180	28470
		158.8(6¼)			38640	35250	31180	28470
		165.1(6½)			38640	35250	31180	28470
		171.5(6¾)			38640	35250	31180	28470
5	H90(4)	158.8(6¼)			33890*	33890*	33890*	33890*
		165.1(6½)			42700*	42700*	39990	36600
		171.5(6¾)			47450	44740	39990	36600
		177.8(7)			47450	44740	39990	36600

续表

连接螺纹		外径/mm(in)	内径/mm				
尺寸/in	型式		57.2	63.5	71.4	76.2	82.2
			最小紧扣扭矩/N·m				
4½ 5 5 5½ 5	IF NC50 特眼 改眼 双流线 半内平	158.8(6¼)	30900*	30900*	30900*	30900*	30900*
		165.1(6½)	40000*	40000*	40000*	40000*	35900
		171.5(6¾)	48800*	48100	43400	40700	35900
		177.8(7)	51500	48100	43400	40700	35900
		184.2(7¼)	51000	48100	43400	40700	35900
5½	H90(4)	171.5(6¾)	46100*	46100*	46100*	46100*	
		177.8(7)	56300*	54200	49500	46100	
		184.2(7¼)	57600	54200	49500	46100	
		190.5(7½)	57600	54200	49500	46100	
5½	REG	171.5(6¾)	42700*	42700*	42700*	42700*	
		177.8(7)	52900*	52900*	48800	45400	
		184.2(7¼)	56900	53600	48800	45400	
		190.5(7½)	56900	53600	48800	45400	
5½	FH	177.8(7)		44100*	44100*	44100*	44100*
		184.2(7¼)		54900*	54900*	54900*	54900*
		190.5(7½)		66400*	63700	61000	56300
		196.9(7¾)		69100	63700	61000	56300
	NC56	184.2(7¼)		54200*	54200*	54200*	54200*
		190.5(7½)		65800*	65100	61000	56900
		196.9(7¾)		69100	65100	61000	56900
		203.2(8)		69100	65100	61000	56900
6⅝	REG	190.5(7½)		62400	62400	62400	62400
		196.9(7¾)		74600	71900	67800	63700
		203.2(8)		77300	71900	67800	63700
		209.6(8¼)		77300	71900	67800	63700
6⅝	H90(4)	190.5(7½)		62400*	62400*	62400*	62400*
		196.9(7¾)		74600*	74600*	71900	67100
		203.2(8)		80700	75900	71900	67100
		209.6(8¼)		80700	75900	71900	67100
	NC61	203.2(8)		73200*	73200*	73200*	73200*
		209.6(8¼)		86800*	86800*	86800*	82700
		215.9(8½)		97600	92200	88100	82700
		222.3(8¾)		97600	92200	88100	82700
		228.6(9)		97600	92200	88100	82700

续表

连接螺纹		外径/mm(in)	内径/mm					
尺寸/in	型式		63. 5	71. 4	76. 2	82. 6	88. 9	95. 3
			最小紧扣扭矩/N·m					
5½	IF	203. 2(8)	75900*	75900*	75900*	75900*	75900*	
		209. 6(8¼)	89500*	89500*	89500*	85400	80000	
		215. 9(8½)	100300	94900	90800	85400	80000	
		222. 3(8¾)	100300	94900	90800	85400	80000	
		228. 6(9)	100300	94900	90800	85400	80000	
		235. 0(9¼)	100300	94900	90800	85400	80000	
6⅝	FH	215. 9(8½)		90800*	90800*	90800*	90800*	90200
		222. 3(8¾)		105800*	105800*	103000	97600	90200
		228. 6(9)		112500	108500	103000	97600	90200
		235. 0(9¼)		112500	108500	103000	97600	90200
		241. 3(9½)		112500	108500	103000	97600	90200
	NC70	228. 6(9)		101700*	101700*	101700*	101700*	101700*
		235. 0(9¼)		119300*	119300*	119300*	119300	119300
		241. 3(9½)		136900*	136900*	135600	128800	122000
		247. 7(9¾)		145100	142400	135600	128800	122000
		254. 0(10)		145100	142400	135600	128800	122000
		260. 4(10¼)		145100	142400	135600	128800	122000
	NC77	254. 0(10)			145100*	145100*	145100*	145100*
		260. 4(10¼)			165400*	165400*	165400*	165400*
		266. 7(10½)			187100*	187100	180300	173500
		273. 1(10¾)			193900	187100	180300	173500
		279. 4(11)			193900	187100	180300	173500
7	H90(4)	203. 2(8)		71900*	71900*	71900*	71900*	
		209. 6(8¼)		85400*	85400*	85400*	82000	
		215. 9(8½)		96900	92900	88100	82000	
7⅝	REG	215. 9(8½)			81300*	81300*	81300*	81300*
		222. 3(8¾)			96300*	96300*	96300*	96300*
		228. 6(9)			112500*	112500*	107100	100300
		235. 0(9¼)			119300	112500	107100	100300
		241. 3(9½)			119300	112500	107100	100300

续表

连接螺纹		外径/mm(in)	内径/mm					
尺寸/in	型式		63.5	71.4	76.2	82.6	88.9	95.3
			最小紧扣扭矩/N·m					
7	H90(4)	228.6(9) 235.0(9¼) 241.3(9½)			97600 * 115900 * 132900 *	97600 * 115900 * 132900 *	97600 * 115900 * 132900 *	97600 * 115900 * 129500
8⅞	REG	254.0(10) 260.4(10¼) 266.7(10½)			146400 * 166800 * 188500	146400 * 166800 * 181700	146400 * 166800 * 174900	146400 * 166800 166800
8⅝	H90(4)	260.4(10¼) 266.7(10½)			152500 * 174200 *	152500 * 174200 *	152500 * 174200	152500 * 174200 *
7	H90(4)(带低扭矩面)	222.3(8¾) 228.6(9)		91500 * 100300	91500 * 96300	90200 90200	84100 84100	
7⅝	REG(带低扭矩面)	235.0(9) 241.3(9½) 247.7(9¾) 254.0(10)			97600 * 115200 * 123400 123400	97600 * 115200 * 118000 118000	97600 * 111200 111200 111200	97600 * 104400 104400 104400
7⅝	H90(4)(带低扭矩面)	247.7(9¾) 254.0(10) 260.4(10¼) 266.7(10½)			123400 * 142400 * 152500 152500	123400 * 142400 * 146400 146400	123400 * 140300 140300 140300	123400 * 132900 132900 132900
8⅝	REG(带低扭矩面)	273.1(10¾) 279.4(11)			151900 * 174900 *	151900 * 174900 *	151900 * 174900 *	151900 * 174900 *
8⅝	H90(4)(带低扭矩面)	273.1(10¾) 279.4(11) 285.8(11¼)			125400 * 149100 * 173500 *	125400 * 149100 * 173500 *	125400 * 149100 173500 *	125400 149100 173500 *

注:“ * ”表示与外径和内径相关的扭矩薄弱处是内螺纹端,其他所有的扭矩薄弱处是外螺纹端。

3.9　钻柱转换接头

3.9.1　分类

转换接头包括：水龙头转换接头、方钻杆转换接头、钻杆转换接头、钻铤转换接头和钻头转换接头。

根据外形分为三种型式。即：

A型(同径式)：一只转换接头只有一个外径尺寸。

B型(异径式)：一只转换接头有两个外径尺寸。

C型(左旋式)：转换接头的连接螺纹为左旋形式。

3.9.2　结构

转换接头结构型式如图3－22所示。

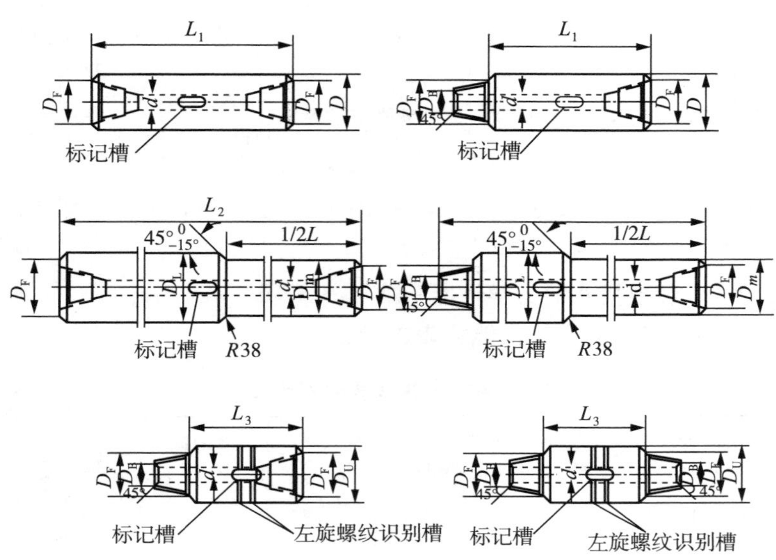

图3－22　转换接头结构型式

3.9.3　转换接头的种类、规格及螺纹代号

转换接头的种类、规格及螺纹代号见表3－41。

表3－41　转换接头种类、规格及螺纹代号

种类	名　称	规格/in	螺纹代号 API	上部连接件	下部连接件	型式
1	方钻杆转换(保护)接头	$3\frac{3}{8}$～7	NC26～NC56 $5\frac{1}{2}$FH	方钻杆	钻杆接头	A型或B型
2	钻杆转换接头	$3\frac{3}{8}$～$7\frac{1}{2}$	NC26～NC56 $5\frac{1}{2}$FH	钻杆接头	钻杆接头	A型或B型
3	过渡转换接头	$3\frac{1}{8}$～11	NC23～NC77 $6\frac{5}{8}$REG、$7\frac{5}{8}$REG	钻杆接头	钻　铤	A型或B型
4	钻铤转换接头	$3\frac{1}{8}$～11	NC23～NC77 $6\frac{5}{8}$REG、$7\frac{5}{8}$REG	钻　铤	钻　铤	A型或B型
5	钻头转换接头	3～$9\frac{1}{2}$	$2\frac{3}{8}$REG～$8\frac{5}{8}$REG	钻　铤	钻　头	A型或B型
6	水龙头转换接头	$5\frac{7}{8}$～$7\frac{5}{8}$	$4\frac{1}{2}$REG、$6\frac{5}{8}$REG	水龙头下接头	方钻杆	C型
7	打捞用转换接头	各种API	各种API	方钻杆	钻杆接头	C型
				钻杆接头	打捞工具	C型

注1：转换接头的连接螺纹弯曲强度比应控制在3.20∶1至1.90∶1。

注2：转换接头连接的钻具当其直径差大于15mm时可采用B型转换接头(水龙头转换接头和打捞转换接头除外)。

3.9.4　转换接头的力学性能

转换接头的力学性能见表3－42

表3－42　转换接头的力学性能

外径尺寸/mm(in)	抗拉强度 σ_b/MPa	屈服强度 $\sigma_{0.2}$/MPa	伸长率 δ_4/%	冲击功 A_{kv}/J	硬度HB
79.4～175 ($3\frac{1}{8}$～$6\frac{7}{8}$)	≥965	≥760	≥13	≥54	≥285
178～254 (7～10)	≥930	≥690			≥277

3.9.5　转换接头螺纹规格

常用转换接头螺纹规格见表3－43。

表3－43　API配合接头螺纹规格

接头类型		牙型代号	扣数/(扣/in)	锥度	基面丝扣平均直径/mm	公接头		公扣长/mm	母扣长/mm	母扣镗孔直径/mm
						大端直径/mm	小头直径/mm			
数字型	NC44	V-0.038R	4	1:6	112.19	117.47	98.42	114.30	130.18	119.06
	NC46	V-0.038R	4	1:6	117.50	122.78	103.73	114.30	130.18	124.61
	NC50	V-0.038R	4	1:6	128.06	133.35	114.30	114.30	130.18	134.94
	NC56	V-0.038R	4	1:4	142.65	149.25	117.50	127.00	142.88	150.81
	NC61	V-0.038R	4	1:4	156.92	163.52	128.60	139.70	155.58	165.10
	NC70	V-0.038R	4	1:4	179.14	185.75	147.65	152.40	163.28	187.33
	NC77	V-0.038R	4	1:4	196.62	203.20	161.85	165.10	180.98	204.79
正规型	2⅜REG	V-0.040	5	1:4	60.08	66.67	47.62	76.20	92.08	68.20
	2⅞REG	V-0.040	5	1:4	69.61	76.20	53.97	88.90	104.78	77.78
	3½REG	V-0.040	5	1:4	82.29	88.90	65.07	95.25	111.13	90.49
	4½REG	V-0.040	5	1:4	110.86	117.47	90.47	107.95	123.83	119.06
	5½REG	V-0.050	4	1:4	132.94	110.21	110.06	120.65	136.53	141.68
	6⅝REG	V-0.050	4	1:6	146.24	152.19	131.03	127.00	142.88	153.99
	7⅝REG	V-0.050	4	1:4	170.55	177.80	144.47	133.35	149.23	180.18
	8⅝REG	V-0.050	4	1:4	194.73	201.98	167.84	136.53	152.40	204.39
贯眼型	3½FH	V-0.040	5	1:4	94.84	101.45	77.62	95.25	111.13	102.79
	4FH*	V-0.065	4	1:6	103.43	108.71	89.66	114.30	130.18	110.33
	4½FH	V-0.040	5	1:4	115.11	121.72	96.31	101.60	117.48	123.83
	5½FH	V-0.050	4	1:6	142.01	147.95	126.79	127.00	142.88	150.02
	6⅝FH	V-0.050	4	1:6	165.59	171.53	150.37	127.00	142.88	173.83
内平型	2⅜IF*	V-0.065	4	1:6	67.68	73.50	60.35	76.20	92.08	74.61
	2⅞IF*	V-0.065	4	1:6	80.85	86.13	71.31	88.90	104.78	87.71
	3½IF*	V-0.065	4	1:6	96.72	102.00	85.06	101.60	117.48	130.58
	4IF*	V-0.065	4	1:6	117.50	122.78	103.73	114.30	130.18	124.61
	4½IF*	V-0.065	4	1:6	128.06	133.35	114.30	114.30	130.18	134.94
	5½IF*	V-0.065	4	1:6	157.20	162.48	141.32	127.00	142.88	163.91

注："*"号表示NC型接头可以与FH型和IF型接头互换。

4 套 管

4.1 API 套管

4.1.1 套管类型

套管是依据其钢级和最小屈服强度来进行分类的。API 规范规定，除少数几种例外外，钢级代号后面的数值乘以 1000psi 即为套管以 psi 为单位的最小屈服强度。

API 套管钢级的颜色标志和物理性能见表 3－44。日本产特殊套管钢级和标志见表 3－45。

表 3－44 API 套管钢级标志及物理性能

钢级	颜色标志	最小屈服强度/MPa	最高屈服强度/MPa	最低抗拉强度/MPa	延伸率/%	API 标准（适用范围）
H－40	黑色	276	552	414		5A
J－55	浅绿	379	552	517	22.5	5A
K－55	绿色	379	552	665	18	5A
C－75	蓝色	517	620	665	18	5AC
N－80	红色	552	758	689	17	5A
L－80	红夹棕	552	665	665	18	5AC
C－90	紫色	621	724	689		(5AC)
C－95	棕色	665	758	720	16.5	(5AC)
P－105	白色	724	930	827		
P－110	白色	758	965	862		A5X
Q－125	橘红	862	1034	931	18	(5AQ)
V－150		1035	1240	1140	11.5	(5AX)

表 3－45　日本产特殊套管钢级和标识

钢　级	接箍标记	钢　级	接箍标记
NKT110	白色＋红环	NKT1403SB	
SM110T	白色＋红环	NT150DS	粉红白色＋双红环
SM110TT	白色＋双红环	K0110T	白色＋双紫红色环

4.1.2　API 套管规范

API 套管规范见表 3－46。

4.1.3　套管接箍

4.1.3.1　套管接箍结构

①短圆螺纹套管和接箍结构见图 3－23。

②长圆螺纹套管和接箍结构见图 3－24。

③偏梯形螺纹套管和接箍结构见图 3－25。

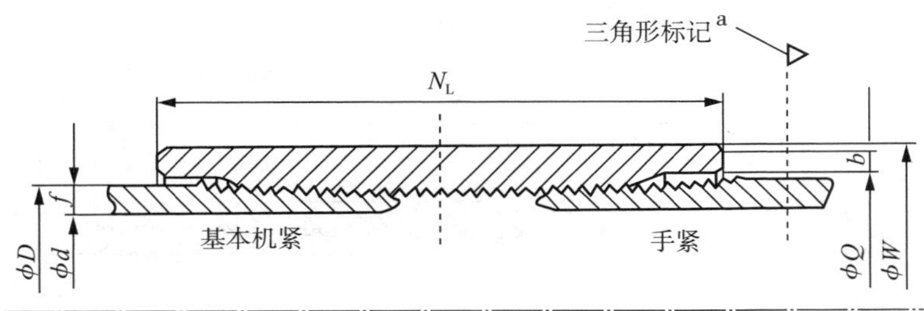

图 3－23　短圆螺纹套管和接箍

注：对于 H40、J55、K55 和 M65 钢级，代号 1 为 406.4(16in)、473.075(18⅝in)、508(20in)的短圆螺纹套管，应在距每端丝扣消失点平面＋1.59mm 处打印一个高为 9.52mm 的等边三角形印记

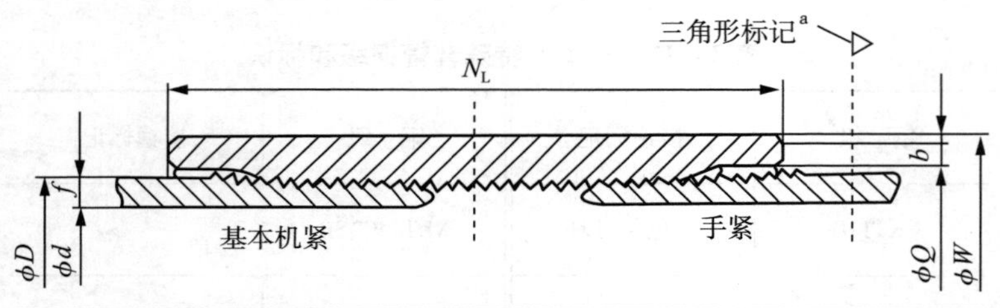

图 3－24　长圆螺纹套管和接箍

注：对于 H40、J55、K55 和 M65 钢级，代号 1 为 508(20in)的长圆螺纹套管，应在距每端丝扣消失点平面 +1.59mm 处打印一个高为 9.52mm 的等边三角形印记

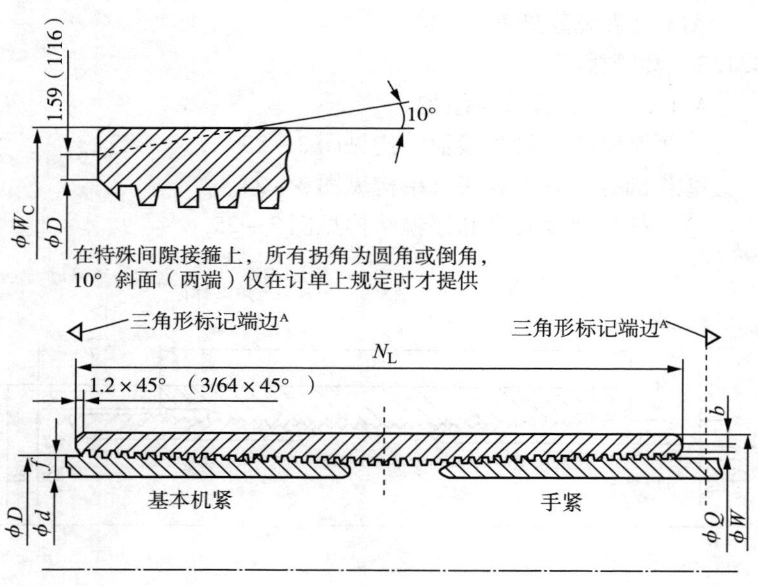

图 3－25　偏梯形螺纹套管和接箍

注：偏梯形螺纹套管的两端距端部 A1 距离处应打印一个高为 9.52mm 的等边三角形印记或油漆带

表 3－46　API 套管规范

规格/mm（in）	公称质量/kg/m（lb/ft）	钢级	外径/mm	壁厚/mm	内径/mm	带螺纹和接箍/mm			直连型/mm		挤毁压力/MPa	管体屈服强度/kN
						通径	标准接箍外径	特殊间隙接箍外径	通径	机紧后内螺纹端外径		
114.3（4½）	14.14(9.50)	H－40	114.3	5.21	103.89	100.71	127				19	494
	14.14(9.50)	J－55	114.3	5.21	103.89	100.71	127				22.8	676
	15.63(10.50)	J－55	114.3	5.69	102.92	99.75	127	123.83			27.6	734
	17.26(11.60)	J－55	114.3	6.35	101.6	98.43	127	123.83			34.2	819
	14.14(9.50)	K－55	114.3	5.21	103.89	100.71	127				22.8	676
	15.63(10.50)	K－55	1143	5.69	102.92	99.75	127	123.83			27.6	734
	17.26(11.60)	K－55	114.3	6.35	101.6	98.43	127	123.83			34.2	819
	17.26(11.60)	C－75	114.3	6.35	101.6	98.43	127	123.83			42.1	1112
	20.09(13.50)	C－75	114.3	7.37	99.57	96.39	127	123.83			56.1	1281
	17.26(11.60)	L－80	114.3	6.35	101.6	98.43	127	123.83			43.8	1188
	20.09(13.50)	L－80	114.3	7.37	99.57	96.39	127	123.83			58.9	1366
	17.26(11.60)	N－80	114.3	6.35	101.6	98.43	127	123.83			43.8	1157
	20.09(13.50)	N－80	114.3	7.37	99.57	96.39	127	123.83			58.9	1366
	17.26(11.60)	C－90	114.3	6.35	101.6	98.43	127	123.83			47	1335
	20.09(13.50)	C－90	114.3	7.37	99.57	96.39	127	123.83			64.1	1535
	17.26(11.60)	C－90	114.3	6.35	101.6	98.43	127	123.83			48.5	1410

续表

规格/mm(in)	最小内屈服压力/MPa							接头连接强度[1]/kN							
	平端或直连型	圆螺纹		偏梯形螺纹				带螺纹和接箍						直连型	
				标准接箍		特殊间隙接箍		圆螺纹		偏梯形螺纹					
		短	长	同钢级	较高钢级[2]	同钢级	较高钢级[2]	短	长	标准接箍	较高钢级标准接箍[2]	特殊间隙接箍	较高钢级特殊间隙接箍[2]	标准接头	选用接头
	22	22						343							
	30.2	30.2						449							
	33	33		33	33	33	33	587		903	903	903	903		
	36.9	36.9	36.9	36.9	36.9	36.9	36.9	685	721	1001	1001	1001	1001		
	30.2	30.2						498							
	33	33		33	33	33	33	650		1108	1108	1108	1108		
	36.9	36.9	36.9	36.9	36.9	36.9	36.9	756	801	1232	1232	1232	1232		
114.3	50.3		50.3	50.3		50.3			943	1281		1281			
(4$\frac{1}{2}$)	58.3		58.3	58.3		51.6			1143	1473		1424			
	53.6		53.6	53.6	53.6	53.6	53.6		943	1295		1295			
	62.2		62.2	62.2	62.2	55.1	62.3		1143	1486		1424			
	53.6		53.6	53.6	53.6	53.6	53.6		992	1353	1353	1353	1353		
	62.2		62.2	62.2	62.2	55.1	62.2		1201	1553	1553	1499	1553		
	60.3		60.3	60.3		60.3			992	1375		1375			
	70		70	70		62.1			1201	1579		1499			
	63.7		63.7	63.7		63.7			1041	1446	1446	1446			

续表

规格/mm（in）	公称质量/kg/m（lb/ft）	钢级	外径/mm	壁厚/mm	内径/mm	带螺纹和接箍/mm			直连型/mm		挤毁压力/MPa	管体屈服强度/kN
						通径	标准接箍外径	特殊间隙接箍外径	通径	机紧后内螺纹端外径		
114.3（$4\frac{1}{2}$）	20.09(13.50)	C-90	114.3	7.37	99.57	96.39	127	123.83			66.6	1620
	17.26(11.60)	P-110	114.3	6.35	101.6	98.43	127	123.83			52.3	1633
	20.09(13.50)	P-110	114.3	7.37	99.57	96.39	127	123.83			73.6	1878
	22.47(15.10)	P-110	114.3	8.56	97.18	94.01	127	123.83			98.9	2518
	22.47(15.10)	Q-125	114.3	8.56	97.18	94.01	127				109.2	2452
127（5）	17.11(11.50)	J-55	127	5.59	115.82	112.65	141.3				21.1	810
	19.35(13.00)	J-55	127	6.43	114.15	111.66	141.3	136.53			28.5	925
	22.32(15.00)	J-55	127	7.52	111.96	108.79	141.3	136.53	105.4	136.1	38.3	1072
	17.11(11.50)	K-55	127	5.59	115.82	112.65	141.3				21.1	810
	19.35(13.00)	K-55	127	6.43	114.15	111.66	141.3				28.5	925
	22.32(15.00)	K-55	127	7.52	111.96	108.79	141.3	136.53	105.4	136.1	38.3	1072
	22.32(15.00)	C-75	127	7.52	111.96	108.79	141.3	136.53	105.44	136.14	47.9	1459
	26.79(18.00)	C-75	127	9.19	108.61	105.44	141.3	136.53	105.44	136.14	68.7	1762
	31.85(21.40)	C-75	127	11.1	104.8	101.63	141.3	136.53			82.5	2091
	34.53(23.20)	C-75	127	12.14	102.72	99.54	141.3	136.53			89.4	2265

续表

规格/mm(in)	最小内屈服压力/MPa							接头连接强度①/kN							
	平端或直连型	圆螺纹		偏梯形螺纹				带螺纹和接箍						直连型	
				标准接箍		特殊间隙接箍		圆螺纹		偏梯形螺纹					
		短	长	同钢级	较高钢级②	同钢级	较高钢级②	短	长	标准接箍	较高钢级标准接箍②	特殊间隙接箍	较高钢级特殊间隙接箍②	标准接头	选用接头
114.3(4½)	73.8		73.8	73.8		65.4			1264	1664	1664	1571			
	73.7		73.7	73.7	73.7	73.7	73.7		1241	1713	1713	1713	1713		
	85.6		85.6	85.6	85.6	75.8	85.6		1504	1971	1971	1873	1971		
	99.4		99.4	92.8	99.4	75.8	95.6		1806	2265	2265	1873	2265		
	113		113	106					1949	2465					
127(5)	29.2	29.2						592							
	33.6	33.6	33.6	33.6	33.6	33.6	33.6	752	810	1121	1121	1121	1121		
	39.3	39.3	39.3	39.3	39.6	35.4	39.3	921	992	1304	1277	1304	1304	1459	
	29.2	29.2						654							
	33.6	33.6	33.6	33.6	33.6	33.6	33.6	828	894	1375	1375	1375	1375		
	39.3	39.3	39.3	39.3	39.3	35.4	39.3	1014	1095	1597	1597	1597	1597	1851	
	53.6		53.6	53.6		48.2			1313	1668		1620		1851	
	65.5		65.5	64.1		48.2			1673	2011		1620		1984	
	79.1		69.9	64.1		48.2			2073	2269		1620			
	86.5		69.9	64.1		48.2			2282	2269		1620			

续表

规格/mm (in)	公称质量/kg/m (lb/ft)	钢级	外径/mm	壁厚/mm	内径/mm	带螺纹和接箍/mm			直连型/mm		挤毁压力/MPa	管体屈服强度/kN
						通径	标准接箍外径	特殊间隙接箍外径	通径	机紧后内螺纹端外径		
114.3 (4½)	35.87(24.10)	C－75	127	12.7	101.6	98.43	141.3	136.53			93.1	2358
	22.32(15.00)	L－80	127	7.52	111.96	108.79	141.3	136.53	105.44	136.14	50	1557
	26.79(18.00)	L－80	127	9.19	108.61	105.44	141.3	136.53	105.44	136.14	72.4	1878
	31.85(21.40)	L－80	127	11.1	104.8	101.63	141.3	136.53			88	2229
	34.53(23.20)	L－80	127	12.14	102.72	99.54	141.3	136.53			95.4	2416
	35.87(24.10)	L－80	127	12.7	101.6	98.43	141.3	136.53			99.3	2518
	22.32(15.00)	N－80	127	7.52	111.96	108.79	141.3	136.53	105.44	136.14	50	1557
	26.79(18.00)	N－80	127	9.19	108.61	105.44	141.3	136.53	105.44	136.14	72.4	1878
	31.85(21.40)	N－80	127	11.1	104.8	101.63	141.3	136.53			88	2229
	34.53(23.20)	N－80	127	12.14	102.72	99.54	141.3	136.53			95.4	2416
	35.87(24.10)	N－80	127	12.7	101.6	98.43	141.3	136.53			99.3	2518
	22.32(15.00)	C－90	127	7.52	111.96	108.79	141.3	136.53	105.44	136.14	54.1	1753
	26.79(18.00)	C－90	127	9.19	108.61	105.44	141.3	136.53	105.44	136.14	79.5	2113
	31,85(21.40)	C－90	127	11.1	104.8	101.63	141.3	136.53			99	2509
	34.53(23.20)	C－90	127	12.14	102.72	99.54	141.3	136.53			107.3	2718

续表

规格/mm(in)	最小内屈服压力/MPa							接头连接强度①/kN							
	平端或直连型	圆螺纹		偏梯形螺纹				带螺纹和接箍						直连型	
		短	长	标准接箍		特殊间隙接箍		圆螺纹		偏梯形螺纹				标准接头	选用接头
				同钢级	较高钢级②	同钢级	较高钢级②	短	长	标准接箍	较高钢级标准接箍②	特殊间隙接箍	较高钢级特殊间隙接箍②		
127(5)	90.5		69.9	64.1		48.2			2394	2269		1620			
	57.2		57.2	57.2	57.2	51.4	57.2		1313	1686		1620			
	69.9		69.9	68.3	69.9	51.4	69.9		1673	2033		1620			
	84.4		74.5	68.3		51.4			2073	2269		1620			
	92.3		74.6	68.3		51.4			2282	2269		1620			
	96.5		74.5	68.3		51.4			2394	2269		1620			
	57.2		57.2	57.2	57.2	51.4	57.2		1384	1762	180	1704	1762	1944	
	69.9		69.9	68.3	69.9	51.4	69.9		1762	2122	217	1704	2122	2087	
	84.4		74.5	68.3	84.4	51.4	70.7		2180	2389	257	1704	2131		
	92.3		74.6	68.3	92.3	51.4	70.7		2403	2389	279	1704	2131		
	96.5		74.5	68.3	93.9	51.4	70.7		2523	2389	290	1704	2131		
	64.3		64.3	64.3		57.9			1384	1797		1704		1913	
	78.6		78.6	76.9		57.9			1762	2167		1704		2087	
	94.9		83.9	76.9		57.9			2180	2389		1704			
	103.8		83.9	76.9		57.9			2403	2389		1704			

续表

规格/mm (in)	公称质量/kg/m (lb/ft)	钢级	外径/mm	壁厚/mm	内径/mm	带螺纹和接箍/mm			直连型/mm		挤毁压力/MPa	管体屈服强度/kN
						通径	标准接箍外径	特殊间隙接箍外径	通径	机紧后内螺纹端外径		
127 (5)	35. 87(24. 10)	C –90	127	12. 7	101. 6	98. 43	141. 3	136. 53			111. 7	2830
	22. 32(15. 00)	C –90	127	7. 52	111. 96	108. 79	141. 3	136. 53	105. 44	136. 14	55. 9	1851
	26. 79(18. 00)	C –90	127	9. 19	108. 61	105. 44	141. 3	136. 53	105. 44	136. 14	82. 9	2229
	31. 85(21. 40)	C –90	127	11. 1	104. 8	101. 63	141. 3	136. 53			104. 5	2647
	34. 53(23. 20)	C –90	127	12. 14	102. 72	99. 54	141. 3	136. 53			113. 3	2870
	35. 87(24. 10)	C –90	127	12. 7	101. 6	98. 43	141. 3	136. 53			117. 9	2990
	22. 32(15. 00)	P –110	127	7. 52	111. 96	108. 79	141. 3	136. 53	105. 44	136. 14	61	2140
	26. 79(18. 00)	P –110	127	9. 19	108. 61	105. 44	141. 3	136. 53	105. 44	136. 14	92. 9	2581
	31. 85(21. 40)	P –110	127	11. 1	104. 8	101. 63	141. 3	136. 53			121	3065
	34. 53(23. 20)	P –110	127	12. 14	102. 72	99. 54	141. 3	136. 53			131. 1	3324
	35. 87(24. 10)	P –110	127	12. 7	101. 6	98. 43	141. 3	136. 53			136. 5	3461
	26. 79(18. 00)	Q –125	127	9. 19	108. 6	105. 4	141. 3		105. 4	136. 1	102. 3	2932
	31. 85(21. 40)	Q –125	127	11. 1	104. 8	101. 6	141. 3				137. 5	3484
	34. 53(23. 20)	Q –125	127	12. 14	102. 7	99. 54	141. 3				149. 1	3777
	35. 87(24. 10)	Q –125	127	12. 7	101. 6	98. 43	141. 3				155. 1	3933

续表

规格/mm(in)	最小内屈服压力/MPa							接头连接强度①/kN								
	平端或直连型	圆螺纹		偏梯形螺纹				带螺纹和接箍							直连型	
				标准接箍		特殊间隙接箍		圆螺纹		偏梯形螺纹						
		短	长	同钢级	较高钢级②	同钢级	较高钢级②	短	长	标准接箍	较高钢级标准接箍②	特殊间隙接箍	较高钢级特殊间隙接箍②		标准接头	选用接头
127(5)	108.6		83.9	76.9		57.9			2523	2389		1704				
	67.8		67.8	67.8		61			1450	1886		1789			2042	
	83		83	81.2		61			1851	2278		1789			2193	
	100.2		88.5	81.2		61			2291	2505		1789				
	109.6		88.6	81.2		61			2523	2505		1789				
	114.7		88.6	81.2		61			2647	2505		1789				
	78.6		78.6	78.6	78.6	70.7	78.6		1726	2238	2238	2131	2238		2434	
	96.1		96.1	93.9	96.1	70.7	96.1		2202	2696	2696	2131	2696		2612	
	116		102.5	93.9	116	70.7	116		2727	2985	3203	2131	2727			
	126.9		102.6	94	126.9	70.7	126.9		3003	2985	3470	2131	2727			
	132.7		102.5	93.9	128.1	70.7	128.1		3150	2985	3613	2131	2727			
	109.2		109.2	106.7					2380	2941					2830	
	131.8		116.5	106.7					2945	3221						
	144.2		116.5	106.7					3243	3221						
	150.8		116.5	106.7					3404	3221						

续表

规格/mm (in)	公称质量/kg/m (lb/ft)	钢级	外径/mm	壁厚/mm	内径/mm	带螺纹和接箍/mm			直连型/mm		挤毁压力/MPa	管体屈服强度/kN
						通径	标准接箍外径	特殊间隙接箍外径	通径	机紧后内螺纹端外径		
139.7 (5½)	20.83(14.00)	H-40	139.7	6.2	127.3	124.1	153.7				18.1	716
	20.83(14.00)	J-55	139.7	6.2	127.3	124.1	153.7				21.5	988
	23.07(15.50)	J-55	139.7	6.99	125.7	122.6	153.7	149.2	118.2	148.8	27.9	1103
	17.86(12.00)	J-55	139.7	7.72	124.3	121.1	153.7	149.2	118.2	148.8	33.9	1215
	20.83(14.00)	K-55	139.7	6.2	127.3	124.1	153.7				21.5	988
	23.07(15.50)	K-55	139.7	6.99	125.7	122.6	153.7	149.2	118.2	148.8	27.9	1103
	25.30(17.00)	K-55	139.7	7.72	114.3	121.1	153.7	149.2	118.2	148.8	33.9	1215
	25.30(17.00)	C-75	139.7	7.72	124.3	121.1	153.7	149.2	118.2	148.8	41.6	1655
	29.76(20.00)	C-75	139.7	9.17	121.4	118.2	153.7	149.2	118.2	148.8	58	1944
	34.23(23.00)	C-75	139.7	10.54	118.6	115.4	153.7	149.2	118.2	148.8	72.2	2211
	25.30(17.00)	L-80	139.7	7.72	124.3	121.1	153 7	149.2	118.2	148.8	43.3	1766
	29.76(20.00)	L-80	139.7	9.17	121.4	118.2	153.7	149.2	118.2	148.8	60.9	2073
	34.23(23.00)	L-80	139.7	10.54	118.6	115.4	153.7	149.2	118.2	148.8	76.9	2358
	25.30(17.00)	N-80	139.7	7.72	124.3	121.1	153.7	149.2	118.2	148.8	43.3	1766

续表

规格/mm (in)	最小内屈服压力/MPa							接头连接强度①/kN							
	平端或直连型	圆螺纹		偏梯形螺纹				带螺纹和接箍						直连型	
				标准接箍		特殊间隙接箍		圆螺纹		偏梯形螺纹					
		短	长	同钢级	较高钢级②	同钢级	较高钢级②	短	长	标准接箍	较高钢级标准接箍②	特殊间隙接箍	较高钢级特殊间隙接箍②	标准接头	选用接头
139.7 (5½)	21.4	21.4						578							
	29.4	29.4						765							
	33.2	33.2	33.2	33.2	33.2	32.6	33.2	899	965	1335	1335	1335	1335	1508	1508
	36.7	36.7	36.7	36.7	36.7	32.6	36.7	1019	1099	1464	1464	1415	1464	1655	1655
	29.4	29.4						841							
	33.2	33.2	33.2	33.2	33.2	32.6	33.2	998	1063	1628	1628	1628	1628	1909	1909
	36.7	36.7	36.7	36.7	36.7	32.6	36.7	1121	1210	1789	1789	1789	1789	2096	2096
	50		50	50		44.5			1455	1882		1793		2096	2096
	59.4		59.4	58.1		44.5			1793	2211		1793		2211	2131
	68.3		63.8	58.1		44.5			2104	2447		1793		2443	2131
	53.4		53.4	53.4	53.4	47.4	53.4		1504	1904		1793		2096	2096
	63.4		63.4	62	63.4	47.4	63.4		1851	2238		1793		2211	2131
	72.8		68.1	62	72.8	47.4	65.2		2176	2447		1793		2443	2131
	53.4		53.4	53.4	53.4	47.4	53.4		1548	1984		1886	1984	2207	2207

续表

规格/mm (in)	公称质量/kg/m (lb/ft)	钢级	外径/mm	壁厚/mm	内径/mm	带螺纹和接箍/mm			直连型/mm		挤毁压力/MPa	管体屈服强度/kN
						通径	标准接箍外径	特殊间隙接箍外径	通径	机紧后内螺纹端外径		
139.7 (5½)	29.76(20.00)	N-80	139.7	9.17	121.4	118.2	153.7	149.2	118.2	148.8	60.9	2073
	34.23(23.00)	N-80	139.7	10.54	118.6	115.4	153.7	149.2	118.2	148.8	76.9	2358
	25.30(17.00)	C-90	139.7	7.72	124.3	121.1	153.7	149.2	118.2	148.8	46.5	1989
	29.76(20.00)	C-90	139.7	9.17	121.4	118.2	153.7	149.2	118.2	148.8	66.4	2336
	34.23(23.00)	C-90	139.7	10.54	118.6	115.4	153.7	149.2	115.4	148.8	85.4	2656
	38.69(26.00)	C-90	139.7	12.09	115.5	112.3	153.7	149.2			98.2	3008
	52.09(35.00)	C-90	139.7	16.51	106.7	103.5	153.7	149.2			129.4	3964
	25.30(17.00)	C-95	139.7	7.72	124.3	121.1	153.7	149.2	118.2	148.8	47.9	2096
	29.76(20.00)	C-95	139.7	9.17	121.4	118.2	153.7	149.2	118.2	148.8	69	2465
	34.23(23.00)	C-95	139.7	10.54	118.6	115.4	153.7	149.2	115.4	148.8	89.2	2803
	25.30(17.00)	P-110	139.7	7.72	124.3	121.1	153.7	149.2	118.2	148.8	51.6	2429
	29.76(20.00)	P-110	139.7	9.17	121.4	118.2	153.7	149.2	118.2	148.8	76.5	2852
	34.23(23.00)	P-110	139.7	10.54	118.6	115.4	153.7	149.2	115.4	148.8	100.3	3243
	34.23(23.00)	Q-125	139.7	10.54	118.6	115.4	153.7		115.4	148.8	110.8	3688

续表

规格/mm (in)	最小内屈服压力/MPa							接头连接强度①/kN							
	平端或直连型	圆螺纹		偏梯形螺纹				带螺纹和接箍						直连型	
				标准接箍		特殊间隙接箍		圆螺纹		偏梯形螺纹					
		短	长	同钢级	较高钢级②	同钢级	较高钢级②	短	长	标准接箍	较高钢级标准接箍②	特殊间隙接箍	较高钢级特殊间隙接箍②	标准接头	选用接头
139.7 (5½)	63.4		63.4	62	63.4	47.4	63.4		1904	2331	2331	1886	2331	2327	2242
	72.8		68.1	62	72.8	47.4	65.2		2232	2576	2652	1886	2358	2567	2242
	60.1		60.1	60.1		53.4			1584	2029		1886		2207	2207
	71.3		71.3	69.8		53.4			1949	2385		1886		2327	2242
	81.9		76.6	69.8		53.4			2287	2581		1886		2567	2242
	94		76.6	69.8		53.4			2661	2581		1886			
	128.3		76.6	69.2		53.4			2732	2581		1886			
	63.4		63.4	63.4		56.3			1664	2136		1980		2318	2318
	75.2		75.2	73.6		56.3			2047	2505		1980		2443	2358
	86.5		80.9	73.6		56.3			2403	2705		1980		2696	2358
	73.4		73.4	73.4	73.4	65.2	73.4		1980	2527	2527	2358	258	2759	2759
	87.2		87.2	85.2	87.2	65.2	81.9		2438	2968	2968	2358	303	2910	2803
	100.1		90.7	85.2	100.1	65.2	81.9		2861	3221	3377	2358	303	3435	2803
	113.8		106.4	96.9					3088	3479				3470	

续表

规格/mm(in)	公称质量/kg/m(lb/ft)	钢级	外径/mm	壁厚/mm	内径/mm	带螺纹和接箍/mm			直连型/mm		挤毁压力/MPa	管体屈服强度/kN
						通径	标准接箍外径	特殊间隙接箍外径	通径	机紧后内螺纹端外径		
168.3 (6⅝)	29.76(20.00)	H-40	168.3	7.32	153.6	150.5	187.7				17.4	1019
	29.76(20.00)	J-55	168.3	7.32	153.6	150.5	187.7	177.8			20.5	1401
	35.72(24.00)	J-55	168.3	8.94	150.4	147.2	187.7	177.8	145.5	177.8	31.4	1700
	29.76(20.00)	K-55	168.3	7.32	153.6	150.5	187.7	177.8			20.5	1401
	35.72(24.00)	K-55	168.3	8.94	150.4	147.2	187.7	177.8	145.5	177.8	31.4	1700
	35.72(24.00)	C-75	168.3	8.94	150.4	147.2	187.7	177.8	145.5	177.8	38.3	2314
	41.67(28.00)	C-75	168.3	10.59	147.1	143.9	187.7	177.8	143.9	177.8	53.7	2714
	47.62(32.00)	C-75	168.3	12.07	144.2	141	187.7	177.8	141	177.8	67.6	3061
	35.72(24.00)	L-80	168.3	8.94	150.4	147.2	187.7	177.8	145.5	177.8	39.7	2469
	41.67(28.00)	L-80	168.3	10.59	147.1	143.9	187.7	177.8	143.9	177.8	56.3	2896
	47.62(32.00)	L-80	168.3	12.07	144.2	141	187.7	177.8	141	177.8	71.2	3266
	35.72(24.00)	N-80	168.3	8.94	150.4	147.2	187.7	177.8	145.5	177.8	39.7	2469
	41.67(28.00)	N-80	168.3	10.59	147.1	143.9	187.7	177.8	143.9	177.8	56.3	2896
	47.62(32.00)	N-80	168.3	12.07	144.2	141	187.7	177.8	141	177.8	71.2	3266
	35.72(24.00)	C-90	168.3	8.94	150.2	147.2	187.7	177.8	145.5	177.8	42.3	2776
	41.67(28.00)	C-90	168.3	10.59	147.1	143.9	187.7	177.8	143.9	177.8	61.2	3257

续表

规格/mm (in)	最小内屈服压力/MPa							接头连接强度①/kN							
	平端或直连型	圆螺纹		偏梯形螺纹				带螺纹和接箍						直连型	
		短	长	标准接箍		特殊间隙接箍		圆螺纹		偏梯形螺纹				标准接头	选用接头
				同钢级	较高钢级②	同钢级	较高钢级②	短	长	标准接箍	较高钢级标准接箍②	特殊间隙接箍	较高钢级特殊间隙接箍②		
168.3 (6⅝)	21	21						819							
	28.8	28.8	28.8	28.8	28.8	28	28.8	1090	1183	1664	1664	1664	1664		
	35.2	35.2	35.2	35.2	35.2	28	35.2	1397	1513	2015	2015	1735	2015	2122	2122
	28.8	28.8	28.8	28.8	28.8	28	28.8	1188	1290	2015	206	2015	206		
	35.2	35.2	35.2	35.2	35.2	28	35.2	1522	1655	2438	249	2198	2314	2692	2692
	48.1		48.1	48.1		38.2			2015	2594		2198		2692	2692
	57		57	57		38.2			2456	3039		2198		2883	2865
	64.9		64.9	63.4		38.2			2839	3430		2198		3190	2865
	51.3		51.3	51.3		40.7			2104	2634		2198		2692	2692
	60.7		60.7	60.7		40.7			2563	3083		2198		2883	2865
	69.2		69.2	69.2		40.7			2963	3484		2198		3190	2865
	51.3		51.3	51.3	51.3	40.7	51.3		2140	2736	2736	2314	2736	2834	2834
	60.7		60.7	60.7	60.7	40.7	56		2607	3208	3208	2314	2892	3034	3017
	69.2		69.2	67.7	69.2	40.7	56		3012	3622	3622	2314	2892	3359	3017
	57.7		57.7	57.7		45.9			2314	2816		236		2834	2834
	68.3		68.3	68.3		45.9			2816	3301		236		3034	3017

续表

规格/mm (in)	公称质量/kg/m (lb/ft)	钢级	外径/mm	壁厚/mm	内径/mm	带螺纹和接箍/mm			直连型/mm		挤毁压力/MPa	管体屈服强度/kN
						通径	标准接箍外径	特殊间隙接箍外径	通径	机紧后内螺纹端外径		
168.3 (6⅝)	47.62(32.00)	C-90	168.3	12.07	144.2	141	187.7	177.8	141	177.8	78.1	3675
	35.72(24.00)	C-95	168.3	8.94	150.4	147.2	187.7	177.8	145.5	177.8	43.5	2932
	41.67(28.00)	C-95	168.3	10.59	147.1	143.9	187.7	177.8	143.9	177.8	63.6	3439
	47.62(32.00)	C-95	168.3	12.07	144.2	141	187.7	177.8	141	177.8	81.4	3880
	35.72(24.00)	P-110	168.3	8.94	150.4	147.2	187.7	177.8	145.5	177.8	46.4	3395
	41.67(28.00)	P-110	168.3	10.59	147.1	143.9	187.7	177.8	143.9	177.8	70.1	3982
	47.62(32.00)	P-110	168.3	12.07	144.2	141	187.7	177.8	141	177.8	91.2	4489
	47.62(32.00)	Q-125	168.3	12.07	144.2	141	187.7	177.8	141		100.2	5103
177.8 (7)	25.30(17.00)	H-40	177.8	5.87	166.1	162.9	194.5				9.8	872
	29.76(20.00)	H-40	177.8	6.91	164	160.8	194.5				13.6	1023
	29.76(20.00)	J-55	177.8	6.91	164	160.8	194.5				15.7	1406
	34.23(23.00)	J-55	177.8	8.05	161.7	158.5	194.5	187.3	156.2	187.7	22.5	1628
	38.69(26.00)	J-55	177.8	9.19	159.4	156.2	194.5	187.3	156.2	187.7	29.8	1846
	29.76(20.00)	K-55	177.8	6.91	164	160.81	194.5				15.7	1406
	34.23(23.00)	K-55	177.8	8.05	161.7	158.5	194.5	187.3	156.2	187.7	22.5	1628
	38.69(26.00)	K-55	177.8	9.19	159.4	156.2	194.5	187.3	156.2	187.7	29.8	1846

续表

规格/mm (in)	最小内屈服压力/MPa							接头连接强度①/kN							
	平端或直连型	圆螺纹		偏梯形螺纹				带螺纹和接箍						直连型	
		短	长	标准接箍		特殊间隙接箍		圆螺纹		偏梯形螺纹				标准接头	选用接头
				同钢级	较高钢级②	同钢级	较高钢级②	短	长	标准接箍	较高钢级标准接箍②	特殊间隙接箍	较高钢级特殊间隙接箍②		
168.3 ($6\frac{5}{8}$)	77.8		77.8	76.2		45.9			3257	3724		236		3359	3017
	60.9		60.9	60.9		48.4			2429	2959		248		2972	2972
	72.1		72.1	72.1		48.4			2959	3470		248		3186	3168
	82.2		81.6	80.4		48.4			3421	3915		248		3528	3168
	70.5		70.5	70.5	70.5	56	57.3		2852	3497	3497	2892	3497	3542	3542
	83.6		81.6	83.6	83.6	56	57.3		3475	4102	4102	2892	3702	3791	3773
	95.2		81.6	93.1	95.2	56	57.3		4022	4627	4627	2892	3702	4200	
	108.1		108.1	105.8					4400	5063				4538	
177.8 (7)	15.9	15.9						543							
	18.8	18.8						783							
	25.8	25.8						1041							
	30.1	30.1	30.1	30.1	30.1	27.2	30.1	1264	1383	1922	1922	1873	1922	2220	2220
	34.3	34.3	34.3	34.3	34.3	27.2	34.3	1486	1633	2180	2180	1873	2180	2251	2251
	25.8	25.8						1130							
	30.1	30.1	30.1	30.1	30.1	27.2	30.1	1375	1517	2322	2322	2322	2322	2812	2812
	34.3	34.3	34.3	34.3	34.3	27.2	34.3	1620	1784	2634	2634	2371	2496	2852	2852

续表

规格/mm(in)	公称质量/kg/m(lb/ft)	钢级	外径/mm	壁厚/mm	内径/mm	带螺纹和接箍/mm			直连型/mm		挤毁压力/MPa	管体屈服强度/kN
						通径	标准接箍外径	特殊间隙接箍外径	通径	机紧后内螺纹端外径		
177.8(7)	34.23(23.00)	C-75	177.8	8.05	161.7	158.5	194.5	187.3	156.2	187.7	25.9	2220
	38.69(26.00)	C-75	177.8	9.19	159.4	156.2	194.5	187.3	156.2	187.7	36	2518
	43.16(29.00)	C-75	177.8	10.36	157.1	153.9	194.5	187.3	153.9	187.7	46.4	2821
	47.62(32.00)	C-75	177.8	11.51	154.8	151.6	194.5	187.3	151.6	187.7	56.5	3110
	52.09(35.00)	C-75	177.8	12.65	152.5	149.3	194.5	187.3	149.3	191.3	66.7	3395
	56.55(38.00)	C-75	177.8	13.72	150.4	147.2	194.5	187.3	147.2	191.3	73.6	3657
	34.23(23.00)	L-80	177.8	8.05	161.7	158.5	194.5	187.3	156.2	187.7	26.4	2367
	38.69(26.00)	L-80	177.8	9.19	159.4	156.2	194.5	187.3	156.2	187.7	37.3	2687
	43.16(29.00)	L-80	177.8	10.36	157.1	153.9	194.5	187.3	153.9	187.7	48.4	3008
	47.26(32.00)	L-80	177.8	11.51	154.8	151.6	194.5	187.3	151.6	187.7	59.4	3315
	52.09(35.00)	L-80	177.8	12.65	152.5	149.3	194.5	187.3	149.3	191.3	70.2	3622
	56.55(38.00)	L-80	177.8	13.72	150.4	147.2	194.5	187.3	147.2	191.3	78.5	3902
	34.23(23.00)	N-80	177.8	8.05	161.7	158.5	194.5	187.3	156.2	187.7	26.4	2367
	38.69(26.00)	N-80	177.8	9.19	159.4	156.2	194.5	187.3	156.2	187.7	37.3	2687

续表

规格/mm(in)	最小内屈服压力/MPa							接头连接强度①/kN							
	平端或直连型	圆螺纹		偏梯形螺纹				带螺纹和接箍						直连型	
				标准接箍		特殊间隙接箍		圆螺纹		偏梯形螺纹					
		短	长	同钢级	较高钢级②	同钢级	较高钢级②	短	长	标准接箍	较高钢级标准接箍②	特殊间隙接箍	较高钢级特殊间隙接箍②	标准接头	选用接头
	41		41	41		37.1			1851	2478		2371		2812	2812
	46.8		46.8	46.8		37.1			2176	2807		2371		2852	2852
	52.7		52.7	52.7		37.1			2500	3146		2371		3048	2999
	58.5		58.5	54.7		37.1			2816	3466		2371		3386	2999
	64,4		59.7	54.7		37.1			3128	3706		2371		3782	3386
	69.8		59.7	54.7		37.1			3413	3706		2371		4080	3386
177.8 (7)	43.7		43.7	43.7	43.7	39.6	43.7		1935	2514		2371		2812	2812
	49.9		49.9	49.9	49.9	39.6	49.9		2274	2852		2371		2852	2852
	56.3		56.3	56.3	56.3	39.6	54.4		2612	3195		2371		3048	2999
	62.5		62.5	58.3	62.5	39.6	54.4		2941	3519		2371		3386	2999
	68.7		63.7	58.3	68.7	39.6	54.4		3266	3706		2371		3782	3386
	74.5		63.7	58.3	74.5	39.6	54.4		3564	3706		2371		4080	3386
	43.7		43.7	43.7	43.7	39.6	43.7		1967	2616	2616	2496	2616	2963	2963
	49.9		49.9	49.9	49.9	39.6	49.9		2309	2968	2968	2496	2968	3003	3003

续表

规格/mm (in)	公称质量/kg/m (lb/ft)	钢级	外径/mm	壁厚/mm	内径/mm	带螺纹和接箍/mm			直连型/mm		挤毁压力/MPa	管体屈服强度/kN
						通径	标准接箍外径	特殊间隙接箍外径	通径	机紧后内螺纹端外径		
177.8 (7)	43.16(29.00)	N-80	177.8	10.36	157.1	153.9	194.5	187.3	153.9	187.7	48.4	3008
	47.62(32.00)	N-80	177.8	11.51	154.8	151.6	194.5	187.3	151.6	187.7	59.4	3315
	52.09(35.00)	N-80	177.8	12.65	152.5	149.3	194.5	187.3	149.3	191.3	70.2	3622
	56.55(38.00)	N-80	177.8	13.72	150.4	147.2	194.5	187.3	147.2	191.3	78.5	3902
	34.23(23.00)	C-90	177.8	8.05	161.7	158.5	194.5	187.3	156.2	187.7	27.8	2665
	38.69(26.00)	C-90	177.8	9.19	159.4	156.2	194.5	187.3	156.2	187.7	39.6	3021
	43.16(29.00)	C-90	177.8	10.36	157.1	153.9	194.5	187.3	153.9	187.7	52.3	3381
	47.62(32.00)	C-90	177.8	11.51	154.8	151.6	194.5	187.3	151.6	187.7	64.7	3733
	52.09(35.00)	C-90	177.8	12.65	152.5	149.3	194.5	187.3	149.3	191.3	77	4071
	56.55(38.00)	C-90	177.8	13.72	150.4	147.2	194.5	187.3	147.2	191.3	88.4	4387
	34.23(23.00)	C-95	177.8	8.05	161.7	158.5	194.5	187.3	156.2	187.7	28.5	2812
	38.69(26.00)	C-95	177.8	9.19	159.4	156.2	194.5	187.3	156.2	187.7	40.5	3190
	43.16(29.00)	C-95	177.8	10.36	157.1	153.9	194.5	187.3	153.9	187.7	54	3573

续表

规格/mm(in)	最小内屈服压力/MPa								接头连接强度①/kN							
	平端或直连型	圆螺纹		偏梯形螺纹					带螺纹和接箍						直连型	
		短	长	标准接箍		特殊间隙接箍			圆螺纹		偏梯形螺纹				标准接头	选用接头
				同钢级	较高钢级②	同钢级	较高钢级②		短	长	标准接箍	较高钢级标准接箍②	特殊间隙接箍	较高钢级特殊间隙接箍②		
177.8(7)	56.3		56.3	56.3	56.3	39.6	54.4			2656	3319	3319	2496	3123	3208	3154
	62.5		62.5	58.3	62.5	39.6	54.4			2990	3662	3662	2496	3123	3564	3154
	68.7		63.7	58.3	68.7	39.6	54.4			3319	3897	3995	2496	3123	3982	3564
	74.5		63.7	58.3	74.5	29.6	54.4			3622	3897	4307	2496	3123	4293	3564
	49.2		49.2	49.2		44.5				2131	2692		2496		2963	2963
	56.2		56.2	56.2		44.5				2505	3057		2496		3003	3003
	63.3		63.3	63.3		44,5				2883	3417		2496		3208	3154
	70.3		65.6	65.6		44.5				3243	3768		2496		3564	3154
	77.3		65.6	65.6		44.5				3599	3897		2496		3982	3564
	83.8		65.6	65.6		44.5				3929	3897		2496		4293	3564
	51.9		51.9	51.9		47				2247	2830		2621		3110	3110
	59.3		59.3	59.3		47				2638	3212		2621		3154	3154
	66.8		65.6	66.8		47				3039	3595		2621		3368	3310

续表

规格/mm(in)	公称质量/kg/m(lb/ft)	钢级	外径/mm	壁厚/mm	内径/mm	带螺纹和接箍/mm			直连型/mm		挤毁压力/MPa	管体屈服强度/kN
						通径	标准接箍外径	特殊间隙接箍外径	通径	机紧后内螺纹端外径		
177.8(7)	47.62(32.00)	C 95	177.8	11.51	154.8	151.6	194.5	187.3	151.6	187.7	67.2	3938
	52.09(35.00)	C-95	177.8	12.65	152.5	149.3	194.5	187.3	149.3	191.3	80.3	4298
	56.55(38.00)	C-95	177.8	13.72	150.4	147.2	194.5	187.3	147.2	191.3	92.7	4632
	38.69(26.00)	P-110	177.8	9.19	159.4	156.2	194.5	187.3	156.2	187.7	43	3693
	43.16(29.00)	P-110	177.8	10.36	157.1	153.9	194.5	187.3	153.9	187.7	58.8	4133
	47.62(32.00)	P-110	177.8	11.51	155	151.6	194.5	187.3	151.6	187.7	74.3	4560
	52.09(35.00)	P-110	177.8	12.65	152.5	149.3	194.5	187.3	149.3	191.3	89.8	4979
	56.55(38.00)	P-110	177.8	13.72	150.4	147.2	194.5	187.3	147.2	191.3	104.4	5361
	52.09(35.00)	Q-125	177.8	12.65	152.5	149.3	194.5		149.3	191.3	98.7	5659
	56.55(38.00)	Q-125	177.8	13.72	150.4	147.2	194.5		147.2	191.3	115.5	6095
193.7($7\frac{5}{8}$)	35.72(24.00)	H-40	193.7	7.62	178.4	175.3	215.9				14	1228
	39.29(26.40)	J-55	193.7	8.33	177	173.8	215.9	206.4	171.5	203.5	19.9	1842
	39.29(26.40)	K-55	193.7	8.33	177	173.8	215.9	206.4	171.5	203.5	19.9	1842
	39.29(26.40)	C-75	193.7	8.33	177	173.8	215.9	206.4	171.5	203.5	22.6	2509
	44.20(29.70)	C-75	193.7	9.53	174.6	171.5	215.9	206.4	171.5	203.5	32.1	2852

续表

规格/mm (in)	最小内屈服压力/MPa							接头连接强度①/kN							
	平端或直连型	圆螺纹		偏梯形螺纹				带螺纹和接箍						直连型	
				标准接箍		特殊间隙接箍		圆螺纹		偏梯形螺纹					
		短	长	同钢级	较高钢级②	同钢级	较高钢级②	短	长	标准接箍	较高钢级标准接箍②	特殊间隙接箍	较高钢级特殊间隙接箍②	标准接头	选用接头
177.8 (7)	74.2		65.6	69.3		47			3417	3964		2621		3742	3310
	81.6		65.6	69.3		47			3795	4093		2621		4182	3742
	88.4		65.6	69.3		47			4142	4093		2621		4507	3742
	68.7		65.6	68.7	68.7	51.6	51.6		3083	3795	3795	3123	3795	3755	3755
	77.4		65.6	77.4	77.4	51.6	51.6		3546	4249	4249	3123	3995	4013	3942
	85.9		65.6	80.3	81.3	51.6	51.6		3991	4685	4685	3123	3995	4458	3942
	94.5		65.6	80.3	81.3	51.6	51.6		4431	4876	5117	3123	3995	4974	4458
	102.4		65.6	80.3	81.3	51.6	51.6		4836	4876	5513	3123	3993	5370	4458
	107.3		99.5	91.2					4921	5263				5379	
	116.4		99.5	91.2					5370	5263				5797	
193.7 (7⅝)	19	19						943							
	28.5	28.5	28.5	28.5	28.5	28.5	28.5	1401	1539	2149	2149	2149	2149	2460	2460
	28.5	28.5	28.5	28.5	28.5	28.5	28.5	1522	1677	2585	2149	2585	2585	3114	3114
	39		39	39		39			2051	2776		2776		3114	3114
	44.5		44.5	44.5		42.3			2411	3154		3154			

续表

规格/mm (in)	公称质量/kg/m (1b/ft)	钢级	外径/mm	壁厚/mm	内径/mm	带螺纹和接箍/mm			直连型/mm		挤毁压力/MPa	管体屈服强度/kN
						通径	标准接箍外径	特殊间隙接箍外径	通径	机紧后内螺纹端外径		
193.7 (7⅝)	50.15(33.70)	C-75	193.7	10.92	171.8	168.7	215.9	206.4	168.7	203.5	43.4	3243
	58.04(39.00)	C-75	193.7	12.7	168.3	165.1	215.9	206.4	165.1	203.5	57.9	3733
	63.69(42.80)	C-75	193.7	14.27	165.1	162	215.9	206.4			70.6	4160
	67.41(45.30)	C-75	193.7	15.11	163.5	160.3	215.9	206.4			74.4	4387
	70.09(47.10)	C-75	193.7	15.88	161.9	158.8	215.9	206.4			77.8	4587
	39.29(26.40)	L-80	193.7	8.33	177	173.8	215.9	206.4	171.5	203.5	23.4	2678
	44.20(29.70)	L-80	193.7	9.53	174.6	171.5	215.9	206.4	171.5	203.5	33	3039
	50.15(33.70)	L-80	193.7	10.92	171.8	168.7	215.9	206.4	168.7	203.5	45.2	3461
	58.04(39.00)	L-80	193.7	12.7	168.3	165.1	215.9	206.4	168.7	203.5	60.8	3982
	63.69(42.80)	L-80	193.7	14.27	165.1	162	215.9	206.4			74.5	4440
	67.41(45.30)	L-80	193.7	15.11	163.5	160.3	215.9	206.4			79.4	4676
	70.39(47.30)	L-80	193.7	15.88	161.9	158.8	215.9	206.4			83	4894
	39.29(26.40)	N-80	193.7	8.33	177	173.8	215.9	206.4	171.5	203.5	23.4	2678
	44.20(29.70)	N-80	193.7	9.53	174.6	171.5	215.9	206.4	171.5	203.5	33	3039
	50.15(33.70)	N-80	193.7	10.92	171.8	168.7	215.9	206.4	168.7	203.5	45.2	3461

续表

规格/mm(in)	最小内屈服压力/MPa							接头连接强度①/kN							
	平端或直连型	圆螺纹		偏梯形螺纹				带螺纹和接箍						直连型	
				标准接箍		特殊间隙接箍		圆螺纹		偏梯形螺纹					
		短	长	同钢级	较高钢级②	同钢级	较高钢级②	短	长	标准接箍	较高钢级标准接箍②	特殊间隙接箍	较高钢级特殊间隙接箍②	标准接头	选用接头
193.7(7⅝)	51		51	51		42.3			2825	3586		3270		3408	3310
	59.4		59.4	59.4		42.3			3341	4133		3270			
	66.7		66.7	63.4		42.3			3791	4605		3270			
	70.6		67.8	63.3		42.3			4027	4850		3399			
	74.2		67.8	63.4		42.3			4240	5072		3270			
	41.5		41.5	41.5	41.5	41.5	41.5		2145	2825		2825		3114	3114
	47.5		47.5	47.5	47.5	45.2	47.5		2518	3208		3208		3114	3114
	54.5		54.5	54.5	54.5	45.2	54.5		2954	3648		3270		3408	3310
	63.3		53.3	63.3	63.3	45.2	62.1		2497	4204		3270		3786	3310
	71.2		71.2	67.5		45.2			2969	4685		3270			
	75.3		72.4	67.5		45.2			4213	4934		3399			
	79.2		72.3	67.5		45.2			4436	5161		3270			
	41.5		41.5	41.5	41.5	41.5	41.5		2180	2932	2932	2932	2932	3279	3279
	47.5		47.5	47.5	47.5	45.2	47.5		2258	3332	3332	3332	3332	3279	3279
	54.5		54.5	54.5	54.5	45.2	54.5		2999	3791	3791	3439	3791	3586	3488

续表

规格/mm(in)	公称质量/kg/m(lb/ft)	钢级	外径/mm	壁厚/mm	内径/mm	带螺纹和接箍/mm			直连型/mm		挤毁压力/MPa	管体屈服强度/kN
						通径	标准接箍外径	特殊间隙接箍外径	通径	机紧后内螺纹端外径		
193.7($7\frac{5}{8}$)	58.04(39.00)	N-80	193.7	12.7	168.3	165.1	215.9	206.4	165.1	203.5	60.8	3982
	63.69(42.80)	N-80	193.7	14.27	165.1	162	215.9	206.4			74.5	4440
	67.41(45.30)	N-80	193.7	15.11	163.5	160.3	215.9	206.4			79.4	4676
	70.09(47.10)	N-80	193.7	15.88	161.9	158.8	215.9	206.4			83	4894
	39.29(26.40)	C-90	193.7	8.33	177	173.8	215.9	206.4	171.5	203.5	24.9	3012
	44.20(29.70)	C-90	193.7	9.53	174.6	171.5	215.9	206.4	171.5	203.5	34.8	3421
	50.15(33.70)	C-90	193.7	10.92	171.8	168.7	215.9	206.4	168.7	203.5	48.6	3893
	58.04(39.00)	C-90	193.7	12.7	168.3	165.1	215.9	206.4	165.1	203.5	66.3	4480
	63.69(42.80)	C-90	193.7	14.27	165.1	162	215.9	206.4			82	4992
	67.41(45.30)	C-90	193.7	15.11	163.5	160.3	215.9	206.4			89.3	5263
	70.09(47.10)	C-90	193.7	15.88	161.9	168.8	215.9	206.4			93.4	5504
	39.29(26.40)	C-95	193.7	8.33	177	173.8	215.9	206.4	171.5	203.5	25.6	3177
	44.20(29.70)	C-95	193.7	9.53	174.6	171.5	215.9	206.4	171.5	203.5	35.4	3608
	50.15(33.70)	C-95	193.7	10.92	171.8	168.7	215.9	206.4	168.7	203.5	50.2	4107

续表

规格/mm(in)	最小内屈服压力/MPa							接头连接强度①/kN							
	平端或直连型	圆螺纹		偏梯形螺纹				带螺纹和接箍						直连型	
				标准接箍		特殊间隙接箍		圆螺纹		偏梯形螺纹					
		短	长	同钢级	较高钢级②	同钢级	较高钢级②	短	长	标准接箍	较高钢级标准接箍②	特殊间隙接箍	较高钢级特殊间隙接箍②	标准接头	选用接头
193.7 (7⅝)	63.3		63.3	63.3	63.3	45.2	62.1		3550	4365	4365	3439	4302	3586	3488
	71.2		71.2	67.5	71.2	45.2	62.1		4027	4863	4863	3439	4302		
	75.3		72.4	67.5	75.3	45.2	55.4		4280	5125	5125	3577	4471		
	79.2		72.3	67.5	79.2	45.2	62.1		4507	5361	5357	3439	4302		
	46.7		46.7	46.7		46.7			2367	3030		3030		3279	3279
	53.4		53.4	53.4		50.8			2781	3439		3439		3279	3279
	61.2		61.2	61.2		50.8			3261	3915		3577		3586	3488
	71.2		71.2	71.2		50.8			3857	4507		3577		3986	3488
	80.1		80.1	76		50.8			4378	5023		3577			
	84.7		81.4	76		50.8			4649	5290		3577			
	89		81.4	76		50.8			4894	5513		3577			
	49.3		49.3	49.3		49.3			2492	3186		3186		3444	3444
	56.4		56.4	56.4		53.6			2932	3617		3613		3444	3444
	64.7		64.7	64.7		53.6			3435	4116		3613		3764	3662

续表

规格/mm (in)	公称质量/kg/m (lb/ft)	钢级	外径/mm	壁厚/mm	内径/mm	带螺纹和接箍/mm			直连型/mm		挤毁压力/MPa	管体屈服强度/kN
						通径	标准接箍外径	特殊间隙接箍外径	通径	机紧后内螺纹端外径		
193.7 (7⅝)	58.04(39.00)	C－95	193.7	12.7	168.3	165.1	215.9	206.4	165.1	203.5	69	4729
	63.69(42.80)	C－95	193.7	14.27	165.1	162	215.9	206.4			85.6	5272
	67.41(45.30)	C－95	193.7	15.11	163.5	160.3	215.9	206.4			94.2	5553
	70.09(47.10)	C－95	193.7	15.88	161.9	168.8	215.9	206.4			98.6	5811
	44.20(29.70)	P－110	193.7	9.53	174.6	171.5	215.9	206.4	171.5	203.5	36.9	4182
	50.15(33.70)	P－110	193.7	10.92	171.8	168.7	215.9	206.4	168.7	202.5	54.3	4756
	58.04(39.00)	P－110	193.7	12.7	168.3	165.1	215.9	206.4	165.1	203.5	76.4	5477
	63.69(42.80)	P－110	193.7	14.27	165.1	162	215.9	206.4			96	6104
	67.41(45.30)	P－110	193.7	15.11	163.5	160.3	215.9	206.4			106.4	6434
	70.09(47.10)	P－110	193.7	15.88	161.9	158.8	215.9	206.4			114.1	6727
	58.04(39.00)	Q－125	193.7	12.7	168.3	165.1	215.9		165.1	203.5	83.2	6224
	63.69(42.80)	Q－125	193.7	14.27	165.1	162	215.9				105.8	6936
	67.41(45.30)	Q－125	193.7	15.11	163.5	160.3	215.9				117.8	7310
	70.09(47.10)	Q－125	193.7	15.88	161.9	158.8	215.9				128.9	7644

续表

规格/mm (in)	最小内屈服压力/MPa							接头连接强度①/kN							
	平端或直连型	圆螺纹		偏梯形螺纹				带螺纹和接箍						直连型	
				标准接箍		特殊间隙接箍		圆螺纹		偏梯形螺纹					
		短	长	同钢级	较高钢级②	同钢级	较高钢级②	短	长	标准接箍	较高钢级标准接箍②	特殊间隙接箍	较高钢级特殊间隙接箍②	标准接头	选用接头
193.7 ($7\frac{5}{8}$)	75.2		75.2	75.2		53.6			4067	4738		3613		4187	3662
	84.5		81.4	80.1		53.6			4614	5281		3613			
	89.4		81.4	80.2		53.6			4899	5566		3800			
	94		81.4	80.1		53.6			5157	5784		3613			
	65.3		65.3	65.3	65.3	55.4	55.4		3421	4271	4271	4271	4271	4102	4102
	74.9		74.9	74.9	74.9	55.4	55.4		4009	4863	4863	4302	4863	4485	4356
	87		81.4	87	87	55.4	55.4		4743	5597	5597	4302	5504	4983	4356
	97.8		81.4	87.4	87.4	55.4	55.4		5384	6238	6238	4302	5504		
	103.6		81.4	87.4	87.4	55.4	55.4		5717	6571	6571	4471	5726		
	108.8		81.4	87.4	87.4	55.4	55.4		6260	6874	6874	4302	5504		
	98.9		98.9	98.9					5321	6135				5384	
	111.1		111.1	105.4					6029	6834					
	117.7		113.1	105.4					6402	7203					
	123.6		113.1	105.4					6741	7439					

续表

规格/mm(in)	公称质量/kg/m(lb/ft)	钢级	外径/mm	壁厚/mm	内径/mm	带螺纹和接箍/mm			直连型/mm		挤毁压力/MPa	管体屈服强度/kN
						通径	标准接箍外径	特殊间隙接箍外径	通径	机紧后内螺纹端外径		
219.1 (8⅝)	41.67(28.00)	H-40	219.1	7.72	203.6	200.5	244.5				11.1	1415
	47.62(32.00)	H-40	219.1	8.94	201.2	198	244.5				15.2	1628
	35.72(24.00)	J-55	219.1	6.71	205.7	202.5	244.5				9.4	1695
	47.62(32.00)	J-55	219.1	8.94	201.2	198	244.5	231.8	195.6	231.7	17.4	2238
	53.57(36.00)	J-55	219.1	10.16	198.8	195.6	244.5	231.8	195.6	231.7	23.8	2527
	35.72(24.00)	K-55	219.1	6.71	205.7	202.5	244.5				9.4	1695
	47.62(32.00)	K-55	219.1	8.94	201.2	198	244.5	231.8	195.6	231.7	17.4	2238
	53.57(36.00)	K-55	219.1	10.16	198.8	195.6	244.5	231.8	195.6	231.7	23.8	2527
	53.57(36.00)	C-75	219.1	10.16	198.8	195.6	244.5	231.8	195.6	231.7	27.6	3448
	59.53(40.00)	C-75	219.1	11.43	196.2	193	244.5	231.8	193	231.7	36.8	3857
	65.48(44.00)	C-75	219.1	12.7	193.7	190.5	244.5	231.8	190.5	231.7	45.9	4258
	72.92(49.00)	C-75	219.1	14.15	190.8	187.6	244.5	231.8	187.6	231.7	56.4	4712
	53.57(36.00)	L-80	219.1	10.16	198.8	195.6	244.5	231.8	195.6	231.7	28.3	3679
	59.53(40.00)	L-80	219.1	11.43	196.2	193	244.5	231.8	193	231.7	38.1	4116
	65.48(44.00)	L-80	219.1	12.7	193,7	190.5	244.5	231.8	190.5	231.7	47.9	4543

续表

规格/mm (in)	最小内屈服压力/MPa							接头连接强度①/kN							
	平端或直连型	圆螺纹		偏梯形螺纹				带螺纹和接箍						直连型	
				标准接箍		特殊间隙接箍		圆螺纹		偏梯形螺纹					
		短	长	同钢级	较高钢级②	同钢级	较高钢级②	短	长	标准接箍	较高钢级标准接箍②	特殊间隙接箍	较高钢级特殊间隙接箍②	标准接头	选用接头
219.1 (8⅝)	17														
	19.7	19.7						1241							
	20.3	20.3						1086							
	27.1	27.1	27.1	27.1	27.1	27.1	27.1	1655	1855	2576	2576	2576	2576	3052	3052
	30.8	30.8	30.8	30.8	30.8	30.8	30.8	1931	2162	2910	2910	2910	2910	3061	3061
	20.3	20.3						1170							
	27.1	27.1	27.1	27.1	27.1	27.1	27.1	1789	2011	3070	3070	3070	3070	3866	3866
	30.8	30.8	30.8	30.8	30.8	28	30.8	2082	2340	3470	3470	3470	3470	3875	3875
	42		42	42		38.1			2883	3768		3733		3875	3875
	47.2		47.2	47.2		38.1			3301	4213		3733		4191	3942
	52.5		52.5	52.5		38.1			3711	4654		3733		4480	3942
	58.5		58.5	58.5		38.1			4178	5148		3733		4480	3942
	44.7		44.7	44.7	44.7	40.7	44.7		3017	3844		3733		3875	3875
	50.3		50.3	50.3	50.3	40.7	50.3		3453	4298		3733		4191	3942
	56		56	56	56	40.7	55.9		3889	4743		3733		4480	3942

续表

规格/mm (in)	公称质量/kg/m (lb/ft)	钢级	外径/mm	壁厚/mm	内径/mm	带螺纹和接箍/mm			直连型/mm		挤毁压力/MPa	管体屈服强度/kN
						通径	标准接箍外径	特殊间隙接箍外径	通径	机紧后内螺纹端外径		
219.1 (8⅝)	72.92(49.00)	L-80	219.1	14.15	190.8	187.6	244.5	231.8	187.6	231.7	59.2	5023
	53.57(36.00)	N-80	219.1	10.16	198.8	195,6	244.5	231.8	195.6	231.7	28.3	3679
	59.53(40.00)	N-80	219.1	11.43	196.2	193	244.5	231.8	193	231.7	38.1	4116
	65.48(44.00)	N-80	219.1	12.7	193.7	190.5	244.5	231.8	190.5	231.7	47.9	4543
	72.92(49.00)	N-80	219.1	14.15	190.8	187.6	244.5	231.8	187.6	231.7	59.2	5023
	53.57(36.00)	C-90	219.1	10.16	198.8	195.6	244.5	231.8	195.6	231.7	29.3	4138
	59.53(40.00)	C-90	219.1	11.43	196.2	193	244.5	231.8	193	231.7	40.5	4627
	65.48(44,00)	C-90	219.1	12.7	193.7	190.5	244.5	231.8	190.5	231.7	51.6	5112
	72.92(49.00)	C-90	219.1	14.15	190.8	187.6	244.5	231.8	187.6	231.7	64.4	5655
	53.57(36.00)	C-95	219.1	10.16	198.8	195.6	244.5	231.8	195.6	231.7	30	4369
	59.53(40.00)	C-95	219.1	11.43	196.2	193	244.5	231.8	193	231.7	41.5	4885
	65.48(44.00)	C-95	219.1	12.7	193.7	190.5	244.5	231.8	190.5	231.7	53.4	5392
	72.92(49.00)	C-95	219.1	14.15	190.8	187.6	244.5	231.8	187.6	231.7	67	5966
	59.53(40.00)	P-110	219.1	11.43	196.2	193	244.5	231.8	193	231.7	44.1	5565

续表

规格/mm (in)	最小内屈服压力/MPa							接头连接强度[1]/kN							
	平端或直连型	圆螺纹		偏梯形螺纹				带螺纹和接箍						直连型	
		短	长	标准接箍		特殊间隙接箍		圆螺纹		偏梯形螺纹				标准接头	选用接头
				同钢级	较高钢级[2]	同钢级	较高钢级[2]	短	长	标准接箍	较高钢级标准接箍[2]	特殊间隙接箍	较高钢级特殊间隙接箍[2]		
	62.3		62.3	62.3	62.3	40.7	55.9		4374	5250		3733		4480	3942
	44.7		44.7	44.7	44.7	40.7	43.7		3061	3982	3982	3929	3982	4080	4080
	50.3		50.3	50.3	50.3	40.7	43.7		3506	4454	4454	3929	4454	4414	4147
	56		56	56	56	40.7	43.7		3946	4916	4916	3929	4907	4716	4147
	62.3		62.3	62.3	62.3	40.7	43.7		4436	5437	5437	3929	4907	4716	4147
	50.3		50.3	50.3		43.7			3332	4129		3929		4080	4320
219.1	56.7		56.7	56.7		43.7			3817	4618		3929		4414	4414
($8\frac{5}{8}$)	63		63	63		43.7			4293	5099		3929		4716	4147
	70.1		70.1	70.1		43.7			4827	5642		3929		4716	4147
	53.2		53.2	53.2		43.7			3510	4342		4124		4285	4285
	59.8		59.8	59.8		43.7			4022	4859		4124		4636	4356
	66.5		66.5	66.5		43.7			4525	5366		4124		4952	4356
	74.1		71.6	74.1		43.7			5090	5935		4124		4952	4356
	69.2		69.2	69.2	69.2	43.7	43.7		4694	5731	5731	4907	5731	5517	5183

续表

规格/mm (in)	公称质量/kg/m (lb/ft)	钢级	外径/mm	壁厚/mm	内径/mm	带螺纹和接箍/mm			直连型/mm		挤毁压力/MPa	管体屈服强度/kN
						通径	标准接箍外径	特殊间隙接箍外径	通径	机紧后内螺纹端外径		
219.1 (8⅝)	65.48(44.00)	P-110	219.1	12.7	193.7	190.5	244.5	231.8	190.5	231.7	58.1	6247
	72.92(49.00)	P-110	219.1	14.15	190.8	187.6	244.5	231.8	187.6	231.7	74.1	6910
	72.92(49.00)	Q-125	219.1	14.15	190.8	187.6	244.5		187.6	231.7	80.4	7853
244.5 (9⅝)	48.07(32.30)	H-40	244.5	7.92	228.6	224.7	269.9				9.4	1624
	53.57(36.00)	H-40	244.5	8.94	226.6	222.6	269.9				11.9	1824
	53.57(36.00)	J-55	244.5	8.94	226.6	222.6	269.9	257.2			13.9	2509
	59.53(40.00)	J-55	244.5	10.03	224.4	220.5	269.9	257.2	218.4	256.5	17.7	2803
	53.57(36.00)	K-55	244.5	8.94	226.6	222.6	269.9	257.2			13.9	2509
	59.53(40.00)	K-55	244.5	10.03	224.4	220.5	269.9	257.2	218.4	256.5	17.7	2803
	59.53(40.00)	C-75	244.5	10.03	224.4	220.5	269.9	257.2	218.4	256.5	20.6	3822
	64.74(43.50)	C-75	244.5	11.05	222.4	218.4	269.9	257.2	218.4	256.5	25.7	4191
	69.94(47.00)	C-75	244.5	11.95	220.5	216.5	269.9	257.2	218.4	256.5	31.8	4529
	79.62(53.50)	C-75	244.5	13.84	216.8	212.8	269.9	257.2	218.4	256.5	43.8	5188
	59.53(40.00)	L-80	244.5	10.03	224.4	220.5	269.9	257.2	218.4	256.5	26.3	4075
	64.74(43.50)	L-80	244.5	11.05.	222.4	218.4	269.9	257.2	218.4	256.5	26.3	4471

续表

规格/mm(in)	最小内屈服压力/MPa							接头连接强度[①]/kN							
	平端或直连型	圆螺纹		偏梯形螺纹				带螺纹和接箍						直连型	
		短	长	标准接箍		特殊间隙接箍		圆螺纹		偏梯形螺纹				标准接头	选用接头
				同钢级	较高钢级[②]	同钢级	较高钢级[②]	短	长	标准接箍	较高钢级标准接箍[②]	特殊间隙接箍	较高钢级特殊间隙接箍[②]		
219.1 ($8\frac{5}{8}$)	76.9		71.6	76.9	76.9	43.7	43.7		5277	6331	6331	4907	6282	5900	5183
	85.7		71.6	77.4	77.4	43.7	43.7		5940	7003	7003	4907	6282	5900	5183
	97.4		97.4	97.4					6656	7688				6371	
244.5 ($9\frac{5}{8}$)	15.7	15.7						1130							
	17.7	17.7						1130							
	24.3	24.3	24.3	24.3	24.3	24.3	24.3	1753	2015	2843	2843	2843	2843		
	27.2	27.2	27.2	27.2	27.2	25.2	27.2	2011	2314	3177	3177	3177	3177	3426	3426
	24.3	24.3	24.3	24.3	24.3	24.3	24.3	1882	2176	3359	3359	3359	3359		
	27.2	27.2	27.2	27.2	27.2	25.2	27.2	2162	2496	3751	3751	3751	3751	4338	4338
	37.2		37.2	37.2		34.4			3088	4120		4120		4338	4338
	40.9		40.9	40.9		34.4			3453	4520		4156		4338	4338
	44.4		44.1	44.4		34.4			3791	4885		4156		4592	4592
	51.2		51.2	51.2		34.4			4445	5593		4156		5219	4685
	39.6		39.6	39.6		35.4			3235	4213		4156		4338	4338
	43.6		43.6	43.6		35.4			3617	4618		4156		4338	4338

续表

规格/mm(in)	公称质量/kg/m(lb/ft)	钢级	外径/mm	壁厚/mm	内径/mm	带螺纹和接箍/mm			直连型/mm		挤毁压力/MPa	管体屈服强度/kN
						通径	标准接箍外径	特殊间隙接箍外径	通径	机紧后内螺纹端外径		
244.5(9⅝)	69.94(47.00)	L-80	244.5	11.95	220.5	216.5	269.9	257.2	218.4	256.5	32.8	4832
	79.62(53.50)	L-80	244.5	13.84	216.8	212.8	269.9	257.2	218.4	256.5	45.6	5535
	59.53(40.00)	N-80	244.5	10.03	224.4	220.5	269.9	257.2	218.4	256.5	21.3	4075
	64.74(43.50)	N-80	244.5	11.05	222.4	218.4	269.9	257.2	218.4	256.5	26.3	4471
	69.94(47.00)	N-80	244.5	11.95	220.5	216.5	269.9	257.2	218.4	256.5	32.8	4832
	79.62(53.50)	N-80	244.5	13.84	216.8	212.8	269.9	257.2	218.4	256.5	45.6	5535
	59.53(40.00)	C-90	244.5	10.03	224.4	220.5	269.9	257.2	218.4	256.5	22.4	4587
	64.74(43.50)	C-90	244.5	11.05	222.4	218.4	269.9	257.2	218.4	256.5	27.6	5028
	69.94(47.00)	C-90	244.5	11.95	220.5	216.5	269.9	257.2	218.4	256.5	34.5	5432
	79.62(53.50)	C-90	244.5	13.84	216.8	212.8	269.9	257.2	218.4	256.5	49.1	6224
	59.53(40.00)	C-95	244.5	10.03	224.4	220.5	269.9	257.2	218.4	256.5	22.9	4841
	64.74(43.50)	C-95	244.5	11.05	222.4	218.4	269.9	257.2	218.4	256.5	28.4	5308
	69.94(47.00)	C-95	244.5	11.99	220.5	216.5	269.9	257.2	216.5	256.5	35.1	5735
	79.62(53.50)	C-95	244.5	13.84	216.8	212.8	269.9	257.2	212.8	256.5	50.6	6571

续表

规格/mm(in)	最小内屈服压力/MPa								接头连接强度①/kN							
	平端或直连型	圆螺纹		偏梯形螺纹				带螺纹和接箍						直连型	
				标准接箍		特殊间隙接箍		圆螺纹		偏梯形螺纹					
		短	长	同钢级	较高钢级②	同钢级	较高钢级②	短	长	标准接箍	较高钢级标准接箍②	特殊间隙接箍	较高钢级特殊间隙接箍②	标准接头	选用接头
244.5 (9⅝)	47.4		47.4	47.4		35.4			3973	4992		4156		4592	4592
	54.7		54.7	54.7		35.4			4658	5722		4156		5219	4685
	39.6		39.6	39.6	39.6	35.4	35.4		3279	4356	4356	4356	4356	4569	4569
	43.6		43.6	43.6	43.6	35.4	35.4		3671	4778	4778	4374	4778	4569	4569
	47.4		47.4	47.4	47.4	35.4	35.4		4027	5166	5166	4374	5166	4832	4832
	54.7		54.7	54.7	54.7	35.4	35.4		4725	5913	5913	4374	5468	5495	4934
	44.5		44.5	44.5		35.4			3577	4541		4374		4569	4569
	49.1		49.1	49.2		35.4			4000	4979		4374		4569	4569
	53.2		53.2	53.2		35.4			4391	5384		4374		4832	4832
	61.5		58.3	61.5		35.4			5148	6167		4374		5495	4934
	47		47	47		35.4			3768	4778		4592		4796	4796
	51.8		51.8	51.8		35.4			4218	5241		4592		4796	4796
	56.2		56.2	56.2		35.4			4627	5664		4592		5077	5077
	64.9		58.3	58.3		35.4			5428	6487		4592		5771	5179

续表

规格/mm(in)	公称质量/kg/m(lb/ft)	钢级	外径/mm	壁厚/mm	内径/mm	带螺纹和接箍/mm			直连型/mm		挤毁压力/MPa	管体屈服强度/kN
						通径	标准接箍外径	特殊间隙接箍外径	通径	机紧后内螺纹端外径		
244.5 ($9\frac{5}{8}$)	64.74(43.50)	P-110	244.5	11.05	222.4	218.4	269.9	257.2	218.4	256.5	30.5	6144
	64.74(43.50)	P-110	244.5	11.99	220.5	216.5	269.9	257.2	216.5	256.5	36.5	6643
	64.74(43.50)	P-110	244.5	13.84	216.8	212.8	269.9	257.2	212.8	256.5	54.8	7608
	69.94(47.00)	Q-125	244.5	11.99	220.5	216.5	269.9		216.5	256.5	38.9	7550
	79.62(53.50)	Q-125	244.5	13.84	216.8	212.8	269.9		212.8	256.5	58.2	8645
273.1 ($10\frac{3}{4}$)	48.74(32.75)	H-40	273.1	7.09	258.9	254.9	298.5				5.8	1633
	60.27(40.50)	H-40	273.1	8.89	255.3	251.3	298.5				9.6	2033
	60.27(40.50)	J-55	273.1	8.89	255.3	251.3	298.5	285.5			10.9	2799
	67.71(45.50)	J-55	273.1	10.16	252.7	248.8	298.5	285.8	248.8	291.1	14.4	3181
	75.90(51.00)	J-55	273.1	11.43	250.2	246.2	298.5	285.8	246.2	291.1	18.6	3564
	60.27(40.50)	K-55	273.1	8.89	255.3	251.3	298.5	285.8			10.9	2799
	67.71(45.50)	K-55	273.1	10.16	252.7	248.8	298.5	285.8	248.8	291.1	14.4	3181
	75.90(51.00)	K-55	273.1	11.43	250.2	246.2	298.5	285.8	246.2	291.1	18.6	3564
	75.90(55.50)	C-75	273.1	11.43	250.2	246.2	298.5	285.8	246.2	291.1	21.4	4859
	82.59(55.50)	C-75	273.1	12.57	247.9	243.9	298.5	285.8	243.9	291.1	27	5321

续表

规格/mm (in)	最小内屈服压力/MPa							接头连接强度①/kN							
	平端或直连型	圆螺纹		偏梯形螺纹				带螺纹和接箍						直连型	
				标准接箍		特殊间隙接箍		圆螺纹		偏梯形螺纹					
		短	长	同钢级	较高钢级②	同钢级	较高钢级②	短	长	标准接箍	较高钢级标准接箍②	特殊间隙接箍	较高钢级特殊间隙接箍②	标准接头	选用接头
244.5 (9⅝)	60		60	60	60	35.4	35.4		4921	6175	6175	5468	6175	5708	5708
	65.1		65.1	63.2	63.2	35.4	35.4		5397	6674	6674	5468	6674	6042	6042
	75.2		66.7	63.2	63.2	35.4	35.4		6327	7644	7644	5468	6999	6870	6167
	74		71.5	74					6051	7341				6536	
	85.4		85.4	85.4					7096	8409				7417	
273.1 (10¾)	12.5	12.5						912							
	15.7	15.7						1397							
	21.6	21.6		21.6	21.6	21.6	21.6	1869		3114	3114	3114	3114		
	24.7	24.7		24.7	24.7	22.7	24.7	2193		3542	3542	3542	3542	4338	
	27.8	27.8		27.8	27.8	22.7	27.8	2514		3964	3964	3657	3964	4859	
	21.6	21.6		21.6	21.6	21.6	21.6	2002		3644	3644	3644	3644		
	24.7	24.7		24.7	24.7	22.7	24.7	2349		4142	4142	4142	4142	5499	
	27.8	27.8		27.8	27.8	22.7	27.8	2696		4641	4641	4632	4641	6153	
	37.9	37.9		37.9		28.6		3364		5161		4632		6153	
	41.6	41.6		41.6		28.6		3751		5655		4632		6741	

续表

规格/mm(in)	公称质量/kg/m(lb/ft)	钢级	外径/mm	壁厚/mm	内径/mm	带螺纹和接箍/mm			直连型/mm		挤毁压力/MPa	管体屈服强度/kN
						通径	标准接箍外径	特殊间隙接箍外径	通径	机紧后内螺纹端外径		
273.1 (10¾)	75.90(51.00)	L-80	273.1	11.43	250.2	246.2	298.5	285.8	246.2	291.1	22.2	5183
	82.59(55.50)	L-80	273.1	12.57	247.9	243.9	298.5	285.8	243.9	291.1	27.7	5677
	75.90(51.00)	N-80	273.1	11.43	250.2	246.2	298.5	285.8	246.2	291.1	22.2	5183
	82.59(55.50)	N-80	273.1	12.57	247.9	243.9	298.5	285.8	243.9	291.1	27.7	5677
	75.90(51.00)	C-90	273.1	11.43	250.2	246.2	298.5	285.8	246.2	291.1	23.4	5828
	82.59(55.50)	C-90	273.1	12.57	247.9	243.9	298.5	285.8	243.9	291.1	28.7	6385
	75.90(51.00)	C-95	273.1	11.43	250.2	246.2	298.5	285.8	246.2	291.1	24	6153
	82.59(55.50)	C-95	273.1	12.57	247.9	243.9	298.5	285.8	243.9	291.1	29.6	6741
	75.90(51.00)	P-110	273.1	11.43	250.2	246.2	298.5	285.8	246.2	291.1	25.2	7128
	82.59(55.50)	P-110	273.1	12.57	247.9	243.9	298.5	285.8	243.9	291.1	31.8	7804
	90.33(60.70)	P-110	273.1	13.84	245.4	241.4	298.5	285.8	241.4	291.1	40.5	8551
	97.77(65.70)	P-110	273.1	15.11	242.8	238.9	298.5	285.8			51.7	9290
	90.33(60.70)	Q-125	273.1	13.84	245.4	241.4	285.8		241.4	291.1	41.9	9717
	97.77(65.70)	Q-125	273.1	15.11	242.8	238.9	285.8				34.6	10558

续表

规格/mm(in)	最小内屈服压力/MPa							接头连接强度①/kN							
	平端或直连型	圆螺纹		偏梯形螺纹				带螺纹和接箍						直连型	
		短	长	标准接箍		特殊间隙接箍		圆螺纹		偏梯形螺纹				标准接头	选用接头
				同钢级	较高钢级②	同钢级	较高钢级②	短	长	标准接箍	较高钢级标准接箍②	特殊间隙接箍	较高钢级特殊间隙接箍②		
273.1 (10¾)	40.4	40.4		40.4		28.6		3553		5295		4632		6153	
	44.5	44.5		44.5		28.6		3933		5797		4632		6741	
	40.4	40.4		40.4	40.4	28.6	28.6	3577		5464	558	4876	558	6478	
	44.5	44.5		44.5	44.5	28.6	28.6	3982		5984	611	4876	611	7096	
	45.4	45.4		45.4		28.6		3911		5726		4948		6478	
	50	47.4		50		28.6		4356		6269		4948		7096	
	48	47.4		48		28.6		4124		6024		5121		6803	
	52.8	47.4		51.4		28.6		4592		6598		5121		7542	
	55.6	54.2		51.4	51.4	28.6	28.6	4805		7092	7092	6095	7804	8098	
	61.1	54.2		51.4	51.4	28.6	28.6	5352		7764	7764	6095	7764	8867	
	67.3	54.2		51.4	51.4	28.6	28.6	5953		8507	8507	6095	7804	8898	
	73.4	54.2		51.4	51.4	28.6	28.6	6549		9241	9241	6095	7804		
	76.5	76.5		76.5				6683		9383				9606	
	83.5	83.5		83.5				7350		10193					

续表

规格/mm(in)	公称质量/kg/m(lb/ft)	钢级	外径/mm	壁厚/mm	内径/mm	带螺纹和接箍/mm			直连型/mm		挤毁压力/MPa	管体屈服强度/kN
						通径	标准接箍外径	特殊间隙接箍外径	通径	机紧后内螺纹端外径		
298.5 (11¾)	62.50(42.00)	H-40	298.5	8.46	281.5	277.6	323.9				7.2	2127
	69.94(47.00)	J-55	298.5	9.53	279.5	275.4	323.9				10.4	3279
	80.36(54.00)	J-55	298.5	11.05	276.4	272.4	323.9				14.3	3782
	89.29(60.00)	J-55	298.5	12.42	273.6	269.7	323.9				18.3	4236
	69.94(47.00)	K-55	298.5	9.53	279.4	275.4	323.9				10.4	3279
	80.36(54.00)	K-55	298.5	11.05	276.4	272.4	323.9				14.3	3782
	89.29(60.00)	K-55	298.5	12.42	273.6	269.7	323.9				18.3	4236
	89.29(60.00)	C-75	298.5	12.42	273.6	269.7	323.9				21.2	5775
	89.29(60.00)	L-80	298.5	12.42	273.6	269.7	323.9				21.9	6158
	89.29(60.00)	N-80	298.5	12.42	273.6	269.7	323.9				21.9	6158
	89.29(60.00)	C-90	298.5	12.42	273.6	269.7	323.9				23.2	6927
	89.29(60.00)	C-95	298.5	12.42	273.6	269.6	323.9				23.7	7314
	89.29(60.00)	P-120	298.5	12.42	273.6	269.7	323.9				24.9	8467
	89.29(60.00)	Q-125	298.5	12.42	273.6	269.7	323.9				25.4	9619

续表

规格/mm(in)	最小内屈服压力/MPa							接头连接强度①/kN							
	平端或直连型	圆螺纹		偏梯形螺纹				带螺纹和接箍						直连型	
		短	长	标准接箍		特殊间隙接箍		圆螺纹		偏梯形螺纹				标准接头	选用接头
				同钢级	较高钢级②	同钢级	较高钢级②	短	长	标准接箍	较高钢级标准接箍②	特殊间隙接箍	较高钢级特殊间隙接箍②		
298 5 (11¾)	13.7	13.7						1366							
	21.2	21.2		21.2	21.2			2122		3591	3591				
	24.5	24.5		24.5	24.5			2527		4142	4142				
	27.6	27.6		27.6	27.6			2888		4636	4636				
	21.2	21.2		21.2	21.2			2265		4160	4160				
	24.5	24.5		24.5	24.5			2696		4801	4801				
	27.6	27.6		27.6	27.6			3083		5375	5375				
	37.6	37.6		37.6				3866		6055					
	40.1	40.1		40.2				4062		6224					
	40.2	40.1		40.2				4111		6407	6407				
	40.2	40.1		43.4				4498		6749					
	47.7	40.1		43.4				4743		7101					
	55.2	40.1		43.4	43.4			5526		8351	8351				
	62.7	62.7		62.7				6207		9228					

续表

规格/mm(in)	公称质量/kg/m(lb/ft)	钢级	外径/mm	壁厚/mm	内径/mm	带螺纹和接箍/mm			直连型/mm		挤毁压力/MPa	管体屈服强度/kN
						通径	标准接箍外径	特殊间隙接箍外径	通径	机紧后内螺纹端外径		
339.7 $(13\frac{3}{8})$	71.43(48.00)	H-40	339.7	8.38	323	319	365.1				5.1	2407
	81.11(54.50)	J-55	339.7	9.65	320.4	316.5	365.1				7.8	3795
	90.78(61.00)	J-55	339.7	10.92	317.9	313.9	365.1				10.6	4280
	101.20(68.00)	J-55	339.7	12.19	315.3	311.4	365.1				13.4	4756
	81.11(54.50)	K-55	339.7	9.65	320.4	316.5	365.1				7.8	3795
	90.78(61.00)	K-55	339.7	10.92	317.9	313.9	365.1				10.6	4280
	101.20(68.00)	K-55	339.7	12.19	315.3	311.4	365.1				13.4	4756
	101.20(68.00)	C-75	339.7	10.92	315.3	311.4	365.1				15.3	6487
	107.15(72.00)	C-75	339.7	12.19	313.6	309.7	365.1				17.9	6932
	101.20(68.00)	L-80	339.7	10.92	315.3	311.4	365.1				15.6	6932
	107.15(72.00)	L-80	339.7	12.19	313.6	309.7	365.1				18.4	7390

续表

规格/mm (in)	最小内屈服压力/MPa							接头连接强度①/kN							
	平端或直连型	圆螺纹		偏梯形螺纹				带螺纹和接箍						直连型	
		短	长	标准接箍		特殊间隙接箍		圆螺纹		偏梯形螺纹				标准接头	选用接头
				同钢级	较高钢级②	同钢级	较高钢级②	短	长	标准接箍	较高钢级标准接箍②	特殊间隙接箍	较高钢级特殊间隙接箍②		
339.7 ($13\frac{3}{8}$)	11.9	11.9						1433							
	18.8	18.8		18.8	18.8			2287		4044	4044				
	21.3	21.3		21.3	21.3			2647		4560	4560				
	23.8	23.8		23.8	23.8			3003		5072	5072				
	18.8	18.8		18.8	18.8			2434		4618	4618				
	21.3	21.3		21.3	21.3			2816		5201	5201				
	23.8	23.8		23.8	23.8			3195		5784	5784				
	32.5	31.4		32.5				4027		6656					
	34.8	31.4		34				4351		7110					
	34.6	31.4		34				4236		6874					
	37.1	31.4		34				4578		7341					

续表

规格/mm (in)	公称质量/kg/m (lb/ft)	钢级	外径/mm	壁厚/mm	内径/mm	带螺纹和接箍/mm			直连型/mm		挤毁压力/MPa	管体屈服强度/kN
						通径	标准接箍外径	特殊间隙接箍外径	通径	机紧后内螺纹端外径		
346.1 ($13\frac{5}{8}$)	101.20(68.00)	N－80	339.7	12.19	315.3	311.4	365.1				15.6	6923
	107.15(72.00)	N－80	339.7	13.06	313.6	309.7	365.1				18.4	7390
	101.20(68.00)	C－90	339.7	12.19	315.3	311.4	365.1				16.0	7786
	107.15(72.00)	C－90	339.7	13.06	313.6	309.7	365.1				19.2	8316
	101.20(68.00)	C－95	339.7	12.19	315.3	311.4	365.1				16.1	8218
	107.15(72.00)	C－95	339.7	13.06	313.6	309.7	365.1				19.4	8778
	101.20(68.00)	P－110	339.7	12.19	315.3	311.4	365.1				16.1	9517
	107.15(72.00)	P－110	339.7	13.06	313.6	309.7	365.1				19.9	10162
	107.15(72.00)	Q－125	339.7	13.06	313.6	309.7	365.1				19.9	11550
406.4 (16)	96.73(65.00)	H－40	406.4	9.53	387.4	382.6	431.8				4.3	3275
	111.61(75.00)	J－55	406.4	11.13	384.2	379.4	431.8				7.0	5241
	125.01(84.00)	J－55	406.4	12.57	381.3	376.5	431.8				9.7	5900
	111.61(75.00)	K－55	406.4	11.13	384.2	379.4	431.8				7.0	4241
	125.01(84.00)	K－55	406.4	12.57	381.3	376.5	431.8				9.7	5900

续表

规格/mm (in)	最小内屈服压力/MPa							接头连接强度[①]/kN							
	平端或直连型	圆螺纹		偏梯形螺纹				带螺纹和接箍						直连型	
				标准接箍		特殊间隙接箍		圆螺纹		偏梯形螺纹					
		短	长	同钢级	较高钢级[②]	同钢级	较高钢级[②]	短	长	标准接箍	较高钢级标准接箍[②]	特殊间隙接箍	较高钢级特殊间隙接箍[②]	标准接头	选用接头
346.1 (13⅝)	34.6	31.4		34	34			4285		7052	7052				
	37.1	31.4		34	34			4627		7532	7532				
	39	31.4		34				4703		7488					
	41.7	31.4		34				3081		7995					
	41.2	31.4		34				4956		7884					
	44.1	31.4		34				5357		8422					
	47.6	31.4		34	34			5771		9250	9250				
	51	31.4		34	34			6238		9882	9882				
	58	58		58				7012		10958					
406.4 (16)	11.3	11.3						1953							
	18.1	18.1		18.1	18.1			3159		5339	5339				
	20.5	20.5		20.5	20.5			3635		6011	6011				
	18.1	18.1		18.1	18.1			3346		5922	5922				
	20.5	20.5		20.5	20.5			3849		6669	6669				

续表

规格/mm (in)	公称质量/kg/m (lb/ft)	钢级	外径/mm	壁厚/mm	内径/mm	带螺纹和接箍/mm 通径	标准接箍外径	特殊间隙接箍外径	直连型/mm 通径	机紧后内螺纹端外径	挤毁压力/MPa	管体屈服强度/kN
473.1 (18⅝)	130.22(87.50)	H-40	473.1	11.05	451	446.2	508				4.3③	4423
	130.22(87.50)	J-55	473.1	11.05	451	446.2	508				4.3③	6082
	130.22(87.50)	K-55	473.1	11.05	451	446.2	508				4.3③	6082
508 (20)	139.89(94.00)	H-40	508	11.13	485.8	481	533.4				3.6③	4792
	139.89(94.00)	J-55	508	11.13	485.8	481	533.4				3.6③	6585
	158.49(106.50)	J-55	508	12.7	482.6	477.8	533.4				5.3③	7497
	197.93(133.00)	J-55	508	16.13	475.7	471	533.4				10.3③	9455
	139.89(94.00)	K-55	508	11.13	485.8	481	533.4				3.6③	6585
	158.49(106.50)	K-55	508	12.7	482.6	477.8	533.4				5.3③	7497
	197.93(133.00)	K-55	508	16.13	475.7	471	533.4				10.3③	9455

续表

规格/mm(in)	最小内屈服压力/MPa							接头连接强度①/kN							
	平端或直连型	圆螺纹		偏梯形螺纹				带螺纹和接箍						直连型	
		短	长	标准接箍		特殊间隙接箍		圆螺纹		偏梯形螺纹				标准接头	选用接头
				同钢级	较高钢级②	同钢级	较高钢级②	短	长	标准接箍	较高钢级标准接箍②	特殊间隙接箍	较高钢级特殊间隙接箍②		
473.1 (18⅝)	11.2	11.2						2487							
	15.5	15.5		15.5	15.5			3355		5913	5913				
	15.5	15.5		15.5	15.5			3533		6349	6349				
508 (20)	10.5	10.5	10.5					2585							
	14.5	14.5	14.5	14.5	14.5			3488	4035	6238	6238				
	16.6	16.5	16.5	16	16			4062	4703	7101	7101				
	21.1	16.5	16.5	16	16			5303	6140	2952	2952				
	14.5	14.5	14.5	14.5	14.5			3666	6249	6580	6580				
	16.6	16.5	16.5	16	16			4271	4952	7488	7488				
	21.1	16.5	16.5	16	16			5575	6465	9446	9446				

注 1:①连接强度大于相应的管体屈服强度。

注 2:②对 J-55 和 K-55 套管而言,最接近的较高钢级是 N-80。对 N-80 套管而言,最接近的较高钢级是 P-110。对 P-110 套管而言,最接近的较高钢级是最小屈服强度为 103.4MPa 的非 API 钢级-150YS。对 C-75、L-80、C-90 和 C-95 套管而言,尚未确定较高钢级。

注 3:③挤毁压力值由弹性挤毁公式计算。

4.1.3.2　套管接箍规范

(1)圆螺纹套管接箍规范(见表3－47)

表3－47　API圆螺纹套管接箍

套管规格/mm(in)	接箍外径/mm	接箍最小长度/mm		镗孔直径/mm	承载面厚度/mm	质量/kg	
		短接箍	长接箍			短接箍	长接箍
114.30($4\frac{1}{2}$)	127.00	158.75	177.80	116.68	3.97	3.62	4.15
127.00(5)	141.30	165.10	196.85	129.38	4.76	4.66	5.75
139.70($5\frac{1}{2}$)	153.67	171.45	203.20	142.08	3.18	5.23	6.42
168.28($6\frac{5}{8}$)	187.71	184.15	222.25	170.66	6.35	9.12	11.34
177.80(7)	194.46	184.15	228.60	180.18	4.76	8.39	10.83
193.70($7\frac{5}{8}$)	215.90	190.50	234.95	197.64	5.56	12.30	15.63
219.08($8\frac{5}{8}$)	244.48	196.85	254.00	223.04	6.35	16.23	21.67
244.48($9\frac{5}{8}$)	269.88	196.85	266.70	248.44	6.35	18.03	25.45
273.05($10\frac{3}{4}$)	298.45	203.20		277.02	6.35	20.78	
298.45($11\frac{3}{4}$)	323.85	203.20		302.42	6.35	22.64	
339.72($13\frac{3}{8}$)	265.12	203.20		343.69	5.56	25.66	
406.40(16)	431.80	228.60		411.96	5.56	34.91	
473.08($18\frac{5}{8}$)	508.00	228.60		478.63	5.56	54.01	
508.00(20)	533.40	228.60	292.10	513.56	5.56	43.42	57.04

(2)偏梯形螺纹套管规范(见表3－48)

表3－48　API偏梯形螺纹套管接箍

套管规格/mm(in)	接箍外径/mm	接箍最小长度/mm		镗孔直径/mm	承载面厚度/mm	质量/kg	
		短接箍	长接箍			短接箍	长接箍
114.30($4\frac{1}{2}$)	127.00	123.82	225.42	117.86	3.18	4.55	3.48
127.00(5)	141.30	136.52	231.78	130.56	3.97	5.85	4.00
139.70($5\frac{1}{2}$)	153.67	149.22	234.95	143.26	3.97	6.36	4.47

续表

套管规格/mm(in)	接箍外径/mm	接箍最小长度/mm		镗孔直径/mm	承载面厚度/mm	质量/kg	
		短接箍	长接箍			短接箍	长接箍
168.28(6⅝)	187.71	177.80	244.48	171.83	6.35	11.01	5.65
177.80(7)	194.46	187.32	254.00	181.36	5.56	10.54	6.28
193.70(7⅝)	215.90	206.38	263.52	197.23	7.94	15.82	9.29
219.08(8⅝)	244.48	231.78	269.88	222.63	9.52	20.86	10.80
244.48(9⅝)	269.88	257 18	269.88	248.03	9.52	23.36	12.02
273.05(10¾)	298.45	285.75	269.88	276.61	9.52	25.74	13.39
298.45(11¾)	323.85		269.88	302.01	9.52	28.03	
339.72(13⅜)	265.12		269.88	343.28	9.52	31.77	
406.40(16)	431.80		269.88	410.31	9.52	40.28	
473.08(18⅝)	508.00		269.88	476.99	9.52	62.68	
508.00(20)	533.40		269.88	511.91	9.52	50.10	

4.2 特种(非 API)套管

4.2.1 抗酸性介质腐蚀的套管

(1)H_2S 气体对套管的腐蚀

H_2S 气体对套管的腐蚀主要与以下因素有关:

① 温度的影响。在常温环境条件下,H_2S 能使敏感的钢材产生腐蚀,在较寒冷的地区,钢材甚至会产生硫化物应力开裂(简称氢脆或 SSCC)。但随着温度的升高,H_2S 在水中溶解度的降低其腐蚀性亦降低,当温度升高到一定程度时,H_2S 的腐蚀作用会变得很小,甚至不产生 SSCC。通常对 H_2S 敏感的钢材都存在一个不发生 SSCC 的温度,这个温度被称为临界温度。ARMOCO 公司推荐套管临界温度见表 3-49。

对于含硫化物的井,下井套管的选用应考虑设计强度和临界温度双重因素,其井口应尽量选择 K-55、L-80、C-90 套管。

表 3－49 ARMOCO 公司推荐套管氢脆临界温度

套管钢级	临界温度/℃	套管钢级	临界温度/℃
K－55	75	S－95	150
L－80	75	P－110	180
C－75	100	Q－125	210
N－80	150	S－140	250
C－90P		V－150	300

② 气体压力及 H_2S 浓度的影响。在 SY/T 5087—2003 和 NACE MR0175 两个标准中明确规定：当气体总压力大于或等于 0.4MPa，而该气体中的 H_2S 分压大于或等于 0.0003MPa 时（天然气中 H_2S 的分压等于天然气中所含 H_2S 单独占有该体积时所具有的压力），称为酸性天然气，该天然气可引起对 H_2S 敏感性钢材发生 SSCC，必须选择抗硫材料制成的套管。

酸性天然气是否会导致敏感材料发生 SSCC，可按图 3－26 和图 3－27 进行划分。

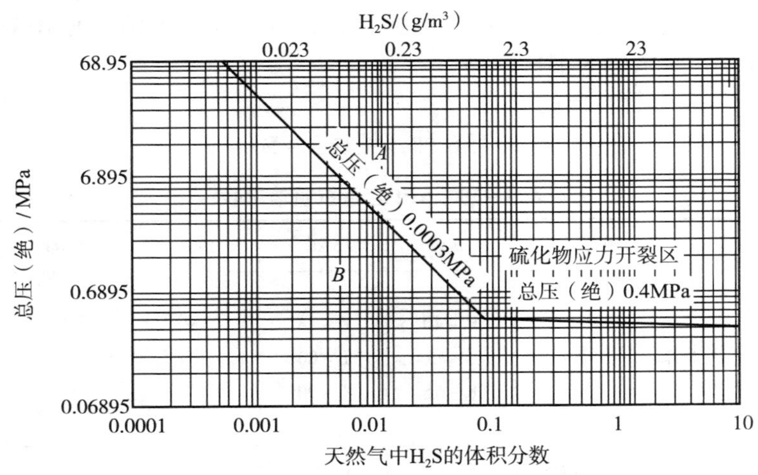

图 3－26 含硫气相介质中硫化物应力腐蚀区

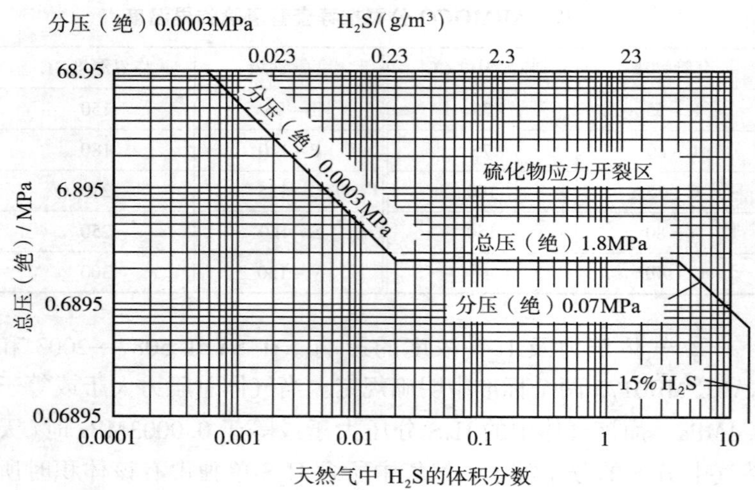

图 3－27　含硫多相系统硫化物应力腐蚀区

以上两图中的气体总压力线和 H_2S 分压力线以下的区域为 H_2S 腐蚀安全区，两条线以上为 H_2S 腐蚀破坏区。但是实践表明，即使是 H_2S 分压低于 0.0003MPa 时，也不可随意使用对 H_2S 异常敏感的钢材。

③ 套管材质的影响。

API 套管中抗硫的有 6 种，见表 3－50。

表 3－50　API 套管抗硫情况表

API 技术规范	5A	5AC	5AX	5AQ
适用于含硫化物的地区	H－40 J－55 K－55	C－75 L－80 C－90		
不适于含硫化物的地区	N－80	C－95	P－110	Q－125

非 API 的有三种套管抗硫，即 S－80、SS－95、RY－85。

天津钢管公司生产的 TP 系列抗硫化氢应力腐蚀套管，目前已有 TP80(T)S、TP80(T)SS、TP90(T)S、TP90(T)SS、TP95(T)S、TP95(T)SS、TP110(T)S 四个钢级七个品种。

TP90S(S)、TP95S 套管均具有良好的使用性能，其抗内压、抗挤毁、连接强度、管体屈服强度均高于 API 要求，扭矩值满足 API 要求。

抗硫化氢应力腐蚀套管力学性能见表 3－51，机械性能见表 3－52。

(2) CO_2 气体对套管的腐蚀

在含 CO_2 油气田观察到的腐蚀破坏，主要由腐蚀产物膜局部破损处的点蚀引起的环状或台面的蚀坑或蚀孔。

CO_2 分压是影响腐蚀速率的主要因素。研究结果表明，当 CO_2 的分压低于 0.021MPa 时腐蚀可以忽略；当 CO_2 分压为 0.021～0.21MPa 时，腐蚀可能发生；当温度低于 60℃ 时为均匀腐蚀；60～110℃ 时则局部孔蚀严重；大于 150℃ 时则腐蚀速率下降。

在含 CO_2 油气田中，CO_2 腐蚀速率随钢材含 Cr 组分的增加而减小。9Cr－1M0、13Cr 和 Cr 双向不锈钢等均已成功的用于含 CO_2 油气井井下管柱。对于 CO_2 与 H_2S 共存系统，往往侧重于从 H_2S 腐蚀考虑防护。只有当 CO_2 与 H_2S 分压之比大于 500 时，腐蚀产物膜才以碳酸铁为主。

天津钢管集团股份有限公司生产的抗 CO_2 腐蚀套管有 TP80NC－3Cr、TP80NC－5Cr、TP80NC－13Cr、TP110NC－3Cr、TP110NC－5Cr、TP110NC－13Cr、TP95－HP13Cr、TP95－SUP13Cr、TP110－HP13Cr、TP110－SUP13Cr 等六个钢级十个品种。

国外用于酸性环境油套管见表 3－53。

表 3－51　天津钢管集团抗硫化氢应力腐蚀套管力学性能

项目	钢级	屈服强度/MPa		抗拉强度/MPa	硬度 HRC		夏氏 V 型缺口试验（10mm×10mm）	
		min	max	min	max	ΔHRC	温度/℃	min/J
API	C90	621	724	690	25.4	3～4	32(0)	14～26
	T95	655	758	724	25.4	3～4	32(0)	14～27
	L80	552	655	655	25.4	3～4	32(0)	12～26
TPCD	TP90SS	平均值＝666		800	平均值＝22.0		32(0)	68～132
	TP95S	平均值＝690		850	平均值＝23.5		32(0)	136～236
	TP80S(S)	平均值＝610		700	＜22.0		32(0)	90～150

表 3－52　天津钢管集团抗硫化氢应力腐蚀套管机械性能

钢级	规格		上卸扣	静水压	连接强度/kN		抗内压/kN		抗挤毁/kN		管体拉伸/kN	
					API	TPCO	API	TPCO	API	TPCO	API	TPCO
TP90SS	7	177.8	满足 API5CT 推荐值	满足 API5CT 推荐值	3043.8	3790.1	36935.0	49733.2	33731.0	46048.6	3382.0	4450.0
	$9\frac{5}{8}$	244.48			4000.6	4645.4	28747.0	31150.0	17844.5	25044.6	4588.0	5340.0
TP95S	7	177.8			3417.6	4267.6	42364.0	53328.8	43387.5	6532.6	3938.3	4761.5
	$9\frac{5}{8}$	244.48			4628.0	5489.1	30349.0	32040.0	81504.5	48950.0	4841.6	5340.0

注：TPCO 为天津钢管集团股份有限公司代号。

表 3－53 国外用于酸性环境油套管

国家	公司	系列代号	抗 SSCC 油套管	特级抗 SSCC 油套管	抗 CO_2 腐蚀油套管	抗 SSCC 和 CO_2 腐蚀油套管
日本	住友金属工业公司（SM）	SM	SM－80S SM－90S SM－95S	SM－85SS SM－90SS	SM9Cr SM13Cr SM22Cr SM25Cr	SM2025、 SM2035 SM2535、 SM2242 SM2250
	日本钢管公司（NKK）	NK	NK AC－80 NK AC－85 NK AC－90 NK AC－95 NK AC－105	NK AC－90S NK AC－95S NK AC－90M NK AC－95M NK AC－100SS	NKCR9 NKCR13 NKCR22 NKCR25	NKNIC25 NKNIC32 NKNIC42 NKNIC42M NKNIC52 NKNIC62
	新日本制铁公司（NSC）	NT	NT－80S NT－85S NT－90S NT－85HSS NT－90HSS NT－95HSS NT－100HSS NT－105HSS NT－110HSS	NT－80SS NT－85SS NT－90SS NT－95SS NT－100SS NT－105SS NT－110SS NT－80SSS NT－85SSS NT－90SSS NT－95SSS	NT－13CR NT－22CR NT－25CR 抗 CO_2－C1 管 NT－22CR－65 NT－22CR－110 NT－22CR－75 NT－22CR－110	
	川崎制铁公司（KSC）	KO	KO－80S KO－85S KO－90S K0－95S K0－110S	K080SS K085SS K090SS	K0－13Cr	

续表

国家	公司	系列代号	抗SSCC油套管	特级抗SSCC油套管	抗CO_2腐蚀油套管	抗SSCC和CO_2腐蚀油套管
加拿大	阿尔戈马钢铁公司(ALGOMA)		S00-9 S00-95			
瑞典	山特维克公司(SANDVIK)				DAF2205	Samicr028
法国	瓦鲁海克公司(VALLO UREC)		L-80VH C-95VH C-90VHS C-95VTS		C-75VC13-VCM C-80VC13-VCM L-80VC13-VCM C-75VC13-VCM	Alloy 825-80 Hastelloy Alloy 825-110 Hastelloy Alloy 825-130 Hastelloy Alloy g-3 Hastelloy Alloy c-3-110 Alloy c-3-125 Alloy c-3-150 75 Vs22-Vs25 80 Vs22-Vs25 110 Vs22-Vs25 130 Vs22-Vs25 Vs28-80 Vs28-110 Vs28-130

4.2.2 抗腐蚀合金(CRA)套管

在具有酸性气体(CO_2)的高压井中，抗腐蚀合金钢套管可代替低碳钢套管，也可不用缓蚀剂。抗腐蚀合金钢费用比一般钢材高得多，但是抗腐蚀合金钢的初始费用要比一般钢材经过抗腐蚀处理的总费用要低。

CRA 钢中含有铬、钼及镍等元素，这些元素含量越高，抗腐蚀性能就越强。瓦卢瑞克·曼内斯曼钢管公司生产的高合金钢管，主要用于高含硫化氢(H_2S)，二氧化碳(CO_2)和氯离子的油气井。表 3-54 是其一些性能参数。

表 3-54 瓦卢瑞克·曼内斯曼高合金钢管使用性能

钢级类别	钢 级	屈服强度/MPa	极限拉伸强度/MPa	洛氏硬度	延伸率/%
超级奥氏体	VM 28 110	760 ~ 965	795	≤35	≥11
	VM 28 125	860 ~ 1035	900	≤37	≥10
	VM 28 135	930 ~ 1070	965	≤38	≥8
镍级合金	VM 825 110	760 ~ 930	795	≤35	≥11
	VM 825 120	830 ~ 1000	860	≤37	≥10
	VM G3 110	760 ~ 900	795	≤35	≥11
	VM C3 125	860 ~ 1000	900	≤37	≥10
	VM 50 110	760 ~ 900	795	≤35	≥11
	VM 50 125	860 ~ 1000	900	≤37	≥10

4.2.3 高抗挤毁套管

天津钢管集团股份有限公司生产的高抗挤毁套管是一种特殊通径、特厚壁非 API 规格套管。主要适用于盐岩层、泥岩层、射孔段注水井等复杂地质应力条件。已形成 TP80T、TP95T、TP95TT、TP110T、TP110TT、TP125T、TP125TT、TP130TT 等八个钢级，有 114.30($4\frac{1}{2}$) ~ 339.70($13\frac{3}{8}$)等多种尺寸套管系列。主要力学性能指标见表 3-55，TP 单 T 系列套管抗挤毁强度保证值见表 3-56，TP 双 T 系列套管抗挤毁强度保证值见表 3-57。

表 3－55　主要力学性能指标

钢　级	屈服强度		抗拉强度/min		延伸率/min
	ksi	MPa	ksi	MPa	
TP80T	80 ~ 100	552 ~ 758	100	689	依照 API
TP95T	95 ~ 125	655 ~ 860	115	793	依照 API
TP110T	110 ~ 140	758 ~ 965	125	862	依照 API
TP125T	125 ~ 150	860 ~ 1035	135	930	依照 API
TP95TT	95 ~ 125	655 ~ 860	115	793	依照 API
TP110TT	110 ~ 140	758 ~ 9165	125	862	依照 API
TP125TT	125 ~ 150	860 ~ 1035	135	930	依照 API
TP130TT	130 ~ 165	896 ~ 1150	140	970	12%

表 3－56　TP 单 T 套管系列抗挤毁强度保证值

外径/mm	壁厚/mm	质量/(kg/m)	抗挤强度/MPa(min)				
			TP75T	TP80T	TP95T	TP110T	TP125T
139.70	7.72	25.30	47.85	54.40	61.91	70.33	
139.70	9.17	29.76	66.74	70.60	79.70	95.84	
139.70	10.54	34.22	79.43	84.81	100.11	113.07	121.83
139.70	12.09	38.69			119.90	126.86	
139.70	13.46	41.66			132.10	139.96	
177.80	8.05	34.22	29.72	37.92	38.96	39.30	
177.80	9.19	38.69	41.37	49.02	53.78	57.23	
177.80	10.36	43.15	51.02	59.16	67.43	79.29	
177.80	11.51	47.62	62.19	69.29	78.19	93.77	
177.80	12.65	52.08	73.29	77.98	89.70	108.94	113.42
177.80	13.72	56.54	81.01	87.56	104.18	116.52	127.07
244.48	10.03	59.52	22.61	29.16	29.16	29.65	
244.48	11.05	64.73	28.27	37.92	38.61	38.61	
244.48	11.99	69.94	34.96	44.33	48.95	48.95	50.33
244.48	13.84	79.61	48.13	56.40	64.47	74.46	75.64
244.48	15.11	86.90			73.50	88.25	
244.48	15.88	90.92			78.60	94.46	

表 3－57　TP 双 T 套管系列抗挤毁强度保证值

外径/mm	壁厚/mm	质量/(kg/m)	抗挤强度/MPa(min)		
			TP95TT	TP110TT	TP125TT
139.70	7.72	25.30	67.22	74.12	81.50
139.70	9.17	29.76	85.50	97.56	107.28
139.70	10.54	34.22	103.08	119.62	132.93
139.70	12.09	38.69	122.73	144.79	159.27
139.70	13.46	41.66	139.96	167.20	176.51
177.80	8.05	34.22	41.71	43.78	46.82
177.80	9.19	38.69	58.26	61.71	65.98
177.80	10.36	43.15	72.39	80.67	86.32
177.80	11.51	47.62	83.77	95.49	102.11
177.80	12.65	52.08	95.15	99.45	113.42
177.80	13.72	56.54	105.83	123.76	132.79
244.48	10.03	59.52	33.09	33.09	34.75
244.48	11.05	64.73	41.37	43.78	45.92
244.48	11.99	69.94	51.02	53.78	55.16
244.48	13.84	79.61	68.95	77.22	81.36
244.48	15.11	86.90	78.60	88.94	93.08
244.48	15.88	90.92	84.12	95.84	100.66

4.2.4　热采井专用套管

国内不少油田存在稠油区块，采油时一般采用单井吞吐注热蒸气，普通 API 钢级套管不能适应这一工作环境。天津钢管集团有限公司自主开发了适合于稠油热采井的 TP90H、TP100H、TP110H 和 TP120TH 钢级系列套管。

TP90H、TP100H 热采井专用套管技术规格和性能分别见表 3－58、表 3－59。

表 3-58　TP90H 套管技术规格及性能

名义外径/mm	质量/(kg/m)	套管尺寸/mm				接箍长度/mm		
		壁厚	内径	通径尺寸	接箍外径	短圆螺纹	长圆螺纹	偏梯形螺纹
114.30	17.26	6.35	101.60	98.43	127.00		177.80	225.43
114.30	20.09	7.37	99.57	96.39	127.00		177.80	225.43
127.00	22.32	7.52	111.96	108.79	141.30		196.85	231.78
127.00	26.79	9.19	108.61	105.44	141.30		196.85	231.78
127.00	31.85	11.10	104.80	101.63	141.30		196.85	231.78
127.00	34.53	12.14	102.72	99.54	141.30		196.85	231.78
127.00	35.86	12.70	101.60	98.43	141.30		196.85	231.78
139.70	25.30	7.72	124.26	121.08	153.67		203.20	234.95
139.70	29.76	9.17	121.36	118.19	153.67		203.20	234.95
139.70	34.23	10.54	118.62	115.44	153.67		203.20	234.95
168.28	35.72	8.94	150.39	147.22	187.71		222.25	244.48
168.28	41.67	10.59	147.09	143.92	187.71		222.25	244.48
168.28	47.62	12.07	144.15	140.97	187.71		222.25	244.48
177.80	34.23	8.05	161.70	158.52	194.46		228.60	254.00
177.80	38.69	9.19	159.41	156.24	194.46		228.60	254.00
177.80	43.16	10.36	157.07	153.90	194.46		228.60	254.00
177.80	47.62	11.51	154.79	151.61	194.46		228.60	254.00
177.80	52.09	12.65	152.50	149.33	194.46		228.60	254.00
177.80	56.55	13.72	150.37	147.19	194.46		228.60	254.00
193.68	39.29	8.33	177.01	173.84	215.90		234.95	263.53
193.68	44.20	9.53	174.63	171.45	215.90		234.95	263.53
193.68	50.15	10.92	171.83	168.66	215.90		234.95	263.53
193.68	58.04	12.70	168.28	165.10	215.90		234.95	263.53
193.68	63.69	14.27	165.13	161.95	215.90		234.95	263.53
193.68	67.41	15.11	163.45	160.53	215.90		234.95	263.53
193.68	70.09	15.88	161.93	158.75	215.90		234.95	263.53
219.08	53.57	10.16	198.76	195.58	244.48		254.00	269.88
219.08	59.53	11.43	196.22	193.04	244.48		254.00	269.88
219.08	65.48	12.70	193.68	190.50	244.48		254.00	269.88
219.08	72.92	14.15	190.78	187.60	244.48		254.00	269.88
244.48	59.53	10.03	224.41	220.45	269.88		266.70	269.88
244.48	64.73	11.05	222.38	218.41	269.88		266.70	269.88
244.48	69.94	11.99	220.50	216.54	269.88		266.70	269.88
244.48	79.62	13.84	216.79	212.83	269.88		266.70	269.88
244.48	86.91	15.11	214.25	210.29	269.88		266.70	269.88

续表

抗挤毁强度/MPa	管体屈服强度/kN	最小内部屈服强度/MPa			
		短圆螺纹	长圆螺纹	偏梯形螺纹	
				同钢级接箍	高钢级接箍
47.02	1333.56		60.3	60.3	60.3
64.12	1533.59		70.0	70.0	70.0
53.99	1751.41		64.3	64.3	64.3
79.43	2111.47		78.6	76.9	78.6
99.01	2507.09		83.9	76.9	94.0
107.28	2716.02		83.9	76.9	94.0
111.70	2827.15		83.9	76.9	94.0
46.47	1987.01		60.1	60.1	60.1
66.40	2333.73		71.3	69.8	71.3
85.36	2653.79		76.6	69.8	81.9
42.33	2773.81		57.7	57.7	57.7
61.23	3253.89		68.3	68.3	68.3
78.12	3671.74		77.8	76.2	77.8
27.79	2662.68		49.2	49.2	49.2
39.58	3018.29		56.2	56.2	56.2
52.26	3378.35		63.3	63.3	63.3
64.67	3729.52		65.6	65.6	70.3
77.01	4071.80		65.6	65.6	77.3
88.32	4382.97		65.6	65.6	80.2
24.89	3009.40		46.7	46.7	46.7
34.68	3418.36		53.4	53.4	53.4
48.61	3889.55		61.2	61.2	61.2
66.33	4476.32		71.2	71.2	71.2
81.98	4987.52		80.0	76.0	80.0
89.29	5258.67		81.4	76.0	84.7
93.36	5498.71		81.4	76.0	87.4
29.30	4134.04		50.3	50.3	50.3
40.47	4623.01		56.7	56.7	56.7
51.64	5107.54		62.9	62.9	62.9
64.40	5649.85		70.1	70.1	70.1
22.48	4583.00		44.5	44.5	44.5
27.65	5023.08		49.1	49.1	49.1
34.40	5432.04		53.2	53.2	53.2
49.02	6218.84		58.3	61.5	61.5
59.09	6752.26		58.3	63.2	63.2

续表

螺纹连接强度/kN				推荐扭矩/N · m					
短圆螺纹	长圆螺纹	偏梯形螺纹		短圆螺纹			长圆螺纹		
		同钢级接箍	高一钢级接箍	最小	最佳	最大	最小	最佳	最大
	1040. 2	1431. 4	1431. 4				2619	3482	4360
	1262. 4	1644. 7	1644. 7				3170	4226	5283
	1449. 1	1867. 0	1867. 0				3646	4851	6072
	1849. 2	2253. 7	2253. 7				4643	6191	7738
	2289. 3	2507. 1	2676. 0				5744	7664	9584
	2520. 4	2507. 1	2898. 3				6325	8438	10551
	2644. 9	2507. 1	2982. 7				6637	8855	11072
	1662. 5	2111. 5	2111. 5				4167	5566	6950
	2044. 8	2476. 0	2476. 0				5134	6846	8557
	2400. 4	2707. 1	2818. 3				6027	8036	10045
	2351. 5	2916. 1	2916. 1				5908	7872	9837
	2862. 7	3422. 8	3422. 8				7188	9584	11995
	3311. 7	3862. 9	3862. 9				8319	11087	13870
	2160. 4	2791. 6	2791. 6				5432	7232	9048
	2538. 2	3209. 4	3209. 4				6384	8497	11027
	2920. 5	3542. 8	3542. 8				7337	9777	12233
	3289. 4	3907. 3	3907. 3				8259	11012	13765
	3649. 5	4089. 6	4262. 9				9167	12218	15283
	3982. 9	4089. 6	4591. 9				10000	13334	16667
	2396. 0	3133. 9	3133. 9				6027	8021	10030
	2818. 3	3560. 6	3560. 6				7059	9435	11786
	3302. 8	4049. 6	4049. 6				8289	11057	13825
	3907. 3	4663. 0	4663. 0				9807	13081	16355
	4436. 3	5196. 4	5196. 4				11131	14852	18557
	4711. 9	5476. 5	5476. 5				11831	15774	19718
	4960. 8	5725. 4	5725. 4				12456	16608	20745
	3373. 9	4267. 4	4267. 4				8869	11295	14123
	3862. 9	4769. 7	4769. 7				9703	12932	16161
	4347. 4	5267. 6	5267. 6				10908	14554	18185
	4889. 7	5827. 7	5827. 7				12277	16370	20462
	3618. 4	4680. 8	4680. 8				9093	12114	15149
	4049. 6	5134. 2	5134. 2				10164	13557	16935
	4440. 8	5547. 6	5547. 6				11161	14867	18587
	5209. 8	6356. 6	6356. 6				13081	17441	21802
	5725. 4	6899. 0	6899. 0				14376	19168	23959

表3-59　TP100H套管技术规格及性能

名义外径/mm	质量/(kg/m)	套管尺寸/mm				接箍长度/mm		
		壁厚	内径	通径尺寸	接箍外径	短圆螺纹	长圆螺纹	偏梯形螺纹
114.30	17.26	6.35	101.60	98.43	127.00		177.80	225.43
114.30	20.09	7.37	99.57	96.39	127.00		177.80	225.43
114.30	22.47	8.56	97.18	94.01	127.00		177.80	225.43
127.00	22.32	7.52	111.96	108.79	141.30		196.85	231.78
127.00	26.79	9.19	108.61	105.44	141.30		196.85	231.78
127.00	31.85	11.10	104.80	101.63	141.30		196.85	231.78
127.00	34.53	12.14	102.72	99.54	141.30		196.85	231.78
127.00	35，86	12.70	101.60	98.43	141.30		196.85	231.78
139.70	25.30	7.72	124.26	121.08	153.67		203.20	234.95
139.70	29.76	9.17	121.36	118.19	153.67		203.20	234.95
139.70	34.23	10.54	118.62	115.44	153.67		203.20	234.95
168.28	35.72	8.94	150.39	147.22	187.71		222.25	244.48
168.28	41.67	10.59	147.09	143.92	187.71		222.25	244.48
168.28	47.62	12.07	144.15	140.97	187.71		222.25	244.48
177.80	38.69	9.19	159.41	156.24	194.46		228.60	254.00
177.80	43.16	10.36	157.07	153.90	194.46		228.60	254.00
177.80	47.62	11.51	154.79	151.61	194.46		228.60	254.00
177.80	52.09	12.65	152.50	149.33	194.46		228.60	254.00
177.80	56.55	13.72	150.37	147.19	194.46		228.60	254.00
193.68	44.20	9.53	174.63	171.45	215.90		234.95	263.53
193.68	50.15	10.92	171.83	168.66	215.90		234.95	263.53
193.68	58.04	12.70	168.28	165.10	215.90		234.95	263.53
193.68	63.69	14.27	165.13	161.95	215.90		234.95	263.53
193.68	67.41	15.11	163.45	160.27	215.90		234.95	263.53
193.68	70.09	15.88	161.93	158.75	215.90		234.95	263，53
219.08	65.48	12.70	193.68	190.50	244.48		254.00	269.88
219.08	72.92	14.15	190.78	187.60	244.48		254.00	269.88
244.48	64.73	11.05	222.38	218.41	269.88		266.70	269.88
244.48	69.94	11.99	220.50	216.54	269.88		266.70	269.88
244.48	79.62	13.84	216.79	212.83	269.88		266.70	269.88
244.48	86.91	15.11	214.25	210.29	269.88		266.70	269.88

续表

抗挤毁强度/MPa	管体屈服强度/kN	最小内部屈服强度/MPa				螺纹连接强度/kN	
		短圆螺纹	长圆螺纹	偏梯形螺纹		短圆螺纹	长圆螺纹
				同钢级接箍	高一钢级接箍		
49.78	1484.70		67.0	67.0	67.0		1138.0
69.09	1706.96		77.8	77.8	77.8		1382.5
91.70	1960.33		90.4	84.5	90.4		1658.1
57.71	1942.55		71.4	71.4	71.4		1586.9
86.32	2342.62		87.4	85.4	87.4		2027.0
109.97	2782.70		93.2	85.4	94.0		2507.1
119.21	3018.29		93.2	85.4	94.0		2760.5
124.11	3142.76		93.2	85.4	94.0		2898.3
49.16	2204.82		66.7	66.7	66.7		1818.1
71.64	2591.55		79.2	77.5	79.2		2240.4
92.94	2947.17		85.2	77.5	85.3		2631.6
44.54	3084.97		64.1	64.1	64.1		2600.4
65.84	3613.95		76.0	76.0	76.0		3169.4
84.81	4080.70		81.6	84.6	86.5		3662.8
41.51	3356.13		62.4	62.4	62.4		2809.4
55.71	3756.20		65.6	70.3	70.3		3231.7
69.64	4142.93		65.6	72.9	78.1		3640.6
83.56	4520.77		65.6	72.9	80.2		4040.7
96.60	4871.94		65.6	72.9	80.2		4409.6
35.99	3796.20		59.4	59.4	59.4		3116.1
51.64	4320.74		68.1	68.1	68.1		3654.0
71.50	4974.18		79.2	79.2	79.2		4325.2
89.15	5543.17		81.4	84.4	87.4		4907.5
98.53	5840.99		81.4	84.4	87.4		5209.8
103.77	6107.71		81.4	84.4	87.4		5485.4
55.02	5672.08		69.9	69.9	69.9		4809.7
69.36	6276.62		71.6	77.4	77.4		5409.8
29.16	5583.17		54.5	54.5	54.5		4480.8
35.71	6032.14		58.3	59.2	59.2		4916.4
52.12	6912.29		58.3	63.2	63.2		5765.4
63.36	7503.50		58.3	63.2	63.2		6338.9

续表

螺纹连接强度/kN		推荐扭矩/N · m					
偏梯形螺纹		短圆螺纹			长圆螺纹		
同钢级接箍	高一钢级接箍	最小	最佳	最大	最小	最佳	最大
1573.6	1573.6				2857	3810	4762
1804.8	1804.8				3467	4628	5774
2075.9	2075.9				4167	5551	6950
2053.7	2063.7				3988	5313	6652
2476.0	2476.0				5090	6786	8483
2742.7	2938.3				6295	8393	10492
2742.7	2982.7				6935	9241	11563
2742.7	2982.7				7277	9703	12129
2316.0	2316.0				4569	6087	7619
2720.5	2720.5				5625	7500	9375
2964.9	3093.9				6607	8810	10998
3205.0	3205.0				6533	8706	10878
3760.6	3760.6				7962	10611	13260
4245.2	4245.2				9197	12262	15343
3480.6	3480.6				7054	9405	11756
3894.0	3894.0				8110	10819	13527
4294.1	4294.1				9137	12188	15224
4480.8	4685.2				10134	13527	16905
4480.8	4867.5				11072	14763	18438
3911.8	3911.8				7828	10432	13051
4454.1	4454.1				9182	12233	15298
5129.8	5129.8				10864	14480	18096
5712.1	5712.1				12322	16429	20537
6023.2	6023.2				13081	17441	21816
6298.9	6298.9				13780	18364	22962
5796.5	5796.5				12084	16102	20135
6410.0	6410.0				13587	18111	22650
5649.9	5649.9				11250	15001	18751
6107.7	6107.7				12352	16459	20581
6996.7	6996.7				13944	19301	24123
7596.8	7596.8				15923	21221	26534

4.3 套管螺纹

4.3.1 套管螺纹类型

套管螺纹可分为五类，其中属 API 标准的四类，另一类非

API 标准的称为特殊螺纹，并由厂家规定专门代号。套管螺纹类型见表 3 – 60。

表 3 – 60　套管螺纹类型

螺纹类型及代号	名称及说明	生产厂家	尺寸、规格及扭矩	尺寸范围/in	每英寸螺纹数
STC(CSG 或 C1)	API 短圆螺纹	各生产厂家	API，spec 5A，spec 5B API RP 5C1	$4\frac{1}{2}$ ~ 20	8
LTC(LCSG 或 C2)	API 长圆螺纹			$4\frac{1}{2}$ ~ $9\frac{5}{8}$	8
BTC(BCSG 或 C33)	API 梯形螺纹		API，spec 5A，spec 5B API RP 5C1 及三角符号	$4\frac{1}{2}$ ~ 20	5
XL(XCSG 或 C11)	API 直连型螺纹			5 ~ $7\frac{5}{8}$ $8\frac{5}{8}$ ~ $10\frac{3}{4}$	6 5
SL	密封锁紧螺纹	Armoco 阿莫克	Armoco 产品目录	$4\frac{1}{2}$ ~ $13\frac{3}{8}$	5
SEU	超级二重整体接头螺纹	Hydril 海德里尔	Hydril 产品目录 4/722M	5 ~ $6\frac{5}{8}$ 7 ~ $10\frac{3}{4}$	6 4
TS	三重密封整体接头螺纹			$4\frac{1}{2}$ ~ $7\frac{5}{8}$ $8\frac{5}{8}$ ~ $11\frac{3}{4}$ $13\frac{3}{8}$	6 4 3
CTS	耦合三密封螺纹			$4\frac{1}{2}$ ~ $10\frac{3}{4}$	6
FJ – P	平齐四密封螺纹			$4\frac{1}{2}$ ~ $7\frac{5}{8}$ $8\frac{5}{8}$ ~ $13\frac{3}{8}$	6 4
SFJ – P	超级平齐四密封螺纹			$4\frac{1}{2}$ ~ $7\frac{5}{8}$ $8\frac{5}{8}$ ~ $13\frac{3}{8}$	6 4
FJ 40	平接 40% 连接效率二密封螺纹			$4\frac{1}{2}$ ~ $10\frac{3}{4}$	6
HCS	多重密封两级非锥形螺纹			$5\frac{1}{2}$ ~ 7 $8\frac{5}{8}$ ~ $9\frac{5}{8}$	6 4
MAC	多重密封连接螺纹			5 ~ $9\frac{5}{8}$	
NCTK	无螺纹错扣接头两级螺纹(具有 O 型环)			20	

续表

螺纹类型及代号	名称及说明	生产厂家	尺寸、规格及扭矩	尺寸范围/in	每英寸螺纹数
NCTS	无螺纹错扣接头两级螺纹(100%的管体屈服强度)			20	
BDS(BDS TC)	双螺纹梯形双重密封接头	Mannesmann	MW 产品目录	$5 \sim 7\frac{5}{8}$ $8\frac{5}{8} \sim 5$ $9\frac{5}{8} \sim 13\frac{3}{8}$	5 3 3
BDS(BDS IJ)	梯形双重密封接头			$5 \sim 13\frac{3}{8}$	5
Omiga	整体螺纹台肩压紧密封		Mannesmann 产品目录	$5 \sim 9\frac{5}{8}$	4
Moolilield	密封改良接头	NLAtlas Bradford	目录 MC－7	用于 API	LTC
TC－4S	四重双耦螺纹密封		公司产品目录	$4\frac{1}{2} \sim 10\frac{3}{4}$	6
FL－4S	内外平齐冲洗接头螺纹		RP 118. AB－2M 373	$4\frac{1}{2} \sim 8\frac{5}{8}$	6
IJ－4S	四密封接头螺纹		公司产品目录	$4\frac{1}{2} \sim 9\frac{5}{8}$	6
VAM (ATAC) (AG) (AF)	ATAC—正规扭矩; AG—不锈钢、低扭矩; AF—硫化氢条件、低扭矩	Vallourec	公司产品目录	$4\frac{1}{2}$ $5 \sim 8\frac{5}{8}$ $9\frac{5}{8} \sim 13\frac{3}{8}$	6 5 5
VETL	梯形螺纹 L	Vetco Offshore	公司产品目录	14～24	
VETR	梯形螺纹 R			14～30	
PE	平端			14～36	
NK－2SC	双重密封,扭矩凸肩耦合螺纹	NKK	公司产品目录	$5 \sim 7\frac{5}{8}$ $8\frac{5}{8} \sim 10\frac{3}{4}$	6 5
NK－3SB	三重密封螺纹			$4\frac{1}{2} \sim 13\frac{3}{8}$	5
NK－EL	整体三重金属密封螺纹			$5 \sim 7\frac{5}{8}$ $8\frac{5}{8} \sim 10\frac{3}{4}$	6 5

4.3.2　API 套管螺纹

API 套管螺纹有以下四种类型：

(1) API 短圆螺纹(STC)

其尺寸如图 3－28 所示。圆扣齿尖角 60°，8 扣/25.4mm，螺距 1.5875mm(0.0625in)。手紧后的余扣长 A 值有两种：114.3($4\frac{1}{2}$in)～177.8(7in)，A＝3 扣；193.68($7\frac{5}{8}$in)～622.3($24\frac{1}{2}$in)，A＝3.5 扣。

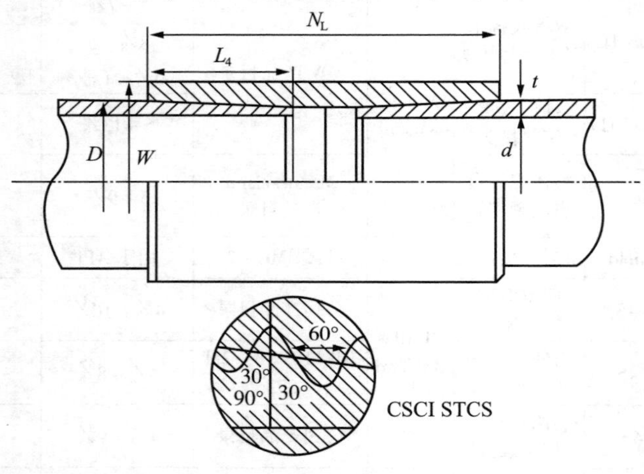

图 3－28　API 圆套管螺纹(STC、LTC)

(2) API 长圆螺纹(LTC)

其外形结构相似于短圆螺纹，A 值同短圆螺纹。

(3) API 梯形螺纹(BTC 或 BCSG)

其尺寸如图 3－29 所示，BTC 螺纹齿根与横截面平行线前端面 3°，后端面 10°，垂直轴线成 90°。5 扣/25.4mm。114.3($4\frac{1}{2}$in)～298.45($11\frac{3}{4}$in)的套管螺距 1.5875mm，(0.0625in)，339.725($13\frac{3}{8}$in)～406.4(16in)螺距 2.11582mm(0.0833inxz)，紧至三角符号为准。

114.3($4\frac{1}{2}$in)，A = 2.54mm；127mm(5in)～339.725mm($13\frac{3}{8}$in)，A = 5.08mm；406.4mm(16in)～508mm(20in)，A＝4.44mm。

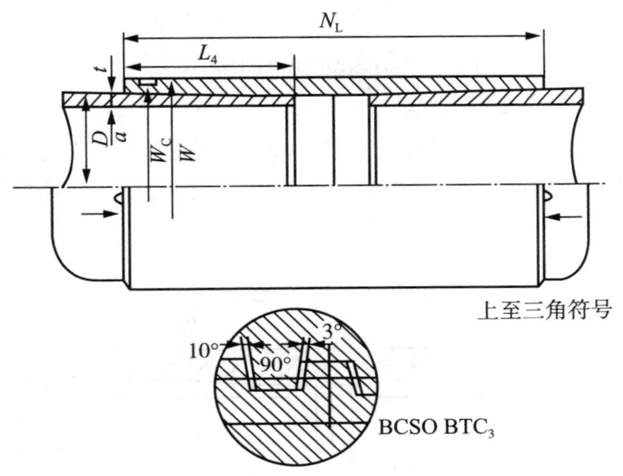

图 3-29　API 梯形螺纹（BTC 或 BCSG）

（4）API 直连型螺纹（XL）

其尺寸如图 3-30 所示。其内孔为非平直的，无接箍，公母螺纹端加厚，螺纹齿面与平行线成 6°，齿尖角 30°，紧至接触端面为止。

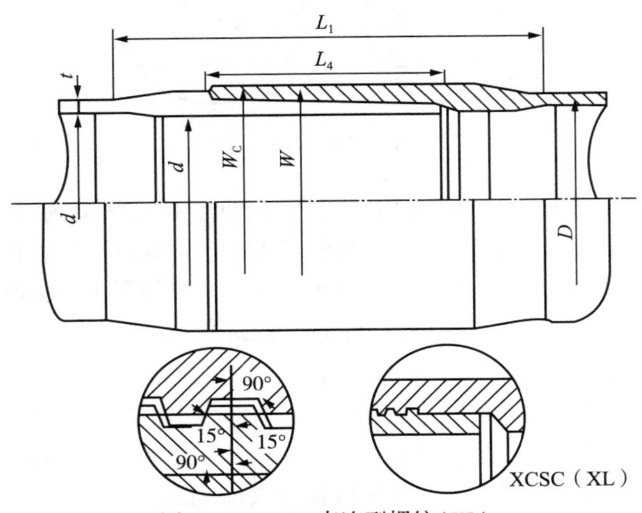

图 3-30　API 直连型螺纹（XL）

直径 127mm(5in) ~ 193.675mm($7\frac{5}{8}$in)套管，6 扣/in；直径 219.075mm($8\frac{5}{8}$mm) ~ 273.05mm($10\frac{3}{4}$in)套管，5 扣/in。

4.3.3　非 API 套管螺纹

①密封自锁螺纹(SL)(ARMOC0 公司生产)。内孔平直，不加厚，齿前面角 45°，$4\frac{1}{2}$in ~ $13\frac{3}{8}$in，5 扣/in，金属锥面密封，尺寸如图 3 - 31 所示。

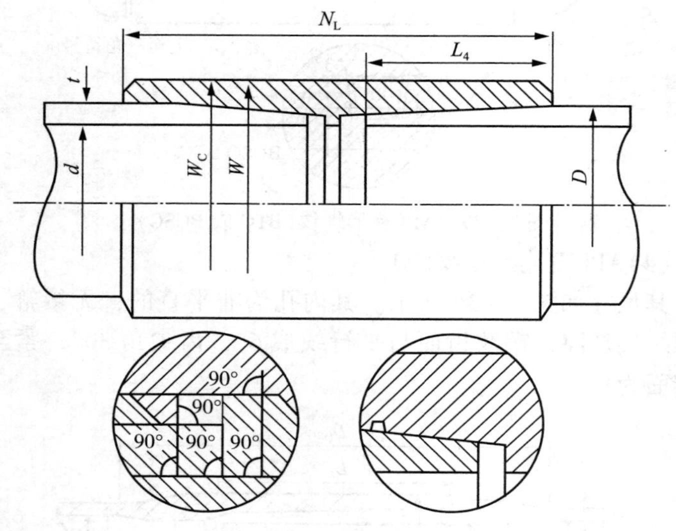

图 3 - 31　密封自锁螺纹(SL)

②海德里耳 - 超级 SEU 螺纹。公母螺纹连接处为外加厚，管内孔平直，双重螺纹。外螺纹端 14°，金属面密封；内螺纹 14°，金属锥面密封及螺纹前端面密封。扣形如图 3 - 32 所示。

127mm(5in) ~ 168.275mm($6\frac{5}{8}$in)，6 扣/in；177.8mm(7in) ~ 273.05mm($10\frac{3}{4}$in)，4 扣/in。

③海德里耳(TS)三重密封螺纹。双重螺纹，14°金属锥面密封，d_{iu}为最小内径，3 ~ 6 扣/in，扣型如图 3 - 33 所示。三重密封位置在 14°扣处、变扣中段及螺纹前端面。

114.3mm($4\frac{1}{2}$ in) ~ 193.675mm($7\frac{5}{8}$in)，6 扣/in；219.075mm

($8\frac{5}{8}$in) ~ 298.45mm($11\frac{3}{4}$in)，4 扣/in；339.725mm($13\frac{3}{8}$in)，3 扣/in。

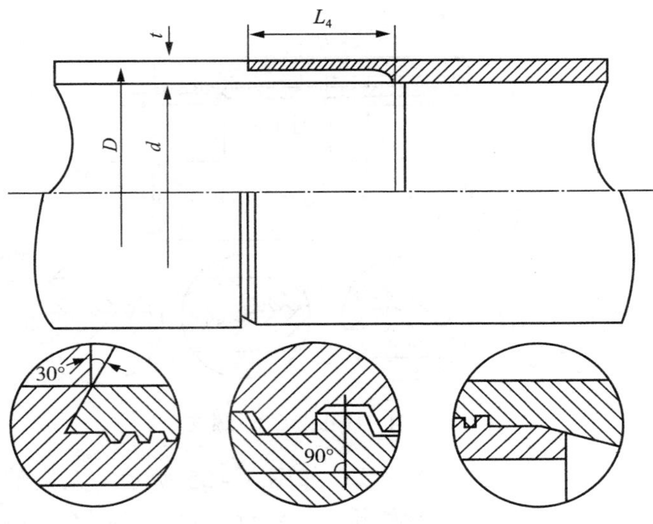

图 3－32　Hydril－超级 SEU 螺纹

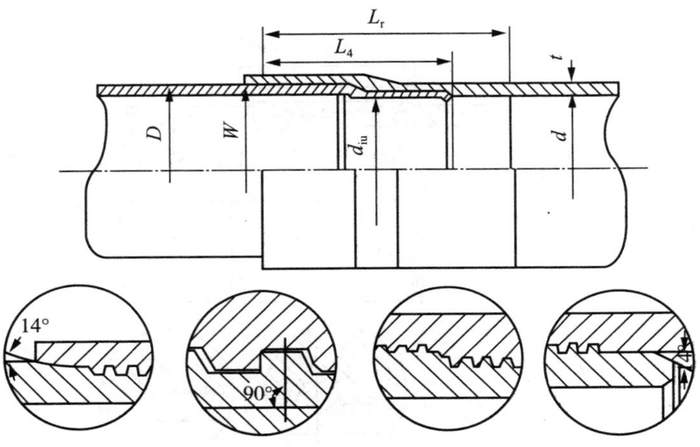

图 3－33　Hydril(TS)螺纹

④海德里耳－CTS 三密封螺纹。如图 3－34 所示。双重扣，14°金属锥面密封，d_{iu}为最小内径，有接箍，6 扣/in。适于高强度材料高压油气井。

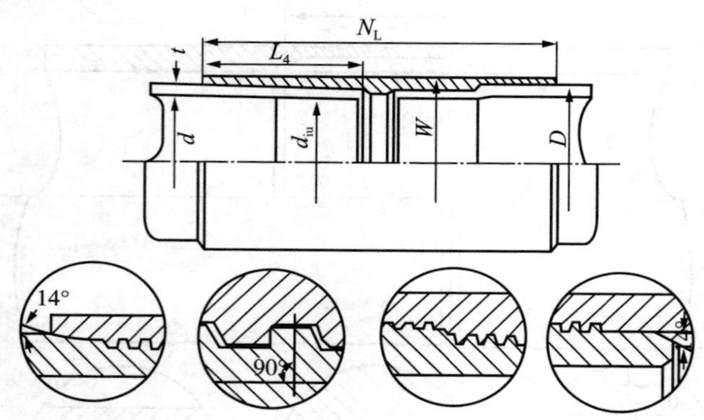

图 3－34　Hydril(CTS)螺纹

⑤海德里耳－FJ－P 螺纹。如图 3－35 所示。无接箍，双重螺纹，内平，14° 金属锥面密封。114.3mm（4½in）～193.675mm(7⅝in)为 6 扣/in；219.075mm(8⅝in)～339.725mm(13⅜in)为 4 扣/in。

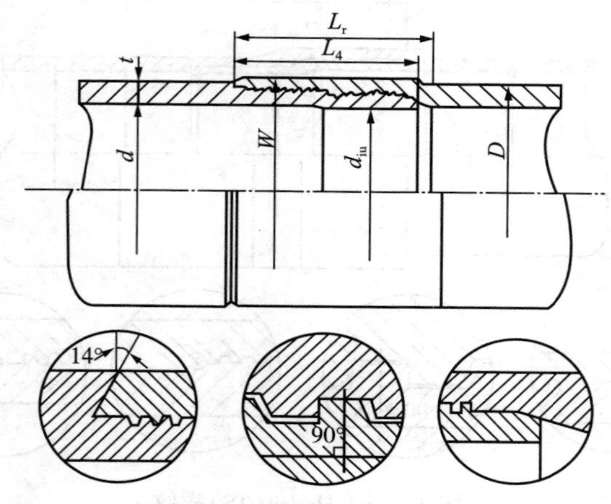

图 3－35　Hydril－FJ－P 螺纹

⑥海德里耳超级 SFJ－P 螺纹。如图 3－36 所示，双重螺纹，无接箍，d_{iu}为最小内径，14°金属密封。

114.3mm（$4\frac{1}{2}$in）～193.675mm（$7\frac{5}{8}$in）为 6 扣/in；219.075mm（$8\frac{5}{8}$in）～339.725mm（$13\frac{3}{8}$in）为 4 扣/in。

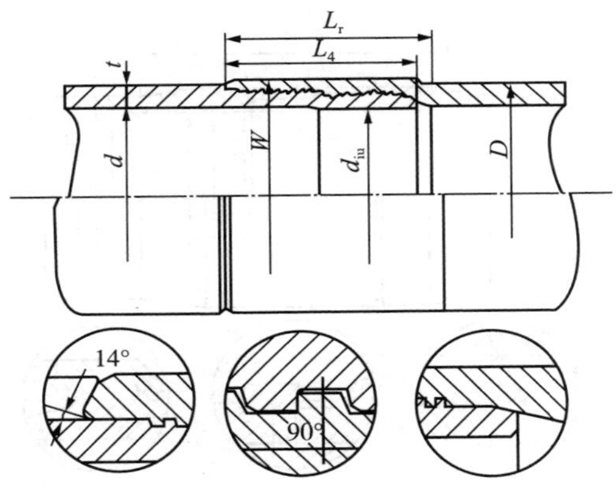

图 3－36　Hydril 超级 SFJ－P 螺纹

⑦海德里耳 FJ－40 螺纹。如图 3－37 所示，单螺纹，无接箍，内外平，端面 30°，锥面 l4°，金属密封，6 扣/in。

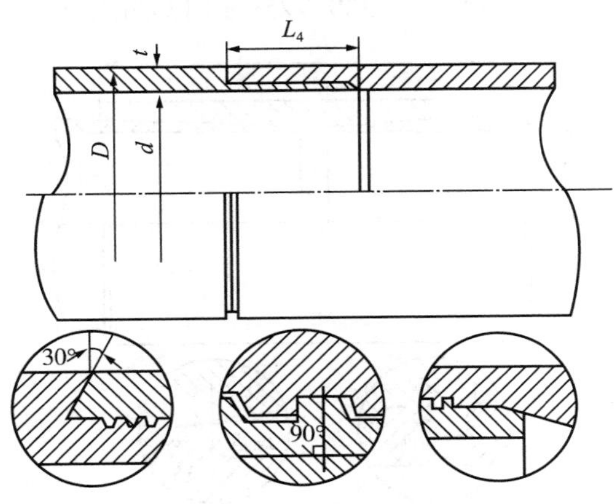

图 3－37　Hydril FJ－40 螺纹

⑧海德里耳 HCS 螺纹。如图 3－38 所示，密封位置在 30°及 14°金属对金属多密封处的双螺纹。d_{iu} 为内加厚处最小内径。127.00mm(5in)～177.8(7in)，6 扣/in；219.075mm($8\frac{5}{8}$in)、244.475($9\frac{5}{8}$in)，4 扣/in。

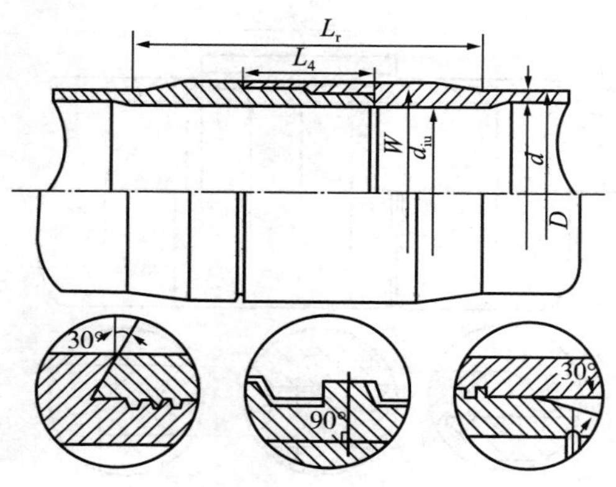

图 3－38　Hydril HCS 螺纹

⑨曼列斯曼 BDS 螺纹。如图 3－39 所示，梯形双螺纹密封，内平，接箍根部与公螺纹端部锥面呈球面接触，螺纹成 3°双密封。127.00mm(5in)～339.725mm($13\frac{3}{8}$in)为 3～5 扣/in。

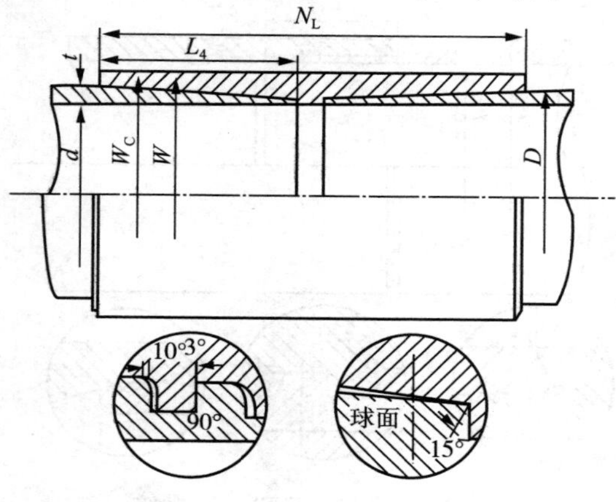

图 3－39　Mannesmann BDS 螺纹

⑩无接箍 BDS 螺纹。如图 3－40 所示，无接箍，内平，梯形双螺纹密封。127.00mm（5in）～339.725mm（13⅜in）为 5 扣/in。

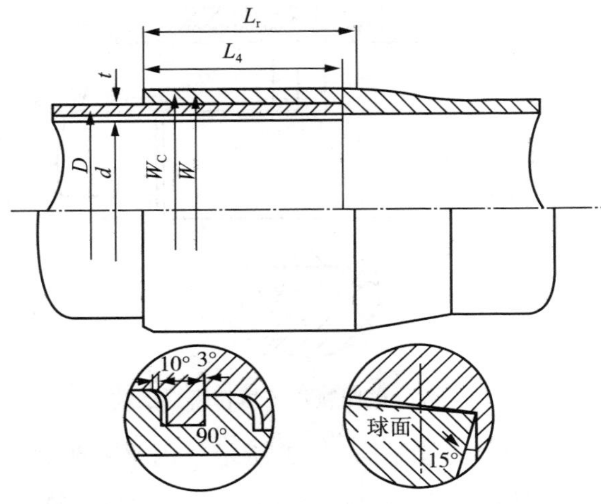

图 3－40　无接箍 BDS 螺纹

⑪曼列斯曼 OMEGA 螺纹。如图 3－41 所示，无接箍，螺纹正面与轴线成 90°垂直，正面密封，最小内径为 d，127.00mm(5in)～244.475mm(9⅝in)，4 扣/in。

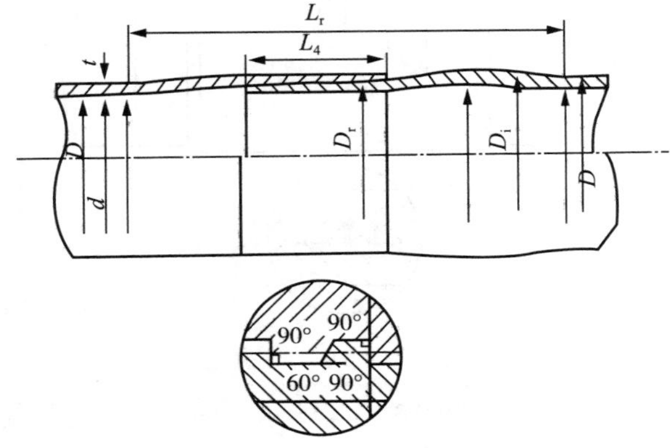

图 3－41　Mannesmann OMEGA 螺纹

⑫Atlas – Bradford 填料密封螺纹。如图 3 – 42 所示，该螺纹尺寸同 API 长圆螺纹，只是在接箍开槽，填入聚四氟乙烯填料，保证密封性能。

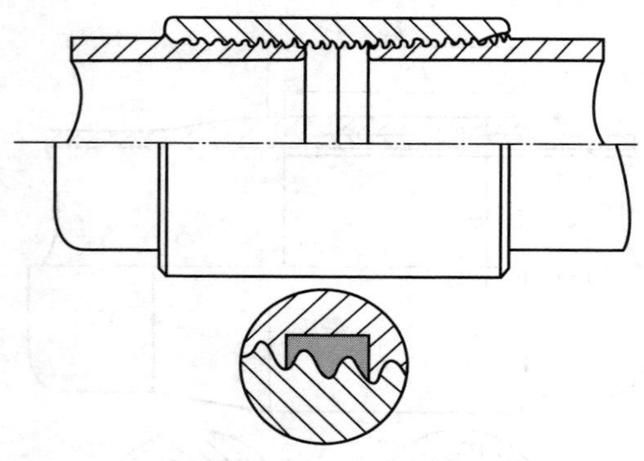

图 3 – 42　聚四氟乙烯填料密封螺纹

⑬TC – 4S 螺纹。如图 3 – 43 所示，内平，带接箍，四密封，端面密封为 7°及 45°。114. 3mm(4½in) ~273. 05(10¾in)为 6 扣/in。适用于深井(含高浓度 H_2S 和 CO_2 气体)。

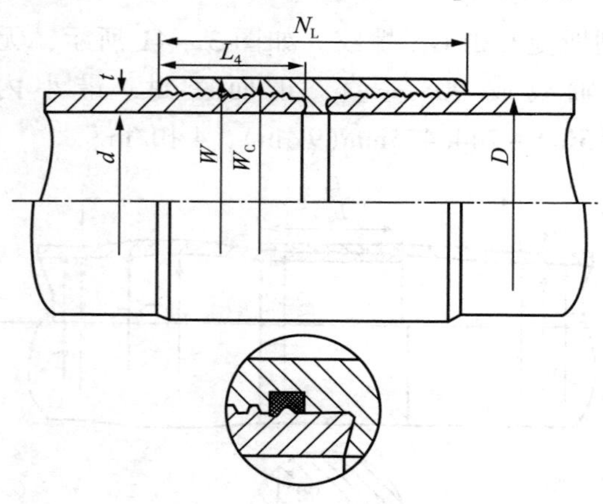

图 3 – 43　TC – 4S 螺纹

⑭ FL – 4S 螺纹。如图 3 – 44 所示，内外平，无接箍，四密封，具有填料密封圈，114. 3mm(4½in) ~219. 075mm(8⅝in)为

6 扣/in。适用于小间隙中深井。

⑮ VAM 螺纹。如图 3－45 所示，瓦姆(VAM)螺纹依靠锥球面及端面金属对金属密封。按规定上扣至△符号底面为准，正压面 3°。114.3mm（4½in），6 扣/in；127.00mm（5in）～219.075mm(8⅝in)，5 扣/in。

⑯NS－CC 螺纹(日本新日铁公司生产)。如图 3－46 所示，API 偏梯形螺纹，锥面对锥面金属主密封，内台肩金属副密封，阶梯式双直台肩。

⑰NK－3SB 螺纹(日本钢管 NKK 公司生产)。如图 3－47 所示，螺纹为承载面角 0°、导向角 45°的偏梯形螺纹，三重密封为锥面对球面金属主密封，内台肩和螺纹副密封，直角扭矩台肩。114.3(4½in)～339.725(13⅜in)为 5 扣/in。

⑱NK－2SC 螺纹。如图 3－48 所示，螺纹为承载面角 0°、导向角 45°的偏梯形螺纹，三密封为锥面对球面金属主密封、内台肩和螺纹副密封。直角扭矩台肩。127.00mm（5in）～193.675mm(7⅝in)为 6 扣/in，219.075mm(8⅝in)～273.05mm(10¾in)为 5 扣/in。

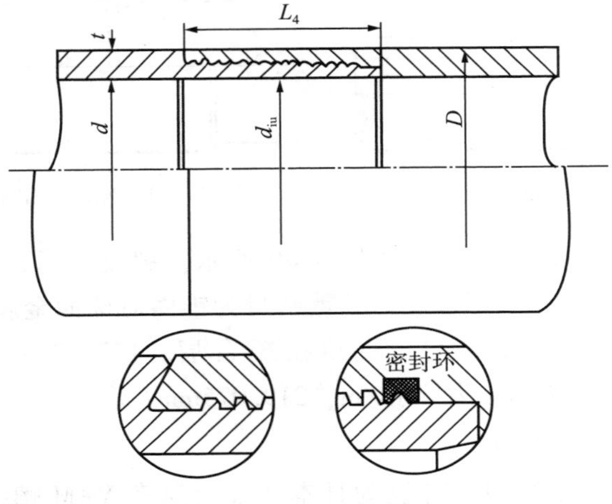

图 3－44　FL－4S 螺纹

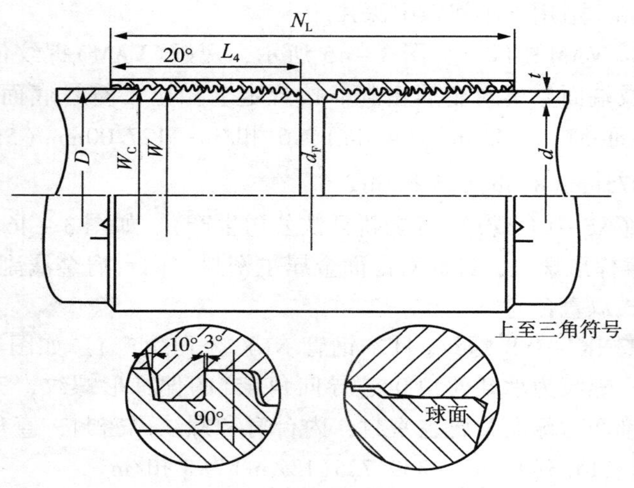

图 3 – 45　VAM 螺纹

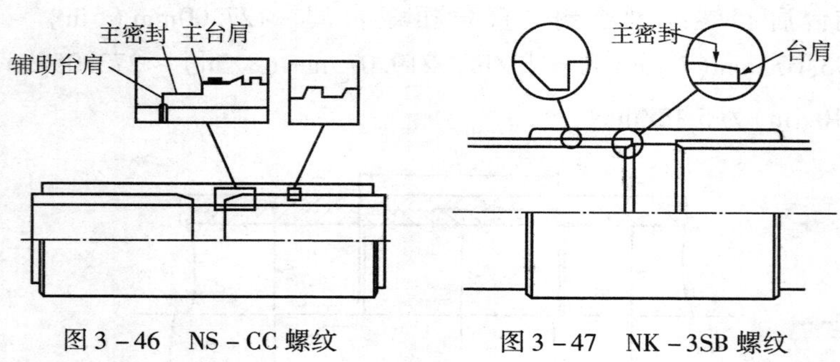

图 3 – 46　NS – CC 螺纹　　　　图 3 – 47　NK – 3SB 螺纹

⑲NK – EL 螺纹。如图 3 – 49 所示，螺纹为承载面角 0°、导向角 45°的偏梯形螺纹，三重密封为锥面对球面金属主密封、内台肩和螺纹副密封，直角扭矩台肩。127.00mm（5in）~ 193.675mm(7⅝in)为 6 扣/in，219.075mm(8⅝in) ~ 273.05mm(10⅝in)为 5 扣/in。

⑳TM 螺纹。TM 螺纹为日本住友金属在 VAM 螺纹的基础上改进设计而来。如图 3 – 50 所示，API 偏梯形螺纹，锥面对

锥面金属主密封，直角扭矩台肩。

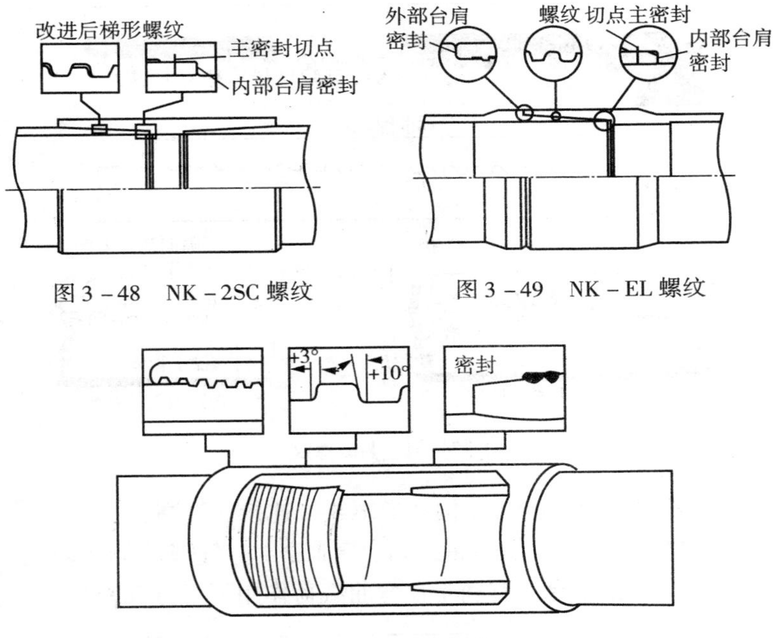

图 3 - 48 NK - 2SC 螺纹

图 3 - 49 NK - EL 螺纹

图 3 - 50 TM 螺纹

㉑ Fox 螺纹。日本川崎制铁和英国 Hunting 公司共同开发、川崎生产的 Fox 接头结构见图 3 - 51。其主要特点是:

a. 外螺纹为 API 偏梯形螺纹，内螺纹采用变螺距设计，有效地改善了螺纹的应力分布，负载主要由中间部分螺纹承受，两端螺纹应力较低，连接强度高;

b. 弧面对弧面金属主密封和内台肩弧面副密封结构，使之具有良好的气密封性能;

c. 内外螺纹接头都进行磷化处理，耐黏结性能良好;

d. - 25°圆弧内台肩有利于在弯曲载荷作用下保持接头的完整性。

㉒SEC 螺纹。阿根廷 Siderca 公司设计生产的 SEC 螺纹结构见图 3 - 52。其主要特点是:

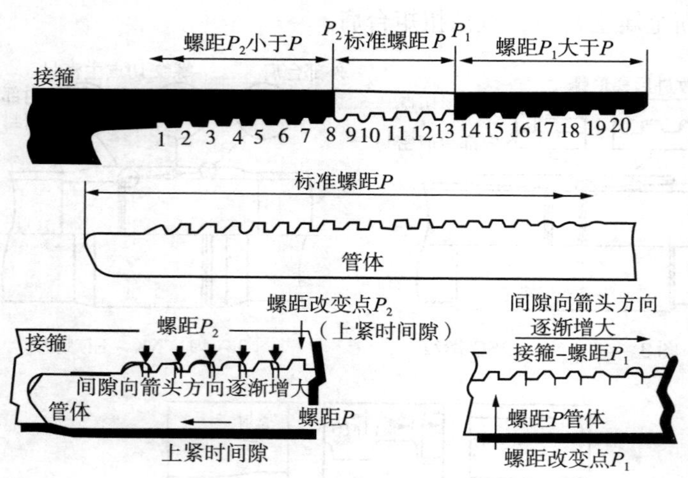

图3-51　Fox螺纹

a. 螺纹为改进的API偏梯形螺纹，连接强度高；

b. 锥面对锥面金属主密封和台肩副密封，气密封性能良好；

c. -15°扭矩台肩有利于在弯曲载荷作用下维持气密性。

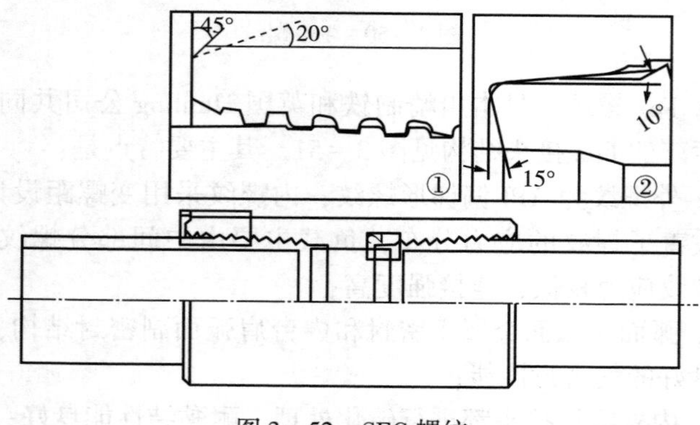

图3-52　SEC螺纹

4.4　推荐套管紧扣扭矩

8牙圆螺纹套管推荐紧扣扭矩见表3-61。

表 3 – 61　8 牙圆螺纹套管紧扣扭矩参考值

外径/mm(in)	钢级	壁厚/mm	扭矩	
			短螺纹/N · m(lb · ft)	长螺纹/N · m(lb · ft)
114.30 (4½)	H – 40	5.21	1040(770)	
	J – 55	5.21	1380(1010)	
		5.69	1790(1320)	
		6.35	2090(1540)	2200(1620)
	K – 55	5.21	1520(1120)	
		5.69	1980(1460)	
		6.35	2310(1700)	2430(1800)
	M – 65	5.21	1600(1180)	
		5.69	2090(1540)	
		6.35		2550(1880)
		7.37		3090(2280)
114.30 (4½)	L – 80	6.35		3030(2230)
		7.37		3670(2710)
	N – 80	6.35		3090(2280)
		7.37		3740(2760)
	C – 90	6.35		3320(2450)
		7.37		4030(2970)
	C – 95	6.35		3500(2580)
		7.37		4240(3130)
	T – 95	6.35		3500(2580)
		7.37		4240(3130)
	P – 110	6.35		4100(3020)
		7.37		4960(3660)
		8.56		5960(4400)
	Q – 125	8.56		6650(4910)

续表

外径/mm(in)	钢级	壁厚/mm	扭矩	
			短螺纹/N·m(lb·ft)	长螺纹/N·m(lb·ft)
127.00(5)	J-55	5.59	1810(1330)	
		6.43	2290(1690)	2470(1820)
		7.52	2800(2070)	3020(2230)
	K-55	5.59	1990(1470)	
		6.43	2520(1860)	2730(2010)
		7.52	3090(2280)	3340(2460)
	M-65	5.59	2100(1550)	
		6.43	2660(1960)	2870(2120)
		7.52		3520(2590)
		9.19		4480(3310)
		11.10		5550(4090)
	L-80	7.52		4170(3080)
		9.19		5320(3930)
		11.10		6590(4860)
		12.14		7260(5350)
		12.70		7610(5610)
127.00(5)	N-80	7.52		4250(3140)
		9.19		5420(4000)
		11.10		6710(4950)
		12.14		7400(5450)
		12.70		7760(5720)
	C-90	7.52		4590(3380)
		9.19		5850(4310)
		11.10		7240(5340)
		12.14		7980(5880)
		12.70		8370(6170)

续表

外径/mm(in)	钢级	壁厚/mm	扭矩	
			短螺纹/N·m(lb·ft)	长螺纹/N·m(lb·ft)
127.00 (5)	C-95	7.52		4830(3560)
		9.19		6160(4550)
		11.10		7630(5620)
		12.14		8400(6200)
		12.70		8810(6500)
	T-95	7.52		4830(3560)
		9.19		6160(4550)
		11.10		7630(5620)
		12.14		8400(6200)
		12.70		8810(6500)
	P-110	7.52		5650(4170)
		9.19		7210(5310)
		11.10		8920(6580)
		12.14		9830(7250)
		12.70		10310(7600)
	Q-125	9.19		8050(5930)
		11.10		9960(7340)
		12.14		10970(8090)
		12.70		11510(8490)
139.70 (5½)	H-40	6.20	1760(1300)	
	J-55	6.20	2330(1720)	
		6.98	2730(2020)	2940(2170)
		7.72	3110(2290)	3340(2470)
	K-55	6.20	2560(1890)	
		6.98	3000(2220)	3240(2390)
		7.72	3410(2520)	3680(2720)

续表

外径/mm(in)	钢级	壁厚/mm	扭矩	
			短螺纹/N · m(lb · ft)	长螺纹/N · m(lb · ft)
139.70 (5½)	M-65	6.20	2710(2000)	
		6.98	3180(2350)	3430(2350)
		7.72		3890(2870)
		9.17		4790(3530)
		10.54		5620(4150)
	L-80	7.72		4630(3410)
		9.17		5700(4200)
		10.54		6690(4930)
	N-80	7.72		4710(3480)
		9.17		5800(4280)
		10.54		6810(5020)
	C-90	7.72		5090(3750)
		9.17		6270(4620)
		10.54		7360(5430)
	C-95	7.72		5360(3960)
		9.17		6600(4870)
		10.54		7750(5720)
	T-95	7.72		5360(3960)
		9.17		6600(4870)
		10.54		7750(5720)
	P-110	7.72		6270(4620)
		9.17		7720(5690)
		10.54		9060(6680)
	Q-125	10.54		10120(7470)
168.28 (6⅝)	H-40	7.32	2490(1840)	
	J-55	7.32	3320(2450)	3600(2660)
		8.94	4250(3140)	4620(3400)

续表

外径/mm(in)	钢级	壁厚/mm	扭矩	
			短螺纹/N·m(lb·ft)	长螺纹/N·m(lb·ft)
168.28(6⅝)	K-55	7.32	3620(2670)	3940(2900)
		8.94	4640(3420)	5050(3720)
	M-65	7.32	3870(2850)	4190(3090)
		8.94		5380(3960)
		10.59		6550(4830)
	L-80	8.94		6410(4730)
		10.59		7810(5760)
		12.06		9030(6660)
	N-80	8.94		6520(4810)
		10.59		7940(5860)
		12.06		9190(6780)
	C-90	8.94		7060(5210)
		10.59		8610(6350)
		12.06		9950(7340)
	C-95	8.94		7440(5490)
		10.59		9070(6690)
		12.06		10490(7740)
	T-95	8.94		7440(5490)
		10.59		9070(6990)
		12.06		10490(7740)
	P-110	8.94		8690(6410)
		10.59		10590(7810)
		12.06		12250(9040)
	Q-125	12.06		13710(10110)
177.80(7)	H-40	5.87	1650(1220)	
		6.91	2380(1760)	

续表

外径/mm(in)	钢级	壁厚/mm	扭矩	
			短螺纹/N·m(lb·ft)	长螺纹/N·m(lb·ft)
177.80(7)	J-55	6.91	3170(2340)	
		8.05	3850(2840)	4240(3130)
		9.19	4530(3340)	4980(3670)
	K-55	6.91	3450(2540)	
		8.05	4190(3090)	4630(3410)
		9.19	4930(3640)	5440(4010)
	M-65	6.91	3690(2730)	
		8.05		4940(3640)
		9.19		5800(4280)
		10.36		6680(4920)
		11.51		7520(5540)
	L-80	8.05		5890(4350)
		9.19		6930(5110)
		10.36		7960(5870)
		11.51		8970(6610)
		12.65		9950(7340)
		13.72		10860(8010)
	N-80	8.05		5990(4420)
		9.19		7040(5190)
		10.36		8100(5970)
		11.51		9110(6720)
		12.65		10120(7460)
		13.72		11040(8140)
	C-90	8.05		6500(4790)
		9.19		7630(5630)
		10.36		8780(6480)

续表

外径/mm(in)	钢级	壁厚/mm	扭矩	
			短螺纹/N·m(lb·ft)	长螺纹/N·m(lb·ft)
177.80 (7)	C-90	11.51		9890(7290)
		12.65		10970(8090)
		13.72		11970(9930)
	C-95	8.05		6850(5050)
		9.19		8050(5930)
		10.36		9250(6830)
		11.51		10420(7680)
		12.65		11560(8530)
		13.72		12620(9310)
	T-95	8.05		6850(5050)
		9.19		8050(5930)
		10.36		9250(6830)
	T-95	11.51		10420(7680)
		12.65		11560(8530)
		13.72		12620(9310)
	P-110	9.19		9390(6930)
		10.36		10800(7970)
		11.51		12160(8970)
		12.65		13500(9960)
		13.72		14730(10870)
	Q-125	12.65		15110(11150)
		13.72		16490(12160)
193.68 ($7\frac{5}{8}$)	H-40	7.62	2870(2120)	
	J-55	8.33	4270(3150)	4690(3460)
	K-55	8.33	4640(3420)	5110(3770)
	M-65	8.33	4980(3680)	5470(4040)
		9.52		6430(4740)
		10.92		7540(5560)

续表

外径/mm(in)	钢级	壁厚/mm	扭矩	
			短螺纹/N·m(lb·ft)	长螺纹/N·m(lb·ft)
193.68(7⅝)	L-80	8.33		6530(4820)
		9.52		7680(5670)
		10.92		9000(6640)
		12.70		10650(7860)
		14.27		12090(8910)
		15.11		12840(9470)
		15.86		13520(9970)
	N-80	8.33		6640(4900)
		9.52		7800(5750)
		10.92		9140(6740)
		12.70		10820(7980)
		14.27		12280(9060)
		15.11		13040(9620)
		15.86		13730(10130)
	C-90	8.33		7210(5320)
		9.52		8470(6250)
		10.92		9930(7330)
		12.70		11750(8670)
		14.27		13330(9840)
		15.11		14160(10450)
		15.86		14910(11000)
	C-95	8.33		7600(5600)
		9.52		8930(6590)
		10.92		10470(7720)
		12.70		12390(9140)
		14.27		14050(10370)
		15.11		14930(11010)
		15.86		15720(11590)

续表

外径/mm(in)	钢级	壁厚/mm	扭矩	
			短螺纹/N·m(lb·ft)	长螺纹/N·m(lb·ft)
193.68(7⅝)	T-95	8.33		7600(5600)
		9.52		8930(6590)
		10.92		10470(7720)
		12.70		12390(9140)
		14.27		14050(10370)
		15.11		14930(11010)
		15.86		15720(11590)
	P-110	9.52		10420(7690)
		10.92		12220(9010)
		12.70		14460(10660)
		14.27		16440(12100)
		15.11		17420(12850)
		15.86		18340(13530)
	Q-125	12.70		16190(11940)
		14.27		18370(13550)
		15.11		19520(14390)
		15.86		20540(15150)
219.08(8⅝)	H-40	6.71	3150(2330)	
		8.94	3780(2790)	
	J-55	6.71	3310(2440)	
		8.94	5050(3720)	5660(4170)
		10.16	5880(4340)	6590(4860)
	K-55	6.71	3570(2630)	
		8.94	5460(4020)	6130(4520)
		10.16	6350(4680)	7140(5260)
	M-65	6.71	3860(2850)	
		7.72	4910(3620)	
		8.94	5890(4350)	6600(4870)

续表

外径/mm(in)	钢级	壁厚/mm	扭矩	
			短螺纹/N·m(lb·ft)	长螺纹/N·m(lb·ft)
219.08 (8⅝)	M-65	10.16	6860(5060)	7690(5670)
		11.43		8800(6490)
	L-80	10.16		9190(6780)
		11.43		10530(7760)
		12.70		11840(8740)
		14.15		13320(9830)
	N-80	10.16		9330(6880)
		11.43		10680(7880)
		12.70		12020(8870)
		14.15		13520(9970)
	C-90	10.16		10150(7490)
		11.43		11630(8580)
		12.70		13080(9650)
		14.15		14710(10850)
	C-95	10.16		10700(7890)
		11.43		12260(9040)
		12.70		13790(10170)
		14.15		15510(11440)
	T-95	10.16		10700(7890)
		11.43		12260(9040)
		12.70		13790(10170)
		14.15		15510(11440)
	P-110	11.43		14300(10550)
		12.70		16090(11860)
		14.15		18100(13350)
	Q-125	14.15		20280(14960)
244.48 (9⅝)	H-40	7.92	3440(2540)	
		8.94	3990(2940)	

续表

外径/mm(in)	钢级	壁厚/mm	扭矩	
			短螺纹/N·m(lb·ft)	长螺纹/N·m(lb·ft)
244.48(9⅝)	J-55	8.94	5340(3940)	6140(4530)
		10.03	6120(4520)	7050(5200)
	K-55	8.94	6230(4230)	6630(4890)
		10.03	7150(4860)	7610(5610)
	M-65	8.94	6230(4600)	7170(5290)
		10.03	7150(5280)	8230(6070)
		11.05		9210(6790)
		11.99		10100(7450)
	L-80	10.03		9860(7270)
		11.05		11030(8130)
		11.99		12100(8930)
		13.84		14190(10470)
		15.11		15600(11510)
	N-80	10.03		10000(7370)
		11.05		11190(8250)
		11.99		12270(9050)
		13.84		14390(10620)
		15.11		15820(11670)
	C-90	10.03		10900(8040)
		11.05		12190(8890)
		11.99		13380(9870)
		13.84		15690(11570)
		15.11		17250(12720)
	C-95	10.03		11490(8470)
		11.05		12850(9480)
		11.99		14100(10400)

续表

外径/mm(in)	钢级	壁厚/mm	扭矩	
			短螺纹/N · m(lb · ft)	长螺纹/N · m(lb · ft)
244.48 (9⅝)	C－95	13.84		16540(12200)
		15.11		18180(13410)
	T－95	10.03		11490(8470)
		11.05		12850(9480)
		11.99		14100(10400)
		13.84		16540(12200)
		15.11		18180(13410)
	P－110	11.05		14980(11050)
		11.99		16440(12130)
		13.84		19280(14220)
		15.11		21200(15630)
	Q－125	11.99		18400(13600)
		13.84		21630(15950)
		15.11		23770(17540)
273.05 (10¾)	H－40	7.09	2790(2050)	
		8.89	4250(3140)	
	J－55	8.89	5700(4200)	
		10.16	6680(4930)	
		11.43	7660(5650)	
	K－55	8.89	6100(4500)	
		10.16	7160(5280)	
		11.43	8210(6060)	
	M－65	8.89	6660(4910)	
		10.16	7810(5760)	
		11.43	8960(6610)	
		12.57	8960(6610)	

续表

外径/mm(in)	钢级	壁厚/mm	扭矩	
			短螺纹/N·m(lb·ft)	长螺纹/N·m(lb·ft)
273.05 (10¾)	L-80	11.43	10760(7940)	
		12.57	11990(8840)	
	N-80	11.43	10900(8040)	
		12.57	12140(8950)	
	C-90	11.43	11920(8790)	
		12.57	13270(9790)	
		13.84	14770(10890)	
		15.11	16240(11980)	
	C-95	11.43	12560(9270)	
		12.57	13990(10320)	
	T-95	11.43	12560(9270)	
		12.57	13990(10320)	
		13.84	15570(11480)	
		15.11	17130(12630)	
	P-110	11.43	14630(10790)	
		12.57	16300(12020)	
		13.84	18130(13370)	
		15.11	19950(14710)	
	Q-125	13.84	20360(15020)	
		15.11	22400(16520)	
298.45 (11¾)	H-40	8.46	4170(3070)	
	J-55	9.52	6460(4770)	
		11.05	7700(5680)	
		12.42	8800(6490)	
	K-55	9.52	6900(5090)	
		11.05	8220(6060)	
		12.42	9400(6930)	

续表

外径/mm(in)	钢级	壁厚/mm	扭矩	
			短螺纹/N·m(lb·ft)	长螺纹/N·m(lb·ft)
298.45 (11¾)	M－65	9.52	7560(5570)	
		11.05	9000(6640)	
		12.42	10290(7590)	
	L－80	12.42	12370(9130)	
	N－80	12.42	12520(9240)	
	C－90	12.42	13710(10110)	
	T－95	12.42	14460(10660)	
	C－95	12.42	14460(10660)	
	P－110	12.42	16830(12420)	
	Q－125	12.42	18920(13950)	
339.73 (13⅜)	H－40	8.38	4370(3220)	
	J－55	9.65	6970(5140)	
		10.92	8070(5950)	
		12.19	9160(6750)	
	K－55	9.65	7410(5470)	
		10.92	8580(6330)	
		12.19	9740(7180)	
	M－65	9.65	8160(6020)	
		10.92	9440(6970)	
		12.19	10720(7910)	
	L－80	12.19	12910(9520)	
		13.06	13950(10290)	
	N－80	12.19	13060(9630)	
		13.06	14110(10400)	
	C－90	12.19	14330(10570)	
		13.06	15480(11420)	
	C－95	12.19	15110(11140)	
		13.06	16320(12040)	

续表

外径/mm(in)	钢级	壁厚/mm	扭矩	
			短螺纹/N·m(lb·ft)	长螺纹/N·m(lb·ft)
339.73 (13⅜)	T-95	12.19	15110(11140)	
		13.06	16320(12040)	
	P-110	12.19	17580(12970)	
		13.06	18990(14010)	
	Q-125	13.06	21360(15760)	
406.40 (16)	H-40	9.52	5950(4390)	
	J-55	11.13	9630(7100)	
		12.57	11080(8170)	
	K-55	11.13	10190(7520)	
		12.57	11730(8650)	
	M-65	11.13	11280(8320)	
		12.57	12980(9570)	
473.08 (18⅝)	H-40	11.05	7580(5590)	
	J-55	11.05	10220(7540)	
	K-55	11.05	10770(7940)	
	M-65	11.05	11980(8840)	
508.00 (20)	H-40	11.13	7870(5810)	9120(6730)
	J-55	11.13	10620(7830)	12290(9070)
		12.70	12370(9130)	14320(10560)
		16.13	16160(11920)	18700(13790)
	K-55	11.13	11160(8230)	12950(9550)
		12.70	13000(9590)	15090(11130)
		16.13	16980(12520)	19700(14530)
	M-65	11.13	12450(9180)	14410(10630)
		12.70	14510(10700)	16790(12380)

4.5 API 套管钢级、标识和套管标记

4.5.1 API 套管钢级和标识

API 套管钢级和标识见表 3 – 62，山东墨龙公司生产的套管钢级和标识见表 3 – 63，日本产特殊套管钢级和标识见表 3 – 64。

表 3 – 62　API 套管钢级和标识

钢　级	识别色带颜色	钢　级	识别色带颜色	钢　级	识别色带颜色
H – 40	无色或黑	C – 75	蓝色	P – 105	白色
J – 55	浅绿	L – 80	红夹棕	P – 110	白色
K – 55	绿色	C – 90	紫色	Q – 125	桔红
N – 80	红色	C – 95	棕色	V – 150	白色

表 3 – 63　山东墨龙公司生产的套管色标标识

钢　级	管体色带数量及颜色	接箍颜色	
		整个接箍	色带
J55 套管	一条明亮绿色	明亮绿色	一条白色
K55	两条明亮绿色	明亮绿色	无
N80 – 1	一条红色	红色	无
N80Q	一条红色、一条明亮绿色	红色	一条绿色
L80 – 1	一条红色、一条棕色	红色	一条棕色
C90 – 1	一条紫色	紫色	无
C90 – 2	一条紫色、一条黄色	紫色	一条黄色
T95 – 1	一条银色	银色	无
T95 – 2	一条银色、一条黄色	银色	一条黄色
C95	一条棕色	棕色	无
P110	一条白色	白色	无
Q125 – 1	一条橙色	橙色	无
Q125 – 2	一条橙色、一条黄色	橙色	一条黄色
Q125 – 3	一条橙色、一条绿色	橙色	一条绿色
Q125 – 4	一条橙色、一条棕色	橙色	一条棕色

表 3－64　日本产特殊套管钢级和标识

钢　级	接箍标记	钢　级	接箍标记
NKT110	白色＋红环	NT150DS	粉红白色＋双红环
SM110T	白色＋红环	NKT1403SB	
SM110TT	白色＋双红环	K0110T	白色＋双紫红色环

4.5.2　套管标识

4.5.2.1　API 标准套管标识

①接箍标识，API5A 及 5AX 标准的标识，采用打印或热滚、热压。5AC 标准只用模板漆印、热滚或热打印，禁止冷模打印。

N－80 的淬火与回火应漆印上“O”字，钢级应用模子打印，其符号分别为 H，J，K，N，P 及 C75，C95，L80 等。

②目前常用套管有无缝管(Seamless)和电阻焊(ERW)管两种。无缝标志为 S，电焊套管为 E。

③API 标准规定，标识用 API 或会标，当管体按 API 加工，螺纹为非 API 标准时，则应在 API 会标后加入符号“CF”。

国外厂家生产 API 套管，螺纹类型符号如下所示：

ROUND，THREAD——圆螺纹(CSG 或 LCSG)

BUTTRESS THREAD——梯形螺纹(BCSG)

EXTREME—LINE——直连型螺纹(XCSG)

④套管上的标识识别，如图 3－53，图 3－54 和图 3－55 所示。

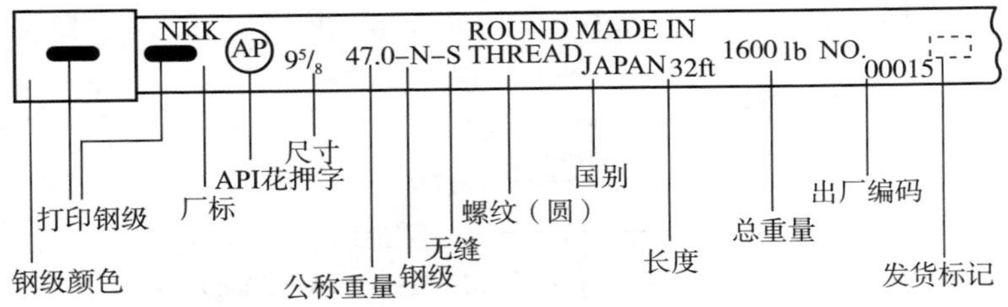

图 3－53　NKK 生产的 API 圆螺纹套管标识

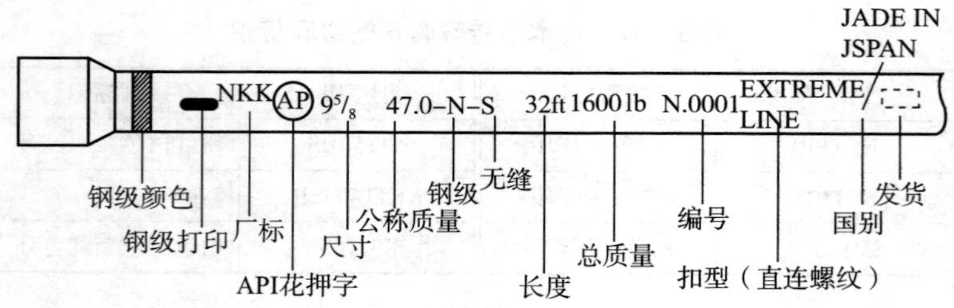

图 3 –54　NKK 生产的 API 直连型螺纹套管标识

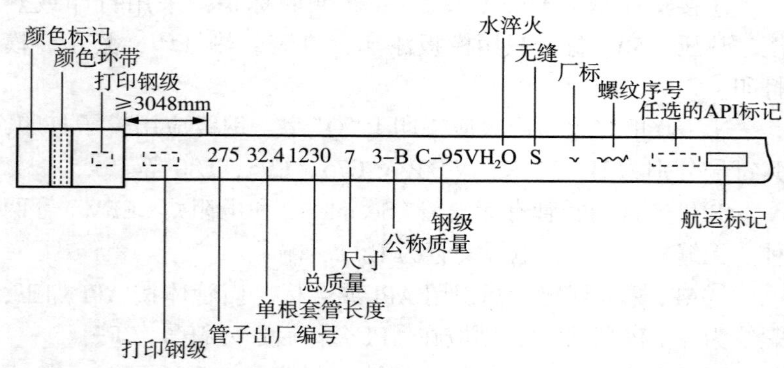

图 3 –55　凡罗克生产的 WAM 螺纹套管标识

国产套管标识基本同于 API 标识。厂标按天钢(TPCO)、宝钢(BG)等标识，国别为 CHINA。

4. 5. 2. 2　日本产特殊套管标记

(1)住友

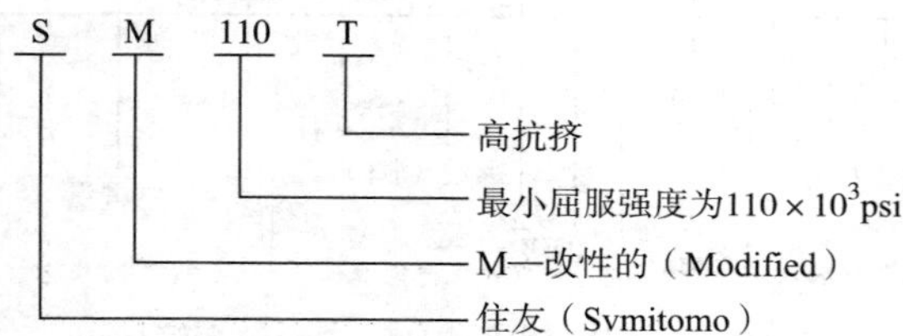

(2)新日铁

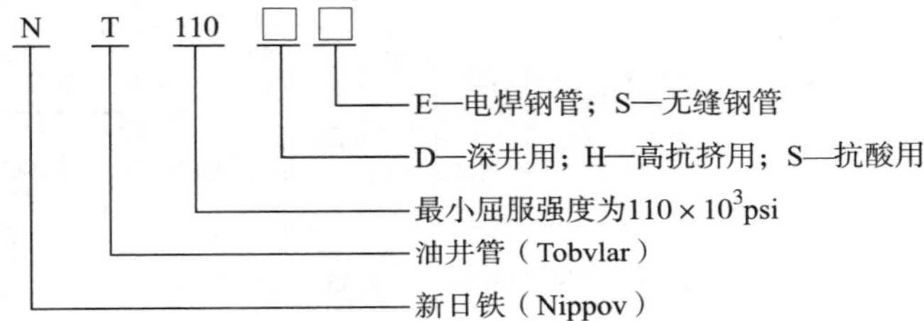

(3)日本铁管

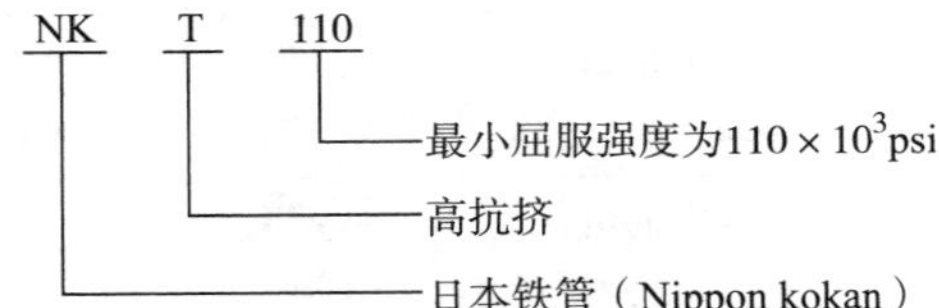

(4)川崎

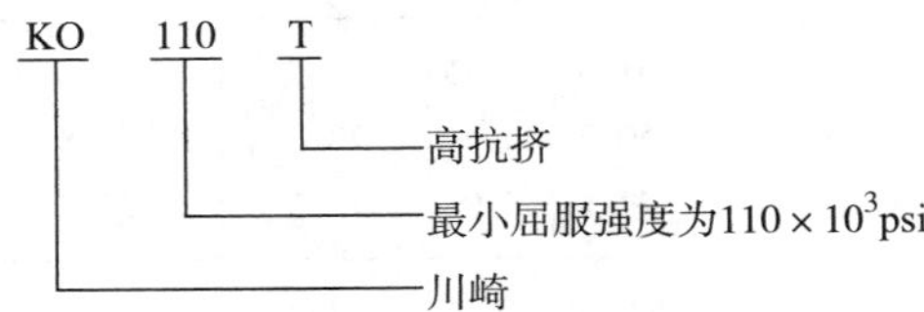

5　油　管

油管分为常用油管和挠性(连续)油管两类。

5.1　常用油管

5.1.1　常用油管的规格、强度特性及紧扣扭矩

(1)常用油管的规格尺寸(见表3－65)

(2)常用油管的强度特性(见表3－66、表3－67)

(3)各种规格油管的推荐机紧扭矩(见表3－68)

表 3－65　常用油管规范

外径/mm(in)	名义质量/(kg/m)		壁厚/mm	内径/mm	通径/mm	接箍外径/mm		
						不加厚	加厚	
	不加厚	加厚					标准	特殊间隙
26.67 (1.05)	1.70	1.79	2.87	20.93	18.54	33.35	42.16	
33.4 (1.315)	2.53	2.68	3.38	26.64	24.26	42.16	48.26	
42.16			3.18	35.81				
(1.66)	3.42	3.57	3.56	35.05	32.66	52.17	55.88	
48.26			3.18	41.91				
(1.9)	4.09	4.32	3.68	40.89	38.51	55.88	63.5	
52.4 (2.063)			3.96	44.48				
60.3	5.96		4.24	51.8	49.45	73.0		
($2\frac{3}{8}$)	6.85	7.00	4.83	50.7	48.291	73.0	77.8	73.9
	8.64	8.86	6.45	47.4	45.03	73.0	77.8	73.9
73.0	9.53	9.68	5.51	62.00	59.61	88.9	93.2	87.9
($2\frac{7}{8}$)	11.62	11.77	7.01	59.0	56.62	88.9	93.2	87.9
	12.81	12.96	7.82	57.4	54.99	88.9	93.2	87.9
88.9	11.47		5.49	77.9	74.75	108.0		
($3\frac{1}{2}$)	13.70	13.85	6.45	76.0	72.82	108.0	114.3	106.2
	15.19		7.34	76.0	71.04	108.0		
	18.92	19.29	9.53	69.8	66.68	108.0	114.3	106.2
	21.00		10.92					
101.6	14.15		5.74	90.1	86.94	120.6		
(4)		16.38	6.65	88.3	85.12		127.0	
114.3	18.77	18.99	6.88	100.5	97.37	132.1	141.3	
($4\frac{1}{2}$)	36.64		14.22					

表 3-66 1.05~2.063in 常用油管的强度特性

外径/mm(in)	钢级	整体接头内螺纹端外径/mm	挤毁压力/MPa	内屈服压力/MPa	接头连接强度/N		
					带螺纹和接箍		整体接头
					不加厚	加厚	
26.67(1.05)	H-40		53	51.9	28297	59219	
	J-55		72.8	71.4	38886	81376	
	C-75		99.4	97.4	53034	111008	
	L-80		106	103.9	56549	118393	
	N-80						
	C-90		119.2	116.9	62289	133476	
1.315	H-40	39.37	50.1	48.8	48763	87916	71054
	J-55	39.37	69	67.1	67005	120840	97704
	C-75	39.37	94	91.5	91387	164798	133209
	L-80	39.37	100.3	97.6	97482	175788	142107
	N-80	39.37	112.8	109.8	111230	195765	160171
	C-90						
1.66	H-40	47.75	38.4	36.3			98683
	H-40	47.75	42.6	40.7	69096	118972	98683
	J-55	47.75	52.8	50			135701
	J-55	47.75	58.5	56	95035	163597	135701
	C-75	47.75	79.8	76.3	129561	223083	185087
	L-80	47.75	85.2	81.4	138192	237943	197411
	N-80						
	C-90	47.75	95.8	91.6	155722	266952	222460
1.9	H-40	53.59	33.9	31.8			119639
	H-40	53.59	38.9	36.8	84935	142285	119639
	J-55	53.59	45.8	43.6			164487
	J-55	53.59	53.4	50.7	116792	195631	164487
	C-75	53.59	72.9	69.1	159281	266774	224329
	L-80	53.59	77.8	73.6	169870	284571	239278
	N-80						
	C-90	53.59	87	82.9	191316	320342	266952
2.063	H-40	59.06	38.5	36.5			158836
	J-55	59.06	53	50.2			218011
	C-75	59.06	72.3	68.4			297651
	L-80	59.06	77.1	73			317673
	N-80	59.06	85.6	82.1			355936
	C-90						

表 3 – 67　$2\frac{3}{8}$ ~ $4\frac{1}{2}$in 常用油管的强度特性

外径/mm (in)	钢级	壁厚/mm	挤毁压力/MPa	内压屈服强度/MPa			接头连接屈服强度/kN	
				平端和不加厚	加厚标准接箍	加厚特殊间隙接箍	不加厚	加厚
60.3 ($2\frac{3}{8}$)	H – 40	4.24	36.1	33.9			134	
		4.83	40.6	38.6	38.6	38.6	160	232
	J – 55	4.24	49.6	46.7			184	
		4.83	55.8	53.1	53.1	53.1	220	319
	C – 75	4.24	65.6	63.6			251	
		4.83	76.1	72.4	72.4	72.4	300	43.5
		6.45	98.8	96.8	96.3	73.9	430	564
	L – 80 N – 80	4.24	68.8	67.8			268	464
		4.83	81.2	77.2	77.2	77.2	320	464
		6.45	105.4	103.2	102.7	78.9	458	602
	C – 90	4.24	75.4	76.3			302	
		4.83	91.4	86.9	86.9	86.9	360	520
		6.45	118.5	116.1	115.2	88.7	516	676
	P – 105	4.83	106.6	101.4	101.4	101.4	420	609
		6.45	138.3	135.5	134.7	103.5	601	790
73.0 ($2\frac{7}{8}$)	H – 40	5.51	38.5	36.4	36.4	38.0	235	322
	J – 55	5.51	53.0	50.1	49.6	50.1	323	443
	C – 75	5.51	72.2	68.3	68.3	68.3	440	605
		7.01	89.9	86.9	86.9	71.3	588	752
		7.82	98.9	96.9	96.6	71.3	665	829
	L – 80 N – 80	5.51	76.9	72.9	72.9	72.9	470	645
		7.01	95.8	92.7	92.7	76.0	627	802
		7.82	105.5	103.4	103.0	76.0	709	884

续表

外径/mm (in)	钢级	壁厚/mm	挤毁压力/MPa	内压屈服强度/MPa			接头连接屈服强度/kN	
				平端和不加厚	加厚标准接箍	加厚特殊间隙接箍	不加厚	加厚
73.0 (2⅞)	C-90	5.51	85.4	82.0	82.0	82.0	528	726
		7.01	107.7	104.2	104.2	85.6	705	902
		7.82	118.7	116.3	116.3	85.6	797	994
	P-105	5.51	96.6	95.6	95.6	95.6	617	846
		7.01	125.6	121.6	121.6	99.8	822	1052
		7.82	138.5	135.8	135.2	99.8	930	1160
88.9 (3½)	H-40	5.49	31.9	29.8			290	
		6.45	37.1	35.0	35.0	35.0	354	461
		7.34	41.8	39.9			412	
	J-55	5.49	41.2	41.0			398	
		6.45	51.0	48.2	48.2	48.2	487	634
		7.34	57.4	54.8			566	
	C-75	5.49	52.0	55.8			543	
		6.45	69.2	65.7	65.7	65.7	663	864
		7.34	78.3	74.7			772	
		9.52	98.9	96.9	96.9	68.9	1026	1228
	L-80 N-80	5.49	54.3	59.6			579	
		6.45	72.6	70.1	70.1	70.1	708	922
		7.34	83.6	79.7			823	
		9.52	105.6	103.4	103.4	73.5	1096	1310

续表

外径/mm (in)	钢级	壁厚/mm	挤毁压力/MPa	内压屈服强度/MPa			接头连接屈服强度/kN	
				平端和不加厚	加厚标准接箍	加厚特殊间隙接箍	不加厚	加厚
88.9 (3½)	C－90	5.49	58.9	67.0			651	
		6.45	79.8	78.8	78.8	78.8	796	1037
		7.34	94.0	89.6			926	
		9.52	118.7	116.4	116.4	82.7	1233	1474
	P－105	6.45	90.0	92.0	92.0	92.0	929	1210
		9.52	138.5	135.8	135.8	96.5	1438	1720
101.6 (4)	H－40	5.74	28.0	27.3			320	
		6.65	33.8	31.6	31.6			547
	J－55	5.74	35.2	37.5			440	
		6.65	45.4	43.4	43.4			753
	C－75	5.74	43.8	51.2			601	
		6.65	58.0	59.3	59.3			1027
	L－80 N－80	5.74	45.4	54.5			641	
		6.65	60.7	63.2	63.2			1095
	C－90	5.74	48.8	61.4			721	
		6.65	66.2	71.2	71.2			1232
114.3 (4½)	H－40	6.88	31.0	29.1	29.1		464	640
	J－55	6.88	39.4	40.0	40.0		638	881
	C－75	6.88	49.6	54.5	54.5		871	1201
	L－80 N－80	6.88	51.7	58.1	58.1		928	1281
	C－90	6.88	56.0	65.4	65.4		1044	1441
		14.22	135.2	135.1			872	

表 3 – 68 推荐的油管机紧扭矩

外径/mm (in)	名义质量/(kg/m)		钢级	扭矩/N·m					
				不加厚			加厚		
	不加厚	加厚		最大	最佳	最小	最大	最佳	最小
60.3 (2⅜)	5.96		H – 40	630	480	790			
	6.85	7.00	H – 40	760	570	950	1340	1000	1670
	5.96		J – 55	830	620	1040			
	6.85	7.00	J – 55	990	740	1240	1750	1310	2190
	5.96		C – 75	1090	820	1360			
	6.85	7.00	C – 75	1300	980	1630	2310	1730	2880
	8.64	8.86	C – 75	1860	1400	2330	2870	2150	3590
	5.96		L – 80	1130	850	1410			
	6.85	7.00	L – 80	1350	1010	1680	2390	1790	2990
	8.64	8.86	L – 80	1930	1450	2410	2970	2230	3710
	5.96		N – 80	1160	870	1450			
	6.85	7.00	N – 80	1380	1040	1730	2450	1830	3060
	8.64	8.86	N – 80	1980	1480	2470	3040	2280	3800
	5.96		C – 90	1230	920	1540			
	6.85	7.00	C – 90	1470	1100	1840	2610	1960	3260
	8.64	8.86	C – 90	2110	1580	2630	3250	2430	4060
	6.85	7.00	P – 105	1740	1300	2170	3080	2310	3850
	8.64	8.86	P – 105	2490	1870	3110	3830	2870	4790
73.0 (2⅞)	9.53	9.68	H – 40	1080	810	1360	1700	1274	2120
	9.53	9.68	J – 55	1420	1070	1780	2230	1670	2790
	9.53	9.68	C – 75	1880	1410	2350	2940	2210	3680
	11.62	11.77	C – 75	2500	1880	3130	3540	2660	4430
	12.81	12.96	C – 75	2830	2120	3540	3860	2890	4820
	9.53	9.68	L – 80	1940	1460	2430	3050	2290	3820
	11.62	11.77	L – 80	2590	1952	3240	3680	2760	4600
	12.81	12.96	L – 80	2930	2200	3670	4000	3000	5000

续表

外径/mm (in)	名义质量/(kg/m)		钢级	扭　矩/N · m					
				不加厚			加　厚		
	不加厚	加厚		最大	最佳	最小	最大	最佳	最小
73.0 (2⅞)	9.53	9.68	N-80	1990	1490	2490	3120	2340	3900
	11.62	11.77	N-80	2650	1990	3320	3760	2820	4700
	12.81	12.96	N-80	3000	2250	3750	4090	3070	5110
	9.53	9.68	C-90	2130	1590	2660	3340	2510	4180
	11.62	11.77	C-90	2840	2130	3550	4020	3020	5030
	12.81	12.96	C-90	3210	2410	4010	4380	3280	5478
	9.53	9.68	P-105	2510	1880	3140	3940	2960	4930
	11.62	11.77	P-105	3350	2510	4190	4750	3560	5940
	12.81	12.96	P-105	3790	2840	4730	5170	3880	6460
88.9 (3½)	11.47		H-40	1250	930	1560			
	13.70	13.85	H-40	1520	1140	1900	2340	1760	2930
	15.19		H-40	1770	1330	2220			
	11.47		J-55	1640	1230	2050			
	13.70	13.85	J-55	2010	1500	2510	3090	2320	3860
	15.19		J-55	2330	1750	2920			
	11.47		C-75	2170	1630	2710			
	13.70	13.85	C-75	2650	1990	3310	4080	3060	5110
	15.19		C-75	3080	2310	3850			
	18.92	19.29	C-75	4100	3080	5130	5480	4110	6850
	11.47		L-80	2250	1690	2810			
	13.70	13.85	L-80	2750	2060	3440	4240	3180	5310
	15.19		L-80	3200	2400	4000			
	18.92	19.29	L-80	4260	3200	5330	5700	4270	7120
	11.47		N-80	2300	1720	2870			
	13.70	13.85	N-80	2810	2110	3510	4330	3250	5420

续表

外径/mm (in)	名义质量/(kg/m)		钢级	扭　矩/N·m					
				不加厚			加　厚		
	不加厚	加厚		最大	最佳	最小	最大	最佳	最小
88.9 (3½)	15.19		N－80	3270	2450	4090			
	18.92	19.29	N－80	4350	3260	5440	5820	4360	7270
	11.47		C－90	2460	1850	3080			
	13.70	13.85	C－90	3010	2260	3770	4650	3490	5820
	15.19		C－90	3510	2630	4380			
	18.92	19.29	C－90	4670	3500	5830	6250	4680	7810
	13.70	13.85	P－105	3550	2670	4440	5490	4120	6860
	18.92	19.29	P－105	5510	4130	6880	7370	5520	9210
101.6 (4)	14.15		H－40	1260	940	1570			
		16.38	H－40				2630	1970	3290
	14.15		J－55	1660	1240	2070			
		16.38	J－55				3470	2600	4340
	14.15		C－75	2200	1650	2740			
		16.38	C－75				4600	3450	5750
	14.15		L－80	2280	1710	2850			
		16.38	L－80				4780	3590	5980
	14.15		C－90	2500	1880	3130			
		16.38	C－90				5250	3940	6560
	14.15		N－80	2330	1750	2910			
		16.38	N－80				4880	3660	6100
114.3 (4½)	18.77	18.99	H－40	1780	1348	2238	2930	2190	3660
	18.77	18.99	J－55	2360	1770	2950	3870	2900	4840
	18.77	18.99	C－75	3120	2340	3900	5130	3850	6410
	18.77	18.99	L－80	3250	2440	4060	5340	4010	6680
	18.77	18.99	N－80	3310	2490	4140	5450	4080	6810
	18.77	18.99	C－90	3570	2680	4460	5870	4400	7340

5.1.2　油管接箍

5.1.2.1　接箍结构

不加厚油管及接箍如图 3－56 所示，外加厚油管及接箍如图 3－57 所示。

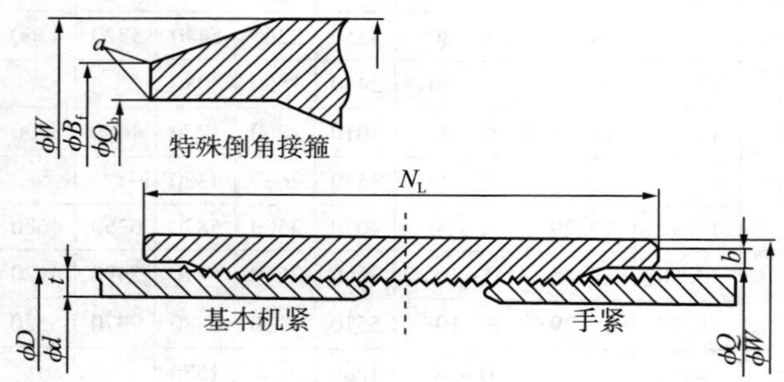

图 3－56　不加厚油管及接箍

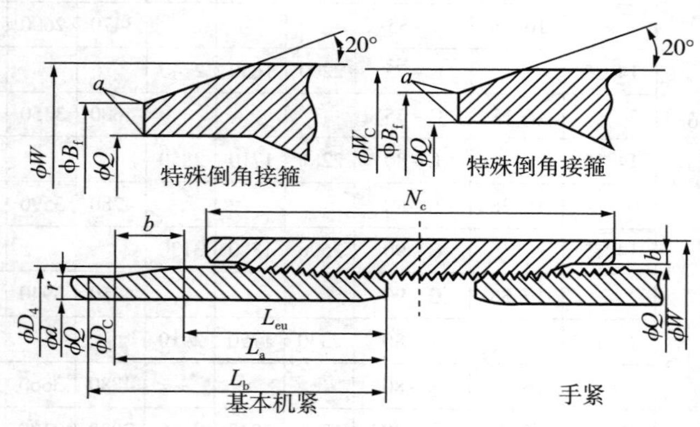

图 3－57　外加厚油管及接箍

a—圆角式倒角；b—加厚过渡区

5.1.2.2　油管接箍规范

(1) 不加厚油管接箍规范见表 3－69

(2) 加厚油管接箍规范见表 3－70

5.2　连续油管

连续油管（Coiled Tubing，简称 CT）又称挠性油管、盘管或柔管，相对于用螺纹连接的常规油管而言，连续油管（CT）是卷绕在卷筒上拉直后直接下井的长油管。它具有很强的柔韧性和连续性，广泛应用于石油钻井、完井、试油、采油、修井和集输等各个作业领域。在钻井技术领域特别适用于侧钻井、水平井、小井眼钻井、欠平衡钻井等工艺，开发隐蔽的、枯竭的油气藏可以达到常规钻井技术难以达到的目的。

近年来连续油管作业以其占地面积小、作业成本低、搬迁安装方便、保护油层、增加油井产量和使用范围广等优势获得迅速发展，宝鸡石油钢管有限公司已建成我国第一条连续油管生产线。

连续油管尺寸及性能见表 3－71。

表 3－69　不加厚油管接箍尺寸、质量和公差

油管外径，D		接箍外径，W/mm	最小长度，N_L/mm	镗孔直径，Q_b/mm	承载面宽度，b/mm	特殊倒角的最大承载面直径，B_f/mm	质量/kg
in	mm						
$1\frac{1}{20}$	26.67	33.35	80.96	28.27	1.59	30.00	0.23
$1\frac{64}{200}$	33.40	42.16	82.55	35.00	2.38	37.80	0.38
$1\frac{33}{50}$	42.16	52.17	88.90	43.76	3.18	47.17	0.59
$1\frac{9}{10}$	48.26	55.88	95.25	49.86	1.59	52.07	0.56
$2\frac{3}{8}$	60.32	73.02	107.95	61.93	4.76	66.68	1.28
$2\frac{7}{8}$	73.02	88.90	130.18	74.63	4.76	80.98	2.34
$3\frac{1}{2}$	88.90	107.95	142.88	90.50	4.76	98.42	3.71
4	101.60	120.65	146.05	103.20	4.76	111.12	4.35
$4\frac{1}{2}$	114.30	132.08	155.58	115.90	4.76	123.19	4.89

注：接箍外径 W 的公差为 ±1%。接箍的规格代号和相应的管子规格代号相同。

表3-70 外加厚油管接箍尺寸、质量和公差

油管外径,D		接箍外径/mm		最小长度,N_L/mm	镗孔直径,Q/mm	承载面宽度,b/mm	最大承载面直径B_f/mm		质量/kg	
in	mm	标准和特殊倒角接箍W	特殊间隙接箍W_C				特殊倒角接箍	特殊间隙接箍	标准接箍	特殊间隙接箍
1⅟20	26.67			82.55	35.00	2.38			0.38	
1 64⁄200	33.40			88.90	38.89	2.38	42.77		0.57	
1 33⁄50	42.16	55.88		95.25	47.63	3.18	50.95		0.68	
1 9⁄10	48.26	63.30		98.42	54.76	3.18	58.34		0.84	
2⅜	60.32	77.80	73.91	123.82	67.46	3.97	71.83	69.90	1.55	1.07
2⅞	73.02	93.17	87.88	133.35	80.16	5.56	85.88	83.24	2.40	1.55
3½	88.90	114.30	106.17	146.05	96.85	6.35	104.78	100.71	4.10	2.38
4	101.60	127.00		152.40	109.55	6.35	117.48		4.82	
4½	114.30	141.30		158.75	122.25	6.35	130.96		6.05	

注1:外径W的公差为±1%,外径W_C的公差为±3.18mm;

注2:接箍的规格代号和相应的管子规格代号相同。

表3-71 挠性油管尺寸和使用性能

规格外径/mm(in)	管体质量/(kg/m)(lb/ft)	材料屈服强度/MPa	壁厚/mm	内径/mm	管体屈服载荷/kN	屈服内压/MPa	抗扭强度/N·m	管体容量/(m^3/1000m)
31.8(1¼)	1.53(1.03)	379	2.11	27.53	70.3	47.3	598	0.74
	1.74(1.17)		2.41	26.92	80.2	54.6	664	0.57
	1.49(1.00)	483	2.03	27.69	86.2	57.9	739	0.60
	1.53(1.03)		2.11	27.53	89.4	60.2	761	0.60
	1.61(1.08)		2.21	27.33	93.7	63.3	789	0.59
	1.74(1.17)		2.41	26.92	102.1	69.5	846	0.57
	1.86(1.25)		2.59	26.57	109.4	74.9	892	0.55
	1.98(1.33)		2.77	26.21	116.6	80.3	938	0.54
	2.23(1.50)		3.18	25.40	129.7	90.3	1034	0.51
	2.38(1.60)		3.40	24.94	138.5	97.3	1085	0.49
	2.71(1.82)		3.96	23.83	159.5	114.3	1196	0.45
	2.99(2.01)		4.45	22.86	176.9	129.0	1281	0.41

续表

规格外径/mm(in)	管体质量/(kg/m)(lb/ft)	材料屈服强度/MPa	壁厚/mm	内径/mm	管体屈服载荷/kN	屈服内压/MPa	抗扭强度/N·m	管体容量/(m^3/1000m)
31.8(1¼)	1.53(1.03)	517	2.11	27.53	95.8	64.5	815	0.60
	1.61(1.08)		2.21	27.33	100.4	67.8	846	0.59
	1.74(1.17)		2.41	26.92	109.4	74.5	906	0.57
	1.98(1.33)		2.77	26.21	124.9	86.0	1005	0.54
	1.49(1.08)	552	2.03	27.69	98.5	66.2	845	0.60
	1.61(1.08)		2.21	27.33	107.1	72.4	903	0.59
	1.74(1.17)		2.41	26.92	116.7	79.4	967	0.57
	1.86(1.25)		2.59	26.57	125.0	85.6	1020	0.55
	1.98(1.33)		2.77	26.21	133.2	91.8	1071	0.54
	2.23(1.50)		3.18	25.40	148.2	103.3	1182	0.51
	2.38(1.60)		3.40	24.94	158.3	111.2	1239	0.49
	3.71(1.82)		3.96	23.83	182.3	130.6	1367	0.45
	2.99(2.01)		4.45	22.86	202.2	147.4	1463	0.41
	1.49(1.00)	620	2.03	27.69	110.8	74.5	949	0.60
	1.61(1.08)		2.21	27.33	120.5	81.4	1016	0.59
	1.74(1.17)		2.41	26.92	131.3	89.4	1087	0.57
	1.86(1.25)		2.59	26.57	140.7	96.3	1147	0.55
	1.98(1.33)		2.77	26.21	149.9	103.3	1205	0.54
	2.23(1.50)		3.18	25.40	166.7	116.2	1329	0.51
	2.38(1.60)		3.40	24.94	178.1	125.1	1394	0.49
	2.71(1.82)		3.96	23.83	205.1	146.9	1537	0.45
	2.99(2.01)		4.45	22.86	227.5	165.8	1646	0.41
	1.49(1.00)	689	2.03	27.69	123.1	82.7	1055	0.60
	1.61(1.08)		2.21	27.33	133.8	90.5	1128	0.59
	1.74(1.17)		2.41	26.92	145.9	99.3	1208	0.57
	1.86(1.25)		2.59	26.57	156.3	107.0	1274	0.55
	1.98(1.33)		2.77	26.21	166.6	114.7	1340	0.54
	2.23(1.50)		3.18	25.40	185.2	129.1	1476	0.51
	2.38(1.60)		3.40	24.94	197.9	139.0	1548	0.49
	2.71(1.82)		3.96	23.83	227.9	163.3	1708	0.45
	2.99(2.01)		4.45	22.86	252.7	184.2	1829	0.41

续表

规格外径/mm(in)	管体质量/(kg/m)(lb/ft)	材料屈服强度/MPa	壁厚/mm	内径/mm	管体屈服载荷/kN	屈服内压/MPa	抗扭强度/N·m	管体容量/(m³/1000m)
38.1(1½)	2.13(1.43)	483	2.41	33.27	124.1	57.9	1266	0.87
	2.26(1.52)		2.59	32.96	133.1	62.4	1340	0.85
	2.41(1.62)		2.77	32.56	142.0	66.9	1411	0.83
	2.74(1.84)		3.18	31.75	158.3	75.3	1567	0.79
	2.90(1.95)		3.40	31.29	169.4	81.1	1649	0.77
	3.34(2.24)		3.96	30.18	195.9	95.2	1836	0.72
	3.69(2.48)		4.45	29.21	217.8	107.5	1981	0.67
	2.13(1.43)	517	2.41	33.27	133.0	62.1	1356	0.87
	2.41(1.62)		2.77	32.56	152.2	71.7	1512	0.83
	2.13(1.43)	552	2.41	33.27	141.9	66.2	1447	0.87
	2.26(1.52)		2.59	32.96	152.1	71.3	1531	0.85
	2.41(1.62)		2.77	32.56	162.3	76.5	1613	0.83
	2.74(1.84)		3.18	31.75	180.9	86.0	1791	0.79
	2.90(1.95)		3.40	31.29	193.5	92.7	1885	0.77
	3.34(2.24)		3.96	30.18	223.7	108.8	2097	0.72
	3.69(2.48)		4.45	29.21	248.9	122.8	2264	0.67
	2.13(1.43)	620	2.41	33.27	159.6	74.5	1627	0.87
	2.26(1.52)		2.59	32.96	171.2	80.3	1723	0.85
	2.41(1.62)		2.77	32.56	182.6	86.0	1814	0.83
	2.74(1.84)		3.18	31.75	203.5	96.8	2015	0.79
	2.90(1.95)		3.40	31.29	217.7	104.2	2121	0.77
	3.34(2.24)		3.96	30.18	251.7	122.5	2360	0.72
	3.69(2.48)		4.45	29.21	280.0	138.2	2546	0.67
	2.13(1.43)	689	2.41	33.27	177.3	82.7	1809	0.87
	2.26(1.52)		2.59	32.96	190.2	89.2	1914	0.85
	2.41(1.62)		2.77	32.56	202.9	95.6	2016	0.83
	2.74(1.84)		3.18	31.75	226.1	107.6	2238	0.79
	2.90(1.95)		3.40	31.29	241.9	115.8	2355	0.77
	3.34(2.24)		3.96	30.18	279.6	136.1	2622	0.72
	3.69(2.48)		4.45	29.21	311.1	153.5	2830	0.67

续表

规格外径/mm (in)	管体质量/(kg/m)(lb/ft)	材料屈服强度/MPa	壁厚/mm	内径/mm	管体屈服载荷/kN	屈服内压/MPa	抗扭强度/N·m	管体容量/(m^3/1000m)
44.5 (1¾)	2.84(1.91)	483	2.77	38.91	167.5	57.4	1984	1.19
	3.23(2.17)		3.18	38.10	186.9	64.5	2211	1.14
	3.44(2.31)		3.40	37.64	200.2	69.5	2333	1.11
	3.96(2.66)		3.96	36.53	231.9	81.6	2614	1.05
	4.38(2.94)		4.45	35.56	258.6	92.1	2838	0.99
	4.68(3.14)		4.78	34.90	276.4	99.3	2979	0.96
	2.50(1.68)	517	2.41	39.62	156.6	53.2	1897	1.23
	2.50(1.68)	552	2.41	39.62	167.0	56.7	2024	1.23
	2.84(1.91)		2.77	38.91	191.4	68.3	2267	1.19
	3.23(2.17)		3.18	38.10	213.6	73.8	2527	1.14
	3.44(2.31)		3.40	37.64	228.8	79.4	2667	1.11
	3.96(2.66)		3.96	36.53	265.1	93.3	2988	1.05
	4.38(2.94)		4.45	35.56	295.5	105.3	3242	0.99
	4.68(3.14)		4.78	34.90	315.9	113.5	3404	0.96
	4.72(3.17)		4.83	34.80	319.0	114.7	3429	0.95
	2.68(1.80)	620	2.59	39.27	201.7	68.8	2415	1.21
	2.84(1.91)		2.77	38.91	215.3	73.8	2549	1.19
	3.23(2.17)		3.18	38.10	240.3	83.0	2843	1.14
	3.44(2.31)		3.40	37.64	257.4	89.4	3000	1.11
	3.96(2.66)		3.96	36.53	298.2	105.0	3361	1.05
	4.38(2.94)		4.45	35.56	332.5	118.4	3647	0.99
	4.72(3.17)		4.83	34.80	358.9	129.1	3857	0.95
	2.50(1.68)	689	2.41	39.62	208.8	70.9	2530	1.23
	2.84(1.91)		2.77	38.91	239.2	82.0	2832	1.19
	3.23(2.17)		3.18	38.10	267.0	92.2	3159	1.14
	3.44(2.31)		3.40	37.64	286.0	99.3	3334	1.11
	3.96(2.66)		3.96	36.53	331.3	116.6	3735	1.05
	4.38(2.94)		4.45	35.56	369.4	131.6	4052	0.99
	4.68(3.14)		4.78	34.90	394.9	141.8	4256	0.96

续表

规格外径/mm (in)	管体质量/(kg/m) (lb/ft)	材料屈服强度/MPa	壁厚/mm	内径/mm	管体屈服载荷/kN	屈服内压/MPa	抗扭强度/N·m	管体容量/(m^3/1000m)
50.8 (2)	3.28(2.20)	483	2.77	45.26	192.9	50.2	2652	1.61
	3.72(2.50)		3.18	44.45	215.5	56.5	2968	1.55
	3.98(2.67)		3.40	43，99	231.0	60.8	3139	1.52
	4.57(3.07)		3.96	42.88	268.1	71.4	3533	1.44
	5.08(3.41)		4.45	41.91	299.4	80.6	3850	1.38
	5.42(3.64)		4.78	41.25	320.5	86.9	4055	1.34
	5.47(3.67)		4.83	41.15	323.7	87.8	4085	1.33
	5.81(3.90)		5.16	40.49	344.3	94.1	4890	1.29
	3.28(2.20)	552	2.77	45.26	220.4	57.4	3032	1.61
	3.72(2.50)		3.18	44.45	246.3	64.5	3392	1.55
	3.98(2.67)		3.40	43.99	264.0	69.5	3587	1.52
	4.57(3.07)		3.96	42.88	306.4	81.6	4038	1.44
	5.08(3.41)		4.45	41.91	342.2	92.1	4400	1.38
	5.42(3.64)		4.78	41.25	366.2	99.3	4634	1.34
	5.47(3.67)		4.83	41.15	369.9	100.4	4669	1.33
	5.81(3.90)		5.16	40.49	393.5	107.6	4890	1.29
	3.28(2.20)	620	2.77	45.26	248.0	64.5	3410	1.61
	3.72(2.50)		3.18	44.45	277.1	72.6	3817	1.55
	3.98(2.67)		3.40	43.99	297.0	78.2	4035	1.52
	4.57(3.07)		3.96	42.88	344.7	91.8	4543	1.44
	5.08(3.41)		4.45	41.91	385.0	103.6	4950	1.38
	5.47(3.67)		4.83	41.15	416.1	112.9	5252	1.33
	3.28(2.20)	689	2.77	45.26	275.6	71.7	3789	1.61
	3.72(2.50)		3.18	44.45	307.9	80.7	4241	1.55
	3.98(2.67)		3.40	43.99	330.0	86.9	4484	1.52
	4.57(3.07)		3.96	42.88	383.0	102.0	5048	1.44
	5.08(3.41)		4.45	41.91	427.8	115.1	5501	1.38
	5.42(3.64)		4.78	41.25	457.8	124.1	5792	1.34
	5.81(3.90)		5.16	40.49	491.9	134.4	6112	1.29
60.3 (2⅜)	3.93(2.64)	483	2.77	54.79	231.0	42.3	3840	2.36
	4.47(3.00)		3.18	54.00	258.4	47.6	4313	2.29
	4.78(3.21)		3.40	53.52	277.2	51.2	4570	2.25
	5.51(3.70)		3.96	52.40	322.4	60.1	5174	2.16
	6.12(4.11)		4.44	51.44	360.7	67.9	5663	2.08
	6.54(4.39)		4.78	50.77	386.5	73.2	5983	2.02
	6.60(4.43)		4.83	50.67	390.4	74.0	6031	2.02
	7.02(4.71)		5.16	50.01	415.8	79.3	6337	1.96

续表

规格外径/mm(in)	管体质量/(kg/m)(lb/ft)	材料屈服强度/MPa	壁厚/mm	内径/mm	管体屈服载荷/kN	屈服内压/MPa	抗扭强度/N·m	管体容量/(m^3/1000m)
60.3(2⅜)	3.93(2.44)	552	2.77	54.79	264.0	48.3	4509	2.36
	4.47(3.00)		3.18	54.00	295.3	54.3	4930	2.29
	4.78(3.21)		3.40	53.52	316.8	58.5	5224	2.25
	5.51(3.70)		3.96	52.40	368.5	68.7	5913	2.16
	6.12(4.11)		4.44	51.44	412.2	77.6	6473	2.08
	6.54(4.39)		4.78	50.77	441.7	83.6	6837	2.02
	6.60(4.43)		4.83	50.67	446.2	84.5	6893	2.02
	7.02(4.71)		5.16	50.01	475，2	90.6	7243	1.96
	4.47(3.00)	620	3.18	54.00	332.3	61.1	5545	2.29
	4.78(3.21)		3.40	53.52	356.4	65.8	5877	2.25
	5.51(3.70)		3.96	52.40	414.5	77.3	6652	2.16
	6.12(4.11)		4.44	51.44	463.8	87.3	7282	2.08
	6.60(4.43)		4.83	50.67	502.0	95.1	7754	2.02
	7.05(4.73)		5.18	49.96	537.1	102.4	8177	1.96
	3.93(2.64)	689	2.77	54.79	330.1	60.4	5484	2.36
	4.47(3.00)		3.18	54.00	369.2	67，9	6162	2.29
	4.78(3.21)		3.40	53.52	396.0	73.2	6530	2.25
	5.51(3.70)		3.96	52.40	460.6	85.9	7391	2.16
	6.12(4.11)		4.44	51.44	515.3	97.0	8092	2.08
	6.54(4.39)		4.78	50.77	552.1	104.5	8547	2.02
	7.02(4.71)		5.16	50.01	594.1	113.2	9053	1.96
73.0(2⅞)	5.47(3.67)	483	3.18	66.68	315.7	39.3	6500	3.49
	5.84(3.92)		3.40	66.22	338.8	42.3	6901	3.44
	6.75(4.53)		3.96	65.10	394.8	49.7	7849	3.33
	7.52(5.05)		4.44	64.14	442.4	56.1	8630	3.23
	8.04(5.40)		4.78	63.47	474.5	60.4	9144	3.16
	8.12(5.45)		4.83	63.37	479.4	61.1	9222	3.15
	8.62(5.79)		5.16	62.71	511.2	65.5	9717	3.09
	5.47(3.67)	552	3.18	66.68	360.8	44.9	7427	3.49
	5.84(3.92)		3.40	66.22	387.2	48.3	7887	3.44
	6.75(4.53)		3.96	65.10	451.2	56.8	8971	3.33
	7.52(5.05)		4.44	64.14	505.6	64.1	9862	3.23
	8.04(5.40)		4.78	63.47	542.3	69.1	10451	3.16
	8.12(5.45)		4.83	63.37	547.9	69.8	10539	3.15
	8.62(5.79)		5.16	62.71	584.2	74.8	11105	3.09

续表

规格外径/mm (in)	管体质量/(kg/m) (lb/ft)	材料屈服强度/MPa	壁厚/mm	内径/mm	管体屈服载荷/kN	屈服内压/MPa	抗扭强度/N·m	管体容量/(m^3/1000m)
73.0 (2⅞)	5.84(3.92)	620	3.40	66.22	435.6	54.4	8872	3.44
	6.75(4.53)		3.96	65.10	507.6	63.9	10093	3.33
	7.52(5.05)		4.44	64.14	568.8	72.1	11096	3.23
	8.12(5.45)		4.83	63.37	616.4	78.6	11857	3.15
	8.67(5.82)		5.18	62.66	660.4	84.6	12543	3.08
	9.44(6.34)		5.69	61.65	722.4	93.2	13482	2.98
	5.47(3.67)	689	3.18	66.68	450.9	56.1	9285	3.49
	5.84(3.92)		3.40	66.22	484.0	60.4	9860	3.44
	6.75(4.53)		3.96	65.10	564.0	71.0	11214	3.33
	7.52(5.05)		4.44	64.14	632.0	80.1	12328	3.23
	8.04(5.40)		4.78	63.47	677.9	86.3	13063	3.16
	8.62(5.79)		5.16	62.71	730.3	93.5	13882	3.09
88.9 (3½)	7.18(4.82)	483	3.40	82.09	415.9	34.7	10490	5.29
	8.30(5.57)		3.96	80.98	485.3	40.8	11981	5.15
	9.25(6.21)		4.44	80.01	544.5	46.1	13221	5.03
	9.91(6.65)		4.78	79.35	584.6	49.6	14044	4.94
	10.01(6.72)		4.83	79.25	590.7	50.2	14167	4.93
	10.65(7.15)		5.16	78.59	630.4	53.8	14967	4.85
	10.69(7.18)		5.18	78.54	633.5	54.1	15028	4.84
	11.68(7.84)		5.69	77.52	693.9	59.6	16216	4.72
	7.18(4.82)	552	3.40	82.09	475.3	39.7	11988	5.29
	8.30(5.57)		3.96	80.98	554.6	46.6	13692	5.15
	9.25(6.21)		4.44	80.01	622.3	52.6	15109	5.03
	9.91(6.65)		4.78	79.35	668.1	56.7	16049	4.94
	10.01(6.72)		4.83	79.25	675.1	57.4	16191	4.93
	10.65(7.15)		5.16	78.59	720.5	61.5	17105	4.85
	10.69(7.18)		5.18	78.54	724.0	61.8	17174	4.84
	11.68(7.84)		5.69	77.52	793.0	68.1	18533	4.72
	7.18(4.82)	620	3.40	82.09	534.7	44.7	13488	5.29
	8.30(5.57)		3.96	80.98	623.9	52.5	15404	5.15
	9.25(6.21)		4.44	80.01	700.1	59.2	16998	5.03
	10.01(6.72)		4.83	79.25	759.5	64.5	18215	4.93
	10.69(7.18)		5.18	78.54	814.5	69.5	19320	4.84
	11.68(7.84)		5.69	77.52	892.1	76.6	20848	4.72

续表

规格外径/mm(in)	管体质量/(kg/m)(lb/ft)	材料屈服强度/MPa	壁厚/mm	内径/mm	管体屈服载荷/kN	屈服内压/MPa	抗扭强度/N·m	管体容量/(m^3/1000m)
88.9 (3½)	7.18(4.82)	689	3.40	82.09	594.1	49.6	14986	5.29
	8.30(5.57)		3.96	80.98	693.3	58.3	17116	5.15
	9.25(6.21)		4.44	80.01	777.8	65.8	18887	5.03
	9.91(6.65)		4.78	79.35	835.1	70.9	20061	4.94
	10.65(7.15)		5.16	78.59	900.6	76.8	21381	4.85
114.3 (4½)	13.03(8.75)	483	4.83	104.65	768.8	39.0	24295	8.60
	13.94(9.36)		5.18	103.94	825.2	42.0	25839	8.48
	15.24(10.23)		5.69	102.92	905.2	46.3	27992	8.32
	16.91(11.35)		6.35	101.60	1008.0	51.9	30697	8.11
	13.03(8.75)	552	4.83	104.65	878.6	44.6	27766	8.60
	13.94(9.36)		5.18	103.94	943.1	48.0	29531	8.48
	15.24(10.23)		5.69	102.92	1034.5	53.0	31991	8.32
	16.91(11.35)		6.35	101.60	1152.0	59.3	35082	8.11
	13.03(8.75)	620	4.83	104.65	988.4	50.2	31237	8.60
	13.94(9.36)		5.18	103.94	1061.0	54.1	33223	8.48
	15.24(10.23)		5.69	102.92	1163.8	59.6	35990	8.32
	16.91(11.35)		6.35	101.60	1296.0	66.7	39468	8.11
127.0 (5)	17.02(11.43)	483	5.69	115.62	1010.8	41.7	35086	10.50
	18.89(12.68)		6.35	114.30	1126.4	46.7	38543	10.26
	17.02(11.43)	552	5.69	115.62	1155.2	47.7	40097	10.50
	18.89(12.68)		6.35	114.30	1287.3	53.4	44049	10.26

第四章　钻井取芯工具

1　取芯工具的选择

钻井取芯是根据地质设计要求进行的一项钻井施工工作，并按照所取岩芯的特殊要求，选择取芯工具的类型。钻井取芯分为常规取芯和特殊取芯，与之相对应的取芯工具有常规取芯工具和特殊取芯工具两大类。

常规取芯是指地质设计中对所取岩芯没有特殊要求的取芯作业，主要用于发现油气藏；特殊取芯是指对所取岩芯有特殊要求的取芯作业，主要用于地层属性的分析和油气藏评价。

在生产实践中，可根据取芯目的和对岩芯的要求选择取芯方式。如对岩芯没有特殊要求，可选择常规取芯技术，否则应选择特殊取芯技术及工艺；地层比较松软且要求岩芯保持原始状态的可选择保形取芯技术及工艺；要求对岩芯进行含油、水饱和度分析，可选择油基钻井液或密闭取芯技术及工艺；既要求岩芯保持原始形状又要求岩芯进行含油、水饱和度分析，则可选择保形密闭取芯技术及工艺；在斜井、定向井或水平井中取芯，采用定向井或水平井取芯技术及工艺。

取芯方式确定后，再根据取芯井段、岩芯直径、地层岩性、胶结状态情况等因素来选择相应的取芯钻头与取芯工具。如单、双、长筒取芯工具等。具体见表4－1、表4－2。

表4－1　取芯钻头的选择原则

<table>
<tr><td rowspan="2">取芯地层的软硬与岩石可钻性</td><td>松散</td><td>软</td><td>中软成柱</td><td>中硬</td><td>中硬破碎</td><td>坚硬致密</td></tr>
<tr><td colspan="3">Ⅰ～Ⅲ</td><td colspan="2">Ⅳ～Ⅵ</td><td>Ⅶ～Ⅹ</td></tr>
<tr><td>取芯钻头类型</td><td colspan="2">切削型</td><td>切削型或微切削型</td><td colspan="2">微切削型</td><td>研磨型</td></tr>
</table>

表 4－2 取芯工具的选择原则

<table>
<tr><td colspan="2" rowspan="2">地层特性及
可钻性</td><td>松散</td><td>软</td><td>中软成柱</td><td>中硬</td><td>中硬破碎</td><td>坚硬致密</td></tr>
<tr><td colspan="3">Ⅰ～Ⅲ</td><td colspan="2">Ⅳ～Ⅵ</td><td>Ⅶ～Ⅹ</td></tr>
<tr><td rowspan="4">常规
取芯</td><td>一般单筒取芯</td><td colspan="2">加压式</td><td>加压式
或自锁式</td><td>自锁式</td><td></td><td>自封式</td></tr>
<tr><td>长筒取芯</td><td></td><td>自封式</td><td>自封式</td><td>自封式</td><td></td><td></td></tr>
<tr><td>外返孔取芯</td><td></td><td></td><td></td><td></td><td>加压式</td><td></td></tr>
<tr><td>橡皮筒取芯</td><td>橡皮筒</td><td></td><td></td><td></td><td>橡皮筒</td><td></td></tr>
<tr><td rowspan="5">特殊
取芯</td><td>保形取芯</td><td colspan="2" rowspan="3">加压式</td><td rowspan="3">加压式
或自锁式</td><td></td><td></td><td></td></tr>
<tr><td>密闭取芯</td><td colspan="3" rowspan="2">自锁式</td></tr>
<tr><td>定向井取芯</td></tr>
<tr><td>保压密闭取芯</td><td colspan="2"></td><td colspan="2">自锁式</td><td rowspan="2">自锁式</td><td rowspan="2"></td></tr>
<tr><td>水平井取芯</td><td colspan="2"></td><td></td><td>自锁式</td></tr>
</table>

2 常规取芯工具

常规取芯工具按割芯方式分为自锁式、加压式和砂卡式三种。

2.1 常规取芯工具型号的表示方法

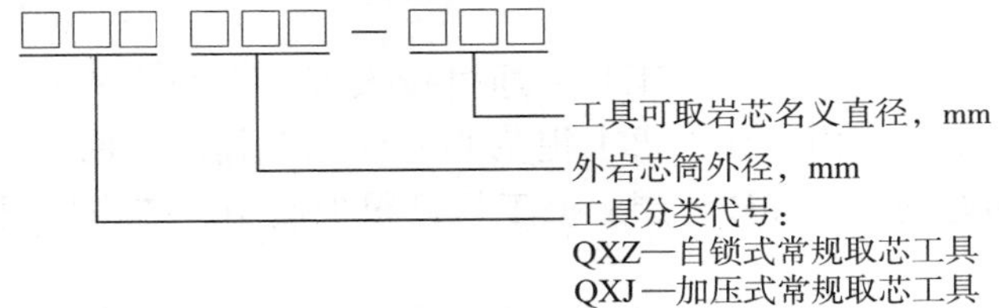

示例：QXZ 194－120 表示自锁式常规取芯工具，外岩芯筒外直径 194mm，可取岩芯名义直径为 120mm。

2.2 常规取芯工具结构与工作原理

①自锁式取芯工具，利用岩芯爪与岩芯之间的摩擦力，使

岩芯只进不退，上提取芯工具岩芯爪在岩芯爪座内收缩卡死岩芯实现上提割断岩芯。一般适用于中硬～硬地层或成岩性较好的中软地层取芯。结构如图4－1所示。

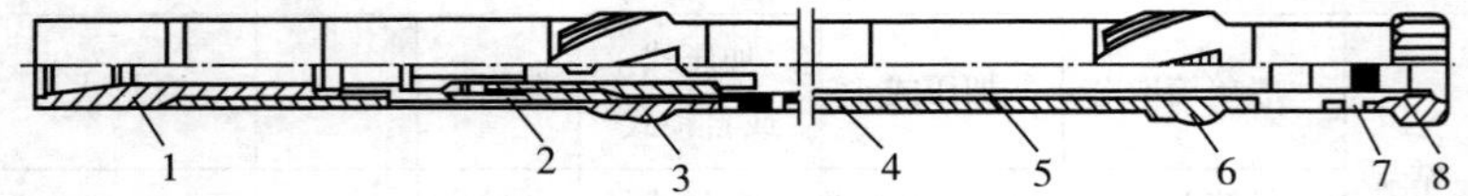

图4－1　自封式常规取芯工具结构示意图

1—上接头；2—悬挂总成；3—上稳定器；4—外岩芯筒；5—内岩芯筒；6—下稳定器；7—岩芯爪；8—取芯钻头

②加压式取芯工具，利用差动装置通过机械和液压两种加压方式，切割并承托岩芯。图4－2为机械投球加压方式，迫使岩芯爪收缩割断岩芯的取芯工具。通常适用于松软或破碎性地层取芯。

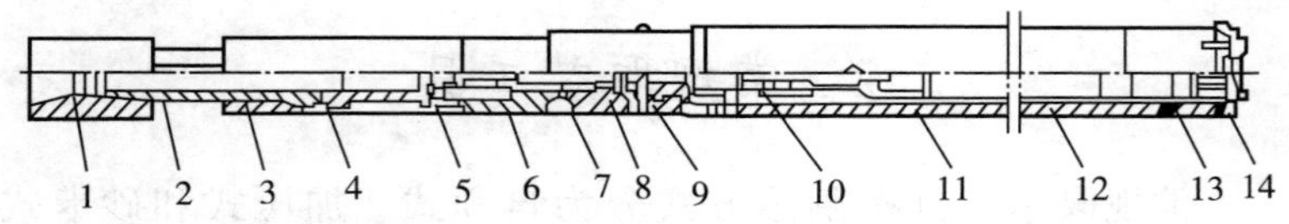

图4－2　加压式常规取芯工具结构示意图

1—加压上接头；2—六方杆；3—六方套；4—密封盘根；5—加压球座；6—加压下接头；7—加压中杆；8—定位接头；9—悬挂销钉；10—悬挂总成；11—内筒；12—外筒总成；13—岩芯爪；14—取芯钻头

③砂卡式单筒取芯工具，通过投入直径大小不等砂子，让岩芯在取芯筒内卡死，再上提割心的取芯工具。适用于岩性均匀胶结好的中硬和硬地层，该工具已很少使用。结构如图4－3所示。

2.3　技术规范

自锁式、加压式取芯工具技术规范见表4－3；砂卡式取芯工具技术规范见表4－4。

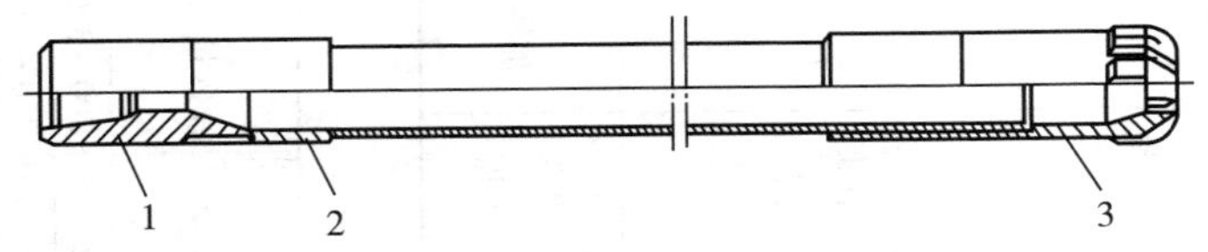

图4－3　砂卡式取芯工具结构示意图

1—上接头；2—岩芯筒；3—取芯钻头

2.4　常规取芯技术要求

①取芯工具下井前需仔细进行检查，各部件无变形、裂缝、沟痕、碰伤等缺陷。

②内、外筒直线度不大于4mm，内筒内壁光滑。

③自锁式岩芯爪锥面与岩芯爪座锥面吻合，自锁式岩芯爪有两种，其中一种内表面敷焊耐磨层颗粒。岩芯爪弹性要好，徒手闭合10次无明显变形。

④稳定器堆焊层均匀，同心度不大于1mm，镶焊硬质合金块不许有松动碎裂。

⑤加压接头滑动灵活。

⑥各部件连接螺纹应无缺陷、表面光滑并进行防粘扣处理；外筒外螺纹台肩面与其内螺纹端面不许有损害连接密封性的缺陷。

⑦各密封件完好，耐酸、碱、油，耐温不低于180℃。

⑧取芯轴承装配应有0.5～1.0mm的轴向间隙，并转动灵活。

⑨外筒螺纹紧扣扭矩见表4－5。

⑩配有安全接头的取芯工具，安全接头卸扣扭矩值为外岩芯筒螺纹紧扣扭矩值的40%～60%。

⑪工具组装好后应保证岩芯爪座底钻头内台阶面有足够的轴向间隙，自锁式为8～13mm，加压式为15～20mm。

⑫起钻操作平稳，尽量不用转盘卸扣，连续灌入钻井液。

表 4-3　常规取芯工具规格与技术参数

取芯工具型号	外筒尺寸/mm			内筒尺寸/mm			适用井眼直径/mm	岩芯名义直径/mm	外岩芯筒内、外螺纹		适应地层类型	割芯方式
	外径	内径	长度	外径	内径	长度			最大抗拉力/kN	屈服扭矩/kN·m		
QXZ121-66	121	93	8700	85	72	9200	142.9~152.4	66	1070	9.1	中硬地层	自锁
QXZ133-70	133	101		88.9	75.9		152.4~165.1	70	1200	13.0		
QXZ146-82	146	114	8600	101.6	88.6	9200	165.1~190.5	82	1320	24.2		
QXZ172-101	172	136		121	108		190.5~215.9	101	1500	30.2		
QXZ180-105	180	144		127	112		215.9~244.5	105	1980	43.6		
QXZ194-120	194	154		139.7	124		215.9~244.5	120	2500	60.2		
QXJ194-100	194	154	8600	121	108		190.5~215.9	100			松软地层	加压
QXJ194-115	194	154		139.7	124		215.9~244.4	115				
QXJ216-120	203	172		139.7	127		244.5	120				

表 4-4　砂卡式取芯工具技术参数

工具型号	取芯钻头		岩芯筒直径		取芯钻头尺寸				工具与井眼最小间隙/mm	砂子尺寸			投砂量/粒
	外径/mm	内径/mm	外径/mm	内径/mm	刃外/mm	刃内/mm	台肩/mm	内腔斜度		小号/mm	中号/mm	大号/mm	
D-8	190	128	168	148	190	131	130	1°	7	8~10	10~12	12~15	200~300
D-9	213	134	177.8	157	213	136	136	1°	9	9~11	11~13	13~16	250~350
D-10	243	160	219	198.8	243	162	162	1°	12	9~11	11~15	15~18	150~200

表4－5　外岩芯筒螺纹紧扣扭矩

外岩芯筒外径×外岩芯筒内径/(mm×mm)	扭矩/kN·m
121×93	6～7
133×101	8～9
146×114	10～12
172×136	12～13
180×144	13～16
194×158	16～19
203×172	17～20

2.5　常规取芯工具产品介绍

2.5.1　四川川庆石油取芯科技有限公司取芯工具

(1)产品规范

四川川庆石油取芯科技有限公司常规取芯工具规范见表4－6。

表4－6　四川川庆石油取芯科技有限公司CQX系列川－4型常规取芯工具技术参数

型号	长度/mm	外筒外径×内径/mm	内筒外径×内径/mm	顶端扣形	钻头尺寸/in	岩芯直径/mm
川4－4/5 CQX89－45	4600	89×70	60×52	$2\frac{3}{8}$IF	$4\frac{3}{8}$	45
川5－4/5 CQX121－66	9200/18400	121×93	85×72	$3\frac{1}{2}$IF	$5\frac{7}{8}$～$6\frac{1}{2}$	66
川6－4/5 CQX133－70	9200/18400	133×101	89×76	$3\frac{1}{2}$IF	$5\frac{7}{8}$～$6\frac{1}{2}$	70

续表

型号	长度/mm	外筒外径×内径/mm	内筒外径×内径/mm	顶端扣形	钻头尺寸/in	岩芯直径/mm
川6T-4/5 CQX146-89	9200/18400	146×118	108×94	3½IF	6½~7⅞	89
川7-4/5 CQX172-101	9200/18400	172×136	121×108	4½IF	7½~9⅝	101
川8-4/5 CQX180-105	9200/18400	180×144	127×112	4½IF	8½~9⅝	105
川9-4/5 CQX203-133	9200/18400	203×169	159×140	6⅝REG	12¼	133

(2)推荐取芯钻进参数

川-4 型常规取芯工具推荐取芯钻进参数见表 4-7。

表 4-7　推荐取芯钻进参数

工具名称	钻头尺寸/mm(in)	软地层			硬地层		
		钻压/kN	转速/(r/min)	排量/(L/s)	钻压/kN	转速/(r/min)	排量/(L/s)
川5-4 型	123.8(5⅞)	9~60	50~100	6~12	20~70	40~65	7~12
川6-4 型	152.4(6)	9~60	50~100	6~12	20~70	40~65	7~12
川7-4 型	215.9(8½)	20~90	50~100	11~20	40~11	50~80	16~22
川8-4 型	215.9(8½)	20~90	50~100	11~20	40~11	50~80	16~22
川9-4 型	311.2(12¼)	10~120	50~100	22~32	60~130	50~80	24~32

2.5.2　胜利取芯公司常规取芯工具

(1)产品规范

胜利取芯公司生产的常规系列取芯工具规范见表 4-8。

表 4 - 8　胜利取芯公司常规系列取芯工具规格

工具型号 Model	取芯钻头外径×内径/mm	外岩芯筒外径×内径/mm	内岩芯筒外径×内径/mm	工具长度/mm	工具接头螺纹
R - 8120	215 × 115	178 × 156	140 × 125	9200	NC50
R - 8100	215 × 100	178 × 156	127 × 112 140 × 127	9200	NC50
R - 670	150 × 66	121 × 98	89 × 72	9200	NC50
Y - 8120	215 × 120	178 × 156	140 × 125	9200	NC50
Y - 8100	215 × 101. 6	172 × 134	121 × 108	9200	NC50
Y - 670	150 × 66	121 × 98	89 × 72	9200	NC38

注：R—软地层，割心方式为加压式；Y—硬地层，割芯方式为自锁式。

(2)推荐取芯钻进参数

以直径为 215. 9mm 钻头为例，推荐取芯钻进参数见表 4 - 9。

表 4 - 9　推荐取芯钻进参数

取芯地层		树芯钻压/kN	树芯进尺/m	取芯钻压/kN	转速/(r/min)	排量/(L/s)
松软	胶结差	5 ~ 10	0. 2 ~ 0. 3	100 ~ 120	50 ~ 60	10 ~ 15
	一般	7 ~ 15	0. 2 ~ 0. 3	30 ~ 50	50 ~ 60	15 ~ 20
	良好	7 ~ 15	0. 2 ~ 0. 3	30 ~ 70	50 ~ 60	20 ~ 23
中硬 硬	差	7 ~ 15	0. 2 ~ 0. 3	30 ~ 50	50 ~ 60	15 ~ 20
	好	7 ~ 15	0. 2 ~ 0. 3	30 ~ 90	50 ~ 60	20 ~ 23

2. 5. 3　美国克里斯坦森公司常规取芯工具

美国克里斯坦森公司常规取芯工具规格及技术参数见表 4 - 10。

表 4 - 10　克里斯坦森公司常规取芯工具规格及技术参数

取芯筒型号	外筒直径/mm(in)	岩芯公称直径/mm(in)	内筒长度/m(ft)	允许排量/(L/s)	推荐最大拉力/kN
250P 系列	104. 8($4\frac{1}{8}$)	54. 0($2\frac{1}{8}$)	2. 79 ~ 11. 15 (30 ~ 120)	8. 89	451. 05

续表

取芯筒型号	外筒直径/mm(in)	岩芯公称直径/mm(in)	内筒长度/m(ft)	允许排量/(L/s)	推荐最大拉力/kN
250P系列	120.7(4¾)	66.7(2⅝)	2.79～11.15 (30～120)	10.35	611.19
	146.1(5¾)	88.9(3½)	2.79～11.15 (30～120)	12.87	889.64
	158.8(6¼)	101.6(4)	2.79～11.15 (30～120)	15.45	860.73
	171.5(6¾)	101.6(4)	2.79～11.15 (30～120)	14.32	1223.26
	203.2(8)	133.4(5¼)	2.79～11.15 (30～120)	18.6	1378.95

3　特殊取芯工具

3.1　特殊取芯工具分类代码、型号表示方法和技术参数

3.1.1　特殊取芯工具分类代码及功用

特殊取芯工具分类代码见表4－11。

表4－11　特殊取芯工具分类代码及功用

工具名称	分类代码	功　　用
密闭取芯工具	MB	获取不受污染的岩芯
定向取芯工具	DX	获取具有方位、倾角、倾向标志的岩芯
保压取芯工具	BY	获取不受污染、并保持原始地层压力的岩芯
保形取芯工具	BX	获取接近地层原始状态的岩芯
保形密闭取芯工具	BM	获取不受污染且保持地层原始状态的岩芯
水平井取芯工具	SP	工具中带有定向仪器组合，获取出与地层构造参数相关的高收获率岩芯

3.1.2　特殊取芯工具型号的表示方法

特殊取芯工具型号表示方法如下：

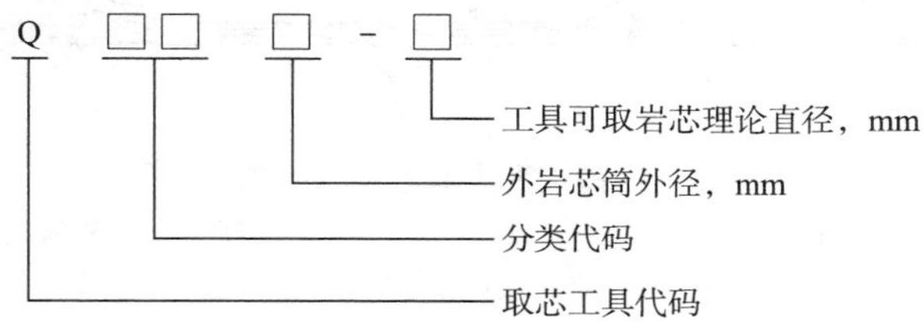

示例：QMB 194 －115 表示密闭取芯工具，外岩芯筒外直径为 194mm，可取岩芯理论直径为 115mm。

3.2　特殊取芯工具结构特点

3.2.1　密闭取芯工具

(1)结构及工作特点

密闭取芯工具分为加压式和自锁式两种类型，其结构如图 4－4、图 4－5 所示。这两种密闭取芯工具与对应的常规取芯工具结构基本相同，不同的是：密闭取芯工具的内筒两端为密封结构，内筒里装满密闭液无悬挂轴承，工具岩芯筒为双筒单动结构。

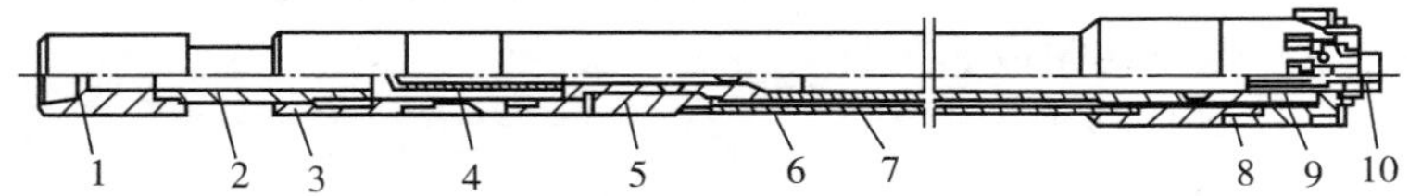

图 4－4　加压式密闭取芯工具结构示意图

1—加压上接头；2—六方杆；3—六方套；4—加压球座及加压中心杆；5—工具上接头及悬挂部件；6—外岩芯筒组合；7—内岩芯筒组合；8—取芯钻头；9—割芯机构；10—密闭活塞

加压式密闭取芯工具内筒上端有浮动活塞，下端由密封活塞密封，密封活塞通过销钉固定在取芯钻头进口处，内筒插入取芯钻头腔内，通过填料密封。

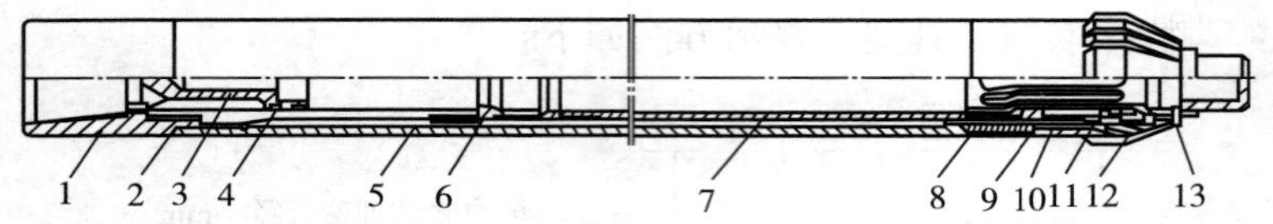

图4-5　自锁式密闭取芯工具结构示意图

1—上接头；2—分水接头；3—浮动活塞；4—Y密封圈；5—外筒总成；6—限位接头；7—内筒总成；8—密封活塞；9—缩径套；10—取芯钻头；11—岩芯爪；12—O形密封圈；13—活塞固定销钉

自锁式密闭取芯工具内筒上端由浮动活塞密封，下端由密封活塞密封，通过销钉固定在取芯钻头进口处。

取芯钻进时，加压剪断密封活塞固定销，岩芯进入，活塞上行，密闭液沿岩芯与内筒之间的环形空隙向下排出，同时连续地、均匀地涂抹在岩芯表面上形成保护膜，避免岩芯污染。

(2)特殊技术要求

① 密封材料应使用耐油橡胶，耐温不低于120℃。

② 密封面不应有划伤、凹痕等缺陷。

③ 装配时密封圈须完好无损，并涂润滑脂，不许有翻转扭折现象。

④ 工具装配好后，应装满清水试验，无泄漏为合格。

3.2.2　保压密闭取芯工具

(1)结构及工作特点

保压取芯工具由取芯钻头，割心部分，球阀机构，内、外岩芯筒，压力补偿系统，悬挂轴承总成和差动装置(带有锁闭和释放机构)六部分组成，如图4-6、图4-7所示。

钻完取芯进尺后，上提钻具割断岩芯(自锁式割芯)。投钢球使其坐入差动装置(外六方杆的)滑套球座上，钻井液推动滑套剪断锁钉，滑套到达一定位置，差动机构解锁，既“内、外六方”脱开，六方套和外筒下落，并推动球阀半滑环，球形阀体旋转90°关闭，即岩芯筒关闭(国产工具关闭内筒；美国克里斯坦森工具关闭外筒)。与此同时工具的压力补偿系统打开。压力补偿系统包括高压氮气储气室、压力调节室及气室连通总成。为了使岩芯保持井底条件下的压力，事先在地面将压力调节室的压力予调到井底压力。起钻过程中，供气阀门控制机构按预定压力，不断向筒内补充氮气使筒内压力保持稳定。岩芯筒起出后，在专门工作间保持回收压力，实施整体冷冻和化验分析。保压密闭取芯工具一般具备密闭取芯工具的相应结构和功能，内筒充满密闭液。

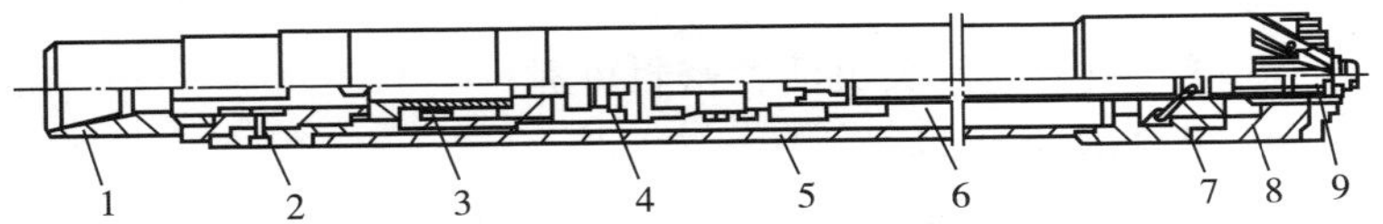

图 4－6　国产保压密闭取芯工具结构示意图

1—上接头；2—差动机构；3—悬挂总成；4—压力补偿装置；5—外筒；6—内筒；7—球阀总成；8—取芯钻头；9—密闭头

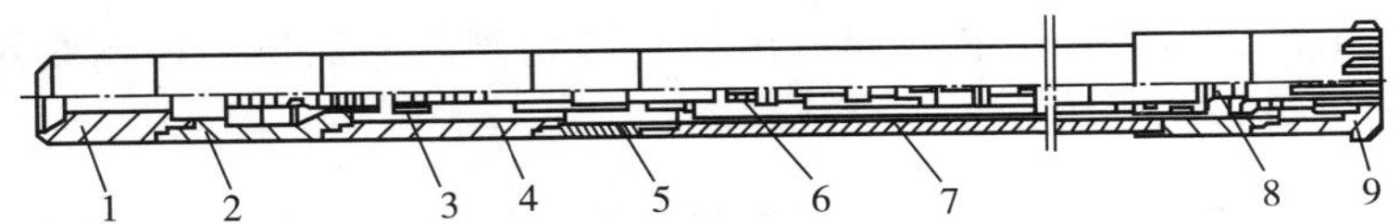

图 4－7　美国克里斯坦森保压密闭取芯工具结构示意图

1—上接头；2—释放塞；3—锁块；4—花键接头；5—配合接头；6—弹簧；7—外筒总成；8—球阀操作器及球阀；9—取芯钻头

(2)特殊技术要求

①差动机构剪断锁钉后，差动机构滑动自如，所投钢球应到预定位置。

②差动机构组装后，最大差动距离为 560 mm。

③高压气室组装后在常温下用 40 ~ 50 MPa(或为井底液柱压力的 2.5 ~ 3 倍)氮气进行试压，30 min 内降压不超过 0.15 MPa。

④调压室总成在常温下用25 MPa氮气进行试压，30 min内降压不超过0.15 MPa。

⑤内筒与球阀总成在常温下用清水进行试压25 MPa，稳压10 min，不渗不漏。

⑥气室连通接头总成在常温下用25 MPa氮气进行动压试验，30 min内降压不超过0.15 MPa。

⑦将高压气室、调压室和气室连通总成组装在一起，分别打压到上述各规定值，而后将滑套下滑，压力补偿系统开启工作正常。

⑧球阀组装后开关灵活，密封可靠。

3.2.3　保形取芯工具

(1)结构及工作特点

保形取芯是指在疏松地层条件下，为取得地层物性资料，要求岩芯出筒前保持原始状态。其工具结构特点是在加压式常规取芯工具内筒里，增加了一层摩阻系数很小的衬管(内筒组合采取自洗结构)，如图4－8所示。衬管为复合材料管。取芯完成后，衬管与岩芯一起取出并实施切割冷冻保形，再剥取衬筒进行岩芯分析。

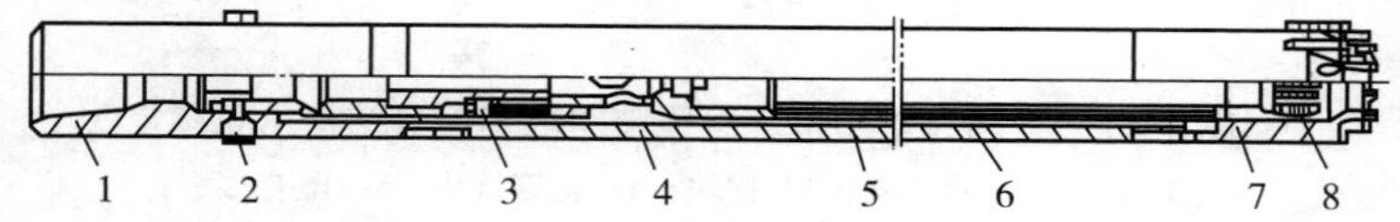

图4－8　QBX194－100型保形取芯工具结构示意图

1—上接头；2—悬挂销钉；3—悬挂总成；4—外岩芯筒；5—内岩芯筒；6—衬筒；7—取芯钻头；8—岩芯爪

(2)特殊技术要求

① 复合材料衬筒内壁光滑，壁厚均匀，误差不大于1.0 mm。

② 复合材料衬筒直线度公差值不大于1.0 mm。

③ 保形取芯工具连接后，整个岩芯管路应平滑无台阶。

3.2.4 保形密闭取芯工具

取得不受污染且保持岩层状态的取芯作业方法称为保形密闭取芯，所使用的取芯工具称为保形密闭取芯工具。工具结构见图4－9。

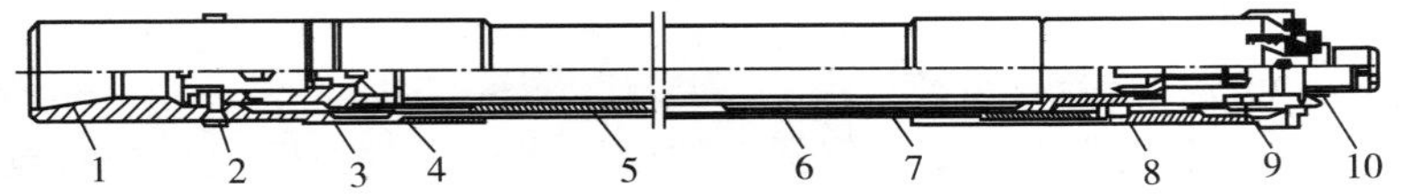

图4－9 QBM 194－100型保形密闭取芯工具结构示意图

1—上接头；2—悬挂销钉；3—悬挂总成；4—丝堵；5—内岩芯筒；6—衬筒；7—外岩芯筒；8—取芯钻头；9—岩芯爪；10—密封活塞

3.2.5 定向取芯工具

(1)结构及工作特点

定向取芯工具结构与常规自锁式取芯工具结构基本相同，如图4－10所示。其差别主要是定向取芯工具中含有定向仪器组合。仪器组合由固定引鞋、加长杆、多点测斜仪和扶正器组成。在取芯工具内筒的上方内设有定位键，保证仪器与内筒固定成一个整体；加长杆用于调整多点测斜仪，使其处于无磁钻铤的中段；工具内筒下端接岩芯卡箍座(位于岩芯的入口处)，其上镶有在岩芯上划槽的刻刀。

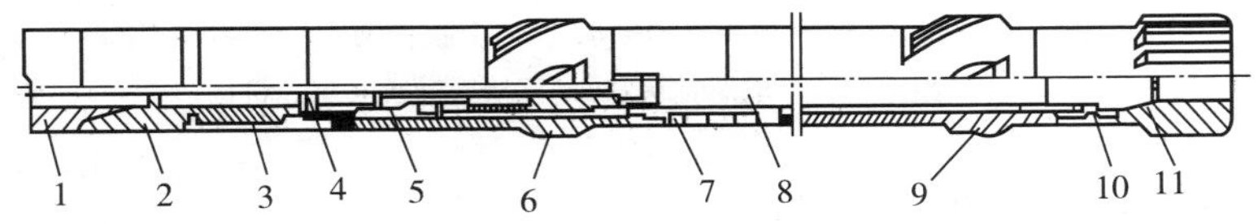

图4－10 定向取芯工具结构示意图

1—无磁钻铤；2—上接头；3—安全接头；4—测斜仪；5—悬挂总成；6，9—稳定器；7—外岩芯筒；8—内岩芯筒；10—取芯钻头；11—岩芯爪

取芯前在地面将岩芯卡箍座上的刻刀标记线、内筒表面上的标记线和仪器外筒上的标记线，三者调校在一条直线上，以

使仪器的标记线与刻刀标记线同步。取芯定向测量时，仪器不仅记录测点所在深度的井斜角、方位角，同时也记录下该测点对应岩芯上的刻痕所在方位。利用上述所测参数，并通过量角器量度和计算，最终得出地层构造相关参数(如构造倾角、倾向及裂缝方向等)。

(2)特殊技术要求

① 定位要求：要将仪器上的标记线与主刻刀标记线校直校正到一条水平线上。如果校不到一条水平线上，要记录它们的周向夹角，以便修正。

② 时钟同步：多点测斜仪的定时器与地面的秒表同时启动以保证仪器测量(照相)时，适时停止转动和循环。

③ 固定刀块采用硬质合金制成，刃长不小于 20 mm。

3.2.6　定向井、水平井取芯工具

(1)定向井取芯工具

内筒带有上、下扶正结构，适用于斜井中的取芯作业。

工具结构见图 4－11。

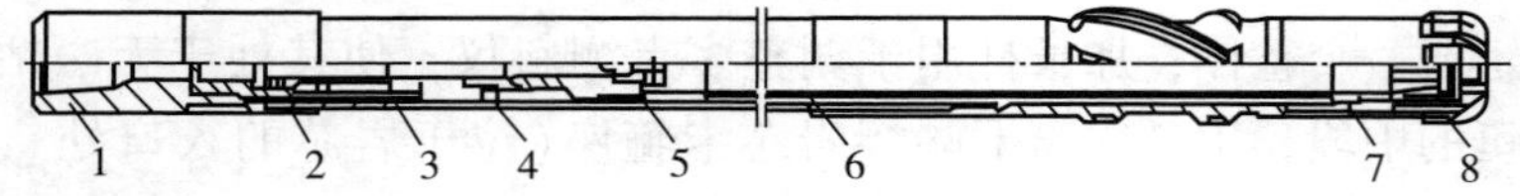

图 4－11　D－8100 型定向井取芯工具结构示意图

1—上接头；2—外岩芯筒；3—悬挂轴承；4—上扶正轴承；5—堵孔钢球；6—内岩芯筒；7—取芯钻头；8—下扶正轴承及割芯机构

(2)水平井取芯工具

① 结构及工作特点：

水平井取芯工具结构如图 4－12 所示。在内岩芯筒(简称内筒)组合中部及处于钻头腔的部位上分别装有扶正轴承，使内筒居中，以保证在水平状态下实现双筒双动；在内筒组合中除装有卡箍式岩芯爪外，在内筒下接头外面还套着被收紧的卡板式岩芯爪；内筒悬挂总成通过锁紧机构，悬挂在外岩芯筒配合

接头的内台肩上；工具的弹挂机构由弹簧外套、承托弹簧、弹簧轴组成；弹簧外套上部与差动接头的外六方杆连接，差动接头的内六方套与外筒配合接头连接。

割芯之前，泵入一个钢球，堵住弹挂机构的弹簧轴内孔，弹簧轴受液压作用下移，承托弹簧被压缩，当弹簧轴到达一定位置，弹簧轴穿过锁紧机构并与内筒悬挂总成相挂接，与此同时锁紧机构与外筒配合接头脱离。当上提钻具时，差动接头的外六方杆带着弹挂机构和内筒组合一起上移(相对外筒组合)，原套在内筒下接头外面的卡板岩芯爪被释放，在其弹簧力作用下卡板式岩芯爪伸开切断岩芯，封住内筒。当岩芯较硬，卡板式岩芯爪切不断岩芯时，则卡箍岩芯爪起作用自锁割芯，两种岩芯爪实现割芯双保险。内筒总成中的弹挂机构和锁紧机构解决了水平井取芯中割芯困难的问题。

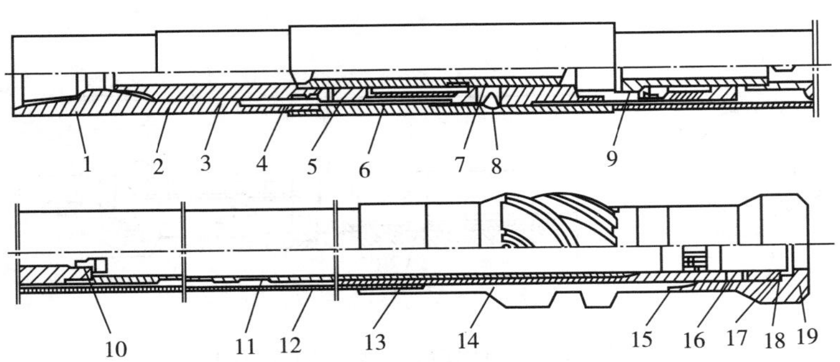

图 4－12　水平井取芯工具结构示意图

1—上接头；2、3—六方组合；4—割芯球；5—弹簧套；6—承托弹簧；7—弹簧轴；8—锁销组合；9—悬挂总成；10—尼龙球；11—扶正轴承短节；12—外筒；13—内筒；14—扶正器；15—卡箍岩芯爪；16—滚动轴承；17—卡板岩芯爪；18—内筒下接头；19—取芯钻头

②特殊技术要求：

a. 承托弹簧应符合设计要求。承受作用力范围为 3～7kN 时，其压缩距应小于 100mm，以保证钻进循环时弹簧轴不与内

筒组合挂接。

b. 投入钢球堵塞循环孔时，循环压力应增高 1 MPa。

c. 当弹挂机构起作用时，上提钻具卡板岩芯爪能够弹开复原。

d. 工具可通过最大造斜率为 48°/100m 的井眼。

e. 内筒悬挂总成及其台阶悬挂的锁紧机构性能灵活，工具组装后轴向间隙为 8 ~ 12mm。

f. 内筒扶正轴承灵活。

3.2.7　海绵取芯工具

在衬筒内镶嵌海绵，岩芯进入时海绵紧贴岩芯，在取进、起钻过程中随着压力的减少，岩芯中的原油外渗被海绵吸收，分析海绵与岩芯中的剩余油可获得较为准确的含油饱和度。该工具适用于岩芯成柱性较好的地层。海绵取芯工具结构见图 4 - 13。

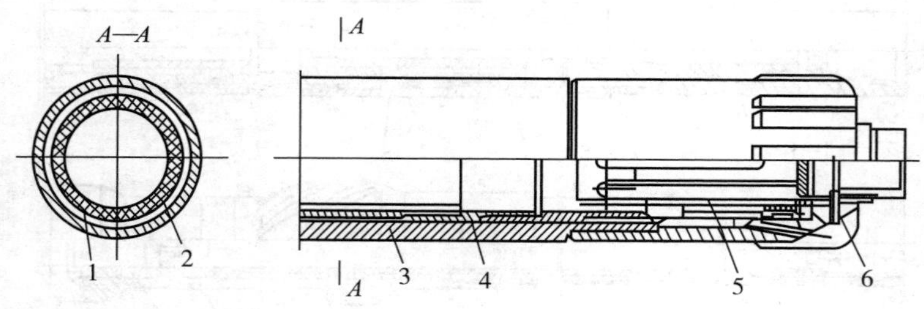

图 4 - 13　海绵取芯工具结构示意图

1—海绵及棱条；2—铝衬管；3—外岩芯筒；4—内岩芯筒；
5—活塞密封导套及岩芯爪；6—取芯钻头

3.2.8　橡皮筒取芯工具

在取芯钻进前橡皮筒翻套在内筒的外面，岩芯进入后，在特殊结构作用下橡皮筒翻滑进入内筒内裹住岩芯，这种工具适用于破碎地层取芯。橡皮筒取芯工具结构见图 4 - 14。

3.2.9　绳索式取芯工具

绳索式取芯工具适用于在松软地层或煤层气井快速取芯。

结构见图 4－15。

绳索式取芯工具的外筒和中筒是两个独立体，中筒可在外筒内上下活动和转动，利用控制接头和控制卡板组保证中筒承座与提出。取芯钻进完成并割芯后，从钻具水眼内下入带钢丝绳的打捞矛，捞住取芯中筒打捞头，上提钢丝绳将取芯中筒从钻具内提出。在地面取出中筒内的半闭合式内筒，打开内筒取出岩芯。如需要继续取芯，只需将准备好的内筒装入中筒，将中筒从钻具水眼内投入即可重复进行取芯作业。同时，该工具配套中心钻头后，可长段连续间断取芯和钻进交替进行，钻进和取芯一次完成，减少起下钻次数，提高生产时效。

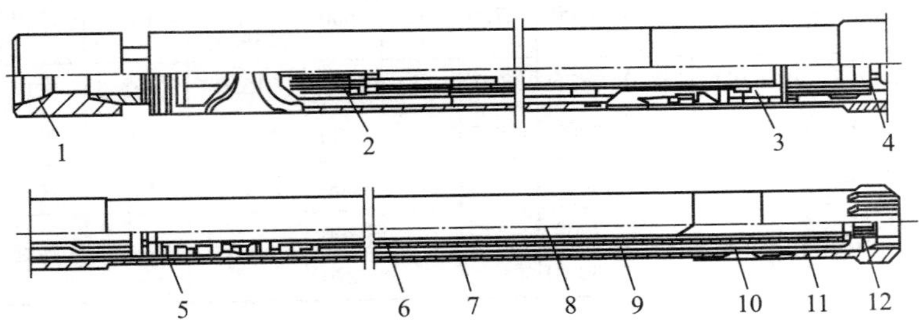

图 4－14 橡皮筒取芯工具结构示意图

1—差动装置；2—上制动器；3—高压座；4—下制动器；5—上承转节；6—内筒组合；7—外筒组合；8—提心管；9—橡皮筒；10—下承转节；11—取芯钻头；12—割芯装置

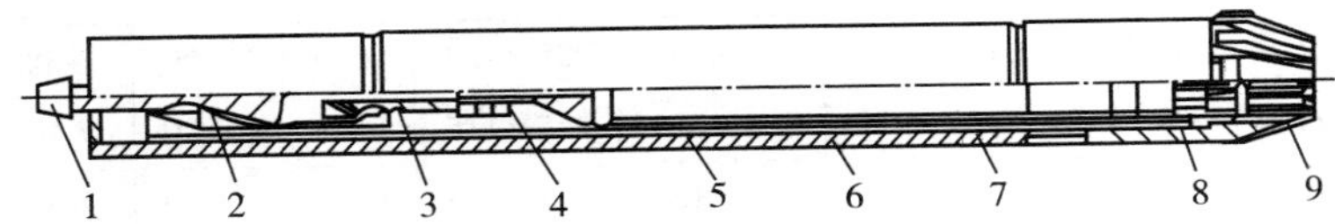

图 4－15 绳索式取芯工具结构示意图

1—打捞头；2—控制卡板组；3—控制接头；4—悬挂总成；5—内筒；6—中筒；7—外筒；8—岩芯爪座及岩芯爪；9—取芯钻头

该取芯工具需采用专用钻杆，入井前需用内径规通内径。

3.3 特殊取芯工具规格及技术参数

特殊取芯工具规格及技术参数见和表 4－12、表 4－13。

表 4－12　特殊取芯工具规格及技术参数(1)

型号	外岩芯筒/mm			内岩芯筒/mm			取芯钻头公称直径/mm	岩芯公称直径/mm	产地
	外径	内径	长度	外径	内径	长度			
QMB194－115	194	154.0	9000	139.7	127	8200	215.9	115	胜利
QDX133－70	133	101.0	4600	88.9	76	4600	152.4～165.1	70	四川
QDX180－105	180	144.0	4600	127.0	112	4600	215.9～144.5	105	四川
QBY193－70	193	168.0	4876	88.9	76	4500	215.0	70	大庆
QBX194－100	194	154.0	9000	139.7	127	8200	215.9	100	胜利
QBM194－100	194	154.0	9000	139.7	127	8200	215.9	100	胜利
QSP194－10	194	154.0	7900(3900)	127.0	112	7200(3200)	215.9	105	胜利

表 4－13　特殊取芯工具规格及技术参数(2)

取芯方式	型号	外岩芯筒外径×内径/(mm×mm)	内岩芯筒外径×内径/(mm×mm)	取芯钻头外径×内径/(mm×mm)	工具长度/mm	工具接头螺纹	产地
加压密闭	MB243	219×196	168×150	243×136	9000	$5\frac{1}{2}$FH	大庆
	RM9120	194×170	146×132	235×120	9500	$5\frac{1}{2}$FH	胜利
自锁密闭	TM－215	178×152	140×124	215×115	9500	$5\frac{1}{2}$FH	大庆
	YM8115	194×154	140×121	215×115	9500	$5\frac{1}{2}$FH	胜利
橡皮筒式	$6\frac{7}{8}$×3B 型	174.6	88.9	190×245	6100		美国
	7×$3\frac{1}{2}$ I 型	178(外径)	108(外径)	206×86	6100		辽河
绳索式	ZSSH－9507	133×100	90×72	165×70(152×70)	3500	$4\frac{1}{2}$IF	中原
	ZSSH－9508	180×144	90×72	215×70	3500	$4\frac{1}{2}$IF	

续表

取芯方式	型号	外岩芯筒外径×内径/(mm×mm)	内岩芯筒外径×内径/(mm×mm)	取芯钻头外径×内径/(mm×mm)	工具长度/mm	工具接头螺纹	产地
仪表检测式	ZSY－105	180×144	127×108	215×105	9500	4½IF	中原

注：YM—硬地层密闭取芯；RM—软地层密闭取芯。

3.4　密闭液与示踪剂技术要求

(1)油基密闭液技术要求见表4－14

(2)示踪剂一般为硫氰酸铵或酚酞

表4－14　油基密闭液技术要求

密闭液种类	项　　目	指　　标	
		高温前(25±3℃)	高温后(135℃±5℃下养护12h)
油基	外观	黄棕色稳定黏稠液体	黄棕色固相均匀的黏稠液体
	抽丝长度/mm	≥300	≥100(在25±3℃下测定)
	黏度/mPa·s	≥35000	≥650(在135±5℃下测定)
水基	外观	白色或黄棕色固相均匀的黏稠液体	白色或黄棕色固相均匀的黏稠液体
	抽丝长度/mm	≥100	<100(在25±3℃下测定)
	黏度/mPa·s	≥25000	≥750(在105±5℃下测定)

3.5　特殊取芯工具钻进参数推荐值

①钻压：钻中硬至硬地层，钻压为钻头直径(mm)乘以0.35～0.59 kN/mm；钻软地层，钻压应降低1/3。

②转速为60～80r/min；软地层可适当增加。

③排量应根据井眼尺寸而定，钻进排量参数推荐值见表4－15。

表 4 – 15　特殊取芯工具钻进排量参数推荐值

井眼尺寸/mm(in)	排量/(L/s)
152.4(6)	6 ~ 12
190.5(7½)	12 ~ 19
215.9(8½)	16 ~ 22

3.6　特殊取芯工具产品介绍

3.6.1　四川石油取芯中心特殊取芯工具

四川石油取芯中心特殊取芯工具规格见表 4 – 16。

表 4 – 16　四川石油取芯中心特殊取芯工具规格

取芯方式	类别	型　号	顶端扣型	钻头尺寸/mm(in)	适用范围	备注
特殊取芯工具	定向取芯工具	DQX180 – 105	4½IF	215.9 ~ 244.5 (8½ ~ 9⅝)	适用于成柱性较好的地层	可配铝合金、玻璃钢、不锈钢内筒和相应配套的切割器
		DQX172 – 101	4½IF	190.5 ~ 244.5 (7½ ~ 9⅝)		
		DQX133 – 70	3½IF	149.2 ~ 165.1 (5⅞ ~ 6½)		
	全闭式孔取芯工具	DQX180 – 101	4½IF	215.9 ~ 244.5 (8½ ~ 9⅝)		
	水平井取芯工具	SPQ121 – 66	3½IF	149.2 ~ 165.1 (5⅞ ~ 6½)		
	绳索式取芯工具	ZSQ159 – 60	4½IF	215.9(8½)		
	密闭取芯工具	MQX180 – 105	4½IF	215.9 ~ 244.5 (8½ ~ 9⅝)		
		MQX172 – 101	4½IF	190.5 ~ 244.5 (7½ ~ 9⅝)		
		MQX133 – 70	3½IF	149.2 ~ 165.1 (5⅞ ~ 6½)		

3.6.2 胜利取芯公司特殊取芯工具

胜利取芯公司特殊取芯工具规格见表4－17。

表4－17 胜利取芯公司常规系列取芯工具规格

工具型号 Model	取芯钻头 外径×内径/mm	外岩芯筒 外径×内径/mm	内岩芯筒 外径×内径/mm	工具长度/mm	工具接头螺纹
YM－8115	215×115	178×156	140×125	9200	5½IF
RM－8100	215×100	178×156	140×127	9200	NC50
Mb－8100	215×100	178×156	140×127	9200	NC50
D－8100	215×101.6	178×156	127×112	8700	NC50
SP－8100	215×105	178×156	127×112	8700	NC50

3.6.3 大庆钻井工程技术研究院DQ型保压取芯工具

大庆钻井工程技术研究院DQ型保压取芯工具参数见表4－18。

表4－18 大庆钻井工程技术研究院DQ型保压取芯工具参数

井眼直径/mm	215.9	球阀通径/mm	92
工具外径/mm	193	最大抗拉载荷/kN	2530
工具长度/mm	7820	安全扭矩/kN·m	150
可取岩芯直径/mm	68～70	工具质量/kg	800
可取岩芯长度/mm	4500	可适用井深/m	3500
球阀外径/mm	156	适用地层	中硬地层

3.6.4 中原油田Z型仪表检测取芯工具

中原油田Z系列取芯工具为仪表检测型取芯工具，可通过参数仪观察井下取芯工作状态，以期进行取芯操作，完成取芯工作。中原油田Z系列取芯工具规格见表4－19。

表 4－19　中原油田 Z 系列取芯工具规格

取芯方式	类别	型号	顶端扣型	钻头尺寸/mm(in)	适用范围	备注
仪表检测取芯工具	硬地层取芯工具	ZSY180－105	4½IF	215.9～244.5 (8½～9⅝)	适用于成柱性较好的地层	可配参数仪，绳索取芯工具可配中心钻头
		ZSY133－70	3½IF	149.2～165.1 (5⅞～6½)		
	软地层取芯工具	ZSR180－105	4½IF	215.9～244.5 (8½～9⅝)	适用于软地层	
	绳索式取芯工具	ZSSH－9508	4½IF	215.9(8½)	适用于硬、软地层	
		ZSSH－9507	4½IF	149.2～165.1 (5⅞～6½)		

4　取芯钻头

4.1　取芯钻头分类及特点

取芯钻头根据破岩方式分为切削型、微切削型和研磨型三类：

4.1.1　切削型取芯钻头

切削型取芯钻头以切削方式切削地层，适用于软～中硬地层取芯，取进速度快。目前主要分为刮刀取芯钻头和 PDC 取芯钻头，结构如图 4－16 所示。

图 4－16　切削型取芯钻头

4.1.2　微切削型取芯钻头

微切削型取芯钻头以切削、研磨方式同时作用切削地层，适用于中硬－硬地层取芯作业。这类钻头多为胎体聚晶金刚石结构，如图4－17所示。

图4－17　微切削型取芯钻头

4.1.3　研磨型取芯钻头

研磨型取芯钻头主要以研磨方式磨削地层，有表镶或孕镶天然金刚石与人造聚晶金刚石两种，适用于各种研磨性强的硬地层取芯。该钻头取进平稳、速度慢，结构如图4－18所示。

图4－18　四川克瑞达公司研磨型取芯钻头

4.2　取芯钻头的选择

在取芯方式及取芯工具确定之后，应根据取芯地层岩石的可钻性或硬度级别选择合适的取芯钻头，也可以参照表 4 – 20 ~ 表 4 – 24选择合适的取芯钻头。

表 4 – 20　钻头类型与地层可钻性级值对应关系

地层级别		Ⅰ ~ Ⅲ	Ⅲ ~ Ⅳ	Ⅳ ~ Ⅵ	Ⅵ ~ Ⅷ	Ⅷ ~ Ⅹ	≥Ⅹ
地层级值		$K<3$	$3\leqslant K<4$	$4\leqslant K<6$	$6\leqslant K<8$	$8\leqslant K<10$	$K\geqslant 10$
地层分类		黏软 SS	软 S	软 ~ 中 S ~ M	中 ~ 硬 M ~ H	硬 H	极硬 EH
克瑞达公司取芯钻头	PDC	CQP 系列	CQP 系列	CQP 系列	CQP 系列		
	TSP				CQB 系列	CQB 系列	
	天然金刚石					CQT 系列	CQT 系列
江汉取芯钻头	PDC	BC460	BC460 BC462	BC462 BC463	BC463		
	TSP			PC733. PC832	PC733. PC832	PC832	
	天然金刚石				DC524. DC754	DC524. DC754	DC524. DC754
胜利取芯钻头	刮刀型	HSC042	HSC042				
	PDC	PSC146	PSC146	PSC136			
	TSP			TMC616	TMC616	TMC526	TMC526
	天然金刚石					NMC938	NMC938
克里斯坦森取芯钻头	PDC	RC473	RC444	RC476	RC493. RC201		
	TSP				SC226,SC276,SC249		
	天然金刚石	C18	C18	C18. C22	C201，C22，C23		C23，C40

表4-21　克瑞达公司取芯钻头系列尺寸及配套取芯工具

取芯钻头系列	取芯钻头尺寸/mm(in)		配套取芯工具
	外径	内径	
CQP系列(PDC)	150.9(6)	70($2\frac{3}{4}$)	250P[①]，川-3，川-4
	214.4($8\frac{1}{2}$)	101，105(4，$4\frac{1}{8}$)	川-3，川-4
	310($12\frac{1}{4}$)	133($5\frac{1}{4}$)	250P，川-3，川-4
CQB系列(TSP)	148~152.4($5\frac{7}{8}$~$6\frac{1}{2}$)	66.70($2\frac{3}{4}$)	250P，川-3，川-4
	211~214.4($7\frac{1}{2}$~$9\frac{5}{8}$)	101，105(4，$4\frac{1}{8}$)	250P，川-3，川-4
	310($12\frac{1}{4}$)	133($5\frac{1}{4}$)	川-3，川-4
CQT系列(天然金刚石)	148~152.4(6)	66.70($2\frac{5}{8}$)	250P，川-3，川-4
	211~214.4($8\frac{1}{2}$)	101，105(4，$4\frac{1}{8}$)	250P，川-3，川-4
	310($12\frac{1}{4}$)	133($5\frac{1}{4}$)	250P，川-3，川-4

注：①为美国克里斯坦森公司取芯工具。

表4-22　胜利取芯公司取芯钻头系列尺寸及配套取芯工具

取芯钻头系列	取芯钻头类型	取芯钻头尺寸/mm		地层类别	配套取芯工具
		外径	内径		
刮刀型—硬质合金	HSC042-8115	215	115	软	R-8120
刮刀型—硬质合金	HSC042S-8100	215	105	软	SP-8100
刮刀型—硬质合金	HSC044bm-8100	215	100	软	Mb-8100
刀片形-PDC	PSC146bm-8100	215	100	软-中硬	Mb-8100
圆弧形-PDC	PSC136D-8100	215	100	软-中硬	D-8100
圆弧形-PDC	PSC136-8120		120	中硬	Y-8120A
单锥-柱锥形聚晶	TMC616-8120		120	中硬-硬	Y-8120A
双锥-三角形聚晶	TMC526-8120		120	中硬-硬	Y-8120B
双锥-三角形聚晶	TMC526m-8115			硬-极硬	Ym-8115
圆弧型-天然金刚石	NMC938 8120			硬-极硬	Y-8120A

表 4－23　DBS 公司取芯钻头型号选择表

地层	软	中软	中硬	硬	极硬
钻头类型		——CSD120FFD			
	——CSP107——				
		——CB17FD—— (CMD123FD)			
		——CD93——			
		——CT303—— (CM133)			
		——CD502—— (CMP408)			
			——CD104——		
			——CD93——		
			——CD202——		
			——CT403—— (CT436)		
			——CB303—— (CMD133)		
			——CMD256——		
			——CB401—— (CMD456)		
				——CB601—— (CMD567)	

表 4－24　渤海中成取芯钻头系列

系列	钻头型号	钻头外径		钻头内径尺寸		配套取芯工具
		in	mm	in	mm	
FQ 系列取芯钻头	8341FQ202	$8\frac{3}{8}$	212	$4\frac{1}{8}$	105	川 8－4
	8441FQ202	$8\frac{1}{2}$	215.4	$4\frac{1}{8}$	105	川 8－3
	8441FQ205	$8\frac{1}{2}$	215.4	$4\frac{1}{8}$	105	川 8－3
	8240FQ206	$8\frac{1}{2}$	215.4	4	101.6	250P
	8440FQ202	$8\frac{1}{2}$	215.4	4	101.6	250P
	8440FQ203	$8\frac{1}{2}$	215.4	4	101.6	250P
	8440FQ205	$8\frac{1}{2}$	215.4	4	101.6	250P
	8440FQ206	$8\frac{1}{2}$	215.4	4	101.6	250P
	6025FQ206	6	152.4	$2\frac{5}{8}$	66.7	小 250P

续表

系列	钻头型号	钻头外径		钻头内径尺寸		配套取芯工具
		in	mm	in	mm	
RQ 系列取芯钻头	8441RQ301	8½	215.4	4⅛	105	川 8 – 3
	8441RQ302	8½	215.4	4⅛	105	川 8 – 3
	8440RQ303	8½	215.4	4	101.6	250P
	8440RQ306	8½	215.4	4	101.6	250P
	8440RQ316	8½	215.4	4	101.6	250P
	6025RQ306	6	152.4	2¾	66.7	小 250P
	6025RQ316	6	152.4	2⅝	66.7	小 250P
	6026RQ306	6	152.4	2¾	69.8	川 6 – 3
	6026RQ316	6	152.4	2¾	69.8	川 6 – 3
JQ 系列取芯钻头	8441JQ402	8½	215.4	4⅛	105	川 8 – 3
	8441JQ416	8½	215.4	4⅛	105	川 8 – 3
	8440JQ403	8½	215.4	4	101.6	250P
	8440JQ406	8½	215.4	4	101.6	250P
	8440JQ407	8½	215.4	4	101.6	250P
	6025JQ406	6	152.4	2⅝	66.7	小 250P
	6025JQ407	6	152.4	2⅝	66.7	小 250P
	6026JQ401	6	152.4	2¾	69.8	川 6 – 3
DQ 系列取芯钻头	8440DQ502	8½	215.4	4	101.6	250P
	8440DQ506	8½	215.4	4	101.6	250P
	6025DQ506	6	152.4	2⅝	66.7	小 250P
	6026DQ501	6	152.4	2¾	69.8	川 6 – 3
TQ 系列取芯钻头	8441TQ601	8½	215.4	4⅛	105	川 8 – 3
	8440TQ601	8½	215.4	4	101.6	250P
	6025TQ601	6	152.4	2⅝	66.7	小 250P
	6026TQ601	6	152.4	2¾	69.8	川 6 – 3

第五章　井下工具

1　随钻震击器

1.1　分类与命名

震击器按工作状况可分为随钻震击器和打捞震击器；按震击方向可分为上击器、下击器(分体式)和双向震击器(整体式)。按震击原理可分为液压震击器、机械震击器和液压机械式震击器；

震击器与震击加速器分类命名规则如下：

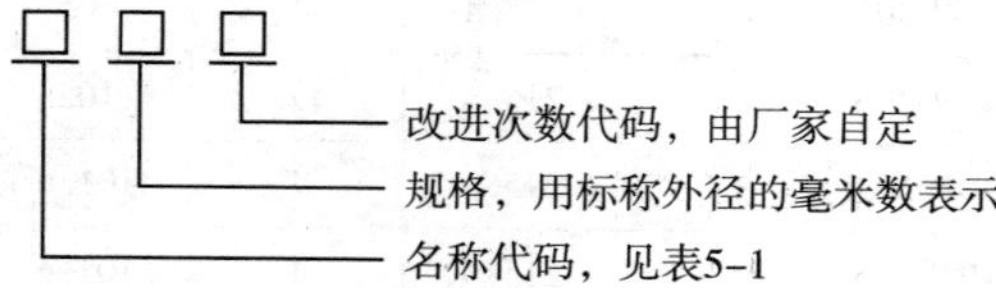

表5－1　震击器和震击加速器的名称代码

产品名称	名称代号	含　义
超级上击器	CS	C—超级；S—上击
地面下击器	DX	D—地面；X—下击
开式下击器	KX	K—开式；X—下击
闭式下击器	BX	B—闭式；X—下击
液压上击器	YS	Y—液压；S—上击
机械上击器	JS	J—机械；S—上击
随钻上击器	SSJ	第一个S—随钻；SJ—上击
随钻下击器	SX	S—随钻；X—下击
整体式随钻震击器	ZS	Z—整体；S—随钻
液压机械式随钻震击器	YJ	Y—液压；J—机械
全机械式随钻震击器	QJ	QJ—全机械式
震击加速器	ZJS	ZJS—震击加速器

1.2　分体式随钻震击器

随钻震击器连接在正常钻井的钻具组合中，随钻具一起进行钻井作业的井下解卡工具。在钻井过程中发现钻具遇卡时，可立即进行上击或下击，使之迅速解卡。

分体式随钻震击器由随钻上击器和随钻下击器两个独立的震击器组成，其中上击器为液压式震击器，下击器为机械式震击器。两者既可联合配套使用，也可单独使用。

1.2.1　随钻上击器

(1)结构

随钻上击器为液压式震击器，由外筒、芯轴、活塞等部件和各部位的密封件组成，见图5－1。

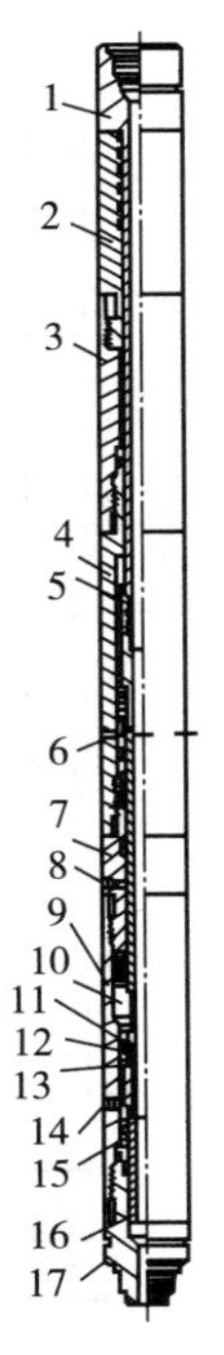

图5－1　ZSJ型随钻上击器结构示意图

1—芯轴；2—刮子体；3—芯轴体；4—花键体；5—延长芯轴；6—弹性挡圈；7—连接体；8、14—油堵；9—压力体；10—液压油；11—锥体；12—旁通体；13—密封体；15—浮子；16—冲管；17—冲管体

外筒部分：由刮子体、芯轴体(左旋螺纹)、花键体、压力体、冲管体组成。

芯轴部分：由芯轴、延长芯轴、冲管组成。

活塞部分(锥体组件)：由锥体、旁通体、密封体、密封体油封组成。

(2)工作原理

上击器采用液压原理实现上击功能。上击部件由锥体、旁通体、密封体和密封体油封四种部件组成。震击时，先平稳地下放钻柱，加压30～50kN，使上击器芯轴向下移动，锥体活塞离开密封体，油缸内锥体与浮子之间的液压油通过旁通体畅通无阻地流入压力腔。当芯轴台肩碰到刮子体端面时，工具关闭。

上提钻柱，密封体与锥体下端面之间的通道封闭，只有锥体底面的两条卸油槽可以通过少量液压油，其余油流被阻于锥体活塞上部，随着活塞向上运动，油压增高，芯轴以上钻柱逐渐伸长储存能量。由于油流有限地通过锥体上的限油槽，钻柱继续伸长，锥体向上运动，到达压力体卸荷槽时，压力腔内的高压油在短时间内下泄，被拉伸的钻柱尤如橡皮条似的突然收缩，使延长芯轴顶面以极高的速度撞击到花键体的花键台阶上，给连接在外筒下部的被卡钻柱以强烈的向上震击力。重复上述过程，可使工具产生连续上击。

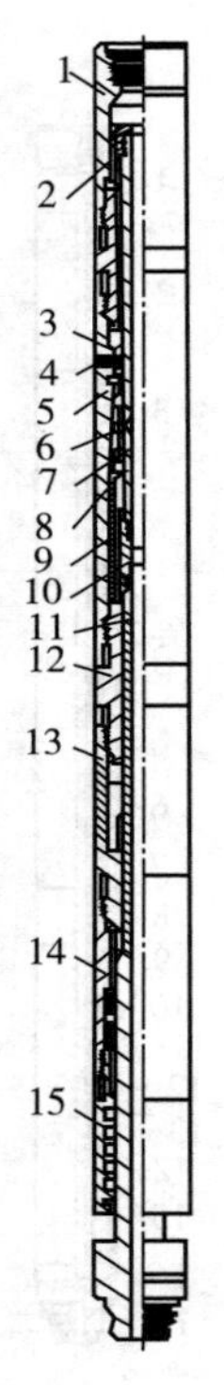

图5－2　ZXJ型随钻下击器结构示意图

1—上接头；2—盘根装置；3—调节环；4—销钉；5—套筒；6—卡瓦；7—卡瓦芯轴；8—滑套；9—间隔套；10—芯轴接头；11—芯轴；12—连接体；13—花键体；14—芯轴体；15—刮子体

1.2.2　随钻下击器

(1)结构

随钻下击器为机械式震击器，主要由内总成、外总成、卡瓦和各部位的密封件组成，见图5－2。

内总成：由芯轴、芯轴接头、卡瓦芯轴、刮子套等零件组成。

外总成：由刮子体、芯轴体、花键体、下连接体、套筒、调节环、上连接体、上接头、滑套、间隔套等零件组成。

(2)工作原理

上提钻柱，给震击器施加20~30kN拉力，使下击器卡瓦芯轴与卡瓦产生相对移动。卡瓦上的内棱带卡住卡瓦芯轴的棱带，使工具处于准备工作状态。随后下放钻柱，由于卡瓦内棱带受卡瓦芯轴棱带的约束不能滑脱，产生挠形变形，当下放压力达到预先调定吨位时，卡瓦芯轴上部连接的钻柱在下放过程中已处于压缩状态，贮存了势能。卡瓦内棱带从卡瓦棱带中滑脱，突然释放能量，套筒与震击器上部钻柱急剧下行，当刮子体端面撞击到芯轴台肩时，产生猛烈向下震击。重复上述过程，将产生连续下击。

1.2.3 分体式随钻震击器的使用与操作

1.2.3.1 在钻柱中的安装位置

①下击器应安装在钻铤中和点之上，使震击器始终处于受拉状态下工作。

②上击器安装在下击器之上。

③直井：钻头+钻铤+随钻震击器+钻铤(30~60m，直径不大于震击器外径)+钻杆。

④定向井：钻头+钻铤+加重钻杆(10~30m)+随钻下击器+加重钻杆(10~30m)+随钻上击器+钻铤(25~60m，直径不大于震击器外径)+钻杆。

⑤无论上述哪种接法，震击器下部的钻铤和工具的外径只允许稍大于或等于震击器的外径，震击器上部钻铤和工具的外径都不允许大于震击器外径；以防震击器及以上钻具被卡。

1.2.3.2 下井前的准备

①上击器和下震击器应处于拉开状态。防止芯轴关闭，特配置了卡箍装置。卡箍卡在芯轴的露出端，直到工具与钻柱接好之后入井前方能拆除。

②检查下击器的标定释放力，确认其不超过下击器上部钻柱重量的1/3～1/2。

下击器标定释放力的调节：

卸下调节环锁钉，在试验架上调试到设计的压缩释放力，即震击吨位。调节环朝增大方向拨动时为增加震击力，调节环每拨转一孔，负荷变化约为 10～30kN，调好之后上紧锁钉丝堵。

③检查上击器各油堵及下击器调节螺钉是否上紧。

1.2.3.3 操作要点

(1)起、下钻作业

①震击器接好后，提起钻具，取下芯轴上的卡箍(应妥善保存)。

②震击器在起、下过程中应始终保证其处于全拉开状态。

③严格控制下钻速度，防止在缩径处突然遇阻，使下击器释放产生误击。若已经发生下击，应向上轻提钻柱，将下击器卡瓦回位。

④起钻遇阻，造成上击器关闭时，应轻提钻具，并静止悬吊钻具 5～10min，使锥形活塞回到卸荷腔。

⑤吊装工具或上卸螺纹时，不允许将卡具或大钳卡在芯轴拉开部位，以防损坏芯轴。起钻完，震击器应呈拉开状态，并在井口装好芯轴卡箍。

(2)正常钻进

①钻进中震击器应处在受拉状态。

②特殊情况下，如需要震击器在受压情况下钻进，则应严格控制给工具施加的压力不能超过下击器下井前予调的震击吨位与泵压施加于下击器芯轴、刮子体上作用力之和的一半。

③在震击器加压钻进时，上击器有可能关闭。上提钻柱时，在下部钻柱重量作用下，有可能产生轻微向上震击。

④无论震击器在受拉或受压状态下钻进，都必须送钻均匀，严防溜钻或顿钻。

(3)解卡作业

①向上震击。

a. 下放钻柱，对上击器加压40~60kN，使上击器就位。

b. 上提钻柱使震击器释放，产生震击。震击强度由提升拉力进行控制，开始应使用较低震击力，以后逐渐增加。在一个调整吨位上多次震击后再调整效果较好。最大震击力决不允许超过震击器上部钻柱重量与上击器最大释放吨位之和。

上击解卡作业中上提拉力的计算

理论上，上提拉力应等于震击器上部的钻柱重量加上所需的震击力。但事实上由于受井壁摩擦力、指重表误差和震击时开泵循环效应等诸多因素的影响，实际传到震击器上的释放负荷与地面指重表显示的是不同的。因此，对于定向井和直井上提拉力在计算上应有所区别。

定向井上击解卡上提拉力计算公式：

$$G = G_1 - G_2 + G_3 + G_4 + G_5 - G_6 \tag{5-1}$$

式中　G——预定上提拉力，kN；

G_1——钻柱原悬重，kN；

G_2——上击器以下钻柱的重量，kN；

G_3——震击器的释放力，kN；

G_4——钻柱摩擦阻力，kN；

G_5——指重表误差(指重表本身精度决定)，kN；

G_6——开泵力，kN。

式中钻柱摩擦力 G_4 和开泵力 G_6 的计算方法：

a. 钻柱摩擦力 G_4：是指钻具和井壁之间的摩擦力。其经验数据是50~200kN，与钻柱组合、钻井液情况、井身结构等有关。

b. 开泵力 G_6：正常循环时，钻柱内钻井液压力对震击器的作用力。这个力将使震击器拉开，因此计算上击或下击时的大钩悬重均要减去开泵力。

$$G_6 = P \times A/10$$

式中　P——泵压，MPa；

A——震击器泵开面积，cm^2。

示例：QJ120A 随钻震击器的泵开面积为 46.65cm^2，泵压为 15MPa 时，计算得开泵力为 70kN。

直井上击解卡上提拉力计算公式：

在直井中，不开泵循环情况下，计算上提拉力应去掉摩擦阻力和开泵效应两项，即：

$$G = G_1 - G_2 + G_3 + G_5 \quad (5-2)$$

式中，符号、内容与式(5－1)相同。

②向下震击。

a. 需要向下震击时，只需在震击器拉开状态下下放钻柱，当加给震击器上的载荷重量超过下击器预调释放压力时，震击器将产生下击。应记录震击时的悬重。

b. 震击后，提升钻柱超过震击器上部钻柱重量 3～5t 使下击器复位。

c. 重复 a、b 两项操作，反复下击。当下击器下击时，上击器将自动回位，因此上提时加在上击器上的负荷不能超过上击器的释放力或延续时间过长，以免引起上击器释放，对下击解卡不利。

1.2.3.4　注意事项

①钻井作业中，将随钻震击器作为钻具的组成部分，和其他钻具一道下井使用，发生卡钻后即刻启动震击解卡，以充分展现随钻的使用价值。

②上击器和下击器需配套使用，才能有效处理起、下钻过程中的遇阻、遇卡。使用中要严格按要求接装，不可装错。

③下井时上击器呈拉开状态，与钻具连接好后要注意卸掉卡箍。并将其保存好，以待起钻重新卡住芯轴拉开部位。

④下钻快到井底前应先开泵循环，再慢慢地下到井底，切忌直通井底造成下击器“人为的下击”。

⑤上提拉力不能超过上击器允许的最大震击吨位。

1.2.4　技术参数

部分国产分体式随钻震击器技术参数见表 5－2～表 5－4。

表 5－2　贵州高峰 ZSJ/ZXJ 型分体式随钻震击器技术参数

型　号	ZSJ36 ZXJ36	ZSJ46 ZXJ46	ZSJ56 ZXJ56	ZSJ62 Ⅱ ZXJ62 Ⅱ	ZSJ64 ZXJ64	ZSJ70 ZXJ70	ZSJ76 ZXJ76	ZSJ80 ZXJ80
外径/mm	95	121	146	159	165	178	197	203
内径/mm	28	51	57	57	57	70	71.4	71.4
接头螺纹 API	$2\frac{7}{8}$REG	NC38	$4\frac{1}{2}$FH	NC46	NC50	NC50	$6\frac{5}{8}$REG	$6\frac{5}{8}$REG
最大抗拉负荷/MN	0.5	1.0	1.2	1.5	1.6	1.8	2.0	2.2
最大工作扭矩/kN·m	3.5	12	13	14	14	15	16	18
最大上击力/kN	160	280	400	560	560	640	800	800
最大上击行程/mm	254	305	330	346	346	346	370	370
最大下击力/kN	100	220	300	420	420	480	600	600
最大下击行程/mm	178	182	182	182	182	182	181	181
最高工作温度/℃	150	150	120	120	120	120	120	120
密封压力/MPa	30	30	30	30	30	30	30	30
上击器总长/mm	4162	6093	5410	6394	6736	6354	6295	6222
下击器总长/mm	3275	5138	5000	5371	5457	5457	5244	5249

表 5－3　北京石油机械厂分体式随钻震击器技术参数

震击器型号	SS159	SX159	SS165－1	SX165－1
外径/mm	159	159	165	165
内径/mm	70	70	70	70
密封压力/MPa	30	30	30	30
最大工作扭矩/kN · m	14	14	14	14
最大抗拉载荷/kN	1500	1500	1500	1500
最大释放力(±20%)/kN	700	350	700	350
拉开行程/mm	343	198	343	343
标定释放力/kN	300～450	180～250	300～450	180～250
泵开面积/cm^2	38.09	87.58	38.09	87.58
长度/mm	5600	5200	5600	5200
连接螺纹	$4\frac{1}{2}$IF	$4\frac{1}{2}$IF	$4\frac{1}{2}$IF	$4\frac{1}{2}$IF

表 5－4　天合集团 ZSJ/ZXJ 分体式随钻震击器技术参数

项目		ZSJ80B ZXJ80B	ZSJ76B ZXJ76B	ZSJ70B ZXJ70B	ZSJ62B ZXJ62B	ZSJ56B ZXJ56B	ZSJ46B ZXJ46B
外径/mm		203	197	178	160	146	121
水眼/mm		71.4	71.4	70	57	57	51
拉开总长/mm	上端	5515	5515	5424	5360	5730	5300
	下端	5250	5250	5215	5215	5000	4760
拉开行程/mm	上端	368	368	344	344	332	305
	下端	178	178	178	178	180	178
接头螺纹		$6\frac{5}{8}$REG	$6\frac{5}{8}$REG	NC50	NC46	$4\frac{1}{2}$FH	NC38
最大抗拉负荷/kN		2500	2500	2300	2200	2000	1400
最大工作扭矩/kN·m		20	18	15	15	15	13
最大上击释放力/kN		750	750	550	550	450	270
最大下击释放力/kN		600	600	550	500	400	250

1.3　整体式随钻震击器

1.3.1　整体机械式随钻震击器

1.3.1.1　结构与工作原理

机械式随钻震击器集上、下震击作用于一体，是一种机械式随钻震击、解卡工具。结构如图 5－3 所示。

(1)上击工作原理

使震击器处于锁紧位置，上提钻柱，受下面一组弹性套作用，迫使钻柱储能，延时。当卡瓦下行，达到预定吨位后，解除锁紧状态，卡瓦中轴滑出，产生上击。重复上述过程，可使工具再次上击。

(2)下击工作原理

使震击器处于锁紧位置，下压钻柱，受上面一组弹性套作用，迫使钻柱储能、延时。当卡瓦上行，达到预定吨位后，解除锁紧状态，卡瓦中轴滑出，产生下击。重复上述过程，可使工具再次下击。

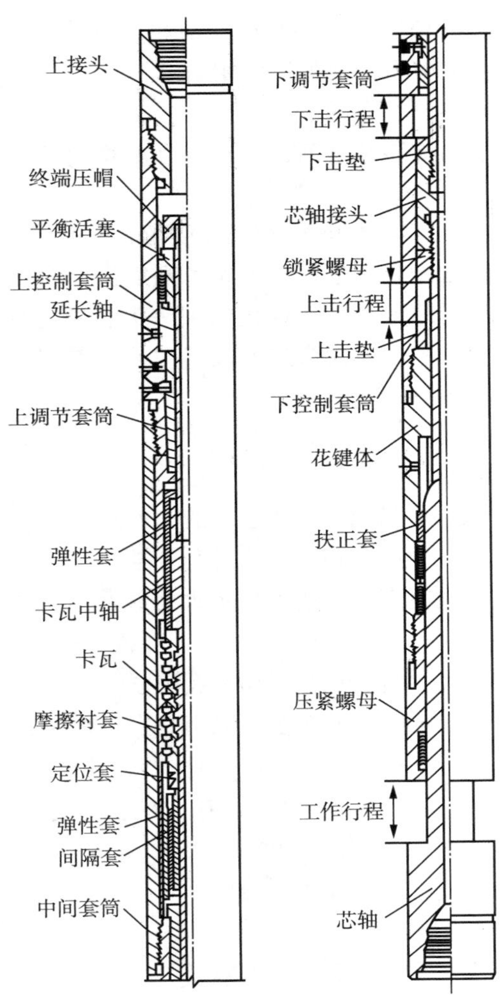

图 5－3　整体机械式随钻震击器结构示意图

1.3.1.2　使用与操作

(1)震击器在钻柱中的位置。

全机械整体式随钻震击器在钻柱组合中的位置应尽量避免

放在中和点，合理的位置是在钻柱中和点以下，使震击器受到的钻柱压力与其开泵形成的压力相当。

①配置在钻具组合的下部(受压)。

这时震击器应装在下部钻具组合顶部稳定器以上至少间隔一根钻铤的位置。

②配置在下部钻具组合的上部(受拉)。

如果预计钻铤会发生黏附卡钻，则震击器应位于下部钻具组合中足够高的位置。其缺点是如果钻头和稳定器被卡，震击器和卡点之间的距离太大会降低震击效果。具体可参见分体式随钻震击器的安装位置。

(2)操作方法

①向上震击。

a. 记录原悬重和原悬重状态下的方入。

b. 下压钻柱 50 ~ 100kN，关闭上击器。

c. 上提钻柱使震击器达到预定大钩载荷，刹住刹把待震击器向上震击。

d. 下放钻具，直到锁紧机构重新锁紧。

重复上述过程则可实现连续上击。上击时，预定大钩载荷按下式计算：

$$G = G_1 + G_2 + G_3 - G_4 \tag{5-3}$$

式中　G——预定大钩载荷，kN；

G_1——震击器以上钻柱重量，kN；

G_2——钻柱摩擦力，kN；

G_3——标定上击释放力，kN；

G_4——开泵力，kN。

式中钻柱摩擦力 G_2 和开泵力 G_4 的计算方法同公式(5 - 1)。

②向下震击。

下放钻柱达到大钩预定载荷，震击器将产生向下震击。若需要重复下击，则必须上提钻柱到原锁紧位置，再次下放钻柱下击。重复上述过程可实现连续下击。下击时大钩载荷按下式计算：

$$G = G_1 - G_2 - G_3 - G_4 \quad (5-4)$$

式中　G——预定大钩载荷，kN；

G_1——震击器以上钻柱悬重，kN；

G_2——钻柱摩擦力，kN；

G_3——标定下击释放力，kN；

G_4——开泵力，kN。

1.3.1.3　技术参数

部分国产整体机械式随钻震击器技术参数见表5-5～表5-7。

表5-5　贵州高峰JZ型整体机械式随钻震击器技术参数

型号	外径/mm	内径/mm	接头螺纹API	最大抗拉负荷/MN	最大工作扭矩/kN·m	泵开面积/cm^2	上击行程/mm	下击行程/mm	总长(锁紧位置)/mm
JZ95	95	28	2⅞REG	0.5	5	32	200	200	5800
JZ108	108	36	NC31	0.7	10	38	203	203	6404
JZ121	121	51.4	NC38	1.0	12	60	198	205	6343
JZ159Ⅲ	159	57	NC46	1.5	14	100	149	166	6517
JZ165	165	57	NC50	1.6	14	100	149	166	6517
JZ178	178	57	NC50	1.8	15	100	147.5	167.5	6570
JZ203	203	71.4	6⅝REG	2.2	18	176	144.5	176.5	7234
JZ229	229	76	7⅝REG	2.5	22	181	203	203	7753

表5-6　贵州高峰JSZ型整体机械式随钻震击器技术参数

型号	外径/mm	内径/mm	接头螺纹API	上击行程/mm	下击行程/mm	工作扭矩/kN·m	最大抗拉负荷/MN	最大上震击力/kN	最大下震击力/kN	总长/mm
JSZ46	124	51.4	NC38	227	152	13	1.4	490	270	4130
JSZ62	162	57.2	NC46	230	152	15	2.2	600	360	4150
JSZ64	168	57.2	NC46	230	152	15	2.2	600	360	4150
JSZ80	203	71.4	6⅝REG	232	152	20	2.5	820	460	4210

表 5－7　北京石油机械厂整体机械式随钻震击器技术参数

型　号		QJ120A－I	QJ159A	QJ165A	QJ178A	QJ203A	QJ229A
外径/mm		120	159	165	178	203	229
内径/mm		45	57		57	70	70
最大释放力/kN	上击	500	700	750	800	900	1100
	下击	300	400	400	500	550	600
出厂标定释放力/kN	上击	400±20	600±30	650±30	700±30	800±40	1000±50
	下击	250±20	350±20		350±30	400±30	500±40
最大抗拉负荷/kN		1200	1500	1500	1800	2200	2500
最大工作扭矩/kN·m		12	14	14	15	18	20
长度/mm		5646	5640	5640	5790	5800	5800
泵开面积/cm^2		46.65	83.84	83.84	107.21	138.23	188.49
连接螺纹		3½IF	4½IF			6⅝REG	7⅝REG

1.3.2　整体液压式随钻震击器

YSZ 型液压随钻震击器为整体式随钻，可以上击或下击。上击采用液压工作原理，可由提拉的吨位变化获得不同的上击力，但不允许超过最大震击吨位。下击为自由落体，其震击力的大小由震击器以上钻具的重量决定。

1.3.2.1　结构

YSZ 型液压随钻震击器由：上芯轴、中芯轴、下芯轴、传动套、上筒、连接体、下筒、下接头、活塞机构及橡胶密封件等部件组成。密封件使震击器形成上、下两个油腔，上芯轴与传动套花键在上油腔工作，由花键传递工作扭矩，还可轴向活动一定行程。活塞在下高压油腔里工作，它是产生上击的主要部件。见图 5－4。

1.3.2.2　工作原理

(1)上击工作原理

上击动作通过活塞、旁通体、密封体、下筒等部件获得。

上击时，先下放钻柱，使上芯轴向下移动，活塞在下筒小腔受阻、活塞离开密封体，打开旁通油道。当上芯轴台肩碰到传动套端面时震击器关闭。再上提钻柱使震击器受到一定的拉力，这时震击器的活塞由下筒下部大腔逐渐进入小腔，密封体与活塞下端面的通道封闭，只有活塞底部的两条泄油槽可以通过少量液压油，形成节流阻力，其余液压油被阻于活塞上部，油压增高、阻力增大，震击器上面的钻柱在拉力作用下产生弹性伸长而储存了能量；当活塞运动到下筒上部大腔时，因间隙增大，压力腔的液压油在瞬间被泄掉，活塞突然失去阻力，使因钻柱骤然卸载而产生弹性收缩，震击器下芯轴以极高的速度撞击到传动套下端，给联接在外筒下部的被卡钻具以强烈的向上震击力。

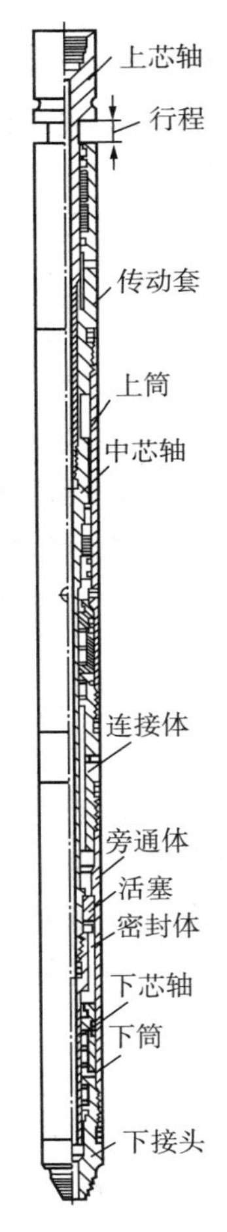

图 5－4　YSZ 整体液压随钻震击器示意图

重复上述过程，可使钻具得到反复上击。

(2)下击工作原理

下击时，先下放钻柱，使震击器关闭。然后上提钻柱使震击器内的活塞刚进入下筒小腔，这时猛放钻柱，使震击器以上的钻柱迅速下落，直至震击器的上芯轴接头下端面打击到传动套上端面，给联接在外筒下部的被卡钻具以强烈的向下震击力。

重复上述过程，可使钻具得到反复下击。

1.3.2.3　使用与操作

(1)安装位置

①震击器一般接在钻具的中和点偏上位置，使震击器在受拉状态下工作。

②震击器应安装在井下易卡钻具的上端，并尽量靠近可能发生的卡点，以便震击时卡点受到较大的震击力。

③若装在钻铤与钻杆之间，震击器上方应加2-3根加重钻杆，以便震击器回位。

④震击器上部的钻具和其他任何工具的外径应小于或等于震击器外径，而震击器下部的钻具和其他任何工具外径只允许稍大或等于震击器外径。

⑤震击器下部钻铤的重量应大于设计钻压，使震击器处于受拉状态下工作。

(2)起、下钻操作

①接装震击器，应将其连接螺纹涂好丝扣油，按规定扭矩上紧丝扣。提起钻柱、取下上轴卡箍(保管好)。

②起、下钻过程中，应保证震击器始终处于拉开状态。

③若起、下钻过程中遇卡，可启动震击器解卡。、

④禁止将任何夹持吊装工具卡在上轴拉开部位(即上轴镀铬面的外露部份)，以防损坏上轴。

⑤起钻时，上轴呈拉开状态，必须在上轴镀铬面处装好卡箍，方可编入立柱放在钻杆盒上。

(3)震击解卡操作

①上击解卡。

a. 在操作前必须正确计算确定震击器作业时指重表的读数(上提吨位)。计算方法见公式(5-1)。

注：所需的震击吨位决不允许超过最大震击吨位。

b. 下放钻柱对震击器施加约98kN的压力，关闭震击器。

c. 上提钻柱使震击器释放震击，震击强度由提升吨位控制，开始时用中等程度的震击力，以后逐渐增加，上击时，指

重表显示的吨位应下降。

d. 如果上提震击器不震击，可能是震击器没有完全回到位，可重新下放钻柱，此次应比上一次下放的吨位大一些。若再不震击，应分析原因或将震击器送管子站维修。

e. 按上述步骤，可反复进行上击。

②下击解卡。

a. 下放钻柱对震击器施加约98kN的压力，关闭震击器。

b. 在方钻杆上作一刻度，边上提钻柱边测量上提高度，使震击器被拉开一定行程。上提吨位按下式计算：

上提吨位 = 震击器上部重量 + 震击器所需的拉开力98kN + 钻具与井壁的摩擦阻力(估算)

注：上提过程中发觉提拉吨位增高时，应即行停止。

c. 立即猛放钻柱，直到震击器关闭发生撞击。

d. 按上述步骤可反复下击。

1.3.2.4 技术参数

YSZ型整体液压式随钻震击器技术参数见表5－8。

表5－8 贵州高峰YSZ型整体液压式随钻震击器技术参数

项目	YSZ121	YSZ159Ⅱ	YSZ178	YSZ203
外径/mm	121	159	178	203
水眼/mm	50	57	60	70
连接螺纹	NC38	NC50	NC50	$6\frac{5}{8}$REG
闭合总长/mm	5757	6435	6425	6646
拉开行程/mm	650	700	700	700
最大工作扭矩/kN·m	12	14	15	18
最大抗拉负荷/kN	1000	2500	1800	2200
最大震击力/kN	300	600	700	800
出厂震击力/kN	200	350	350	450

1.3.2.5 注意事项

①震击器必须经地面试验合格后，上轴呈拉开状态，并戴

有卡箍，方可上井使用。

②震击器接好后入井时，必须把上轴部位的卡箍取下并保管好。

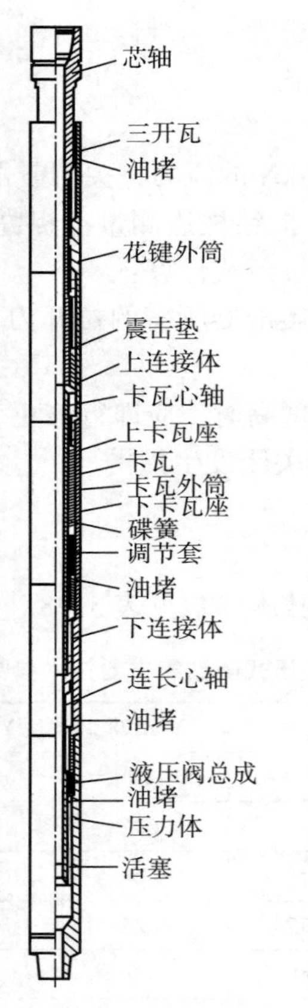

图 5 – 5　JYQ 型整体机械液压随钻震击器

③震击器下端应接安全接头，以便震击无效时，可倒扣取出震击器。

④震击器使用过程中，起钻或下钻时应仔细检查，若发现外表有裂纹、漏油现象时不允许下井使用。

⑤震击器不使用时，必须将外表面清洗干净，上轴外露的镀铬面部位涂抹润滑脂，并戴好卡箍，安全卸下钻台，严防碰击。

1.3.3　整体机械液压式随钻震击器

1.3.3.1　结构及特点

整体机械液压式随钻震击器，是一种集上、下震击作用于一体的机械液压式随钻震击解卡工具。结构见图5 – 5。

1.3.3.2　工作原理

(1)上击工作原理

上提钻具，卡瓦组件受碟簧弹性力及卡瓦机构锁紧力作用，迫使卡瓦锁紧机构抱紧卡瓦芯轴。当卡瓦芯轴随芯轴一起上行克服卡瓦锁紧力以及液压阀总成与延长轴之间的阻尼作用，震击器将使钻柱储能、延时，当芯轴上行到解除约束状态，钻柱中储存的弹性势能转换成向上的动能，产生上击。

(2)下击工作原理

下击机构锁紧器的松开负荷可根据顾客需要改变。上锁紧力和下锁紧力之间有一定比率，并且可调。需下击时，下放钻具直到压力达到下锁紧力，震击器将产生下击力。

若需要重复震击，上提钻具到重新锁紧的位置，重复上述过程。

1.3.3.3　使用与操作

(1)下井前的准备

①经重新装配后的产品，各连接螺纹应按规定紧扣。内腔注满 L—HM32 抗磨液压油，震击吨位和锁紧力可根据某口井具体要求调定，并经地面试验合格。

②下井前震击器处于锁紧状态。

③安装位置应使震击器处于钻柱中和点偏上的受拉部分。

④推荐的钻具组合：

下部钻铤(外径不得小于震击器外径) + 屈性长轴 + JYQ 型震击器 + 加重钻杆(外径不得大于震击器外径) + 上部钻具

⑤震击器接入钻柱后，必须取下卡箍，并将其妥善保存。

(2)操作方法

①下钻将要到达井底时应先开泵循环，再缓慢下放，切忌直通井底造成“人为下击”。若在下钻过程中发生遇卡，可启动震击器实施上击解卡。

②在正常钻进过程中，震击器应处于锁紧位置，在受拉状态下工作。

③发生卡钻事故需上击时，按以下步骤进行[推荐工作范围见图 5－6(a)、图 5－6(b)、图 5－6(c)]：

a. 下放钻具直到指重表读数小于震击器以上钻具悬重 3～5 吨(即压到震击器芯轴上的力)，震击器回到“锁紧”位置。如已为锁紧状态下井的震击器，可不进行此步骤。

进行本步骤操作时，可在井口钻杆上划一刻线，下放一个上击行程可确认震击器回到“锁紧”位置。

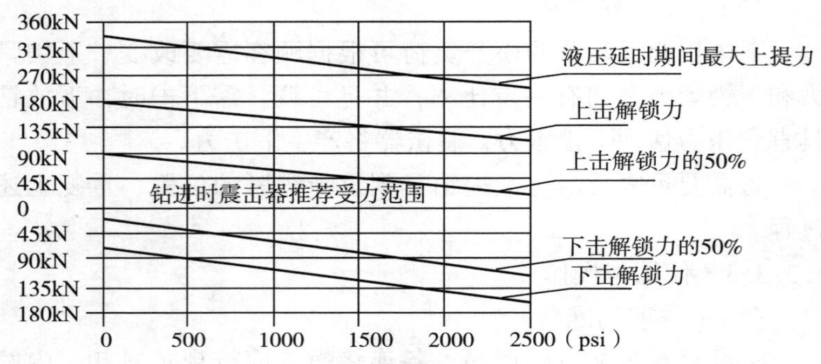

图5-6(a) YQ121机械液压式随钻震击器推荐工作范围

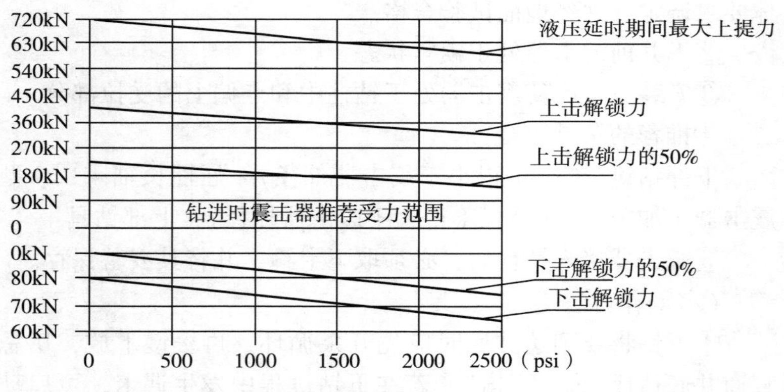

图5-6(b) YQ121机械液压式随钻震击器推荐工作范围

b. 以拉力G上提钻柱，刹住刹把等待震击器释放。上击力由上提吨位决定，开始应用较低顿位提拉，以后逐渐增加。在同一上提顿位上应多次震击以加强作用效果。最大上提吨位决不允许超过震击器以上钻柱重量与震击器最大上击释放吨位之和。即

G=震击器上部钻柱重量+震击器上击释放吨位

重复上述过程，将产生连续上击。

④当发生卡钻事故需下击时，按以下步骤进行[推荐工作

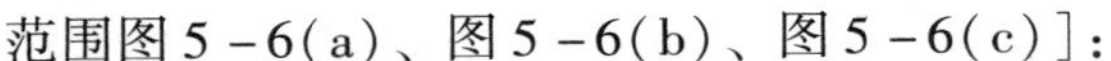

范围图 5－6(a)、图 5－6(b)、图 5－6(c)]：

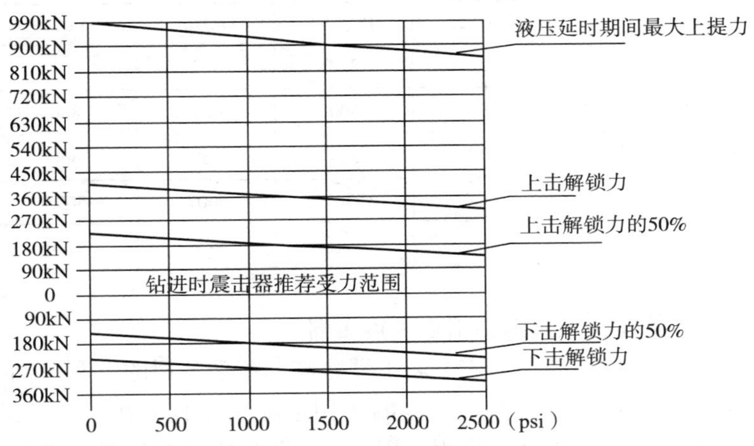

图 5－6(c) YQ121 机械液压式随钻震击器推荐工作范围

a. 以压力 G' 下压钻具产生震击。

G'＝地面调定的下击吨位＋泥浆阻力＋摩擦阻力＋指重表误差

b. 上提钻具，上提拉力大于震击器上部钻具重量 3～5 吨，使震击器回到锁紧位置，重复上述步骤即可继续向下震击。震击器下击回位时，上提钻柱时间不能过长，避免产生不必要的上击。

1.3.3.4 技术参数

JYQ 型机械液压式随钻震击器技术参数见表 5－9。

表 5－9 贵州高峰 JYQ 型机械液压式随钻震击器技术参数

项 目	JYQ121	JYQ159	JYQ165	JYQ203
外径/mm	124	162	168	203
内径/mm	51.4	57.2	57.2	71.4
连接螺纹	NC38	NC46	NC46	$6\frac{5}{8}$REG
上击行程/mm	227	230	230	232
下击行程/mm	152	152	152	152
工作扭矩/kN · m	13	15	15	20

续表

项　目	JYQ121	JYQ159	JYQ165	JYQ203
最大抗拉负荷/MN	1.4	2.2	2.2	2.5
最大上震击力/kN	490	600	600	820
最大下震击力/kN	270	360	360	460
总长/mm	4500	5007	5007	5095
活塞面积/mm²	2516	6446	6446	9170

1.3.4　整体机械式随钻消震－震击器

整体机械式随钻消震－震击器是江苏德瑞公司的专利产品，它是集消震器与震击器于一体的多用途随钻工具。在正常钻进工作中，它起消震器的作用，用以消除跳钻震动对钻具的破坏；当发生遇阻或卡钻时，它起震击器的作用，可以上击，也可以下击。

1.3.4.1　型号编码规则

型号编码规则如下：

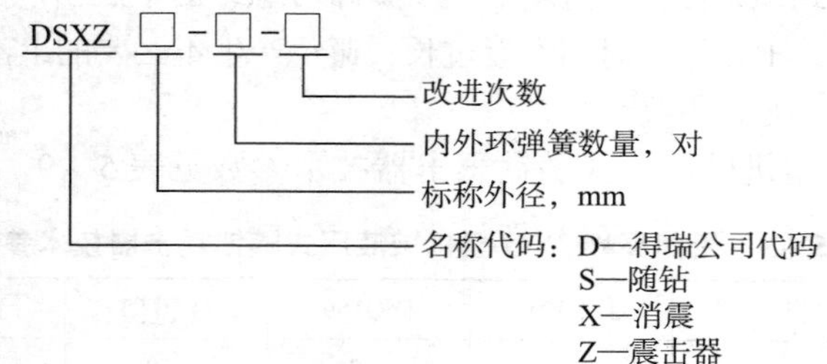

1.3.4.2　结构

消震－震击器由上接头、上下节芯轴、花键套、壳体、限位环、摩擦环簧、及密封件组成。如图 5－7 所示。

1.3.4.3　工作原理

磨擦环簧由数组内簧和外簧组合而成，环簧组与环簧组之间由隔环隔开，隔环长度即为芯轴自由活动行程。在钻进时，这个活动行程起消震作用，可以阻止跳钻震动传至上部钻具。

提拉钻具，内外环簧之间产生摩阻，各组环簧的阻力之和称为环簧的总阻力。环簧总阻力的大小决定于每组环簧的阻力限度和内外簧的组数。钻进时，环簧总阻力为中和点下部钻具重量的一倍。

发生卡钻需上击解卡时，上提钻具，上提拉力大于消震－震击器上部钻具重量时（扣除浮力），内外环簧之间产生摩擦阻力，当拉力超过震击器上部钻具重量与环簧总阻力之和时，环簧滑脱，钻具储存的拉伸势能释放，上下砧铁相撞，产生巨大的向上震击力。此操作可以反复进行，直至解卡。

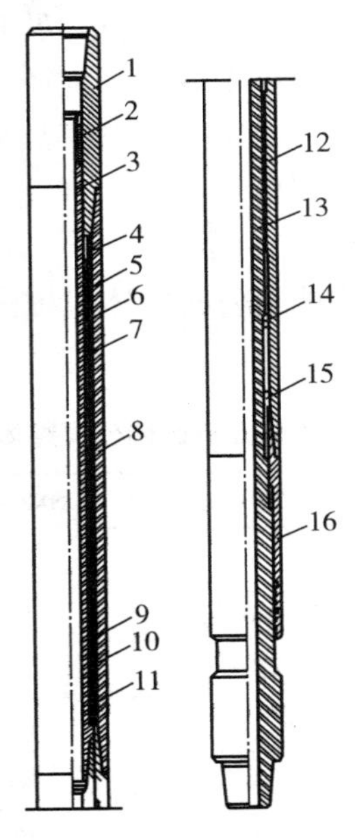

图 5－7　整体机械式随钻消震－震击器结构示意图

1—上接头；2—密封；3—上节芯轴；4—垫套；5—承载帽；6—摩擦环簧组；7—隔环；8—壳体；9—回位套；10—弹簧；11—垫套；12—键套；13—下节芯轴；14—上砧铁；15—下砧铁；16—密封套

若需下击解卡，先上提钻具。控制上提拉力，不要超过震击器上部钻具重量与环簧总阻力之和，此时，钻具内储存一定弹力能量，突然放开刹车下放钻具，就会产生下击力，但需注意留有一定的钻具悬重。此操作也可以反复进行。

1.3.4.4　注意事项

①消震－震击器环簧每组摩阻为 10 ± 1t，规格 ϕ165mm 的

为 5 组，ϕ178mm 以上的为 6 组。

②下击力控制在环簧总阻力减去 10t 即可。

③反复进行上击或下击操作过程中，环簧总阻力会逐渐降低，震击力也自然下降，需要下击时，上提拉力也应随之减少，注意不能在下击操作中产生上击现象。

④消震 - 震击器上部钻具直径不应大于该工具的直径，下部钻具不应小于该工具直径。

⑤若专门用于解卡事故处理，其下应接安全接头，以便不能解卡时倒出。

1.3.4.5　技术参数

江苏德瑞公司整体机械式随钻消震 - 震击器技术参数见表 5 - 10。

表 5 - 10　江苏德瑞公司整体机械式随钻消震—震击器技术参数

型　号	DSXZ - 165	DSXZ - 178	DSXZ - 203
外径/mm	165	178	203
内径/mm	50	60	70
最大扭矩/kN · m	14	15	16
最大抗拉/MN	1.6	1.8	2.1
上击拉力/kN	500	600	600
下击拉力/kN	400	500	500
自由行程/mm	172	172	172
拉开长度/mm	3718	3800	3850
接头螺纹	NC46	NC50	6⅝REG
最高工作温度/℃	250	250	250

2　减震器

减震器在功能上需满足以下要求：

①传递钻压，将来自上部钻铤的钻压传递到钻头上。

②传递扭矩，将来自转盘的扭矩传递到钻头上。

③减震，吸收来自钻头的轴向冲击能量，减缓钻柱的震动和对钻头的冲击载荷。

2.1　减震器分类与型号表示方法

2.1.1　分类

①按减震形式不同，减震器分为单向减震器和双向减震器两类：

单向减震器：只吸收和减弱轴向震动。

双向减震器：同时吸收和减弱轴向震动和周向震动。

②按减震元件不同，减震器可以分为液压减震器、机械减震器和气体减震器三类：

液压减震器：减震元件为液压油或硅油。

机械减震器：减震元件为碟形弹簧、环形弹簧或橡胶。

气体减震器：减震元件为气体。

2.1.2　型号表示方法

减震器型号表示方法如下：

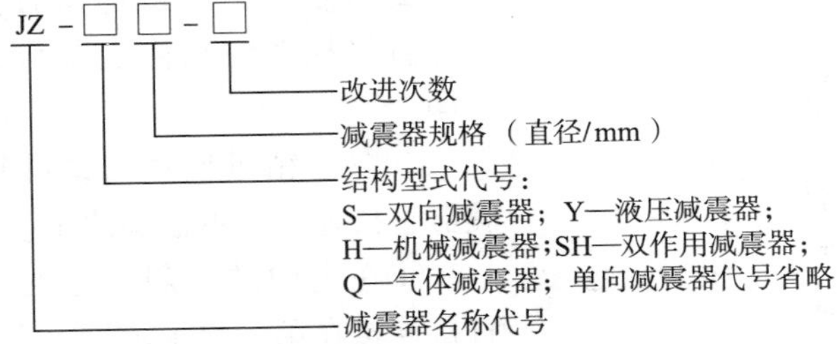

2.2　液压单向减震器

2.2.1　结构

液压单向减震器由芯轴、扶正接头、花键外筒、键、缸套、油缸、阻尼总成、冲管、密封元件及下接头等组成，结构如图5－8所示。

2.2.2 工作原理

液压单向减震器的减震作用，主要是通过具有可压缩的硅油来实现的。钻井作业中钻头和钻具受到冲击和震动时，其作用力使工具以极快的速度向上运动，此时油腔内的液压油不仅受到压缩，而且一部分将以极高的流速经阻尼孔流入缸套腔内，从而起到了吸能及缓冲的作用。钻头上的冲击和震动负荷减小或消失时，液体膨胀，下接头以下钻具在自身重量的作用下向下运动。油缸腔恢复到原来的长度，缸套腔内的硅油经阻尼孔又重新流回到油腔。

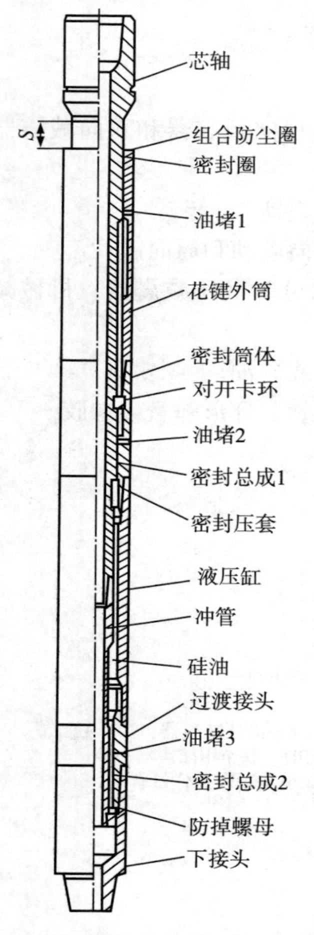

图5-8 液压单向减震器结构示意图

2.2.3 减震器的安装位置

①全面钻进时连接于钻头与钻铤之间。

②当使用钻头稳定器时，减震器直接接在钻头稳定器与钻铤之间。

③取芯钻进使用时，可将减震器直接连接在取芯筒之上。

④在定向井稳斜钻进时，可直接连接在第一只稳定器上部。

⑤液压减震器只适用于牙轮钻头和研磨性取芯钻头，严禁用于刮刀钻头。

⑥钻进时要根据具体情况优选钻压和转速，实现钻井参数的最佳配合，避免减震器在共振区内工作。

⑦该减震器下井工作，要求井下情况正常，钻井液性能良好。

2.2.4　使用措施及注意事项

(1)减震器出厂或大修后第一次下井使用

①必须经地面台架试验合格后方能下井使用。

②外筒各连接螺纹(修复扣)必须经三次磨合、清除毛刺、清洗干净，经检查合格后涂均钻铤润滑脂，才能连接紧扣。

③各连接螺纹按规定紧扣扭矩值拧紧。

④检查油堵是否松动或漏油。

⑤确定减震器的安放位置，备好转换接头。

⑥减震器下井前油腔必须注满合格的硅油，在钻台上用1～3根钻铤加压测量“*S*”值的变化情况，并做好记录。

⑦减震器在下井前若发现不符合下井条件时应及时向有关人员提出，妥善处理，谨防带有隐患的工具下井。

(2)减震器每次起出

①减震器每次下井使用，都要对其工作时间及工作情况进行详细记录。

②减震器每次起出井口都要认真清洗，并在转盘上用于下井时同样数量的钻铤加压测量并记录“*S*”值的变化。若*S*值比第一次下井时减少25mm以上，则说明液压油有漏失，不能继续下井使用。

(3)注意事项

①操作前必须了解液压减震器的结构、工作原理、性能及使用方法。操作要平稳，严禁溜钻、顿钻。

②减震器上下钻台或搬运时两端必须戴好护丝。

③在拆卸检查及场地摆放时，要均匀摆放3～4根方木或钢管把减震器垫平。

④井底有金属落物或打捞作业时严禁使用。

2.2.5　液压减震器技术规范

部分国产液压减震器技术规范见表5－11、表5－12。

表 5－11　贵州高峰 YJA/YJB 型单向液压减震器技术参数

型号	外径/mm	水眼/mm	最大工作行程/mm	接头螺纹 API	工作温度/℃	最大钻压/kN	最大抗拉载荷/kN	最大工作扭矩/kN · m
YJ121	121	38	100	3½REG	－40～150	260	980	10
YJ178Ⅲ	178	57	125	NC50	－40～150	390	1470	14.7
YJ203Ⅲ	203	68	140	6⅝REG	－40～150	490	1960	19.6
YJ229Ⅲ	229	70	140	7⅝REG	－40～150	540	1960	19.6
YJ46	121	38	100	NC38	－40～200	265	980	10
YJ62	159	47	125	4½REG	－40～150	340	1270	14.7
YJ70	178	57	125	NC50	－40～150	350	1470	14.7
YJ80	203	68	140	6⅝REG	－40～150	490	1960	19.6
YJ90	229	71.4	140	7⅝REG	－40～150	530	1960	19.6

表 5－12　天合股份公司 YJ 型单向液压减震器技术参数

型号	外径/mm	水眼/mm	最大行程/mm	环境温度/℃	最大钻压/kN	抗拉强度/kN	接头螺纹	拉开总长/mm
YJ121C	121	38	121	－40～150	265	1000	NC38	3950
YJ160C	160	47	120	－40～150	343	1500	NC46	3980
YJ178C	178	57	120	－40～150	392	1500	NC50	3800
YJ203C	203	64	150	－40～150	490	2000	6⅝REG	4100
YJ229C	229	70	150	－40～150	539	2000	7⅝REG	3820

2.3　液压双向减震器

液压双向减震器能同时减缓或消除钻柱纵向和周向振动。

2.3.1　结构

双向减震器主要由芯轴、扶正外筒、花键外筒、液压缸、活塞、冲管、下接头、对开卡环、防掉螺母、密封装置及液体弹簧(硅油)等组成。如图 5－9 所示。

钻具的纵向振动和冲击载荷通过液压活塞作用在液体弹簧上，当载荷增大时液体弹簧吸收能量，从而可使钻压保持不变。扭矩传递是通过芯轴和活塞间的左旋大螺旋驱动装置，从活塞外花键到花键外筒内花键，并通过油缸和下接头传递到钻头上。

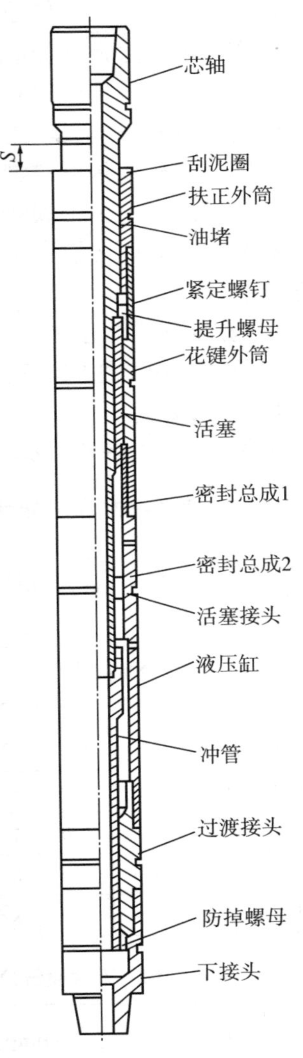

图 5-9　液压双向减震器结构示意图

2.3.2　工作原理

由于钻头结构、地层、钻压等因素的变化，井底的反扭矩也将随之变化，当转速达到某一临界值时，钻柱可能出现扭转共振现象。

在旋转钻井过程中，钻柱下部同时承受着轴向压力和扭矩。钻压超过临界值时将产生纵向弯曲，即丧失稳定性。扭矩也能使钻具丧失扭曲稳定性，过大的扭矩作用，钻柱将产生另一种破坏形式——扭曲失稳破坏。从破坏形式上看不是扭断，而是扭成“麻花”。以下两种情况是较典型的：

①下部钻头突然卡死，而未能及时摘掉转盘动力时，会出现扭力冲击。

②强行倒扣。

纵向减震机构主要是由芯轴，活塞总成和工作腔的液体弹簧等部分组成。它的工作原理主要是利用工作腔内可压缩液体在压力作用下产生弹性变形来吸收或释放钻头和钻柱震动能量。液体弹簧在压缩或伸张过程中，芯轴相对外筒作轴向移动。因此，纵向减震机构能吸收或减缓钻具的纵向震动和冲击能量。

活塞换向机构是由花键外筒通过花键副与活塞联接，活塞内孔通过螺旋副与芯轴联接，这样一组机构就会使扭转震动及冲击载荷在瞬间内转换为工作腔的纵向分力，从而保持较恒定的扭矩。

2.3.3 安装及使用方法

安装及使用方法同液压减震器。

2.3.4 技术参数

国产双向减震器技术参数见表5-13、表5-14、表5-15。

表5-13 贵州高峰SJ型双向减震器技术参数

型号	外径/mm	水眼/mm	最大工作行程/mm	接头螺纹API	工作温度/℃	最大钻压/kN	最大抗拉载荷/MN	最大工作扭矩/kN·m
SJ121	121	38	100	NC35	-40~150	300	1.2	10
SJ159Ⅳ	159	47	120	NC46	-40~150	340	1.5	14.7
SJ178Ⅳ	178	57	120	NC50	-40~150	340	1.6	14.7
SJ203Ⅲ	203	65	120	6⅝REG	-40~150	440	1.96	19.6
SJ229Ⅲ	229	71.4	120	7⅝REG	-40~150	540	2.16	19.6
SJ254	254	71.4	120	8⅝REG	-40~150	540	2.54	24.5
SJ279Ⅱ	279	71.4	120	8⅝REG	-40~150	540	2.94	29.4

表5-14 天合股份公司SJ型双向减震器技术参数

型号	外径/mm	水眼/mm	最大行程/mm	环境温度/℃	最大扭矩/kN·m	最大钻压/kN	抗拉载荷/kN	接头螺纹	拉开总长/mm
SJ121B	121	38	120	-40~150	10	200	1000	NC38	4490
SJ160C	160	47	120	-40~150	15	340	1500	NC40	5150

续表

型号	外径/mm	水眼/mm	最大行程/mm	环境温度/℃	最大扭矩/kN·m	最大钻压/kN	抗拉载荷/kN	接头螺纹	拉开总长/mm
SJ178C	178	57	100	-40~150	15	400	1500	NC50	5590
SJ203B	203	64	120	-40~150	20	480	1960	$6\frac{5}{8}$REG	5800
SJ229B	229	71	120	-40~150	20	540	1960	$7\frac{5}{8}$REG	5630

表5-15　重庆望江鑫琪公司减震器技术参数

项目	单向减震器			双向减震器	
	YJQ178	YJQ203	YJQ229	SXJ178	SXJ229
外径/mm	178	203	229	178	229
水眼直径/mm	57	68	71.4	57	71.4
最大工作行程/mm	125	140	140	120	120
工作温度/℃	-40~150	-40~150	-40~150	-40~150	-40~150
最大工作扭矩/kN·m	15	20	20	15	20
最大工作压力/kN	350	480	540	350	540
最大工作拉力/kN	1500	2000	2000	1500	2000
拉开总长/mm	3950	4090	4090	5740	6400
接头螺纹 API	NC50	$6\frac{5}{8}$REG	$6\frac{5}{8}$REG	NC50	$7\frac{5}{8}$REG
弹性刚度/kN·cm	4.5	4.5	4.2	4.5	4.2

2.4　机械减震器

机械减震器是配合牙轮钻头或研磨性取芯钻头钻进时起纵向减震作用的减震工具。气体钻井机械减震器是根据欠平衡气体钻井的特殊工况开发出的减震器产品。

2.4.1　结构与工作原理

机械减震器主要由花键芯轴、花键筒体、碟簧筒体、衬套、对开卡环、垫片、碟簧组、调整环、调整套、活塞、密封套、隔套、下接头及密封元件等组成，结构如图 5－10、图 5－11 所示。

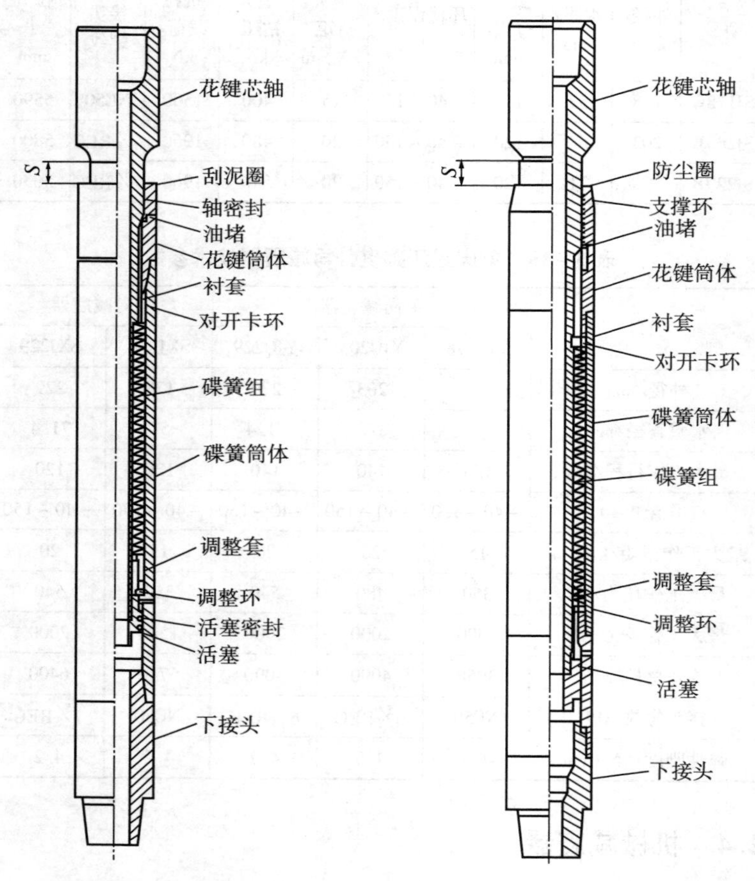

图 5－10　机械减震器结构　　图 5－11　空气机械减震器结构

钻井过程中，钻头和钻柱受到冲击、震动，使轴向负荷发生变化，该负荷使减震器内的碟簧组发生弹性变形，从而吸收钻柱或钻头的冲击、震动能量。当钻头上的冲击和震动负荷减少或消失，随着碟簧组的复原，减震器开始恢复到原来的长度。

2.4.2　**技术参数**

北京石油机械厂机械减震器、气体钻井减震器技术参数见表5－16。

2.5　机械液压(双作用)减震器

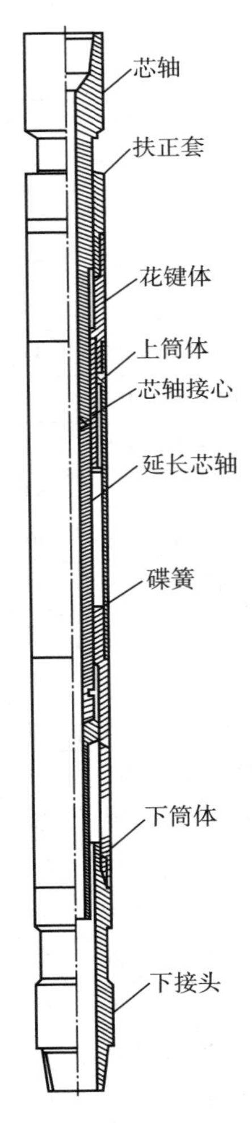

图5－12　DHJ型机械液压双作用减震器结构示意图

2.5.1　**基本结构**

减震器由扶正套筒、花键体、上筒体、下筒体、下接头、芯轴、芯轴接头和延长轴组成。如图5－12所示。

2.5.2　**工作原理**

该减震器接在钻头和钻铤之间，钻压通过芯轴和芯轴接头压缩碟簧和硅油传递给外筒再加在钻头上；反之，钻头产生的跳钻和震动迫使碟簧和硅油压缩吸收能量，达到减震的目的。采用钢质的碟簧作为弹性元件其寿命较长，而且在装配工具时，刚度可根据用户需要进行调整；同时采用硅油作为弹性元件，又可中和碟簧过大的刚度，使工具在低钻压和高钻压下工作都可产生良好的减震效果

阻尼腔内包含两种弹簧元件：碟簧和硅油。

2.5.3　**规格系列及性能参数**

国产机械液压双作用减震器技术参数见表5－16、表5－17和表5－18。

表 5-16 北京石油机械厂钻柱减震器技术参数

产品型号	标称外径/mm	水眼直径/mm	长度/m	连接螺纹	最大抗拉载荷/kN	最大工作扭矩/kN·m	弹性刚度/(kN/mm)
JZ-Y121	121	38	3.5	$3\frac{1}{2}$IF	1000	10	3.0~3.5
JZ-Y159-Ⅰ	159	45	3.4	4IF	1500	15	3.5~5.0
JZ-Y165-Ⅰ	165	45	3.4	4IF	1500	15	3.5~5.0
JZ-Y178-Ⅰ	178	57	3.9	$4\frac{1}{2}$IF	1500	15	3.5~5.0
JZ-Y203	203	64	4.8	$6\frac{5}{8}$REG	2000	20	4.0~5.5
JZ-Y229	229	70	3.9	$7\frac{5}{8}$REG	2000	20	4.0~6.5
JZ-YS159-Ⅰ	159	45	4.6	4IF	1500	15	3.5~5.0
JZ-YS165-Ⅰ	165	45	4.6	4IF	1500	15	3.5~5.0
JZ-YS178-Ⅰ	178	50	5.4	$4\frac{1}{2}$IF	1500	15	3.5~5.0
JZ-YS203-Ⅰ	203	64	5.1	$6\frac{5}{8}$REG	2000	20	4.0~5.5
JZ-YS229-Ⅱ	229	70	4.8	$7\frac{5}{8}$REG	2000	20	4.0~6.5
JZ-YH178	178	57	6.0	$4\frac{1}{2}$IF	1500	15	3.5~5.0
JZ-H159-Ⅰ	159	50	3	4IF	1500	15	3.5~5.0
JZ-H165-Ⅰ	165	50	3	4IF	1500	15	3.5~5.0
JZ-H178-Ⅰ	178	50	3	$4\frac{1}{2}$IF	1500	15	3.5~5.0
JZ-H203-Ⅱ	203	64	3	$6\frac{5}{8}$REG	2000	20	4.0~5.5
JZ-H229	229	70	3.5	$7\frac{5}{8}$REG	2000	20	4.0~6.5
JZ-H279	279	80	4.5	$8\frac{5}{8}$REG	2500	25	5.0~7.5
KJZ-Y121	121	38	3.5	$3\frac{1}{2}$IF	1000	10	3.0~3.5
KJZ-H159	159	50	3	4IF	1500	15	3.5~5.0
KJZ-H165	165	50	3	4IF	1500	15	3.5~5.0
KJZ-H178	178	50	3	$4\frac{1}{2}$IF	1500	15	3.5~5.0
KJZ-H203	203	64	3	$6\frac{5}{8}$REG	2000	20	4.0~5.5
KJZ-H229	229	70	3.5	$7\frac{5}{8}$REG	2000	20	4.0~6.5
KJZ-H279	279	80	4.5	$8\frac{5}{8}$REG	2500	25	5.0~7.5

表 5－17　贵州高峰 DHJ 型机械液压减震器技术参数

项　目	DHJ121	DHJ159	DHJ178	DHJ203
外径/mm	121	159	178	203
水眼直径/mm	38	50.8	57	71.4
最大行程/mm	100	120	120	140
最大工作钻压/tf	40	60	60	70
工作温度/℃	－40～150	－40～150	－40～150	－40～150
接头螺纹 API	$3\frac{1}{2}$REG	NC46	NC50	$6\frac{5}{8}$REG
拉开总长/mm	3400	4210	4210	4700

表 5－18　江苏德瑞公司 DHJZ 系列机械双作用减震器技术参数

项　目	DHJZ－165	DHJZ－178	DHJZ－203	DHJZ－229	DHJZ－245
外径/mm	165	178	203	229	245
水眼直径/mm	50.8	50.8	60	60	60
上接头螺纹	4IF	4IF	$6\frac{5}{8}$REG	$7\frac{5}{8}$REG	$7\frac{5}{8}$REG
下接头螺纹	$4\frac{1}{2}$REG	$4\frac{1}{2}$REG	$6\frac{5}{8}$REG	$6\frac{5}{8}$REG	$6\frac{5}{8}$REG
工作温度/℃	－55～250	－55～250	－55～250	－55～250	－55～250
适用工作钻压/t	<30	<40	<50	<50	<50
最大工作扭矩/N · m	15	15	20	20	25
允许上提拉力/kN	1200	1500	1750	2000	2000
最大工作行程/mm	115	143	143	160	160
总质量/kg	375	405	580	730	860
预期工作寿命/h	>800	>800	>800	>800	>800

2.6　单缸气体减震器

2.6.1　用途及优点

气体钻井的突出特点是：

①采用“气锤”钻井速度快，但钻具受震动频率高。

②钻压轻，一般在 30 ~ 80kN。

传统减震器利用机械弹簧或液体阻尼作为吸震原件，它们共同的缺点在于柔性比较差，适应跳钻频率、频幅及钻压范围有限，不能完全满足气体钻井的需要，使得钻具先期失效损坏非常严重。而这正是气体减震器的优势，同时气体钻井几乎没有围压，为气体减震器在空气钻井中的应用提供了有利条件。

气体减震器是江苏德瑞石油机械有限公司专利产品。

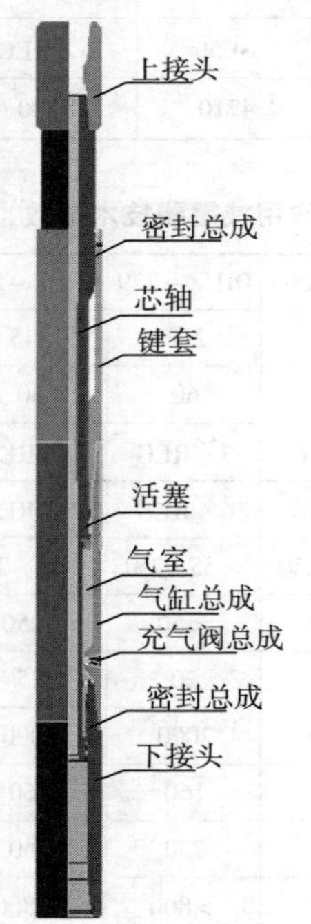

图 5 – 13　DQJZ – D 型单缸气体减震器示意图

气体减震器以气体作为减震介质，柔性好，在上述方面具有明显的优势。具体表现在：

①适应钻压范围广，无论在轻钻压或重钻压条件下都具有良好的应变能力，达到满意的减震效果。在轻钻压条件下效果尤为突出。

②该减震器以气体作为减震介质，密封件耐压 200MPa 以上，且多层叠加，可靠性好，使用寿命长。

2. 6. 2　结构

气体减震器由芯轴、花键套、活塞总成、气缸、承载帽、上下接头、充气嘴总成、上下密封及防掉机构组成，如图 5 – 13 所示。

2. 6. 3　工作原理

工作中，在跳钻引起的向上力的作用下，芯轴带动活塞及承载帽上行，压缩气室里的气体，跳钻引起的震动被气体所吸收，使跳钻得以缓解或消除。通过充气嘴可以测得气缸压力或注入气体。充气嘴可自动密封，确保密封的可靠性。

2.6.4　使用方法及注意事项

①使用时应将减震器接在钻头与钻铤之间。

②每次起钻完，须在井口检查芯轴压缩量：施加 5t 压力，压缩量应在 20～30cm 之间。压缩量超过允许范围，说明气压不足，须补充气体。

③减震器装卸、运输、及上下钻台要轻吊轻放：防止摔打、碰撞。上卸扣时注意大钳不要碰撞芯轴“细脖子”处，更不能咬在此处。

④每次下钻接好减震器后，把钻头放在转盘上，用钻铤立柱下压，检查芯轴的缩放情况，加压 50kN 芯轴收缩应不小于 10cm 以上。

⑤每次起钻完，按照(4)的方法检查芯轴的缩放情况。

2.6.5　单缸气体减震器技术参数

部分国产气体减震器技术参数见表 5－19。

表 5－19　江苏德瑞公司 DQJZ－D 型单缸气体减震器技术参数

项　目	DQJZ－D 178	DQJZ－D 203	DQJZ－D 229	DQJZ－D 280
外径/mm	178	203	229	280
水眼直径/mm	50.8	60	60	80
上接头螺纹	4 IF	4 IF	7⅝REG	7⅝REG
下接头螺纹	4 IF	4 IF	6⅝REG	6⅝REG
工作温度/℃	－55～250	－55～250	－55～250	－55～250
适用工作钻压/t	5～15	5～15	5～20	5～20
最大工作扭矩/kN · m	15	20	20	25
允许上提拉力/kN	1500	1800	2000	2000
最大工作行程/mm	500	500	500	500
气缸气体受压面积/cm^2	90	110	140	160
质　量/kg	405	530	790	1200
预期工作寿命/h	＞800	＞800	＞800	＞800

2.7 双缸气体减震器

双缸气体减震器是江苏德瑞公司的专利产品。

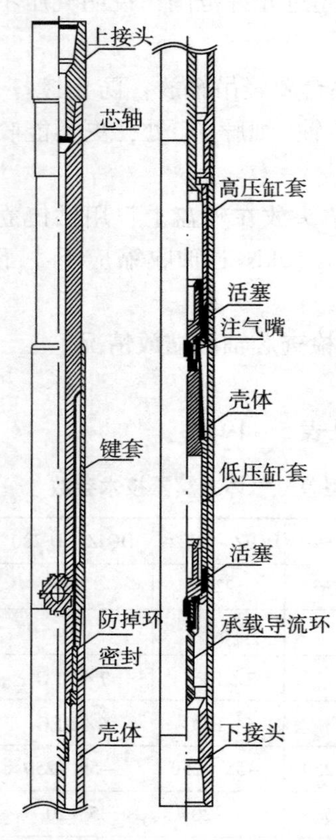

图5-14 DQJZ-S型双缸气体减震器结构示意图

2.7.1 原理与功能

气体减震器依据气体受压后，其体积变化规律设计。使钻压直接传导到气缸内具有一定预压力的气柱上，当跳钻发生时，压力波动被气体体积的变化所吸收，从而减轻跳钻造成的震动。创造出按设计参数施工的环境，保护钻头、钻具不受或少受伤害，提高钻速和保障井下安全。

2.7.2 结构特点

双缸气体减震器由下接头、芯轴、上下活塞、护套、键套、气缸总成、密封件及上下两个防掉装置组成，如图5-14所示。

两个气缸呈上下布置，装到芯轴顶端上，上部为低压缸，下部为高压缸。每个气缸有独立的充气嘴，可分别注入不同压力的气体。

2.7.3 技术参数

德瑞公司双缸气体减震器技术参数见表5-20。

2.7.4 使用方法及注意事项

①连接方法：用于泥浆钻进，将工具直接接在钻头上。

②对充气压力的要求：用于泥浆钻进，低压缸充气压力为1.6~3.0MPa(±0.5MPa)；高压缸充气压力为6~10MPa

(±1.0MPa)。

③工具下井前，需做可压缩性能测试，以证实气缸内气压是否达到设计要求。方法是：

a. 将工具接在一柱钻铤下，将其提起测量下接头与护套之间的距离；

b. 将工具放到转盘面上，大钩放松，使工具压缩，测量下接头与护套之间的距离；

c. 计算两次测得的距离之差，即压缩范围。压缩范围在最大活动距50公分的1/2～1/3为正常。范围过大说明气量不足，需充气。

d. 钻进之初，应注意观察跳钻显示情况，记录跳钻时的钻压和转速，找到钻速较快时的钻压、转速配合关系。

e. 钻进过程中发现跳钻，应分析产生跳钻的原因，只有当确定是气缸气压不足时，再确定起钻。

f. 每次起钻完，需在井口做减震器压缩试验。压缩长度较下井前变化不大于5cm，可继续下井使用。否则，应换上备用气缸。

表5－20 江苏德瑞公司DQJZ－S型双缸气体减震器技术参数

项 目	DQJZ－S178	DQJZ－S229	DQJZ－S245
外径/mm	178	229	245
水眼直径/mm	50.8	60	60
上接头螺纹	4IF	$7\frac{5}{8}$REG	$7\frac{5}{8}$REG
下接头螺纹	4IF	$6\frac{5}{8}$REG	$6\frac{5}{8}$REG
工作温度/℃	－55～250	－55～250	－55～250
适用钻压/t	<30	<50	<50
最大工作扭矩/kN·m	15	20	25
允许上提拉力/kN	1500	2000	2000
最大行程/mm	500	500	500
气缸受压面积/cm²	90	140	150

续表

项　目	DQJZ－S178	DQJZ－S229	DQJZ－S245
拉开总长/mm	3000	3500	4000
总质量/kg	405	790	980
预期工作寿命/h	≥800	≥800	≥800

2.8　复合减震器

复合减震器是江苏德瑞石油机械有限公司的专利产品。该减震器最大的优点是适应钻压幅度大，特别适用于气体钻井、钻进钻压较小的深井或钻井液密度较大的井使用。

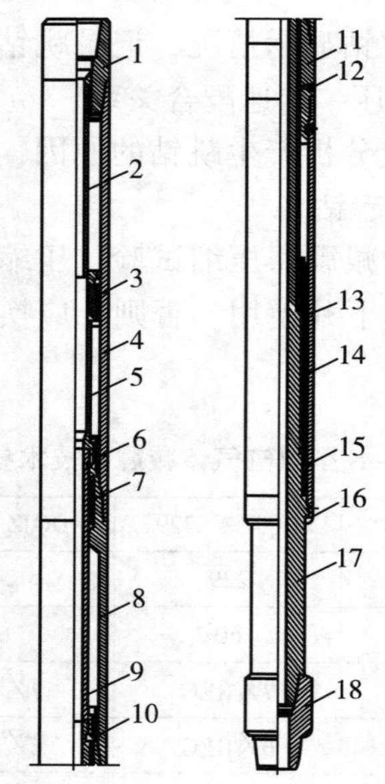

图 5－15　复合减震器结构示意图

1—上接头；2—导流管；3—活塞；4—平衡缸套；5—上节芯轴；6—芯轴上轴节；7—密封；8—汽缸体；9—中节芯轴；10—芯轴下轴节；11—键套；12—注气阀；13—环形弹簧；14—弹簧套；15—密封；16—防掉帽；17—下节芯轴；18—下接头

2.8.1　结构

复合减震器由上下接头、导流管、上中下芯轴、上中下三个缸体、活塞、花键套、注气阀、环形弹簧组、上下密封组组成。如图 5－15 所示。

减震器下缸装有多组环形弹簧并装有润滑油。中缸为充气缸，充有高压气体。上缸为平衡缸，也称伸缩筒，内部装有平衡活塞。

2.8.2　工作原理

钻进中，随着井深的增加或钻井液密度的变化，井筒内的液柱压力增大，推动芯轴上行，为平衡芯轴上行产生的压力，一般的减震器会使减震元件产生压缩，使其真正用于减震的压缩行程变得有限，影响吸震效果。为了降低液柱压力对减震效果的影响，复合减震器在上缸装有一个压力平衡活塞，随着井内液柱压力的增加，活塞会在平衡缸内向上移动，减轻充气气缸内的压力，增加充气气缸气体体积的变化幅度，提高减震效果。

当对钻头实施钻压的同时，芯轴及下缸的密封段上行，推动缸内的环形弹簧及润滑油上行，压缩中气缸内的气体，气体被压缩产生弹性变形，平衡钻压并吸收跳钻震动。当钻压增加到一定程度时，环形弹簧接触到键套下表面后，环形弹簧开始起减震作用。

2.8.3　技术参数

江苏德瑞公司 DQJZ－F 型复合减震器技术参数，见表 5－21。

表 5－21　江苏德瑞公司 DQJZ－F 型复合减震器技术参数

型　号	DQJZ－F178	DGJZ－F203	DQJZ－F229	DQJZ－F245	DQJZ－F280
外径/mm	178	203	229	245	280
水眼直径/mm	50.8	60	60	70	70
上接头螺纹	4IF	$6\frac{5}{8}$REG	$6\frac{5}{8}$REG	$7\frac{5}{8}$REG	$8\frac{5}{8}$REG
下接头螺纹	$4\frac{1}{2}$REG	$6\frac{5}{8}$REG	$6\frac{5}{8}$REG	$7\frac{5}{8}$REG	$8\frac{5}{8}$REG
工作温度/℃	－55～250				
最大工作钻压/kN	250	350	350	400	400
最大扭矩/kN·m	15	20	20	25	30
允许上提拉力/kN	1500	1500	1800	2000	2500
最大工作行程/mm	500	500	650	650	650
气缸受压面积/cm^2	100	220	235	250	260
拉开总长/mm	6200	6200	6200	6500	6500
质量/kg					
预期工作时间/h	800	800	800	800	800

2.8.4　使用方法及注意事项

①可用于泥浆钻进，也可以用于气体钻进。

②接在最下一根钻铤与钻头之间(钻头与复合减震器之间可接缓冲器)。

③气缸充气压力，2～3MPa。

④下井前，需在井口试验减震器的可压缩情况。试验方法：在减震器上接一钻铤立柱，立于转盘上观察减震器芯轴，在钻铤立柱的压力下，芯轴应有回缩，并记录回缩距离。

⑤钻进中注意有无跳钻显示，并记录起始钻压和停跳钻压，分析原因。

⑥每次起钻完，需按④的方法，试验减震器的可压缩情况，并与第一次试验数据分析对比，如有异常，应分析原因采取相应措施。

2.9　消震器

2.9.1　用途及优点

各种减震器可以有效的减轻跳钻和跳钻带来的巨大危害。但是，它无法彻底消除跳钻。

消震器是江苏德瑞公司的专利产品。在使用中装在钻铤“中和点”稍靠上的位置，能把减震器没有完全吸收的震动隔断吸收，使其不会传至上部钻具，消除上部钻具共震带来的危害。主要优点：

①可以彻底隔断和消除跳钻引起的上部钻具震动。

②采用优质耐高温密封，内外花键均经过特殊工艺处理，同时处于密闭的油浴润滑环境中，具有较长的工作寿命。

③消震器除具有消震功能以外，还可以实现恒压钻进。但是，单独使用它只能消除上部钻具共震对钻头和钻铤造成的危害，并不能消除钻头、钻铤自身的跳动及其造成的危害。要想取得理想的消震效果，最好是减震器和消震器同时配套使用。

2.9.2　结构特点

消震器由芯轴、上下接头、键套、保护套、活塞总成及密封组成，如图 5－16 所示。工作时，防掉帽和活塞总成承受钻具拉力，芯轴与键套花键辐传递扭矩。依靠活塞和花键的滑动行程阻断跳钻震动的传递，使其得到消除。

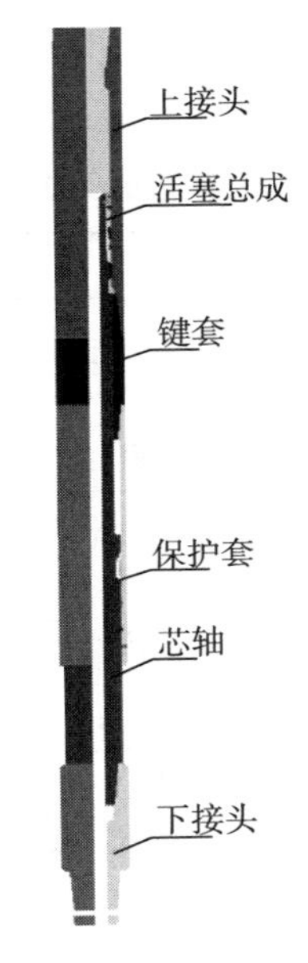

图 5－16　DHXZ 型消震器结构示意图

2.9.3　工作原理

使用时将消震器连接在钻具“中和点”稍靠上的位置。钻进中当实际钻压等于最大设计钻压时，消震器上、下体之间处于拉开状态，当下部钻具跳动时，芯轴与活塞依靠花键滑动上行，将下部钻具跳动阻断，从而避免了上部钻具的震动。但是，当消震器处于受压状态时，保护套防松帽坐于下接头台肩上，消震器即失去消震作用。

作为恒压钻进工具使用：正常钻进时，一次送钻使活塞到达上死点，随着井的加深，消震器芯轴逐渐下行，当活塞到达下死点时，消震器完成了一个工作行程，再进行第二次送钻。在整个工作行程中，所施加的钻压相当于消震器下部钻具的重量是恒定不变的。当钻头处于恒压状态钻进时，减震效果也最佳。

2.9.4　技术规格及参数

消震器技术规格及参数见表 5－22。

2.9.5　使用方法及注意事项

①消震器的安装位置：必须连接在用最大设计钻压计算出的“中和点”稍靠上的位置。钻进中，实施钻压不能超过设计钻压，使消震器始终处于拉开状态。

②钻进中，当实际钻压等于设计钻压时，消震器拉开最大为 30cm 的间隙。此时，可以一次送钻 30cm 而悬重不变，可刹住刹把恒压钻进，待悬重开始上升后再进行下一次送钻。

③每次下钻，应注意试验消震器保护套与芯轴之间滑动是否自如。

表 5-22　江苏德瑞公司 DHXZ 型消震器技术参数

型　号	DHXZ-165	DHXZ-178	DHXZ-203
外径/mm	165	178	203
水眼直径/mm	50.8	50.8	60
上接头螺纹	4 IF	4 IF	6⅝REG
下接头螺纹	4 IF	4 IF	6⅝REG
工作温度/℃	-55~250	-55~250	-55~250
适用工作钻压/t	0	0	0
最大工作扭矩/kN·m	15	20	25
允许上提拉力/kN	1200	1500	1750
最大工作行程/mm	300	300	300
拉开总长/mm	2789	2900	3059
总质量/kg	350	420	580
预期工作寿命/h	>800	>800	>800

2.10　旋转缓冲器(缓冲器)

在用 PDC 钻头钻进过程中，钻头在切削地层时，当岩石阻力大于钻头的旋转破坏能力时，会发生滞阻现象，钻头旋转跟不上转盘或者井下动力钻具的转动。钻具继续转动，钻具的扭矩增加，当扭矩大于地层抗力时，钻头就会产生高于钻具的转速，产生突然的冲击。另外，随着扭矩的增加，钻具会产生一定的缩短变形，使钻头钻压降低，引起钻头在地层上产生突然滑动，滑动速度大于钻具转速时，也会产生冲击现象。这种冲击速度快，能量大，很容易造成钻头刀片的破碎损坏，影响钻头的机械速度，同时降低钻头的使用寿命。

旋转缓冲器可以减少冲击的产生条件，缓解冲击速度，保护钻头提高机械钻速。

2.10.1　结构及原理

旋转缓冲器由上接头、花键芯轴、花键外壳及密封部件组成，如图 5－17 所示。

缓冲器的芯轴花键与壳体花键之间，既有传递扭矩的作用，又有相当角度的间隙，其中充满润滑油。在正常条件下，内外花键紧密接触，只有当产生冲击现象时，内花键突然超速旋转，由于润滑油腔中油的阻尼作用，降低了内花键的旋转速度，减弱了旋转冲击力，保护了钻头。同时，内花键冲击旋转时，对内、外花键之间的润滑油产生一定的纵向压力，使芯轴向下产生微小移动，增加其旋转阻力，也可以提高对地层的破坏力。

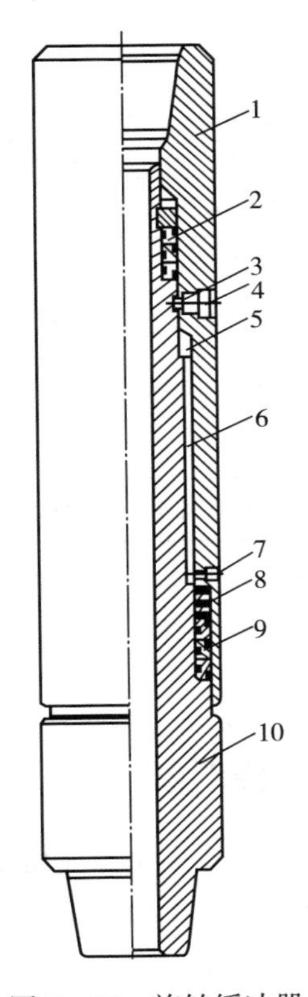

图 5－17　旋转缓冲器结构示意图

1—外壳；2—密封组件；3—承载块；4—密封塞；5—补环；6—花键；7—油孔塞堵；8—轴承组；9—密封组件；10—芯轴

2.10.2　技术参数

江苏德瑞石油机械有限公司的旋转缓冲器技术参数见表 5－23。

2.10.3　使用方法及注意事项

①使用前，在地面用链钳或大钳，转动上下接头，转动角度 60°，并且应有一定的阻尼现象。

②下钻时接在钻头上，上部可接减震器，也可直接接钻头接头 + 钻铤。

③钻进中观察有无明显蹩钻冲击现象。

④每次起钻完，按①方法，检查有无异常，同时，检查密封部位有无漏油现象。

表 5-23　江苏德瑞公司旋转缓冲器技术参数

型　号	DSHQ165	DSHQ178	DSHQ203	DSHQ229	DSHQ245	DSHQ280
外径/mm	165	178	203	229	245	280
水眼直径/mm	50.8	50.8	60	60	60	70
下接头螺纹	$4\frac{1}{2}$REG	$4\frac{1}{2}$REG	$6\frac{5}{8}$REG	$7\frac{5}{8}$REG	$7\frac{5}{8}$REG	$8\frac{5}{8}$REG
工作温度/℃	-55~250					
工作钻压/t	25	30	30	35	50	50
最大扭矩/kN·m	15	15	20	20	25	30
允许上提拉力/kN	1200	1500	1750	2000	2000	2500
总质量/kg	260	300	388	535	700	800
预期工作时间/h	>800	>800	>800	>800	>800	>800

3　其他井下工具

3.1　降斜器

钻井施工中由于地层倾角、地层软硬交错或钻具结构、钻井技术参数不当等诸多因素的影响，往往造成井斜过大，超出技术设计要求，需要纠斜。目前，纠斜钻进往往需要改变钻具结构和采取“吊打”等措施，纠斜完成后还要起钻再改变钻具结构，浪费大量时间，而且还没有把握成功。

降斜器依靠其本身的特殊结构，钻进中在其下部钻柱重力的作用下，能使下部钻柱始终保持垂直状态，起到防斜和纠斜的作用。

作为钻具结构的组成部分，用于易斜井段钻进，在正常钻压情况下，可防止井斜，提高钻井速度；用于已斜井段纠斜钻进，维持正常钻压钻进，可获得好的降斜效果。

3.1.1　降斜器型号表示方法

江苏德瑞石油机械有限公司降斜器型号表示方法如下：

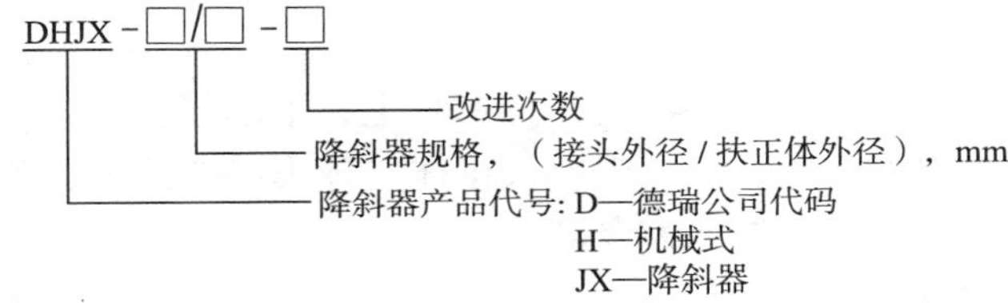

3.1.2　结构

降斜器由上接头、下接头、球型接头、扶正体、六方体及密封、弹簧等零部件组成。如图5－18。

3.1.3　工作原理

工作时依靠六方体传递扭矩，带动下部钻具和钻头旋转。接头扶正体靠在井壁上形成一个支点，球形接头则成为一个可以自由摆动的肘节。在易斜井段钻进或纠斜钻进时，在降斜器的作用下，下部钻具依靠其自身重力始终保持自由下垂状态，达到保直和降斜的目的。

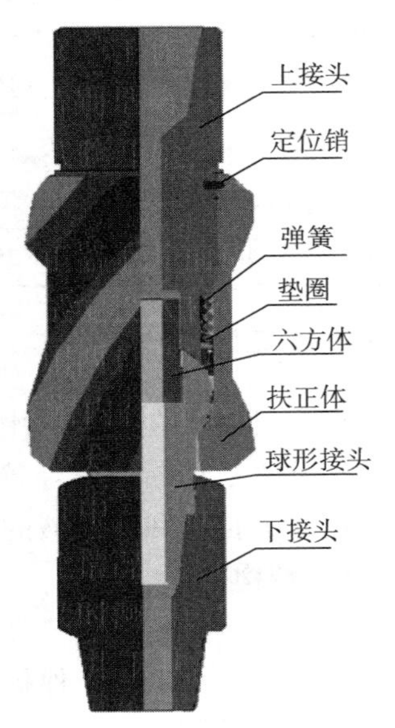

图5－18　DHJX型降斜器结构示意图

扶正体外缘镶有硬质合金，球型接头、六方体等易磨损部件都经过了镀铬或特殊淬火处理，以增加使用寿命。

3.1.4　使用方法

①使用前应检查降斜器的型号、技术参数是否与本井情况相匹配；

②安装位置：用于防斜或纠斜钻进时，钻压可参照钟摆钻具降斜钻进所采用的参数，将降

斜器接在距钻头 17 ~ 19m 的适当位置。应保证降斜器在钻进中处于受拉状态。

③使用期间每次下井前应试压，以检验球形接头密封效果是否良好。

试压方法：将降斜器接在方钻杆上，下端接上装好水眼的钻头，开泵并活动下接头观察扶正体与球形接头之间是否有泥浆流出，以无泥浆渗漏为合格。

3.1.5　规格及技术参数

降斜器规格及技术参数见表 5 – 24。

表 5 – 24　江苏德瑞石油机械有限公司降斜器技术参数

型　号	DHJX 228/310	DHJX 165/214	型　号	DHJX 228/310	DHJX 165/214
适用井眼直径/mm	311	216	最高工作压力/MPa	35	35
两端接头外径/mm	228	165	最大承载拉力/kN	1500	1200
扶正体外径/mm	310	214	最大工作扭矩/kN·m	25	15
最大旋转角度/(°)	3	3	接头螺纹代号	$7\frac{5}{8}$REG	4IF
最高工作温度/℃	250	250	总长度/mm	1350	1156

3.2　悬浮器

该工具安装在钻柱的中和点附近，并在规定的操作条件下使用，基本上切断了悬浮器上、下钻柱间的轴向力联系，而不影响扭矩的传递和钻井液的正常输送。

3.2.1　结构

悬浮器主要由芯轴，刮子体，芯轴体，花键体，冲管，连接体，下接头和上、下保护接头组成，如图 5 – 19 所示。

3.2.2　工作原理

利用悬浮器的工作行程，隔断了悬浮器上、下钻柱间的轴向力联系，使中和点以上钻柱在变化的旋转离心力作用下产生的轴向伸缩传递不到钻头上，消除了钻头受到的巨大峰值钻压的冲击。实现稳压钻进，起到了保护钻头、钻具和井壁的作用。

3.2.3　使用和应注意的问题

3.2.3.1　钻具的配置

为了防止井斜，在直井钻井中，一般都选用“塔式钻具”或“钟摆式钻具”结构。如果用短钻铤将悬浮器配成单根接在其上部，防斜效果将更好。

3.2.3.2　应注意的问题

①下钻过程中，要控制下钻速度，以防遇阻时产生下击。下钻到底开始钻进，应逐步加压到设计钻压，再继续送钻 10～34cm，使钻柱处于悬浮状态下工作。

②在复杂井段，尤其是井壁垮塌，井径过分扩大井段，严禁使用悬浮器（由于井径扩大，弯曲变形过大，容易引起其薄弱处应力集中折断）。

③对井段的扩孔，划眼及对定向井的造斜，增斜，降斜井段都严禁使用悬浮器．但当悬浮器的位置已进入正常井段，直井段时，可重新恢复使用悬浮器。

④应准确记录每只悬浮器使用的纯钻时间。累计使用的纯钻时间达到1000 小时即强制报废，以防应力集中点的疲劳破坏，造成断裂。正常情况下累计纯钻时间达 500 小时后即送管子站检修。如遇复杂情况，怀疑悬浮器可能有损坏时应及时送修。

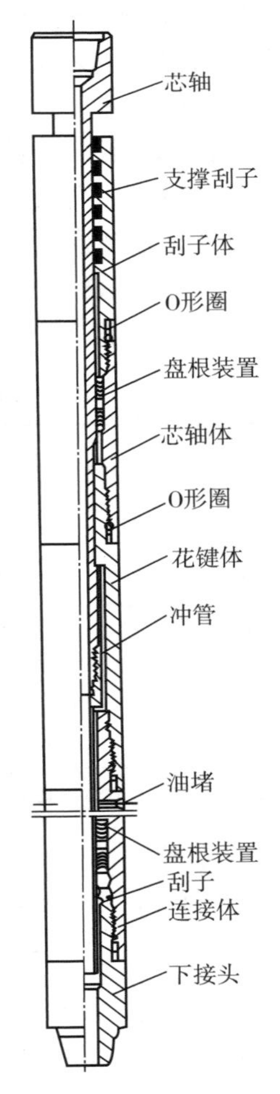

图 5－19　XFQ 型悬浮器结构示意图

3.2.3.3　钻井参数的推荐选择范围及特殊选择原则

①由于该工艺钻压峰值与指重表显示钻压相近，故一般情况下(非易斜地层段)可酌情选取高于常规钻井钻压的20%(如 $8\frac{1}{2}$inJ2Z钻头，常规钻压为15～18t，而悬浮钻井可选用钻压18～20t，极限钻压23t)。

②由于该工艺的扭矩冲击小，故钻头转速可以选取约高于常规钻井的转速，以利于提高机械钻速。

③在基本服从于悬浮器内腔气室平衡力与开泵力平衡的条件下，可适当提高泵压，以利于进一步提高机械钻速，与高压喷射钻井工艺结合可使效果叠加。

3.2.4　技术参数

悬浮器技术参数见表5－25。

表5－25　贵州高峰悬浮器技术参数

型号	外径/mm	内径/mm	拉开行程/mm	闭合总长/mm	接头螺纹API	最大抗拉载荷/MN	工作扭矩/kN·m	工作温度/℃	适用井深/m
XFQ159Ⅰ	159	70	342～348	4930	NC50	1.5	15	<150	0～1500
XFQ159Ⅱ	159	70	342～348	4950	NC50	1.5	15	<150	1500～2500
XFQ159Ⅲ	159	70	342～348	4981	NC50	1.5	15	<150	2000～3500
XFQ159C	159	70	342～346	4494	NC50	1.5	15	<250	4000～6000
XFQ159D	159	65	342～346	3581	NC46	1.5	15	<150	1500～3500
XFQ159Z	159	70	342～345	4000	NC46	1.5	15	<150	2500～3500
XFQ178	178	70	342～346	4359	NC50	1.8	15	<150	1500～3000
XFQ178D	178	70	500	4000	NC50	1.8	15	<150	1500～3000
XFQ197	197	78	366～370	5101	$6\frac{5}{8}$REG	2.0	15	<150	1000～2500
XFQ203	203	71.4	366～370	4765	$6\frac{5}{8}$REG	2.3	15	<150	3500～4500
XFQ203I	203	71.4	366～370	4765	$6\frac{5}{8}$REG	2.3	15	<150	2500～3500

3.3 钻柱稳定器

钻柱稳定器又名扶正器，是石油、天然气及地质勘探钻井工程中用于稳定钻柱、防止井斜的重要工具。合理使用钻柱稳定器，改变下井钻柱的组合形态，可以改变钻头的受力情况，达到增斜和稳斜的目的。它以有效的稳定作用增加钻头寿命，提高钻井速度和井身质量。

3.3.1 稳定器的分类

钻柱稳定器种类较多。依照稳定器的安放位置分为钻柱型和井底型两类；依照结构形式可分为：整体型和可换套型，直条形、螺旋形和滚轮形，三棱型和四棱型等。

3.3.2 稳定器型号的表示方法

稳定器型号的表示方法如下：

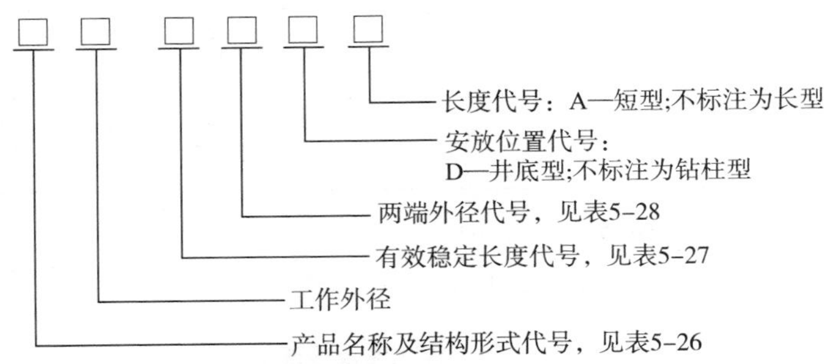

表 5-26 稳定器名称及结构形式代号

产品名称及结构形式	代号
可换套稳定器	WH
整体螺旋稳定器	WL
整体直棱稳定器	WZ
三滚轮稳定器	WG

表 5－27　稳定器有效稳定长度代号

稳定器	有效稳定长度/mm	代号
三滚轮稳定器	200	2
	300	3
可换套稳定器 整体螺旋稳定器 整体直棱稳定器	400	4
	500	5
	600	6
	700	7
	800	8
	900	9

表 5－28　稳定器两端外径代号

稳定器两端外径/mm(in)	代号
121(4)	4
159(6¼)	6
178(7)	7
203(8)	8
229(9)	9

3.3.3　稳定器螺纹

稳定器的连接螺纹见表 5－29。

表 5－29　稳定器连接螺纹

稳定器两端外径/mm(in)	两端连接螺纹尺寸和类型			
	钻柱型稳定器		井底型稳定器	
	上端	下端	上端	下端
121(4¾)	NC35 内螺纹	NC35 外螺纹	NC35 内螺纹	3½REG 内螺纹
159(6¼)	NC44 内螺纹	NC44 外螺纹	NC44 内螺纹	4½REG 内螺纹
165(6½)	NC46 内螺纹	NC46 外螺纹	NC46 内螺纹	4½REG 内螺纹
178(7)	NC50 内螺纹	NC50 外螺纹	NC50 内螺纹	4½REG 内螺纹
203(8)	NC56 内螺纹	NC56 外螺纹	NC56 内螺纹	6⅝REG 内螺纹
229(9)	NC61 内螺纹	NC61 外螺纹	NC61 内螺纹	7⅝REG 内螺纹或外螺纹

3.3.4　整体式螺旋稳定器

3.3.4.1　结构

整体式螺旋稳定器结构如图5－20所示。

螺旋稳定器齿形如图5－21所示。

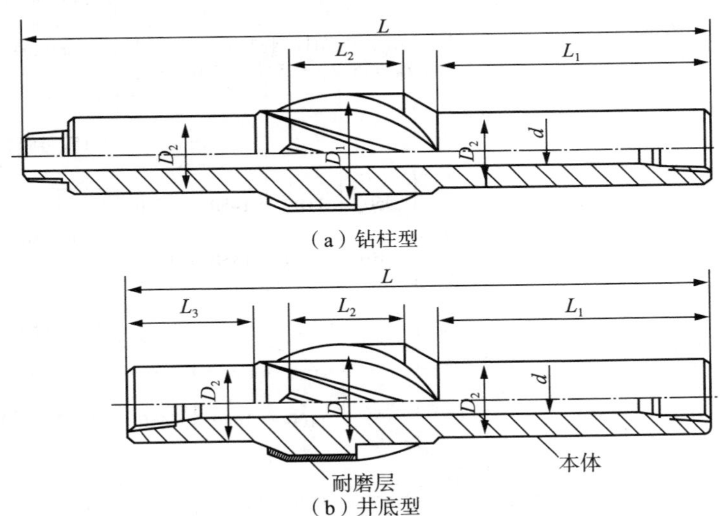

图5－20　整体式螺旋稳定器

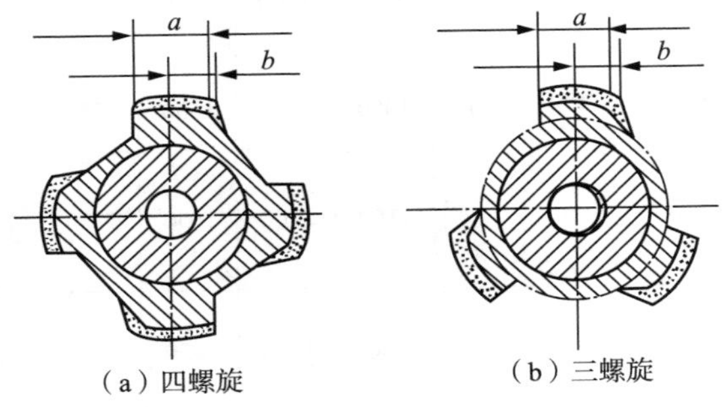

图5－21　螺旋稳定器齿形（旋向为顺时针）

3.3.4.2　规格及技术参数

整体式螺旋稳定器的规格见表 5－30，断面尺寸见表 5－31。

表 5－30　整体式螺旋稳定器规格

<table>
<tr><th rowspan="3">稳定器工作外径 D_1/mm</th><th rowspan="3">$L_2 \pm 5$/mm</th><th rowspan="3">D_2/mm</th><th rowspan="3">d/mm</th><th colspan="4">$L \pm 20$/mm</th><th rowspan="3">适用钻头直径/mm(in)</th></tr>
<tr><th colspan="2">短型</th><th colspan="2">长型</th></tr>
<tr><th>井底型 $L_3 = 150$</th><th>钻柱型 $L_1 = 350$</th><th>井底型 $L_3 = 300$</th><th>钻柱型 $L_1 = 700$</th></tr>
<tr><td>152.4
152
151</td><td rowspan="3">400
500</td><td rowspan="3">121</td><td rowspan="3">51</td><td rowspan="3">950
1050</td><td rowspan="3">1100
1200</td><td rowspan="3">1450
1550</td><td rowspan="3">1650
1750</td><td>152.4(6)</td></tr>
<tr><td>158.7
158
157</td><td>158.7($6\frac{1}{4}$)</td></tr>
<tr><td>165.1
164
163</td><td>165.1($6\frac{1}{2}$)</td></tr>
<tr><td>190.5
190
189</td><td rowspan="2">400
500</td><td rowspan="2">159
178</td><td rowspan="2">57
71</td><td rowspan="2">950
1050</td><td rowspan="2">1100
1200</td><td rowspan="2">1450
1550</td><td rowspan="2">1650
1750</td><td>190.5($7\frac{1}{2}$)</td></tr>
<tr><td>200.0
199
198</td><td>200.0($7\frac{7}{8}$)</td></tr>
<tr><td>212.7
212
211</td><td>400</td><td>159</td><td>57</td><td>950</td><td>1100</td><td>1450</td><td>1650</td><td>212.7($8\frac{3}{8}$)</td></tr>
<tr><td>215.9
215
214</td><td>500</td><td rowspan="2">178</td><td rowspan="2">71</td><td>1050</td><td>1200</td><td>1550</td><td>1750</td><td>215.9($8\frac{1}{2}$)</td></tr>
<tr><td>222.2
221
220</td><td>600</td><td>1150</td><td>1300</td><td>1650</td><td>1850</td><td>222.2($8\frac{3}{4}$)</td></tr>
<tr><td>241.3
240
239</td><td>400</td><td rowspan="2">178</td><td rowspan="2">71</td><td>950</td><td>1100</td><td>1450</td><td>1650</td><td>241.3($9\frac{1}{2}$)</td></tr>
<tr><td>244.5
244
243</td><td>500</td><td>1050</td><td>1200</td><td>1550</td><td>1750</td><td>244.5($9\frac{5}{8}$)</td></tr>
</table>

续表

稳定器工作外径 D_1/mm	$L_2 \pm 5$/mm	D_2/mm	d/mm	L±20/mm 短型 井底型 $L_3=150$	短型 钻柱型 $L_1=350$	长型 井底型 $L_3=300$	长型 钻柱型 $L_1=700$	适用钻头直径/mm(in)
250.8 250 249	600	178	71	1150	1300	1650	1850	250.8(9⅞)
311.1 310 309	500 600 700	203	76	1150 1250 1350	1300 1400 1500	1750 1850 1950	1950 2050 2150	311.1(12¼)
444.4 443 441	500 600 700	229		1350 1450 1550	1500 1600 1700	1950 2050 2150	2150 2250 2350	444.5(17½)
660.4 658 655	700 800 900	229		1950 2050 2150	2100 2200 2300	2550 2650 2750	2750 2850 2950	660.4(26)

表 5-31　螺旋稳定器断面尺寸

稳定器工作外径/mm	四螺旋/mm a	四螺旋/mm b	三螺旋/mm a	三螺旋/mm b
152.4(152.0，151.0)	40	23	50	28
158.7(158.0，157.0)				
165.1(164.0，163.0)				
190.5(190.0，189.0)	50	28	60	33
200.0(199.0，198.0)				
212.7(212.0，211.0)				
215.9(215.0，214.0)				
222.2(221.0，220.0)				
241.3(240.0，239.0)	60	33	70	38
244.5(244.0，243.0)				
250.8(250.0，249.0)				
311.2(310.0，309.0)	80	43	90	48
444.4(443.0，442.0)	110	58	120	63

注：螺旋表面镶嵌硬质合金时无 b 尺寸。

3.3.4.3　整体式螺旋稳定器规格及技术参数

(1)贵州高峰整体式螺旋稳定器规格及技术参数(见表5－32)

表5－32　贵州高峰WL型钻具稳定器技术参数

型号	外径/mm	水眼/mm	总长/mm	上端螺纹 API	下端螺纹 API
WL148－54	148	51	2000	NC35内	NC35外
WL148－54D	148	51	1700	NC35内	3½REG内
WL150.4－44	150.4	51	1800	NC38内	NC38外
WL155－44	155	51	1800	NC38内	NC38外
WL155－44D	155	47	1600	NC38内	3½REG内
WL203－56	203	71	1750	NC46内	NC46外
WL203－56D	203	71	1550	NC46内	4½REG内
WL214－56	214	57.2	1900	NC46内	NC46外
WL214－56D	214	57.2	1700	NC46内	4½REG内
WL309－68	309	71.4	2200	6⅝REG内	6⅝REG外
WL309－68D	309	71.4	2000	6⅝REG内	6⅝REG内
WLA239－37	239	71.4	1450	NC50内	NC50外
WLA239－37D	239	71.4	1300	NC50内	6⅝REG内
WLA309－38	309	71.4	1550	6⅝REG内	6⅝REG外
WLA309－38D	309	71.4	1425	6⅝REG内	6⅝REG内
WLA309－39	309	76.2	1550	7⅝REG内	7⅝REG外
WLA309－39D	309	76.2	1425	7⅝REG内	7⅝REG内
WLA311－39	311	76.2	1500	7⅝REG内	7⅝REG外
WLA311－39D	311	76.2	1380	7⅝REG内	6⅝REG内
WLA406－38	406	71.4	1550	6⅝REG内	6⅝REG外
WLA660－39	660.4	76.2	2140	7⅝REG内	7⅝REG外
WLA660－39D	660.4	76.2	2010	7⅝REG内	7⅝REG内
WKL215－56	215	71.4	2200	NCA6内	NC46外

续表

型号	外径/mm	水眼/mm	总长/mm	上端螺纹 API	下端螺纹 API
WKL215－56D	215	57.2	1800	NC46 内	$4\frac{1}{2}$REG 内
WKL239－57	239	71.4	2300	NC50 内	NC50 外
WKL239－58D	239	71.4	1800	NC50 内	$6\frac{5}{8}$REG 内
WKL309－59	309	76.2	2400	$7\frac{5}{8}$REG 内	$7\frac{5}{8}$REG 外
WKL309－59D	309	76.2	2100	$7\frac{5}{8}$REG 内	$7\frac{5}{8}$REG 内
WKL442－69D	442	76.2	2500	$7\frac{5}{8}$REG 内	$7\frac{5}{8}$REG 外
WKL442－69D	442	76.2	2300	$7\frac{5}{8}$REG 内	$7\frac{5}{8}$REG 内

（2）北方双佳整体式螺旋稳定器规格及技术参数（见表 5－33）

表 5－33　北方双佳整体式螺旋稳定器规格及技术参数

工作外径/in(mm)	打捞径/in(mm)	上螺纹 API	下螺纹 API	水孔/in(mm)	打捞颈长/in(mm)	带长/in(mm)	带宽/in(mm)	总长/in(mm)	备注
$5\frac{7}{8}$ (142.9)	$4\frac{3}{4}$ (120.7)	NC38	NC38	$2\frac{1}{4}$ (57.2)	20 (508)	16 (406)	$2\frac{1}{4}$ (57.2)	57 (1448)	钻柱型
			$3\frac{1}{2}$REG						井底型
$8\frac{1}{2}$ (215.9)	$6\frac{1}{2}$ (165.1)	NC50	NC50	$2\frac{13}{16}$ (71.4)	20 (508)	16 (406)	$2\frac{1}{2}$ (63.5)	60 (1524)	钻柱型
			$4\frac{1}{2}$REG						井底型
$12\frac{1}{4}$ (311.1)	8 (203.2)	$6\frac{5}{8}$REG	$6\frac{5}{8}$REG	$2\frac{13}{16}$ (71.4)	20 (508)	16 (406)	$3\frac{1}{2}$ (88.9)	63 (1600)	钻柱型
									井底型
$17\frac{1}{2}$ (444.5)	9 (228.6)	$7\frac{5}{8}$REG	$7\frac{5}{8}$REG	3 (76.2)	20 (508)	18 (457)	$4\frac{3}{4}$ (121)	$72\frac{1}{2}$ (1840)	钻柱型
									井底型
22 (558.8)	$9\frac{1}{2}$ (241.3)	$7\frac{5}{8}$REG	$7\frac{5}{8}$REG	3 (76.2)	30 (762)	20 (508)	$4\frac{3}{4}$ (121)	93 (2362)	钻柱型
									井底型
26 (660.4)	$9\frac{1}{2}$ (241.3)	$7\frac{5}{8}$REG	$7\frac{5}{8}$REG	3 (76.2)	30 (762)	20 (508)	$4\frac{3}{4}$ (121)	93 (2362)	钻柱型
									井底型
28 (711.2)	$9\frac{1}{2}$ (241.3)	$7\frac{5}{8}$REG	$7\frac{5}{8}$REG	3 (76.2)	35 (889)	20 (508)	$4\frac{3}{4}$ (121)	98 (2489)	钻柱型
									井底型

(3)天合股份整体式螺旋稳定器规格及技术参数(见表 5－34)

表 5－34　天合股份整体式螺旋稳定器规格及技术参数

<table>
<tr><th rowspan="3">钻头直径/in</th><th rowspan="3">外径/mm</th><th rowspan="3">两端本体直径/mm</th><th rowspan="3">内径/mm</th><th rowspan="3">长度/mm</th><th colspan="4">两端螺纹类型</th></tr>
<tr><th colspan="2">钻柱型</th><th colspan="2">井底型</th></tr>
<tr><th>上端</th><th>下端</th><th>上端</th><th>下端</th></tr>
<tr><td>6</td><td>152.2</td><td rowspan="3">121</td><td rowspan="3">51</td><td rowspan="3">1200</td><td colspan="3" rowspan="3">NC38</td><td rowspan="3">3½REG</td></tr>
<tr><td>6¼</td><td>158.7</td></tr>
<tr><td>6½</td><td>165.1</td></tr>
<tr><td>7½</td><td>190.5</td><td rowspan="2">159</td><td rowspan="2">57</td><td rowspan="2">1600</td><td colspan="3" rowspan="2">NC46</td><td rowspan="5">4½REG</td></tr>
<tr><td>7⅞</td><td>200</td></tr>
<tr><td>8⅜</td><td>212.7</td><td>159
165</td><td rowspan="6">71</td><td rowspan="3">1600
1800</td><td colspan="3" rowspan="3">NC46
NC50</td></tr>
<tr><td>8½</td><td>215.2</td><td>159
178</td></tr>
<tr><td>8¾</td><td>222.2</td><td>165</td></tr>
<tr><td>9½</td><td>241.3</td><td rowspan="3">178
197</td><td>1600</td><td rowspan="3">NC50</td><td rowspan="3">NC50</td><td rowspan="3">NC50</td><td></td></tr>
<tr><td>9⅝</td><td>244.5</td><td rowspan="2">1800</td><td rowspan="2">6⅝REG</td></tr>
<tr><td>9⅞</td><td>250.8</td></tr>
<tr><td>12¼</td><td>311.2</td><td>203
209</td><td rowspan="6">76</td><td>1800</td><td>NC56
6⅝REG</td><td>NC56
6⅝REG</td><td>NC56
6⅝REG</td><td>6⅝REG</td></tr>
<tr><td>16</td><td>406</td><td rowspan="5">229
241.3</td><td rowspan="5">2000
2200</td><td rowspan="5">NC61
7⅝REG</td><td rowspan="5">NC61
7⅝REG</td><td rowspan="5">NC61
7⅝REG</td><td rowspan="5">NC61
7⅝REG</td></tr>
<tr><td>17½</td><td>444.5</td></tr>
<tr><td>24</td><td>609.6</td></tr>
<tr><td>26</td><td>660.4</td></tr>
<tr><td>28</td><td>711.2</td></tr>
</table>

3.3.5　整体直棱稳定器

是钻井工程中防止井斜的重要工具，它能在配备较大刚性钻铤和较大钻压钻进的情况下，使方位变化率和井斜变化率较小。在钻定向井时可起增斜和稳斜作用。

3.3.5.1　结构

整体直棱稳定器结构如图 5－22 所示。

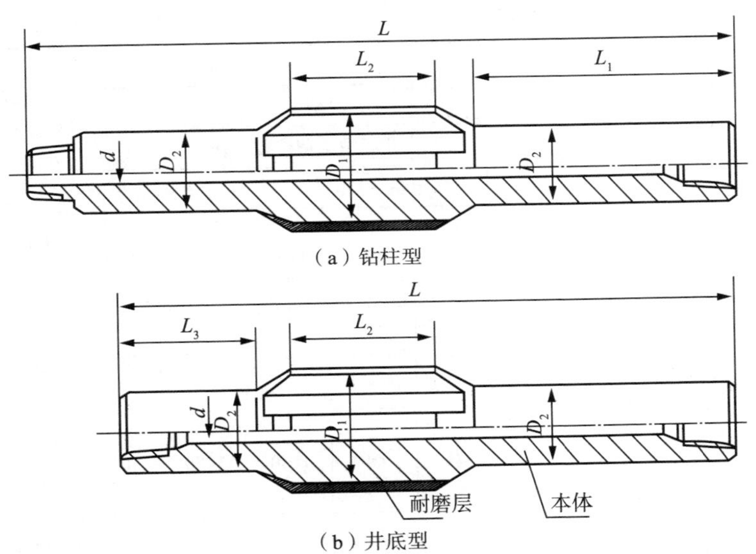

（a）钻柱型

（b）井底型

图 5－22　整体直棱稳定器

3.3.5.2　规格及技术参数

整体式直棱稳定器的规格见表 5－35。

表 5－35　整体式直棱稳定器规格

稳定器工作外径 D_1/mm	$L_2\pm5$/mm	D_2/mm	d/mm	$L\pm20$/mm				适用钻头直径/mm(in)
				短型		长型		
				井底型	钻柱型	井底型	钻柱型	
				$L_3=150$	$L_1=350$	$L_3=300$	$L_1=700$	
152.4 152 151	400	121	51	950	1100	1450	1650	152.4(6)
158.7 158 157	500			1050	1200	1550	1750	158.7 ($6\frac{1}{4}$)
165.1 164 163								165.1 ($6\frac{1}{2}$)

续表

稳定器工作外径 D_1/mm	$L_2 \pm 5$/mm	D_2/mm	d/mm	$L \pm 20$/mm				适用钻头直径/mm(in)
				短型		长型		
				井底型	钻柱型	井底型	钻柱型	
				$L_3=150$	$L_1=350$	$L_3=300$	$L_1=700$	
190.5 190 189	400	178	71	950	1100	1450	1650	190.5 ($7\frac{1}{2}$)
200.0 199 198	500			1050	1200	1550	1750	200.0 ($7\frac{7}{8}$)
212.7 212 211	400			950	1100	1450	1650	212.7 ($8\frac{3}{8}$)
215.9 215 214	500 600			1050 1150	1200 1300	1550 1650	1750 1850	215.9 ($8\frac{1}{2}$)
222.2 221 220	700			1250	1400	1750	1950	222.2 ($8\frac{3}{4}$)
241.3 240 239	400	178	71	950	1100	1450	1650	241.3 ($9\frac{1}{2}$)
244.5 244 243	500 600			1050 1150	1200 1300	1550 1650	1750 1850	244.5 ($9\frac{5}{8}$)
250.8 250 249	700			1250	1400	1750	1950	250.8 ($9\frac{7}{8}$)
311.1 310 309	600 700 800	203	76	1250 1350 1450	1400 1500 1600	1850 1950 2050	2050 2150 2250	311.1 ($12\frac{1}{4}$)
444.5 443 441	700 800 900	229		1550 1650 1750	1700 1800 1900	2150 2250 2350	2350 2450 2550	444.5 ($17\frac{1}{2}$)

3.3.5.3　整体式直棱稳定器规格及技术参数

北方双佳直棱稳定器规格及技术参数见表5－36。

表5－36　北方双佳直棱稳定器规格及技术参数

工作外径/in(mm)	打捞径/in(mm)	上、下螺纹API	水眼/in(mm)	打捞颈长/in(mm)	带长/in(mm)	带宽/in(mm)	总长/in(mm)
5¾(146.1)	4¾(120.7)	NC38	2¼(57.2)	20(508)	12(304.8)	2(50.8)	55(1397)
7¾(196.9)	6½(165.1)	NC50	2 13/16(71.4)	20(508)	16(406)	2½(63.5)	60(1524)
8(203.2)	6½(165.1)	NC50	2 13/16(71.4)	20(508)	16(406)	2½(63.5)	60(1524)
11¾(298.5)	8(203.2)	6⅝REG	2 13/16(71.4)	20(508)	16(406)	3½(89)	63(1600)
12(304.8)	8(203.2)	6⅝REG	2 13/16(71.4)	20(508)	16(406)	3½(89)	63(1600)
12¼(311.1)	8(203.2)	6⅝REG	2 13/16(71.4)	20(508)	16(406)	3½(89)	63(1600)
17½(444.5)	9(228.6)	7⅝REG	3(76.2)	20(508)	18(457)	4¾(120)	72½(1840)
26(660.4)	9½(241.3)	7⅝REG	3(76.2)	30(762)	20(508)	4¾(120)	93(2362)

3.3.6　可换套稳定器

可换套稳定器有钻柱型和井底型两种型式。

可换套稳定器具有整体螺旋稳定器的功能，并且可以通过更换不同或相同的扶正套，延长稳定器的使用寿命，适应不同的井径。扶正套与芯轴采用锥形管扣相连接，使稳定器扶正套的更换装配方便可靠。

3.3.6.1　结构

可换套稳定器结构如图5－23所示。

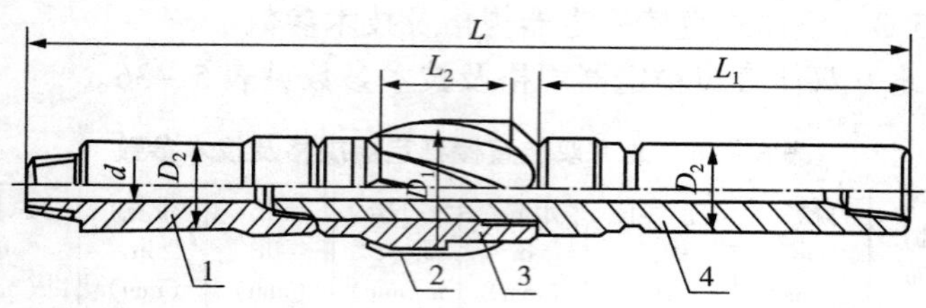

图 5－23　钻柱型可换套稳定器

1—接头；2—耐磨层；3—稳定套；4—中心管

3. 3. 6. 2　规格及技术参数

可换套稳定器的规格及技术参数见表 5－37。

表 5－37　可换套稳定器规格及技术参数

稳定器工作外径 D_1/mm	L_2 ±5/mm	D_2/mm	d/mm	L_1 ±10/mm	L ±20/mm	适用钻头直径/mm(in)
190.5 190 189	400	159	57	750	1900	190.5(7½)
200.0 199 198	500				2000	200.0(7⅞)
212.7 212 211	400	159	57		1900	212.7(8⅜)
215.9 215 214	500				2000	215.9(8½)
222.2 221 220	600	178	71		2100	222.2(8¾)
241.3 240 239	400	178	71		1900	241.3(9½)

续表

<table>
<tr><th>稳定器工作外径 D_1/mm</th><th>L_2 ±5/mm</th><th>D_2/mm</th><th>d/mm</th><th>L_1 ±10/mm</th><th>L ±20/mm</th><th>适用钻头直径/mm(in)</th></tr>
<tr><td>244.5
244
243</td><td>500</td><td rowspan="2">178</td><td rowspan="2">71</td><td rowspan="4">750</td><td>2000</td><td>244.5($9\frac{5}{8}$)</td></tr>
<tr><td>250.8
250
249</td><td>600</td><td>2100</td><td>250.8($9\frac{7}{8}$)</td></tr>
<tr><td>311.1
310
309</td><td>500
600
700</td><td>203</td><td rowspan="2">76</td><td>2100
2200
2300</td><td>311.1($12\frac{1}{4}$)</td></tr>
<tr><td>444.5
443
441</td><td>500
600
700</td><td>229</td><td>2300
2400
2500</td><td>444.5($17\frac{1}{2}$)</td></tr>
</table>

3.3.6.3 国产可换套稳定器规格及技术参数

(1)贵州高峰可换套稳定器规格及技术参数(见表5-38)

表5-38 贵州高峰可换套稳定器规格及技术参数

型号	工作外径/mm	水眼/mm	总长/mm	接头螺纹 API	
				上端	下端
WH216-37	216	71.4	1727	NC50(内)	NC50(外)
WH216-37D	216	71.4	1527	NC50(内)	$4\frac{1}{2}$REG(内)
WH216-46Ⅱ	216	71.4	1815	NC46(内)	NC46(外)
WH216-46ⅡD	216	71.4	1700	NC46(内)	4REG(内)
WH251-37	251	71.4	1778	NC50(内)	NC50(外)
WH251-37D	251	71.4	1578	NC50(内)	$6\frac{5}{8}$REG(内)
WH311-38	311	76.2	1930	$6\frac{5}{8}$REG(内)	$6\frac{5}{8}$REG(外)
WH311-38D	311	76.2	1730	$6\frac{5}{8}$REG(内)	$6\frac{5}{8}$REG(内)
WH311-39	311	76.2	1930	$7\frac{5}{8}$REG(内)	$7\frac{5}{8}$REG(外)

续表

型号	工作外径/mm	水眼/mm	总长/mm	接头螺纹 API	
				上端	下端
WH311－39D	311	76.2	1730	$7\frac{5}{8}$REG(内)	$6\frac{5}{8}$REG(内)
WH311－48	311	71.4	1880	$6\frac{5}{8}$REG(内)	$6\frac{5}{8}$REG(外)
WH311－48D	311	71.4	1626	$6\frac{5}{8}$REG(内)	$6\frac{5}{8}$REG(内)
WH311－48Ⅱ	311	71.4	1880	$6\frac{5}{8}$REG(内)	$6\frac{5}{8}$REG(外)
WH311－48ⅡD	311	71.4	1626	$6\frac{5}{8}$REG(内)	$6\frac{5}{8}$REG(内)
WH406－49	406	76	2108	$7\frac{5}{8}$REG(内)	$7\frac{5}{8}$REG(外)
WH406－49D	406	76	1854	$7\frac{5}{8}$REG(内)	$7\frac{5}{8}$REG(内)
WH442－69	442	71.4	2400	$7\frac{5}{8}$REG(内)	$7\frac{5}{8}$REG(外)
WH442－69D	442	71.4	2200	$7\frac{5}{8}$REG(内)	$7\frac{5}{8}$REG(内)
WM－48Ⅱ	444	71.4	2108	$6\frac{5}{8}$REG(内)	$6\frac{5}{8}$REG(外)
WH444－48ⅡD	444	71.4	1854	$6\frac{5}{8}$REG(内)	$6\frac{5}{8}$REG(内)
WH444－49	444	76	2108	$7\frac{5}{8}$REG(内)	$7\frac{5}{8}$REG(外)
WH559－49	559	76	2108	$7\frac{5}{8}$REG(内)	$7\frac{5}{8}$REG(外)
WH559－49D	559	76	1854	$7\frac{5}{8}$REG(内)	$7\frac{5}{8}$REG(内)
WH610－39	610	76	2108	$7\frac{5}{8}$REG(内)	$7\frac{5}{8}$REG(外)
WH610－39D	610	76	1854	$7\frac{5}{8}$REG(内)	$7\frac{5}{8}$REG(内)
WH660－69	660	71.4	2600	$7\frac{5}{8}$REG(内)	$7\frac{5}{8}$REG(外)
WH660－69D	660	71.4	2400	$7\frac{5}{8}$REG(内)	$7\frac{5}{8}$REG(内)
WH711－39	711	76	2108	$7\frac{5}{8}$REG(内)	$7\frac{5}{8}$REG(外)
WH711－39D	711	76	1850	$7\frac{5}{8}$REG(内)	$7\frac{5}{8}$REG(内)

(2)天合股份可换套稳定器规格及技术参数(见表 5－39)

表 5－39　天合股份可换套稳定器规格及技术参数

<table>
<tr><th rowspan="3">钻头直径/in</th><th rowspan="3">钻铤直径/in</th><th colspan="2">套</th><th colspan="4">本体</th><th colspan="4">两端螺纹类型</th></tr>
<tr><th rowspan="2">长度/mm</th><th rowspan="2">外径/mm</th><th rowspan="2">加厚部直径/mm</th><th rowspan="2">水眼直径/mm</th><th colspan="2">全长/mm</th><th colspan="2">井底型</th><th colspan="2">钻柱型</th></tr>
<tr><th>钻柱型</th><th>井底型</th><th>上端</th><th>下端</th><th>上端</th><th>下端</th></tr>
<tr><td>8½</td><td rowspan="4">6½</td><td>480</td><td>214</td><td rowspan="4">190</td><td rowspan="4">71</td><td rowspan="4">1800～1900</td><td rowspan="4">1800～1900</td><td rowspan="4">4½ IF</td><td rowspan="4">4½IF</td><td rowspan="4">4½IF</td><td rowspan="4">4½ REG</td></tr>
<tr><td>8¼</td><td>470</td><td>210</td></tr>
<tr><td>8</td><td>472</td><td>203</td></tr>
<tr><td>7¾</td><td>455</td><td>197</td></tr>
<tr><td>12¼</td><td rowspan="4">8</td><td>555</td><td>310</td><td rowspan="4">238</td><td rowspan="11">76</td><td rowspan="8">1800～2000</td><td rowspan="8">1800～2000</td><td rowspan="4">6⅝ REG</td><td rowspan="4">6⅝ REG</td><td rowspan="4">6⅝ REG</td><td rowspan="4">6⅝ REG</td></tr>
<tr><td>12</td><td>550</td><td>305</td></tr>
<tr><td>11½</td><td>540</td><td>292</td></tr>
<tr><td>11</td><td>530</td><td>279</td></tr>
<tr><td>17½</td><td rowspan="7">9</td><td>682</td><td>444</td><td rowspan="7">279</td><td rowspan="7">7⅝ REG</td><td rowspan="7">7⅝ REG</td><td rowspan="7">7⅝ REG</td><td rowspan="7">7⅝ REG</td></tr>
<tr><td>17</td><td>676</td><td>432</td></tr>
<tr><td>16½</td><td>670</td><td>420</td></tr>
<tr><td>16</td><td rowspan="4">644</td><td rowspan="4">407</td></tr>
<tr><td>22</td><td rowspan="3">2000～2200</td><td rowspan="3">2000～2200</td></tr>
<tr><td>24</td></tr>
<tr><td>26</td></tr>
</table>

(3)北方双佳可换套稳定器规格及技术参数(见表 5－40)

3.3.7　三滚轮稳定器

滚轮稳定器也有井底型和钻柱型之分，在钻研磨性地层作稳定器用，也可用于钻井作业中的划眼或扩眼工作。同一个稳定器主体，配置不同类型滚轮可用于不同大小的井眼。

表 5-40 北方双佳可换套稳定器规格及技术参数

<table>
<tr><th>型式</th><th>工作外径/in(mm)</th><th>打捞径/in(mm)</th><th>上螺纹API</th><th>下螺纹API</th><th>水眼/in(mm)</th><th>打捞颈长/in(mm)</th><th>总长/in(mm)</th><th>备注</th></tr>
<tr><td rowspan="16">整体芯轴式</td><td rowspan="2">28
(711.2)</td><td rowspan="2">$9\frac{1}{2}$
(241.3)</td><td rowspan="2">$7\frac{5}{8}$REG</td><td rowspan="2">$7\frac{5}{8}$REG</td><td rowspan="2">3
(76.2)</td><td rowspan="2">27
(686)</td><td rowspan="2">78
(1981)</td><td>井底型</td></tr>
<tr><td>钻柱型</td></tr>
<tr><td rowspan="2">26
(660.4)</td><td rowspan="2">$9\frac{1}{2}$
(241.3)</td><td rowspan="2">$7\frac{5}{8}$REG</td><td rowspan="2">$7\frac{5}{8}$REG</td><td rowspan="2">3
(76.2)</td><td rowspan="2">26
(660)</td><td rowspan="2">76
(1930)</td><td>井底型</td></tr>
<tr><td>钻柱型</td></tr>
<tr><td rowspan="2">22
(558.8)</td><td rowspan="2">$9\frac{1}{2}$
(241.3)</td><td rowspan="2">$7\frac{5}{8}$REG</td><td rowspan="2">$7\frac{5}{8}$REG</td><td rowspan="2">3
(76.2)</td><td rowspan="2">26
(660)</td><td rowspan="2">76
(1930)</td><td>井底型</td></tr>
<tr><td>钻柱型</td></tr>
<tr><td rowspan="2">$17\frac{1}{2}$
(444.5)</td><td rowspan="2">9
(228.6)</td><td rowspan="2">$7\frac{5}{8}$REG</td><td rowspan="2">$7\frac{5}{8}$REG</td><td rowspan="2">3
(76.2)</td><td rowspan="2">27
(686)</td><td rowspan="2">67
(1702)</td><td>井底型</td></tr>
<tr><td>钻柱型</td></tr>
<tr><td rowspan="2">$12\frac{1}{4}$
(311.1)</td><td rowspan="2">8
(203.2)</td><td rowspan="2">$6\frac{5}{8}$REG</td><td rowspan="2">$6\frac{5}{8}$REG</td><td rowspan="2">$2\frac{13}{16}$
(71.4)</td><td rowspan="2">24
(610)</td><td rowspan="2">61
(1600)</td><td>井底型</td></tr>
<tr><td>钻柱型</td></tr>
<tr><td rowspan="2">$8\frac{1}{2}$
(215.9)</td><td rowspan="2">$6\frac{1}{2}$
(165.1)</td><td rowspan="2">NC50</td><td>$4\frac{1}{2}$REG</td><td rowspan="2">$2\frac{13}{16}$
(71.4)</td><td rowspan="2">27
(686)</td><td rowspan="2">66
(1676)</td><td>井底型</td></tr>
<tr><td>NC50</td><td>钻柱型</td></tr>
<tr><td rowspan="2">6
(152.4)</td><td rowspan="2">$4\frac{3}{4}$
(120.7)</td><td rowspan="2">NC38</td><td>$3\frac{1}{2}$REG</td><td rowspan="2">2
(50.8)</td><td rowspan="2">27
(686)</td><td rowspan="2">58
(1473)</td><td>井底型</td></tr>
<tr><td>NC38</td><td>钻柱型</td></tr>
<tr><td rowspan="2">$5\frac{7}{8}$
(142.9)</td><td rowspan="2">$4\frac{3}{4}$
(120.7)</td><td rowspan="2">NC38</td><td>$3\frac{1}{2}$REG</td><td rowspan="2">2
(50.8)</td><td rowspan="2">22
(559)</td><td rowspan="2">54
(1372)</td><td>井底型</td></tr>
<tr><td>NC38</td><td>钻柱型</td></tr>
<tr><td rowspan="8">上下芯轴式</td><td rowspan="2">26
(660)</td><td rowspan="2">$9\frac{1}{2}$
(241.3)</td><td rowspan="2" colspan="2">$7\frac{5}{8}$REG</td><td rowspan="2">4
(101.6)</td><td rowspan="2">32
(812)</td><td rowspan="2">79
(2006)</td><td>井底型</td></tr>
<tr><td>钻柱型</td></tr>
<tr><td rowspan="2">$17\frac{1}{2}$
(444.5)</td><td rowspan="2">$9\frac{1}{2}$
(241.3)</td><td rowspan="2" colspan="2">$7\frac{5}{8}$REG</td><td rowspan="2">4
(101.6)</td><td rowspan="2">32
(812)</td><td rowspan="2">79
(2006)</td><td>井底型</td></tr>
<tr><td>钻柱型</td></tr>
<tr><td rowspan="2">$12\frac{1}{4}$
(311.1)</td><td rowspan="2">8
(203)</td><td rowspan="2" colspan="2">$6\frac{5}{8}$REG</td><td rowspan="2">$3\frac{1}{8}$
(79)</td><td rowspan="2">28
(712)</td><td rowspan="2">60
(1524)</td><td>井底型</td></tr>
<tr><td>钻柱型</td></tr>
<tr><td rowspan="2">$8\frac{1}{2}$
(215.9)</td><td rowspan="2">$6\frac{1}{4}$
(158.7)</td><td rowspan="2">4IF</td><td rowspan="2">$4\frac{1}{2}$REG</td><td rowspan="2">$2\frac{3}{8}$
(60)</td><td rowspan="2">26
(660)</td><td rowspan="2">58
(1473)</td><td>井底型</td></tr>
<tr><td>钻柱型</td></tr>
</table>

3.3.7.1　结构

三滚轮稳定器结构如图5－24所示。

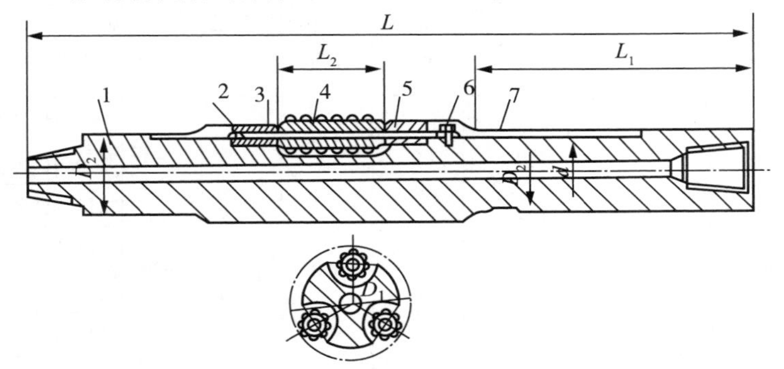

图5－24　三滚轮稳定器

1—本体；2—轴销；3—下轴座；4—滚轮；5—上轴座；6—螺栓；7—定位块

三滚轮稳定器的滚轮依据牙齿的不同分为镶齿型、宽齿型、窄齿型三种类型，如图5－25所示。其中：

镶齿型：滚轮上镶碳化钨柱，适用于硬地层。

宽齿型：机械加工并表面硬化的宽平齿，对井壁起压碎作用，用于中硬地层。

窄齿型：机械加工并表面硬化的尖齿，对井壁铣削，用于软地层。

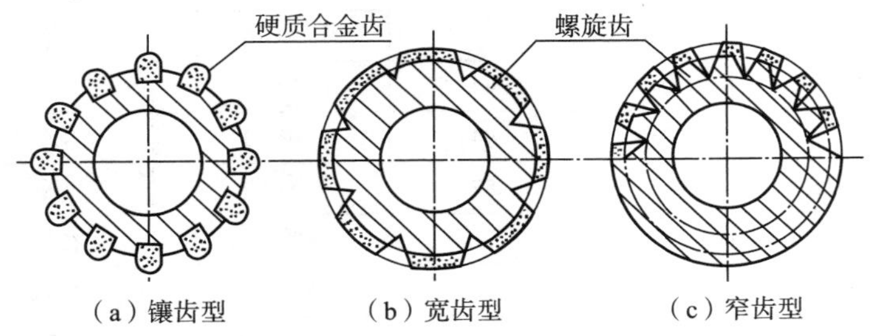

（a）镶齿型　（b）宽齿型　（c）窄齿型

图5－25　滚轮类型

3.3.7.2　规格与技术参数

三滚轮稳定器规格与技术参数见表5－41。

表 5 - 41　三滚轮稳定器规格与技术参数

<table>
<tr><th rowspan="2">稳定器工作外径 D_1/mm</th><th rowspan="2">L_2/mm</th><th rowspan="2">D_2/mm</th><th rowspan="2">d/mm</th><th rowspan="2">L_1 ±10/mm</th><th colspan="2">L ±20/mm</th><th rowspan="2">适用钻头直径/mm(in)</th></tr>
<tr><th>井底型</th><th>钻柱型</th></tr>
<tr><td>190.5</td><td rowspan="8">200</td><td rowspan="5">159
178</td><td rowspan="5">48</td><td rowspan="8">600</td><td rowspan="8">1400</td><td rowspan="8">1600</td><td>190.5($7\frac{1}{2}$)</td></tr>
<tr><td>200.0</td><td>200.0($7\frac{7}{8}$)</td></tr>
<tr><td>212.7</td><td>212.7($8\frac{3}{8}$)</td></tr>
<tr><td>215.9</td><td>215.9($8\frac{1}{2}$)</td></tr>
<tr><td>222.2</td><td>222.2($8\frac{3}{4}$)</td></tr>
<tr><td>241.3</td><td rowspan="3">178</td><td rowspan="3">60</td><td>241.3($9\frac{1}{2}$)</td></tr>
<tr><td>244.5</td><td>244.5($9\frac{5}{8}$)</td></tr>
<tr><td>250.8</td><td>250.8($9\frac{7}{8}$)</td></tr>
<tr><td>311.1</td><td>300</td><td>203
229</td><td>76</td><td>700</td><td>1700</td><td>1900</td><td>311.1($12\frac{1}{4}$)</td></tr>
</table>

3.3.7.3　国产三辊轮稳定器规格及技术参数

(1)天合集团三滚轮稳定器规格及技术参数(见表 5 - 42)

表 5 - 42　天合集团三滚轮稳定器技术规格及参数

型号	外径/mm	内径/mm	接头螺纹 API	适应井眼/in
WG155	155	31.7	NC38	$6\frac{1}{8}$
WG200	200	38	NC46	$7\frac{7}{8}$
WG212	212	44	NC46	8
WG215	215	44	NC50	$8\frac{1}{2}$
WG244	244	57	NC50	$9\frac{5}{8}$
WG311	311	71	$6\frac{5}{8}$REG	$12\frac{1}{4}$
WG444	444	76	$7\frac{5}{8}$REG	$17\frac{1}{2}$
WG558	558	76	$7\frac{5}{8}$REG	22
WG660	660	76	$7\frac{5}{8}$REG	26
WG711	711	76	$7\frac{5}{8}$REG	28
WG914	914	76	$7\frac{5}{8}$REG	36

(2)北方双佳三滚轮稳定器技术规格及参数(见表5－43)

表5－43　北方双佳三滚轮稳定器技术规格及参数

井径/in(mm)	连接螺纹/in(mm)	打捞径/in(mm)	滚轮直径/in(mm)	滚轮长度/in(mm)	总长/in(mm)
28(711.2)	$7\frac{5}{8}$REG	$9\frac{1}{2}$(241.3)	7(178)	$15\frac{3}{4}$(400)	$112\frac{7}{8}$(2867)
26(660.4)	$7\frac{5}{8}$REG	$9\frac{1}{2}$(241.3)	7(178)	$15\frac{3}{4}$(400)	$118\frac{7}{64}$(3000)
24(609.6)	$7\frac{5}{8}$REG	$9\frac{1}{2}$(241.3)	$6\frac{7}{32}$(158)	$15\frac{3}{4}$(400)	$110\frac{15}{64}$(2800)
22(558.8)	$7\frac{5}{8}$REG	$9\frac{1}{2}$(241.3)	$6\frac{7}{32}$(158)	$15\frac{3}{4}$(400)	105(2667)
$17\frac{1}{2}$(444.5)	$7\frac{5}{8}$REG	9(229)	$5\frac{1}{2}$(140)	12(304)	$86\frac{39}{64}$(2200)
$12\frac{1}{4}$(331.2)	$6\frac{5}{8}$REG	8(203)	$3\frac{15}{16}$(100)	$11\frac{13}{16}$(300)	$74\frac{13}{16}$(1900)
$8\frac{1}{2}$ 215.9)	NC50($4\frac{1}{2}$REG)	$6\frac{1}{2}$(165)	$2\frac{13}{16}$(71)	$7\frac{7}{8}$(200)	$68\frac{7}{64}$(1730)
6(152.4)	NC38($3\frac{1}{2}$REG)	$4\frac{3}{4}$(121)	2(50.6)	$7\frac{7}{8}$(200)	$55\frac{1}{8}$(1400)
$5\frac{7}{8}$(149.2)	NC38($3\frac{1}{2}$REG)	$4\frac{3}{4}$(121)	$1\frac{13}{16}$(46.2)	$7\frac{7}{8}$(200)	55(1400)

(3)贵州高峰HYQ型三滚轮划眼器

HYQ型三滚轮划眼器可以在硬的或研磨性岩层保持井眼的标准直径。当钻头磨损到小于标准尺寸时，滚轮划眼器可以扩大井底井径到标准井径。

HYQ型三滚轮划眼器技术参数见表5－44。

表 5 - 44　贵州高峰 HYQ 型三滚轮划眼器技术参数

型号	接头螺纹 API	外径/mm	水眼/mm	长度/mm	适用井径/mm(in)
HYQ105	NC26	95	25	1270	104.8($4\frac{1}{8}$)
HYQ149	NC38	127	25	1625	149.2($5\frac{7}{8}$)
HYQ152	NC38	127	25	1625	152.4(6)
HYQ155	NC38	140	25	1625	155.6($6\frac{1}{8}$)
HYQ194	NC46	178	57	1625	193.7($7\frac{5}{8}$)
HYQ216	NC46	197	57	1727	215.9($8\frac{1}{2}$)
HYQ241	NC46	222	57	1778	241.3($9\frac{1}{2}$)
HYQ305	$6\frac{5}{8}$REG	267	71.4	2006	305.0(12)
HYQ311	$6\frac{5}{8}$REG	267	71.4	2006	311.5($12\frac{1}{4}$)
HYQ311	$7\frac{5}{8}$REG	381	76	2286	406.4(16)
HYQ406	$7\frac{5}{8}$REG	381	76	2286	431.8(17)
HYQ559	$7\frac{5}{8}$REG	483	76	2438	558.8(22)
HYQ610	$7\frac{5}{8}$REG	559	76	2540	609.6(24)
HYQ711	$7\frac{5}{8}$REG	610	76	2540	711.2(28)

3.3.8　可变径稳定器

3.3.8.1　江苏德瑞石油机械有限公司 DYTF 型遥调稳定器

DYTF 型遥调稳定器的形状同整体螺旋稳定器。不同的是螺旋扶正块不是耐磨层，而是嵌入的多个硬质合金体，可以在不起钻的情况下人为控制扶正块的自由伸缩，使稳定器的直径变大或缩小。

遥调稳定器分井底型和钻柱型两种类型。

(1)结构

扶正器由本体、芯轴、压帽、复位弹簧、变位轨道控制机构、扶正块等组成，另有自浮杆作为配套工具。见图 5 - 26。

(2)工作原理

芯轴外径为“糖葫芦”结构。需要调整稳定器最大外径时，从井口投入“自浮杆”，开泵后自浮杆下行堵塞压帽水眼，迫使芯轴压缩弹簧下行，芯轴突出段将扶正块推出。停泵后芯轴被变位机构锁定，扶正器进入工作状态，自浮杆自动浮出井口。

遇有特殊情况，需要扶正块缩回，只需重复以上操作，芯轴在变位机构的控制下解锁，同时在弹簧的作用下复位，扶正块缩回。

(3)使用方法

①稳定器下井前，须全面检查外观。在井口接上方钻杆，使用正常钻进用泥浆排量，试验投入自浮杆前后泵压变化的增值，并作好记录。同时，注意观察扶正块的伸缩及有无刺漏情况。这一工作，新、旧扶正器都应进行，特别是第一次使用必须在井口试验。试验开始，应缓慢开泵，以防意外。

②扶正器下井前应仔细测量压帽内径，并试配投入杆引导外径，作好记录。使用两只及以上扶正器，应注意将憋压帽内径最小的放在最下部，往上依次变大。

③钻进中，应注意有无蹩钻及转盘负荷变化情况。

④应及时测斜，掌握井斜变化。

⑤调整井下扶正器的外径尺寸，按如下程序操作：

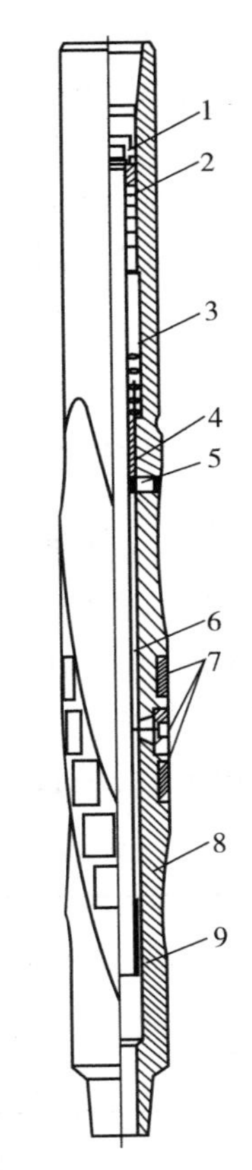

图 5 - 26　DYTF 型遥调稳定器

1—压帽；2—轴承；3—弹簧；4—变位键；5—定位销；6—芯轴；7—扶正块；8—本体；9—密封

a. 投入自浮杆，开泵将其送下。泵的排量应维持在试验时的排量，注意泵压的变化，如泵压过高，可适当降低排量。

b. 当自浮杆引导坐入扶正器憋压帽时泵压会升高(排量为25L/s，可升高约3～5MPa)，维持一分钟停泵。卸开方钻杆活动钻具，等待自浮杆自动浮出井口。

c. 取出自浮杆，接方钻杆循环泥浆恢复钻进。

⑥操作过程中应特别注意以下两点：

a. 自浮杆的浮出时间与井深、钻井液密度、稠度等因素有关。一般3000m的井，大约需要30分钟。从自浮杆投入到浮出，无特殊情况一般不可再次开泵，因为在此期间单次开泵方可达到调整目的，双次开泵扶正块又将恢复到初始状态。

b. 自浮杆引导的外径尺寸，应与要调整的扶正器压帽内座尺寸相匹配。

⑦扶正块磨损达到2mm时，应及时进行更换。

⑧在水平井使用时，调整扶正器直径，应将其起至井斜不超过10°的井段进行。

(4) 技术参数

遥调稳定器技术参数见表5－45。

表5－45　江苏德瑞公司遥调扶正器技术参数

型号	打捞直径/mm	最大外径/mm	水眼直径/mm	接头扣型
DYTF－178	178	216	60	4IF
DYTF－228	228	311	60	$7\frac{5}{8}$REG

3.3.8.2　江苏德瑞石油机械有限公司DFXB型非旋转可变径稳定器

(1) 结构

DFXB型非旋转可变径稳定器由芯轴、扶正器套筒、扶正块、下接头及密封组成(见图5－27)。

(2) 工作原理及优点

扶正器套筒依靠轴承锁紧在芯轴上，轴承工作在密封的环境里，依靠油润滑，提高了轴承的寿命。工作时扶正器套筒不随芯轴转动但可以随着井的加深向下滑动，减少了工作扭矩和扶正块的磨损。扶正块依靠钻井液的压力被强行推出，充分发挥其稳定扶正作用，一旦停泵压力消失，扶正块依靠井壁撞击可自动缩回，减少了起下钻过程中的阻力和对井壁的伤害。

该扶正器尤其适用于定向钻井和水平钻井作业。

(3)规格及技术参数

DFXB 型非旋转可变径稳定器技术参数见表 5－46。

3.3.8.3 贵州高峰液压变径稳定器

YFQ 型液压变径稳定器利用钻井液压力将扶正块推出，达到变径目的。停泵后，扶正块会自动缩回。该稳定器变径范围大，可适用井眼扩大的情况。尤其适用于定向钻井和水平钻井作业。

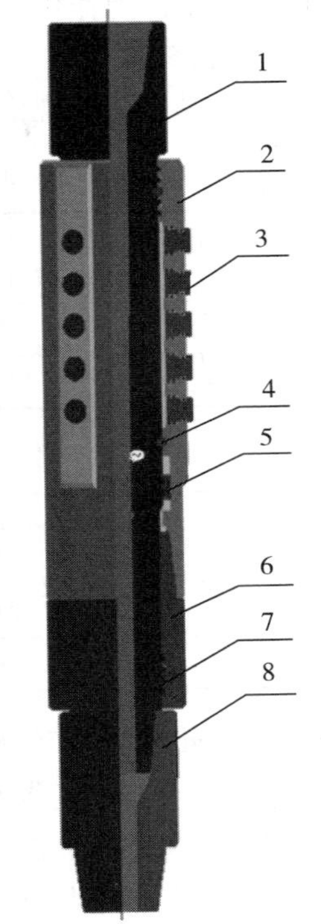

图 5－27 非旋转可变径稳定器示意图

1—芯轴；2—套筒；3—扶正块；4—轴承；5—游环；6—压帽；7—密封；8—下接头

(1)结构

稳定器由上接头，筒体，活塞推杆，复位弹簧，扶正块等组成，如图 5－28 所示。

(2)工作原理

液压变径稳定器利用钻井液压力使活塞推杆下行，扶正块被推出并坐于活塞推杆之上，使扶正块处于扶正工作位置，起扶正作用。停泵后失去泵压，复位弹簧推动活塞推杆上行，扶正块在井壁摩擦力作用下收回到非工作位置。

(3) 规格参数

液压变径扶正器规格参数见表 5 – 47。

表 5 – 46　非旋转可变径稳定器技术参数

型号	打捞直径/mm	最大外径/mm	水眼直径/mm	接头扣型
DFXB – 178	178	216	60	4IF
DFXB – 228	228	311	60	$7\frac{5}{8}$REG

表 5 – 47　液压变径稳定器规格参数

型号	外径/mm	上端扣型 API	下端扣型 API	水眼尺寸/mm	变径尺寸/mm
YFQ216	197	NC50	NC50	57	216
YFQ311	273	$6\frac{5}{8}$REG	$6\frac{5}{8}$REG	65	311

3.3.8.4　贵州高峰 KFQ 型可变径稳定器

KFQ 型可变径稳定器利用钻压将扶正器的扶正块推出，达到变径目的，当起钻或上提钻具时，稳定器的扶正块会自动缩回，防止起下钻时发生遇阻或遇卡现象发生。该稳定器变径范围大，可适用井眼扩大的情况。尤其适用于定向钻井和水平钻井作业。

(1) 结构

扶正器由芯轴，花键体，筒体，推杆，扶正块等组成，如图 5 – 29 所示。

(2) 工作原理

可变径扶正器是利用钻压使扶正器的推杆下行，扶正块被推出并坐于推杆之上，达到变径目的，保证在正常钻井时扶正块处于工作位置，起扶正作用。在起下钻过程中，工具处于受拉状态，推杆上行，扶正块在井壁摩擦力作用下收回到非工作位置，避免发生遇阻、遇卡现象。

(3) 规格及性能参数

可变径扶正器规格参数见表 5 – 48。

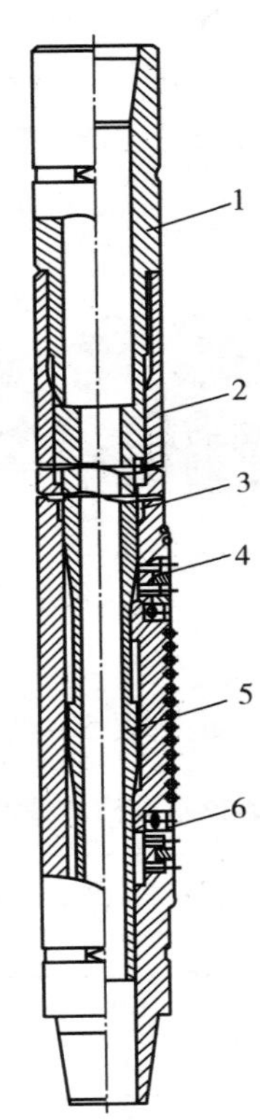

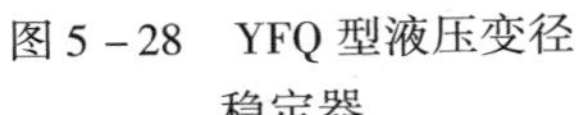

图 5－28　YFQ 型液压变径稳定器

1—上接头；2—筒体；3—复位弹簧；4、6—扶正块；5—活塞推杆

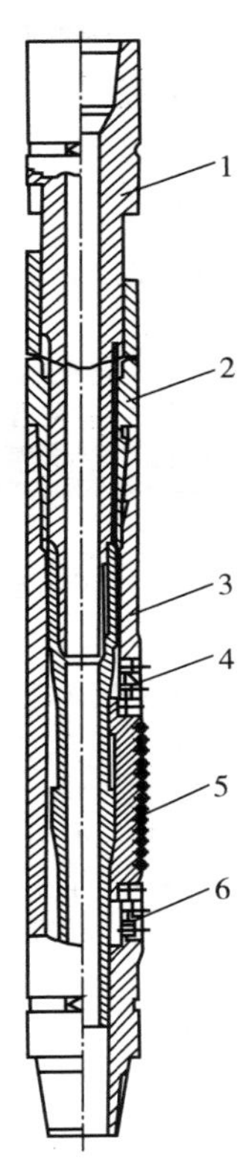

图 5－29　KFQ 型液压变径稳定器

1—芯轴；2—花健体；3—筒体；4、6—扶正块；5—推杆

表 5－48　KFQ 型可变径稳定器规格参数

型号	外径/mm	上端扣型 API	下端扣型 API	水眼尺寸/mm	变径尺寸/mm
KFQ216	197	NC50	NC50	57	216
KFQ241	222	NC50	NC50	57	241
KFQ311	273	$7\frac{5}{8}$REG	$7\frac{5}{8}$REG	71.4	311

3.3.8.5 天合集团FFWL型浮阀稳定器

浮阀稳定器多用于井底型稳定器中。在防止井斜的同时，当发生井涌、井喷时，浮阀盖将水眼自动关闭，使井喷得到控制。

(1)结构

浮阀稳定器结构如图5－30所示。

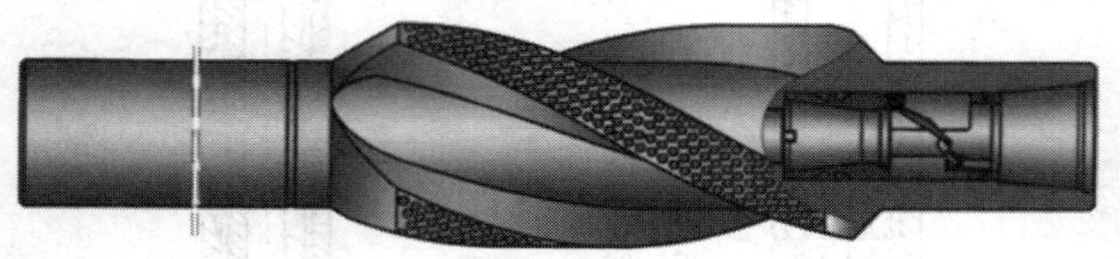

图5－30 FFWL型浮阀稳定器

(2)规格及技术参数

FFWL型浮阀稳定器规格及技术参数见表5－49。

表5－49 FFWL型浮阀稳定器技术规格及参数

稳定器类型	稳定器主体外径/mm	接头螺纹	浮阀总成外径/mm	浮阀总成长度/mm
FFWL711	228、241	$7\frac{5}{8}$REG	121	298.4
FFWL588	228、241	$7\frac{5}{8}$REG	121	298.4
FFWL444	228、241	$7\frac{5}{8}$REG	121	298.4
FFWL311	203、209.6	$6\frac{5}{8}$REG	121	298.4
FFWL241	178	$4\frac{1}{2}$IF	98	247.6
FFWL214	178、165	$4\frac{1}{2}$REG	88	211.14
FFWL152	127、121	$3\frac{1}{2}$REG	61	165.1

3.4 扩大器

扩大器为修整或扩大井眼的专用工具。按形状可分为刀翼式和螺旋式两种，按破岩机理分为切削式和牙轮式两种。

3.4.1 扩大器规格及技术参数

扩大器规格及技术参数见表5－50、表5－51。

表5-50　刀翼式扩大器规格及技术参数

扩大器外径/mm	螺纹类型	接头外径/mm	接头内径/mm	接头长度/mm	刀片数量	适用井眼/mm
914	7⅝REG	228	71.4	610	3	
838	7⅝REG	228	71.4	610	3	
660	7⅝REG	228	71.4	610	3	660.4
444	7⅝REG	228	71.4	610	3	444.5
311	6⅝REG	203	71.4	610	3	311.15
244	NC50	178	71，4	610	3	244.47
215	NC50	178	71.4	610	3	215.9
215	NC50	165	71.4	610	3	215.9
215	NC46	159	50.8 71.4	610	3	215.9
213	NC50	178	71.4	610	3	215.9
213	NC46	159	50.8 71.4	610	3	215.9

表5-51　螺旋扩孔器规格及技术参数

扩孔器外径/mm	螺纹类型	接头外径/mm	接头内径/mm	接头长度/mm	螺旋带数量(长度)/个(mm)	适用井眼/mm
308	6⅝REG	203	71.4	810	4(200)	311.15
213	NC50	178	71.4	810	4(200)	215.9

3.4.2　国产扩大器介绍

3.4.2.1　贵州高峰KYQ型扩眼器

KYQ型扩眼器是用于断铣和导斜开窗侧钻之后，对完成的新井眼进行扩眼的工具。

(1)结构

KYQ型扩眼器，主要由上接头、筒体、承压杆、刀体、弹簧、喷嘴、螺旋稳定器及密封元件等组成，如图5-31所示。

(2)工作原理

扩眼器下入井中，开泵后有压力的钻井液通过扩眼器的喷嘴时，由于喷嘴的节流作用产生压差，使承压杆下行压缩弹簧，推动筒体内的刀体外张，进行扩眼工作。工作完毕后，卸去钻井液压力，被压缩的弹簧复位，顶起压缩杆刀体收入筒体内。

(3)操作

扩眼器下井进入工作位置，循环钻井液，调整钻井液泵压到足够大，使扩眼器刀体外张，处于工作状态，进行扩眼工作。工作完后，应卸去泵压，使刀体收入筒体内，即可取出工具。

(4)技术参数

KYQ 型扩眼器技术参数见表 5 – 52。

表 5 – 52　KYQ 型扩眼器技术参数

型号	外径/mm	水眼/mm	接头螺纹 API
KYQ203	152	30	NC38

3.4.2.2　贵州高峰 JKQ 型键槽扩大器

键槽扩大器是为了破坏井身键槽而设计的井下专用工具。该工具连接于钻铤上方，能有效地扩大键槽部位的尺寸，使钻具顺利通过。

(1)结构

键槽扩大器，由上接头、滑套、芯轴、下接头四部分组成。滑套可以在芯轴上作上下移动和转动，其外表面堆焊五条螺旋硬质合金棱。滑套两端有锯齿形牙嵌，可分别与上接头牙嵌和下接头牙嵌相匹配(见图 5 – 32)。

(2)工作原理

正常钻进或下钻时，遇有键槽滑套受阻与上接头牙嵌啮合，加压正转滑套外圆的五条螺旋硬质合金棱便切削键槽，即可以扩大键槽尺寸。起钻时遇有键槽滑套受阻与下接头牙嵌啮合，提拉正转滑套外圆的五条螺旋硬质合金棱切削键槽，从而破坏键槽。

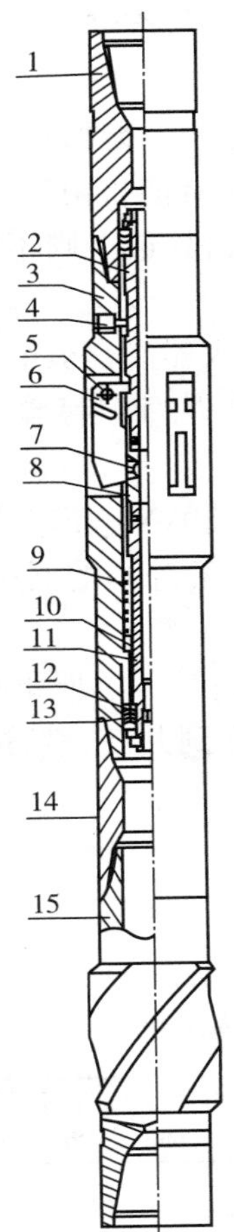

图 5－31　KYQ 型扩眼器

1—上接头；2—承压杆；3—筒体；4—螺钉；5—轴销；6—刀体；7、12—喷嘴；8—接头；9—弹簧；10—弹簧座；11—接头体；13—盘根装置；14—接头；15—螺旋稳定器

图 5－32　JKQ 型键槽扩大器

1—上接头；2—滑套；3—芯轴；4—下接头

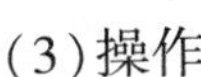

(3)操作

钻具组合：钻头＋钻铤(长度同正常钻进)＋键槽扩大器＋

钻杆。

操作：

①分清是钻具遇卡还是键槽扩大器遇卡。键槽扩大器遇卡与钻具遇卡的区别在于：扩大器遇卡时钻具能自由转动，且有如图 5 – 32 中“*L*”的上下活动行程。而钻具遇卡则不能转动，且没有活动行程。

②起钻时键槽扩大器遇卡(一般是扩大器滑套被卡)，应下放钻具，加压 30 ~ 50kN 转动钻具，使上接头牙嵌与滑套牙嵌啮合后产生震击使滑套解卡。

③接方钻杆开泵，比原悬重多提 10 ~ 20kN，正转使下接头和滑套牙嵌相啮合。采用倒划眼方法使滑套外圆的五条螺旋硬质合金棱切削键槽。

④检查键槽是否完全被破坏，可将钻具下过原键槽井段，然后上提观察是否遇卡。也可以将钻具下到井底，钻进 8 ~ 10 小时后再起钻，观察是否遇卡。

⑤下钻遇卡，可按以上相反方法操作。

(4)技术参数

键槽扩大器技术参数见表 5 – 53。

表 5 – 53 键槽扩大器技术参数

型号	外径/mm	水眼/mm	接头螺纹 API	硬质合金棱外径/mm	滑套行程/mm	最高工作温度/℃	总长/mm
JKQ121	121	40	NC38	125	315	200	1602
JKQ159	159	57	NC46	163	251	200	1650
JKQ178	178	57	NC50	183	251	200	1740
JKQ203	203	70	NC50	207	251	200	1739

3.4.2.3 北方双佳牙轮扩孔器

牙轮扩孔器轮臂易磨损部位经过表面硬化处理并焊于本体上，其上安装有可更换的牙轮。牙轮有三种类型：SM 型 – 用于软地层至中硬地层；MH 型 – 用于中硬地层至硬地层；XH 型 –

用于硬地层。该扩孔器上有三个或六个装有可换合金喷嘴的喷管，这样，可形成喷射液流迅速清洁扩大的井眼。

(1)结构

扩孔器结构及牙轮刀型如图 5－33 所示。

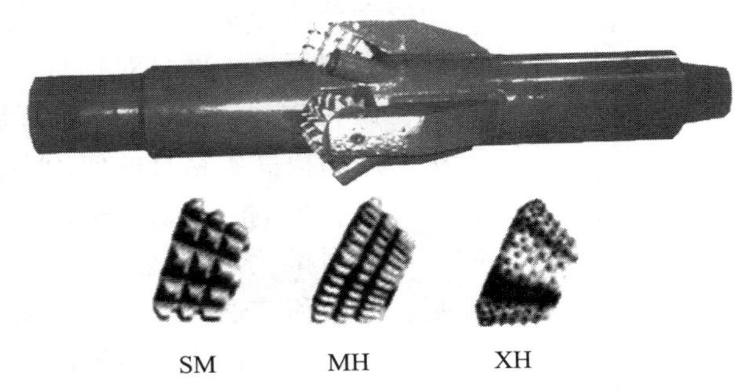

图 5－33　牙轮扩孔器结构及牙轮刀型

(2)技术参数

主要技术参数见表 5－54。

表 5－54　牙轮扩孔器主要技术参数

型号	扩孔直径/mm	最小领孔/mm	打捞直径/mm	接头螺纹		水眼直径/mm	总长/mm
				上端	下端		
KZ3－311	311	216	203	6⅝REG	4½REG	38.1	1524
KZ3－444	444.5	266.7	241.3	7⅝REG	7⅝REG	57.2	1752
KZ3－660	660.4	444.5	241.3	7⅝REG	7⅝REG	76.5	1753
KZ3－914	914.4	609.6	241.3	7⅝REG	7⅝REG	76.2	1906
KZ4－914	914.4	457.2	254	7⅝REG	7⅝REG	88.9	2642

3.5　水力加压器

3.5.1　贵州高峰 TLQ 型液力推力器

TLQ 型液力推力器是一种在钻井过程中将钻头喷嘴或井下马达压降转换为钻压的井下工具。不仅能够解决定向井、大位

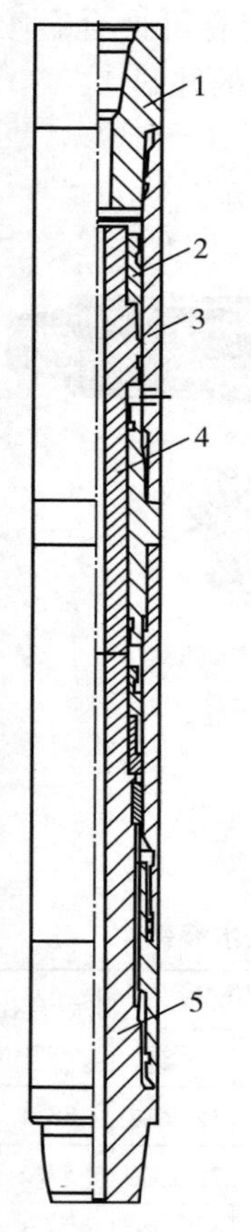

图 5 – 34　TLQ 型液力推力器
1—上接头；2—活塞；3—缸体；4—芯轴；5—花键式方钻杆

移井、水平井和小井眼钻井施工中钻压不易施加的问题，而且还可以在海洋钻井中起到升沉补偿器的作用。同时，液力推力器将钻头的振动和钻柱的振动分离开来，不仅直接减轻了钻具的纵向振动，而且对钻具的横向振动、扭转振动和纵向振动有缓解作用，从而提高了钻具的使用寿命。

(1)液力推力器的结构

液力推力器一般由上接头、活塞、缸体和芯轴组成。上接头与钻铤相连接，下连缸体。多级活塞包容在缸体内，主活塞与芯轴为一体并连接钻头。扭矩通过缸体传递给芯轴并驱动钻头旋转，如图 5 – 34 所示。

(2)工作原理

TLQ 型液力推力器利用泥浆流过它以下钻具(如马达、钻头等)的压降作用在其活塞上产生钻压。

(3)液力推力器的安装

液力推力器有两种安装方式：

①直接安装在钻头上。此时钻铤只起到向钻头提供反扭矩的作用，液力推力器产生的钻压值即为钻头的钻压。

②安装在钻铤柱的任何部位里，即在液力推力器下方接一定长度的钻铤再接钻头。液力推力器以上的钻铤向钻头提供反作用力，而液力推力器和钻头之间的钻铤向钻头提供钻压。此时，钻头的钻压为液力推力器产生的钻压与其下方钻铤之和。

(4)现场使用方法

①液力推力器的正常工作状态，应是活塞处于“悬浮”位置。即活塞处于在上死点与下死点之间，钻压是一个恒定值，指重表读数不发生变化。在整个钻进工作中，应力求液力推力器处于正常的工作状态。

②钻井开始，开泵并下放钻柱，钻头接触井底前，指重表悬重为钻柱在泥浆中的重量，液力推力器的活塞处于钻压行程终点(下死点位置)，芯轴行程为全伸出状态。钻头接触井底后，指重表悬重减小，减小值为钻压(液力推力值)。

③继续下放钻柱，此时活塞从下死点开始在钻压行程范围内移动，但悬重保持不变。此时，液力推力器活塞处于“悬浮”位置，即处于正常工作行程范围内。加在钻头上的钻压(液力推力值)处于稳定的选定值上。

④如果继续下放钻柱，活塞到达上死点时，悬重会立即下降。此时，应及时刹住钻柱，使悬重保持不变，保证活塞处于“悬浮”工作位置。

⑤随着钻头钻进，芯轴不断伸出，活塞到达下死点，钻压下降，应及时送钻(重复第③～④条操作)。

(5)技术参数

液力推力器技术参数见表5－55。

表5－55　液力推力器技术参数

型号	外径/mm	接头扣型 API		长度/mm	活塞面积/cm^2	工作行程/mm	水眼直径/mm	活塞级数
		上端	下端					
TLQ89	89	NC26	NC26	6517	93.5	300	32	5
TLQ121	121	NC38	NC38	4415	133	300	45	3
TLQ165	165	NC46	NC46	3970	150	400	50	2
TLQ178	178	NC50	NC50	5912	302	500	71.4	3
TLQ203	203	6⅝REG	6⅝REG	5410	416	600	71.4	3
TLQ229	229	7⅝REG	7⅝REG	6680	435	600	71.4	3
TLQ340	340	8⅝REG	7⅝REG	5130	882	800	102	2

3.5.2 贵州高峰 SJQ 型双行程水力加压器

SJQ 型水力加压器，是一种在钻井过程中利用钻井液的循环压力给钻头施加钻压的井下工具。主要用于定向井、大位移井、水平井和小井眼井的加压与减震，也适用于普通直井的加压和减震。它具有双行程动作，即一段行程为大钻压工作，另一段行程为小钻压工作。因此除了通过改变排量来改变钻压之外，还可以通过改变行程来改变钻压。

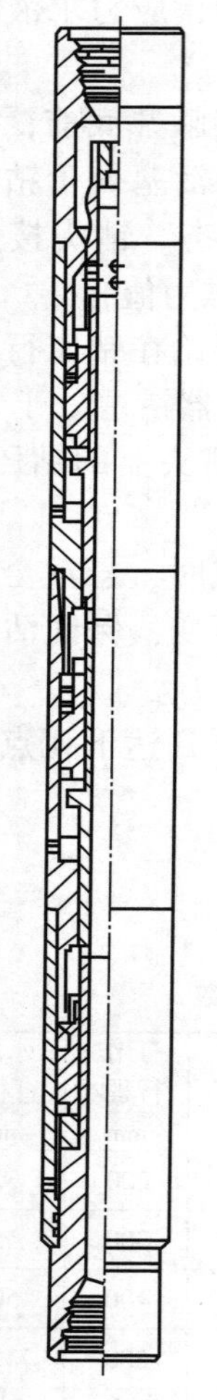

图 5－35　SJQ 型水力加压器

(1)结构

水力加压器一般由上接头、变流元件、活塞、缸体和六方钻杆组成。上接头与钻铤相连接，下连缸体。多级活塞包容在缸体内，主活塞与六方钻杆为一体并连接钻头。扭矩通过缸体传递给六方钻杆并驱动钻头旋转。如图 5－35 所示。

(2)工作原理

①SJQ 型水力加压器是利用泥浆流过它以下钻具(如马达、钻头等)的压降作用在其活塞上而产生钻压。设活塞面积为 S，压力降为 ΔP，则水力加压器产生的钻压为

$$F = \Delta P \cdot S$$

因此，它产生钻压的大小只与活塞的面积、活塞的级数和压力降有关，而与活塞的行程无关。

②水力加压器为双行程动作，即一段行程为大钻压工作，另一段行程

为小钻压行程。因此除了通过改变排量来改变钻压之外，也可以通过改变行程来改变钻压。

(3)技术参数

水力加压器技术参数见表5-56。

3.6　井底增压泵

3.6.1　天津润通石油设备有限公司井底增压泵

井底增压技术是利用井底增压泵使钻井液在井底形成高速射流，实现水力破岩，再结合钻头机械破岩，进而提高机械钻速。用在难以施加钻压的水平井、深井或中硬地层钻井可以大幅度提高机械钻速。

(1)结构

①井底增压泵结构

井底增压泵由外壳、换向阀、控制机构、动力缸、高压缸、高压连接管及过滤装置等构成(见图5-36)。

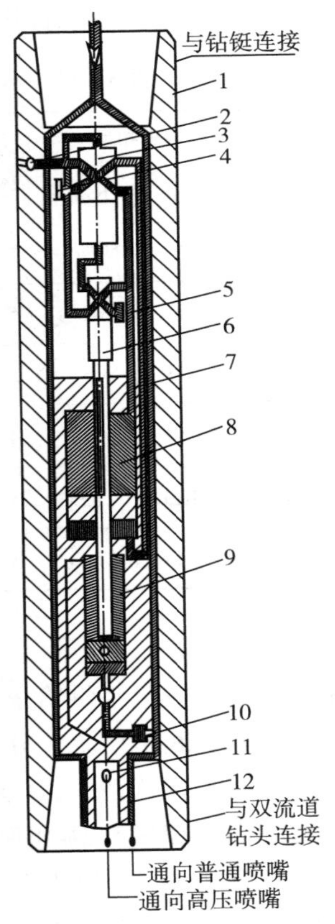

图5-36　井底增压泵结构示意图

1—外壳；2—排液单向阀；3—换向阀；4、5、10—过滤装置；6—先导阀；7—控制机构；8—动力缸；9—增压缸；11—出口单向阀；12—高压连接管

②双流道钻头结构与选型

井底增压泵必须与双流道钻头配套使用。双流道钻头可在PDC、孕镶式或三牙轮常规钻头的基础上，增加高

压连通管、高压流道和小喷嘴而成。小喷嘴的数量根据钻头类型和尺寸可选用一个、两个或三个，最多为三个，破岩效果与之成正比。钻头选型原则与常规钻井相同，只是其中的大喷嘴、小喷嘴要按厂方提供的软件用新的方法计算确定。

表 5－56　水力加压器技术参数

型号	外径/mm	接头扣型		活塞级数	活塞面积/cm^2		工作行程/m		最大抗拉载荷/kN
		上端	下端		大钻压	小钻压	大钻压	小钻压	
SJQ89	89	NC26	NC26	5	93.5	63.34	0.3	0.2	500
SJQ105	105	NC31	NC31	5	93.5	63.34	0.3	0.2	700
SJQ121	121	NC38	NC38	5	170.62	113.68	0.3	0.2	800
SJQ165	165	NC50	NC50	4	292.18	177.9	0.4	0.4	1600
SJQ203	203	6⅝REG	6⅝REG	3	400.21	295.67	0.5	0.5	1960
SJQ229	229	7⅝REG	6⅝REG	3	520.34	384.59	0.5	0.5	2160

(2)工作原理

钻井时，由泥浆泵供给压力为 18～25MPa 的钻井液，钻井液经钻柱进入井底增压泵，分别经换向阀进入动力缸、增压缸，大部分钻井液直接从钻头大(普通)喷嘴喷出，完成对井底的净化；动力缸借助控制机构和换向阀实现往复运动和自动换向，带动增压缸把不到 1 升/秒的钻井液增加到超高压并从小(高压)喷嘴喷出，最终实现水力与机械联合破岩；大小喷嘴喷出的和动力缸消耗的三股钻井液合流携带岩屑上返到地面。

(3)技术参数

井底增压泵技术参数见表 5－57。

3.6.2　胜利钻井院井底脉动射流器

(1)结构

井底脉动射流器结构如图 5－37 所示。

表 5－57　井底增压泵技术参数

泵型	钻头/in	泵长/m	输入流量/(L/s)	钻头压降/MPa	理论增压比	大喷嘴流量/(L/s)	总效率/%
2JZ7	$8\frac{1}{2}\sim9\frac{1}{2}$	2.4	26～30	≥8	13.6：1	23～26	≥85
3JZ7	$8\frac{1}{2}\sim9\frac{1}{2}$	2.8	28～34	≥6	19.5：1	23～26	80～85
4JZ7	$8\frac{1}{2}\sim9\frac{1}{2}$	3.2	28～34	≥4	25：1	22～25	80～85
3JZ5	$6\sim6\frac{3}{4}$	2.5	16～20	≥8	16.5：1	14～16	≥85
JZ10	$12\frac{1}{4}$	2.8	40～50	≥8	9.8：1	40～44	≥90
2JZ10	$12\frac{1}{4}$	3.5	50～55	≥8	17.6：1	40～45	≥90

(2)工作原理

当钻井液通过该装置时，带动涡轮进而带动转子旋转，当转子与定子互相封闭时，通道面积最小，当转子与定子互相流通时，流道面积最大，从而造成流道面积的周期性变化，形成持续的高压脉动射流，提高井眼净化能力，进而提高钻速。

(3)使用注意事项

①本装置可用于深井及超深井钻进中提高钻速。

②本装置适用于牙轮及 PDC 钻头。

③使用本装置的同时应使用三机(离心机、除砂机、除泥机)，以减小泥浆中的固体含量。

④本装置使用泵压高于 15MPa 时，效果尤为显著。

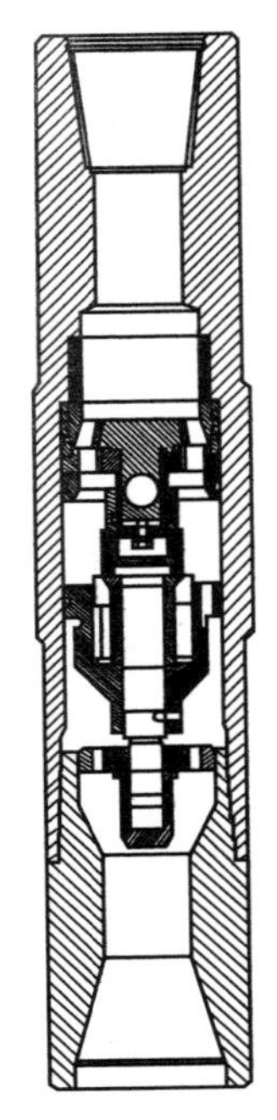

图 5－37　井底脉动射流器结构示意图

(4)性能参数

井底脉动射流器技术参数见表 5－58。

表 5－58　井底脉动射流器技术参数

总长/mm	上端螺纹	下端螺纹	外径/mm	内径/mm
950	NC50	4½REG	190	70

第六章　定向井工具和测量仪器

1　井下动力钻具

井下动力钻具，主要有螺杆钻具和涡轮钻具两种类型。

1.1　螺杆钻具

螺杆钻具是一种以钻井循环介质为动力的井下动力钻具。钻井循环介质流经旁通阀进入马达，在马达进出口处形成一定的压力降，推动马达的转子旋转，并将扭矩通过万向轴和传动轴传递给钻头，实现钻井作业。

螺杆钻具的转子、定子有单头和多头两种，多头螺杆钻具有扭矩大、转速低的特点。它与涡轮钻具相比，具有功率大、转速低、扭矩大、压降小、容易启动等优点，被广泛应用于造斜、扭方位、侧钻等钻井施工。近年来，直井钻井和井下作业施工也经常用到。

1.1.1　国产螺杆钻具

1.1.1.1　螺杆钻具的类型与形式代号

(1)螺杆钻具型式

螺杆钻具按其结构特征分为单瓣(头)螺杆钻具和多瓣(头)螺杆钻具两类。其钻具名称及形式代号见表6－1。

表6－1　螺杆钻具型式与代号

种类	型式名称	型式代号
单瓣头钻具	1/2 螺杆钻具	LZ
多瓣(头)钻具	2/3 螺杆钻具	2LZ
	3/4 螺杆钻具	3LZ
	4/5 螺杆钻具	4LZ

续表

种类	型式名称	型式代号
多瓣(头)钻具	5/6 螺杆钻具	5LZ
	6/7 螺杆钻具	6LZ
	7/8 螺杆钻具	7LZ
	8/9 螺杆钻具	8LZ
	9/10 螺杆钻具	9LZ
	10/11 螺杆钻具	10LZ

注 1：“1/2、2/3、3/4、4/5、5/6、6/7、7/8、9/10、10/11”是指液(气)马达转子横截面的的瓣(头)数与定子横截面内孔的瓣(头)数比。

注 2：形式代号 LZ 系“螺钻”汉语拼音第一个字母组合，LZ 字符前的数字系指多瓣(头)钻具中转子横截面的瓣(头)数。

(2)规格与连接螺纹

螺杆钻具上下端连接螺纹均采用内螺纹，其规格和连接螺纹见表 6－2。

表 6－2　螺杆钻具规格与连接螺纹

钻具规格(外径)				连接螺纹	
第一系列		第二系列		上端	下端
mm	in	mm	in		
43	$1\frac{1}{16}$				
45	$1\frac{3}{4}$	54	$2\frac{1}{8}$		
60	$2\frac{3}{8}$	65	$2\frac{9}{16}$		
73	$2\frac{7}{8}$				
89	$3\frac{1}{2}$	86	$3\frac{3}{8}$	$2\frac{3}{8}$REG	
95	$3\frac{3}{4}$	100	$3\frac{15}{16}$	$2\frac{7}{8}$REG	
		102	4	$2\frac{7}{8}$REG	
120	$4\frac{3}{4}$	127	5	$3\frac{1}{2}$REG	
165	$6\frac{1}{2}$	159	$6\frac{1}{4}$	$4\frac{1}{2}$REG	
172	$6\frac{3}{4}$	175	$6\frac{7}{8}$	$4\frac{1}{2}$REG 或 $4\frac{1}{2}$IF	

续表

钻具规格(外径)				连接螺纹	
第一系列		第二系列		上端	下端
mm	in	mm	in		
185	$7\frac{1}{4}$	178	7	$4\frac{1}{2}$REG 或 $4\frac{1}{2}$IF	
197	$7\frac{3}{4}$	203	8	$5\frac{1}{2}$REG	$6\frac{5}{8}$REG
216	$8\frac{1}{2}$	210	$8\frac{1}{4}$	$5\frac{1}{2}$REG	$6\frac{5}{8}$REG
244	$9\frac{5}{8}$	241	$9\frac{1}{2}$	$6\frac{5}{8}$REG	
286	$11\frac{1}{4}$	292	$11\frac{1}{2}$	$7\frac{5}{8}$REG	

注：两端对外连接螺纹均采用内螺纹或制造厂与客户商定连接螺纹。

1.1.1.2　钻具用钻头的水眼压力降分级

钻具用钻头的水眼压力降分为：1.5MPa、3.5MPa、7.0MPa、14.0MPa 4 级。

1.1.1.3　螺杆钻具型号的表示方法

螺杆钻具型号的表示方法如下：

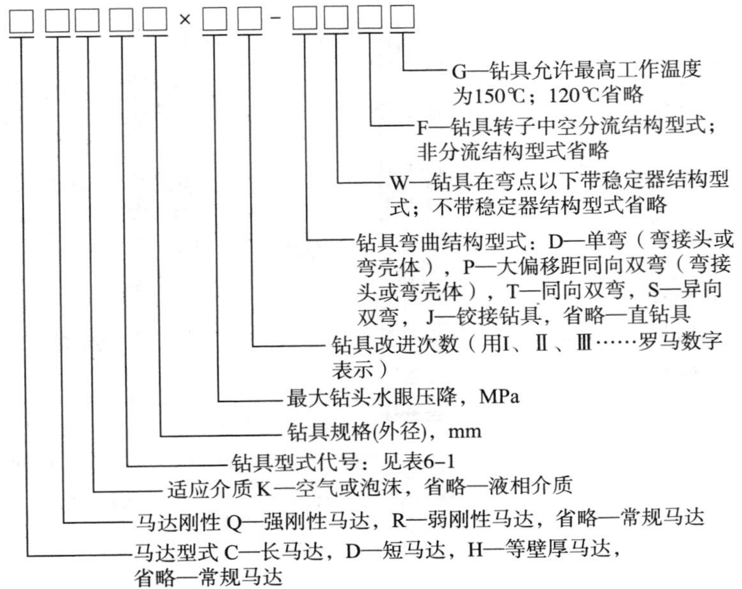

示例1；外径165mm，5/6瓣比液马达、钻头水眼压降7.0MPa、经过第二次改进的直型螺杆钻具应表示为5LZ165×7.0Ⅱ。

示例2：外径197mm. 5/6瓣比液马达、异向双弯带稳定器、转子中空分流、钻具允许最高工作温度150℃、钻头水眼压降7.0MPa的弯壳体钻具应表示为5LZ197×7.0－SWFG。

1.1.1.4　螺杆钻具结构与作用

(1)螺杆钻具结构

螺杆钻具主要由旁通阀总成、马达总成(转子和定子)、万向节总成、传动轴总成组成，见图6－1、图6－2、图6－3。

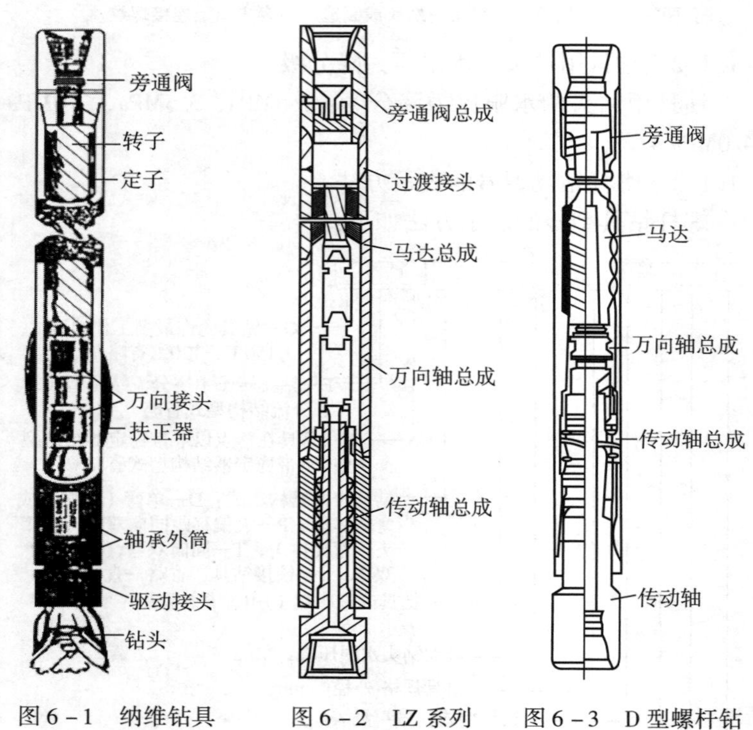

图6－1　纳维钻具示意图

图6－2　LZ系列螺杆钻具示意图

图6－3　D型螺杆钻具(Drilx)示意图

(2)螺杆钻具主要部件结构与作用

①旁通阀总成：

旁通阀总成主要由阀体、阀套、阀芯、弹簧、弹性挡圈、O形密封圈及阀口总成等件组成，见图6-4、图6-5。

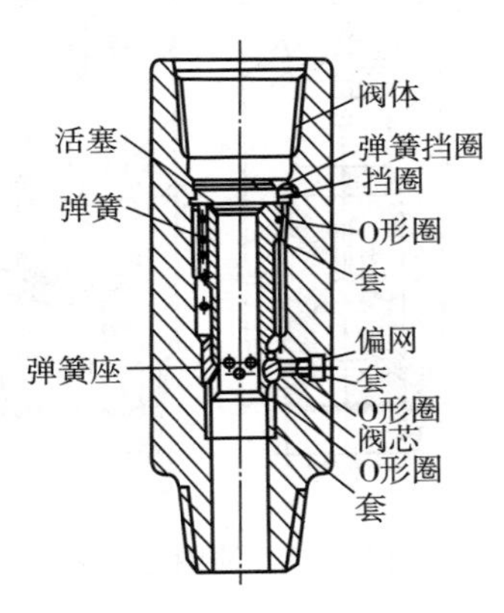

图6-4　纳维钻具旁通阀结构示意图

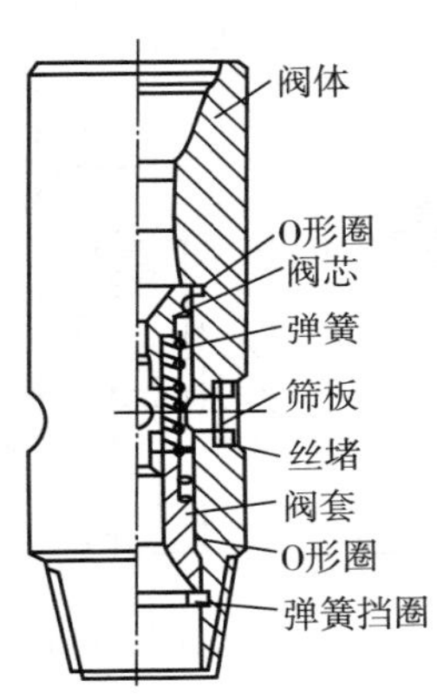

图6-5　迪纳钻具旁通阀结构示意图

旁通阀位于螺杆钻具的上端，正常钻进或循环钻井液时，钻井液推动阀芯压缩弹簧下行，关闭旁通孔，使钻井液流经马达驱动螺杆进而带动钻头旋转。

当无循环或低流量循环时，旁通阀体在弹簧的作用下处于上部位置，旁通孔打开，平衡钻柱内外的液柱压差，起、下钻或接单根时避免管内钻井液喷出。见图6-6、图6-7。

②马达总成：

马达总成由定子、转子及防掉装置组成。定子是在精加工的钢筒内硫化一层具有双头或多头螺旋腔的钢体橡胶套。转子是一根用合金钢加工成单头或多头螺旋钢轴。马达的转子螺旋外表面与定子螺旋内表面形成许多连续的互不相通的密封空腔，当高压液体进入马达并向下运动同时推动转子作行星运动，从而将液体压能转换为旋转动能。防掉装置为防止壳体断裂掉入井底而设计。马达总成及剖面形状见图6－8。

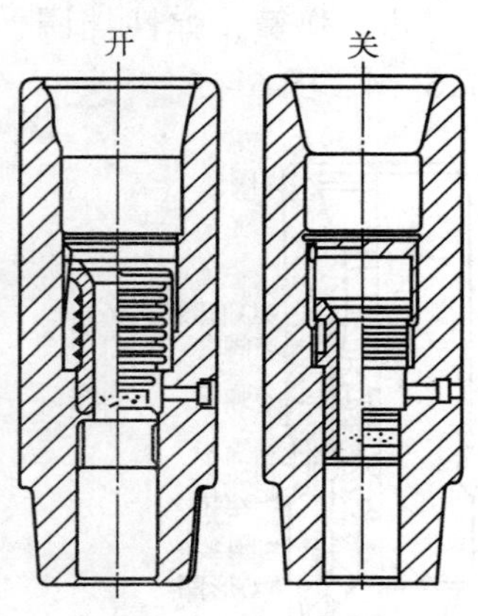

图6－6　纳维钻具旁通阀工作示意图

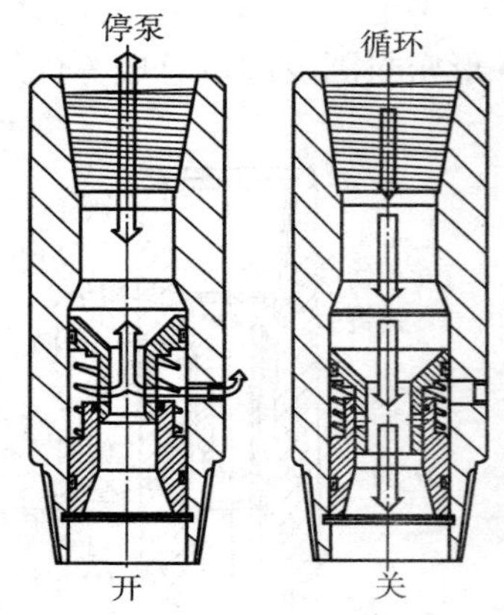

图6－7　迪纳钻具旁通阀工作示意图

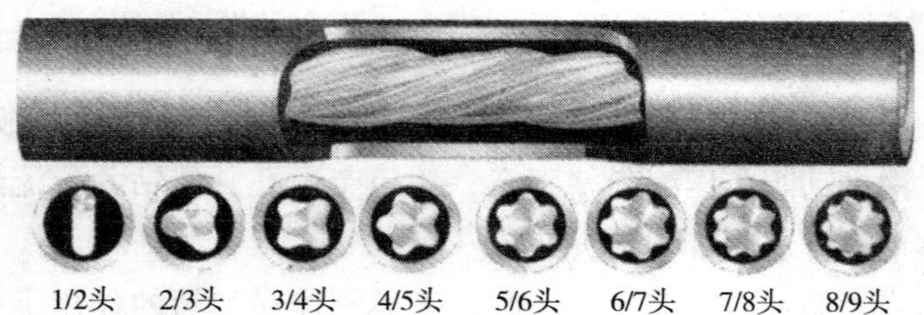

图6－8　马达总成及转子部面形状

马达总成的作用是将钻井液的液压动能驱动转子转动，而转子将液压动能转变为钻头破碎岩石的机械能。马达总成是螺杆钻具的动力源，转子不转时，钻井液不能通过马达。由于定子螺旋腔的导向作用，高压液流迫使转子转动，并使钻井液从上一个空腔流入下一个空腔。流量越大、越快，马达的输出功率也越大。不同型号马达的最优流量是不同的。

③万向连接轴总成和挠轴总成：

万向轴组件是利用万向节的灵活性，将转子的行星运动转换为传动轴的定轴转动，将马达产生的扭矩及转速传递于传动轴至钻头。

万向轴壳体则是将马达定子外壳与传动轴外壳连接起来，既保护万向轴组件又传递反扭矩。弯壳体时，弯角度数刻度线标示在壳体下部。

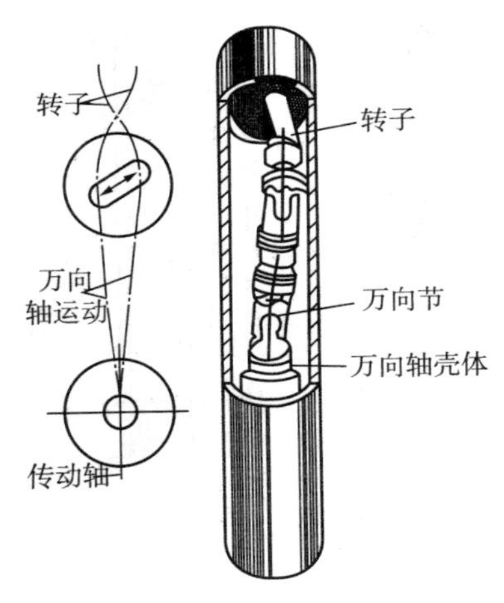

图6－9 万向连接轴总成

万向连接轴总成由万向轴及万向轴外壳体等组成，如图6－9所示。万向连接轴上端与转子连接，下端与传动轴连接。

挠轴结构为单杆式挠性连接轴，见图6－10所示。用挠轴代替万向节，不但结构简单、安装方便、承载能力大，而且使用寿命长。

④传动轴总成：

传动轴总成是螺杆钻具的重要部件之一，它的寿命决定了螺杆钻具的总体寿命。其作用：一是将马达的旋转动能传给钻头，二是对马达转子部件起支撑、扶正作用，承受钻压、水力负载及钻头的侧向力。

传动轴总成由壳体、径向轴承、负荷轴承、限流器、传动轴轴体、水帽等组成。纳维钻具传动轴总成、LZ传动轴总成和迪纳传动轴总成见图6－11。

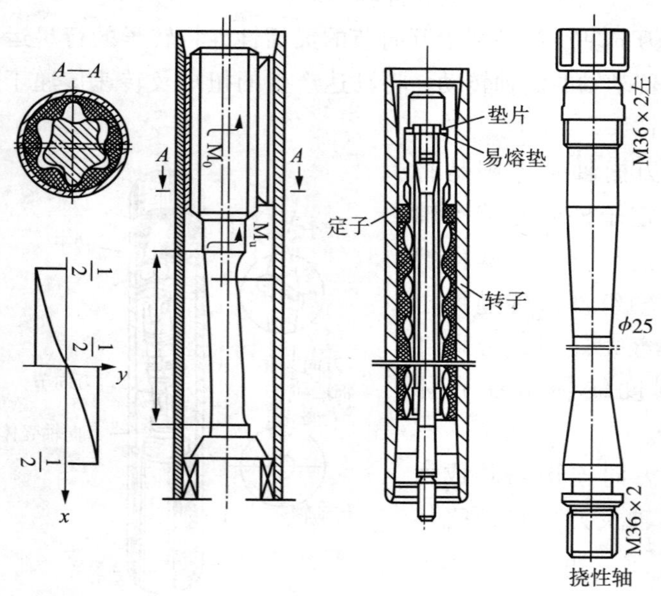

图 6 - 10　挠轴总成

LZ 系列螺杆钻具轴承总成，主要采用纳维型式和迪纳型式。其作用是用轴承支撑驱动接头，将马达的扭矩传递给钻头。几种国产螺杆钻具轴承总成见图 6 - 12。

⑤螺杆钻具稳定器：

螺杆钻具稳定器是钻具传动轴壳体上，附有一直棱或螺旋式起支承或扶正作用的对称或非对称凸起。稳定器的种类有固定式、可换式，稳定器的扶正条形式多种多样，可以起到较好的稳定效果。

⑥转子中空分流螺杆钻具：

转子中空分流螺杆钻具的特点是：把转子做成中空，从转子中心分流小部分钻井液，而绝大部分钻井液通过液马达。

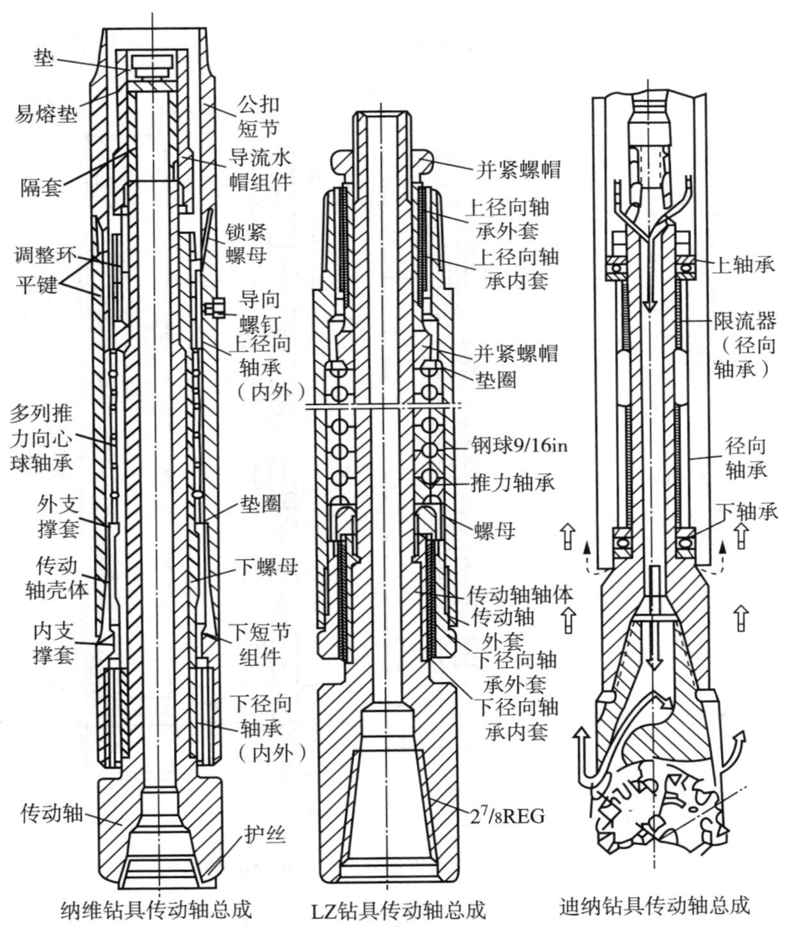

图 6 – 11　螺杆钻具传动轴总成

1.1.1.5　螺杆钻具工作特性

螺杆钻具工作特性与涡轮钻具有着明显差异。在流量不变的条件下，涡轮钻具随着钻压增大转速降低，力矩和功率增大至最大后下降，压降不变。而螺杆钻具在工作压差范围内，其功率随螺杆钻具直径增大而增大。随着钻压增加马达负荷增大，力矩线性增加，转速基本不变。当超过工作压差时，转速急聚降低至制动，泵压突然上升，力矩达到最大。

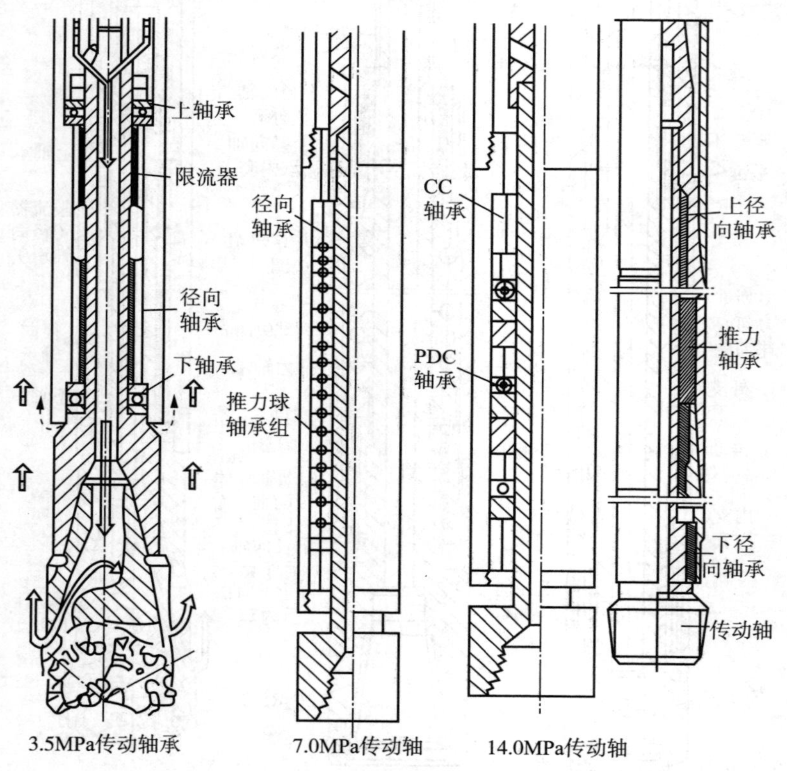

图 6 – 12　几种国产螺杆钻具传动轴承

1.1.1.6　导向螺杆钻具的组合及其特点

(1)异向双弯螺杆钻具组合(DTU 组合)

异向双弯螺杆钻具的特点是：万向轴壳体的某两个部位各有一个弯点，两弯点方向相反，且中心线共面。即这种 DTU 组合在螺杆钻具的万向轴(或挠性轴)部分装有反向双弯的外壳，如图 6－13 所示。由于是反向双弯，钻头的偏移距较小，这种组合可以开动转盘(低速)实现稳斜及水平段钻进。

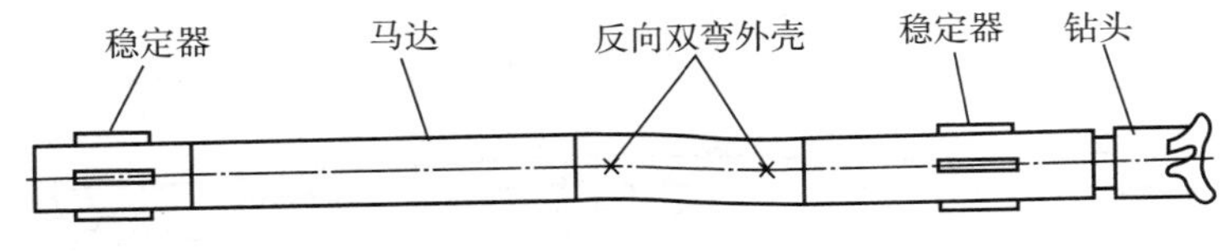

图 6－13　DTU 组合

异向双弯钻具既可用来打长曲率半径的造斜段，也可用来打 6°/30m～10°/30m 造斜率的中曲率半径的造斜段，还可用来打稳斜段及水平段。由无线随钻测斜仪、DTU 马达及高效钻头组成的导向钻井系统可以实现井眼轨迹的连续控制。

(2)同向双弯螺杆钻具组合(DKO 组合)

同向双弯螺杆钻具的特点是万向轴壳体的某两个部位各有一个弯点，两弯点方向相同，且中心线共面。即这种 DKO 组合在螺杆钻具的万向轴(或挠性轴)部分有同向双弯外壳，其基本功能与 DTU 相同，但由于双弯同向钻头偏移距稍大，造斜能力较大，适合打中曲率半径及短曲率半径定向井及水平井的造斜段，如图 6－14 所示。

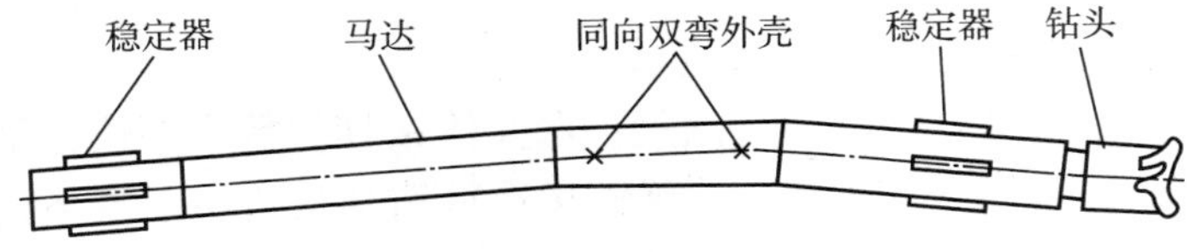

图 6－14　DKO 组合

(3)单弯螺杆钻具组合(AKO 组合)

单弯螺杆钻具的特点是：万向轴壳体的某一部位具有一个

弯点。即这种 AKO 组合在螺杆钻具的万向轴(或挠性轴)部分装有单弯外壳，弯体分为固定式和可调式，其功能与 DKO 组合相当，如图 6 – 15 所示。

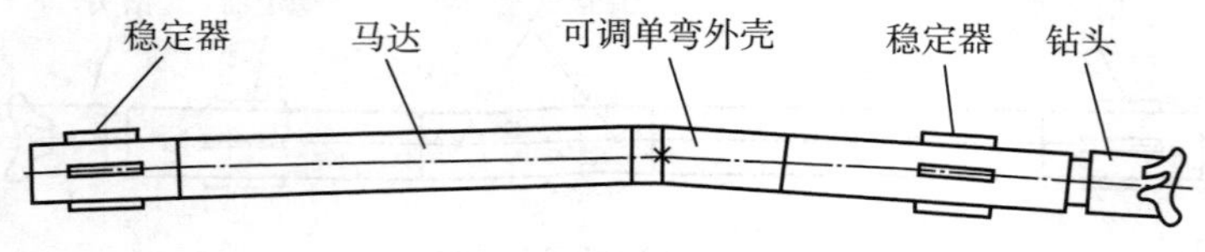

图 6 – 15　AKO 组合

(4)大偏移距同向双弯螺杆钻具组合(FAB 组合)

大偏移距同向双弯螺杆钻具的特点是：液压马达上部与万向轴壳体某部位各有一个弯点，两弯点方向相同，且中心线共面。即这种螺杆钻具在其上部及下部(万向轴部分)各装有一单弯外壳，如图 6 – 16 所示。由于这种组合的钻头偏移距很大，故有很强的造斜能力，是一种强造斜组合。正因为钻头偏移距很大，不能开动转盘钻井，故不能用 FAB 马达组成导向钻井系统。

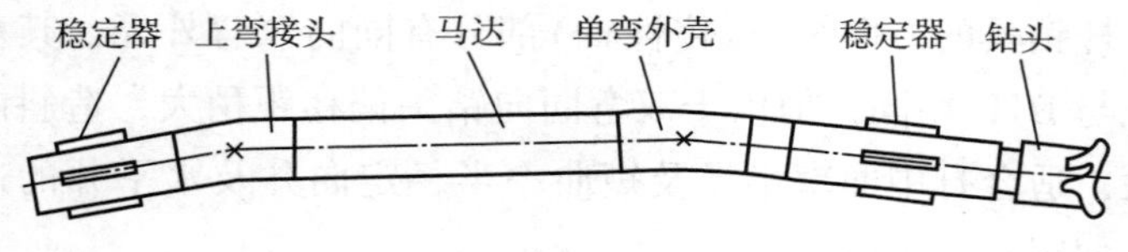

图 6 – 16　FAB 组合

(5)球铰接螺杆钻具组合

球铰接螺杆钻具的特点是：弯壳体钻具的数个部位，呈铰接状态，如图 6 – 17 所示。球铰接螺杆钻具是适用于短半径水平井钻井的钻具，其造斜率可以达到 4.5(°)/m。

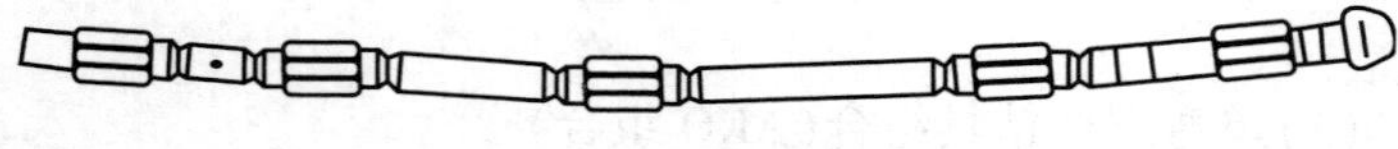

图 6 – 17　球铰接螺杆钻具组合

1.1.1.7　技术要求

(1)钻具主要零件材质应符合下列技术要求

①钻具各壳体及传动轴材料的硫、磷含量均不应大于0.03%。

②钻具壳体及传动轴所用材料经热处理后机械性能见表6-3。

表6-3　材料机械性能

钻具规格(外径)/mm	抗拉强度/MPa	屈服强度/MPa	断后伸长率/%	夏比V型冲击功/J	硬度HB
≤178	≥965	≥758	≥13	≥54	≥277
>178	≥931	≥689			

注：冲击试验的结果取三个试样的平均值，且单个试样最低不应小于47J。

③钻具定子内衬弹性体的物理机械性能参见表6-4的要求。

表6-4　螺杆钻具定子内衬弹性体物理机械性能

项　目	单　位	数　值
邵尔A型硬度		75±5
拉伸强度	MPa	≥14
扯断伸长率	%	>300
扯断永久变形	%	≤15
撕裂强度	kN/m	>37
阿克隆磨耗	cm^3/(1.61km)	≤0，3
老化系数(90℃，24h)		≥0.8
体积变化率(25号变压器油，24h)	%	±4

定子内衬弹性体与金属壁粘合的90°剥离强度不低于12kN/m。

在粘合界面破坏后，金属件的附胶率为100%。

(2)螺杆钻具规格与适用的井眼对照

螺杆钻具规格与适用的井眼尺寸对照见表6－5。

表6－5　钻具规格与适用的井眼对照表

<table>
<tr><th>钻具规格(外径)/mm(in)</th><th>井眼尺寸/in</th><th>钻具规格(外径)/mm(in)</th><th>井眼尺寸/in</th></tr>
<tr><td>43(1 11/16)</td><td rowspan="4">2⅛～3¾</td><td>159(6¼)</td><td rowspan="2">7⅜～8¾</td></tr>
<tr><td>45(1¾)</td><td>165(6½)</td></tr>
<tr><td>54(2⅛)</td><td>172(6¾)</td><td rowspan="4">8⅜～9⅞</td></tr>
<tr><td>60(2⅜)</td><td>175(6⅞)</td></tr>
<tr><td>65(2 9/16)</td><td rowspan="2">3⅜～4¾</td><td>178(7)</td></tr>
<tr><td>73(2⅞)</td><td>185(7¼)</td></tr>
<tr><td>86(3⅜)</td><td rowspan="5">4¼～5⅞</td><td>197(7¾)</td><td rowspan="4">9⅞～12¼</td></tr>
<tr><td>89(3½)</td><td>203(8)</td></tr>
<tr><td>95(3¾)</td><td>210(8¼)</td></tr>
<tr><td>100(3 15/16)</td><td>216(8½)</td></tr>
<tr><td>102(4)</td><td>241(9½)</td><td rowspan="2">12¼～17½</td></tr>
<tr><td>120(4¾)</td><td rowspan="3">5⅞～7⅞</td><td>244(9⅝)</td></tr>
<tr><td>127(5)</td><td>286(11¼)</td><td rowspan="2">14½～26</td></tr>
<tr><td></td><td>292(11½)</td></tr>
</table>

1.1.1.8　螺杆钻具故障分析与排除

通过观察立管压力，可分析和判断螺杆钻具使用过程中出现的各种问题。

螺杆钻具故障分析及处理方法见表6－6。

表 6-6　螺杆钻具故障分析及处理方法

异常现象	可能原因	判断及处理方法
压力突然升高	马达失速	把钻具上提0.3~0.6m，核对循环压力，逐步加钻压，压力表的压力随之逐步升高，均正常后，可确认是失速
	马达传动轴卡死或钻头水眼被堵	把钻头提离井底，若压力表读数仍很高，起出钻具检查或更换
压力缓慢升高(不是指随井深的增加而增大的正常压力)	钻头水眼被堵	把钻头提离井底，再检查压力，如果压力仍然高于正常循环压力，可以试着变循环流量或上下活动钻杆，如无效，起出钻具修理、更换
	钻头磨损	继续工作，细心观察，如仍无进尺，起出更换
	地层变化	把钻头稍稍上提，如果压力与循环压力相同，则可继续钻进
压力缓慢降低	循环压力损失变化	检查钻井液排量
	钻杆损坏	稍提钻具，压力表读数仍低于循环压力，起出钻具检查
无进尺	地层变化	在允许范围内，适当改变钻压和排量
	马达失速	压力表读数偏高，钻具提离井底，检查循环压力，从小钻压开始，逐步增大钻压
	旁通阀处于“开位”	压力表读数偏低，稍提起钻具，停、启钻井泵两次仍无效，则需要起出，检查更换旁通阀
	万向轴损坏	常伴有压力波动，稍提起钻具，压力波动范围小些，只能起钻，检查更换
	钻头损坏	更换新钻头

1.1.1.9　部分生产厂家产品介绍

(1)北京石油机械厂螺杆钻具

①型号：

北京石油机械厂螺杆钻具型号表示如下：

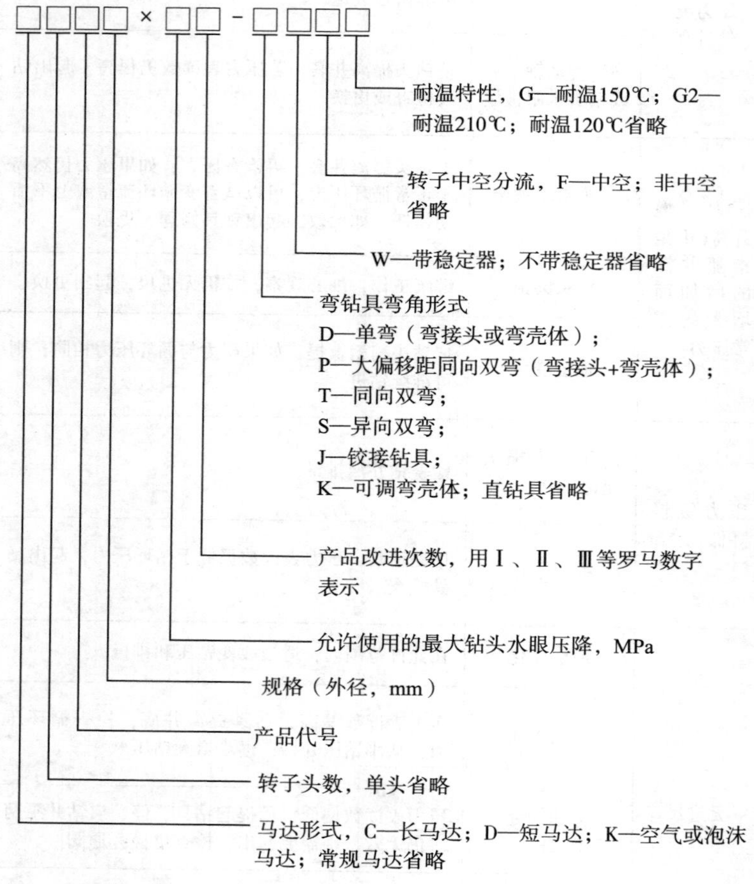

②技术参数：

北京石油机械厂螺杆钻具技术参数见表6－7。

表 6－7　北京石油机械厂螺杆钻具主要技术参数

产品型号	外径		流量/中空流量/(L/s)	钻头转速/(r/min)	马达压降/MPa	工作扭矩/N·m	最大扭矩/N·m	推荐钻压/kN	最大钻压/kN	最大功率/kW	长度/m	连接螺纹(API 正规)	
	in	mm										上端	下端
空气或泡沫螺杆钻具													
K7LZ244 * 7.0	$9\frac{5}{8}$	244	42 ~ 70	40 ~ 70	2.4	15000	24000	210	400	110	7.8	$6\frac{5}{8}$	$6\frac{5}{8}$
K7LZ197 * 7.0	$7\frac{3}{4}$	197	33.5 ~ 56.7	50 ~ 80	2.4	11000	17600	200	380	92.2	6.9	$5\frac{1}{2}$	$6\frac{5}{8}$
K7LZ172 * 7.0	$6\frac{3}{4}$	172	22 ~ 38.5	50 ~ 100	2.4	6000	9600	150	300	62.8	6.7	$4\frac{1}{2}$	$4\frac{1}{2}$
K7LZ165 * 7.0	$6\frac{1}{2}$	165	19 ~ 38	46 ~ 92	2.4	5750	9200	90	180	73	7.6	$4\frac{1}{2}$	$4\frac{1}{2}$
K7LZ120 * 7.0	$4\frac{3}{4}$	120	10 ~ 20	50 ~ 100	1.8	2770	4430	55	100	29	6.2	$3\frac{1}{2}$	$3\frac{1}{2}$
K7LZ95 * 7.0	$3\frac{3}{4}$	95	5 ~ 10	60 ~ 130	2	1000	1600	30	60	13.6	5.8	$2\frac{7}{8}$	$2\frac{7}{8}$
单头螺杆钻具													
LZ244 * 7.0	$9\frac{5}{8}$	244	38 ~ 63	240 ~ 400	4.1	6236	12472	213	329	261.2	9	$6\frac{5}{8}$	$6\frac{5}{8}$
LZ197 * 7.0	$7\frac{3}{4}$	197	19 ~ 31.6	230 ~ 390	4.1	2928	5856	120	240	120	7.8	$5\frac{1}{2}$	$6\frac{5}{8}$
LZ165 * 7.0	$6\frac{1}{2}$	165	15.8 ~ 25.2	350 ~ 550	4.1	1817	3634	80	160	104.7	7.3	$4\frac{1}{2}$	$4\frac{1}{2}$
LZ127 * 7.0	5	127	9.5 ~ 19	345 ~ 690	3.1	712	1424	47	110	51.5	6.6	$3\frac{1}{2}$	$3\frac{1}{2}$
LZ120 * 7.0	$4\frac{3}{4}$	120	6.33 ~ 15	245 ~ 600	4	790	1580	35	70	50	6.4	$3\frac{1}{2}$	$3\frac{1}{2}$
LZ100 * 7.0	$3\frac{7}{8}$	100	4.7 ~ 11	280 ~ 700	5.2	650	1300	35	57	47.7	6.4	$2\frac{7}{8}$	$2\frac{7}{8}$
LZ244 * 3.5	$9\frac{5}{8}$	244	25.2 ~ 44	215 ~ 375	2.5	2623	5246	49	102	103	7.8	$6\frac{5}{8}$	$7\frac{5}{8}$
LZ197 * 3.5	$7\frac{3}{8}$	197	19 ~ 28.4	275 ~ 415	2.5	1532	3064	54	83	66.6	6.2	$5\frac{1}{2}$	$6\frac{5}{8}$
LZ165 * 3.5	$6\frac{1}{2}$	165	12.6 ~ 22	275 ~ 480	2.5	935	1870	29	55	47	6	$4\frac{1}{2}$	$4\frac{1}{2}$

续表

产品型号	外径		流量/中空流量/(L/s)	钻头转速/(r/min)	马达压降/MPa	工作扭矩/N·m	最大扭矩/N·m	推荐钻压/kN	最大钻压/kN	最大功率/kW	长度/m	连接螺纹(API 正规)	
	in	mm										上端	下端
LZ127 * 3.5	5	127	9.5 ~ 15.8	355 ~ 560	2.5	576	1152	20	40	33.8	5.8	3½	3½
多头螺杆钻具													
5LZ244 * 7.0	9⅝	244	50.7 ~ 75.7	90 ~ 140	2.5	9300	16275	210	400	136.3	7.8	6⅝	6⅝
3LZ244 * 7.0	9⅝	244	18.9 ~ 56.8	96 ~ 290	5	7040	11260	210	400	213.8	7.6	6⅝	6⅝
C5LZ216 * 7.0	8½	216	28 ~ 56.8	105 ~ 210	5	10700	17100	200	360	235.3	8.3	6⅝	6⅝
C3LZ216 * 7.0	8½	216	28 ~ 56.8	145 ~ 290	5	7930	12700	200	360	240.8	8.3	6⅝	6⅝
7LZ203 * 7.0	8	203	22 ~ 56.8	56 ~ 146	2.5	7409	11854	120	240	112.5	8.1	5½	6⅝
C5LZ203 * 7.0	8	203	22 ~ 36	100 ~ 160	5.2	8890	14220	145	290	150	8.7	5½	6⅝
5LZ203 * 7.0	8	203	22 ~ 36	95 ~ 150	3.2	5000	8750	120	240	78.5	6.9	5½	6⅝
C5LZ197 * 7.0	7¾	197	22 ~ 36	100 ~ 160	5.2	8890	14220	145	290	150	8.7	5½	6⅝
5LZ197 * 7.0	7¾	197	22 ~ 36	95 ~ 150	3.2	5000	8750	120	240	78.5	6.9	5½	6⅝
C7LZ172 * 7.0 Ⅱ	6¾	172	18.9 ~ 37.9	85 ~ 175	4	5860	9380	150	300	106	8.4	4½	4½
C5LZ172 * 7.0	6¾	172	18.9 ~ 37.9	100 ~ 200	6	6870	10992	170	340	144	9.2	4½	4½
C5LZ172 * 7.0 Ⅱ	6¾	172	18.9 ~ 37.9	100 ~ 200	4.5	5150	8240	150	300	107.8	7.8	4½	4½
C4LZ172 * 7.0	6¾	172	18.9 ~ 37.9	150 ~ 300	7	6320	10110	170	340	198.6	9.2	4½	4½
5LZ172 * 7.0	6¾	172	18.9 ~ 37.9	100 ~ 200	3.2	3660	5856	100	200	76.6	6.7	4½	4½

续表

产品型号	外径		流量/中空流量/(L/s)	钻头转速/(r/min)	马达压降/MPa	工作扭矩/N·m	最大扭矩/N·m	推荐钻压/kN	最大钻压/kN	最大功率/kW	长度/m	连接螺纹(API 正规)	
	in	mm										上端	下端
9LZ165 * 7.0	$6\frac{1}{2}$	165	19 ~ 31.6	85 ~ 135	2.5	3200	5600	80	160	45.2	5.7	$4\frac{1}{2}$	$4\frac{1}{2}$
7LZ165 * 7.0	$6\frac{1}{2}$	165	16 ~ 28	78 ~ 140	2.5	3833	6133	80	150	56.2	6.5	$4\frac{1}{2}$	$4\frac{1}{2}$
D7LZ165 * 7.0	$6\frac{1}{2}$	165	18 ~ 28	130 ~ 200	2.5	2300	3680	80	150	48.2	5	$4\frac{1}{2}$	$4\frac{1}{2}$
C5LZ165 * 7.0	$6\frac{1}{2}$	165	18.9 ~ 37.9	125 ~ 250	5	5000	8000	90	180	112.6	8.2	$4\frac{1}{2}$	$4\frac{1}{2}$
5LZ165 * 7.0	$6\frac{1}{2}$	165	16 ~ 28	100 ~ 178	3.2	3200	5600	80	160	59.7	6.5	$4\frac{1}{2}$	$4\frac{1}{2}$
3LZ165 * 7.0	$6\frac{1}{2}$	165	17 ~ 27	200 ~ 300	4.1	2500	3750	80	160	78.5	6.5	$4\frac{1}{2}$	$4\frac{1}{2}$
C5LZ120 * 7.0	$4\frac{3}{4}$	120	6.7 ~ 20	80 ~ 240	5.2	2500	4000	55	100	70.5	6.9	$3\frac{1}{2}$	$3\frac{1}{2}$
D5LZ120 * 7.0	$4\frac{3}{4}$	120	5.78 ~ 15.8	70 ~ 200	1.6	900	1485	55	72	18.9	3.3	$3\frac{1}{2}$	$3\frac{1}{2}$
5LZ120 * 7.0	$4\frac{3}{4}$	120	5.78 ~ 15.8	70 ~ 200	2.5	1300	2275	55	72	27.2	4.9	$3\frac{1}{2}$	$3\frac{1}{2}$
5LZ100 * 7.0	$3\frac{7}{8}$	100	4.73 ~ 11.04	140 ~ 320	3.2	710	1240	21	40	23.8	4.2	$2\frac{7}{8}$	$2\frac{7}{8}$
C5LZ95 * 7.0	$3\frac{3}{4}$	95	5 ~ 13.3	140 ~ 380	6.5	1490	2235	40	80	59.3	6.9	$2\frac{7}{8}$	$2\frac{7}{8}$
C5LZ95 * 7.0 Ⅱ	$3\frac{3}{4}$	95	5 ~ 13.3	140 ~ 380	5.2	1200	1920	35	70	47.8	5.5	$2\frac{7}{8}$	$2\frac{7}{8}$
5LZ95 * 7.0	$3\frac{3}{4}$	95	4.73 ~ 11.04	140 ~ 320	3.2	710	1240	21	40	23.8	4.2	$2\frac{7}{8}$	$2\frac{7}{8}$
5LZ89 * 7.0	$3\frac{1}{2}$	89	2 ~ 7	95 ~ 330	4.1	560	980	18	37	19.4	4.7	$2\frac{3}{8}$	$2\frac{3}{8}$
5LZ73 * 7.0	$2\frac{7}{8}$	73	1.26 ~ 5.05	120 ~ 480	3.5	275	480	12	25	13.8	3.5	$2\frac{3}{8}$ TBG	$2\frac{3}{8}$
5LZ60 * 7.0	$2\frac{3}{8}$	60	1.26 ~ 3.13	140 ~ 360	2.5	160	280	5	10	6.03	3.3	1.9TBG	1.9TBG
5LZ43 * 7.0	$1\frac{3}{4}$	43	1.26 ~ 2.84	280 ~ 640	4.5	160	280	5	12	10.72	3.1	NC12	NC12

(2)大港中成螺杆钻具

①型号：

大港中成螺杆产品型号表示如下：

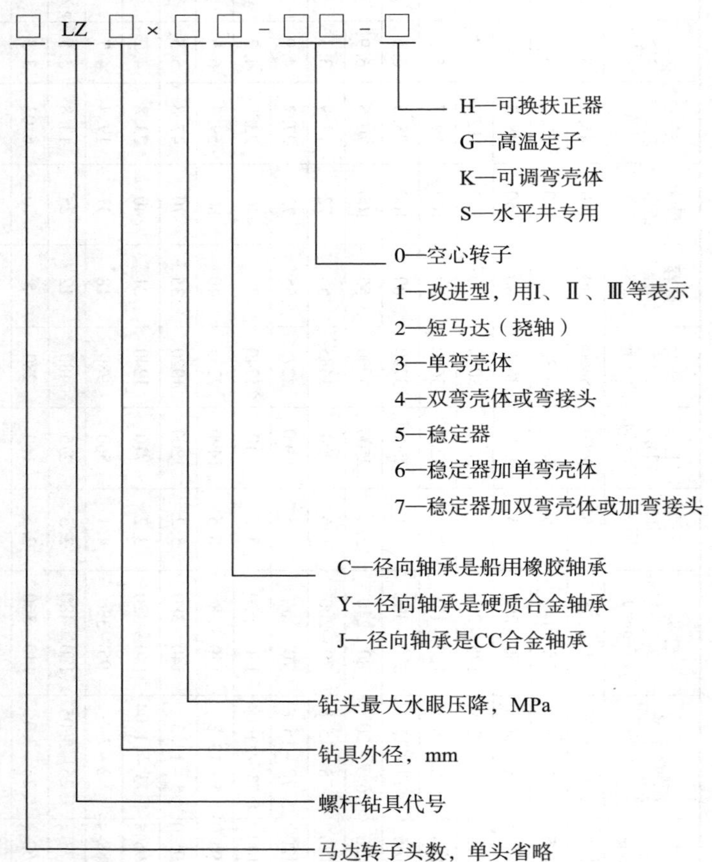

②规格及技术参数：

大港中成螺杆钻具规格及技术参数见表 6 - 8、表 6 - 9、表 6 - 10。

大港中成螺杆钻具弯点和稳定器位置相关参数见表 6 - 11。

表 6－8　大港中成螺杆钻具常规型钻具规格及技术参数

钻具型号	外径/in（mm）	接头螺纹（API－REG）		长度/m	推荐排量/（L/s）	钻头转速/（r/min）	马达压降/MPa	输出扭矩/N·m	输出功率/kW	钻头水眼压降/MPa	质量/kg
		上端	下端								
3LZ60＊3.5C	$2\frac{3}{8}$（60）	1.93 TBG	1.93 TBG	2.0	0.6～0.8～1	116～164～193	2.4	118～236	1.4～2.4	1～3.4	46
5LZ89＊7Y	$3\frac{1}{2}$（89）	$2\frac{3}{8}$IF	$2\frac{3}{8}$	3.6	2.5～4.2～7	89～150～180	2.4	642～1284	6～12	1.4～6.9	127
5LZ89＊7Y－Ⅰ	$3\frac{1}{2}$（89）	$2\frac{3}{8}$IF	$2\frac{3}{8}$	3.5	2.5～4.2～7	89～150～180	2.4	642～1284	6～12	1.4～6.9	124
5LZ95＊7Y	$3\frac{3}{4}$（95）	$2\frac{7}{8}$	$2\frac{7}{8}$	3.86	3.75～6～10	90～144～180	2.4	800～1780	8～15	1.4～6.9	152
5LZ95＊7Y－Ⅰ	$3\frac{3}{4}$（95）	$2\frac{7}{8}$	$2\frac{7}{8}$	5.15	4～7～11	89～155～244	3.2	1375～2650	12.8～35	1.4～6.9	192
5LZ95＊7Y－J	$3\frac{3}{4}$（95）	$2\frac{7}{8}$	$2\frac{7}{8}$	4.9	3.75～4.5～6	90～144～180	2.4	800～1780	8～15	1.4～6.9	200
9LZ95＊7Y	$3\frac{3}{4}$（95）	$2\frac{7}{8}$	$2\frac{7}{8}$	3.0	3～4.5～6	105～156～180	2.4	657～1314	7～12	1.4～6.9	124
5LZ105＊7Y	$4\frac{1}{8}$（105）	$2\frac{7}{8}$	$3\frac{1}{2}$	4.5	6～9～14	102～152～180	2.4	1352～2163	14～25	1.4～6.9	210
5LZ120＊7Y	$4\frac{3}{4}$（120）	$3\frac{1}{2}$	$3\frac{1}{2}$	5.7	7～12～16	87～150～180	2.4	1624～2847	15～31	1.4～6.9	385
5LZ120＊7Y－Ⅰ	$4\frac{3}{4}$（120）	$3\frac{1}{2}$	$3\frac{1}{2}$	4.4	4～5～9	62～94～140	2.4	1471～2942	10～22	1.4～6.9	301
7LZ120＊7Y－Ⅰ	$4\frac{3}{4}$（120）	$3\frac{1}{2}$	$3\frac{1}{2}$	3.5	5～9～12	89～160～180	2.8	1502～3004	14～30	1.4～6.9	240
5LZ165＊7Y	$6\frac{1}{2}$（165）	$4\frac{1}{2}$	$4\frac{1}{2}$	6.7	16～22～28	112～155～197	3.2	3797～6644	45～78	1.4～6.9	730
5LZ165＊7Y－Ⅳ	$6\frac{1}{2}$（165）	$4\frac{1}{2}$	$4\frac{1}{2}$	7.5	10～18～27	86～155～180	4.8	5294～8470	48～100	1.4～6.9	790
5LZ165＊7Y－Ⅴ	$6\frac{1}{2}$（165）	$4\frac{1}{2}$	$4\frac{1}{2}$	5.1	10～18～24	83～149～190	2.4	2773～5546	24～55	1.4～6.9	584
7LZ165＊7Y	$6\frac{1}{2}$（165）	$4\frac{1}{2}$	$4\frac{1}{2}$	5.0	10～18～25	82～148～180	2.4	2781～5562	24～52	1.4～6.9	720
9LZ165＊7Y	$6\frac{1}{2}$（165）	$4\frac{1}{2}$	$4\frac{1}{2}$	5.8	19～24～32	94～120～159	2.4	4599～8305	45～77	1.4～6.9	785

续表

钻具型号	外径/in(mm)	接头螺纹(API-REG)		长度/m	推荐排量/(L/s)	钻头转速/(r/min)	马达压降/MPa	输出扭矩/N·m	输出功率/kW	钻头水眼压降/MPa	质量/kg
		上端	下端								
5LZ172 * 7Y	6¾(172)	4½	4½	7.2	16~25~36	94~146~180	3.2	5215~8344	51~98	1.4~6.9	980
5LZ197 * 7Y	7¾(197)	5½	6⅝	7.04	19~32~38	89~150~178	3.2	5500~11000	51~102	1.4~6.9	1524
5LZ197 * 7Y-Ⅳ	7¾(197)	5½	6⅝	8.92	16~26~38	90~145~180	5.2	8855~14168	84~167	1.4~6.9	1610
5LZ210 * 7Y	8¼(210)	6⅝	6⅝	8.4	23~39~54	88~149~180	4.2	10375~16600	96~195	1.4~6.9	1716
5LZ245 * 7Y	9⅝(245)	6⅝	6⅝ (7⅝)	8.1	44~50~75	90~102~154	2.4	12473~21828	118~201	1.4~6.9	2272
5LZ245 * 7Y-Ⅳ	9⅝(245)	6⅝	6⅝ (7⅝)	9.06	38~42~62	92~101~149	3.6	14267~22827	138~223	1.4~6.9	2375

表6-9 大港中成螺杆钻具高速型钻具规格及技术参数

钻具型号	外径/in(mm)	接头螺纹(API-REG)		长度/m	推荐排量/(L/s)	钻头转速/(r/min)	马达压降/MPa	输出扭矩/N·m	输出功率/kW	钻头水眼压降/MPa	推荐钻压/kN	质量/kg
		上端	下端									
LZ127 * 3.5C	5(127)	3½	3½	6	9.5~15.8	335~560	2.5	576~1152	20~34	1~3.4	19.6	413
LZ165 * 3.5C	6½(165)	4½	4½	6	12.6~22	275~480	2.5	935~1870	27~47	1~3.4	29	718
LZ165 * 3.5Y	6½(165)	4½	4½	5.7	12.6~22	275~480	2.5	935~1870	27~47	1~3.4	29	654
LZ197 * 3.5C	7¾(197)	5½	6⅝	6.4	18.9~28.3	275~415	2.5	1532~3064	45~67	1~3.4	54	1066
LZ197 * 3.5Y	7¾(197)	5½	6⅝	6.1	18.9~28.3	275~415	2.5	1532~3064	45~67	1~3.4	54	969

续表

钻具型号	外径/in (mm)	接头螺纹(API－REG)		长度/m	推荐排量/(L/s)	钻头转速/(r/min)	马达压降/MPa	输出扭矩/N·m	输出功率/kW	钻头水眼压降/MPa	推荐钻压/kN	质量/kg
		上端	下端									
LZ244 * 3.5C	9(244)	$6\frac{5}{8}$	$7\frac{5}{8}$	8.1	25.2～44.2	215～375	2.5	2623～5246	59～103	1～3.4	50	1973
LZ127 * 7Y	5(127)	$3\frac{1}{2}$	$3\frac{1}{2}$	6.5	9.5～18.9	345～690	3.1	712～1424	25～51.5	1.4～6.9	47	499
LZ165 * 7Y	$6\frac{1}{2}$(165)	$4\frac{1}{2}$	$4\frac{1}{2}$	7.6	15.8～18.9	280～450	4.1	1817～3634	53～85	1.4～6.9	83	916
LZ197 * 7Y	$7\frac{3}{4}$(197)	$5\frac{1}{2}$	$6\frac{5}{8}$	8.3	18.9～31.5	245～410	4.1	2928～5856	75～125	1.4～6.9	127	1281
LZ244 * 7Y	$9\frac{5}{8}$(244)	$6\frac{5}{8}$	$6\frac{5}{8}$ ($7\frac{5}{8}$)	9.4	37.9～63	300～500	5.2	5423～10846	170～248	1.4～6.9	238	2272

表 6－10　大港中成螺杆钻具 14J 型钻具规格及技术参数

钻具型号	外径/in (mm)	接头螺纹(API－REG)		长度/m	推荐排量/(L/s)	钻头转速/(r/min)	马达压降/MPa	输出扭矩/N·m	输出功率/kW	钻头水眼压降/MPa	推荐钻压/kN	质量/kg
		上端	下端									
LZ165 * 14J	$6\frac{1}{2}$(165)	$4\frac{1}{2}$	$4\frac{1}{2}$	7.7	15.8～18.9	280～450	4.1	1817～3634	53～85	1.4～6.9	93	910
LZ197 * 14J	$7\frac{3}{4}$(197)	$5\frac{1}{2}$	$6\frac{5}{8}$	8.0	19～32	245～410	4.1	2928～5856	75～125	1.4～14	128	1492
LZ244 * 14J	$9\frac{5}{8}$(244)	$6\frac{5}{8}$	$6\frac{5}{8}$ ($7\frac{5}{8}$)	9.1	38～63	300～500	5.2	5423～10846	170～284	1.4～14	289	2272
5LZ165 * 14J	$6\frac{1}{2}$(165)	$4\frac{1}{2}$	$4\frac{1}{2}$	6.8	16～28	112～197	3.2	3797～6644	45～78	1.4～14	108	730
9LZ165 * 14J	$6\frac{1}{2}$(165)	$4\frac{1}{2}$	$4\frac{1}{2}$	5.9	19～32	94～159	2.4	4599～8305	45～77	1.4～14	108	785
5LZ197 * 14J	$7\frac{3}{4}$(197)	$5\frac{1}{2}$	$6\frac{5}{8}$	7.0	19～38	89～178	3.2	5500～11000	51～102	1.4～14	147	1492
5LZ244 * 14J	$9\frac{5}{8}$8(244)	$6\frac{5}{8}$	$6\frac{5}{8}$ ($7\frac{5}{8}$)	8.1	44～75	90～154	2.4	12473～21825	118～201	1.4～14	255	2272

表 6-11 大港中成螺杆钻具弯点和稳定器位置参数

序号	钻具型号	总长 L/mm	两弯点距离 L_1/mm	上弯点角度 α_1/(°)	下弯点至底部距离 L_2/mm	下弯点角度 α_2/(°)	稳定器中点至底部距离 L_3/mm	稳定器	
								直径 ϕ/mm	类型
1	5LZ89×7Y-7	3829	2454	0~2	1033	0~2.5	625	106	偏心式
2	5LZ95×7Y-7	4010	2558	0~2	1057	0~3.5	790	120	偏心式
3	9LZ95×7Y-7	3162	1710	0~2	1057	0~3.5	790	120	偏心式
4	5LZ105×7Y-7	4752	3119	0~2	1057	0~3.5	790	147	偏心式
5	5LZ120×7Y-7-I	4700	2928	0~2	1184	0~2	600	147	螺旋式
6	5LZ165×7Y-7	7011	4054	0~2	2195	0~2	610	210	直线式
7	7LZ165×7Y-7	5350	2500	0~2	2195	0~2	610	210	直线式
8	9LZ165×7Y-7	6130	3280	0~2	2195	0~2	610	210	直线式
9	5LZ172×7Y-7	7146	5538	0~2	1619	0~2.5	823	210	直线式
10	5LZ197×7Y-7	7573	4288	0~2	2574	0~2	717	308	直线式
11	5LZ210×7Y-7	8584	6210	0~2	1542	0~2	878	308	直线式
12	5LZ244×7Y-7	8422	4701	0~2	2804	0~2	924	308	直线式

(3)天津立林机械集团螺杆钻具

①型号：

天津立林螺杆钻具型号表示如下：

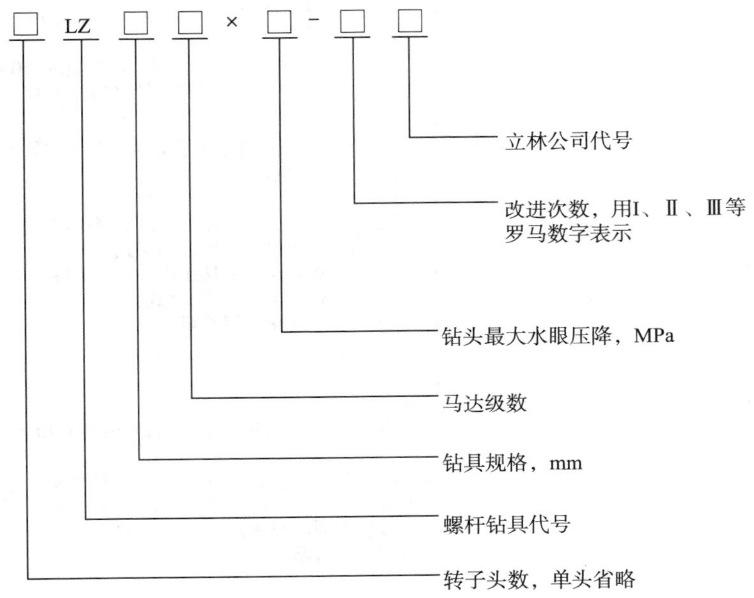

例："5LZ165×7.0BH"表示为转子头数与定子头数比为5:6，外径为165mm，钻头水眼压降为7.0MPa的螺杆钻具。

②规格及技术参数：

螺杆钻具规格及技术参数见表6-12。

(4)潍坊盛德石油机械有限公司螺杆钻具

①螺杆：

钻具型号表示如下所示。

②规格及技术参数：

螺杆钻具规格及技术参数见表6-13。

(5)胜利油田渤海管具有限公司螺杆钻具

胜利渤海螺杆钻具规格及技术参数见表6-14。

潍坊盛德石油机械有限公司螺杆钻具型号表示方法：

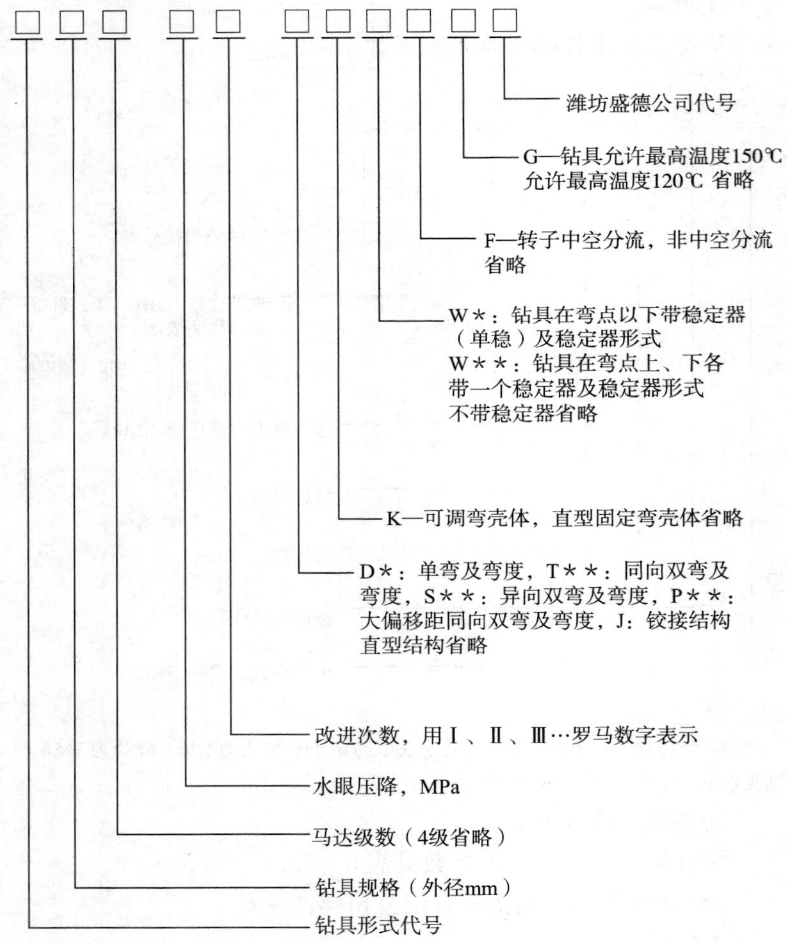

(6)德州联合石油机械有限公司螺杆钻具

德州联合螺杆钻具规格及技术参数见表6－15。

(7)泸州川油钻采工具有限公司螺杆钻具

泸州川油钻采螺杆钻具规格及技术参数见表6－16。

表 6-12　天津立林螺杆钻具规格及技术参数

钻具型号	外径/mm(in)	接头螺纹(API-REG)		水眼压降/MPa	推荐流量/(L/s)	钻头转速/(r/min)	马达压降/MPa	输出扭矩/N·m	输出功率/kW	推荐钻压/kN	质量/kg	长度/m
		上端	下端									
5LZ73A * 7.0 - Ⅳ BH	73($2\frac{7}{8}$)	$2\frac{3}{8}$ TBG	$2\frac{3}{8}$	1.4~6.9	2.7~6.5	108~261	2.4	357~936	12	12	96	3.3
5LZ89A * 7.0 - Ⅳ BH	89($3\frac{1}{2}$)	$2\frac{3}{8}$	$2\frac{3}{8}$	1.4~6.9	4.4~10.5	100~240	2.4	628~1300	21	18	130	3.6
5LZ95A * 7.0 - Ⅳ BH	95($3\frac{3}{4}$)	$2\frac{7}{8}$	$2\frac{7}{8}$	1.4~6.9	5~12	108~260	2.4	684~1810	24	21	158	3.8
9LZ95A * 7.0 - Ⅳ BH	95($3\frac{3}{4}$)	$2\frac{7}{8}$	$2\frac{7}{8}$	1.4~6.9	3.6~8.8	60~145	3.2	1206~2091	23	30	172	3.8
5LZ120A * 7.0 - Ⅳ BH	120($4\frac{3}{4}$)	$3\frac{1}{2}$	$3\frac{1}{2}$	1.4~6.9	6.5~16	72~174	2.4	1289~2860	30	55	396	5.1
5LZ165B * 7.0 - Ⅳ BH	165($6\frac{1}{2}$)	$4\frac{1}{2}$	$4\frac{1}{2}$	1.4~6.9	12~30	74~182	3.2	2996~6650	72	80	795	6.4
5LZ165C * 7.0 - Ⅳ BH	165($6\frac{1}{2}$)	$4\frac{1}{2}$	$4\frac{1}{2}$	1.4~6.9	12~30	74~182	4.0	3745~8980	92	80	910	7.2
5LZ165D * 7.0 - Ⅳ BH	165($6\frac{1}{2}$)	$4\frac{1}{2}$	$4\frac{1}{2}$	1.4~6.9	12~30	74~182	4.8	4490~9345	111	80	1028	8.0
5LZ172B * 7.0 - Ⅳ BH	172($6\frac{3}{4}$)	$4\frac{1}{2}$	$4\frac{1}{2}$	1.4~6.9	14~32	81~178	3.2	3605~7500	98	95	978	6.7
5LZ172C * 7.0 - Ⅳ BH	172($6\frac{3}{4}$)	$4\frac{1}{2}$	$4\frac{1}{2}$	1.4~6.9	14~32	81~178	4.0	4350~9065	116	95	1142	7.5
5LZ197B * 7.0 - Ⅳ BH	197($7\frac{3}{4}$)	$5\frac{1}{2}$	$6\frac{5}{8}$	1.4~6.9	19~38	81~178	3.2	4975~11500	93	120	1210	6.6
5LZ197C * 7.0 - Ⅳ BH	197($7\frac{3}{4}$)	$5\frac{1}{2}$	$6\frac{5}{8}$	1.4~6.9	19~38	81~178	4.0	6218~14200	120	120	1355	7.5
5LZ216B * 7.0 - Ⅳ BH	216($8\frac{1}{2}$)	$6\frac{5}{8}$	$6\frac{5}{8}$	1.4~6.9	24~54	78~180	3.2	6048~15800	105	160	1650	6.6
5LZ216C * 7.0 - Ⅳ BH	216($8\frac{1}{2}$)	$6\frac{5}{8}$	$6\frac{5}{8}$	1.4~6.9	24~54	76~180	4.0	7560~19600	128	160	1752	7.5

续表

钻具型号	外径/mm(in)	接头螺纹(API－REG)		水眼压降/MPa	推荐流量/(L/s)	钻头转速/(r/min)	马达压降/MPa	输出扭矩/N·m	输出功率/kW	推荐钻压/kN	质量/kg	长度/m
		上端	下端									
5LZ244B * 7.0 － Ⅳ BH	244(9⅝)	6⅝	7⅝	1.4～6.9	28～70	74～185	3.2	7135～21900	110	220	2130	7.3
5LZ244C * 7.0 － Ⅳ BH	244(9⅝)	6⅝	7⅝	1.4～6.9	28～70	74～185	4.0	8918～22930	138	220	2305	8.1
5LZ244D * 7.0 － Ⅳ BH	244(9⅝)	6⅝	7⅝	1.4～6.9	30～72	77～186	4.8	11130～23149	171	220	2485	9.0

表 6－13　潍坊盛德螺杆钻具规格及性能参数

钻具型号	外径/mm(in)	推荐流量/(L/s)	马达压降/MPa	钻头转速/(r/min)	输出扭矩/N·m	输出功率/kW	推荐钻压/kN	钻头水眼压降/MPa	接头螺纹(API－REG)		长度(直体)/m	质量(直体)/kg
									上端	下端		
5LZ73 ×7.0	73(2⅞)	2～4	2.4	125～250	311～560	4.0～8.0	15	2.0～7.0	2⅜TBG	2⅜TBG	3.7	86
5LZ89 ×3.5	89(3½)	4～8	2.0	106～212	458～801	5.1～10	12	1.0～3.5	2⅜TBG	2⅜	2.7	84
5LZ89 ×7.0	89(3½)	4～10	3.2	100～250	750～1300	7.8～20	15	2.0～7.0	2⅜REG	2⅜	3.2	90
5LZ95 ×3.5	95(3¾)	5～12	2.4	133～320	550～950	7.6～18	14	1.0～3.5	2⅞TBG	2⅞	3.5	122
5LZ95 ×7.0	95(3¾)	6～12	3.2	160～320	850～1500	14～28	19	2.0～7.0	2⅜	2⅜	4.1	130
7LZ100 ×3.5	100(3⅞)	5～12	2.4	103～247	705～1235	7.6～18	17	1.0～3.5	2⅞TBG	2⅞	3.5	139
7LZ100 ×7.0	100(3⅞)	6～14	2.5	80～186	1150～2000	9.6～22	29	2.0～7.0	2⅞	2⅞	4.1	146
7LZ120 ×3.5	120(4¾)	8～15	2.4	86～160	1355～2375	12～24	34	1.0～3.5	3½TBG	3½	3.9	252

续表

钻具型号	外径/mm(in)	推荐流量/(L/s)	马达压降/MPa	钻头转速/(r/min)	输出扭矩/N·m	输出功率/kW	推荐钻压/kN	钻头水眼压降/MPa	接头螺纹(API-REG)		长度(直体)/m	质量(直体)/kg
									上端	下端		
7LZ120×7.0	120(4¾)	8~16	3.2	90~180	1850~3200	18~35	48	2.0~7.0	3½	3½	4.5	260
5LZ165×7.0D	165(6½)	18~30	2.8	120~200	3000~5300	38~63	80	2.0~7.0	4½	4½	5.5	700
5LZ165×7.0	165(6½)	18~30	3.2	120~200	3428~6000	43~72	80	2.0~7.0	4½	4½	6.4	820
5LZ165×7.0C	165(6½)	18~30	4.8	120~200	5140~9080	65~108	100	2.0~7.0	4½	4½	7.4	930
5LZ172×7.0	172(6¾)	20~40	3.2	120~200	4200~7420	44~88	80	2.0~7.0	4½	4½	7.4	1040
5LZ172×7.0C	172(6¾)	20~40	4	120~200	5250~9275	55~110	100	2.0~7.0	4½	4½	8.2	1120
5LZ197×7.0	197(7¾)	20~40	3.2	90~180	4950~10200	46~92	120	2.0~7.0	6⅝	6⅝	7.8	1120
5LZ197×7.0C	197(7¾)	20~40	4	90~180	6187~12750	58~116	150	2.0~7.0	6⅝	6⅝	8.6	1200
6LZ203×7.0	203(8)	20~44	3.2	70~154	6800~12000	50~110	150	2.0~7.0	6⅝	6⅝	8.2	1170
6LZ203×7.0C	203(8)	20~44	4	70~154	8500~15000	62~137	187	2.0~7.0	6⅝	6⅝	9.0	1200
5LZ216×7.0	216(8½)	22~48	3.2	62~136	7800~13650	50~111	190	2.0~7.0	6⅝	6⅝	7.7	1360
5LZ216×7.0C	216(8½)	22~48	4	62~136	9750~17060	63~139	238	2.0~7.0	6⅝	6⅝	8.5	1440
5LZ244×7.0	244(9⅝)	25~50	3.2	70~140	8200~14000	60~120	200	2.0~7.0	6⅝	6⅝	7.5	2100
5LZ244×7.0C	244(9⅝)	25~50	4	70~140	10250~17500	75~150	250	2.0~7.0	6⅝	6⅝	8.3	2180

表 6-14　胜利渤海螺杆钻具规格及性能参数

钻具型号	适合井眼/in	流量范围/(L/s)	钻头转速/(r/min)	马达压降/MPa	输出扭矩/N·m	输出功率/kW	推荐钻压/t	接头螺纹(API-REG)		长度(直体)/m	质量(直体)/kg
								上端	下端		
5LZ73 * 7.0	3½~4¾	2~4	125~220	2.4	320~560	2.7~7.2	1.5	2⅜TBG	2⅜	3.67	85
5LZ80 * 7.0	3½~4¾	2.5~8	120~360	2.8	500~875	2.8~13.4	1.6	2⅜	2⅜	3.65	108
5LZ89 * 7.0	4½~6	3~8	95~200	2.4	560~980	3.6~11.4	2	2⅜	2⅜	2.70	83
7LZ95 * 7.0	4⅝~6	8~13	80~165	2.4	1200~2100	10~20.7	2.5	2⅞	2⅞	4.04	140
9LZ95 * 7.0	4⅝~6	5~8	90~150	3.2	1140~2050	7.8~17.6	2.5	2⅞	2⅞	4.51	150
7LZ102 * 7.0	4⅝~6	8~14	100~200	2.4	1300~2200	7.8~21	2.5	2⅞	2⅞	4.19	160
5LZ120 * 7.0(挠轴)	5⅝~7⅝	9~14	95~200	2.4	1350~2360	8.6~22	3	3½	3½	3.39	200
5LZ120 * 7.0Ⅴ	5⅝~7⅝	9~16	95~200	4.0	2180~3820	18~38.4	4	3½	3½	5.36	280
5LZ120 * 7.0Ⅱ	5⅝~7⅝	9~16	95~200	3.2	1700~2950	12~30.7	3	3½	3½	4.56	265
5LZ165 * 7.0Ⅲ	8⅜~9⅞	20~28	90~160	2.4	3300~5775	19.2~40.3	6	4½	4½	5.86	668
5LZ165 * 7.0Ⅳ	8⅜~9⅞	20~28	90~160	3.2	4500~7875	28.8~60	8	4½	4½	6.77	730
5LZ165 * 7.0Ⅴ	8⅜~9⅞	20~28	90~160	4.0	5600~9800	36~72.8	10	4½	4½	7.67	810
7LZ165 * 7.0Ⅴ	8⅜~9⅞	19.5~34.5	90~160	4.0	7400~13320	40~82.8	10	4½	4½	7.44	780
5LZ172 * 7.0Ⅳ	8⅜~9⅞	25~35	90~160	3.2	5300~9275	42~89.6	8	4½	4½	6.73	809

续表

钻具型号	适合井眼/in	流量范围/(L/s)	钻头转速/(r/min)	马达压降/MPa	输出扭矩/N·m	输出功率/kW	推荐钻压/t	接头螺纹(API-REG)		长度(直体)/m	质量(直体)/kg
								上端	下端		
5LZ172 * 7.0Ⅴ	$8\frac{3}{8}$~$9\frac{7}{8}$	25~35	90~160	4.0	6600~10560	51~96	10	$4\frac{1}{2}$	$4\frac{1}{2}$	7.63	913
7LZ172 * 7.0Ⅴ	$8\frac{3}{8}$~$9\frac{7}{8}$	22.5~40	90~160	4.0	7150~12870	45~80	10	$4\frac{1}{2}$	$4\frac{1}{2}$	7.39	930
7LZ172 * 7.0Ⅵ	$8\frac{3}{8}$~$9\frac{7}{8}$	25~35	90~160	4.8	8600~15480	54~118	12	$4\frac{1}{2}$	$4\frac{1}{2}$	8.19	1020
4LZ172 * 7.0Ⅷ	$8\frac{3}{8}$~$9\frac{7}{8}$	25~31	130~260	5.6	6050~10890	42.6~86.8	10	$4\frac{1}{2}$	$4\frac{1}{2}$	7.73	820
5LZ172 * 7.0Ⅵ	$8\frac{3}{8}$~$9\frac{7}{8}$	15.8~34.7	95~208	4.8	6000~10800	37.9~83.3	10	$4\frac{1}{2}$	$4\frac{1}{2}$	8.28	930
5LZ185 * 7.0Ⅴ	$9\frac{7}{8}$~$12\frac{1}{4}$	25~35	90~160	4.0	7200~13500	45~98	14	$5\frac{1}{2}$	$6\frac{5}{8}$	8.28	1120
4LZ197 * 7.0Ⅵ	$9\frac{7}{8}$~$12\frac{1}{4}$	25~56.5	110~265	4.8	9580~17240	60~135.5	16	$5\frac{1}{2}$	$6\frac{5}{8}$	9.69	1420
5LZ197 * 7.0Ⅳ	$9\frac{7}{8}$~$12\frac{1}{4}$	30~50	90~160	3.2	8500~12000	50~120	16	$5\frac{1}{2}$	$6\frac{5}{8}$	7.90	1150
5LZ197 * 7.0Ⅴ	$9\frac{7}{8}$~$12\frac{1}{4}$	30~50	90~160	4.0	10000~14000	65~142	17	$5\frac{1}{2}$	$6\frac{5}{8}$	9.05	1395
5LZ203 * 7.0Ⅳ	$9\frac{7}{8}$~$12\frac{1}{4}$	30~50	90~160	3.2	8500~12000	60~121	17	$5\frac{1}{2}$	$6\frac{5}{8}$	7.90	1512
5LZ203 * 7.0Ⅴ	$9\frac{7}{8}$~$12\frac{1}{4}$	30~50	90~160	4.0	10000~14000	95~165	18	$5\frac{1}{2}$	$6\frac{5}{8}$	9.05	1762
5LZ216 * 7.0Ⅳ	$12\frac{1}{4}$~$15\frac{1}{2}$	30~50	110~180	3.2	11000~15800	52~121	18	$6\frac{5}{8}$	$6\frac{5}{8}$	8.48	1440
5LZ216 * 7.0Ⅴ	$12\frac{1}{4}$~$15\frac{1}{2}$	30~50	85~140	4.0	13000~21000	62~140	18	$6\frac{5}{8}$	$6\frac{5}{8}$	8.80	1580
3LZ244 * 7.0Ⅳ	121/4~$17\frac{1}{2}$	31.2~75	110~265	4.8	10900~19620	67.3~180	18	$6\frac{5}{8}$	$6\frac{5}{8}$	9.50	1870
7LZ244 * 7.0	121/4~$17\frac{1}{2}$	50~75	85~140	3.2	1700~25860	85~144	18	$6\frac{5}{8}$	$6\frac{5}{8}$	9.51	1830

表 6－15 德州联合螺杆钻具规格及技术参数

钻具型号	适合井眼/in	流量范围/(L/s)	钻头转速/(r/min)	马达压降/MPa	输出扭矩/N·m	输出功率/kW	推荐钻压/t	接头螺纹(API－REG)		长度(直体)/m	质量(直体)/kg
								上端	下端		
5LZ73＊7	3⅛～4⅜	2～4	125～220	2.4	320～560	4.2～7.4	1.5	2⅜TBG	2⅜	3.67	85
5LZ89＊7	4½～6	3～8	95～200	2.4	560～980	5.6～11.7	2	2⅜	2⅜	2.70	8
5LZ95＊7	4⅝～6	8～13	80～165	2.4	1200～2100	10～20.7	2.5	2⅞	2⅞	4.04	140
5LZ120＊7	5⅞～7⅞	9～14	95～200	2.4	1350～2360	13.4～28.3	3	3½	3½	3.39	200
5LZ120＊7Ⅱ	5⅞～7⅞	9～16	95～200	2.4	1700～2950	16.9～35.6	3	3½	3½	4.56	26
5LZ165＊7	8⅜～9⅞	20～28	90～160	2.4	3300～5775	31.1～55.3	6	4½	4½	5.86	668
5LZ165＊7Ⅳ	8⅜～9⅞	20～28	90～160	3.2	4500～7857	42.4～75.4	8	4½	4½	6.77	730
5LZ165＊7Ⅴ	8⅜～9⅞	20～28	90～160	4.0	5600～9800	52.8～93.8	10	4½	4½	7.67	810
5LZ172＊7Ⅳ	8⅜～9⅞	25～35	90～160	3.2	5300～9275	49.9～88.8	8	4½	4½	6.73	809
5LZ172＊7Ⅴ	8⅜～9⅞	25～35	90～160	4.0	6600～11550	62.2～110.6	10	4½	4½	7.63	913
5LZ197＊7.0Ⅴ	9⅞～12¼	30～50/60	90～160	4.0	8800～12180	83～145	17	5½	6⅝	9.05	1359
5LZ197＊7.0Ⅵ	9⅞～12¼	30～50/60	60～160	4.8	10000～14000	94～167	18	5½	6⅝	10.2	1646
5LZ203＊7.0	9⅞～12¼	30～50/60	90～160	3.2	8500～11900	80～142	16	5½	6⅝	7.90	1262
5LZ203＊7.0Ⅴ	9⅞～12¼	30～50/60	90～160	4.0	10000～14000	94～165	17	5½	6⅝	9.05	1512
5LZ215＊7.0	12¼～15½	30～50	100～160	3.2	11000～19250	115～184	17	5½	6⅝	8.48	1440
7LZ244＊7.0	12¼～17	50～75	85～140	3.2	17000～24650	151～249	22	6⅝	6(7)⅝	9.51	1830

表 6-16 泸州川油钻采螺杆钻具规格及技术参数

型号	外径/mm(in)	井眼尺寸/mm(in)	接头螺纹 API	水眼压降/MPa	推荐流量/(L/s)	钻头转速/(r/min)	马达压降/MPa	最大扭矩/N·m	推荐钻压/kN	质量/kg
5LZ95×7	95($3\frac{3}{4}$)	118~152 ($4\frac{5}{8}$~6)	$2\frac{7}{8}$REG	7.0	4.7~11	140~320	3.2	1240	21	1650
5LZ102×7	102(4)	118~152 ($4\frac{5}{8}$~6)	$2\frac{7}{8}$REG	7.0	4.7~11	140~320	3.2	1240	21	2540
5LZ120×7	120($4\frac{3}{4}$)	149~200 $5\frac{7}{8}$~$7\frac{7}{8}$	$3\frac{1}{2}$REG	7.0	5.8~16	70~200	2.5	2275	55	4260
5LZ127×7	127(5)	149~200 ($5\frac{7}{8}$~$7\frac{7}{8}$)	$3\frac{1}{2}$REG	7.0	5.8~16	70~200	2.5	2275	55	6520
5LZ165×7	165($6\frac{1}{2}$)	213~251 ($8\frac{3}{8}$~$9\frac{7}{8}$)	NC50 $4\frac{1}{2}$REG	7.0	16~32	100~178	3.2	5600	80	8180
5LZ172×7	172($6\frac{3}{4}$)	216~251 ($8\frac{1}{2}$~$9\frac{7}{8}$)	NC50 $4\frac{1}{2}$REG	7.0	16~32	100~178	3.2	5600	80	8450
7LZ197×7	197($7\frac{3}{4}$)	251~311 ($9\frac{7}{8}$~$12\frac{1}{4}$)	$6\frac{5}{8}$REG	7.0	22~36	95~150	3.2	8750	120	12800
7LZ203×7	203(8)	241~311 ($9\frac{1}{2}$~$12\frac{1}{4}$)	$6\frac{5}{8}$REG	7.0	22~36	95~150	3.2	8750	120	13450
9LZ244×7	244($9\frac{5}{8}$)	311~445 ($12\frac{1}{4}$~$17\frac{1}{2}$)	$6\frac{5}{8}$REG	7.0	50.5~75.7	90~140	2.5	16275	220	22800

1.1.2 国外螺杆钻具

1.1.2.1 迪纳(DYNA)螺杆钻具

迪纳螺杆钻具规格、型号及推荐井眼尺寸见表6-17，规范及技术参数见表6-18。

1.1.2.2 纳维螺杆钻具

诺尔顿·克里斯坦森公司纳维螺杆钻具常用的有Mach1型Mach2型和Mach3型螺杆钻具。

Mach1型马达为5/6型，具有长度短、转速低和扭矩大的特点，适用于牙轮钻头(70~250r/min)定向钻井和取芯钻井。

Mach2型马达为1/2型，中速、大扭矩，主要用于钻直井，可与刀翼式稳定器配合使用。

Mach3型和Mach2型一样，马达为1/2型，但比Mach2型短，反扭矩也小，适合于定向井的造斜钻进。

各型纳维钻具技术规格及特性见表6-19。

表6-17 迪纳钻具规格、型号及推荐井眼尺寸

外径/mm(in)	型号	推荐井眼尺寸/mm(in)
98.43(3⅜)	△1000	107.95~149.23(4¼~5⅞)
127.00(5)	△500	152.40(6~7)
	△1000	
165.10(6½)	△500 △500+4 △1000	212.73~247.65(8⅜~9¾)
196.85(7¾)	△500 △500+4 △1000	247.65~311.15(9¾~12¼)
244.48(9⅝)	标准	311.15~444.50(12¼~17½)
304.80(12)	△500	444.50~660.40(17½~26)

表 6-18 迪纳钻具规范及技术参数

外径/mm (in)	型号	适合井眼/in	接头螺纹(API-REG) 上端	接头螺纹(API-REG) 下端	长度/m	质量/kg	流量/(L/s)	钻头压降/MPa	马达压降/MPa	钻头转速/(r/min)	输出扭矩/N·m	输出功率/kW
98.43 ($3\frac{7}{8}$)	Δ1000	107.95~149.23 ($4\frac{1}{4}$~$5\frac{7}{8}$)	$2\frac{7}{8}$	$2\frac{7}{8}$	6.85	258	6.3~9.5	1.4~6.8	4.30	380~500	558	22.2~33.9
127.00 (5)	Δ500	152.00~200.03 (6~$7\frac{7}{8}$)	$3\frac{1}{2}$		6.03	413	11.4~15.8	1.0~3.4	2.53	350~480	650	23.8~32.0
	Δ1000		$3\frac{1}{2}$		6.55	419	12~16	1.4~6.9	2.60	370~510	745	28.8~40.0
165.10 ($6\frac{1}{2}$)	Δ500	12.73~247.65 ($8\frac{3}{8}$~$9\frac{3}{4}$)	$4\frac{1}{2}$		6.06	718	16~22	1.0~3.4	2.53	292~431	1085	33.2~49.0
	Δ500+4		$4\frac{1}{2}$		7.23	866	16~22	1.0~3.4	3.50	275~395	1897	54.7~78.5
	Δ1000		$4\frac{1}{2}$		7.54	907	16~22	1.4~6.9	3.40	90~150	2439	23.0~38.3
	Δ1000 低速		$4\frac{1}{2}$		5.85	800	16~22	1.4~6.9	1.70	90~150	2439	23.0~38.3
196.85 ($7\frac{3}{4}$)	Δ500	247.65~311.15 ($9\frac{3}{4}$~$12\frac{1}{4}$)	$5\frac{1}{2}$	$6\frac{5}{8}$	6.40	1066	20.5~28.4	1.0~3.4	2.53	230~332	1572	37.9~54.7
	Δ500+4		$5\frac{1}{2}$	$6\frac{5}{8}$	7.68	1168	20.5~28.4	1.0~3.4	3.50	240~337	2851	72.4~100.4
	Δ1000		$5\frac{1}{2}$	$6\frac{5}{8}$	8.22	1281	20.5~28.4	1.4~6.9	3.40	90~160	5691	53.7~95.4
	Δ1000 低速		$5\frac{1}{2}$	$6\frac{5}{8}$	11.26	1524	22~28	1.4~6.9	2.70	90~160	5691	53.7~95.4
244.48 ($9\frac{5}{8}$)	标准	311.15~444.50 ($12\frac{1}{4}$~$17\frac{1}{2}$)	$6\frac{5}{8}$	$7\frac{5}{8}$	8.07	1973	31.5~50.5	1.0~3.4	2.53	200~520	2405	50.4~106.0
304.80 (12)	Δ500	444.50~660.40 ($17\frac{1}{2}$~26)	$7\frac{5}{8}$	$7\frac{5}{8}$	10.10	3674	50.5~95.7	1.0~3.4	2.53	125~188	7677	101~151.3

表6-19 纳维钻具规格及技术参数

型号	外径/mm(in)	推荐井眼直径/mm(in)	排量/(L/s)	转速/(r/min)	最大压差/MPa	最大扭矩/N·m	功率范围/kW	效率(最大)/%	接头螺纹API-REG		长度/m	质量/kg
									上端	下端		
Mach1型	95.25 ($3\frac{3}{4}$)	107.9~149.2 ($4\frac{1}{4}$~$5\frac{7}{8}$)	4.67~9.17	125~250	4.4	1000	13~26	65	$2\frac{7}{8}$	$2\frac{7}{8}$	5.1	200
	120.65 ($4\frac{3}{4}$)	152.40~200.03 (6~$7\frac{7}{8}$)	5~11.67	90~215	4.0	1400	13~32	68	$3\frac{1}{2}$	$3\frac{1}{2}$	5.3	322
	171.45 ($6\frac{3}{4}$)	212.73~250.83 ($8\frac{3}{8}$~$9\frac{7}{8}$)	11.67~23.33	90~180	4.0	3450	33~65	70	$4\frac{1}{2}$	$4\frac{1}{2}$	6.1	780
	203.20 (8)	241.30~311.15 ($9\frac{1}{2}$~$12\frac{1}{4}$)	20~38.33	75~150	3.2	5450	43~86	70	$6\frac{5}{8}$	$6\frac{5}{8}$	7.0	1102
	241.30 ($9\frac{1}{2}$)	311.45~444.50 ($12\frac{1}{4}$~$17\frac{1}{2}$)	25~40	90~145	4.4	8350	79~127	72	$7\frac{5}{8}$	$6\frac{5}{8}$	7.5	1851
	285.75 ($11\frac{1}{4}$)	444.50~660.40 ($17\frac{1}{2}$~26)	33.33~66.67	70~140	3.6	12000	88~176	73	$7\frac{5}{8}$	$7\frac{5}{8}$	8.1	2753
Mach2型	44.45 ($1\frac{3}{4}$)	47.63~69.85 ($1\frac{7}{8}$~$2\frac{3}{4}$)	1.25~2.83	720~1750	3.2	35	2.6~6.4	71	AWROd	AWROd	2.7	22
	60.33 ($2\frac{3}{8}$)	73.03~88.90 ($2\frac{7}{8}$~$3\frac{1}{2}$)	1.83~4.58	550~1370	4.8	115	6.6~16	75	BWROd	BWROd	4.0	82
	95.25 ($3\frac{3}{4}$)	107.95~149.23 ($4\frac{1}{4}$~$5\frac{7}{8}$)	4.67~11.67	280~700	4.0	520	15~38	82	$2\frac{7}{8}$	$2\frac{7}{8}$	5.9	209
	120.65 ($4\frac{3}{4}$)	152.40~200.03 (6~$7\frac{7}{8}$)	6.33~15	245~600	4.0	790	20~50	83	$3\frac{1}{2}$	$3\frac{1}{2}$	6.1	381
	171.45 ($6\frac{3}{4}$)	212.73~250.83 ($8\frac{3}{4}$~$9\frac{7}{8}$)	12.67~30	205~485	4.0	2030	44~103	86	$4\frac{1}{2}$	$4\frac{1}{2}$	8.1	980

续表

型号	外径/mm (in)	推荐井眼直径/mm(in)	排量/(L/s)	转速/(r/min)	最大压差/MPa	最大扭矩/N·m	功率范围/kW	效率(最大)/%	接头螺纹 API - REG		长度/m	质量/kg
									上端	下端		
Mach2型	203.20 (8)	241.30 ~ 311.15 ($9\frac{1}{2}$ ~ $12\frac{1}{4}$)	15.5 ~ 40	145 ~ 380	3.2	2830	43 ~ 113	88	$6\frac{5}{8}$	$6\frac{5}{8}$	8.2	1270
	241.30 ($9\frac{1}{2}$)	317.50 ~ 444.50 ($12\frac{1}{2}$ ~ $17\frac{1}{2}$)	25 ~ 46.67	195 ~ 365	4.8	5280	108 ~ 202	90	$7\frac{5}{8}$	$6\frac{5}{8}$	10.0	2359
	285.75 ($11\frac{1}{2}$)	444.50 ~ 660.40 ($17\frac{1}{2}$ ~ 26)	33.33 ~ 66.67	120 ~ 250	3.2	7300	92 ~ 191	90	$7\frac{5}{8}$	$7\frac{5}{8}$	9.8	3311
Mach3型	95.25 ($3\frac{3}{4}$)	107.95 ~ 149.23 ($4\frac{1}{4}$ ~ $5\frac{7}{8}$)	3.83 ~ 9.17	340 ~ 855	4.0	330	12 ~ 30	81	$2\frac{7}{8}$	$2\frac{7}{8}$	5.1	180
	120.65 ($4\frac{3}{4}$)	152.40 ~ 200.03 (6 ~ $7\frac{7}{8}$)	5 ~ 11.67	270 ~ 680	4.0	560	16 ~ 40	85	$3\frac{1}{2}$	$3\frac{1}{2}$	5.3	310
	152.40 ($6\frac{1}{4}$)②	200.03 ~ 250.83 ($7\frac{7}{8}$ ~ $9\frac{7}{8}$)	10.83 ~ 21.67	200 ~ 510	4.0	1375	29 ~ 73	85	$4\frac{1}{2}$	$4\frac{1}{2}$	7.2	800
	171.45 ($6\frac{3}{4}$)	212.73 ~ 250.83 ($8\frac{3}{8}$ ~ $9\frac{7}{8}$)	10 ~ 25	205 ~ 480	3.2	1350	20 ~ 68	85	$4\frac{1}{2}$	$4\frac{1}{2}$	6.6	800
	203.20 (8)	241.00 ~ 311.15 ($9\frac{1}{2}$ ~ $12\frac{1}{4}$)	12.5 ~ 30	160 ~ 400	3.2	2000	34 ~ 84	87	$6\frac{5}{8}$①	$6\frac{5}{8}$	7.2	1100
	241.00 ($9\frac{1}{2}$)	311.15 ~ 444.50 ($12\frac{1}{4}$ ~ $17\frac{1}{2}$)	15 ~ 38.33	130 ~ 340	3.2	3090	42 ~ 110	90	$7\frac{5}{8}$	$6\frac{5}{8}$	7.5	1800
	241.00 ($9\frac{1}{2}$)	311.15 ~ 444.50 ($12\frac{1}{4}$ ~ $17\frac{1}{2}$)	25 ~ 56.67	140 ~ 325	2.0	3000	44 ~ 102	90	$7\frac{5}{8}$	$6\frac{5}{8}$	7.5	1800
	285.75 ($11\frac{1}{4}$)	444.50 ~ 660.40 ($17\frac{1}{2}$ ~ 26)	18.33 ~ 43.33	115 ~ 290	3.2	4050	49 ~ 123	89	$7\frac{5}{8}$	$7\frac{5}{8}$	8.1	2700

注：①仅美国用 $5\frac{1}{2}$ REG 扣；②仅用于美国。

1.2　涡轮钻具

涡轮钻具是一种井底水力发动机，里面装有若干级涡轮(定子和转子)。定子使液体以一定的方向和速度冲动转子，而转子将液体动能转变成带动钻头旋转破碎地层的机械能。

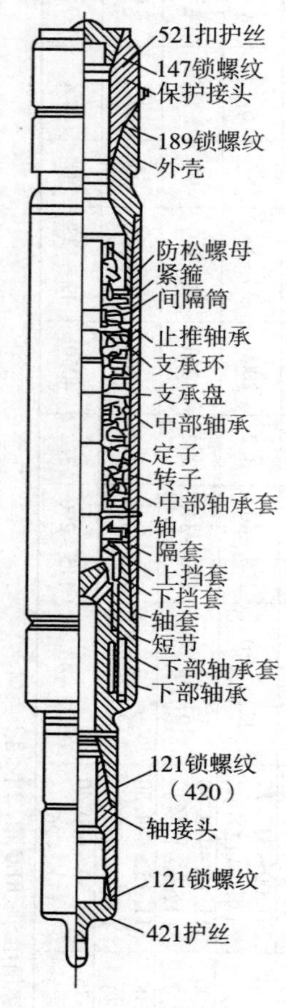

图 6 - 18　WZ1 - 215 型涡轮钻具示意图

涡轮钻具按其结构和用途大致可分为：单式涡轮钻具、复式涡轮钻具、短涡轮钻具、弯壳体涡轮钻具、带减速器的涡轮钻具、带滚动轴承的涡轮钻具、高速涡轮钻具等。

1.2.1　**国产涡轮钻具**

1.2.1.1　涡轮钻具形式

涡轮钻具分为以下 3 种形式：

单节式：只有一个涡轮节的涡轮钻具。

多节式：有两个以上涡轮节的复式涡轮钻具。

支撑节式：全部轴向推力轴承安装成专门单体的涡轮钻具。

1.2.1.2　涡轮钻具的结构

现以国产 WZ1 - 215 型单式涡轮钻具为例介绍涡轮钻具的结构，如图 6 - 18，其他类型的涡轮钻具与此大体相似。

涡轮钻具由旋转和不旋转两大部分组成。

旋转部分包括：防松螺母、紧箍、转子螺母、支承环、支承盘、转子、上挡套、下挡套、下轴承、轴和接头。上述零部件(除轴接头外)借助于轴螺母、紧箍和防松螺母紧固在主轴上。

不旋转部分包括：大小头、外壳、

短节、间隔筒、止推轴承、调节环、定子、中部轴承、隔套和下部轴承。它们借助于短节紧固在外壳内。

涡轮钻具的主要部件是涡轮，每一级涡轮由一个定子和一个转子组成，如图 6－19 所示。定子和转子的形状基本一样，只是叶片的弯曲方向相反。定子装在固定不转的外壳内，转子装在可旋转的主轴上。转子和定子之间要保持一定的轴向间隙。

为了承受轴向负荷，在涡轮钻具内装有止推轴承，如图 6－20所示，下轴承(压紧短节)如图 6－22 所示。它由支承盘、支承环和带有橡胶衬套的轴承座组成。WZ1 －215 型涡轮钻具共有 12 副止推轴承。轴承座与支承盘之间有 2mm 的间隙。

图 6－19　一级涡轮示意图

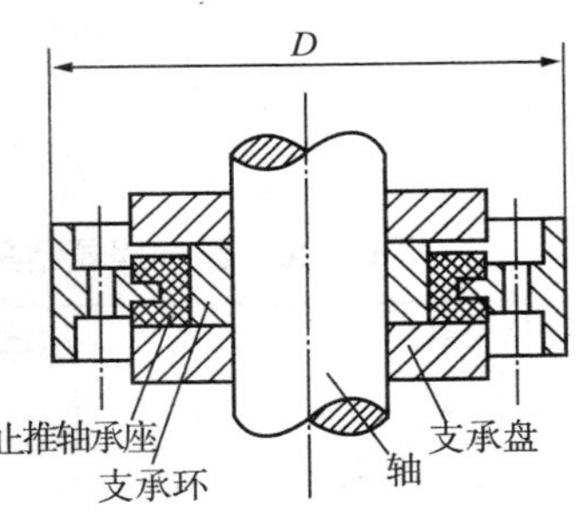

图 6－20　涡轮钻具止推轴承示意图

主轴中部的涡轮之间，装有起扶正作用的径向轴承(图 6－21)。下轴承(图 6－22)除起扶正作用外，还起压紧短节和防止钻井液漏失的密封作用。

主轴上部为左旋螺纹，下端带有与钻头连接的螺纹。

涡轮钻具工作时，轴向力由止推轴承承受，径向力由下部轴承、中间轴承和止推轴承承受。

1.2.1.3　涡轮钻具直径系列

涡轮钻具名义直径及与其相应的涡轮级内外径(即转子内径、定子外径)见表 6－20。

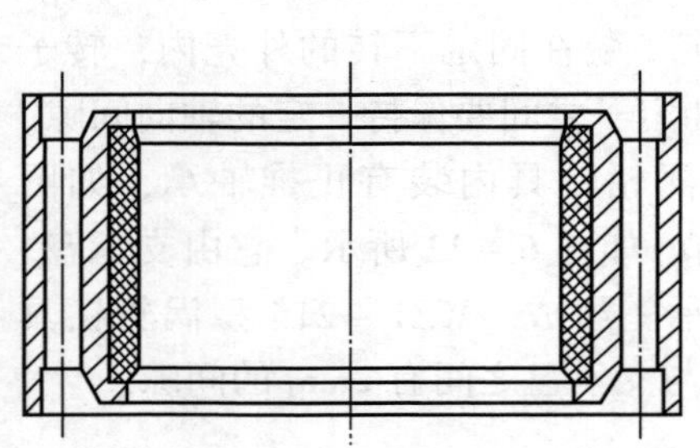

图6-21　涡轮钻具中间轴承示意图

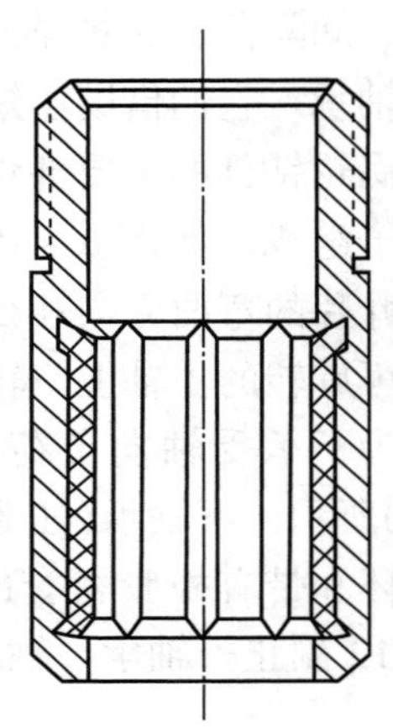

图6-22　下轴承(压紧短节)示意图

表6-20　国产涡轮钻具直径系列(SY/T 5401—91)

涡轮钻具名义直径/mm	102	127	172	195	215	240	255
涡轮级外径(定子外径)/mm			148	165	186		221
涡轮级内径(转子内经)/mm					100		120

1.2.1.4　涡轮钻具螺纹

涡轮钻具轴接头按钻头的螺纹尺寸和公差应符合GB9253.1规定，轴接头螺纹规格见表6-21。

表6-21　轴接头螺纹规格(SY/T 5401—91)

涡轮钻具名义直径/mm	102	127	172	195	215	240	255
轴接头内螺纹	2⅞REG	3½REG	4½REG	4½REG	6½REG	6⅝REG	7⅝REG

1.2.1.5　涡轮钻具型号

涡轮钻具型号表示如下：

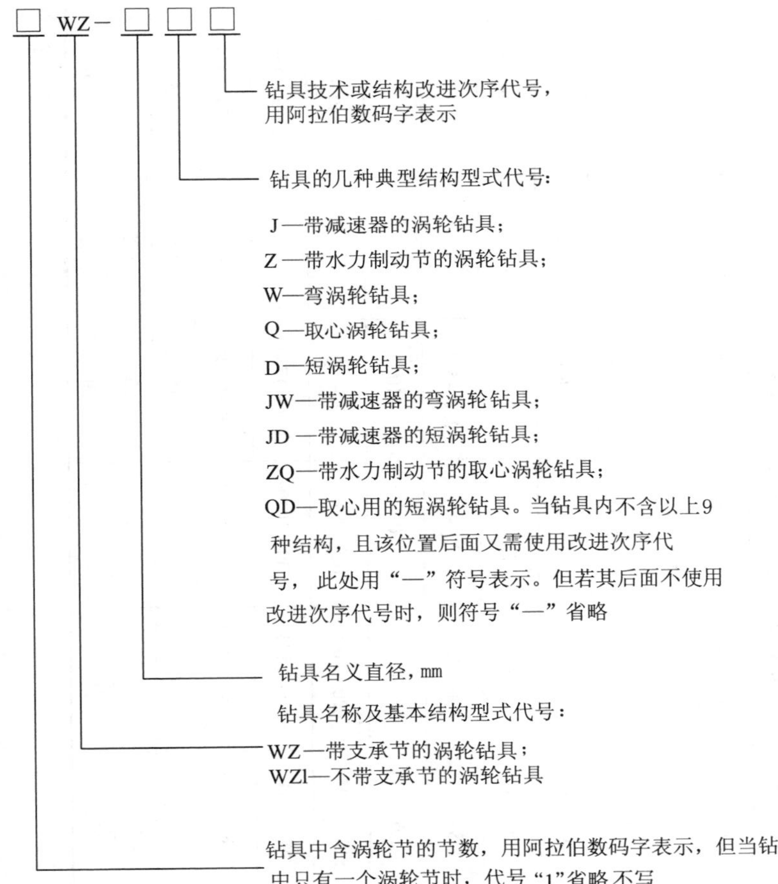

示例1：3WZ－195Z3 表示直径为195mm，带支承节及水力制动节，经过三次改进后，具有三个涡轮节的涡轮钻具。

示例2：WZl－172－2 表示直径为172mm，不带支承节，经过二次改进后的单节式涡轮钻具。

示例3：WZ－240 表示直径为240mm、带支承节的单节式涡轮钻具。

1.2.1.6　技术参数

兰州石油机械厂涡轮钻具技术参数见表6－22。

表6-22 兰州石油机械厂涡轮钻具技术参数

型号		WZ1-170	WZ1-170D	WZ-195	WZ1-195D	WZ1-215	2WZ1-215	WZ1-255
井眼尺寸/mm		193.7~215.9	193.7~215.9	215.9~244.5	215.9~244.5	244.5~311.1	244.5~311.1	295.3~444.5
连接螺纹	上端	4½FH	4½FH	5⁹⁄₁₆FH	5⁹⁄₁₆FH	5⁹⁄₁₆FH	5⁹⁄₁₆FH	6⅝FH
	下端	4½FH	4½FH	4½FH	4½FH	4½FH	4½FH	6⅝FH
排量/(L/s)		20~28	20~28	25~35	25~35	32~45	32~45	45~65
钻具压降/MPa		2.4~4.7	2.8~5.5	4.0~7.7	2.2~4.1	2.2~5.1		3.7~7.8
涡轮级数		110	60	130	70	110		120
转速/(r/min)		564~790	818~1145	620~865	620~865	381~508		540~780
扭矩/N·m		540~1069	392~784	952~1874	530~1010	971~1736		2188~4591
功率/kW		32~88	33.8~92.6	61.8~170.6	33.8~91.9	39~91.9	78~183.8	124~375
外径/mm		170	170	195	195	215	215	255
长度/mm		7.7	3.4	8.2	4.8	8.5	15.5	9.0
质量/kg		1132	678	1404	836	1650	3195	2560

注:钻井液密度为1.2g/cm³。

1.2.1.7　正确使用涡轮钻具的条件

①钻井液含沙量小于2%，无杂物。

②井底无落物。

③必须使用钻杆滤清器。

④芯轴在98.1~196.2N·m力矩作用下转动平稳灵活。

⑤新涡轮的轴向间隙不大于2mm；旧涡轮不大于5mm。轴向间隙的测量方法：将吊起的涡轮钻具的轴压在转盘上，在轴露出短节处作一标记，然后上提使涡轮钻具悬空，再在轴露出短节处作一个标记。两个标记之间的距离为测量的轴向间隙值。

⑥涡轮钻具入井前必须在井口试运转，检查能否容易启动和螺纹连接处有无渗漏。先单泵启动，泵压不超过1.5~2MPa。单泵不能启动时，可用双泵启动。仍不能启动时，可用转盘迫转5~10min，再行开泵。要求运转平稳，无跳动。停泵时，应逐渐减速至平稳停止转动。如遇突然停止，则说明轴承摩擦力矩过大，必须重新进行试运转。

1.2.1.8　使用涡轮钻具的注意事项

①涡轮钻具在井下往往需要强制启动，需反复加减钻压，甚至用转盘带动钻具旋转。强制启动的时间不应超过20min，长时间强制启动容易损坏止推轴承。

②开始钻进时，应轻压、慢转活动钻头30min，然后逐渐增加钻压。最高机械钻速下的钻压为涡轮钻具最合适的钻压。

③定时或定进尺上提活动钻柱，防止钻柱粘附井壁。

④钻压过大而使涡轮钻具制动时，应先开泵后上提钻具，然后逐渐将钻头下放到井底，均匀加压。

⑤钻进中需停泵时，在停泵后应立即上提钻具10~12m.以防岩屑下沉卡住钻头或涡轮钻具。

⑥涡轮钻具在井内需要停泵循环时，应在停泵循环前增加钻压使轴制动，防止钻头空转造成钻头先期磨损或掉牙轮。

⑦涡轮钻具不能长距离划眼。

1.2.1.9　涡轮钻具常见故障及排除方法

涡轮钻具在钻进中常见故障及排除方法见表 6－23。

1.2.2　国外涡轮钻具

1.2.2.1　普通涡轮钻具

①前苏联部分涡轮钻具的结构特性和水力特性见表 6－24、表 6－25。

②美国部分涡轮钻具的结构特性和水力特性见表 6－26、表 6－27。

③西欧部分涡轮钻具的结构特性和水力特性见表 6－28、表 6－29。

表 6－23　涡轮钻具常见故障及排除方法

常见故障	发生原因	排除方法
轴停止运转或机械钻速忽然降低	①钻压过大，轴被制动； ②钻头失效； ③止推轴承过度磨损导致定、转子端面相碰；工作异常； ④短节或转子螺母松动，导致轴功率下降； ⑤流量减小或钻柱刺坏，泵压下降； ⑥轴承橡胶膨胀	①减小钻压； ②更换钻头； ③更换涡轮钻具； ④起钻拧紧短节或更换涡轮钻具； ⑤修泵或起钻检查钻柱改善洗井液质量； ⑥更换涡轮钻具
加不上钻压(一加钻压轴就制动)	①止推轴承钻压面过度磨损； ②钻头牙轮卡死； ③钻头牙轮落井； ④井底有其他落物	①更换涡轮钻具； ②活动牙轮钻头无效，起钻更换钻头； ③处理落井牙轮，待井底清洁后更换钻头； ④打捞落物
泵压忽然急剧下降	①钻具被刺漏或掉喷嘴； ②钻具折断或脱扣	①起钻检查钻具是否更换钻头喷嘴； ②起钻打捞钻具
泵压急剧上升	①钻井液不清洁、钻头喷嘴被堵； ②钻进过程中忽然停泵，井内岩屑下沉使钻具被堵	①上提或下放钻具冲喷嘴，若冲不开则起钻更换喷嘴； ②反复提放钻具，并开泵小流量循环顶通被堵环空

表 6－24　前苏联部分涡轮钻具的结构特性

型　号	直径 mm(in)	长度/mm	质量/kg	节数	级数
T12M3B	228.6(9)	8820	2005	1	120
3TS Sh	228.6(9)	23445	5828	3	317
T12M3B	203.2(8)	8035	1676	1	99
3TS5B	203.2(8)	22467	4875	3	325
T12M3B	190.5(7½)	9100	1500	1	100
3TS Sh	190.5(7½)	23830	4200	3	285
T12M3E	168.3(6⅝)	8440	1115	1	121
3TS Sh	168.3(6⅝)	25490	3598	3	369
TS4A	127.0(5)	13635	1092	3	240
TS4A	101.6(4)	12775	629	3	212

表 6－25　前苏联部分涡轮钻具水力特性($\gamma=1\times10^3$ kg/m^3)

型　号	直径 mm(in)	Q/(L/s)	n/(r/min)	M_n/N·m	N_n/kW	P_n/MPa	$\frac{M_n}{n}$	α (n/Q)
T12M3B	228.6(9)	45	600	1805	113.3	3.83	0.31	13.3
3TS Sh	228.6(9)	38	505	3355	177.3	7.11	0.68	13.3
T12M3B	203.2(8)	45	595	1334	83.2	3.09	0.23	13.2
3TS5B	203.2(8)	32	425	2188	97.1	5.0	0.52	13.2
T12M3B	190.5(7½)	32	760	922	73.5	4.27	0.12	23.4
3TS Sh	190.5(7½)	25	590	1628	100	7.36	0.28	23.6
T12M3E	168.3(6⅝)	24	685	584	41.9	4.07	0.09	28.5
3TS Sh	168.3(6⅝)	19	540	1128	64	7.8	0.21	28.4
TS4A	127.0(5)	14	885	597	53	8.73	0.07	63.2
TS4A	101.6(4)	8	810	191	16.2	5.4	0.024	101.3

表 6－26　美国部分普通涡轮钻具的结构特性

制造厂家	型号	直径 mm(in)	L/mm	W/kg	节数	级数
Eastman	SH	130.18(5⅛)	8763	651	1	125
Esatman	SH	171.45(6¾)	9144	1202	1	100
Redi－Dri11	SH	127.0(5)	9375		(1)	150
Redi－Dri11	SH	184.5(7¼)	14750		(2)	220

注：EW6¾和涡轮用相同的叶片，SH＝直井。

表 6－27　美国部分普通涡轮钻具的水力特性($\gamma=1\times10^3kg/m^3$)

型　号	直径/ mm(in)	Q/ (L/s)	n/ (r/min)	M_n/ N·m	N_n/ kW	P_n/ MPa	$\frac{M_n}{n}$	α (n/Q)
Eastman	130.18(5⅛)	15.75	780	320	26	3.68	0.04	49.5
Esatman	171.45(6¾)	25.2	813	440	37.5	2.72	0.55	32.3
Redi－Drill	127.0(5)	12.6	1300	910	123	13.4	0.07	103.2
Redi－Drill	184.5(7¼)	29.9	(912)	(390)	(375)	18.6	0.43	30.5

表 6－28　西欧部分涡轮钻具的结构特性

型　号	ϕ_{max}/ mm	L/ mm	W/ kg	节数	级数	制造厂家和经营者
1T10	260	9400	2520	1	100	Trauzl
TFA－10in	260	17400	5200	2	200	Neyrfor
T2AI－9½in	242	15600	4450	3	(～172)	Neyrfor
T3AI－9½in	242	21100	6050	4	(～256)	
8½in－Sz	215.9	15890	3145	2	197	Salzgitter
2T8	220	9400	1875	1	100	T
TT－ZB－7⅝inN	194	12000	2400	1	150	B. C. T－T. S. A
TT－ZB－7⅝inN	194	12000	2400	1	165	
TT－ZBR－7⅝inN	194	16300	7050	3	200	(Eastman－whipstock)

续表

型　号	ϕ_{max}/mm	L/mm	W/kg	节数	级数	制造厂家和经营者
TT - ZBR - 7⅝inN	194	16300	7050	3	215	
7½in - Sz	190.5	15782	2521	3	241	Salzgitter
TFI - 7¼in	187	11252	1855	2	165	
TFAI - 7¼in	187	16163	2644	3	220	Nevrfor
6⅝in - Sz	168.3	15240	2035	3	226	Salzgitter
5in - Sz	127	13795	1006	3	240	Salzgitter
TT - LEC - 5in	127	16510	1350	3	240	B. C. T - T. S. A (Eastman - whipstock)
TEI - 5in	127	2070	753	2	(~135)	Neyrfor
TEI - 5in	127	15240	1252	3	(~250)	

表 6 - 29　西欧部分涡轮钻具的水力特性($\gamma = 1 \times 10^3 kg/m^3$)

型　号	直径 mm(in)	级数	Q/(L/s)	n/(r/min)	M_n/N·m	N_n/kW	P_n/MPa	$\frac{M_n}{n}$	α (n/Q)
TR - rr10	260(10)	100	50	600	2580	161.8	4.9	0.44	12
TFA	260(10)	200	50	620	4454	289.8	4.12	0.73	12.4
T2AI	242(9½)	(172)	41	(172)	(3170)	236	8.75	0.45	(15.2)
T3AI	242(9½)	(256)	41	(712)	(4740)	353	12.7	0.67	(15.2)
Sz - S	215.9(8½)	197	38	615	2806	181	8.44	0.47	16.2
TR - 2T8	203.2(8)	100	38	700	1403	103	3.92	0.20	18.4
ZB - N	194(7⅝)	150	33.3	690	1962	142	5.2	0.29	20.7
ZB - P	194(7⅝)	165	30	725	1913	144.9	7.62	0.27	24.2
ZBR - N	194(7⅝)	200	30.8	605	2237	142	6.57	0.38	19.6
ZBR - P	194(7⅝)	215	26.7	725	2168	164.7	8.04	0.30	27.1
Sz - S	190.5(7½)	241	25	593	1805	111.8	6.57	0.31	23.7
TFI	187(7¼)	165	30	(900)	1717	161.8	7.85	0.19	(30)

续表

型　号	直径 mm(in)	级数	Q/ (L/s)	n/ (r/min)	M_n/ N · m	N_n/ kW	P_n/ MPa	$\frac{M_n}{n}$	α (n/Q)
TFAI	187(7¼)	220	30	(735)	1913	147.1	7.55	0.26	(24.5)
Sz - S	168.2(6⅝)	226	25	812	1687	143.4	9.02	0.21	32.5
Sz - S	127(5)	240	10	731	392	30.1	6.47	0.055	73.1
LEC	127(5)	240	10	975	618	63.2	8.34	0.065	97.5
TF - 5in	127(5)	(135)	10	(1050)	(220)	24.2	4.48	0.02	(105)
T2FI - 5in	127(5)	(250)	10	(1050)	(440)	48.5	8.25	0.04	(105)

注 1：本表包括新近型号和传统型号。

注 2：普通涡轮钻具在获得最大功率和最优效率处的转速都在 400 ~ 800r/min 之间。但对牙轮钻头可靠工作而言，需要转速在 150 ~ 400r/min 之间的低速涡轮钻具。

1.2.2.2　低速涡轮钻具

(1)低速度系列涡轮钻具特性

这种低速涡轮钻具是依靠增加叶片的出口角 α 来实现的。其性能见表 6 - 30、表 6 - 31。

(2)压力曲线倾向制动端的涡轮钻具

要实现这种降低涡轮转速方法是增加环流系数 δ。具体做法是加压力调节阀、弹簧蓄能调节阀。螺杆马达和涡轮串联和喷增器调节等方法。其性能见表 6 - 32、表 6 - 33。

表 6 - 30　低速度系列涡轮钻具结构参数

型　号	ϕ_{max}/ mm	L/ mm	W/ kg	节数	级数
T12M3B - 7½	195	9100	1500	1	100
3TS Sh - 7½ - TL	195	26110	4234	3	330
T12M3E - 6⅝	172	8440	1115	1	121
3TS Sh - 6⅝ - TL	172	25490	3500	3	435

表 6-31　低速度系列涡轮钻具的水力特性（$\gamma = 1 \times 10^3 kg/m^3$）

型　号	Q/(L/s)	n_n/(r/min)	M_n/N·m	N_n/kW	P_n/MPa	$\frac{M_n}{n_n}$	α (n_n/Q)
T12M3B-7½	32	760	922	73.5	4.27	0.12	23.75
3TS Sh-7½-TL	33	285	1216	36.8	1.86	0.43	8.64
T12M3E-6⅝	24	685	584	41.9	4.07	0.09	28.5
3TS Sh-6⅝-TL	22	395	1069	44.1	4.66	0.28	17.95

表 6-32　转速止动涡轮钻具结构参数

型　号	ϕ_{max}/mm	L/mm	W/kg	节数	级数
A6K3S	164			2	220
A7N4S	195			2	228
A7N4S	195	16000	2658	2	231
A9K5S	240			2	203
A7Sh	195			2	236
A9Sh	240			2	210

表 6-33　转速止动涡轮钻具水力特性（$\gamma = 1 \times 10^3 kg/m^3$）

型号	Q/(L/s)	n/(r/min)		M/N·m		N_n(max)/kW	P_nN_n 工况/MPa
		N_s 工况	n_x	N_s 工况	n_x		
A6K3S	18	300~400	1200	68.7~88.3	1470	25	6.37
A7N4S	33	300~500	1000	1768.8~2747	4460	95.6	6.81
A7N4S	33	248	855	1860	4450	87	6.08
A9K5S	45	200~300	600	1960~2940	5980	66	4.9
A7Sh	30	520	1200	1860	3730	103	8.04
A9Sh	45	420	975	3040	6080	132	6.67

1.2.2.3　减速器涡轮钻具

即在涡轮钻具中安装 RSh-195 型减速器、双行星减速器、

IFP行星减速器等减速装置，可以降低转速，增大扭矩。其性能见表6－34、表6－35、表6－36。

1.2.2.4　高速涡轮钻具

见表6－37、表6－38、表6－39、表6－40、表6－41。

表6－34　带减速器涡轮钻具结构特性(α＝速度系数＝η/q)

<table>
<tr><th rowspan="2">减速器</th><th rowspan="2">i</th><th rowspan="2">类型</th><th colspan="2">涡轮</th><th rowspan="2">润滑方式</th></tr>
<tr><th>型式</th><th>级数</th></tr>
<tr><td rowspan="2">RSh195</td><td rowspan="2">2.7</td><td>摩擦滚珠</td><td>正常的，$\alpha=22$</td><td>58</td><td>开式</td></tr>
<tr><td>摩擦滚珠</td><td>正常的，$\alpha=22$</td><td>116</td><td>开式</td></tr>
<tr><td rowspan="3">T195RT</td><td rowspan="3">~3</td><td>行星齿轮</td><td>正常的，$\alpha=22$</td><td>136</td><td>油浴</td></tr>
<tr><td>行星齿轮</td><td>正常的$\alpha=22$，低速的$\alpha=8.5$</td><td>46、110</td><td>油浴</td></tr>
<tr><td>行星齿轮</td><td>正常的$a=22$，低速的$\alpha=8.5$</td><td>23、110</td><td>油浴</td></tr>
<tr><td rowspan="2">TR127</td><td rowspan="2">~3</td><td rowspan="2">行星齿轮</td><td>正常的TS－5，$\alpha=22$</td><td>75</td><td>油浴</td></tr>
<tr><td>正常的TS－5，$\alpha=22$</td><td>160</td><td>油浴</td></tr>
</table>

表6－35　带减速器涡轮钻具水力特性($\gamma=1\times10^3 kg/m^3$)

<table>
<tr><th>减速器</th><th>涡轮级</th><th>Q/(L/s)</th><th>n_n/(r/min)</th><th>M_n/N·m</th><th>N_n/kW</th><th>P_n/MPa</th><th>$\frac{M_n}{n_n}$</th></tr>
<tr><td rowspan="2">RSh195</td><td>正常的58</td><td>45</td><td>290</td><td>2450</td><td>74.3</td><td>4.8</td><td>0.86</td></tr>
<tr><td>正常的116</td><td>35</td><td>225</td><td>2210</td><td>52</td><td>5.9</td><td>1</td></tr>
<tr><td rowspan="3">T195RT</td><td>正常的135</td><td>30</td><td>192</td><td>4100</td><td>82.3</td><td>5.06</td><td>2.2</td></tr>
<tr><td>正常的46
低速的110</td><td>30</td><td>112</td><td>2620</td><td>30.7</td><td>2.24</td><td>2.4</td></tr>
<tr><td>正常的23
低速的110</td><td>30</td><td>88</td><td>1930</td><td>17.8</td><td>1.37</td><td>2.2</td></tr>
<tr><td rowspan="2">TR127</td><td>正常的75</td><td>12.5</td><td>286</td><td>490</td><td>14.7</td><td>2.62</td><td>0.17</td></tr>
<tr><td>正常的160</td><td>8.6</td><td>198</td><td>490</td><td>10.1</td><td>2.62</td><td>0.25</td></tr>
</table>

表 6-36 前苏联带行星齿轮减速器的涡轮钻具特性参数

型　号		TPB-12	TPB-145T	TP-178	TPN1-1951	TPM4-195	TPM4-195CT	TP-240
直径/mm		142	145	178	195	195	195	240
流量/(L/s)		18~24	12~22	24~28	24~30	24~30	24~30	34~45
减速比	单级	3.83	3.83	3.85	3.69		3.70	3.05
	双级			14.88	13.62	13.62		
输出/转速(r/min)	单级	162~258	126~222	390~426	216~252		186~222	144~210
	双级			120~144	66~96	102~108		
最大工作扭矩/N·m	单级	735.5~1274.9	490.3~981	1078.7~1765.2	1274.9~1961.3		1762.2~2942	2745.9~4413
	双级			2942~3922.7	2942~4923.3	2942~4923.3		
压力降/MPa		4.1~7.3	1.8~5.9	9.8~13.3	2.1~3.3	2.4~3.8	4.8~8.6	2.4~4.2
井底温度/℃		520	570	380	420	380	570	420
涡轮节	型号	TPB-142	TPB-142	TP-178	17/18-195	15/18-195	15/18-195	3TC1-240
	级数	100	100	60	41	41	60	105

表 6-37　用于金刚石钻头的高速涡轮钻具结构特性

型　号	ϕ_{max}/mm	L/mm	W/kg	节数	级数
TFA-5	127	13320	1000	2	240
LEC-5	127	16510	1350	3	240
VNIIBT-7½(装有特殊叶片)	195			2	228
ZBR-7⅝-215P	194	16300	7050		215
T3A1-9½	242	21420	6050	3	256

表 6-38　用于金刚石钻头的高速涡轮钻具水力特性($\gamma=1\times10^3 kg/m^3$)

型　号	Q/(L/s)	n_n/(r/min)	M_n/N·m	N_n/kW	P_n/MPa	$\frac{M_n}{n_n}$	$\alpha(n_n/Q)$
TFA-5	10	1030	432	46.3	7.26	0.043	103
LEC-5	10	975	618	73.2	8.34	0.065	97.6
VNIIBT-7½(装有特殊叶片)	30	723	2470	187	8.5	0.35	24.1
ZBR-7⅝-215P	30	815	2740	233	10.15	0.34	27.2
T3A1-9½	45	781	5317	435	15.1	0.69	17.4

表 6-39　前苏联部分 T 系列(100 级)高速涡轮特性*

型　号	速度系数 a	Q/(L/s)	n_n/(r/min)	M_n/N·m	N_n/kW	P_n/MPa	G_h/10^2N	$\frac{M_n}{n_n}$
T12M2K-10	18.4	40	736	2360	182	8.8	236	0.33
T12M3K-8-M	23.6	40	943	2440	256	8.9	153	0.28
T12M3K-6⅝	44.4	25	1110	930	108	8.1	89	0.086
TT-7¾-P	35.3	30	1060	1430	159	9.0	122	0.14

表 6-40　美国部分高速涡轮钻具水力特性*

型　号	直径/mm(in)	Q/(L/s)	n_n/(r/min)	M_n/N·m	N_n/kW	P_n/MPa	P_c/MPa	$\frac{M_n}{n_n}$	$\alpha(n_n/Q)$
Maurer Eng	146.05~158.75(5~6¼)	18.9	(1900)	(37)	(74)	5.3		0.02	100
Engineering Enterprises			1400	1260	184		3.43	0.09	
Naurer Eng	196.85(7¾)	28.4	780	1090	165	6.0~8.0		0.14	27.5

注：* 为高速度大扭矩短涡轮钻具特性。

表 6-41 西方高速涡轮钻具特性

直径		厂家	型号	额定流量/(L/s)	额定输出功率/kW	额定扭矩/N·m	额定转速/(r/min)	压力降/MPa	级数	质量/kg	井眼尺寸	
mm	in										mm	in
120.65	$4\frac{3}{4}$	Neyrfor	T2AL	10	55	420	1180	9.6	200	893	149.2~158.8	$5\frac{7}{8}$~$6\frac{1}{4}$
127	5	Neyrfor	TF1	10	30	280	1020	5.3	129	765	152.4~171.5	6~$6\frac{3}{4}$
		Neyrfor	T2F1	10	58	540	1020	9.7	258	1256	152.4~171.5	6~$6\frac{3}{4}$
		Redi Drill	ST15	10	62	560	1030	8.4	150	910	155.6~200.0	$6\frac{1}{8}$~$7\frac{7}{8}$
		Redi Drill	ST25	10	100	900	1030	14	240		155.6~200.0	$6\frac{1}{8}$~$7\frac{7}{8}$
		Redi Drill	STD1-5(1)	10	37	340	1030	5	90	700	155.6~200.0	$6\frac{1}{8}$~$7\frac{7}{8}$
168.28	$6\frac{5}{8}$	Neyrfor	T2A1	26,67	210	1820	1100	12.6	172	1888	212.7~200.0	$8\frac{3}{4}$~$7\frac{7}{8}$
		Neyrfor	T3A1	26.67	214	2720	1100	18.4	258	2536	212.7~200.0	$8\frac{3}{4}$~$7\frac{7}{8}$
171.45	$6\frac{3}{4}$	Eastman-Christensen	2L	26.67	191	2140	853	10.2	212	2011	212.7~250.8	$8\frac{3}{8}$~$9\frac{7}{8}$
		Eastman-Christensen	3L	26.67	287	3210	853	15	318	2894	212.7~250.8	$8\frac{3}{8}$~$9\frac{7}{8}$
		Eastman-Christensen	D100(1)	26.67	43	490	860	2.8	73	800	212.7~250.8	$8\frac{3}{8}$~$9\frac{7}{8}$
184.15	$7\frac{1}{4}$	Neyrfor	T2A1	30	181	1970	880	10.4	164	2160	212.7~250.8	$8\frac{3}{8}$~$9\frac{7}{8}$
		Neyrfor	TA1	30	272	2950	880	14.9	246	2940	212.7~250.8	$8\frac{3}{8}$~$9\frac{7}{8}$
		Neyrfor	TFST(1)	30	41	510	750	2.4	50	730	212.7~311.2	$8\frac{3}{8}$~$12\frac{1}{4}$
		Neyrfor	TFM(1)	30	65	820	750	3.7	80	1030	212.7~311.2	$8\frac{3}{8}$~$12\frac{1}{4}$
		Neyrfor	TF(1)	30	89	1130	750	5	100	1390	212.7~311.2	$8\frac{3}{8}$~$12\frac{1}{4}$
		Redi Drill	ST1	30	256	2390	1020	12.4	150	2310	215.9~311.2	$8\frac{1}{2}$~$12\frac{1}{4}$

续表

直径		厂家	型号	额定流量/(L/s)	额定输出功率/kW	额定扭矩/N·m	额定转速/(r/min)	压力降/MPa	级数	质量/kg	井眼尺寸	
mm	in										mm	in
184.15	$7\frac{1}{4}$	Redi Drill	ST2	30	374	3500	1020	18.2	220		215.9~311.2	$8\frac{1}{2}$~$12\frac{1}{4}$
		Redi Drill	STD1(1)	30	120	1120	1020	5.8	70	90	215.9~311.2	$8\frac{1}{2}$~$12\frac{1}{4}$
		Redi Drill	STD2(1)	30	171	1590	1020	8.3	100	1380	215.9~311.2	$8\frac{1}{2}$~$12\frac{1}{4}$
190.50	$7\frac{1}{2}$	Eastman–Christensen	D100(1)	30	63	630	953	3.6	73	1000	215.9~311.2	$8\frac{1}{2}$~$12\frac{1}{4}$
196.85	$7\frac{3}{4}$	Eastman–Christensen	D100(1)	30	63	630	953	3.6	73	1080	250.8~311.2	$9\frac{7}{8}$~$12\frac{1}{4}$
241.30	9	Eastman–Christensen	2L	41,67	302	3930	732	10.7	212	4710	311.2~444.5	$12\frac{1}{4}$~$17\frac{1}{2}$
		Eastman–Christensen	3L	41.67	452	5900	732	15.5	318	6280	311.2~444.5	$12\frac{1}{4}$~$17\frac{1}{2}$
		Neyrfor	T2A1	41.67	282	3610	723	11	172	4370	311.2~444.5	$12\frac{1}{4}$~$17\frac{1}{2}$
		Neyrfor	T3A1	41.67	424	5420	723	15.7	258	5935	311.2~444.5	$12\frac{1}{4}$~$17\frac{1}{2}$
260.35	$10\frac{1}{4}$	Neyrfor	TFST(1)	50	137	2060	630	4.7	79	2260	374.7~660.4	$14\frac{3}{4}$~26

1.2.2.5 小直径涡轮钻具

前苏联和法国小直径涡轮钻具性能见表 6 – 42、表 6 – 43。

表 6 – 42 小直径涡轮钻具结构特性

型号	直径		L/mm	W/kg	节数	级数	速度系数 α
	ϕ_{max}/mm	ϕ/in					
TS4A	101.6	4	12275	629	3	212	101
YN	95.25	$3\frac{3}{4}$	4620	160	1	100	129
YP	95.25	$3\frac{3}{4}$	4620	160	1	100	400

表 6 – 43 小直径涡轮钻具水力特性($\gamma = 1 \times 10^3 kg/m^3$)

型 号	Q/(L/s)	n_n/(r/min)	M_n/N · m	N_n/kW	P/MPa	$\frac{M_n}{n_n}$
TS4A – 4 – 212	8	810	191	16.2	5.4	0.024
TT – YN – $3\frac{3}{4}$ – 100	12.5	1612	169	28.5	4.22	0.010
TT – Y – $3\frac{3}{4}$ – 100	6	2400	81	20.4	8.19	0.0035

2 定向井专用工具

2.1 动力钻具减震器

目前，现场常用螺杆钻具的主要缺点是：因其结构上没有减震功能，负载轴承强度脆弱，弹子易破碎，因此使用寿命短。

动力钻具减震器是江苏德瑞石油机械有限公司的专利产品。其主要用途是与动力钻具配套使用，使其克服以上缺点，延长使用寿命。

主要优点是：

①可用于螺杆钻具，也可用于涡轮钻具；

②可用于直动力钻具，也可用于弯动力钻具，进行直井或定向井钻进；

③可以减轻跳钻对钻头和钻具的损坏；

④可以大幅度提高螺杆和涡轮钻具的使用寿命。

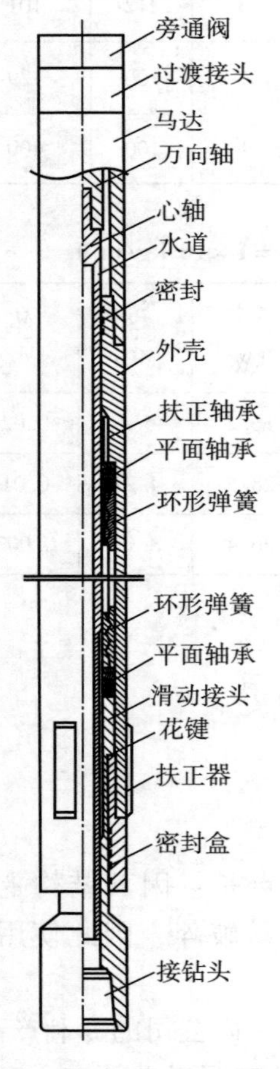

图 6－23　动力钻具减震器结构示意图

2.1.1　**结构**

动力钻具减震器主要由芯轴、外壳、扶正轴承、平面负载轴承、环形弹簧、滑动接头、花键及密封组成，如图 6－23 所示。

2.1.2　**工作原理**

减震器外壳上端与动力钻具马达外壳连接，下端与密封盒连接，滑动接头悬挂在密封盒上，密封盒可沿着滑动接头上下滑动。减震弹簧坐在滑动接头上，外壳内台肩通过平面轴承坐于减震弹簧上面。

钻进时，钻压通过马达外壳传到减震器外壳上，外壳通过内台肩和平面轴承压缩环形弹簧传到滑动接头上，进而传到钻头上。遇有跳钻，钻头及滑动接头上窜，进一步压缩环形弹簧，跳钻被环形弹簧吸收。上窜力消失，弹簧释放，减震器完成一个工作过程，达到减震目的。

负载平面轴承没有弹子，克服了原轴承弹子易破碎问题，提高了使用寿命。

动力钻具马达万向轴的扭矩，通过芯轴和花键传递到滑动接头，再通过滑动接头传给钻头。

钻井液从马达外壳与万向轴之间的环空下来，通过芯轴水道进入内水眼从钻头喷出，完成循环。

2.1.3　使用方法

减震器与动力钻具配套使用，接在动力钻具下部，其上端与动力钻具马达连接，下端接钻头。主要起减震作用，同时可代替稳定器起稳定作用。

2.1.4　规格型号

公司可生产与各种动力钻具配套的减震器，其与动力钻具的连接方法及接头扣型可按厂商要求生产。

2.2　定向接头

2.2.1　类型

定向接头：
- 固定角度弯接头
  - 定向直接头
  - 定向弯接头
- 可调角度弯接头

国内现场常用的是固定角度弯接头。其中，定向直接头用于配合弯壳体螺杆钻具定向钻进；定向弯接头用于配合直壳体螺杆钻具定向钻进。定向弯接头的弯曲角一般为1°、1°30′、2°、2°30′和3°。弯曲角超过3°时，钻出的井眼曲率太大，不易下井，常规定向井一般不用。

2.2.2　基本结构

①定向直接头，由壳体、扶正套、定向键和定位螺钉构成，如图6－24所示。

②定向弯接头，由壳体、扶正套、定向键和定位螺钉构成，如图6－25所示。

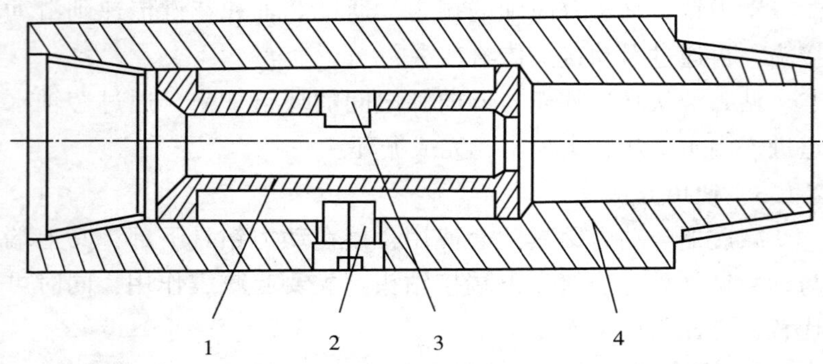

图 6－24　定向直接头结构示意图

1—定向键套；2—定位螺钉；3—定向键；4—壳体

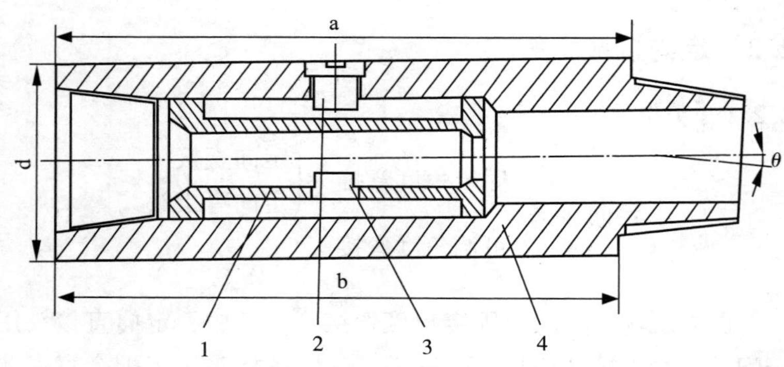

图 6－25　定向弯接头结构示意图

1—定向键套；2—定位螺钉；3—定向键；4—壳体

弯接头弯曲度数的计算公式：

$$\alpha = 57.3(a - b)/d \tag{6-1}$$

式中　α——弯曲角度，(°)；

a——长边长度，mm；

b——短边长度，mm；

d——接头外径，mm。

2.2.3 规格及技术参数

定向接头规格及技术参数见表6-44。

表6-44 定向接头规格及技术参数

外径/mm	内径/mm	连接螺纹(API)		弯曲角度/(°)	长度/mm	备注
		母扣	公扣			
196.85	80	$6\frac{5}{8}$REG	$5\frac{1}{2}$REG	1.25	760	衬套内径50mm
				1.50		
				1.75		
				2.00		
				2.25		
				2.50		
				2.75		
158.75	70	4IF	$4\frac{1}{2}$REG	1.25	500	衬套内径50mm
				1.50		
				1.75		
				2.00		
				2.25		
				2.50		
				2.75		
107.95	57	$3\frac{1}{2}$REG	$3\frac{1}{2}$REG	1.25	450	衬套内径35mm
				1.50		
				1.75		
				2.00		
				2.25		
				2.50		
				2.75		

2.2.4 弯接头的造斜率

弯接头的造斜率见表6-45。

表 6－45　弯接头造斜率数据

弯接头弯曲角/(°)	95mm 钻具		127mm 钻具		165mm 钻具		197mm 钻具		244mm 钻具	
	钻头直径/mm	造斜率/(°/30m)	钻头直径/mm	造斜率/(°/30m)	钻头直径/mm	造斜率/(°/30m)	钻头直径/mm	造斜率/(°/30m)	钻头直径/mm	造斜率/(°/30m)
1	114	4.0	152	3.5	200	2.5	245	2.5	311	2.0
1.5		4.5		4.75		3.5		3.75		3.0
2		5.5		5.5		4.5		5.0		4.0
1	121	3.0	171	3.0	213	1.75	270	2.0	394	1.75
1.5		3.5		4.25		3.0		3.5		2.5
2	149	4.0	200	5.0	216	3.75	311	4.25	445	3.75
2.5		5.0		5.75		5.0		5.5		5.0
1		2.0		2.5		1.25		1.75		1.25
1.5		2.5		3.5		2.0		2.5		2.25
2		3.5		4.5		3.0		3.5		3.0
2.5		4.5		5.5		4.0		5.0		4.0

2.3　无磁钻铤

2.3.1　作用与原理

磁性测量仪器磁通门感应的是井眼的大地磁场，因此测量仪器必须工作在一个无其他磁场干扰的环境。然而在钻井过程中，钻具往往是具有磁性的，影响磁性测量仪器正确测量井眼轨迹数据。无磁钻铤是一种由蒙乃尔合金或不锈钢制成的不易磁化的钻铤，不但具有普通钻铤的功能，而且可以为磁性测量仪器提供一个不受钻柱磁场影响的的测量环境。

无磁钻铤工作原理如图 6－26 所示。

图 6－26　无磁钻铤作用原理示意图

1—钻头；2—钻头接头；3—无磁钻铤；4—磁性测量仪；5—钢钻铤；6—地磁场线；7—干扰磁场线

从图中可以看出，无磁钻铤上下的干扰磁场线对测量仪器部位没有影响，因而无磁钻铤为磁性测量仪器创造了一个无干扰磁场环境，保证了磁性测量仪器测到的数据为真实大地磁场信息。

2.3.2　无磁钻铤材料、物理及机械性能

见第 3 章第 3 节。

2.3.3　技术规格

无磁钻铤技术规格见表 6－46。

2.4　套管保护器

2.4.1　铰接式非旋转保护器

(1)工具结构

非旋转保护器由一个钢制止推箍和一个胶木旋转套及滚柱轴承组成。旋转套分为两半，通过特殊结构铰结在一起。轴向

上保护器通过止推箍将其限定在钻杆的某个部位上，止推箍为自紧卡瓦式结构，藏在旋转套中间。结构如图6－27所示。

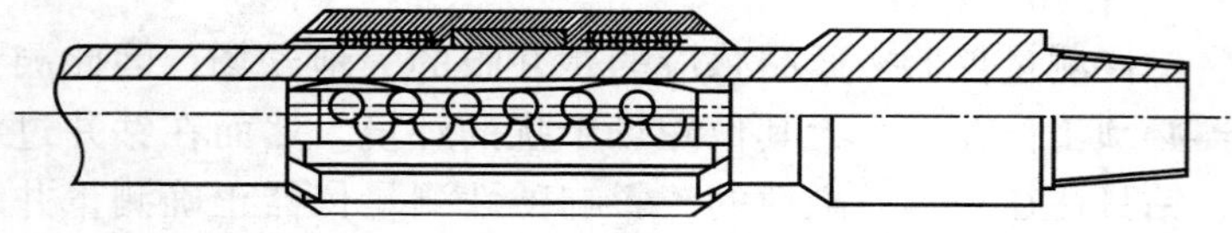

图6－27 铰接式非旋转保护器示意图

表6－46 无磁钻铤技术规格

外径/mm	内径/mm	连接螺纹	质量/kg	
			长度7620mm	长度9144mm
120.65	57.15	NC35	531	662
120.65	57.15	NC38(3½IF)	531	662
127.00	71.44	NC38(3½IF)	606	755
152.40	57.15	NC44	939	1169
152.40	71.44	NC44	852	1061
158.75	57.15	NC44	1034	1245
158.75	71.44	NC46(4"IF)	947	1178
165.1	71.44	NC46(4"IF)	1043	1298
165.1	57.15	NC46(4"IF)	1130	1407
171.45	71.44	NC50(4½IF)	1141	1421
177.8	57.15	NC50(4½IF)	1335	1663
177.8	71.44	NC50(4½IF)	1249	1554
184.15	71.44	NC50(4½IF)	1359	1690
196.85	71.44	NC56	1580	1967
203.20	71.44	6⅝REG	1701	2116
209.55	71.44	6⅝REG	1826	2265
228.60	71.44	NC61－90	2217	2760
241.30	76.20	7⅝REG	2468	3064

(2)工作原理

非旋转保护器通常安装在距钻杆公接头0.6m的地方。工作中，保护器相对于钻杆可自由旋转，相对套管则几乎不转，从而在钻进中起到保护套管的作用。

由于保护器旋转套的外径大于钻杆接头外径，工作时旋转套首先接触套管壁，而保护器相对套管壁几乎无转动，从而避免了钻杆接头对套管的磨损和撞击。

钻柱旋转时，通常摩擦扭矩与钻柱的有效外径成正比。使用保护器后以钻杆与保护器旋转套之间的滚动摩擦代替了钻柱接头与套管壁间的滑动摩擦，同时钻杆本体外径小于其接头外径，因此大大减少了钻柱转动的摩擦扭矩。

在大位移定向井、水平井的钻进中使用，有重要作用。

(3)技术规格

依据钻杆外径而定，规格可分为：139.7mm，165.1mm，177.8mm等。

2.4.2　FM系列非旋转套管防磨接头

(1)工具结构及工作原理

工具主要由芯轴、上、下挡环和外部非旋转防磨套等组成。芯轴和外部不旋转防磨套之间、外部非旋转防磨套和上、下挡环之间设计有轴承摩擦副，见图6－28。

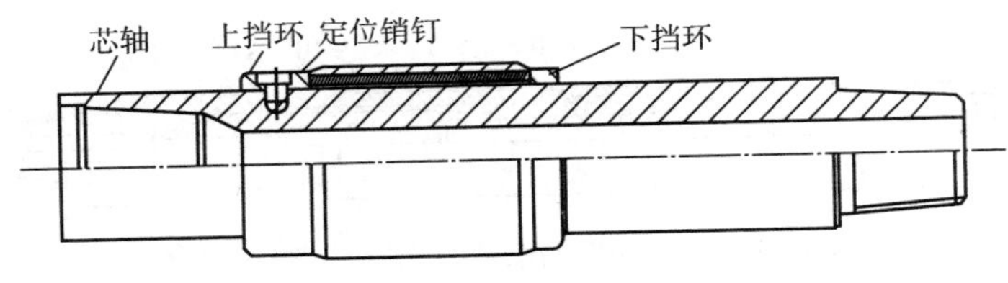

图6－28　FM系列非旋转防磨接头示意图

根据井下情况，选择合适数量和安放位置连接在钻柱之中。钻井过程中，受套管与非旋转防磨套之间摩擦力的作用，非旋转防磨套与芯轴间相互滑动，从而避免了钻柱旋转磨损套管；

另外，由于轴承摩擦副的摩擦系数非常低，也大幅度地降低了钻井扭矩。

可解决大位移井、深井、超深井或大斜度井套管磨损和钻井扭矩过高的技术难题，也可应用于某些狗腿度过高的井段和相关领域。根据实际井况，选择在套管磨损严重或井斜大的井段，每1~2柱钻杆连接1只减磨接头，并考虑每次钻进的长度，以免接头移出套管。

(2)规格型号与技术参数

规格型号与技术参数见表6-47。

表6-47　规格型号与技术参数

型　号	总长/mm	外径/mm	水眼/mm	两端扣型	润滑方式	强度等级
FM-240	915	240	90.5	$5\frac{1}{2}$FH	钻井液	与钻杆接头的强度等级相同
FM-197	915	197	75	NC50	钻井液	
FM-146	915	146	68	NC38	钻井液	

2.5　液力加压器

(1)结构

液力加压器结构如图6-29所示。

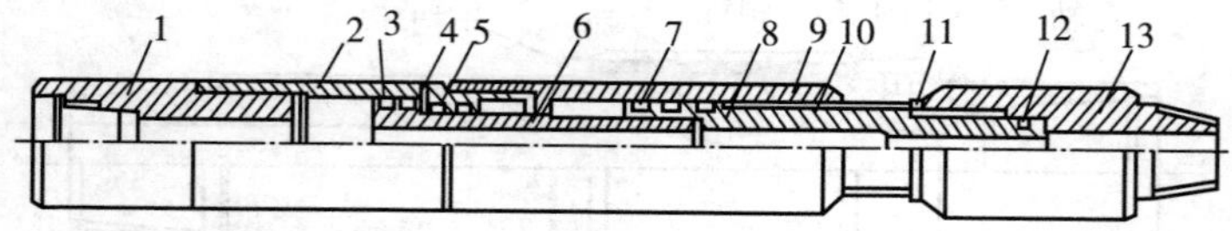

图6-29　SL-100两级液力加压器结构示意图

1—上接头；2—上液缸；3、5、7、12—密封圈；4—阻尼孔；6—上加压杆；8—下加压杆；9—下液缸；10—花键；11—垫圈；13—下接头；

(2)作用及工作原理

液力加压器将下部的压力降转换成轴向钻压传递给钻头，同时在钻进过程中起到减震的作用，能改善井下钻柱受力状态，有利于提高机械钻速和防止钻柱的损坏。

该工具连接在钻铤与钻头之间，钻井液从上接头流入，经中心孔从钻头喷嘴流出。由于钻头喷嘴的节流作用，在缸套内形成高压区，而活塞下腔由于有阻尼孔与环空相通，是低压区。活塞在压差的作用下产生轴向推力，推动加压杆轴向移动，给钻头加压，其反作用力作用在外筒上，使悬重减少，并在指重表上显示出钻压。

液力加压器实现钻柱与钻头的柔性连接，当地层条件突然变化引起纵向震动时，迫使阻尼腔内的钻井液体积发生变化，从而起到液力减震作用，保护钻头和钻具。该工具可阻尼掉震动和纵向冲击力，而推进力的大小与活塞的行程无关。

液力加压器的推进力按下式计算：

$$F = 10^3 P \times A \tag{6-2}$$

式中　F——液力加压器的推进力（转换为钻压），kN；

P——液缸内压力，MPa；

A——活塞有效作用面积，mm^2。

（3）技术参数（见表6－48）

表6－48　液力加压器技术参数

型　号	SL－160型	SL－100型
外径/mm	165	103
内径/mm	50	50
钻压范围/kN	30～150	20～50
液缸级数/个	2	2
活塞总面积/mm^2	15100	
工作行程/mm	400	50
总长/mm	3970	900
总质量/kg	414	46
两端扣型	NC46	$2\frac{7}{8}$REG

2.6　小曲率半径水平井工具

近些年，国内外研制出一种钻小曲率半径(8m左右)水平井的特殊工具，见图6－30。规范和主要技术参数见表6－49。

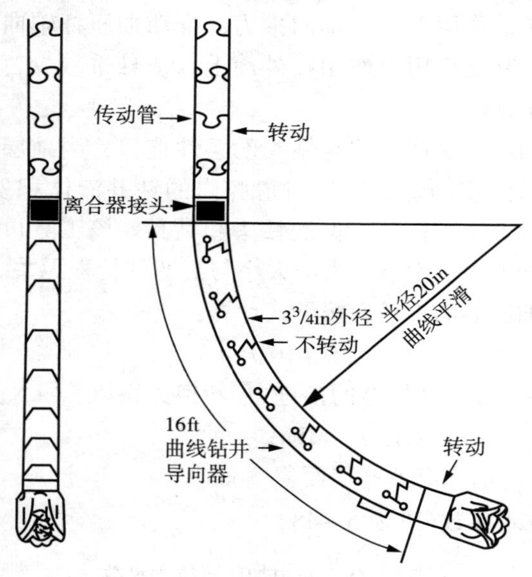

图6－30　小半径水平井工具

表6－49　小曲率半径水平井工具规范和技术参数

工具编号	适用套管尺寸/mm	钻头尺寸/mm	传动管外径/mm	衬管内径/mm	最大扭矩/N·m	排量/(L/s)	钻压/kN	转速/(r/min)
工具A	139.7	114.3	95.25	25.4	4730	4.4～7.9	8～15	20～100
工具B	177.8	158	114.3	38.1	6100	7.9～14.2	10～25	20～100

3　定向井测量仪器

按照仪器的结构、性能、工作方式，可归纳为磁性测斜仪和陀螺测斜仪两大类。具体如下：

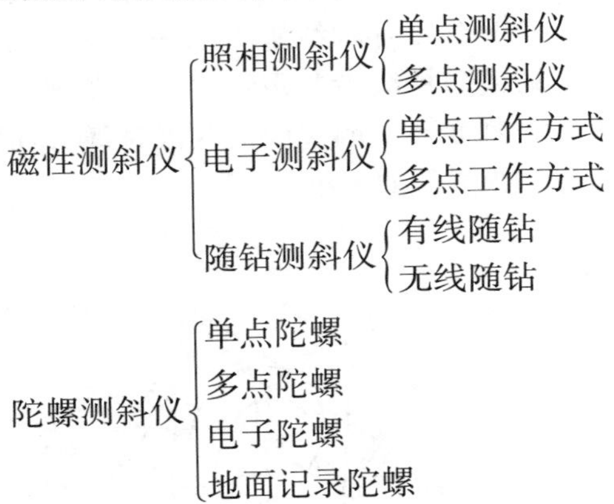

3.1　照相测斜仪

3.1.1　磁性单点照相测斜仪

目前，我国普遍使用的国产、进口磁性单点照相测斜仪主要有常温型和高温型两种类型。

磁性单点照相测斜仪下入普通钻具水眼内可测得某一深度的井斜角。与无磁钻铤配合使用可测得某一深度的井斜角和方位角。与定向钻具、无磁钻铤配合使用，可测得某一深度的井斜角、方位角和工具面角。当井下无磁干扰时，在裸眼井内可测得某一深度的井斜角和方位角。磁性单点照相测斜仪由主机，外筒总成及附件三部分组成。

(1)主机

自下而上为测角装置、照相机、定时器、电池筒。

①测角装置，也称磁罗盘、角单元，见图6－31、图6－32。

0°～20°与0°～90°测角装置的结构有所不同。0°～20°测角装置，其倾角刻度盘是一块刻有很多同心圆的光学玻璃片。测量时仪器轴线与井眼轴线重合，而摆锤始终呈铅垂状态。因此井斜角大小即可以胶片上摆锤所在同心圆表示。0°～90°测角装置主要由倾角刻度环、“U”型架、重锤及罗盘组成。测量时，仪器轴线与井眼轴线重合，刻度环轴线永为水平，罗盘也处于水平位置，“U”型架上的横向标线沿井眼轴线方向在刻度上的投影即为井斜角的大小。刻度环上的竖线沿井眼轴线方向在罗盘方位刻度盘上的投影即为方位的大小。

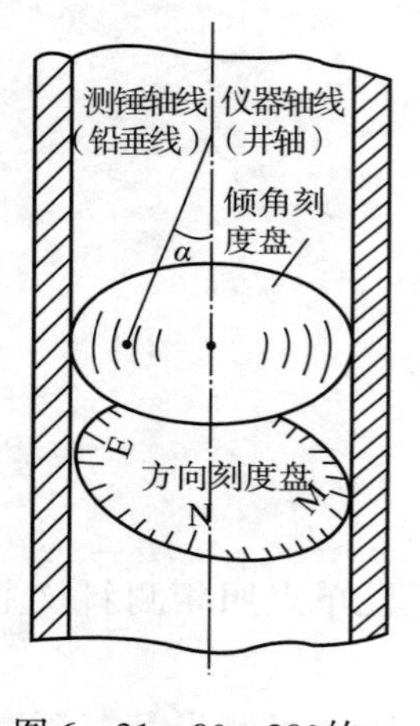

图 6 – 31　0° ~20°的测角装置

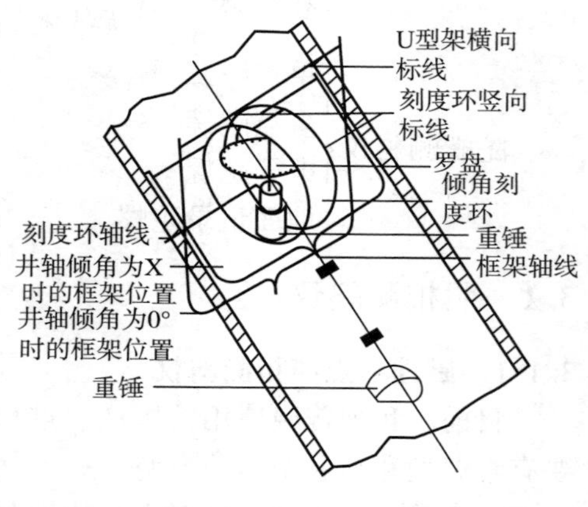

图 6 – 32　0° ~90°的测角装置

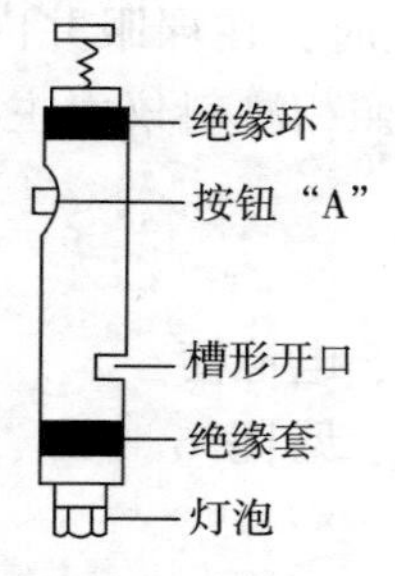

图 6 – 33　照相机

②照相机由壳体、弹簧、装片室、灯泡和感光小孔等组成，见图 6 – 33。利用小孔成像原理将测角装置(罗盘)的测量结果感光在胶片上。照相机的上部弹簧与定时器控制电路的正极相接，下部与测量装置相连，壳体与电路负极相通。

③定时器的作用在于控制照相机总成的照相时间和曝光时间。有电子定时器、运动传感器和无磁传感器等几种。电子定时器主要由半导体电子元件组成的时间电路和定时旋扭等组成，最长定时为

99min，曝光时间为7.5s。运动传感器是一种不受时间限制的照相曝光时间控制装置。仪器处于工作状态时，电路接通4min后，只要仪器静止30s，照相机即可曝光而照相。无磁传感器也是一种不受时间限制的照相曝光时间控制装置。当仪器处于工作状态时，只有进人无磁钻铤，胶片才被曝光而照相。

④电池筒内装碱性电池，为照相机总成和定时器提供电源。

(2)保护筒总成

磁性单点照相测斜仪的保护筒总成分测斜用保护筒总成和定向用保护筒总成两种。

①测斜用保护筒总成，由打捞头、绳帽、扶正体、活动接头、密封上、下堵头、仪器外筒、加长杆、底减震器总成等组成，见图6-34。

②定向用保护筒总成，由打捞头、绳帽、扶正体、活动接头、密封接头、仪器外筒、定向杆总成等组成，见图6-35、图6-36。

(3)附件

包括胶片盒、装片器、显影罐、洗相液、阅片器、管钳、秒表等。

(4)主要技术指标

①测量参数：井斜角、方位角、工具面角。

②测量范围：

井斜角：0°~120°

方位角：0°~360°

工具面角：0°~360°

③重复测量精度见表6-50。

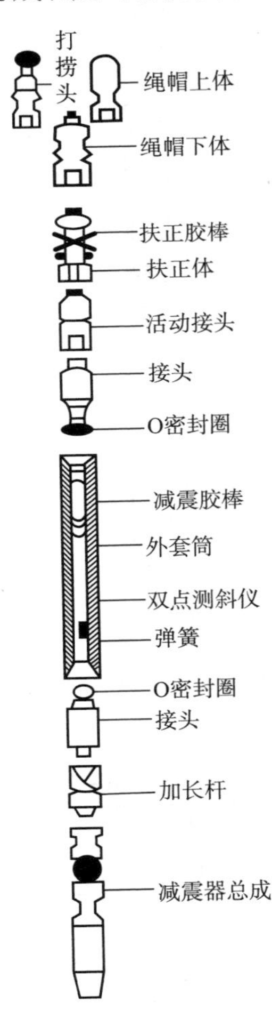

图6-34　测斜用保护筒总成

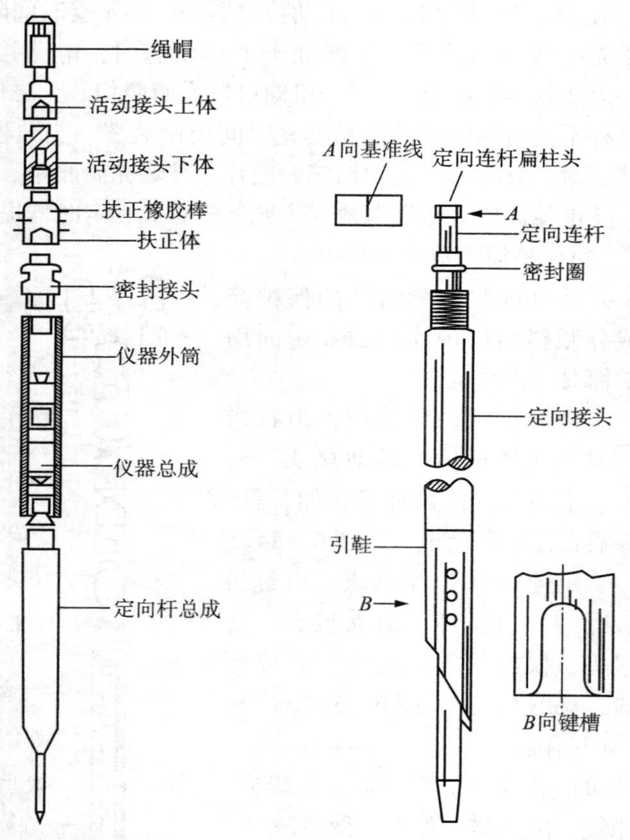

图 6－35　定向用保护筒总成

图 6－36　定向杆总成

表 6－50　磁性单点仪测角装置重复测量精度

测角装置/(°)	井斜角精度/(°)	方位角精度/(°)
0～10	±0.1	±0.4
0～20		
0～90	±0.2	
0～120		

④磁性单点测斜仪器规格见表6－51。

表6－51　磁性单点测斜仪器规格

仪器类型	常温型(1¾inR)	高温型(1⅜inE)	
		不带隔热筒	带隔热筒
仪器外径/mm	31.75	26.99	
外筒外径/mm	44.45	34.92	44.45
最高工作温度/℃(℉)	104(220)	104(220)	260(500)
最大耐压/MPa	80	120	80
全套仪器质量/kg	40～50	34～42	40～50
电池及电压	"C"×3节DC4.5V	"AA"×3节DC4.5V	

(5)使用要求

①根据不同地区和预计的井斜角、方位角，选择合适的无磁钻铤长度。调节加长杆，使测角装置在无磁钻铤中心以下0.91～1.22m(一根无磁钻铤时)或2.44～3.50m(二根无磁钻铤时)。

②根据测量点的预计井斜角、井温，选择好测角装置和仪器类型。

③仪器下井前要认真检查仪器主机是否运转正常，电池强弱和灯泡亮度。

④仪器外筒及加长杆不得弯曲，各部密封和连接螺纹完好无损。仪器入井前外筒总成所有丝扣要上紧。

⑤仪器在下入和起出过程中，应间断上下活动钻具，防止钻具粘卡。

⑥定向用保护筒总成不得投测。

⑦仪器不用时，必须取出电池。

⑧仪器不能放在有剧烈震动的地方。

(6)国内外部分生产厂家单点照相测斜仪技术参数

国内外部分生产厂家单点照相测斜仪技术参数见表6－52。

表6－52　单点照相测斜仪技术参数

生产厂家	型号	外筒/仪器直径/mm	定时器类型	井斜测量范围/(°)	井斜测量精度/(°)	方位测量范围/(°)	方位测量精度/(°)	工具面测量范围/(°)	工具面测量精度/(°)	备注
牡丹江石油仪器仪表公司	DZX－1	44.45/31.75	机械定时器 电子定时器	0～10 0～20 0～90	±0.2 ±0.2 ±0.25	0～360	±0.5	0～360	±2	
美国东方人公司	"R"	44.45/31.75	机械定时器 电子定时器 运动传感器 无磁传感器	0～10 0～20 0～90	±0.2 ±0.2 ±0.25	0～360	±0.5	0～360	±2	
	"R"HT	53.97/31.75								
	"E"	34.92/26.99		0～10 0～20 0～90	±0.2 ±0.2 ±0.25	0～360	±0.5	0～360	±2	
	"E"HT	44.45/26.99								
美国SPERRY－SUN公司	"A"	44.45/34.92	机械定时器 电子定时器 运动传感器 无磁传感器	0～6 0～20 0～90	±0.2 ±0.2 ±0.25	0～360	±0.5	0～360	±2	
	"A"HT	53.97/34.92								
	"B"	34.92/25.40		0～6 0～20 0～90	±0.2 ±0.2 ±0.25	0～360	±0.5	0～360	±2	
	"B"HT	44.45/25.40								
北京六合创业科技有限公司	LHS－R	45/31.75		0～10 0～20 0～90	±0.2 ±0.2 ±0.25	0～360	±0.5	0～360	±2	
	LHS－E	35/27								隔热 ϕ45
	LHS－F	40(49)/31.75								自浮式
北京合康科技有限公司	HKCX－D	45/31.75		0～90	±0.25	0～360	±0.5			
	HKCX－ZF	48/31.75		0～40	±0.25	0～360	±0.5			自浮式

3.1.2　磁性多点照相测斜仪

磁性多点照相测斜仪是对井斜角、方位角进行连续测量的仪器。常用的有常温型（DMS）和高温型（MMS）两种。

有钻具时与无磁钻铤配合使用可以测量井斜角、方位角。在有磁干扰的管柱内可连续测量多个不同井深的井斜角。在无磁性干扰的裸眼井中，可连续测量多个不同井深的井斜角和方位角。还可用于定向取芯。

多点照相测斜仪由主机、保护筒总成和附件三部分组成。

（1）主机

主机由电池筒、计时器、马达、相机和测角装置组成，见图6－37。

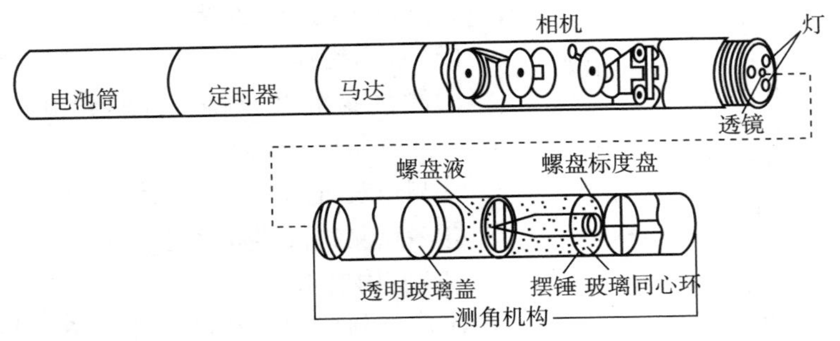

图6－37　磁多点测斜仪主机

多点照相测斜仪的测角装置设计原理与单点照相测斜仪完全一样。所不同的是DMS的测角装置把0°～17°和15°～90°两套装置组合在一起，这两套装置可同时投影到一张胶片上，井斜较大的可以从15°～90°的胶片上读到测量结果，井斜较小时从0°～17°的胶片上读到准确的结果，这样全井可以一次测量。

单点、多点照相测斜仪的测角装置不能互换，不仅它们的连接螺纹不同，而且镜头的成像能力也不一样。

（2）保护筒总成

多点测斜仪保护筒总成由打捞头、绳帽、扶正体、密封接头、仪器外筒、加长杆、减震器组成，见图6－38。

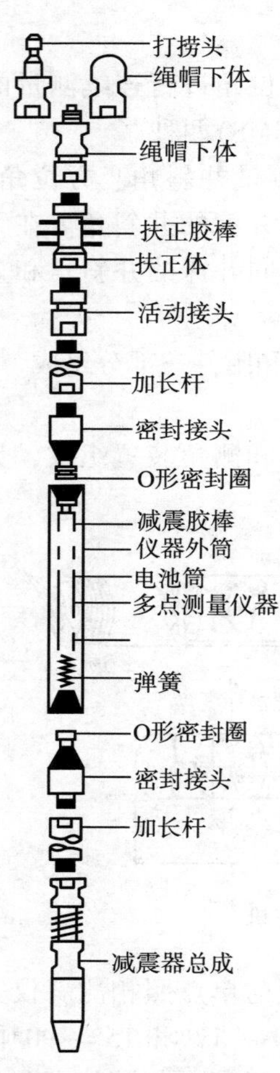

图 6－38　多点照相测斜仪保护筒总成

(3)附件

附件包括洗相筒、洗相液、胶卷、暗袋、O 形密封圈、稳压电源、胶片阅读器、管钳、秒表等。

(4)工作原理

电源接通后，定时器控制相机马达按照预定的延迟时间和照相时间间隔，驱动胶片链轮，带动胶片移动一个图像的距离，相机灯泡接通，胶片曝光，记录测角装置当时的井斜角和方位角。这样如此反复，即可记录下不同深度的井斜角和方位角的测量结果。

(5)技术指标

①测量参数及范围：井斜角 0°～120°，方位角 0°～360°。

②测角装置测量精度见表 6－53。

③多点测斜仪器规格见表 6－54。

(6)使用要求

①依据预计的全井最大井斜角、井温，选择合适的测角装置和仪器类型。

②核对钻具水眼通径必须大于仪器外筒直径。

③仪器保护筒总成、各部件的联接螺纹、O 形密封圈、减震器应完好。外筒不得有弯曲。

④仪器送井前必须检查，下井前应进行地面试验。

⑤相机暗盒的胶片长度应根据需要测量的点数决定，并留有余量。

⑥井下仪器的计时器应和地面秒表同步启动，并作好记录。

⑦仪器投入钻杆内，为防止卡钻需上下活动钻具。

⑧起钻过程中禁止转盘卸扣，用I挡起钻。

⑨切忌乱卸相机镜头，否则焦距不对将导致图像不清。

⑩各连接螺纹必须保持干净，相机传动齿轮不要加润滑油，否则可能增大仪器的电阻和积尘。

⑪仪器不要存放在震源或磁性物质附近，以免影响精度。不用时应将电池全部取出，避免腐蚀。

表6－53　多点测斜仪测角装置测量精度

测角装置/(°)	井斜角/(°)	方位角/(°)
0～10 0～17 0～20	±0.2	±0.5
0～90 15～90 15～120	±0.25	

表6－54　多点测斜仪器规格

仪器类型	常温型(DMS)	高温型(MMS)	
		不加隔热筒	加隔热筒
仪器直径/mm	31.75	26.99	26.99
外筒直径/mm	44.45	34.92	44.45
最高工作温度/℃	104	104	260
最大耐压/MPa	80	120	80
胶片规格及容量/mm	10×2438	8×1829	
照片尺寸及张数/(mm×张)	6.35×350	3.175×485	
电池及电压	“AA”x10节DC15V	“AA”×12节DC18V	
灯泡型号及数量	330×3	330×3	

(7)国内外部分生产厂家多点照相测斜仪技术参数

国内外部分生产厂家多点照相测斜仪技术参数见表6－55。

表 6－55　多点照相测斜仪参数

生产厂家	型号	外筒仪器直径/mm	定时器类型	井斜测量范围/精度/(°)	方位测量范围/精度/(°)	胶片时间容量
牡丹江石油仪器仪表成套公司	CDX－1	44.5/31.75	机械定时器 电子定时器 微型电子式	0～12/±0.2 0～17/±0.2 0～90/±0.25	0～360/±0.5	24h/2min 点
美国东方人公司	“R”	44～45,31.75		0～10/±0.2 0～17/±0.2 0～90/±0.25	0～360/±0.5	4h/4min 点
	“R”HT	53.97/31.75				
	“E”	34.92/26.99		0～10/±0.2 0～20/±0.2 0～90/±0.25	0～360/±0.5	24h/min 点
	“E”HT	44.45/26.99				
美国斯帕里森公司	“A”	44.45/34.92		0～6/±0.2 0～20/±0.2 0～90/±0.25	0～360/±0.5	
	“A”HT	53.97/34.92				
	“B”	34.92/25.40		0～6/±0.2 0～20/±0.2 0～90/±0.25	0～360/±0.5	
	“B”HT	44.45/25.40				

3.2　电子测斜仪(ESS)

ESS 全称为 ELECTRONIC SURVEY SYSTEM，简称电子多点。ESS 电子测斜仪采用固体电子测量元器件，可对钻具的磁干扰进行修正，其精度可与先进的陀螺仪相比，而且 ESS 不需要电缆，减少了操作费用。ESS 可作单点测量也可用作多点测量。

(1)用途

在单点工作方式下，可测量井斜角、方位角、磁场强度、工具面角等井眼参数；在多点工作方式下，进行多点测量，亦可用于定向取芯，和专用的取芯工具配合使用，可对地层倾角、倾向等地层产状进行分析。

(2)结构

电子测斜仪主要由井下仪器和地面数据回放、打印系统两部分组成。

①井下测量仪器总成见图 6－39。

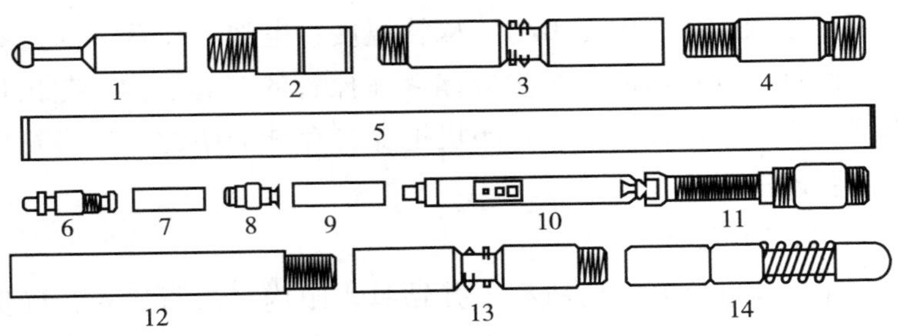

图 6－39　ESS 井下仪器结构示意图

1—绳帽；2—旋转接头；3—扶正短节；4—配合接头；5—抗压筒；6—塔头；7—电池筒；8—触点接头；9—电池筒；10—ESS 探管；11—内部减震弹簧；12—加长杆；13—扶正短节；14—底部减震弹簧

a. 仪器外筒(压力保护筒)总成：ESS 的仪器外筒总成与

单、多点照相测斜仪的外筒总成结构基本相同，由打捞头(或绳帽)、仪器保护筒、加长杆、减震弹簧、定向斜口管鞋(或减震引鞋)等组成。

b. 测量机构总成：由电池筒、探管总成、单点(或多点)程序模块、数据回放接口等组成。

电池筒为井下仪器提供电源。

探管总成由三轴重力加速度计，三轴磁通门(磁力计)，数据存储器等电子原器件和电子线路组成。

单点(或多点)程序模块控制井下仪器，按预定程序测量，存储。数据回放接口仪器从井下测量完起出后，通过该接口，计算机把探管储存器内的数据回放出来。

②地面数据回放、打印系统：由地面计算机、打印机、连接电缆及专用软件组成。

(3)工作原理

井下仪器探管总成的三轴加速度计和三轴磁通门及其他测量元器件，测量出井下重力的三个矢量(GX、GY、GZ)、三个磁通门参数(BX、BY、BZ)、探管温度、电池电压等。这些参数和经计算处理后的井眼参数储存在探管的存储器内，起出仪器后，再经地面计算机、打印机把探管存储器中的数据进行回放和打印出来。

(4)使用要求

①测量前，必须对所有下井钻具水眼内径进行检查，确保钻具水眼内径不小于仪器外筒直径。

②如果是投测仪器，为防止仪器损坏，钻杆内必须灌满钻井液。

③测量人员必须知道仪器的测量位置，其温度和压力不得超过仪器的最高工作压力和温度。

④根据测量任务和要求，选择单点工作方式或多点工作

方式。

⑤根据井下温度和测量所需时间，选用合适的电池类型。标准碱性电池工作温度小于70℃，氧化银电池小于125℃。单点工作方式下，标准碱性电池可连续工作5h，氧化银电池可连续工作11h。多点工作方式下，标准碱性电池可连续工作40h，氧化银电池可连续工作60h。

⑥采用定向斜口管鞋外筒总成定向时，下井前必须校准斜口管鞋缺口方向。

⑦下井前按要求对仪器作系统、全面检查。

⑧起出仪器进行数据回放时，一定要注意直到数据回放完后才能卸下电池筒。

⑨仪器使用完后，取出电池筒中的电池，清洁仪器各部分。

(5)国内外部分生产厂家电子测斜仪技术参数

国内外部分生产厂家电子测斜仪技术参数见表6-56、表6-57。

3.3　随钻测斜仪

根据测量仪器的结构特点和测量参数的传输方式可分为有线随钻测斜仪和无线随钻测斜仪(MWD)两大类。相关系统、性能及用途对比见表6-58。

表6-56　电子单点测斜仪技术参数

生产厂家	型号	外筒直径/mm	井斜测量范围/精度/(°)	方位测量范围/精度/(°)	磁工具面测量范围/精度/(°)	高边工具面测量范围/精度/(°)	备注
北京六合创业科技有限公司	LHE-3000/4000	45/35	0~180/±0.2	0~360/±1	0~360/±0.5	0~360/±0.5	自浮吊测

续表

生产厂家	型号	外筒直径/mm	井斜测量范围/精度/(°)	方位测量范围/精度/(°)	磁工具面测量范围/精度/(°)	高边工具面测量范围/精度/(°)	备注
北京普利门机电高技术公司	FES－1	48	0～180/±0.2	0～360/±1.5	0～360/±15	0～360/±1.5	相对密度<0.78自浮，测量点 24
北京海蓝科技开发有限责任公司	YSS－48F	48	0～180/±0.2	0～360/±1.5	0～360/±1.5	0～360/±1.5	自浮
	YSS－48D						吊测
	YSS－48FD						自浮，吊测

表 6－57　电子多点测斜仪技术参数

生产厂家	型号	外筒/探管 mm	井斜测量范围/精度/(°)	方位测量范围/精度/(°)	磁工具面测量范围/精度/(°)	高边工具面测量范围/精度/(°)	备　注
北京六合创业科技有限公司	LHE－1000	45 (35) /27	0～180/±0.2	0～360/±1.0	0～360/±0.5	0～360/±0.5	耐温：100℃ 测点：2200
美国斯帕里森公司	ESS	44.5/－	0～180/±0.2	0～360/±1.0	0～360/±1.5	0～360/±1.5	测点：1000 耐温：125℃ 耐压：102MPa
北京海蓝科技开发有限责任公司	YSS－25	35/25	0～180/±0.2	0～360/±1.5	0～360/±1.5	0～360/±1.5	测点：1945 耐温：125℃
	YSS－32	45/32					测点：1945 耐温：125℃
	YSS－45G	45/25					测点：1945 耐温：150℃
航天科工惯性技术有限公司	LEM 系列	45/32	0～180/±0.2	0～360/±2.0	0～360/±2.0		测点：2000 耐温：125℃

表 6-58　随钻测斜仪系统、性能及用途对比

类型		系统描述			性能	用途
		井下测量系统	地面接收处理系统	信号传输及密封装置	测量参数	
随钻测斜仪	有线随钻测斜仪	①探管总成：主要由磁通门（磁力计）、重力加速计等测量元件和电子线路组成； ②仪器外筒：主要由电缆头总成、外筒扶正短节、上连接器、仪器筒、下连接器、加长杆、定向鞋组成	接收井下信号并传给地面计算机系统；把信号进行放大和译码处理，在显示屏上以数字形式显示，并打印出来	主要由单芯电缆（电缆车或拖橇）、高压循环头（或电缆旁通接头）、液压管线及手压泵组成	井斜角、方位角、磁性工具面角、高边工具面角、磁倾角、磁场强度、井眼温度	①定向井定向造斜； ②直井侧钻； ③在无磁环境中使用
	无线随钻测斜仪	井下仪器由非磁钻铤短节、电源部分、井眼参数探测器（探管总成）、脉冲发生器、定向总成组成	①脉冲接收检测器； ②脉冲信号过滤器； ③地面计算机； ④测量参数显示器； ⑤记录仪； ⑥打印机； ⑦图形记录仪； ⑧操作终端	信号由钻井液传输	①井斜角、方位角、磁性工具面角、高边工具面角、井眼温度、压力、磁场强度； ②钻压、扭矩、转速、环空压力； ③LWD 还能测量自然伽马、电阻率、孔隙度等	①定向井定向造斜、扭方位和随钻监测控制井眼轨迹； ②直井段和斜井段转盘钻井的井眼轨迹控制； ③导向钻井系统中的井眼轨迹控制； ④大斜度井、水平井井眼轨迹控制及提供部分常规地质测井项目； ⑤地层参数测井； ⑥在无磁环境中使用

3.3.1 有线随钻测斜仪

(1)系统描述

有线随钻测斜仪主要由井下测量系统，地面信号接收、转换、显示系统，信号传输电缆及其密封装备三部分组成，见图 6－40。

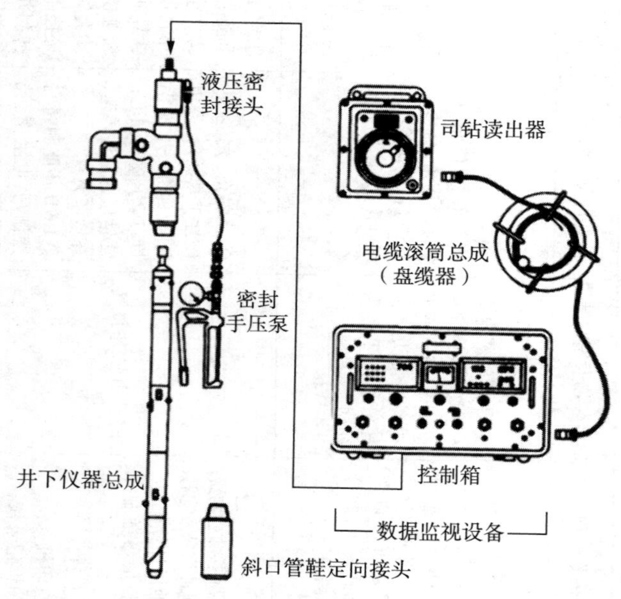

图 6－40 有线随钻测量系统

①井下测量系统：

a. 探管总成。探管是测量井眼各种参数的心脏。它主要由磁通门(磁力计)、重力加速度计等测量原器件和电子线路组成。电子线路把井下测量的井眼参数转变成电信号，通过单芯电缆传输给地面仪器。

b. 仪器外筒总成。主要由电缆头总成、外筒扶正短节、上连接器、仪器筒、下连接器、加长杆、定向鞋组成。

②地面接收、转换、显示系统：

a. 地面计算机数据处理系统。井下仪器把井眼参数以电信号的形式传输给地面计算机系统，计算机把接收到的各种井眼参数的电信号进行信号放大、译码处理，分别以数字形式直观显示在面板显示屏、地面司钻读出器和输入打印机，把测量的井眼参数打印出来。

地面计算机系统是随钻测斜仪的控制中心。它为井下仪器和地面仪表提供电源；监控仪器的工作状况并随时指示仪器出现的各种故障；选择仪器的工作方式和测取你所需要的井眼参数。

b. 司钻读出器。把从计算机控制系统输出的信号以以数字和指针表盘的形式把井眼参数(井斜角、方位角、工具面角)直观展现在司钻操作台前。以便司钻根据井眼轨迹控制的要求合理选择钻井参数(钻压、转速、排量)。

③信号传输电缆及其密封装置：

主要由单芯电缆、电缆车(或电缆拖撬)、高压循环头(或电缆旁通接头)、液压管线及手压泵组成。

高压循环头主要由循环头、密封头、电缆卡子和手压泵组成，如图6－41、图6－42所示。高压循环头直接和水龙带连接，不用水龙头。电缆从高压循环头的顶端密封头进入钻杆，每次接单根必须把井下仪器提到井口最上面一根钻杆里，接完单根再下到井底座键。与电缆旁通接头相比，高压循环头有利于保护电缆，但增加了起下仪器的时间。

电缆旁通接头用于将电缆通过其电缆入口进入钻具水眼，将测斜仪器送至井底。旁通接头总成由接头体、电缆密封总成和电缆卡子组成，如图6－43所示。使用旁通接头进行随钻定向、扭方位施工时，中途不需要起下电缆，节省时间。但由于旁通接头以上的电缆在井口，以下的电缆在钻杆环形空间里，井口作业时应特别注意不要挤坏电缆和防止电缆打扭。

(2)用途

测量提供井斜角、方位角、磁性工具面角、高边工具面角、磁倾角、磁场强度、探管工作温度等参数，用于与无磁钻铤、弯接头、泥浆马达或定向接头、弯外壳泥浆马达配合使用，进行定向造斜、扭方位作业中的随钻测量。

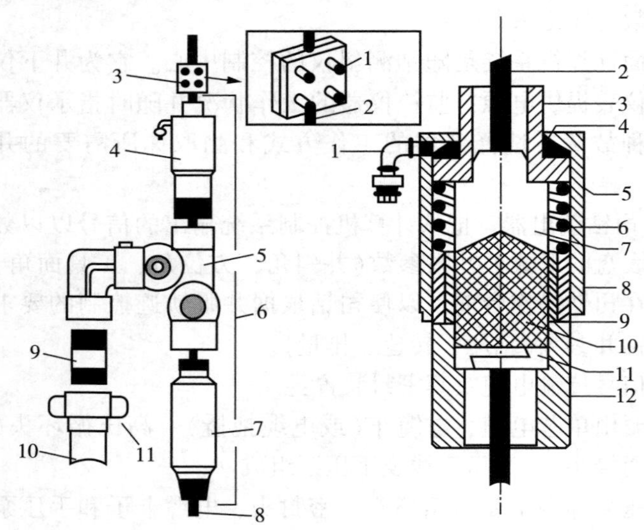

图 6－41　高压循环接头

1—长螺帽；2—电缆；3—电缆卡子；4—液压密封头；5—循环头；6—水龙头总成；7—钻杆异径接头；8—电缆；9—水龙带由壬；10—水龙带；11—由壬

图 6－42　电缆密封接头

1—压力接头；2—电缆；3—活塞；4、5—密封；6—活塞弹簧；7—电缆补心；8—压紧螺帽；9—补芯；10—电缆密封橡胶；11—联锁座；12—缸体

(3)工作原理

探管通电后，探管中的重力加速度计和磁通门分别给出重力场和地磁场分量的信息，经 A/I 转换，并以数字编码的串行形式通过单芯电缆送到地面控制箱。

地面控制箱接收来自探管的编码信息，并将其放大、译码、处理，分别以数字形式直观地显示在面板显示屏上，并传输给司钻控制台附近的司钻读出器和输入打印机，把测量结果打印出来。

(4)使用要求

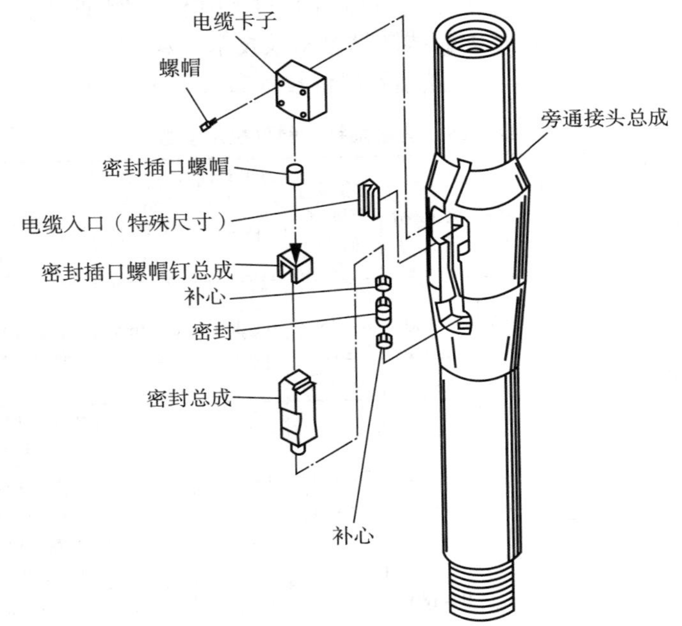

图 6－43　旁通接头总成

①无磁钻铤长度应根据不同地区、井斜角和方位角，按要求选配。

②最小钻具内径必须大于仪器外筒直径，使仪器能安全下入。无磁钻铤内径应满足仪器对循环通道的要求。

③定向杆总成的斜口管鞋与定向键必须相匹配，且能满足循环要求。

④使用循环头电缆密封装置，吊环长度不得小于 3. 65m。

⑤井眼必须畅通，钻井液性能良好，含砂量低。

⑥仪器下井前必须对仪器各部分作系统全面的检查。

⑦下放仪器时，注意控制箱上的探管温度显示，探管温度不得超过仪器标定值，否则应停止下放仪器，循环钻井液降温，若无效则应起出仪器。

⑧根据井斜角的大小，选择采用磁性工具面工作方式或高边工作方式。工作方式一旦确定，仪器工作过程中不得随意改变。

(5)部分生产厂家有线随钻测斜仪技术参数

部分生产厂家有线随钻测斜仪技术参数见表6－59。

表6－59　有线随钻测斜仪技术参数

生产厂家	型号	外筒/探管直径/mm	井斜测量范围/精度/(°)	方位测量范围/精度/(°)	磁工具面测量范围/精度/(°)	高边工具面测量范围/精度/(°)	备注
北京六合创业科技有限公司	LHE－2000	45(35)/27	0～180/±0.2	0～360/±1.0	0～360/±0.5	0～360/±0.5	耐温：100℃ 隔热时：260℃
美国SPERRY－SUN公司	SST1000	44.5/35	0～180/±0.3	0～360/±2.0	0～360/±2.0	0～360/±2.0	耐温：125℃ 耐压：102MPa
	SST900	44.5/25					耐温：182℃ 耐压：102MPa
	SST700	44.5/25					耐温：182℃ 耐压：102MPa
	MS3	44.5/35	0～180/±0.2	0～360/±1.0	0～360/±1.5	0～360/±1.5	耐温：125℃ 耐压：102MPa
英国瑞塞尔公司	RSS	35/25	0～180/±0.3	0～360/±2.0	0～360/±2.0	0～360/±2.0	耐温：125℃ 耐压：138MPa 磁悬浮技术
北京海蓝科技开发有限责任公司	YST－25	35/25	0～180/±0.2	0～360/±1.5	0～360/±1.5	0～360/±1.5	耐温：125℃ 耐压：100MPa
	YST－35	45/35					
北京普利门机电高技术公司	DST－$\phi 35$	35/25	0～180/±0.2	0～360/±1.5	0～360/±1.5	0～360/±1.5	耐温：125℃ 耐压：100MPa
	DST－$\phi 45$	45/35					
北京航天科工惯性有限公司	SZ系列		0～180/±0.1	0～360/±1.0	0～360/±1.0	0～360/±1.0	耐温：125℃ 耐压：120MPa

3.3.2　无线随钻测斜仪(MWD)

(1)系统描述

无线随钻测斜仪，是通过钻井液的液柱压力脉冲，传递井下探测仪器测取的井眼参数的编码数据；地面接收压力传感器监测液柱压力脉冲，然后由地面计算机进行解码处理，以数字形式显示并打印出来。

无线随钻测量仪器由井下探测仪器总成和地面接收仪表及数据处理系统两大部分组成。典型的地面仪器连接和井下仪器结构见图6－44、图6－45。

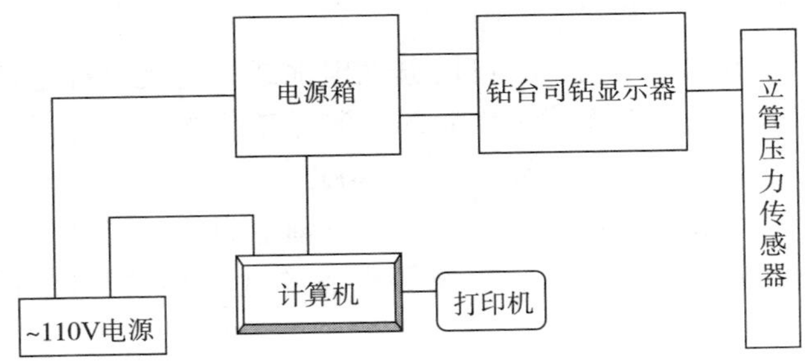

图6－44　QDT地面仪器连接示意图

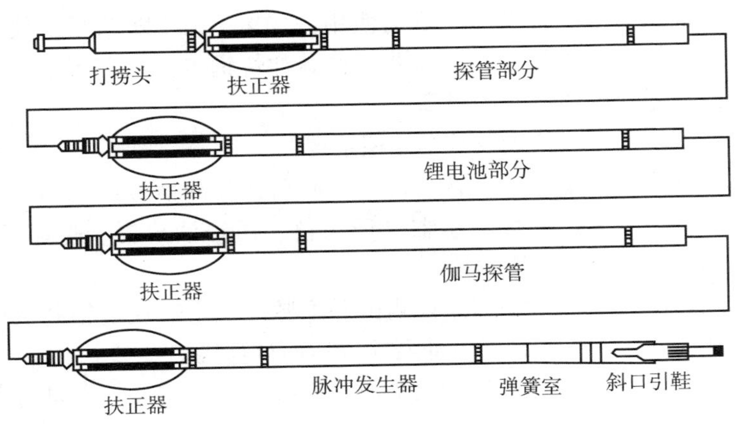

图6－45　QDT井下仪器结构示意图

①井下探测仪器总成：

井下仪器主要由无磁钻铤短节、电源部分、井眼参数探测器(探管总成)、脉冲发生器和定向总成组成。

a. 无磁钻铤短节。为磁性探测仪器提供一个没有磁干扰的工作环境，防止钻柱磁场对磁性探测仪器的影响。

b. 电源部分。可采用涡轮发电机或电池组为电子线路、井下探测仪器和脉冲发生器供电。

涡轮发电机的优点是能提供较强的电能，耐温性也较好。但对流量和流体质量要求较高，一些堵漏材料和其他碎屑很难通过涡轮的定子和转子间隙。

采用电池组作电源时可用碱性电池或锂电池，锂电池寿命较长。电池在井下连续工作时间依测量工作方式、井温和电池类型的不同而不同，通常为125～800h。

c. 探测仪器。由三轴加速器、三轴磁力仪、温度控制器等各种测量电子元件组成，能够测取各项井眼参数并进行处理、编码。

d. 脉冲发生器。接受地面控制系统发出的编码指令，把探测仪器测取的各项井眼参数的编码数据通过钻井液压力脉冲传至地面压力脉冲转换器。目前使用的MWD无线随钻测斜仪主要有连续波、正脉冲和负脉冲三种脉冲传输方法。三者中，以连续波系统的传输速率最高。

②地面接收仪表及数据处理系统：

该系统主要包括：脉冲接收检测器、脉冲信号过滤器、地面计算机、测量参数显示器、记录仪、司钻读出器、打印机、图形记录仪和操作终端等。

a. 脉冲接收检测器。检测由井下脉冲发生器通过钻井液传到地面的脉冲信号，经过滤器输入地面计算机。

b. 地面计算机。计算机是地面系统的控制中心。它具有多种功能。最终信号过滤、编码脉冲检测、解码、数据处理、计算和数据显示与输出。

c. 测量参数显示和司钻读出器。直观显示测量的各项井眼参数：井斜角、井斜方位角、磁性工具面角及高边工具面角等。

d. 打印机、图形记录仪。打印随钻测量结果及测井曲线图等。

(2)主要功能和用途

①测量井眼参数：井斜角、方位角、磁性工具面角、高边工具面角、井眼温度、压力、磁场强度。

②测量钻井参数：钻头钻压、扭矩、转速、环空压力。

③测量地层参数：自然伽马、地层电阻率、孔隙度等。

④主要用于定向井，套管开窗井、水平井、水平对接井、多目标井、分支井、多底井、救援井等钻井中井身轨迹随钻测量施工，并可进行自然伽马测量和电阻率测量等地层参数测量。

不同类型的随钻测斜仪能够测量的井眼参数、钻井参数和地质测井项目也不相同，作业者可根据设计井的具体情况(钻井目的、钻井工艺难易程度、钻井成本等)选用相应的测量仪器。

(3)技术参数

部分国外无线随钻测斜仪技术参数见表6－60。

部分国产无线随钻测斜仪技术参数见表6－61。

(4)使用要求

①井底最高静液压力不得大于仪器最高抗压能力。

②井底循环温度不得超过仪器标称最高工作温度。

③使用转盘钻进时，转盘转速应低于170r/min。

④划眼期间，一定要卸下MWD。因为划眼会使仪器受到剧烈震动而损坏机械部件和电子元件。

⑤钻井液性能必须满足MWD的测量要求，测量期间若要调整钻井液性能，应征求MWD服务工程师的意见。

⑥钻具内径应尽量保持一致。

⑦仪器入井前必须对MWD系统作全面的检查。

表 6－60　国外主要无线随钻测斜仪技术参数

系统参数			DWD 美国 SPERRY SUN 公司	QDT 美国 QDT 公司	GEOLINK 英国 GEOLINK 公司
系统参数	电源,脉冲传输		发电机,正脉冲	锂电池,正脉冲	锂电池,负脉冲
	井斜测量范围/精度/(°)		0～180/±0.2	0～180/±0.1	0～180/±0.05
	方位测量范围/精度/(°)		0～360/±1.5	0～360/±1.0	0～360/±0.5(井斜≥5)
	磁工具面测量范围/精度/(°)		0～360/±2.8	0～360/±1.0	0～360/±1.0
	高边工具面测量范围/精度/(°)		0～360/±2.8	0～360/±1.0	0～360/±1.0
	测量数据修正时间/min(Hz)		3.5(0.5)/5.5(0.8)		
	工具面修正时间/s(Hz)		14(0.5)/9.3(0.8)		30/60
	自然伽马/精度/API		0～380/±2		0～500/±2
	地层电阻率/Ω·m		0～2000		0.1～2000(0.3～0.6m)
工作环境	钻井液类型		水基,油基	水基,油基	水基,油基
	钻井液密度/(g/cm^3)		<2.17	<2.17	尚无已知限制
	钻井液排量/(L/s)		5.7～75.7	22.1～75.7	30.2～69.3
	含砂量/%		<0.5	<0.5	<0.5
	塑性黏度/mPa·s		<50	<50	尚无已知限制
	最大压力/MPa		125	102	Ⅰ型:103.45;Ⅱ型:138
	最高工作温度/℃		125	125	150
	堵漏材料	类型	细、中型短纤维	细、中型短纤维	细、中型短纤维
		含量/(kg/m^3)	<57	<57	<57

表 6-61 部分国产无线随钻测斜仪技术参数

系统参数		SZD2000	YST-48X	LHE-6000	PMWD-1	ZT-MWD
		西安石油仪器厂	北京海蓝科技开发有限公司	北京六合伟业科技有限公司	北京普利门机电高技术公司	北京天启明科技发展有限公司
系统精度	仪器外径/mm	47.6	48	48	48	48
	电源,脉冲传输		锂电池,正脉冲	锂电池,正脉冲	锂电池,正脉冲	发电机,正脉冲
	井斜测量范围/精度/(°)	0~180/ ±0.1	0~180/ ±0.2	0~180/ ±0.2	0~180/ +0.1	0~180/ ±0.1
	方位测量范围/精度/(°)	0~360/ ±1.0	0~360/ ±1.5	0~360/ ±1.0	0~360/ ±1.0	0~360/ ±1.5
	磁工具面测量范围/精度/(°)	0~360/ ±1.0	0~360/ ±1.5	0~360/ ±0.5	0~360/ ±1.0	0~360/ ±1.5
	高边工具面测量范围/精度/(°)	0~360/ ±1.0	0~360/ ±1.5	0~360/ ±0.5	0~360/ ±1.0	0~360/ ±1.5
	测量数据采样时间/s		10			
	自然伽马/精度/API		0~150/ ±3 150~500/ ±10			
	地层电阻率					
工作环境	最大抗压/MPa	140	100	120	100	104
	最高工作温度/℃	150	125	125	150	150
	最大耐冲击	1000g,1ms			1000g,0.5ms	
	最大抗振动	25g,20~500Hz			5g,7~200Hz	

3.4　陀螺测斜仪

陀螺测斜仪是一种不受大地磁场和其他磁性物质影响的测斜仪器。适用于有磁干扰或磁屏蔽环境条件下的井眼测量。

陀螺测斜仪器按其测量方式和性能可以分为：单点陀螺测斜仪、多点陀螺测斜仪、地面记录陀螺测斜仪(SRO)、电子陀螺测斜仪(BOSS)、光纤陀螺测斜仪等。

3.4.1　SRO 地面记录陀螺测斜仪

(1)作用及工作原理

SRO 属于框架式陀螺，是美国 SPERRY—SUN 公司生产的一种非磁性测量仪器，主要用于磁性环境下的轨迹测量施工，最大的优点是不受井下磁性环境干扰，采用电池供电。

SRO 仪器的基本工作原理，是利用陀螺的定轴性来测取井斜方位角，利用重力加速度计测取井斜角，用陀螺探管传感系统测取探管的状态，以脉冲电信号的形式通过单芯电缆将井下数据传输到地面机架，进行处理、显示和输出。

(2)SRO 地面部分连接(见图 6 -46)

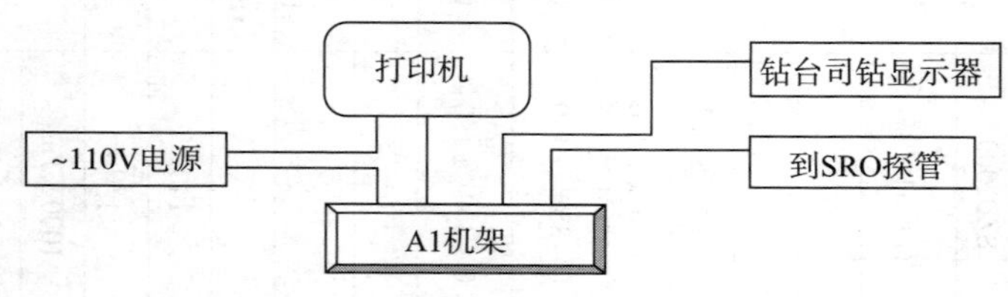

图 6 -46　SRO 地面仪器连接示意图

(3)SRO 井下部分结构(见图 6 -47)

(4)技术参数(见表 6 -62)

3.4.2　BOSS Ⅱ 型电子陀螺测斜仪

(1)作用及工作原理

BOSS Ⅱ 型电子陀螺测斜仪是美国 SPERRY—SUN 公司生产的陀螺测斜仪，是一种有线式非磁性地面记录测量系统。主要用于磁性环境下的井眼轨迹测量施工，最大的优点是不受井下磁性环境干扰，并可输出井眼轨迹数据。

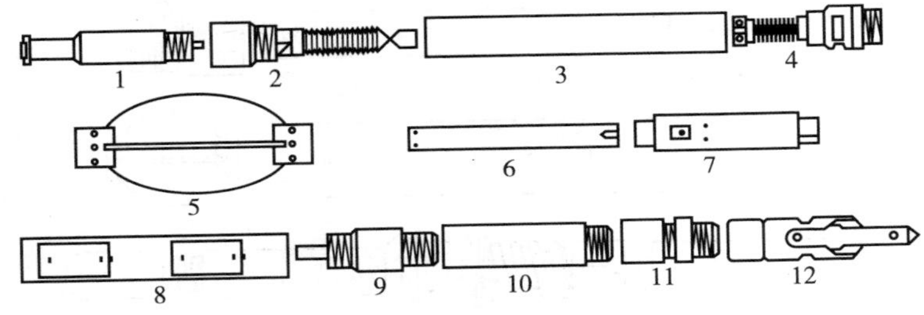

图 6－47　SRO 井下仪器结构示意图

1—电缆头；2—电话线接头；3—仪器抗压筒；4—陀螺座；5—扶正器；6—SRO 探管；7—SRO 陀螺；8—电池筒；9—电池底座；10—加重杆；11—调整接头；12—斜口引鞋

BOSS Ⅱ型仪器利用陀螺的定轴性来测量井斜方位角，利用重力加速度计测量井斜角，陀螺探管传感系统测量探管的状态，以脉冲电信号的形式通过单芯电缆将井下数据传输到地面，处理、显示和输出。

(2) BOSS Ⅱ型陀螺地面仪器连接(见图 6－48)

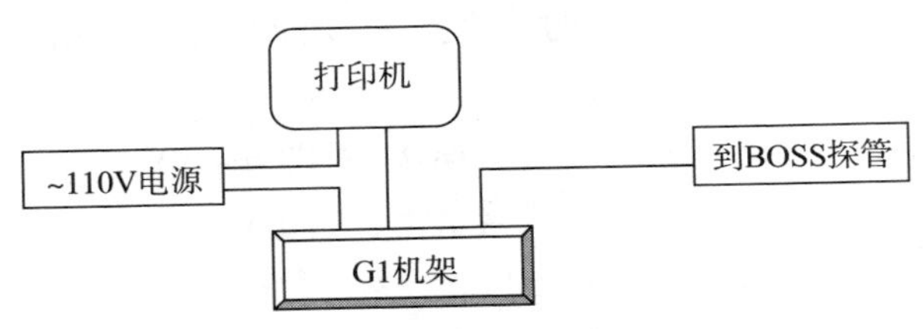

图 6－48　BOSS Ⅱ地面仪器连接示意图

(3) BOSS Ⅱ型陀螺井下仪器结构(见图 6－49)

(4) 技术参数(见表 6－62)

3.4.3　KEEPER 陀螺测斜仪

(1) 作用及工作原理

KEEPER 陀螺测斜仪是美国科学钻井公司(SDI)生产的第三

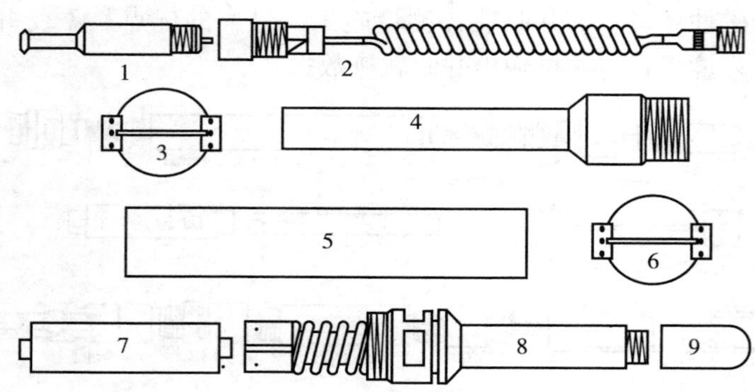

图 6 - 49　BOSSII 井下仪器结构示意图

1—电缆头；2—电话线接头；3—上扶正器；4—电话线保护筒；
5—探管外筒；6—下扶正器；7—探管；8—陀螺座及加重杆；9—丝堵

代自寻北陀螺测斜仪，是一种非磁性测量仪器，主要用于井眼轨迹测量和磁性环境下的测量施工，最大的优点是不受井下磁性环境干扰，常常用来套管开窗及套管内井身轨迹测量与施工，具有自动寻北、用途广泛、测量速度快、测量精度高等特点。

KEEPER 陀螺有两只陀螺：X 陀螺和 Z 陀螺。X 陀螺专门用来寻北，是一只二维陀螺，即框架陀螺，由一只马达控制转动。Z 陀螺具有三维测量的重力加速度计和加表，用来进行井斜角和井斜方位角的测量。

(2) KEEPER 陀螺地面仪器连接(见图 6 - 50)

(3) KEEPER 陀螺井下仪器结构(见图 6 - 51)

(4) 技术参数(见表 6 - 62)

3.4.4　TLX - 01 光纤陀螺连续测斜仪

(1) 作用及工作原理

TLX - 01 光纤陀螺连续测斜仪是北京航天万新科技有限公司研发的光纤自寻北陀螺测斜仪，具有不受磁性干扰的特点，主要用于套管井测量，套管损伤定位，定向密集射孔等。采用的光纤陀螺仪无转动部件，具有可靠性高、抗冲击、振动功能强、精度高等特点，是陀螺技术领域的前沿产品，目前在国际军事领域上应用非常广泛。

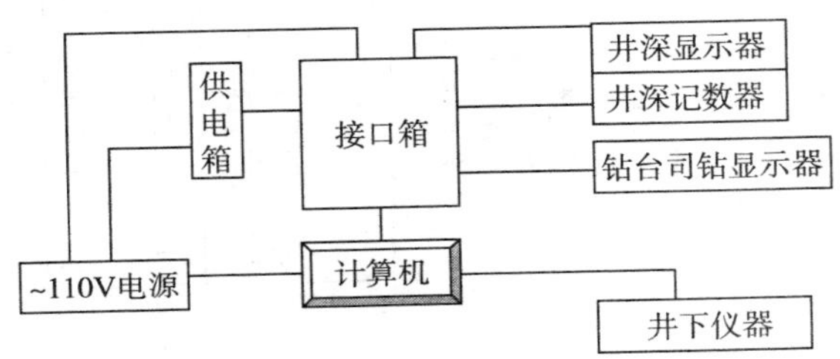

图 6－50　KEEPER 地面仪器连接示意图

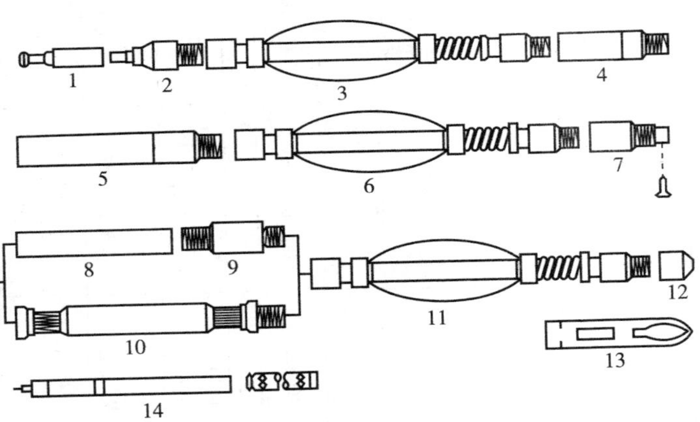

图 6－51　KEEPER 井下仪器结构示意图

1—绳帽；2—电缆头；3，6，11—可调扶正器；4—连接接头；5—供电短节；7—接头；8—抗压筒；9—接头；10—高温抗压筒；12—着陆头；13—斜口引鞋；14—KEEPER 陀螺总成

陀螺测斜仪采用了以光纤陀螺和石英挠性加速度计组成惯性组合体进行姿态测量。测试过程中，陀螺具有自寻北功能，寻北精度小于 1.5°，可在陀螺漂移进行完时补偿。光纤陀螺测斜仪较其他类型的陀螺测斜仪具有抗恶劣环境能力强，不受井斜角度限制，可直接安在装抗压管内进行运输，不需要特殊减振处理。

(2) 技术参数（见表 6－62）

表 6-62 陀螺测斜仪技术参数

系统参数		SRO	BOSS Ⅱ	KEEPER	TLX-01 光纤陀螺
		美国 斯帕里森公司	美国 斯帕里森公司	美国 科学钻井公司	北京航天科工惯性 技术有限公司
系统参数	仪器外径/mm	35		27	
	抗压筒外径/mm		89	89	<104
	井斜测量范围/精度/(°)	0~70/±0.3	0~70/±0.3	0~105/±0.1	0~120/±0.15
	方位测量范围/精度/(°)	0~360/±1.5	(0~360)/±0.7	0~360/±0.25 (井斜≤5°) 0~360/±0.10 (井斜>5°)	0~360/±1.5 (井斜≥2°)
	高边工具面测量范围/精度/(°)	0~360/2.8	(0~360)/±0.5	0~360/±0.5	
	最长测量时间/h	8			
	最多测量点数	1440			连续
	工作电流/mA	120	500		
	陀螺漂移率/[(°)/h]			0.05	
工作环境	钻井液类型	水基、油基	水基、油基	水基、油基	水基、油基
	最高工作温度/℃	82	-10~125	125	175
	耐压/MPa	102	80.6	102	100
	下放速度/(m/s)	1	1		

第七章　钻井液净化装置

1　振动筛

振动筛是钻井液净化系统中的第一级净化设备。由井内返出带有大量钻屑的钻井液经振动筛的作用，分离出固相钻屑，使较清洁的钻井液进入后几级净化设备。

1.1　结构与分类

振动筛主要由底座、筛箱、激振器、动力传动系统及隔振系统五大部分组成。

激振器的结构不同，安装的位置不同，产生振动的轨迹也不同。振动筛根据运动轨迹的不同可分为圆形轨迹、普通椭圆形轨迹、平动椭圆形轨迹和直线轨迹四种。

1.2　振动筛型号

振动筛的型号表示方法如下：

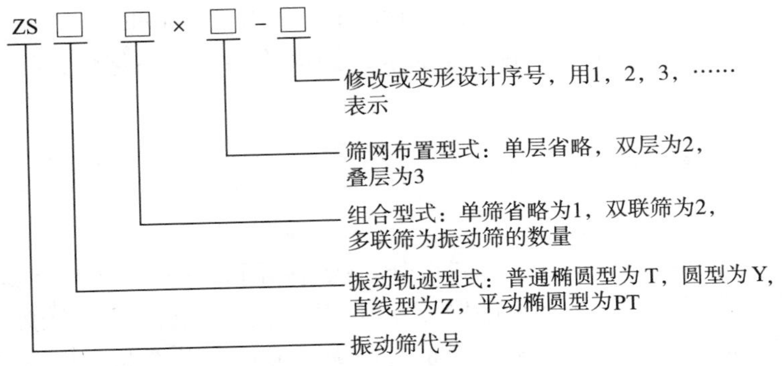

注：筛网层数为双层或叠层时，振动筛组合型式单层1不能省略。

示例1：ZS/PT 1×2－4 表示平动椭圆振动筛第四代产品，其中振动筛组合型式为单筛，筛网层数为双层筛。

示例2：ZS/Z 2－4 表示直线振动筛第四代产品，其中振动筛组合型式为双联筛，筛网层数为单层筛。

1.3 工作原理

圆形筛是根据筛面产生圆形振动轨迹的振动理论设计，做高速圆形旋转的筛面，每旋转一次，钻屑就被抛向筛子的上前方；平动椭圆筛是根据筛面产生椭圆形运动轨迹的振动理论设计；直线轨迹振动筛激振器上两个主轴反向对称旋转一周时，主轴上的一对激振块产生的振力，使钻井液中的钻屑沿着与水平面成50°角的方向被抛向筛子的上前方，钻屑连续地从筛网上排出，透过筛网的钻井液进入后几级固控设备。

1.4 振动筛技术参数

振动筛基本技术参数见表 7－1。

1.5 性能要求

①配备的振动筛能够处理从井眼返出的全部钻井液。

②振动筛具有运转平稳、工作可靠，启动和停止过渡时间应小于 60s。

③振动筛整机平均无故障运转时间不少于 3000h。

④为保证振动筛的性能要求，振动筛整机动态特性检测应符合表 7－2 的要求。

1.6 振动筛筛网

1.6.1 结构型式

筛网结构根据安装型式可分为钩边筛网和框架筛网两大类。钩边筛网是通过钩条将筛网绷紧在振动筛筛箱上，分纵向绷紧和横向绷紧两种；框架筛网是通过楔块或压紧装置将筛网安装在振动筛筛箱上。

表 7－1　振动筛基本技术参数

型号	生产厂家	振动轨迹	单筛处理量/(L/s)	可调倾角/(°)	振幅强度/g	电机功率/kW	外形尺寸/mm	质量/kg
ZS6B（三联双层）	胜利钻井院	直线	100～120		5.5	1.5×6	4600×2657×1350	5028
ZS8	胜利钻井院	直线	80～120	±5	6.5	2.2×2×2	4480×2660×1590	5120
RSD2008－B	中原锐实达	变频椭圆	60	2～8	6.3～8.3	2.2×2		
RSD2007－P	中原锐实达	平动椭圆	60	－1～5			3820×2850×1200（双筛）	
BSZS－Ⅱ	濮阳信宇公司	变频直线	60		7.0	2.2×2	2840×1700×1520	1800
ZHZS1180×700	营正和机械有限公司	直线	>60	－1～5		2.2×2	2830×1680×1530	2310
ZHZS1180×700ZX－Ⅲ	营正和机械有限公司	直线		－1～5	7.0	2.2×4	2830×4050×1530	4700
ZS83×108－3	唐山冠能机械有限公司	直线	35	－1～5	≤7.4	1.72×2		1980
ZS63×125－4	唐山冠能机械有限公司	直线	45	－1～5	≤7.4	1.94×2		2200
ZS280D－3P	东营建新	均衡椭圆	30～60	0～5.5	6～7.2	2.2×2		
QZS703	西安科讯		25	－1～5	7.2	1.72×2	2480×1840×1640	2000
QZS704	西安科讯		30	－1～5	7.2	1.72×2	3180×1840×1640	2210

表 7－2　振动筛整机动态特性参数

检测项目	检测点	椭圆型	圆形	直线型	平动椭圆型
筛面垂直加速度	激振器轴线上的特征点	(4～7) g	(3.5～7) g	(4～7) g	(3.5～7) g
水平速度/(m/s)		0.25～0.60	0.20～0.60	0.30～0.75	0.25～0.70
振幅/mm		5～8	5～8	5～10	5～10
筛箱固有频率/Hz		2.5～5			
筛箱前后加速度	前后特征点	(0.5～1.5)g			
筛箱运动轨迹	特征点	椭圆型	圆形	直线型	平动椭圆型
激振转速/(r/min)	激振器轴	1000～1800			
筛箱横向摆差/mm	前后特征点	≤1.0			
整机噪声/dB(A)		≤85			

注：$g=9.8\ m/s^2$。

钩边筛网的结构型式分三种：

①单层筛网：只有一层筛网通过制造钩边而形成。

②叠层筛网：背衬为目数较小的筛网，由黏结剂将筛分层和支撑层黏结在一起通过制造钩边而形成。

③衬板筛网：分为平板筛网和波浪筛网。

——平板筛网：背衬为刚性孔板或薄钢板条框，由黏结剂将筛网和背衬黏结在一起通过制造钩边而形成。

——波浪筛网：背衬为刚性孔板或薄钢板条框，筛网制成波浪形状由黏结剂将筛网和背衬黏结在一起通过制造钩边而形成。

钩边筛网分纵向钩边和横向钩边两种。纵向钩边筛网的钩边形式见图 7－1，成形后的横向幅宽为 1120mm，纵向长度 L 根据振动筛筛箱尺寸确定。横向钩边筛网的钩边形式如图 7－2 所示，成形后的横向幅宽为 1150±5mm，纵向长度 L 根据振动筛筛箱尺寸确定。

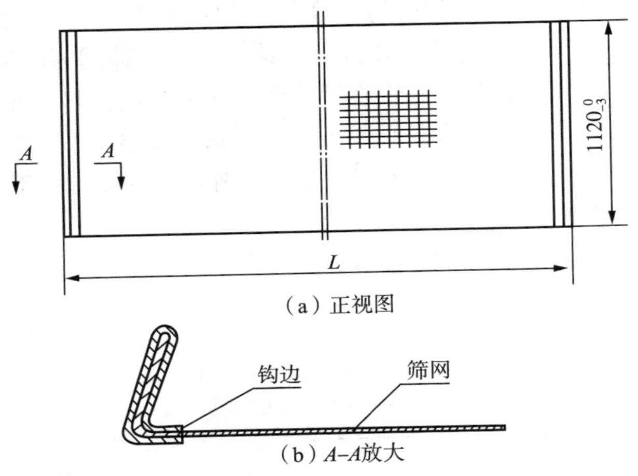

（a）正视图

（b）A–A放大

图 7－1　纵向钩边筛网的钩边形式

框架筛网的结构型式分两种：

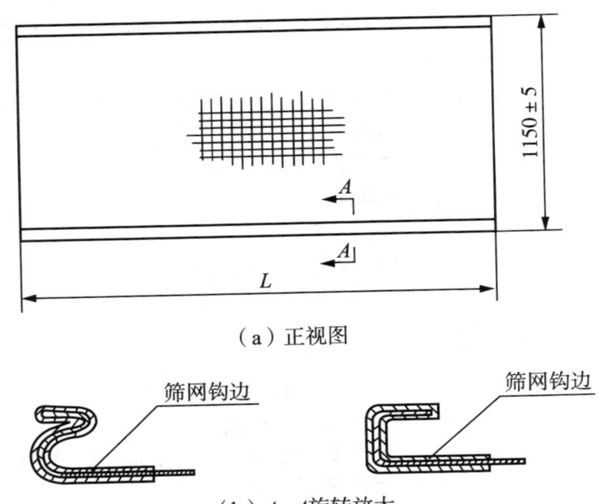

（a）正视图

（b）A－A旋转放大

图 7－2　横向钩边筛网的钩边形式

①框架平面网：背衬为厚度较大的钢框架结构，由黏结剂将筛网和框架背衬黏结在一起，筛网为平面状。

②框架波浪网：背衬为厚度较大的钢框架结构，筛网制成波浪形状由黏结剂将筛网和背衬黏结在一起，筛网为波浪状。

框架筛网的背衬由方钢管焊接而成框架结构，其平面度不大于0.5mm，外形尺寸误差小于2mm，对角尺寸误差小于3mm。框架筛网成形后的平面度不大于0.5mm，外形尺寸误差小于2mm。

1.6.2 型号

(1)钩边筛网型号的表示方法如下：

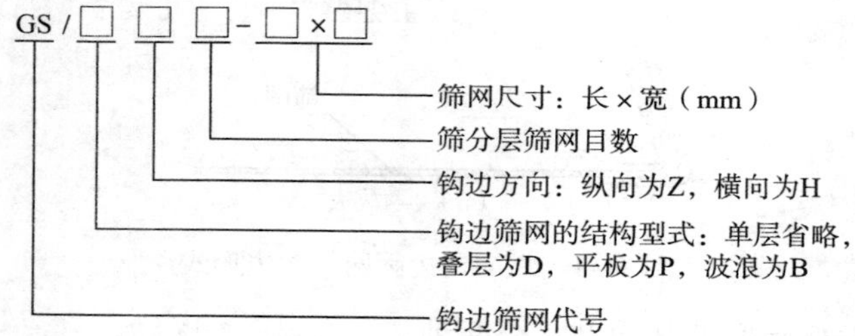

示例1：GS/Z20-1750×600表示是单层钩边筛网，纵向钩边，20目，长×宽为1750mm×600的钩边筛网。

示例2：GS/PH80-1050×700表示是平板钩边筛网，横向钩边，80目，长×宽为1050mm×700mm平板钩边筛网。

示例3：GS/BH100-1050×700表示是波浪钩边筛网，横向钩边，100目，长×宽为1050mm×700mm波浪钩边筛网。

(2)框架筛网型号的表示方法如下：

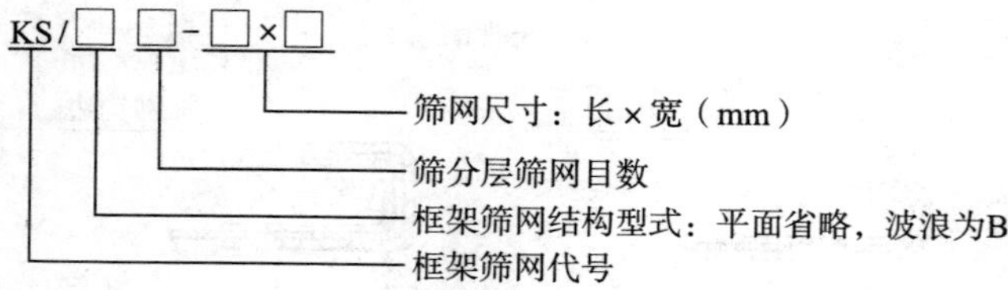

示例1：KS/60-1250×635表示是框架平面筛网，60目，长×宽为1250mm×635mm的框架平面筛网。

示例2：KS/B80-1250×635表示是框架波浪筛网，80目，长×宽为1250mm×635mm的框架波浪筛网。

1.6.3　筛网规格

筛网的规格见表 7－3。

表 7－3　筛网规格

网孔尺寸/mm	金属丝直径/mm	筛分面积百分率/%	单位面积质量/(kg/m²)	相当英制目数
2.000	0.500　0.450	64　67	1.260　1.040	10
1.600	0.500　0.450	58　61	1.500　1.250	12
1.00	0.315　0.280	58　61	0.952　0.773	20
0.560	0.280　0.250	44　48	1.180　0.974	30
0.425	0.224　0.200	43　46	0.976　0.808	40
0.300	0.200　0.180	36　39	1.010　0.852	50
0.250	0.160　0.140	37　41	0.788　0.634	60
0.200	0.125　0.112	38　41	0.607　0.507	80
0.160	0.100　0.090	38　41	0.485　0.409	100
0.140	0.090　0.071	37　44	0.444　0.302	120
0.112	0.056　0.050	44　48	0.336　0.195	150　160
0.100	0.063　0.056	38　41	0.307　0.254	160
0.075	0.050　0.045	36　39	0.252　0.213	200
0.063　0.056	0.040　0.045	37　31		250
0.050　0.045	0.030　0.032	39　34		325

2　清洁器

2.1　清洁器

清洁器是钻井液旋流器和钻井液细网振动筛的组合体，根据旋流器的尺寸不同，可分为除砂清洁器和除泥清洁器两种类型。

2.1.1　型号

清洁器型号的表示方法如下：

2.1.2　基本参数

①清洁器的进口工作压力为 200～400kPa。

②清洁器的处理量为各个钻井液旋流器处理量之和。

③清洁器所用振动筛筛网的目数为 120～180 目。

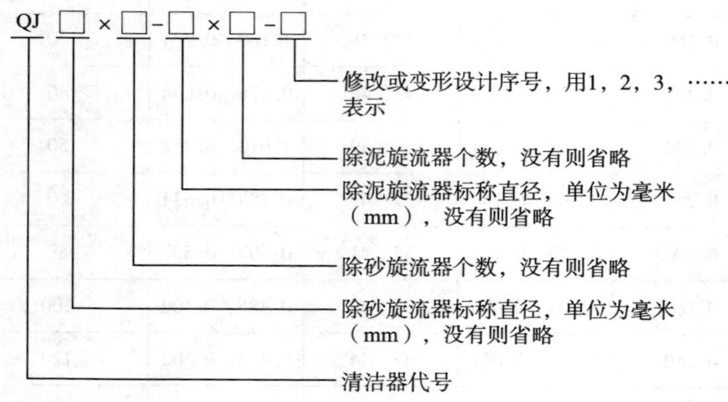

2.2　旋流器

旋流器是构成除砂清洁器和除泥清洁器的主要部件。

2.2.1　型号

旋流器的型号表示方法如下：

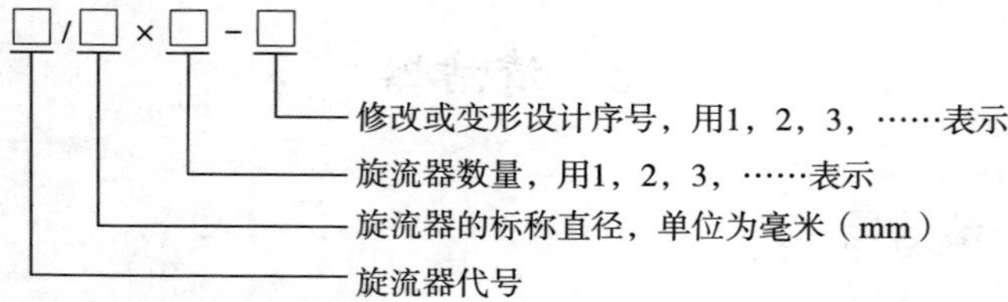

2.2.2　旋流器的结构及工作原理

旋流器的结构如图7－3所示。上部壳体呈圆筒状，形成进口腔。侧部有一切向进口管，顶部中心有一涡流导管，构成溢流口。壳体下部呈圆锥形，锥角一般为15°～20°底部为底流口，固体从该口排出。

钻井液沿切向或近似切向由进口管进入旋流器内高速旋转，形成两种螺旋运动：一种是在离心力作用下，较大较重的颗粒被甩向器壁，沿壳体螺旋下降，由底流口排出；另一种是液相和细颗粒形成的内螺旋向上运动，经溢流口排出。在螺旋运动的中心形成空气柱，产生一个低压区，有吸力(手指可感觉到)，这是旋流器正常工作的条件。

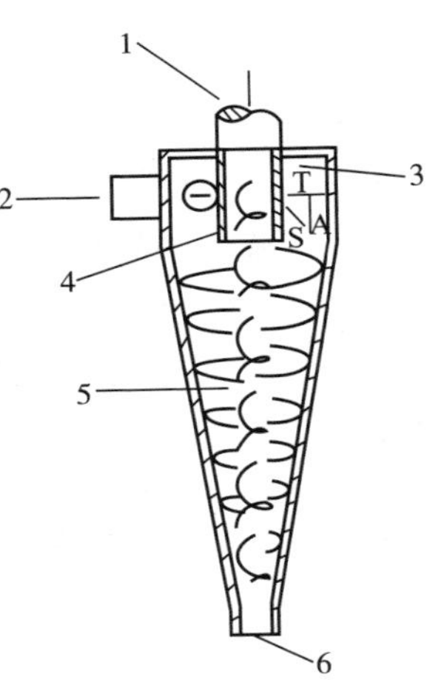

图7－3　旋流器的结构
1—溢流口；2—进口管；3—进口腔；4—涡流导管；5—涡流；6—底流口

2.2.3　旋流器分类及基本参数

(1)旋流器分类

旋流器按其直径不同，可分为除砂器、除泥器和微型旋流器三类。标称直径150～300mm的旋流器称为除砂器，标称直径100mm和125mm的旋流器称为除泥器，标称直径50mm的称为微型旋流器。

(2)基本参数

旋流器的基本参数见表7－4。

表7－4　旋流器的基本参数

参　数	分　类						
	除砂器				除泥器		微型旋流器
分离粒度/μm	44～74				15～44		5～10
旋流器标称直径/mm	300	250	200	150	125	100	50

续表

参　数	分　类						
	除砂器				除泥器		微型旋流器
圆锥筒锥度/(°)	20 ~ 35		20				10
处理量/(m^3/h)	>120	>100	>30	>20	>15	>10	>5
额定工作压力/kPa	200 ~ 400						
钻井液密度/(g/cm^3)	1.05 ~ 2.0						

注：该处理量是工作压力为 300kPa 时的处理量。

2.2.4　旋流器的选用

旋流器工作压力和相应处理量见表 7－5。

表 7－5　旋流器工作压力和处理量

旋流器大口直径/mm	工作压力/MPa								
	0.141	0.176	0.211	0.246	0.281	0.316	0.351	0.387	0.422
	处理量/(L/s)								
50	0.643	0.725	0.775	0.869	0.932	0.977	1.027	1.077	1.134
75	1.222	1.367	1.487	1.600	1.714	1.827	1.922	2.010	2.104
100	1.890	2.42	2.331	2.457	2.646	2.835	2.961	3.087	3.123
125	3.654	4.032	4.410	4.725	5.040	5.355	5.670	5.985	6.237
200	6.930	7.749	8.505	9.198	9.828	10.46	10.96	11.47	11.97
300	17.64	19.85	21.74	23.31	25.20	26.78	28.04	29.30	30.56
工作压力范围			最佳使用范围						
	推荐使用范围								

2.3　除砂(清洁)器

除砂(清洁)器是固控系统中的第二级固控设备，由直径 150 ~ 300mm 的旋流器和超细网振动筛组合而成，如图 7－4 所示。用以清除钻井液中直径在 74μm 以上的固相颗粒。其处理能力，在进料压力为 0.2MPa 时不低于 20 ~ 120m^3/h。正常工作的除砂(清洁)器能清除约95%大于74μm的钻屑和约50%大于44μm的钻屑。为了提高使用效果，在选用除砂(清洁)器时，其许可处理量必须为钻井时最大排量的125%。

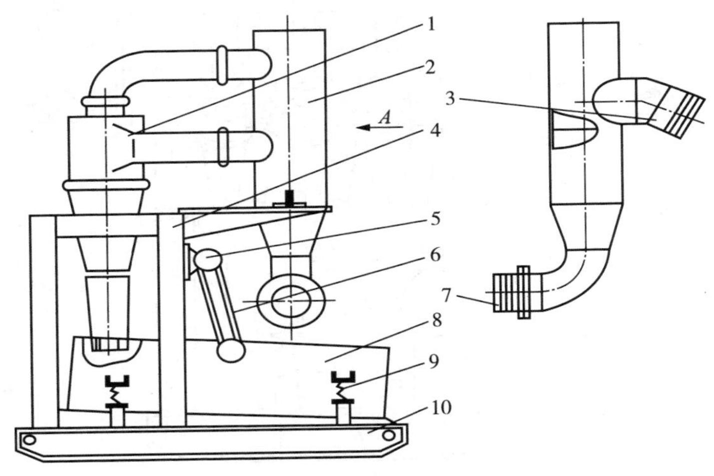

图7-4　除砂(清洁)器结构示意图

1—旋流器；2—进出液管总汇；3—出液管；4—旋流器支架；5—电机；6—皮带；7—进液管；8—震动筛箱；9—弹簧；10—底座

除砂(清洁)器技术参数见表7-6。

2.4　除泥(清洁)器

除泥(清洁)器是位于振动筛和除砂器之后的第三级固控设备，由直径100和150mm的旋流器和超细网振动筛组合而成，用以清除钻井液中直径在15~40μm的固相颗粒，见图7-5。其处理能力，在进料压力为0.2MPa时不低于10~15m^3/h。正常工作的除泥器能清除约95%大于44μm的钻屑和约50%大于15μm的钻屑。除泥器能除去12~13μm的重晶石，因此不能用它来处理加重钻井液。在使用中，除泥器的许可处理量，应为钻井时最大排量的125%~150%。

除泥(清洁)器技术参数见表7-6。

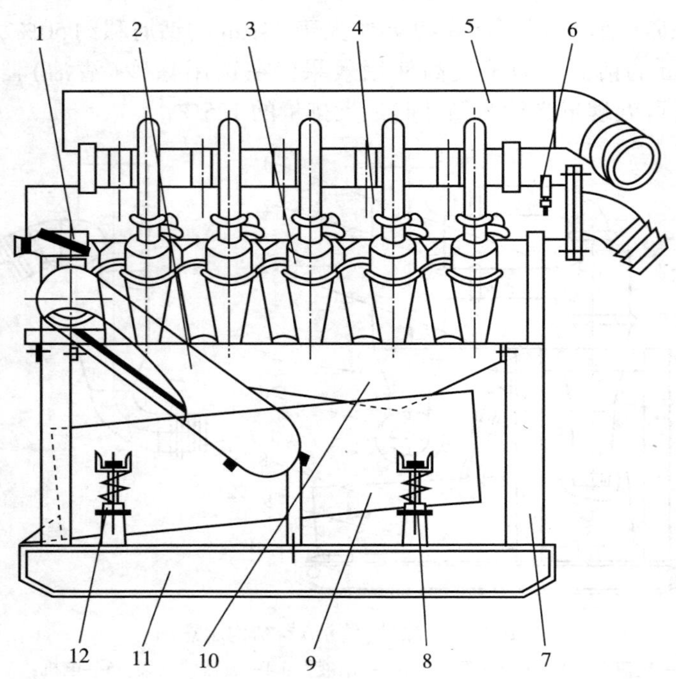

图7-5　除泥(清洁)器结构示意图

1—电机；2—传动带；3—旋流量；4—进口管汇；5—出口管汇；6—测压装置；7—旋流器支架；8—弹簧；9—振动筛；10—汇流槽；11—底座；12—锁紧螺栓

表7-6　唐山冠能除砂器、除泥器主要技术指标

型　号	ZQJ250×2	ZQJ100×10
旋流器直径/in(mm)	10(250)	4(100)
旋流器数量	2组	10组
处理量/(m^3/h)	≤240	≤240
工作压力/MPa	0.21~0.4	0.25~0.4
分离粒度/μm	≥47	≥15
进液管通径/mm	φ150	φ150
排液管通径/mm	φ200	φ200

续表

型　号	ZQJ250 × 2	ZQJ100 × 10
匹配砂泵	SB8 × 6 − 13(55kW)	SB8 × 6 − 13(55kW)
底流筛型号	ZS83 × 108 − 3(≥200/20 目/meshes)	
底流筛电机	2 × 1.72kW	
筛网面积/m^2	2.67	
外形尺寸/mm	3200 × 1800 × 2200	
质量/kg	3000	

2.5　微型旋流器

直径 50mm 的旋流器称为微型旋流器。其处理能力，在进料压力为 0.2MPa 时不低于 $5m^3/h$。分离粒度范围为 7 ~ 25μm。主要用于处理非加重钻井液，以除去超细颗粒。使用旋流器时，在进料压头得到保证的条件下，应经常调节底流口大小，避免过载和损失昂贵的钻井液。

3　除气器

3.1　分类与型号

除气器按其工作原理可分为真空式除气器和常压式除气器两类。按其排液原理可分为射流(抽吸)式和离心(加压)式两类。

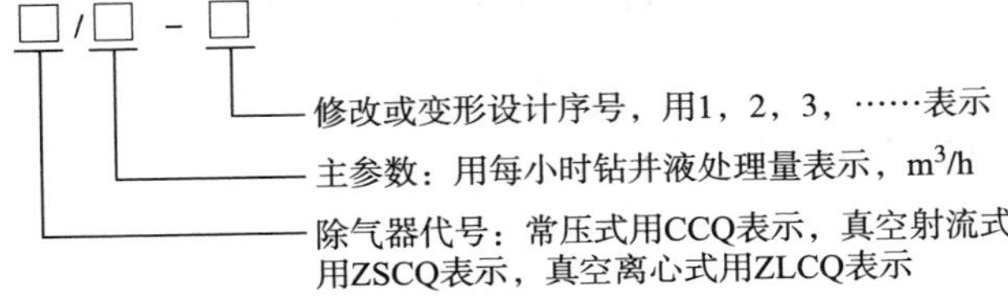

3.2 常压式除气器

(1)结构

常压式除气器结构见图 7－6。

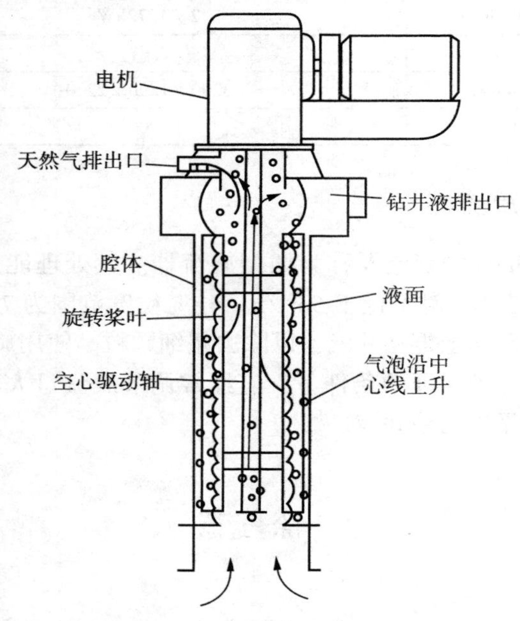

图 7－6 常压式除气器(未附加排气涡轮)结构示意图

(2)工作原理

通过离心泵将气侵钻井液注入除气罐，使钻井液冲击罐壁，在离心力的作用下在罐壁形成薄层紊流，导致气液分离。附加排气涡轮的，可造成一定的真空度(60～75mm 水银柱)，以增加除气效率。其处理量取决于下底距液面的距离(沉没度)和钻井液的密度。

3.3 真空除气器

(1)结构

离心式真空除气器结构见图 7－7、图 7－8。

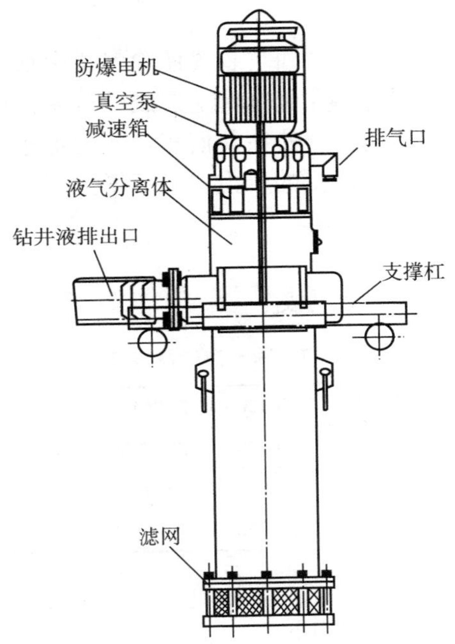

图 7－7 离心式真空除气器结构示意图

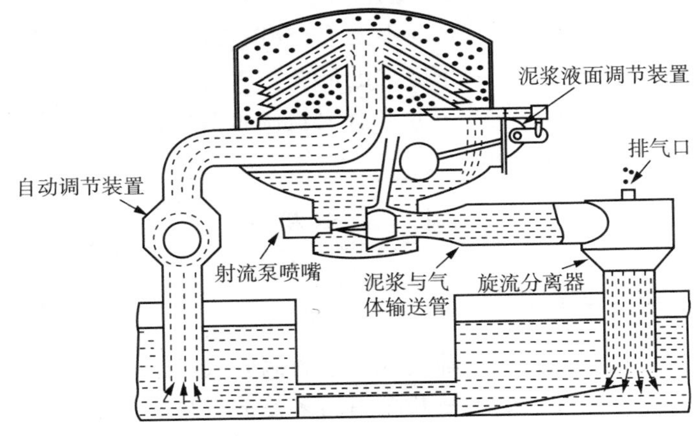

图 7－8 罐式真空除气器结构示意图

(2)工作原理

利用真空泵或喷射式抽空装置使除气罐中形成一定的真空度。循环罐中气侵的钻井液在真空造成的压差作用下被吸入除气罐内。在真空环境下，使钻井液表面压力低于大气压力，降低了小气泡升至表面所受的压力，从而增大了浮力，气泡迅速地升至液面破裂而后排出。

(3)基本参数

除气器的基本参数见表 7 – 7。

表 7 – 7 除气器的基本参数

型 号	真空射流式	ZSCQ120	ZSCQ180	ZSCQ240	ZSCQ300
	真空离心式	ZLCQ120	ZLCQ180	ZLCQ240	ZLCQ300
	常压式	CCQ120	CCQ180	CCQ240	CCQ300
处理量/(m^3/h)		100 ~ 150	160 ~ 200	210 ~ 260	260 ~ 340

(4)使用要求

除气器的使用要求如下：

①真空式除气器的真空度应不小于 0. 03MPa。

②真空式除气器抽真空时间不大于 45s。

③除气器的整机噪声应不大于 85dB(A)。

④除气器的除气效率应大于 80%。

⑤除气器的排气管不允许有大量滴状液体排出。排气管滴液量应小于 180mL/h。

4 离心机

4.1 类型与用途

离心机有沉淀式、筛筒式、水力涡轮式、迭片式等多种类型，在石油钻井中处理钻井液用的多是前三种。这里主要介绍沉降式离心机。

沉降式离心机是利用离心沉降或离心分离的原理对悬浮液

进行固液分离的设备。可使钻井液中的1.5~12μm的细粒及胶体固相进行有效分离，从而降低或控制钻井液的密度及黏度。

离心机可单独使用，亦可由几台联机使用。

4.2 结构

沉降式离心机结构见图7-9。

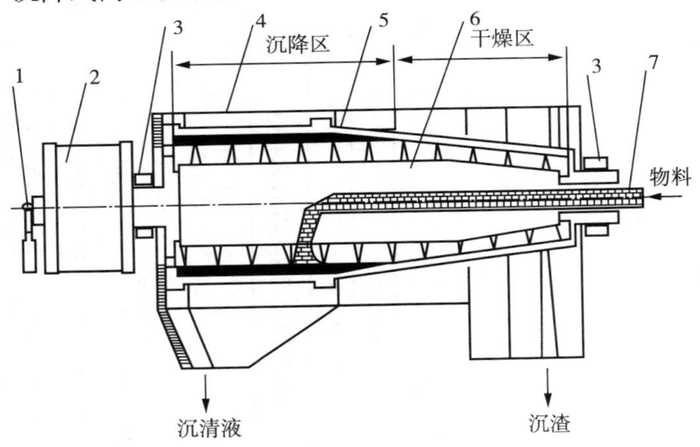

图7-9 沉降式离心机结构示意图

1—过载保护器；2—差速器；3—主轴承；4—机壳；5—转鼓；6—输料螺旋；7—进料管

4.3 工作原理

钻井液通过卸料螺旋中心的进料管进入转鼓内，随转鼓一起高速旋转。在强大的离心力作用下，较重、较大的固相颗粒被抛向转鼓内壁，并由卸料螺旋铲送至转鼓小端，经挤压脱水后由喷渣口喷出转鼓；而较轻、较小的固相颗粒及液相则通过转鼓大端的溢流孔溢出转鼓，从而实现钻井液的固液分离。

4.4 技术参数

沧州石油机械设备制造有限公司离心机技术参数，见表7-8。

唐山冠能机械设备有限公司离心机技术参数，见表7-9。

表7-8 沧州石油机械设备制造有限公司卧式沉降离心机技术参数

规格	型号	转鼓内径/mm	转鼓长度/mm	转鼓转速/(r/min)	电机功率/kW		最大处理量/(m^3/h)	分离点/μm	分离因数 G	供液泵电机功率/kW
					主机	辅机				
中速	LW450-842N	450	842	1450~1850	22	5.5-Ⅳ级	40	5~7	525~855	5.5
	LW600-945N	600	945	1500~1800	45	7.5-Ⅳ级	60	5~7	1080	5.5
高速	GLW450-1152N	450	1152	1800~2400	30-Ⅳ级	5.5-Ⅳ级	40	2~5	810~1440	5.5
	GLW450-1248N	450	1152	1800~2400	30-Ⅱ级	5.5-Ⅳ级	50	2	855~1690	7.5
变频无级	GLW/BP450-1248N	450	1248	2000~3000	30-Ⅱ级	5.5-Ⅳ级	60	2	G2250	7.5
调速高速	GLW/BP350-1248N	350	1248	2000~3400	30-Ⅱ级	5.5-Ⅳ级	45	2	G2250	5.5

表7-9 唐山冠能机械设备有限公司离心机技术参数

规格	型号	转鼓内径/mm	转鼓长度/mm	转鼓转速/(r/min)	电机功率		最大处理量/(m^3/h)	分离点/μm	分离因数 G	供液泵电机功率
					主机	辅机				
	LWF450-842N	450	842	1800	22kW-4p	5.5kW-4p	≤40	5~7	815	4.5kW
	LWF450-1000N	450	1000	1800~2500	30kW-4p	7.5kW-4p	≤60	2~5	815~1570	5.5kW-4p
	LWF600-945N	600	945	1500	45kW-4p	7.5kW-4p	≤60	5~7	760	5.5kW-4p
	LWF600-1000N	600	1000	1500~1800	45kW-4p	7.5kW-4p	≤80	2~5	760~815	7.5kW-4p

4.5　使用要求

①离心机的分离粒度和处理量应达到设计要求，转鼓转速不应低于设计转速的97%。

②离心机振动烈度：空运转时不大于G7.1级，负载运转时不大于G11.2级。

③离心机空运转和负载运转时，噪声不应大于90dB(A)。

④离心机主轴承温升：空运转时不应高于30℃，负载运转时不应高于40℃。

⑤离心机差速器温升：空运转时不应高于30℃，负载运转时不应高于40℃。

⑥电动机及控制箱为隔爆型，防爆等级为dⅡBT4，运转电流及温升不应超过其额定值。

⑦离心机在正常工作情况下，平均无故障工作时间应大于3000h。

5　其他辅助设备

5.1　钻井液搅拌器

钻井液搅拌器的主要用途：一是用来连续不断地搅拌由粉状膨润土、重晶石粉等材料配制的钻井液，使之均匀混合。二是使从井口返回的钻井液与固相颗粒充分混合，使除砂器、除泥器、离心机等设备达到最佳清除固相效果。

(1)结构及工作原理

搅拌器结构见图7－10。一般5.5kW以下的搅拌器多采用线摆减速机，7.5kW以上的搅拌机采用涡轮蜗杆式减速传动。

电机带动叶轮旋转搅动钻井液，钻井液接触到旋转的叶轮叶片时，被迫向下运动到灌底，然后沿罐壁向上返，使罐顶部和底部的钻井液不断地混合，使钻井液的密度均匀一致。

(2)技术参数

唐山冠能机械设备有限公司搅拌器技术参数见表 7－10。

表 7－10　唐山冠能机械设备有限公司搅拌器技术参数

型号	电机功率/kW	叶轮转速/(r/min)	叶轮直径/mm		外形尺寸/mm	质量/kg
			单层	双层		
JBQ5.5	5.5	72	600		960×520×600	360
JBQ7.5	7.5	72	850	750(上) 650(下)	1050×600×600	450
JBQ11	11	73	950	850(上) 700(下)	1200×650×675	600
JBQ15	15	73	1050	950(上) 750(下)	1290×710×685	750

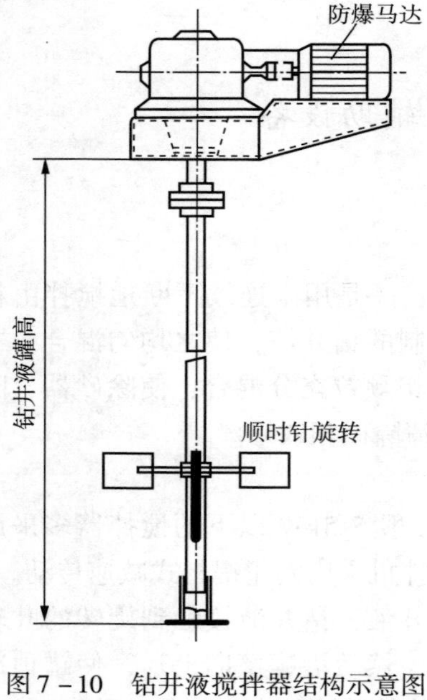

(3)使用要求

经常检查油位高度，如因渗漏、飞溅等原因导致油位明显下降时应及时予以补充。减速器内的润滑油应定期更换，新搅拌器第一次使用时，运转 14～20 天后须换新油，以后根据情况每 4 个月换一次新油。润滑油牌号为极压型 120# 工业齿轮油。油杯内注入锂基润滑脂。

防爆马达

钻井液罐高

顺时针旋转

图 7－10　钻井液搅拌器结构示意图

5.2　离心式砂泵

(1)用途

是钻井液固相控制系统的重要设备。它把经过振动筛初步处理的钻井液以一定的排量和压力送入除砂器或除泥器的旋流器中，为这些设备运转提供动力和浆源。也可以作为泥浆泵辅助灌浆的灌注泵和作为射流泥浆装置的配套泵。

(2)结构

砂泵分卧式砂泵和立式砂泵两种。

150PSL型立式砂泵是一种端单级立式离心泵。使用时安装于灌顶(池顶)水平位置，下部吸入管端距灌底距离应大于500mm。其结构见图7－11。

SB8＊6型为卧式端吸悬臂式离心泵，结构见图7－12。

图7－11　150PSL型立式砂泵　　图7－12　SB8＊6型离心式砂泵

(3)技术参数

离心式砂泵技术参数见表7－11。

表7－11　离心式砂泵技术参数

形式	型号	流量/(m^3/h)	扬程/m	转速/(r/min)	轴功率/kW	效率/%	电机功率/kW
卧式	SB6＊8－305	200	33	1480	28.5	63	45
	SB6＊8－318	200	35	1480	29.3	65	55
	SB6＊8－330	240	37	1480	37.2	65	75

续表

形式	型号	流量/(m^3/h)	扬程/m	转速/(r/min)	轴功率/kW	效率/%	电机功率/kW
立式	150PSL	150	28	1480	19.1	60	根据使用泥浆选用37kW或45kW电机
	150PSL	200	25.5	1480	22.8	61	
	150PSL	250	23	1480	25.7	61	
生产厂家		东营正和机械有限公司					

(4)使用要求

①砂泵工作期间，轴承温升应小于35℃。

②砂泵在满负荷运转情况下，整机噪声不应超过85dB(A)。

③砂泵在无汽蚀的情况下，在轴承体上测得的振动烈度不应超过G7.1级。

④砂泵的过流零部件(叶轮、副叶轮、护板、泵壳等)在正常条件下，平均寿命不少于5000h。

注：平均寿命指同一品种规格的砂泵，过流易损件(如叶轮、护板等)各自的平均寿命之和除以易损件种数。

5.3 剪切泵

图7－13　剪切泵

剪切泵是快速配制和处理高性能钻井液的必要设备，节省钻井液材料，提高配制效率。

主要功能：能大幅度提高搬土、膨润土、重晶石颗粒的水化程度，节约搬土膨润土30%以上；使聚合物快速剪切稀释、水化，大大缩短钻井液的配制时间。

剪切泵结构如图7－13所示。

剪切泵技术参数见表7－12。

表7－12 剪切泵技术参数

型　号	流量/(m^3/h)	扬程/m	电机功率/kW	外形尺寸/mm	质量/kg
JQB6545	120	45	55	1150×1100×1500	980
JQB6535	100	35	45	1150×1100×1250	800
JQB4330	60	30	15	860×800×750	350
JQB4325	40	25	11	860×800×750	320
JQB3228	20	28	7.5	860×800×790	280
生产厂家			西安科讯机械制造有限公司		

使用要求：

①剪切泵的临界汽蚀余量(NPSH)c应大于1.9m。

②剪切泵工作期间，轴承温升应小于60℃

③剪切泵在满负荷运转情况下，整机噪音不应超过85dB(A)。

④剪切泵在无汽蚀的情况下，在轴承体上测得的振动烈度不应超过G7.1级。

⑤剪切泵的过流零部件(叶轮、护套、护板、泵壳等)，当吸入管内液体流速小于3m/s时，在正常工作条件下的平均寿命不少于3000h。

5.4 液下渣浆泵

(1)用途

液下渣浆泵用来输送含有较大浓度固体颗粒的介质，如原油、钻井液等，是清理钻井液循环罐的理想设备。

图7－14 液下渣浆泵

(2)结构

液下渣浆泵为立式单级单吸悬臂式离心泵结构，叶轮为半开式，在叶轮吸入边延伸处设有搅拌叶片。见图 7－14。泵插入液下深度为 800～2500mm 之间，如果需要可以配带吸入管。立式电机安装在电机坐上，用联轴器与泵相连。

(3)技术参数

液下渣浆泵技术参数见表 7－13。

表 7－13　液下渣浆泵技术参数

型　号	流量		扬程/	转速/	效率/	电机功率/
	m^3/h	L/s	m	(r/min)	%	kW
50YZS25－12	25	6.9	12	1430	39.5	3
50YZS36－50	36	10	50	1470	34	22
80YZ40－10	24	6.7	11.5	960	39	3
80YZ50－10	30	8.3	16	970	24	7.5
100YZ100－30	60	16.7	36	1470	41	22
100YZ120－60	72	20	61	1480	38	55
150YZ280－20	168	46.7	21	980	47	37
生产厂家		唐山冠能机械设备有限公司				

5.5　混浆装置

混浆装置分旋流混浆器和射流混浆器两种。混浆器一般与剪切泵配合使用，实现向钻井液中快速添加膨润土、重晶石等材料，将钻井液固相添加剂、化学药品与钻井液均匀混合，以适应钻井工艺的需要。

(1)结构

射流混浆装置基本结构见图 7－15。

(2)技术参数

混浆器主要技术参数见表 7－14。

(3)使用要求

①混合器在规定的工况下运转，要求物料混合稳定，无拥堵和反冒现象。

②喷射式混合器要求水力沿程损失要尽量减小。

表 7－14　混浆器主要技术参数

项　目	参数指标					
	射流式				旋流式	
输入管流通直径/mm	100	100	125	150	125	150
输出管流通直径/mm	100	125	150	150	150	200
进口工作压力/MPa	0.2～0.4				0.2～0.4	
爬坡能力/m	≥3				≥2.5	

图 7－15　射流混浆装置

③喷射式混合器出口管回压要适中。

④旋流式混合器要求内部流线平顺，在内壁边界上不产生旋涡，不发生气穴和气蚀现象。

⑤旋流式混合器回压不应大于出口压力的 30%。

⑥阀门运转灵活，密封可靠。

⑦爬坡能力应符合表 7－14 的规定。

⑧承料台应坚实可靠，割袋刀应经淬火处理，锋利耐用。

⑨各卡箍、法兰连接处应密封可靠，无渗漏。

第八章　井控装备

1　井控装置的功能与系统构成

1.1　井控装置的功能

井控装置是实施油气井压力控制技术的所有设备、管汇和专用工具的总称。是实现近平衡压力钻井、保护油气层、防止井喷、提高钻井速度的安全保障。

井控装置的主要功能是：在钻井过程中对地层压力、地层流体、钻井主要参数、泥浆参数等进行准确地监测和预报。当发生溢流、井喷时，能迅速控制井口、节制井筒流体的排放，并及时泵入压井液重建井底压力平衡，保证钻井过程的顺利进行。

1.2　井控装置系统的构成

井控装置系统主要由以下部分构成：

(1)以液压防喷器为主体的防喷器组合，包括液压防喷器、钻井四通、套管头、过渡法兰等；

(2)以远程控制台为主的控制系统，包括远程控制台、司钻控制台、辅助控制台、控制管缆管线、报警系统等；

(3)以节流压井管汇为主的井控管汇，包括节流管汇、压井管汇、放喷管线、注水管线、灭火管线、反循环管线等；

(4)钻具内防喷工具，包括钻具回压阀、方钻杆上下旋塞阀等；

(5)以监测和预报地层压力异常为主的井控仪器仪表，包括钻井液返出温度、钻井液密度、钻井液返出量、循环池液面、起钻时井筒液面等参数的监测报警仪；

(6)钻井液加重、除气、灌注设备；

(7)井喷失控处理和特殊作业设备，如不压井强行起下管串加压装置、自封头、旋转防喷器、灭火设备、井口拆装工具等。

井控装置系统布置如图8－1所示。

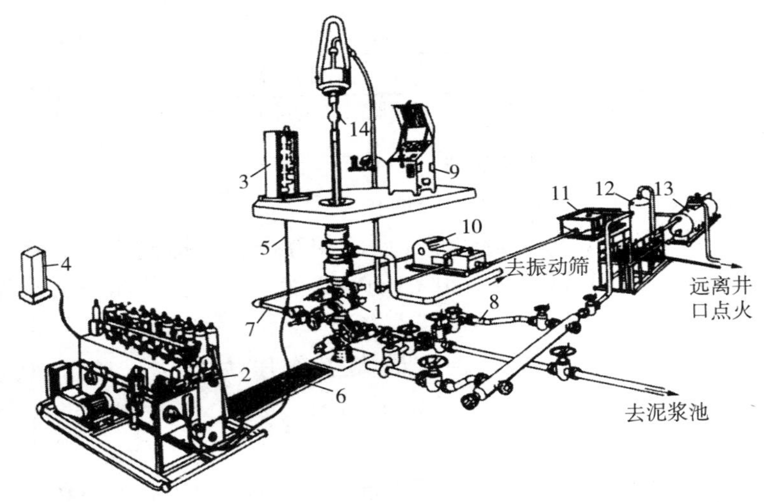

图8－1　井控装置系统布置示意图

1—井口防喷器组；2—蓄能器装置；3—遥控装置；4—辅助遥控装置；5—气管束；6—管排架；7—压井管汇；8—节流管汇；9—节流管汇液控箱；10—钻井泵；11—泥浆罐；12—液气体分离器；13—真空除气器；14—方钻杆上球阀

2　防喷器

2.1　防喷器的分类、规格系列、型号及其组合形式

2.1.1　分类与代码

防喷器分为环形防喷器和闸板防喷器两种类型。其类型与代码见表8－1。

表8-1　防喷器的类型与代码

类　型	名　称	代　码
环形防喷器	单环形防喷器	FH或FHZ
	双环形防喷器	2FH或2FHZ
闸板防喷器	单闸板防喷器	FZ
	双闸板防喷器	2FZ
	三闸板防喷器	3FZ

注：FH表示胶芯为半球状的环形防喷器；FHZ表示胶芯为锥台状的环形防喷器。

2.1.2　防喷器的规格系列

2.1.2.1　国产防喷器压力与通径系列

最大工作压力与公称通径两者相互配合，构成液压防喷器规格系列。GB/T20174—2006《石油天然气工业钻井和采油设备通用设备》规定：

①我国液压防喷器的最大工作压力分为：13.8MPa、20.7MPa、34.5MPa、69.0MPa、103.5MPa、138.0MPa六个等级。

②公称通径分为：179mm、228mm、279mm、346mm、425mm、476mm、527mm、540mm、680mm、762mm10种。

③标准规定了37个品种的规格系列，见表8-2。

表8-2　国产防喷器压力等级、通径系列

通径代号	公称通径/mm(in)	通径规直径/mm	额定工作压力/MPa					
			14	21	35	70	105	140
18	179.4(7 1/16)	178.6	▲	▲	▲	▲	▲	▲
23	228.6(9)	227.8	▲	▲	▲	▲	▲	▲
28	279.4(11)	278.6	▲	▲	▲	▲	▲	▲
35	346.1(13 5/8)	345.3	▲	▲	▲	▲	▲	▲
43	425.4(16 3/4)	424.7	▲	▲	▲	▲		
48	476.3(18 3/4)	475.5			▲	▲	▲	

续表

通径代号	公称通径/mm(in)	通径规直径/mm	额定工作压力/MPa					
			14	21	35	70	105	140
53	527.0(20¾)	526.3		▲				
54	539.8(21¼)	539.0	▲		▲	▲		
68	679.5(26¾)	678.7	▲	▲				
76	762.2(30)	761.2	▲	▲				

注："▲"表示防喷器允许规格。通径规直径偏差为 $^{+0.25}_{0.00}$ mm，长度大于通径50mm，最短不小于300mm。

2.1.2.2　国外防喷器系列

国外 API 标准 RP53 8A.1 规范防喷器系列，见表 8-3。

表 8-3　国外 API 标准 RP53 8A.1 规范防喷器系列

法兰或卡箍名义尺寸/in	垂直通径/mm	额定工作压力/MPa(psi)						
		3.5(500)	14(2000)	21(3000)	35(5000)	70(10000)	105(15000)	140(20000)
6	179.4			▲	▲			
7¹⁄₁₆	179.4					▲	▲	▲
8	228.6			▲				
9	228.6					▲	▲	
10	279.4			▲	▲			
11	279.4					▲	▲	
12	346.1			▲				
13⅝	356.1				▲	▲	▲	
16¾	425.5				▲	▲		
18¾	476.4				▲	▲		
20	527.1			▲				
20	539.8		▲					
21¼	539.8				▲	▲		
26¾	679.5		▲	▲				
29½	749.3	▲						

2.1.3　型号

防喷器型号的表示方法如下：

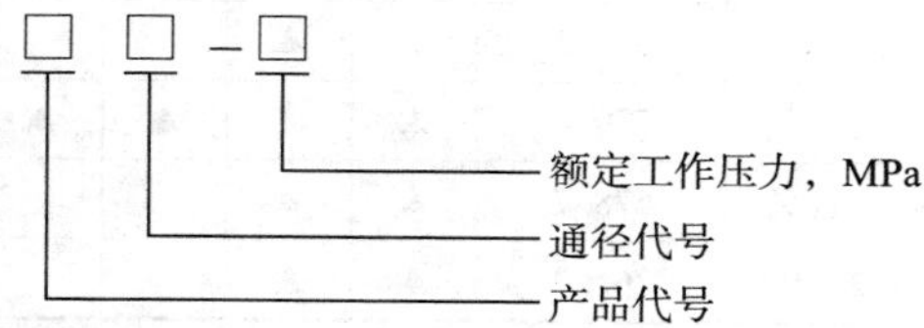

示例：通径为346.1mm，最大工作压力为70MPa的双闸板防喷器，其型号表示为2FZ35－70。

2.1.4　防喷器公称通径与套管公称外径的组合

井口装置自下而上的顺序为：套管头、钻井四通、单闸板防喷器、双闸板防喷器、环形防喷器、防溢流管。防喷器公称通径与套管公称外径的组合见表8－4。

表8－4　防喷器公称通径与套管公称外径的组合

<table>
<tr><td>防喷器</td><td colspan="5">不同防喷器最大工作压力的套管外径/mm(in)</td></tr>
<tr><td>公称通径/mm(in)</td><td>14MPa</td><td>21MPa</td><td>35MPa</td><td>70MPa</td><td>105MPa</td></tr>
<tr><td>179.4($7\frac{1}{16}$)</td><td colspan="5">114.3～177.8($4\frac{1}{2}$～7)</td></tr>
<tr><td>228.6(9)</td><td colspan="5">193.7～219.1($7\frac{5}{8}$～$8\frac{3}{4}$)</td></tr>
<tr><td rowspan="2">279.4(11)</td><td colspan="4" rowspan="2">219.1～244.5($8\frac{3}{4}$～$9\frac{5}{8}$)</td><td>219.1($8\frac{3}{4}$)</td></tr>
<tr><td>244.5($9\frac{5}{8}$)</td></tr>
<tr><td rowspan="2">346.1($13\frac{5}{8}$)
425.5($16\frac{3}{4}$)</td><td colspan="4" rowspan="2">298.4～339.7($11\frac{3}{4}$～$13\frac{3}{8}$)</td><td>273.1($10\frac{3}{4}$)</td></tr>
<tr><td>298.4($11\frac{3}{4}$)</td></tr>
<tr><td>426($16\frac{3}{4}$)</td><td colspan="5">406.4(16)</td></tr>
<tr><td>476($18\frac{3}{4}$)</td><td colspan="4"></td><td>473.1($18\frac{5}{8}$)</td></tr>
<tr><td>528($20\frac{3}{4}$)</td><td colspan="2"></td><td>508.0(20)</td><td colspan="2"></td></tr>
</table>

续表

防喷器	不同防喷器最大工作压力的套管外径/mm(in)				
公称通径/mm(in)	14MPa	21MPa	35MPa	70MPa	105MPa
540($21\frac{1}{4}$)	580.0($22\frac{7}{8}$)				

2.1.5　井口装置的组合形式

不同压力等级情况下，井口装置的组合形式如图 8－2、图 8－3、图 8－4 所示。

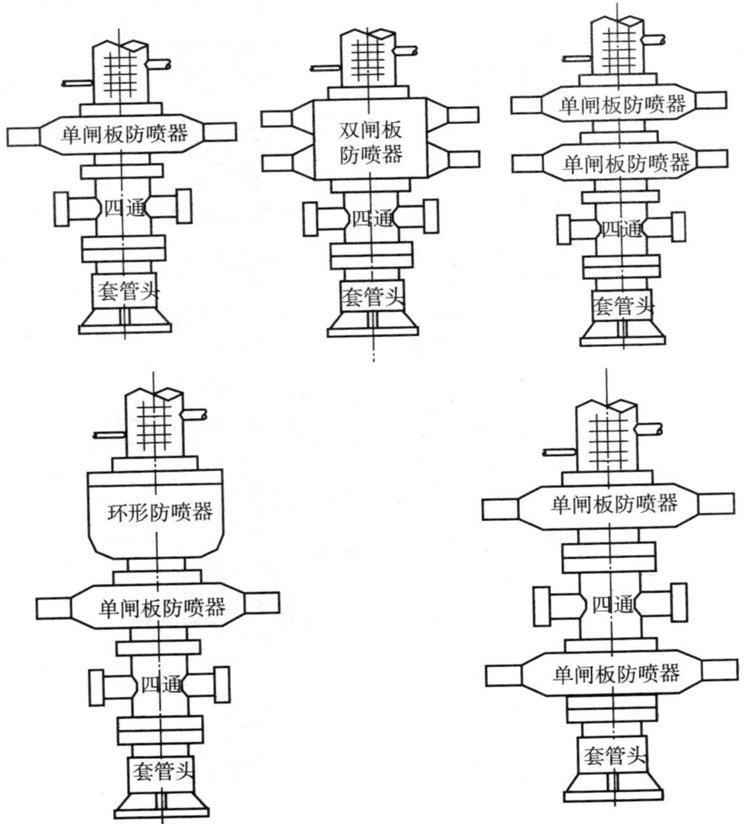

图 8－2　压力等级为 14MPa 的井口装置组合形式

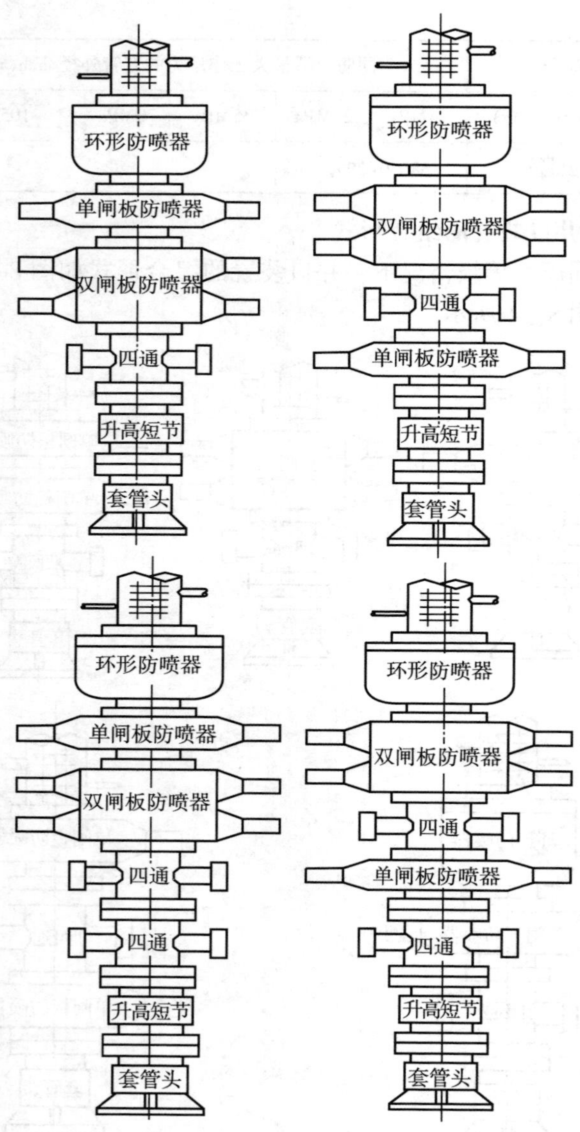

图 8-3　压力等级为 70~105MPa 的井口装置组合形式

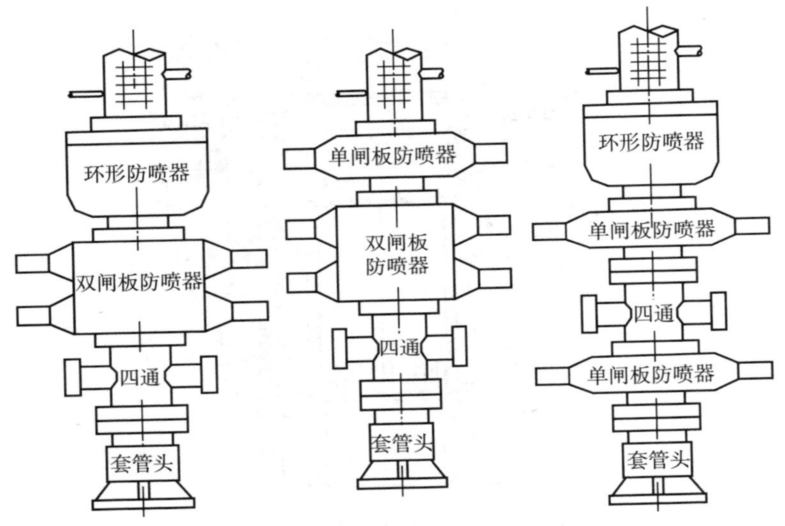

图 8－4　压力等级为 21～35MPa 的井口装置组合形式

2.2　环形防喷器

2.2.1　用途

环形防喷器是井控装置的重要组成部分，在液压控制系统的作用下，可以完成以下作业：

(1) 当井内有钻具、套管或油管时，能封闭各种不同尺寸的环形空间；当井内无钻具时，能全封闭井口。

(2) 在进行取芯，测井作业时发生溢流或井喷，能封闭方钻杆、取芯工具、电缆、钢丝绳等与井筒形成的环形空间。

(3) 在使用钻具有减压调压阀的液压控制装置或缓冲储能器控制的情况下，能通过 18°台肩的钻杆接头，进行强行起下钻具作业。

2.2.2　结构特点

环形防喷器按胶芯的结构形式不同，分为锥型、球型和组合型三类环形防喷器。

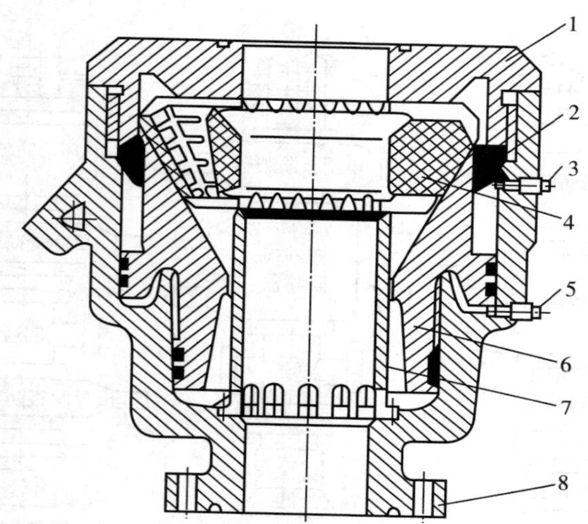

图 8－5　锥形胶芯环形防喷器结构示意图

1—顶盖；2—防尘圈；3—油塞；4—胶芯

5—油塞；6—活塞；7—支撑筒；8—壳体

2.2.2.1　锥形胶芯环形防喷器

锥形胶芯环形防喷器结构如图 8－5 所示。胶芯外形呈锥状如图 8－6 所示，锥度 40°。胶芯中部为垂直通孔，孔径略大于顶盖与壳体通径，以免钻具挂伤胶芯。支承筋为铸钢件，在胶芯中沿径向均匀分布并与橡胶硫化在一起。支承筋在胶芯中构成刚性骨架，承受径向与轴向负荷并控制胶芯均匀变形。支承筋一般为 12～30 块，通径大的防喷器胶芯较大，支承筋数也较多。

图 8－6　锥形胶芯

1—支撑筋；2—橡胶

2.2.2.2　球形胶芯环形防喷器

球形胶芯环形防喷器由顶盖、壳体、防尘圈(又叫支持圈、结合环)、活塞、胶芯等构成，结构如图 8－7 所示。顶盖与壳体采用螺栓坚固连接。胶芯呈半球型，铸钢支承筋径向均布如图 8－8 所示。顶盖内腔为球面。活塞剖面呈“Z”字形。

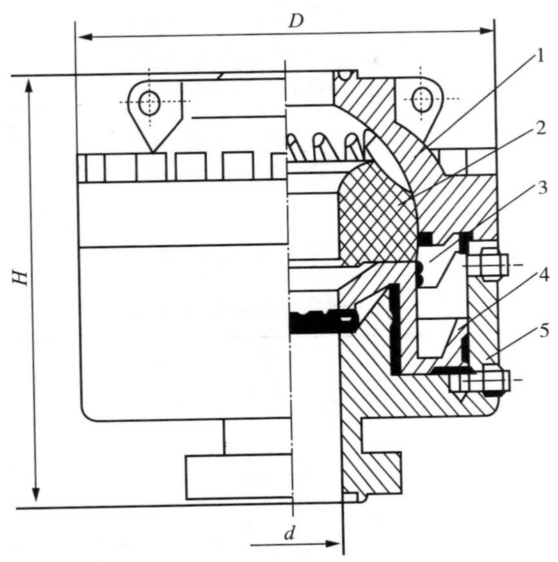

图 8-7 球形胶芯环形防喷器结构示意图

1—顶盖；2—胶芯；3—防尘圈；4—活塞；5—壳体

2.2.2.3 组合胶芯环形防喷器

组合胶芯环形防喷器的胶芯由内外两层组成。内胶芯包含有支承筋，支承筋沿圆周切向配置，支承筋的上下端面彼此紧靠。外胶芯为橡胶制件，无支承筋，而且橡胶较软。

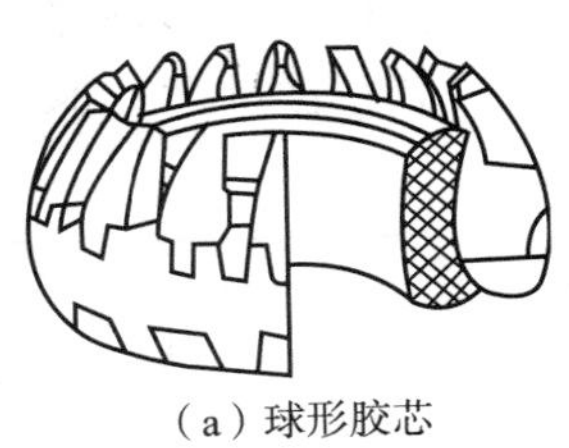

（a）球形胶芯

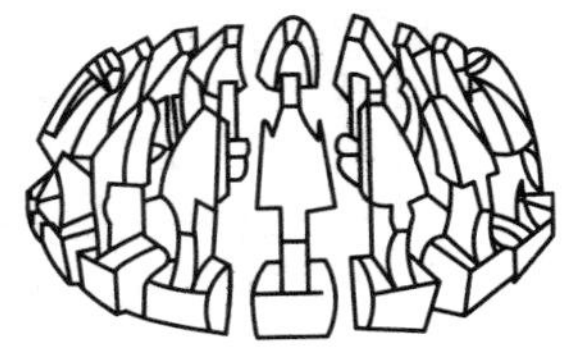

（b）支撑铁芯

图 8-8 球形胶芯

2.2.3 环形防喷器工作原理

环形防喷器由液压控制系统操纵。当发生井涌需要关闭时，从液压控制装置来的高压油从壳体下部油口进入活塞下部的关闭腔，推动活塞上行，活塞推动呈半球状的密封胶芯上行，由于受半球状顶盖的限制，迫使胶芯上行过程中被挤向井口中心，直至抱紧钻具或全封闭井口，实现其封井的目的。

当需要开井时，操纵液压控制系统换向阀，使高压油从壳体上油口进入活塞上部的开启腔，推动活塞下行，关闭腔泄压，作用在胶芯锥面上的挤压力消除，胶芯在本身弹性力作用下逐渐复位，打开井口。

2.2.4　规格和形式

国产环形防喷器规格和形式见表 8－5。

表 8－5　环形防喷器规格和型式

工作压力/MPa(psi)	通径/mm(in)				
	179.4(7¹⁄₁₆)	228.6(9)	279.4(11)	346.1(13⅝)	539.8(21¼)
14(2000)					A2
21(3000)	A1	D	D	A1	
35(5000)	A1	A1/D	D	D	

注：D 型为球型胶芯防喷器；A 型为锥型胶芯防喷器；A 型分为 A1 型和 A2 型两种。

2.2.5　环形防喷器规格及技术参数

2.2.5.1　环形防喷器外形尺寸标示

环形防喷器外形尺寸标示见图 8－9、图 8－10。

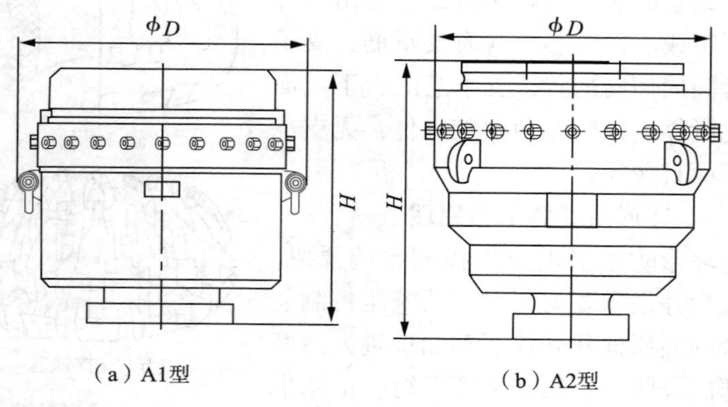

(a) A1型　　(b) A2型

图 8－9　环形防喷器(A 型)外形尺寸

2.2.5.2 部分国产环形防喷器规格及技术参数

(1)华北石油荣盛机械制造有限公司产环形防喷器规格及技术参数

锥型胶芯环形防喷器规格及技术参数见表8-6。

球型胶芯环形防喷器规格及技术参数见表8-7。

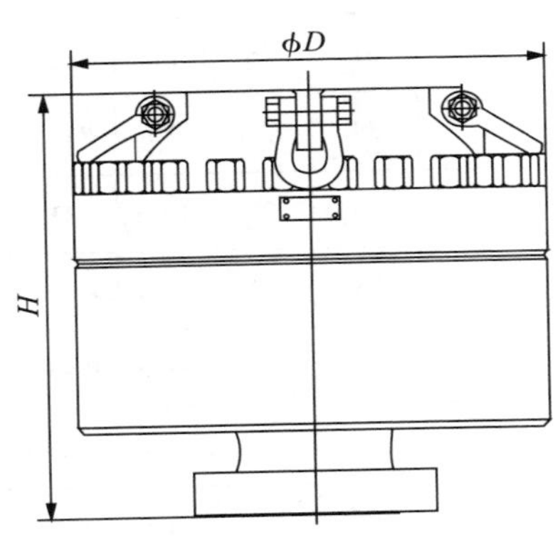

图8-10 环形防喷器(D型)外形尺寸

(2)上海神开石油化工设备有限公司产环形防喷器规格及技术参数

锥型胶芯环形防喷器规格及技术参数见表8-8。

表8-6 华北荣盛环形防喷器(A型)规格及技术参数

型号	通径/mm	工作压力/MPa	关闭油量/L	开启油量/L	外形尺寸/mm		质量/kg	产品代号
					ϕD	H		
FHZ54-14	539.7	14	136.5	84.7	1512	1437	7660	FHZ5414
FHZ35-35	346.1	35	68	54	1510	1434	6917	RS11807
FHZ43-35	425.5	35	112	78	1728	1630	10030	RS11177
FHZ18-70	179.4	70	36	27	1490	1250	6293	RS11185
FHZ28-70	279.4	70	67	66	1687	1653	12290	RS11831
FHZ35-70	346.1	70	116	117	1780	1787	15190	RS11189
FHZ48-70	476.3	70	220	220	2160	2231	27060	RS11899
FHZ28-105	279.4	105	121	120	1650	1959	17640	RS11887

表 8-7　华北荣盛环形防喷器(D 型)规格及技术参数

型　号	通径/mm	工作压力/MPa	关闭油量/L	开启油量/L	外形尺寸/mm		质量/kg	产品代号
					ϕD	H		
FH28-14	279.4	14	46	33	1013	855	3512	RS11878
FH18-21	179.4	21	21	15	745	842	1433	RS11827
FH23-21	228.6	21	34	22.8	908	838	2440	RS11143
FH28-21	279.4	21	46	33	1013	873	3400	RS11150
FH35-21	346.1	21	98	72	1271	1176	5700	RS11186
FH53-21	527	21	173	110	1375	1293	6994	RS111100
FH18-35	179.4	35	21	15	745	842	1520	RS11168
FH23-35	228.6	35	42	33	1016	924	3050	F9303
FH28-35	279.4	35	72	56	1146	1110	4716	RS11135
FH35-35	346.1	35	98	72	1271	1176	6415	F35
FH48-35	476.3	35	220	172	1780	1710	16320	RS11845
FH54-35	539.7	35	227	171	1938	1742	20220	RS11801

注：以上所列技术参数为基本型。

表 8-8　上海神开锥型胶芯环形防喷器规格及技术参数

型　号	通径/mm	工作压力/MPa(psi)	开启油量/L	关闭油量/L	外形尺寸/mm		整机质量/kg
					A	B	
FH35-35	346.1	35(5000)	71.3	93.5	1270	1160	6517
FH35-35/70		35(5000)	71.3	93.5	1270	1227	6843
FH35-70/105		70(10000)	124	152	1640	1634	14760
FHZ54-14	539.8	14(2000)	72	118	1516	1337	6780

球型胶芯环形防喷器规格及技术参数见表8－9。

表8－9 上海神开球型胶芯环形防喷器规格及技术参数

型 号	通径/mm	工作压力/MPa(psi)	开启油量/L	关闭油量/L	外形尺寸/mm		整机质量/kg
					A	B	
FH18－35	179.4	35(5000)	12.8	18.8	737	790	1572
FH18－35/70		35(5000)	12.8	18.8	737	814	1600
FH28－35	279.4	35(5000)	58	72	1138	1081	4300
FH28－35/70		35(5000)	58	72	1138	1096	4423
FH28－70/105		70(10000)	100.2	124.3	1448	1420	10800

(3)宝鸡石油机械有限责任公司产环形防喷器规格及技术参数

宝鸡石油机械有限责任公司环形防喷器技术参数见表8－10。

表8－10 宝鸡石油机械有限公司FH型环形防喷器技术参数

型 号	FH28－21	FH35－21	FH18－35	FH28－35	FH35－35
通径/mm(in)	280(11)	346($13\frac{5}{8}$)	180($7\frac{1}{16}$)	280(11)	346($13\frac{5}{8}$)
额定工作压力/MPa(psi)	21(3000)	21(3000)	35(5000)	35(5000)	35(5000)
厂内实验压力/MPa(psi)	42(6000)	42(6000)	70(10000)	70(10000)	70(10000)
推荐液控压力/MPa(psi)	8.4～10.5(1200～1500)				
开启油量/L(gal)	33(8.68)	66(17)	15(4)	57(15)	66(17)
关闭油量/L(gal)	48(12.6)	90(24)	20(5)	72(19)	90(24)
液压油进出口连接螺纹(NPT)尺寸/mm(in)	25.4(1)	25.4(1)	25.4(1)	25.4(1)	25.4(1)

续表

型　号	FH28 – 21	FH35 – 21	FH18 – 35	FH28 – 35	FH35 – 35
工作温度/℃	– 29 ~ 121				
适用介质	原油、天然气和含 H2S 钻井液 5				
质量/kg(lbs)	3272 (9340)	5352 (11800)	1444 (3184)	4328 (9522)	6384 (14045)
外形尺寸/mm(in) (外径 × 高度)	1032 × 930 (45 × 42)	1245 × 1090 (49 × 43)	745 × 788 (29 × 31)	1135 × 1065 (45 × 42)	1271 × 1220 (50 × 48)

2.2.5.3　国外环形防喷器规格和技术规范

①美国海得里尔 GL 型环形防喷器规格见表 8 – 11。

②美国卡麦隆公司 D 型环形防喷器规格见表 8 – 12。

③美国歇福尔公司环形防喷器规格见表 8 – 13

④罗马尼亚 VH 型环形防喷器规格和技术规范见表 8 – 14。

表 8 – 11　美国海得里尔 GL 型环形防喷器规格

规格/in × MPa	$13\frac{5}{8}$ × 35	$16\frac{3}{4}$ × 35	$18\frac{3}{4}$ × 35	$21\frac{1}{4}$ × 35
垂直通径/mm(in)	346.08 ($13\frac{5}{8}$)	425.45 ($16\frac{3}{4}$)	476.25 ($18\frac{3}{4}$)	539.75 ($21\frac{1}{4}$)
工作压力/MPa	35			
厂内试验压力/MPa	70			
关闭腔容积/L	74.8	127.9	166.5	219.5
开启腔容积/L	74.8	127.9	166.5	219.5
辅助腔容积/L	31.2	65.5	75.7	111.7
活塞冲程/mm	203	248	254	343

续表

规格/in × MPa			$13\frac{5}{8}$ × 35	$16\frac{3}{4}$ × 35	$18\frac{3}{4}$ × 35	$21\frac{1}{4}$ × 35
外形尺寸/mm	高度	法兰连接	1378	1616	1727	
		卡箍连接	1265	1514	1556	1848
	外径		1365	1676	1753	1823
	最大宽度		1422	1823	1937	1956
质量/kg			7848	12807	15510	21180
连接法兰规格			和防喷器规格相同			
连接管线螺纹（NPT）/mm（in）			108（$4\frac{1}{4}$）			

表 8－12　美国卡麦隆公司 D 型环形防喷器规格

规格/（in × MPa）		$7\frac{1}{16}$ × 35	$7\frac{1}{16}$ × 70	11 × 35	11 × 70	$13\frac{5}{8}$ × 35	$13\frac{5}{8}$ × 70	$16\frac{3}{4}$ × 35
垂直通径/mm（im）		179. 39（$7\frac{1}{16}$）	179. 39（$7\frac{1}{16}$）	279. 40（11）	279. 40（11）	346. 08（$13\frac{5}{8}$）	346. 08（$13\frac{5}{8}$）	425. 45（$16\frac{3}{4}$）
工作压力/MPa		35	70	35	70	35	70	35
厂内试验压力/MPa		70	105	70	105	70	105	70
关闭腔容积/L		6. 4	11. 1	21. 4	38. 4	45. 9	68. 5	84. 4
开启腔容积/L		5. 3	9. 7	17. 8	34. 3	39	61. 1	71. 9
壳体外径/mm		708	950	1100	1346	1330	1695	1537
最大宽度/mm		860	1134	1403	1651	1635	2000	1842
高度/mm	栽丝连接	468	670	686	857	806	1053	992
	法兰连接	648	870	913	1106	1020	1334	1245
	卡箍连接	583	798	806	1002	934	1208	1138
质量/kg	栽丝连接	1180	3138	4217	8181	7070	16040	11520
	法兰连接	1263	3290	4449	8543	7370	16660	11950
	卡箍连接	1201	3228	4268	8326	7177	16200	11730

表8－13　美国歇福尔公司环形防喷器规格

顶盖与壳体连接形式	防喷器规格/in(MPa)	垂直通径/mm(in)	工作压力/MPa	关闭腔容积/L	开启腔容积/L	外径/mm	高度/mm			提环数及负荷/个×kg	油孔螺纹/个×in	质量/kg		
							螺栓连接	法兰连接	卡箍连接			螺栓	法兰	卡箍
楔形块连接	11(70)	280(11)	70	116	93	1448	1156	1346	1251	4×127300	2×2	10170	1045	10250
	$13\frac{5}{8}$(35)	346($13\frac{5}{8}$)	35	89	66	1371	953	1156	1103	4×90900	2×$1\frac{1}{2}$	7570	7840	7660
	$13\frac{5}{8}$(70)	346($13\frac{5}{8}$)	70	152	124	1638	1250	1483	1375	4×127300	4×2	14170	14760	14350
	$16\frac{3}{4}$(35)	426($16\frac{3}{4}$)	35	126	97	1524	1108	1320	1253	4×127300	2×2	10000	10410	10240
	$18\frac{3}{4}$(35)	476($18\frac{3}{4}$)	35	182	142	1683	1295	1524	1448	4×127300	4×2	15800	16410	16090
	21(35)	540($21\frac{1}{4}$)	35	232	181	1803	1397	1676	1605	4×127300	4×2	19320	20230	19680
螺栓连接	$7\frac{1}{16}$(21)	180($7\frac{1}{16}$)	21	17	12	737	645	740		2×8640	2×1	1295	1318	
	$7\frac{1}{16}$(35)	180($7\frac{1}{16}$)	35	17	12	737	648	784	711	2×11820	2×1	1398	1443	1420
	$7\frac{1}{16}$(70)	180($7\frac{1}{16}$)	70	65	53	1090	908	1080	990	2×45450	2×$1\frac{1}{4}$	4670	4818	4727
	9(21)	230(9)	21	27	19	900	687	826		2×15450	2×1	2125	2170	
	9(35)	230(9)	35	42	33	1016	750	927	837	2×21820	2×$1\frac{1}{4}$	2954	3090	3010
	11(21)	280(11)	21	42	26	1013	687	835	776	2×15450	2×1	2580	2647	2590
	11(35)	280(11)	35	71	55	1137	680	1054	954	2×30910	2×$1\frac{1}{4}$	4215	4340	4227
	11(35)①	280(11)	35	71	55	1137		1038		2×30910	2×$1\frac{1}{4}$		3965	
	$13\frac{5}{8}$(21)	346($13\frac{5}{8}$)	21	89	56	1178	876	1033	960	2×30910	2×$1\frac{1}{4}$	4022	4136	4056
	$13\frac{5}{8}$(35)	346($13\frac{5}{8}$)	35	89	66	1270	956	1140	1086	2×45450	2×$1\frac{1}{4}$	5954	6204	6022
	$13\frac{5}{8}$(35)①	346($13\frac{5}{8}$)	35	89	66	1270	883	1080	1030	2×45450	2×$1\frac{1}{4}$	4136	4363	4193

续表

顶盖与壳体连接形式及防喷器规格/in(MPa)		垂直通径/mm(in)	工作压力/MPa	关闭腔容积/L	开启腔容积/L	外径/mm	高度/mm			提环数及负荷/个×kg	油孔螺纹/个×in	质量/kg		
							螺栓连接	法兰连接	卡箍连接			螺栓	法兰	卡箍
螺栓连接	21¼(14)	540(21¼)	14	123	64	1245	997	1172	1124	2×45450	2×1	4613	49131	4636
	21¼(14)①	540(21¼)	14	123	64	1245	997			2×45450	2×1¼	4410		

注："①"为轻型即试验压力为工作压力的1.5倍。

表8-14　罗马尼亚VH型环形防喷器规格和技术规范

规格/in×MPa		7¹⁄₁₆×70	9×21	9×35	9×35S	11×21	11×21S	13⅝×21	13⅝×21S	13⅝×35	13⅝×35S
垂直通径/mm(in)		179.4 (7¹⁄₁₆)	228.6 (9)	228.6 (9)	228.6 (9)	279.4 (11)	279.4 (11)	346 (13⅝)	346 (13⅝)	346 (13⅝)	346 (13⅝)
工作压力/MPa		70	21	35	35	21	21	21	21	35	35
厂内试验压力/MPa		105	42	70	70	42	42	42	42	70	70
密封范围/in		0~7¹⁄₁₆	0~9	0~9	0~9	0~11	0~11	0~13⅝	0~13⅝	0~13⅝	0~13⅝
全封闭所需油量/L		35.66	25.6	25.6	25.6	28.11	28.11	42.6	42.6	68	150
液控压力/MPa		8.5~14									
连接法兰尺寸/mm		7¹⁄₁₆×70	8×21	8×35	9×70	10×21	10×35	12×21	13⅝×35	13⅝×35	13⅝×70
外形尺寸/mm	高度	1255	1105	1105	1131	1010	1050	1150	1198	1500	1570
	外径	1110	860	860	860	857	857	1030	1030	1156	1156
	最大宽度	1230	1050	1050	1131	1030	1050	1150	1198	1346	1346
质量/kg		5265	3000	3025	3040	2350	2420	4440	4585	5930	6235

2.2.6　环形防喷器的使用要求

①在井内有钻具时发生井喷，可先用环形防喷器控制井口，但尽量不作长时间封闭，一则胶芯易损坏，二则无锁紧装置。非特殊情况下，不用它封闭空井。

②用环形防喷器进行不压井起下钻作业，必须使用接头台肩是18°斜坡的钻具。过接头时起下钻速度小于0.2m/s，所有钻具上的橡胶护箍应全部卸掉。

③环形防喷器处于关闭状态时，关井压力在7MPa以下，可上下活动钻具，但禁止旋转钻具。

④严禁用打开环形防喷器的方法来泄排井内压力，以防刺坏胶芯。

⑤每次开井后必须检查是否全开，以防挂坏胶芯。

⑥固井、堵漏等作业后，要将内腔冲洗干净、保持开关灵活。

⑦安装或拆卸环形防喷器时，一定要特别注意保护密封垫环及钢圈槽，以防撞坏或划伤。

⑧进入目的层后，每次起下钻，应带钻具试关井一次，检查胶芯封井效果。不合要求，应立即更换。

⑨按有关标准，应定期对井口环形防喷器进行试压。

2.3　闸板防喷器

2.3.1　用途

液压闸板防喷器能封闭套管与管柱之间的环形空间；使用变径闸板可封闭一定范围的不同规格的管柱与套管间的环空；使用全封闸板能全封闭井口；在特殊情况下，使用剪切闸板可切断钻具达到封井的目的。

在封闭情况下，可通过下部四通或壳体旁侧出口所连接的管线，进行钻井液循环、节流放喷、压井等作业。可悬挂钻具。

2.3.2　结构特点

闸板防喷器主要由壳体、侧门、闸板总成、油缸总成、铰链部分、锁紧机构等组成。其结构如图 8－11、图 8－12 所示。

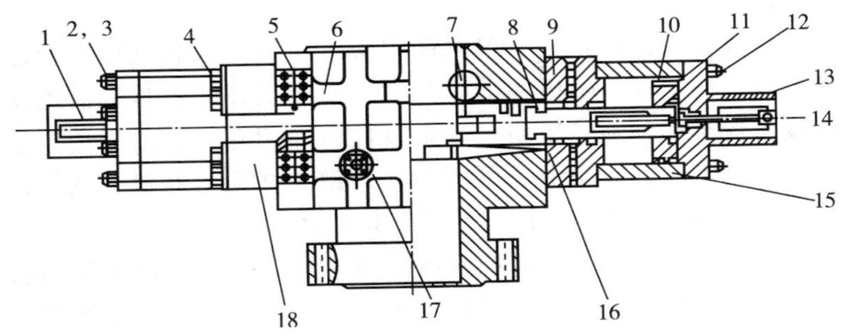

图 8－11　单闸板防喷器结构示意图

1—左缸盖；2、3—盖形螺母和液缸连接螺栓；4—侧门螺栓；5—铰链座；6—壳体；7—闸板总成；8—闸板轴；9—右侧门；10—活塞密封圈；11—活塞；12—活塞螺帽；13—右缸盖；14—锁紧轴；15—液缸；16—侧门密封圈；17—油管座；18—左侧门

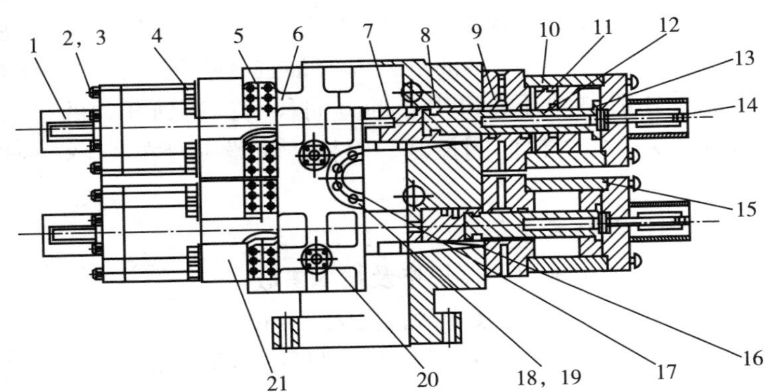

图 8－12　双闸板防喷器结构示意图

1—左缸盖；2、3—盖形螺母和液缸连接螺栓；4—侧门螺栓；5—铰链座；6—壳体；7—闸板总成；8—闸板轴；9—右侧门；10—活塞密封圈；11—活塞；12—活塞锁帽；13—右缸盖；14—锁紧轴；15—液缸；16—侧门密封圈；17—盲法兰；18、19—双头螺栓和螺母；20—油管座；21—左侧门

闸板防喷器，根据每套所装闸板的数量可分为单闸板、双闸板和三闸板防喷器。按闸板锁紧方式可分为手动锁紧和液压锁紧两种。

闸板有双面用闸板、单面用闸板、剪切闸板和变径闸板之分。双面用闸板，闸板上下面对称，不同尺寸的钻具只需更换橡胶密封半环和闸板压块，其余零件可通用互换；单面用闸板不可翻转使用；剪切闸板可切断井口钻具并全封井口；变径闸板适用于一定范围内不同尺寸的钻具和套管的密封。

闸板锁紧分手动锁紧和液压锁紧两种方式。手动锁紧装置是靠人力旋转手轮关闭或锁紧闸板。使用时应注意手动锁紧装置只用于关闭闸板，不能打开闸板。使用后欲打开闸板首先必须手动解锁到位，再液压打开闸板。

连接方式有栽丝连接、法兰连接和卡箍连接三种方式。

2.3.3　工作原理

当高压油进入左右油缸关闭腔时，推动活塞、活塞杆，使左右闸板总成沿着闸板室内导向轨道，分别向井口中心移动，达到封井的目的。当高压油进入左右油缸开启腔时，左右两个闸板总成分别向离开井口中心的方向移动，达到开井的目的。闸板开、关方向由换向阀控制。闸板防喷器一般在 3 ~ 8s 内即能关闭。

2.3.4　规格及技术参数

2.3.4.1　国产闸板封井器规格及技术参数。

①国产闸板防喷器技术规范见表 8 – 15。

②华北荣盛机械制造有限公司闸板防喷器规格及技术参数见表 8 – 16 ~ 表 8 – 18。

③宝鸡石油机械有限责任公司闸板防喷器枝术参数见表8– 19。

④上海神开石油化工设备有限公司闸板防喷器规格及技术参数见表 8 – 20。

表 8－15　国产闸板防喷器规范

规格型号	FZ23－21	FZ35－21 2FZ35－21	FZ23－35	FZ28－35 2FZ28－35	FZ35－35 2FZ35－35	FZ23－70 2FZ23－70	FZ28－70 2FZ28－70
垂直通径/mm(in)	230(9)	346($13\frac{5}{8}$)	230(9)	280(11)	346($13\frac{5}{8}$)	230(9)	280(11)
工作压力/MPa	21		35			70	
试验压力/MPa	42		70			105	
液控压力/MPa	8.5～14	8.5～16	8.5～14	8.5～10.5	8.5～10.5	≤10.5	
油缸直径/mm	180	220	220		250		
关闭所需油量/L	6.1	13.3	9.5	11	17.2	12.2	14.8
开启所需油量/L	5.4	11.7	8.2	9.6	14.8	11.9	13.2
闸板尺寸/mm(in)	全封 73($2\frac{7}{8}$) 89($3\frac{1}{2}$) 114($4\frac{1}{2}$) 127(5)	全封 73($2\frac{7}{8}$) 89($3\frac{1}{2}$) 114($4\frac{1}{2}$) 127(5) 140($5\frac{1}{2}$) 178(7) 245($9\frac{5}{8}$)	全封 73($2\frac{7}{8}$) 89($3\frac{1}{2}$) 114($4\frac{1}{2}$) 127(5) 140($5\frac{1}{2}$)	全封 60($2\frac{3}{8}$) 73($2\frac{7}{8}$) 89($3\frac{1}{2}$) 114($4\frac{1}{2}$) 127(5) 140($5\frac{1}{2}$) 178(7)	全封 73($2\frac{7}{8}$) 89($3\frac{1}{2}$) 127(5) 140($5\frac{1}{2}$) 178(7) 245($9\frac{5}{8}$)	全封 73($2\frac{7}{8}$) 89($3\frac{1}{2}$) 127(5)	全封 60($2\frac{3}{8}$) 73($2\frac{7}{8}$) 89($3\frac{1}{2}$) 114($4\frac{1}{2}$) 127(5) 140($5\frac{1}{2}$) 178(7)

续表

规格型号			FZ23－21	FZ35－21 2FZ35－21	FZ23－35	FZ28－35 2FZ28－35	FZ35－35 2FZ35－35	FZ23－70 2FZ23－70	FZ28－70 2FZ28－70
法兰螺栓分布圆直径/mm			394	534	394	482	591	476	565
螺栓数量及尺寸/(个×mm)			12×M36	20×M36	12×M42	12×M48	16×M42	16×M39	16×M45
钢圈槽中、外径/mm			270	381	270	324	408(外)	299	357
旁侧出口通径/mm			80	103	80	80	103	65	52
外形尺寸/mm	长		1898	2340	2027	2200	2570	1958	2710
	宽		665	780/860	760	750/845	1040	915	920
	高	单闸板		395		610	890	705	820
		双闸板	680	790	782	810	1238	1080	1060
质量/kg	单闸板		1900	2550		2300	4350	2970	3490
	双闸板			5000	2900	3650	6100	5600	7190
制造厂			宝鸡	重矿、广州	上海、重庆	重矿、上海、广州	重矿、上海、宝鸡	华北	上海

表 8 – 16　华北石油荣盛机械制造有限公司 RSC 型闸板防喷器规格及技术参数

型号	通径/in	工作压力/MPa(psi)	是否剪切	油缸容积/L(数量×容积)		锁紧方式	整机质量/kg	外形尺寸/mm			连接方式	
				开启腔	关闭腔			长	宽	高	上端	下端
FZ18 – 21	$7\frac{1}{16}$	21(3000)	否	2×1.6	2×2	手动	798	1520	540	280	栽丝	栽丝
2FZ18 – 21				4×1.6	4×2		1660	1520	540	566	栽丝	栽丝
FZ18 – 35	$7\frac{1}{16}$	35(5000)	否	2×1.6	2×2		798	1520	540	280	栽丝	法兰
							900	1520	540	450	栽丝	法兰
2FZ18 – 35				4×1.6	4×2		1660	1520	540	556	栽丝	栽丝
FZ18 – 70	$7\frac{1}{16}$	70(10000)	否	2×2.75	2×2.75		1240	2054	480	595	栽丝	法兰
2FZ18 – 70				4×2.75	4×2.75		2335	2054	480	910	栽丝	法兰
FZ23 – 21	9	21(3000)	否	2×1.96	2×1.96		792	1726	595	280	栽丝	栽丝
2FZ23 – 21				4×1.96	4×1.96		1800	1726	595	710	栽丝	法兰
FZ23 – 35	9	35(5000)	否	2×4.4	2×5		1735	2032	735	625	栽丝	法兰
2FZ23 – 35				4×4.4	4×5		3890	2032	865	830	栽丝	栽丝
FZ23 – 70	9	70(10000)	否	2×5.7	2×6.3		3025	2046	915	925	法兰	法兰
2FZ23 – 70				4×5.7	4×6.3		5480	2046	915	1130	栽丝	法兰
FZ23 – 70				2×5.38	2×6.08	液动	3350	1958	915	925	法兰	法兰
2FZ23 – 70				4×5.38	4×6.08		6080	1958	915	1345	法兰	法兰

续表

型号	通径/in	工作压力/MPa(psi)	是否剪切	油缸容积/L(数量×容积)		锁紧方式	整机质量/kg	外形尺寸/mm			连接方式	
				开启腔	关闭腔			长	宽	高	上端	下端
FZ28－21	11	21(3000)	否	2×5.2	2×6	手动	1840	2070	675	690	法兰	法兰
2FZ28－21				4×5.2	4×6		3650	2070	875	800	栽丝	栽丝
FZ28－21			是	2×13	2×12.1		2155	2448	675	690	法兰	法兰
2FZ28－21				2×5.2(上腔) 2×13(下腔)	2×6(上腔) 2×12.1(下腔)		3865	2448	875	800	栽丝	栽丝
FZ28－35	11	35(5000)	否	2×5.15	2×5.9		2260	2110	780	660	栽丝	法兰
2FZ28－35				4×5.15	4×5.9		4255	2110	865	830	栽丝	栽丝
FZ28－35	11	35(5000)	是	2×11	2×12		2660	2510	780	660	栽丝	法兰
2FZ28－35				4×11	4×5.9		4935	2510	880	1300	法兰	法兰
FZ28－70	11	70(10000)	是	2×15	2×16.5		3955	2445	920	803	法兰	法兰
2FZ28－70				4×15	4×16.5		7500	2445	1020	1233	栽丝	法兰
FZ35－14	$13\frac{5}{8}$	14(2000)	否	2×2.8	2×3.55		1360	2400	720	335	栽丝	法兰
FZ35－21	$13\frac{5}{8}$	21(3000)	否	2×5.85	2×6.65		2020	2340	750	555	栽丝	法兰
2FZ35－21				4×5.85	4×6.65		3516	2340	844	790	栽丝	栽丝
FZ35－21			是	2×17.5	2×20		2865	2564	830	593	栽丝	法兰
2FZ35－21				4×17.5	4×20		5481	2564	830	994	栽丝	法兰

续表

型号	通径/in	工作压力/MPa(psi)	是否剪切	油缸容积/L(数量×容积)		锁紧方式	整机质量/kg	外形尺寸/mm			连接方式	
				开启腔	关闭腔			长	宽	高	上端	下端
FZ53－21	$20\frac{3}{4}$	21(3000)	是	2×24	2×27	手动	5980	3818	1180	705	栽丝	法兰
2FZ53－21				4×24	4×27		10098	3818	1180	1155	栽丝	法兰
FZ35－35	$13\frac{5}{8}$	35(5000)	否	2×8.25	2×8.95		3300	2400	920	710	栽丝	法兰
2FZ35－35				4×8.25	4×8.25		6150	2400	920	1360	法兰	法兰
FZ35－35			是	2×17.9	2×19.6		3620	2693	920	710	栽丝	法兰
2FZ35－35				4×17.9	4×19.6		6420	2693	920	1145	栽丝	法兰
FZ35－70	$13\frac{5}{8}$	70(10000)	是	2×14.7	2×16.6		6445	2670	1240	960	栽丝	法兰
2FZ35－70				4×14.7	4×16.6		11950	2670	1240	1485	栽丝	法兰
FZ35－70				2×18.3	2×20.9		6450	2795	1238	966	栽丝	法兰
2FZ35－70				4×18.3	4×20.9		11660	2795	1238	1491	栽丝	法兰
FZ43－35	$16\frac{3}{4}$	35(5000)	是	2×20	2×23		6600	3155	1215	850	栽丝	法兰
2FZ43－35				4×20	4×23		11800	3155	1215	1400	栽丝	法兰
FZ53－21	$20\frac{3}{4}$	21(3000)	否	2×11.65	2×13.65		5365	3206	1180	1100	法兰	法兰
2FZ53－21				4×11.65	4×13.65		9530	3206	1180	1280	栽丝	法兰

续表

型号	通径/in	工作压力/MPa(psi)	是否剪切	油缸容积/L(数量×容积)		锁紧方式	整机质量/kg	外形尺寸/mm			连接方式	
				开启腔	关闭腔			长	宽	高	上端	下端
FZ48－35	$18\frac{3}{4}$	35(5000)	是	2×26.5	2×31	手动	9420	3420	1325	1242	法兰	法兰
2FZ48－35				4×26.5	4×31		17020	3420	1325	1797	法兰	法兰
FZ54－14	$21\frac{1}{4}$	14(2000)	否	2×11.65	2×13.65		4725	3206	1180	705	栽丝	法兰
2FZ54－14				4×11.65	4×13.65		8980	3206	1180	1155	栽丝	法兰
FZ54－14			是	2×24	2×27		5268	3818	1180	705	栽丝	法兰
2FZ54－14				4×24	4×27		10116	3818	1180	1155	栽丝	法兰
FZ54－35	$21\frac{1}{4}$	35(5000)	是	2×29.7	2×31.1		9730	3494	1387	1071	栽丝	法兰
2FZ54－35				4×29.7	4×31.1		17625	3494	1387	1656	栽丝	法兰
FZ54－70	$21\frac{1}{4}$	70(10000)	是	2×28	2×29	液动	17873	3880	1845	1660	法兰	法兰
2FZ54－70				4×28	4×29		28075	3880	1845	2225	栽丝	法兰
FZ68－21	$26\frac{3}{4}$	21(3000)	是	2×33.5	2×35		10520	4145	1800	980	栽丝	法兰
2FZ68－21				4×33.5	4×35		19841	4154	1800	1612	栽丝	法兰

注：RS 为荣盛公司代号(汉语拼音第一个字母)；C 为防喷器外壳为铸造结构。

表 8－17　华北石油荣盛机械制造有限公司 RSF 型闸板防喷器规格及技术参数

型号	通径/in	工作压力/MPa(psi)	是否剪切	油缸容积/L(数量×容积)		锁紧方式	整机质量/kg	外形尺寸/mm			连接方式	
				开启腔	关闭腔			长	宽	高	上端	下端
FZ18－21	$7\frac{1}{16}$	21(3000)	否	2×2.9	2×3.3	手动	420	1400	385	450	法兰	法兰
2FZ18－21				4×2.9	4×3.3		770	1400	385	642	法兰	法兰
FZ18－35	$7\frac{1}{16}$	35(5000)		2×2.9	2×3.3		493	1400	400	566	法兰	法兰
2FZ18－35				4×2.9	4×3.3		885	1400	400	778	法兰	法兰
FZ18－70	$7\frac{1}{16}$	70(10000)		2×2.75	2×2.75		1179	2054	480	520	栽丝	法兰
2FZ18－70				4×2.75	4×2.75		2175	2054	480	840	栽丝	法兰
FZ18－105	$7\frac{1}{16}$	105(15000)	是	2×7	2×7.5		2520	1976	690	858	法兰	法兰
2FZ18－105				4×7	4×7.5		4590	1976	690	1278	法兰	法兰
FZ28－105	11	105(15000)		38	33.4	液动	7815	2718	1157	1265	法兰	法兰
2FZ28－105				2×38	2×33.4		13990	2718	1157	1910	法兰	法兰
FZ28－105				30	32	手动	6450	3314	1001	955	栽丝	法兰
2FZ28－105				2×30	2×32		12283	3314	1001	1600	栽丝	法兰
FZ35－35	$13\frac{5}{8}$	35(5000)		2×19.8	2×20.6	液动	5325	3350	928	750	栽丝	法兰
2FZ35－35				4×19.8	4×20.6		10155	3350	928	1260	栽丝	法兰
FZ35－70	$13\frac{5}{8}$	70(10000)		2×19.8	2×20.6		6265	3400	1030	850	栽丝	法兰
2FZ35－70				4×19.8	4×20.6		11905	3400	1030	1415	栽丝	法兰
FZ35－70	$13\frac{5}{8}$	70(10000)		2×21	2×21	液动	6855	2811	1190	895	栽丝	法兰

续表

型号	通径/in	工作压力/MPa(psi)	是否剪切	油缸容积/L(数量×容积)		锁紧方式	整机质量/kg	外形尺寸/mm			连接方式	
				开启腔	关闭腔			长	宽	高	上端	下端
2FZ35－70	$13\frac{5}{8}$	70(10000)	是	4×21	4×21	液动	12640	2811	1190	1430	栽丝	法兰
FZ35－70				2×18.5	2×21	手动	6425	2795	1190	895		
2FZ35－70				4×18.5	4×21		11780	2795	1190	1430		
FZ35－105	13	105(15000)		37	42		8400	3748	1115	1053		
2FZ35－105				2×37	2×42		14930	3748	1115	1700		

注：RS为荣盛公司代号(汉语拼音第一个字母)；F为防喷器外壳为锻造结构。

表8－18　华北石油荣盛机械制造有限公司RSH型闸板防喷器规格及技术参数

型号	通径/in	工作压力/MPa(psi)	锁紧方式	整机质量/kg	外形尺寸/mm			连接方式	
					长	宽	高	上端	下端
SFZ16－21	$7\frac{1}{16}$	21(3000)	手动	310	1190	335	450	法兰	法兰
2SFZ16－21				550	1190	364	632	法兰	法兰
SFZ18－21				344	1190	380	450	法兰	法兰
2SFZ18－21				552	1190	380	642	法兰	法兰
SFZ18－35		35(5000)		403	1190	395	566	法兰	法兰
2SFZ18－35				720	1190	395	778	法兰	法兰

注：RS为荣盛公司代号(汉语拼音第一个字母)，H为手动结构，以上所列技术参数为基本型。

表 8－19　宝鸡石油机械有限责任公司 FZ 型闸板防喷器枝术参数

型号			FZ28－21	FZ35－21	FZ18－35	FZ28－35	FZ35－35B	FZ28－70	FZ35－70
通径/mm(in)			280(11)	346($13\frac{5}{8}$)	180($7\frac{1}{16}$)	280(11)	346($13\frac{5}{8}$)	28(11)	346($13\frac{5}{8}$)
额定工作压力/MPa(psi)			21(3000)	21(3000)	35(5000)	35(5000)	35(5000)	70(10000)	70(10000)
壳体实验压力/MPa(psi)			42(6000)	42(6000)	70(10000)	70(10000)	70(10000)	105(15000)	105(15000)
推荐液控压力/MPa(psi)			8.4～10.5(1200～1500)						
活塞直径/mm(in)			170(7)	220(9)	170(7)	220(9)	220(9)	360($14\frac{3}{16}$)	360($14\frac{3}{16}$)
开启油量/L			2.8	5.064	3.6	4.9	5.064	14.8	16.4
关闭油量/L			3.18	5.768	4.3	5.6	5.768	16.8	18.5
外形尺寸(长×宽×高)/mm	单闸板	栽丝式	2097×1060×430	2476×1220×534	1534×555×385	2170×1167×480	2476×1220×495	2360×1145×570	2690×1235×582
		法兰式	2097×1060×720	2476×1220×844	1534×555×727	2170×1167×870	2476×1220×890	2360×1145×1030	2690×1235×1138
	双闸板	栽丝式	2100×850×850	2476×1220×990	1534×555×746	2170×846×975	2476×1220×990	2376×1145×1124	2690×1235×1170
		法兰式	2100×850×1160	2476×1220×1300	1534×555×1110	2170×846×1415	2476×1220×1386	2376×1145×1564	2690×1235×1726
质量/kg	单闸板	栽丝式	3030	3377	1050	2181	3333	4200	6312
		法兰式	3267	3505	1194	3412	3950	4890	5728
	双闸板	栽丝式	4211	6498	2100	4932	6697	9508	12040
		法兰式	4332	6754	2245	6163	7314	9872	11456

表8-20 上海神开石油化工设备有限公司闸板防喷器规格及技术参数

型号	通径/mm(in)	工作压力/MPa(psi)	活塞直径/mm	油缸容积/L(数量×容积)		锁紧方式	连接方式		外形尺寸/mm			整机质量/kg
				开启腔	关闭腔		上端	下端	上	宽	高	
FZ18-35	179.4 ($7\frac{1}{16}$)	35(5000)	150	2×6.36	2×6.71	手动	栽丝		1392	525	280	906
2FZ18-35				4×6.36	4×6.71		栽丝	法兰		582	736	1725
FZ18-70		70(10000)	180	2×2.22	2×2.5		栽丝		1854	715	699	1625
2FZ18-70				4×2.22	4×2.5		法兰	法兰			1064	3300
FZ28-21	279.4 (11)	21(3000)	220	2×5.2	2×5.45	手动	栽丝	法兰	2265	873	628	1985
2FZ28-21				4×5.2	4×5.45							
FZ28-35		35(5000)	220	2×5.2	2×5.45		栽丝	法兰	2265/2615	860	670	2735
2FZ28-35				4×5.2	4×5.45		栽丝				860	4990
FZ28-70		70(10000)	250	2×6.6	2×7.4		栽丝	法兰	2370/2710	920	820	1831
2FZ28-70				4×6.6	4×7.4		栽丝			950	1060	7330
FZ28-70DY			356	2×14.7	2×16.7		栽丝	法兰	2472	1342	855	5245
2FZ28-70DY				4×14.7	4×16.7		栽丝	法兰			1395	9751
FZ28-105D		105(15000)	356	2×14.4	2×16.7		法兰 栽丝	法兰 栽丝	2640	1167	1244 942	7145 6356
2FZ28-105D				4×14.4	4×16.7						1784 1482	12686 11888

续表

型号	通径/mm(in)	工作压力/MPa(psi)	活塞直径/mm	油缸容积/L（数量×容积）		锁紧方式	连接方式		外形尺寸/mm			整机质量/kg
				开启腔	关闭腔		上端	下端	上	宽	高	
FZ35－35	346.1 （$13\frac{5}{8}$）	35(5000)	250	2×7.4	2×8.3	手动	法兰 栽丝	法兰 栽丝	2468 2940	970	950 735	4398 4120
2FZ35－35				4×7.4	4×8.3						1430 1514 1214	7814 7495 7460
FZ35－70		70(10000)	355	2×19.9	2×20		法兰 栽丝	法兰 栽丝	3274	1488	1275 993 750	9485 8873 8791
2FZ35－70				4×19.9	4×20						1732 1450 1168	14852 13970 14816
FZ35－105D		105(15000)	355	2×17.4	2×19		法兰 栽丝	法兰 栽丝	3074	1305	1420 1075	12035 10987
2FZ35－105D				4×17.4	4×19						1985 1640 1295	18439 17391 16243
FZ54－14	539.8 （$21\frac{1}{4}$）	14(2000)	250	2×13.2	2×15.4		法兰 栽丝	法兰 栽丝	3366 3956	1205	915 720	6605 6320
2FZ54－14				4×13.2	4×15.4						1505 1310 1115	10435 10150 9865

2.3.4.2　国外闸板封井器规格及技术参数。

①卡麦隆公司闸板封井器技术参数见表8－21。

表8－21　美国Cameron闸板防喷器技术规范

规格(通径×压力)/(in×MPa)	通径/mm	长/mm	宽/mm	高/mm				闸板厚度/mm	质量/kg	
				法兰		卡箍				
$7\frac{1}{16}\times21$	180	2099	514.4	612.8	1038			139.7	1180	2270
$7\frac{1}{16}\times35$	180	2099	514.4	695.3	1121	384.2	1064	139.7	1271	2361
$7\frac{1}{16}\times70$	180	2099	514.4	777.9	1235	685.8	1143	139.7	1612	2906
$7\frac{1}{16}\times105$	180	2099	514.4	809.6	1267	685.8	1143	139.7	1725	3065
11×21	280	2765	638.2	739.8	1251			171.5	2405	4495
11×35	280	2765	638.2	873.1	1384	746.1	1257	171.5	2542	4631
11×70	280	2765	638.2	906.1	1419	819.2	1330	171.5	2906	5130
11×105	280	2813	737	1099	1734			234.95	4994	8172
$13\frac{5}{8}\times21$	346.1	3254	743	781.1	1340			190.5	3269	6492
$13\frac{5}{8}\times35$	346.1	3254	743	857.3	1416	812.8	1372	190.5	3496	6719
$13\frac{5}{8}\times70$	346.1	3305	743	1061	1692	835	1467	190.5	4676	8354
$13\frac{5}{8}\times105$	346.1	3664	1003	1130	1835			203.2	1076	19636
$16\frac{3}{4}\times21$	425.5	3696	908.1	1019	1679	806.5	1461	234.95	6152	11866
$16\frac{3}{4}\times35$	425.5	3747	908.1	1095	1749	889	1543	234.95	6174	11867

续表

规格(通径×压力)/(in×MPa)	通径/mm	长/mm	宽/mm	高/mm				闸板厚度/mm	质量/kg	
				法兰		卡箍				
$18\frac{3}{4}\times70$	476.3	4623	1061	1422	2210	1095	1873	304.8	1249	23903
$20\frac{3}{4}\times21$	527.1	4220	977.9	1032	1676	854	1502	203.2	6197	11600
$21\frac{1}{4}\times14$	539.8	4220	977.9	946.2	1597	847.7	1480	203.2	6016	11416
$21\frac{1}{4}\times52.5$	539.8	4747	1181			1346	2210	342.9	1498	28375
$21\frac{3}{4}\times70$	539.8	4797	1181			1346	2209	342.9	1503	28466
$26\frac{3}{4}\times14$	679.5	4956	1175	1016	1670			203.2	9080	17161
$26\frac{3}{4}\times21$	679.5	5058	1175	1226	2000			203.2	1090	2c067

②歇福尔闸板封井器技术参数见表8－22、表8－23。

表8－22　美国Sheffer LWS型闸板防喷器技术参数

工作压力/MPa	70		35				21				14		
通径/mm(in)	179.4 ($7\frac{1}{16}$)	103.2 ($4\frac{1}{16}$)	279.4 (11)	228.6 (9)	179.4 ($7\frac{1}{16}$)	103.2 ($4\frac{1}{16}$)	514.4 ($20\frac{3}{4}$)			279.4 (11)	539.8 ($21\frac{1}{4}$)		
油缸内径/mm	355.6	152.4	215.9	165.1	152.4	254	355.6	215.9	165.1	254	355.6	215.9	
液压锁紧长度/mm							2975	3356			2978	3359	
手动锁紧长度/mm	1899	1073	2292	2010	1480	1073			3238	1845			3238
宽度/mm	784.2	398.5	730.3	549.3	544.5	398.5	1048			657.2	1048		

续表

工作压力/MPa			70		35				21				14		
通径/mm(in)			179.4 ($7\frac{1}{16}$)	103.2 ($4\frac{1}{16}$)	279.4 (11)	228.6 (9)	179.4 ($7\frac{1}{16}$)	103.2 ($4\frac{1}{16}$)	514.4 ($20\frac{3}{4}$)			279.4 (11)	539.8 ($21\frac{1}{4}$)		
高度/mm	单闸板	栽丝连接	603.3	400.1	495.3	368.3	318	400.1	587.4			368.3	587.4		
		法兰连接	1013	527.1	939.8	765.2	717.6	527.1	1057			688.9	958.9		
		卡箍连接			763.6	558.8			898.5			558.8	879.5		
	双闸板	栽丝连接	1105		838.2	749.3	679.5		1251			746.1	1251		
		法兰连接	1514		1283	1154	1016		1721			1067	1622		
		卡箍连接			1107	963.6			1575			936.6	1543		
质量/kg	单闸板	栽丝连接	2783	376.8	1884	1303	628.9	376.8	3545	4570	3381	960.7	3471	4497	3307
		法兰连接	3026	442.7	2188	1466	719.6	442.7	3719	5071	3882	1171	3790	4815	3625
		卡箍连接	2858		1880	1280			3422	4447	3258	976.1	3529	4555	3369
	双闸板	栽丝连接	5405		3507	2611	1137		6963	9014	6635	1860	6692	8944	6563
		法兰连接	5645		3807	2774	1229		7464	9514	7135	2070	7210	9262	6880
		卡箍连接	5478		3469	2588			6838	8889	6510	1875	6948	8999	6620
关闭所需油量/L			19.87	2.23	11.28	9.67	5.49	2.23	25.92	54.88	19.19	6.59	29.52	54.88	19.19
开启所需油量/L			16.5	1.97	9.9	8.59	4.47	1.97	25.97	51.44	16.88	5.49	25.97	51.44	16.88
侧门螺栓对边尺寸/mm			55.56	47.63	38.1	41.28	31.75	47.63	41.28			31.75	41.28		

表 8－23　美国 Sheffer SL 型闸板防喷器规格

工作压力/MPa			105				70					35				21
通径/mm(in)			346.1 ($13\frac{5}{8}$)	279.4 (11)	179.4 ($7\frac{1}{16}$)	179.4 ($7\frac{1}{16}$)	539.8 ($21\frac{1}{4}$)	476.3 ($18\frac{3}{4}$)	425.5 ($16\frac{3}{4}$)	346.1 ($13\frac{5}{8}$)	279.4 (11)	425.5 ($16\frac{3}{4}$)		339.7 ($13\frac{5}{8}$)		339.7 ($13\frac{5}{8}$)
油缸内径/mm			355.6		254	355.6	355.6					254	355.6	254	355.6	254
外形尺寸/mm	长度	液压锁紧式	3124	2932	2007	2343	3461	3286	3232	2769	2611	3959	3007	2670	2743	
外形尺寸/mm	长度	手动锁紧式	3625	3435	2007					3270	3118	3594		3308		3308
外形尺寸/mm	宽度		1241	1191	765.2		1370	1445	1400	1041	979.5	1181		892.2		892.2
外形尺寸/mm	高度 单闸板	栽丝	977.9		581		1016	938.2	8509	771.2	596.6	635		438.2		438.2
外形尺寸/mm	高度 单闸板	法兰	1638	1448	997		1765	1530	1419	1222	1089	1105		847.7		777.9
外形尺寸/mm	高度 单闸板	卡箍						1319	1257	987.4		985.9		743		
外形尺寸/mm	高度 双闸板	栽丝	1480	1321	930.3		1505	1391	1314	1168	1038	1089		863.6		863.6
外形尺寸/mm	高度 双闸板	法兰	2140	1917	1346		2254	1983	1883	1680	1530	1559		1273		1203
外形尺寸/mm	高度 双闸板	卡箍						1772	1670	1445		1413		1168		
质量/kg	单闸板	栽丝	11740	9824	2610	3136	14150	12014	11710	6118	5194	6406		3634	4147	3608
质量/kg	单闸板	法兰	13189	11193	2815	3428	16927	13938	12903	6944	5764	7019		4079	4590	3827
质量/kg	单闸板	卡箍					14437	12310	12061	6170	5315	6674		3763	4152	3598
质量/kg	双闸板	栽丝	19041	15767	4358	5607	22112	20078	18705	10683	9312	11479		7091	8115	7066
质量/kg	双闸板	法兰	20489	17139	4653	5879	24900	22014	19881	11516	9888	12098		7540	8562	7289
质量/kg	双闸板	卡箍					22415	20018	19038	10742	9893	11752		7224	8247	7059

续表

工作压力/MPa	105				70					35				21
通径/mm(in)	346.1 ($13\frac{5}{8}$)	279.4 (11)	179.4 ($7\frac{1}{16}$)	179.4 ($7\frac{1}{16}$)	539.8 ($21\frac{1}{4}$)	476.3 ($18\frac{3}{4}$)	425.5 ($16\frac{3}{4}$)	346.1 ($13\frac{5}{8}$)	279.4 (11)	425.5 ($16\frac{3}{4}$)		339.7 ($13\frac{5}{8}$)		339.7 ($13\frac{5}{8}$)
关闭闸板所需油量/L	43.75	35.58	10.3		60.75	55.07	54.77	40.05	35.77	22.97	44.51	20.59	41.64	20.59
打开闸板所需油量/L	39.82	30.66	8.86		52.46	50	47.31	39.82	26.5	18.81	40.39	16.88	39.82	16.88
侧门螺栓对边尺寸/mm	79.38				79.38					79.38				79.38

③美国海得里尔 VX 型闸板防喷器规格见表 8－24。

表 8－24　美国海德里尔 WA 型闸板防喷器规格

垂直通径/in(mm)		$7\frac{1}{16}$ (179.4)	$7\frac{1}{16}$ (179.4)	$7\frac{1}{16}$ (179.4)	$7\frac{1}{16}$ (179.4)	9 (228.6)	9 (228.6)	11 (279.4)	11 (279.4)	11 (279.4)	$13\frac{5}{8}$ (346.1)	$13\frac{5}{8}$ (346.1)	$13\frac{5}{8}$ (346.1)	$16\frac{3}{4}$ (425.5)	$18\frac{3}{4}$ (476.3)	$21\frac{1}{4}$ (539.8)	$20\frac{3}{4}$ (527.1)
工作压力/MPa		21	35	70	105	21	35	21	35	70	21	35	70	70	70	14	21
关闭闸板所需油量/L	手动锁紧	3.861	3.861	7.192	13.89	7.192	7.192	12.49	12.49	19.68	20.44	20.44	44.6			31.91	31.91
	自动锁紧							14.38	14.38		22.33	22.33	48.76	59.05	64.72	33.69	33.69

续表

垂直通径/in(mm)			$7\frac{1}{16}$ (179.4)	$7\frac{1}{16}$ (179.4)	$7\frac{1}{16}$ (179.4)	$7\frac{1}{16}$ (179.4)	9 (228.6)	9 (228.6)	11 (279.4)	11 (279.4)	11 (279.4)	$13\frac{5}{8}$ (346.1)	$13\frac{5}{8}$ (346.1)	$13\frac{5}{8}$ (346.1)	$16\frac{3}{4}$ (425.5)	$18\frac{3}{4}$ (476.3)	$21\frac{1}{4}$ (539.8)	$20\frac{3}{4}$ (527.1)
开启闸板所需油量/L	手动锁紧		3.255	3.255	6.813	12.86	7.125	7.175	12.11	12.11	19.68	18.55	18.55	44.66			27.25	27.25
	自动锁紧								12.11	12.11		18.55	18.55	44.66	53.37	59.05	27.25	27.25
长度/mm	手动锁紧		1957.4	1957.4	1962.2	2189.2	2095.5	2095.5	2413	2413	3378.2	2965.5	2965.5	3168.7	3632.2		3321	3321
	自动锁紧										2682.9	2938.5	2938.5	2938.5	3359.2	3511.6		
宽度/mm			628.7	628.7	793.8	819.2	784.2	784.2	962	962	993.8	1016	1016	1289.1	1457.3	1514.5	1327.2	1327.2
高度/mm	单闸板	法兰	573.1	616	793	869.4	716	804.9	768.4	903.3	920.8	844.6	920.8	1060.5	1139.8	1378	895.4	977.8
		卡箍		584.2	548.3	654.1		603.3	616	654.1	711.2		765.2	793.8	955.7	1095.4	743	733.4
		栽丝	377.9	377.9	466.7	533.4	460.4	460.4	584.2	584.2	517.5	568.3	568.3	584.2	660.4	739.8		
	双闸板	法兰	903.3	946.2	1168.4	1380.1	1233.5	1322.4	1263.7	1397	1444.6	1400.2	1495.4	1682.8	1854.2	2178.1	1530.9	1612.9
		卡箍		876.3	974.7	1168.4		1120.8	1111.3	1149.4	1235.1		13208	1428.8	1670.1	1895.5	1378	1368.4
		栽丝	708	708	892.2	1047.8	977.9	977.9	1041.4	1041.4	1050.9	1124	1124	1219.2	1357.9	1539.9		

续表

垂直通径/in(mm)		$7\frac{1}{16}$ (179.4)	$7\frac{1}{16}$ (179.4)	$7\frac{1}{16}$ (179.4)	$7\frac{1}{16}$ (179.4)	9 (228.6)	9 (228.6)	11 (279.4)	11 (279.4)	11 (279.4)	$13\frac{5}{8}$ (346.1)	$13\frac{5}{8}$ (346.1)	$13\frac{5}{8}$ (346.1)	$16\frac{3}{4}$ (425.5)	$18\frac{3}{4}$ (476.3)	$21\frac{1}{4}$ (539.8)	$20\frac{3}{4}$ (527.1)
近似质量/kg	单闸板	1066	1118.1	2540.2	2435.8	2358.7	2449.4	2540.2	2721.6	4762.8	4263.8	4445.3	4989.5	9525.6	12927	6350	6577
	双闸板	2227.2	2236.3	4808.2	4622.2	4626.7	4717.4	4898.9	5443.2	9298.8	3983.4	8164.8	8618.4	19504	23587	12247	12700

④罗马闸板防喷器规范见表8－25。

表8－25　罗马闸板防喷器技术规范

规格/(in×MPa)			$7\frac{1}{16}\times21$	$7\frac{1}{16}\times35$	$7\frac{1}{16}\times70$	$7\frac{1}{16}\times105$	9×21	9×35	9×70	9×106	11×21	11×35
垂直通径/mm(in)			180($7\frac{1}{16}$)				230(9)				280(11)	
工作压力/MPa			21	35	70	105	21	35	70	105	21	35
厂内试验压力/MPa			42	70	105	157.5	42	70	105	157.5	42	70
封钻具最大尺寸/in			$5\frac{9}{16}$				7				$8\frac{5}{8}$	
全闭所需油量/L			8.5				10.5				12.5	
连接法兰规范/(in×MPa)			6×21	6×35	$7\frac{1}{16}\times70$	$7\frac{1}{16}\times105$	8×21	8×35	9×70	9×105	10×21	10×35
外形尺寸/mm	高度	DF	668	690	770	830	720	780	825	920	730	805
		T	970	1020	1160	1280	1065	1165	1210	1380	1086	1190
	长		1700	1700	1700	1710	1880	1880	1880	1880	2020	2020
	宽		630	675	760	830	690	755	800	880	765	825

续表

规格/(in×MPa)		$7\frac{1}{16}\times21$	$7\frac{1}{16}\times35$	$7\frac{1}{16}\times70$	$7\frac{1}{16}\times105$	9×21	9×35	9×70	9×106	11×21	11×35
质量/kg	DF	1450	1780	2265	3000	1900	2300	3100	3500	2000	2750
	T	2150	2650	3350	4650	2800	3500	4500	5150	2900	3900

规格/(in×MPa)			11×70	$13\frac{5}{8}\times21$	$13\frac{5}{8}\times35$	$13\frac{5}{8}\times70$	$16\frac{3}{4}\times14$	$16\frac{3}{4}\times21$	$16\frac{3}{4}\times35$	$20\frac{3}{4}\times14$	$20\frac{3}{4}\times2$
垂直通径/mm(in)			280(11)	346($13\frac{5}{8}$)			425($16\frac{3}{4}$)			527($20\frac{3}{4}$)	
工作压力/MPa			70	21	35	70	14	21	35	14	21
厂内试验压力/MPa			105	42	70	105	21	31.5	52.5	21	31.5
封钻具最大尺寸/in			$8\frac{5}{8}$	$10\frac{3}{4}$			$13\frac{5}{8}$			16	
全闭所需油量/L			12.5	14.8			18			21.5	
连接法兰尺寸/(in×MPa)			11×70	12×21	13% ×35	13% ×70	16×14	16×21	16% ×35	20×14	20×21
外形尺寸/mm	高度	DF	920	780	820	970	800	800	860	895	895
		T	1345	1160	1230	1195	1190	1190	1285	1320	1320
	长		2020	2250	2250	2250	2480	2480	2480	2780	2780
	宽		885	870	930	950	920	920	985	1050	1050
质量/kg	DF		3700	2870	3250	4700	3680	3700	4300	5150	5250
	T		5450	4250	5240	6800	5300	5480	6400	7650	7750

2.3.5 使用要求

①井喷时可用全封闸板防喷器封闭空井或用半封闸板封闭与闸板尺寸相同的钻具。需长时间关井时，应手动锁紧闸板并挂牌标明，以免误操作。锁紧手轮不得扳得过紧，扳到位后回转 1/4 ~ 1/2 圈。

②严禁用打开闸板来泄井内压力。每次打开闸板前，应检查手动锁紧装置是否解锁；打开后要检查是否全开，不得停留在中间位置，以防钻具碰坏闸板。

③打开或关闭侧门时，应先泄掉控制管汇压力，以防损坏铰链座的“O”形圈。侧门未充分旋开或螺栓未上好，不许进行液压开关闸板动作，以免憋坏闸板、闸板轴或铰链。不允许同时打开两个侧门维修。

④二次密封仅用于在发生井喷需关闭防喷器时，发现正常的活塞杆密封失效，采取二次密封作为一种应急措施。一旦井喷解除，就应立即更换活塞杆密封件。

⑤若闸板在正常压力下打不开时，应认真分析原因，可打开管汇旁通阀，提高压力，直接用储能器压力来打开；若仍打不开时，可用气动泵打高压来控制，但在打高压之前应将储能器截止阀关闭，管汇旁通阀打开。

⑥当井内有钻具时严禁关闭全封闸板。

⑦待命时，闸板应处于打开位置。

⑧固井和堵漏等作业后，要将内腔冲洗干净，保持开关灵活。

⑨闸板防喷器不可颠倒使用。

2.4 旋转防喷器

2.4.1 用途

旋转防喷器是欠平衡钻井专用井控设备(又称旋转防喷头，或旋转控制头)。旋转防喷器安装在井口防喷器组的顶部，其作用是封闭钻具(六方方钻杆、钻杆等)与井壁之间的环空，在要求的井口压力条件下允许钻具旋转，实施带压钻进作业；允许带压进行短起下钻作业；与强行起下钻设备配合可以进行带压强行起下钻作业。

2.4.2　旋转防喷器的组成

旋转防喷器系统由以下部分组成。

(1)旋转防喷器

旋转防喷器由底座、液压卡箍、大直径高压密封元件、现场测试装置(包括井压传感器、试压塞等)、高压动密封旋转轴承总成等组成。该部分的主要功能是在一定范围内承受套压，带压旋转钻具和带压起下钻。

几种常见的旋转防喷器结构见图8-13~图8-15。

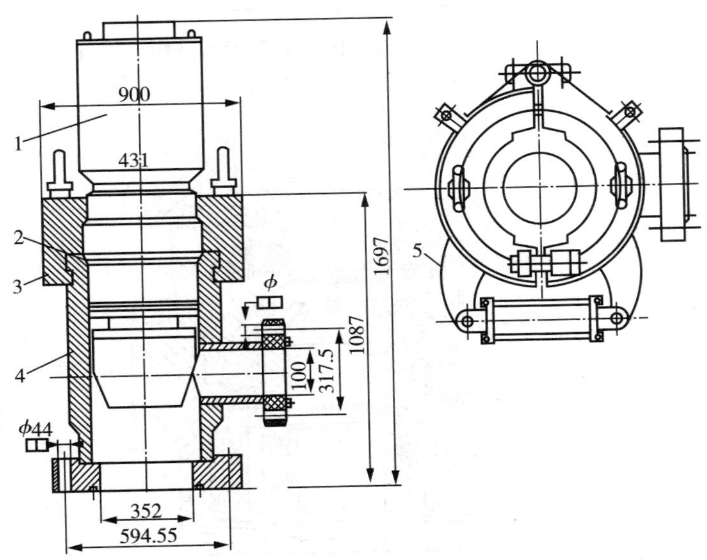

图8-13　Williams 7100型旋转防喷器结构示意图

1—轴承总成；2—密封圈；3—卡箍；4—底座；5—油缸

(2)冷却、润滑动力装置

该系统为高压动密封旋转轴承总成提供高压润滑油，对轴承进行连续强制润滑和冷却，使其保持良好的工作状态，最大限度地延长轴承的寿命。

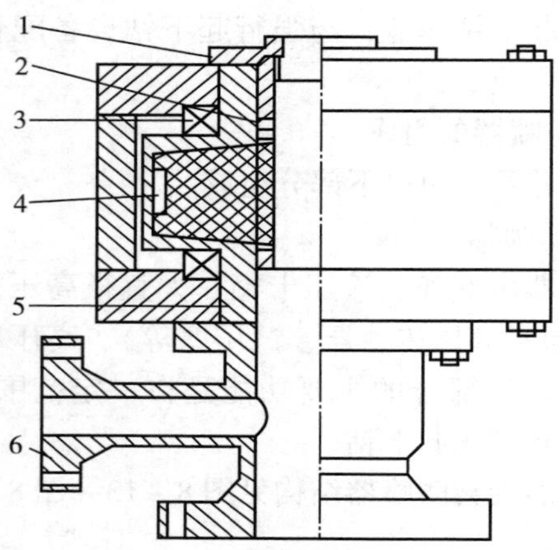

图 8－14　美国 SEAL TECHE 旋转防喷器结构示意图

1—方补心；2—封隔器；3—轴承；4—胶芯；5—动密封；6—法兰

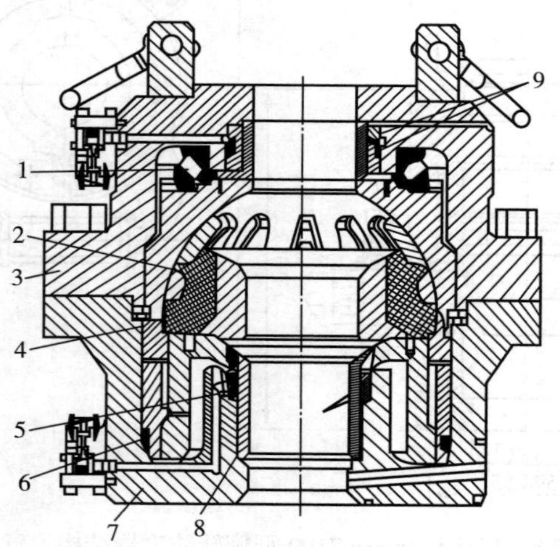

图 8－15　Shaffer PCWD 旋转球型防喷器结构示意图

1—主轴承；2—胶芯；3—上壳体；4—扶正轴承；5—下部密封；6—活塞；7—下壳体；8—活塞套；9—上部动密封

(3)司钻控制台

通过司钻控制台可以监视旋转防喷系统的工作状态。可以检测套压、润滑油压力、为夹紧装置提供动力并控制高压旋转动密封总成的夹紧或松开。

(4)密封胶芯

密封胶芯的作用是实现井筒与钻具之间的密封，防止井中高压流体外窜，属易损件。专用密封胶芯结构见图 8－16。

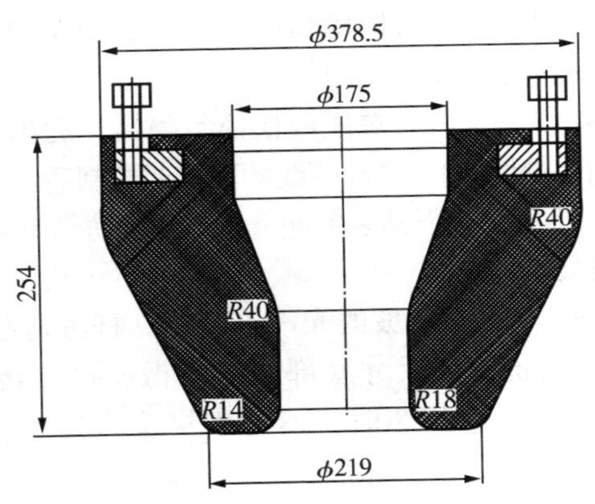

图 8－16　专用密封胶芯结构示意图

2.4.3　工作原理

旋转防喷器胶芯，内径尺寸小于方钻杆和钻杆外径。当方钻杆、钻杆通过时，胶芯在自身弹性的作用下包紧钻具，同时在井下压力的作用下，又获得一个助封力，增加了密封的可靠性。带动胶芯旋转的旋转体与相对静止的轴承外壳之间有一道动密封。这两道密封同时起作用，封闭钻柱与套管之间的环形空间，防止井内流体窜上钻台。

2.4.4　使用方法

旋转防喷器的使用方法如下：

①将旋转防喷器外壳安装在闸板防喷器或环型防喷器之上。

②连接好旋转防喷器液压润滑控制装置。

③取下自封头或使密封胶芯处于开启状态。

④下入钻头和钻铤，接上钻杆。

⑤将自封头或快换封隔器套在钻杆上。

⑥上提钻柱，吊开大方瓦，将自封头或快换封隔器下入旋转防喷器。

⑦上紧旋转头或快换封隔器，打开液压润滑控制装置，将液压控制在合适数值。

⑧下钻、钻进。

⑨当钻头起到全闭式防喷器以上时，关闭全闭式防喷器。

⑩卸去旋转防喷器控制液压。

⑪卸开并吊起自封头总成或快换封隔器，起出钻头。

⑫在起下钻过程中，防喷管线的回压要控制适当，如井口回压过大，应使用不压井起下钻装置起下钻具，以防钻具被冲出井眼。

2.4.5　使用要求

①必须使用带 18°斜坡的光滑无毛刺钻杆进行起下钻作业。

②钻头、钻铤及大尺寸底部钻具不得通过旋转头。钻铤上第一根钻杆接头通过胶芯时，不可用接头直接强行插入胶芯，必须使用引锥。

③井口中心必须校正，误差小于 10mm。

④为保护旋转防喷器的轴承和各密封件，工作时必须不停地进行润滑冷却。润滑油压力应始终高于套压 2.1MPa。

2.4.6　技术参数

2.4.6.1　国外旋转防喷器

国外旋转防喷器技术参数见表 8－26。

表 8－26　国外旋转防喷器技术参数

技术指标		RBOP 旋转防喷器	Williams 7100 旋转防喷器	Shaffer PCWD 旋转万能防喷器
最大井口压力/MPa(psi)	静态	17.5(2500)	35(5000)	35(5000)
	动态	10.5(1500)	17.5(2500)	21(3000)
	封零			17.5(2500)
通径/mm(in)		279.4(11)	279.4(11)	279.4(11)
底部连接/(mm×MPa)				280×35 法兰或螺栓

续表

技术指标	RBOP 旋转防喷器	Williams 7100 旋转防喷器	Shaffer PCWD 旋转万能防喷器
顶部连接/(mm × MPa)			280 × 35 双头螺栓
最大外径/mm(in)	978(38½)	991(39)	1321(52)
最大高度/mm(in)	1524(60)	1611.3(63 7/16)	1079.5(42.5)螺栓式或 1244.6(49)法兰式
旁通法兰/mm(in)	179.4(7 1/16)	179.4(7 1/16)或 52.4(2 1/16)	

2.4.6.2 国产旋转防喷器

①华北石油荣盛机械制造有限公司 XF35 – 10.5/21 旋转防喷器技术参数见表 8 – 27。

②四川石油管理局钻采工艺技术研究院 XK 系列旋转控制头(旋转防喷器)主要技术参数见表 8 – 28。

表 8 – 27 华北荣盛 FX35 – 10.5/21 旋转防喷器技术参数

项 目	技术参数
最大静密封压力/MPa	21
最大动密封压力/MPa	10.5
最大转速/(r/min)	120
中心管通径/mm	179.4
旋转总成外径/mm	456
最大密封尺寸	133.4(5¼)六方钻杆 + 127(5)钻杆(带 18°/35°接头)
工作介质	钻井液，原油，天然气
金属承压件温度等级	T0(– 18 ~ 121℃)
底部法兰规格/mm(in) – MPa(psi)	346.1(13 5/8) – 35(5000)6BX BX160
侧旁通法兰规格/mm(in) – MPa(psi)	179.4(7 1/16) – 35(5000)6B R46 52.4(2 1/16) – 35(5000)6B R24

表8－28　四川石油管理局钻采工艺技术研究院XK系列旋转控制头(旋转防喷器)主要技术参数

型　号	公称通径/mm(in)	连接形式/(mm×MPa)			中心管通径/mm	最大工作压力/MPa		可封钻具/mm(in)	外形尺寸/mm
		底法兰	侧出口	侧入口		动压	静压		
XK28－17.5/35	280 (11)	280×35 6B	179.4×35 6BX	52×35 6B型栽丝法兰转油管扣	182	17.5	35	133.4($5\frac{1}{4}$)方钻杆＋127(5)钻杆；108($4\frac{1}{4}$)方钻杆＋89($3\frac{1}{2}$)钻杆；89($3\frac{1}{2}$)方钻杆＋89($3\frac{1}{2}$)钻杆；76.2(3)方钻杆＋73($2\frac{7}{8}$)钻杆	总高1778 旋转总成外径440 壳体高930
XK35－17.5/35	350 ($13\frac{5}{8}$)	350×35 6BX							
XK28－10.5/21	280 (11)	280×35 6B			190	10.5	21		总高1480 旋转总成外径531 壳体高765
XK35－10.5/21	350 ($13\frac{5}{8}$)	350×35 6BX							
XK23－10.5/21	230 (9)	230×35 6BX							
XK28－7/14	280 (11)	280×35 6B	103×21 6B	52×21 6B型栽丝法兰或60.3平式油管扣	182	7	14		总高925 旋转总成外径374 壳体高640
XK23－7/14	230 (9)	230×35 6B							
XK28－3.5/7	280 (11)	280×35 6B			182	3.5	7		
XK18－3.5/7	180 ($7\frac{1}{16}$)	180×35 6B							

续表

型　号	公称通径/mm(in)	连接形式/(mm×MPa)			中心管通径/mm	最大工作压力/MPa		可封钻具/mm(in)	外形尺寸/mm
		底法兰	侧出口	侧入口		动压	静压		
XK540－AD194	540 (21¼)	540×14 6B	ANSI16.5 10in－400 型法兰或 10in 卡箍连接		182	1.75	3.5	152.4(6)方钻杆+(5½)钻杆；133.4(5¼)方钻杆+127(5)钻杆；108(4¼)方钻杆+89(3½)钻杆；89(3½)方钻杆+89(3½)钻杆；	总高 1296 旋转总成 外径 440 壳体高 698
XK350－AD194	350 (13⅝)	350×35 6B							总高 1343 旋转总成 外径 440 壳体高 930

注：旋转控制头最大转速为 100r/min；工作介质为：空气、泡沫和各种钻井液；XK540－AD194、XK350－AD194 为空气钻井专用旋转控制头。

2.5 分流器

分流器主要用于油气井表层井眼钻进时的井控。分流器与液压控制系统、四通、阀门等配套使用，使受控的低压井内流体(液体、气体)按规定的路线输到安全地点，保证钻井操作人员和设备的安全。它可密封各种形状和尺寸的方钻杆、钻杆、钻杆接头、钻铤、套管等钻具，同时分流放喷井内液体。

华北石油荣盛机械制造有限公司生产的 FFZ75 - 3.5 分流器结构见图 8 - 17。技术参数见表 8 - 29。

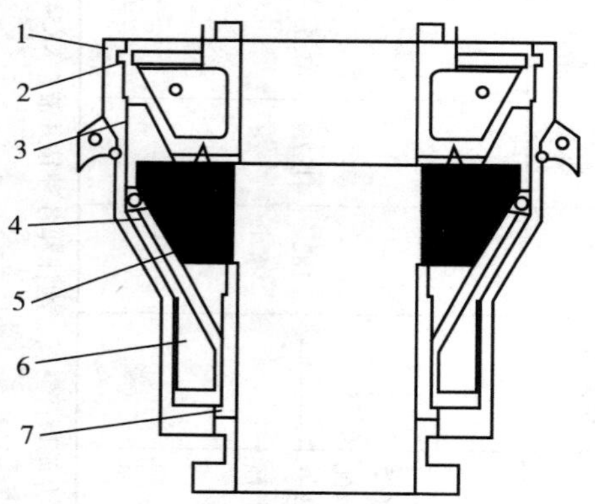

图 8 - 17　FFZ75 - 3.5 分流器结构示意图

1—壳体；2—卡块；3—顶盖；4—耐磨板
5—锥形胶芯；6—活塞；7—支持筒

表 8 - 29　华北荣盛有限公司 FFZ75 - 3.5 分流器技术参数

通径/mm	749.3	活塞行程/mm	355
额定工作压力/MPa	3.5	封井范围/mm	127 ~ 749.3 (不推荐封空井)
控制压力/MPa	≤12 (推荐使用≤10.5)	关闭所需最大油量/L	238

2.6　液压防喷器的故障及其排除方法

液压防喷器的故障及其排除方法见表8－30。

表8－30　液压防喷器的故障及其排除方法

序　号	故障现象	产生原因	排除方法
1	井内介质从壳体与侧门连接处流出	①防喷器壳体与侧盖之间密封圈损坏。 ②防喷器壳体与侧盖连接螺栓未上紧。 ③防喷器壳体与侧盖密封面有赃物或损坏	①更换损坏的密封圈。 ②紧固该部位全部连接螺栓。 ③清除表面赃物，修复损坏部位
2	闸板移动方向与控制阀铭牌标志不符	控制台与防喷器连接油路管线接错	倒换防喷器本身的油路管线位置
3	液控系统正常但闸板关不到位	闸板接触端有砂子、泥浆块或其他污物	清洗闸板及侧门
4	井内介质窜到油缸内，使油中含水、气	活塞杆密封圈损坏，活塞杆变形或表面拉伤	更换损坏的活塞杆密封圈，修复活塞杆
5	防喷器液动部分稳不住压	防喷器油缸、活塞、活塞杆密封圈损坏，密封表面损伤	更换密封圈，修复密封表面或更换新件
6	侧盖铰链连接处漏油	密封表面拉伤，密封圈损坏	修复密封表面，更换密封圈
7	闸板关闭后封不住压	闸板密封胶芯损坏，壳体闸板腔上部密封面损坏	更换闸板密封胶芯，修复密封面
8	控制油路正常。用液压打不开闸板	闸板被泥砂卡住或者手动锁紧机构未复位	清除泥砂，加大控制压力，左旋手轮直到终点使闸板解锁

3　防喷器控制系统

3.1　用途与分类

防喷器控制系统是用于关闭和开启防喷器和液动平板阀的控制装置。它平时把液压能贮存起来，在需要时能提供足够压力和排量的液压油，通过控制阀件和管汇把液压油准确迅速地输送到防喷器和液动平板阀的液缸，达到关闭、开启防喷器和液动阀的目的。

地面防喷器控制装置分为遥控和非遥控两种。

按司钻控制台对远程控制台上三位四通转阀的遥控方式，分为气控、液控、电－气控、电－液控等几种。

3.2　国产防喷器控制系统产品系列

3.2.1　国产防喷器控制系统产品型号的表示方法。

国产防喷器控制系统产品型号表示方法如下：

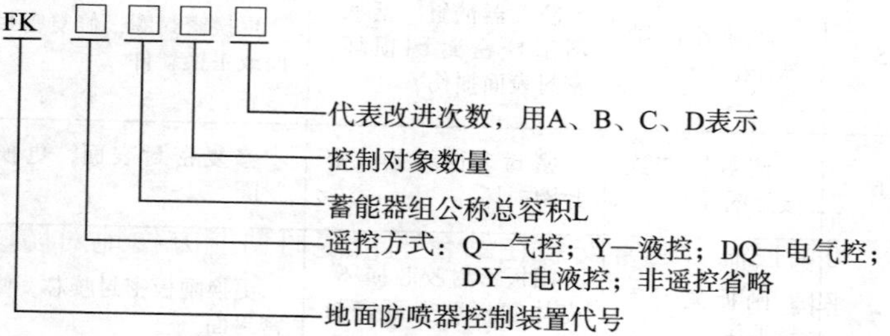

FK □ □ □ □

- 代表改进次数，用A、B、C、D表示
- 控制对象数量
- 蓄能器组公称总容积L
- 遥控方式：Q—气控；Y—液控；DQ—电气控；DY—电液控；非遥控省略
- 地面防喷器控制装置代号

例：FKQ4005A表示气遥控，蓄能器组公称总容积为400L，5个控制对象，经第一次改进后的地面防喷器控制系统。

3.2.2　国产防喷器控制系统控制对象数量与标称总容积

国产防喷器控制系统控制对象数量与标称总容积对照情况

见表8－31。

表8－31　国产防喷器控制系统控制对象数量及标称总容积对照

控制对象数量/个	1	2	3	4	5	6	7	8
标称总容积/L	≥40	≥75	≥125	≥320	≥400	≥540	≥720	≥800

3.2.3　防喷器控制系统的组成及型号

防喷器控制系统主要由远程控制台、司钻控制台、控制管缆管线及报警系统四部分组成。

3.2.3.1　远程控制台

远程控制台又叫储能器装置，主要由油泵组、储能器、管路及各种控制阀件和撬座及油箱四部分组成。

远程控制台型号的表示方法如下：

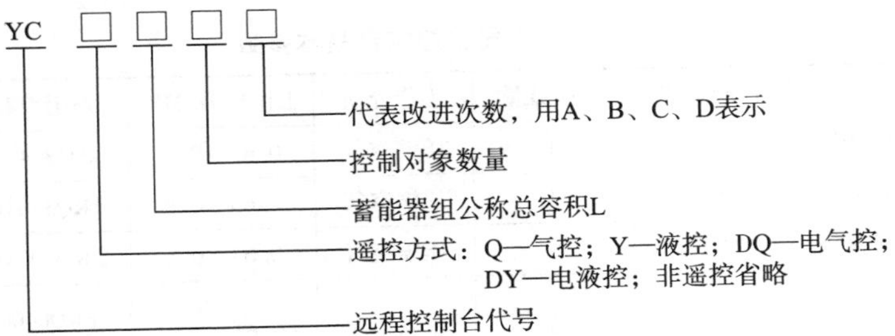

例：YCQ4005表示气遥控，蓄能器组公称总容积为400L，5个控制对象的远程控制台。

3.2.3.2　司钻控制台

司钻控制台通常安装在钻台上，使司钻能方便地对防喷器实现遥控。

司钻控制台主要由各种气转阀、气源压力表、储能器压力表、汇流管压力表、环形压力表、气源总阀、管路及操作面板等组成。

司钻控制台型号的表示方法如下：

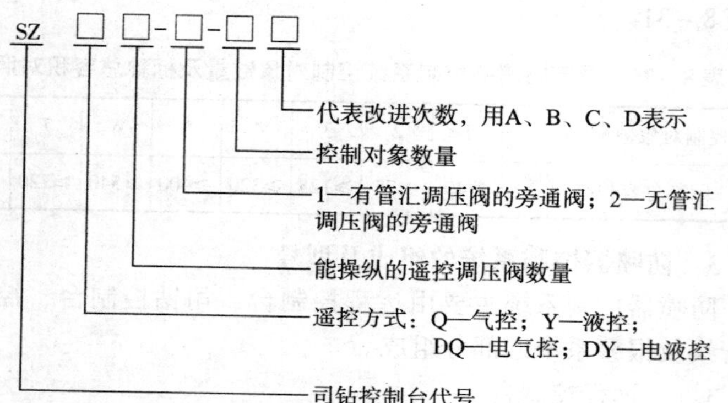

例：SZQ1－1－5 表示气遥控，能操纵一只遥控调压阀，有管汇调压阀的旁通阀；5 个控制对象的司钻控制台。

司钻控制台基本参数见表 8－32。

表 8－32　司钻控制台基本参数

型　号	控制方式	控制数量	工作介质	工作压力/MPa	系统控制
SZQ014	气控	4	压缩空气	0.65～0.8	FKQ3204B/E
SZQ114	气控	4	压缩空气	0.65～0.8	FKQ3204G
SZQ115	气控	5	压缩空气	0.65～0.8	FKQ4005B
SZQ116	气控	6	压缩空气	0.65～0.8	FKQ6406 /FKQ8006
SZQ117	气控	7	压缩空气	0.65～0.8	FKQ6407 /FKQ8007 FKQ12807
SZQ118	气控	8	压缩空气	0.65～0.8	FKQ8008 /FKQ12808
SZQ1110	气控	10	压缩空气	0.65～0.8	FKQ128010

3.2.3.3　控制管缆、管线

（1）空气管缆

空气管缆是用以连接远程控制台与司钻控制台之间的气路。空气管缆由护套及多根管芯组成，两端装有连接法兰，分别与远程控制台和司钻控制台相连，连接法兰之间用橡胶密封垫密封。

空气管缆型号表示方法如下：

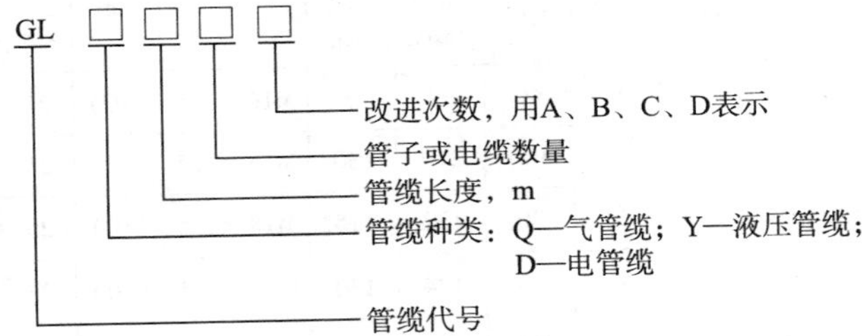

例：GLQ4010 表示长度为 40m，有 10 根管子的气管缆。

(2)液控管线

一般情况下，远程控制台与井口防喷器组之间的距离大于25m。用一组液压管线连接并对防喷器进行控制。目前大多采用高压耐火软管线，用管线排架将其固定，特点是连接简单、方便。

液控管线的理化性能应达到以下要求：

隔热性能：软管总成置于恒温 300℃ 环境中，保持 20min，软管总成表面温度与管内温度的比值大于 14。

耐酸碱性：软管总成浸泡在浓度 4% 的稀酸或稀碱中，浸泡 24h 应无变化。

液压管排架型号表示方法如下：

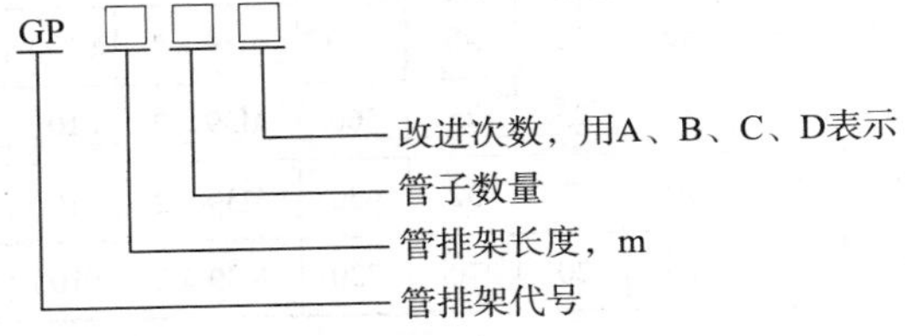

示例：GP6 – 10 表示长度为 6m，有 10 根管子的管排架。

液控管线基本参数见表 8 – 33。

表 8－33 液控管线基本参数

名称规格	公称内径/mm	外径/mm	工作压力/MPa	最小爆破压力/MPa	最小弯曲半径/mm	连接形式	长度/m	耐火性能(极限)/min	
								750℃	1093℃
GNG6×40MPa	6.3	24	40	160	100	M16×1.5	(10)	25	6
GNG6×100MPa	6.3	26	100	210	130	M16×1.5	(10)	25	6
GNG8×30MPa	8	28	30	132	115	M18×1.5	(10)	25	6
GNG10×30MPa	10	32	30	124	130	M22×1.5	(10)	25	6
GNG10×70MPa	10	36	70	210	160	M22×1.5	(10)	25	6
GNG13×25MPa	12.5	35	27	108	180	M27×1.5	(10)	25	6
GNG13×60MPa	12.5	37	60	180	210	M27×1.5	(10)	25	6
GNG16×21MPa	16	37	21	88	205	M30×1.5	(10)	25	6
GNG16×50MPa	16	40	55	165	260	M30×1.5	(10)	25	6
GNG19×14MPa	19	40	18	72	240	M36×2NPT1	(10)	25	6
GNG19×35MPa	19	42	35	138	280	M36×2NPT1	(10)	25	6
GNG22×14MPa	22	42	16	64	280	M39×2	(10)	25	6
GNG25×14MPa	25	48	15	60	300	M45×2NPT1	(10)	25	6
GNG25×35MPa	25	52	35	110	360	M45×2NFF1	(10)	25	6
GNG32×12MPa	31.5	52	12	48	420	M52×2	(10)	25	6
GNG32×30MPa	31.5	56	30	96	460	M52×2	(10)	25	6
GNG38×10MPa	38	59	10	40	550	M39×2	(10)	25	6
GNG38×25MPa	38	63	25	75	560	M39×2	(10)	25	6
GNG51×7MPa	51	70	7	32	650	M39×2	(10)	25	6
GNG51×20MPa	51	76	20	70	720	M39×2	(10)	25	6

3.2.3.4 报警系统

报警仪可以对远程控制台的蓄能器压力、气源压力、油箱液位和电动泵的运转进行监视，当上述参数超出设定的报警极限时，可以在远程控制台和司钻控制台上给出声、光报警信号，提示操作人员采取措施，确保地面防喷器控制装置可靠工作。报警压力可以根据需要设定，产品出厂时设定蓄能器压力为17.5MPa。气源压力设定为0.53MPa。

一种常用报警系统技术参数见表8－34。

表8－34　报警系统技术参数

电源电压/V	220	闪光报警器供电电压/V	220
防爆磁浮子液压开关电压/V	220	压力控制器/V	220
隔爆指示灯电压/V	220/12	隔爆电铃电压/V	220
连接电缆芯数	9+1(备用)		

3.2.4　地面防喷器控制装置技术要求

3.2.4.1　环境适应性

地面防喷器控制装置必须能在相应的环境条件下进行操作。必要时利用人为保温、加热条件，保证设备在适当温度范围内工作。

3.2.4.2　使用性能

(1)标称压力

地面防喷器控制装置的标称压力为21MPa。

(2)关闭时间

闸板防喷器关闭时间小于30s；公称通径小于476mm的环形防喷器关闭时间小于30s，公称通径大于476mm的环形防喷器关闭时间不超过45s。关闭(或打开)“液动阀”的时间，应小于防喷器组中任一闸板防喷器的实际关闭时间。

(3)对泵组的要求

地面防喷器控制装置至少由两组专用液压泵组成。泵组总液量应满足以下要求：①在不使用储能器组，且防喷器中置入了所使用的最小直径钻杆的情况下，泵组的总输出液量应能在 2min 内关闭环形防喷器并打开所有液动阀，而且管汇具有不小于 8. 4MPa 的压力；②泵组总输出液量能在 15min 内使所有储能器从预充压力升到地面防喷器控制装置的标称压力。

泵组至少具备下列两种超压保护装置：一是“压力控制器”和“液气开关”，分别控制电泵和气泵。电动泵当泵的输出压力达到(21 ±0. 7) MPa 时，能自动切断泵的动力源，系统压力降到接近 18. 9MPa 时，使泵自动启动。气动泵当泵的输出压力达到(21 ±0. 7) MPa 时，能自动切断泵的动力源，系统压力降到接近 17. 8MPa 时，使泵自动启动。二是溢流阀，调定其打开压力不大于 23. 1MPa，其关闭压力不得低于 18. 9MPa。系统应有足够的溢流阀，溢流能力至少等于泵组在标称压力时的流量。

(4) 对储能器组的要求

只能使用氮气作储能器的预充气体，严禁使用氧气或压缩空气。充气压力为(7 ±0. 7) MPa。

(5) 对控制管汇的要求

环形防喷器应由带调压阀的专用液压回路控制。该调压阀的出口压力调定值不大于 10. 5MPa。环形防喷器的调压阀可以遥控操作，遥控失效时，应能直接手工操作。其他控制对象公用的液压控制回路应装有一个调压阀。该回路可通过与调压阀并联的旁通阀，直接使用储能器的压力液操纵执行元件。

面对三位四通液转阀，当手柄扳到右边位置时为关闭防喷器或液动阀；当手柄扳到左边位置时为打开防喷器或液动阀。司钻控制台上操作阀与远程控制台上相应的三位四通液转阀开关动作应一致。

(6) 对压力液的要求

地面防喷器控制装置应使用干净的 20#、30#液压油或汽轮机油作为压力液。严禁使用有损于密封件的柴油、煤油及其他类似的液体。若使用水基的压力液，且环境温度低于结冰温度时，应加入足够的防冻液。

(7)对司钻控制台的要求

司钻控制台应具有以下功能：①能控制所有防喷器和液动阀的动作，②能调节环形防喷器的调压阀的出口压力；③能控制管汇调压阀的旁通阀；④在司钻控制台上操作后，能显示出操作阀的动作位置；⑤能显示储能器压力、各调压阀的出口压力和气源压力。采用气遥控时，气管缆的长度应大于50m。采用电遥控时，应配有备用电源。

(8)液压系统密封性能

储能器压力为21MPa，环形防喷器的调压阀的出口压力为10.5MPa，管汇压力为21MPa。用丝堵封严进出口油管末端，5min后分别观察三位四通液转阀在“开、关、中”位的压力降，以3min内中位不大于0.25MPa，开、关位不大于0.6MPa为合格。

(9)耐压要求

三位四通液转阀在中位，使系统升压至标称压的1.5倍，检查各密封处不得有泄漏，各部件不得有明显变形，3min内压力降不得大于0.35MPa。排管架高压软管单独按1.5倍标称压力试验。保压10min后不得有泄漏，不得有明显变形和裂纹。

(10)气路系统密封性能

气源压力0.80MPa，切断气源后观察3min内司钻控制台上各操作阀在“中、开、关”位的压力降。中位不得大于0.05MPa，开位和关位不得大于0.20MPa。

3.2.5　国产地面防喷器控制装置技术参数

北京石油机械厂地面防喷器控制装置技术参数见表8-35。

广州石油机械厂地面防喷器控制装置技术参数见表8-36。

表 8 – 35　北京石油机械厂地面防喷器控制装置技术参数

产品型号	控制对象数量					储能器组			油箱有效容积/L	电动机功率/kW	泵系统流量		
	总数	环形	闸板	放喷	备用	总容积/L	可用液量/L	排列方式			电动油泵/(L/min)	气动油泵/(mL/冲)	手动油泵/(mL/冲)
FKQ720 – 6A	6	1	2	2	1	720	252	侧置	1290	18.5	40 × 1	165 × 2	
FK50 – 1	1		1			25 × 2	20	后置	98	3	7		14/28
FK125 – 2F	2		1	1	1	25 × 5	50	后置	440	15	31		14/28
FK125 – 2D	2		1	1	1	25 × 5	50	后置	440	15	31		14/28
FK125 – 3F	3	1	2			25 × 5	50	后置	440	11	20		14/28
FK125 – 3B	3	1	2			25 × 5	50	后置	440	11	20		14/28
FK125 – 3	3		3			25 × 5	50	后置	440	11	20		14/28
FK160 – 3	3		3			40 × 4	64	后置	720	11	20		14/28
FK240 – 3E	3		2	1		40 × 6	96	后置	500	11	20	60 × 1	
FK240 – 3	3	1	2			40 × 6	96	侧置	456	11	20		14/28
FK100 – 4	4		2	1	1	25 × 4	40	后置	630	11	20		14/28
FK125 – 4	4		2	1	1	25 × 5	96	后置	630	11	20		14/28
FK160 – 4	4		2	2		40 × 4	64	后置	720	11	20		14/28

续表

产品型号	控制对象数量					储能器组			油箱有效容积/L	电动机功率/kW	泵系统流量		
	总数	环形	闸板	放喷	备用	总容积/L	可用液量/L	排列方式			电动油泵/（L/min）	气动油泵/（mL/冲）	手动油泵/（mL/冲）
FK240－4	4		2	1	1	40×6	96	后置	630	15	20		14/28
FK250－4	4		2	2		25×10	100	侧置	630	11	36		14/28
FKQ240－3D	3	1	2			40×6	96	后置	500	11	20	60×2	
FKQ160－4W	4		2	2		40×4	64	后置	720	11	20	60×1	
FKQ240－4	4		2	2	1	40×6	96	后置	990	44	20	60×1	
FKQ320－3C	3	1	2			40×8	148	后置	790	18.5	46	165×1	
FKQ320－4G	4	1	2	1		40×8	148	侧置	790	15	35	60×1	
FKQ320－4E	4	1	2	1		40×8	148	后置	790	18.5	46	165×1	
FKQ320－4B	4	1	2	1		40×8	148	侧置	790	11	20	60×1	
FKQ400－5D	5	1	3	1		40×10	160	后置	1100	18.5	35	165×2	
FKQ400－5B	5	1	3	1		40×10	160	侧置	1100	18.5	35	165×2	
FKQ480－5E	5	1	3	1		40×12	192	后置	1100	18.5	35	165×2	
FKQ480－5C	5	1	3	1		40×12	192	侧置	1100	18.5	35	165×2	
FKQ480－5	5	1	3	1		80×6	186	侧置	1100	18.5	35	165×2	

续表

产品型号	控制对象数量					储能器组			油箱有效容积/L	电动机功率/kW	泵系统流量		
	总数	环形	闸板	放喷	备用	总容积/L	可用液量/L	排列方式			电动油泵/(L/min)	气动油泵/(mL/冲)	手动油泵/(mL/冲)
FKQ640-6S	6	1	3	2		40×16	256	侧置	1290	18.5	46	165×2	
FKQ640-6M	6	1	3	2		40×16	256	后置	1120	18.5	46	165×2	
FKQ640-6K	6	1	3	2		40×16	256	侧置	1800	18.5	46	165×2	
FKQ640-6J	6	1	3	2		40×16	256	侧置	1800	18.5	46	165×2	
FKQ640-6G	6	1	3	2		40×16	256	侧置	1290	18.5	46	165×2	
FKQ640-6	6	1	3	2		40×16	256	后置	1120	18.5	46	165×2	
FKQ720-6	6	1	3	2		60×12	252	侧置	1290	18.5	46	165×2	
FKQ800-6F	6	1	3	2		80×10	310	侧置	1600	18.5	46	165×2	
FKQ800-6	6	1	3	2		40×20	320	侧置	1600	18.5	46	165×2	
FKQ640-7	7	1	3	2	1	80×8	248	侧置	1600	18.5	46	165×2	
FKQ800-7J	7	1	3	2	1	40×20	320	侧置	1250	18.5	46	165×3	
FKQ800-7H	7	1	3	2	1	40×20	320	侧置	1500	18.5	46×2	165×2	
FKQ800-7G	7	1	3	2	1	40×20	320	侧置	1800	18.5	46×2	60×4	
FKQ800-7F	7	1	3	2	1	40×20	320	后置	1280	18.5	46	165×2	

续表

产品型号	控制对象数量					储能器组			油箱有效容积/L	电动机功率/kW	泵系统流量		
	总数	环形	闸板	放喷	备用	总容积/L	可用液量/L	排列方式			电动油泵/(L/min)	气动油泵/(mL/冲)	手动油泵/(mL/冲)
FKQ800 - 7E	7	1	3	2	1	40 × 20	320	侧置	1500	18. 5	46	165 × 2	
FKQ800 - 7D	7	1	3	2	1	40 × 20	320	侧置	1500	18. 5	46	165 × 2	
FKQ80Q - 7B	7	1	3	2	1	40 × 20	320	侧置	1600	18. 5	46	165 × 2	
FKQ960 - 7	7	1	3	2	1	80 × 12	434	侧置	1600	18. 5 × 2	46 × 2	165 × 2	
FKQ1200 - 7	7	1	3	2	1	60 × 20	420	侧置	1500	18. 5 × 2	46 × 2	165 × 2	
FKQ1280 - 7	7	1	3	2	1	80 × 16	496	侧置	1600	18. 5 × 2	46 × 2	165 × 2	
FKQ800 - 8	8	1	3	3	1	40 × 20	320	侧置	1650	18. 5	46	165 × 2	
FKQ840 - 8	8	1	3	3	1	60 × 14	298	侧置	1650	18. 5	46	165 × 2	
FKQ960 - 8	8	1	3	3	1	60 × 16	434	侧置	1650	18. 5 × 2	46 × 2	165 × 2	
FKQ1200 - 8	8	1	1	3	1	60 × 20	420	侧置	1650	18. 5 × 2	46 × 2	165 × 2	
FKQ1280 - 8C	8	1	4	2	1	80 × 16	496	侧置	2200	18. 5 × 2	46 × 2	165 × 2	
FKQ1280 - 8B	8	1	4	2	1	80 × 16	496	侧置	2200	18. 5 × 2	46 × 2	165 × 3	
FKQ1280 - 8	8	1	3	3	1	80 × 16	496	侧置	1650	18. 5 × 2	46 × 2	165 × 2	
FKQ1320 - 8	8	1	4	2	1	60 × 22	462	后置	2000	18. 5 × 2	46 × 2	165 × 3	

续表

产品型号	控制对象数量					储能器组			油箱有效容积/L	电动机功率/kW	泵系统流量		
	总数	环形	闸板	放喷	备用	总容积/L	可用液量/L	排列方式			电动油泵/(L/min)	气动油泵/(mL/冲)	手动油泵/(mL/冲)
FKQ1200 - 9	9	1	3	3	2	60 × 20	420	后置	2200	18.5 × 2	46 × 2	165 × 3	
FKQ1280 - 10	10	1	4	4	1	80 × 16	496	侧置	2150	18.5 × 2	46 × 2	165 × 2	
FKQ1440 - 10	10	1	4	3	2	80 × 18	504	侧置	2150	18.5 × 2	46 × 2	165 × 3	
FKQ1280 - 12	12	1	3	1	7	80 × 16	496	侧置	2400	18.5 × 2	46 × 2	165 × 2	
FKQ1440 - 14	14	1	4	7	2	60 × 24	504	后置	2300	18.5 × 2	46 × 2	165 × 3	
FKDQ640 - 7	7	1	3	2	1	40 × 16	298	后置	1660	18.5	46	165 × 2	
FKDQ800 - 7	7	1	3	2	1	40 × 20	320	后置	1660	18.5	46	165 × 2	
FKDQ960 - 7B	7	1	3	3		60 × 16	336	后置	2200	18.5 × 2	46 × 2	165 × 2	
FKDQ960 - 7	7	1	3	2	1	60 × 16	336	后置	2200	18.5 × 2	46 × 2	165 × 2	
FKDQ1200 - 9B	9	1	3	4	1	60 × 20	420	后置	2200	18.5 × 2	46 × 2	165 × 3	
FKDQ1200 - 9	9	1	3	3	2	60 × 20	420	后置	2200	18.5 × 2	46 × 2	165 × 3	

表 8-36 广州石油机械厂地面防喷器控制装置技术参数

产品型号	控制对象数量				储能器组			油箱有效容积/L	泵系统流量			电机功率/kW	系统工作压力/MPa	整机外形尺寸（长×宽×高）/mm
	环形	闸板	放喷	备用	总容积/L	可用液量/L	排列方式		电动油泵/（L/min）	气动油泵/（mL/冲）	手动油泵/（mL/冲）			
FK50-2		1	1		25×2	25	后置	160	3.5		11	1.1	21	1500×1400×2300
FK75-2		1		1	25×3	37.5	后置	170	12		11	5.5	21	1836×1190×2023
FK125-2		1		1	25×5	62.5	后置	320	18		11	7.5	21	2719×1530×2340
FK125-3		1	1	1	25×5	62.5	后置	320	18		11	7.5	21	2719×1530×2340
FK150-2		1		1	25×6	75	后置	320	24	90×1		11	21	2500×1900×2340
FK240-3	1	1	1		40×6	120	后置	440	24	90×1		11	21	3000×1900×2340
FKQ320-3	1	2			40×8	160	后置	630	24	90×1		11	21	3400×2150×2400
FKQ320-4	1	2		1	40×8	160	后置	650	24	90×1		11	21	3400×2150×2400
FKQ320-4	1	2		1	40×8	160	侧置	650	24	90×1		11	21	4100×2150×2400
FKQ320-5	1	2	1	1	40×8	160	后置	650	24	90×1		11	21	3400×2150×2540
FKQ320-5	1	2	1	1	40×8	160	侧置	650	24	90×1		11	21	4100×2150×2540
FKQ400-5	1	2	1	1	40×10	200	后置	890	32	90×2		15	21	3145×2150×2540
FKQ480-5	1	2	1	1	40×12	240	后置	890	32	90×2		15	21	3900×2150×2540

续表

产品型号	控制对象数量				储能器组			油箱有效容积/L	泵系统流量			电机功率/kW	系统工作压力/MPa	整机外形尺寸（长×宽×高）/mm
	环形	闸板	放喷	备用	总容积/L	可用液量/L	排列方式		电动油泵/(L/min)	气动油泵/(mL/冲)	手动油泵/(mL/冲)			
FKQ480－6	1	2	1	2	40×12	240	侧置	890	32	90×2		15	21	4300×2150×2540
FKQ560－6	1	3	1	1	40×14	280	后置	1050	42	90×2		18.5	21	3900×1950×2250
FKQ560－6	1	3	1	1	40×14	280	侧置	1050	42	90×2		18.5	21	5300×2150×2640
FKQ640－5	1	3		1	40×16	320	后置	1300	42	175×2		18.5	21	3900×1950×2250
FKQ640－6	1	3	1	1	40×16	320	后置	1300	42	175×2		18.5	21	3900×1950×2250
FKQ640－6	1	3	1	1	40×16	320	侧置	1300	42	175×2		18.5	21	5000×2360×2640
FKQ640－7	1	3	2	1	40×16	320	侧置	1500	42	175×2		18.5	21	5420×2360×2640
FKQ720－4	1	2		1	40×18	360	后置	1350	42	90×2		18.5	21	4000×1950×2250
FKQ720－6	1	3	1	1	40×18	360	侧置	1500	42	90×2		18.5	21	5700×2360×2640
FKQ720－7	1	3	2	2	40×18	360	侧置	1500	42	175×2		18.5	21	5900×2360×2640
FKQ800－6	1	3	1	1	40×20	400	侧置	1500	42	175×2		18.5	21	5300×1780×2250 5400×2478×2640
FKQ800－7	1	3	2	1	40×20	400	侧置	1500	42	175×2		18.5	21	5900×2360×2640 5900×2478×2640

续表

产品型号	控制对象数量				储能器组			油箱有效容积/L	泵系统流量			电机功率/kW	系统工作压力/MPa	整机外形尺寸（长×宽×高）/mm
	环形	闸板	放喷	备用	总容积/L	可用液量/L	排列方式		电动油泵/（L/min）	气动油泵/（mL/冲）	手动油泵/（mL/冲）			
FKQ800－8	1	3	2	2	40×20	400	侧置	1730	42	175×2		18.5	21	5900×2360×2640 5900×2478×2640
FKQ840－8	1	3	2	2	40×21	420	侧置	1730	42	175×2		18.5	21	5900×2478×2640
FKQ960－6	1	3	1	1	57×17	480	侧置	1730	52	175×2		22	21	5700×2478×2640
FKQ960－7	1	3	2	1	57×17	480	侧置	1730	52	175×2		22	21	6000×2478×2440
FKQ960－8	1	3	2	2	57×17	480	侧置	1850	52	175×3		22	21	6500×2478×2440
FKQ960－10	1	3	2	4	57×17	480	侧置	1900	52	175×3		22	21	7500×2478×2640
FKQ1200－8	1	3	2	2	63×20	630	侧置	2000	42×2	175×3		18.5×2	21	7900×2478×2640
FKQ1200－9	1	3	2	3	63×20	630	侧置	2000	42×2	175×3		18.5×2	21	6000×2150×2500
FKQ1200－10	1	3	2	4	63×20	630	侧置	2000	42×2	175×3		18.5×2	21	7500×2478×2620
FKQ1280－7	1	3	2	1	80×16	640	侧置	2000	42×2	175×3		18.5×2	21	7400×2150×2400
FKQ1280－8	1	3	2	2	80×16	640	侧置	2000	42×2	175×3		18.5×2	21	7700×2478×2640
FKQ1280－9	1	3	2	3	80×16	640	侧置	2000	42×2	175×3		18.5×2	21	7700×2478×2640
FKQ1280－10	1	3	2	4	80×16	640	侧置	2000	42×2	175×3		18.5×2	21	7700×2478×2640

续表

产品型号	控制对象数量				储能器组			油箱有效容积/L	泵系统流量			电机功率/kW	系统工作压力/MPa	整机外形尺寸(长×宽×高)/mm
	环形	闸板	放喷	备用	总容积/L	可用液量/L	排列方式		电动油泵/(L/min)	气动油泵/(mL/冲)	手动油泵/(mL/冲)			
FKQ1600－7	1	3	2	1	80×20	800	侧置	2500	42×2	175×3		18.5×2	21	7200×2478×2640
FKQ1600－8	1	3	2	2	80×20	800	侧置	2500	42×2	175×3		18.5×2	21	7200×2478×2640
FKQ1600－9	1	3	2	3	80×20	800	侧置	2500	42×2	175×3		18.5×2	21	7200×2478×2640
FKQ1800－14	1	5	6	2	63×30	645	后置	2660	42×2	175×3		18.5×2	21	8500×2478×2640
FKDQ630－7	1	3	2	1	63×10	315	后置	1250	32、18			15、11	21	3400×1650×1900
FKDQ640－6	1	3	1	1	40×16	320	侧置	1300	42×1	175×2		18.5	21	3900×2150×2250
FKDQ640－7	1	3	2	1	40×16	320	后置	1300	42	175×2		18.5	21	4500×2150×2250
FKDQ800－7	1	3	2	1	40×20	400	侧置	1500	32×2	175×2		15×2	21	5700×2150×2310
FKDQ800－8	1	3	2	2	40×2	400	侧置	1500	42	175×2		18.5	21	6200×2478×2610
FKDQ840－8	1	3	2	2	40×21	420	侧置	1500	42	175×2		18.5	21	6200×2478×2610
FKDQ1200－15	2	5	5	3	63×20	630	后置	2500	42×2	175×4		22×2	21	8500×2150×2200
FKDQ1800－11	1	4	4	2	63×30	645	后置	2880	42×2	175×3		18.5×2	21	7160×2150×2200
FKDY640－6	1	3	1	1	40×16	320	侧置	1300	42	175×2		18.5	21	5000×2360×2560

3.3 控制系统的故障判断及排除方法

控制系统的故障判断及排除方法见表 8－37。

表 8－37 控制系统的故障判断及排除方法

故障	判断及排除
电机不启动	①检查电路中的各元件是否有接触不良等现象。 ②电控箱内电器元件损坏、失灵，或熔断器烧毁。 ③电路电压太低或者缺一相电。 ④轴承卡死或者电机烧坏。当用手不能转动未带负荷的电机轴时，说明轴承卡死。当用电表测得三相绕组短路以及某相不通时，说明受潮或烧坏。 ⑤油泵柱塞盘根是否太紧。以油泵在额定工作压力下，一个柱塞每分钟漏油 5 ~8 滴为宜。油泵链轮在空载时扳不动，说明轴承卡死
油泵突然停转	①检查电路。 ②检查电机、油泵及链轮
油泵打不上压力	①进油阀未开，回油阀未关闭，溢流阀损坏或提前溢流。 ②滤清器被脏物堵塞。 ③油箱液面太低，泵吸空。 ④柱塞盘根过松或磨损严重。 ⑤换向阀或旁通阀未开关到位。 ⑥防喷器或液动平板阀密封件严重损坏及管路大量漏失。 ⑦蓄能器氮气压力不足
到上限压力时不能自动停泵	①主令开关未置于自动位置。 ②压力控制器油路不畅通，阻尼器阻塞或有漏油现象。 ③压力控制器切换点值飘移或压力控制器触点处烧坏
储能器打不起压力	①内无氮气或充气阀处漏气。 ②气囊及单流阀损坏。 ③截止阀未打开，或油路堵塞
储能器稳不住压	①检查远程控制台泄压阀、换向阀、安全阀、氮气瓶等是否有内漏或外漏。 ②检查液压元件、管路由壬、弯头、连接螺纹外部是否泄漏。 ③检查三位四通换向阀手柄是否扳到位。 ④环形防喷器支持圈损坏，密封表面损伤。 ⑤闸板防喷器油缸、活塞、活塞杆密封圈损坏，密封表面损伤。 ⑥液动放喷阀活塞、缸盖密封表面损伤。 ⑦压力表坏

续表

故　障	判断及排除
远程台与司钻台压力表不对应	①气源无压力或压力不足。 ②气管束中的管芯接错、管芯折断或堵死连接密封垫窜气。 ③检查气源供给气动减压阀时管线是否刮脱落。 ④检查空气减压阀，气动压力变送器是否损坏。 ⑤压力表坏
气动泵不工作	①气源压力低。 ②检查气动泵换气梭块是否卡死。 ③气动泵活塞密封圈损坏
防喷器封闭不严	①闸板尺寸与钻柱不一致。 ②闸板封在钻杆接头或套管接箍处
防喷器封闭不严	①闸板封在钻杆本体有缺陷处。 ②闸板防喷器闸板前端被硬物卡住。 ③花键轴、轴套被卡死。 ④环形防喷器支承筋靠拢仍封闭不严时应更换胶芯，旧胶芯橡胶老化或严重磨损时应立即更换。 ⑤油压太低
防喷器关闭后打不开	①检查管线是否接对，是否堵塞或破裂，回油滤清器是否太脏。 ②检查储能器压力油是否耗完，有无足够压缩氮气。 ③检查换向阀是否卡死，不起换向作用，气控换向阀操作时间太短(少于5s)。 ④多功能防喷器长时间关闭后，胶芯易产生永久性变形，老化或胶芯下有凝固水泥浆。 ⑤闸板防喷器锁紧轴未解锁，或锁紧轴粘连、锈蚀，闸板体与闸板轴处挂钩断裂，或闸板体与压块之间螺钉剪断。 注意！凡关闭的防喷器，在打开后，必须到井口检查防喷器是否全开，否则易发生机件损坏，提断钻具以及顿钻等事故
防喷器开关不灵活及其他	①阀芯卡死。检查液压油是否进水太多，使阀芯生锈，低温下水在管线中结冰，堵塞管线，卡住阀芯。 ②管线不畅。所有管线在连接前，均应用压缩空气吹扫，接头要清洗干净。 ③油路有漏油，防喷器长时间不活动，有脏物堵塞等。 ④控制系统有噪音，表明液压油中混有气体

4　套管头、井口四通及法兰

4.1　套管头

4.1.1　用途

套管头是用于各层套管之间、套管与防喷器之间的连接、以及用于完井后与采油(气)井口之间的支持与连接的装置。

通过悬挂器支撑其后各层套管的重量；承受防喷器的重量；在内外套管之间形成压力密封；为释放套管柱之间的压力提供一个出口；可进行钻采工艺方面的特殊作业。

4.1.2　结构与分类

套管头主要由套管头壳体(本体)、套管悬挂总成等组成。套管头壳体由下法兰、中间四通、上法兰等组成，用于连接和承载。悬挂总成用于悬挂套管、油管并在内外套管柱之间的环形空间形成压力密封，其悬挂可用螺纹、卡瓦或任何适用的方式来完成。根据生产标准可分为标准套管头和简易套管头，根据结构可分为卡瓦悬挂式和座封式套管头，根据用途可分为单级和多级套管头，另外还可分为螺纹式和焊接式套管头等。

(1)标准套管头

标准套管头一般用于海上钻井、深井、高压井和气井等。

卡瓦悬挂式套管头的结构见图8－18～图8－20。

座封式套管头的结构见图8－21、图8－22。

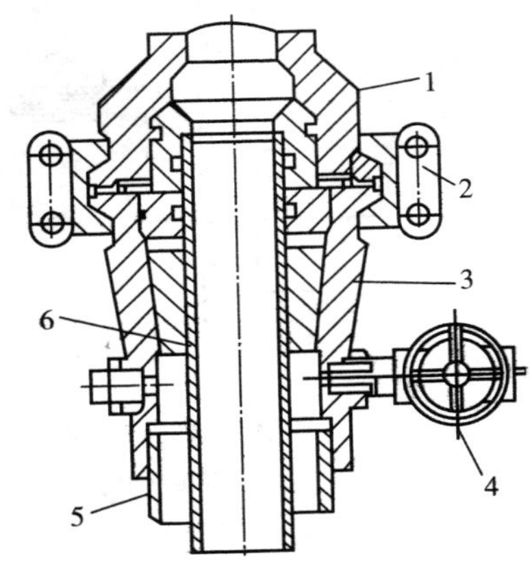

图8－18　单级套管头

1—采油树；2—卡箍；3—四通；4—阀门；5—表套；6—油套

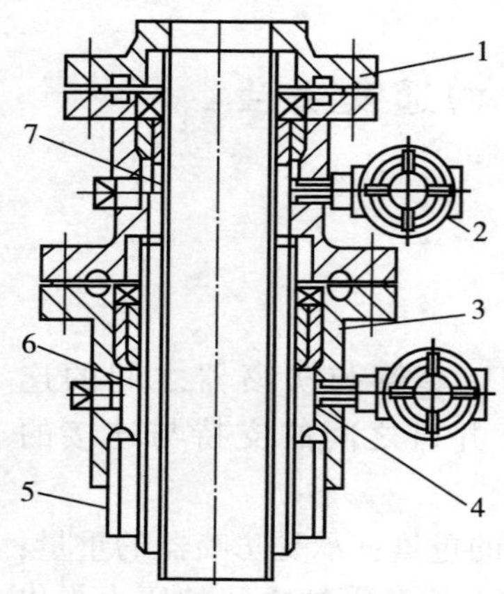

图 8－19　双级套管头

1—采油树法兰；2—阀门；
3—卡瓦悬挂器；4—四通；
5—表套；6—技套；7—油套

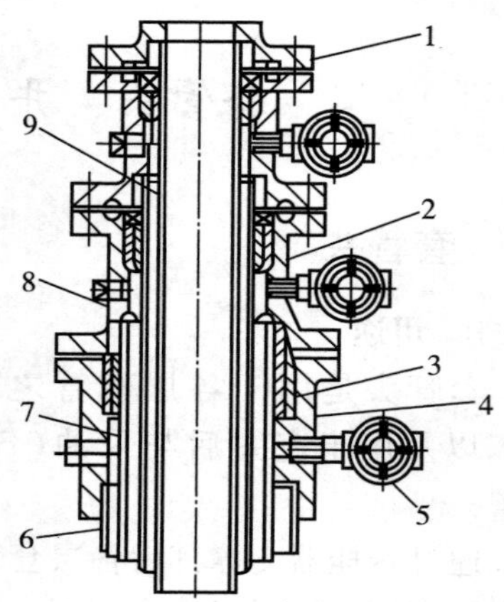

图 8－20　三级套管头

1—采油树法兰；2—四通；
3—卡瓦悬挂器；4—通孔；5—阀门；
6—表套；7、8—技套；9—油套

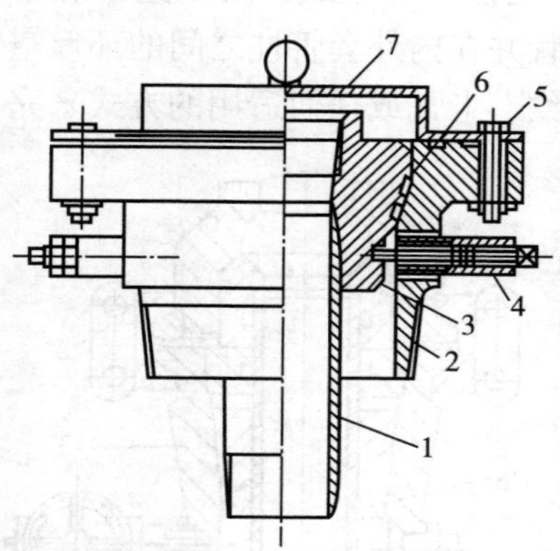

图 8－21　单级座封式套管头

1—油套；2—套管头法兰；
3—座挂密封头；4—止动销；
5—护盖紧固螺栓；
6—金属密封圈；
7—护盖

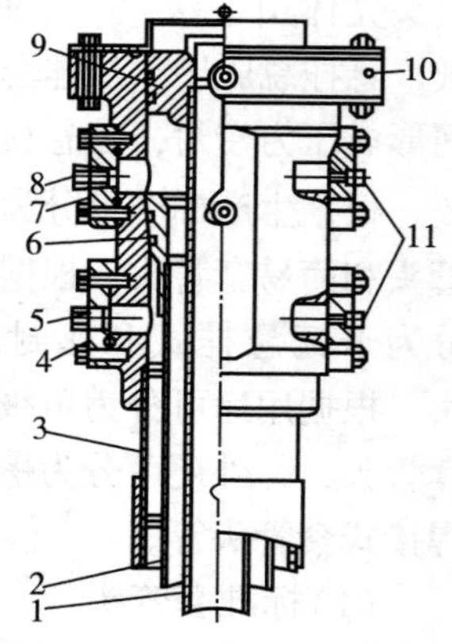

图 8－22　双级座封式套管头

1—油套；2—技套；3—升高短节；
4—下侧法兰；5、8—侧循环孔；
6—技套座挂密封头；7—上侧法兰；
9—油套座挂密封头；
10—套管头本体；
11—压力表接口；

(2)简易套管头

对于浅井、低压井和井身结构简单的井，使用简易套管头。坐挂式简易套管头见图8-21，螺纹悬挂式简易套管头见图8-23，法兰式简易套管头见图8-24。

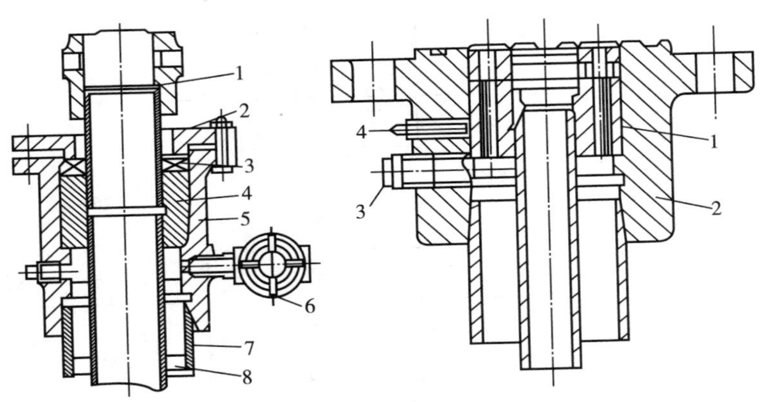

图8-23　螺纹悬挂式简易套管头

1—油管头；2—压盖；3—密封头；4—悬挂器；5—套管头本体；6—阀门；7—表套；8—油套

图8-24　法兰式简易套管头

1—套管悬挂器；2—套管头本体 3—旁通丝堵；4—锁紧机构

4.1.3　套管头技术规范与基本参数

套管头技术规范与基本参数见表8-38～表8-43。

表8-38　单级套管头基本参数

连接套管外径/mm(in)	悬挂套管外径/mm(in)	本体额定工作压力/MPa	本体垂直通径/mm
193.7($7\frac{5}{8}$)	114.3($4\frac{1}{2}$)	7	178
		14	
		21	

续表

连接套管外径/mm(in)	悬挂套管外径/mm(in)	本体额定工作压力/MPa	本体垂直通径/mm
244.5(9⅝)	127.0(5)[①] 139.7(5½) 177.8(7)	7	230
		14	
		21	
		35	
273.0(10)	177.8(7) 139.7(5½)	7	254
		14	
		21	
		35	
298.4(11¾)	193.7(7⅝) 177.8(7) 139.7(5½)	7	280
		14	
		21	
		35	
323.8(12¾)	139.7(5½)	7	308
		14	
		21	
		35	
339.7(13⅜)	139.7(5½) 177.8(7) 193.7(7⅜) 244.5(9⅝)	7	318
		14	
		21	
		35	
		70	

注：①该尺寸套管头不推荐使用。

表 8－39 单级套管头(I类套管头)规格型号

序号	型号	适应井深/m	工作压力/MPa	连接套管尺寸/mm(in)	上部法兰规格(通径×压力)	侧口法兰规格(通径×压力)	垂直通径/mm	总高度/mm	质量/kg
1	TG9$\frac{5}{8}$×7－70	4500	70	244.5 ($9\frac{5}{8}$)	280×70	52×70	ϕ230	490	1197
2	TG9$\frac{5}{8}$×5$\frac{1}{2}$－70								950
3	TG9$\frac{5}{8}$×7－35		35		280×35	52×35			
4	TG9$\frac{5}{8}$×5$\frac{1}{2}$－35								
5	TG12$\frac{3}{4}$×9$\frac{5}{8}$－35			325.0 ($12\frac{3}{4}$)	350×35	52×35	ϕ315	485	
6	TG12$\frac{3}{4}$×7－35								
7	TG12$\frac{3}{4}$×5$\frac{1}{2}$－35								1180
8	TG13$\frac{3}{8}$×9$\frac{5}{8}$－35			339.7 ($13\frac{3}{8}$)					
9	TG13$\frac{3}{8}$×7－35								
10	TG13$\frac{3}{8}$×5$\frac{1}{2}$－35								882
11	TG13$\frac{3}{8}$×9$\frac{5}{8}$－70		70		350×70	52×70			
12	TG13$\frac{3}{8}$×7－70								
13	TG13$\frac{3}{8}$×5$\frac{1}{2}$－70								860
14	TG13$\frac{3}{8}$×5$\frac{1}{2}$－21		21		350×21	内螺纹丝堵			

表 8－40　双级套管头基本参数

连接套管外径	悬挂套管外径		下部本体额定工作压力/MPa	下部本体垂直通径/mm	上部本体额定工作压力/MPa	上部本体垂直通径/mm
mm(in)						
单体式						
339.7(13 3/8)	177.8(7)	127.0(5) 139.7(5 1/2)①	14	318	21	164
			21		35	
			35		70	
	244.5(9 5/8)	127.0(5)① 139.7(5 1/2) 177.8(7)	14		21	230
			21		35	
			35		70	
			21		35	
			35		70	
整体式						
339.7(13 3/8)	244.5(9 5/8)	127.0(5)① 177.8(7) 139.7(5 1/2)	14	330	21	344
			21		35	
			35		70	

注：①该尺寸不推荐使用。

表 8－41　双级套管头（Ⅱ类套管头）规格型号

序号	型号	适用井深/m	工作压力/MPa		连接套管尺寸/mm(in)	中间法兰规格/mm(in)	上部法兰规格/mm(in)	侧口法兰规格/mm		垂直通径/mm		总高度/mm
			下部	上部				下四通	上四通	下四通	上四通	
1	TG$13\frac{3}{8}\times9\frac{5}{8}\times7-70$	6000	35	70	339.7 ($13\frac{3}{8}$)	346.1 ($13\frac{5}{8}$)	279.4 (11)	52.4	52.4	315	228	1128
2	TG$13\frac{3}{8}\times9\frac{5}{8}\times7-35$			35								
3	TG$13\frac{3}{8}\times9\frac{5}{8}\times7-70$			70								
4	TG$13\frac{3}{8}\times9\frac{5}{8}\times5\frac{1}{2}-35$			35								
5	TG$13\frac{3}{8}\times7\times5-70$			70								
6	TG$13\frac{3}{8}\times7\times5-35$			35								

表8-42 三级套管头基本参数(SY 5127-92)

<table>
<tr><th rowspan="2">连接套管外径/mm(in)</th><th colspan="3">悬挂套管外径/mm(in)</th><th rowspan="2">下部本体额定工作压力/MPa</th><th rowspan="2">下部本体垂直通径/mm</th><th rowspan="2">中部本体额定工作压力/MPa</th><th rowspan="2">中部本体垂直通径/mm</th><th rowspan="2">上部本体额定工作压力/MPa</th><th rowspan="2">上部本体垂直通径/mm</th></tr>
<tr><th>一级</th><th>二级</th><th>三级</th></tr>
<tr><td rowspan="3">339.7
(13⅜)</td><td rowspan="3">244.5
(9⅝)</td><td rowspan="6">177.8(7)</td><td rowspan="6">127.0(5)</td><td>14</td><td rowspan="3">318</td><td>14</td><td rowspan="3">230</td><td>21</td><td rowspan="6">164</td></tr>
<tr><td>14</td><td>21</td><td>35</td></tr>
<tr><td>21</td><td>35</td><td>70</td></tr>
<tr><td rowspan="6">406.4
(16)</td><td rowspan="12">339.7
(13⅜)</td><td>14</td><td rowspan="6">390</td><td>14</td><td rowspan="12">318</td><td>21</td></tr>
<tr><td>14</td><td>21</td><td>35</td></tr>
<tr><td>21</td><td>35</td><td>70</td></tr>
<tr><td rowspan="3">244.5
(9⅝)</td><td rowspan="3">177.8(7)
139.7(5½)</td><td>14</td><td>14</td><td>21</td><td rowspan="3">230</td></tr>
<tr><td>14</td><td>21</td><td>35</td></tr>
<tr><td>21</td><td>35</td><td>70</td></tr>
<tr><td rowspan="3">508
(20)</td><td rowspan="3">177.8
(7)</td><td rowspan="3"></td><td>14</td><td rowspan="6">486</td><td>14</td><td>21</td><td rowspan="3">164</td></tr>
<tr><td>14</td><td>21</td><td>35</td></tr>
<tr><td>21</td><td>35</td><td>70</td></tr>
<tr><td rowspan="3"></td><td rowspan="3">244.5
(9⅝)</td><td rowspan="3">177.8(7)
139.7(5½)</td><td>14</td><td>14</td><td>21</td><td rowspan="3">230</td></tr>
<tr><td>14</td><td>21</td><td>35</td></tr>
<tr><td>21</td><td>35</td><td>70</td></tr>
</table>

注：组合式本体额定工作压力，按上部本体额定工作压力确定。

表 8-43 三级套管头规格型号

序号	型号	工作压力/MPa			悬挂器						下四通（通径×压力）		中四通（通径×压力）	
					下		中		上					
		下四通	中四通	上四通	规格/mm	最大负荷/kN	规格/mm	最大负荷/kN	规格/mm	最大负荷/kN	下部连接形式	上法兰规格	下法兰规格	上法兰规格
1	$T18\frac{5}{8}\times13\frac{3}{8}\times9\frac{5}{8}\times7-70$	21	35	70	339.7	1400	244.5	1400	177.8	1300	插入焊接	527.0×21	527.0×21	346.0×35
2	$T18\frac{5}{8}\times13\frac{3}{8}\times9\frac{5}{8}\times5\frac{1}{2}-70$								139.7					
3	$T20\times13\frac{3}{8}\times9\frac{5}{8}\times7-70$								177.8					
4	$T20\times13\frac{3}{8}\times9\frac{5}{8}\times5\frac{1}{2}-70$								139.7					

序号	型号	上四通（通径×压力）		侧法兰规格（通径×压力）			垂直通径/mm			转换法兰上部连接尺寸	总高/mm
		下法兰规格	上法兰规格	下四通	中四通	上四通	下四通	中四通	上四通		
1	$T18\frac{5}{8}\times13\frac{3}{8}\times9\frac{5}{8}\times7-70$	346.0×35	279.4×70	52.4×21	52.4×35	52.4×70	482	315	228	CQ-600 KQ-700 采油树	1740
2	$T18\frac{5}{8}\times13\frac{3}{8}\times9\frac{5}{8}\times5\frac{1}{2}-70$										
3	$T20\times13\frac{3}{8}\times9\frac{5}{8}\times7-70$										
4	$T20\times13\frac{3}{8}\times9\frac{5}{8}\times5\frac{1}{2}-70$										

4.2 井口四通

井口四通基本结构如图 8 – 25 所示，井口四通主要连接套管头或底法兰与防喷器或防喷器组合之间。其侧出口连接节流、压井管汇或作业管线。井口四通有同径四通和异径四通之分。钻井四通规格及型号见表 8 – 44 ~ 表 8 – 46。

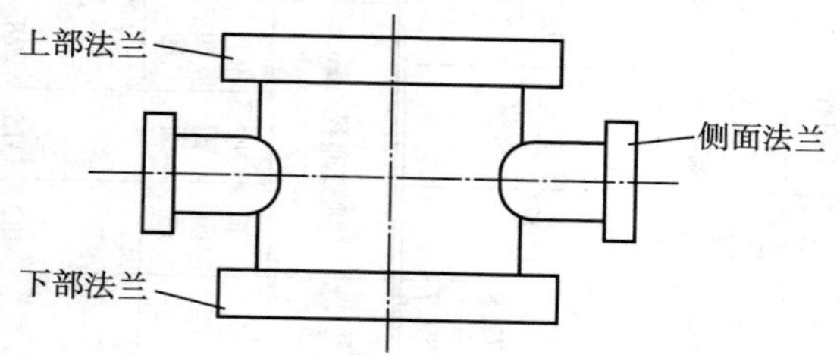

图 8 – 25　井口四通结构示意图

表 8 – 44　常用钻井四通的技术规范

钻井四通型号	外形尺寸/mm		垂直通径/mm(in)	螺孔参数	侧法兰规格	
	高	宽		数量×通径/(个×mm)	法兰型号/(in×MPa)	钢圈
FS23 – 21	470		230(9)	12×39	$4\frac{1}{16}$×35	R39
2FS23 – 21	600	750	230(9)	12×45	$4\frac{1}{16}$×35	R39
2FS35 – 21	550	950	346($13\frac{5}{8}$)	20×39	$4\frac{1}{16}$×21	R37
2FS35 – 35(重庆)	640	950	346($13\frac{5}{8}$)	16×45	$4\frac{1}{16}$×35	R39
2FS35 – 35(上海)	650	950	346($13\frac{5}{8}$)	16×45	$4\frac{1}{16}$×35	R39
2FS35 – 70(歇福尔)	730	940	346($13\frac{5}{8}$)	20×52	$4\frac{1}{16}$×70	BX155
2FS35 – 70(海德里)	760	1010	346($13\frac{5}{8}$)	20×52	$4\frac{1}{16}$×70	BX155
2FZ35 – 70(卡麦隆)	700	1010	346($13\frac{5}{8}$)	20×52	$4\frac{1}{16}$×70	BX155

表 8－45　华北石油机械厂井口四通的技术规范

型号	外形尺寸/mm		垂直通径/mm(in)	上法兰规格		下法兰规格		侧法兰规格	
	高	宽		通径－压力－形式	垫环	通径－压力－形式	垫环	通径－压力－形式	垫环
FS18－21	494	675	$180(7\frac{1}{16})$	$7\frac{1}{16}-21-6B$	R45	$7\frac{1}{16}-21-6B$	R45	$2\frac{9}{16}-21-6B$	R27
FS18/35－21	555	830		$7\frac{1}{16}-21-6B$	R57			$3\frac{1}{8}-21-6B$	R35
FS18－35	550	675		$7\frac{1}{16}-35-6B$	R46	$7\frac{1}{16}-35-6B$	R46	$2\frac{9}{16}-35-6B$	R27
FS18－70	550	700		$7\frac{1}{16}-70-6BX$	BX156	7－70－6BX	BX156	$2\frac{9}{16}-70-6BX$	BX153
FS18/23－70	550	900			BX156	$7\frac{1}{16}-70-6BX$	BX157		
FS23－21	382	690	230(9)	9－21－6B	R49	9－21－6B	R49	$3\frac{1}{8}-21-6B$	R31
FS23－70	620	950		9－70－6BX	BX157	9－70－6BX	BX157	$4\frac{1}{16}-70-6BX$	BX155
FS23/28－70	635	950			BX157	9－70－6BX	BX158		
FS23/35－70	670	1050			BX157	9－70－6BX	BX159		
FS28－35	650	950	280(11)	11－35－6B	R54	11－35－6B	R54	$4\frac{1}{16}-35-6B$	R39
FS28－70	700	895		11－70－6BX	BX158	11－70－6BX	BX158	$4\frac{1}{16}-70-6BX$	BX155
FS35－21	550	790	$346(13\frac{5}{8})$	$13\frac{5}{8}-21-6B$	R57	$13\frac{5}{8}-21-6B$	R57	$4\frac{1}{16}-21-6B$	R37
FS35－35	650	950		$13\frac{5}{8}-35-6BX$	BX160	$13\frac{5}{8}-35-6BX$	BX160	$4\frac{1}{16}-35-6B$	R39
FS35－70	800	1050		$13\frac{5}{8}-70-6BX$	BX159	$13\frac{5}{8}-70-6BX$	BX159	$4\frac{1}{16}-70-6BX$	BX155
FS35－70	700								
FS53－21	700	1120	$527(20\frac{3}{4})$	$20\frac{3}{4}-21-6B$	R74	$20\frac{3}{4}-21-6B$	R74	$4\frac{1}{16}-21-6B$	R37
FS54－14	600	1060	$540(21\frac{1}{4})$	$21\frac{1}{4}-14-6B$	R73	$21\frac{1}{4}-14-6B$	R73		

表 8 - 46　广汉川油井控装备有限公司井口四通技术参数

型号	公称通径/mm	工作压力/MPa	旁通径/mm	上下法兰(API)	旁通法兰	(API)	外形尺寸(长×宽×高)/mm	质量/kg
FS18 - 35	180	35	103	6B 1835 R46	6B 103 - 35 R39		680×395×584	620
FS18 - 70	185	70	103、78	6BX1870BX156	6BX10370 BX155 (孔为 ϕ103)	6BX 7870 BX154 (孔为 ϕ78)	830×480×600	600
FS18 - 105	180	105	103、78	6BX 18 - 105 BX156	6BX103 - 105×155 (孔为 ϕ103)	6BX78 - 105×154 (孔为 ϕ78)	880×505×700	900
FS28 - 35	280	35	103	6B 1835 R46	6B 103 - 35 R39		950×585×650	850
FS28 - 70	280	70	103、78	6BX 18 - 105 BX156	6BX 103 - 105×155 (孔为 ϕ103)	6BX78 - 105×154 (孔为 ϕ78)	950×655×650	800
FS28 - 105	280	105	103、78	6BX 18 - 105 BX156	6BX 103 - 105×155 (孔为 ϕ103)	6BX78 - 105×154 (孔为 ϕ78)	1050×812×800	1800
FS35 - 21	346	21					950×610×600	1050
FS35 - 35	346	35	103	6B 1835 R46	6B103 - 35 R39		1100×672×650	1100
FS35 - 70	346	70	103、78	6BX 18 - 105 BX156	6BX 103 - 105×155 (孔为 ϕ103)	6BX 78 - 105×154 (孔为 ϕ78)	1100×768×650	1280
FS35 - 105	346	105	ϕ103 或 ϕ78	6BX 18 - 105 BX156	API 6BX 103 - 105×155(孔为 ϕ103)	6BX 78 - 105×154 (孔为 ϕ78)	1390×880×1000	2100
FS53 - 21	530	21					1250×812×800	
FS54 - 14	540	14					1250×812×800	

注：适用温度为 -29 ~ 121℃；工作介质为可含硫化氢的石油、天然气、钻井液、清水。

4.3 法兰

法兰分为环形法兰和盲板法兰两种类型，其中环形法兰又分为6B型和6BX型两种。

4.3.1 6B型环形法兰

结构见图8-26，规格见表8-47、表8-48、表8-49。

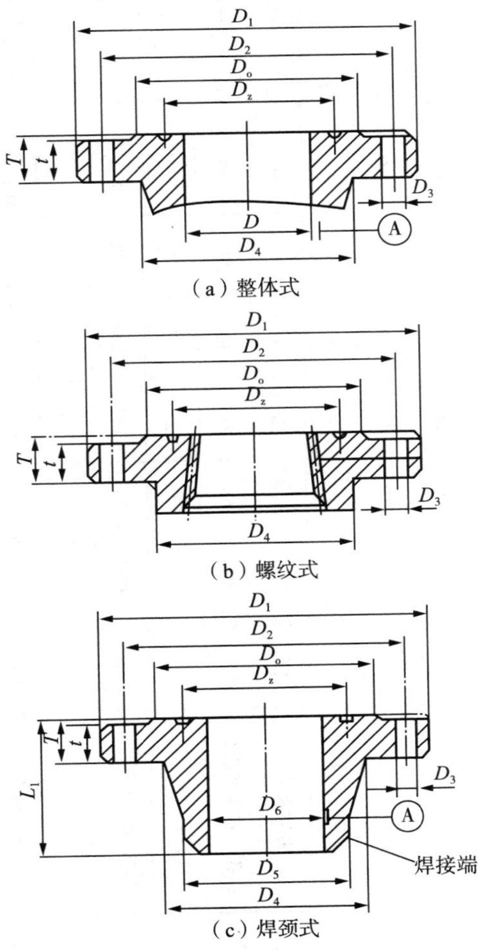

图8-26 6B型环形法兰

表 8-47　额定工作压力 14MPa 6B 型环形法兰规格

公称通径和孔径/mm(in)		52.4 (2 1/16)	65.1 (2 9/16)	79.4 (3 1/8)	103.2 (4 1/16)	130.2 (5 1/8)	179.4 (7 1/16)	228.6 (9)	279.4 (11)	346.1 (13 5/8)	425.4 (16 3/4)	539.8 (21 1/4)
法兰基本尺寸/mm	法兰最大孔径 D_{max}	53	66	82	109	131	182	230	280	347	426	541
	外径 D_1	165	190	210	272	330	355	420	508	558	685	812
	法兰总厚 T	33	36	40	46	52	56	64	71	75	84	98
	法兰盘厚 t	25	29	32	38	44	48	56	64	67	76	89
	螺孔分布圆直径 D_2	127	149	168	216	267	292	349	432	489	603	724
	螺柱孔直径 D_3	19	23	23	25	27	27	33	36	36	42	45
	颈部直径 D_4	85	100	118	152	190	222	272	342	400	495	610
螺栓	数量	8	12		16	20		24				
	螺纹规格	M16	M20		M22	M24		M30×3	M33×3		M39×3	M42×3
	长度 L/mm	112	126	135	150	168	175	204	225	232	262	294
垫环号 R 或 RX		23	26	31	37	41	45	49	53	57	65	73

表 8－48　额定工作压力 21MPa 6B 型环形法兰规格（SY5279.2－91）

公称通径和孔径/mm（in）		52.4（2 1/16）	65.1（2 9/16）	79.4（3 1/8）	103.2（4 1/16）	130.2（5 1/8）	179.4（7 1/16）	228.6（9）	279.4（11）	346.1（13 5/8）	425.4（16 3/4）	539.8（21 1/4）
法兰基本尺寸/mm	法兰最大孔径 D_{max}	53	66	80	104	131	180	230	280	347	426	528
	外径 D_1	215	245	260	292	350	380	470	545	610	705	858
	法兰总厚 T	46	49	46	52	59	64	71	78	87	100	121
	法兰盘厚 t	38	41	38	44	51	56	64	70	79	89	108
	螺孔分布圆直径 D_2	165	190		235	279	318	394	470	533	616	749
	螺柱孔直径 D_3	25	27	25	33	36	33	39			45	54
	颈部直径 D_4	105	120	128	158	190	235	298	368	420	508	622
螺栓	数量	9					12		16	20		
	螺纹规格	M22	M24	M22	M30×3	M33×3	M30×3	M36×3			M42×3	M50×3
	长度 L/mm	150	162	150	180	200	205	230	245	262	298	355
垫环号 R 或 RX		24	27	31	37	41	45	49	53	57	66	74

表8-49　额定工作压力35MPa 6B型环形法兰规格(SY5279.2-91)

公称通径和孔径/mm(in)		52.4 (2 1/16)	65.1 (2 9/16)	79.4 (3 1/8)	103.2 (4 1/16)	130.2 (5 1/8)	179.4 (7 1/16)	228.6 (9)	279.4 (11)
法兰基本尺寸/mm	法兰最大孔径 D_{max}	53	66	82	109	131	182	230	280
	外径 D_1	215	245	268	310	375	395	482	585
	法兰总厚 T	46	49	56	62	81	92	103	119
	法兰盘厚 t	38	41	48	54	73	83	92	108
	螺孔分布圆直径 D_2	165	190	203	241	292	318	394	483
	螺柱孔直径 D_3	25	27	33	36	42	39	45	52
	颈部直径 D_4	105	120	132	152	192	228	292	368
螺栓	数量	8					12		
	螺纹规格	M22	M24	M30×3	M33×3	M39×3	M36×3	M42×3	M48×3
	长度 L/mm	150	162	188	205	258	270	305	350
垫环号R或RX		24	27	35	39	44	46	50	54

4.3.2　6BX 型环形法兰

结构见图 8－27，规格见表 8－50、表 8－51、表 8－52。

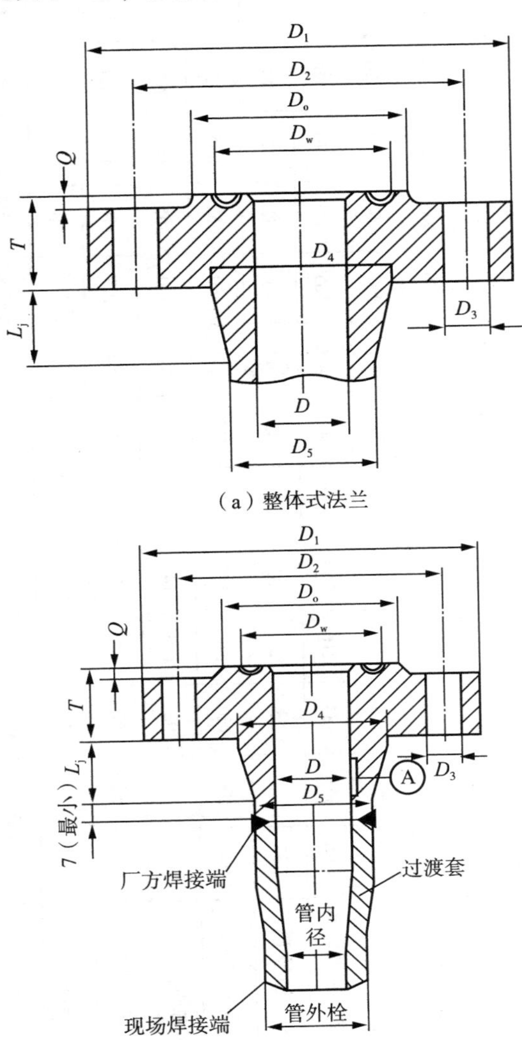

图 8－27　6BX 型环形法兰

表 8－50　额定工作压力 70MPa 6BX 型环形法兰规格(SY5279.2－91)

公称通径和孔径/mm(in)		46.0 (1 13/16)	52.4 (2 1/16)	65.1 (2 9/16)	77.8 (3 1/16)	103.2 (4 1/16)	130.2 (5 1/8)	179.4 (7 1/16)	228.6 (9)	279.4 (11)	346.1 (13 5/8)	425.4 (16 3/4)	476.2 (18 3/4)	539.8 (21 1/4)
法兰基本尺寸/mm	法兰最大孔径 D_{max}	47	53	66	78	104	131	180	230	280	347	426	477	541
	外径 D_1	188	200	232	270	315	358	480	552	655	768	872	1040	1142
	法兰总厚 T	42	44	51	58	70	79	103	124	141	168	168	223	241
	螺孔分布圆直径 D_2	146	159	184	216	259	300	403	476	565	673	776	926	1022
	螺柱孔直径 D_3	23	23	25	27	33	33	42	42	48	52	52	62	68
	颈部大径 D_4	90	100	120	142	182	225	302	375	450	552	655	752	848
	颈部小径 D_5	65	75	92	110	146	183	254	327	400	495	602	675	762
	颈部长度 L_j	48	52	57	64	73	81	95	94	103	114	136	156	165
螺栓	数量	8					12		16		20	24		
	螺纹规格	M20		M22	M24	M30×3		M39×3		M45×3	M48×3		M58×3	M64×3
	长度 L/mm	135	138	155	174	210	228	295	336	382	442	442	568	615
垫环号 BX		151	152	153	154	155	169	156	157	158	159	162	164	166

表 8－51　额定工作压力 105MPa 6BX 型环形法兰规格（SY5279.2－91）

公称通径和孔径/mm（in）		46.0（$1\frac{13}{16}$）	52.4（$2\frac{1}{16}$）	65.1（$2\frac{9}{16}$）	77.8（$3\frac{1}{16}$）	103.2（$4\frac{1}{16}$）	179.4（$7\frac{1}{16}$）	228.6（9）	279.4（11）	346.1（$13\frac{5}{8}$）	476.2（$18\frac{3}{4}$）
法兰基本尺寸/mm	法兰最大孔径 D_{max}	47	53	66	78	104	180	230	280	347	477
	外径 D_1	208	222	255	288	360	505	648	812	885	1162
	法兰总厚 T	45	51	57	64	78	119	146	107	205	256
	螺孔分布圆直径 D_2	160	175	200	230	291	429	552	711	772	1016
	螺柱孔直径 D_3	25	25	30	33	39	42	52	54	62	80
	颈部大径 D_4	98	110	130	155	195	325	432	585	595	814
	颈部小径 D_5	71	83	100	122	159	276	349	427	529	730
	颈部长度 L_j	48	54	57	64	73	92	124	236	114	155
螺栓	数量	8					16		20		
	螺纹规格	M22		M27	M30×3	M36×3	M39×3	M48×3	M50×3	M58×3	M76×3
	长度 L/mm	145	155	176	198	238	326	398	482	532	666
垫环号 BX		151	152	153	154	155	156	157	158	159	164

表 8-52　额定工作压力 140MPa 6BX 型环形法兰规格(SY5279.2-91)

公称通径和孔径/mm(in)		46.0 ($1\frac{13}{16}$)	52.4 ($2\frac{1}{16}$)	65.1 ($2\frac{9}{16}$)	77.8 ($3\frac{1}{16}$)	103.2 ($4\frac{1}{16}$)	179.4 ($7\frac{1}{16}$)	228.6 (9)	279.4 (11)	346.1 ($13\frac{5}{8}$)
法兰基本尺寸/mm	法兰最大孔径 D_{max}	47	53	66	78	104	180	230	280	347
	外径 D_1	258	288	325	358	445	655	805	882	1162
	法兰总厚 T	64	71	79	86	106	165	205	224	292
	螺孔分布圆直径 D_2	203	230	262	287	357	554	686	749	1016
	螺柱孔直径 D_3	27	33	36	39	48	54	68	74	84
	颈部大径 D_4	132	155	172	192	242	385	482	566	694
	颈部小径 D_5	110	127	145	160	206	338	429	508	629
	颈部长度 L_j	49	52	59	64	73	97	108	103	133
螺栓	数量	8					16			20
	螺纹规格	M24	M30×3	M33×3	M36×3	M45×3	M50×3	M64×3	M70×3	M80×3
	长度 L/mm	186	212	234	255	312	438	542	590	742
垫环号 BX		151	152	153	154	155	156	157	158	159

4.3.3 盲板法兰

结构见图 8－28。6B 盲板法兰的规格尺寸和 6B 环形法兰相同，6BX 盲板法兰的规格尺寸和 6BX 环形法兰相同。现将 6BX 盲板法兰的孔深(h)、颈部直径(D_4)、颈部厚度(b)列于表 8－53。

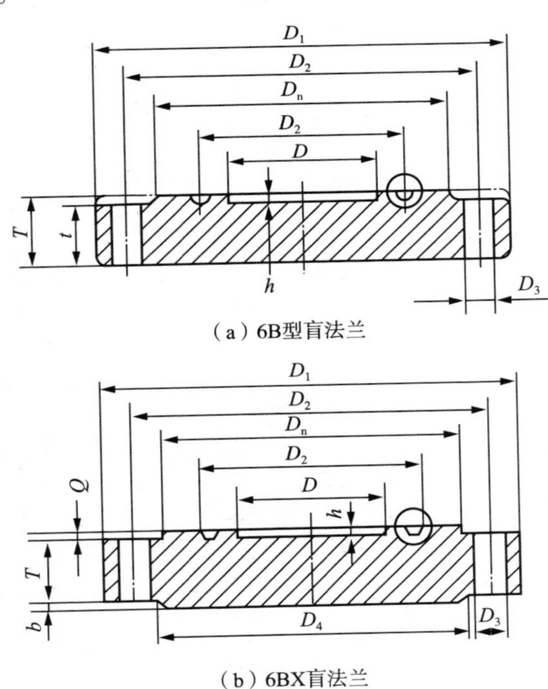

(a) 6B型盲法兰

(b) 6BX盲法兰

图 8－28 盲板法兰结构

表 8－53 6BX 型盲板法兰部分尺寸(SY5279.2—91)

公称通径和孔径/mm(in)	孔深 h	颈部直径 D_4	颈部厚度 b
	mm		
14MPa			
679.4($26\frac{3}{4}$)	21	835	10

续表

公称通径和孔径/mm(in)	孔深 h	颈部直径 D_4	颈部厚度 b
	mm		
762.0(30)	23	932	18
21MPa			
679.4(26¾))	21	870	10
762.0(30)	23	970	13
35MPa			
346.1(13⅝)	14	482	24
425.4(16¾)	9	555	18
476.2(18¾)	18	675	19
539.8(21¼)	19	760	22
70MPa			
130.2(5⅛)	10	225	6
179.4(7 1/16)	11	302	10
228.6(9)	13	375	10
279.4(11)	14	450	14
346.1(13⅝)	16	552	18
425.4(16¾)	9	655	30
476.2(18¾)	18	752	25
539.8(21¼)	19	848	32
105MPa			
179.4(7 1/16)	11	325	8
228.6(9)	13	432	14

续表

公称通径和孔径/mm(in)	孔深 h	颈部直径 D_4	颈部厚度 b
	mm		
279.4(11)	14	585	13
346.1(13⅝)	16	595	18
476.2(18¾)	18	814	35
140MPa			
179.4(7 1/16)	11	385	8
228.6(9)	13	482	6
279.4(11)	14	566	13
346.1(13⅝)	16	694	14

4.3.4 密封垫环

R 和 RX 型垫环用于 6B 法兰，BX 型垫环用于 6BX 法兰。RX 和 BX 型垫环具有压力自紧密封功能，但不能互换使用。BX 垫环不能重复使用。

R 型、RX 型和 BX 型密封垫环及环槽尺寸见图 8－29、图 8－30及图 8－31。

4.3.5 推荐的法兰用螺栓上紧扭矩

推荐的法兰用螺栓上紧扭矩见表 8－54。

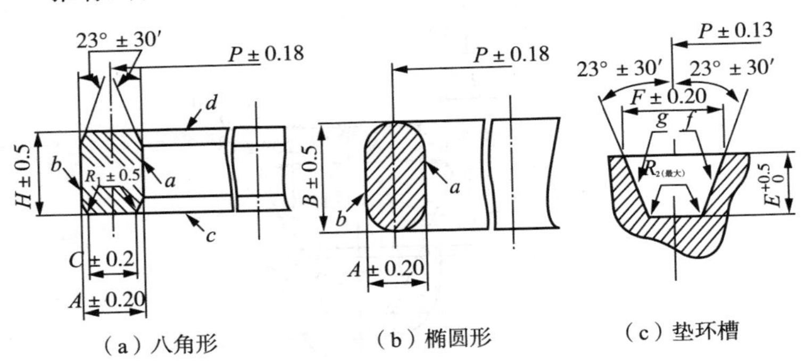

（a）八角形　（b）椭圆形　（c）垫环槽

图 8－29 R 型密封垫环及环槽尺寸

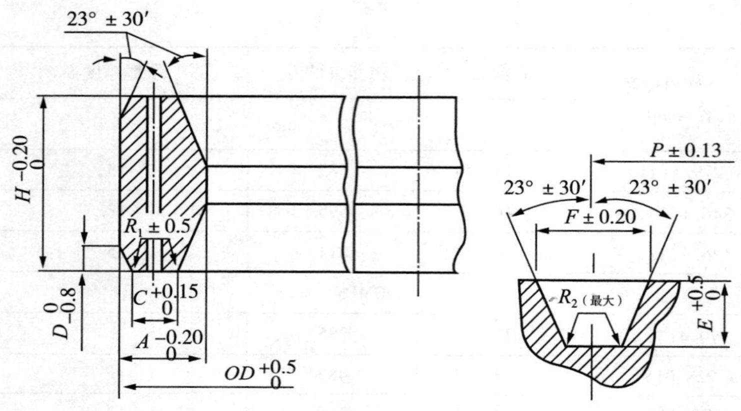

图 8 - 30　RX 型密封垫环及环槽尺寸

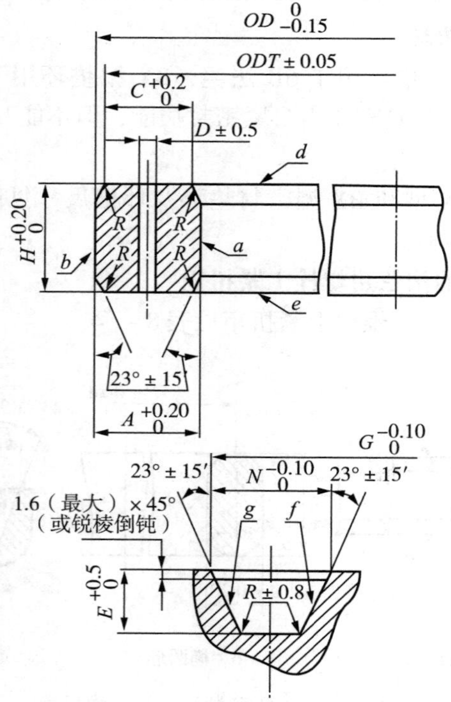

图 8 - 31　BX 型密封垫环及环槽尺寸

表 8－54　推荐的法兰用螺栓上紧扭矩

螺柱直径/mm	螺距/mm	螺柱 S_v = 552MPa 螺栓应力 = 276MPa			螺柱 S_v = 720MPa 螺栓应力 = 360MPa			螺柱 S_v = 655MPa 螺栓应力 = 328MPa		
		张力 F/kN	扭矩/N·m (F = 0.07)	扭矩/N·m (F = 0.13)	张力 F/kN	扭矩/N·m (F = 0.07)	扭矩/N·m (F = 0.13)	张力 F/kN	扭矩/N·m (F = 0.07)	扭矩/N·m (F = 0.13)
12.7	1.954	25	36	61	33	48	80			
15.88	2.309	40	70	118	52	92	155			
19.05	2.540	59	122	206	78	160	270			
22.23	2.822	82	193	328	107	253	429			
25.40	3.175	107	288	488	141	376	639			
28.58	3.175	140	413	706	184	540	925			
31.75	3.175	177	569	981	232	745	1285			
34.93	3.175	219	761	1320	286	966	1727			
38.10	3.175	265	991	1727	346	1297	2261			
41.28	3.175	315	1263	2211	412	1653	2894			
44.45	3.175	369	1581	2777	484	2069	3636			

续表

螺柱直径/mm	螺距/mm	螺柱 S_v =552MPa 螺栓应力=276MPa			螺柱 S_v =720MPa 螺栓应力=360MPa			螺柱 S_v =655MPa 螺栓应力=328MPa		
		张力 F/kN	扭矩/N·m (F=0.07)	扭矩/N·m (F=0.13)	张力 F/kN	扭矩/N·m (F=0.07)	扭矩/N·m (F=0.13)	张力 F/kN	扭矩/N·m (F=0.07)	扭矩/N·m (F=0.13)
47.63	3.175	428	1947	3433	561	2549	4493			
50.80	3.175	492	2366	4183	644	3097	5476			
57.15	3.175	631	3375	5997	826	4418	7851			
63.50	3.175	788	4635	8271	1032	6068	10828			
66.68	3.175							1040	6394	11429
69.85	3.175							1146	7354	13168
76.20	3.175							1375	9555	17156
82.55	3.175							1624	12154	12878
95.25	3.175							2185	18685	33766
98.43	3.175							2338	20620	37293
101.60	3.175							2496	22683	41057

5　井控管汇

5.1　井控管汇的用途

井控管汇由节流管汇和压井管汇两部分组成。主要用途：

5.1.1　节流管汇的用途

节流管汇是控制井涌、实施油气井压力控制的必要设备。在防喷器关闭条件下，利用节流阀的启闭控制一定的套压，以维持井底压力始终略大于地层压力，避免地层流体进一步流入井内。此外在实施关井时，可用节流管汇泄压以实现软关井。当井内压力升高到一定极限时，通过它来放喷以保护井口。

5.1.2　压井管汇的用途

当井口压力升高时，可通过压井管汇向井内泵入重钻井液以平衡井底压力，防止井涌和井喷的发生；可利用它所连接的放喷管线进行直接放喷，释放井底压力；也可以用来挤水泥固井作业及向井口注入清水和灭火剂。通过压井管汇单流阀，压井液或其他流体只能向井内注入，而不能回流以达到压井和其他作业的目的。

5.2　节流与压井管汇型号表示方法

节流与压井管汇型号表示方法如下：

5.2.1　节流管汇

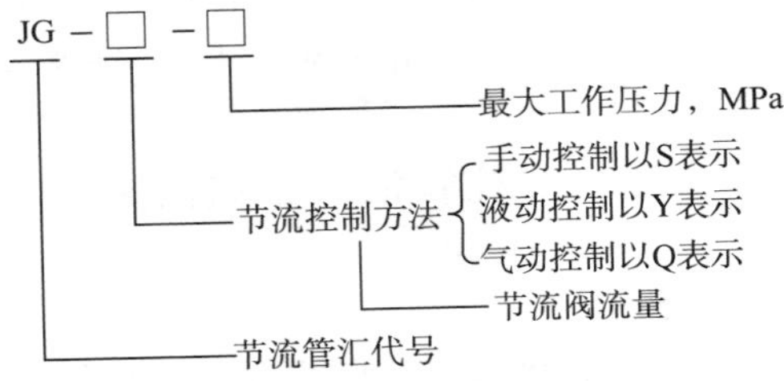

示例1：YG－Y2－35 表示最大工作压力为35MPa，具有2个液动控制节流阀的节流管汇。

5.2.2 压井管汇

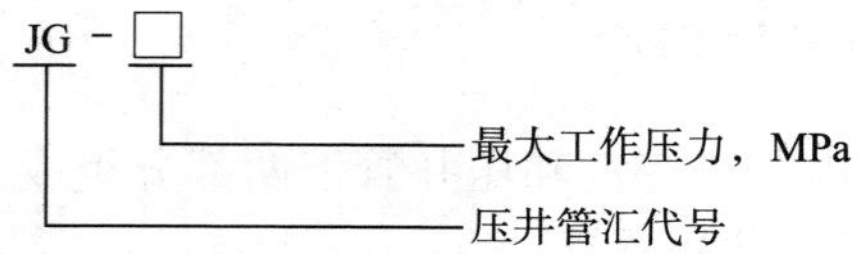

5.3 井控管汇的组合形式

5.3.1 井控管汇组合

单钻井四通井口井控管汇组合如图 8 - 32、图 8 - 33 所示。

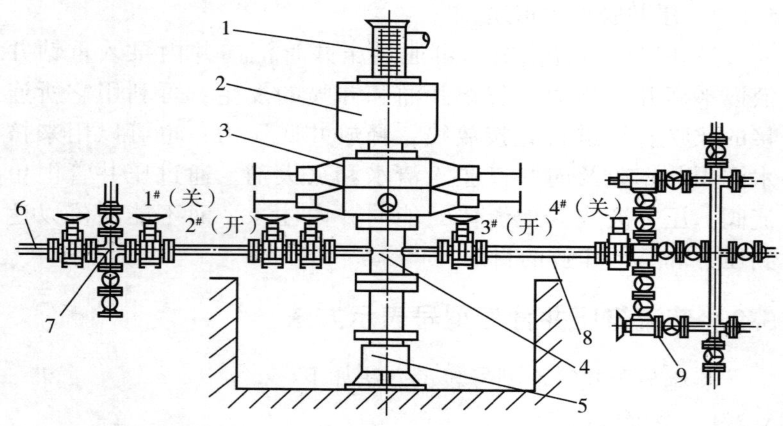

图 8 - 32 单钻井四通井口井控管汇示意图(1)

1—放溢管；2—环形防喷器；3—闸板防喷器；4—钻井四通；5—套管头；6—放喷管线；7—压井管汇；8—防喷管线；9—节流管汇

双钻井四通井口井控管汇组合如图 8 - 34、图 8 - 35 所示。

5.3.2 节流管汇组合

节流管汇的压力级别和组合形式要与防喷器压力级别和组合形式相匹配，并按图 8 - 36 ~ 图 8 - 39 的组合形式进行选择。

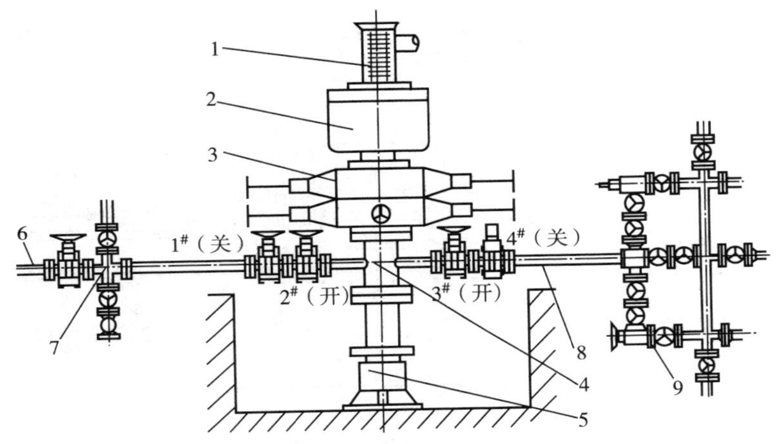

图 8-33　单钻井四通井口井控管汇示意图(2)

1—放溢管；2—环形防喷器；3—闸板防喷器；4—钻井四通；5—套管头；6—放喷管线；7—压井管汇；8—防喷管线；9—节流管汇

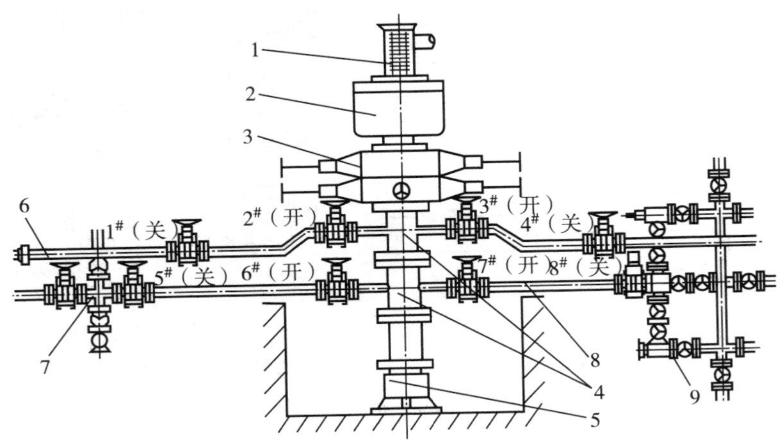

图 8-34　双钻井四通井口井控管汇示意图(1)

1—放溢管；2—环形防喷器；3—闸板防喷器；4—钻井四通；5—套管头；6—放喷管线；7—压井管汇；8—防喷管线；9—节流管汇

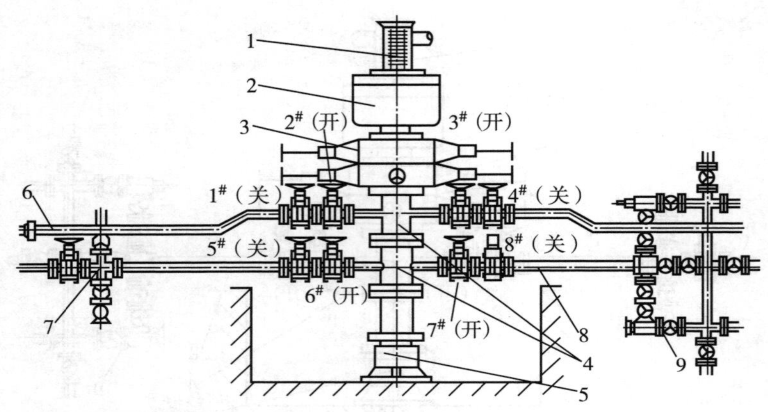

图 8－35　双钻井四通井口井控管汇示意图(2)

1—放溢管；2—环形防喷器；3—闸板防喷器；4—钻井四通；5—套管头；6—放喷管线；7—压井管汇；8—防喷管线；9—节流管汇

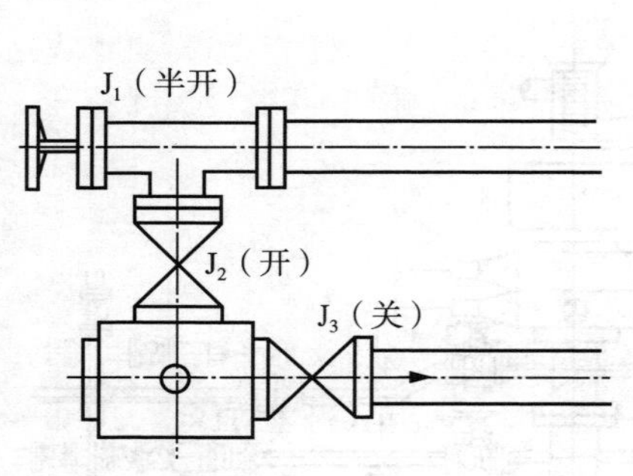

图 8－36　14MPa 节流管汇组合形式

J_1—手动节流阀；J_2、J_3—手动闸阀

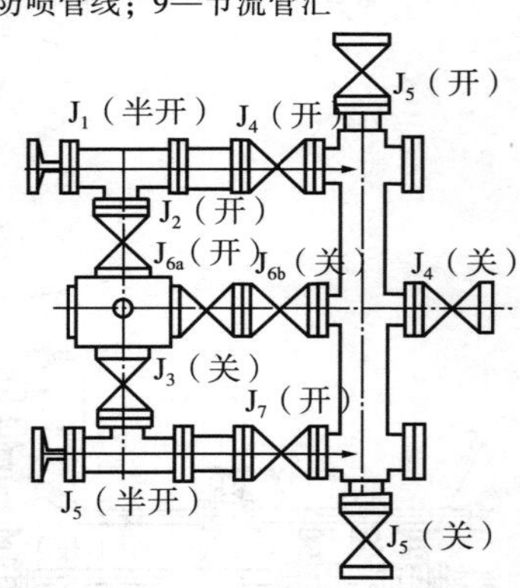

图 8－37　21MPa 和 35MPa 节流管汇组合形式

J_1、J_4—手动节流阀；J_2、J_3、J_5、J_{6a}、J_{6b}、J_7～J_{10}—手动闸阀

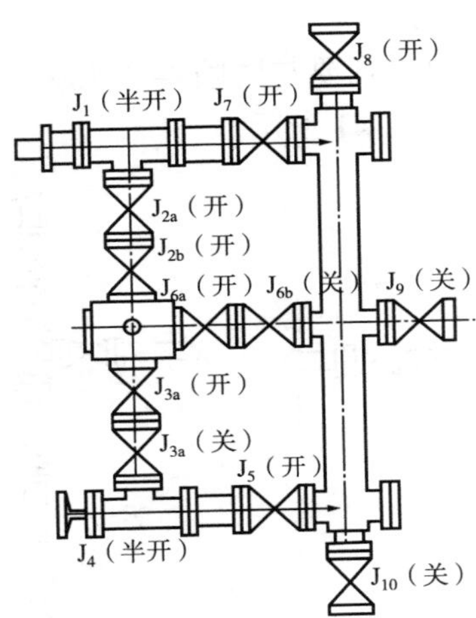

图 8－38 35MPa 和 70MPa 节流管汇组合形式

J_1—液动节流阀；J_4—手动节流阀；

J_{2a}、J_{2b}、J_{3a}、J_5、J_{6b}、J_7～J_{10}—手动闸阀

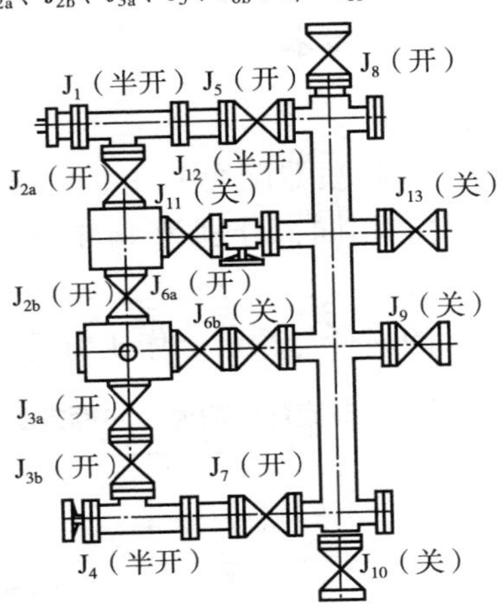

图 8－39 70MPa、105MPa 和 140MPa 节流管汇组合形式

J_1—液动节流阀，J_4、J_{12}—手动节流阀；

J_{2a}、J_{2b}、J_{3a}、J_5、J_{6b}、J_7～J_{11}、J_{13}—手动闸阀

5.3.3　压井管汇组合

压井管汇的压力级别要与防喷器压力级别相匹配，其基本形式如图8－40、图8－41所示。

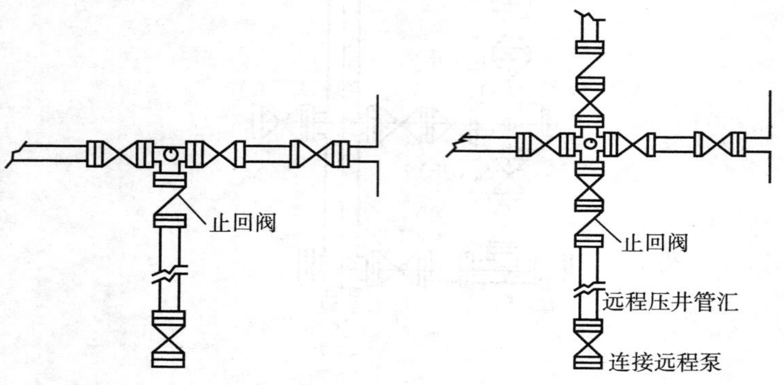

图8－40　14MPa、21MPa和35MPa工作压力压井管汇

图8－41　35MPa、70MPa和105MPa工作压力压井管汇

5.4　井控管汇的技术要求

5.4.1　通径与额定压力

节流、压井管汇与防喷器配套使用。目前国产节流、压井管汇压力等级与防喷器相同，分别为14MPa、21MPa、35MPa、70MPa、105MPa、140MPa六个等级。

节流、压井管汇的通径与额定工作压力见表8－55。

表8－55　压井与节流管汇的通径与额定工作压力

设备孔径	活接头、旋转活接头和铰接管线	柔性管线直径	额定工作压力/MPa(psi)	对应我国现行的压力级别/MPa
尺寸(最小通径)/mm(in)	公称尺寸/mm(in)	内径/mm(in)		
52($2\frac{1}{16}$)			13.8(2000)	14
65($2\frac{9}{16}$)				

续表

设备孔径	活接头、旋转活接头和铰接管线	柔性管线直径	额定工作压力/MPa(psi)	对应我国现行的压力级别/MPa
尺寸(最小通径)/mm(in)	公称尺寸/mm(in)	内径/mm(in)		
80($3\frac{1}{8}$)			13.8(2000)	14
103($4\frac{1}{16}$)				
52($2\frac{1}{16}$)	50.8(2)		20.7(3000)	21
65($2\frac{9}{16}$)				
80($3\frac{1}{8}$)	76.2(3)			
103($4\frac{1}{16}$)	101.6(4)			
52($2\frac{1}{16}$)	25.4(1)		34.5(5000)	35
65($2\frac{9}{16}$)	38.1($1\frac{1}{2}$)	50.8(2)		
80($3\frac{1}{8}$)	50.8(2)	76.2(3)		
103($4\frac{1}{16}$)	76.2(3)	88.9($3\frac{1}{2}$)		
	101.6(4)	101.6(4)		
46($1\frac{13}{16}$)	25.4(1)		69.0(10000)	70
52($2\frac{1}{16}$)	50.8(2)	50.8(2)		
65($2\frac{9}{16}$)		63.5($2\frac{1}{2}$)		
78($3\frac{1}{16}$)	76.2(3)	76.2(3)		
103($4\frac{1}{16}$)	101.6(4)	101.6(4)		
46($1\frac{13}{16}$)		50.8(2)	103.5(15000)	105
52($2\frac{1}{16}$)	50.8(2)	63.5($2\frac{1}{2}$)		
65($2\frac{9}{16}$)		76.2(3)		
78($3\frac{1}{16}$)	63.5($2\frac{1}{2}$)			
103($4\frac{1}{16}$)	76.2(3)			
46($1\frac{13}{16}$)			138(20000)	140
52($2\frac{1}{16}$)	50.8(2)	50.8(2)		
65($2\frac{9}{16}$)	63.5($2\frac{1}{2}$)	63.5($2\frac{1}{2}$)		
78($3\frac{1}{16}$)	76.2(3)	76.2(3)		
103($4\frac{1}{16}$)				

5.4.2　压井与节流管汇使用温度

压井与节流管汇使用温度等级见表8－56。

表8－56　压井与节流管汇的使用温度等级

等　级	温度范围/℃(℉)
A	－20～82(－4～180)
B	－20～100(－4～212)
K	－60～82(－75～180)
P	－29～82(－20～180)
U	－18～121(－4～250)

5.4.3　压井与节流管汇承压件材料性能

压井与节流管汇承压件材料性能见表8－57。

密封垫环材料硬度应符合表8－58的规定。

表8－57　承压件材料性能要求

<table>
<tr><th>API材料标记</th><th>最小屈服强度/MPa(psi)</th><th>抗拉强度/MPa(psi)</th><th>最小延伸率/%</th><th>最小断面收缩率/%</th></tr>
<tr><td>36K</td><td>248(36000)</td><td rowspan="2">483(70000)</td><td>21</td><td rowspan="2">32</td></tr>
<tr><td>45K</td><td>310(45000)</td><td>19</td></tr>
<tr><td>60K</td><td>414(60000)</td><td>586(85000)</td><td>18</td><td rowspan="2">35</td></tr>
<tr><td>75K</td><td>517(75000)</td><td>655(95000)</td><td>18</td></tr>
</table>

表8－58　密封垫环选用的钢材和硬度

钢　号	最大布氏硬度HB	钢　号	最大布氏硬度HB
08.10	137	1Cr18Ni9	160

5.5　常用节流、压井管汇技术参数

①承德江钻石油机械有限责任公司节流、压井管汇技术参数见表8－59、表8－60。

表 8 - 59　承德江钻井控管汇技术参数

型　号		工作压力/MPa(psi)	主通径/mm(in)	旁通径/mm(in)
节流管汇	YJG140	140(20000)	103($4\frac{1}{16}$)、78($3\frac{1}{16}$)、65($2\frac{9}{16}$)、52($2\frac{1}{16}$)	103($4\frac{1}{16}$)、78($3\frac{1}{16}$)、65($2\frac{9}{16}$)、52($2\frac{1}{16}$)
	YJG105	105(15000)	103($4\frac{1}{16}$)、78($3\frac{1}{16}$)、65($2\frac{9}{16}$)、52($2\frac{1}{16}$)	103($4\frac{1}{16}$)、78($3\frac{1}{16}$)、65($2\frac{9}{16}$)、52($2\frac{1}{16}$)
	YJG70C YJG70E	70(10000)	103($4\frac{1}{16}$)、78($3\frac{1}{16}$)、65($2\frac{9}{16}$)、52($2\frac{1}{16}$)	103($4\frac{1}{16}$)、78($3\frac{1}{16}$)、65($2\frac{9}{16}$)、52($2\frac{1}{16}$)
	(Y)JG35	35(5000)	103($4\frac{1}{16}$)、80($3\frac{1}{8}$)、65($2\frac{9}{16}$)、52($2\frac{1}{16}$)	103($4\frac{1}{16}$)、80($3\frac{1}{8}$)、65($2\frac{9}{16}$)、52($2\frac{1}{16}$)
	(Y)JG21	21(3000)	103($4\frac{1}{16}$)、80($3\frac{1}{8}$)、65($2\frac{9}{16}$)、52($2\frac{1}{16}$)	103($4\frac{1}{16}$)、80($3\frac{1}{8}$)、65($2\frac{9}{16}$)、52($2\frac{1}{16}$)
压井管汇	YG140	140(20000)	103($4\frac{1}{16}$)、78($3\frac{1}{16}$)、65($2\frac{9}{16}$)、52($2\frac{1}{16}$)	103($4\frac{1}{16}$)、78($3\frac{1}{16}$)、65($2\frac{9}{16}$)、52($2\frac{1}{16}$)
	YG105	105(15000)	103($4\frac{1}{16}$)、78($3\frac{1}{16}$)、65($2\frac{9}{16}$)、52($2\frac{1}{16}$)	103($4\frac{1}{16}$)、78($3\frac{1}{16}$)、65($2\frac{9}{16}$)、52($2\frac{1}{16}$)
	YG70 YG70A	70(10000)	103($4\frac{1}{16}$)、78($3\frac{1}{16}$)、65($2\frac{9}{16}$)、52($2\frac{1}{16}$)	103($4\frac{1}{16}$)、78($3\frac{1}{16}$)、65($2\frac{9}{16}$)、52($2\frac{1}{16}$)
	YG35	35(5000)	103($4\frac{1}{16}$)、80($3\frac{1}{8}$)、65($2\frac{9}{16}$)、52($2\frac{1}{16}$)	103($4\frac{1}{16}$)、80($3\frac{1}{8}$)、65($2\frac{9}{16}$)、52($2\frac{1}{16}$)
	YG21	21(3000)	103($4\frac{1}{16}$)、80($3\frac{1}{8}$)、65($2\frac{9}{16}$)、52($2\frac{1}{16}$)	103($4\frac{1}{16}$)、80($3\frac{1}{8}$)、65($2\frac{9}{16}$)、52($2\frac{1}{16}$)

表 8 - 60　承德江钻海洋立式井控管汇技术参数

工作压力/MPa(psi)	主通径/mm(in)	旁通径/mm(in)
70(10000)	78($3\frac{1}{16}$)	78($3\frac{1}{16}$)
35(5000)	80($3\frac{1}{8}$)、52($2\frac{1}{16}$)	80($3\frac{1}{8}$)、52($2\frac{1}{16}$)

注：适用于海洋钻井平台。

②上海第一石油机械厂节流管汇技术参数见表8－61。

表8－61　上海第一石油机械厂节流管汇技术参数

型　号	YJ35	SYJ35	YJ70	HY70
名　称	液动节流管汇	手动节流管汇	液动节流管汇	海上流动节流管汇
工作压力/MPa	35	35	70	70
主通径/mm	103	103	78	78
节流阀通径/mm	进65出41	65	进65出41	进65出41
闸阀规格/MPa	65×35	65×35	78×70	78×70
	103×35	103×35	52.4×70	52.4×70
			79.4×35	79.4×35
单流阀规格/MPa	65×35	65×35	52.4×70	52.4×70
密封垫环	R27、R37、R39	R27、R37、R39	BX－152 BX－154 BX－155	BX－154 BX－156 R35、R39
压力传感器型号	YPQ－01－Z/40	YPQ－01－Z/40	YPQ－01－Z/70	YPQ－01－Z/70
耐震压力表型号	YTN－124 (40MPa)	YTN－124 (40MPa)	YTN－160 (100MPa)	YTN－160 (100MPa)
进口法兰	6B×103－35	6B×103－35	6B×78－70	6B×78－70
	6B×52.4－70	6B×103－35	6B×103－35	6B×52.4－70
出口法兰	6B×103－21	6B×103－21	6B×78－70	6B×78－70
	6B×103－21	6B×103－21	6B×79.4－35	6B×79.4－35
控制方法	液动	手动	液动	液动
工作介质	水、钻井液、石油	水、钻井液、石油	水、钻井液、石油	水、钻井液、石油
工作温度/℃	－29～121	－29～121	－29～121	－29～121
外形尺寸(长×宽×高)/mm	3350×2518×1935	3350×2318×1180	4694×2820×1660	5363×1000×5326
质量/kg	4530	4060	5586	

5.6　井控管汇主要闸阀

5.6.1　平板阀

平板阀按驱动方式可分为手动阀、液动阀和手液两动阀。在管汇中，平板阀只能作“通流”或“断流”使用，不能当作节流阀使用，严禁用平板阀泄压。液动平板阀在节流管汇上平时处于关闭工况，只在节流、放喷或“软关井”时才开启工作。

(1)平板阀结构

手动平板阀结构如图 8－42 所示。液动平板阀结构如图 8－43所示。

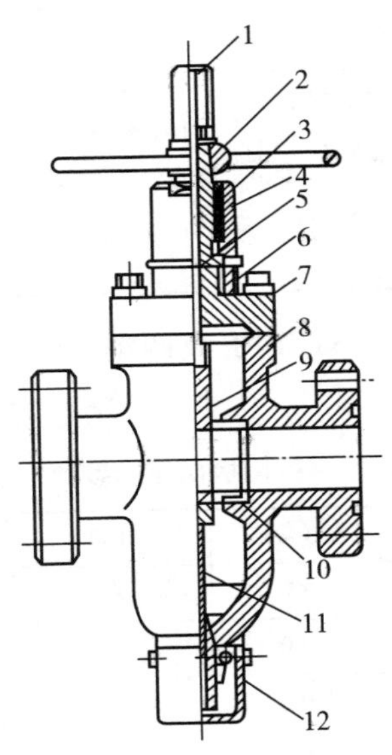

图 8－42　手动平板阀

1—护套；2—手轮；3—止推轴承；4—丝套；5—阀杆；6—轴承套；7—阀盖；8—阀体；9—阀板；10—阀座；11—尾杆；12—护罩

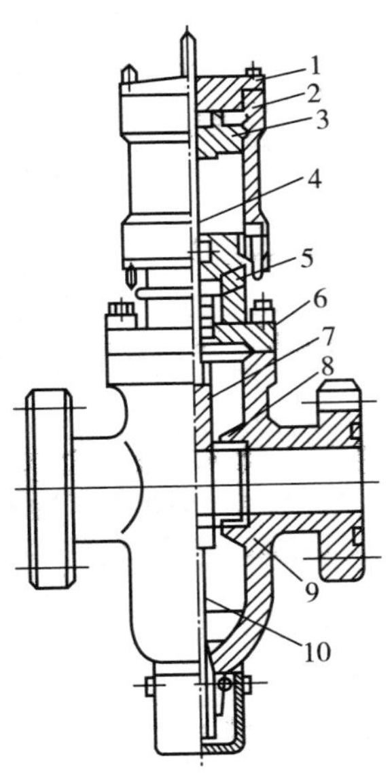

图 8－43　液动平板阀

1—缸盖；2—油缸；3—活塞；4—阀杆；5—连接法兰；6—阀盖；7—阀板；8—阀座；9—阀体；10—尾杆

(2)平板阀技术参数

承德江钻石油机械有限责任公司平板阀技术参数见表8-62。

表8-62　承德江钻平板阀技术参数

工作压力/MPa(psi)	公称通径/mm(in)	备　注
21(3000)	180($7\frac{1}{16}$)、103($4\frac{1}{16}$)、80($3\frac{1}{8}$) 65($2\frac{9}{16}$)、52($2\frac{1}{16}$)	具有手动和液动两种规格
35(5000)	180($7\frac{1}{16}$)、103($4\frac{1}{16}$)、80($3\frac{1}{8}$) 65($2\frac{9}{16}$)、52($2\frac{1}{16}$)	具有手动和液动两种规格
70(10000)	180($7\frac{1}{16}$)、103($4\frac{1}{16}$)、78($3\frac{1}{16}$) 65($2\frac{9}{16}$)、52($2\frac{1}{16}$)	具有手动和液动两种规格
105(15000)	180($7\frac{1}{16}$)、103($4\frac{1}{16}$)、78($3\frac{1}{16}$) 65($2\frac{9}{16}$)、52($2\frac{1}{16}$)	具有手动和液动两种规格
140(20000)	180($7\frac{1}{16}$)、103($4\frac{1}{16}$)、78($3\frac{1}{16}$) 65($2\frac{9}{16}$)、52($2\frac{1}{16}$)	具有手动和液动两种规格

承德江钻石油机械有限责任公司SYZF手液两动平行闸板阀技术参数见表8-63。

表8-63　承德江钻SYZF手、液两动平行闸板阀技术参数

型　号	103-35	103-70	180-35	180-70
工作压力/MPa	35	70	35	70
通径/mm	103	103	180	180
质量/kg	350	409	660	
工作温度/℃	-29~121			
工作介质	石油、钻井液(含H_2S)			

5.6.2　节流阀

节流阀根据结构的不同，分为筒形阀板节流阀、孔板式节流阀和楔形节流阀等类型，每种类型根据开关方式的不同又分为手动阀和液动阀。

(1)节流阀结构

筒形阀板节流阀结构见图 8－44，阀板与阀座间有环隙，入口与出口始终相通，因此该阀关闭时并不密封。阀板与阀座皆采用耐磨材料制成，阀板磨损后可调头安装使用。这种节流阀较针型节流阀耐磨蚀、流量大、节流时震动小。

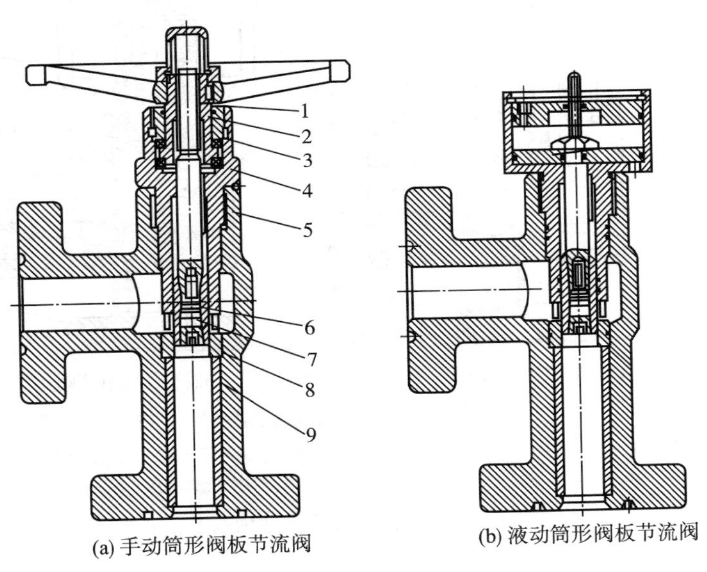

(a) 手动筒形阀板节流阀　(b) 液动筒形阀板节流阀

图 8－44　筒形阀板节流阀结构示意图

1—阀杆；2—丝套；3—调节盖；4—阀盖；5—阀体
6—阀芯；7—连接螺栓；8—阀座；9—耐磨衬套；

操作节流阀时，顺时针旋转手轮开启度变小并趋于关闭，逆时针旋转手轮开启度变大。节流阀的开启度可以从护罩的槽孔中观察阀杆顶端的位置来判断。平时节流阀应处于半开状态。

液动节流阀以油缸、活塞代替手轮机构，其余与手动筒形阀板节流阀相同。液动节流阀所需液控油压为 1MPa。液控压力由液控箱提供。

孔板式节流阀结构见图 8－45，具有截止功能，耐冲蚀能力强，寿命长，可精密控制流量大小，关闭时间短等特点。

楔形节流阀，楔形结构设计，对水流有缓冲作用，降低阀芯折断率。结构见图8-46。

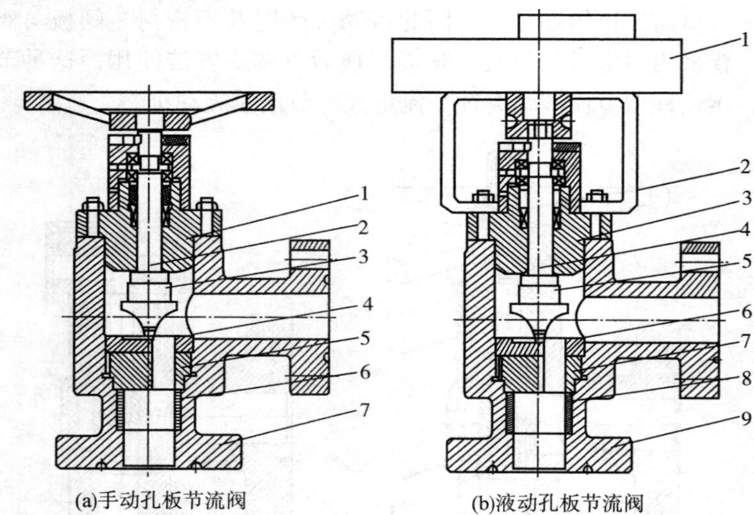

(a)手动孔板节流阀

1—阀盖；2—阀杆；3—转向器；4—上阀座；5—下阀座；6—耐冲套；7—阀体

(b)液动孔板节流阀

1—液动驱动器；2—支撑架；3—阀盖；4—阀杆；5—转向器；6—上阀座；7—下阀座；8—耐冲套；9—阀体

图8-45　孔板式节流阀结构示意图

(2)节流阀技术参数

承德江钻石油机械有限责任公司节流阀技术参数见表8-64。

表8-64　承德江钻节流阀技术参数

工作压力/MPa(psi)	公称通径/mm(in)	备　注
21(3000)	103($4\frac{1}{16}$)、80($3\frac{1}{8}$)、65($2\frac{9}{16}$)、52($2\frac{1}{16}$)	具有手动和液动两种规格，柱塞式、孔板式和针式结构
35(5000)	103($4\frac{1}{16}$)、80($3\frac{1}{8}$)、65($2\frac{9}{16}$)、52($2\frac{1}{16}$)	具有手动和液动两种规格，柱塞式、孔板式和针式结构
70(10000)	103($4\frac{1}{16}$)、78($3\frac{1}{16}$)、65($2\frac{9}{16}$)、52($2\frac{1}{16}$)	具有手动和液动两种规格，柱塞式、孔板式和针式结构

续表

工作压力/MPa(psi)	公称通径/mm(in)	备　注
105(15000)	103(4 1/16)、78(3 1/16)、65(2 9/16)、52(2 1/16)	具有手动和液动两种规格，柱塞式、孔板式和针式结构
140(20000)	78(3 1/16)、65(2 9/16)	具有手动和液动两种规格，柱塞式、孔板式和针式结构

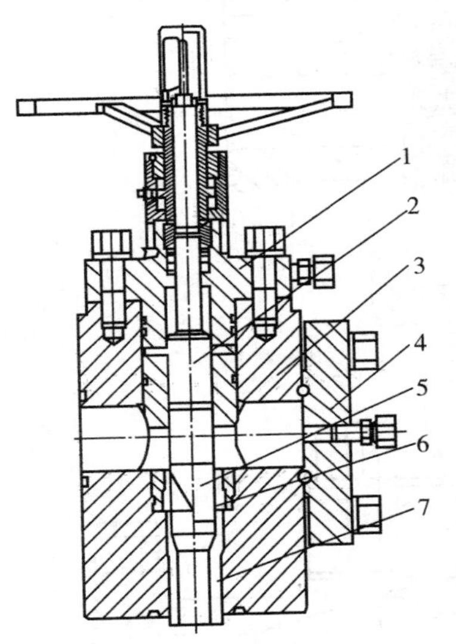

(a)手动楔形节流阀

1—阀盖；2—阀杆总成；3—阀体；4—盲法兰；5—阀芯；6—阀座；7—防磨套

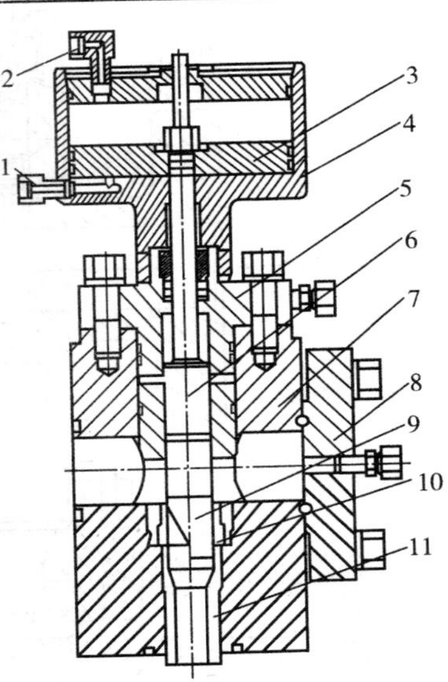

(b)液动楔形节流阀

1—接头；2—弯接头；3—活塞；4—液缸；5—阀盖；6—阀杆总成；7—阀体；8—盲法兰；9—阀芯；10—阀座；11—防磨套

图 8－46　楔形节流阀结构示意图

5.6.3　单流阀

单流阀是阻止钻井液等流体倒流的专用阀。压井管汇上装有单流阀，高压泵将钻井液从单流阀低口端送入高口输出注入井筒，停泵后井口高压流体不会沿单流阀流出。该阀自封效果好，寿命长，在现场也便于检修。

(1)单流阀结构

单流阀由阀体、凡尔体、凡尔座、压盖等部分组成，按凡尔体预压紧方式分弹簧压紧和阀盖压紧两种结构，如图 8－47 所示。

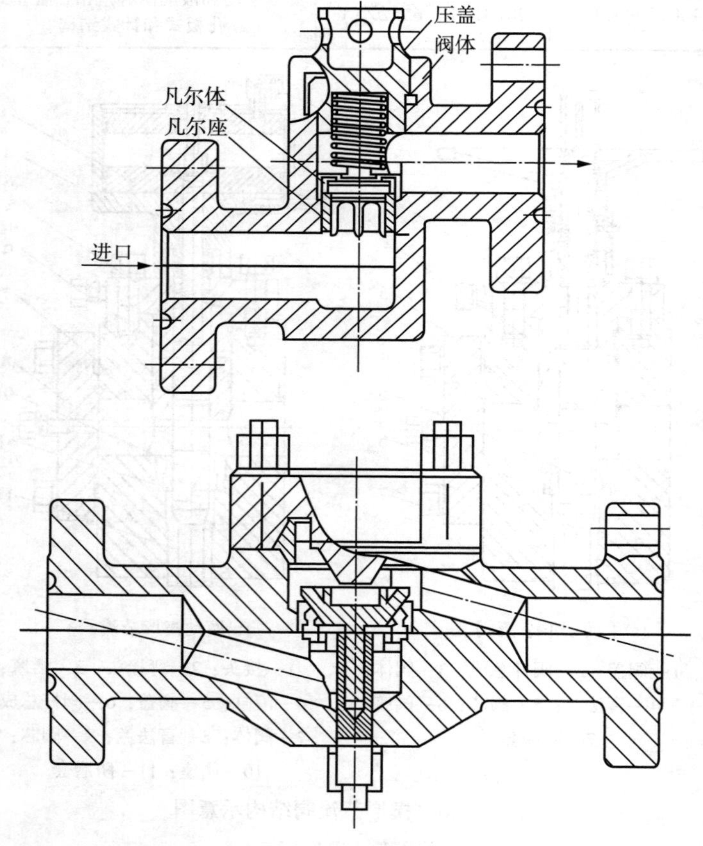

图 8－47　单节流阀结构示意图

(2)单流阀技术参数

承德江钻石油机械有限责任公司单流阀技术参数见表 8－65。

表 8 - 65　承德江钻石油机械有限责任公司单流阀技术参数

工作压力/MPa(psi)	公称通径/mm(in)
21(3000)	80(3⅛)、65(2 9/16)、52(2 1/16)
35(5000)	80(3⅛)、65(2 9/16)、52(2 1/16)
70(10000)	78(3 1/16)、65(2 9/16)、52(2 1/16)
105(15000)	78(3 1/16)、65(2 9/16)、52(2 1/16)
140(20000)	78(3 1/16)、65(2 9/16)、52(2 1/16)

5.6.4　液动节流管汇控制箱

液动节流管汇控制箱(简称液控箱)，可以远程控制液动节流阀的开启和关闭，并在控制箱盘面上可以显示立管压力，套管压力的压力值。是成功实施油、气井压力控制技术所必需的设备；如配备泵冲计数器还可以分别显示泥浆泵的冲数。

(1)液控箱结构

液控箱内部装有油箱、气泵、备用手压泵、蓄能器、安全阀、空气调压阀等部件。液控箱盘面上装有立压表、套压表、阀位开启度表、油压表、气压表、三位四通换向阀、调速阀5表2阀。液控箱结构见图8-48，盘面布置见图8-49。

图 8 - 48　液动节流管汇控制箱结构图

气压表显示输入液控箱的压缩空气气压值。油压表显示液控油压值。三位四通换向阀用来改变压力油的流动方向，遥控液动节流阀开大、关小或维持开度不变。调速阀用来遥控液动节流阀开关动作的速度。阀位开启度表用来显示液动节流阀的开启程度。立压表显示关井(平常也显示)立管压力。套压表显示关井套管压力。

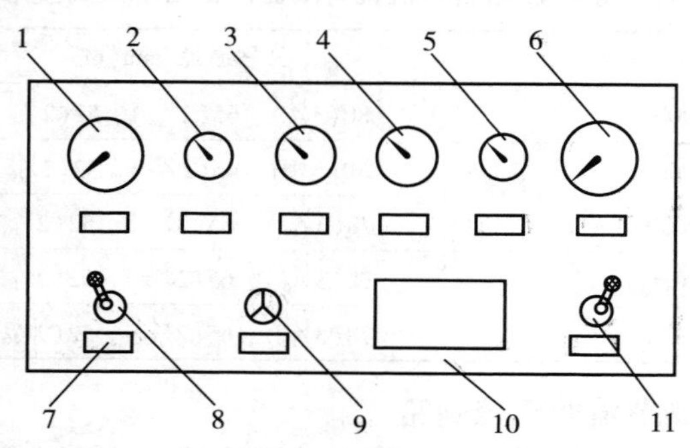

图 8－49　液控箱盘面布置图

1—套压表；2—油压表；3—阀位开度表Ⅰ；4—阀位开度表Ⅱ；
5—气源压力表；6—立压表；7—标识牌；8—换向阀Ⅰ；
9—调速阀；10—泵冲计数器；11—换向阀Ⅱ

液控箱立压表下方装有立压表开关旋钮。在节流管汇不投入工作时，应将立压表开关旋至关位，以防立管压力波动过大而导致立压表损坏。节流管汇投入压井工作时应立即将立压表开关旋钮旋至开位。(现在的液控箱没有立压表开关旋钮)

(2)液控箱技术参数

液动节流管汇控制箱技术参数见表 8－66。

表 8－66　液动节流管汇控制箱技术参数

额定输出油压/MPa	最大输出油压/MPa	气源压力/MPa	蓄能器		液压油规格	环境温度/℃	连接接头
			公称容积/L	预充氮气压力/MPa			
2.6～3	4	0.6～0.8	6.3 或 10	1	20 号液压油	－20～60	M16×1.5 M22×1.5

钻进进入油气层前，井控设备进入“待命”工况时，液控箱也应调试进入“待命”状态备用，此时有关阀件与显示仪表的状况见表 8－67。

设备停用时应将箱内两个空气调压阀的输出气压调节回零，打开泄压阀使油压表回零。

表 8－67　液控箱待命状态显示状况

项　目	气源压力/MPa	油压力/MPa	立管压力/MPa	套管压力/MPa	气泵调压阀/MPa	传感调压阀/MPa	油量
显示值	0.65～0.8	2.6～3	0(60/100/120)	0(60/100/120)	0.4～0.6	0.35	≥80%

项　目	换向阀 1	换向阀 2	调速阀	阀位开度 1	阀位开度 2	油压泄荷阀
显示状态	中位	中位	¼～1	⅜～½	⅜～½	关闭

6　钻具内防喷装置

钻具内防喷装置主要用于当发生溢流或井涌时，防止地层流体沿钻柱水眼向上喷出。若在井控作业中，水龙带、高压管汇损坏，可关闭钻具内防喷工具，进行更换或修复。

钻具内防喷工具形式较多，主要有防喷防溅双作用单流阀、方钻杆上、下旋塞，钻具回压阀等。

6.1　防喷、防溅双作用单流阀

防喷防溅双作用单流阀，使用时接在方钻杆的下端，具有防喷和防溅双重作用。

6.1.1　双作用单流阀

(1)结构

双作用单流阀由外壳和芯子总成两部分组成。外壳由上、下接头组成；芯子总成由活塞、中心杆、活塞保护套、上下扶正环、弹簧、芯筒组成，如图 8－50 所示。

(2)技术参数

江苏德瑞石油机械有限公司双作用单流阀技术参数见表 8－68。

表 8－68　江苏得瑞公司双作用单流阀技术参数

型　号	外径/mm	最小内径/mm	工作压力/MPa	抗拉强度/kN	总长/mm	质量/kg
DSDF－165	165	40～50	70	2500	960	105
DSDF－178	178	50～60	70	2500	960	170

(3)工作原理

单流阀接在方钻杆下端，当井下出现溢流时，停泵后单流阀活塞在弹簧和井下液流的推动下自动进入密封座封闭水眼，起到防止井喷的作用。需要恢复循环泥浆或压井，随时可以开泵，只要泵压大于井内压力，即可恢复循环。正常钻进接单根时，停泵后单流阀活塞在弹簧的作用下，进入密封座封闭水眼，阻止方钻杆内泥浆下泄，具有防溅作用。

防喷、防溅过程都是自动完成，不需人工刻意操作。

6.1.2　双功能箭形回压阀

贵州高峰 SJF 型双功能箭形回压阀是一种具有箭形回压阀和泥浆截止阀两种功能的工具。它既能防止井下溢流从钻具内喷出，又能在接单根卸方钻杆时，防止方钻杆及水龙带里的泥浆流出，保持钻台工作环境清洁和减少泥浆损失。

为了保证双功能箭形回压阀的泥浆截止阀功能，使用时应将其接在方钻杆下端，与钻杆直接旋合紧扣后入井使用。

(1)结构

结构见图 8－51。

(2)工作原理

正常钻进时，密封箭、滑动密封筒处于非工作状态，保持流道畅通。当发生溢流或井喷时，密封箭受液流冲力上行与本体上锥面贴合，封闭钻具水眼，防止井下溢流从钻具内喷出，完成箭形回压阀的作用。

接单跟时，公扣端卸扣，在弹簧及其他件作用下，滑动密封筒下行，与本体下锥面配合，密封上下通道，从而起到泥浆截止阀的作用。

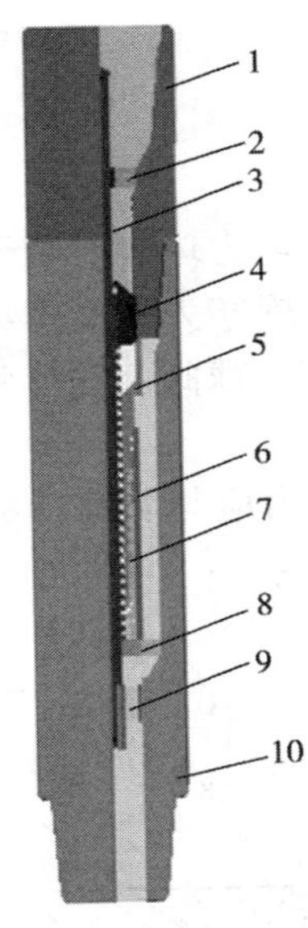

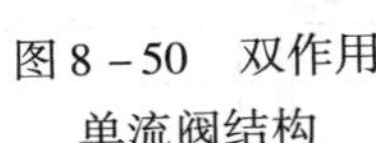
图 8－50　双作用单流阀结构

1—上接头；2—扶正环；3—中心杆；4—活塞；5—保护套；6—芯筒；7—弹簧；8—弹簧座；9—扶正环；10—阀体

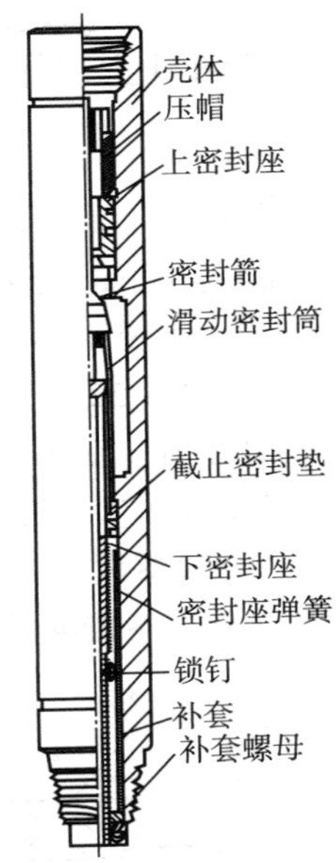

图 8－51　双功能箭形回压阀

(3)技术参数

贵州高峰石油机械有限公司 SJF 型双功能箭形回压阀技术参数见表 8－69。

表 8－69　贵州高峰双功能箭形回压阀技术参数

型　号	外径/mm	接头螺纹		防溢压力/MPa	截止压力/MPa	总长/mm
		上端	下端			
SJF89	89	NC26	NC26	50	0～3	500
SJF121	121	NC38	NC38	50	0～3	474
SJF159	159	NC50	NC50	50	0～3	561
SJF165	165	NC50	NC50	50	0～3	642
SJF178	178	$5\frac{1}{2}$FH	NC50	50	0～3	561

6.2　方钻杆上、下旋塞

(1)结构

方钻杆上、下旋塞结构相同，均为球阀。装于方钻杆上部的为上旋塞，下部的为下旋塞。上旋塞为左旋螺纹，下旋塞为右旋螺纹。主要由本体、上下阀座、球阀、波形弹簧、旋钮等组成，见图 8 – 52。

选用方钻杆旋塞的额定工作压力应与防喷器额定压力相一致；旋塞内径应大于或等于方钻杆内径；

(2)技术参数

方钻杆上下旋塞技术规格见表 8 – 70、表 8 – 71。

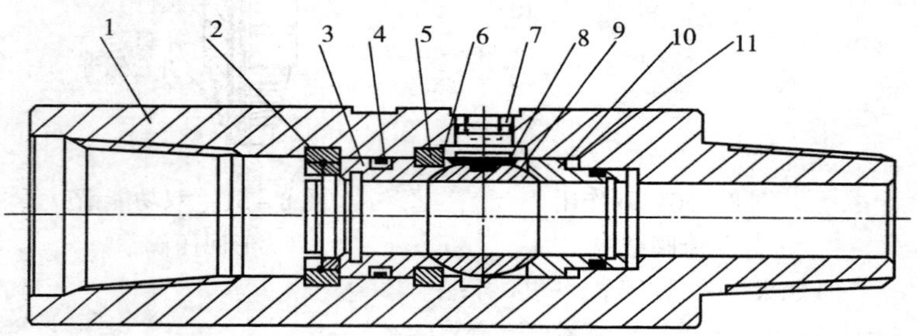

图 8 – 52　方钻杆旋塞阀结构示意图

1—本体；2—卡环；3—上阀座；4—密封件；5—挡环；6—定位环；7—旋钮；8—拨块；9—球阀；10—下球座；11—叠簧

表 8 – 70　方钻杆上部旋塞阀

方钻杆规格/mm(in)	扣型规格(左旋螺纹)	外径 ±6.4(¼)/mm(in)	最小孔径/mm(in)	
			最大工作压力，35MPa	最大工作压力，70MPa 和 105MPa
63.5(2½)	6⅝REG	200.07(7⅞)	76.2(3)	63.5(2½)
76.2(3)	6⅝REG	200.07(7⅞)	76.2(3)	63.5(2½)
88.9(3½)	6⅝REG	200.07(7⅞)	76.2(3)	63.5(2½)
108.0(4¼)	6⅝REG	200.07(7⅞)	76.2(3)	63.5(2½)

续表

方钻杆规格/mm(in)	扣型规格(左旋螺纹)	外径 ±6.4(1/4)/mm(in)	最小孔径/mm(in)	
			最大工作压力，35MPa	最大工作压力，70MPa 和 105MPa
133.4(5 1/4)	6 5/8 REG	200.07(7 7/8)	76.2(3)	63.5(2 1/2)
140.0(5 1/2)	6 5/8 REG	200.07(7 7/8)	76.2(3)	63.5(2 1/2)
152.4(6)	6 5/8 REG	200.07(7 7/8)	76.2(3)	63.5(2 1/2)

表 8-71　方钻杆下部旋塞阀

方钻杆规格/mm(in)	连接螺纹扣型	最小孔径/mm(in)
63.5(2 1/2)	NC26(2 3/8 IF)	31.8(1 1/4)
76.2(3)	NC31(2 7/8 IF)	44.4(1 3/4)
88.9(3 1/2)	NC38(3 1/2 IF)	57.2(2 1/4)
108.0(4 1/4)	NC46(4IF)	71.4(2 13/16)
108.0(4 1/4)	NC50(4 1/2 IF)	71.4(2 13/16)
133.4(5 1/4)	5 1/2 FH	82.6(3 1/4)
133.4(5 1/4)	NC56	82.6(3 1/4)
152.4(6)	5 1/2 FH	71.4(2 13/16)
76.2(3)	NC26(2 3/8 IF)	38.0(1 1/2)
88.9(3 1/2)	NC31(2 7/8 IF)	44.4(1 3/4)
108.0(4 1/4)	NC38(3 1/2 IF)	57.2(2 1/4)
108.0(4 1/4)	NC46(4IF)	76.2(3)
133.4(5 1/4)	NC50(4 1/2 IF)	82.6(3 1/4)
152.4(6)	5 1/2 FH	82.6(3 1/4)
152.4(6)	NC56	88.9(3 1/2)

(3)部分国产方钻杆旋塞技术参数

泸州川油钻采工具有限公司方钻杆旋塞阀技术参数见表 8-72。

黑龙江北方双佳钻采机具有限公司方钻杆旋塞阀技术参数见表 8-73。

表 8 - 72　泸州川油钻采工具有限公司方钻杆旋塞阀技术参数

名　称	规　格	外径/mm	内径/mm	接头螺纹	长度/mm	压力级别/MPa
上旋塞	$6\frac{5}{8}$	200	76	$6\frac{5}{8}$ REG LH	610(680)	35、70
下旋塞	$4\frac{1}{4}$	178	71	NC50		35、70
	5	168	69	NC50		35、70
	$4\frac{1}{2}$	159	63.5	NC50		35、70
	$3\frac{1}{2}$	121	44.5	NC38	490	35、70
	$2\frac{7}{8}$	105	38	NC31		35、70
	$2\frac{3}{8}$	89	26	NC26		35、70

表 8 - 73　黑龙江北方双佳方钻杆旋塞阀技术参数

名　称	型　号	外径/mm(in)	内径/mm(in)	连接螺纹
上旋塞	XS197A	197($7\frac{3}{4}$)	76.2(3)	$6\frac{5}{8}$ REG LH
	XS200 - 1	200($7\frac{7}{8}$)		$6\frac{5}{8}$ REG LH
	XS203 - 1	203(8)		$6\frac{5}{8}$ REG LH
下旋塞	XS111 - 1	111($4\frac{3}{8}$)	40($1\frac{37}{64}$)	NC31
	XS121 - 2	121($4\frac{3}{4}$)	44.5($1\frac{3}{4}$)	NC38
	XS135 - 1	135($5\frac{5}{16}$)		NC38
	XS168A	168($6\frac{5}{8}$)	71.4($2\frac{13}{16}$)	NC50
	XS178 - 3	178(7)		$5\frac{1}{2}$ FH
	XS184A - 1	184($7\frac{1}{4}$)		$5\frac{1}{2}$ FH

6.3　钻具回压阀

钻具回压阀使用时接到钻具下部预定位置，按结构形式分为五种，其结构形式及代号见表 8 - 74。

表 8－74　钻具回压阀结构形式及代号

名　称	结构形式代号
箭形回压阀	FJ
球形回压阀	FQ
碟形回压阀	FD
投入式回压阀	FT
钻具浮阀(浮式回压阀)	FZF

钻具回压阀型号表示方法如下：

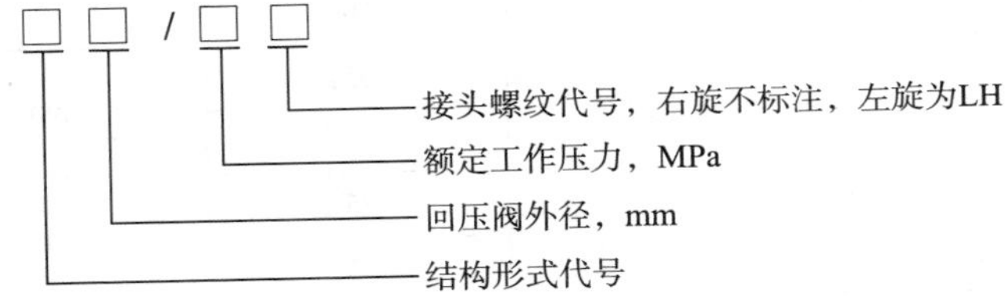

6.3.1　箭形回压阀

箭形回压阀的结构如图 8－53 所示，其规格见表 8－75。

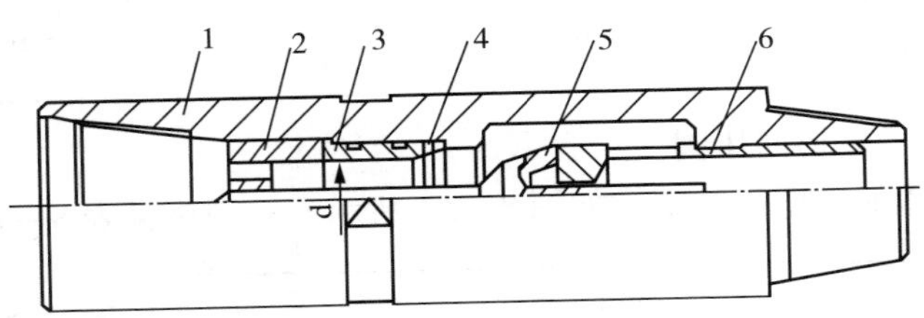

图 8－53　箭形回压阀结构示意图

1—阀体；2—压帽；3—衬套；4—密封垫；5—密封箭；6—支承座

表 8－75　箭形回压阀规格

型　号	外径/mm(in)	最小内径/mm	长度/mm
FJ86/35－NC26	85.7($3\frac{3}{8}$)	35	400
FJ86/70－NC26		33	

续表

型　号	外径/mm(in)	最小内径/mm	长度/mm
FJ105/35 - NC31	104.8($4\frac{1}{8}$)	46	410
FJ105/70 - NC31		44	
FJ121/35 - NC38	120.7($4\frac{3}{4}$)	58	440
FJ121/70 - NC38		56	
FJ140/35 - NC40	139.7($5\frac{1}{2}$)	58	440
FJ140/70 - NC40		56	
FJ152/35 - NC46	152.4(6)	72	470
FJ152/70 - NC46		70	
FJ168/35 - NC50	168.3($6\frac{5}{8}$)	85	490
FJ168/70 - NC50		83	
FJ178/35 - $5\frac{1}{2}$FH	177.8(7)	85	500
FJ178/70 - $5\frac{1}{2}$FH		83	
FJ203/35 - $6\frac{5}{8}$FH	203.2(8)	85	520
FJ203/70 - $6\frac{5}{8}$FH		83	
FJ229/35 - $7\frac{5}{8}$REG	228.6(9)	85	570
FJ229/70 - $7\frac{5}{8}$REG		83	

6.3.2　球形回压阀

球形回压阀的结构如图 8－54 所示，其规格见表 8－76。

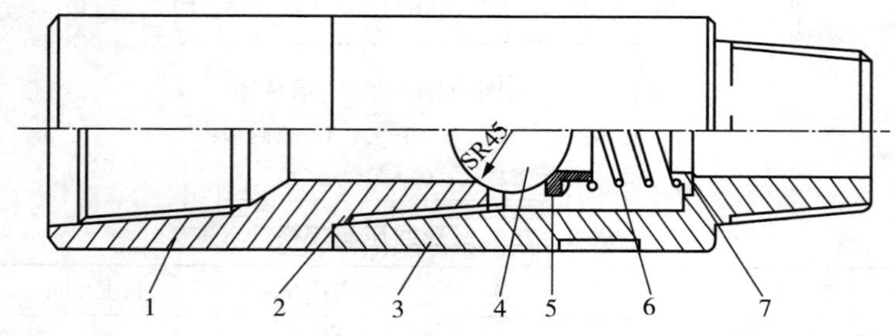

图 8－54　球形回压阀结构示意图

1—上阀体；2—“O”形密封圈；3—下阀体；4—密封钢球；5—支承座；6—弹簧；7—弹簧座

表 8－76　球形回压阀规格

型　号	外径/mm(in)	最小内径/mm	长度/mm
FQ86/35－NC26	85.7(3)	38	500
FQ86/70－NC26		36	
FQ105/35－NC31	104.8(4⅛)	48	530
FQ105/70－NC31	104.8(4⅛)	46	530
FQ121/35－NC38	120.7(4¾)	58	540
FQ121/70－NC38		56	
FQ127/35－NC38	127.0(5)	58	540
FQ127/70－NC38		56	
FQ140/35－NC40	139.7(5½)	58	550
FQ140/70－NC40		56	
FQ152/35－NC46	152.4(6)	72	560
FQ152/70－NC46		70	
FQ168/35－NC50	168.3(6⅝)	85	570
FQ168/70－NC50		83	
FQ178/35－5½FH	177.8(7)	85	620
FQ178/70－5½FH		83	
FQ203/35－6⅝FH	203.2(8)	85	700
FQ203/70－6⅝FH		83	

6.3.3　碟形回压阀

碟形回压阀的结构如图 8－55 所示，其规格见表 8－77。

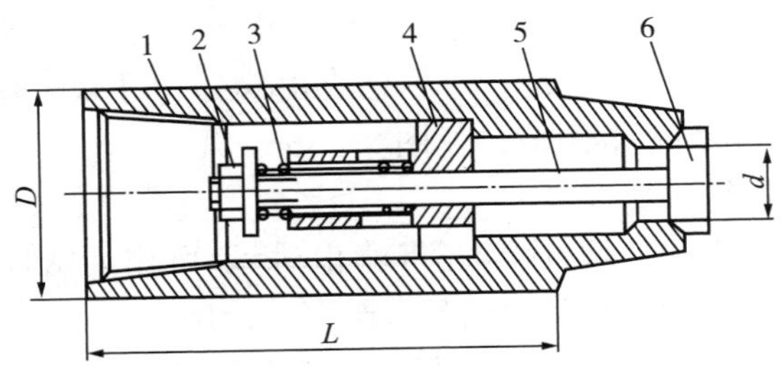

图 8－55　碟形回压阀结构示意图

1—阀体；2—调节螺母；3—弹簧；4—扶正套；5—阀杆；6—碟形阀

表 8 – 77　蝶形回压阀规格

型　号	外径 D ±0.5/mm(in)	内径 d/mm	长度 L/mm
FD86/35 – NC26	85.7($3\frac{3}{8}$)	36	270
FD86/70 – NC26		34	
FD105/35 – NC31	104.8($4\frac{1}{8}$)	46	300
FD105/70 – NC31		44	
FD121/35 – NC38	120.7($4\frac{3}{4}$)	58	350
FD121/70 – NC38		56	
FD140/35 – NC40	139.7($5\frac{1}{2}$)	58	350
FD140/70 – NC40		56	
FD152/35 – NC46	152.4(6)	70	380
FD152/70 – NC46		68	
FD168/35 – NC50	168.3($6\frac{5}{8}$)	80	400
FD168/70 – NC50		78	
FD178/35 – $5\frac{1}{2}$FH	177.8(7)	80	450
FD178/70 – $5\frac{1}{2}$FH		78	
FD203/35 – $6\frac{5}{8}$FH	203.2(8)	80	500
FD203/70 – 6FH		78	

6.3.4　投入式回压阀

(1)结构

投入式回压阀由就位接头和阀芯总成两部分组成。就位接头由本体和止动环组成。阀芯总成由阀体、牙块、堵塞器(拍克)、钢球和弹簧等组成，见图 8 – 56。

(2)工作原理

正常钻进中，就位接头(带着止动环)可作为钻具的组成部分接在预定位置，与其他钻具一起下井使用。

一旦发生井涌或井喷预兆，卸开方钻杆，将阀芯总成从钻具水眼投入，并开泵送下。当阀芯总成到达就位接头后被止动环阻挡而停止。此时，阀芯总成的牙爪与就位接头的锯齿牙相互锁定，阀芯总成被固定。阀体内的钢球在弹簧和井下高压液流的推举下压紧密封座，封闭水眼。钢球推动阀体上行，迫使堵塞器胀大密封就位接头的孔壁，这时就位接头和阀芯组件组成了一套内防喷器装置。

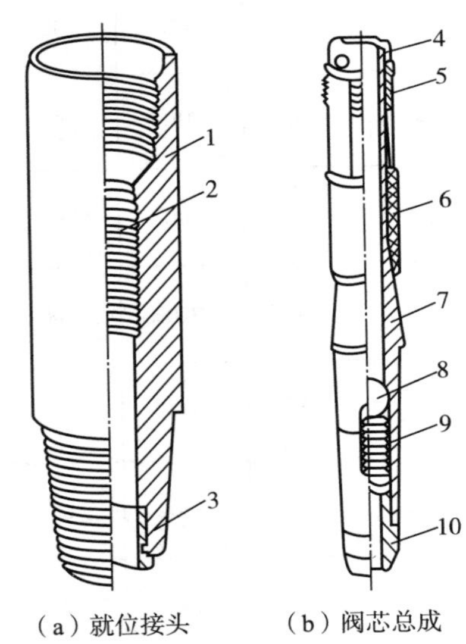

（a）就位接头　　（b）阀芯总成

图8－56　投入式回压阀结构示意图

1—阀体；2—止动环；3—止动环；4—阀体螺母；5—牙块；6—堵塞器；7—阀体；8—钢球；9—弹簧；10—弹簧座

（3）规格参数

投入式回压阀规格见表8－78。

表8－78　投入式回压阀规格

型　号	就位接头			阀芯总成		
	外径/mm(in)	内径/mm	长度/mm	外径/mm	内径/mm	长度/mm
FT86/35－NC26	85.7($3\frac{3}{8}$)	35	300	33	10	400
FT86/70－NC26					8	

续表

型　号	就位接头			阀芯总成		
	外径/mm(in)	内径/mm	长度/mm	外径/mm	内径/mm	长度/mm
FT105/35 – NC31	104.8($4\frac{1}{8}$)	38	300	36	12	450
FT105/70 – NC31					10	
FT121/35 – NC38	120.7($4\frac{3}{8}$)	56	310	54	19	480
FT121/70 – NC38					17	
FT140/35 – NC40	139.7($5\frac{1}{2}$)	56	300	54	19	480
FT140/70 – NC40					17	
FT152/35 – NC46	152.4(6)	60	320	58	24	500
FT152/70 – NC46					22	
FT168/35 – NC50	168.3($6\frac{5}{8}$)	70	350	68	28.5	530
FT168/70 – NC50					25	
FT178/35 – $5\frac{1}{2}$FH	177.8(7)	70	350	68	28.5	530
FT178/35 – $5\frac{1}{2}$FH					25	
FT203/35 – $6\frac{5}{8}$FH	203.2(8)	78	400	76	32	550
FT203/70 – 6FH					29	

(4)使用中应注意的问题

①就位接头上的止动环丝扣必须上紧，谨防止动环松动和脱落。否则，回压阀将起不到应有的作用。

②投入阀芯总成时，务必要注意使带弹簧座的一端在下，牙块一端在上，不能投反。

6.3.5　钻具浮阀(浮式回压阀)

钻具浮阀按阀芯结构分为板式浮阀和箭式浮阀两种。主要由浮阀体和浮阀芯两大部件组成。正常钻井时，阀盖打开，钻井液畅通循环。当井下发生井涌或者井喷时，阀盖关闭达到防喷目的。起下钻作业时，防止钻井液回流，阻止泥沙进入钻柱，起到防堵作用。结构如图 8 – 57 所示。天合石油机械股份公司钻具浮阀规格及参数见表 8 – 79。

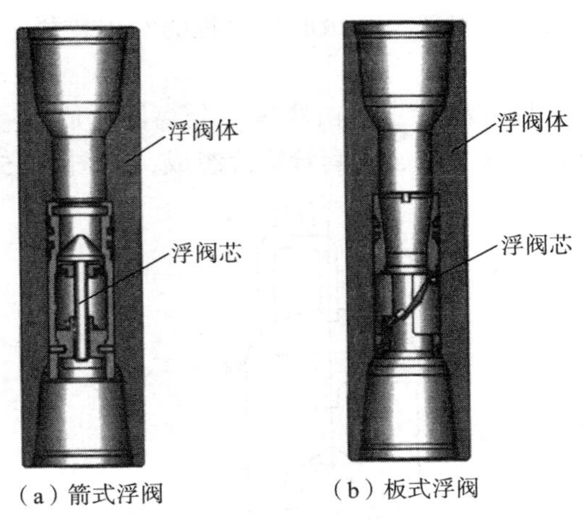

(a)箭式浮阀 (b)板式浮阀

图 8-57 钻具浮阀结构示意图

表 8-79 天合石油机械股份公司钻具浮阀规格及参数

型 号	接头外径/mm	接头螺纹	浮阀外径/mm	内径/mm
FFJT241	241.3	7⅝REG	121	76
FFJT228	228.6	7⅝REG	121	76
FFJT209	209.6	6⅝REG	121	76
FFJT203	203.2	6⅝REG	121	71
FFJT178	177.8	4½IF	98	71
FFJT165	165.2	4½REG	88	57
FFJT146	146	4½REG	88	57
FFJT121	121	3½REG	61	51
FFJT108	108	3½REG	61	38

7 其他辅助设施

7.1 钻井液气体分离器

钻井液气体分离器(液气分离器)是一级除气装置，是将被气侵钻井液的游离气进行初级脱气处理的专用装备。

(1)结构

钻井液气体分离器主要由底座、分离器总成、液位控制机构、控制阀件、安全阀、配套管线等组成，见图8-58。

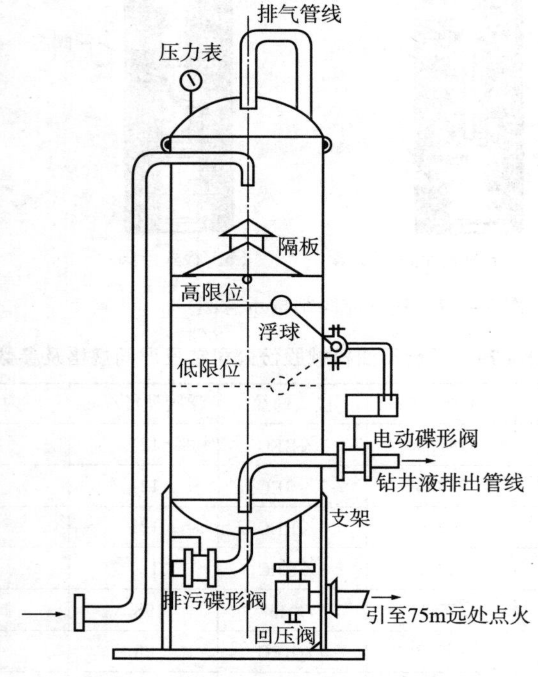

图8-58　钻井液气体分离器示意图

(2)工作原理

含气钻井液经节流管汇进入分离器总成，流经上部的旋流体，部分气体得到初次分离。初次分离后的钻井液流经分离器分离板，并在分离板上分散成薄层，使气泡暴露在其表面，气体与钻井液再次得到分离。分离出的气体从分离器顶部经排气管排出回收或点燃，脱气后的钻井液落入分离器底部，经排液管流回泥浆灌。

液位控制机构，通过二位五通阀控制进入气动蝶阀气源的开、关，来控制气动蝶阀的开启和关闭，使钻井液适时从排液管排出，保证分离器内保持一定的液面高度，同时避免含气钻井液直接从排液管进入泥浆池。

(3)钻井液气体分离器工作性能

钻井液气体分离器工作性能见表 8 – 80。

表 8 – 80　钻井液气体分离器技术参数

型　号	分离室直径/mm	工作压力/MPa	最大泥浆处理量/(m^3/h)	最大气体处理量/(m^3/h)	进液管直径/mm(in)	出液口控制形式	出液直径/mm	排气管直径/mm	结构形式
NQF800/0.7	800	0.7	120	3500	103 ($4\frac{1}{16}$)	气动蝶阀	245	245	立式
NQF1200/0.7	1200	0.7	190	5000	103 ($4\frac{1}{16}$)	气动蝶阀	245	245	立式
NQF1200/1.6	1200	1.6	215	21200	103 ($4\frac{1}{16}$)	气动蝶阀/U形管	219/245	139/245	立式
SLYQF – 300	1200	1.6	330		150	气动蝶阀/U形管	250	200	立式
ZQF – 800/0.8	800	0.8	120	12000	150	气动蝶阀/U形管	150	200	立式
ZQF3 – 1200/1.0	1200	1.0	200	20000	150	气动蝶阀/U形管	150	200	立式

承德江钻石油机械有限公司钻井液气体分离器规格型号见表 8 – 81。

表8-81 承德江钻有限公司钻井液气体分离器规格型号

型　号	工作压力/MPa	直径/mm	最大气处理量/($10^4m^3/d$)	最大液处理量/(m^3/d)
NQF600/1.2	1.2	600	10	2000
NQF800/1.0	1.0	800	12	2880
NQF800/1.6	1.6	800	12	2880
NQF1000/1.0	1.0	1000	14	6000
NQF1000/1.6	1.6	1000	14	6000
NQF1000/2.5	2.5	1000	14	6000
NQF1200/1.0	1.0	1200	18	8000
NQF1200/1.6	1.6	1200	18	8000
NQF1200/2.5	2.5	1200	18	8000
NQF1200/4.0	4.0	1200	18	8000
NQF1400/4.0	4.0	1400	22	9600

注：以上给出的是几种典型的规格型号，该公司生产的分离器规格还有ϕ600～1400mm，压力0.8～4.0MPa的各种规格和压力的分离器，分离型式有折流式和螺旋板式。

(4)使用要求

①安装在一个与循环罐等高的支架上。工作时，将排污口关闭。

②工作时，分离器内应保持一定液面。使用完应将分离器排污口打开，将污物清洗干净。

7.2 除气器

用于去除侵入钻井液中直径小于1mm的气泡的专用除气设备。

(1)分类与型号

按吸入方式除气器分为真空式和大气式两类。按除气器的结构分为分流型、喷射型和离心型。

型号表示方法如下：

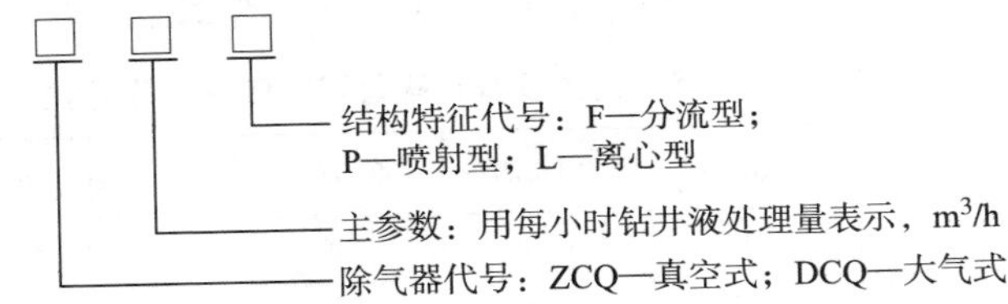

(2)结构

除气器由真空主体罐、主电机、真空泵、控制盘等部件组成，见图 8 - 59。

(3)工作原理

利用真空泵的抽吸作用，在真空罐内形成负压。钻井液在大气压的作用下，通过吸入管进入旋转的空芯轴，再由空芯轴四周的窗口，呈喷射状甩向罐壁，在碰撞、真空及气泡分离器的作用下，浸入钻井液中的气泡被破碎，气体逸出，由真空泵抽出并排往安全地带。除气后的钻井液靠自重进入排空腔排出罐外。

图 8 - 59　真空除气器

(4)基本参数

除气器的基本参数见表 8 - 82。

表 8 - 82　除气器的基本参数

型　号						
型　号	真空式		ZCQ120	ZCQ180	ZCQ240	ZCQ300
	大气式		DCQ120	DCQ180	DCQ240	DCQ300
处理量/(m^3/h)			120	180	240	300
处理罐容积/m^3	真空式	分流型	≥4			
		喷射型	≥1			
	大气式	离心型				
		喷射型				

唐山冠能机械设备有限公司除气器基本参数见表8－83。

表8－83　唐山冠能机械设备有限公司除气器基本参数

型　号	ZCQ240	ZCQ270	ZCQ300	ZCQ360
主体罐直径/mm	700	800	900	1000
处理量/(m^3/h)	≤240	≤270	≤300	≤360
真空度/MPa	－0.030～－0.045	－0.030～－0.050	－0.030～－0.055	－0.040～－0.065
传动比真空度	1.68	1.68	1.68	1.72
除气效率/%	≥95	≥95	≥95	≥95
主电机功率/kW	15	22	30	37
真空泵功率/kW	2.2	3	4	7.5
叶轮转速/(r/min)	860	870	876	880
外形尺寸(长×宽×高)/mm	1750×860×1500	2000×1000×1670	2250×1330×1650	2400×1500×1850
质量/kg	1100	1350	1650	1800

(5)对除气器有关性能的要求

①除气器钻井液处理量允差不得超过表8－84标称值的±10%。

②真空式除气器的真空度应符合表8－85的规定。

③真空式除气器抽真空时间一级应小于30s，二级应小于45s，三级应小于60s。

④除气器的除气效率应符合表8－86的规定。

表8－84　除气器钻井液处理量允差

类　型	一级	二级	三级
分流型	>50	>40～50	>30～40
喷射型	>40	>30～40	>20～30

表 8-85　真空式除气器的真空度

名　称	一级	二级	三级
真空式分流型	>85	>80～85	>80～85
真空式喷射型及大气型	>90	>85～90	>70～75

表 8-86　除气器的除气效率

类　型	一级	二级	三级
真空式分流型	>90	>85～90	>80～85
真空式喷射型及大气型	>80	>75～80	>70～75

(6)使用要求

①安装在振动筛之后，砂泵入口之前，坐在罐上；

②除气罐上的调节滑阀易卡死，应经常检查。

7.3　电子点火装置

(1)用途

电子点火装置是炼厂及天然气集输场站的尾气和放空天然气的处理装置。在石油钻井工程中，与钻井液气分离器配套使用，将放空的可燃有害气体点燃焚烧以消除其对环境和安全的危害，是一种安全环保设备。

电子点火可以远程操作，打开自动程序也可以自动进行操作点燃有害气体及其他可燃气体。

(2)结构

唐山冠能机械设备有限公司电子点火装置结构见图 8-60。

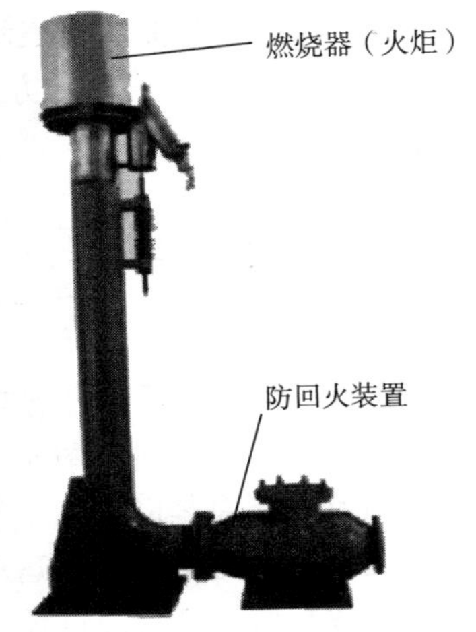

图 8-60　电子点火装置

(3)规格型号

唐山冠能机械设备有限公司电子点火装置主要技术指标见表 8-87。

表 8－87　唐山冠能电子点火装置主要技术指标

型　号	GPD－Y－15/2.5	YPD20/3
燃烧器(火炬)通径/mm	150	200
燃烧器高度/m	2.5	3
GDH－2 型电子点火器点火电压/kV	17	16
GDH－2 型电子点火器点火频率/(次/min)	100～1000	100～1000

7.4　试压装备及试压工具

7.4.1　试压装备

井口防喷器组、节流压井管汇及防喷放喷管汇安装结束，以及钻开油气层前均要对各连接部位、密封部位进行承压密封试验检查。试压装备可选择水泥车、电动试压泵及气动试压泵等试压动力源。气动试压泵体积小、耐压高、操作方便，因此现场多用气动试压泵。

(1)气动试压泵型号表示方法

气动试压泵型号表示方法如下：

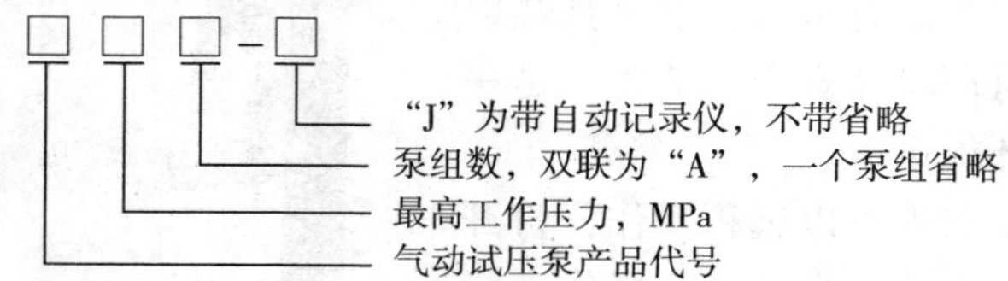

(2)气动试压泵结构及工作原理

气动试压泵结构如图 8－61 所示。

气动试压泵是以压缩空气为动力的试压泵。压缩空气推动气马达的活塞做上下往复运动，从而带动下部柱塞做上下往复运动，完成吸液和排液过程。

(3)气动试压泵技术参数

广州石油机械厂气动试压泵技术参数见表 8－88。

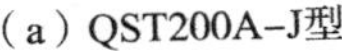
（a）QST200A–J型

（b）QST140B–J型

图 8 – 61　气动试压泵

表 8 – 88　广州石油机械厂气动试压泵技术参数

型　号	气动泵组/台					气源压力/MPa	工作压力/MPa	油箱容积/L	打印仪/台	质量/kg
	1: 30	1: 100	1: 60	1: 200	1: 225					
QST70	1	1				0. 7	70	100		315
QST70 – J	1	1				0. 7	70	100	1	320
QST140			1	1		0. 7	140	100		310
QST140 – J			1	1		0. 7	140	100	1	315
QST140A			2	2		0. 7	140	100		400
QST140A – J			2	2		0. 7	140	100	1	405
QST140B			1	1		0. 7	140			102
QST140B – J			1	1		0. 7	140		1	107
QST140C			1	1		0. 7	140	120		315
QST140C – J			1	1		0. 7	140	120	1	320
QST200			1		1	0. 86	200	100		320
QST200 – J			1		1	0. 86	200	100	1	325
QST200A			2		2	0. 86	200	100		340
QST200A – J			2		2	0. 86	200	100	1	345

7. 4. 2　试压堵塞器

试压常用的堵塞器有皮碗式堵塞器和无通孔的塞型堵塞器

(支撑皮碗式堵塞器)，前者用于环形防喷器和半封闸板防喷器试压，后者用于全封闸板防喷器试压。皮碗式堵塞器结构见图 8－62。皮碗式堵塞器规范见表 8－89 和表 8－90。

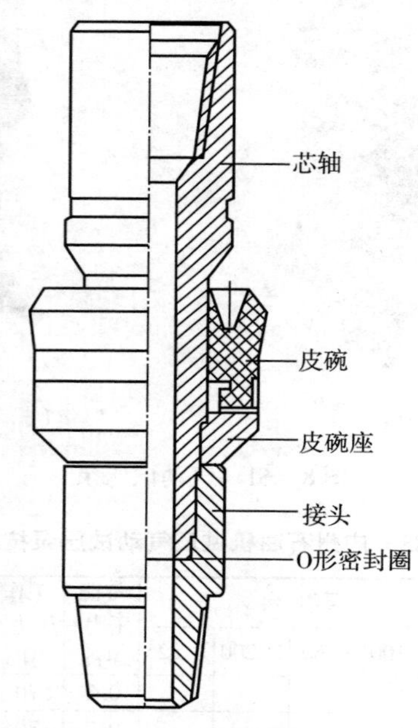

图 8－62　皮碗式试压堵塞器结构示意图

表 8－89　皮碗式试压堵塞器规格

规格/mm(in)	上下接头扣型	最大承载能力/kN	适应套管规格/mm		皮碗有效承压面积/cm^2	额定工作压力/MPa
			规格	壁厚		
177.8 (7)	NC38	1140	177.8	10.36、11.51、12.65、13.72	131.62	35
244.5 ($9\frac{5}{8}$)	NC50	2470	244.5	7.92、8.94、10.03	284.16	35
339.7 ($13\frac{3}{8}$)	NC50	2470	339.7	8.38、9.65、10.92	706.45	35

表 8－90　高峰石油机械有限责任公司 ST 型试压堵塞器规格

型　号	接头螺纹	适用套管规格 外径/mm(in)	适用套管规格 内径/mm		堵塞器承压面积/cm^2	总长/mm
ST4A	NC26	101.6(4)	87.1		41	588
ST44	NC26	114.3($4\frac{1}{2}$)	A	97.2～99.6	52.8	588
			B	101.6～103.9	60	
ST5	NC26	127.0(5)	108.6～115.8		81	588
ST5A	NC31	139.7($5\frac{1}{2}$)	A	125.7～128.1	104	588
			B	118.6～124.3	96	
ST7	NC38	177.8(7)	A	159.4～166.1	155	685
			B	150.4～157.1	133	
ST9	NC50	244.5($9\frac{5}{8}$)	A	224.4～228.7	305	700
			B	216.8～222.4	282	
ST10	NC50	273.1($10\frac{3}{4}$)	A	250.1～258.9	402	752
			B	242.8～247.9	366	
ST11	NC50	298.5($11\frac{3}{4}$)	A	279.4～281.5	480	782
			B	273.6～276.3	464	
ST12	NC50	323.9($12\frac{3}{4}$)	A	299.8～301.85	582	782
			B	303.8～305.85	602	
ST13	NC50	339.7($13\frac{3}{8}$)	A	317.9～322.9	682	782
			B	311.6～315.3	657	

7.4.3　试压方法

①环形防喷器和半封闸板防喷器试压操作程序：用钻具将皮碗式堵塞器下入井筒第一根套管内，从压井管汇将井口灌满清水，顺次关闭所要试压的防喷器，用试压泵逐一进行憋压试压。

②试全封闸板防喷器操作程序：用钻具将塞形堵塞器送至套管头处退出钻具，关闭全封闸板，从压井管汇处注入清水进行憋压试压。

7.5　防磨套

防磨套主要用于防止钻井作业过程中钻具对套管头内腔密封面的损坏。它通过专用送入取出工具安装和回收。

防磨套结构如图 8－63 所示，主要规格见表 8－91。

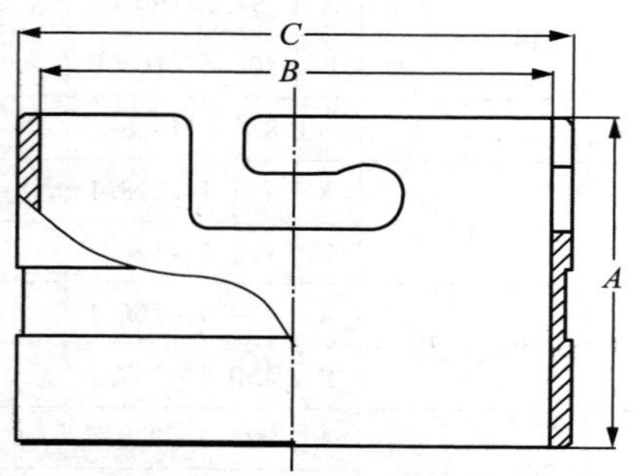

图 8－63　防磨套结构示意图

表 8－91　宝鸡石油机械有限公司 TR 防磨套规格

规格/in	A/mm	B/mm	C/mm
11	182	225	275
11	182	230	275
11	182	252	275
13⅝	210	315	340
20¾	285	485	520
21¼	285	485	520

7.6　钻井液液面监测装置

7.6.1　YJCY 型钻井液液面监测仪

YJCY 型钻井液液面监测仪是浙江中恒仪器仪表有限公司生产的钻井液液面监测装置。

(1)用途

YJCY 型钻井液液面监测仪，用于钻井过程中指示泥浆罐液面的高度变化，当指针到达设定的上、下限指示时，钻井液液面监测仪即发出声光报警，使司钻房和钻井现场人员能及时发现并采取措施，避免井喷事故的发生。

(2)结构

YJCY 型钻井液液面监测仪，由主机、司钻报警器(YJCY－2 型带液位指示表 0.6～1.9m)和 24VDC 电源控制箱三个部分组成(见图 8－64)。

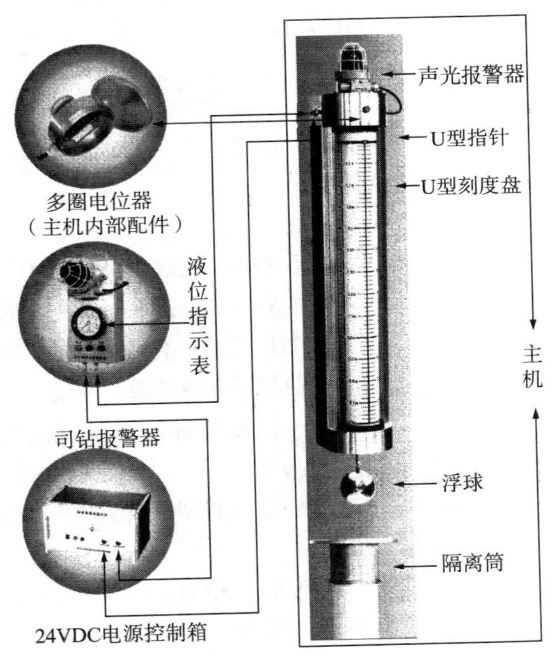

图 8－64 YJCY 型钻井液液面监测仪结构示意图

(3)工作原理

主机分上、下两部分。上部分由固定在不锈钢支架上的 U 型刻度盘和 U 型指针、浮球、导向杆组成。下部份为一个 $\phi200\times1700$mm 的隔离筒，隔离筒上端固定在泥浆罐预定位置上(隔离筒距离罐底 0.4m，到罐的顶部是开放的)。工作时，浮球及导向杆插入隔离筒，随钻井液液面的上下浮动而运动，并带动指针顶杆在刻度盘表面上下运动，显示泥浆罐内泥浆液面的变化情况。当指针超越设定的上、下限位置时，钻井液液面监测仪及司钻报警器即同时发出声光报警信号。

YJCY－2 型钻井液液面监测仪的主机在 YJCY－1 型的基础上加装了多圈电位器，通过细绳和小滑轮带动多圈电位器，使液面的线性变化转换为电阻值，通过电压电流变换器，使其输出 4～20mA 的标准信号到司钻报警器的液位指示表和计算机。

(4)主要技术参数

①工作电源：24VDC。

②声光报警器：型号 BBJ－DC24V；声响强度 50db；防护等级 2P54。

③刻度指示范围：0.6～1.9m。

④主机外形尺寸(长×宽×高)/mm：3500×380×380。

⑤接近开关型号：型号 JL18A3－8－Z/BIY；感应距离 3～7mm；输出信号：4～20mA。

7.6.2　简易钻井液液面监测仪

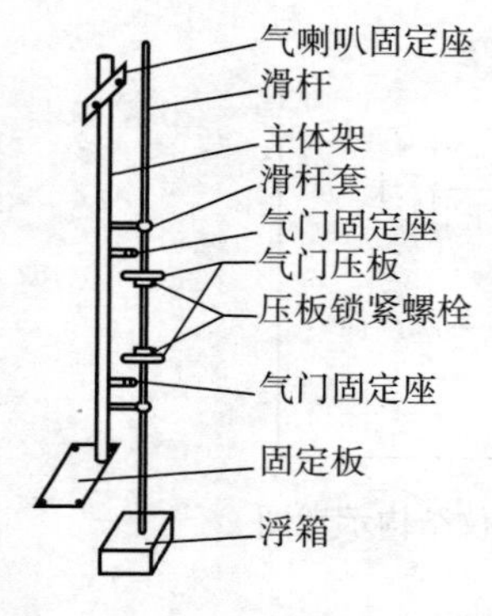

图 8－65　简易液面监测仪结构示意图

用于监测钻井液罐液面的变化，并能自动报警。由主体架、浮箱、滑杆、气门压板及气喇叭等构成，如图 8－65 所示。

工作时，将液面报警仪主体架固定在钻井液罐上。将气门压板装在滑杆上，调整好距离并固定。将滑杆从滑杆套里穿过，将浮箱放到大罐里钻井液液面上，再装上气喇叭、气门，接上气源即可。当钻井液液面变化时，浮箱带动滑杆及压板上下移动。当钻井液面上下浮动幅度达到预定位置时，气门压板顶开气门开关接通气源，喇叭鸣响自动报警。

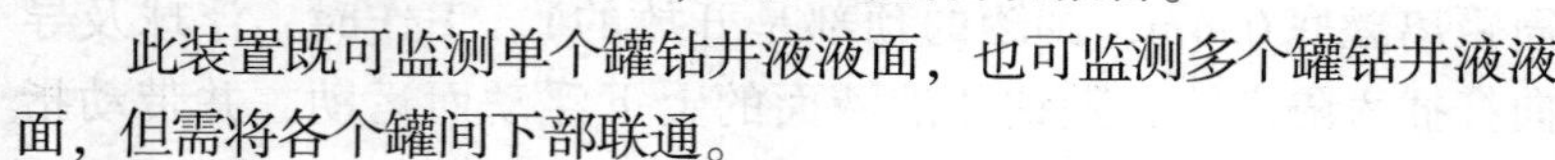
此装置既可监测单个罐钻井液液面，也可监测多个罐钻井液液面，但需将各个罐间下部联通。

7.7　防喷器移动装置

ZFY－50Y 型防喷器移动装置，由东营正和机械有限公司生产制造。主要用于大、中型钻机防喷器或防喷器组的现场安装、检修和拆卸。

该装置由两个单独的起吊装置组合而成，采用全液压控制。两个起吊装置分别悬挂在钻机平台下部的两根导轨上，通过液压操纵箱的控制，两个起吊装置可实现同步起升、下放、前移、后移的动作，也可以分别起升、下放和有限距离内的前、后移动(最大分离距离≤1m)。

该装置由钻机液压泵站作为动力源，各液压软管均采用自卸压快速接头连接，安装拆卸方便，并具有防爆、操作简单、可靠、安全等优点，如图 8－66 所示。

图 8－66　ZFY－50Y 型防喷器移动装置结构示意图

主要技术参数：

最大提升负荷：2 × 250 = 500kN

最大提升行程：4m

最大提升速度(双侧)：3. 39m/min

最大提升速度(单侧)：6. 78m/min

最大下放速度(双侧)：6. 51m/min

最大下放速度(单侧)：13. 02m/min

最大移动速度(双侧、双向)：12m/min

液压系统最大工作压力：16MPa

液压系统最大工作流量：120L/min

钢丝绳直径：ϕ28mm

第九章　固井工具

1　常用套管串附件

1.1　套管引鞋

套管引鞋按制造材料可分为木质引鞋、水泥引鞋和金属引鞋三种类型。

1.1.1　木质引鞋

本质引鞋用坚硬的木质材料制成，只适用于表层套管，与套管鞋紧配合。一般在套管鞋处钻6~8个5mm小孔，用铁钉固定木质引鞋。木质引鞋的结构如图9－1所示，技术参数见表9－1。

表9－1　木质引鞋技术参数

规格/mm	外径/mm		插入端尺寸/mm			圆弧半径/mm	循环孔径/mm	总长度/mm	侧流孔数/个
	最大	最小	大头直径	小头直径	长度				
339.7	365	140	320	313	150	720	50	550	4
508	533	200	488	480	150	852	60	650	4

1.1.2　水泥引鞋

水泥引鞋的结构如图9－2所示，技术参数见表9－2。

表9－2　水泥引鞋技术参数

规格/mm	外径/mm	循环孔直径/mm	长度/mm
177.8	195	70	400~600
244.5	270	80	400~600
273	299	80	400~600
339.7	365	90	400~600

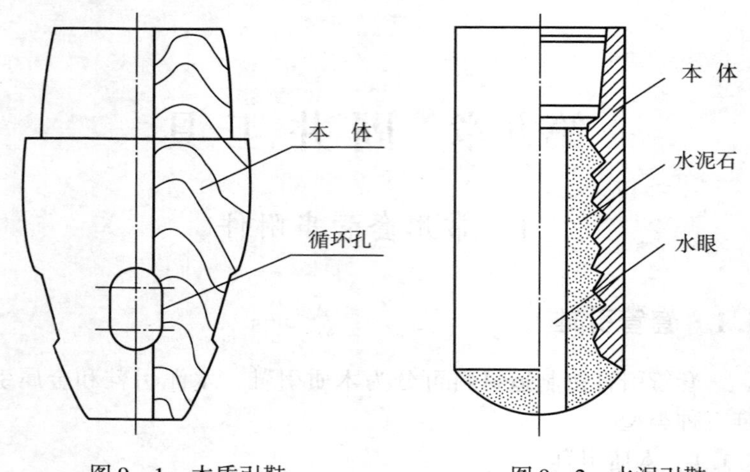

图 9 - 1　木质引鞋　　　　图 9 - 2　水泥引鞋

1.1.3　金属引鞋

金属引鞋用生铁或铸钢铸造而成，一端加工有套管螺纹。金属引鞋适用于中深井、井下正常的深井、定向井油层套管和井下条件复杂的技术套管，其特点是机械强度高，引导作用好，但可钻性差。其结构见图 9 - 3，技术参数见表 9 - 3。

表 9 - 3　金属引鞋技术参数

规格/mm	外径/mm		内径/mm		圆弧半径/mm		长度/mm	侧流孔数/个
	最大	最小	最大	最小	外圆弧	内圆弧		
127	141	70	104	50	600	900	280	4
139.7	154	75	116	55	620	930	324	4
177.8	195	90	146	75	652	728	370	4
244.5	270	105	214	85	680	760	410	4
273.1	299	117	246	93	696	800	400	4
339.7	365	140	309	115	720	860	520	4

1.2　套管鞋

套管鞋上端与套管螺纹相接，下端具有内侧倒角并以螺纹或其他方式与引鞋相接的特殊接箍。适用于表层套管和技术套管。其作用是为了在以后继续钻进中，避免起钻时钻具挂碰套管底端，达到保护钻具和套管的目的。

套管鞋由同类尺寸的高钢级套管接箍改制或由35CrMo无缝钢管加工而成，其下端内侧加工成8 ×45°倒角。套管鞋的结构见图9 -4，技术参数见表9 -4。

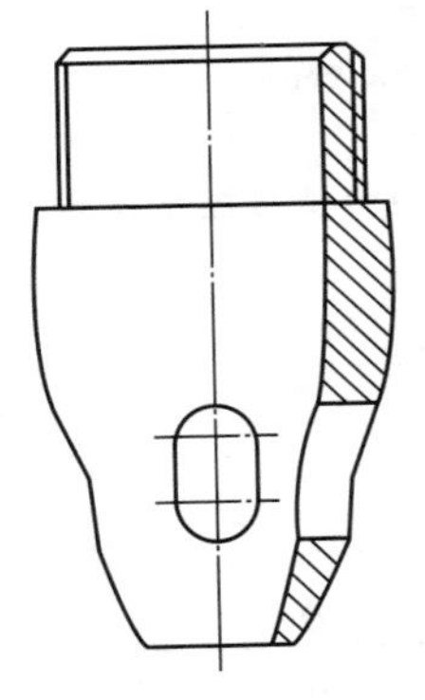

图9 -3　金属引鞋

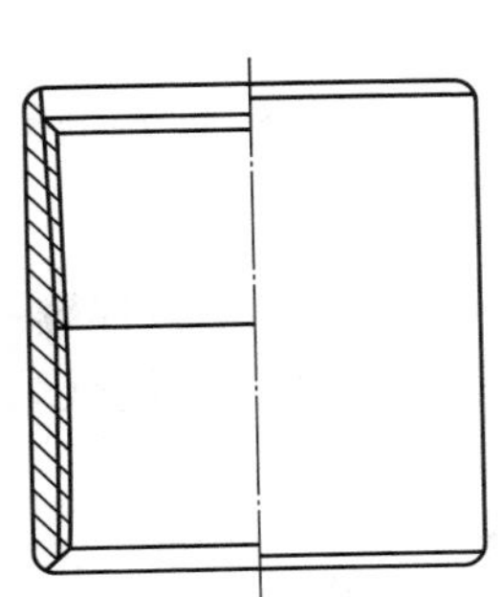

图9 -4　套管鞋

表9 -4　套管鞋技术参数

规　格	177.8	244.5	273	339.7	508
最大外径/mm	195	270	299	365	533
外倒角直径/mm	193	268	279	363	530
长度/mm	230	270	270	270	280

1.3　浮鞋与浮箍

1.3.1　类型

1.3.1.1　分类

浮箍、浮鞋按下井时钻井液进入方式分为自灌型和非自灌型。按其回压装置的工作方式分为浮球式、弹簧式、插入式和舌板式。按其填充方式可分为水泥浇注和非水泥浇注。

1.3.1.2　型号的表示方法：

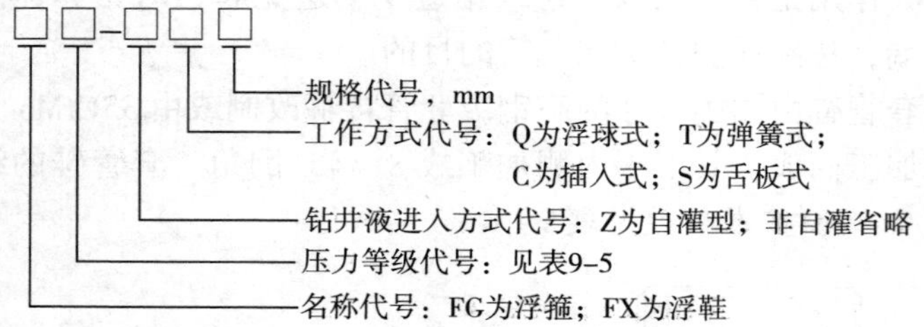

标记示例：外径 139.7mm（$5\frac{1}{2}$in）套管用 I 型弹簧自灌型浮鞋，标记为 FXI–ZTl40。

1.3.2　浮球式浮箍、浮鞋

①浮球式浮箍、浮鞋结构见图 9–5。

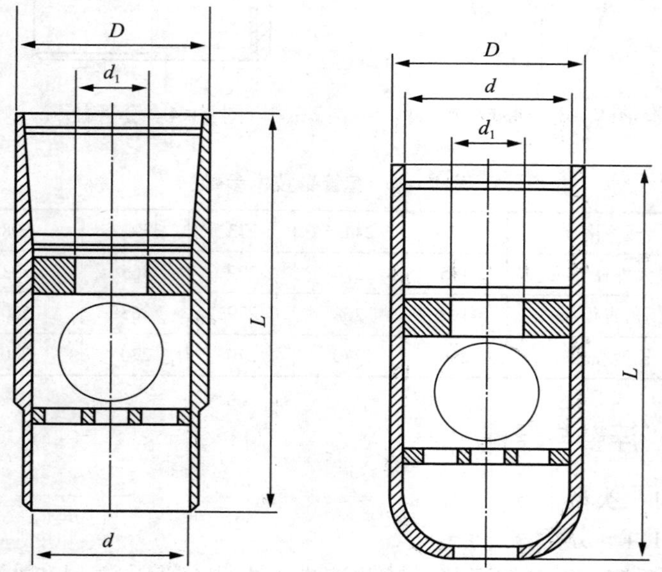

图 9–5　浮球式浮箍、浮鞋示意图

②浮球式浮箍、浮鞋尺寸应符合表 9–5 的规定。

表 9－5　浮球式浮箍、浮鞋主要尺寸　　单位：mm

规格代号	总长 L	最大外径 D	水眼直径 d_1
114(4½in)	280～500	127.00	46～60
127(5in)		141.30	
140(5½in)		153.67	
168(6⅝in)		187.71	
178(7in)		194.46	
194(7⅝in)	300～700	215.90	60～70
219(8⅝in)		244.48	
244(9⅝in)		269.88	
273(10¾in)		298.45	
298(11¾in)		323.85	
340(13⅜in)		365.12	
406(16in)		431.80	
473(18⅝in)		508.00	
508(20in)		533.40	

1.3.3　**弹簧式浮箍、浮鞋**。

①弹簧式浮箍、浮鞋结构见图 9－6。

②弹簧式浮箍、浮鞋尺寸应符合表 9－6 的规定。

表 9－6　弹簧式浮箍、浮鞋主要尺寸　　单位：mm

规格代号	总长 L	最大外径 D	水眼直径 d_1
114(4½in)	300～550	127.00	46～60
127(5in)		141.30	
140(5½in)	300～650	153.67	
168(6⅝in)		187.71	

续表

规格代号	总长 L	最大外径 D	水眼直径 d_1
178(7in)	300～650	194.46	46～60
194(7⅝in)		215.90	60～70
219(8⅝in)		244.48	
244(9⅝in)	350～700	269.88	
273(10¾in)		298.45	
298(11¾in)		323.85	
340(13⅜in)	400～700	365.12	
406(16in)		431.80	
473(18⅝in)		508.00	
508(20in)		533.40	

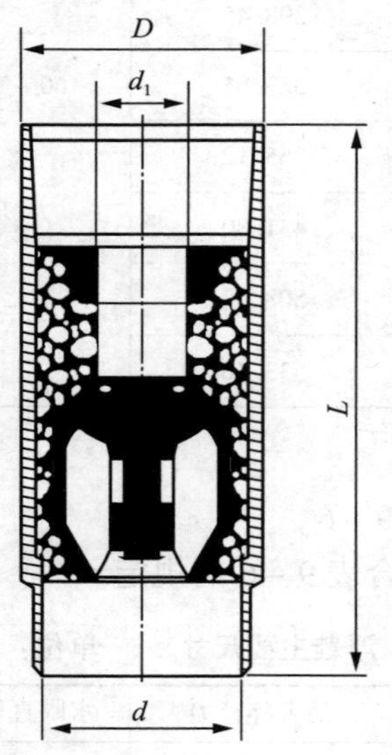

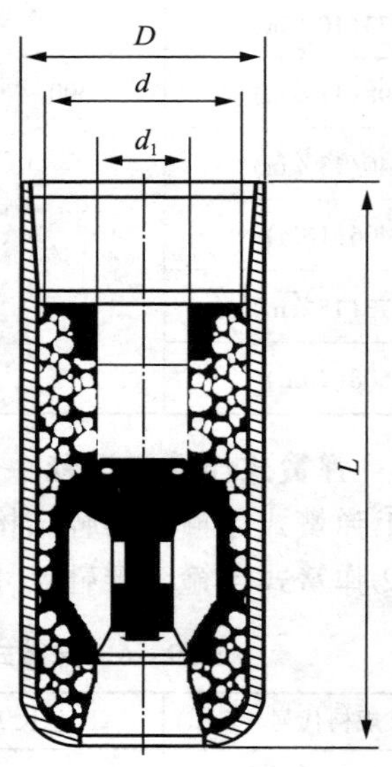

图 9－6　弹簧式浮箍、浮鞋示意图

1.3.4　插入式浮箍、浮鞋及插入头

1.3.4.1　插入式浮箍、浮鞋

①插入式浮箍、浮鞋结构见图 9－7。

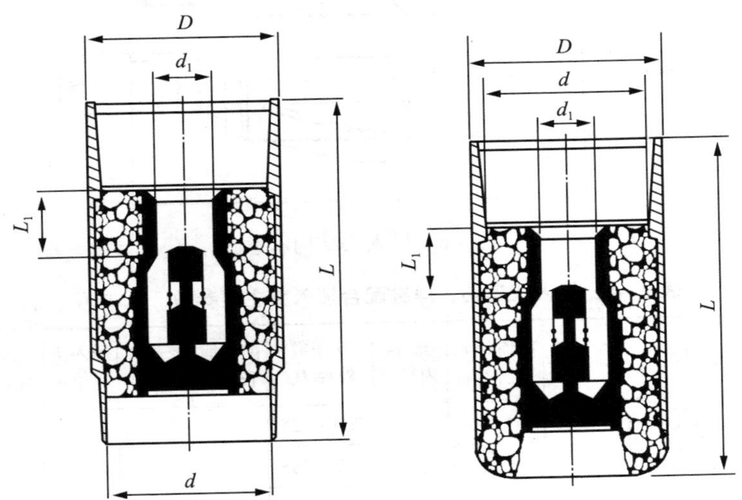

图 9－7　插入式浮箍、浮鞋示意图

②插入式浮箍、浮鞋尺寸应符合表 9－7 的规定。

表 9－7　插入式浮箍、浮鞋主要尺寸　　单位：mm

规格代号	总长 L	L_1	最大外径 D	水眼直径 d_1
244(9⅝in)	400～700	$L_1 > L_1'$	269.88	60～80
273(10¾in)			298.45	
298(11¾in)			323.85	
340(13⅜in)	450～700		365.12	
406(16in)			431.80	
473(18⅝in)			508.00	
508(20in)			533.40	

注：L'_1 为插入头配合段长度。

1.3.4.2　插入头

①插入头结构见图 9－8。

②主要参数应符合表 9－8 的规定。

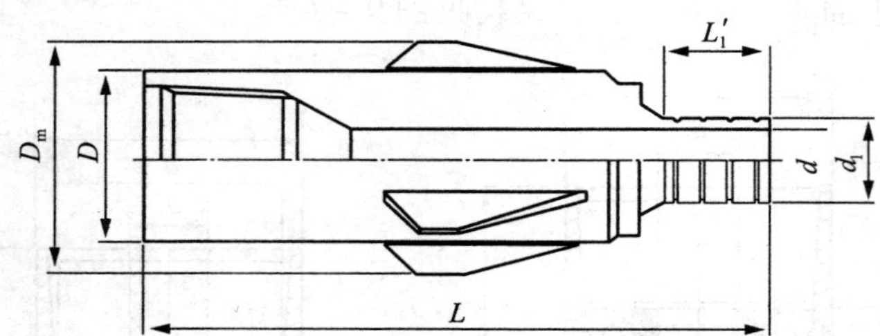

图 9－8　插入头结构示意图

表 9－8　插入式浮箍、浮鞋配合插入头主要参数　　单位：mm

规格代号	总长 L	本体最大外径 D	最小内径 d	扶正翼外径 D_m	配合段长度 L	密封圈数量	插入头外径 d_1	连接螺纹
244(9⅝in)	400～550	156～165		204～225	≥100	≥3	60～80	NC50
273(10¾in)				232～255				
298(11¾in)				267～278				
340(13⅜in)				299～319				
406(16in)				378～384				
473(18⅝in)				402～447				
508(20in)				472～482				

1.3.5　舌板式浮箍、浮鞋

①舌板式浮箍、浮鞋结构见图 9－9。

②舌板式浮箍、浮鞋尺寸应符合表 9－9 的规定。

表 9－9　舌板式浮箍、浮鞋主要尺寸　　单位：mm

规格代号	总长 L	最大外径 D	水眼直径 d
114(4½in)	200～500	127.00	46～60
127(5in)		141.30	
140(5½in)		153.67	
168(6⅝in)		187.71	
178(7in)		194.46	

续表

规格代号	总长 L	最大外径 D	水眼直径 d
194(7⅝in)	300～600	215.90	60～70
219(8⅝in)		244.48	
244(9⅝in)		269.88	
273(10¾in)		298.45	
298(11¾in)		323.85	
340(13⅜in)	300～600	365.12	60～70
406(16in)		431.80	
473(18⅝in)		508.00	
508(20in)		533.40	

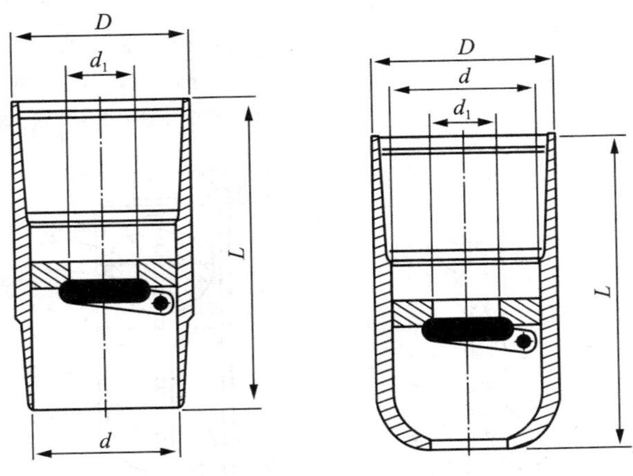

图 9－9　舌板式浮箍．浮鞋结构示意图

1.4　套管自动灌浆阀

(1)结构

套管自动灌浆阀是装在套管鞋上部，实现下套管过程中自动灌泥浆的一种装置。有浮球压差式、液流型舌型阀板压差式、浮动活塞压差式、涡轮压差式 4 种结构类型，见图 9－10～图 9－13 所示。

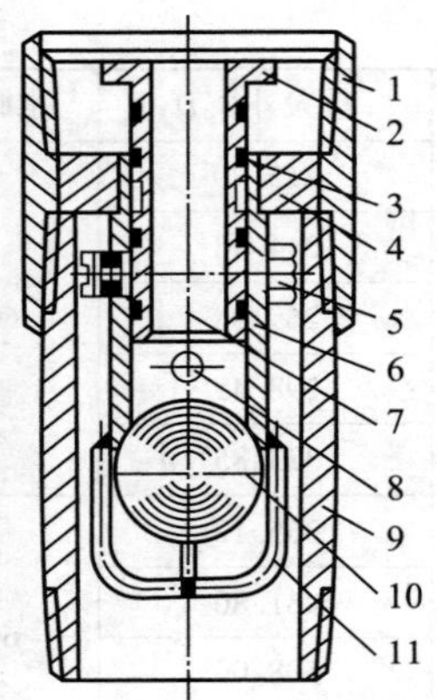

图9-10　浮球压差式自动灌浆阀

1—接箍；2—关闭套；3—密封圈；4—承托环；5—销钉；6—外套；7—自锁机构；8—进浆孔；9—本体；10—尼龙球；11—球篮

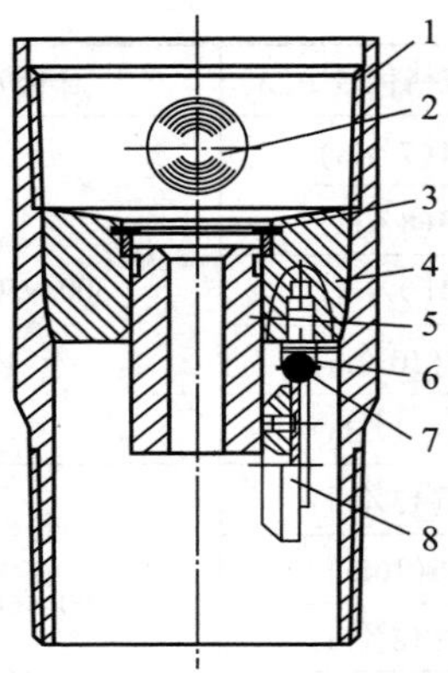

图9-11　液流型舌型阀板压差式自动灌浆阀

1—本体；2—尼龙球；3—挡圈 4—承托环；5—液流嘴 6—铰链支座；7—弹簧；8—舌阀板

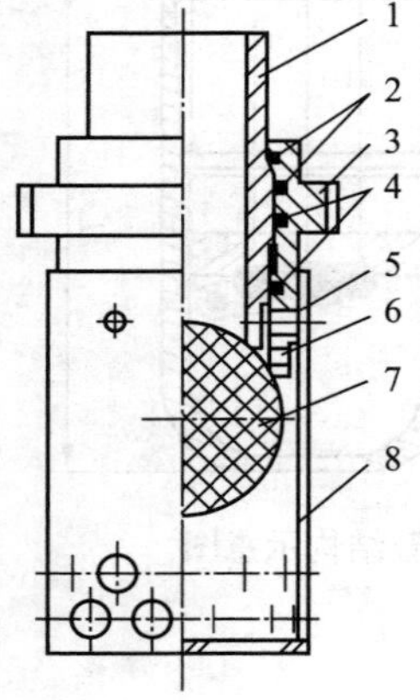

图9-12　浮动活塞压差式自动灌浆阀

1—滑套；2—卡簧；3—承托环 4—密封圈；5—销钉；6—进浆孔 7—尼龙球；8—球篮

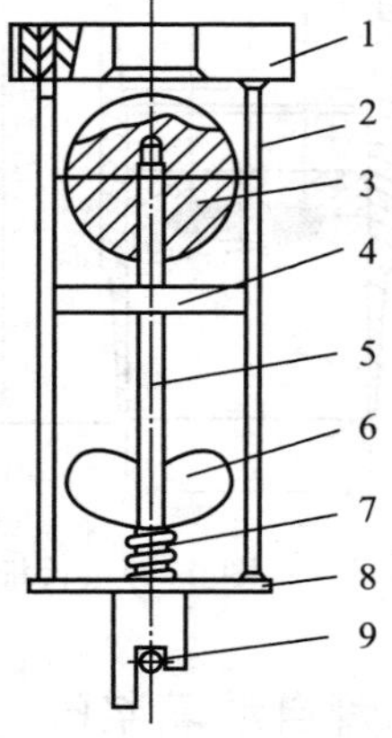

图9-13　涡轮压差式自动灌浆阀

1—承托环；2—钢筋骨架；3—尼龙球 4—扶正架；5—中心拉杆；6—涡轮叶片 7—弹簧；8—网状托盘；9—挂钩

(2)规格与技术参数

套管自动灌浆阀规格与技术参数见表9－10。

表9－10　套管自动灌浆阀规格与技术参数

类型	直径/mm	进浆孔直径/mm	销钉数量×直径/mm	循环孔直径/mm	剪销泵压/MPa	液流嘴		材质	高度/mm
						厚度/mm	剪切泵压/MPa		
浮球式	139.7	2×10.5	2×7	55	3.5～4.0			钢	380
板式	177.8	18～20		60		2	4～4.5	铝	400
	244.5	20～22		70		2	4～4.5	铝	410
浮动活塞式	139.7	4×14	3×2	56	2.0			钢	320
	177.8	4×14	3×2	56	2.0			铝	320
	244.5	4×14	3×2	56	2.0			铝	320
涡轮式	139.7	10～15多孔板		50				钢	280

1.5　水泥伞

水泥伞通常安装在分级注水泥器下部，防止水泥浆下沉和支撑液柱压力。也可以在分级注水泥器以上的脆弱地层井段安装几个水泥伞。

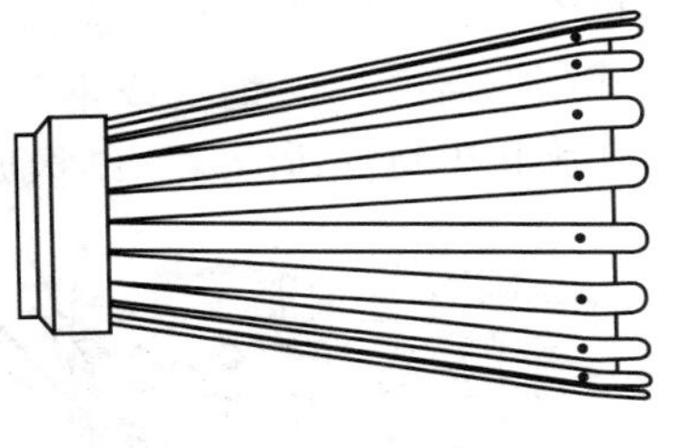

图9－14　水泥伞

在下套管过程中，允许水泥伞在接箍处向下滑动或旋转，但要避免套管柱向上移动而损坏水泥伞。

水泥伞有金属型和帆布型两种类型。结构如图9－14所示，技术参数见表9－11。

表 9-11　水泥伞技术参数

规格/mm	长度/mm	通径/mm	外径/mm	推荐井眼尺寸/mm	
				最小	最大
127	435	130	155	194	267
139.7	435	143	168	200	279
177.8	435	181	206	229	318
244.5	435	248	273	305	381
273	435	276	301	337	413
339.7	435	343	368	406	479
508	435	511	536	574	648

1.6　刮泥器

刮泥器安装在水泥封固井段套管外部，用于清除井壁上的滤饼，以提高水泥环与地层的胶结强度。

刮泥器有往复式和旋转式两种类型。往复式刮泥器由径向钢丝或钢丝绳和接箍组成，靠套管往复运动将滤饼清除；旋转式刮泥器由径向钢丝或钢丝绳和直杆组成，安装在套管柱上，在旋转中将滤饼清除。结构见图 9-15 和图 9-16。

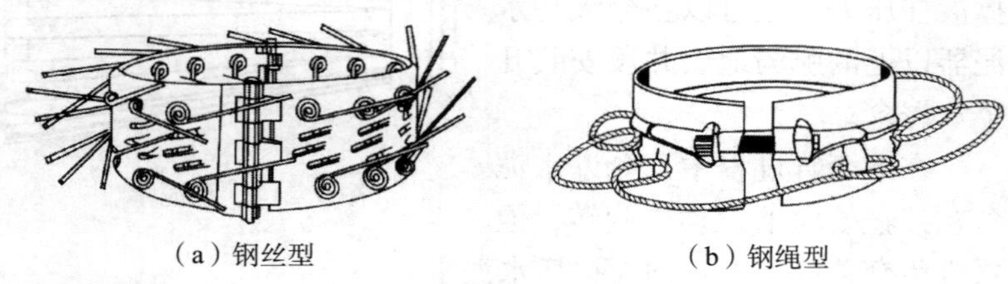

（a）钢丝型　（b）钢绳型

图 9-15　往复式刮泥器

往复式刮泥器与井眼配合尺寸见表 9-12、表 9-13。

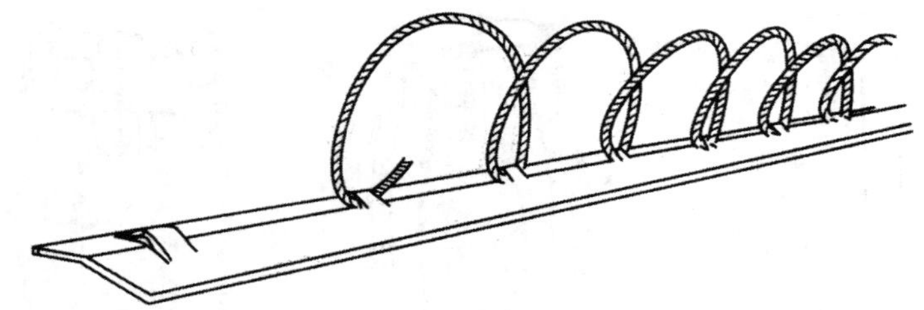

图 9－16　旋转式刮泥器

表 9－12　往复式钢丝型刮泥器与井眼配合尺寸

套管尺寸/mm	最小井眼尺寸/mm	钢丝展开外径/mm
139.7	171.5	308
177.8	222	333

表 9－13　往复式钢绳型刮泥器与井眼配合尺寸

套管尺寸/mm	最小井眼尺寸/mm	钢丝展开外径/mm
139.7	184	254
177.8	222	279

1.7　套管扶正器

套管扶正器套装在套管柱上，可使套管柱在井内居中，以利于提高水泥环的胶结质量。同时还可减小下套管时的阻力和避免粘卡套管。

套管扶正器分为弹簧片柔性扶正器、刚性扶正器和滚轮扶正器等类型。

(1) 弹簧片柔性扶正器

是将弓形弹簧片做成螺旋状或在弹簧片上焊有带一定角度的叶片，促使水泥浆形成旋流的装置，如图 9－17 所示。

弹簧片扶正器技术参数见表 9－14，弹簧片扶正器与井眼配合尺寸表 9－15。

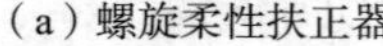

(a)螺旋柔性扶正器

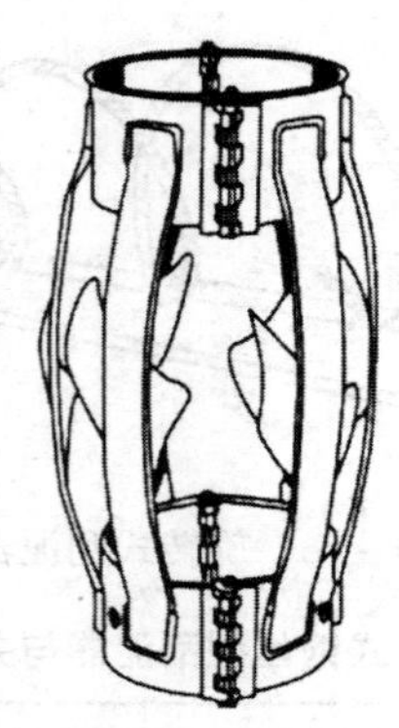

(b)焊接式螺旋柔性扶正器

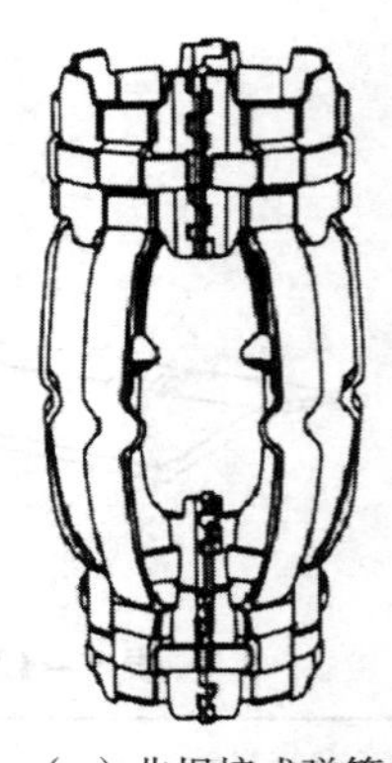

(c)非焊接式弹簧片柔性扶正器

图9-17　弹簧片柔性扶正器

表9-14　弹簧片扶正器技术参数

规格/mm	127	139.7	177.8	244.5	273.1	339.7
弹簧片宽/mm	30	30	40	40	40	40
弹簧片厚/mm	4~6	4~6	4~6	4~6	4~6	4~6
弹簧片数/片	5	5	6	6~8	6~8	6~8
扶正器长/mm	600					

表9-15　弹簧片扶正器与井眼配合尺寸

扶正器规格/mm	127	139.7	177.8	244.5	273.1	339.7
井眼尺寸/mm	149~152	215.9		311	375	444.5

(2)刚性扶正器

刚性扶正器结构如图9-18所示。

(3)右旋滚轮扶正器

右旋滚轮扶正器为专利产品(专利号：200820103420.2)。右旋滚轮扶正器由本体、右旋螺旋扶正棱、椭圆型滚轮组成。结构如图9-19所示。

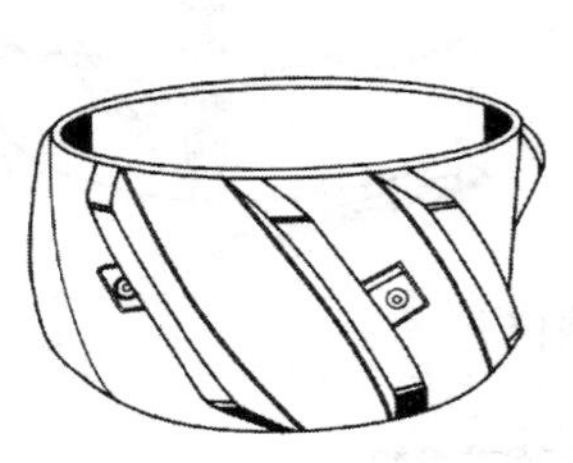

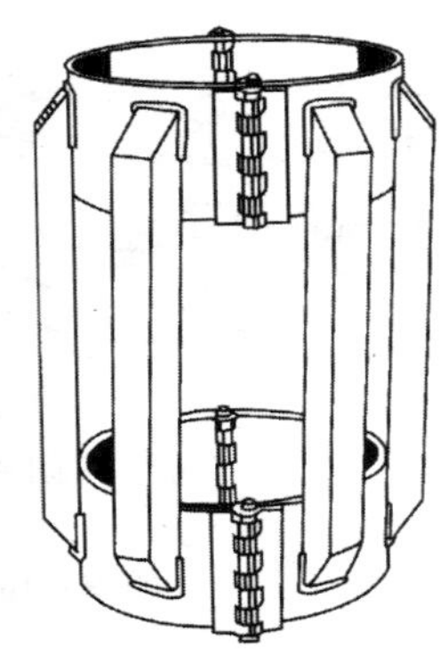

图 9－18 刚性扶正器

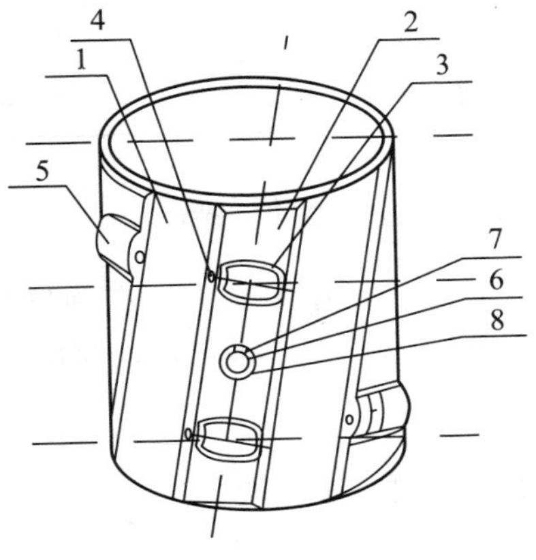

图 9－19 套管滚轮扶正器

1—扶正器本体；2—螺旋扶正棱；3—椭圆窗口；4—球柱形中芯轴；5—滚轮；6—定位螺钉；7—防脱落卡片；8—螺钉孔

应用套管滚轮扶正器，可以有效地降低下套管的摩擦阻力，增加套管下入深度；能顺应油井的右螺旋井眼趋势，减少套管入井后的残余扭矩，改善完井套管的受力状况，延长套管寿命；在任何井眼条件下能有效扶正套管，可使完井管柱在井眼中的居中度达到80%以上；能改变井眼流场，清除井壁泥饼，提高水泥浆顶替效率和固井质量。

1.8 限位卡

限位卡是用于固定或限制扶正器、水泥伞和刮泥器等外部附件的装置，如图 9－20 所示。限位卡技术参数见表9－16。

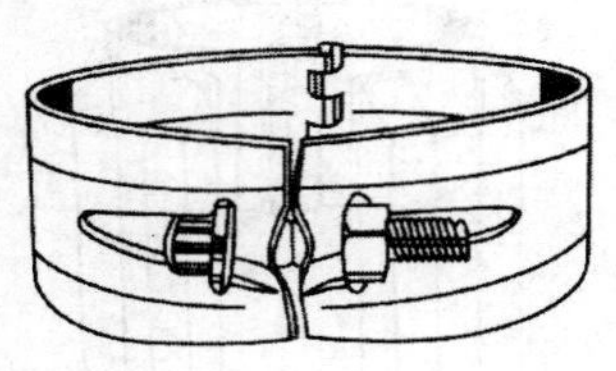
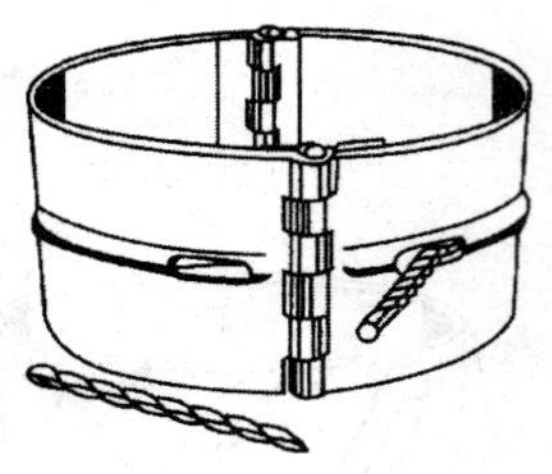

图 9－20　限位卡

表 9－16　限位卡技术参数

规格/mm	127	139.7	177.8	244.5	273.1	339.7	508
最大外径/mm	149	162	200	267	296	368	530
最小内径/mm	127	140	178	244.5	273	339.7	508
箍紧力/kN	12	16	16	16	16	24	40

1.9　磁性定位短节

磁性定位短节为接在油气层顶界附近的短套管(长度 1 ~ 2m)，用来参照确定射孔深度。钢级、壁厚及扣型与该段套管相同。

1.10　固井胶塞

(1)结构

固井胶塞是具有多级盘翼状的橡胶圆柱体。在固井作业过程中起着隔离、刮削及碰压等作用。按用途可分上胶塞、下胶塞、尾管胶塞、钻杆胶塞和自锁胶塞等。常用固井胶塞结构见图 9－21，自锁胶塞结构见图 9－22。

(2)技术参数

常规固井胶塞技术参数见表 9－17，自锁胶塞技术参数见表 9－18。

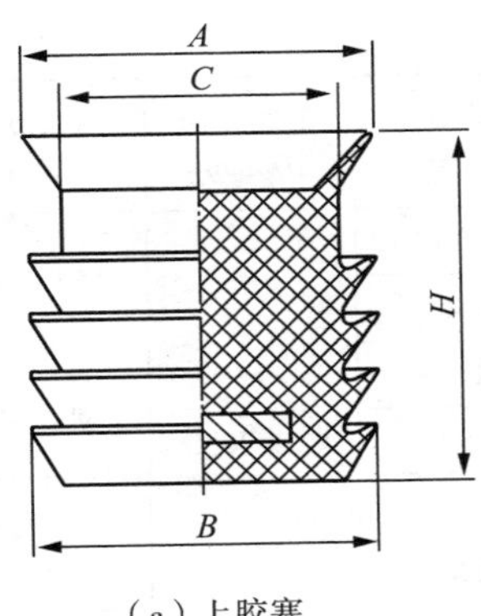

（a）上胶塞

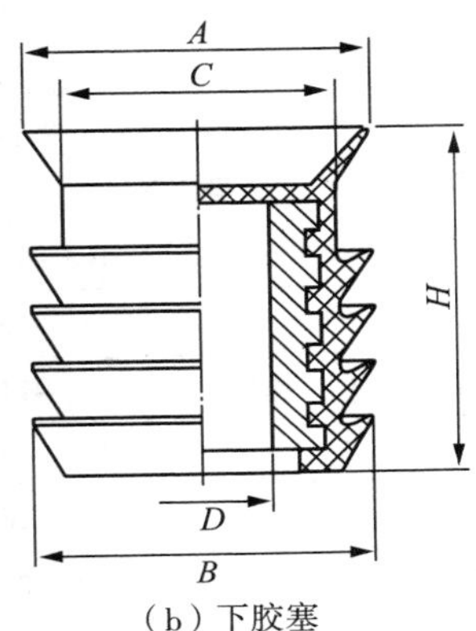

（b）下胶塞

图 9－21　常规固井胶塞结构

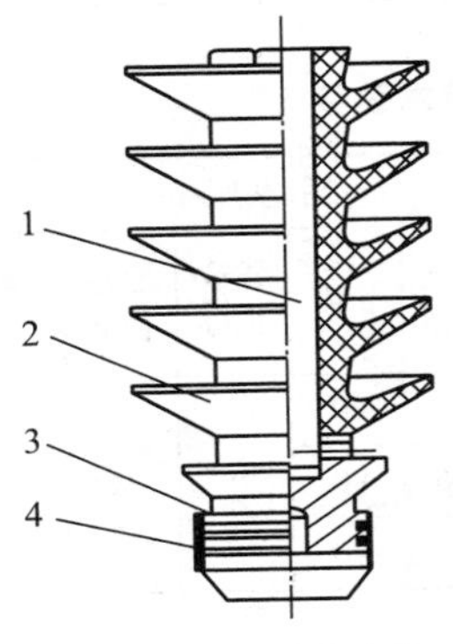

（a）自锁胶塞主体

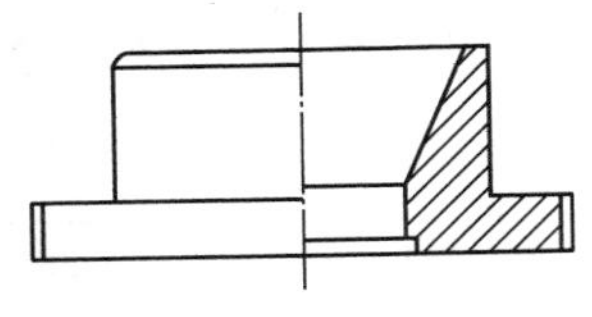

（b）自锁胶塞座

图 9－22　自锁胶塞结构

1—芯子；2—胶盘；3—O 形密封圈；4—卡簧

表 9－17　常规固井胶塞技术参数

公称尺寸/mm	最大外径 A/mm	唇部直径 B/mm	主体直径 C/mm	下部孔径 D/mm	长度 H/mm
101	101	94～97	77	≥40	100～190
114	114	108～110	80		
127	127	120～123	90	≥50	120～210
140	140	130～135	100		

续表

<table>
<tr><th>公称尺寸/mm</th><th>最大外径 A/mm</th><th>唇部直径 B/mm</th><th>主体直径 C/mm</th><th>下部孔径 D/mm</th><th>长度 H/mm</th></tr>
<tr><td>178</td><td>178</td><td>168 ~ 173</td><td>130</td><td rowspan="7">≥70</td><td rowspan="2">150 ~ 240</td></tr>
<tr><td>194</td><td>194</td><td>182 ~ 189</td><td>145</td></tr>
<tr><td>219</td><td>219</td><td>210 ~ 214</td><td>168</td><td rowspan="2">180 ~ 260</td></tr>
<tr><td>244</td><td>244</td><td>234 ~ 239</td><td>192</td></tr>
<tr><td>273</td><td>273</td><td>262 ~ 268</td><td>210</td><td rowspan="2">220 ~ 300</td></tr>
<tr><td>298</td><td>298</td><td>286 ~ 293</td><td>236</td></tr>
<tr><td>340</td><td>340</td><td>326 ~ 334</td><td>264</td><td>260 ~ 350</td></tr>
<tr><td>508</td><td>508</td><td>490 ~ 501</td><td>424</td><td>≥100</td><td>360 ~ 450</td></tr>
</table>

表 9 - 18　自锁胶塞技术参数

<table>
<tr><th rowspan="2">公称尺寸/mm</th><th colspan="4">自锁胶塞主体/mm</th><th colspan="6">自锁胶塞座/mm</th></tr>
<tr><th>最大外径</th><th>配合长度</th><th>配合直径</th><th>长度</th><th>外径</th><th>插座内径</th><th>长度</th><th>螺纹长度</th><th>配合长度</th><th>配合直径</th></tr>
<tr><td>127</td><td>115</td><td>65.5</td><td>65</td><td>353</td><td>100</td><td>96</td><td>80</td><td rowspan="3">25</td><td rowspan="3">34</td><td rowspan="3">65</td></tr>
<tr><td>139.7</td><td>134</td><td>65.5</td><td>65</td><td>363</td><td>110</td><td>106</td><td>90</td></tr>
<tr><td>177.8</td><td>170</td><td>65.5</td><td>65</td><td>363</td><td>110</td><td>106</td><td>90</td></tr>
</table>

(3) 技术要求

对固井胶塞的技术要求如下：

①下胶塞芯部材料应采用玻璃钢、塑料、铝合金等可钻性好的材料；上胶塞可不加上述芯部材料。

②下胶塞清水静压穿透压力应保持在 1 ~ 2MPa。

③胶塞应耐油、耐酸、耐碱。

④胶塞应能在套管内承受相应的密封压力，公称尺寸 101~244mm 的上胶塞密封压力不应低于 15MPa；公称尺寸 273~508mm 的上胶塞密封压力不应低于 10MPa。

⑤胶塞主体及表面不应有杂质、起泡、裂缝及厚度不均等

缺陷。

(4)国内部分生产厂胶塞

黑龙江北方双佳钻采机具有限公司注水泥胶塞结构见图9-23,主要技术参数见表9-19。

表9-19　北方双佳有限公司注水泥胶塞技术参数

套管尺寸/mm(in)	胶塞外径/mm(in)	胶塞总高度上/下/mm(in)	型式
139.7($5\frac{1}{2}$)	134($5\frac{9}{32}$)	250($9\frac{27}{32}$)	旋转型
177.8(7)	170($6\frac{11}{32}$)	235/260($9\frac{1}{4}$/$10\frac{1}{4}$)	
244.5($9\frac{5}{8}$)	232($9\frac{1}{8}$)	274($10\frac{25}{32}$)	防转型
339.7($13\frac{3}{8}$)	325($12\frac{51}{64}$)	355($13\frac{63}{64}$)	

图9-23　北方双佳注水泥胶塞

2　常用固井工具

2.1　固井水泥头

(1)结构

固井水泥头按其连接螺纹分为钻杆水泥头与套管水泥头两种类型。钻杆水泥头在井口与送入钻具连接，套管水泥头与井口套管连接。根据装胶塞的个数，套管水泥头可分单塞套管水泥头和双塞套管水泥头，水泥头下端有套管扣和由壬两种连接方法，见图 9－24。

(2)技术参数

钻杆水泥头技术参数见表 9－20，套管水泥头技术参数见表 9－21、表 9－22。

表 9－20　钻杆水泥头技术参数

公称尺寸/mm	工作压力/MPa	内径/mm	可容胶塞长度/mm	钻杆接头螺纹	扣吊卡处直径/mm	扣吊卡处长度/mm
73	35.60	55～60	≥280	NC31	73	≥250
89	35.60	66～73	≥300	NC38	89	≥250
127	35.60	100～108	≥350	NC50	127	≥300
140	35.60	111～120	≥380	$5\frac{9}{16}$ FH	140	≥350

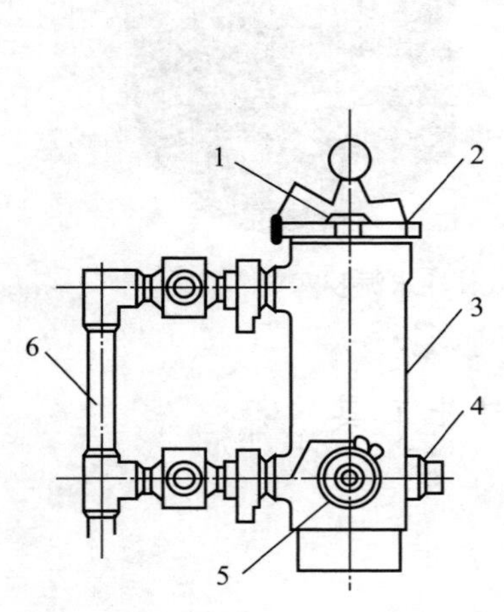

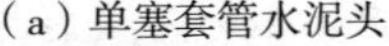

(a)单塞套管水泥头

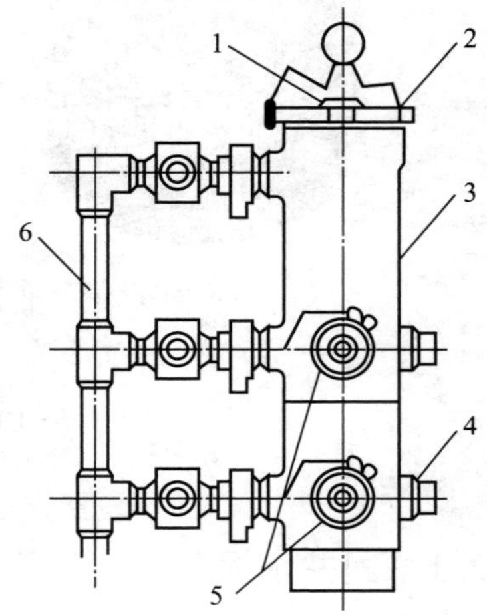

(b)双塞套管水泥头

图 9－24　套管水泥头结构

1—堵头；2—水泥头盖；3—本体；4—堵头；
5—挡销；6—管汇组合

表 9-21 单塞套管水泥头技术参数

公称尺寸/mm	工作压力/MPa	内径/mm	可容胶塞长度/mm	挡销型式	套管螺纹
101	35.50	88～90	≥300	单	4TBG
114		97～103			$4\frac{1}{2}$LCSG、$4\frac{1}{2}$BCSG
127		108～116	≥400		5LCSG、5BCSG
140		119～126			5LCSG、$5\frac{1}{2}$BCSG
178	21.35	155～162	≥450	单，双	7LCSG、7BCSG
194		168～177			$7\frac{5}{8}$LCSG、$7\frac{5}{8}$BCSG
219		194～201	≥500		$8\frac{5}{8}$LCSG、$8\frac{5}{8}$BCSG
244		220～225	≥550		9LCSG、$9\frac{5}{8}$CSG、$9\frac{5}{8}$BCSG
273	14.21	248～255		双	$10\frac{3}{4}$CSG、$10\frac{3}{4}$BCSG
298	14.21	274～279	≥550	双	$11\frac{3}{4}$CSG、$11\frac{3}{4}$BCSG
340		313～320	≥600		$13\frac{3}{8}$CSG、$13\frac{3}{8}$BCSG
508		476～486	≥650	双，三	20CSG、20BCSG

注：可容胶塞长度指挡销到 $2\frac{3}{8}$TBG 油管螺纹连接孔之间的距离。

表 9-22 双塞套管水泥头技术参数

公称尺寸/mm	工作压力/MPa	内径/mm	可容胶塞长度 1/mm		可容胶塞长度 2/mm		挡销形式	套管(油管)螺纹
			一级	二级	一级	二级		
101	35.50	88～90	≥240	≥240	≥300	≥300	单	4TBG
114		97～103						$4\frac{1}{2}$LCSG、$4\frac{1}{2}$BCSG
127		108～116	≥260	≥260	≥400	≥400		5LCSG、5BCSG
140		119～126	≥260	≥260	≥400	≥400		$5\frac{1}{2}$LCSG、$5\frac{1}{2}$BCSG

续表

公称尺寸/mm	工作压力/MPa	内径/mm	可容胶塞长度1/mm		可容胶塞长度2/mm		挡销形式	套管(油管)螺纹
			一级	二级	一级	二级		
178	21.35	155~162	≥290≥	≥290	≥450	≥450	单，双	7LCSG、7BCSG
194		168~177	310	≥310				$7\frac{5}{8}$LCSG、$7\frac{5}{8}$BCSG
219		194~201			≥500	≥500		$8\frac{5}{8}$LCSG、$8\frac{5}{8}$BCSG
244		220~255	≥330	≥330	≥550	≥550	单，双	9LCSG、$9\frac{5}{8}$CSG、$9\frac{5}{8}$BCSG
273	14.21	248~255	≥360	≥360			双	$10\frac{3}{4}$CSG、$10\frac{3}{4}$BCSG
298		274~279						$11\frac{3}{4}$CSG、$11\frac{3}{4}$BCSG
340		313~320	≥410	≥410	≥650	≥650		$13\frac{3}{8}$CSG、$13\frac{3}{8}$BCSG
508		476~486			≥650	≥650	双，三	20CSG、20BCSG

注：可容胶寨长度1适用于双胶塞固井用的双塞套管水泥头。可容胶塞长度2适用于双级固井用的双塞套管水泥头。

2.2 循环接头

(1)结构

循环接头根据用途分方钻杆连接循环接头与水龙带连接循环接头两种类型，如图9－25所示。

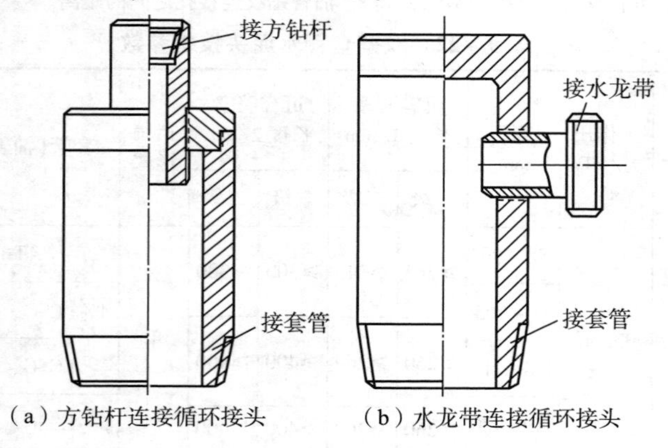

(a)方钻杆连接循环接头　　(b)水龙带连接循环接头

图9－25　循环接头

(2)技术参数

方钻杆连接循环接头技术参数见表9－23，水龙带连接循环接头技术参数见表9－24。

表9－23　方钻杆连接循环接头技术参数

规　格	127	139.7	177.8	244.5	273	339.7
循环头孔径/mm	70～90	70～90	70～90	70～90	70～90	70～90
长度/mm	250	300	350	350	350	400
顶盖厚度/mm	30	35	40	45	45	50

表9－24　水龙带连接循环接头技术参数

规　格	127	139.7	177.8	244.5	273	339.7
循环头孔径/mm	70～90	70～90	70～90	70～90	70～90	70～90
长度/mm	250	300	350	350	350	400
顶盖厚度/mm	30	35	40	45	45	50

2.3　套管通径规

(1)结构

通径规分为规板式和筒式两种类型。常用规板式通径规主要由规板和本体组成，结构见图9－26。

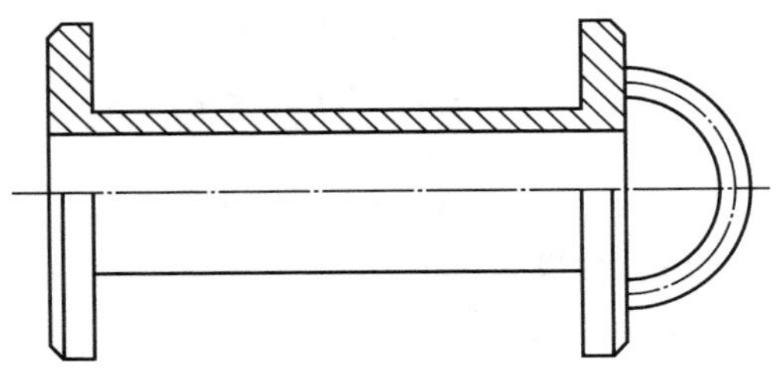

图9－26　规板式套管通径规

(2)技术参数

套管通径规技术参数见表9－25。

表 9－25　套管通径规技术参数

套管直径/mm	通径规长度/mm	规板有效厚度/mm	通径规直径小于套管内径值/mm
≤219. 1	152	8	3. 2
244. 5 ~ 339. 7	305	10	4. 0
≥406. 4	305	12	4. 8

2. 4　套管联顶节

下套管时接在最后一根套管上，上端与水泥头连接的有特定长度的套管。主要用来调节套管柱顶界位置，使套管柱下到预定深度。

(1)联顶节长度的计算

联顶节的长度，由钻机井架底座的高度和下入套管的层次所决定，必须满足完井后井口高度要求。准确计算联顶节的长度，有利于固井时水泥头操作和以后井控装备的安装(见图 9－27)。

假设放喷管线从下四通处接出，并从下底座工字梁上边引出时，要求管线中心距底座上平面 100mm，则联顶节长度计算公式为：

$$H = h + h_1 + h_2 + h_3 \tag{9-1}$$

$$h = h_4 - a - 100 + \frac{1}{2}h_5 + 5 + f + h_6 \tag{9-2}$$

$$h_4 = a + b + c + d + e \tag{9-3}$$

式中　H——联顶节长度，mm；

h——联顶节下入深度，mm；

h_1——接箍长度，mm；

h_2——吊卡高度，mm；

h_3——垫块高度，mm；

h_4——基墩面至转盘面高度，mm；

h_5——四通高度，mm；

h_6——升高短节长度，mm；

f——底法兰厚度，mm；

a——下底座工字梁高度，mm；

b——上下工字梁之间的高度，mm；

c——上工字梁高度，mm；

d——转盘支撑梁端部厚度，mm；

e——转盘高度，mm。

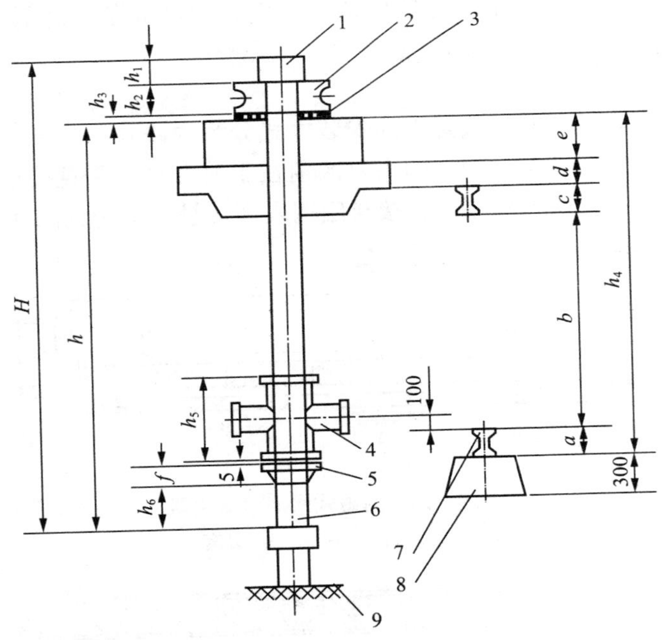

图 9 – 27　联顶节长度计算示意图

1—接箍；2—吊卡；3—垫块；4—四通；5—底法兰；
6—升高短节；7—下工字梁；8—基墩；9—方井

(2)使用联顶节原则

①应与井口套管的钢级、壁厚一致或高一级钢级、壁厚的套管；

②送井联顶节应用标准通径规通径，并确保螺纹完好。

2.5 水泥浆磁化器

连接在注水泥作业管汇上，用以实现水泥浆磁化的专用工具。

(1)用途

①水泥浆经磁化后，结晶颗粒变细，胶结致密，水泥石的抗压强度显著提高，有利于提高水泥环对套管和地层的黏结能力。

②磁化改善了水泥浆的流变性能，提高 n 值，降低 k 值，有利于水泥浆的紊流顶替。

(2)结构

水泥浆磁化器按磁钢的安装方式分为内磁式和外磁式两种类型。内磁式与外磁式的主要区别在于前者水泥浆直接接触磁钢表面，后者水泥浆不直接与磁钢表面接触。结构见图 9-28、图 9-29。

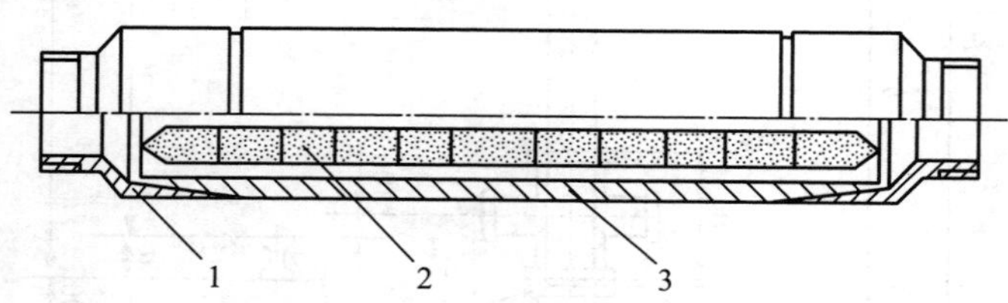

图 9-28 内磁式水泥浆磁化器

1—接头；2—磁钢；3—外套

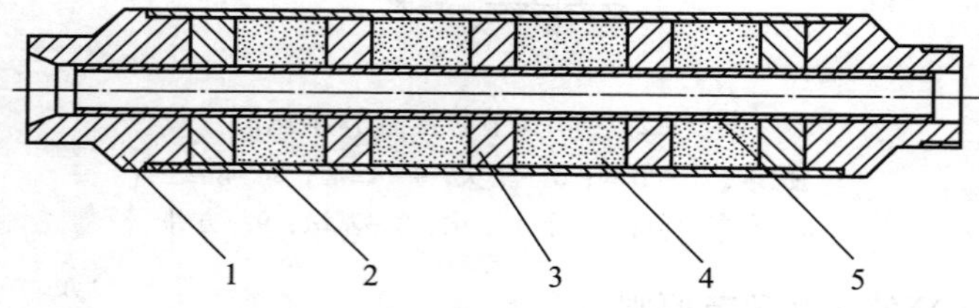

图 9-29 外磁式水泥浆磁化器

1—接头；2—外套；3—隔离块；4—磁钢；5—内套

(3)技术参数

水泥浆磁化器技术参数见表9－26。

表9－26　水泥浆磁化器技术参数

磁感应强度/mT	磁程长度/cm	抗内压能力/MPa	环境温度/℃	磁体材料
200～300	50～80	35	－35～45	金属

3　特殊类型固井工具

3.1　内管法注水泥工具

在大直径套管内，以钻杆或油管作内管，使水泥浆通过内管注入并从套管鞋处返至环形空间的注水泥装置。

内插管注水泥适用于井深较浅的大尺寸套管固井。一是为防止注水泥及替泥浆过程在管内发生窜槽或替泥浆量过大、时间过长而选用此方法；二是大尺寸套管具有较大的承压面积，尤其在环空略有堵塞时，极易造成因上顶力大于套管体重量使套管上窜，为防止产生过大的上顶力而选用。

内管法注水泥技术目前多为井底座封式，即在套管串底部加装一套包括引鞋、回压阀、内管插座组成的内管注水泥装置。固井时下入下部带有插头的内管柱，装于套管串底部，固井时下入下部带有插头的内管柱，内管柱插头插入该装置插座，水泥浆经内管注入套管外井眼环空。缺点是：①由于井底内管法注水泥器安装于套管串底部，内管柱插头准确与该装置插座座封难度较大，密封效果不易保证；②施工完毕后进入下道工序，需将该装置钻掉，因此该插座必须为易钻材料，机械强度较低，承载较大负荷时容易损坏。因此使用该装置不仅增加了施工作业难度，同时也限制了内管法注水泥技术的推广应用。

为克服以上缺点，近年出现了井口座封式内管法注水泥装置。

3.1.1 井底座封式内管法注水泥装置

(1)结构

内管法注水泥器由插座和插头两部分组成。按插座的结构形式可分为水泥浇注型和套管嵌装型。水泥浇注型可分半浇注式与全浇注式两种，见图 9－30。套管嵌装型可分自灌式和非自灌式两种，见图 9－31。插头结构见图 9－32。

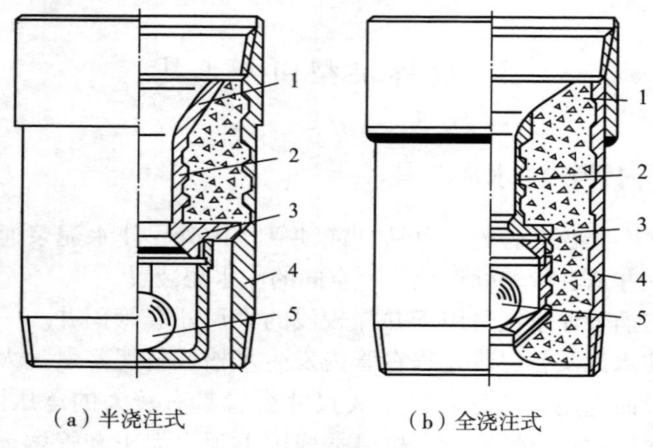

（a）半浇注式　　（b）全浇注式

图 9－30　水泥浇注型注水泥器插座

1—喇叭口；2—心管；3—承环；4—本体；5—尼龙球

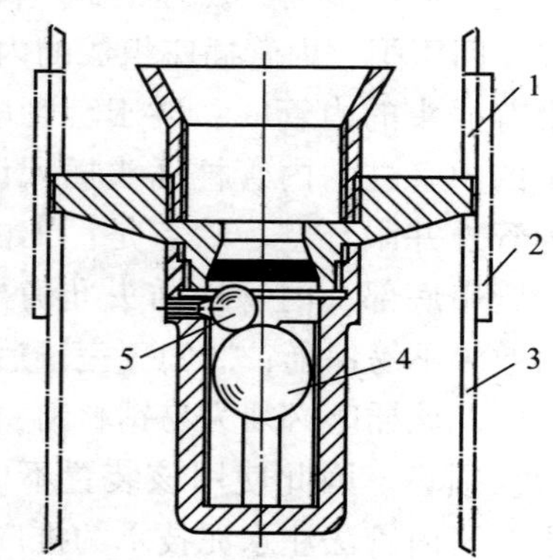

图 9－31　套管嵌装型注水泥器插座

1—套管；2—接箍；3—套管；4—尼龙球；5—限位球

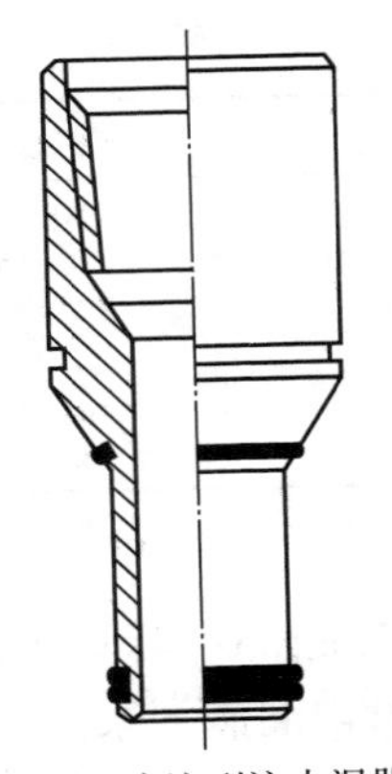

（a）水泥浇注型注水泥器插头

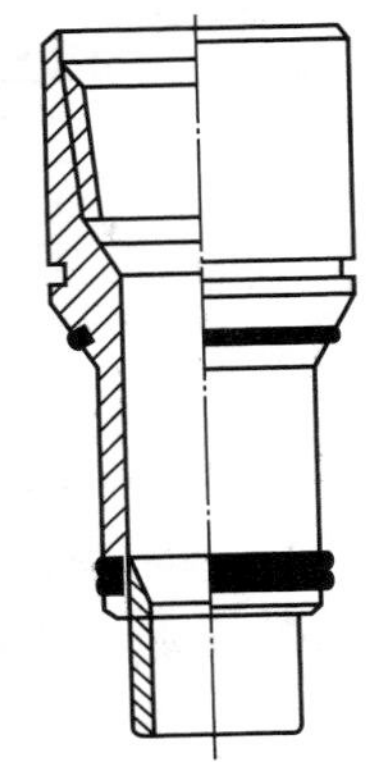

（b）套管嵌装型注水泥器插头

图 9－32　内管法注水泥器插头

(2)工作原理

下套管时将内管法注水泥器插座接在套管柱底部，下完套管后，将下部接有插头的钻杆或油管作为内管下在大直径套管内，并使插头与插座对接。注水泥时水泥浆通过内管注入，并通过内插管注水泥器从套管鞋处返至环形空间，完成固井作业。

(3)技术参数

内管法注水泥器的技术参数见表 9－27。

表 9－27　内管法注水泥器技术参数

名　称	类　型	套管嵌装型	水泥浇注型
插座	总长/mm	500～550	650～700
	接箍外径/mm		与套管接箍相同
	本体外径/mm		与套管相同
	本体最小壁厚/mm		7
	配合段长度/mm	150	160
	配合段内径/mm	129	82
	最小过水内径/mm	95	75
	喇叭口内径/mm	>220	>220

续表

名　称	类　型	套管嵌装型	水泥浇注型
插头	总长/mm	435	435
	本体外径/mm	156 ~ 165	156 ~ 165
	配合段长度/mm	147	150
	配合段外径/mm	129	82

(4)操作要点及注意事项

①将内管法注水泥插座接于套管柱底部，套管按设计长度下入井内。下套管过程中应及时向套管内灌满泥浆。

②为防止套管受浮力作用上浮和插头受上顶力作用而密封失效，施工前应进行以下计算：

a. 当设计水泥浆返出地面时，为使套管自重与管内钻井液柱重量之和与所受浮力相等，计算套管内钻井液密度：

$$\rho_{临} = (S_{外} \times \rho_{水泥浆} - q \times 10^3)/S_{内} \quad (9-4)$$

式中　$\rho_{临}$——套管底部受力内外平衡时套管内钻井液应有的最低密度，g/cm^3；

$S_{外}$——套管外截面积，mm^2；

$S_{内}$——套管内截面积，mm^2；

q——套管每米质量，kg/m；

$\rho_{水泥浆}$——水泥浆密度，g/cm^3。

考虑一定的安全系数，要求实际使用的插入套管内钻井液密度比$\rho_{临}$大0.01 ~ 0.05g/cm^3，所以应在固井前进行钻井液密度调整。

b. 为使达到最高泵压时，插头密封不失效，应进行坐封力计算，其计算式为：

$$F_{坐封} = P_{最大} \times S_{插} \times 10^{-1} \quad (9-5)$$

式中　$F_{坐封}$——坐封力，kN；

$P_{最大}$——施工最高泵压，MPa；

$S_{插}$——插头下端截面积，cm^2。

考虑出现异常泵压时插头密封不失效，实际施加坐封力应为(1.2～1.5)$F_{坐封}$。

③接好方钻杆慢放，接近插座预计位置时开泵，当钻井液灌满套管内环空时停泵。

④慢放方钻杆对插座，观察指重表加压至预定值，标记方入位置。

⑤开泵观察泵压及套管内环空钻井液是否外溢，方入标记是否上移，若不外溢，不上移，压稳刹把，正常循环。

⑥若套管内环空钻井液外溢不止，方入标记上移，适当对插座施加压力。若无效，上提钻柱循环，慢转轻放，重新对插座。

⑦循环正常后停泵，迅速转入注水泥施工。

⑧注替过程结束，立即上提钻柱4～5m，开泵冲洗，直到将井内残余水泥浆全部返出井口为止。

⑨起出井下全部钻具、卸内管扶正器及插头。

3.1.2　井口座封式内管法注水泥装置

井口座封式内管法注水泥装置，(为专利产品，专利号：200820071014.2)工作时接在井口联顶节顶端，克服了井底座封式内管法注水泥装置的不足。

(1)结构

井口座封式内管法注水泥装置，由座封插座、插座密封垫、座封插头和插头锁紧压帽组成，如图9－33所示。

(2)工作原理

工作时，座封插座的外螺纹与井口联顶节接箍的内螺纹连接，联顶节接箍上端平面与插座密封垫紧密接触，通过连接螺纹及密封垫形成双重密封；座封插头上端与内管柱悬持工具连接，下端与内管柱连接。内管柱下入井内后，座封插头中部的突缘与座封插座内部螺纹根部的插头密封垫接触，然后将插头锁紧压帽旋入座封插座内螺纹并旋紧，此时插头锁紧压帽可将座封插头中部的突缘紧紧压在插头密封垫上，使座封插头与座封插座之间实现密封。安装完成后，即实现内管柱与套管管柱之间的环形空间的密封。

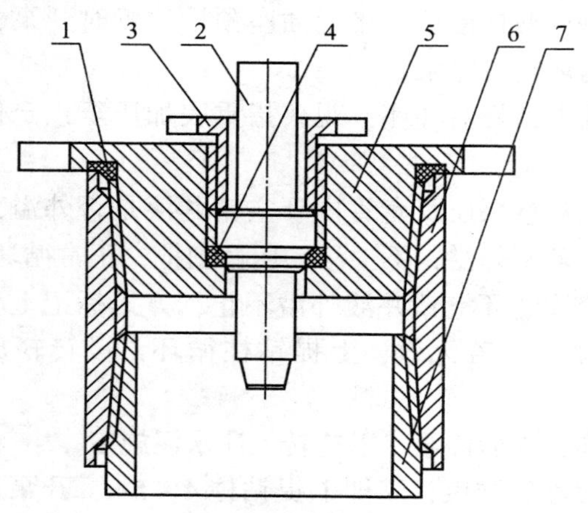

图 9 - 33　井口座封式内管法注水泥装置

1—插座密封垫；2—座封插头；3—插头锁紧压帽；4—插座密封垫；5—座封插座；6—联项节接箍；7—套管

通过内管柱实施固井注水泥作业，水泥浆可直接由内管柱下端注入套管与井眼之间的环形空间。在套管管柱下端安装常规套管浮箍、浮鞋，可确保固井完毕后水泥浆不会倒流入套管内。

3.2　分级注水泥器

3.2.1　概况

为了在同一层套管中，实现双级或多级连续或不连续的注水泥作业，在套管柱的预定位置上安装的一种特殊装置，称为分级注水泥器或分级箍。分级注水泥器按打开方式分为胶塞式(机械式)和液压式(压差式)两种类型。

采用分级注水泥工艺的确定原则：

①地层不能承受一次注长段水泥浆柱形成的压力；

②两段目的层之间存在很长不需要水泥封固的井段；

③长封固段注水泥作业难以满足一次完成施工设计要求。

(1)型号

分级注水泥器型号表示方法如下：

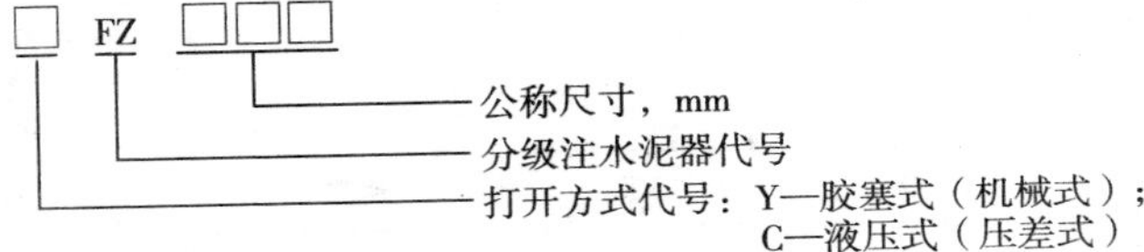

(2)规格及技术参数

分级注水泥器的规格见表9－28，胶塞长度见表9－29。

表9－28　分级注水泥器规格

型　号	最大外径 D/mm	不可钻最小内径 d/mm	总长 L/mm	两端连接螺纹
YFZ89 CFZ89	≤112	≥79	≤580	$3\frac{1}{2}$TBG
YFZ102 CFZ102	≤126	≥87	≤780	4TBG
YFZ114 CFZ114	≤136	≥97	≤980	$4\frac{1}{2}$LCSG、$4\frac{1}{2}$BCSG
YFZ127 CFZ127	≤152	≥109	≤1100	5LCSG、5BCSG
YFZ140 CFZ140	≤180	≥119	≤1100	$5\frac{1}{2}$LCSG、$5\frac{1}{2}$BCSG
YFZ178 CFZ178	≤210	≥154	≤1200	7LCSG、7BCSG
YFZ244 CFZ244	≤290	≥220	≤1300	$9\frac{5}{8}$CSG、$9\frac{5}{8}$LCSG、$9\frac{5}{8}$BCSG
YFZ273 CFZ273	≤310	≥248	≤1300	$10\frac{3}{4}$CSG、$10\frac{3}{4}$BCSG
YFZ340 CFZ340	≤390	≥317	≤1300	$13\frac{3}{8}$CSG、$13\frac{3}{8}$BCSG

表9-29　分级注水泥器胶塞长度

型　号	挠性塞 L_1/mm	重力型打开塞 L_2/mm	顶替型打开塞 L_3/mm	关闭塞 L_4/mm
YFZ89	≤340	≤300	≤350	≤300
CFZ89	≤300			300
YFZ102	≤300	≤300	≤350	≤300
CFZ102	≤300			≤300
YFZ114	≤350	≤350	≤350	≤300
CFZ114	≤350			≤300
YFZ127	≤400	≤350	≤400	≤320
CFZ127	≤400			≤320
YFZ140	≤450	≤350	≤450	≤340
CFZ140	≤450			≤340
YFZ178	≤450	≤400	≤450	≤360
CFZ178	≤450			≤360
YFZ244	≤550	≤450	≤550	≤380
CFZ244	≤550			≤380
YFZ273	≤650	≤500	≤650	≤380
CFZ273	≤650			≤380
YFZ340	≤750	≤500	≤750	≤400
CFZ340	≤750			≤400

注：用于非连续注水泥作业的胶塞式(机械式)分级注水泥器使用重力型打开塞；用于连续注水泥作业的胶塞式(机械式)分级注水泥器使用顶替型打开塞。

3.2.2　胶塞式分级注水泥器

(1)结构

分级注水泥器由分级箍本体和附件组成。附件包括挠性塞、打开塞(重力型打开塞、顶替型打开塞)关闭塞及碰压座(见图9-34)。

(2)工作原理

分级注水泥器工作原理如图9－35所示。图9－35(a)为分级注水泥器在下井前、循环钻井液、第一级注水泥以及挠性塞未到达分级注水泥器下滑套前的原始状态，循环孔处于关闭状态。图9－35(b)为打开塞下行与下滑套碰压，将下滑套销钉剪断，下滑套下行露出循环孔，为第二级注水泥提供条件。图9－35(c)为注完第二级水泥，压入关闭塞替浆，关闭塞下行剪断上滑套销钉，上滑套下行露出液压孔，迫使关闭套下行，使循环孔永久关闭。

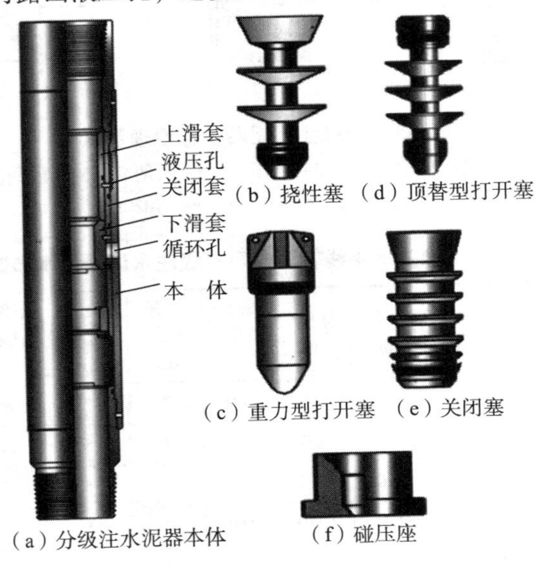

图9－34　胶塞式分级注水泥器及附件

分级注水泥工艺有以下三种类型:

①正规的非连续式的双级注水泥;

②非正规连续式的双级注水泥;

③三级注水泥。

(3)分级注水泥器产品规格及技术参数

德州地平线石油科技有限公司产品技术参数见表9－30;

美国公司产品技术参数见表9－31。

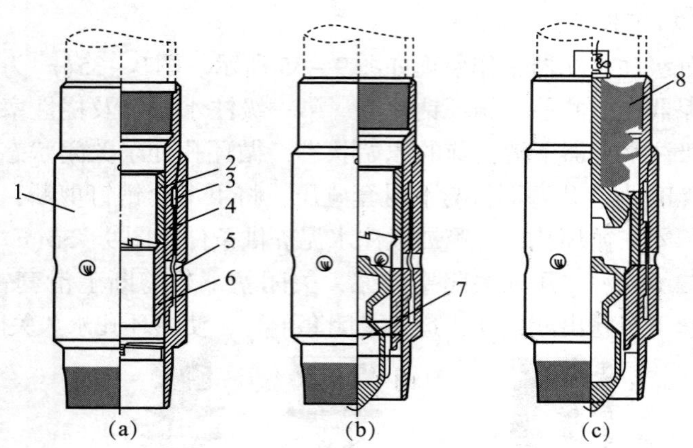

图9-35　分级注水泥器工作原理示意图

1—分接箍；2—上滑套；3—液压孔；4—关闭套；5—循环孔；6—下滑套；7—打开塞；8—关闭塞

表9-30　德州地平线有限公司双级注水泥器技术参数

型　号	规格/mm	最大外径/mm	通径/mm	总长/mm	额定负荷/t	打开压力/MPa	关闭压力/MPa	下滑套内径/mm	上滑套内径/mm
YFZ-A	139.7	170	122	1082	140	7	5	85	95
	177.8	208	155	1182	170	7	5	115	127
	244.5	283	220	1222	210	7	5	176	197
	273	308	250	1230	240	7	5	225	197
DSG-A	139.7	170	122	1082	140	7	5	85	95
	177.8	208	155	1182	170	7	5	115	125
	244.5	283	220	1222	210	7	5	176	197
SJG-A	177.8	208	155	1182	170	7	5	115	125
XYZ	139.7	170	122	1082	140	13	5	85	95
	177.8	208	155	1182	170	13	5	115	125
	244.5	283	220	1222	210	13	5	176	197

注：XYZ型为液压式双级注水泥器，其余型号为胶塞式双级注水泥器；各型号密封能力均为25MPa。

表 9－31　美国公司双级注水泥器技术参数

厂家及型号	尺寸/mm(in)	适用套管质量范围/(kg/m)(lb/ft)	外径/mm(in)	钻后内径/mm(in)	开孔压力/MPa(psi)	关孔压力/MPa(psi)
WEATHERFORD 751E 型	339.7 (13 3/8)	90.77～107.14 (61～72)	380.99 (15)	314.33 (12.375)	4.83～6.90 (700～1000)	6.90 (1000)
	244.5 (9 5/8)	64.73～79.61 (43.5～53.5)	282.70 (11.13)	204.95 (8.609)	4.83～6.90 (700～1000)	8.27 (1200)
	177.8 (7)	38.69～47.62 (26～32)	208.28 (8.2)	156.49 (6.161)	4.83～6.90 (700～1000)	8.27 (1200)
HALLIBUETON TYPE－PES	339 (13 3/8)	90.77～107.14 (61～72)	380.99 (15)	313.92 (12.359)	2.21 (320)	6.21 (900)
	244.5 (9 5/8)	64.73～79.61 (43.5～53.5)	282.45 (11.12)	218.92 (8.619)	3.34 (485)	6.72 (975)
	177.8 (7)	38.69～47.62 (26～32)	209.55 (8.25)	156.74 (6.171)	5.56 (820)	8.86 (1285)

(4)使用要求

①分级注水泥器安放位置，应选择在外层套管内或地层致密、井径规则、井斜较小的裸眼井段处。

②在分级注水泥器位置上下必须安放扶正器，其他井段也应加入足够数量的扶正器，确保封固质量。

③要求浮鞋或浮箍的密封质量要保证，防止分级注水器循环孔打开后一级水泥浆发生倒流，影响二级注水泥的正常进行。为此，要求进行一级注水泥设计时，应考虑套管内外静液柱压差不宜过大，必要时对顶替液进行加重。

④由于关闭分级注水泥器循环孔要引起较高的关闭压力，由此产生附加轴向载荷，因此应对井口段套管进行抗拉校核，其抗拉安全系数值不应小于1.5。

⑤应根据工程、地质情况和井下条件，选择不同的分级注水泥方式。具体有非连续(正规式)式双级注水泥、连续打开式双级注水泥和连续双级注水泥三种方式。只有当地层能承受水泥浆的液柱压力时，才能选择连续双级注水泥方法。

⑥应用非连续式(正规式)双级注水泥时，第一级水泥浆的注入量要计算准确，要使水泥面低于分级注水器150~250m。

⑦采用连续式或连续打开式双级注水泥方式时，要注意下胶塞与打开塞之间的替浆量应比设计替浆量少1~1.5m^3，以确保打开塞碰压在先。

⑧当发生注水泥孔打不开时，可下入钻具压打开塞迫使下滑套下行，打开循环孔。必要时，可用关闭封井器憋压的方法，协助打开循环孔。此工序应抓紧时间进行。

3.3 套管外封隔器

套管外封隔器为接在套管柱上，在固井碰压之后能使套管与裸眼环空形成永久性桥堵的装置。其作用在于能避免异常地层压力或因水泥浆失重现象，导致高压油、气、水侵入候凝期间的水泥环，有效防止固井后发生套管外喷冒油、气、水现象。

(1)型号

套管外封隔器型号表示规则如下：

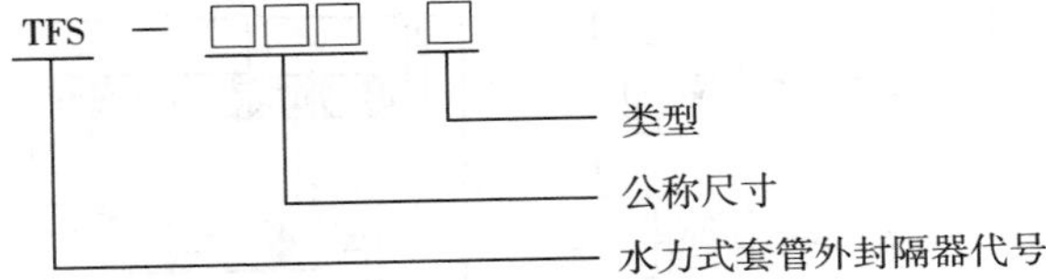

(2)结构及坐封机理

套管外封隔器主要由胶筒、中心管、密封环和阀箍等组成，如图9－36所示。中心管为一段套管，可直接与套管接箍连接；封隔器胶筒是由内胶筒和桡性钢骨架上的硫化外胶筒组成，是一个可承受高压膨胀的密封器件，外胶筒两端是软金属片叠加碗形加强层，以提高胶筒承压能力；阀箍上装有两只断开杆及三个并列串联的控制阀，分别为施工阀、锁紧阀(止回阀)和限压阀。冲断销用于保证封隔器在下套管时不被提前坐封；三个控制阀在施工中，即可准确地控制封隔器坐封，又可避免因坐封力过大胀破胶筒。此外，阀箍中设有过滤装置，防止钻井液中的颗粒物堵塞阀孔和进液通道。

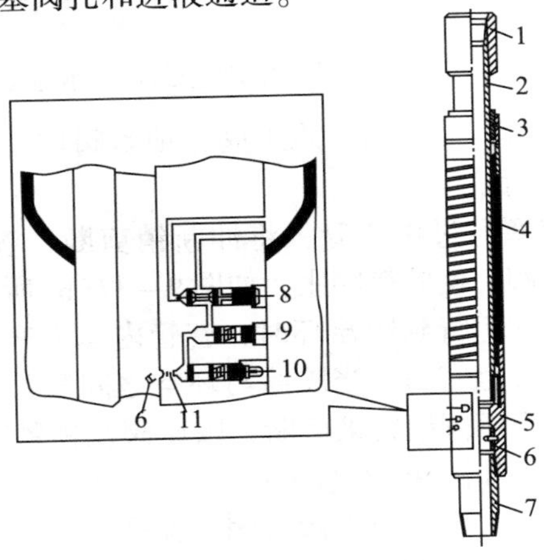

图9－36　套管外封隔器结构示意图

1—接箍；2—中心管；3—密封圈；4—胶筒；5—阀箍；6—断开杆；7—短节；8—限压阀；9—单流阀；10—锁紧阀；11—施工阀

套管外封隔器坐封机理如图 9 - 37 所示，分为四个状态。

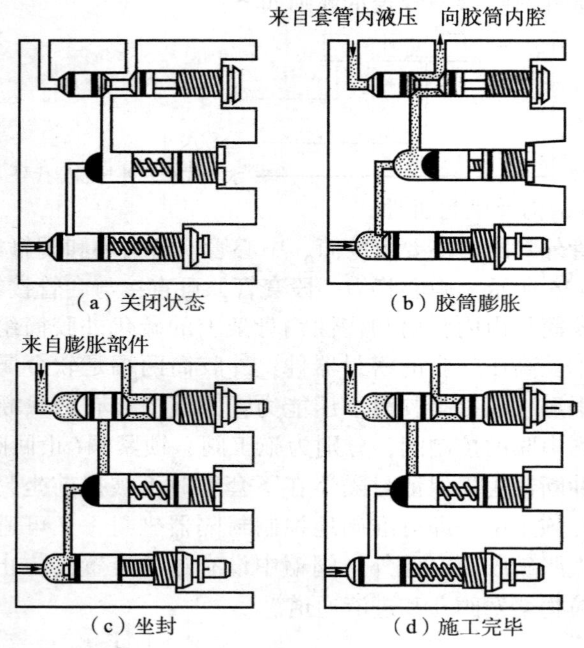

(a) 关闭状态　(b) 胶筒膨胀　(c) 坐封　(d) 施工完毕

图 9 - 37　套管外封隔器坐封机理示意图

①下套管时，冲断销、施工阀、锁紧阀均处关闭状态，如图 9 - 37(a)所示；

②顶替胶塞通过中心管，将冲断销剪断，液体经过滤网、施工阀、锁紧阀，使胶筒膨胀，如图 9 - 37(b)所示；

③顶替胶塞运行到阻流环时，套管内压力升高，封隔器胶筒膨胀与井壁接触密封，当胶筒与环空之间压差达到限压阀销钉限定值时，限压阀销钉被剪断，限压阀及锁紧阀(止回阀)关闭，实现坐封，如图 9 - 37(c)所示；

④井口放压为零，施工阀关闭，保证整个阀箍系统永久性关闭，如图 9 - 37(d)所示。

(3)技术参数

套管外封隔器技术参数见表 9 - 32。

表 9-32　套管外封隔器技术参数

型　号	公称直径 d/mm	最大外径 D/mm	最小内径 d_0/mm	有效长度 L/mm	胶筒密封长度 L_0/mm	适用井径/mm	连接螺纹（套管圆螺纹）		壁厚/mm	许用载荷/kN
							上端	下端		
TFS-114	114	154	100	2941	>700	190~235	$4\frac{1}{2}$LCSG	$4\frac{1}{2}$CSG	6.35	800
TFS-127	127	172	112	2960	>700	205~249	5LCSG	5CSG	7.52	110
TFS-140	140	180	122	2967	>700	220~260	$5\frac{1}{2}$LCSG	$5\frac{1}{2}$CSG	7.72	1240
TFS-140B	140	185	122	2967	>700	220~260	$5\frac{1}{2}$LCSG	$5\frac{1}{2}$CSG	7.72	1470
TFS-168	168	208	150	2986	>700	248~295	$6\frac{5}{8}$LCSG	$6\frac{5}{8}$CSG	8.94	1680
TFS-178	178	218	180	2992	>700	255~308	7LCSG	7CSG	8.05	1780
TFS-194	194	234	177	3000	>700	275~324	$7\frac{5}{8}$LCSG	$7\frac{5}{8}$CSG	8.33	1750
TFS-219	219	259	199	3018	>700	300~350	$8\frac{5}{8}$LCSG	$8\frac{5}{8}$CSG	10.16	2330
TFS-245	245	285	224	3030	>700	325~380	$9\frac{5}{8}$LCSG	$9\frac{5}{8}$CSG	10.03	2510
TFS-273	273	313	253	2967	>700	355~410	$10\frac{3}{4}$CSG	$10\frac{3}{4}$CSG	11.43	2680
TFS-299	299	344	278	2967	>700	380~440	$11\frac{3}{4}$CSG	$11\frac{3}{4}$CSG	12.42	2820
TFS-340	340	386	320	2967	>700	425~480	$13\frac{3}{8}$CSG	$13\frac{3}{8}$CSG	13.06	2990

注：Ⅲ型封隔器已代替Ⅰ、Ⅱ型封隔器，除 TFS-140B 外均为Ⅲ型。TFS-140B 型封隔器胶筒为高压胶筒，用于水平井。中心管、提升短节、短节、接箍材料选用：140B 选用 D75（P110）；其余规格选用 D55（N-80）。螺纹抗拉强度按相应壁厚的短圆螺纹选用。有效长度 L 是指胶筒密封长度大于 700mm 时的长度。LCSG 和 CSG 分别为套管长圆螺纹和短圆螺纹代号。施工阀销钉剪销压力：15MPa、16MPa、17MPa、18MPa 任选或根据用户要求。锁紧阀销钉剪销压力：4MPa、5MPa、6MPa 任选或根据用户要求。限压阀销钉剪销压力：6MPa、7MPa、8MPa、9MPa 任选或根据用户要求。

(4)技术要求

1)材料及加工

①中心管、短节和接箍采用管材材料应不低于API套管N-80钢级的规定。

②内、外胶筒和密封圈材质均为丁晴耐油橡胶，耐温不低于120℃。

③螺纹应耐压25MPa，无渗漏。

2)外胶筒质量

外胶筒的开启压力不大于0.5MPa，在相应坐封井径范围内，胶筒的爆破压力应不小于其工作压力的两倍。外胶筒的外观要求见表9-33。

表9-33　外胶筒的外观要求

序　号	缺陷名称	项　目
1	气泡	在长100cm、宽为50cm的检验框内，直径不大于5mm的气泡不多于5处
2	明疤	在长100cm、宽为50cm的检验框内，面积不大于30mm^{2}的明疤杂质不多于5处
3	凹凸	在长100cm、宽为50cm的检验框内，深度不超过1.5mm，面积不大于20mm^{2}的凹凸不多于5处

3)阀环部件质量

①施工阀、锁紧阀和限压阀应动作灵活，工作可靠。各阀剪断销钉的剪断压力应分别符合前述管外封隔器基本参数的规定要求，偏差不大于0.5MPa。

②锁紧阀、限压阀关闭后的密封须耐压25MPa，无渗漏。

(5)使用要求

1)准备工作

封隔器搬运时，应轻抬慢放，摆放牢靠，避免撞坏。在现场应置于有垫杠的平坦地面上。下井使用前检查螺纹和胶筒是否完好，管内2支断开杆是否俱在，中心管应无堵塞物。3只控制阀是否齐全上紧，锁紧阀和限压阀是銷釘否穿好，应无损伤。校核封隔器铭牌标注压力是否与现场使用压力相符。将两端螺纹洗净，涂抹好螺纹密封脂。封隔器应在地面与套管连接好，在上钻台时不允许碰撞和在地面拖拉。封隔器上扣要求与常规下套管相同，但务必注意有"X→←X"标记区域处严禁使用吊卡和卡瓦，以免咬伤胶筒和3只控制阀。在封隔器两端上下套管柱上应各加3只套管扶正器，以免下套管过程将封隔器胶筒刮坏。

2)使用要求

井身质量良好，下套管前应认真通井，调整好钻井液性能，以防下封隔器过程遇阻。计算固井施工作业过程的最高泵压值，以确定锁紧阀销钉的剪断压力，一般经验公式为：

$$P_{剪}=P_{高}+(3\sim4) \tag{9-6}$$

式中　$P_{剪}$——锁紧阀销钉剪断压力，MPa；

$P_{高}$——施工最高泵压，MPa。

认真记录钻井液密度ρ_m、水泥浆密度ρ_c。水泥浆返深H和套管外封隔器下入深度h，以便计算水泥车剪销时压力表值。

$$P_{表}=P_{剪}+(\rho_c-\rho_m)\times(H-h)/102 \tag{9-7}$$

式中　$P_{表}$——水泥车表压值，MPa；

$P_{剪}$——锁紧阀销钉剪断压力，MPa；

ρ_c——水泥浆平均密度，g/cm³；

ρ_m——钻井液密度，g/cm³；

H——水泥浆返深，m；

h——套管外封隔器下深，m。

固井施工碰压后，应指定一台水泥车进行锁紧阀钉剪销作业，并有专人观察和记录压力，要求急速升压，当表压升到剪销值时，表针若出现瞬时停止或稍有下降现象，即表明锁紧阀销钉被剪断，此时可稳压3～5min后放压到零。若压力表指针显示不明显，有关施工人员应立即商定采取应急措施，处理好善后工作。

3.4　尾管悬挂器与尾管回接装置

尾管是不延伸至井口，而将其悬挂在上一级套管柱底部的套管串。尾管悬挂器是将尾管悬挂在上一层套管柱底部并进行注水泥作业的特殊装置。通过尾管悬挂器实现尾管固井，可降低固井施工的流动阻力，有利于安全施工。节约套管，降低钻井成本。

3.4.1　尾管悬挂器

3.4.1.1　尾管悬挂器分类与型号

尾管悬挂器按悬挂作用方式可分液压式、机械式和机械—液压双作用式三种。机械式尾管悬挂器又分“J”型槽式、楔块式、轨道式和微台阶式四种。

尾管悬挂器型号表示如下：

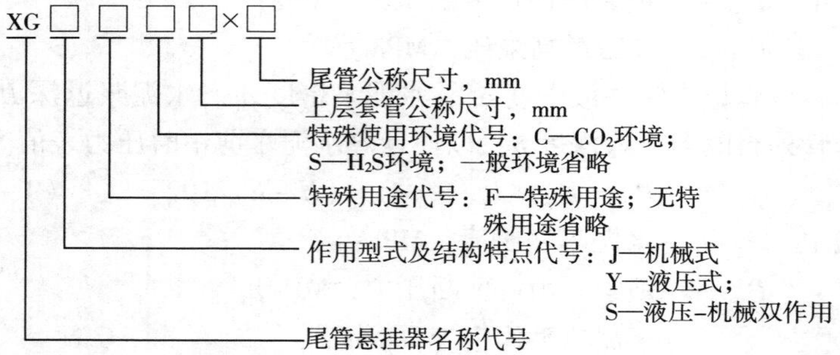

3.4.1.2　液压式尾管悬挂器

3.4.1.2.1　双卡瓦液压式尾管悬挂器

(1)结构

双卡瓦液压式尾管悬挂器总成结构见图 9－38。

(2)液压式尾管悬挂器的工作原理和操作程序

①将液压式尾管悬挂器接在尾管上部下至设计位置，小排量循环后从井口将一铜球投进送入钻柱(泵送或自由降落)。

②球到球座后，小排量憋压至规定压力，环形活塞上行剪断液缸销钉，继续上行推动连杆和卡瓦，卡瓦至悬挂器锥体最

大位置，使其楔入悬挂器锥体与上层套管内壁之环空间隙。

③稳压并下放钻柱，下放长度等于回缩距，证明尾管浮重全部作用于上层套管上，完成尾管坐挂。

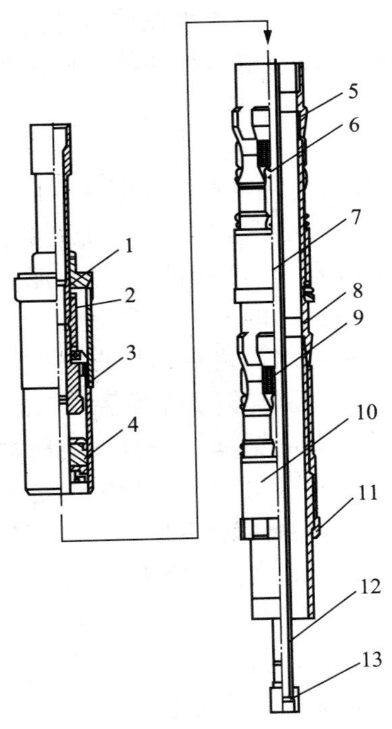

图9－38 双卡瓦液压式尾管悬挂器总成结构

1—防沙罩；2—回接筒；3—倒扣螺母；4—密封芯子；5—上锥体

6—上卡瓦；7—上液缸；8—下锥体；9—下卡瓦；10—下液缸；

11—扶正环；12—中心管；13—尾管胶塞接箍

④施加2～5kN重力于送放接头上，继续憋压直到球座销钉剪断，恢复循环。

⑤倒扣，并试提送入工具，证明其与尾管悬挂器脱开。

⑥送入工具脱开后，加少许压力于送入工具，使中心管与尾管悬挂器密封总成之间保持密封。随之转入注水泥、替浆作业。

⑦碰压结束后，提起送入工具和密封芯子并循环出多余水泥浆，起钻。

3.4.1.2.2　液压式尾管封隔悬挂器

尾管封隔悬挂器具有在注水泥前坐挂尾管，注水泥后立即封隔尾管与套管重叠段环空两种功能。使尾管重叠段封固质量有双重保证。

(1)结构

DYX－AF型尾管封隔悬挂器如图9－39所示。

(2)液压式尾管封隔悬挂器的工作原理和操作程序

①尾管封隔悬挂器坐封一倒扣一注水泥及其之前的操作程序参见液压式尾管悬挂器的工作原理及程序。

②拔中心管。注完水泥之后，缓慢上提钻具1.5～2m，使涨封挡块提出回接筒，涨封挡块在弹簧作用下张开。

③涨封封隔器。下放钻具使涨封挡块压在回接筒上，钻具重量通过回接筒传至锁紧滑套，剪断销钉挤压封隔器胶筒，封闭封隔器本体与套管间的环形间隙，并且锁紧滑套实施自锁。

④最后将送入工具和密封芯子提离悬挂器并循环出多余水泥浆，起钻候凝。

3.4.1.3　机械式尾管悬挂器

3.4.1.3.1　J形槽机械式尾管悬挂器

(1)结构

J形槽机械式尾管悬挂器，除J形槽机械式悬挂器本体外，其他部件包括送入工具总成、密封总成、回接筒、胶塞，其结构组成与液压式尾管悬挂器相应部件结构基本相同，如图9－40所示。

(2)J形槽机械式尾管悬挂器的工作原理和操作程序

①J形槽机械式尾管悬挂器伴随尾管下至设计位置后，上提钻具0.1～0.3m，由于弹簧片与外层套管内壁间存在摩阻，致使换向销移到J形槽下端。

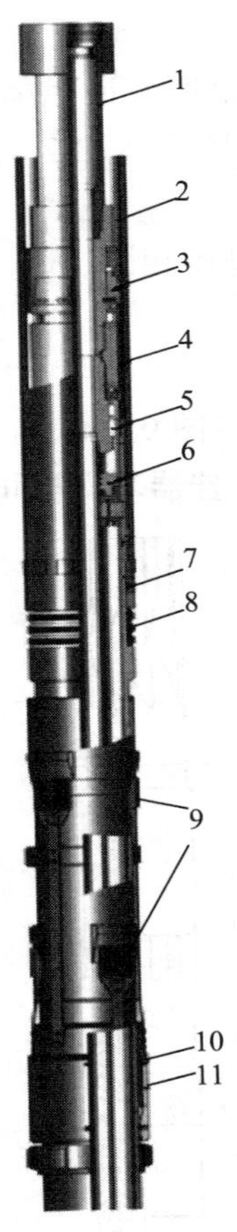

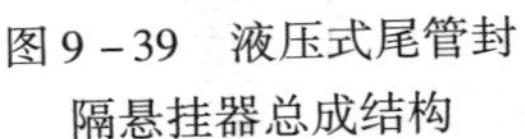
图 9－39　液压式尾管封隔悬挂器总成结构

1—提升短节；2—防沙罩；3—涨封挡块；4—回接筒；5—倒扣螺母；6—密封芯子；7—锁紧机构；8—封隔器胶筒；9—卡瓦；10—剪钉；11—液缸

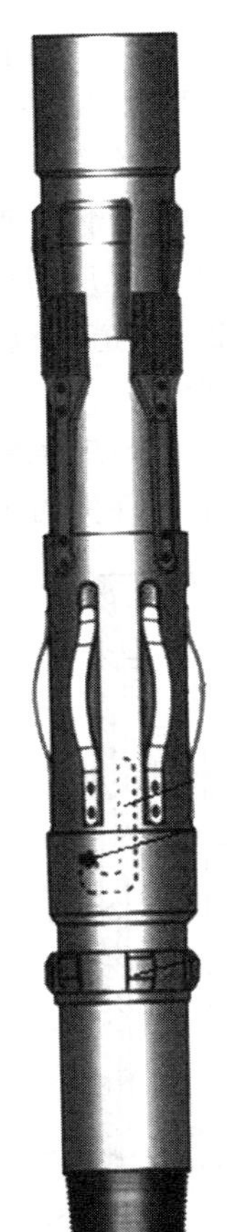
图 9－40　J 形槽机械式尾管悬挂器本体总成结构

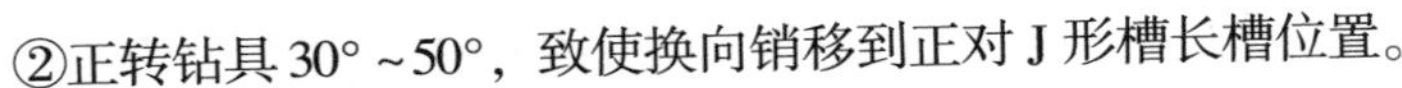
②正转钻具 30°～50°，致使换向销移到正对 J 形槽长槽位置。

③下放钻具，卡瓦进入锥体大端，使卡瓦张开卡紧外层套

管内壁，实施尾管坐挂。

④继续下放钻柱，下放长度等于回缩距，证明尾管浮重全部作用于上层套管上，完成尾管坐挂，最后施加2～3kN重力于送放接头上，恢复循环。

以下操作程序与液压式尾管悬挂器基本相同。

3.4.1.3.2　轨道槽机械式尾管悬挂器

(1)结构

轨道槽机械式尾管悬挂器主体总成如图9－41所示。其总成以外的配套部件与J形槽机械式尾管悬挂器基本相同。

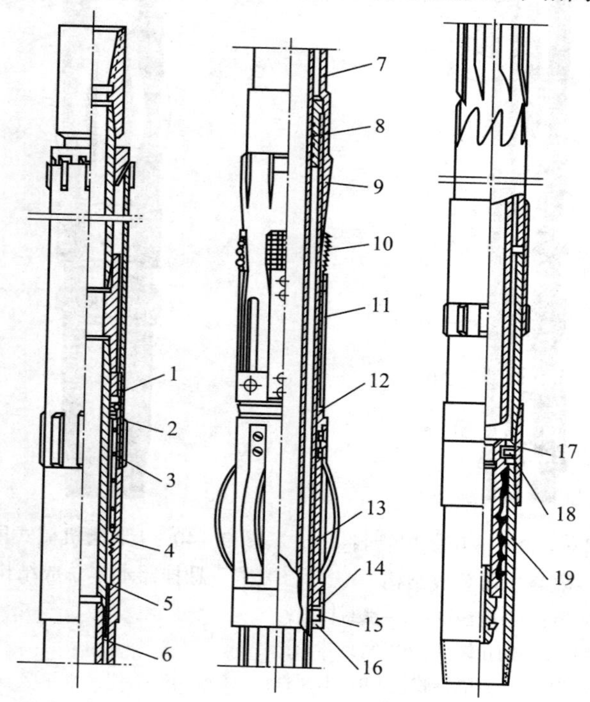

图9－41　轨道槽机械式尾管悬挂器本体总成结构

1—调节环；2—轴承；3—弹簧；4—反扣螺套；5—花键轴；6—中心管；7—反扣接头；8—密封套；9—锥套；10—卡瓦；11—推杆；12—卡箍；13—滑套；14—转环帽；15—导向销钉；16—转环；17—剪销座；18—剪销；19—空心胶囊

(2)轨道槽机械式尾管悬挂器的工作原理和操作程序

①轨道槽机械式尾管悬挂器伴随尾管下至设计位置。上提钻柱超过转向所需长度(但小于0.3m)，由于其弹簧片与外层套管内壁间存在摩擦导向销钉在轨道槽中产生转向进入短槽。

②下放钻柱，导向销钉再次转向，并由短槽进入长槽。钻柱下放中，卡瓦上行进入锥体大端，实施尾管坐挂(当重新上提送入钻柱时，又可使导向销钉转入短槽，解除悬挂，但下套管中途一定要控制上提速度，防止提前坐挂)。

③当钻柱下放长度等于回缩距、悬重减轻等于尾管浮重时，则坐挂成功。最后施加2～3kN重力于送放接头上，恢复循环。

其他程序与液压式尾管悬挂器基本相同。

3.4.1.3.3　楔块(卡块)式尾管悬挂器

(1)结构

楔块式尾管悬挂器结构如图9－42所示。

(2)楔块(卡块)式尾管悬挂器工作原理。

在下上一层套管时，事先在预定悬挂位置接上一个特殊接箍，当送入钻具将楔块式尾管悬挂器下到预定悬挂井深位置时。使处于张开状态的楔块顺利进入特殊接箍的环槽内，接着剪断销钉，实现尾管悬挂。

3.4.1.3.4　微台阶式尾管悬挂器

(1)结构

微台阶式尾管悬挂器结构如图9－43所示。

(2)微台阶式尾管悬挂器工作原理

在下上一层套管时，将一个大于上层套管内径的特殊接头，事先连接在上层套管下部。悬挂主体为大于上层套管内径的反螺纹接头与尾管连接，通过送入钻具将其安放到特殊接箍处，实现尾管悬挂。

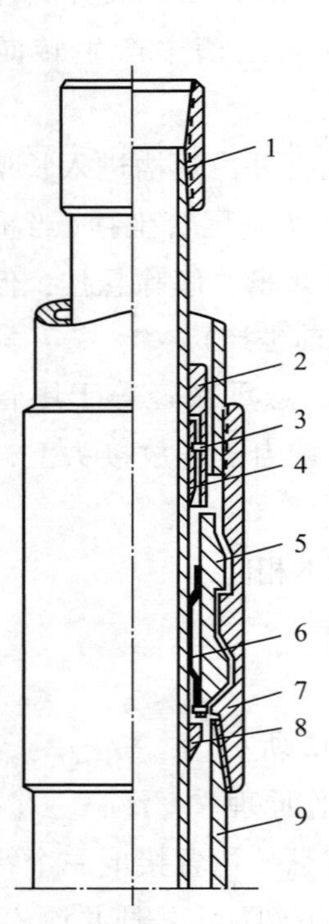

图 9-42　楔块式尾管悬挂器

1—接箍；2—支撑套筒；
3—销钉；4—外压套筒；
5—楔块；6—弹簧片；
7—特殊接箍；8—支撑环；
9—上层套管

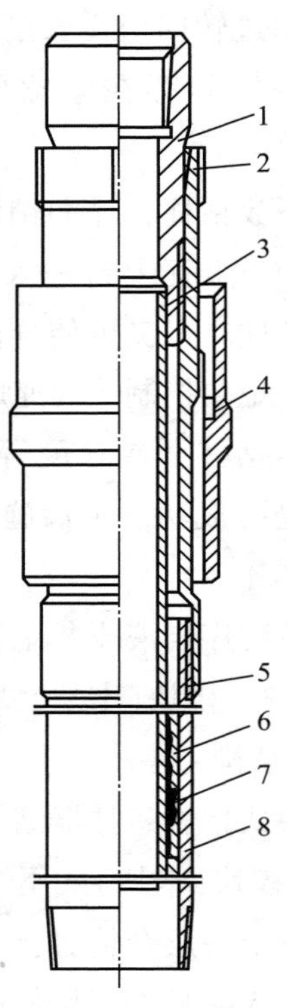

图 9-43　微台阶式尾管悬挂器

1—反螺纹接头；2—尾管挂；
3—中心管；4—尾管座；
5—主体管；6—封隔圈；
7—密封圈；8—锁紧螺母

3.4.1.4　液压-机械双作用式尾管悬挂器

液压-机械双作用式尾管悬挂器，具有液压式悬挂器和机械式悬挂器双保险的坐挂机构，既可液压坐挂，亦可机械坐挂。

坐挂的操作方式与相应的液压式尾管悬挂器、机械式尾管悬挂器相同。

3.4.1.5　尾管悬挂器技术要求

尾管悬挂器技术要求如下：

①密封件应具有耐油、耐酸性能。用于常温环境的产品，耐温不低于121℃；用于高温环境的产品，其密封件耐温不低于200℃。

②卡瓦表面硬度达到45～65HRC。

③尾管悬挂器及尾管回接装置所有的钻杆接头螺纹、套管螺纹、油管螺纹及悬挂器与送入工具间的连接螺纹均应进行防粘扣处理。

④尾管悬挂器坐挂后，卡瓦过流面积对上层套管与尾管接箍之间过流面积的比值不小于35%。

⑤尾管悬挂器坐挂动作试验要求。

a. 液压尾管悬挂器，液缸启动压力应小于2MPa。

b. 机械尾管悬挂器，其换向部分活动自如。

c. 液压－机械双作用尾管悬挂器应符合a和b两项要求。

⑥在倒扣装置的上扣、卸扣阻力试验中，应在内外螺纹涂抹符合要求的螺纹脂，正常状态下上、卸扣扭矩不大于300N·m，不得有粘扣现象。

3.4.1.6　尾管悬挂器规格及技术参数

尾管悬挂器规格及技术参数见表9－34。

3.4.1.7　国内外部分生产厂尾管悬挂器规格及技术参数

①德州地平线石油科技公司尾管悬挂器技术参数见表9-35。

表 9－34　尾管悬挂器规范及技术参数

型　号	上层套管公称尺寸/mm	尾管公称尺寸/mm	最大外径/mm	最小外径/mm	额定载荷/kN	送入工具连接螺纹	适用于上层套管壁厚/mm	液缸剪钉压力/MPa	液缸剪钉与球座剪切压差/MPa	尾管胶塞剪切压力/MPa	回接筒有效密封长度/mm	封隔器坐封力/kN
XG□140×89	140	89	114	76	300	NC31	10.54	5～10	8～10	4～12	≥500	30～100
			117				9.17 7.72					
XG□140×102	140	102	114				10.54					
			117				9.17 7.72					
XG□178×114	178	114	148	99.6	500	NC38	12.65 11.51				≥1000	50～200
			152				10.36 9.19					
XG□178×127	178	127	148	108.6	500		12.65 11.51					
			152				10.36 9.19					
XG□194×127	194	127	163	108.6	600		12.7					
			166				10.92 9.52					

续表

型　号	上层套管公称尺寸/mm	尾管公称尺寸/mm	最大外径/mm	最小外径/mm	额定载荷/kN	送入工具连接螺纹	适用于上层套管壁厚/mm	液缸剪钉压力/MPa	液缸剪钉与球座剪切压差/MPa	尾管胶塞剪切压力/MPa	回接筒有效密封长度/mm	封隔器坐封力/kN
XG□194×140	194	140	163	121.4	900	NC50	12.7	5~10	8~10	4~12	≥1000	100~300
			166				10.92 9.52					
XG□219×127	219	127	185	108.6	900		12.7					
			192				11.43 10.16					
XG□219×140	219	140	185	121.4	900		12.7					
			192				11.43 10.16					
XG□245×140	245	140	212	121.4	1200		13.84					
			215				11.99 11.05 10.03					
XG□245×178	245	178	212	155	1200		13.84					
			215				11.99 11.05 10.03					

续表

型　号	上层套管公称尺寸/mm	尾管公称尺寸/mm	最大外径/mm	最小外径/mm	额定载荷/kN	送入工具连接螺纹	适用于上层套管壁厚/mm	液缸剪钉压力/MPa	液缸剪钉与球座剪切压差/MPa	尾管胶塞剪切压力/MPa	回接筒有效密封长度/mm	封隔器坐封力/kN
XG□245×194	245	194	215	171.8	1200	NC50	11.99 11.05 10.03	5~10	8~10	4~12	≥1000	100~300
XG□273×194	276	194	240	171.8	1800		13.84 12.57					
			245				11.43 10.16					
XG□273×178	273	178	240	155	1800		13.84 12.57					
			245				11.43 10.16					
XG□340×245	340	245	308	220.5	2400		12.19 10.92 9.65					150~300
XG□340×273	340	273	308	248	2400		12.19 10.92 9.65					

续表

型号	上层套管公称尺寸/mm	尾管公称尺寸/mm	最大外径/mm	最小外径/mm	额定载荷/kN	送入工具连接螺纹	适用于上层套管壁厚/mm	液缸剪钉压力/MPa	液缸剪钉与球座剪切压差/MPa	尾管胶塞剪切压力/MPa	回接筒有效密封长度/mm	封隔器坐封力/kN
XG□406×340	406	340	373	313	2400	NC50	12.57 11.13	5~10	8~10	4~12	≥1000	150~300
XG□508×340	508	340	460	313	2400		16.13 12.7					
			470				11.12					
XG□508×406	508	406	460	348	2400		16.13 12.7					
			470				11.12					

注：以上所有尾管悬挂器密封能力均为25MPa，封隔器坐封后密封能力均为25MPa。复合胶塞承受回压能力均≥10MPa。

表9-35　德州地平线石油科技有限公司尾管悬挂器技术参数

类型	型号规格	额定负荷/t	密封能力/MPa	封隔器坐封压力/t	坐封剪钉剪切力/t	液缸剪钉剪切压力/MPa	适用套管壁厚/mm	本体最大外径/mm	本体内径/mm	坐封时需上提行程/m	坐封时需右转角度/(°)	轨道槽长度/mm		下钻许可上提高度/mm
												长槽	短槽	
液压(封隔)	DYX-AF(A) 244.5×177.8 244.5×139.7	120	25	30	12	7~8	10.03 11.05 11.99	215	155					
	DYX-AF(B) 177.8×127 177.8×114.3						9.19 10.36 11.51	152	108.6					
液压	DYX-A(A)① 244.5×177.8 244.5×139.7	120	25			7~8	10.03 11.05 11.99	215	155					
	DYX-A(B)① 177.8×127 177.8×114.3	50					9.19 10.36 11.51	152	108.6					
	DYX-C(A)① 244.5×177.8 244.5×139.7	120	25			7~8	10.03 11.05 11.99	215	155					

续表

类　型	型号规格	额定负荷/t	密封能力/MPa	封隔器坐封压力/t	坐封剪钉剪切力/t	液缸剪钉剪切压力/MPa	适用套管壁厚/mm	本体最大外径/mm	本体内径/mm	坐封时需上提行程/m	坐封时需右转角度/(°)	轨道槽长度/mm		下钻许可上提高度/mm
												长槽	短槽	
液压	DYX－C(B)① 177.8×127 177.8×114.3	50	25			7～8	9.19 10.36 11.51	152	108.6					
液压（双锥双缸）	SSX－A(A)① 244.5×177.8 244.5×139.7	160	25			7～8	10.03 11.05 11.99	215	155					
	SSX－B(B)① 339.7×244.5	240					9.19 10.36 11.51	220.5	308					
液压	SYX－A① 244.5×177.8 244.5×139.7	160	25			7～8	10.03 11.05 11.99	215	155					
	XGS(A) 139.7×101.6 139.7×88.9	30	25			7～8	7.72	118	86					
	XGS(B) 139.7×101.6 139.7×88.9	30					9.17	116	86					

续表

类　型	型号规格	额定负荷/t	密封能力/MPa	封隔器坐封压力/t	坐封剪钉剪切力/t	液缸剪钉剪切压力/MPa	适用套管壁厚/mm	本体最大外径/mm	本体内径/mm	坐封时需上提行程/m	坐封时需右转角度/(°)	轨道槽长度/mm		下钻许可上提高度/mm
												长槽	短槽	
液压－机械	YJS－A 244.5×177.8 244.5×139.7	120	25			7～8	10.03 11.05 11.99	215	155					
机械 J形槽	J－A(A) 244.5×177.8	120	25				10.03 11.05 11.99	215	155	>0.04	>35			
	J－A(B) 177.8×127	50					9.19 10.36 11.51	150	108					
机械	GDG－A(A) 244.5×177.8 244.5×139.7	120	25					215	155			1540	1140	805
	GDG－A(B) 177.8×127 177.8×114.3	50						152	108					

注：带“①”型号规格的尾管悬挂器与SQ型送球器配套使用，可用于水平井、大斜度井尾管固井。

②美国液压尾管悬挂器技术参数见表9－36。

表9－36　美国液压尾管悬桂器技术参数

型　号	规格/mm(in)	坐挂压力/MPa(psi)	蹩通球座/MPa(psi)	悬挂器通径/mm	喇叭口内径/mm	铜球直径/mm	悬挂器长度/mm
TIW IB－TCR	339.7×244.5 (13⅜×9⅝)	8.27 (1200)	16.55 (2400)	218	251.4		5029
	244.5×177.8 (9⅝×7)	13.79 (2000)	20.68 (3000)	152	187	44.5	5010
	177.8×127.0 (7×5)	13.79 (2000)	20.68 (3000)	108	133.2	33	4690
BAKER HMC	244.5×177.8 (9⅝×7)	8.23 (1200)	16.55 (2400)	157.66	190.5	45	5091

3.4.2　尾管送入工具、密封总成、尾管送球器

以德州地平线石油科技有限公司产品说明。

3.4.2.1　尾管送入工具

尾管送入工具的用途是将尾管送至预定位置，坐挂后正传倒扣，使送入钻具与尾管脱离，待固井完毕后提出井口。送入工具设计有止推轴承和载荷支撑套，可保证倒扣螺母不受拉力、压力，轻松倒扣。工具上端提升短节连接扣为API标准钻杆扣，可直接与钻杆连接。

尾管送入工具以其结构特点分为STA、STB和STC三种类型。

STA型送入工具与MFH－A型密封外壳以左螺纹相连，适用于XGS型小尺寸尾管悬挂器。

STB型送入工具与MFH－B型密封外壳以左螺纹相连，适于与DYX、SYX、SSX和GDG型尾管悬挂器配套使用。

STC型送入工具具备STB送入工具的特点，将悬挂器送达预定深度，实现坐挂、倒扣和固井后，可使封隔器胀封，适于与带有封隔器的尾管悬挂器配套使用。

各型尾管送入工具结构见图9－44，技术参数见表9－37。

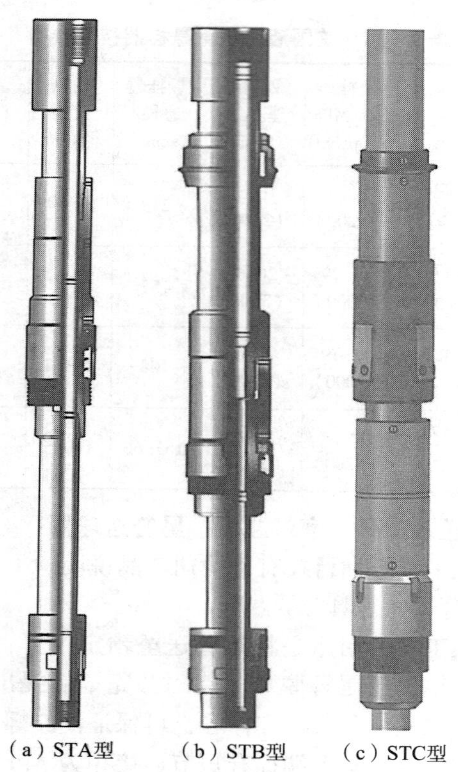

（a）STA型　（b）STB型　（c）STC型

图9－44　尾管送入工具

表9－37　德州地平线尾管送入工具技术参数

型　号	规　范	额定负荷/t	密封能力/MPa	坐挂时上提行程/mm	支撑套承载能力/t	最小内径/mm	中心管长度/mm
STA	139.7×101.6/88.9	10	51	3120			
STB	244.5×177.8/139.7				16	70	3500
	177.8×127/114.3				10	51	3120
STC	244.5×177.8/139.7				16	70	3500
	177.8×127/114.3				10	51	3120

3.4.2.2　密封总成

密封总成由密封外壳和密封芯子组成，用于密封中心管。密封芯子能随送入工具提出井口，节省了钻除密封芯子的时间。密封总成依据其结构特点分为 MFH－A 和 MFH－B 两种类型。

MFH－A 型密封外壳上端内孔有左旋梯形螺纹与送入工具连接，下连悬挂器本体，适用于 XGS 型小尺寸悬挂器。

MFH－B 型密封外壳上端外螺纹接回接筒，内孔有左旋梯形螺纹与送入工具连接，下连悬挂器本体，可与 DYX、SYX、SSX、GDG 型悬挂器配套使用。

各型密封总成结构见图 9－45，技术参数见表 9－38。

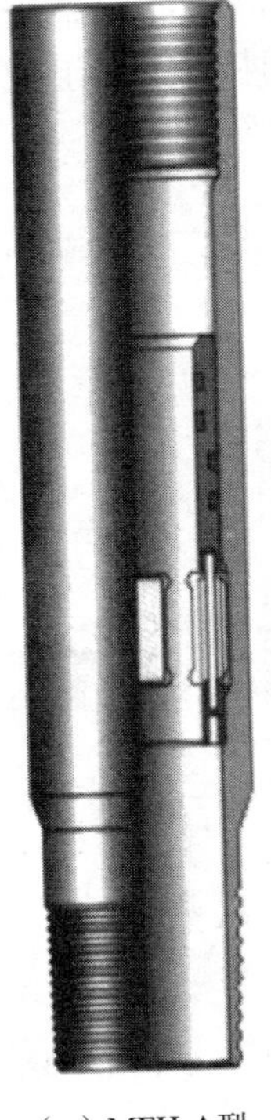

（a）MFH-A型

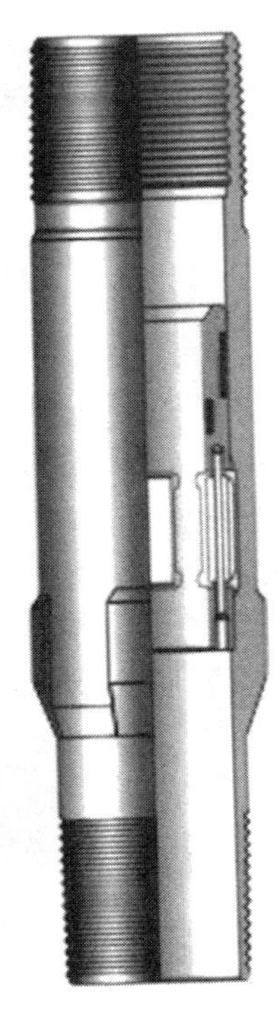

（b）MFH-B型

图 9－45　密封总成

表 9－38　德州地平线密封总成技术参数

型　号	规　范	密封能力/MPa	左旋梯形螺纹	本体内径/mm
MFH－A	139. 7×101. 6/88. 9	25	T96×5	86
MFH－B	177. 8/139. 7	25	T165×5	157
	127/114. 3	25	T118×5	108

3. 4. 2. 3　尾管送球器

(1)用途与结构

尾管送球器为一种帮助液压尾管悬挂器在大斜度井及水平井尾管固井中顺利坐挂的特殊装置，可保证尾管固井的顺利完成。尾管送球器装置由送球器、锁紧座和挡板组成。结构见图 9－46。

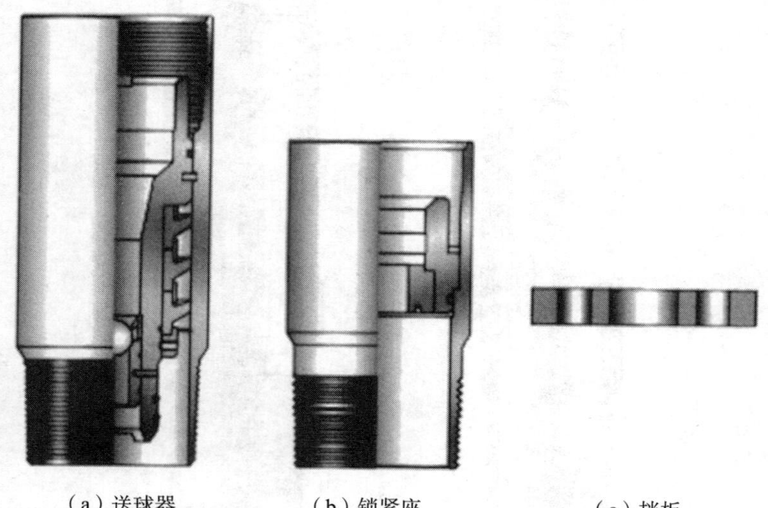

(a) 送球器　　(b) 锁紧座　　(c) 挡板

图 9－46　SQ－A 型尾管送球器装置结构示意图

(2)技术参数

SQ－A 型尾管送球器技术参数见表 9－39。

表 9－39　德州地平线 SQ－A 型尾管送球器技术参数

规格/mm	ϕ177.8	ϕ139.7	ϕ127	ϕ114.3
密封能力/MPa	25	25	25	25
上剪钉剪断压力/MPa	12	12	12	12
下剪钉剪断压力/MPa	16	16	16	16
固井后通径/mm	155	121	108	99

(3)SQ－A 型尾管送球器的使用

①送球器用于大斜度井和水平井尾管固井，它可以保证液压尾管悬挂器在大斜度井和水平井中顺利坐挂。

②送球器一般设计安放在悬挂器以下的一根套管或短节上。

③下尾管和送入钻具方法同常规尾管固井。

④尾管下至设计位置并正常循环后，从送入钻具中投入铜球，铜球到达送球器位置，憋压，按常规方法坐挂尾管悬挂器。

⑤继续憋压，送球器剪断上剪钉脱离外壳下行。泵送，使送球器坐于锁紧座上。

⑥继续憋压，剪断送球器内套剪钉，铜球及内套下行至挡板，恢复循环。

⑦按正常程序进行尾管注水泥。

3.4.3　尾管回接装置

尾管回接装置是指从尾管悬挂器顶部的喇叭口处向上回接套管到井口，并完成注水泥作业的固井工具。

先下尾管，后回接套管，等于一层套管分两次下入，有利减轻钻机负荷，又可降低对套管钢级和壁厚的要求，减少下套管费用。外层套管被磨损、腐蚀后，可以在内层通过回接套管进行隔离，以提高其抗腐蚀性和耐磨性。通过尾管回接工艺，分两段注水泥施工，有利于解决深井固井，因封固井段长、温差大，一次固井水泥浆性能难以满足固井施工要求等问题。

尾管回接装置分为常规尾管回接装置与封隔式尾管回接装置。尾管回接装置的型号表示方法与尾管悬挂器的型号表示方法基本相同。尾管回接装置名称为 HC。

例如：HC178 表示尾管公称尺寸为 178mm 的常规尾管回接装置；HCFC245 表示尾管公称尺寸为 245mm 的防 CO_2 型封隔式尾管回接装置。

尾管回接装置结构见图 9－47，技术参数见表 9－40。

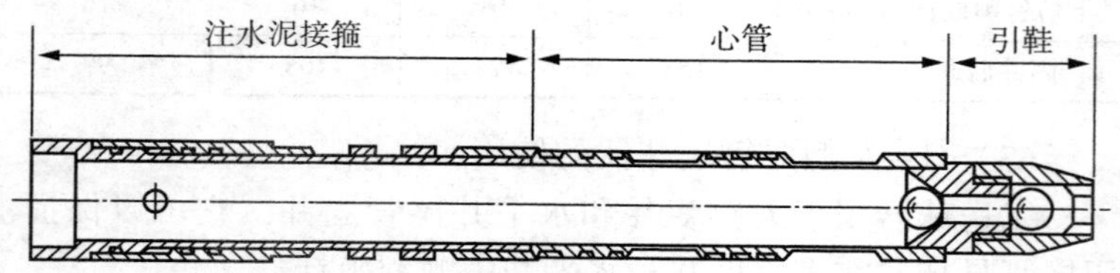

图 9－47　尾管回接装置结构示意图

表 9－40　尾管回接装置技术参数

<table>
<tr><th>型　号</th><th>回接套管公称尺寸/mm</th><th>有效密封长度/mm</th><th>封隔器回接装置坐封启动力/kN</th><th>封隔器回接装置坐封力/kN</th><th>回接密封能力/MPa</th></tr>
<tr><td>HC□89</td><td>89</td><td rowspan="2">≥500</td><td rowspan="2">80</td><td rowspan="2">30～100</td><td rowspan="11">≥25</td></tr>
<tr><td>HC□102</td><td>102</td></tr>
<tr><td>HC□114</td><td>114</td><td rowspan="9">≥1000</td><td rowspan="9">120</td><td rowspan="2">50～200</td></tr>
<tr><td>HC□127</td><td>127</td></tr>
<tr><td>HC□140</td><td>140</td><td rowspan="5">100～300</td></tr>
<tr><td>HC□178</td><td>178</td></tr>
<tr><td>HC□194</td><td>194</td></tr>
<tr><td>HC□245</td><td>245</td></tr>
<tr><td>HC□273</td><td>273</td></tr>
<tr><td>HC□340</td><td>340</td><td rowspan="2">150～350</td></tr>
<tr><td>HC□406</td><td>406</td></tr>
</table>

★德州地平线石油科技有限公司回接插头

德州地平线石油科技有限公司生产有 HC 和 HC－D 两种型号回接插头。HC 型回接插头设计有导向头和注水泥循环孔，可先插入再注水泥，克服了常规插头注水泥后再插入困难的弊端。HC－D型为封隔式尾管回接插头，同时具有回接、封隔两种功能，具有两组V形密封组件和一套封隔胶筒双重密封装置，适合密封能力要求高的高压油气井。

结构见图9－48，技术参数见表9－41。

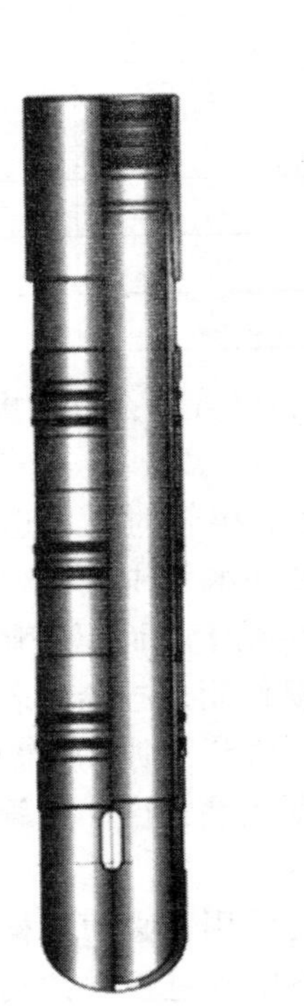
（a）HC型回接插头

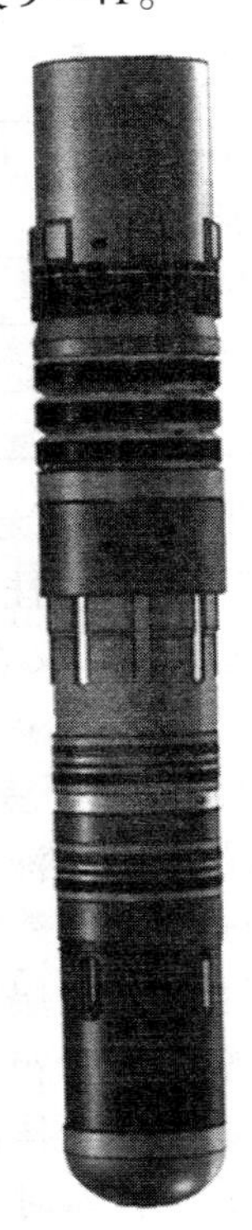
（b）HC-D型回接插头

图9－48　德州地平线回接插头

3.4.4　尾管悬挂器使用注意事项

①正确选择悬挂器。根据井下情况正确选择不同类型的尾管悬挂器，确保其具有良好的悬挂性能。良好的尾管悬挂机构应达到“下得去，挂得住，倒得开”。

表 9 - 41　德州地平线回接插头技术参数

类　型	HC 型		HC - D 型
规　格	ϕ177. 8mm	ϕ127mm	ϕ177. 8mm
密封能力/MPa	25	25	>25
耐高温能力/℃	120	120	>120
有效密封长度/mm	1200	1200	
本体最小内径/mm	155	108	155
封隔器滑套剪钉剪断压力/t			10
封隔器卡瓦剪钉剪断压力/t			12
坐封封隔器所需压力/t			>30
封隔腔筒数量/个			3

a. 当井下情况正常又无上层尾管时，可考虑选择机械式悬挂器，下完尾管可立即悬挂。

b. 当井下情况复杂又有上层尾管时，可选择液压式悬挂器。多用于深井、定向井、斜井和水平井。

c. 若下尾管过程中不易发生粘卡，而下完尾管可能会发生粘卡，可考虑选择机械 - 液压双作用悬挂器。若下完尾管未粘卡，可采用机械式悬挂；若发生粘卡，则采用液压式悬挂。

②确定尾管悬挂与上层套管重叠长度。尾管与上层套管重叠段宜控制在 100 ~ 200m 范围内。

③对不同类型尾管悬挂器的使用，必须严格按操作规程执行。如选用轨道式悬挂器时，下尾管过程中钻具上提高度不得大于 0. 5m；选用液压式悬挂器时，中途循环，切忌开泵过猛，要小排量，注意泵压变化；选用“J”形槽式悬挂器时，下尾管过程要严禁上提又正转。

3. 5　套管地锚

套管地锚是将套管柱底端与地层锚定在一起，以实现提拉预应力固井作业的一种特殊装置。

套管地锚适用于稠油热采井固井。通过套管地锚注水泥作业，使地锚的撑爪张开嵌入地层，将套管柱固定在井壁上。此时对套管柱提拉一定的拉伸预应力，该预应力在水泥浆凝固后始终存在，以避免在高温热采作业时损坏套管。

(1)结构

套管地锚有 WA－Ⅰ型和 WA－Ⅱ型两种类型，其结构如图 9－49 所示。

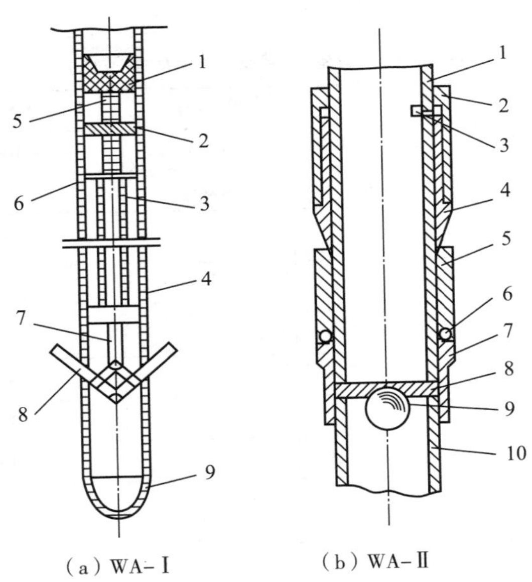

(a) WA－Ⅰ　(b) WA－Ⅱ

1—胶塞；2—密封套；3—顶杆；4—锚体；5—上顶杆；6—悬挂销钉 7—连杆组；8—撑爪；9—引鞋

1—中心管；2—缸套；3—堵头；4—活塞；5—撑爪；6—销钉；7—固定环；8—承托环；9—尼龙球；10—短套管

图 9－49　套管地锚结构示意图

(2)工作原理

①WA－Ⅰ型套管地锚接在套管柱下端，下到预定位置，进行常规固井作业。顶替碰压后，从井口憋压 15～20MPa，底部带有钢板的特殊胶塞，在液压的作用下推动上顶杆，上顶杆推动顶杆剪断悬挂销钉，推动连杆组，使撑爪张开嵌入地层，然

后提拉套管产生预应力。

②WA－Ⅱ型空心式套管地锚接在套管柱阻流环上端，下到预定井深，进行常规固井作业。顶替碰压前，胶塞通过地锚中心管将丝堵碰掉，液缸环空内腔与套管内连通，借助套管内液柱压力将活塞向下推移，活塞锥面将撑爪打开嵌入地层，锚定在井壁上。碰压后进行提拉预应力操作。

(3)技术参数

套管地锚技术参数见表 9－42。

表 9－42　套管地锚技术参数(参考值)

型　号	WA－Ⅰ	WA－Ⅱ
地锚额定负荷(安全系数 >2)/kN	1000	1000
地锚张开前最大外径/mm	200	200
地锚张开后最大外径/mm	460	350
适应锚位井径/mm	200～300	225～300
地锚内径/mm		159
活塞面积/mm^2		7400
张开角/(°)		12
可在提拉预应力时套管内加压/MPa		15
最小流体通过面积/mm^2	3317	
悬挂销钉剪断泵压/MPa	6～8	
打开工作压力/MPa	15～20	

3.6　套管封隔鞋

连接在套管柱的最底端，用以完成套管封隔鞋以上目的层段的封隔注水泥作业的特殊装置。

(1)用途

①适用于低压漏失和对水泥敏感地层以上井段的注水泥作业，确保套管封隔鞋以下无水泥浆，有利于提高套管封隔鞋以上封固段的水泥胶结质量。

②若应用于筛管完井，则将套管封隔鞋下部的引鞋部分卸下，然后接上筛管下到预定设计井深，进行套管封隔鞋的作业程序，确保套管封隔鞋以下筛管部位无水泥浆，有利于保护油气层。

(2)结构

套管封隔鞋主要由上接头、回压阀总成、中心管、关闭套、打开套、封隔器总成、下接头和引鞋等组成，见图9－50。其中封隔器胶筒采用叠钢片进行内部加强。

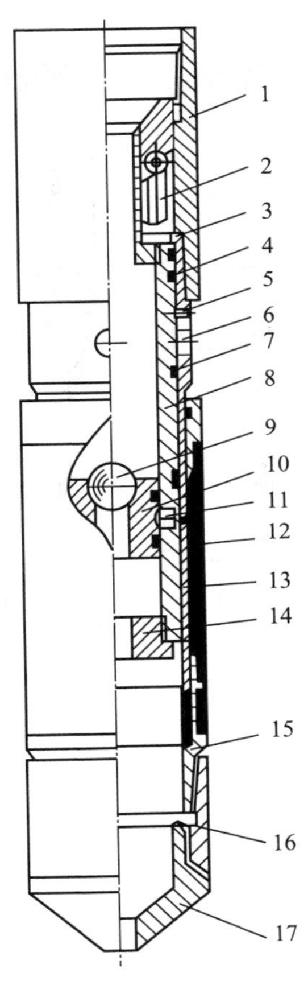

图9－50　套管封隔鞋结构示意图

1—上接头；2—回压阀总成；3—挡圈；4—卡簧；5—剪销Ⅱ；6—注水泥孔；7—O形圈；8—关闭套；9—铜球；10—打开套及剪销Ⅰ；11—憋胶筒孔；12—封隔器总成；13—中心管；14—孔板；15—下接头；16—套管鞋；17—引鞋

(3)工作原理

下套管前，将套管封隔鞋接在套管的最底端，下到预定设计深度后，进行正常循环，调整好钻井液性能。投入一铜球，憋压3～3.5MPa，剪断打开套销钉后，打开套下行露出进液孔，钻井液通过进液孔进入胶筒与中心管的膨胀腔，使胶筒膨胀隔离了下部裸眼井段。

随着泵压继续升高到7～8MPa时，关闭套销钉剪断，关闭套下行，露出注水泥孔，同时关闭胶筒进液孔，使胶筒永久膨胀处于关闭状态。回压阀则恢复到自由状态，这时可转入注水泥作业阶段。套管封隔鞋工作原理全过程如图9－51所示。

图9－51(a)：钻井液通过关闭套下端的自灌孔板向套管内灌浆。

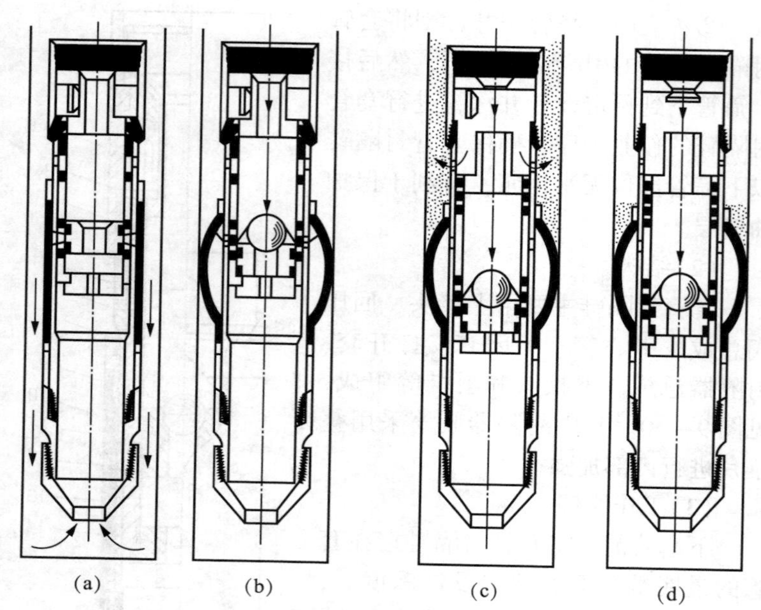

图 9－51　套管封隔鞋工作原理示意图

图 9－51(b)：投入铜球，剪断打开套销钉，露出进液孔，促使胶筒膨胀。

图 9－51(c)：销钉剪断，关闭套下行，关闭进液孔，胶筒永久膨胀，此时露出注水泥孔，转入注水泥施工状态。

图 9－51(d)：固井碰压后，回压阀关闭，防止水泥浆倒流。

(4)技术参数

套管封隔鞋技术参数见表 9－43。

表 9－43　套管封隔鞋技术参数

项　目	参 数 值
最大外径/mm	143
总长度/mm	1481
中心管最小内径/mm	106
打开套打开压力/MPa	3～3.5

续表

项　目	参　数　值
关闭套关闭压力/MPa	7 ~ 8
胶筒总长/mm	740
胶筒有效长度/mm	400
胶筒外径/mm	142
胶筒耐温/℃	150
胶筒启动压力/MPa	0.5
注水泥孔直径/mm	20
回压阀承压能力/MPa	30
中心管材质	N80

3.7　旋转水泥头短节

一种连接在套管柱顶部和水泥头之间，保证套管柱在注水泥时可以转动的高压井口装置。

(1)用途

通过旋转水泥头短节，可以实现在注水泥作业过程中转动套管，以有效驱替狭窄环形空间的钻井液，提高顶替效率，确保水泥环的封固质量。

(2)结构

旋转水泥头短节主要由本体、中心管、接箍、轴承、外壳等组成，见图 9 – 52。

(3)技术参数

A 型旋转水泥头短节技术参数见表 9 – 44。

表 9 – 44　A 型旋转水泥头短节技术参数　　单位：mm

规　格	139.7	177.8	244.5
总长度	1420	1384	1485
本体外径	225	285	376

续表

规　格	139.7	177.8	244.5
中心管内径	120	159.4	224.4
短节外径	140	178	245
中心管外径	166	219.5	273

(4)使用注意事项

①使用井深不超过2000m为宜。

②旋转时应配合转盘扭矩仪，确保转动扭矩不超过套管上扣最佳扭矩值。

③严禁旋转的同时又上下活动套管。

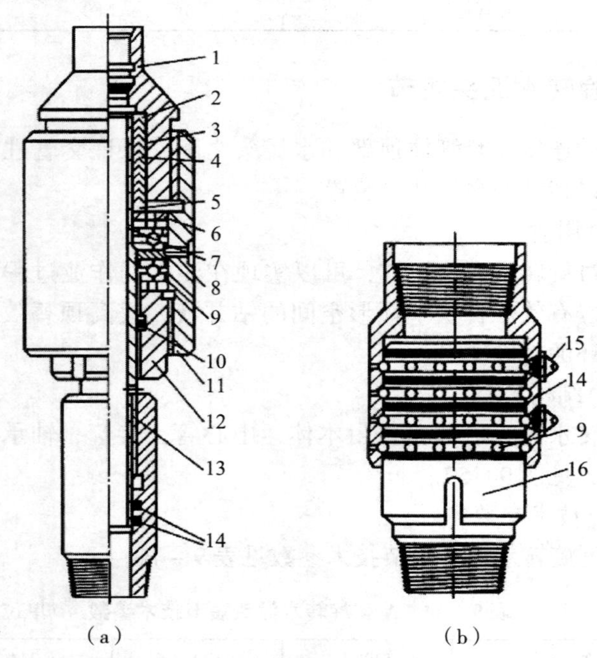

图9-52　旋转水泥头短节结构示意图

1—上压帽；2—压环；3—盘根；4—中心压环；5—下压环；6—轴承套；7—中心管；8—堵头；9—轴承；10—毛毡圈；11—外壳；12—接箍；13—下接头；14—“O”形圈；15—黄油嘴；16—锁定槽

④使用前应注入润滑脂，确保转动灵活。

⑤注水泥中应连续转动套管。下完套管，套管静止时间越短越好。

3.8　地层封隔注水泥器

由套管外封隔器与分级注水泥器组成一体的装置。

(1)用途

①在压力悬殊的两组油气层间进行封隔注水泥作业，可确保两组封固层的封固质量。②对筛管或裸眼完成井进行封隔后注水泥作业，有利于油气层不受水泥浆污染。③当长封固井段低压油气层以上井段被封隔后，进行第二级注水泥作业，可避免第二级水泥浆对第一级水泥浆的静液柱压力产生影响，防止下部地层发生漏失而漏封油气层。④在漏失层上部进行封隔后注水泥作业，达到封隔漏失层的目的。

(2)结构

由注水泥接箍和 4 个专用胶塞组成。注水泥接箍由本体、打开套、关闭套、爪套、限压套、单流阀及胶筒组成，4 个专用胶塞为下胶塞、重力塞、打开塞和关闭塞。结构见图 9－53。

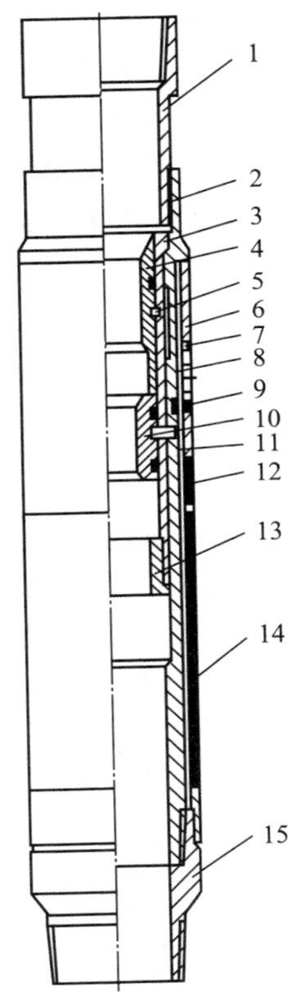

图 9－53　地层封隔注水泥器

1—提升短节；2—主体；3—爪套；4—关闭套；5—关闭套剪销；6—缸套；7—限压套剪销；8—限压套；9—"O"形圈；10—打开套剪销；11—打开套；12—单流阀：13—限位套；14—胶筒总成；15—下接头

(3)工作原理

按常规完成第一级注水泥作业后，下胶塞在套管内运行直到碰压。投入重力塞(打开塞)，将打开套销钉剪断，打开套下移，钻井液通过单流阀进入胶筒，使胶筒膨胀。当井口压力达到 9MPa 时，限压套销钉剪断，限压套上移，露出循环孔、钻井液在封隔器以上建立循环，可进行第二级注水泥。当第二级注水泥结束，压入关闭塞替浆直到碰压，随着泵压急剧上升，剪断关闭套销钉、关闭套下行，爪套与打开套也同时下移，关闭注水泥孔，形成永久关闭。

(4)技术参数

地层封隔注水泥器技术参数见表9-45、表9-46。

表9-45　地层封隔注水泥器技术参数

项　目	参数值	项　目	参数值
总长度/mm	2245	胶筒总长度/mm	830
最大外径/mm	178	胶筒有效长度/mm	400
最小不可钻内径/mm	121.4	胶筒启动压力/MPa	<0.5
打开套内径/mm	92	胶筒外径/mm	178
打开套打开压力/MPa	4~5	胶筒耐温/℃	120
关闭套内径/mm	98	限压套打开压力/MPa	9
关闭套关闭压力/MPa	4~5	循环孔径/mm	4孔×30
爪套内径/mm	124	抗内压密封/MPa	25
爪套关闭压力/MPa	4~5	抗外挤强度/MPa	35

表9-46　井径与胶筒胀破压力的关系

井径/m	260	255	248	241	220	216	191
膨胀压力/MPa	9	9	9	9	9	9	9
胀破压力/MPa	16	17.5	19：5	21.3	27	28.3	37

(5)使用注意事项

①采用连续式或连续打开式注水泥方式时，要注意下胶塞与打开塞之间的替浆量应比设计替量少1.0~1.5m^3，确保打开塞碰压时，下胶塞不碰压。

②进行第二级注水泥作业接近碰压时，改用1~2台水泥车替浆直到碰压，迫使关闭套和爪套下行关闭注水泥孔。若水泥浆不倒流，则放压候凝；否则再次进行憋压，使注水泥孔达到关闭或采取憋压候凝。

第十章　钻井仪器仪表

1　钻井仪表概述

1.1　钻井仪表的基本概念

在生产过程中，为了及时准确地了解生产过程情况，需要使用各种自动测量仪表，不断地对生产过程的各个参数进行检测，并把测量结果及时指示或记录下来，这个系统称为自动测量系统。

钻井仪表实际上是一种测量系统。在钻井工艺过程中能够对钻井参数进行感应、测量或传送，实现对生产过程的控制。

钻井仪表系统可以分为信号检测、信号变换和指示记录及控制三大部分。

1.2　钻井仪表的测量及控制参数

钻井工艺过程参数可分为：

①与泥浆有关的参数：泥浆类型、泥浆体积、固相含量、可燃气体含量、H_2S 含量、泥浆密度、返出泥浆流量、泥浆起下钻体积、CO_2 含量、泥浆温度、塑性黏度、动切力、电导率、泥浆液位等。

②水力参数：泵压、泵排量、立管压力、套管压力、喷射速度、环空流速、泵冲数等。

③钻井参数：钻压、转速、扭矩、钻速、进尺、井深、dc 指数、起下钻及钻进时间、井斜角、方位角、工具面方向、磁场强度、地磁倾角、井下扭矩、振动、井下钻压、地层放射性、电阻率、弯曲力矩向量、合力向量、井径、环空温度、孔隙度、

水泥浆密度、酸液浓度等。

1.3　钻井仪表的分类

(1)按驱动动力分类

气动仪表，如气动记录仪等；液动仪表，如泵压表、指重表等；电动仪表，如电动转速表、电动压力变送器等。

(2)按结构及完善程度分类

①单参数检测仪表：如指重表、测斜仪表等。

②多参数钻井仪表处理系统：如 TZC – S 型钻井参数仪、SK – 2Z01 系列钻井仪表、Datalog 系列钻井仪表、M/D – 3200 马丁 – 戴克钻井参数仪等。

③钻井数据集中遥测和分析系统：如 TELEDRILL 钻井仪，可实现对上百台钻机进行现场遥测和分析。

1.4　钻井仪表的构成

钻井仪表系统分为：传感器(一次仪表)、信号处理器(放大器、校正器)、显示记录仪、计算机、打印机、磁带记录器、报警器、控制器等。

(1)传感器

传感器也叫一次仪表，它能把待测参数的变化分辨出来，并转换为另一种形式的可测量。它有两种功能：一是能够感受待测参数；二是变换和传送待测参数。

传感器的输入量即为待测的钻井参数；而输出量则是另一种形式的可测量，如电压、电流、频率、气压、液压等。

传感器的输入信号来源于钻机的三大系统：循环系统、吊升系统、旋转系统。它们分装在钻机的相关部位。

取自循环系统的参数主要有 6 个(泥浆密度、泥浆出口温度、地面泥浆总体积、出口泥浆流量、泵压、泵排量)。

与吊升系统相关的参数为：大钩负荷、大钩高度与井眼深度等。

取自旋转系统的参数为：转盘转速和扭矩。

(2)信号处理器

从传感器来的信号往往能量较低，不足以直接推动显示记录仪表，因此必须加以放大；而过强的信号则须加以衰减；信号中所含的各种干扰成分必须加以滤除；显示仪表往往具有标准限量，因而要把传感器输出信号做相应的调整与校正。如果要显示记录一个运算结果(如泥浆体积等于泥浆液位与泥浆池截面积之积)，则还要对原始数据进行运算。

上述的放大、衰减、校正、滤波、阻尼及运算作用，都是由信号处理器来实现的。

处理器可以是由气动元件、液动元件、电子元件组成的电子线路或计算机系统，它们的性能及复杂程度有较大差异。

(3)显示、记录仪表

显示、记录部分的作用是实时地显示和永久性地记录各种钻井参数资料。

显示器有模拟指针式表头(如电压表、电流表、压力计等)，也有数字式显示器(如发光二极管、液晶显示器)，还有屏幕显示器等。装在钻台上的显示器，应保证司钻可以在一定距离内准确地读出数据。

记录仪可以连续地记录生产系统或工艺过程中的某些变量。在多数场合中，变量值被记录在时间坐标上，即把随时间变化的变量值作为记录的内容。

记录仪可以大致分为两种类型：圆图记录仪和长图记录仪。圆图记录仪使用有规定刻度的圆形记录纸；长图记录仪则用很长的带状记录纸，将记录纸收卷在卷纸轴上。

记录仪的走纸信号可以是时间，也可以是井深等参数。因此同一个参数既可以记录成时间函数曲线，也可以记录成井深等其他函数曲线。

有的记录仪只记录一个变量，而有的记录仪却能够记录2个、4个、6个、8个以至更多个变量。钻井仪表中往往使用多道记录仪，把几个参数集中记录在一张记录纸上，既节约了设备，又便于把各相关的参数联系起来进行综合观察、分析对比。

(4)其他部分

信息处理系统具有存储、运算等功能，一些反映钻井工艺实质性参数，如dc指数、水力功率、环空流速等，其运算就是在这里进行的。该系统有若干存储器，能存储检测程序，使各种原始数据有秩序地进入处理机。能存储运算程序，指挥和操纵其内部的运算器，将各种参数根据程序进行计算。还能够把原始数据、中间结果和最终结果记忆下来，以备对比之用。总之，信息处理系统是数据采集系统的核心，是所有外围执行装置的指令装置。

打印机、磁带记录器和报警器都是处理机的外围装置。打印机是为了把数据保留为档案资料，以备分析之用。它可以根据需要，把数据整理成报表或报告的格式。

磁带记录仪是为了把收集的数据集中到计算分析中心，以备综合其最优措施，实现对下一口井的最优化设计，或对该井进行综合的技术经济评价，必须把数据以磁带记录形式保留下来，供大型计算机使用。

报警器包括声、光报警装置，一旦反映钻井安全的若干参数出现异常时，处理机根据这些异常数据，进行逻辑判断，发出预报警信号，并操纵报警装置，发出强烈的声光报警信号，提醒相关技术人员采取应变措施，确保安全生产。

2 钻井工程仪表

2.1 钻井指重表

钻井指重表是石油钻井普遍使用的一种重要的钻井仪表。指重表主要用于测量钻具悬重和钻压大小及其变化。根据悬重和钻压的大小及其变化，了解钻头、钻柱的工作情况，指导钻进、打捞作业和井下复杂情况的处理。

钻井指重表按其工作原理可分为液压式和电子式两大类。目前，普遍使用液压式指重表。

在液压式指重表中，性能较好和使用较多的有日本产 W 系列、国产 JZ 系列和 MZ 系列以及美国产 FS 系列几种。

目前，W 系列指重表已被国产 JZ 和 MZ 系列指重表代替。美国 FS 系列指重表国内使用数量很少。因此，本节仅着重介绍国产 JZ 和 MZ 系列指重表的原理、结构及使用方法。

2.1.1　JZ 和 MZ 系列指重表

JZ 和 MZ 系列指重表的结构和使用方法与 W 系列指重表相同。

(1)结构与原理

JZ、MZ 和 W 系列指重表都是由死绳固定器、传感器、指重表、记录仪、胶管及快速自封接头、手压泵等组成，如图 10-1所示。

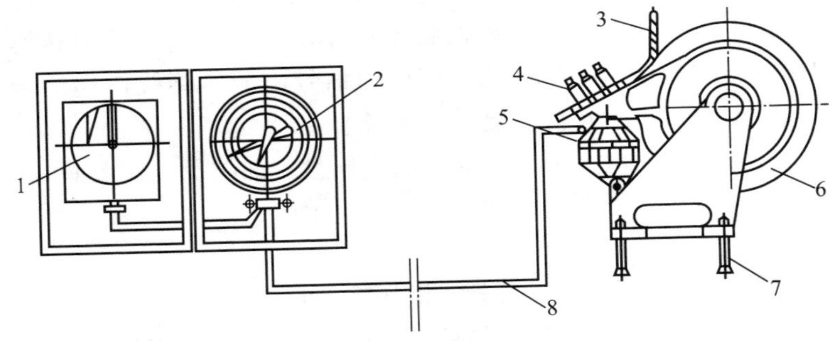

图 10－1　JZ 系列指重表结构示意图

1—记录仪；2—指重表；3—钢丝绳；4—压板；5—传感器；6—绳轮；7—固定螺栓；8—传压管线

1)死绳固定器和压力传感器

死绳固定器是将钻机大绳固定在井架底座上的一种装置。死绳固定器上安装有压力传感器，主要由底座、死绳滚筒、传感器、臂梁、夹紧装置、轴承等组成，如图 10－2 所示。

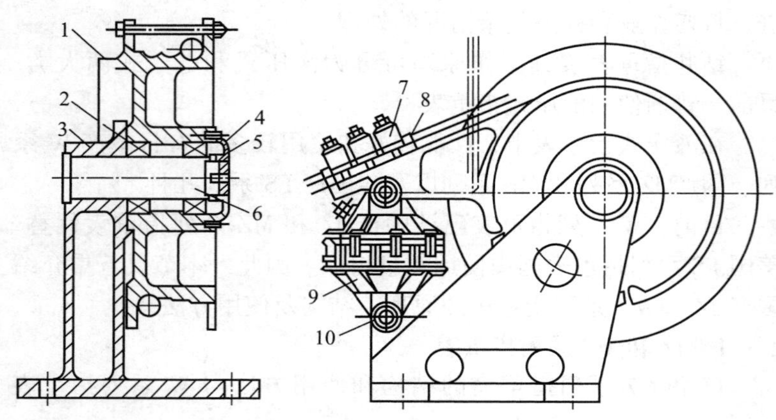

图 10 - 2　死绳固定器结构示意图

1—绳轮；2—轴承；3—底座；4—端盖；5—并冒；6—轴；7—压盖；8—绳卡；9—传感器；10—销轴

传感器安装在死绳固定器上，是死绳固定器总成的重要部件。当钢丝绳受张力时，死绳轮便有转动趋势，臂梁对传感器施加拉力。在传感器压盘和橡胶膜片作用下，将这一拉力转换为承压室中的压力(压强)P。该压力信号由液压管线传递给指重表和记录仪进行转换、显示与记录。

传感器主要由上下支承盘、油室压盘、油隙盘、橡胶膜片、螺栓、油管接头等组成，如图 10 - 3 所示。

2) 指重表

指重表是一种特制的弹簧管液压表。它主要由弹簧管、放大机构、指重表指针、灵敏表指针、表盘等组成，如图 10 - 4 所示。

指重表和灵敏表组装在一起。指重表表针最大偏转角度为 375°，灵敏表表针的最大偏转角度为指重表表针的四倍。指重表、灵敏表各有一根弹簧管，其额定压力为 5. 884MPa。指重表、灵敏表弹簧管的自由端唯一通过连杆带动扇形齿轮、齿轮轴转动，从而使指针产生偏转。指重表扇形齿轮的传动比为 13∶1，灵敏表的扇形齿轮的传动比为 32∶1。放大机构由三块固定板和支承固定。齿轮轴均用滚动轴承做支承，以提高仪器的灵敏度和耐用性能。指重表的表盘为黑底黄字，灵敏表的表盘为黑底白字，但有的产品均为黄字。指重表和灵敏表的表盘应根据钻机和绳数来选择。

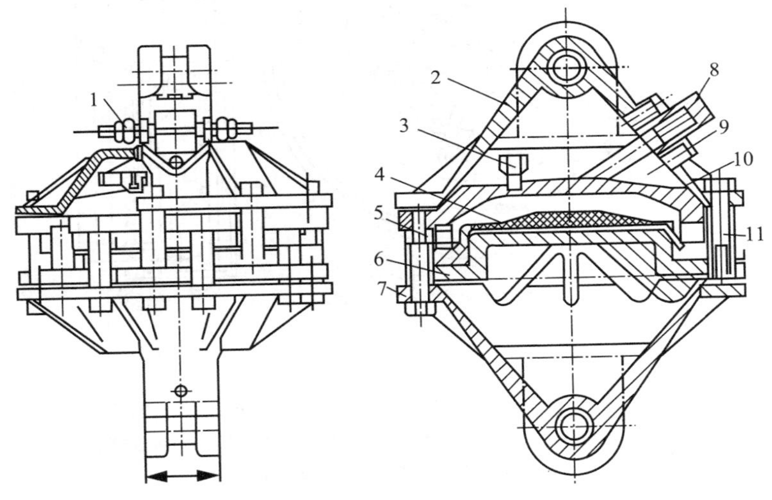

图 10－3　传感器结构示意图

1—油管接头；2—上盖；3—接头；4—胶皮膜；5—压圈；6—压盖；7—下盖；8—自封接头三通；9—内六方螺丝；10—抚圈；11—螺丝套筒

3)记录仪

记录仪主要由弹簧管、钟机、记录笔杆、热敏笔尖(或墨水笔尖)、稳压电源及记录纸等组成，如图 10－5 所示。

由传感器输出的压力通过弹簧管带动连杆机构转换成记录笔杆的摆动，由笔尖在记录纸上画出悬重曲线。时钟以 1 圈/24h 的速度转动，这样就将钻机工作状况记录下来了。钟机上一次发条，可连续工作 48h 以上。稳压电源输入电压 220V，输出电压 2. 6V。

4)连接管线和快速自封接头

连接管线采用两层钢丝编制胶管，两端用快速自封接头连接。快速自封接头由本体、阀芯、弹簧座、弹簧、“O”形胶圈等组成。

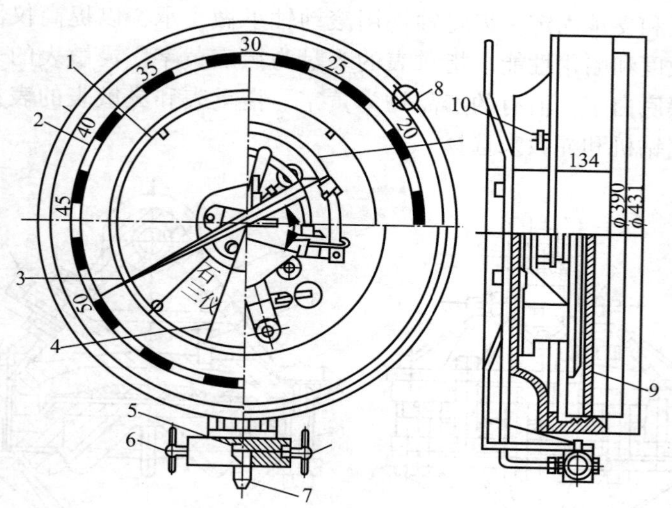

图10-4 指重表结构示意图

1—指重表盘；2—灵敏表盘；3—灵敏针；4—指重针；5—放气阀；6—指重减震阀；7—传压管线；8—灵敏表盘旋钮；9—弹簧管；10—表盖螺钉；11—压盖玻璃

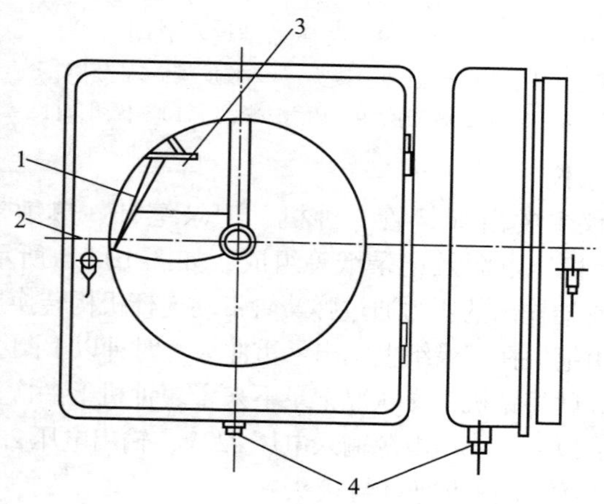

图10-5 记录仪

1—笔杆；2—笔尖；3—微调螺钉；4—传压管线入口

5）手压泵

手压泵用于对传感器泵油。它主要由缸体、活塞缸、活塞、密封圈以及单流凡尔等组成，如图 10－6 所示。

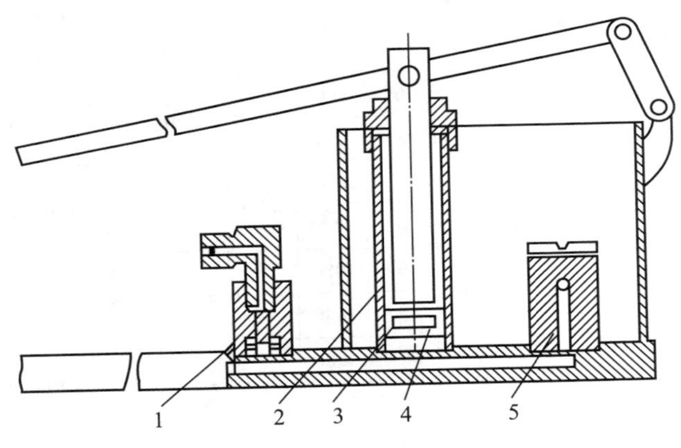

图 10－6　手压泵

1—出油凡尔；2—缸体；3—活塞；4—活塞缸；5—进油凡尔

（2）JZ 系列指重表技术规格

JZ 和 MZ 系列指重表的技术规格相同，现以 JZ 系列为例进行介绍，见表 10－1。

表 10－1　指重表技术规格

<table>
<tr><th>指重表型号</th><th>死绳固定器型号</th><th>最大死绳拉力/kN</th><th>负载大绳股数</th><th>相应载荷/kN</th><th>指重表误差/%</th><th>记录仪误差/%</th><th>灵敏限/kN</th><th>工作环境温度（普通型）/℃</th><th>死绳固定器输出压力/MPa</th></tr>
<tr><td>JZ75（直拉式）</td><td>JZG12</td><td>125</td><td>6</td><td>750</td><td>±1.0</td><td>±2.0</td><td>4</td><td>－20～55</td><td>5.2</td></tr>
<tr><td>JZ82（直拉式）</td><td>JZG13</td><td>136.6</td><td>6</td><td>820</td><td>±1.0</td><td>±2.0</td><td>4</td><td>－20～55</td><td>6</td></tr>
<tr><td rowspan="2">JZ40（卧式）</td><td rowspan="2">JZG10A</td><td rowspan="2">100</td><td>4</td><td>400</td><td rowspan="2">±1.0</td><td rowspan="2">±2.0</td><td rowspan="2">4</td><td rowspan="2">－20～55</td><td rowspan="2">6</td></tr>
<tr><td>6</td><td>600</td></tr>
<tr><td rowspan="2">JZ60（直拉式）</td><td rowspan="2">JZG10</td><td rowspan="2">100</td><td>6</td><td>600</td><td rowspan="2">±1.0</td><td rowspan="2">±2.0</td><td rowspan="2">4</td><td rowspan="2">－20～55</td><td rowspan="2">4.2</td></tr>
<tr><td>8</td><td>800</td></tr>
</table>

续表

指重表型号	死绳固定器型号	最大死绳拉力/kN	负载大绳股数	相应载荷/kN	指重表误差/%	记录仪误差/%	灵敏限/kN	工作环境温度(普通型)/℃	死绳固定器输出压力/MPa
JZ100A(立式)	JZG15A	150	6	900	±1.0	±2.0	6	-20~55	6
			8	1200					
JZ100(卧式)	JZG15	150	6	900	±1.0	±2.0	6	-20~55	6
			8	1200					
JZ150A(立式)	JZG18A	180	6	1080	±1.0	±2.0	7.2	-20~55	6
			8	1440					
JZ150(卧式)	JZG18	180	6	1080	±1.0	±2.0	7.2	-20~55	6
			8	1440					
JZ200A(立式)	JZG20A	200	8	1600	±1.0	±2.0	10	-20~55	6
			10	2000					
JZ200(立式)	JZG20	200	8	1600	±1.0	±2.0	10	-20~55	6
			10	2000					
JZ250A(卧式)	JZG24A	240	8	1920	±1.0	±2.0	12	-20~55	5.2
			10	2400					
JZ250(立式)	JZG24	240	8	1920	±1.0	±2.0	12	-20~55	6
			10	2400					
JZ400B(卧式)	JZG34A	340	10	3400	±1.0	±2.0	21	-20~55	6
			12	4080					
JZ400(立式)	JZG35	350	10	3500	±1.0	±2.0	21	-20~55	6
			12	4200					
JZ500A(卧式)	JZG41	410	10	4100	±1.0	±2.0	25	-20~55	6.83
			12	4920					
JZ500B(卧式)	JZG41A	410	10	4100	±1.0	±2.0	25	-20~55	6
			12	4920					

续表

指重表型号	死绳固定器型号	最大死绳拉力/kN	负载大绳股数	相应载荷/kN	指重表误差/%	记录仪误差/%	灵敏限/kN	工作环境温度（普通型）/℃	死绳固定器输出压力/MPa
JZ500(立式)	JZG42	420	10	4200	±1.0	±2.0	25	-20~55	6
			12	5040					
JZ700(立式)	JZG60	600	12	7200	±1.0	±2.0	30	-20~55	9
			14	8400					
JZ900(卧式)	JZG72	720	12	8640	±1.0	±2.0	35	-20~55	9
			14	10080					

注：指重表分通用型和低温型，低温型工作环境温度为：-45~55℃。

(3)安装与调试

1)安装死绳固定器及钢丝绳

①将死绳固定器的四根地脚螺栓牢固地固定在井架底座上。

②将钢丝绳在死绳轮上绕3圈，绳头置于压绳盖板下，用6颗M24螺栓将压绳盖板紧固压牢。

③检查轴承内是否有足够的润滑油，不足时应及时加注。

④安装传感器。将两端销轴穿入对应的支承孔内，并装好销轴安全销。传压管线接头应位于固定器外侧。

2)安装仪表箱

①在司钻操作位置前方的适当位置处垂直安装一根直径为63.5mm的钢管支架，安装好指重表后的高度应与司钻视平线高度基本一致。

②安装减震弹簧和仪表箱，然后用螺栓固定。要求指重表不受井架及其底座振动的影响。

③接上220V电源(带热敏记录笔时)。

④用液压管线将传感器与仪表箱接头连接起来。

3)注油与校零

①将手压泵接到传感器上。

②将专用液压油(SY 13551—77)用手压泵注入液压系统。

③打开减震阀的排气螺钉，排气。

④排净空气后传压器的间隙在 8 ~ 14mm 之间，上紧排气螺钉。

⑤注油后指重针和灵敏针都可能不在零位，应进行“对零”操作，方法如下：

a. 空游车下放至转盘面，卸下指重表框盖。

b. 用起针器取下两支指针。

c. 将指重针对零安到轴上，按紧，然后用手拨动指针几次观察是否回零以及与表盘有无摩擦。

d. 用同样方法上紧灵敏针，并检查与表针有无摩擦。

e. 上好指重表框盖，校零完毕。

4)记录仪的调试

①上好时钟发条，调整当前时钟，使其可以正常工作。

②装好记录纸和记录笔，调整记录笔的起始位置与当前时间相一致。

③调节记录笔微调螺钉使记录笔的起始位置与指重表相一致。

(4)使用方法

①使用前检查传感器间隙是否符合要求。

②检查空悬重时指针是否对零。

③大钩悬重可以从指重表上直接读出(每一小格表示 20kN)。

④钻进时，将灵敏表盘零位对准灵敏表指针。钻进时可直接从灵敏表盘上读出钻压值(小格表示 10kN)。

⑤检查记录仪工作情况，画线不清楚时应及时更换笔尖，加墨水。

⑥起下钻时，应将灵敏表减震阀杆旋紧，以延长其寿命。

(5)常见故障及排除方法

常见故障及排除方法见表 10－2。

表 10－2 故障排除方法参考

<table>
<tr><th>故障表象</th><th colspan="2">发生原因</th><th>排除方法</th></tr>
<tr><td rowspan="3">指重表无显示或记录仪无记录值</td><td colspan="2">液压系统密封不好，漏油</td><td>更换自封公母接头的密封圈或接头上的紫铜垫圈</td></tr>
<tr><td colspan="2">减震阀关闭</td><td>重新调节减震阀</td></tr>
<tr><td colspan="2">传压管线堵塞</td><td>打压顶通或更换管线</td></tr>
<tr><td rowspan="5">指重表、记录仪显示不稳定，并有下降趋势</td><td rowspan="5">液压油渗漏</td><td>自封接头上的密封圈坏</td><td>更换密封圈</td></tr>
<tr><td>自封接头上的紫铜垫圈不密封</td><td>更换紫铜垫圈</td></tr>
<tr><td>T 型阀的 O 形密封圈坏</td><td>更换 O 形密封圈</td></tr>
<tr><td>记录仪波登管焊接处有砂眼或焊接不牢</td><td>重新焊接</td></tr>
<tr><td>液压系统密封不好，漏油</td><td>更换自封公母接头的密封圈或接头上的紫铜垫圈</td></tr>
</table>

2.1.2 FS 型指重表

FS 型指重表是美国马丁代克公司（Maritin—Decker Co）的产品。目前主要在引进钻机上使用。

（1）结构与原理

FS 型指重表和日本 W 系列、国产 JZ、MZ 系列一样，都由死绳固定器、传感器、指重表、记录仪、胶管、快速自封接头、手压泵组成。

其工作原理和使用要求也基本相同。

1）死绳固定器

死绳固定器安装在井架底座上，起固定死绳的作用。死绳固定器根据轴承等结构分为 118 型和 118T 型，如图 10－7 所示。

大力神 118 型死绳固定器主要由支架、滚轮、钢丝绳压板、挡板、地脚螺栓、传感器、倒绳缓冲器组成，如图 10－8 所示。

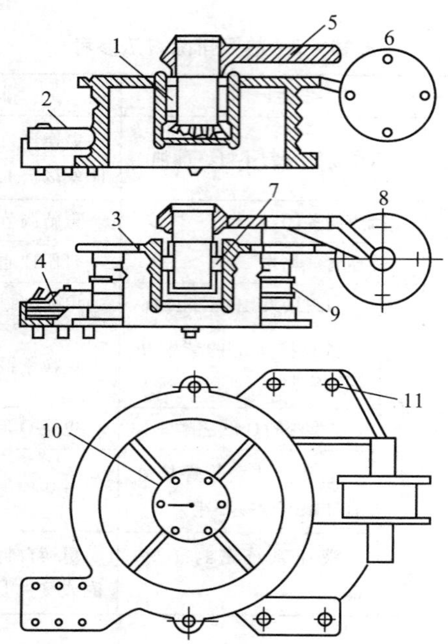

图 10－7　大力神死绳固定器滚轮及轴承

1—滚柱轴承；2—绳卡压板；3—锥形滚柱轴承；4—嵌板；5—框架：6—118 型滚柱轴承；7—轴承支架；8—118T 型锥型轴承；9—框架；10—固定轴承黄油盖；11—螺栓

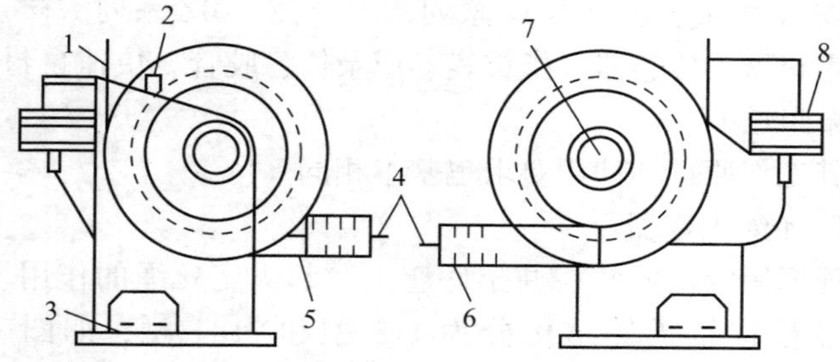

图 10－8　大力神死绳固定器总成

1—到天车的死绳；2—挡块；3—地脚螺栓和地脚螺母；4—到绞车滚筒的大绳；5—绳卡压板；6—压板螺母；7—固定轴承黄油盖；8—传感器

这种类型的死绳固定器上还安装了一套倒绳缓冲器。其作用在于当一个人倒绳时，操作它抵住绳锚，限制钢丝绳滑动。

2）压力传感器

E542 压力传感器与 FS 型指重表、大力神 118 型死绳固定器配套使用。其结构与 JZ 型传感器相似，也安装在死绳固定器上，是将张力转换为压力的重要敏感元件。

3）FS 型指重表

FS 型指重表的组成元件基本上与 JZ 型指重表相同。指重表的表盘有 ϕ215mm 和 ϕ305mm 两种。表盘箱上除指重表之外还安装有泥浆压力表、转盘转速表等五种表。

ϕ215mm 指重表的表盘以白色作底色，刻度为黑色，而 ϕ305mm 指重表的表盘以黑色为底色。刻度为白色。ϕ215mm 表盘只有一只，且是固定的；ϕ305mm 表盘为两只，内盘为指重表盘，是固定的，外盘为灵敏表盘，可以由上方的旋钮转动，指示钻压。指重表内有一长一短的指针，长针为灵敏针，短针为指重针。除上述主要部件之外还有：高压钢丝胶管、快速自封接头和手压泵。手压泵的形式与 JZ 系列手压泵有些不同，如图 10－9 所示。

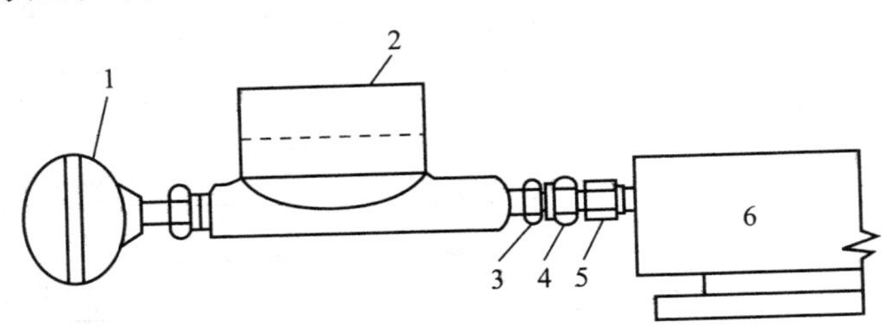

图 10－9　YAZ 型手压泵

1—手动泵柄；2—油碗；3—旋转接头；
4—旋转螺母；5—单向阀；6—传感器液压室

（2）技术规格

①系统校准精度见表 10－3。

②指重表和死绳固定器的高差引起的误差见表 10－4。死绳固定器安装在指重表的下方，距离越大，指重表的读数值越

偏小。

③FS 型指重表系统规格见表 10－5。

表 10－3　系统校准精度

部件型号	钢丝绳直径/mm	校准读出误差/%
指重表，FS 型；死绳固定器，118T 型；传感器，E542 型	22	<0. 7
	25	无
	28	>0. 7
	32	>1. 5

表 10－4　安装高差引起的误差

钢丝绳数	4	6	8	10
每降低 1m 的差值/N	594. 5	891. 7	1189	1486. 2

表 10－5　FS 型指重表系统规格

系列	AWA6H、AWA9H	AWA8H－3、AWA8H－5	AWA8H－2、AWA8H－4
绳径/mm	22、25、28、32		25、28
绳数	4、6、8、10		4、6、8　6、8、10
单绳负荷/kN	181. 2		181. 2
传感器负荷/kN	102. 82		102. 82
系统校准压力/MPa	9. 71		9. 71
传感器有效面积/mm²	103. 8		103. 8

(3)安装与使用方法

FS 型指重表的安装与使用方法与 JZ 型指重表基本相同。与 FS 型指重表、118 型死绳固定器配套使用的 E542 型传感器的间隙范围为 8～11mm，如图 10－10 所示。

(4)故障及其排除方法

FS 型指重表系统的故障及其排除方法，见表 10－6。

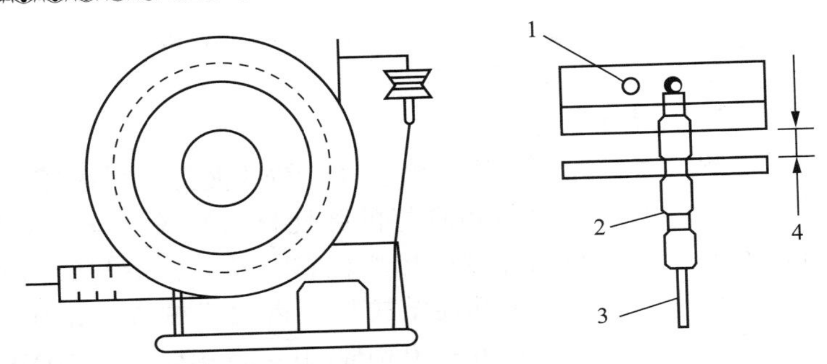

图 10－10　E542 型传感器间隙

1—单向阀；2—拆卸接头；3—液压胶管；4—间隙

表 10－6　故障原因及其排除方法

故障表象	原　因	排除方法
指针运动欠佳或反应迟钝	阻尼器设置不合适	调整阻尼器
	表针彼此接触或与表盘面、表盘玻璃接触	取下环型表罩及玻璃，校直针体，重新装好
	表芯积污	取下环型表罩、玻璃及表盘，用煤油或类似清洗剂清洗表芯，重新装好
	液压系统中存在空气	从传感器单流阀处泵入 W15 专用油，打开阻流器处的丝堵放出气体和部分油，以排除系统中的空气
指示不准	死绳与井架间有摩擦或死绳挂在绳锚法兰上	整理钢丝绳
	死绳轮转动不灵活	注润滑油
	绳锚卷筒活动不轻快	润滑轴承
	方钻杆弯曲	校直或更换
	转盘或方补心与天车不在同一垂线上	检查转盘或方补心。如果磨损过量须及时更换
	液压油泵入过量	从阻流器丝堵处放掉一部分
	液压油欠量	在传感器单流阀处泵入 W15 型液压油，并在丝堵处排气调节

2.2 压力表

2.2.1 普通压力表

用于测量密封管道内油、水、气、钻井液等介质的压力。结构见图 10-11。波登管由良好的弹性材料制成，当管内受到气(液)压力时，将向外发生形变位移，其位移量与管内所受压力成正比。波登管尾部连结拉杆，齿轮机械放大结构带动指针相应偏移。量程有 0~10MPa、0~25MPa、0~60MPa 等，精度有 0.4 级、1.0 级、2.4 级等。使用时，应根据工程上的需要，选用相应量程和等级。禁止过大振动和直接敲击。

2.2.2 耐震压力表

结构与普通压力表相似，在普通压力表螺纹口处进行了改造，加了一个密封气囊，表壳及波登管内充满了液压油。表头内充油可以达到抗震作用。气囊使得被测的气(液)介质与波登管内液压油隔离，可以防止波登管内堵塞。这就延长了压力表使用寿命，提高了测量精度。

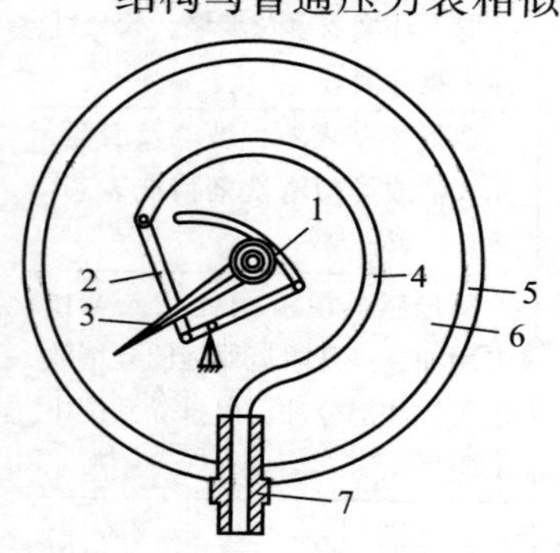

图 10-11 普通压力表结构
1—齿轮机构；2—拉杆；3—指针；4—波登管；5—表壳；6—表盘；7—螺纹接口

耐震压力表工作时应松开其顶部的充油螺钉，以释放由温度引起的表壳内压。为延长仪表的使用寿命和保证测量准确性，仪表应垂直安装，尽量靠近测量点，仪表宜用在其测量上限的 1/3~2/3。

2.2.3 DY-I 电子压力表

用于测量密封管道气(液)介质的压力，其结构见图10-12。利用安装在流体通过的压力管线上的压力传感器(抗 0~100℃ 工作液温度)测得压力信号，经变送显示器差放处理，显示出压力值并记录下压力曲线。DY－I电子压力表具有抗震、抗冲击、稳定性好、精度高、寿命长的特点且有记录功能。DY－I电子压力表量程分为0～5MPa、0～40MPa、0～70MPa三级，测量精度为1.0。变送显示器适用环境条件为温度－30～40℃，湿度≤90%RH。传感器适用温度为－50～100℃。

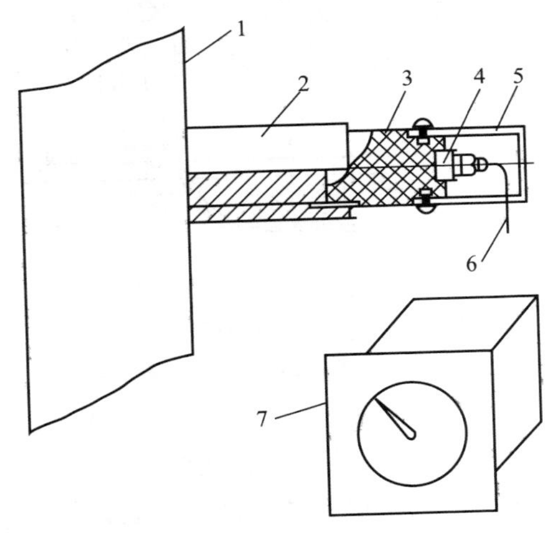

图10－12　DY－Ⅰ型电子压力表示意图
1—立管；2—底座；3—固定传感器短节；4—传感器；
5—保护顶盖；6—信号线；7—变送显示器

2.3　转盘扭矩仪

2.3.1　链轮张力式转盘扭矩仪

链轮张力式转盘扭矩仪，通过测量转盘驱动链条张力来求得钻具上的扭矩。结构见图10－13。将传感器安装在转盘驱动链条紧边的下面，传感器的橡胶惰轮托在链条紧边，使链条向上绕曲。当转盘转动产生力矩时，链条紧边绷紧，产生向下的压力推动惰轮下行，经过摇臂的杠杆作用，推动液压缸活塞下行，在液压缸内产生液压信号。液压信号经液压管线，传至三通由压力传感器转换为电信号，经过二次表电路放大处理，显示出扭矩值及记录下扭矩曲线。

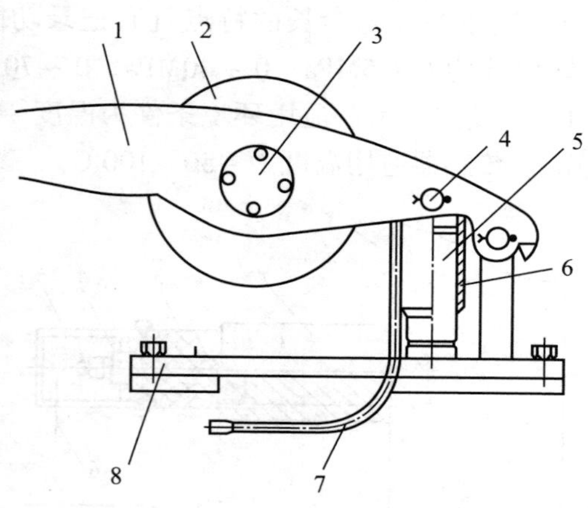

图 10 - 13 转盘扭矩传感器结构示意图

1—悬臂梁；2—橡胶惰轮；3—惰轮轴；4—轴销；5—活塞；6—液压缸；7—液压管线；8—底座；

转盘扭矩传感器量程为 0 ~ 150kN · m，显示量程为 0 ~ 40kN · m。安装时，应使惰轮和主动、从动链轮三者中心面在同一平面内，链条的两排滚子应对称地骑在惰轮的两凸缘上。应注意液压管线排气，用手动压油泵在三通处注油，直到扭矩传感器放气堵头处无气泡冒出为止，拧紧排气堵头。

2. 3. 2 SK - 8N03 电扭矩仪

用于电驱动钻机的钻具扭矩测量。通过测量电动钻机的直流电机工作电流而求得钻具扭矩变化。

2. 3. 3 ZJY - 1A 顶丝转盘扭矩仪

用于监测钻机转盘扭矩。顶丝转盘扭矩传感器结构见图 10 - 14。传感器替代固定转盘的顶丝安装位置见图 10 - 15。转盘转动时，转盘转动作用力和链条拉力作用在顶丝扭矩传感器上，顶丝传感器把测得的力信号转变为电信号，通过电缆线传到二次仪表进行放大、处理，显示出瞬时扭矩值及记录下扭矩曲线。

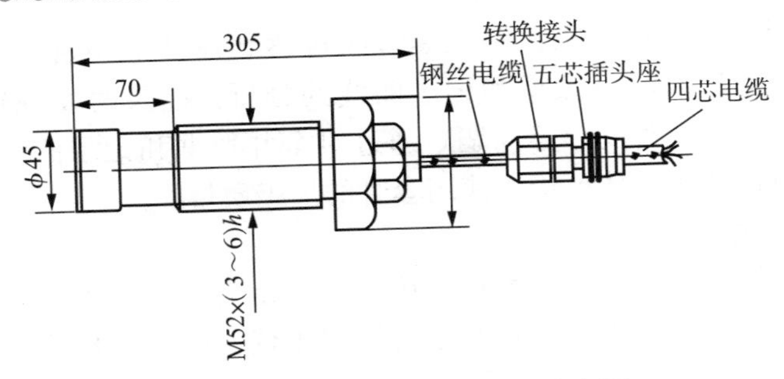

图 10－14　顶丝传感器结构示意图

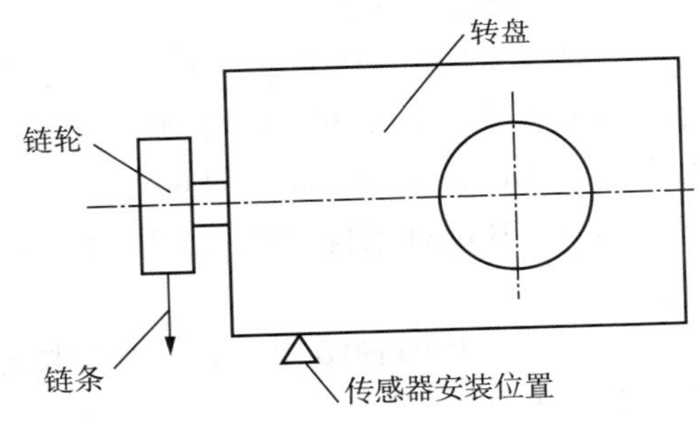

图 10－15　顶丝传感器安装位置示意图

传感器额定载荷为 200kN、150kN，使用安全超载为 120%，绝缘电阻不大于 500MΩ，输出灵敏度不小于 1.9mV/V，使用温度范围为 -40～80℃。二次仪表使用温度范围为 -30～50℃，湿度不大于 90% RH±3，量程为 0～50kN·m。安装支架时，支架前支撑面与转盘侧面距离应在 180～220mm，并调整支架支撑面与转盘侧面相互平行，保证安装时传感器中芯轴与转盘侧面垂直。顶紧转盘，预紧力约为 15kN。调试时，压下复位开关，左旋调零电位器，使显示为零，消除预紧力信号。前面板上欠压指示灯发亮，就应更换电池。

2.4　套管扭矩仪

2.4.1　用途

套管扭矩仪一般与液压套管钳配套使用。用于测量、显示和控制套管上扣扭矩，保证套管联接达到最佳上扣密封状态。该系统通过对测量数据和记录曲线的分析，能及时发现错扣、螺纹损坏、套管变形等问题。通过对全井数据和记录曲线的综合分析还能够总体评价所使用套管的加工质量。

2.4.2　**结构**

套管扭矩仪主要由主机、传感器、动力控制装置及主机辅助设备等部分组成。不同型号套管扭矩仪，因使用环境和要求不同，在具体结构上有所差异。

2.4.2.1　TMC－Ⅰ型套管扭矩仪。

主机采用了 S88/20 工业微机系统，9 寸显示器嵌入主机机箱内。主机辅助设备配有打印机和 UPS 电源。

主机结构尺寸：490mm×220mm×600mm。

扭矩传感器有 A、B 两种结构型式：A 型为测力传感器，B 型为压力传感器。

圈数传感器也有 A、B 两种结构型式：A 型核心部分是光电编码器，B 型为接近开关。

动力控制装置为二位二通或二位三通电磁溢流阀。

主机与扭矩、圈数传感器之间通过 RVVP 屏蔽电缆连接，与动力控制装置之间通过两芯电缆线连接。

2.4.2.2　TMC－Ⅲ型便携式套管扭矩仪。

主机采用了 486 笔记本电脑。测量控制部分放置在扩展箱内，通过总线接口与主机联通。主机辅助设备配有打印机和 UPS 电源。

扭矩、圈数传感器和动力控制装置的结构形式与 TMC－Ⅰ基本相同。

主机结构尺寸：370mm×100mm×270mm。

便携式套管扭矩仪的主要结构特点：体积小、重量轻、便于携带和一机多用。

2.4.2.3　TMC－ⅡA 型防爆套管扭矩仪。

主机采用了嵌入式微机工作站，电气部分装入正压防爆机柜内，EL或TFT显示屏和薄膜键盘外露，便于观察和操作。采用电子盘取代硬盘，提高了系统的抗震性能和对恶劣环境的适应性。

主机采用正压防爆，气体处理单元由过滤器、定时器、换气装置、补气装置、压力检测控制器和防爆电源开关等组成。扭矩、圈数传感器选用A型。主机与传感器之间加隔离安全栅。

主机结构尺寸：900mm×470mm×380mm。

防爆型套管扭矩仪的主要结构特点：整机按防爆要求设计，适用于高压油气井及海洋钻井平台的下套管作业。

2.4.2.4　TMC－Ⅳ普及型套管/吊钳扭矩仪。

主机采用了单片微处理器，微型打印机可以嵌入主机箱内，主机面板上配有扭矩显示表头，能够实时显示上扣扭矩，并具有峰值保持功能。在没有液压钳配套使用的情况下，可以串接在B型吊钳钳尾绳上测量套管或钻杆的上扣扭矩。

主机结构尺寸：320mm×200mm×110mm。

普及型套管/吊钳扭矩仪的主要结构特点：结构简单，使用方便，成本低。

2.4.3　工作原理

评价套管上扣质量的依据是上扣扭矩随圈数或时间变化的动态曲线。

(1)扭矩测量原理

忽略钳头与钳体之间摩擦力和上扣角加速度的影响，套管的上扣扭矩值等于液压钳尾绳所受张力与液压钳臂长的乘积。

A型扭矩传感器串接在液压钳尾绳上，测量钳尾绳的张力，将力转换成电信号输出。

B型扭矩传感器利用液压钳的扭矩表系统进行测量。扭矩表的液压缸串接在钳尾绳上，将钳尾绳张力转换成压力信号，一路送扭矩表显示，另一路通过压力传感器转换成电信号输出。

(2)圈数测量原理

A 型圈数传感器采用光电编码器测量。传感器支架安装于钳体上部，靠压轮紧压在套管上，通过机械传递使圈数传感器与套管同比例转动，圈数传感器输出对应的脉冲数；可精确地测量出套管转动圈数。

B 型圈数传感器采用接近开关测量。传感器安装在液压钳侧部，感应大齿圈转过的齿数，输出与大齿圈齿数相对应的脉冲。

主机接收到传感器信号，由接口板处理成标准信号，经 A/D转换成数字信号，送到微机进行处理。

2.4.4 技术参数

2.4.4.1 TMC－Ⅰ型套管扭矩监控系统

(1)主机测量范围及允许误差(见表 10－7)

表 10－7 主机测量范围及允许误差

名　称	测量范围	允许误差
扭矩/kN · m	0～40.00	≤0.3%
圈数/圈	0～12.00	+0.02
磁盘保存圈数/圈	0～5.30	
上扣转速/(r/min)	0～100	≤1%

(2)扭矩传感器

①采用测力传感器测量扭矩(A 型):

测量范围：0～40kN；精度 0.5%；电源电压 10V；输出灵敏度 >1.5mV/V。

②采用压力传感器测量扭矩(B 型):

测量范围：0～16MPa；精度 0.5%；电源电压 10V；输出灵敏度 >0.5mV/MPa

(3)圈数传感器

①靠压轮式(A 型):

编码器输出脉冲数 360 脉冲/圈；电源电压 12V；输出方式

为电压输出。

②接近开关式(B型)：

电源电压12V；检测距离(5±10%)mm；频率响应400Hz。输出形态NPN NO。

实时显示套管上扣扭矩随圈数的变化曲线，控制上扣达到最佳扭矩。测量数据和图形可存盘长期保存。测量数据和图形可由打印机拷贝输出。显示入井套管累计长度、上扣时间和日期等参数。提供套管的测量数据列表和综合评价软件。

2.4.4.2 TMC－ⅡA型防爆套管扭矩仪

①系统防爆标志：pibⅡBT4。

②气源：压力0.4～1.2MPa；流量>20L/min。

③正压防爆柜技术参数及功能：

换气时间为1.5min，工作压力为200Pa。气压低于50Pa自动切断电源。气体处理过程全自动控制。

具备TMC－Ⅰ型全部功能及技术指标。具备四种评价控制功能(扭矩－圈数、扭矩－时间、扭矩－圈数－转速、扭矩－圈数－时间)，能实时分析评价套管接口质量和上扣质量。系统的屏幕显示及报表处理全部实现汉化。系统配置了电子盘，操作系统及监控软件全部固化于Flash Memory中，大大提高了系统的可靠性和处理速度。

2.4.4.3 TMC－Ⅲ便携式套管扭矩仪。

①具备TMC－Ⅰ全部功能及技术指标。

②具备四种评价控制功能(扭矩－圈数、扭矩－时间、扭矩－圈数－转速、扭矩－圈数－时间)，能实时全面地分析评价套管接口质量和上扣质量。

③系统的屏幕显示及报表处理全部实现汉字化。

2.4.4.4 TMC－Ⅳ普及型套管/吊钳扭矩仪。

①达到TMC－Ⅰ技术指标。

②能够打印扭矩－圈数或扭矩一时间曲线，但不能实时显

示两种曲线。

2.4.4.5　使用条件

①环境温度：主机 0 ~ 40℃；扭矩传感器 -30 ~ 60℃；圈数传感器 -25 ~ 70℃。

②相对湿度≤85% RH。

③电源(220 ± 20%)V，50Hz/60Hz。

2.4.4.6　使用要求

①安装 A 型扭矩传感器时，严格按照说明书的要求调整钳尾绳，使尾绳保持水平，并且与液压钳中芯轴线垂直。注意在安装 A 型扭矩传感器时连接件要适度拧紧，以提高抗拉强度。在扭矩传感器两个“U”型环之间加保护绳套，防止传感器损坏造成意外事故。

②安装 B 型扭矩传感器时，要将各连接部件拧紧，防止扭矩表液压缸内的液压油溢出。同时，要排净内部的空气，以免影响正常测量和扭矩表的寿命。

③安装 A 型圈数传感器时，调整传感器的位置，上扣时使靠轮能够压紧套管。

④A 型圈数传感器的套管直径与靠轮直径的比值为 1∶1 或 2∶1，并根据比值设置“图形参数”中的 Ratio 参数。

⑤信号线应尽量避免与电力线并行传输，远离强磁场干扰源，避免强力拉扯和重物轧压。

⑥检查主机接线正确无误后方可通电运行，错误接线可能导致系统损坏。

⑦主机的安放位置应尽可能选择振动小无风尘的位置，绝对避免进水或雨淋。

⑧安装完毕，在正式开始下套管作业之前进行试运转。

2.5　多参数钻井参数仪

多参数钻井参数仪，用于石油钻井过程中测量、显示和记录各工程参数值及其变化趋势的专业仪表。它可连续提供参数的瞬时值及其变化趋势，为掌握分析钻井状况提供依据。目前应用较多的有 TZC 系列的通用钻井参数仪和 ZJC 系列钻井参数仪等。

多参数钻井参数仪工作原理见图 10－16。

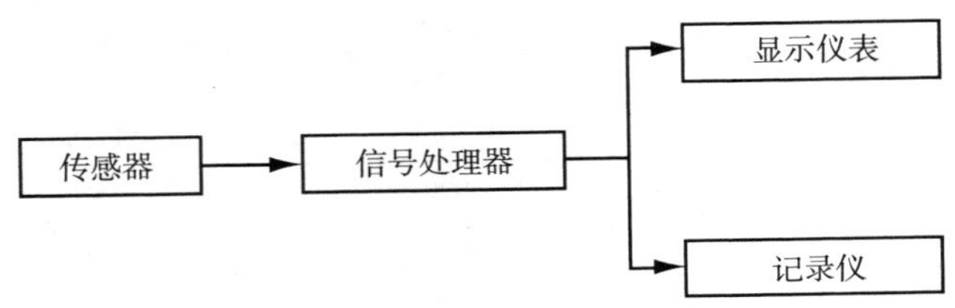

图 10－16 多参数钻井参数仪原理框图

传感器：它把被测量的物理量如立管压力、转盘扭矩等，转换成电信号，然后送往信号处理器。

信号处理器：来自传感器的电信号经信号处理器放大、滤波、运算等处理，送往显示仪表和记录仪。

显示仪表：把所测量的各参数显示在司钻面前，以便司钻了解掌握当前的钻井状况，及时发现和处理钻井过程中出现的异常情况。

记录仪：把所测量的各参数以连续记录的方式进行记录，以便钻井工程师分析当前的钻井状况，合理地选择钻井参数。

2.5.1 TZC 系列通用钻井参数仪

TZC 系列钻井参数仪可分为：十二参数仪（TZC－A、TZC－C），八参数仪（TZC－B、TZC－E），四参数仪（TZC－D）等型号。可选配九笔、六笔、四笔、三笔记录仪，记录大钩负荷、钻时、转盘扭矩、立管压力、泵冲、转盘转速、钻井液总体积、钻井液出口排量等参数。其中钻井液出口排量、钻井液总体积具有高、低限超限报警功能。

TZC 系列钻井参数仪技术参数见表 10－8。

表 10－8　TZC 系列通用钻井参数仪主要技术参数

参数名称	测量范围	允许误差
大钩负荷/kN	0～2500 0～4000	≤1.5%
钻压/kN	0～500	≤1.5%
转盘扭矩/kN·m	0～50	≤2.5%
立管压力/MPa	0～40	≤1.5%
井深/m	0～9999.99	单根≤0.1
转盘转速/(r/min)	0～300	±1
泵冲/(次/min)	0～300	±1
出口排量/%	0～100	<5%
钻井液总体积/m^3	0～200	≤1.5%
钻井液增减量/m^3	0～5	≤1.5%
钻时/(min/m)	0～999	≤1.5%
大钩高度/m	0～35	≤0.2

注：出口排量是指排出管口钻井液液面高度与出口管径的百分比。

2.5.2　TZC－S(VDX 汉文版)数字化钻井参数仪

中原油田钻井工程技术研究院生产的 TZC－S 数字化钻井参数仪采用先进的计算机、信息、网络和电子技术，实现钻井井场各种数据进行采集、显示、分析和存储。可监测钻井参数包括井深、钻头位置、大钩高度、大钩提放速度、大钩提放速度峰值、大钩负荷、大钩负荷峰值、钻压、转速、钻速、扭矩、吊钳扭矩、立管压力、套管压力、泵速、累计泵冲、总累计泵冲、泵入口排量、钻井液体积、钻井液总体积、钻井液增减量、灌浆罐总体、出口排量等，关键参数设有高、低限报警功能。司控房参数仪一体机具有良好的显示界面和触摸屏操作，实时数据保存在数据库中，通过井场局域网络传输数据给钻井监督和井队工程师，TZC－S 数字化钻井参数仪版面布置见图 10－17。并可根据需要选配现场视频监控系统，通过网络对现场操作进行监控。

TZC－S 数字化钻井参数仪技术参数见表 10－9。

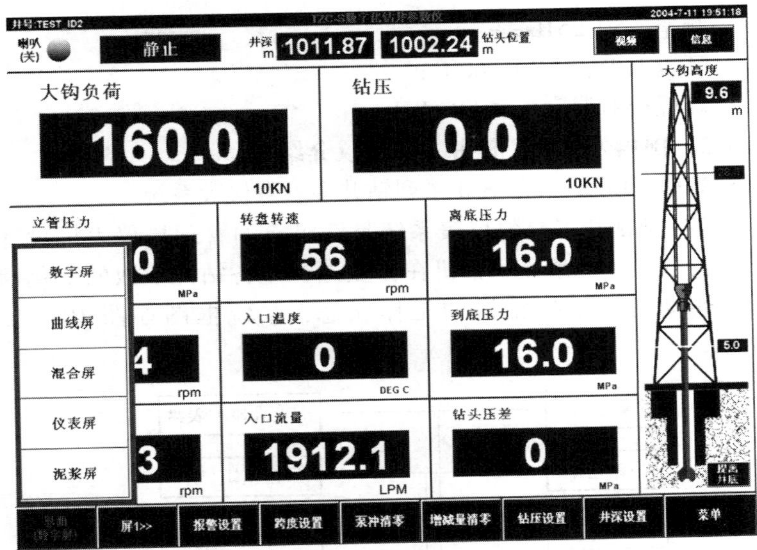

图 10－17　TZC－S 数字化钻井参数仪版面布置图

表 10－9　TZC－S 数字化钻井参数仪主要技术指标

参数名称	测量范围	允许误差
井深/m	0～9999.99	≤1.0%
钻头位置/m	0～9999.99	≤1.0%
转盘扭矩/kN·m	0～40	≤1.5%
大钩负荷/kN	0～4000	≤1.5%
立管压力/MPa	0～40	≤1.5%
转盘转速/(r/min)	0～300	±1
吊钳扭矩/kN·m	0～1000	≤2.5%
泵冲/(次/min)	6～300	±1
泥浆体积/m^3	0～300	≤1.5%
出口排量/%	0～100	≤2.5%

TZC 与 VDX 系列钻井参数仪工作条件：

电源电压：220VAC±15%；

频率：50 ±5Hz；

环境温度： -30 ~60℃；

环境相对湿度：≤90% RH。

2.5.3 国内外生产厂钻井多参数仪介绍

2.5.3.1 江汉仪表厂 SZJ 系列钻井多参数仪表系统

SZJ 型钻井多参数仪表系统是江汉石油管理局仪表厂设计生产的仪表，测量显示钻机在作业过程中各钻井参数的变化情况。帮助司钻掌握钻机的工作状态，系统框图如图 10 - 18 所示。

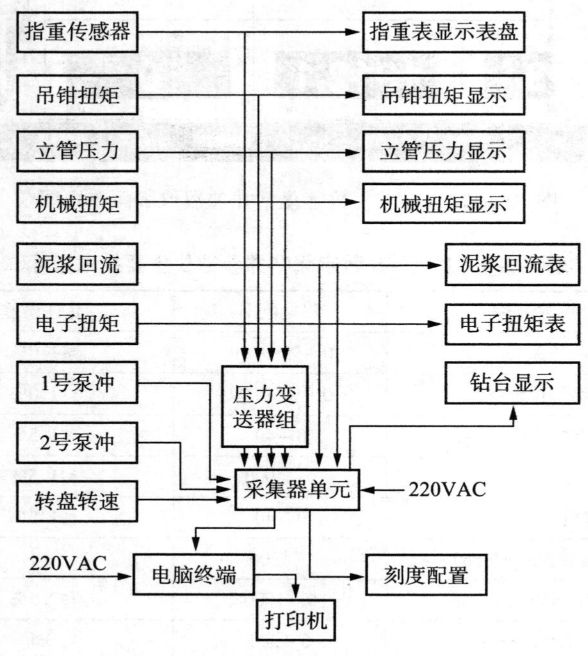

图 10 - 18 SZJ 多参数钻井仪系统框图

工作条件：

工作温度： -30 ~70℃

相对湿度：0 ~90%

(1)传感器测量单元

传感器测量单元由指重传感器、转盘扭矩传感器、立管压力传感器、吊钳扭矩传感器、转盘转速和泵速传感器及泥浆回流百分比传感器构成。

(2)司钻仪表显示台

该部分主要接收指重传感器、立管压力传感器、转盘扭矩传感器、吊钳扭矩传感器、泥浆回流传感器等信号，还接收采集器传递过来的电信号(例如转盘转速、泥浆泵冲速、泥浆回流等)。上面配有四块液压表盘：指重表、吊钳扭矩表、立管压力表、转盘扭矩表；两至五块液晶显示(根据用户选择)：钻压、转盘转速、1# 泥浆泵泵速、2# 泥浆泵泵速、泥浆回流百分比，另外还有一个钻压回零按钮，四个压力变送器用于把液压信号转换为电信号后送给采集器。

整个司钻仪表显示台采用防爆设计，框架采用不锈钢板焊接而成，表面抛光。

(3)采集器单元

主要由电源单元、前端处理板、数据采集板、通信板和安全栅等组成。

各路传感器单元信号送往采集器单元，通过前端处理板，进行放大、滤波、整形处理，由数据采集板进行采集、处理运算，再通过通讯板送往司钻显示台进行显示，同时送往队长办公室电脑进行记录。整个单元集中在一个不锈钢箱体内，采用防爆设计，安装在钻台司钻偏房内。

(4)系统可供选择的其他配置

根据用户的特殊需要，该系统还可配置泥浆温度传感器、泥浆密度传感器、泥浆液面传感器及对应的二次仪表。这些传感器信号均可进采集器进行运算及存储，从而计算出泥浆出口流量、泥浆罐总容积等参数。

(5)SZJ 型钻井多参数仪技术参数

SZJ－Ⅲ型钻井多参数仪技术参数见表 10－10。

表 10－10　SZJ－Ⅲ型钻井多参数仪技术参数

参　数	测量范围	准确度
悬重、钻压	0～10080kN	±1.5% F·S
转盘扭矩	0～40kN·m(显示方式 0～500 刻度)	≤±2.5%F·S
吊钳扭矩	0～100kN(以尾绳拉力表示)	±2.5% F·S
立管压力	0～40MPa	±1.5% F·S
钻深	0～9999.9m	≤±1m
转盘转速	0～300r/min	
泵冲速	0～300s/min	
泥浆回流	0～100%	±2% F·S
泥浆罐体积	0～999.9m^3	
泥浆密度	0.8～2.0g/cm^3	±1.5% F·S
全烃含量	0～100% LEL	±5% LEL
硫化氢浓度	$(0～100)\times10^{-6}$	±1.5% F·S
工作温度	－30～70℃	
相对湿度	0～90%	
工作电压	220×(1±20%)VAC；(47～63)Hz	

(6)系统的可靠性

①作为钻井设备，各个单元都要防爆，传感器一方面要密封，同时使用安全防爆栅。连接电缆接头使用密封防水防爆航空接头。

②系统能在温度变化大，振动强、电磁干扰严重的环境下工作。在电路设计上尽量采用集成度高的器件，减少元器件数量。传感器选择集成化产品，电传感器(例如转盘转速传感器、泵冲速传感器等)选择进口产品。

各电路单元采用电磁场屏蔽以减少外界干扰，信号电缆选用带有屏蔽层电缆，能防水、防腐、阻燃、耐低温。

选用元器件为适应环境温度范围内的器件。

软件设计操作方便简单，尽量减少操作内容，系统拆装方便，减少了人为因素出现的故障。

2. 5. 3. 2　上海神开钻井多参数仪

(1)系统框图

该仪器是由传感器、数据采集接口、工控计算机、钻台监视仪、彩色打印机构成的一个数据采集、测量、显示系统。仪器可监测：悬重、泵压、钻压、大钩位置、井底上空、泵冲和总泵次、转盘转速、出口流量、转盘扭矩、井深、钻时、大钳扭矩、总烃、钻头用时等 17 项参数。其系统框图如图 10 – 19 所示。

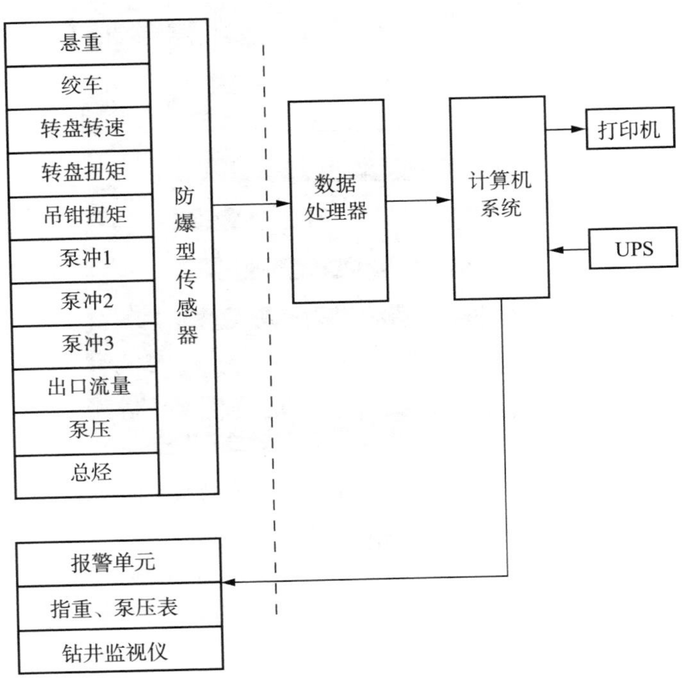

图 10 – 19　SK – 2Z01/2Z11 钻井监视仪系统框图

(2)SK – 2Z01/2Z11 钻井监视仪面板布置(见图 10 – 20)

(3)环境技术指标

2Z01C 型：

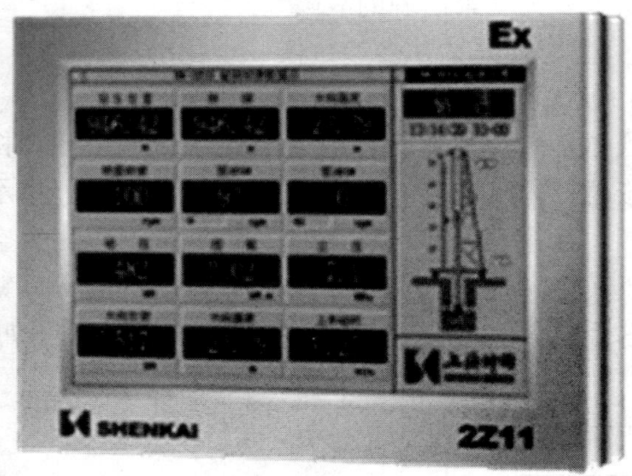

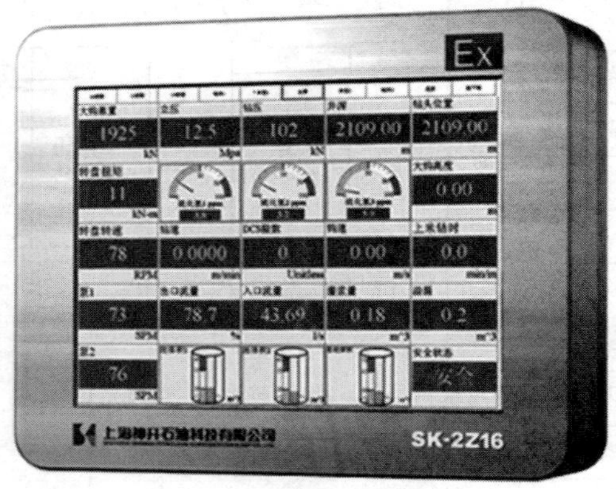

图 10－20　SK－2Z11/2Z16 钻井监视仪版面布置图

环境温度范围：－30～50℃

环境湿度范围：<90%

输入电压：220VAC

输入频率：45～52Hz

外电源中断后续电时间：≮15min

防爆条件：SK－2Z01 钻井监视仪正压防爆(正压为 0.2MPa)，配套的各类传感器有相应的防爆要求。传感器信号电缆引入首先经安全隔离栅，使安全区与危险区防爆隔离。

2Z11 型：

环境温度范围：－40～60℃

环境湿度范围：<90%

钻台监视仪防护等级：IP67

钻台监视仪防爆类型：限呼吸型

输入电压：220VAC ±30%

输入频率：35～65Hz

(4)传感器的配置(基本型)

1)泵冲、转盘转速单元

如图 10－21 所示。

测量范围：30、60、120、240、480、1920(单位：冲/分)可选

测量精度：1%

输出信号：4～20mA

2)深度单元

绞车井深传感器见图 10－22。

图 10－21　泵冲传感器

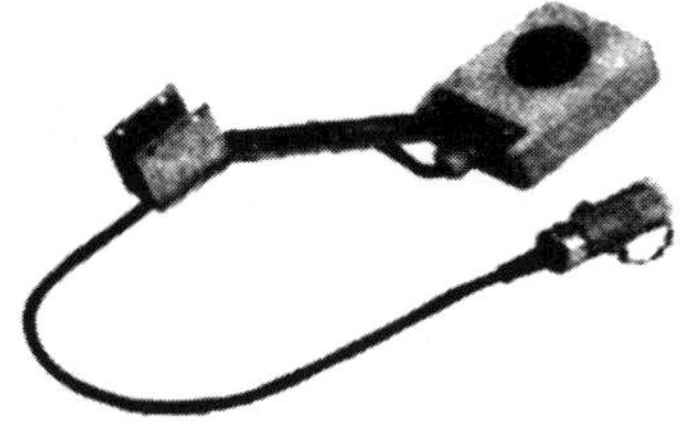

图 10－22　绞车井深传感器

井深测量范围：0～9999.99m

精度：±1%(单根)

显示大钩高度：0～50m

显示步长：0.01m

钻时测量范围：0.1～600min/m

精度：±1%

大钩初始位置参数置入由计算机过程控制输入锁定功能。

3)大钩悬重单元

测量范围：0～2000 或 4000kN

精度： ±2%

4)转盘扭矩单元

测量范围：0～50kN · m(0～1.6MPa 压力传感器)，见图 10－23。

图 10－23　通用压力传感器

精度： ±2%(F · S)

输出信号：4～20mA

5)泥浆出口流量单元

见图 10－24。

测量范围：0～100%(相对流量)

精度：5%

输出信号：4～20mA

6)吊钳扭矩单元或液压扭矩单元

测量范围：0～100kN(以尾绳拉力表示)或 30MPa

精度：2.5%

输出信号：4～20mA

7)立压单元(配减压缓冲器 1∶5)

测量范围：0～30MPa

精度： ±2%(F · S)

温漂：1%(F · S)

输出信号：4～20mA

8)总烃

见图 10－25。

测量范围：0～5%(甲烷)

输出信号：4～20mA

图 10－24　泥浆出口流量传感器

图 10－25　总烃传感器

(5)计算机硬件配置

1)计算机

CPU：PⅢ800、内存：64MB、显示器：17 in彩显、硬盘：20G、显卡：AGP/16M 显存、光驱：40 速。

2)外设

实时打印机：EPSON MJ1520K 彩色喷墨打印机

网卡：100M

多串口卡：C104P

声卡：CREATIVE

音箱：有源音箱一对

UPS 电源：1 台 1KVA

(6)软件系统

1)操作系统

中文 WINDOWS98/NT 版，智能化钻井工程参数仪软件——数据采集系统为 SK－DLS2000 版本，2Z11 钻台触摸屏安装 MS－DOS 操作系统。

2)主要功能

具有自动实时数据采集、处理、输出、自动保存、自动声光报警等多种功能；可以实时监测、远距离传输通讯、显示功能；提供钻井动态画面、曲线监测和回放、仪表仿真等多个监测画面，实现中英、中俄文自由转换，公/英制单位的切换。

3)资料输出方式

①打印：可以按时间间隔打印工程参数报表或曲线图。可以打印钻井液的班报和钻井工程的班报。

②显示：能显示参数数据屏幕及动态画面可设置多种屏幕，可以通过字母、数字方式及图形曲线等方式显示。钻井工程参数监视仪可通过计算机控制大屏幕液晶显示和光柱趋势显示。视觉效果良好。

4)操作使用

该软件操作便捷、简单。它是由程序图标菜单来控制和选择，其程序图标功能模块是由钻井动态画面、钻井主参数、网络设置、系统初始化、采集卡测试、传感器标定、起下钻、系统报警、钻具管理、钻井曲线、气测解释、色谱谱图远程显示等众多模块组成，用鼠标点取图标菜单即可调用这些功能模块进行操作。

(7)特点

模块化的系统设计；智能化的控制；较强的灵活性；高亮度的 LCD 显示和背景光，可适用于白天和晚上；获得国家级防爆认证证书；基于 Win98 操作系统的软件，操作直观、简单、灵活、画面美观、大方；如遇到异常情况，提供声光警报；能长时间无故障使用；扩展型可智能化地提供事故报警和参数最佳选择；

扩展型可建立每口井的井史，并加以回放对比。可显示字母、数字方式和图形方式(柱图和直方图)。

2.5.3.3　加拿大 Datalog 公司 WellWizard™钻井仪表监测系统

(1) WellWizard™钻井自动监测系统简介

WellWizard™是一种灵活的钻井自动监测系统，如图10-26所示。它可以作为井场的数据中心。通过采用先进的客户机/服务器技术，WellWizard 可以连接 Internet。任何地方的客户都可以通过 Internet 访问井场资料，现场用户也可以收发 E-mail。

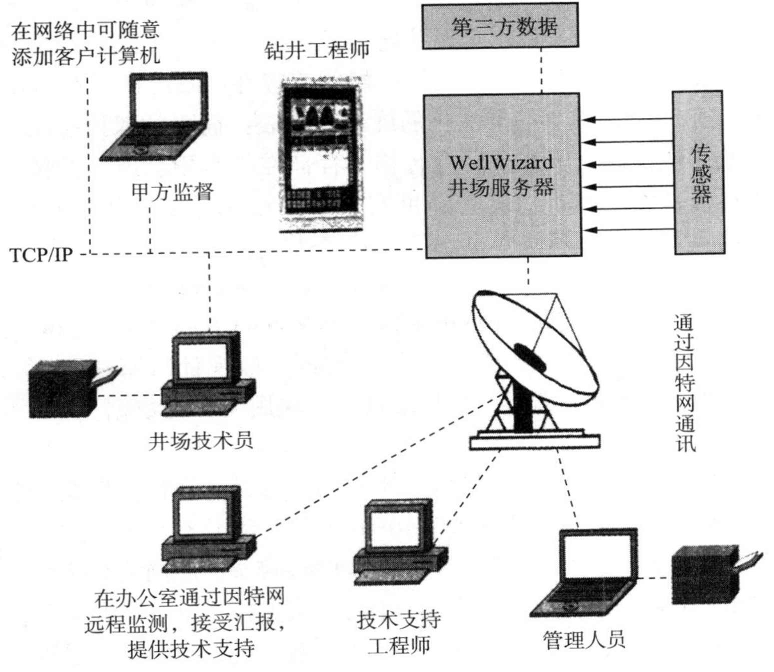

图 10－26　Well Wizard 钻井仪表系统结构示意图

WellWizard 数据服务器位于井场安全区域，所有传感器信号都接入该服务器。由于采用了“黑箱”设计，服务器安全可靠、防水防爆、减少了现场因机械故障所需的维护时间。服务器使用便携式硬盘，方便用户操作。完井后，井场数据可以刻入光盘。

WellWizard 能以多种格式输出钻井数据，包括 LAS，MS ACCESS&MS EXCEL 等，可以由 MS ACCESS 自动生成日报、钻头报告等各种数据库报表。

防爆触屏可以方便地安装在钻台上，可根据用户需要设置报警，预防钻井事故。

通过时间和深度数据库访问原始钻井参数；通过触屏实现

对钻台的方便监测；通过 Internet 或 Modem 实现对数据库的安全访问；通过 E－mail 实现井场与总部间的远程连接；标准的工业驱动器保证对第三方软件良好的兼容性；系统运行在 Windows 平台上；独立的个性化的屏幕和图表；简单的双扭接头使安装简便快捷；所有数据可转移并存储在光盘中；新颖的传感器设计；无限的扩展能力；可实现诸如钻头深度、井眼深度、平均机械转速、泵冲等 50 多项钻井参数。

(2)数据采集服务器(Data Acquisition Server)

采用 PC104 总线计算机主板，配置 266MHz 英特尔处理器、32M 内存、4 个串行端口、网络适配器、监视计时器和两块冗余便携式硬盘(一块用于安装系统，一块用于存储数据)，如图 10－27 所示。

4 个 RS485C 串行端口可用于与第三方设备连接；集成一个小型集线器，该集线器有 4 个 10BaseT 接头和 1 个 10Base2 接头，服务器有 3 个 RJ11 双扭接头和一个 BNC 接头，此网络系统可通过相应的通讯系统与世界上的任何 PC 机连接，也可与井上的任何计算机连接；该服务器分别提供 8 个双道模拟和 4 个双道数字安全隔离栅，可处理 24 个传感器信号(16 个模拟信号和 8 个数字信号)；扩展模块可增加到 64 个模拟道，32 个数据道；

适合的电源环境：交流电输入 85～265V，频率 40～70Hz；内建 UPS 保证系统可靠工作。

(3)触摸显示屏(Touch Screen)

见图 10－28。此 DYNAPRO 触摸屏符合 1 级 2 区 D 组要求，全天候、抗腐蚀，可安全安装在钻台上。

触摸屏动力消耗来自服务器，如服务器意外断电，触摸屏将继续工作 30min 后才关闭，恢复供电时，它自动重启。

触屏工作在标准的 Windows 环境下，安装于其上的 WellWizard™客户端软件界面也十分友好、直观。

操作时既可在屏幕上触击，又可利用下部的可编程快捷键和大按钮，以便于用户戴手套操作。

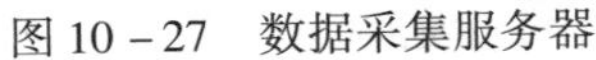

图 10－27　数据采集服务器

图 10－28　触摸显示屏

此触屏提供一些保护措施，比如，可将屏幕“锁住”以防止用户误操作造成屏幕图表混乱。

(4)报警器(Alarm Hom)

可对所有参数设置报警，见图 10－29。

不同用户可设置不同的报警内容。

(5)泥浆液面传感器(Mud Level Sensor)

此传感器为超声波液面传感器；有一微控制器可以自动排除由于泥浆搅拌、噪声、蒸气等造成的干扰，见图 10－30。

图 10－29　报警器

图 10－30　泥浆液面传感器

测量精度：1mm；最大探测范围：20m。

工作温度范围：－20～40℃。

(6)泥浆出口流量传感器(Mud Flow Out Sensor)

此流量传感器是电位计叶片型的；该传感器是线性的，测量结果可用绝对流量，也可用百分比流量来表示，通常用后者表示。

该传感器可在所有泥浆环境中工作，测量量程为 0 ~ 5000L/min，精度为 20L/min，见图 10 - 31。

(7) 泥浆进/出口温度传感器 (Mud Temperature Sensor In/Out)

温度传感器是铂电阻探头，反应灵敏；可探测的温度范围为：－30 ~ 100℃；测量精度为：0.1℃，见图 10 - 32。

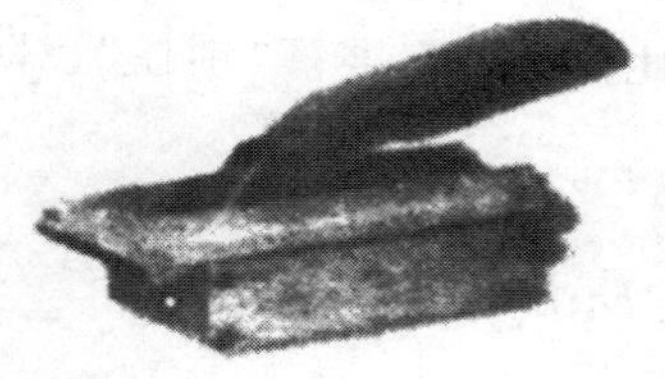

图 10 - 31　泥浆出口流量传感器

图 10 - 32　泥浆进出口温度传感器

(8) 泥浆进/出口密度传感器 (Mud Density Sensor In/Out)

泥浆密度采用压差法测定；该传感器有一塑料外壳来保护压力膜不受泥浆及岩屑涡流的影响；测量范围：在 700 ~ 2500kg/m^3 之间，其精度为 10kg/m^3。

(9) 立管压力传感器 (Standpipe Pressure Sensor)

图 10 - 33　立管压力传感器

立管压力传感器直接连于立管处测量泵压；标准测量范围为：0 ~ 34 MPa (0 ~ 5000psi)，见图 10 - 33。

(10) 扭矩传感器 (Torque Sensor)

转盘扭矩传感器目前有两种：机械扭矩传感器和电子扭矩传感器，见图 10 - 34。

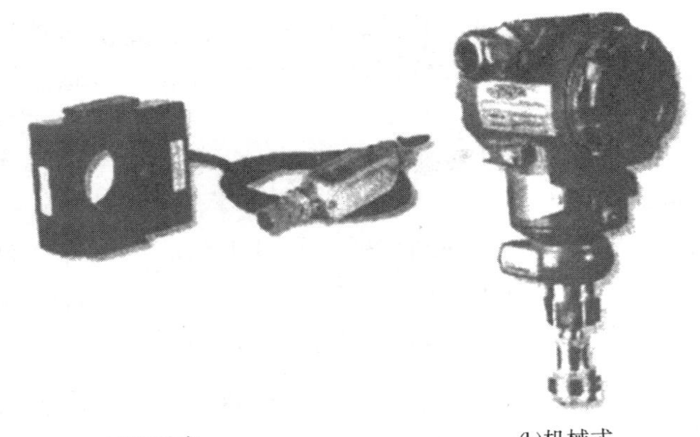

(a)电子式　(b)机械式

图10-34　转盘扭矩传感器

大钳扭矩传感器为液压传感器。

机械扭矩（液压）传感器量程为0～100MPa，精度为0.2MPa；电子扭矩传感器量程为0～1000ADC，精度为10A。

（11）大钩负荷传感器（Hookload Sensor）

该传感器是张力传感器，测量锚点上方死绳的张力（见图10-35）。传感器的实际测量范围是0～22.7t（0～50000 lbs）（实际依滑轮绳数不同，范围不同）。

（12）深度传感器（Depth Sensor）

深度传感器由两个近程传感器组成，安装于天车快速滑轮上，滑轮上装有靶环（见图10-36）。

图10-35　大钩负荷传感器

图10-36　深度传感器

当天车快轮转动时，传感器就可以接收到快轮带动靶环的接近信号，由此可记录快轮的转动情况，而快轮的转动就可以通过软件表现为井深和大钩高度等参数的变化。传感器量程为75m，精度为0.02m。

(13)泵冲程/转盘转速传感器(Pump Strokes Sensor/Rotary Speed Sensor)

泵冲传感器探测泵轴的旋转，并发出脉冲，再与泵的传动比结合，可得每分钟冲程数(SPM)，并计算出一定时间内的总冲程，见图10－37，量程为0～200r/min，精度为1r/min；

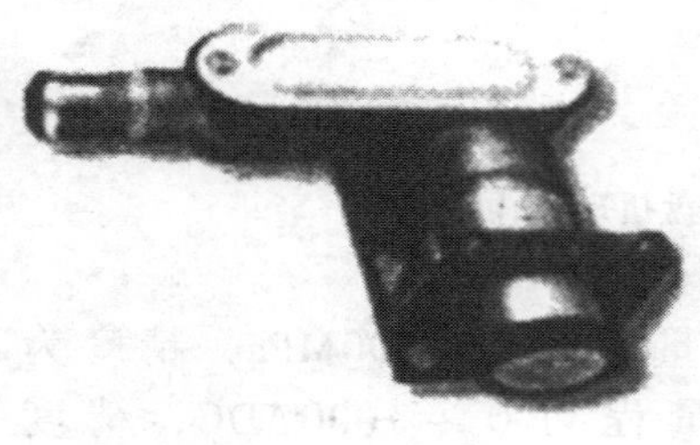

图10－37　泵冲传感器

转盘转速传感器量程：0～400r/min，精度：0.5r/min。

2.5.3.4　马丁/戴克－托特克智能化钻井监视仪

马丁/戴克－托特克公司的钻井监视仪，能提供钻机在钻井、起下钻及其他作业期间精确的工作和流体参数。它使用了容易识别的大型液晶显示器。钻机监视仪可以为钻井工作人员提供重要的钻机和循环系统数据并可以设置相应的报警点。这些都装在一个专为在钻台上使用坚固而小巧的不锈钢显示装置内。带背光灯的液晶显示使得在所有光线条件下都可以容易地浏览信息。利用集成键盘可以在钻井期间或钻机操作期间很容易地设定或修改报警点、报警确认和显示作业参数，例如在用罐、滑车绳数、泥浆增/减量、顶驱/转盘齿轮选择、起下钻和机械钻速等。

钻井监视仪能够监测钩载和钻压、立管压力、转速和扭矩、井深、总泥浆用量、单泵的每分钟冲程数和三台泵的每分钟冲程数以及泥浆返回量等，这些数据来自各种传感器反馈的信息，包括电压、电流和脉冲等。这些信号经综合数据采集系统处理，通过T－POT通信网络传送到显示器。如果需要的话，这些信息还可以传输给个人计算机，进行远程显示、存档和打印。

钻井监视仪的显示盘非常灵巧，因此用它作为输入平台是非常理想的，可以很容易地集成到包括其他仪器和控制系统的控制台或控制盘上。

钻井监视仪小巧精致，能够显示各项主要钻井参数：

①操作界面简单易用；

②司钻可以设定全部可听可视报警点；

③带背光的大型液晶显示适用于所有的光线条件；

④显示器获得了危险区使用的 EEXia IIB T4 认证。

3　钻井液测试仪器

3.1　钻井液密度计

(1)用途

用于测定钻井液密度或其他液态物质密度的专用仪器。

(2)结构

钻井液密度计结构见图 10－38。

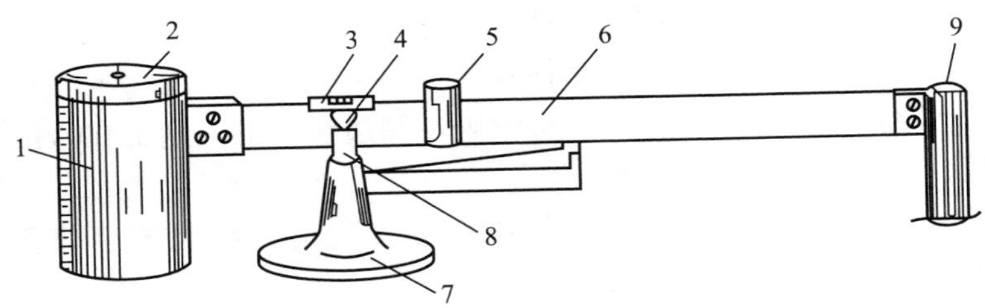

图 10－38　钻井液密度计

1—样品杯；2—杯盖；3—水平泡；4—刀口；5—游码；6—刻度尺；7—支架底座；8—刀架；9—调重筒

(3)技术参数

钻井液密度计技术参数见表 10－11。

表 10－11　钻井液密度计技术参数

序　号	型　号	测量范围/(g/cm^3)	测量精度/(g/cm^3)	液杯容积/cm^3
1	YM－1	0.96～2.0	0.01	140
2	YM－2	0.96～2.5		
3	YM－3	0.96～3.0		
4	YM－5	0.7～2.4		
5	YM－7	0.1～1.5		

(4)测试操作方法

①用量杯取钻井液样品，测量并记录钻井液温度。

②将待测钻井液注满密度计样品杯，盖上杯盖，旋转杯盖至盖紧，使一部分钻井液从杯盖小孔溢出，以便排出混入钻井液中的气体。

③用手指压住杯盖小孔，用清水冲洗样品杯并擦干其外部。

④把密度计臂梁放在底座的刀垫上，移动游码使臂梁平衡(水准泡位于中心线下时即已达到平衡)。

⑤读取游码所在刻度读数并记录数据，精确到 $0.01g/cm^3$。

(5)密度计校正

①将洁净、干燥的样品杯注满清洁淡水。

②盖上杯盖并擦干样品杯外部。

③将刀口放在刀垫上，将游码左侧边线对准刻度 $1.00/cm^3$ 处，看密度计横梁是否平衡。

④如不平衡，在调重筒中加入或取出一些铅粒，直至平衡。

3.2　马氏漏斗黏度计

(1)用途

马氏漏斗黏度计是一种用于测量钻井液相对黏度(和水比较)的仪器。采用 API 标准制造，以 946mL 钻井液从漏斗中流出的时间来确定钻井液的黏度。

(2)结构

马氏漏斗仪器见图10－39。

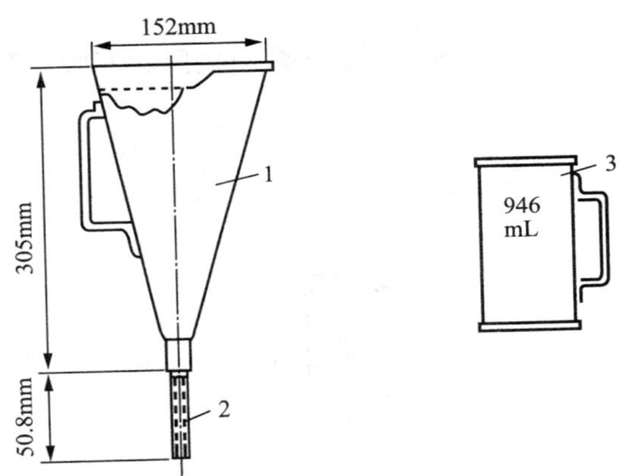

图10－39　马氏漏斗黏度计

1—漏斗；2—漏管；3—量杯

(3)主要技术参数

①漏斗：高305mm，上口直径152mm，筛网以下容积1500mL；

②漏管：长50.5mm，内径4.7mm；

③筛网：高19.0mm，筛网孔径1.6mm；

④量杯容积946mL。

(4)测试操作方法

①用手指堵住下部的流出口，把新取的钻井液倒入洁净、干燥并垂直向上的漏斗中，直到液面到达筛网底部为止。

②把刻度杯置于流出口下，移去手指的同时，按动秒表计时。

③记录注满刻度杯(946mL)的时间(单位：s)，即为漏斗黏度。测量并记录钻井液温度。

(5)仪器校正

将钻井液换为24±3℃的清洁淡水，按上述步骤测定淡水的马氏漏斗黏度，应为28±0.5s为准。

3.3　浮筒切力计

(1)用途

用来测量钻井液静止时黏土颗粒之间相互吸引黏结而成的网架结构的强度大小。

(2)仪器结构

浮筒切力计结构见图 10－40。

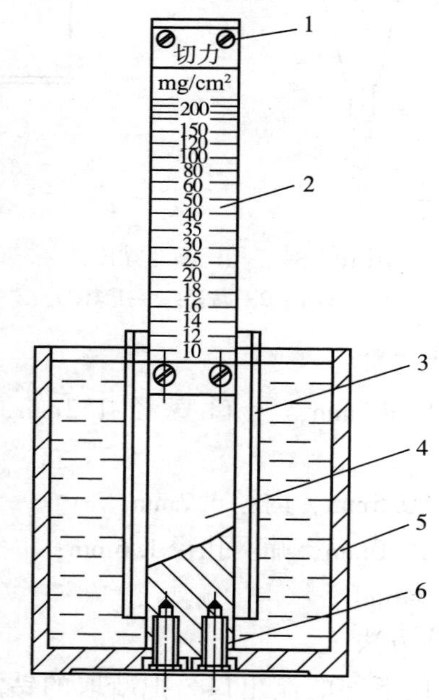

图 10－40　浮筒切力计结构示意图

1—圆柱头螺钉；2—标尺；3—浮筒；4—尺杆；5—钻井液杯；6—螺钉

(3)钻井液切力计技术参数

铝质浮筒内径 35.56mm，质量 5g；

标尺刻度 0～200mg/cm^2。

(4)测试操作方法

①取 500mL 钻井液搅拌均匀，立即倒入泥浆容器中，液面在标尺“0”刻度线处，并保持标尺垂直液面；

②将用水蘸湿的浮筒轻轻套入刻度标尺，待浮筒接触钻井液液面松手，让其自由下降；

③待浮筒静止时，读出其上端与标尺刻度线对应的数值，即为初切力；

④取出浮筒清洗干净。待钻井液静止 10min 后，用测初切力相同的方法重新测量，即得终切力。

3.4　钻井液中压滤失仪

(1)用途

中压滤失仪主要是指压差为 0.69MPa 的滤失量测定仪，主要用于测定钻井液的滤失量和制取滤失后形成的泥饼。气源装置为打气筒式或压缩氮气。

(2)结构

钻井液中压滤失仪结构见图 10－41。

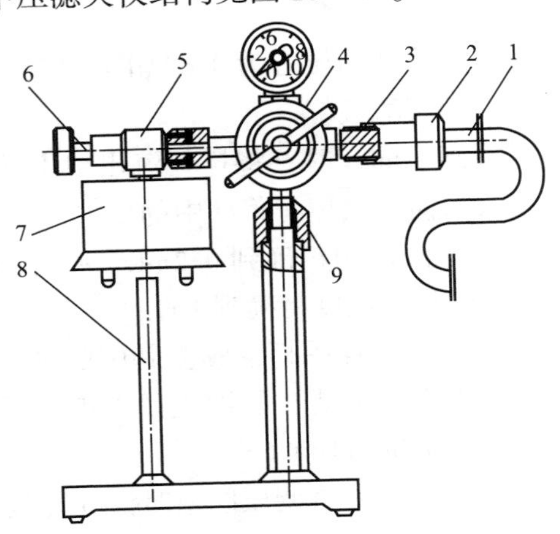

图 10－41　钻井液中压滤失仪

1—气源；2—连接螺母；3—进气接头；4—压力调节阀；
5—放气阀；6—手柄；7—钻井液杯；8—量筒；9—紧固螺母

(3)技术参数

钻井液中压滤失仪技术参数见表 10－12。

表 10－12　钻井液中压滤失仪技术参数

序　号	项　目	技术指标	
		ZNS 系列	SD 系列
1	配置	铝杯/不锈钢杯	
2	有效滤失面积/cm^2	45.6	
3	工作压力/MPa	0.69	
4	泥浆注入量/mL	240	
5	钻井液杯额定压力/MPa	1	
6	环境温度/℃	5～45	

(4)测试操作方法

①将已加热到所需温度并用高速搅拌器搅拌 1min 后的试样倒入样杯中，使试样液面距顶部为 1cm，依次放置好橡胶圈、干燥的滤纸，扣好杯盖，将样杯安放在进气口，并把刻度量筒放在滤失仪流出口正下方。

②加压并计时。所加的压力为 0.69MPa，气源为压缩空气、氮气或二氧化碳，禁用氧气。

③当滤出时间到 30min 时，将样杯流出口上的残留液滴收集到量筒中，移去量筒，放掉泥浆杯中的压力。

a. 记录数据，滤液体积精确到 0.2mL，滤饼的厚度精确到 0.5mm，记录试样的初始温度精确到 1℃。

b. 关闭压力源，取下样品杯，倾去其中的试样，小心取出带有泥饼的滤纸，用水冲去滤饼表面上的浮泥，用钢板尺测量并记录滤饼的厚度，单位为毫米(mm)。

c. 释放管线内压力，并将调压阀逆时针旋转至自由位置。

d. 清洗样品杯各部件并保持干燥。

注：如滤失量大于 8mL，可测定 7.5min 的滤失量，其值乘 2 可得到 30min 滤失量的近似值，但通常应进行 30min 滤失量的测定。

3.5　含砂量测定仪

(1)用途

含砂量测定仪是使用滤网分离的方法测定钻井液含砂量。钻井液含砂量是指泥浆中不能通过 200 目筛网，即直径大于 0.074mm 的砂子所占钻井液体积的百分数。

(2)仪器结构

含沙量测定仪由筛框、小漏斗及含沙量管组成。其结构如图 10－42 所示。

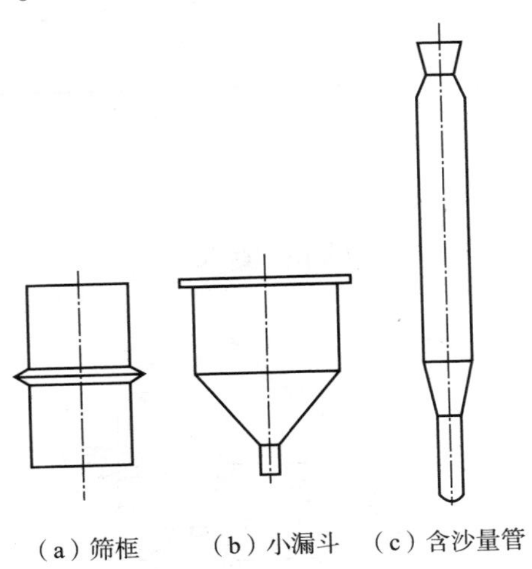

(a)筛框　　(b)小漏斗　(c)含沙量管

图 10－42　含砂量测定仪

(3)技术参数

含沙量测定仪技术参数见表 10－13。

(4)测试操作方法

①将待测钻井液注入含砂量管中至“钻井液”刻度线处(25mL)，再注入水至“水”刻度线处。

②用手指堵住含砂量管口，剧烈摇动。用水冲洗含砂量管二到三次。

③将此混合物倾入洁净、润湿的筛网上，使水和小于

0.074mm 的固相通过筛网而被除掉。必要时用手振击筛网，用清水清洗筛网上的砂子，直到水变为清亮。

④将小漏斗套在有砂子的一端筛框上，并把漏斗排出口插入含砂量管内，缓慢倒置，用水把砂子全部冲入含砂管内，静置使砂子下沉，读出并记录含砂量值(以百分数计)。

表 10-13　含砂量测定仪技术参数

序 号	项 目	技术指标
1	过滤网孔径	0.07mm(200 目)
2	玻璃量筒容量	100mL
3	最小分度值	0.2mL

3.6　酸度计

(1)用途

用电位法测定水溶液的 pH 值。

(2)结构

酸度计结构见图 10-43。

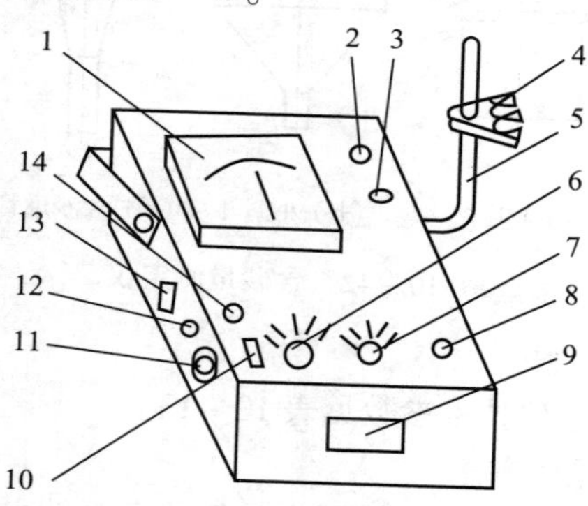

图 10-43　pHS-25 型酸度计

1—指示电表；2—玻璃电极插孔；3—甘汞电极接线柱；4—电极夹；5—支撑杆；6—温度补偿；7—测量选择；8—定位器；9—铭牌；10—电源转换；11—交流电源插孔；12—交流电源保险器；13—直流电源插孔；14—指示灯

(3)技术参数

酸度计技术参数见表10－14。

表10－14 pHS－25型酸度计技术参数

量程		误差		电源		输入阻抗/Ω	温度补偿范围/℃	功率/W
pH	mV	pH	mV	AC	DC			
0～14	0～±700	≤0.1	≤1.6%	220V ±10% 50Hz +0.5	15V±1V	≥10	5～45	1.5

(4)工作原理

pHS－25型酸度计是根据一对电极在不同的pH溶液中，产生不同的直流毫伏电动势的原理设计的。该电动势输入到仪器并经电子线路的处理而显示出测量结果。

(5)测试操作方法

1)测pH值

①测量前准备好标准缓冲液。

②把仪器的两支电极分别夹在电极夹子上，并调整好两支电极的高度和距离。

③接通电源，预热15min。

④置温度补偿指示在被测标准溶液的实际温度上。根据标准缓冲溶液的pH值，置“测量选择”于相应的挡别(0～7pH或7～14pH)。

⑤将玻璃电极插头插入玻璃电极插孔，甘汞电极接线接在甘汞电极接线柱上，并将两电极浸入标准缓冲溶液中。

⑥调节定位电位器，使电表指针指在标准缓冲溶液的实际pH值上。在后面的测量过程中，定位器就不能再动了。

⑦从标准缓冲溶液中取出电极，用滤纸吸干附于电极上的剩余溶液，用蒸馏水或被测溶液洗涤电极。然后，将电极浸入被测溶液中，并轻轻摇动试杯使溶液均匀。此时，电表指示值

即是被测溶液的 pH 值。

2)测量毫伏电动势。

①测量毫伏电动势时，酸度计为一台高阻抗毫伏电动势计。温度补偿器不起作用，测量值为 +700mV 时，甘汞电极接线柱接正，玻璃电极接负。先将“测量选择”值于“mV”挡(+700mV 或 -700mV)，调节定位器使电表指示在“0”位；调零后定位器就不能动了。

②将被测信号接入定位器，此时表针指示即为被测毫伏电动势值。如果表针反转，须改换“测量选择”的量程挡别。

3.7　固相含量测定仪

(1)用途

用于分离和测定钻井液样品中水、油和固相体积，了解固相浓度和组成，对水基钻井液黏度、滤失量进行控制的基础。

(2)结构

固相含量测定仪结构见图 10 -44。

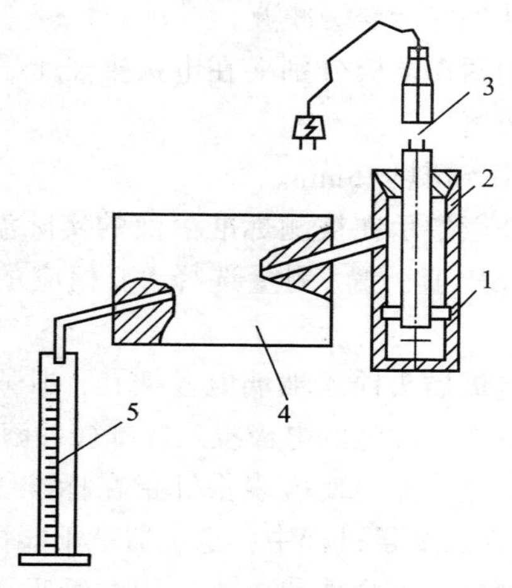

图 10 -44　ZNG 型固相含量测定仪

1—蒸馏器；2—加热棒；3—电线接头；4—冷凝体；5—量筒

(3)技术参数

钻井液杯容积为 20mL，加热棒中电铬铁铁芯为内热式 220V、100W。固相含量测定仪技术参数见表 10－15。

表 10－15 固相含量测定仪技术参数

序 号	项 目	技术指标
1	蒸馏器容量	20mL
2	功率	100W
3	加热方式	内加热
4	电源	220VAC ±10%，50Hz
5	液体回收率	≥98%

(4)测试操作方法

①取通过马氏漏斗上的筛网已清除堵漏材料、较大的钻屑或岩块的钻井液。

②如果样品含有天然气或空气，则应在约 300mL 样品中加入 2～3 滴消泡剂并缓慢搅拌 2～3min 以清除这些气体。

③将样杯内部和螺纹处用耐高温硅酮润滑剂涂敷一层，便于清洗和减少样品蒸馏时的蒸汽损失。

④样杯上部容器内加入刚好足够量的钢丝毛以防止由于沸溢而使固相进入到液体接收器内(钢丝毛的加量凭经验定)。

⑤将除气后的试样注满蒸馏器样杯，小心盖上样杯盖子，使过量的样品从盖上的小孔溢出以确保样品杯内的样品体积准确。

⑥盖紧盖子，擦掉样杯和盖子外面溢出的样品。要确保擦过的钻井液杯螺纹处仍有一层硅酮润滑脂，且盖子上的小孔未被堵塞。

⑦安装好蒸馏器。把洁净、干燥的量筒放在蒸馏器冷凝器

的排出口下，加入两滴润湿剂以便油水分离。

⑧接通电源，开始加热蒸馏，直至量筒内的液面不再增加后再继续加热 10min 后关闭电源，记录收集到的油水体积，单位为 mL。

⑨待冷却后，拆开样品杯并彻底洗净。

⑩记录实验数据，油水体积精确到 0.2mL 或 1%。

(5)百分比计算

根据收集到的油、水体积及所用钻井液体积，按下式计算出钻井液中水、油、固相的体积百分数：

$$V_W = \frac{100V'_W}{V}$$

$$V_0 = \frac{100V'_0}{V}$$

$$V_S = 100 - (V_W + V_0)$$

式中 V_W——含水量；

V_0——含油量；

V_S——固相含量；

V——样品体积，mL；

V'_W——蒸馏得到的水的体积，mL；

V'_0——蒸馏得到的油的体积，mL。

注：固相体积百分数为样品总体积与油水体积的差值，包括了悬浮固相(加重材料和低密度固相)和一些可溶性物质(如盐等)。

3.8 六速旋转黏度计

(1)用途

六速旋转黏度计主要用于钻井液流变参数的研究分析，同时，可进行动、静切力、流性指数和稠度系数等一系列技术参数的测定。

(2)结构

六速旋转黏度计由动力、变速、测量和支架4部分组成。结构见图10-45。

①动力部分：双速同步电机750/1500r/min。

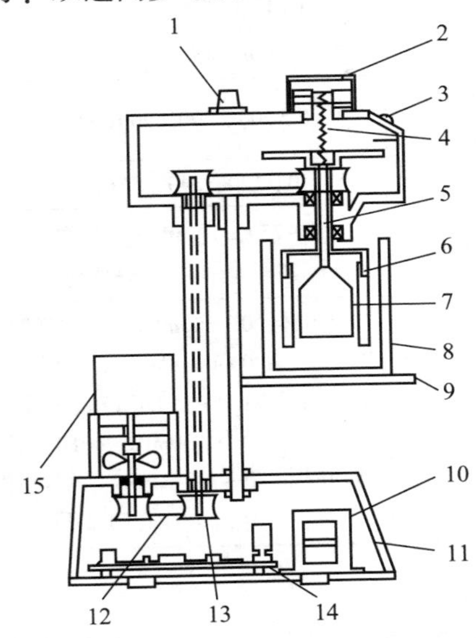

图10-45　六速旋转黏度计

1—速度选择开关；2—盖子；3—显示器；4—扭矩簧；5—测锤轴；6—转子；7—测锤；8—样品杯；9—调节台；10—变压器；11—底座；12—驱动皮带；13—皮带轮；14—印刷线路板；15—马达

型号90TZ5H3，电机功率：7.5W/15W，电源：220V ± 10%V，50Hz。

②变速部分。

可变六速：3、6、100、200、300、600r/min。

③测量部分。

由扭力弹簧组件、刻度盘组件、内筒、外筒组成。

④支架部分

(3)技术参数

六速旋转黏度计技术参数见表10-16。

表 10-16　六速旋转黏度计技术参数:

序　号	项　目	技术指标
1	电源	AC220V ±5% V, 50Hz
2	电机功率	7.5W/15W
3	电机转速	750/1500r/min
4	变速范围/(r/min)	3、6、100、200、300、600
5	速梯/s^{-1}	5、10、170、340、511、1022
6	测量精度	[(1~25) ±1]mPa·s(牛顿流体) 25mPa·s 以上 ±4%(牛顿流体)
7	黏度测量范围	牛顿流体:0~300mPa·s(F1 测量组件) 0~60mPa·s(F0.2 测量组件) 非牛顿流体:0~150mPa·s(F1 测量组件) 0~30mPa·s(F0.2 测量组件) 剪切应力:0~153.3Pa(F1 测量组件) 0~30.7Pa(F0.2 测量组件)

(4)测试操作方法

①将试样加热到所需温度 ±6℃,用高速搅拌器搅拌 5min。

②将待测定试样倒入样品杯至刻度线后放置在仪器的样品杯托架上。调节高度使试样的液面正好在转筒的测量线处。

③将黏度计的转速调至 600r/min,待读值稳定后读取并记录 R_{600}。

④将转速调至 300r/min,待读值稳定后读取并记录 R_{300}。

⑤在 600r/min 下搅拌 10s,然后静止 10s 后在 3r/min 下读取并记录最大读值 $R_{3,10s}$;再在 600r/min 下搅拌 10s,然后静置 10min 后读值并记录 3r/min 下的最大读值 $R_{3,10min}$。

⑥记录数据,钻井液监测实验读数精确到 1 格,处理剂实验读数精确到 0.1 格,温度精确到 1℃。

⑦按以下公式计算,计算结果保留 2 位有效数字:

$PV = R_{600} - R_{300}$　　　　$YP = 0.48 \times (R_{300} - PV)$

$n = 3.3221g(R_{600}/R_{300})$　　$K = 0.511R_{300}/511^n$

$G_{10''} = R_{3,10s}/2$　　$G_{10'} = R_{3,10min}/2$

$AV = R_{600}/2$

⑧测试完后，切断电源，松开托架螺丝，轻轻放下托架，移开样品杯。

⑨清洗内外转筒，并擦干，将外转筒安装在仪器上。

3.9　高温高压滤失测定仪

(1)用途

高温高压滤失仪是压差为3.5MPa、高温条件下测定钻井液滤失量的仪器，并同时可制取在高温高压状态下滤失后形成的泥饼。

(2)技术参数

高温高压滤失仪技术参数见表10－17。

表10－17　高温高压滤失仪技术参数

序　号	项　目	技术指标
1	配置	外加热、不带保温层
2	电源	220V，50Hz
3	功率	400W
4	气源	氮气、二氧化碳气体(不含油、水等杂质)
5	工作温度	常温至150℃
6	泥浆杯工作压力	4.2MPa
7	回压器压力	0.7MPa

(3)使用操作方法

①试验前需检查热电偶。热电偶连接插头、电源联接插头安装是否合适可靠。

②接通220V交流电，电子调节器开始工作，旋转定值器旋钮，调整设定温度至试验温度以上(6～8℃)。

③松开钻井液杯上的紧固螺钉，取出钻井液杯盖，拧紧钻

井液杯盖上的联通阀杆。

④将试验钻井液注入钻井液杯中，为防止钻井液高温体积膨胀发生意外，当试验温度在 232℃以下时，钻井液注入量不得多于 405mL，即钻井液注入量不得超过杯中距顶盖 37mm 处刻线；当试验温度超过 232℃时，应根据表 10－18 的体积膨胀系数进行核算，确定钻井液的注入量。

表 10－18　水蒸汽压力和体积膨胀系数

温度		水蒸汽压力			饱和压力下水的膨胀系数
℉	℃	MPa	psi	kgf/cm²	
212	100	0.1	14.7	1，03	1.04
250	121	0.207	30	2.11	1.06
300	149	0.463	67	4.72	1.09
350	177	0.93	135	9.50	1.12
400	204	1.7	247	17.36	1.16
450	232	2.92	422	29.78	1.21
500	260	4.69	680	47.85	1.27
550	288	7.2	1044	73.57	1.36
600	316	10.69	1541	108.77	1.47

⑤将密封圈安放入“O”形槽内，将试验用滤纸放到钻井液杯内“O”形密封圈上，再把钻井液杯盖装入钻井液杯拧紧。

⑥关闭杯盖上的联通阀杆，把钻井液杯倒置，放入加热套中，对齐定位销位置放妥。

⑦把加压装置输出三通，装入顶部联通阀杆上，插进固定销使其定位，并关闭放气阀。打开上阀杆，在钻井液杯测温孔内插入笔状式热电偶。

⑧向右旋动(与输出三通相连的)气源管汇 T 型手柄，把气源压力调至试验用回压力(见表 10－19)。

⑨把回压接收器装于底部联通阀杆上，插进固定销使其定位，并关闭放气阀。

表 10-19　对不同试验温度推荐的滤筒始压和回压

温度		始压(钻井液室压力)			回压(接收室压力)		
℉	℃	MPa	psi	kgf/cm^2	MPa	psi	kgf/cm^2
<200	≤94	3.45	500	35.15	0	0	0
200~300	94~149	4.14	600	42.18	0.67	100	7
301~350	149.5~177	4.48	650	45.7	1.03	150	10.5
351~375	177.2~190.5	4.82	700	49.2	1.37	200	14
376~400	191~204.5	5.17	750	52.73	1.73	250	17.6
401~425	205~218	5.86	850	59.76	2.4	350	24.6
426~450	218.9~232	6.55	950	66.8	3.1	450	31.6
451~475	232.8~246	7.24	1050	73.8	3.8	550	38.7
476~500	246.7~260	8.27	1200	84.36	4.82	700	49.2

⑩向右旋动(与接收器相通的)气源管汇 T 形手柄，把气源压力调至试验用回压力。

⑪通过对电子调节器的观察，可直接读取加热套的实际温度值。按下电子调节器左侧壁上的微动开关，可直接读取钻井液杯的实际温度值。

⑫当样品达到试验温度时，调整顶部气源装置的压力至滤失试验用压力，并打开下阀杆开始做失水试验。

⑬从打开下阀杆起开始计时，30min 后立即关闭下阀杆，收集 30min 滤失量。如果在测试过程中回压上升到额定压力时，可通过打开回压接收器上的放气阀，收集一部分滤液的办法小心地降低压力至额定回压，并记下滤液的总容量。

⑭试验结束后，关闭上下阀杆，松开气源管汇的 T 形手柄，使减压阀停止工作，拔出笔状热电偶。

⑮打开回压接收器的放气阀，收集接收器内的全部排出滤液，直至泄放掉全部压力气体，打开顶部三通阀上的放气

阀，释放所存的压力气体，然后拔出固定销以取出所有器具。

⑯从加热套中取出钻井液杯使之冷却，注意当钻井液室温度高于100℃时，即使通过排气处理，松开盖子的锁紧螺栓也是很危险的，必须使钻井液杯充分冷却。

⑰将钻井液杯盖朝下放置，松开顶部输入联通阀杆释放钻井液的压力。

⑱松开钻井液杯盖上锁紧螺钉，摇动并取下钻井液杯盖。

(4)使用要求

①试验过程中，联通阀杆不要拧得过紧，以不漏气为准。

②当试验温度在150℃以上时，每次试验后最好更换"O"形密封圈，以保证下次实验时密封圈性能良好。

③调整压力时，一定要逐渐升压。

④严禁使用氧气、氢气等易燃、易爆气体作气源。

3.10 多功能高温高压动失水仪

(1)用途

用于研究钻井液在模拟井眼条件下，对岩芯、滤液介质的动、静滤失规律和影响因素。与油层物性测定仪配合，评价钻井液对地层的损害。模拟钻井工程过程，进行动、静失水交替试验，可以推算滤液侵入深度，估算对产能的影响。

(2)结构

多功能高温高压动失水仪结构见图10－46和图10－47。

(3)工作原理

采用旋转黏度计的原理。工作时，内筒转动，在外筒的内壁上就产生了速度梯度，再加上模拟压力与温度，这样就在岩芯上发生了某一井下条件的动滤失。当运行到一定时间后，单位时间的滤失量达到恒定值，即可终止试验。

(4)技术参数

多功能高温高压动失水仪技术参数见表10－20。

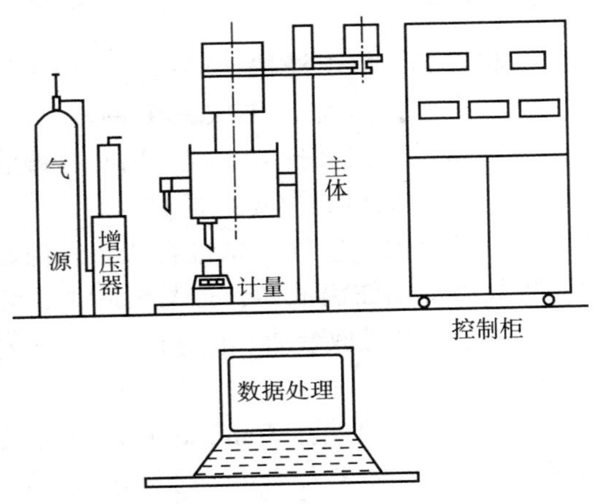

图 10－46 多功能高温高压动失水仪示意图

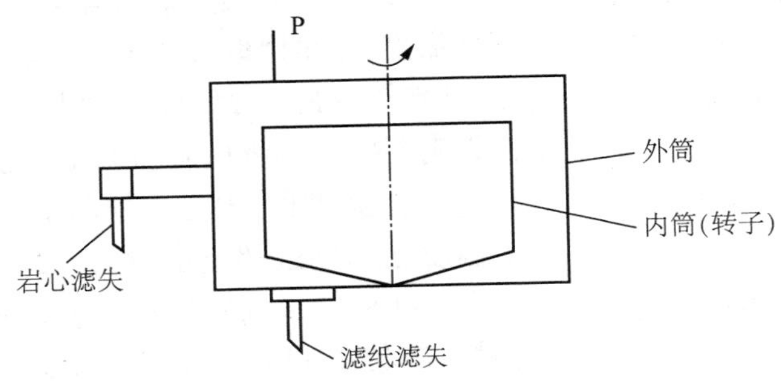

图 10－47 钻井液杯结构示意图

表 10－20 多功能高温高压动失水仪技术参数

项 目	参 数	项 目	参 数
最高工作压力/MPa	20	消耗功率/kW	1.8
最高工作温度/℃	200	电源	220V，50Hz
速梯(无级调节)/(mm/s)	0～600	电机功率/W	185
岩芯尺寸/mm	ϕ25×(25～80)	温控仪测量精度/℃	±1
钻井液用量/L	2.2	转速表测量精度/(r/min)	±2

(5)使用方法

①安装滤纸和岩芯。取下滤块上的压盖，用布擦干，放上直径 2.5in 的静失水滤纸一张，再放一个铜丝网和一个直径 63.8mm、粗 3.53mm 的密封圈拧紧压盖，用水打湿滤纸，装入主机底部，接上一个冷却接收器(电磁阀)。

装岩芯时，应避免混进空气。先将岩芯装入橡皮筒里，再放入岩芯筒，将其出水端注满液体，拧紧岩芯顶，装入主机上好扣环，最后装一个冷却接收装置(电磁阀)，注意岩芯必须是经过物性测定的。

②灌注钻井液。将充分搅拌 30min 的试验钻井液，通过手摇泵从主机的底部放水阀注入机内(约 2200mL)，注意应使 200mL 左右的钻井液注入中间容器内，关好放水阀和排气阀。

③插上电源插头，打开电源开关，注意“转速给定”应处于最小位置和关闭状态，开始加温，此时“取液固定时”闪动。

④温度调节。将温度调节部分的白旋钮调至“校”，旋动“校满旋钮”使“C”的指针为满刻度，再将白旋钮调至“测”，最后旋转“温度给定”旋钮至比实验温度低 5℃处。加温指示灯亮，表示加温。指示灯灭表示温度已达到或超过给定值，此时应下按手动加温开关。如果温度超过 80℃，则应打开冷却水循环。

⑤速梯调节。加温时，应使电机低速转动(200r/min 左右)。让电机工作时，拨出“转速给定”，将转速调至所需值。当温度接近或达到比实验温度低 5℃时，把转速(即岩芯速梯)调至实验值。

⑥压力调节，打开高压气瓶，调节低压旋钮，使压力达到实验值。

增压泵的使用方法：首先将泵的上部吸满煤油，将控制柜侧面的旋钮旋至“挤”，打开气源，调节低压旋钮，开始挤油即加压力。当侧面旋钮处于“吸”，则泵为吸油状态，这一动作可以为挤油做准备。

⑦计时计量。当温度压力和速梯达到实验要求时，按动

“清零”打开电磁阀，计时计量开始，电磁阀打开时瞬间的流量记做冲量。以后按时间 1，4，9，25，45，65……分钟读数，每到这些时间蜂鸣器鸣叫，提醒读数。

试验过程中，要注意调节温度、压力和速梯，让它们为一个定值。当每 20min 的失水量有三次近似相等时(约 120min)，就视为滤失已恒定，停止试验。

⑧取出滤纸和岩芯，测量滤饼厚度，及时测量岩芯的渗透率。

3.11 泥页岩膨胀仪

(1)用途

用于测定泥页岩试样在不同条件下的膨胀量和膨胀规律，以及处理剂抑制水化膨胀的能力。适用于水基钻井液及处理剂的抑制性评价。

(2)仪器型号及结构

1)仪器型号

NP－01A 型页岩膨胀测试仪或同类产品

2)结构

主要由以下几部分组成：

①制样装置：压制人工岩芯。

②仪器主机：测量试样变化，显示测试结果。

③记录仪：描绘测试曲线。

(3)技术参数

NP－01A 型主要技术参数见表 10－21。

表 10－21 NP－01A 型主要技术参数

序 号	项 目	技术指标
1	电源	220V ±5%，50Hz
2	电机功率	370W(智能变频)
3	加热功率	700W ×2
4	使用温度范围	50 ~ 300℃

(4)测试操作方法

1)溶液配制

称取一定量的抑制剂，配制所需浓度的抑制剂溶液。

2)压制岩芯

①称取 8.00g 或根据实验需要称量在 105℃ ±3℃下烘干 4h 的粒度为 0.15 ~0.044mm 之间的二级膨润土，倒入装有滤纸的测筒(深度为 L_1)内。

②轻轻震动测筒，边震动边旋转，使土粉分布均匀。

③将塞杆插入测筒，置于压力机上，以 10MPa 或根据实验需要的压力加压 5min。

④卸去压力，取出塞杆，用测深仪测量深度 L_2。

3)用 NP-01A 型页岩膨胀测试仪测定岩芯膨胀率

①接通主机电源，预热 15min。

②把测杆孔盘插入测筒，将测筒安装在主机的两根连杆之间，测杆上端插入传感器连杆。

③调节传感器上的调节螺母，使数字表显示数字 0.00。

④用注射器把抑制剂溶液小心注入测筒至与测筒上端面齐平，同时启动记录走纸开关。

⑤待膨胀曲线的切线垂直于横坐标(或 1h 内膨胀量不大于 0.1mm)时，试验结束，关记录仪，关主机电源。

⑥卸下测筒，取出岩芯，将测筒及容器清洗干净、晾干，收存备用。

4)计算

按下式计算膨胀率 S_r：

$$S_r = \frac{R_o}{\Delta L} \times 100$$

$$\Delta L = L_1 - L_2$$

式中 S_r——膨胀率,%；

ΔL——测试时间内岩芯高度，mm；

R_o——测试时间内膨胀量，mm。

3.12　高温高压泥页岩膨胀仪

(1)用途

用于模拟井下条件，测试泥页岩的水化膨胀特性。

(2)结构

①机械部分：主测试杯，包括传感器、注液杯、岩样杯、杯体等；

②电气部分：膨胀仪主机、传感器接口、交直流电源、机电转换器；

③记录仪；

④注液加压管路；

⑤加温套；

⑥试样压制装置：包括手动油压机、压棒等。

(3)技术参数

①电源(220 ±5%)V；50Hz；

②气源压力(氮气或压缩空气)≥5.0MPa；

③工作温度≤120℃，恒温误差 ±2℃；

④工作压力≤3.5MPa；

⑤测试量程 15mm，测量精度 0.1mm；

⑥综合测量误差≤ ±0.05mm；

⑦输出阻抗 10kΩ；

⑧试样模内径 25mm；

⑨记录仪测量工作范围≥1.00V；

⑩仪器工作环境：-15 ~40℃。

(4)测试操作方法

①把传感器外连线一端与主测试杯上面的专用插座连接，另一端插入膨胀仪主机的输入端内，其输出端与记录仪用专用连线连接。接通电源，调整主机调零旋钮。

②将加热套的电源插头插入电源，将温度表插入专用孔内，顺时针转动控温旋钮至指定刻度。开始加温。

③将制好的试样和压模一起装入测杯内，同时放入密封圈，上紧测杯下盖，关闭下盖上的连通阀杆。

④将测杯上盖(连有传感器)与主测杯连接，放入密封圈。

⑤将注液杯与主测杯间的注液开关顺时针关紧，然后把试液(约 40 ~ 50mL)倒入注液杯内，扭紧注液杯上盖，关闭连通阀杆。

⑥将主测试杯置于加温套内，再将两条加压管线分别与主测杯连接好，同时将另一温度表插入主测试杯上的专用孔内。

⑦调节气压，如果测试温度高于 100℃，先将注液杯内通入低气压(一般小于 0. 7MPa)。

⑧准备记录仪，选择合适的电压挡位和速度挡位，一般分别为 1V 和 1mm/min 或 2mm/min“测量”开关。

⑨当主测试杯达到实验温度，并恒温约 30min 后调节记录零点，放下记录笔。

⑩松开注液杯下侧的注液阀，试液注入主测试杯内，按下记录仪走纸开关，再关闭注液阀，加压至实验压力，并保持恒定。

⑪当膨胀曲线基本水平后(即膨胀达到平衡稳定)，便可停止实验。

⑫抬笔，关闭走纸开关，切断加热电源。

⑬关闭总气源阀，松开分压调节手柄。

⑭取出主测试杯冷却至 60℃左右时，松开放气阀和气压阀杆放掉余压。取出岩样模拆卸，清洗各部件。

3. 13　JH941 页岩介电特性测量仪

(1)用途

用于测定页岩中黏土矿物含量。

(2)结构

仪器由高频振荡器、信号放大器、相敏检波器、8098 单片计算机、数字显示器、同轴岩样测试管等组成。

(3)工作原理

利用测量电路把测试管内浆状页岩样品的介电常数转换成

电信号，由8098单片计算机测量这个电信号，经信号加工处理后计算出样品的介电常数。由显示器显示该介电常数值。

(4)技术参数

介电常数测量范围：1～250；

显示精度：0.1；

测量误差：<3.5%；

电源功率：<10W；

电源电压：220V，50Hz；

主机质量：1.95kg。

3.14　黏滞系数测定仪(数显滑块式)

(1)主要用途

黏滞系数测定仪，是一种模拟性的试验分析仪器，主要用于监测钻井中钻具与井壁、钻井液间的黏滞系数，以便及时处理泥浆，改善其润滑性能，防止卡钻事故的发生，为确保快速、安全钻井提供准确可靠数据。

(2)仪器型号

NZ－3A

(3)主要技术参数

NZ－3A型黏滞系数测定仪技术参数见表10－22。

表10－22　NZ－3A型黏滞系数测定仪技术参数

序　号	项　目	技术指标
1	工作电源	220V ±5% AC；50Hz
2	电机功率	5W
3	翻转速度	5.5～6.5(min/r)
4	角度读值	数字显示
5	精度	0.5°
6	环境湿度	10～85RH%
7	外形尺寸/mm	335×190×170

(4)操作方法

1)滑块(长方体)测试法

①仔细阅读说明书，检查各连接部分连接是否牢固可靠。

②接通电源，开启电源开关，数字管全亮。开启电机开关，检查各转动部分是否运转正常。若正常，将工作滑板不带槽面转至向上，关停电机待用。

③按下清零按钮使数字管全部显示零位，左右调整调平手柄，观察水平泡，将工作滑板不带槽面调至水平。准备工作结束。

④将按 API 标准做的滤失后所得的滤饼放在工作滑板不带凹槽的平面上。

⑤将滑块(长方体)轻轻地放在泥饼上，静置 1min。

⑥开启电机开关，电机带动传动机构，使工作滑板带动滑块慢慢翻转。而角度显示窗上的数字也随着工作滑板的翻转从零慢慢增加。

⑦当滑块随着工作滑板的翻转开始滑动时，立即关闭电机开关，关停电机。读取角度显示窗上角度值。

⑧按此角度值由正切函数表中查得与之对应的正切函数值。即为泥饼的摩擦系数。

2)滑棒(圆柱形)测试法

①重复测试法 1)的①②。确认各项正常后，将工作滑板带凹槽面转至上面，关停电机。

②按下清零按钮使数字管全部显示零位，左右调整调平手柄，观察水平泡，将工作滑板带凹槽面调至水平。准备工作结束。

③将按 API 标准做的滤失后所得的滤饼放在工作滑板凹槽内，先在泥饼上面放一部分同一钻井液。再将滑棒(圆柱形)轻轻地放在凹槽内的钻井液上。静置 1min。

④开启电机开关，电动机带动传动机构，使工作滑板带动滑棒(圆柱形)慢慢翻转。而角度显示窗上的数字也随着工作滑板的翻动从零慢慢增加。

⑤当滑棒(圆柱形)随着工作滑板的翻动开始滑动时，立即关闭电机开关，关停电机。读取角度显示窗上角度值。

⑥按此角度值由正切函数表中查得与之对应的正切函数值。即为泥饼的摩擦系数。

⑦这项测试需要钻井液的多个泥饼。而且各个泥饼的滑棒静置时间不同，时间可选为1、3、5、7、9、11、13……分钟。一直做到滑棒静置到某个时间，以后的几点摩擦系数不再增大为止，由测得的角度和静置时间画一曲线图可以看出，曲线上升到一定程度，就趋于平滑状态，取拐点值就是最大的摩擦系数和静压时间。以后，再做同类钻井液直接做最大静置时间即可。

3.15 电稳定性测量仪(油包水钻井液)

(1)用途

电稳定性测试仪主要用来测试油包水乳状液相对稳定性的专用仪器。对油包水乳化钻井液稳定范围的测试，从相对乳化稳定性的测量中可预测出这些系统的电解液杂质的电阻和时间稳定性。还可评价油基钻井液、油基解卡剂等。

(2)结构

①电稳定性测量仪：范氏(Fann)电稳定性测量仪或同类产品。

②温度计：量程0~100℃，分度值为1℃。

(3)主要技术参数

范氏(Fann)电稳定性测量仪技术参数见表10-23。

表10-23 范氏(Fann)电稳定性测量仪技术参数

序号	项目	技术指标
1	工作电源	220VAC±10%，DC15V/50Hz
2	输出电压	0~2000V，340Hz
3	电极间距	1.55±0.04mm
4	额定功率	20W

(4)测试操作方法

①使用前检查电压是否符合要求，电源应良好接地，电极间应清洁干燥。

②接通电源，打开仪器电源开关(此时电源指示灯亮，LED显示窗显示“0000”，CP指示灯以固定的周期闪烁)，按“RUN”键使仪器空运行(不接电极)。

③仪器空运行15min后，再进行测试。

④将样品加热到50±2℃(温度对电稳定性有影响，故测量应在50±2℃下进行)，将样品搅拌均匀。

⑤将电极插入样品杯盖，使样品浸没电极并保持电极不与样品杯壁和底接触，用电极搅拌样品30s，并稳定1min(因液体的流动性较强，故搅拌后必须稳定一段时间再开始测试)。

⑥按控制面板的“RUN”键，开始升压操作，此时LED显示窗的数字由“0000”逐渐升高(至实验结束时，在测量过程中都不得移动电极)。

⑦当蜂鸣器报警时“ALARM”指示灯闪烁时，LED显示窗的数值为测量值(按“RESET”键可使数字清零以便进行下一次实验)。

⑧记下该数值，将样品搅拌30s后，重复6和7步骤5次，记录5次的测量平均值。此平均值即为被测样品的电稳定性值。

⑨重读实验的结果允许偏差为±5%。

⑩关闭电源，取出电极，用滤纸或纸巾将电极片之间彻底清洗干净，干燥备用。

3.16　钻井队钻井液仪器配套标准

钻井队钻井液仪器配套标准见表10-24。

表 10 – 24 钻井队钻井液仪器配套标准

序 号	名 称	数 量
1	钻井液化验房	1 栋
2	钻井液材料房	1 栋
3	密度计 0.8 ~ 2.0g/cm^3	1 台
	密度计 1.5 ~ 2.5g/cm^3	1 台
4	马式漏斗黏度计	1 台
5	六速旋转黏度计	1 台
6	API 滤失仪	1 台
7	固相含量测定仪	1 台
8	含砂量测定仪	1 台
9	切力计	1 台
10	pH 计(或试纸)	1 台
11	高温高压滤失仪	1 台
12	摩擦系数测定仪	1 台
13	滚子加热炉	1 台
14	膨润土含量测定仪	1 台
15	水分析仪	1 套
16	秒表或定时钟	1 块
17	1000mL 钻井液杯	2 ~ 4 只
18	电动搅拌器(40 ~ 60W)	1 ~ 2 台
19	电炉(220V，1000W)	1 台
20	玻璃器皿	按需配置
21	手工工具	按需配置
22	烘箱 0 ~ 250℃	1 台
23	工程电子计算器	1 台
24	搪瓷盘	2 个(大小各 1 个)
25	高压氮气瓶	1 个
26	其他	按需配置

4　水泥浆测试仪

4.1　恒速搅拌器

(1)用途

搅拌水泥干灰和水，配制水泥浆。

(2)结构

由控制器和搅拌器两部分组成。控制器用于选择控制混合速度，搅拌器是一个双速叶片式搅拌器。

(3)技术参数

恒速搅拌器技术参数见表10－25。

表10－25　恒速搅拌器技术参数

型　号	3060 Chandler(美国)	30—70—1 Chandler(美国)	OWC－9360 (沈阳)
两个恒定转速挡转速/(r/min)	4000/12000	4000/12000	4000/12000
连续调速挡调节范围/(r/min)	100～21000	100～21000	0～16000
搅拌器浆杯容量/L	1	4(装上转换器也可用1L的)	1
输入电源/(V/Hz)	220/50	220/50	220/50
仪器尺寸/cm	29×41×68	28×41×89	29×41×68

(4)使用要求

①注意电源线、转速信号线的正确连接；

②依照API SPEC10或GB10238标准配浆；

③使用完毕，及时彻底清洗浆杯。

(5)维护与保养

①电机不适于长时间连续使用，以免影响电机寿命；

②如电机转速超过20000r/min，说明电路有故障，应停电

检修；

③使用中如发现电机转速很高，但转速显示为零，应立即断电，检修电路；

④当搅拌叶轴滞死，超载运行时，可能烧坏保险丝，应打开电器箱后盖，更换新的保险丝。

4.2 稠化仪

4.2.1 常压稠化仪

(1)用途

常压稠化仪可用于测定稠化时间、水泥浆析水量的测定、失水试验、水泥浆流变性能测定等多种试验。

(2)结构

常压稠化仪是由加热器、电机、直流电源、温度控制器、三笔记录仪、时间继电器、不锈钢水浴及仪器箱等组成。

(3)工作原理

将浆杯盖子上的销钉楔入转枢的槽内就能转动浆杯，由马达带动浆杯。浆杯内有桨叶，上接电位计，可以直接读出水泥浆的稠度或用电压值显示。在装有纸带记录器的面板上同时指示出水浴温度，也可以选择使用数字式数据记录器记录稠度和水浴温度。

(4)功能及技术参数

常压稠化仪功能及技术参数见表10－26。

(5)使用要求

①仪器应放置在坚实的平台上；

②注意电源的正确联接；

③溢流管宜连通到排水沟或集水缸内，以防四溢；

④试验中应在水泥浆稠度达到100Bc或在此之前取出浆杯，防止仪器损坏；

⑤定期对仪器进行校正。

表10－26　常压稠化仪功能及技术参数

型　号	1200 Chandler(美国)	1250 Chandler(美国)	OWC－9850 (沈阳)
功能	①微机程序温度控制。 ②数字式显示温度。 ③水箱内有搅拌叶轮及冷却盘管。 ④扭矩电位计直接显示稠度变化	①微机程序温度控制。 ②数字式显示温度。 ③水箱内有搅拌叶轮及冷却盘管。 ④记录仪可连续记录温度和稠度。 ⑤自动报警，可在30～100Bc任何稠度设报警点	①微机程序温度控制。 ②记录仪可连续记录温度和稠度。 ③自动报警，可在30～100Bc任何稠度设报警点
最高试验温度/℃	93	93	93
浆杯标准转速	150r/min(在10～200r/min范围内可调)	150r/min(在10～200r/min范围内可调)	150r/min
稠度范围/Bc	0～100	0～100	0～100
浆杯容积/mL	470	470	470
输入电源	115V或(220±15%)V 50Hz/60Hz	115V或(220±15%)V 50Hz/60Hz	(220±15%)V 50Hz/60Hz
输入功率/kW	2	2	3
仪器尺寸/cm	45×39×64	45×39×64	65.5×41×56.5

4.2.2　高温高压稠化仪

(1)用途

高温高压稠化仪广泛适用于油井水泥研究、水泥外加剂研究和测试、水泥生产厂家水泥质量控制及固井注水泥方案的模拟实验，以确保固井作业成功，避免发生事故，减少不必要的损失。

(2)结构

高温高压稠化仪结构，见图 10－48。

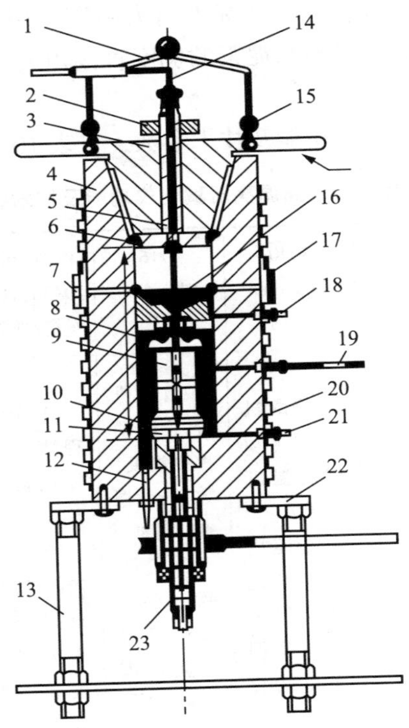

图 10－48 高温高压稠化仪

1—釜盖钩环；2—密封丝帽；3—釜体密封盖；4—釜体；5—密封轴；6—釜体密封环；7—防护销盖；8—浆杯隔膜；9—水泥浆杯；10—浆杯驱动盘；11—加热器垫圈；12—管状加热器；13—釜体支架；14—浆杯热电偶；15—有眼螺栓；16—电位计；17—固定螺丝；18—空气压力接头；19—釜体热电偶；20—釜体冷却盘管；21—油压力接头；22—釜体固定圈；23—无盘根驱动装置

(3)工作原理

高温高压稠化仪，压力由气动液压泵产生，通过液压装置连通釜内。热量由仪器内部的环形加热器提供，加热器由温度程序控制系统进行控制。仪器配有热电偶用来确定油和水泥浆的温度。水泥浆杯由马达带动，以 150r/min 恒速旋转，水泥浆稠度以从釜体内电位计机构上获取的直流电压的方式显示和记录。该电位计机构装有一个标准扭力弹簧，用来抵抗叶片的旋转趋势，而旋转趋势与水泥浆的稠度直接相关。

(4)功能及技术参数

高温高压稠化仪功能及技术参数，见表 10-27。

表 10-27　高温高压稠化仪功能及技术参数

型　号	7025 Chandler (美国)	8040 Chandler (美国)	7716 Chandler (美国)	OWC-9380/9480(沈阳泰格/航院)	TG-7720/7716 (沈阳泰格)
功　能	①微机程序自动控制温度及压力。 ②使用 7015 型记录仪记录水泥浆稠度和试验温度随时间变化曲线。目前为测试软件，电脑记录。 ③稠度自动报警	①微机程序自动控制温度及压力。 ②使用 7015 型记录仪记录水泥浆稠度和试验温度随时间变化曲线。目前为测试软件，电脑记录。 ③稠度自动报警	①微机程序自动控制温度，数字显示温度、稠度。 ②使用两笔记录仪记录水泥浆稠度随时间变化曲线。目前为测试软件，电脑记录。 ③稠度自动报警并自动关闭机器。	①微机程序自动控制温度及压力。 ②使用 7015 型记录仪记录水泥浆稠度和试验温度随时间变化曲线。目前为测试软件，电脑记录。 ③稠度自动报警	①微机程序自动控制温度，数字显示温度、稠度。 ②三笔记录仪记录绘制温度及稠度值，电脑采集，曲线可打印拷贝。 ③稠度自动报警
最高试验温度/℃	200	370	177	315/250	204/177

续表

型　号	7025 Chandler（美国）	8040 Chandler（美国）	7716 Chandler（美国）	OWC－9380/9480（沈阳泰格/航院）	TG－7720/7716（沈阳泰格）
最高试验压力/MPa	170	275	112	275/200	137/110
稠度范围/Bc	0～100	0～100	0～100	0～100	0～100
浆杯转速/（r/min）	150	150	150	150	150
输入电源	（220±15%）V 50Hz	（220±15%）V 50Hz/60Hz	（220±15%）V 50Hz/60Hz	220V，50Hz	220V，50Hz
仪器尺寸/cm	112×74×152	112×83×175	66×36×55	170×125×90	66×38×58

（5）使用要求

①连接好电源，水管和气管，打开主电源开关；

②关闭 T 型压力释放阀和空气入釜体阀；

③设置热电偶开关到内偶测试水泥温度位置；

④不要超过仪器的最大压力和温度额定值；

⑤当水泥浆样品的温度超过 100℃时，试验结束应冷却至 100℃以下才能拆卸，冷却期间至少要在样品上保留 3.5MPa 压力。

4.3　加压养护釜

（1）用途

用于油井水泥在一定温度和压力养护条件下，进行抗压强度试验。

（2）结构

养护釜是由压力釜、增压泵、气动液压管路系统、温控仪、电加热装置、不锈钢箱体、冷却水系统和报警系统组成。

该仪器的压力釜是由一个加套的不锈钢釜体组成，釜体上装有带螺纹的釜盖和密封环等组件，以用于密封和施加压力。釜体内装有两个水冷却器；在釜外装有 4.5kW 的片式加热器。釜内的压力由一个气动式增压泵提供，水经过管路、水滤、各阀门由压缩空气压入釜内，再由增压泵加压。养护釜装有两只热电偶，分别用来感受水浴和水泥的温度，由温控仪显示温度，并且能施以程序升温和恒温。釜内的压力通过压力表指示。根据操作要求所需要的阀门、开关、指示灯等均装在一个不锈钢的面板上；在高压回水管路中，泄压阀进口装有水滤接头，用于滤出水泥颗粒等杂物。

该仪器装有安全装置和电接点式压力表，如果压力低于或高于所选定的压力时，可自动关闭加热器，另外管路系统中还装有两个泄压阀，一个是标准泄压阀，在进行 API 常规试验时，使其压力保持在 20.7MPa。在进行高压试验时，开启 35MPa 泄压阀，关闭仪表板上的 20.7MPa 泄压阀开关，这样该系统就可停止低压降压。

加压养护釜结构见图 10－49。

(3) 工作原理

养护釜在给定的养护压力和温度下养护水泥试块：其压力和温度由温度及压力系统维持控制，并可在仪器上显示出来，随时监控。完成预定的养护期后取出养护试块，进行抗压强度试验。

(4) 功能及技术参数

养护釜的功能及技术参数见表 10－28。

(5) 使用要求

①不要超过仪器的最大压力和温度额定值；

②试验温度超过 100℃时，试验结束后须冷却至 100℃以下才能拆卸。

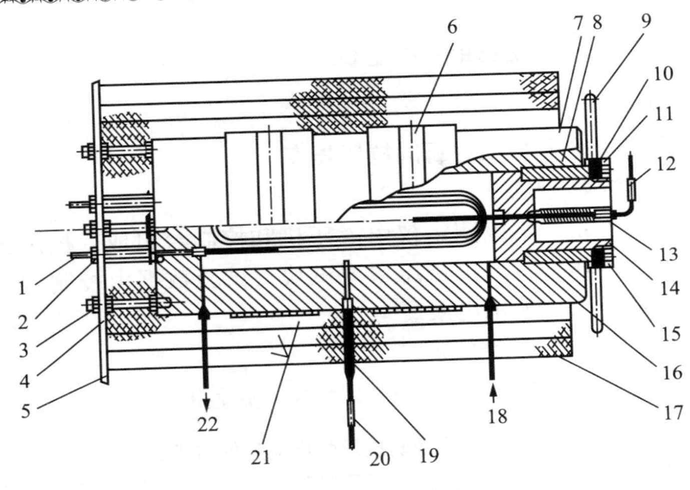

图 10－49　加压养护釜

1—内部冷却盘管；2—冷却盘管螺母；3—六角螺母；4—釜体支腿；5—机壳底板；6—带状加热器；7—釜体；8—釜体柱塞盖；9—手柄；10—止推垫圈；11—销紧螺母；12—热电偶；13—热电偶接头；14—密封轴；15—内六角固定螺丝；16—密封圈；17—隔热套；18—进油口；19—热电偶接头；20—热电偶；21—隔热材料；22—排油口

表 10－28　养护釜的功能及技术参数

型　号	19 型 Chandler（美国）	OWC－9390（沈阳）
功　能	①微机程序自动控制温度及压力。 ②釜体内设冷却盘管	①微机程序自动控制温度，数字显示温度、稠度。 ②温度报警，自动冷却。 ③手动或电动起吊试块
最高试验温度/℃	370～450	370
最高试验压力/MPa	21～210	35
输入电源	（220±15%）V　50Hz/60Hz，40A	（220±15%）V　50Hz
仪器尺寸/cm	77×83×178	122×66×144

4.4 水泥石抗压强度测定仪

(1)用途

用来测定养护水泥石的抗压强度。

(2)结构及原理

水泥石抗压强度测定仪由液压机和控制台组成。控制台控制进油、加压，液压机挤压水泥试块。试验数据由控制台上的压力表或记录仪显示出来。

(3)功能及技术参数

水泥石抗压强度测定仪技术参数，见表10-29。

表10-29 水泥石抗压强度测定仪技术参数

型 号	4207 Chandler(美国)	HYL-600 (无锡)
功 能	拥有8个精确的液压加荷速率，范围为9.0~72kN/min，可自动控制加载速率	测量范围可调，分别为0~150kN，0~300kN，0~600kN
测量范围/kN		0~600
最大挤压力/kN	180	600
测力示值精度		±2%
输入电源	220V 50Hz/60Hz	380V 50Hz

(4)使用要求

①需定期检查液压系统的油面；

②操作时控制台和压力机应处于同一水平面上；

③液压油操作的适宜温度为10~65℃；

④定期清洗更换油过滤器。

4.5　美国 Halliburton 公司 4265 型超声波水泥强度测定仪

(1)用途

用于在模拟井下温度和压力等条件下测定水泥石强度的持续变化情况。

(2)结构及原理

由养护釜体、超声波源、中央微处理机、控制系统和记录仪组成。微处理机测定超声波通过水泥试块的时间。水泥石抗压强度越高，超声波通过水泥试块的时间越短。可在微处理机屏幕上显示或者通过记录仪打印出强度值随时间的变化曲线。

(3)功能及技术参数

①中央微处理机测定、贮存并显示数据；

②微机程序控制温度和压力；

③不破坏测定的水泥石试块结构及外形；

④可测定一件试块在不同时间的抗压强度值；

⑤可显示水泥的候凝时间；

⑥自动记录并打印出强度发展曲线；

⑦断电后仍可保留实验数据；

⑧最高试验温度 204℃，最高试验压力 140MPa：

⑨可同时做 8 个水泥试块。

(4)使用要求

①不要超过仪器的最大压力和温度额定值；

②若用自动压力控制，所有釜体的养护压力都要一致并确保釜体上下密封良好；

③试验结束，经充分冷却后，再拆卸试块。

4.6　高温高压失水仪

(1)用途

用于测定高温高压条件下水泥浆的滤失量。

(2)结构及特点

1)静态失水仪

静态失水仪由加热套和浆筒组成。测定水泥浆在恒温高压静止状态下的滤失水量。

2)动态失水仪

动态失水仪由加热套、浆杯和旋转搅拌器等组成，测定水泥浆在恒温高压动态条件下的滤失水量。

(3)功能及技术参数

高温高压失水仪功能及技术参数，见表 10 – 30。

表 10 – 30　高温高压失水仪功能及技术参数

项　目	4222 型静态失水仪 Chandler(美国)	71 – 25 型动态失水仪 Chandler(美国)	TG – 71 高温高压失水仪 (沈阳)
功　能	①手动调节升温、控温。 ②上下两套加压管线，底部可加回压 0.7MPa	①微机程序温度控制，液晶显示试验时间。 ②可实现快速降温。 ③变速直流马达驱动，标准转速为 150r/min	①微机程序温度控制。 ②上下两套加压管线，底部可加回压 0.7MPa
最高试验温度/℃	121	232	260
最高试验压力/MPa	7	14	7.1
水泥浆量/mL		275	500
输入电源	(220 ± 15%)V 50Hz/60Hz	(220 ± 15%)V (50 ± 10%)Hz	220V，50Hz

(4)使用要求

1)静态失水仪

①试验前先对浆筒进行预热；

②倒入水泥浆时，浆筒上部应留有2cm高的余量；

③滤失完毕，关闭上下针形阀滤嘴，冷却取出，在肯定全部压力放完后才可打开筒盖；

2)动态失水仪

①往浆筒里倒水泥浆时，切勿黏附在螺纹上；

②滤失完毕关掉加热器，按下控制器上的“停止”键，取出热电偶。确定全部压力放完以后，才可以打开杯盖。

4.7　美国 Chandler 公司 7400 型高压流变仪

(1)用途

用来测定高温高压条件下水泥浆等流体的流变参数。

(2)结构

高压流变仪样品杯结构见图10-50。

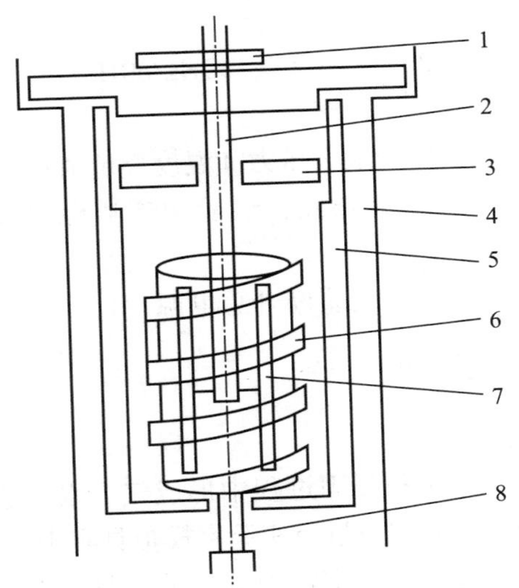

图10-50　高压流变仪样品杯结构示意图

1—凸轮；2—测锤轴；3—活塞；4—釜体壁；5—样品杯；6—转子；7—测锤；8—驱动轴

(3)工作原理

内筒按要求的速度绕样品试验锤转动，环空流体的剪切力在悬锤上产生的扭矩用一个螺旋弹簧、一个精密凸轮和一个线性可变位移传感器(LVDT)进行测量，压力由一个气动液压泵和整套的液压系统提供，热电偶用来测定油浴及样品的温度。转子由马达带动，其速度可预先调定或可变控制。样品的黏度以直流电压的形式由 LVDT 输出，显示并记录下来。

(4)功能及技术参数

①微机程序温度控制；

②磁驱动，高扭矩，耐高温；

③提供扭矩(剪切应力)、压力、速度(剪切速度)和温度的模拟输出信号；

④最高试验温度 260℃，最高试验压力 170MPa；

⑤马达速度可在 0～600r/min 范围内连续调节，亦可按标准预先设定；

⑥输入电源(220±15%)V；50Hz/60Hz。

(5)使用要求

①不要超过仪器的最大压力和温度额定值；

②流变仪上部可能很热，试验中应避免触及压力容器的上顶；

③打开仪器之前一定要断开总电源。

4.8 水气窜测定仪

(1)用途及功能

固井水泥在水化和凝固过程中形成气、水窜通道是完井失败的原因之一，就此现象进行实验室模拟具有十分重要的意义。水气窜测定仪是进行实验室模拟分析的工具，用以模拟地层气液窜的来源和水泥浆静压头压力。主要功能：

①测量水泥浆温度、水泥孔隙压力；

②模拟静水柱压力、储气区压力及失水区压力；

③失水区间差压；

④气流入量及气、水流出量。

(2)结构

主要由釜体、压力传感器、截止阀、调节阀，液体收集容器和电子天平构成。天平收集的液体用于计算失水量和气液窜的定量分析。

(3)工作原理

该仪器试验釜体与API高温高压失水仪釜体类似，釜体上部装有液压空腔活塞，可用水加压，模拟水泥静水头压的作用。水泥浆的滤液由釜体底部通过标准失水仪滤网收集，釜体底部设有可模拟地层空隙压力和流体流入的入口，通过水泥的气/液窜用压力传感器和流量计检测，所有压力、虑失量、温度、地层流体流入率可自动测量、计算机记录并连续显示。

(4)技术参数

①最高试验温度205℃，最高试验压力14MPa；

②输入电源(220±15%)V；50Hz/60Hz；

③气源压力280~980kPa，水源压力140~980kPa。

(5)使用要求

①正确连接电源、水源、气源；

②按APISPEC10或GB10238标准配浆制备水泥浆；

③测定流量要准确，至少测定两次及以上；

④实验完毕要清洗干净各部件。

4.9　美国CET15-400静胶凝强度测试仪-旋转浆叶稠化仪

(1)用途

测量一段时间内水泥浆静胶凝强度、发展及水泥浆稠化时间。

(2)结构及原理

静胶凝强度测试仪-旋转浆叶稠化仪系统由压力釜、计算机、静胶凝分析软件等组成。通过使用标准浆叶和与稠化时间测定相同的方式，测试出水泥浆的静胶凝强度，似的从稠化时间到胶凝强度测试的转换瞬间完成，模拟了真实的钻井条件。浆叶处于几乎稳定的位置，实现了凝胶凝强度变化的实时、精确、直接测量。

(3)技术参数

①电机驱动速度 0 ~ 1000r/min；

②最高试验温度 204℃，最高试验压力 103MPa；

③输入电源(220 ± 10%)V；50Hz/60Hz；

④尺寸 38cm(高)×67cm(宽)×38cm(深)。

4.10 水泥石渗透率仪

(1)用途

用来测定水泥石对水的渗透率。

(2)工作原理

在气源压力驱动下，使水通过水泥试块，测量水的流量，计算出水泥石的渗透率。

(3)无锡高、中、低渗透率仪功能及技术参数

①可测高、中、低三种类型的水泥石渗透率；

②测量范围：(8000 ~ 500) × 10^{-3} μm^2，误差 5%；

(400 ~ 40) × 10^{-3} μm^2，误差 10%；

(40 ~ 0.1) × 10^{-3} μm^2，误差 20%。

③水源及气源压力可调。

(4)使用要求

①按 APISPEC10 或 GB10238 标准，配浆制备水泥石，要记录养护温度、养护压力和养护时间；

②水泥石要规整，表面平滑；

③水泥石在夹持器里应当密封，不能漏出水来；

④测定流量要准确，至少测定两次以上；

⑤记录试验时的环境温度变化。

4.11 辽宁 YZF 型压蒸釜

(1)用途

用于测定水泥试块的压蒸膨胀性。

(2)结构及原理

压蒸釜由釜体、试模组成。水泥试块经沸煮后在饱和水蒸汽中压蒸，用比长仪(见图 10－51)测量试体长度变化，求得压蒸膨胀率。

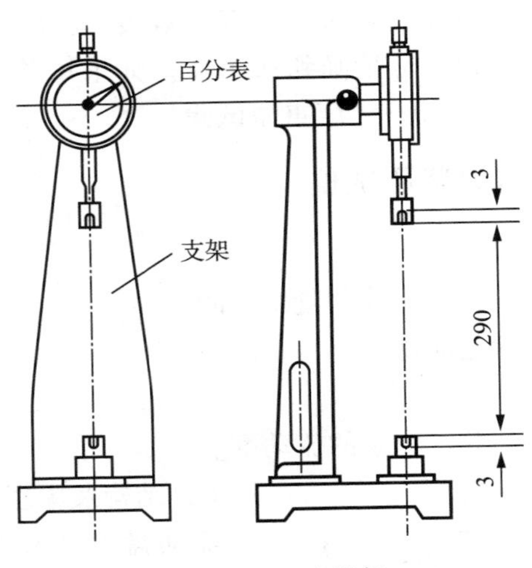

图 10－51 比长仪

(3)功能及技术参数

①试模尺寸为 25mm×25mm×280mm，有效长度为 250mm±2.5mm，测量顶头伸入试体深度为 15mm±1mm；

②试验压力为 2MPa；

③比长仪百分表最小刻度值为 0.01mm，量程 1cm。

(4)使用要求

①按照 GB177 测定水泥的标准稠度加水量，然后制浆、成型，进行养护。

②试体自加水时算起经湿气养护 24±2h 后，将试模脱开并

测量试体的初始长度。

③将已测过初始长度的试体放入沸煮箱煮 4h，停止加热，并向锅内慢慢注入冷水，使水温在 15min 内降至室温。再经 15min 将试体取出擦干，测量其煮后长度。

④经沸煮后的试体在室温下放入压蒸釜压蒸，其中压力应保持在 2. 0MPa ±0. 05MPa。

⑤最后用比长仪测量压蒸后长度，如发现试体有弯曲、龟裂等现象，应同时记录。

⑥水泥净浆试体的膨胀率以百分数表示，膨胀率结果应取二条试体的平均值，应精确到 0. 01%。如果每条试体的膨胀率与平均值相差超过 10%，应重做试验。

4. 12　常规水泥浆测试仪

4. 12. 1　维卡仪

用来测定油井水泥浆的凝结时间。

4. 12. 2　阿斯盘流动盘

(1)用途

用于测定油井水泥浆的流动度。

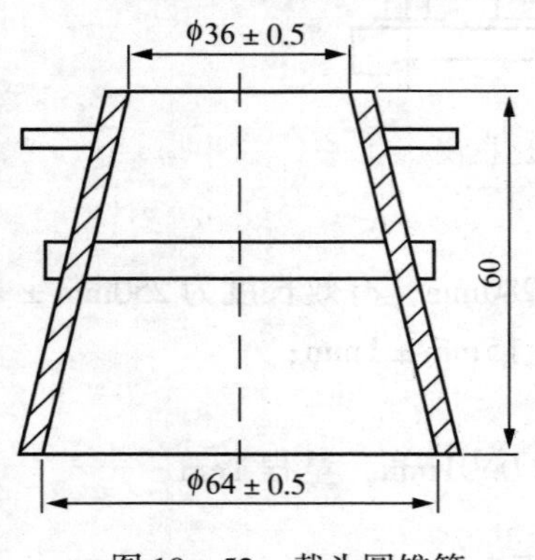

图 10 – 52　截头圆锥筒

(2)结构及原理

流动盘由截头圆锥筒(见图 10 – 52)和平板玻璃组成。将截头圆锥筒放在水平的平板玻璃上，把配制好的水泥浆倒入圆锥筒中，迅速提起圆锥筒，待水泥浆摊开后，取垂直方向两直径的平均值，作为水泥浆的流动。

(3)特点及技术参数

①截头圆锥筒容积 $120cm^3$，上口内径 36mm ±0. 5mm，下口内径 64mm ±0. 5mm，高60mm ±0. 5mm；

②截头圆锥筒重量不得少于300g;

③截头圆锥筒为铜或不锈钢制成,内壁光滑。

(4)使用要求

①按API SPEC10或GB10238标准配制水泥浆;

②将搅拌均匀的水泥浆边搅拌边注入锥筒内(锥筒与平板玻璃均须用湿布擦过);

③平板玻璃应保持光滑并置于水平;

④试验结束,彻底清洗锥筒及玻璃盘。

4.12.3 水浴锅

(1)用途

用于油井水泥凝结试验时的试模养护及抗压强度试验时水泥石的常压养护。

(2)使用要求

①加热以前,将水浴锅加足水,并注意试验中勿烧干;

②正确调整控制水温;

③定期检查,更换清水。

4.12.4 养护箱

(1)用途

用于多个水泥石块的常压养护。

(2)结构

由加热器、电器部分、温度控制器及不锈钢箱体等组成。

(3)使用要求

①仪器平稳,检查各部件,接好电源线,把水箱水上到合适位置处,打开总电源;

②每次试验后,都应仔细清洗试模并涂上凡士林油;

③将试模保养好,保持试模的平整,光滑和清洁;

④应经常换水,保持水箱中水的清洁。

4.13 常用水泥浆测试设备汇总表

常用水泥浆测试设备性能及参数见表10-31。

表 10－31　常用水泥浆测试设备性能及参数汇总表

名　称	型　号	生产厂商	性能特点及参数
恒速搅拌器	3060/OWC－9360	美国千德乐公司/沈阳泰格	配制水泥浆，搅拌水泥干灰和水；两个预置 API 恒定转速挡 4000r/min 和 12000r/min，可以实现恒速运转，清晰的转速显示
常压稠化仪	1250/TG－1220TG－1250	美国千德乐公司/沈阳泰格	按照 API 规范养护水泥浆，测定水泥浆的流变性、自由水和失水；数字式温度控制器可精确地控制温度，升温速率可调，保证符合 API 规范 10 的要求；试验温度范围 27～93℃
增压稠化仪	8040B10/TG－8040	美国千德乐公司/沈阳泰格	模拟井下条件，测定水泥浆的稠化时间；液压油冷却时间短，提高使用效率；模块式电子控制仪表箱；配有微机数据采集处理系统；试验温度范围 27～315℃，压力范围 0～275MPa
增压稠化仪	8040－CT	美国千德乐公司	模拟井下条件，测定水泥浆的稠化时间；液压油冷却时间短，提高使用效率；模块式电子控制仪表箱；配有微机数据采集处理系统；试验温度范围 27～315℃，压力范围 0～275MPa

续表

名 称	型 号	生产厂商	性能特点及参数
增压稠化仪（便携式）	7716/ TG－7720 TG－7716	美国千德乐公司/沈阳泰格	模拟井下条件，测定水泥浆稠化时间；体积小，操作简便；数字式智能温度控制器及数字温度显示，大功率加热器；笔式记录仪绘制温度及稠度数值：试验温度范围 27～177℃，压力范围 0～110MPa；泰格仪器试验温度范围 0～204℃，压力范围 0～137MPa；试验温度范围 0～177℃，压力范围 0～120MPa
搅拌式失水仪	7120	美国千德乐公司	模拟现场水泥浆流动情况下，测定 API 失水量；在加温加压条件下连续搅拌，接近模拟实际状态；搅拌和失水同时完成，水泥浆均匀，沉淀降至最低；智能温度控制；试验温度范围 27～232℃，压力范围 0～14MPa
养护釜	1910/ TG－7370	美国千德乐公司/沈阳泰格	模拟井下条件养护水泥石；符合 API 规范，具有两个升温段；试验温度范围 27～370℃，压力范围 0～200MPa；TG－7370 试验温度范围 0～370℃，压力范围 0～24MPa
流变黏度计	Chan35	美国千德乐公司	测定水泥浆流变参数 n、k 值；采用步进电机 12/16 速无级变速

续表

名　称	型　号	生产厂商	性能特点及参数
压力机	BC－300	北京恒应力石油机械有限公司	测定水泥石抗压强度；实现均匀恒速加压；微机控制加载速度；试验压力范围 0～300kN
失水仪	TG－71	沈阳泰格	测定 API 水泥浆失水量；试验温度范围 27～260℃，压力范围 0～7.1MPa
超声波水泥强度测定仪	4265 型	美国 Halliburton 公司	中央微处理机测定、贮存并显示数据，微机程序控制温度和压力；不破坏测定的水泥石试块结构及外形；可测定一件试块在不同时间的抗压强度值；可显示水泥的候凝时间；自动记录并打印出强度发展曲线；断电后仍可保留实验数据；最高试验温度 204℃，最高试验压力 140MPa
胶凝强度仪/胶凝强度－稠化一体仪	5265/CTE15－400	美国千德乐公司/美国 CTE	模拟井下条件，测定静态胶结强度的发展，抗压强度的形成；采用无损法测定静胶凝强度；实时观测随时间发展的静胶凝强度；微处理机智能温度控制；试验温度范围 27～204℃，压力范围 0～160MPa；CTE15－400 试验温度范围 0～204℃，压力范围0～103MPa

5　注水泥施工监测仪

固井施工监测仪能在固井施工全过程连续测定、显示和记录水泥浆密度、施工泵压、瞬时排量和累计液量，是现代固井工程施工必不可少的仪器。

5.1　涡轮流量变送器

(1)结构

涡轮流量变送器结构见图10－53。

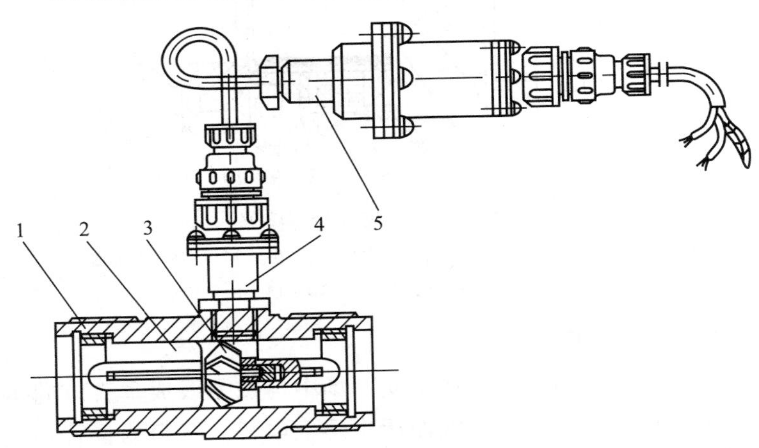

图10－53　LW型涡轮流量变送器

1—外壳；2—导向轴；3—叶轮；4—电磁感应转换器；5—前置放大器

(2)工作原理

被测量的介质(水泥浆或钻井液)流经涡轮变送器时，变送器内的叶轮借助液体的动能而旋转。在叶轮中心径向的外套上安装有电磁感应转换器(包括磁钢、线圈和集成双运算放大器)，由于叶轮的转动，叶片切割磁钢磁力线而发生周期性的变化，使缠绕在磁钢上的线圈输出电脉冲讯号，经前置放大器放大输送至显示仪表。

5.2　电磁流量传感器

(1)结构

电磁流量传感器结构见图 10－54。

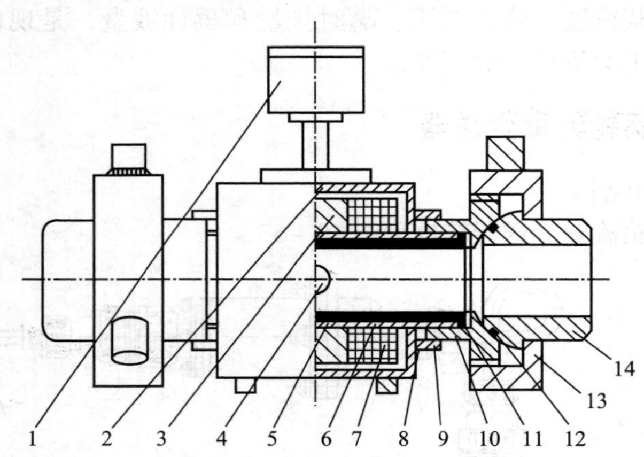

图 10－54　电磁流量传感器

1—线盒；2—外壳；3—铁芯；4—电极；5—绝缘衬里；6—测量管；7—激磁线圈；8—环；9—块；10～14—由壬组合

(2)工作原理

当导电液体沿测量管在交变磁场中与磁力线成垂直方向运动时，导电液体切割磁力线而产生感应电势。在与测量管轴线和磁场磁力线相互垂直的管壁上安装了一对检测电极，把这个感应电势检出。

(3)LW－80 涡轮流量变送器及 LD－80 电磁流量传感器主要技术参数

①工作压力：250～350MPa；

②瞬时最大排量：4m^3/min；

③瞬时最小排量：0.1m^3/min；

④累计最大液量：999.9m^3；

⑤累计最小液量：0.1m^3；

⑥流体介质为钻井液、水泥浆、油；

⑦测量精度为 ±1.5%。

5.3 放射性密度计

(1)结构

放射性密度计主要由铯 137 放射源、放射性探测器、铅屏蔽等组成，结构见图 10－55。

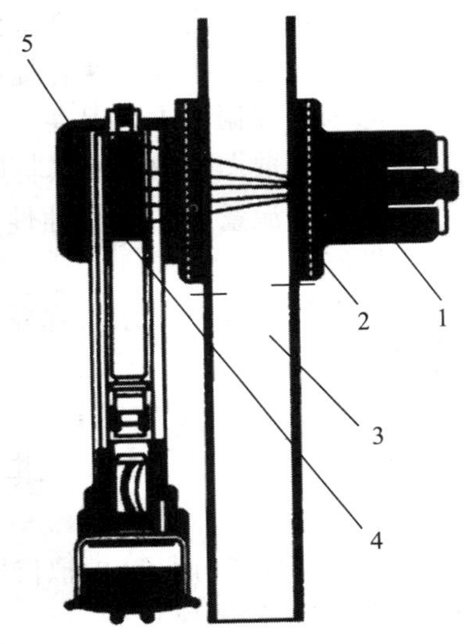

图 10－55 放射性密度计
1—屏蔽；2—吸收冲击振动的橡皮胶套；3—液流管线；4—放射性探测器(有防震装置)；5—铅屏蔽

(2)工作原理

当被测量的液体(水泥浆或钻井液)通过放射性密度计时，放射源中的 γ 射线射入碘化钠晶体，晶体产生可视萤光，再射入到电倍增管的光阴极，并打出光电子，而光电子在倍增管内打拿极向的正电场作用下，高速飞向下一个打拿极，又在这打拿极上打出 3～6 倍电子。如此不断培增、放大，一个光电子就成一大群电子，最后流经阳极形成电脉冲，光电管的放大倍数为 10^5～10^8。每秒从阳极输出的脉冲数称为计数率，计数率与射线强度 I 成正比，也就是与密度大小成反比。

5.4 北京合康科技发展有限公司固井施工压力、排量综合记录显示仪

该仪器可在固井施工过程中，实时检测、记录泥浆泵及水泥车的出口压力、瞬时流量和累计流量，可将固井资料有效保存，以便日后查阅和打印。

主要功能:

①压力、流量实时显示;

②数据无纸记录，采点间隔 1s，相应记录长度 36h;

③历史数据可自动追忆、手动追忆、定位追忆;

④外接加长电缆，实现室内监控;

⑤预设超压报警，声音提示，信号灯指示，按钮复位;

⑥采集数据可永久保存;

⑦历史数据可曲线格式打印或数表格式打印输出;

⑧涡轮流量计，防腐蚀性能好、寿命长、输出信号强、磁稳定性好;

⑨室外大屏幕显示，在钻台上即可将固井数据一目了然，方便施工。

6　其他仪器

☆上海且华(而华)虚拟仪器技术有限公司 MTC 钢丝绳电脑探伤仪(安全检测仪)

(1)用途

钢丝绳在使用中由于磨损、疲劳等原因，不可避免地会出现断丝、点蚀等不连续局部缺陷(LF)，磨损、锈蚀、金属截面积变化等连续缺陷(LMA)及变形、松股、跳丝、雷击引起的材质变化(SF)等问题。材质缺陷(LF 和 LMA)和结构缺陷(SF)的发生，在钢丝绳的使用中均有一个临界点，在用钢丝绳这两种缺陷超过临界点时，其恶化程度会迅速增加，最后导致钢丝绳突然断裂。

在临界点之前更换钢丝绳是一种浪费，在临界点之后更换钢丝绳存在着巨大的危险性。钢丝绳电脑探伤仪(安全检测仪)的工作目标就在于依据各行业的标准，找出这两种缺陷的临界点，为钢丝绳的安全使用提供依据。

(2)结构

钢丝绳电脑探伤仪(安全检测仪)由传感器、数据采集和信息处理系统组成(见图 10－56)。

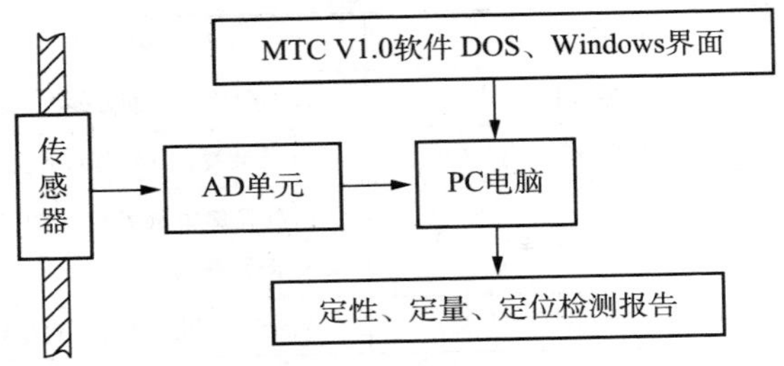

图 10－56 通用基础型钢丝绳电脑探伤仪结构框图

(3)工作原理

当钢丝绳快速通过传感器时，传感器中永久磁钢轴向深度磁化钢丝绳，并达到饱和。钢丝绳的断丝、磨损等缺陷同步产生漏磁场和磁通变化，向空间扩散的磁信号经聚磁环集聚后，由阵列广角霍尔元件组转换成电压变化值，通过 AD 接口，进行模数转换，并将数字信号压缩然后输入 PC 电脑。

基于三维数学模型的软件实时解压处理。以明确的定量数值显示钢丝绳内外断丝、锈蚀、磨损、金属截面积变化，按现行标准提出钢丝绳安全性和使用寿命的诊断评估报告。

(4)型号规格

钢丝绳电脑探伤仪型号表示方法如下：

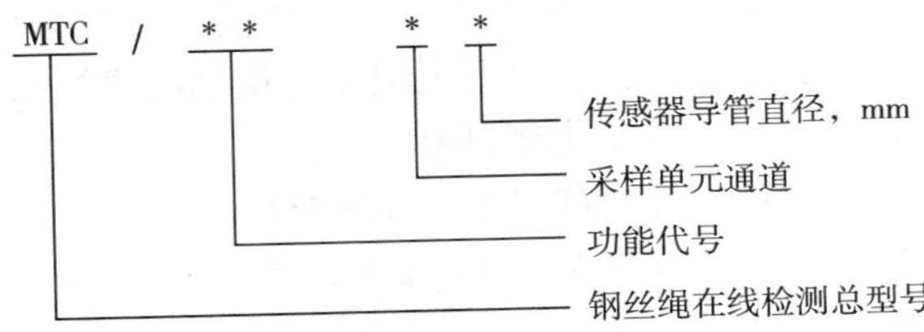

示例：MTC/GB－F40 型，为通用基础型，四通道，浮动导管直径 40mm 的钢丝绳电脑探伤仪(可测钢丝绳直径 25～43mm，最佳 34～38mm)。

第五代 MTC 产品的八种功能代号及特点见表 10－32。

表 10－32　第五代 MTC 产品的八种功能代号及特点

序　号	功能名称代号	特　点
1	通用基础型(MTC/GB 型)	操作简单，判别方便，采样快速准确
2	实时报警型(MTC/RA 型)	声光报警，RA 与 GB 软件可转换
3	U 盘闪存型(MTC/US 型)	U 盘采集电脑处理，用于不便带电脑的恶劣现场
4	中美合作型(MTC/NI 型)	最先进的测控软件，自动化诊断报告
5	本质安全型(MTC/EX 型)	煤矿、化工等易爆现场用户专用。
6	无线遥控型(MTC/RT 型)	组态测控，自动监控，数据库存储
7	大桥专用型(MTC/BS 型)	传感器孔径可变动，最终诊断在桥下
8	质量控制型(MTC/QC 型)	钢丝绳编织生产线用，发生断丝自动报警，接入系统自动停机

(5)性能参数

①传感器导套与钢丝绳间隙：－5～20mm，最佳为 2～6mm。

②传感器与钢丝绳相对速度：0.0～12.0m/s，最佳为 0.3～1.5m/s。

③断丝缺陷(LF)检测能力。

定性：单处集中断丝定性准确率 99.99%。

定量：单处集中断丝根数允许有一根或一当量根误判，单处集中断丝根数检测 100 次以上无误差定量准确率≥92%。

④金属截面积定量变化率(LMA)。

检测灵敏度重复性允许误差：±0.55%；

检测精度示值允许误差：±0.2%。

⑤位置(L)检测能力。

检测长度示值百分比误差：±0.3%。

⑥电源：5V 电池，或 PC 电脑电池 <8h。

⑦环境温度：－20～50℃。

(6)MTC/GB 通用基础型操作方法：

①安装——打开传感器搭扣，将传感器置于被测钢丝绳起始端，悬浮固定，挂上保险绳索，人扶传感器手把。

②连接——用 8344 信号连接传感器，AD 转换和笔记本电脑。

③打开——打开电脑，进入 W4CP 程序平台，依受测钢丝绳的规格，选定“参数设置”中的序号，按回车键确认，至“在线检测”按提示，命名本次检测。

④启动——启动绞车，钢丝绳紧贴传感器导套，以每秒小于 1.0m 的最佳速度移动，电脑屏显光标移动。

⑤停止——当受测钢丝绳全程运行结束停止时，按回车键，屏显人机对话界面。

⑥判别——红色光点将一一显示受测钢丝绳缺陷的状态，当 VPP 的两个数值均大于第一门限 D1 时，按回车键，红色光点则确认，当 VPP 的两个数值中，只要有一个小于第一门限 D1 时，按空格键，红色点变为黄色，则该点被否认。

⑦附加——根据客户要求，从本界面还可以定性判定钢丝绳的质量、松股、跳丝、变形、材质异化等缺陷。

⑧断丝——按回车键，屏显受测钢丝绳断丝的位置、根数、捻距内的累计数和检测总长度等直接的数值，连接打印机即可打印。

⑨磨损——按左右键，至“波形分析”，屏显受测钢丝绳的全部缺陷的波形，从右行的数值可直接读出受测钢丝绳磨损的百分比量，按提示打印。

⑩报告——按屏显提示退出程序，进入 WORD 根据不同行业的标准和规定打印检测报告。

第十一章　事故处理工具

1　震击解卡类工具

1.1　分类与命名

1.1.1　分类

震击工具按工作状况可分为随钻震击器和打捞震击器；按震击原理可分为液压震击器、机械震击器和自由落体震击器；按震击方向可分为上击器、下击器和双向震击器。

1.1.2　命名

震击工具型号代码编码规则如下：

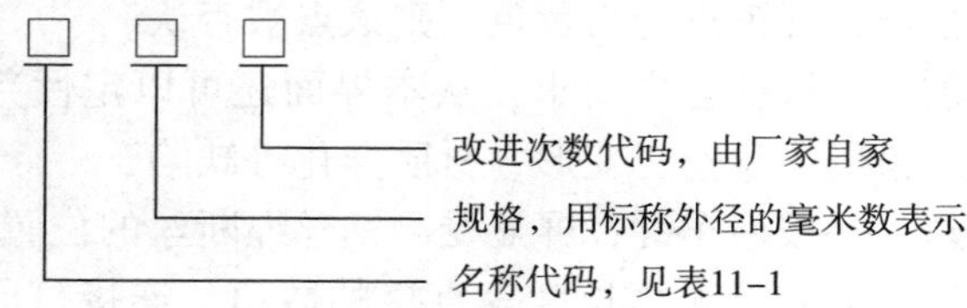

表 11－1　震击工具的名称代码

产品名称	名称代号	意　义
超级上击器	CS	C—超级；S—上击
液压上击器	YS	Y—液压；S—上击
机械上击器	JS	J—机械；S—上击
地面下击器	DX	D—地面；X—下击
开式下击器	KX	K—开式；X—下击
闭式下击器	BX	B—闭式；X—下击

1.2　部分国内生产厂产品介绍

1.2.1　贵州高峰石油机械有限责任公司产品

1.2.1.1　YSJ 型液压上击器

(1)结构

YSJ 型液压上击器由活塞杆、油缸和活塞三部分组成。

“活塞杆”部分，与上部钻具相连，由震击杆、震击垫、导向杆组成；“油缸”部分，与下部钻具相连，由上缸套、中缸套、下接头组成；“活塞”部分由活塞、活塞杯组成(见图 11－1)。

(2)原理

液压上击器的“活塞杆”与“油缸”之间的空隙内注满了液压油。当上提钻具时，液压油只能沿活塞环的开口间隙泄漏，对活塞向上运动产生液阻，使上部钻具产生拉伸变形，当活塞行至释放腔时，液压油的约束被解除，上部钻具的弹性势能突然被释放，带动震击杆上的震击垫向上运动，并打击在上缸套的下端面，产生了向上震击。

(3)技术参数

YSJ 型液压上击器技术参数见表 11－2。

表 11－2　YSJ 型液压上击器技术参数

型　号	外径/mm	内径/mm	行程/mm	接头螺纹 API	最大工作扭矩/kN·m	最大震击提拉载荷/kN	最大抗拉载荷/kN	闭合总长/mm
GS73	73	20	216	2⅜TBG	3	100	250	1724
GS80	80	25.4	216	2⅜REG	3	120	300	1724
GS89	89	28	216	NC26	3.5	150	400	1724
GS95	95	28	305	NC26	4	150	500	1724
YSJ36	95	38	305	NC26	4	160	500	2041
YSJ40	102	32	229	NC31	5	176	600	1804
YSJ108	108	38	305	NC31	6	200	700	2041

续表

型　号	外径/mm	内径/mm	行程/mm	接头螺纹 API	最大工作扭矩/kN·m	最大震击提拉载荷/kN	最大抗拉载荷/kN	闭合总长/mm
YSJ44	114	38	288	2⅞REG	7	240	800	1986
YSJ46Ⅱ	121	38	290	NC38	8	280	900	2114
YSJ62	159	57	381	NC50	13	560	1500	2690
YSJ70Ⅲ	178	60	381	NC50	15	640	1800	2616
YSJ80	203	71	381	6REG	18	800	2200	2616
YSJ90	229	76	381	7⅝REG	20	960	2500	2616

(4)使用与操作

1)安装要点

①上击器应尽可能靠近卡点，并按说明书推荐的钻具组合安装。

②单独使用上击器时在其上方接100m左右钻铤可获得理想的震击效果。

③与加速器一同使用时，在二者之间可接3~5根钻铤，其震击效果最好。

2)操作方法

①当打捞工具捞住井下落鱼(或对上扣)后，轻提钻具，使打捞工具紧紧地抓住落鱼。

②下放钻柱使压在上击器芯轴上的力约3~4t，关闭上击器。

③以一定速度上提钻具，刹住刹把，等待震击。提拉吨位应由低到高逐渐加大，反复震击直至解卡。

④注意事项：

a. 井下震击力应从较低吨位开始，逐渐加大，但不允许超过规定的“最大震击提拉载荷”。

b. 震击力不仅与上提拉力有关，而且与井下钻具的重量，井身质量等因素有关。因此，上提拉力越大，即上提速度越快，井下钻具重量足够，井身质量越好，所产生的震击力越大。

c. 上击器提出井眼完成钻台维修后，再将其关闭，并从吊卡上取下，绝不能再在下方悬挂重物，以免误击而损坏钻台设备甚至砸伤人员。

1.2.1.2　CSJ 型超级震击器

CSJ 型超级震击器是 20 世纪 80 年代推出的一种新型的向上震击工具。该工具应用了液压和机械原理，结构紧凑，性能稳定便于调节。可用于打捞作业和取芯作业中协助割断岩芯。

(1)结构

CSJ 型超级震击器由上接头、上下芯轴、花键体、椎体活塞、壳体等零件组成。产品结构中设计了可靠的撞击工作面，以保证为被卡的落鱼钻具提供巨大的冲击力。为了使震击能连续进行，采用了理想的回位机构。为了在井下能旋转和循环泥浆，CSJⅡ型超级震击器利用花键传递扭矩，同时尽可能使水眼加大，以满足除循环泥浆外的测试及其他功用(见图 11-2)。

(2)工作原理

CSJ 型超级震击器是应用液压工作原理，通过锥体活塞在液缸内的运动和钻具被提拉贮能来实现上击动作。安装在超级震击器上方的钻具被提拉时，超级震击器的压力体内由于锥体活塞与密封体之间的阻尼作用，为钻具贮能提供了时间。当锥体活塞运动到释放腔时，随着高压液压油瞬时卸荷，钻具将突然收缩，产生了向上的动载荷。

(3)使用与操作

1)安装

①用于打捞作业时，CSJ 型超级震击器应安装在接近卡点

的钻铤柱的下方。超级震击器的上方应装有 100m 左右的钻铤，尤其在浅井中作业更为重要。

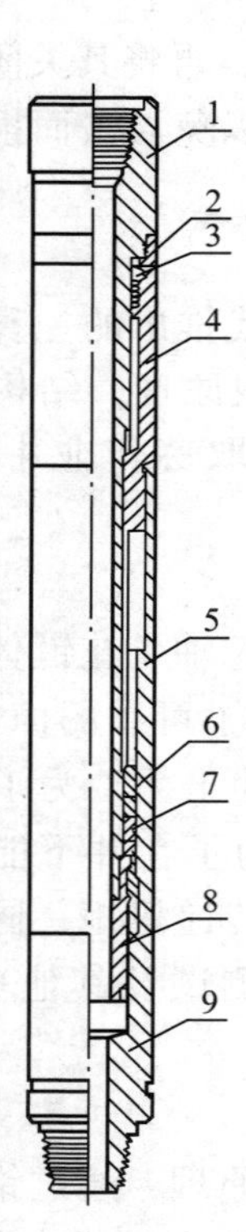

图 11－1　YSJ 型液压上击器结构示意图

1—芯轴；2—螺母垫；3—刮子；4—上缸套；5—下缸套；6—震击垫；7—活塞；8—导向杆；9—下接头

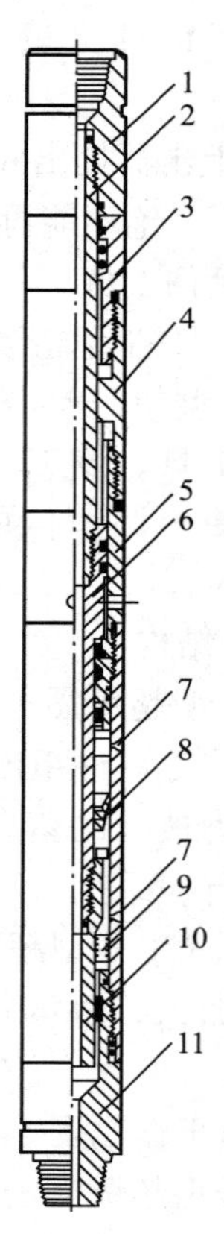

图 11－2　CSJ 型超级震击器

1—上接头；2—上芯轴；3—芯轴体；4—花健体；5—连接体；6—下芯轴；7—油堵；8—锥体；9—浮子；10—冲管；11—冲管体

为了获得更大的动载荷，可与加速器配套使用。加速器可安装在超级震击器上方 1 ~4 根钻铤的范围之内。

②用于取芯作业，CSJ 型超级震击器通常应安装在取芯筒的上方。割心时只要给钻柱一个中等的拉力，就可以提供足够割断岩芯的冲击，一次割断岩芯。

2)操作

①确认井下卡钻事故需要向上震击时，才能使用超级震击器。按上述打捞钻具组合原则，接好打捞钻具，进行打捞作业。当打捞工具抓住井下落鱼后，即可进行震击作业。

②下放钻柱使压在超级震击器芯轴上的力约 3 ~4t，使超级震击器关闭。

③以一定的速度和拉力上提钻具，使钻具产生足够的弹性伸长，然后刹住刹把，等待震击。由于井下情况各异，产生震击的时间也从几秒倒几分钟不等。

产生震击后，若需继续进行震击，可重复②、③两步骤直至解卡。

(4)注意事项

①震击应从较低提拉吨位开始，逐渐加大，直到解卡。但最大不能超过表 11 －3 规定的“最大震击提拉载荷”。

②一次震击不成，应下放钻柱，使超级震击器完全关闭，再进行上提，等待震击。

③提高震击力的方法：震击力不仅仅与上提拉力有关，而且与上提钻具的速度，井下钻具的质量，井身质量等因素有关。因此上提速度越快，上提拉力越大，井下钻具质量足够，井身质量越好，所产生的震击力也就越大。

④超级震击器提出井眼时通常是处于打开位置，完成钻台维修之后，应当关闭震击器。一但关闭就应当从吊卡上取下，绝不能再在它下方悬挂重物，否则超级震击器可能因被拉开而产生误震击，造成事故。

(5)技术参数

CSJ 型超级震击器技术参数见表 11 －3。

表 11－3 CSJ 型超级震击器技术参数

型 号	外径/mm	内径/mm	接头螺纹API	最大行程/mm	最大工作扭矩/kN · m	最大震击提拉载荷/kN	最大抗拉载荷/kN	闭合总长/mm
CSJ108	108	32	NC31	305	6	250	700	3882
CSJ114	114	38	NC31	305	9.8	300	800	3882
CSJ46 Ⅱ	121	50	NC38	305	9.8	350	900	3882
CSJ140	140	50	NC38	305	11.9	400	1000	3900
CSJ62 Ⅱ	159	57	NC50	320	12.7	700	1500	3977
CSJ168	168	57	NC50	320	14.7	700	1600	3977
CSJ70 Ⅱ	178	60	NC50	320	14.7	800	1800	4045
CSJ76 Ⅱ	197	78	$6\frac{5}{8}$REG	330	19.6	1000	2100	4328
CSJ80 Ⅱ	203	78	$6\frac{5}{8}$REG	330	19.6	1200	2200	4328

1.2.1.3 JS 型机械上击器

(1)结构

JS 型机械上击器主要由上接头、芯轴、摩擦芯轴、冲管、浮子、冲击接头、中筒体、调节环、摩擦卡瓦、下接头等零件组成，如图 11－3 所示。

(2)工作原理

当上击器在井内被施以一个向上的拉力时，摩擦卡瓦抱住摩擦芯轴并阻止摩擦芯轴向上运动，钻杆同时被拉伸而贮存了弹性势能。当向上的拉力达到预调的吨位时，摩擦芯轴从摩擦卡瓦内滑脱出来，借助钻柱释放出的弹性势能，芯轴高速上行其上台肩对冲击接头的下端面产生有力的冲击。

当关闭上击器时，摩擦芯轴推动摩擦卡瓦复位。重复上述过程，直至解卡。

(3)操作

1)钻具组合

①震击解卡——将上击器连接在尽可能靠近卡点处，在上击器的上部通常要加3～15根钻铤。

②测试——直接将工具连接在测试工具的上部。

③取芯或扩眼——在取芯工具或扩眼工具上接一根钻铤再接上击器。

④侧钻——上击器始终接在紧靠造斜器之上。

⑤洗井——上击器直接接在洗管上面。

2)震击

①上提钻具，直到出现初次震击(上击器初次拉开吨位约15t)。

②下放钻具，直到悬重表明上击器已被关闭。重复上述操作至达到目的为止。

③增大震击力的操作步骤：

a. 上提钻具直到产生震击为止。

b. 使钻具向右转动三分之一圈(在坚硬岩层及深井或弯曲的井段使用时，钻具转动应超过三分之一圈)。

c. 下放钻具，直到悬重表明上击器已被关闭为止。

d. 活动钻具，释放钻具上的残余扭矩。

e. 重复a～b步骤，使上击器拉开吨位逐次增加(震击力将成倍地增加)直至达到上击器额定的最大拉开吨位50t。

④降低震击力的操作步骤：降低震击力的操作步骤同增大震击力的操作步骤类同，只是应使钻具向左旋转。

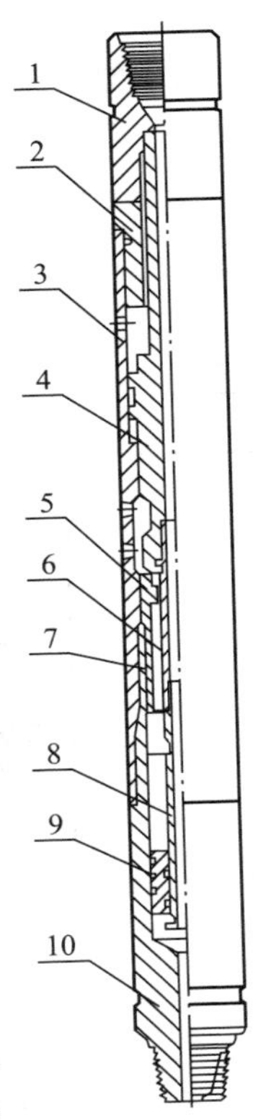

图11－3　JS型机械上击器

1—上接头；2—冲击接头；3—中筒体；4—芯轴；5—调节环；6—摩擦芯轴；7—摩擦卡瓦；8—冲管；9—浮子；10—下接头

(4)技术参数

JS 型机械上击器技术参数见表 11 - 4。

表 11 - 4 JS 型机械上击器技术参数

型号	外径/mm	内径/mm	接头螺纹 API	最大抗拉负荷/MN	最大工作扭矩/kN · m	工作行程/mm	闭合总长/mm
JS159	159	60	NC50	1.47	13	181 ~ 185	2391
JS70	178	75	5½FH	1.76	15	181 ~ 185	2331

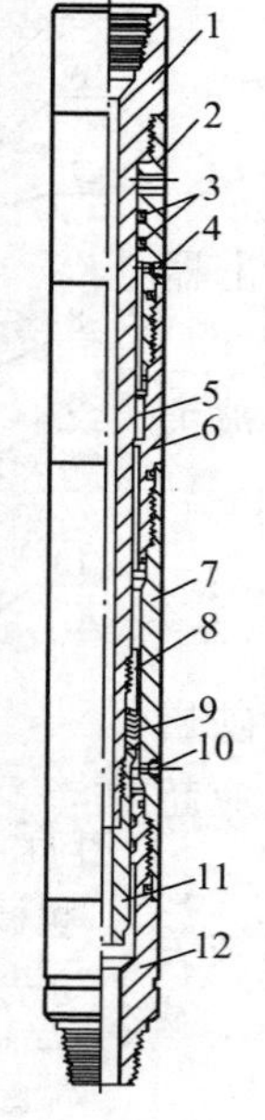

图 11 - 4　YJQ 型液压加速器

1—芯轴；2—上接头；3—O 形圈；4—大油堵；5—硅油；6—上油缸；7—中缸套；8—震击垫；9—盘根；10—小油堵；11—导向杆；12—下接头

1.2.1.4　YJQ 型液压加速器

(1)用途

美国人在《油井维修》一书中介绍加速器时指出：“若使用得当，加速器(增强器)能够使震击力十倍于钻具总成内钻铤的重量”。加速器本身无震击功能，主要是与上击器配套使用。加速器主要用于以下情况：

在较浅的井下，震击作用对井架和提升系统的影响特别严重，加速器可以减弱对地面设备的冲击作用。在弯曲的井眼中井壁的摩擦力会大大减弱上击器的震击作用，使用加速器则可以加强震击作用。

(2)结构

与上部钻具相联部分：由芯轴、震击垫、导向杆组成。

与下部钻具相联部分：由上接头、上缸套、中缸套、下接头组成。

在芯轴与缸套之间，充满了具有高压缩指数的甲基硅油(见图 11 -4)。

(3)工作原理

当钻具上提时，钻具弹性伸长，加速器芯轴带动密封总成向上移动压缩硅油，硅油这被誉为液体弹簧的液体也随之贮存了能量。继续上提钻具，上击器活塞运动到卸油时，尤如一根上下两端拉紧的橡皮筋，下端突然释放，橡皮筋会迅速地弹上去一样，钻具回复弹性变形，使加速器下部的钻铤和上击器芯轴一起向上运动。此时加速器内腔的硅油贮存的能量也被释放，给运动的钻铤和上击器芯轴以更大的加速度。使震击的"大锤"获得更大的速度，从而增加了碰撞前的动量和动能，于是一个巨大的震击力，通过上击器下部传递到落鱼上。

(4)操作

同液压上击器、超级震击器和机械上击器。

(5)技术参数

YJQ 型液压加速器型号及技术参数见表 11 –5。

表 11 –5 YJQ 型液压加速器型号及技术参数

型 号	外径/mm	内径/mm	接头螺纹API	总长/mm	最大抗拉载荷/kN	最大工作扭矩/kN · m	拉开全行程力/kN	最大行程/mm
GJ73	73	20	$2\frac{3}{8}$TBG	2620	250	3	80 ~ 100	218
GJ80	80	25. 4	2REG	2845	300	3	90 ~ 120	218
GJ89	89	28	NC26	2760	400	3. 5	110 ~ 150	218
YJQ36	95	32	NC26	2845	500	4	150 ~ 200	330
YJQ40	102	32	NC31	3878	600	5	200 ~ 250	330
YJQ108	108	32	NC31	3878	700	6	200 ~ 250	330
YJQ44	114	38	NC31	3422	800	7	250 ~ 300	216
YJQ46 Ⅱ	121	38	NC38	3254	900	8	300 ~ 350	234
YJQ62	159	57	NC50	4375	1500	13	600 ~ 700	338
YJQ168	168	57	NC50	4375	1600	14	600 ~ 700	338
YJQ70 Ⅱ	178	60	NC50	4019	1800	15	700 ~ 800	320

续表

型　号	外径/mm	内径/mm	接头螺纹API	总长/mm	最大抗拉载荷/kN	最大工作扭矩/kN·m	拉开全行程力/kN	最大行程/mm
YJQ76	197	78	$6\frac{5}{8}$REG	4238	2100	17	900～1000	341
YJQ80	203	78	$6\frac{5}{8}$REG	4238	2200	18	900～1000	341
YJQ90	229	76	$7\frac{5}{8}$REG	4180	2500	20	1100～1200	341

1.2.1.5　KXJ型开式下击器

KXJ型开式下击器，是钻井打捞作业中普遍使用的一种震击解卡工具。主要用途：

①产生强大的下击力，使被卡钻具解卡；

②在井内解脱打捞工具；

③进行特殊作业中，作“恒压给进”工具。

(1)结构

KXJ型开式下击器主要由上接头、筒体、下接头、震击杆、震击垫等组成。上接头与上部钻杆相接，震击杆连接下部钻杆。震击杆和下接头是六方滑动配合，不仅可以上下自由滑动，还可以传递扭矩(见图11-5)。

(2)工作原理

拉开下击器的工作行程，然后突然释放，利用上接头以上钻柱重量给卡点以强有力的震击。作恒压给进工具时，下击器呈半拉开状态，下部钻柱悬重即为恒定钻压。

(3)操作

1)井内下击

①钻具组合(推荐)：

打捞工具+安全接头+下击器+钻铤+钻杆柱

若因打捞作业时，需要下弯钻杆或弯接头，最好接在下击器的上面，以免影响震击效果。

②上提捞柱将下击器行程完全拉开。

③快速下放打捞钻柱，使下击器关闭，利用下击器以上打

捞钻柱重量产生强烈的下击力。

震击作业时，切勿边旋转边震击，以免复合应力超载，容易使工具损坏或造成事故。

2)解脱井内打捞工具

当打捞工具(如打捞筒)捞住落鱼后，解除不了事故，而需与落鱼脱开时，可利用同打捞钻柱一起下入井内的下击器进行轻微的震击，使其脱开落鱼。

①上提打捞钻柱，上提高度约是下击器全行程的1/4～1/3；

②快速下放，下放距离等于上提方入时及时刹车，使下击器产生轻微下击，解脱打捞工具。

3)解脱井口打捞工具

①在下击器上部接2～3根加重钻杆或钻铤；

②拉开下击器一定行程，在两撞击面间垫上一个带柄大锤，拉开大锤，即产生下击。

③在保证游动系统不倾倒的前提下，亦可以将下击器拉开一定距离，以适当的速度下放，使下击器产生一定的下击作用。

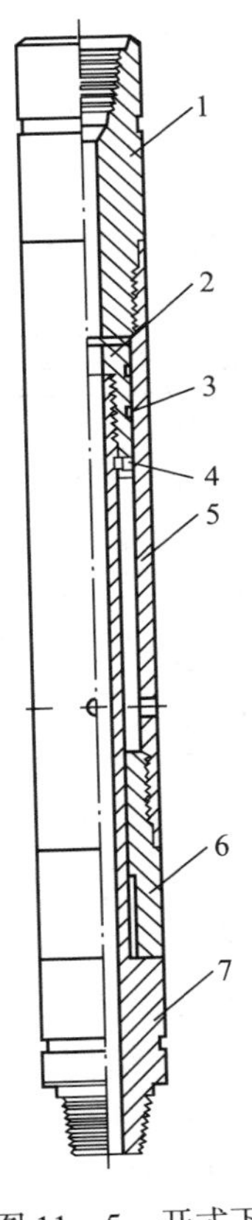

图11－5　开式下击器结构示意图

1—上接头；2—震击垫；3—O形圈；4—锁钉；5—缸套；6—下接头；7—震击杆

4)作“恒压给进”工具

在井内进行切割管子作业时，开式下击器可作为“恒压给进”工具使用。给进的压力等于下击器与割刀之间加重钻杆的重量(实际重量减去泥浆浮力)。

恒压给进时，只需使下击器始终保持有一定的拉开状态即可。由于加压在割刀上的压力不变，因而能保证割刀的平稳工作，延长割刀的使用寿命。

(4)技术参数

KXJ型开式下击器技术参数见表11－6。

表 11－6　KXJ 型开式下击器技术参数

型　号	外径/mm	内径/mm	接头螺纹 API	最大抗拉负荷/MN	最大工作扭矩/kN·m	最大行程/mm	闭合总长/mm
KXJ95	95	38	NC26	0.5	4	508	1800
KXJ40	102	32	2⅜REG	0.6	5	700	1900
KXJ44	114	38	NC31	0.8	7	440	1500
KXJ46	121	38	NC38	0.9	8	914	1986
KXJ62	159	51	NC50	1.5	13	1400	2627
KXJ165	165	51	NC50	1.6	14	1400	2633
KXJ70	178	70	NC50	1.8	15	1552	2737
KXJ80	203	70	6⅝REG	2.2	18	1600	2901
KXJ90	229	76	7⅝REG	2.5	20	1600	2881

1.2.1.6　BXJ 型闭式下击器

闭式下击器主要用于下击作业，对于黏附，填埋，键槽等卡钻事故，是行之有效的解卡工具之一。还可解脱打捞工具与落鱼的咬合，或作“恒压给进”工具。

(1)结构

闭式下击器主要由震击杆、螺母垫、上缸套、中缸套、震击垫、导向管(冲管)、下接头、油堵及密封装置等组成(见图 11－6)。

(2)工作原理

简单地说，就是自由落体由重力势能转换为动能，最后以碰撞形式冲击卡点。当然在实际中由于泥浆和井壁摩擦的作用，这种自由落体并不“自由”。

闭式下击器正是利用这一原理进行震击作业的。下击时螺母垫打击在上缸套的端面上，使强大的震击力传递到卡点，经反复震击，可使卡点解卡。

(3)操作

同开式下击器。

(4)型号与技术参数

BXJ 型闭式下击器技术参数见表 11 –7。

表 11 –7　BXJ 型闭式下击器技术参数

型　号	外径/mm	内径/mm	接头螺纹API	最大抗拉负荷/MN	最大工作扭矩/kN · m	最大行程/mm	打开总长/mm
BXJ73	73	20	$2\frac{3}{8}$TBG	0.3	3	268	1837
BXJ89	89	28	NC26	0.4	3.5	268	1837
BXJ95	95	32	NC26	0.5	4	266	1837
BXJ105	105	32	NC31	0.6	5	400	2285
BXJ108	108	32	NC31	0.7	6	400	2285
BXJ44	114	38	$2\frac{7}{8}$REG	0.8	7	268	1832
BXJ46	121	38	NC38	0.9	8	405	2285
BXJ62	159	50	NC50	1.5	13	467	2763
BXJ70	178	70	NC50	1.8	15	470	2952
BXJ80	203	78	$6\frac{5}{8}$REG	2.2	18	462	2952

1.2.1.7　DJ 型地面震击器

地面震击器也是解除井内卡钻事故的有效工具。它连接在钻柱的地面部分，地面震击器作业时能清楚地看到给被卡落鱼强烈的下击力。震击力的强弱只用简单的方法就可以调节，能进行连续下击。地面震击器能承受较重载荷和强扭矩，密封性能良好，能经住高泵压钻井液循环。

(1)用途

地面震击器是一种下击器，接在钻柱的顶部，在地面作业。钻柱的任何部分被卡，或卡瓦类型的工具和捞具被卡，测试或修井、洗井的工具和堵塞工具被卡，均可使用地面震击器下击解卡。能在弯曲井或定向井中下击解卡，尤其是解除“键槽”卡钻的效果更佳。

利用该工具的向下冲击力，还可以驱动随钻工具或安全接头轻松倒扣，或解救其他工具所发生的类似故障。

(2)结构

地面震击器由中心管总成，套筒总成和冲管总成等部件组成。其中，中心管总成包括上接头、中心管、卡瓦芯轴和密封总成。套筒总成包括下套筒、摩擦卡瓦、调节机构、滑套、上套筒和震击器接头。冲管总成包括冲管和下接头(见图 11－7)。

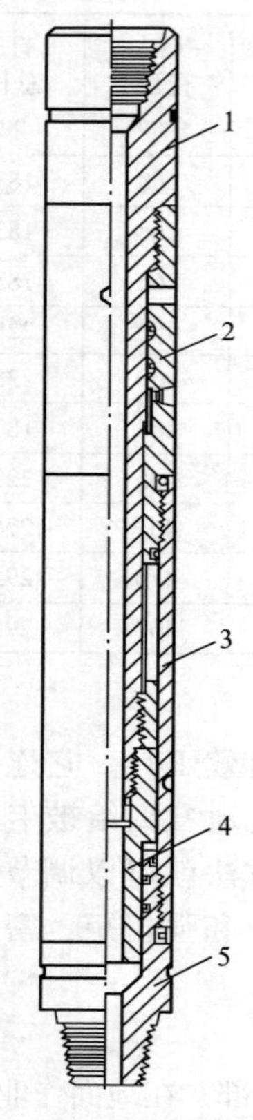

图 11－6　闭式下击器结构示意图

1—震击杆；2—上缸套；3—中缸套；4—导向杆；5—下接头

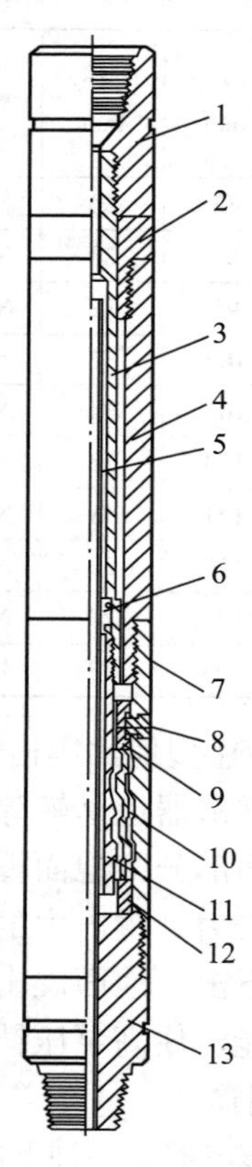

图 11－7　地面震击器结构示意图

1—上接头；2—震击接头；3—冲管；4—上缸套；5—中心管；6—密封总成；7—下缸套；8—锁销；9—调节环；10—摩擦卡瓦；11—卡瓦芯轴；12—滑套；13—下接头

(3)工作原理

地面震击器是连接在捞柱上的，上提捞柱，卡瓦和芯轴产生摩擦阻力阻止向上运动。此时捞柱伸长，当卡瓦芯轴脱离卡瓦时，伸长的捞柱突然收缩，伴随着落鱼上部的自由段钻柱的重量传给卡点，使卡点受到猛烈地向下冲击力。每震击一次以后，使芯轴回位，又可以进行第二次冲击。如此可反复作业。

(4)使用操作

地面震击器连接在捞柱上时，务使调节机构露出转盘面，便于在工作中调节震击吨位。若要循环泥浆，可在震击器上面连接方钻杆。不需要循环泥浆时应在震击器上面连接1～2根加重钻杆，作为震击器回位(关闭)用，但应留出一定提升高度，作为提拉时钻柱伸长的拉开高度。

震击作业提拉吨位，应由低吨位开始逐步调节到高吨位，但最高不能超过自由段钻柱的重量(为泥浆中钻柱重量)。

震击作业中若发现摩擦副有发热冒烟情况，可由锁钉孔注入清洁机油，待工作完毕后卸开检查处理。

1)解卡震击

①将工具连接在钻柱上，务必使调节机构露出转盘面。

②用DG－02搬手卸开锁钉，调节震击吨位，再旋入锁钉。调节吨位应由低吨位开始，并防止小物件掉入井内。

③校准释放吨位后，在指重表上和工具上以转盘面为基准作记号，便于检查。

④若要循环泥浆可接方钻杆，但震击作业时应卸去方钻杆，接上1～2根加重钻杆。

注意：震击作业开始以前，应检查提升系统及设备，必须处于良好状态。

⑤使用最低速度提拉，当约束机构释放时，筒体总成下行，同时钻杆产生弹性收缩向下冲击卡点。

⑥每调节一次吨位，应在此吨位多次震击，视其冲击落鱼

的效果后再进行吨位变化的调节。

注意：调节释放的吨位，不应高于自由段钻柱的悬重。否则，提拉吨位过高，会使钻柱被键槽卡的更紧，不利于解卡。

2)驱动井内下击器

如果钻柱上装有下击工具，发生卡钻时下击工具又无能为力，这种情况下可接上地面震击器，一般调节到较低吨位即可启开，有时亦可适当增大吨位，但释放吨位不要高于自由段钻柱重量。

3)解脱打捞工具

打捞作业中可能遇到如：①打捞工具(如公母锥、捞筒和捞矛等)，抓捞牙、卡瓦牙嵌入落鱼，或异物进入堵塞；②因操作不当，震击器震击后钻柱伸长变形，用捞柱的重量已无法解脱；③打捞工具的释放机构失灵等情况，造成打捞工具无法解脱。

此时可接上地面震击器，将释放吨位调节到中等程度，震击解脱。若钻柱上带有下击器，调节的释放吨位应保证能打开下击器，但调节的吨位仍不要高于自由段钻柱重量。

(5)技术参数

地面震击器技术参数见表11－8。

表11－8　地面震击器技术参数

型　号	外径/mm	内径/mm	接头螺纹API	最大抗拉负荷/MN	最大震击力/MN	最大行程/mm	密封压力/MPa	闭合总长/mm
DJ46	121	32	NC38	0.90	0.40	1800	20	3395
DJ70Ⅱ	178	50	NC50	1.80	0.75	1222	20	3030

1.2.2　北京石油机械厂产品

1.2.2.1　打捞震击器

打捞震击器技术参数见表11－9。

表 11－9　北京石油机械厂打捞震击器技术参数

型　号	外径/mm	水眼直径/mm	长度/m	最大工作抗拉载荷/kN	最大工作扭矩/kN·m	连接螺纹	最大释放力/kN	
							上击	下击
CS121	121	45	3.7	1000	12	3½IF	350	
CS159	159	57	4.4	1500	14	4½IF	700	
CS165	165	57	4.4	1500	14	4½IF	700	
CS178－Ⅰ	178	57	4.4	1800	15	4½IF	800	
CS203	203	70	4.7	2200	18	6⅝REG	1000	
DX159A	159	57	4.5	1500	14	4½IF		600
DX165A	165	57	4.5	1500	14	4½IF		650
DX178A－Ⅰ	178	50	4.2	1800	15	4½IF		700
DX178A16－Ⅰ	178	50	5.4	1800	15	4½IF		700
KX178	178	57	2.6	1800	15	4½IF		700
KX229	229	70	3	2500	20	7REG		1000
BX159	159	57	2.5	1600	14	4½IF		600
BX165	165	57	2.5	1600	14	4½IF		650
BX178	178	57	2.9	1800	15	4½IF		700

1.2.2.2　震击加速器

震击加速器技术参数见表 11－10。

表 11－10　北京石油机械厂震击加速器技术参数

型　号	外径/mm	水眼直径/mm	长度/m	最大工作抗拉载荷/kN	最大工作扭矩/kN·m	连接螺纹	额定拉力/kN
ZJS121	121	38	3.2	1000	12	3½IF	400
ZJS159	159	57	4.5	1500	14	4½IF	700
ZJS165	165	57	4.5	1500	14	4½IF	700
ZJS178	178	57	3.8	1800	15	4½IF	800
ZJS203	203	70	4.5	2200	18	6⅝REG	1000

1.2.3 天合石油机械股份有限公司产品

1.2.3.1 天合 CSJ 型超级震击器

CSJ 型超级震击器技术规格及参数见表 11－11。

表 11－11 天合 CSJ 型超级震击器技术规格及参数

型 号	CSJ44B	CSJ46B	CSJ62B	CSJ64B	CSJ70B	CSJ80B
拉开长度/mm	4065	4065	4410	4410	4430	4430
外径/mm	114	121	160	165	178	203
内径/mm	38	45	57	57	60	71
行程/mm	305	305	320	320	320	330
抗拉载荷/kN	780	980	1270	1370	1570	1870
井内最大拉力/kN	340	400	700	750	800	800
密封压力/MPa	20	20	20	20	20	20
最高工作温度/℃	150	150	150	150	150	150
连接螺纹 API	NC31	NC38	NC50	NC50	NC50	$6\frac{5}{8}$REG

1.2.3.2 天合 YSJ 型液压上击器

YSJ 型液压上击器技术规格及参数见表 11－12。

表 11－12 天合 YSJ 型液压上击器技术规格及参数

型 号	YSJ114B	YSJ121B	YSJ159B	YSJ178B	YSJ203B
外径/mm	114	121	159	178	203
水眼/mm	38	38	57	57	70
工作行程/mm	289	290	380	380	390
最大工作扭矩/kN·m	4.9	7.8	15	19.6	23.5
最大震击提拉吨位/tf	200	300	710	750	800
密封压力/MPa	20	20	20	20	20
最高工作温度/℃	150	150	150	150	150
连接螺纹 API	NC31	NC38	NC50	NC50	$6\frac{5}{8}$REG

1.2.3.3 天合 ZJS 型震击加速器

ZJS 型震击加速器技术规格及参数见表 11－13。

表 11－13　天合 ZJS 型震击加速器技术规格及参数

型　号	ZJS114B (ZJS44B)	ZJS121B (ZJS46B)	ZJS146B (ZJS56B)	ZJS159B (ZJS62B)	ZJS178B (ZJS70B)	ZJS203B (ZJS80B)
外径/mm	114	121	146	159	178	203
水眼/mm	38	38	51	57	57	71
总长/mm	3340	3340	4000	4500	4000	4010
行程/mm	250	250	330	330	310	330
接头螺纹	NC31	NC38	NC40	NC50	NC50	$6\frac{5}{8}$REG
最大抗拉负荷/kN	800	900	1200	1500	1800	2200
密封压力/MPa	20	20	20	20	20	20
拉开全行程力/tf	25～30	30～35	35～40	60～65	75～85	62～67

1.2.3.4　天合 DJ 型地面震击器

DJ 型地面震击器技术规格及参数见表 11－14。

表 11－14　天合 DJ 型地面震击器技术规格及参数

型　号	DJ46B($4\frac{3}{4}$)	DJ70B(7)
外径/mm(in)	121($4\frac{3}{4}$)	178(7)
最大震击力/MN(tf)	0.4(41＋5)	0.8(80±5)
最大抗拉载荷/MN(tf)	1.2(122)	1.5(153)
密封压力/MPa(kgf/cm^2)	20(196)	20(196)
行程/mm(in)	1500(59)	1220(48)
水眼/mm(in)	32($1\frac{1}{4}$)	51(2)
接头螺纹	NC38($3\frac{1}{2}$IF)	NC50($4\frac{1}{2}$IF)
闭合长度/mm(in)	3155(124.2)	3090(121.8)

2　打捞类工具

2.1　管柱打捞工具

2.1.1　**公锥**

公锥是用于落鱼顶部水眼无内螺纹或者不适合进行螺纹连

接，而进行再造扣打捞的工具，是进行打捞作业的常用工具。一般用来打捞钻杆、钻铤及套管等。

(1)分类

①公锥的接头螺纹分为数字型(NC)、内平型(IF)、正规型(REG)和贯眼型(FH)。

②公锥的打捞螺纹分右旋和左旋两种，接头螺纹和打捞螺纹的旋向一致。

③公锥打捞螺纹的牙型分锯齿形和三角形两种，一般为锯齿型。

④公锥打捞螺纹部分有开排屑槽和不开排屑槽两种。不开排屑槽的公锥适应于打捞后开泵循环的要求。

⑤公锥有常用公锥和特制公锥两种。

(2)型号

公锥的型号表示如下：

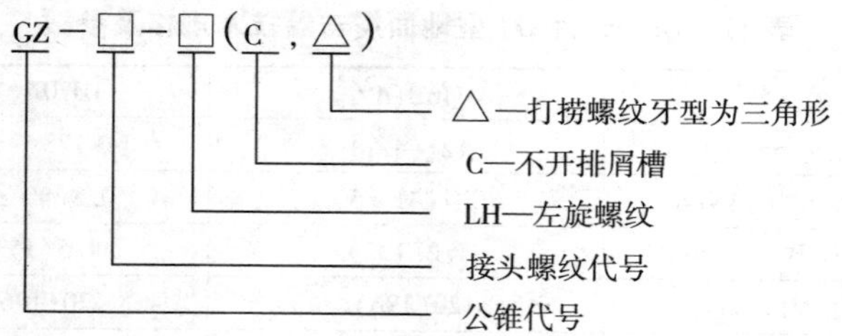

示例 1：GZ－NC38($3\frac{1}{2}$IF)，表示接头螺纹为 NC38($3\frac{1}{2}$IF)，打捞螺纹为右旋锯齿形并开排屑槽的公锥；

示例 2：GZ－NC38($3\frac{1}{2}$IF)－LH(C，△)，表示接头螺纹为 NC38($3\frac{1}{2}$IF)，打捞螺纹为左旋三角形不开排屑槽的公锥。

(3)结构与技术规范

公锥为中心有孔的圆锥体，打捞螺纹为 8 扣/25.4mm，锥度 1∶16。打捞螺纹刀刃坚硬而锋利，便于造扣。打捞螺纹轴向上有 4～5 道深 2.5mm 的轴向切削槽，便于造扣和排屑(目前常用的公锥无此切削槽)。公锥的材质为高强度合金钢，经渗碳淬火、回火。表面硬度达 HRC60～65，接头部位硬度为HB＝285。

(4)使用要点

公锥打捞位置一般为钻铤水眼部位、钻杆接头部位和加厚部位、套管与油管接箍等较厚部位。断口壁厚较薄，如钻杆、套管、油管本体，则不宜选用。

2.1.1.1　常用公锥

常用公锥的结构如图 11－8 所示，技术参数见表 11－15。

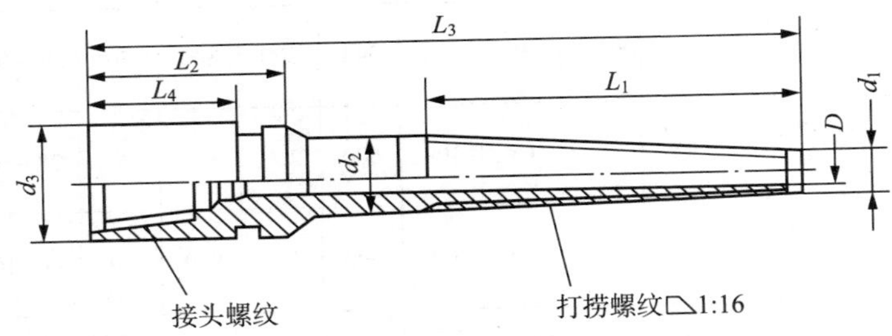

图 11－8　常用公锥

表 11－15　常用公锥技术参数

产品型号	D/mm	d_1/mm	d_2/mm	d_3/mm	L_1/mm	L_2/mm	L_3/mm	L_4/mm	适于打捞孔径/mm
GZ－NC26(2⅜ IF)－□()	13.5	38	60	86	342	180	560	70	43～55
GZ－NC26(2⅜ IF)－□()	20	52	70	86	298	180	535	70	57～65
GZ－NC31(2⅞ IF)－□()	20	52	70	105	298	180	535	70	57～65
GZ－NC31(2⅞ IF)－□()	25	70	83	105	218	180	475	70	75～78
GZ－NC31(2⅞ IF)－□()	20	43	70	105	432	200	800	70	48～65

续表

产品型号	D/mm	d_1/mm	d_2/mm	d_3/mm	L_1/mm	L_2/mm	L_3/mm	L_4/mm	适于打捞孔径/mm
GZ－NC38(3½ 1F)－□( )	20	55	82	121	432	200	800	70	60～77
GZ－NC50(4½ IF)－□( )	25	86.5	108	156	344	200	800	70	89～103
GZ－3½REG－□( )	18	33.7	65	108	500	200	800	70	38～60
GZ－5½FH－□( )	25	83.5	108	178	392	200	900	70	89～103

注：如果为左旋螺纹，在表中的“□”位置加注LH；如果不开排屑槽，在“( )”内加注C，打捞螺纹牙型为三角形时，在“( )”内加注△。以上标记，在产品出厂时，由厂家标注。

2.1.1.2 特制打捞公锥

特制打捞公锥的特点是打捞螺纹部分较长，直径变化大，适用范围较广。

特制打捞公锥结构见图11－9，技术参数见表11－16。

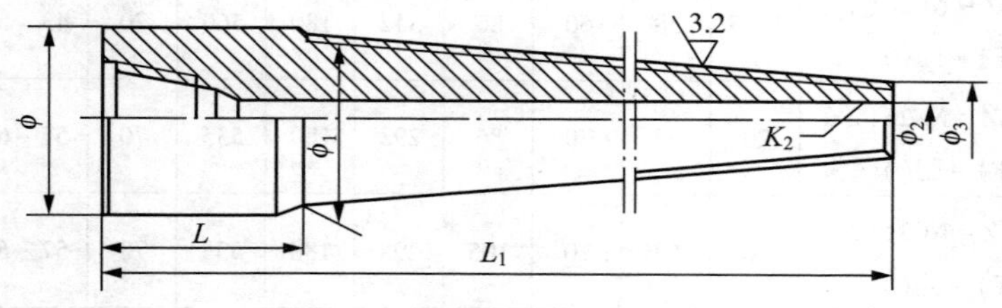

图11－9　特制打捞公锥

2.1.2 母锥

母锥是在落鱼顶部外径造扣打捞落鱼的一种工具，主要用于打捞管壁较薄的钻杆、套管、油管本体。

表 11－16　特制打捞公锥技术参数

规　格	接头螺纹	L/mm	L_1/mm	ϕ/mm	ϕ_1/mm	ϕ_2/mm	ϕ_3/mm	适用打捞孔径/mm
GZ80(2⅜)	2⅞IF	156	844	80	79.4	9	36	40～75
GZ105(3½)	3½IF	200	1000	105	95	20	45	50～90
GZ155(6¼)	4½IF	230	1450	155	130	30	65	70～125
GZ160(6¼)	4½IF	230	850	160	160	80	120	125～155
GZ203(8)	6⅝REG	200	680	203	200	80	185	190～195

(1)分类

①母锥接头螺纹分为数字型(NC)、内平型(IF)、正规型(REG)和贯眼型(FH)。

②母锥打捞螺纹分右旋和左旋两种。接头螺纹和打捞螺纹的旋向必须一致。

③母锥打捞螺纹的牙型分锯齿形和三角形两种，一般为三角形。

④母锥打捞螺纹部分有开排屑槽和不开排屑槽两种。

⑤母锥有带引鞋和不带引鞋两种。

(2)型号

母锥的型号表示方法如下：

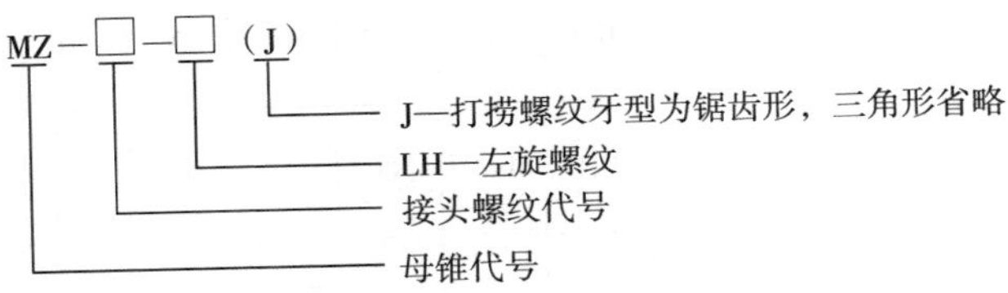

示例 1：MZ－NC38(3½IF)，表示接头螺纹为 NC38，打捞螺纹为右旋三角形；

示例 2：MZ－3½IF－LH(J)，表示接头螺纹为 3½IF，打捞螺纹为左旋锯齿形。

(3)结构与技术参数

母锥结构如图 11－10 所示，技术参数见表 11－17。

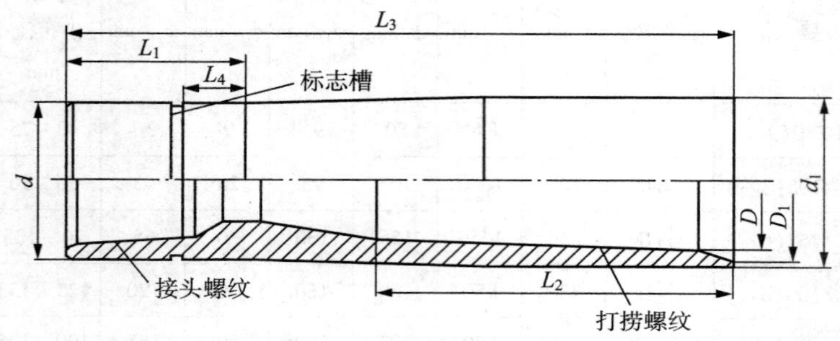

图 11－10　母锥结构

表 11－17　母锥技术参数

产品型号	D/mm	D_1/mm	d/mm	d_1/mm	L_1/mm	L_2/mm	L_3/mm	L_4/mm	推荐打捞管柱外径/mm
MZ－NC26(2⅜ IF)－□()	52	80	86	86	100	175	300	15	48
MZ－NC26(2⅜ IF)－□()	68	100	86	105	100	300	600	15	63.5
MZ－2⅞REG－□()	80	110	95	115	180	300	600	60	73
MZ－NC31(2⅞ IF)－□()	95	110	105	115	180	300	600	60	89
MZ－NC38(3½ IF)－□()	108	138	121	146	200	350	700	70	102
MZ－4½FH－□()	120	155	148	168	200	350	700	70	114
MZ－NC50(4½ IF)－□()	135	165	156	180	200	400	750	70	127

续表

产品型号	D/mm	D_1/mm	d/mm	d_1/mm	L_1/mm	L_2/mm	L_3/mm	L_4/mm	推荐打捞管柱外径/mm
MZ－5½FH－□( )	150	180	178	194	200	400	750	70	141
MZ－6⅝FH－□( )	176	205	203	219	200	400	750	70	168
MZ－6⅝FH－□( )	183	205	203	219	200	400	750	70	178

注：如果为左旋螺纹，在表中的“□”位置加注 LH；如果不开排屑槽，在“( )”内加注 C，打捞螺纹牙型为三角形时，在“( )”内加注△。以上标记，在产品出厂时，由厂家标注。

(4)使用要点

在大井眼内使用母锥，为更容易套住鱼头，可在母锥前部接适合井眼的引鞋。

2.1.3 卡瓦打捞筒

卡瓦打捞筒是用于打捞外径规则落鱼的最有效工具，如钻铤、钻杆、套管、接头、随钻工具、测试仪器等，能承受大的载荷，能高泵压循环，也可以在井内释放落鱼。卡瓦打捞筒带有铣鞋，用于修整鱼头的飞边破口，使落鱼顺利进入捞筒。为扩大卡瓦打捞筒的打捞范围，另配有加长节、壁钩、加大引鞋、锁环等附件，可增加在特殊环境下打捞力度。

卡瓦打捞筒由外筒和内部组件组成，同一外筒可使用多种不同尺寸的卡瓦来实现对不同尺寸落鱼的打捞作业。

2.1.3.1 分类

打捞筒按用途分为倒扣式和非倒扣式，按使用特征分为可退式和不可退式。

2.1.3.2 型号

打捞筒的型号表示如下：

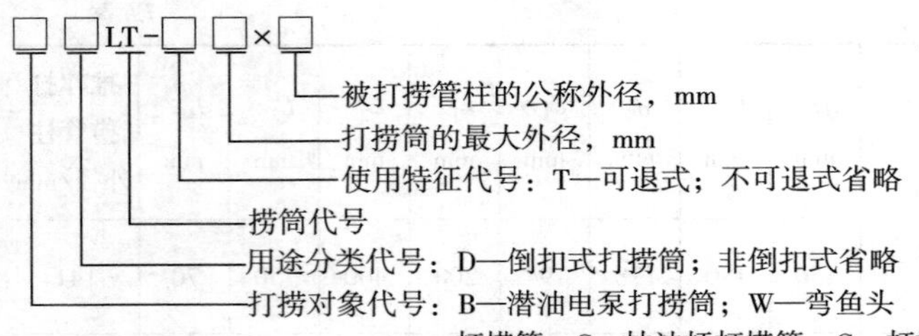

示例1：LT-T127，表示最大外径为127mm，配带多套打捞卡瓦的可退式打捞筒，其打捞范围由所配卡瓦确定。

示例2：DLT-T105×60，表示最大外径为105mm，用于打捞公称外径为60mm管柱的可退式倒扣打捞筒。

2.1.3.3 可退式打捞筒

(1)结构与工作原理

可退式打捞筒的外部由上接头、筒体、引鞋等组成。内部装有打捞卡瓦、密封圈，下部有铣鞋或螺旋卡键。

打捞筒卡瓦分为螺旋卡瓦和篮状卡瓦两类，每种卡瓦上都打有钢号，其打捞尺寸比钢号数字大1~3mm(有些生产厂家卡瓦上所打的钢号就是打捞落鱼尺寸)结构如图11-11和图11-12所示。

螺旋卡瓦形如弹簧。其外侧为宽锯齿左旋螺纹，该螺纹与筒体的内螺纹相配合，二者螺距相同，但外侧螺纹面较筒体内螺纹面窄得多。螺旋卡瓦内侧有打捞牙，为多头左旋锯齿型螺牙。螺旋卡瓦下端焊有指形键，该键与螺旋卡键配合，阻止卡瓦在筒体内转动。这类卡瓦通常有三种尺寸，各卡瓦间的打捞范围相差3mm。

篮状卡瓦为圆筒状，形似花篮。卡瓦外部为完整的宽锯齿左旋螺纹。内侧打捞牙亦为多头左旋锯齿螺纹。卡瓦下端开有键槽，纵向开有等分胀缩槽，犹如弹簧卡头。卡瓦内径一般比落鱼外径小3mm左右。有的篮状卡瓦内孔上部有限位台肩，可防止鱼顶超出卡瓦。

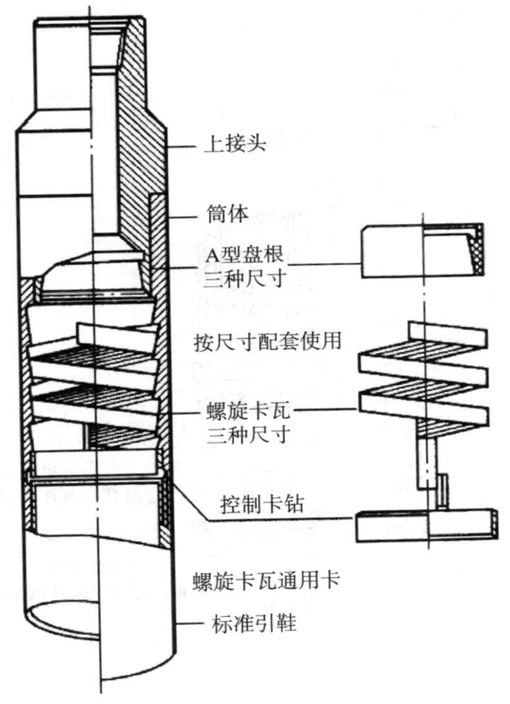

图11－11　卡瓦打捞筒(内装螺旋卡瓦)

螺旋卡键的作用与铣鞋一样，引套落鱼和控制卡瓦在筒体内上下活动。铣鞋还具有铣掉鱼顶毛刺的作用。在铣鞋内装有R形密封圈和O形密封圈，捞住落鱼后可循环。

A形密封为一橡胶筒，内部有密封唇，它将落鱼外部与筒体之间密封。它可与各种螺旋卡瓦配套使用。使用篮状卡瓦时不起密封作用，但也不必取出。相同外径的打捞筒、螺旋卡瓦和篮状卡瓦可以相互使用，但螺旋卡瓦打捞的落鱼外径相对较大。

卡瓦打捞筒还可以配接加长短节(接在筒体之上)，加大引鞋等，操作者可据井下情况选用。当落鱼进入卡瓦内后，上提筒体，卡瓦下移卡住落鱼。

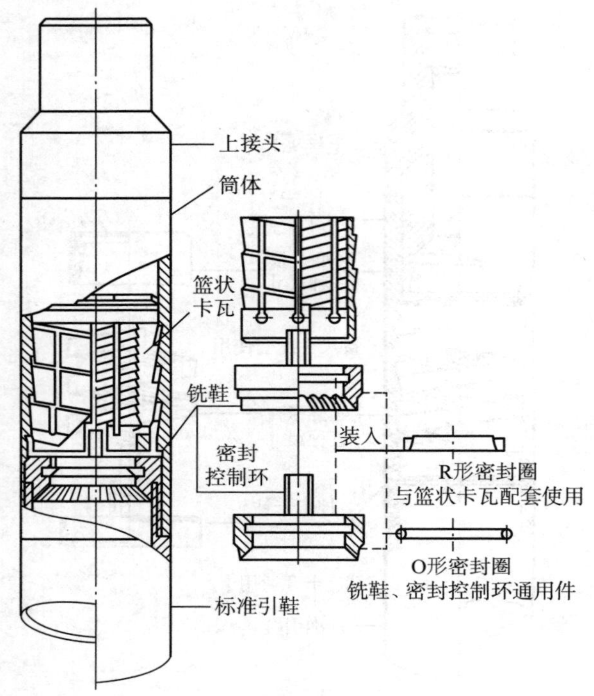

图 11-12　卡瓦打捞筒(内装篮状卡瓦)

(2)技术参数

贵州高峰石油机械有限责任公司 LT-T 型可退式卡瓦打捞筒主要技术参数见表 11-18，常用打捞筒的配套卡瓦见表 11-19。

表 11-18　钻井用可退式卡瓦打捞筒技术参数

型　号	外径/mm(in)	螺旋卡瓦最大打捞尺寸/mm(in)	篮状卡瓦最大打捞尺寸/mm(in)	接头螺纹 API
LT-T89	89($3\frac{1}{2}$)	65($2\frac{9}{16}$)	50.8(2)	NC26
LT-T92	92($3\frac{5}{8}$)	65($2\frac{9}{16}$)	50.8(2)	NC26

续表

型　号	外径/mm(in)	螺旋卡瓦最大打捞尺寸/mm(in)	篮状卡瓦最大打捞尺寸/mm(in)	接头螺纹 API
LT－T102	102(4)	73(2⅞)	63.5(2½)	NC26
LT－T105	105(4⅛)	82.6(3¼)	69.9(2¾)	NC31
LT－T111	111(4⅜)	88.9(3½)	63.5(2½)	NC26
LT－T117	117(4⅝)	88.9(3½)	76.2(3)	NC31
LT－T133	133(5¼)	104.8(4⅛)	95.3(3¾)	NC38
LT－T140	140(5½)	117.5(4⅝)	105(4⅛)	NC38
LT－T143	143(5⅝)	121(4¾)	108(4¼)	NC38
LT－T168	168(6⅝)	127(5)	114.3(4½)	NC46
LT－T178	178(7)	123.8(4⅞)	114.3(4½)	NC46
LT－T187	187(7⅜)	146(5¾)	127(5)	NC50
LT－T194	194(7⅝)	159(6¼)	127(5)	NC50
LT－T200	200(7⅞)	159(6¼)	141(5 9/16)	NC50
LT－T206	206(8⅛)	178(7)	159(6¼)	NC50
LT－T219	219(8⅝)	178(7)	159(6¼)	NC50
LT－T225	225(8)	197(7¾)	184.2(7¼)	NC50
LT－T232	232(9⅛)	203(8)	187(7⅜)	NC50
LT－T245	245(9⅝)	203(8)	190.5(7½)	6⅝REG
LT－T254	254(10)	203(8)	190.5(7½)	6⅝REG
LT－T270	270(10⅝)	228.6(9)	209.5(8¼)	6⅝REG
LT－T273	273(10¾)	228.6(9)	203(8)	6⅝REG
LT－T286	286(11¼)	245(9⅝)	225.5(8⅞)	6⅝REG
LT－T298	298(11⅞)	254(10)	235(9¼)	6⅝REG
LT－T340	340(13⅜)	279(11)	228.6(9)	7⅝REG
LT－T350	350(13¾)	304.8(12)	285.8(11¼)	6⅝REG

表 11－19　常用打捞筒的配套卡瓦

打捞筒尺寸/mm		219	213	200	194	143
所配卡瓦内径/mm	螺旋	177.8	177.8	158.7	158.7	120.6
		174.6	174.6	155.6	155.6	117.5
		171.5	171.5	152.4	152.4	114.3
	篮状	165	162	141.3	141.3	108
		158.5	155.6	123.8	123.8	96.8
		152.4	152.4	120.6	120.6	88.9
		127	127	114.3	114.3	85.7
		123.8	128.8	85.7	79.4	73

2.1.3.4　可退式倒扣捞筒

倒扣捞筒既可用于打捞、倒扣，又可释放落鱼，还能进行洗井液循环。

(1)结构

倒扣捞筒由上接头、筒体总成、卡瓦、限位座、弹簧、密封装置和引鞋等零件组成，结构如图 11－13 所示。

(2)工作原理

倒扣捞筒在打捞或倒扣作业中，当内径略小于落鱼外径的卡瓦接触落鱼时，卡瓦受阻，筒体开始相对卡瓦向下滑动，卡瓦脱开筒体锥面。筒体继续下行，限位座顶在上接头下端面上迫使卡瓦外张，落鱼引入。

落鱼引入后停止下放，此时被胀大了的卡瓦对落鱼产生内夹紧力，咬住落鱼。而后上提钻具，筒体上行，卡瓦与筒体锥面贴合，随着上提力的增加，三块卡瓦内夹紧力也增大，使得三角形牙咬入落鱼外壁，继续上提就可实现打捞。

如果不继续上提，而对钻杆施以扭矩，扭矩通过筒体上的键传给卡瓦，使落鱼接头松扣，即实现倒扣。如果在井中要退出落鱼，收回工具，则将钻具下击使卡瓦与筒体锥面脱开，卡瓦最下端大内倒角进入内倾斜面夹角中，然后右旋，此刻限位座上的凸台正卡在筒体上部的键槽内，筒体带动卡瓦一起转动，再上提钻具即可退出落鱼。

(3)技术参数

高峰石油机械有限公司 DLT－T 型可退式倒扣捞筒技术参数见表 11－20。

表 11－20　DLT－T 型可退式倒扣捞筒技术参数

型　号	外径/mm	接头螺纹 API	落鱼外径/mm	许用提拉负荷/kN	许用倒扣拉力/kN	许用倒扣扭矩/kN·m
DLT－T48	95	2⅞REG	47～49.3	250	117.7	3.1
DLT－T60	105	NC31	59.7～61.3	350	147.1	5.7
DLT－T73	114	NC31	72～74.5	420	176.5	7.8
DLT－T89	134	NC38	88～91	500	176.5	10.2
DLT－T95	140	NC38	94～96	710	198	11.5
DLT－T102	145	NC38	101～104	700	196	11.0
DLT－T114	160	4½REG	113～115	890	196	12.2
DLJ－T127	185	NC50	126～129	1200	235	13.5
DLT－T140	200	NC50	139～142	1500	235	15.3

2.1.3.5　弯鱼头打捞筒

弯鱼头打捞筒是从管柱外部进行打捞的一种不可退式工具。主要用于在套管内打捞由于单吊环上提或其他原因造成弯扁形鱼头的落井管柱。其特点是在不用修整鱼顶的情况下，可直接进行打捞。

(1)结构

弯鱼头捞筒由上接头、筒体、卡瓦、隔套、引鞋等组成。其结构如图 11－14 所示。

卡瓦座上对称开有二个扇形卡瓦槽，卡瓦座入其中，卡瓦内孔呈扁圆形，卡瓦为两片可在卡瓦槽内上下活动，卡瓦内弧上有向上的齿，下端倒角较大以利于落鱼进入和咬住。

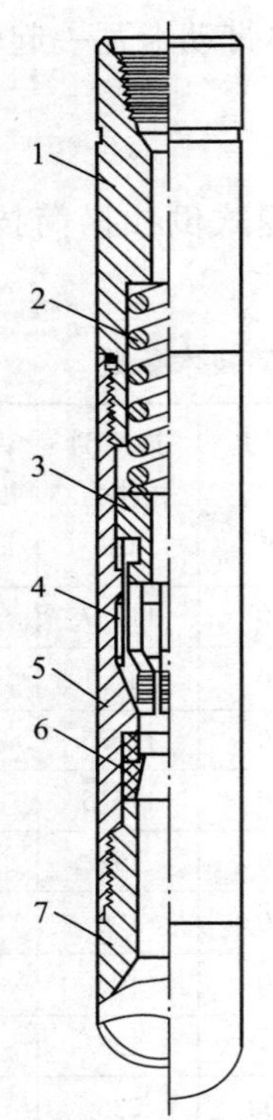

图11－13　可退式倒扣捞筒

1—上接头；2—弹簧；
3—限位座；4—卡瓦；
5—筒体；6—密封装置；
7—引鞋

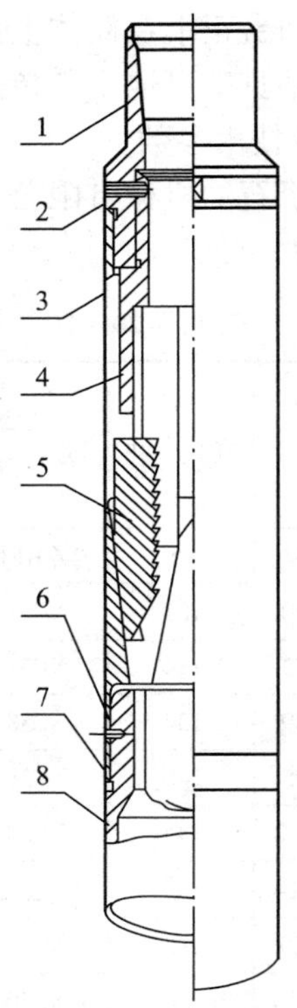

图11－14　弯鱼头打捞筒

1—上接头；2—螺钉；3—筒体；
4—卡瓦座；5—卡瓦；6—螺钉；
7—隔套；8—引鞋

隔套是属于调节环，主要调节引鞋内扁圆与卡瓦座内扁圆的一致。

引鞋下部内孔为椭圆形，最大尺寸大于鱼头尺寸。其椭圆形为上小下大成锥形，以便鱼头进入。

(2)工作原理

当落鱼进入工具后，边缓慢旋转，边下放钻具，落鱼通过引鞋进入扁圆孔。继续下放钻具，当悬重下降时说明鱼头达到抓捞位置。轻提钻具，卡瓦外锥面与筒体内锥面贴紧使卡瓦咬住落鱼。此时上提钻具，卡瓦在筒体内锥面作用下产生径向卡紧力，将落鱼咬紧，即可起钻捞出落鱼。

(3)使用与操作

①根据落鱼规格及鱼头变形量选用工具规格。

②检查工具，保证引鞋、卡瓦座、筒体扁圆孔对正，无影响鱼头引入的台阶。

③下钻至离鱼顶1～2m处开始缓慢边旋转边下放钻具，当悬重下降时说明落鱼已进入筒体。

④缓慢上提，当悬重大于打捞管柱重量说明已经捞获，即可起钻。

(4)技术参数

高峰石油机械有限公司WLY型弯鱼头打捞筒技术参数见表11－21。

表11－21　WLY型弯鱼头打捞筒技术参数

型　号	许用提拉载荷/kN	适用范围		连接螺纹API	外形尺寸($D \times L$)/mm
		管柱公称外径/mm	鱼顶长轴最大尺寸/mm		
WLY73	420	73	100	$2\frac{7}{8}$TBG	118×632
WLY89	450	89	116	NC31	140×745
WLY127	580	127	163	NC38	185×865

2.1.4　打捞矛

打捞矛是通过落鱼内孔打捞落物的一种常用工具，用于打捞钻杆、套管和油管。

(1)分类

打捞矛按用途分为倒扣式和非倒扣式；按使用特征分为可退式和不可退式。

(2)型号

打捞矛型号表示如下：

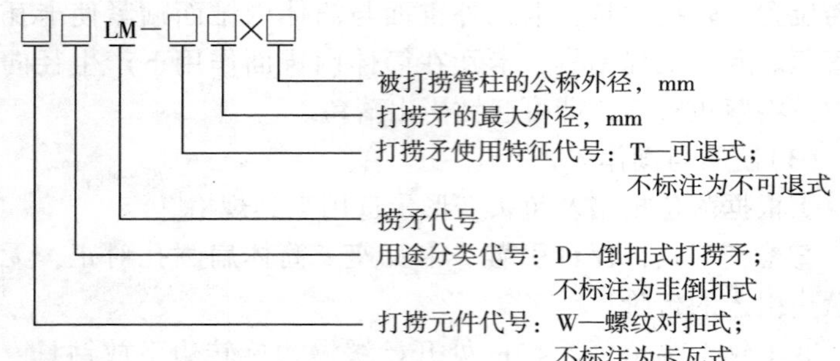

示例1：DLM－T220×219 表示接头最大外径为220mm，打捞公称外径为219mm管柱的可退式倒扣打捞矛；

示例2：DLM－220×219，表示接头最大外径为220mm，打捞公称外径为219mm管柱的倒扣式打捞矛；

示例3：LM－T156×127，表示接头最大外径为156mm，打捞公称外径为127mm管柱的可退式打捞矛；

示例4：LM－156，表示接头最大外径为156mm，配带多套打捞卡瓦的打捞矛，其打捞范围由所配卡瓦确定。

2.1.4.1　可退式打捞矛

(1)结构

可退式倒扣打捞矛的结构如图11－15所示，可退式非倒扣打捞矛结构如图11－16所示。

(2)技术参数

倒扣式打捞矛技术参数见表11－22；非倒扣式打捞矛技术参数见表11－23。

表11－22　倒扣式打捞矛技术参数

型　号	打捞管柱内径范围/mm	许用拉力/kN	倒扣拉力/kN	许用扭矩/N·m	接头螺纹
DLM－□96×48	39～42	150	95	1750	NC26
DLM－□95×48	39～42	200	117	2500	$2\frac{7}{8}$REG，NC31

续表

型　号	打捞管柱内径范围/mm	许用拉力/kN	倒扣拉力/kN	许用扭矩/N·m	接头螺纹
DLM－□100×60	49～52	330	147	4313	$2\frac{7}{8}$REG，NC31
DLM－□105×73	60～78	500	166	5799	$2\frac{7}{8}$REG，NC31
DLM－□105×89	75～91	650	166	9593	$2\frac{7}{8}$REG，NC31
DLM－□115×73	60～78	500	166	5799	$2\frac{7}{8}$REG，NC31
DLM－□115×89	75～91	650	166	9593	$2\frac{7}{8}$REG，NC31
DLM－□121×102	88～103	780	190	10726	NC31，NC38
DLM－□140×114	99～103	800	196	11522	NC38，$4\frac{1}{2}$REG
DLM－□140×127	107～116	860	196	12320	NC38，$4\frac{1}{2}$REG
DLM－□160×140	117～128	880	196	13263	NC50
DLM－□175×178	146～162	1650	290	14403	NC50
DLM－□220×219	195～203	1800	340	19000	$5\frac{1}{2}$FH
DLM－□250×245	216～229	2250	340	22370	$5\frac{1}{2}$FH
DLM－□280×273	247～259	2500	390	23242	$5\frac{1}{2}$FH
DLM－□345×340	313～323	2750	390	24713	$6\frac{5}{8}$REG

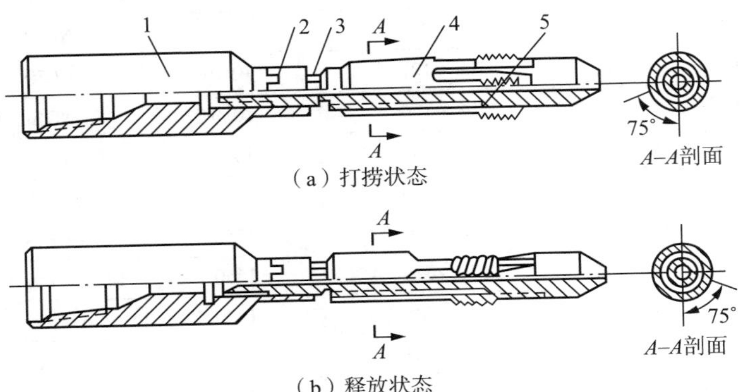

（a）打捞状态

（b）释放状态

图 11－15　可退式倒扣打捞矛

1—接头；2—连接套；3—止动片定位螺钉；4—卡瓦；5—矛杆

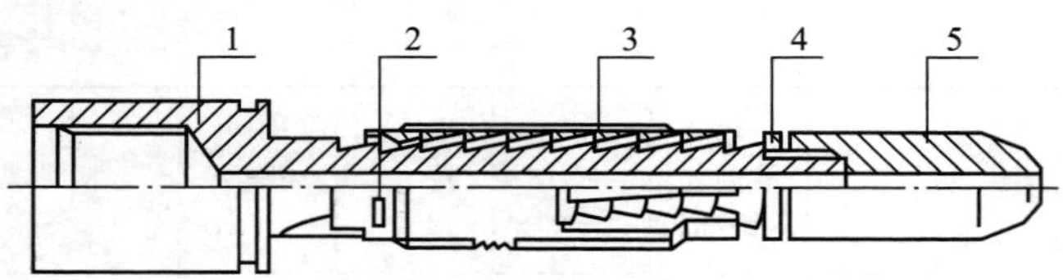

图 11－16　可退式非倒扣打捞矛

1—上芯轴；2—卡瓦外径尺寸标记；3—卡瓦；4—释放环；5—引锥

表 11－23　非倒扣式打捞矛技术参数

型　号	打捞管柱内径范围/mm	许用拉力/kN	螺纹接头
LM－□60×□	40～45	150	$2\frac{7}{8}$TBG
LM－□80×□	40～45	250	$2\frac{7}{8}$TBG
LM－□86×□	40～45	300	$2\frac{7}{8}$TBG，NC26
LM－□89×□	54～76	320	$2\frac{7}{8}$TBG
LM－□92×□	54～76	340	$2\frac{7}{8}$TBG
LM－□95×□	54～78	360	$2\frac{7}{8}$TBG
LM－□105×□	62～128	440	NC31
LM－□108×□	62～128	470	NC31
LM－□121×□	62～135	580	NC38
LM－□127×□	75～180	640	NC31
LM－□152×□	75～180	900	NC46
LM－□156×□	75～180	970	NC50
LM－□159×□	108～127	1010	NC50
LM－□162×□	108～180	1050	NC46
LM－□165×□	108～180	1090	NC50
LM－□178×□	150～180	1270	$5\frac{1}{2}$FH
LM－□184×□	170～206	1350	$6\frac{5}{8}$REG
LM－□197×□	170～323	1550	NC50，$6\frac{5}{8}$REG
LM－□219×□	190～323	1920	$6\frac{5}{8}$REG
LM－□224×□	216～323	2000	$6\frac{5}{8}$REG
LM－□245×□	216～486	2400	$7\frac{5}{8}$REG
LM－□340×□	216～486	2600	$7\frac{5}{8}$REG

2.1.4.2　滑牙块打捞矛

滑牙块打捞矛是内捞工具。它可以打捞钻杆、油管、套铣管、衬管、封隔器、配水器、配产器等具有内孔的落物，又可对遇卡落物进行倒扣作业或配合其他工具使用(如震击器、倒扣器等)。

(1)结构

滑牙块打捞矛由上接头、矛杆、滑牙块、挡块及螺钉组成。有单滑牙块(D)、双滑牙块(S)、三滑牙块(T)三种类型，每种类型又有带水眼和不带水眼之分。

滑牙块打捞矛结构如图 11－17 所示。

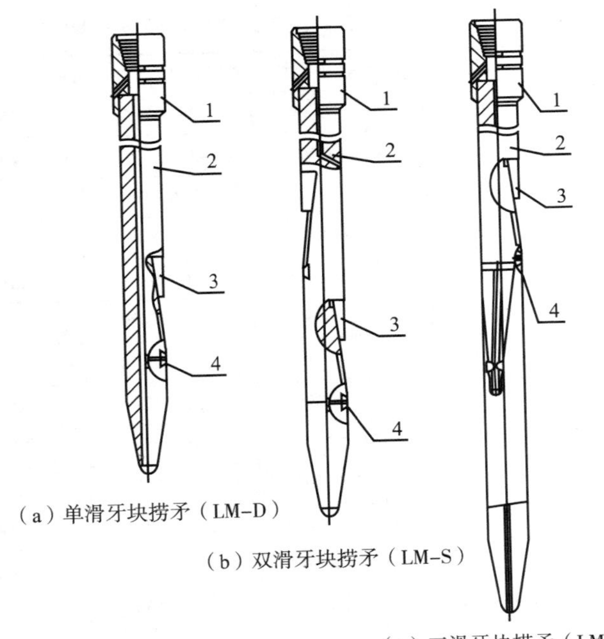

(a) 单滑牙块捞矛（LM-D）

(b) 双滑牙块捞矛（LM-S）

(c) 三滑牙块捞矛（LM-T）

图 11－17　滑牙块捞矛

1—上接头；2—矛杆；3—滑牙块；4—挡块及螺钉

(2)工作原理

当矛杆与滑牙块进入鱼腔之后，滑牙块依靠自重沿着矛杆斜面向下滑动，其打捞尺寸逐渐加大，直至与鱼腔内壁接触。上提矛杆，其斜面向上运动使滑牙块齿面咬入落物内壁，抓住落物。若需要倒扣，接头螺纹为正扣的捞矛，其滑牙块为反扣，需把工具左旋(俯视)，滑牙块越咬越深直至落鱼倒开。接头螺纹为反扣的捞矛则相反。在需要从井里退出捞矛时，操作方法与倒扣相反，必要时可启动震击器震松滑牙块后再退出捞矛。

(3)技术参数

高峰石油机械有限公司 LM－T(DS)型滑牙块打捞矛技术参数见表 11－24。

表 11－24　LM—T(DS)型滑牙块打捞矛技术参数

型　号	最大外径/mm(in)	接头螺纹	被捞管柱内径/mm	许用提升负荷/kN
LM－D(S)48	79($3\frac{1}{8}$)	NC23	38～42	251
LM－D(S)60	86($3\frac{3}{8}$)	NC26	42～53.8	496
LM－D(S)73	105($4\frac{1}{8}$)	NC31	52.6～65	780
LM－D(S)89	105($4\frac{1}{8}$)	NC31	64～80	1000
LM－D(S)102	105($4\frac{1}{8}$)	NC31	77.6～92.1	1147
LM－D(S)114	105($4\frac{1}{8}$)	NC31	90～102.5	2245
LM－D(S)127	121($4\frac{3}{4}$)	NC38	103～117.8	2719
LM－D(S)140	135($5\frac{5}{16}$)	NC38	115.7～129.7	3854
LM－T(S)170	194($7\frac{5}{8}$)	NC50(NC31)	165～185	1500
LM－T(S)190	219($8\frac{5}{8}$)	NC50(NC31)	185～210	1500
LM－T(S)220	244($9\frac{5}{8}$)	NC50(NC31)	210～235	2000
LM－T(S)255	273($10\frac{3}{4}$)	NC50	235～265	2000
LM－T(S)274	298($11\frac{3}{4}$)	NC50	265～290	2000
LM－T(S)302	324($12\frac{3}{4}$)	NC50	295～315	2000
LM－T(S)320	340($13\frac{3}{8}$)	NC50	310～325	2000

2.1.4.3　钻具倒扣接头

(1)结构

钻具倒扣接头由上接头、胀芯套和胀芯轴组成，如图

11－18所示。

(2)工作原理

上接头为左旋螺纹，与倒扣钻柱连接，胀芯套上端为开口六方柱与上接头下端的内六方孔相配合，用以传递扭矩。下面是三条开有通槽的正旋钻具公螺纹可与被卡钻柱连接。胀芯轴的中部为一圆锥体，轴的上部与上接头连接，下部是引子，起引导和扶正作用。倒扣接头与落鱼对扣后，上提钻柱带动胀芯轴上行，把胀芯套胀大，把螺纹撑紧，撑紧螺纹的程度和上提拉力成正比。一直使对扣螺纹能承受下部钻具的倒扣力矩时，才可实施倒扣。

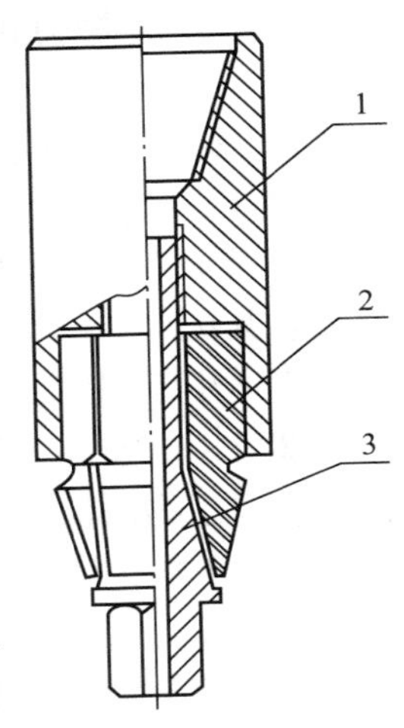

图11－18　倒扣接头
1—上接头；2—胀芯套；3—胀芯轴

(3)技术参数

高峰石油机械有限公司ZDM型钻具倒扣接头(捞矛)技术参数见表11－25。

表11－25　ZDM型钻具倒扣接头(捞矛)技术参数

型　号	外径/mm	内径/mm	接头螺纹 API	打捞螺纹 API	适用倒扣钻具	最大提拉负荷/kN
ZDM40	152	28	NC46LH	NC46	4～4½in钻杆 6¼～6¾in钻铤	350
ZDM46	121	12	NC38LH	NC38	3½in钻杆 5 in钻铤	350
ZDM46S	121	12	NC38	NC38		350
ZDM62	159	28	NC50LH	NC50	4½～5 in钻杆 7 in钻铤	500
ZDM62S	159	28	NC50	NC50		500
ZDM64	165	28	NC50LH	NC50		500
ZDM70	178	32	5½FHLH	5½FH	5½in钻杆	700
ZDM70S	178	32	5½FH	5½FH		700
ZDM80	203	32	NC50LH	6⅝REG	8 in钻铤	800
ZDM90	229	32	NC50LH	7⅝REG	9 in钻铤	800

2.2 井底落物打捞工具

2.2.1 多牙轮打捞器

多牙轮打捞器是江苏德瑞石油机械有限公司的专利产品。用于打捞1个及1个以上落井钻头牙轮及其他井下小型吸磁性落物。其优点：

①适用范围广，井底温度小于250℃的井打捞均有效。

②可以打捞井下任何形状的小型吸磁性落物，一次下井打捞出全部落物的机率接近100%。

(1)分类

多牙轮打捞器，按结构分为自洗式和非自洗式两种，按适应工作环境分为常温型和高温型两种类型。

非自洗式多牙轮打捞器，适用于不加重或用重晶石做钻井液加重剂的井；自洗式多牙轮打捞器，适用于用铁矿粉做钻井液加重剂的井。

(2)结构

非自洗式多牙轮打捞器，由上接头、外壳和磁铁组成。外壳为半圆筒型，沿内壁装有多个强力磁铁，如图11－19所示。

自洗式多牙轮打捞器是在非自洗式多牙轮打捞器基础上，增加了一套自洗结构，如图11－20所示。

①半圆筒内设有循环通道直到井底，液流冲起落物，使落物进入筒内。

②磁铁在半圆筒内呈多层排列，增加了磁场强度及与牙轮的接触面积。

③磁铁处于打捞筒外壳的保护之中，不易破碎。

④自洗结构，能够在下钻到井底开泵后，使钻井液流能充分冲洗附着在磁铁表面的铁粉，使强磁表面裸露，提高打捞效果。

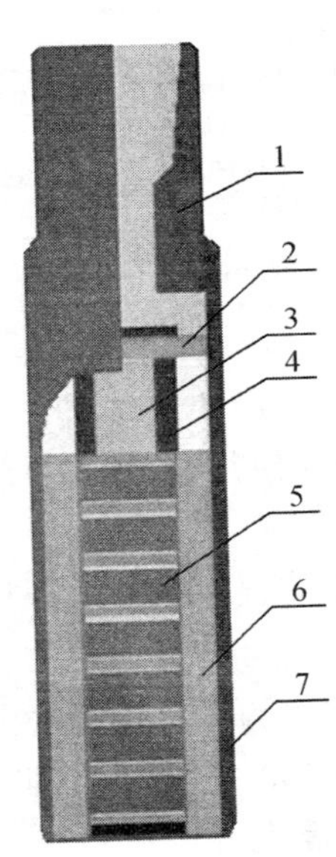

图 11－19 非自洗式多牙轮打捞器

1—上接头；2—隔板；3—支撑；4—水道隔板；5—磁铁；6—挡板；7—壳体

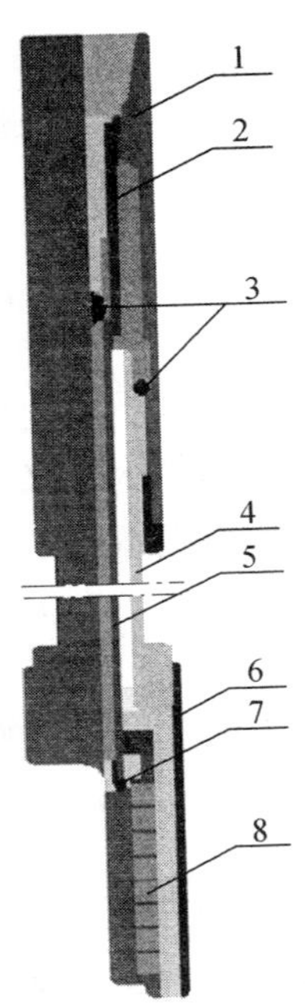

图 11－20 自洗式多牙轮打捞器

1—上体壳体；2—分水接头；3—钢球；4—芯轴；5—冲洗管；6—下体壳体；7—喷嘴；8—打捞磁铁

(3)工作原理

打捞时，打捞器沿井壁下滑插入到落井牙轮与井壁之间，同时借助钻井液的冲力把牙轮冲起被磁铁俘获吸附。提起钻具换一个方向下压，井底其他牙轮把已吸在磁铁上的牙轮上推，同时自己也被磁铁吸住。按此原理落井牙轮逐个被打捞器捕获。

(4)型号

多牙轮打捞器型号表示如下：

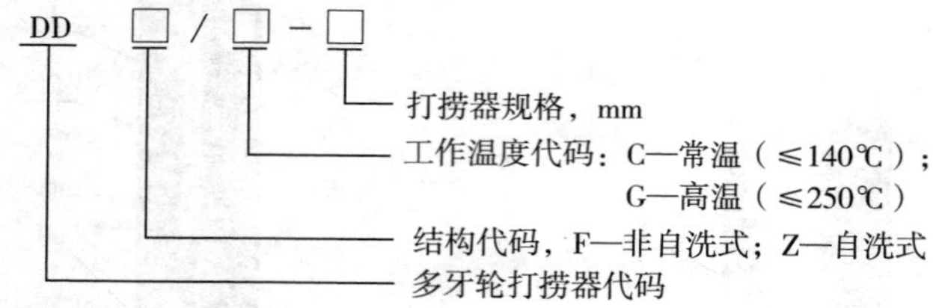

(5)使用方法及注意事项

1)打捞器的选择

①用重晶石作钻井液加重剂的井，使用非自洗式多牙轮打捞器；用铁矿粉作钻井液加重剂的井，使用自洗式多牙轮打捞器。

②磁铁磁场强度的大小受温度的影响很大，井底温度超过工具的最高允许温度，打捞器就会失去应有的打捞能力。应根据井深、井底温度的不同，选择不同类型的工具：井底温度低于140℃，选择“常温型”。井底温度在140～250℃之间，选择“高温型”，但高温型打捞器也可以用于常温井段。

2)非自洗式多牙轮打捞器打捞的操作方法

①下钻至井底开泵循环调整泥浆，冲洗井底及打捞器内可能存在的泥砂。排量尽量开大，时间10min，并记录好泵压。

②到底后加压记准方入和泵压。提起钻具，转动一个方位下放到底后加压再记准方入和泵压。如此重复多次，每次均需记录方入和泵压。

③选择方入最深方位，加压1t转动钻具拨动井底牙轮。如有蹩劲，不可强蹩硬转，可再提起3～5cm无压转动。

④探多个方位，轻转轻拨，开泵或停泵间断进行，坚持30min以上。

⑤转动无阻，各方向探方入无变化，说明落物已全部捞获，可以起钻。

⑥起钻时应防止顿击钻具，不准使用转盘卸扣。

3)使用自洗式多牙轮打捞器打捞的操作方法

①下钻到底后开泵探井底，并记好方入。提起1～2m缓慢下放冲洗，钻具到底后加压1～2t(加钻压时不能转动钻具)。不停泵再上提反复冲洗5～6次，记录一个稳定的泵压值。

②卸开方钻杆从钻具水眼内投入一个直径40mm钢球，开泵循环钻井液。5min后，再投入4个直径22mm的钢球。继续循环钻井液并上下活动钻具，每次均需探测井底(加钻压时不能转动钻具)，发现泵压有升高，说明大钢球已到位。再循环若干分钟，探井底时发现方入减少300mm或550mm，说明小钢球已到位，即可进行打捞工作。

③开大排量，加压1～2t，慢转轻拨。转盘有蹩劲，提起钻具1～2m，换方向下放到底，轻转慢拨，如此反复30min。最终，从不同方位探测井底，方入均无变化，说明井底落物已全部捞获。

其余各项操作与非自洗式打捞器相同。

4)偶尔有捞而不获的情况发生

其原因有：

①打捞器没有下到井底，往往是方入计算错误或井下有砾石堆积冲洗不彻底。

②落物不在井底，被挤入井壁或被携带至上部井筒。

③打捞器选型有误(包括自洗、非自洗或适用温度选型)。

(6)技术参数

多牙轮打捞器技术参数见表11－26、表11－27。

表11－26　自洗式多牙轮打捞器规范及技术参数

规范型号	打捞器外径/mm	适用井眼直径/mm	适用温度/℃	冲洗管升降高度/mm	最大工作钻压/t	最大工作扭矩/kN·m	接头扣型
DDZ/C－200	200	216	140	300	1	7	NC50
DDZ/G－200	200	216	250	300	1	7	NC50
DDZ/C－285	285	311	140	500	2	10	NC50
DDZ/G－285	285	311	250	500	2	10	NC50

表 11－27　非自洗式多牙轮打捞器规范及技术参数

型　号	外径/mm	适用井径/mm	适用温度/℃	最高温度时纵向伞面接触最大滑脱力/kgf	最大工作钻压/t	最大工作扭矩/kN·m	温度衰减率/%	接头螺纹
DDF/C－116	116	120	≤140	300	1	3	≤0.05	NC26
DDF/G－116	116	120	≤250	260	1	3	≤0.12	
DDF/C－146	146	152～165	≤140	450	1.5	5	≤0.05	NC38
DDF/G－146	146	152～165	≤250	400	1.5	5	≤0.12	
DDF/C－200	200	216	≤140	750	2	7	≤0.05	NC50
DDF/G－200	200	216	≤250	670	2	7	≤0.12	
DDF/C－220	220	245	≤140	810	2	7	≤0.05	
DDF/G－220	220	245	≤250	730	2	7	≤0.12	
DDF/C－285	285	311	≤140	930	3	10	≤0.05	
DDF/G－285	285	311	≤250	840	3	10	≤0.12	

2.2.2　CL 型强磁打捞器

CL 型强磁打捞器，主要用于打捞落井的钻头牙轮、巴掌、大钳牙以及手工具等磁吸性小件落物。

(1)结构及工作原理

CL 型强磁打捞器由上接头、下接头、永久磁铁、钢圈、铜圈和平底引鞋等组成，如图 11－21 所示。

CL 型强磁打捞器利用本身所带永久磁铁将钻头牙轮、弹子、大钳牙以及手工具等小件落物磁化吸附。

(2)操作方法

①根据井径及落物的特点选用带有合适引鞋的强磁打捞器。

②根据强磁打捞器的长度，计算出方入。

③把强磁打捞器放人预先放好木板的转盘上(防止强磁打

捞器与转盘吸附住)，接在钻柱下部。

④将强磁打捞器下至离井底落物3～5m处，开泵循环。待井底沉砂冲洗干净后，将强磁打捞器慢慢下放至井底(此时钻压不大于1t)，然后上提0.3～0.5m，把强磁打捞器转一方位，再边循环边下放钻柱，这样反复几次，检查方钻杆方入，证实强磁打捞器底部确已接触落物时即可起钻。

⑤起钻开始时必须在钻柱提起0.5～1m后，方可停泵。起钻中禁止用转盘卸扣。

⑥操作过程要求平稳、低速、严禁剧烈震动与撞击，以保护磁芯和被吸附的落物。

⑦采用标准引鞋时，操作方法与上述方法大体相同，只是在下放钻具的同时应低速转动，但当强磁打捞器底部与落物接触时严禁转动钻柱，以防磁芯被损坏。

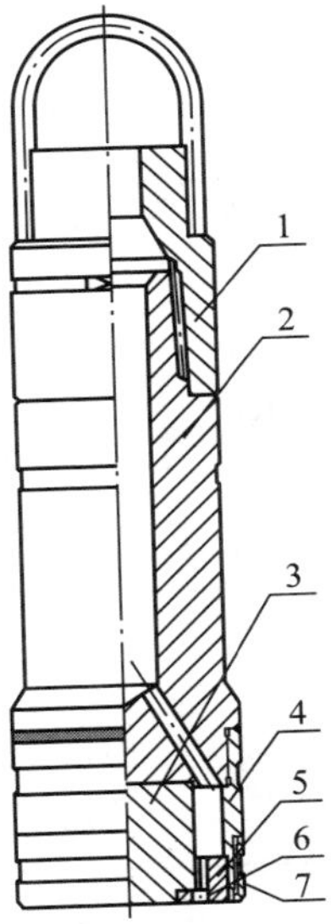

图11－21　强磁打捞器
1—吊环接头；2—上接头；3—永久磁铁；4—下接头；5—钢圈；6—铜圈；7—平底引鞋

(3)规格及性能参数

高峰石油机械有限公司CL型强磁打捞器规格及性能参数，见表11－28。

表11－28　CL型强磁打捞器规格及性能参数

型　号	外径/mm	接头螺纹 API	单位吸重/(kg/cm^2)	适用井温/℃	适用井径/mm
CL86	86	NC23	7.7	210	$\phi95\sim\phi110$
CL100	100	NC23	9.5	210	$\phi110\sim\phi135$
CL125	125	NC38	9.8	210	$\phi135\sim\phi165$
CL140	140	NC38	7.8	210	$\phi150\sim\phi175$

续表

型　号	外径/mm	接头螺纹 API	单位吸重/ (kg/cm^2)	适用井温/ ℃	适用井径/ mm
CL146	146	NC38	8.5	210	ϕ160 ~ ϕ185
CL150	150	NC38	8.5	210	ϕ160 ~ ϕ185
CL175	175	NC50	7.9	210	ϕ185 ~ ϕ210
CL178	178	NC50	7.8	210	ϕ185 ~ ϕ210
CL190	190	NC50	7.8	210	ϕ200 ~ ϕ225
CL200	200	NC50	7.6	210	ϕ210 ~ ϕ235
CL203	203	NC50	7.6	210	ϕ215 ~ ϕ240
CL225	225	6⅝REG	7.5	210	ϕ235 ~ ϕ270
CL254	254	6⅝REG	7.0	210	ϕ265 ~ ϕ311
CL265	265	6⅝REG	6.9	210	ϕ275 ~ ϕ330
CL292	292	6⅝REG	6.9	210	ϕ300 ~ ϕ442

2.2.3 FCL 型反循环强磁打捞器

FCL 型反循环强磁打捞器是石油、地质钻探工作中打捞井下小件落物的工具。

(1)结构及工作原理

FCL 型反循环强磁打捞器，主要由接头、阀杯、通流管、磁套、磁铁等组成，如图 11-22 所示。

它利用本身所带永久磁铁和能正、反循环的特点，有效地打捞钻头巴掌、牙轮、轴承、卡瓦牙、大钳牙、硬质合金块等小件落物，净化井底。

(2)使用操作

①根据反循环强磁打捞器的长度，计算出方入。

②取出工具本体内的钢球，清除吸附在反循环强磁打捞器表面的杂物。

③把反循环强磁打捞器放在预先放好木板的转盘上(防止打捞器与转盘吸附)，接在钻柱下部。

④将打捞器下至离井下落物2～5m处，开泵循环。待井下沉沙冲洗干净后，上提钻柱，卸下方钻杆，投入钢球，然后接上方钻杆，下放钻柱，使打捞器距井底0.5m，开大泵量反循环10min，将打捞器慢慢下放至井底(钻压不大于1t)，然后上提0.3～0.5m，把打捞器转一方位，再边循环边下放钻柱，反复几次，检查方钻杆入井深度，证实打捞器底部确已接触落物时即可起钻。

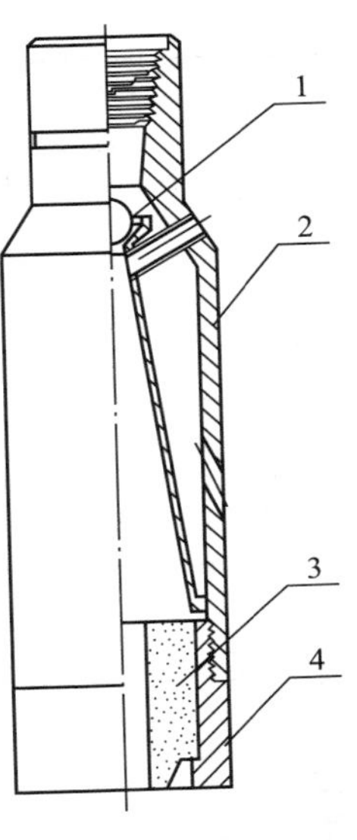

图11－22　反循环强磁打捞器
1—钢球；2—本体；3—永久磁铁；4—引鞋

⑤起钻开始时必须在钻柱提起0.5～1m后，方可停泵。起钻中严禁转盘卸扣。

⑥操作过程要求平稳、低速、严禁剧烈震动与撞击。

(3)规格及技术参数

高峰石油机械有限公司FCL型反循环强磁打捞器规格及性能参数，见表11－29。

表11－29　FCL型强磁打捞器规格及性能参数

型　号	外径/mm	接头螺纹 API	单位吸重/(kg/cm^2)	适用井温/℃	适用井径/mm
FCL86	86	NC23	7.7	210	ϕ95～ϕ110
FCL100	100	NC23	9.5	210	ϕ110～ϕ135
FCL125	125	NC38	9.8	210	ϕ135～ϕ165
FCL140	140	NC38	7.8	210	ϕ150～ϕ175
FCL146	146	NC38	8.5	210	ϕ160～ϕ185
FCL150	150	NC50	8.5	210	ϕ160～ϕ185
FCL175	175	NC50	7.9	210	ϕ185～ϕ210
FCL178	178	NC50	7.8	210	ϕ185～ϕ210

续表

型　号	外径/mm	接头螺纹 API	单位吸重/(kg/cm²)	适用井温/℃	适用井径/mm
FCL190	190	NC50	7.8	210	ϕ200～ϕ225
FCL200	200	NC50	7.6	210	ϕ210～ϕ235
FCL203	203	6⅝REG	7.6	210	ϕ215～ϕ245
FCL225	225	6⅝REG	7.5	210	ϕ235～ϕ270
FCL254	254	6⅝REG	7.0	210	ϕ650～ϕ311
FCL265	265	6⅝REG	6.9	210	ϕ275～ϕ330
FCL292	292	6⅝REG	6.9	210	ϕ300～ϕ442

2.2.4　井底清洁器

井底清洁器是江苏德瑞石油机械有限公司专利产品。主要用于打捞井下直径较小的磁性和非磁性落物，一次可捞获数千克到数十千克落物。特别是使用 PDC 钻头钻进前，使用井底清洁器清洁井底，对延长钻头使用寿命提高机械钻速十分有效。在剧烈跳钻井段，定期下入井底清洁器清洁井底，对减缓跳钻也非常有效。

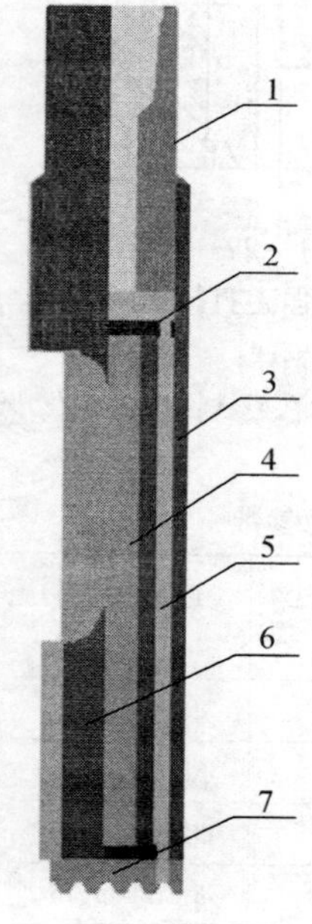

图 11－23　井底清洁器
1—上接头；2—隔板；3—壳体；4—支板；5—流道；6—杯室；7—刮板

(1)结构及工作原理

井底清洁器，由本体、捞杯、捞杯支板及刮板组成，如图 11－23 所示。

工作时，井底落物被清洁器刮板刮动后随着泥浆液流上返，当返至捞杯室以上时，由于工具截面发生变化，泥浆上返速度降低，落物则沉降在捞杯室里。

(2)规格及技术参数

井底清洁器规格及技术参数见表 11－30。

(3)使用方法及注意事项

①打捞工作应在井眼无阻卡或其他复杂情

况下进行。

②清洁器上下钻台要操作平稳，注意不要把捞杯磕碰变形。

③下钻到底后开泵，探明并记录方入。

④到井底后可加压0.5～1t，用1档车转动钻具，在泵压允许条件下用大排量循环泥浆。同时适时上提下放活动钻具。

⑤反复重复上述操作30min。操作中应注意把最大钻压和最大工作扭矩控制在技术参数表给定的范围之内，防止严重蹩钻发生。

⑥转动无蹩钻，上提不遇卡，下放方入到底即可起钻。

表11－30　井底清洁器规格及技术参数

型　号	捞杯外径/mm	适用井眼直径/mm	最大工作钻压/t	最大工作扭矩/kN·m	最大捞物直径/mm	接头扣型
DJQQ200/216	200	216	2	15	70	NC50
DJQQ285/311	285	311	3	20	110	NC50

2.2.5　井底打捞器

井底打捞器是江苏德瑞石油机械有限公司的专利产品。它是多牙轮打捞器和井底清洁器的结合体，具有多轮打捞器和井底清洁器的双重功能。一次下井除捞出井底的砾石、碎小的钢铁落物外，同时还可以捞出落在井底完整的多个牙轮。

(1)结构及工作原理

井底打捞器下部为半圆弧钢体内镶有强力磁铁的打捞器，主要用于打捞完整的落井钻头牙轮和其他吸磁性落物。强力磁铁有常温(140℃)和高温(250℃)两种，以适用不同井深的需要。其吸力超过牙轮重量10倍以上，足以将其捕获并牢牢吸住。

打捞器中部是一个容量较大的捞杯，可以捞获砾石等非磁性物体。

上部是一个具有分水作用的接头，水流直通井底。高速液流直接冲洗井底，使井底落物被冲起并随上返液流向上运动，钢铁落物被强力磁铁捕获；砾石由于其密度较小更容易上浮，其通过捞杯顶面后，由于工具截面突然变大钻井液上返流速降低，使其自然沉降在捞杯中，如图11－24所示。

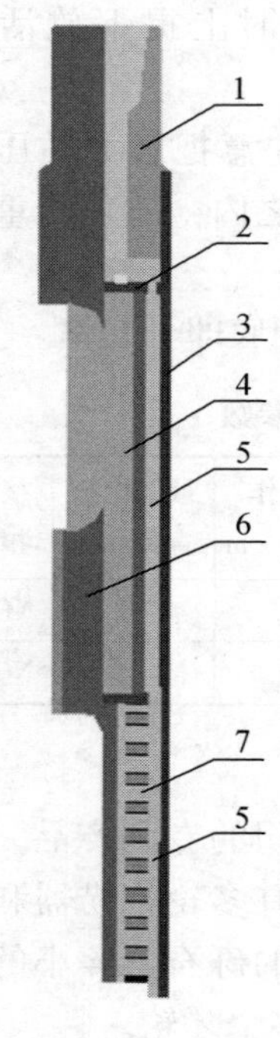

图11－24　井底打捞器

1—上接头；2—隔板；3—壳体；4—支板；5—流道；6—杯室；7—永久磁铁

(2)打捞器的选择及操作

1)打捞器选型应注意以下条件

①根据井眼直径的大小，选择适用的打捞器。

②磁铁的磁场强度受温度影响颇大，井底温度小于140℃时可选择常温型，井底温度大于140℃时则必须选择高温型的。但高温型打捞器可用于常温井段。

2)打捞操作

①下钻到距井底以上2m开泵循环。在正常钻进排量条件下，下放钻具冲洗井底，记好方入，并核实打捞器是否真的到了井底。

②加压1～2t，间断慢慢转动钻具。可能出现两种情况：一是泵压无变化，转动有阻力。二是泵压稍有升高，转动有阻力。前者是工具压在落物上，后者是工具已接触井底。两种情况都要提起钻具2m左右，再慢慢转动下放到井底。

③如此反复操作30min左右。当出现每次在压力不变的情况下，方入不变，转动阻力消失，则可以判定落物已全部捞获。

④起钻。上提钻具不得使用高速档，禁止用转盘卸扣，同时要注意防止钻具顿击转盘。

(3)规格及技术参数

井底打捞器规格及技术参数见表11－31。

表 11－31　井底打捞器规格及技术参数

型　号	打捞器外径/mm	适用井径/mm	适用温度/℃	最大工作钻压/t	最大工作扭矩/kN·m	最大捞物直径/mm	接头螺纹
DJDL/C－200	200	216	≤140	1	3	70～140	NC50
DJDL/C－285	285	311	≤140	2	5	110～200	
DJDL/G－200	200	216	≤250	1	3	70～140	
DJDL/G－285	285	311	≤250	2	5	110～200	

2.2.6　LL 型反循环打捞蓝

LL 型反循环打捞篮主要是捞取井底较小落物的打捞工具，如钻头牙轮、牙片，碎铁及手工具等。在打捞作业时，它可在井底形成局部反循环，将井下落物冲到打捞篮内。

(1)结构及工作原理

LL 型反循环打捞篮由上接头、阀杯、钢球、阀座、打捞爪盘及铣鞋等组成。其结构如图 11－25 所示。

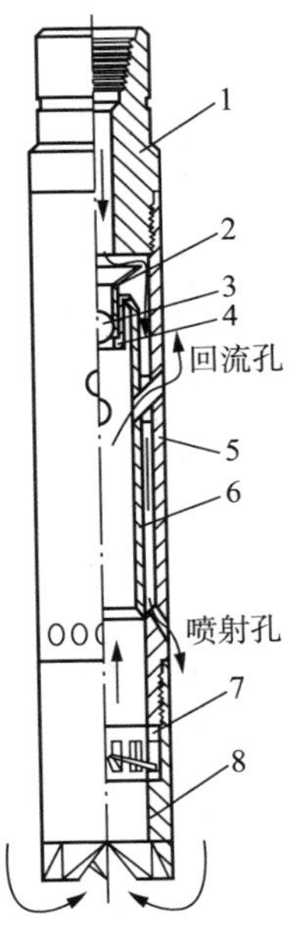

图 11－25　LL 型反循环打捞篮
1—上接头；2—阀杯；3—钢球；4—阀座；5—外筒；6—内筒；7—打捞抓盘总成；8—铣鞋

打捞篮下井后尚未投球时，钻井液通过阀座由内筒内腔经铣鞋外返，此刻为正循环；投入钢球，钢球落在阀座上，泥浆被迫改道进入两筒的环状空间，由喷射孔以高速流出喷射井底后，经铣鞋冲入内筒内腔，由回流孔又返到外筒与井壁的环形空间返回，实现了反循环，将井底落物冲入打捞篮内，如图 11－25 箭头所示。

(2)技术参数

高峰石油机械有限公司 LL 型反循环打捞篮技术参数，见表 11－32。

(3)使用与操作

1)打捞钻具组合

①反循环打捞篮＋钻铤＋钻杆

②反循环打捞篮 + 打捞杯 + 钻铤 + 钻杆

2) 打捞步骤

①下打捞篮距井底 1 ~ 3m 大排量循环钻井液 5 ~ 10min，把由于下钻过程中可能聚集在筒体内的泥砂冲洗出去。

②卸掉方钻杆投入钢球(注意：下钻前所有钻具的内径应能保证钢球通过)，开泵循环钻井液，边循环边等钢球进入阀座。钢球进入阀座后泵压会突然上升 0.5 ~ 2MPa。

表 11 - 32　反循环打捞篮技术参数

型　号	本体外径/mm	铣鞋外径/mm	最大落物外径/mm	钢球直径/mm(in)	适应井眼/mm	接头螺纹 API
LL36	95	96	60	30(1 3/16)	98 ~ 108	NC26
LL40	102	102	64.5	30(1 3/16)	107 ~ 114.3	NC26
LL44	114	116	78	35(1 3/8)	117.5 ~ 127	NC26
LL46	121	124	81	35(1 3/8)	130 ~ 139.7	3 1/2 REG
LL51	130	135	92.5	40(1 37/64)	142.9 ~ 152.4	NC31
LL51A	130	135	92.5	40(1 37/64)	142.9 ~ 152.4	3 1/2 REG
LL56	142	146	109	40(1)	155.6 ~ 165.1	NC38
LL62	159	163	119	45(1 25/32)	168.2 ~ 187.3	NC40
LL64	165	169	119	45(1 25/32)	172 ~ 190.5	4 1/2 REG
LL70	178	181	130	45(1 25/32)	190.5 ~ 209.5	4 1/2 REG
LL77	195	200	146	45(1 25/32)	212.7 ~ 241.3	NC50
LL77A	195	200	146	45(1 25/32)	212.7 ~ 241.3	4 1/2 REG
LL81	200	206	153	50(1 31/32)	212.7 ~ 241.3	NC50
LL85	215	220	166	50(1 31/32)	232 ~ 244.5	NC50
LL90	225	230	175	45(1 25/32)	244.5 ~ 269.9	NC50
LL95	245	250	190	50(1 31/32)	273 ~ 295.3	NC50
LL101	257	262	195.5	45(1 25/32)	273 ~ 295.3	NC56
LL112	281	286	228	45(1 25/32)	298.5 ~ 317.5	6 5/8 REG
LL130	330	335	255	45(1 25/32)	349.3 ~ 406.4	7 5/8 REG
LL150	381	386	315	45(1 25/32)	406.4 ~ 444.5	7 5/8 REG
LL200	508	513	463	45(1 25/32)	530 ~ 660	7 5/8 REG

③下放钻具，使打捞篮距井底0.1～0.2m，边循环边上下活动及转动钻具，循环15～20min，预计全部落物均被冲入筒内后开始取芯钻进，取芯长度0.3～0.5m。以此保存被捞住的落物。

④取芯参数：

取芯钻压1～4t；转速40～55r/min；排量9～22L/s

⑤边钻边放进行套铣岩芯工作，取芯完后，提起钻具使打捞篮内的打捞爪插人岩芯，因而就把落物和岩芯牢牢地装在打捞篮的筒体内。

⑥起钻时不能用转盘卸扣。

2.2.7　ZL型抓型打捞蓝

(1)结构及工作原理

ZL型抓型打捞篮结构见图11－26。

第一次投球，钻井液反循环，目的是把落物冲入内筒。

第二次投球，目的在于剪断销子，钻井液推动活塞下移，捞爪抓住落鱼。

(2)技术参数

ZL型抓型打捞篮技术参数见表11－33。

(3)使用操作

①使用抓型打捞篮时建议采用下列钻具组合：

ZL抓型打捞篮＋钻铤＋钻具

②下井前应保证钻具水眼能通过大钢球。下钻完应大排量循环钻井液一周后投入小钢球，转动钻具，上下活动钻具(0～0.1m)5～10min。预计落物被冲进内筒或井底中心后投入大钢球，泵压会忽然上升

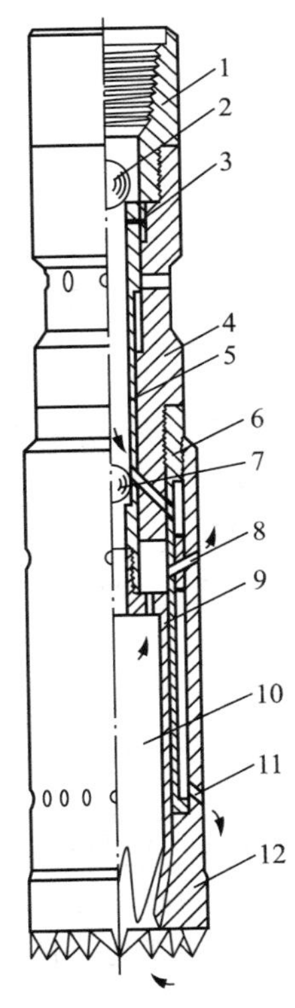

图11－26　抓型打捞篮

1—上接头；2、7—钢球；3—剪销；4—接头；5—活塞；6—筒体；8—回流孔；9—推压管；10—捞爪；11—喷射孔；12—铣鞋

又忽然下降，预计落物已被抓住，起钻。

(4)维护修理

抓型打捞篮使用后要用清水洗净泥污，更换销子，取出钢球，更换密封件，并把捞爪复原后装上。包装后放于干燥阴凉处。

表 11－33　抓型打捞篮技术参数

型　号	外径/mm(in)	最大落物外径/mm	大钢球直径/mm	小钢球直径/mm	适应井眼/mm	接头螺纹 API
ZL40	102(4)	64.5	40	30	104.8～114.3	NC26
ZL44	114(4½)	78	45	35	117.5～127	NC26
ZL51	130(5⅛)	92.5			142.9～152.4	NC31
ZL56	146(5¾)	109			155.6～165.1	NC38
ZL62	159(6¼)	119	50	40	168.2～187.3	NC40
ZL70	178(7)	130			190.5～209.5	4½REG
ZL77	200(7⅞)	146			212.7～241.3	NC50
ZL85	219(8⅝)	166			232～260.4	NC50
ZL101	257(10⅛)	195.5	55	45	273～295.3	NC56
ZL112	286(11¼)	229			298.5～327.1	6⅝REG

2.2.8　DLQ 型多功能打捞器

DLQ 型多功能打捞器是集打捞杯、强磁打捞器和“一把抓”三种功能为一体的新型组合工具。

(1)结构与工作原理

①多功能打捞器由上接头、杯筒、活塞、磁铁、捞爪和铣鞋组成，如图 11－27 所示。

②其工作原理是根据打捞杯、强磁打捞器和“一把抓”的工作原理，将三者结合起来，使它一次下井能发挥三种功能。

(2)技术参数

高峰石油机械有限公司 DLQ 型多功能打捞器技术参数，见表 11－34。

(3)使用与操作

1)下井前的准备

①下井前首先检查各部件是否处于良好的工作状态。

②钻具组合：打捞器 + 钻铤 + 钻杆。

2)打捞步骤

①大排量冲洗井底，将井底的粒状物送入杯内。

②投入钢球。

③用铣鞋拨动经钻井液冲洗挤靠在井壁的牙轮、钳牙等大块落物至井眼中央，由磁体吸住。

④开泵、推动活塞下行，抓住被磁体吸住的落物。

(4)维护与修理

①每使用一次起钻后用清水冲刷，然后拆卸保养。

②卸掉杯筒，除去金属颗粒及泥砂等。

③倒出钢球。卸去铣鞋，取出落物和打捞爪盘总成部件。

④检查更换和修复各零部件。

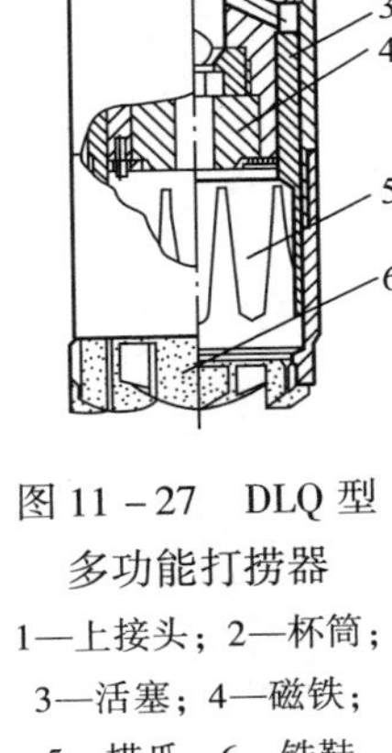

图 11－27 DLQ 型多功能打捞器

1—上接头；2—杯筒；3—活塞；4—磁铁；5—捞爪；6—铣鞋

表 11－34 多功能打捞器技术参数

型 号	本体外径/mm	铣鞋外径/mm	接头螺纹 API	总长度/mm	磁体吸力/kg	适用井径/mm
DLQ135	135	137	NC38	1058	600	142.9～152.4
DLQ190	190	193	NC50	1251	800	209.5～241.3
DLQ200	200	203	NC50	1255	1000	212.7～241.3
DLQ215	215	218	NC50	1255	1200	232～244.5
DLQ228	228	231	NC50	1255	1400	244.5～269.9

续表

型　号	本体外径/mm	铣鞋外径/mm	接头螺纹API	总长度/mm	磁体吸力/kg	适用井径/mm
DLQ241	241	2.44	$6\frac{5}{8}$REG	1255	1600	273～296.3
DLQ295	295	298	NC50	1426	2000	304.8～317.5
DLQ330	330	334	$6\frac{5}{8}$REG	1240	2400	349.3～406.4
DLQ381	381	384	$7\frac{5}{8}$REG	1300	2800	406.4～444.5

2.2.9　万能机械手打捞器

万能机械手打捞器，是江苏德瑞公司生产的专利产品。可用于打捞落井的硬质合金刀片、上端有台阶的测井仪器、测井中子原、单只钻头牙轮及直径小于钻头直径60mm的任何小落物，也可以用于打捞已知鱼顶深度的钢丝绳和电缆。

(1)结构及工作原理

打捞器由上接头、外套、活塞、中心杆、弹簧、限位销、打捞抓(6片)和锁定杆组成，见图11－28。

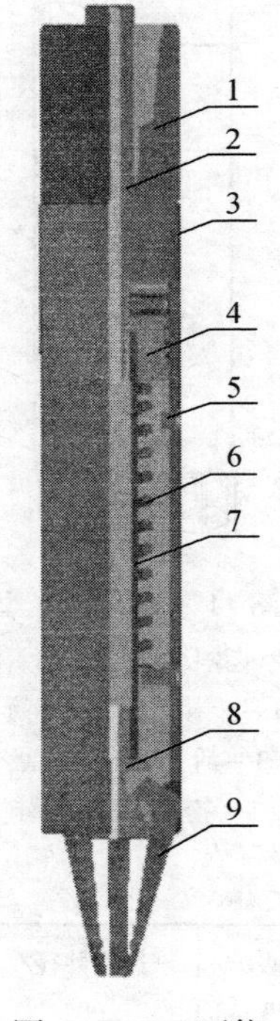

图11－28　万能机械手打捞器
1—上接头；2—锁定杆；3—壳体；4—活塞；5—限位销；6—弹簧；7—中心杆；8—变位接头；9—打捞抓

打捞时，当工具下到距井底或落物2m左右时开泵，打捞抓在活塞的推动下张开，其背部紧贴井壁，继续下放钻具，打捞抓沿井壁下滑到井底，将落物囊括其中。此时停泵，在中心杆弹簧的拉动下，打捞抓收缩抓住落物。为了防止起钻过程中，钻具水眼内泥浆下泄的推力打开打捞抓，特设有锁定杆。

(2)技术参数

江苏德瑞石油机械有限公司万能机械手打捞器，技术参数见表11－35。

(3)使用方法及注意事项

①下井前需对工具进行仔细检查，确保

各部件完好灵活。锁定杆是否已从工具中卸下。

②在井口开泵对工具性能进行试验。在25L/s排量的条件下，观察打捞抓的张开情况，并记录张开时的泵压。

③下钻，在距离井底2m时开泵，缓慢下放钻具，最大加压0.5t(指重表有显示即可)记好方入。将钻具提起2m，转动180°重复以上动作，核对方入是否一致。方入一致即认为真正到达井底。

④打捞器在井底时停泵。停泵后静止3min，再慢慢提起钻具1m，完成打捞。

⑤缓慢提起钻具，卸掉方钻杆，将锁定杆带螺纹端朝下投入钻具水眼，待锁定杆到达井底后即可起钻。

⑥起钻可按常规起钻速度起，但不能有顿击。若落物长度大于打捞抓长度时，不能用转盘卸扣。

⑦使用打捞器必须注意的三个问题：

a. 打捞器下井前一定要把锁定杆取出，在打捞完成后，将其带螺纹端朝下从钻具水眼中投入。否则打捞将注定失败。

b. 打捞器在承受压力的情况下，不能转动转盘。

c. 打捞完成停泵，必须是打捞器在井底，且不承受压力的情况下才能停。

⑧起钻完毕卸下打捞器后，需按反扣方向旋转锁定杆将其卸下，再取出捞获物件。不可在未取出锁定杆的情况下，强行硬取捞获物，以免损坏工具。

表11－35　万能机械手打捞器技术参数

型　号	打捞器外径/mm	落物直径/mm	适用井眼/mm	打捞器长度/mm	接头丝扣
DWDL－165	165	150～190	215～311	1200	NC50
DWDL－203	203	190～240	311～445	1200	NC50

2.2.10　冲击钻头打捞系列工具

冲击钻头是空气钻井中提高硬地层机械钻速的有效手段，但频频发生折断事故。由于冲击钻头断口部位水眼很小，外缘可供抓捞的部位很短且与井壁之间的间隙很小，因而打捞起来十分困难。江苏德瑞石油机械有限公司设计了一组专门用于冲击钻头打捞的系列工具。包括强磁一把抓及针对冲击钻头打捞特点的铣锥、捞矛和特殊公锥四件工具。

(1)结构及工作原理

这里着重介绍强磁一把抓打捞工具。强磁一把抓由上接头、本体、大小弹簧、扶正螺栓、磁铁和引鞋等零部件组成，见图11-29。

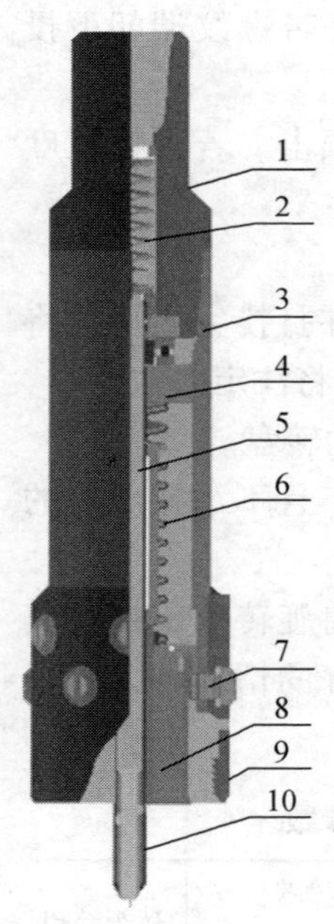

图11-29　冲击钻头专用强磁一把抓

1—上接头；2—小弹簧；3—壳体；4—中盘；5—心管；6—大弹簧；7—扶正螺栓；8—磁铁；9—本体；10—引鞋

打捞时，引鞋本身带有水眼可以冲洗钻头水眼和钻头断口，保证钻头断口直接与磁铁接触，提高吸力。引鞋与磁铁通过大小弹簧分别控制其高度，因而引鞋压入冲击钻头水眼的深度不会影响钻头断口与磁铁的接触。另外，本体内壁上带有锯齿形螺纹，冲击钻头很容易进入本体，但却不容易滑脱。同时本体也可以对钻头起到保护作用，以免起钻时被井壁挂掉。

引鞋、磁铁和本体三套打捞机构同时发挥作用，保证了打捞的成功几率。

如果抓吸不上来，则采取扩内孔，扩孔完下入涨芯捞矛或者特殊公锥强行造扣打捞。为了防止提钻时挂碰井壁造成捞获物脱落，各工具都附加了外径保护装置。

(2)打捞步骤及注意事项

本系列打捞工具包括强磁一把抓、铣锥、捞矛和特殊公锥四件工具，使用中可依据打捞情况，分别依次下入，一件不成再下入另一件。具体步骤如下：

1)下冲击钻头专用强磁一把抓打捞

①下井前，根据落井钻头外径调整一把

抓扶正螺栓，使其最大外径比钻头外径小 2mm。

②打捞作业中下钻要平稳，到底后开大排量用气体冲洗落物，使一把抓磁铁尽量靠近落物，但加压不超过 0.5 ~ 1t。

③上下提放改变角度冲洗 10min，无阻无卡后加压 10t，使磁铁靠近落物，慢转钻具 1 圈，看转盘回转情况，若没有回转，可再转两圈，若再不回转说明落物转动，可适当加快转速，再转两圈，不要上提钻具。转动中要不停注气循环，防止烧坏磁铁。

④加大冲洗作用，有无回转都可试提钻具，上提钻具始终都用 1 挡低速。

2）下铣锥扩铣钻头内孔

①如果下强磁一把抓未捞获，则下铣锥扩铣钻头内孔。配钻具时，要特别注意钻铤长度要合适。

②铣进中尽量开大气量，用低转速，加压 0.5t。注意观察和记录方入变化（地面在车床上试验为 1mm/min）铣进 120mm 即可起钻。达到铣进深度循环气压应有显示，所以，开始铣进就应记录气压大小，并稳定气量。

3）起出铣锥下入捞矛打捞

下捞矛前要调好防挂扶正螺栓，下钻要稳要慢。到底后，使捞矛尽量接近落物，冲洗 10min，慢慢加压 10t，压上 2min。上提钻具观察有无阻卡，若有阻卡，再慢慢加压 5t，再上提观察阻卡，无阻卡起钻，轻提轻放。若仍有阻卡，可加压 5t 转动，如此反复试验几次，可强行起钻。

4）下特殊公锥打捞

公锥到底先轻压造扣，逐步加大压力，转动，最大压力不超过 5t，转动速度 1 挡。扭矩平稳没有明显蹩劲即可起钻。

注：铣锥起出后，根据现场情况，也可以直接下特殊公锥打捞。

2.2.11　液压井底碎物打捞器

液压井底碎物打捞器，专门打捞井底各种碎物。例如，封隔器零件、手工具、卡瓦片、钻头牙轮、井壁碎石、轴承、磁盘、碎铁、弹子、吊钳牙、卡瓦牙、钢丝绳、铁链等。

(1)结构

液压井底碎物打捞器结构如图 11－30 所示。外部由上接头、外筒、铣鞋组成。上接头装有自裂盘和丝堵，还开有通向液压缸的钻井液通道。循环孔上的台阶可以承置钢球，内部由内筒、活塞和指形爪组成。由铣鞋将井底落物套进内筒。投球堵住循环孔，液压推动活塞下行，指形爪收拢将落物封住。自裂盘起保险销作用，当压力升至 21.8MPa 时，自裂盘破裂，恢复正常循环。

(2)规格型号

液压井底碎物打捞器规格型号见表 11－36。

表 11－36　液压井底碎物打捞器技术参数

型　号	规格/in	井眼尺寸/mm(in)	接头螺纹
YL57	$5\frac{7}{8}$	152.4(6)	$3\frac{1}{2}$IF
YL83	$8\frac{3}{8}$	215.9($8\frac{1}{2}$)	$4\frac{1}{2}$IF
YL121	$12\frac{1}{8}$	311.2($12\frac{1}{4}$)	$6\frac{5}{8}$REG
YL167	$16\frac{7}{8}$	444.5($17\frac{1}{2}$)	$7\frac{5}{8}$REG

2.3　随钻打捞工具

2.3.1　特殊随钻打捞杯

(1)用途

特殊随钻打捞杯是江苏德瑞石油机械有限公司的专利产品。用于打捞碎金属块和地层砾石等井下落物，清洁井底，以减轻跳钻，增加井壁的稳定性，保护钻头。尤其是在使用 PDC 钻头钻进时，由于它对井底清洁环境的苛刻要求，及时清除井底落物更显得十分重要。随钻打捞杯的优点在于：一是将其与钻头一起下入，实现边钻进边打捞，既达到了打捞的目的，又节省了打捞的时间，提高了效率；二是可以打捞直径较大的井下落物。

(2)结构与工作原理

特殊随钻打捞杯由本体和杯筒组成，在本体与杯筒之间形成杯室，用于盛放被捞获的落物碎块(见图11－31)。

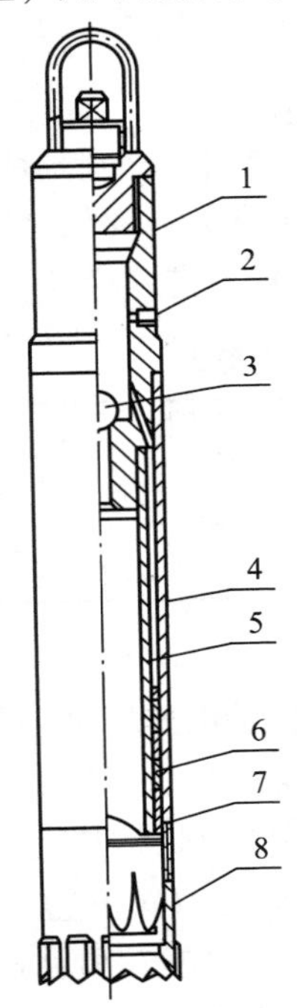

图11－30　液压井底碎物打捞器

1—上接头；2—自裂盘和丝堵；3—钢球；4—外筒；5—内筒；6—活塞；7—指形爪；8—铣鞋

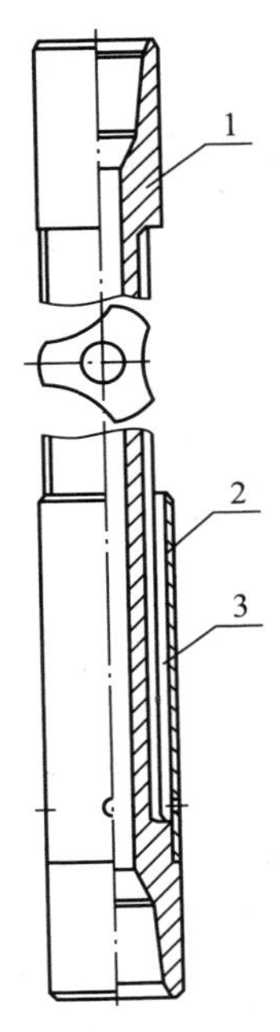

图11－31　随钻打捞杯

1—本体；2—杯筒；3—杯室

使用时，把特殊打捞杯接在钻头上。钻进中，钻井液把井底落物碎块冲起并随钻井液一并上返，当返至杯筒以上部位时，由于打捞杯的特殊结构，环形空间突然增大，泥浆上返速度降低，落物碎块依靠其自身的重力落入杯室之中。

特殊打捞杯同以往打捞杯不同的是，在确保正常钻压条件下工作强度的同时，加大了捞杯入口和杯室的空间，可以捞到较大的落物。

(3)技术参数

江苏德瑞石油机械有限公司随钻打捞杯技术参数见表 11－37。

(4)使用方法及注意事项

①下井前应仔细检查捞杯外观有无异常，杯筒的固定螺丝是否齐全、紧固。

②使用时将其直接接在钻头上，和钻头一起下井进行随钻打捞。

③钻进中无特殊要求，但应避免严重的蹩钻现象。蹩钻严重时，可适当减轻钻压，把落物磨碎让其容易进入捞杯。

表 11－37　特殊随钻打捞杯技术参数

型　号	捞杯外径/mm	水眼直径/mm	最大钻压/tf	可捞落物直径/mm	接头扣型
DTLB－180	180	60	18	30	NC46
DTLB－250	250	70	24	40	7⅝REG

2.3.2　LB 型打捞杯

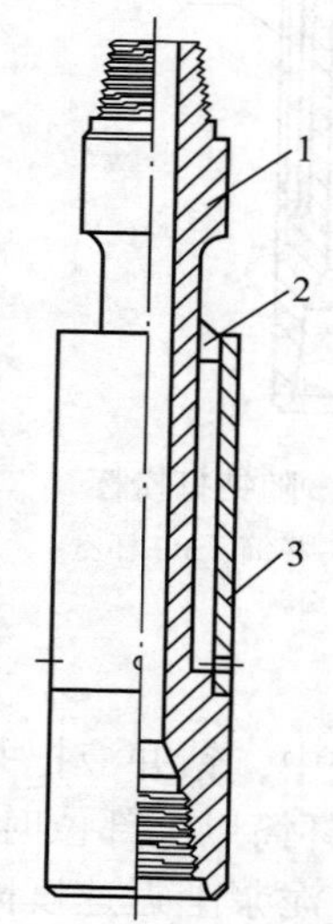

图 11－32　LB 型打捞杯

1—芯轴；2—扶正块；3—杯体

在钻井过程中有一个清洁的井底是至关重要的。井底不干净，会造成重复切削，影响钻头尤其是金刚石钻头的使用寿命，降低钻井速度。

LB 型打捞杯，是用来捞取钻井过程中正常的钻井液循环无法带出井眼的较重钻屑或金属碎屑的一种实用有效的随钻工具。

(1)结构

LB 型打捞杯由芯轴、扶正块、杯体等组成，见图 11－32。

(2)工作原理

打捞杯在工作时，井底钻屑由钻井液流从钻柱外环空间带出，到达杯口时。由于环空突然变大，钻井液流速度下降，较重的碎屑就落入捞杯内，从而达到清洁井底的目的。

(3)使用

LB 型打捞杯无特别操作之处，作为一般

钻具对待即可。通常打捞杯安装在钻头上方。打捞杯还可安装在平头铣鞋，刮管器之上，与之配合使用。与平头铣鞋配用时更能显示出其优点。

(4)维护与保养

使用后的打捞杯应冲洗干净，仔细检查，必要时可进行探伤，一经发现有裂纹或其他损伤，不可再用。经检查合格的打捞杯，两端配戴护丝，作防锈处理。妥为保存，备下次使用。

(5)技术参数

高峰石油机械有限公司 LB 型打捞杯技术参数，见表 11 －38。

表 11 －38　LB 型打捞杯技术参数

型　号	适用井径/mm	杯筒外径/mm	水眼/mm	上端螺纹 API	下端螺纹 API
LB94S	108 ~117.5	94	20	$2\frac{3}{8}$REG(外)	$2\frac{3}{8}$REG(内)
LB102S	117.5 ~124	102	32	$2\frac{7}{8}$REG(外)	$2\frac{7}{8}$REG(内)
LB114S	130 ~149	114	38	$3\frac{1}{2}$REG(内)	$3\frac{1}{2}$REG(内)
LB127S	152.4 ~162	127	38	NC31(内)	$3\frac{1}{2}$REG(内)
LB127ⅡS	152.4 ~162	127	38	NC38(内)	$3\frac{1}{2}$REG(内)
LB140S	165 ~190.5	140	38	$3\frac{1}{2}$REG(外)	$3\frac{1}{2}$REG(内)
LB143ⅡS	165 ~190.5	143	38	$3\frac{1}{2}$REG(内)	$3\frac{1}{2}$REG(内)
LB146ⅡS	165 ~190.5	146	38	NC38(内)	$3\frac{1}{2}$REG(内)
LB168S	190.5 ~216	168	57	$4\frac{1}{2}$REG(外)	$4\frac{1}{2}$REG(内)
LB168ⅡS	190.5 ~216	168	57	NC46(内)	$4\frac{1}{2}$REG(内)
LB168ⅢS	190.5 ~216	168	57	NC50(内)	$4\frac{1}{2}$REG(内)
LB178S	219 ~244.5	178	57	$4\frac{1}{2}$REG(外)	$4\frac{1}{2}$REG(内)
LB178ⅡS	219 ~244.5	178	57	NC46(内)	$4\frac{1}{2}$REG(内)
LB190S	229 ~273	190	57	$4\frac{1}{2}$REG(外)	$4\frac{1}{2}$REG(内)
LB197S	235 ~279.5	197	70	$5\frac{1}{2}$REG(外)	$5\frac{1}{2}$REG(内)
LB200S	235 ~279.5	200	57	$4\frac{1}{2}$REG(内)	$4\frac{1}{2}$REG(内)
LB203ⅡS	235 ~279.5	203	70	NC50(内)	$4\frac{1}{2}$REG(内)

续表

型　号	适用井径/mm	杯筒外径/mm	水眼/mm	上端螺纹 API	下端螺纹 API
LB219S	244.5～295	219	89	6⅝REG(外)	6⅝REG(内)
LB219ⅡS	244.5～295	219	89	6⅝REG(内)	6⅝REG(内)
LB229S	254～305	229	70	6⅝REG(外)	6⅝REG(内)
LB244S	292～330	244	89	7⅝REG(外)	7⅝REG(内)
LB245S	292～330	245	89	6⅝REG(外)	6⅝REG(内)
LB245ⅡS	292～330	245	89	6⅝REG(内)	6⅝REG(内)
LB273S	302～340	273	89	7⅝REG(内)	6⅝REG(内)
LB280S	327～375	280	89	7⅝REG(内)	7⅝REG(内)
LB286S	333～381	286	89	7⅝REG(内)	7⅝REG(内)
LB304S	352～421	304	89	6⅝REG(外)	6⅝REG(内)
LB327S	375～444.5	327	71.4	6⅝REG(外)	6⅝REG(内)
LB340S	386～456	340	102	7⅝REG(外)	7⅝REG(内)

3　磨铣、套铣工具

3.1　磨鞋

如果落鱼的鱼头不规则，如变形、破裂、弯曲或鱼顶不齐，防碍打捞工具进入或无法造扣，就需要用磨鞋来修整鱼顶，使其符合打捞工具的抓捞要求，以便打捞。

3.1.1　分类

磨鞋的样式比较多，常用的有平底(或凹底)磨鞋、套筒磨鞋、领眼磨鞋、锥形(或梨形)磨鞋四种。

3.1.2　型号表示

磨鞋型号表示方法如下：

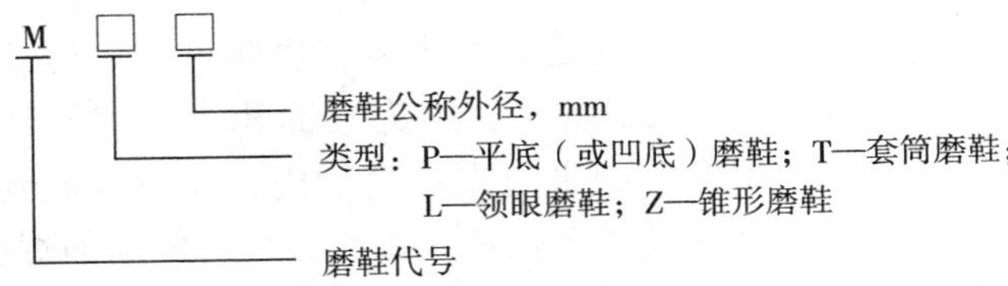

示例：外径为130mm的平底磨鞋，其型号表示为MP130。

3.1.3　平底(或凹底)磨鞋

平底(或凹底)磨鞋用来磨铣井下落物。硬质合金堆焊(或硬质合金柱镶嵌)在平底磨鞋底部端面。平底(或凹底)磨鞋结构尺寸如图11－33所示，技术参数见表11－39。

表11－39　平底(或凹底)磨鞋技术参数

<table>
<tr><th>型　号</th><th>外径 D/mm</th><th>长度 L/mm</th><th>平底角 α/(°)</th><th>接头螺纹</th><th>适用井眼直径/mm</th></tr>
<tr><td>MP89</td><td>89</td><td rowspan="5">250</td><td rowspan="5">10～15</td><td rowspan="2">$2\frac{3}{8}$REG</td><td>95.2～101.6</td></tr>
<tr><td>MP97</td><td>97</td><td>107.9～114.3</td></tr>
<tr><td>MP110</td><td>110</td><td rowspan="3">$2\frac{7}{8}$REG</td><td>117.5～127.0</td></tr>
<tr><td>MP121</td><td>121</td><td>130.0～139.7</td></tr>
<tr><td>MP130</td><td>130</td><td>142.9～152.4</td></tr>
<tr><td>MP140</td><td>140</td><td rowspan="11">250</td><td rowspan="11">10～15</td><td rowspan="3">$3\frac{1}{2}$REG</td><td>155.6～165.1</td></tr>
<tr><td>MP156</td><td>156</td><td>168.0～187.3</td></tr>
<tr><td>MP178</td><td>178</td><td>190.5～209.5</td></tr>
<tr><td>MP200</td><td>200</td><td rowspan="2">$4\frac{1}{2}$REG</td><td>212.7～241.3</td></tr>
<tr><td>MP232</td><td>232</td><td>244.5～269.9</td></tr>
<tr><td>MP257</td><td>257</td><td rowspan="6">$6\frac{5}{8}$REG</td><td>273.0～295.3</td></tr>
<tr><td>MP279</td><td>279</td><td>298.5～317.5</td></tr>
<tr><td>MP295</td><td>295</td><td>320.6～346.1</td></tr>
<tr><td>MP330</td><td>330</td><td>349.3～406.4</td></tr>
<tr><td>MP381</td><td>381</td><td>406.4～444.5</td></tr>
</table>

3.1.4　套筒磨鞋

常用的修整鱼顶的工具是套筒磨鞋，也叫外引磨鞋或裙子磨鞋，其结构如图 11－34 所示，因为它面积大，容易套住鱼头，可以防止鱼顶偏磨，如果鱼顶在套管内，还可以起到保护套管的作用。它的结构实质上就是在普通磨鞋的外围加焊套筒，下部割有引鞋，以便引入鱼头。使用时应使套筒磨鞋外径小于井径 6% 以上，套筒磨鞋内径应大于鱼头外径 10mm 以上。

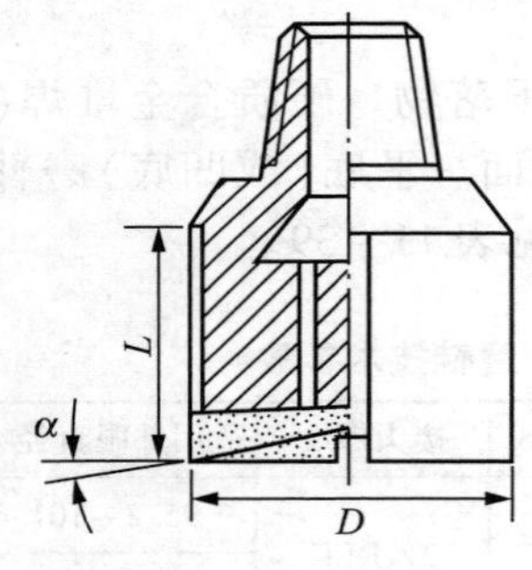

图 11－33　平底磨鞋

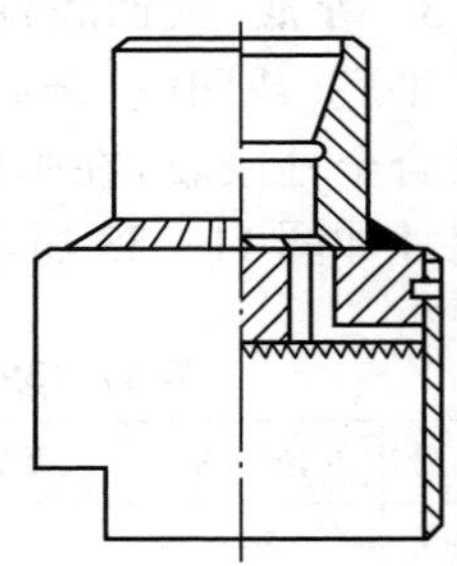

图 11－34　套筒磨鞋

3.1.5　领眼磨鞋

领眼磨鞋也称作内引磨鞋，用来修整落鱼鱼头或进行井下特殊作业。它由平底磨鞋和导向杆组成，导向杆直径由鱼头内径决定。一般应比鱼头内径小 10mm，长度以 150～200mm 为宜。硬质合金堆焊(或镶嵌)在引子磨鞋翼片底部右旋侧面。领眼磨鞋的结构如图 11－35 所示，技术参数见表 11－40。

表 11－40　领眼磨鞋技术参数

型　号	外径 D/mm	翼长 L/mm	导向杆尺寸/mm		接头螺纹	适用井眼直径/mm
			直径	长度		
ML130	130	200	≥5	≥100	$2\frac{7}{8}$REG	142.9～152.4
ML140	140					155.6～165.1
ML156	156		≥5		$3\frac{1}{2}$REG	168.0～187.3

续表

型号	外径 D/mm	翼长 L/mm	导向杆尺寸/mm		接头螺纹	适用井眼直径/mm
			直径	长度		
ML178	178	200	≥5	≥100	$4\frac{1}{2}$REG	190.5~209.5
ML200	200					212.7~241.3
ML232	232					244.5~269.9
ML257	257	250			$6\frac{5}{8}$REG	273.0~295.3
ML279	279					298.4~317.5
ML295	295	300				320.6~346.1
ML330	330					349.3~406.4
ML381	381					406.4~444.5

3.1.6 锥形磨鞋

锥形磨鞋用来修复变形鱼顶或进行其他井下特殊作业。其标准锥度是30°，硬质合金堆焊(或镶嵌)在锥度翼瓣面上和右旋侧面。锥形磨鞋的结构如图11－36所示，技术参数见表11－41。

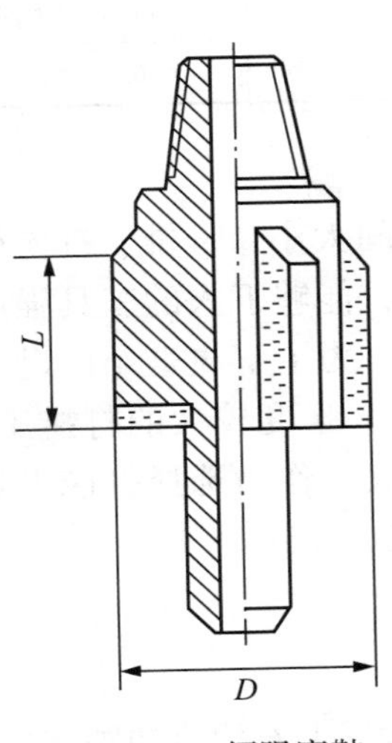

图11－35 领眼磨鞋

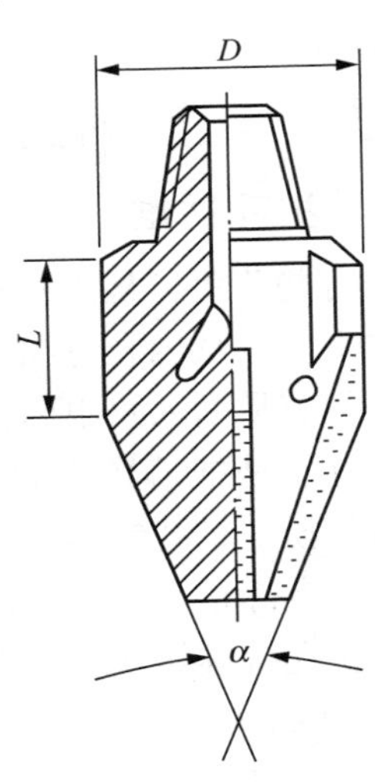

图11－36 锥形磨鞋

表 11-41　锥形磨鞋技术参数

型　号	外径 D/mm	长度 L/mm	锥度角 α/(°)	接头螺纹	适用井眼直径/mm
MZ89	89	300	30	$2\frac{3}{8}$REG	95.0～101.6
MZ97	97				107.9～114.3
MZ110	110			$2\frac{7}{8}$REG	117.5～127.0
MZ121	121				130.0～139.7
MZ130	130				142.9～152.4
MZ140	140			$3\frac{1}{2}$REG	155.6～165.1
MZ156	156				168.0～187.3
MZ178	178				190.5～209.5
MZ200	200			$4\frac{1}{2}$REG	212.7～241.3
MZ232	232	350		$6\frac{5}{8}$REG	244.5～269.9
MZ257	257				273.0～295.3
MZ279	279				298.5～317.5
MZ295	295				320.6～346.1
MZ330	330				349.3～406.4
MZ381	381				406.4～444.5

3.2　扩孔铣锥

有些落鱼，从外径打捞，环形空间太小，母锥、打捞筒等无法下入。从内孔打捞，内径又太小，能够下入的工具强度太小，很容易断入水眼内，使打捞失败，为了解决这个问题，唯一的办法是把落鱼水眼扩大，以便下入强度较大的打捞工具，进行打捞。扩孔铣锥是较为理想的工具。作为选择打捞工具的依据，实际扩孔直径要比铣锥外径大1～1.5mm。

扩孔铣锥结构见图11-37。

3.3　铣鞋

铣鞋与取芯钻头相似，呈环形结构，上有螺纹和铣管连接，下有铣齿用来破碎地层或清除环空堵塞物，它的结构有多种样式，可根据套铣对象来决定。

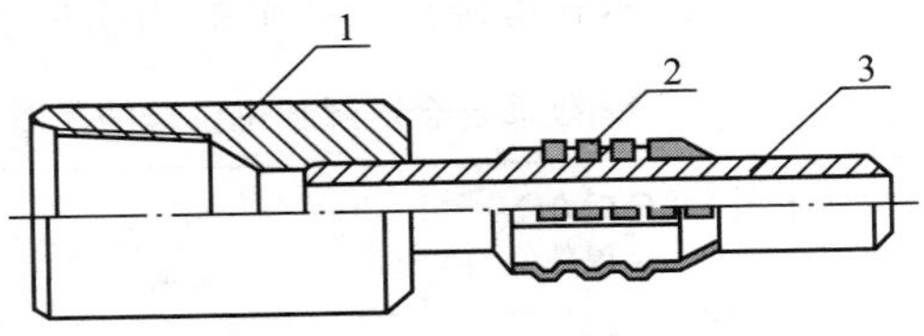

图 11－37　扩孔铣锥

1—上接头；2—硬质合金；3—导向杆

(1)型号

铣鞋的型号表示方法如下：

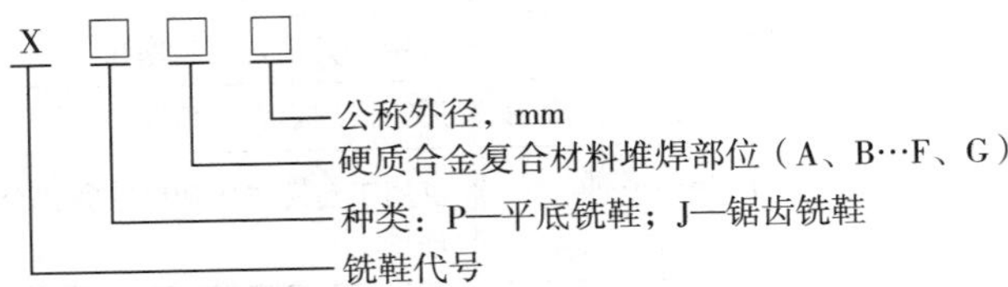

示例：外径为 202.73mm，硬质合金复合材料堆焊在外部和底部的锯齿铣鞋，其型号表示为 XJG203。

(2)铣鞋结构

铣鞋有平底铣鞋、锯齿铣鞋等多种结构。平底铣鞋结构如图 11－38、锯齿铣鞋结构如图 11－39 所示。

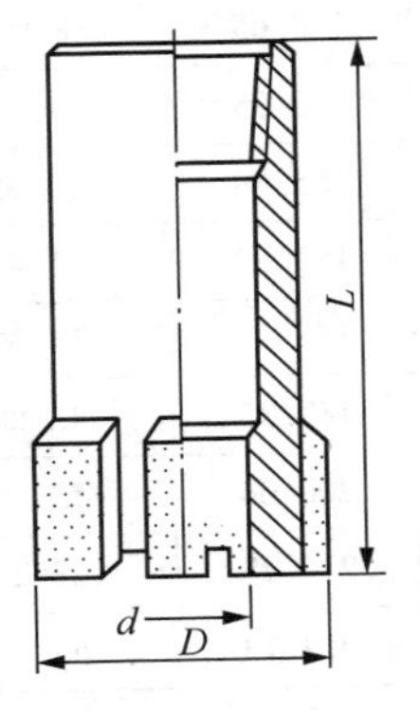

图 11－38　平底铣鞋

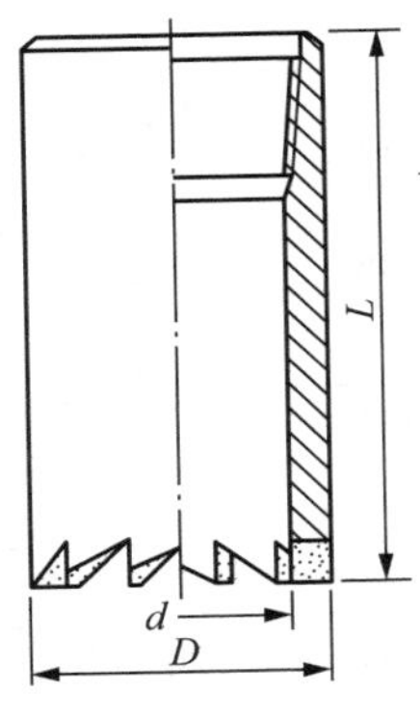

图 11－39　锯齿铣鞋

(3)硬质合金复合材料不同堆焊部位铣鞋的用途

硬质合金复合材料不同堆焊部位铣鞋的用途见表11－42。

表11－42　不同硬质合金堆焊部位铣鞋的用途

硬质合金堆焊部位代号	鞋底几何形状	硬质合金堆焊部位	用　途
A	平底型	内部和底部	用于套铣落鱼金属，而不磨铣套管
B		外部和底部	用于套铣落鱼和裸眼井中磨铣金属、岩屑及堵塞物
C		外部、内部和底部	用于套铣、切削金属、岩屑及堵塞物和水泥
D		底部	仅用于套铣岩屑堵塞物
E		底部和内部锥度	用于修理套管内鱼顶
F	锯齿型	底部	仅用于套铣岩屑和堵塞物，允许用大排量
G		外部和底部	

(4)铣鞋的技术参数

铣鞋的技术参数见表11－43。

表11－43　铣鞋技术参数

铣鞋规格	外径 D/mm	内径 d/mm	长度 L/mm	适用最小井眼/mm	最大套铣钻具/mm
117	117.65	99.57	500～1000	120.65	88.90
136	136.05	108.61		146.05	101.60
145	145.58	124.26		155.58	120.65
		121.36		155.58	117.48
		118.62		155.58	114.30
177	177.33	150.39		187.33	142.88
190	190.03	159.41		200.03	152.40
202	202.73	174.63		212.73	168.28
		171.83		212.73	165.10
		168.28		212.73	161.93

续表

铣鞋规格	外径 D/mm	内径 d/mm	长度 L/mm	适用最小井眼/mm	最大套铣钻具/mm
205	205.98	184.15	500~1000	215.90	177.80
209	209.08	187.58		219.09	180.98
234	234.48	198.76		244.48	190.50
		193.68		244.48	187.33
240	240.83	207.01		250.83	200.03
256	256.70	224.41		266.70	215.90
		220.50		266.70	212.73
288	288.45	252.73		298.45	244.48
		247.90		298.45	238.13
313	313.85	276.35		323.85	266.70
		273.61		323.85	263.53
355	355.13	317.88		365.13	307.98
434	434.50	381.25		444.50	368.30
498	498.00	448.44		508.00	438.15
574	574.20	485.65		584.20	497.43

3.4　套铣管

用于套铣井下被卡管柱，以便实施倒扣、爆炸松扣及震击解卡作业。为了保证作业安全，套铣管采用高强度合金钢管制造。

(1)分类

按套铣管本身的连接形式，分为有接箍套铣管和无接箍套铣管两种。有接箍套铣管又可分为内接箍套铣管和外接箍套铣管，无接箍套铣管又可分为单级扣和双级扣两种。按套铣管与铣鞋的连接形式，分为冲铣型套铣管、整体型套铣管和分离型套铣管三种。

(2)型号

套铣管型号表示如下：

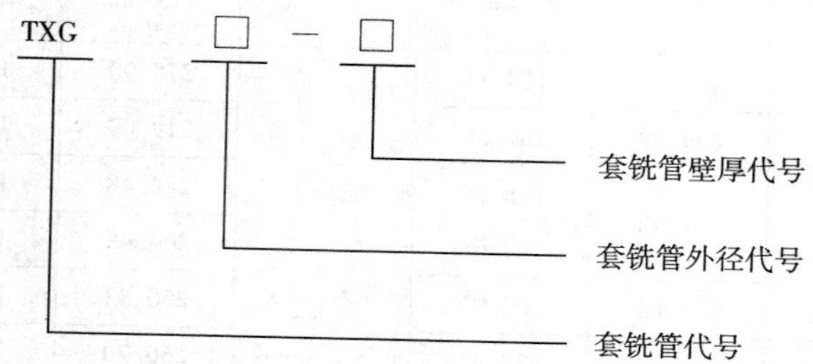

(3)结构

1)有接箍套铣管

将铣管两端车成内螺纹(梯形或矩形螺纹)，用双外接头连接，则称为内接箍套铣管，如图 11 – 40(a)所示。将管材的两端车成外螺纹(方螺纹)，用双内螺纹的接箍作为铣管之间的连接，这种套铣管称为外接箍套铣管，如图 11 – 40(b)所示。

2)无接箍套铣管

将管材车成双级同步螺纹，一端外螺纹、一端内螺纹，直接将两根铣管连接。这种铣管叫同步螺纹无接箍套铣管，如图 11 – 41 所示。这种套铣管具有强度高，上卸扣快等特点。因为没有内外接箍和内台肩，在与防掉套铣矛、倒扣套铣工具配合使用时，可以提高打捞效率。

3)冲铣型套铣管

上接头与筒体焊接，其底部在管体本身切割成铣齿而成。并在切割齿上加焊硬质合金。由于只起冲铣作用，故多用薄壁无缝钢管制作，以保证有较大的内通径及较小的外径，结构如图 11 – 42(a)所示。

4)整体型套铣管

由上接头、筒体与套铣鞋三者焊接而成，如图 11 – 42(b)

所示。这种型式的套铣管多用于套铣水泥、硬结砂、井下工具及某些硬度较高的材料等，因而须用强度较大的厚壁无缝钢管或高强度钻杆制作。

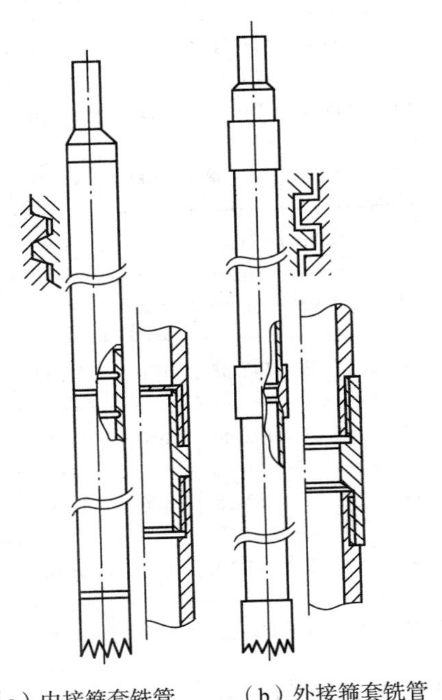

（a）内接箍套铣管　（b）外接箍套铣管

图11－40　有接箍套铣管结构示意图

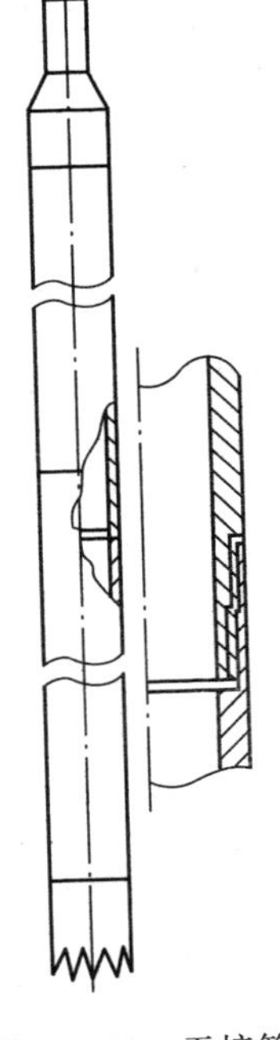

图11－41　无接箍套铣管(同步螺纹)结构示意图

5)分离型套铣管

上接头与筒体焊接，筒体下端有与铣鞋相连接的螺纹，其结构如图11－42(c)所示。

(4)技术参数

套铣管技术参数见表11－44。

表 11－44　套铣管技术参数

型　号	套铣管外径/mm	套铣管内径/mm	壁厚/mm	最小使用井眼/mm	最大套铣尺寸/mm	最大抗拉负荷/kN	接头屈服扭矩/kN·m	密封压力/MPa
TXG114. 30－8. 56	114. 30	97. 18	8. 56	120. 65	80. 90	390	9. 49	20
TXG127. 00－9. 19	127. 00	108. 62	9. 19	146. 05	101. 60	440	12. 20	20
TXG139. 70－9. 17	139. 70	121. 36	9. 17	152. 4	117. 48	500	14. 91	20
TXG146. 05－7. 92	146. 05	130. 21	7. 92	161. 93	127. 00	500	14. 91	20
TXG146. 05－9. 00	146. 05	128. 05	9. 00	161. 93	120. 65	560	16. 27	20
TXG168. 28－8. 94	168. 28	150. 39	8. 94	187. 33	142. 88	600	21. 69	15
TXG177. 80－9. 19	177. 80	159. 42	9. 19	200. 03	152. 40	640	24. 40	15
TXG193. 68－9. 53	193. 68	174. 63	9. 53	212. 73	168. 28	700	31. 18	15
TXG193. 68－10. 92	193. 68	171. 83	10. 92	212. 73	165. 10	810	36. 61	15
TXG193. 68－12. 70	193. 68	168. 28	12. 70	212. 73	161. 93	1060	43. 39	15
TXG203. 20－9. 53	203. 20	184. 15	9. 53	215. 90	177. 00	820	32. 54	15
TXG206. 38－9. 40	206. 38	187. 58	9. 40	215. 90	177. 80	830	32. 54	15
TXG219. 07－11. 43	219. 07	196. 21	11. 43	244. 48	187. 33	1100	47. 45	15
TXG219. 07－12. 70	219. 07	193. 67	12. 70	244. 48	184. 15	1220	54. 23	15
TXG228. 60－10. 80	228. 60	207. 01	10. 80	250. 83	200. 03	1260	47. 45	15
TXG244. 48－11. 99	244. 48	220. 50	11. 99	266. 70	212. 73	1460	67. 79	15
TXG244. 48－13. 84	244. 48	216. 80	13. 84	266. 70	206. 47	1560	81. 35	15

续表

型　号	套铣管外径/mm	套铣管内径/mm	壁厚/mm	最小使用井眼/mm	最大套铣尺寸/mm	最大抗拉负荷/kN	接头屈服扭矩/kN · m	密封压力/MPa
TXG273. 05 – 11. 43	273. 05	250. 19	11. 43	290. 45	238. 13	1620	81. 35	15
TXG273. 05 – 12. 57	273. 05	247. 91	12. 57	298. 45	234. 95	1640	88. 13	15
TXG298. 44 – 12. 42	298. 44	273. 60	12. 42	323. 85	263. 53	1800	108. 47	10
TXG339. 72 – 13. 06	339. 72	313. 60	13. 06	365. 13	301. 62	2020	149. 14	10
TXG406. 40 – 16. 66	406. 40	373. 08	16. 66	444. 50	355. 60	2500	254. 89	7. 0

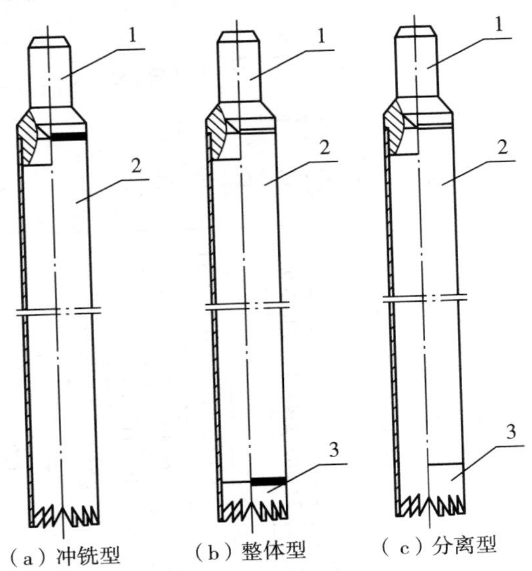

图 11 – 42　套铣管与铣鞋连接型式

(5)套铣管的选用标准

一般情况下，井眼与套铣管的最小间隙为 12. 7mm，铣管与落鱼之间的间隙最小为 3. 2mm。具体可根据表 11 – 45 选用铣管。

表 11－45　铣管规格①

外径/mm	壁厚/mm	有接箍			无接箍(单级扣/双级扣)		强度②		套铣钻压/kN
		接箍外径/mm	适用最小井眼/mm	最大套铣尺寸/mm	适用最小井眼/mm	最大套铣尺寸/mm	抗拉/kN	抗扭/kN·m	
298.5	11.05	323.85	349	269.8	324	269.8	2756	88	120
273.1	11.43	298.45	323.8	243.8	298	243.8	2534	81	100
244.5	11.05 13.84	269.88	295	216 210	270	216 210	2223	61	80
228.6	10.80			200.6	254	200.6	2000	47	80
219.1	12.7	244.85(224)	270(249)	187	244.5	187	2223	57	70
206.4	11.94			176	232	176	2040	47	60
193.7	9.53	215.9(210)	241.3(235)	168	219	168	1538	34	50
177.8	9.19	194.46	219	153	203.2	153	1360	24	50
168.3	8.94	187.71	213	144	193.7	144	1245	21.7	40
139.7	7.72	153.67	179	117.8	165	117.8	916	12	35
127	9.19	141.3	166.7	102	152.4	102	1009	12.2	30
114.3	8.56	127	152	89	139.7	89	831	7.5	20
88.9	6.45			70	114.3	70	480	4.0	15
57.2	4.85			41	77.6	41	160	1.0	5

注：“①”内的数字为专用套铣管尺寸。“②”强度是指 P105 钢级双级同步螺纹铣管强度。

3.5　套铣防掉矛

钻头不在井底的卡钻，套铣解卡后，落鱼可能下落。套铣防掉矛能在套铣完成后将落鱼挂在套铣管内，使套铣和打捞一次完成。套铣防掉矛要求在无内台肩的铣管内使用，一般与双级同步螺纹铣管配套使用。

(1)结构

HMC 型套铣防掉矛由芯轴、卡瓦滑套总成、摩擦块滑套总成和剪销接头总成组成。卡瓦滑套总成由卡瓦滑套、2 个半合圆的卡瓦固定环和固定螺钉等组成。摩擦块滑套总成由摩擦块滑套、4 个摩擦块、16 只摩擦块弹簧、4 片合圆的摩擦块固定环、2 个滑块和固定螺钉组成。剪销接头总成由剪销接头、锁紧键、固定螺钉、剪销丝堵组成，如图 11－43 所示。

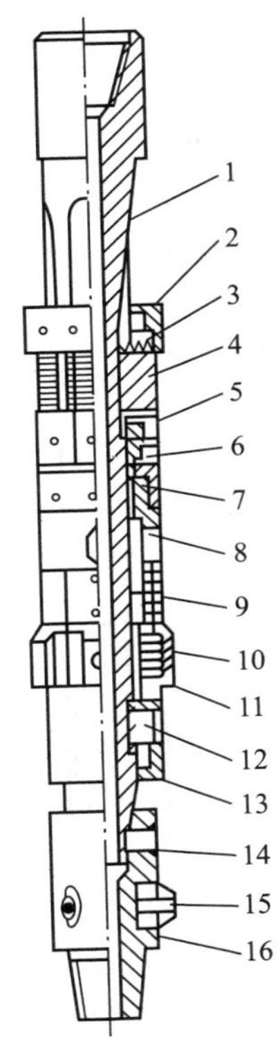

图 11－43　HMC 型套铣防掉矛

1—上接头；2—卡瓦固定环；3—弹簧；4—卡瓦；5—卡瓦挡圈；6—卡瓦滑套；7—开口环；8—摩擦块滑套；9—摩擦块固定环；10—摩擦块；11—摩擦块弹簧；12—滑块；13—锁紧套；14—锁紧键；15—剪销丝堵；16—剪销接头

卡瓦滑套总成和摩擦块滑套总成套在芯轴上，用左旋螺纹的开口环连接在一起。摩擦块滑套总成的上端与开口环的下端用左旋螺纹连接成一体。由于卡瓦嵌在芯轴槽上，所以不能转动。卡瓦滑套总成的下端与开口环的上端相接自由地嵌入芯轴槽中。卡瓦滑套总成可随摩擦块滑套总成在芯轴上上下运动。摩擦块滑套总成既能上下运动，又可随套铣管一起转动。

(2)工作原理

①剪销接头总成通过剪销衬套将套铣防掉矛固定在套铣管中，与连接在剪销接头下边的对扣接头等工具一起随套铣管下井。

②当套铣到对扣接头与鱼顶接触时，套铣管正转与落鱼对扣。对扣螺纹被上紧，套铣防掉矛的销钉被剪断，整套工具连接到鱼顶之上。继续套铣时，由于摩擦块在弹簧作用下始终向外撑在套铣管内壁上，所以只有摩擦块总成随套铣管转动，其余部件和落鱼固定在一起，如图 11 -44(a)所示。

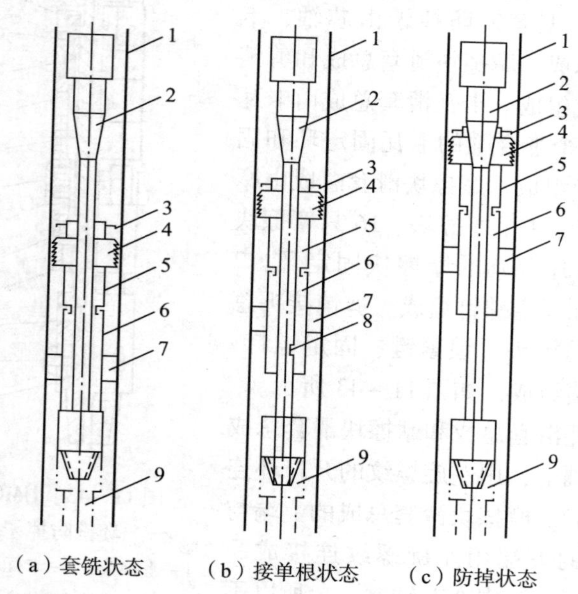

(a)套铣状态　(b)接单根状态　(c)防掉状态

图 11 -44　HMC 型套铣防掉矛工作原理图

1—套铣管；2—芯轴；3—卡瓦固定环；4—卡瓦；5—卡瓦滑套；6—摩擦块滑套；7—摩擦块；8—闭锁槽；9—被卡落鱼

③滑块起闭锁作用。上提套铣管，当滑块进入芯轴下部闭锁槽时，摩擦块滑套总成和卡瓦总成不能与芯轴作相对运动，卡瓦被锁住，进不了上部锥形槽，套铣防掉矛处于自锁状态。

在此状态下，可以接单根和上下活动钻具，如图 11－44(b)所示。下放铣管并正转，可解除自锁。

④当落鱼被套铣解卡后便往下滑，同时带动套铣防掉矛芯轴一起往下滑。由于摩擦块与套铣管摩擦阻力的作用，使芯轴和卡瓦作相对运动。芯轴上部卡瓦槽的7°斜面将卡瓦向外撑，使卡瓦咬住铣管内壁。落鱼被悬挂在铣管内，如图 11－44(c)所示。如果卡瓦打滑，摩擦块滑到摩擦衬套台阶上，也可阻止落鱼下落。

3.6　套铣倒扣器

套铣倒扣器一般用于被卡落鱼在井底的情况，并可将套铣、倒扣两次作业工序一次完成。套铣倒扣器装在套铣管顶部，在套铣完一段落鱼之后，利用对扣接头和落鱼对扣，然后爆炸松扣，将这段落鱼捞出。

(1)结构

套铣倒扣器分为内、外两部分：

①外部。外部包括与套铣管固定在一起的上接头、缸筒、中间接头、铣管安全接头和冲管，如图 11－45(a)所示。

②内部。内部包括与活塞杆(或称打捞杆)连接在一起的活塞总成、偏水眼接头、H 型(或 J 型)安全接头和对扣接头，如图 11－45(b)所示。内部零件通过套在活塞杆上面，位于中间接头内的矩形弹簧，悬挂在缸套中。

(2)工作原理

1)对扣

工具组装后，矩形弹簧的弹力使超越离合器啮合。此时对扣接头随铣管下行与落鱼顶部对扣连接。当超越离合器正弦曲面打滑时，对扣连接完成，如图 11－46(a)所示。

2)紧扣

上提钻具，此时因打捞杆(活塞杆)系统已经固定在鱼顶上，中间接头上行而压缩矩形弹簧，迫使紧扣牙嵌(其一半在活塞下部，一半在中间接头上部)啮合。当转动钻具时，扭矩经中间接头、活塞、打捞杆传至对扣接头，完成紧扣，如图11-46(b)所示。

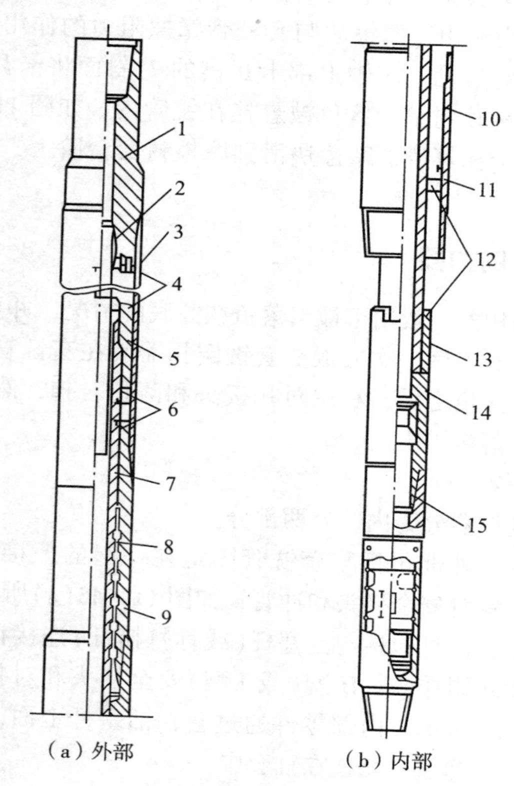

图11-45　套铣倒扣器

1—上接头；2—冲管；3—缸筒；4—超越离合器；5—活塞；6—紧扣牙嵌；7—活塞杆；8—弹簧；9—中间接头；10—铣管安全接头(下)；11—铣管接箍；12—倒扣牙嵌；13—下接头；14—锁紧键；15—J型安全接头

3)倒扣

在使用爆炸松扣前，为防止铣管被卡，可将H型(或J型)安全接头倒开，活动铣管。待爆炸松扣工具下到位置后，再将J型安全接头对上扣，而后按爆炸松扣程序倒扣。

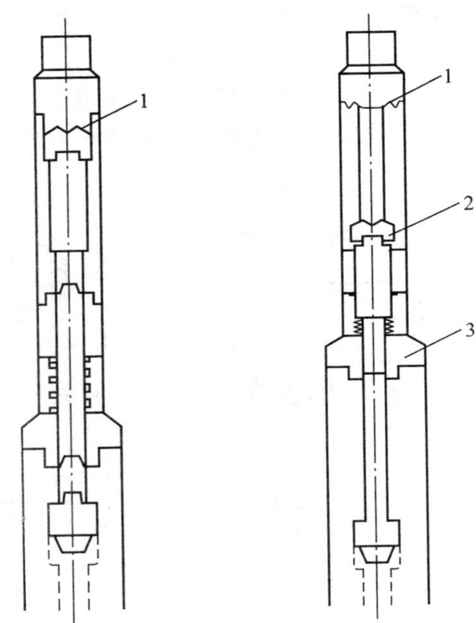

（a）倒扣器与落鱼对扣　（b）倒扣器与落鱼对扣后的紧扣状态

图 11－46　套铣倒扣器工作原理图

1—超越离合器；2—紧扣牙嵌；3—倒扣牙嵌

(3)套铣倒扣钻具组合

①外部：铣鞋＋套铣管＋套铣管安全接头＋套铣打捞矛＋下击器＋上击器＋钻铤或加重钻杆(27～55m)＋钻杆。

②内部：对扣接头＋J 型安全接头＋偏水眼接头。

3.7　防掉接头

图 11－47(a)为一种防掉接头，其主要部件为铣鞋和打捞接头，两者用右旋梯形螺纹连接在一起，当打捞接头“3”下至鱼顶并与鱼顶对扣后便和落鱼连接在一起不动了，继续正转钻具，剪断锁销，则铣鞋“2”与打捞接头“3”脱离，可以向下套铣，落鱼解卡后，落鱼带着打捞接头“3”下滑。当

接头“3”到达铣鞋“2”时，便悬挂在此处，随套铣筒一同起出井口。

图 11－47(b)为另一种防掉接头，它的工作原理与(a)相同，但它具有防止背锁效应的功能，即可避免在套铣过程中抓住落鱼时发生背锁卡钻。

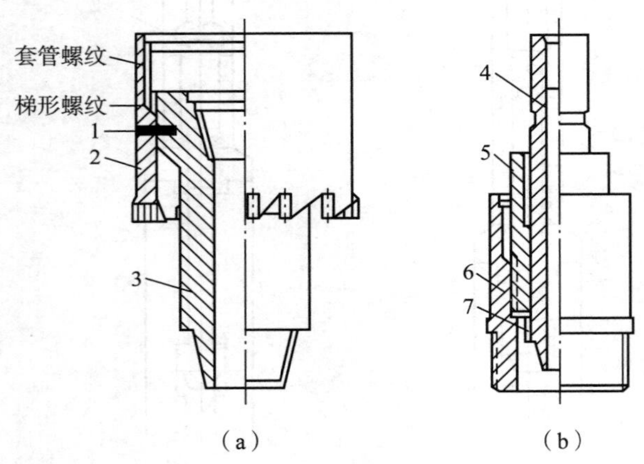

图 11－47　套铣防掉接头

1—锁销；2—铣鞋；3—打捞接头；4—打捞芯轴；5—过渡接头；6—接箍；7—止扣环

4　辅助打捞工具

4.1　安全接头

常用安全接头有 C 型、H 型、J 型三种类型，近年江苏德瑞石油机械有限公司又推出一种防脱安全接头(F 型)。按接头螺纹的旋向可分为左旋和右旋螺纹。除 F 型外，其他类型部件及技术参数都完全相同。

4.1.1　型号

安全接头型号表示如下：

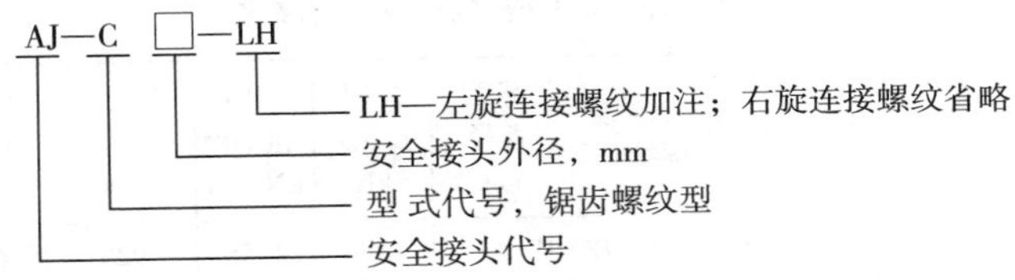

示例：AJ－C178－LH 表示外径为178mm 锯齿左旋螺纹钻井安全接头。

4.1.2　C 型安全接头

(1)结构与原理

C 型安全接头结构如图 11－48 所示。

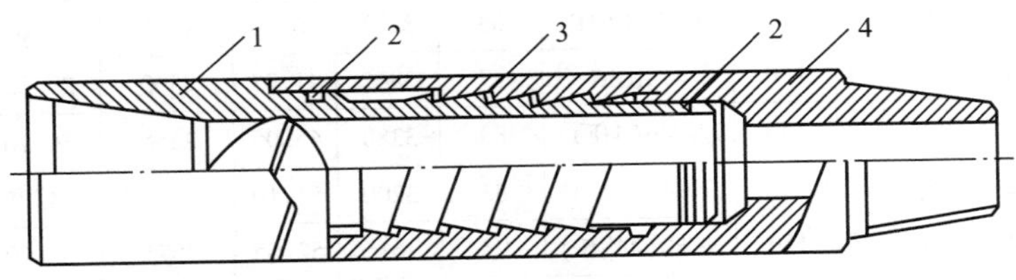

图 11－48　C 型安全接头

1—上接头；2—O 形圈；3—锯形齿；4—下接头

上接头上部是内螺纹，以便与钻具连接，下部是特种锯齿形粗牙外螺纹，并有上下两道密封槽。下接头下部是钻柱外螺纹，中间为特种锯齿形内螺纹，上下有密封面。安全接头的特种锯齿形螺纹，由于配合的比较松，螺距大，因而可以快速连接或拆卸。其结合台肩面处有三道等分的反向斜面，使特种螺纹配合面完全接触，并使之相互锁紧。安全接头可以承受正、反扭矩，如不采用专门的解脱方法，接头既不会松动，也不会脱开。安全接头之间配有两道 O 形圈，可以承受 69MPa 的压力。

(2)技术参数

C 型安全接头技术参数见表 11－46。

表 11-46　C 型安全接头技术参数

型　号	接头外径/mm	接头连接螺纹	水眼直径/mm	屈服拉力/kN	屈服扭矩/kN·m	最大工作拉力/kN	最大工作扭矩/kN·m
AJ-C86-LH	86	NC26(2⅜IF)	44	1390	9.55	925	6.35
AJ-C95-LH	95	2⅞REG	32	2060	15.25	1370	10.15
AJ-C105-LH	105	NC31(2⅞IF, 2⅞TBG, 2⅞UP TBG)	54	2105	19.10	1340	12.70
AJ-C108-LH	108	3½REG	38	3005	20.55	2005	13.70
AJ-C121-LH	121	NC38(3½IF)	68	2275	26.50	1515	17.65
AJ-C140-LH	140	4½REG	57	3845	41.05	2560	27.35
AJ-C146-LH	146	NC46(4IF)	83	3380	46.05	2255	30.70
AJ-C152-LH	152	NC46(4IF)	83	3200	51.10	2130	34.05
AJ-C156-LH	156	NC50(4½IF)	95	4615	52.65	3075	35.10
AJ-C159-LH	159	NC50(4½IF)	95	4665	58.40	3110	38.90
AJ-C171-LH	171	5½REG	70	5570	81.70	3710	54.45
AJ-C178-LH	178	5½FH	102	5080	85.50	3385	57.00
AJ-C197-LH	197	6⅝REG	89	5480	124.10	3650	82.75
AJ-C203-LH	203	6⅝REG	127	3415	48.00	2275	32.00
AJ-C229-LH	229	7⅝REG	101	—	—	—	—
AJ-C254-LH	254	8⅝REG	121	—	—	—	—
AJ-C115-LH	115	3½TBG 3½UP TBG	72	905	—	600	—

注：内平型(IF)螺纹与同栏的数字型(NC)螺纹可互换，栏中的两种油管螺纹根据需要可任选一种，大尺寸安全接头的拉力和扭矩暂未作规定。

4.1.3　H 型安全接头

(1)结构与工作原理

H 型安全接头是利用接头内部螺纹段 H 型凸块和滑槽的配合，达到连接和脱开的目的。其结构如图 11-49 所示。

(2)技术参数

H型安全接头技术参数见表11－47。

表11－47　H型安全接头技术参数

型　号	接头外径/mm	接头螺纹	内径/mm	最大工作拉力/kN	最大工作扭矩/kN·m
H－105	105	NC31	38	1340	12.70
H－121	121	NC38(3½IF)	38	1400	17.65
H－156	156	NC50(4½IF)	50	1400	35.00
H－159	159	NC50(4½IF)	50	1600	35.00
H－178	178	NC50(4½IF)	80	2500	40.00
H－203	203	6⅝REG	90	3300	44.00

4.1.4　J型安全接头

(1)结构与工作原理

J型安全接头类似于H型安全接头，是利用接头内部公、母段J型的凸块和滑槽的配合，达到连接和脱开的目的。J型安全接头结构如图11－50所示。

(2)技术参数

J型安全接头技术参数见表11－48。

表11－48　J型安全接头技术参数

型　号	外径/mm	内径/mm	接头螺纹	最大工作扭矩/kN·m	最大工作拉力/kN	销子剪断力/kN		
						铝销	铜销	钢销
J159	159	50	NC50	16	1500	88	132	176
J178	178	80	NC50	22	2000	88	132	176
J203	203	71	6⅝REG	22	2500	127	137	225

4.1.5　F型防脱安全接头

F型安全接头是江苏德瑞石油机械有限公司的专利产品，它是在早期安全接头的基础上做了重大改进而产生的。主要优点：

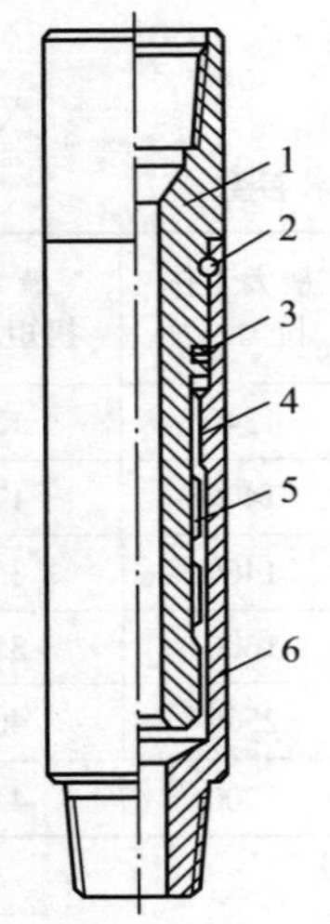

图 11 – 49　H 型安全接头

1—上接头；2—销子；3—O 形圈；4—下接头滑块；5—上接头凸块；6—下接头

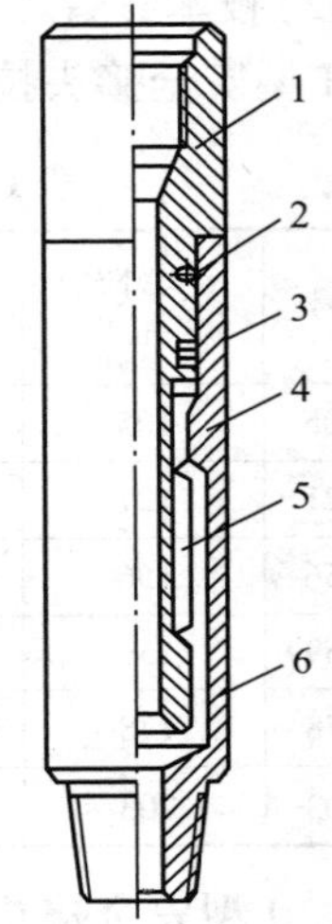

图 11 – 50　J 型安全接头

1—上接头；2—销子；3—O 形圈；4—下接头滑块；5—上接头滑块；6—下接头

①上、卸扣操作方便，抗扭强度大；

②在受拉力条件下，无论正转、反转都不会发生自动脱扣。

(1)结构特点

F 型安全接头由外筒、芯轴、传动套(牙嵌)、传动键、弹簧、止退销组成，如图 11 – 51 所示。

外筒内部有 20 + 40mm 螺距的母扣方螺纹，每一周螺纹底部靠上位置装有止退销钉；芯轴下部有 40 + 20mm 螺距的公扣方螺纹，所以芯轴公扣和外筒母扣之间有 20mm 的上下活动范围，当芯轴受拉公扣处于母扣上限位置时，公扣处于被止退销的锁定中。因此，当芯轴处于受拉状态时，无论正向、反向转动或上下活动钻具，安全接头都不会脱开。只有当芯轴受压公扣处于母扣下限位置时，芯轴才能自由转动从外筒中退出来。

由于以上特点，在拆、装安全接头时必须对芯轴施加压力，压缩防松弹簧使芯轴公扣处于母扣下限，再转动芯轴才能将其卸下或上紧。

(2)技术参数

F型防脱安全接头技术参数见表11-49。

(3)使用方法及注意事项

1)使用前对安全接头进行以下检查

①外观是否有撞伤、丝扣是否完好；

②将安全接头接在钻具或打捞工具上。安全接头不受压力时，芯轴与外筒之间不能转动。给安全接头芯轴施加1~2t压力，使弹簧压缩芯轴下行2cm，用大钳或链钳转动芯轴，能转动为正常。

2)卸开井下安全接头的方法与步骤

注：此按正扣的说明，反扣的旋向相反。

①给安全接头施加1~2t压力，反向缓慢转动钻具，随着钻具的转动悬重在逐步下降——说明安全接头已开始脱扣；

②少许上提钻具(注意仍使安全接头受压1~2t)，继续反转钻具；

③重复步骤②，直到悬重不再下降——说明安全接头已经脱开。少许上提钻具，悬重不增加证明安全接头已完全脱开。

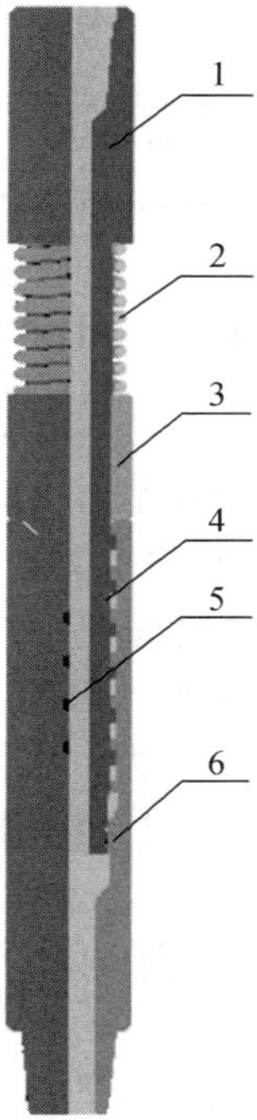

3)回接安全接头的方法和步骤

①把芯轴对入外筒；

②加压1~2t，缓慢正向转动钻具。随着钻具的转动，悬重渐渐恢复到原钻具悬重；

③重复步骤②，直到悬重不再有变化并且有反扭矩出现——说明已回接成功，可以进入下步正常作业。

1
2
3
4
5
6

图11-51　F型防脱安全接头

1—芯轴；2—弹簧；3—传动套；4—矩形螺纹；5—止退销钉；6—外筒

表 11－49　F 型防脱安全接头技术参数

规范型号	外径/mm	水眼/mm	最大工作拉力/kN	最大工作扭矩/kN · m	总长/mm	连接螺纹
AJ－F165	165	ϕ50.8	1800	50	1530	NC50
AJ－F165－LH	165	ϕ50.8	1800	50	1530	NC50

4.2　可变弯接头

处理钻具落井事故中，有时井下落鱼鱼头处在大井径井段，会贴靠在“大肚子”井眼的井壁上，或者是井眼轨迹变化，使用现有的常规工具打捞，往往因摸不到鱼头，而不能套住鱼头或者不能造扣，使打捞工作无法进展。在这种情况下使用可变弯接头，再配上相应的打捞工具，可以使打捞工具的探摸打捞范围扩大，大幅度提高打捞成功率。

4.2.1　KJ 型可变弯接头

KJ 型可变弯接头的下接头可以绕轴销旋转一个角度，产生拐变作用，增加了打捞工具打捞落鱼的范围。它可以和公锥、母锥、打捞筒、打捞矛等配合使用。同时由于它强度高，能承受较大的拉、压、扭转力量，可以和震击器配合使用，也可以进行倒扣作业。

(1)结构和工作原理

由上接头、外筒、活塞、凸轮、接箍、定向接头、转向销子、下球座、调节垫圈和下接头等组成，如图 11－52 所示。

限流塞与打捞器，是可变弯接头实现弯度可变的两个必不可少的辅助工具。限流塞与打捞器结构如图 11－53 所示。

开始打捞前，投入限流塞，在活塞上、下形成压差，推动活塞下行。凸轮受压后使定向接头变向，扩大打捞工具的捞取范围。打捞完成后，起钻前用钢丝下入打捞器，捞出限流塞，弯接头恢复为直接头。

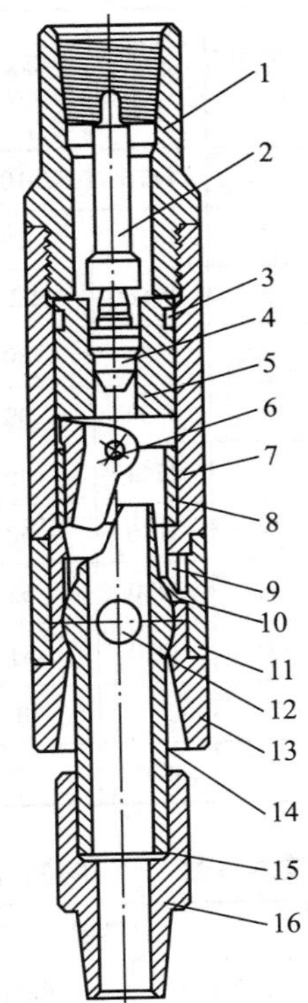

图 11－52　可变弯接头示意图

1—上接头；2—打捞器；3—活塞环；4—限流塞；5—活塞；6—凸轮；7—外筒；8—凸轮座；9—上球座；10—球密封圈；11—接箍；12—销子；13—下球座；14—定向接头；15—调节垫圈；16—下接头

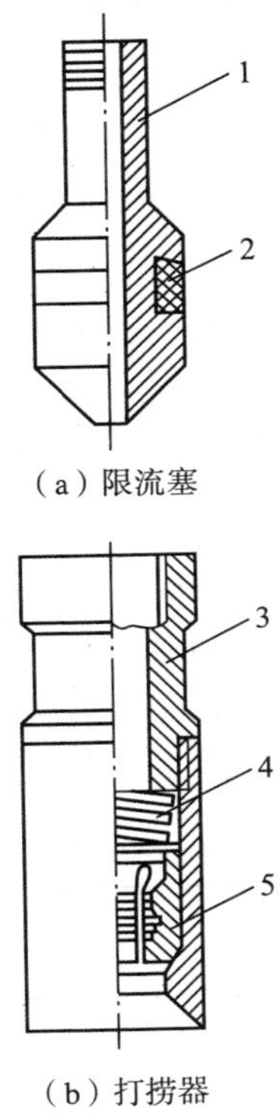

图 11－53　限流塞与打捞器结构示意图

1—打捞头；2—密封圈；3—接头；4—弹簧；5—卡瓦

(2) 技术规格

KJ 型可变弯接头技术规格见表 11－50，限流塞与打捞器的技术规格见表 11－51。

表 11－50　KJ 型可变弯接头技术参数

型　号	外径/mm	接头螺纹		内径/mm	弯曲角/(°)	屈服强度/kN	最大扭矩/kN · m
		上接头	下接头				
KJ102	102	NC31	NC31	35	7	1176	10. 9
KJ108	108	NC31	NC31	40	7	1470	15. 7
KJ120	120	NC31	NC31	50	7	1666	22. 76
KJ146	146	NC38	NC38	65	7	1960	30. 6
KJ165	165	NC50	NC50	70	7	2352	39. 2
KJ184	184	$5\frac{1}{2}$FH	NC50	75	7	2744	49. 4
KJ190	190	$5\frac{1}{2}$FH	NC50	80	7	3136	60. 4
KJ200	200	$5\frac{1}{2}$FH	NC50	90	7	3430	63. 7
KJ210	210	$5\frac{1}{2}$FH	NC50	114	7	3920	81. 5
KJ222	222	$5\frac{1}{2}$FH	NC50	114	7	4312	101. 1
KJ244	244	$6\frac{5}{8}$REG	$6\frac{5}{8}$REG	140	7	4802	105. 8

表 11－51　限流塞与打捞器技术参数　　单位：mm

钻柱内径	限流塞			打捞器	
	大端直径	打捞颈	外径	引鞋内径	引鞋外径
41. 3 ~ 44. 5	33 × 36	18	36	36	32
50. 8 ~ 54	40 × 43			36	40
61. 9 ~ 69. 9	49 × 52			50	46
76. 2 ~ 82. 6	56 × 59	22	43	58	52
88. 9 ~ 95. 3	72 × 75			65	57
101. 6 ~ 114. 3	75 × 78	30	55	77	62
	89 × 92	30	55		
	114 × 117				

4. 2. 2　水力弯接头

水力弯接头是江苏德瑞石油机械有限公司的专利产品，在工作原理上，它与KJ型可变弯接头基本相同。在结构上与KJ型可变弯接头最大的区别在于，水力弯接头装有喷嘴和导流管，省去了限流塞和打捞器。其优点在于：

①省去了投掷限流塞和打捞限流塞的工序，节省了投塞和打捞的时间，减少二次卡钻的风险。

②即便在打捞时，也可以开着泵。消除了憋泵的风险，同时更便于打捞时寻找鱼头和造扣。

③可用于定向钻井。

(1)结构与工作原理

水力弯接头由上体，下体、控制喷嘴、活塞、推杆及导流管组成。上、下体之间有轴销连接，如图11－54所示。

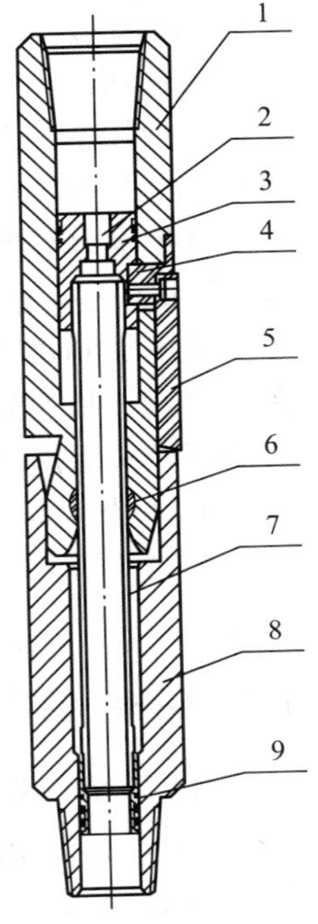

图11－54　水力弯接头结构示意图

1—上体；2—喷嘴；3—活塞；4—弯板；5—推杆；6—轴销；7—导流管；8—下体；9—芯管

工作时，在喷嘴的作用下，活塞上下形成一定的压力差，钻井液推动活塞及推杆下行，推杆压迫下接头绕轴销偏转，产生一个最大6°的偏斜角度。继而带动打捞工具也产生同样的偏斜度，扩大了打捞探摸范围，增加了打捞成功的机率。

(2)技术参数

水力弯接头技术参数见表11－52。

表11－52　水力弯接头规范及技术参数

型　号	外径/mm	活塞水眼/mm	最大弯曲度/(°)	最大工作压力/MPa	屈服强度/kN	最大扭矩/kN·m	接头扣型
DSWJ165	165	28	6	35	1200	45	NC50
DSWJ178	178	28	6	35	1500	50	NC50
DSWJ203	203	28	6	35	1950	55	NC50

注：工具有正、反两种扣型。

(3)使用方法及注意事项

①使用25L/s排量，喷嘴压力降3MPa左右。

②使用水力弯接头，可接长、短接头或钻杆扩大探寻范围，毋须再配用弯钻杆、固定弯接头等辅助工具。

③把水力弯接头接好后，下放使弯接头下体进入转盘内开泵，观察下接头是否偏转。如无偏转或偏转量太小，可增大泵排量。

④下钻到落鱼顶部开泵，上下活动并适当转动钻具，探摸鱼头打捞。从遇阻和泵压变化情况，判断是否捞住。由于经常会出现鱼头深度计算上的误差，因此在不能顺利捞获时，应扩大上下打捞范围。

⑤在井口开泵试验时，切不可使下接头露在转盘面以上，以防不测。

4.3　铅模(铅印)

当井下落物情况不明或鱼头变形情况不明，无法决定下何种打捞工具时，需要用铅模(又名铅印)来探测落鱼形状、尺寸和位置，有时，套管断裂、错位或挤扁，也需要用铅模来探测证实。

(1)结构

铅模由接头体和铅模两部分组成。有平底形和锥形两种，平底形铅模，用于探测鱼头平面形状，锥形铅模，用于探测鱼头径向变形。结构如图11-55所示。

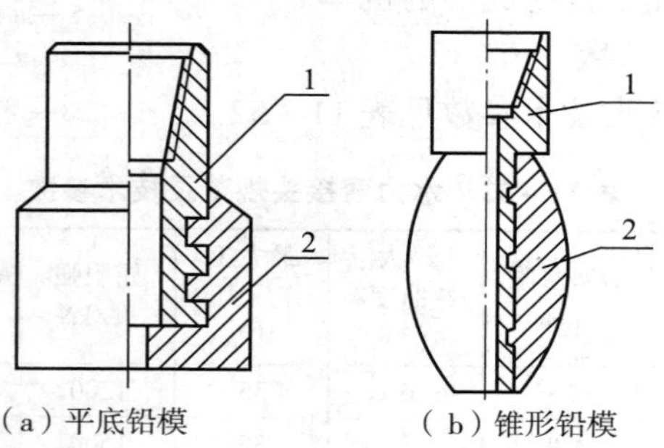

图11-55　铅模

1—接头体；2—铅模

(2)技术参数

锥形铅模的技术参数见表 11－53，平底铅模技术参数见表 11－54。

表 11－53　锥形铅模技术参数

规格/mm(in)	接头扣型	结构类型	最大外径/mm	接头外径/mm	水眼/mm	铅部长度/mm	锥度部分长度/mm	适用范围
108 (4¼)	2½油管扣 2½正规扣	A B	108 108	89.5 95	20±5	150±10 120±10	100	在 146mm 套管内用
114 (4½)	2½油管扣 2⅞正规扣	A B	114.3 114.3	89.5 95	20±5	150±10 120±10	100	在 146mm 套管内用
133 (5¼)	2½油管扣 3½正规扣	A B	133 133	89.5 108	20±5	150±10 120±10	120	在 168mm 套管内用
140 (5½)	2½油管扣 3½正规扣	A B	140 140	89.5 108	20±5	150±10 120±10	120	在 168mm 套管内用
165 (6½)	3½正规扣 贯眼扣 3½正规扣 贯眼扣	B B	166 166	108 118	30±5	120±10	140	在 193mm 套管内用
190 (7½)	3½正规扣 4½正规扣 3½正规扣 4½正规扣	B B	188 188	108 140	30±5	120±10	140	在 219mm 套管内用

表 11－54　平底铅模技术参数

规　格	接头		铅模内径/mm	铅模长度/mm	总长/mm
	外径/mm	扣型			
270	203	6⅝REG	40	150	350
225	159	4½IF	40	130	300
195	159	4½IF	30	120	250
170	121	3½IF	30	120	200
120	108	2⅞IF	20	100	200
100	89	2½ZG	20	100	200

5 测卡松扣与爆炸切割工具

5.1 测卡车

(1)用途

测卡车用于钻井或修井卡钻事故处理过程中的一种组合技术装备，可进行测卡点、爆炸松扣、爆炸切割、化学切割、水眼冲砂和软打捞等项作业，具有方便快捷、机动性强等特点。测卡车系统如图 11 -56 所示。

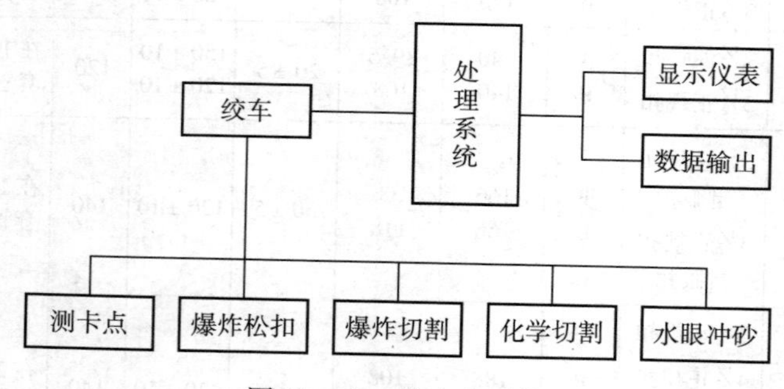

图 11 -56 测卡车系统

(2)技术参数

DC6 -5000 型测卡车技术参数见表 11 -55。

表 11 -55 DC6 -5000 型测卡车技术参数

最大作业深度/m	最大提升负荷/kN	载质量/kg	发动机型号 6HK1 - TC		整车参数		
			最大功率/kW(2500r/min)	最大扭矩/kN · m(1500r/min)	接近角/(°)	离去角/(°)	设备总质量/kg
7000	50	12000	200	0.76	26	16.6	19200

5.2　测卡仪

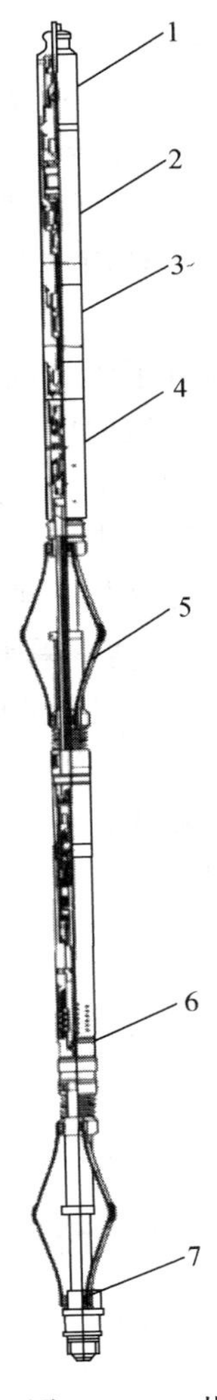

图 11－57　井下仪器结构
1—电缆头；2—磁性定位器；3—加重杆；4—伸缩杆；5、7—弹簧锚；6—卡点定位传感器

(1)主要结构

测卡仪由地面仪器和井下仪器构成。地面仪器包括信号处理系统和一组显示仪表。井下仪器包括电缆头、磁性定位器、加重杆、伸缩杆、弹簧锚、卡点定位传感器，如图 11－57 所示。

(2)工作原理

目前国内使用的测卡松扣仪器有进口 DIA－LOG、HOMCO、AES 和国产 CQY－1 等，常用规格有 1in、$1\frac{3}{8}$in 和 $1\frac{5}{8}$in。

发生卡钻事故时，利用测卡车将仪器下至被卡管具内的特定位置后，给管具施加相应的扭(或拉)力，传感器在锚定装置的作用下与管具形成“一体”，并将管具发生的弹性形变转化成电信号，经电缆传输到地面信号处理系统，经识别后由地面仪表反映出来。当传感器位于卡点以上时，测卡读数随作用力的变化而变化；当传感器位于卡点以下时，测卡读数不随作用力的变化而变化或变化很小，通过对不同位置测卡数据的分析就可以确定卡点的确切位置。

(3)主要技术参数

①地面仪器工作温度范围：－40～70℃。

②井下仪器耐温：200℃。

③井下仪器耐压：120MPa。

④适用范围：内径为 30～339.7mm 的

管具。

⑤测卡精度：±1.0m。

(4)使用方法

1)地面测试

在地面将井下仪器连接好(顺序为电缆头、磁性定位器、加重杆、伸缩杆、上弹簧锚、传感器总成、下弹簧锚、引鞋)。根据井下管具规格将弹簧锚调到合适的张力，将井下仪器通过电缆与地面仪器连接后，对整套仪器进行模拟测试，确认仪器正常后方可入井。

2)测卡点

当仪器下到需要测卡的位置后，给钻具或管串施加一定的作用力(通常采用扭转或提拉方式)。如果钻具或管串未卡，即可从地面仪器的读数表中读出相应读数。释放所加应力，读数表指针返回初始值；如果钻具或管串已卡，施加作用力后，读数表无显示或达不到预定目标值。测卡需要的转动参考圈数见表 11-56。

表 11-56　测卡需要的转动参考圈数

管具名称	油管	钻铤	钻杆	套管
圈数/(圈/1000m)	3⅓	1⅗	1⅗	⅘

5.3　爆炸松扣工具

(1)用途

确定卡点后，通过电缆及爆炸松扣工具携带定量爆炸源(雷管和导爆索)下到适当位置后引爆，将已施加有反向扭力的钻具或管串的螺纹震松并卸扣。

(2)结构

为提高操作的安全性，爆炸松扣工具采用由 3 个二极管串联而成的安全接头，起反向保护作用，结合系统负向供电方式，确保爆炸源由负向电流正确引爆。爆炸松扣工具结构如图 11－58 所示。

(3)使用方法

①按照图 11－58 所示将工具连接好，进行地面测试。

②井下钻具紧扣：紧扣的目的是使钻柱各连接部位受力均匀，并有足够的紧固程度，以防在施加反扭矩时把钻具倒开。钻杆紧扣时施加正扭矩的圈数和松扣时施加反扭矩的圈数推荐数据见表 11－57。

表 11－57 钻杆紧扣与松扣时扭转圈数

钻具公称尺寸/mm		140	127	114	89	73	60
推荐圈数	紧扣/(圈/1000m)	3.5	3.8	4.3	5.5	6.7	8.0
	松扣/(圈/1000m)	2.5	2.7	3.1	3.9	4.8	5.2

③将工具下到所测卡点以上松扣位置(通常为卡点以上 1～2 个单根接箍处)。爆炸杆接头直径应小于钻具最小内径 10～15mm。爆炸松扣推荐药量见表 11－58。

④施加反扭矩：该项操作对爆炸倒扣是否成功至关重要。

⑤用磁性定位器探测卡点以上的待松扣接头位置，将爆炸杆中点对准该接头，接通电源引爆。引爆成功则电路断开，如果松扣成功，则转盘扭矩迅速下降。

5.4 爆炸切割工具

(1)用途

爆炸切割工具主要应用于钻井或修井作业中切割管柱的作业，通常用来切割油管、套管、钻杆或小规格钻铤。由电缆携带聚能环形炸药下至预定位置，依靠炸药引爆时产生的高能冲击波将管柱切断。

(2)结构

爆炸切割工具结构如图11-59所示。

(3)技术参数及使用范围

常用爆炸切割工具规格及使用范围见表11-59，国产切割弹型号及技术参数见表11-60。

(4)使用方法

①工具准备：将电缆头、磁性定位器、加重杆、安全接头、上转换接头、点火接头、延伸杆依次连接好，并进行引爆电路检查。

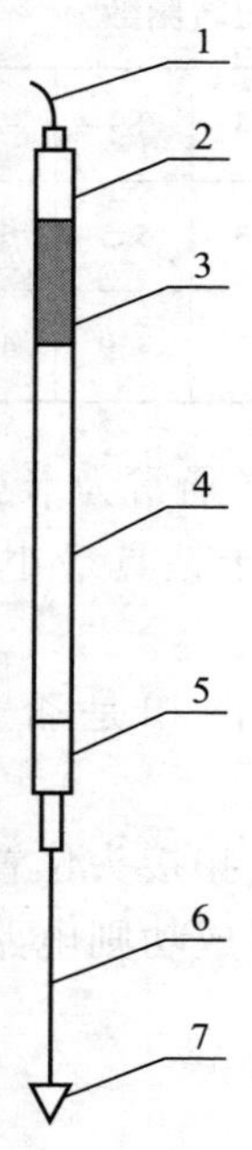

图11-58　爆炸松扣工具示意图

1—电缆；2—电缆头；3—磁定位；4—加重杆；5—爆炸安全接头；6—爆炸杆；7—引鞋

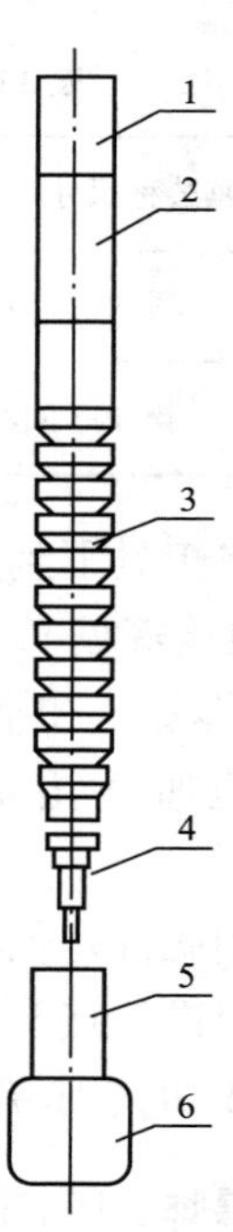

图11-59　爆炸切割工具示意图

1—上转接头；2—点火接头3—延伸管；4—雷管；5—转换接头；6—切割弹

表 11-58　爆炸松扣推荐导爆索用量

单位：根

管柱外径/mm(in)	钻井液密度/(g/cm³)	井深/km															
		0~0.6	0.6~0.9	0.9~1.2	1.2~1.5	1.5~1.8	1.8~2.1	2.1~2.4	2.4~2.7	2.7~3.0	3.0~3.3	3.3~3.6	3.6~3.9	3.9~4.2	4.2~4.5	4.5~4.8	4.8~5.1
钻杆																	
73.03 (2⅞)	1.20	2	2	3	3	3	3	3	3	3	4	4	4	4	4	4	4
	1.68	2	3	3	3	3	3	4	4	4	4	4	4	5	5	5	5
	2.16	2	3	3	3	3	4	4	4	4	5	5	5	5	6	6	6
88.9 (3½)	1.20	3	3	3	3	3	4	4	4	4	4	4	4	5	5	5	5
	1.68	3	3	3	4	4	4	4	4	5	5	5	5	5	6	6	6
	2.16	3	3	3	4	4	4	5	5	5	5	6	6	6	6	7	7
127 (5)	1.20	4	4	4	4	4	4	4	5	5	5	5	6	6	6	7	7
	1.68	4	4	4	4	5	5	5	5	5	6	6	6	6	7	7	7
	2.16	4	4	4	5	5	5	5	5	6	6	6	6	7	7	7	8
钻铤																	
152.4 (6)	1.20	6	6	6	6	7	7	7	7	7	7	7	8	8	8	8	8
	1.68	6	6	6	7	7	7	7	8	8	8	8	8	9	9	9	9
	2.16	6	6	7	7	7	7	8	8	8	9	9	9	9	10	10	10

续表

管柱外径/mm(in)	钻井液密度/(g/cm^3)	井深/km															
		0～0.6	0.6～0.9	0.9～1.2	1.2～1.5	1.5～1.8	1.8～2.1	2.1～2.4	2.4～2.7	2.7～3.0	3.0～3.3	3.3～3.6	3.6～3.9	3.9～4.2	4.2～4.5	4.5～4.8	4.8～5.1
177.8(7)	1.20	7	7	7	7	8	8	8	8	8	8	9	9	9	9	9	9
	1.68	7	7	8	8	8	8	8	9	9	9	9	10	10	10	10	11
	2.16	7	8	8	8	8	9	9	9	10	10	10	10	11	11	11	11
203.2(8)	1.20	8	8	8	8	9	9	9	9	9	9	10	10	10	10	10	10
	1.68	8	8	9	9	9	9	9	10	10	10	10	10	11	11	11	11
	2.16	8	8	9	9	9	10	10	10	10	11	11	11	11	12	12	12
228.6(9)	1.20	9	9	9	9	10	10	10	10	10	10	10	10	10	10	11	11
	1.68	9	9	9	10	10	10	10	11	11	11	11	12	12	12	12	12
	2.16	9	9	10	10	10	11	11	11	11	12	12	12	13	13	13	13
油管																	
52.39($2\frac{1}{16}$)	1.20	1	1	1	1	1	1	1	1	1	1	1	1	1	2	2	2
	1.68	1	1	1	1	1	1	1	1	1	2	2	2	2	2	2	2
	2.16	1	1	1	1	1	1	1	2	2	2	2	2	2	2	2	2

续表

管柱外径/mm(in)	钻井液密度/(g/cm³)	井深/km																
		0~0.6	0.6~0.9	0.9~1.2	1.2~1.5	1.5~1.8	1.8~2.1	2.1~2.4	2.4~2.7	2.7~3.0	3.0~3.3	3.3~3.6	3.6~3.9	3.9~4.2	4.2~4.5	4.5~4.8	4.8~5.1
60.33 (2⅜)	1.20	1	1	1	1	1	1	1	1	2	2	2	2	2	2	2	2
	1.68	1	1	1	1	1	2	2	2	2	2	2	2	2	2	2	2
	2.16	1	1	1	1	2	2	2	2	2	2	2	2	2	3	3	3
73.03 (2⅞)	1.20	1	1	1	2	2	2	2	2	2	2	2	2	2	2	2	2
	1.68	1	1	2	2	2	2	2	2	2	2	2	2	3	3	3	3
	2.16	1	2	2	2	2	2	2	2	2	3	3	3	3	3	3	3
88.90 (3½)	1.20	2	2	2	2	2	2	2	2	2	2	2	3	3	3	3	3
	1.68	2	2	2	2	2	2	2	3	3	3	3	3	3	3	3	3
	2.16	2	2	2	2	2	3	3	3	3	3	3	3	4	4	4	4
114.30 (4½)	1.20	2	2	2	2	2	2	2	3	3	3	3	3	3	3	3	3
	1.68	2	2	2	2	3	3	3	3	3	3	3	3	4	4	4	4
	2.16	2	2	2	3	3	3	3	3	3	4	4	4	4	4	5	5

注：每根导爆索长度约为1.5m，线密度为10.6g/m。若环空无钻井液，导爆索应减少1根；若环空有钻井液，水眼内无钻井液，导爆索应增加1根。井深小于60m，导爆索应增加1根。

表 11－59　爆炸切割工具规格及使用范围

爆炸切割工具				适用范围				
名称	外径/mm	耐压/MPa	耐温/℃	外径/mm	壁厚/mm	单位质量/(kg/m)	钢级	名称
钻杆切割工具	60. 32	110	200	88. 90	11. 40	23. 06	G－105	钻杆
	74. 61			114. 30	8. 56	24. 70		
	84. 14	80		127. 00	9. 19	29. 01		
套管切割工具	92. 07	62	200	114. 30	7. 37	20. 09	N－80	套管
	101. 60	115	160	127. 00	9. 19	26. 78		
	114. 30			139. 70	10. 54	34. 22		
	120. 65				6. 98	23. 06		
	136. 52	90		152. 40	9. 72	34. 22		
	139. 70	60		177. 80	11. 51	47. 62		
	152. 40	100			10. 36	43. 15		
	155. 57	70		193. 67	9. 52	44. 19		
	184. 15	55		219. 07	12. 70	65. 54		
	207. 96			244. 47	13. 84	79. 69	P－110	

表 11－60　国产切割弹型号及技术参数

名　称	型　号	外径/mm	耐压/MPa	耐温/℃	适用管柱	
					外径/mm	内径/mm
油管切割弹	UQ54－1	54	70	180	73. 0	62
	UQ79－1	79	60	180	88. 9	90
钻杆切割弹	UQ60－1	60	60	180	88. 9	66
	UQ60－2	60	60	180	127	70
钻铤切割弹	UQ50－1	60	60	180	120. 7	60
	UQ60－1	60	60	180	158. 8	70

②关掉井场所有动力设备、无线通讯设备，切断电源，然后将雷管放入导爆短节，再将导爆短节、切割弹接到延长杆下部。

③将整套工具下到预定深度时，将钻具或管串上提，其负荷比切割深度以上管柱重力多30～50kN，由地面仪器供电引爆爆炸源(切割弹)，即可完成爆炸切割作业。

5.5　化学切割工具

(1)用途

化学切割主要用于钻井或修井作业中切割管柱的作业，通常用来切割油管或套管。当被卡管具不适宜采用爆炸松扣工艺时通常可采用化学切割的方法。化学切割工具是一种用电缆起下、电流引爆装置。工具内装有一种推进剂，可使化学反应剂在高压下冲出喷嘴，并在高温下与管子的金属发生反应。

化学切割的优点是切割断口整齐，便于打捞。

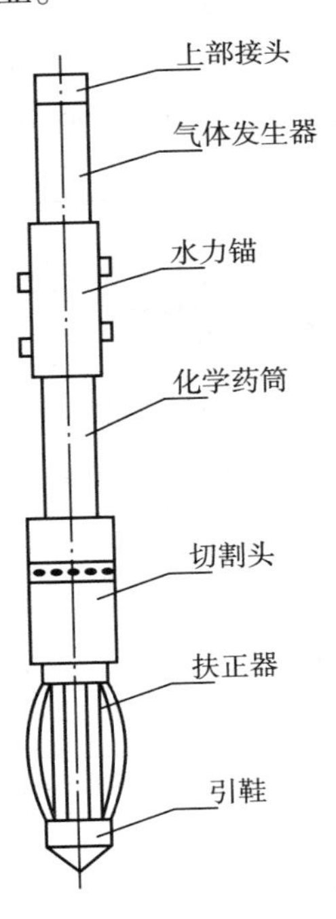

图11－60　化学切割工具示意图

(2)结构

化学切割工具由工具本体和在工具本体下部等距离分布的化学射流喷嘴组成，包括点火器下部接头、气体发生器、水力锚、化学药筒、切割头、扶正器、引鞋等。工具上装有压力起动卡瓦(水力锚)，以防止工具顺井眼向上垂直运动，造成电缆打扭。化学切割工具结构如图11－60所示。

(3)规格及使用范围

化学切割工具的规格及使用范围见表11－61。

表 11－61　化学切割工具规格及使用范围

化学切割工具		适用管具范围			
外径/mm	工具最大开口/mm	外径/mm	内径/mm	单位质量/(kg/m)	名称
19.05	26.67	33.40	24.31～26.64	2.68～3.35	油管
28.57	36.07	42.16	32.46～35.81	3.12～4.49	
34.92	48.26	48.26	38.10～41.91	3.57～5.43	
38.10	51.82	52.37	42.42～44.48	4.84～5.06	
		60.32	43.26～50.67	6.99～11.46	
39.69	53.34		47.07～50.67	6.99～9.23	
42.86	55.88		49.25～50.67	6.99～7.89	
44.45	63.50	73.02	52.30～62.00	9.67～15.92	
47.62	64.77				
50.80	65.53		55.75～62.00	9.67～14.14	
53.97	66.04		56.62～62.00	9.67～11.75	
57.15	80.01	88.90	66.09～74.22	15.33～23.06	
60.32	82.55		66.09～77.93	11.46～23.06	
66.67	88.01		74.22～76.00	13.84～15.33	
79.37	92.96	101.60	84.84～90.12	14.14～20.83	
92.07	111.00	114.30	97.18～102.87	15.62～23.06	套管
101.60	120.65	127.00	106.17～115.82	17.11～29.02	
112.71	128.27	139.70	118.62～128.02	19.34～34.22	
115.89	130.81				
139.70	165.10	177.80	157.07～163.98	29.76～43.15	
187.32	212.60	218.95	194.34～205.66	35.71～63.98	

(4)使用方法

①工具准备：将电缆头、磁性定位器、加重杆、安全接头、点火器依次连接好。

②关掉所有动力设备、无线电通讯设备，切断电源。

③将气体发生剂装入发生器中，连接水力锚和点火器，水力锚以下的组件按图 11－60 的顺序组装，并在井口把工具本体和化学射流喷嘴组装在一起。

④接通仪器电源，当整套工具下到预定切割深度时，将钻具或管串上提，其负荷比切割深度以上管柱重力多 30～50kN，通过地面仪器点火完成切割作业。

5.6 水眼冲砂工具

(1)用途

水眼冲砂技术是确保测卡、爆炸松扣、打捞套铣等作业顺利进行的配套工艺。当管具水眼被堵时，用电缆携带冲砂管下入钻具水眼内建立内部循环。利用钻井液射流冲刺水眼内的沉降物，使钻具水眼畅通，可降低卡钻事故的处理难度，加快了事故的处理速度。

(2)结构

水眼冲砂工具与电缆绞车配合使用，整套工具由井口、井下和起下钻三部分工具组成。

①井口工具由防喷盒、提升短节、三通、旋转头等组成，如图 11－61 所示。

②井下工具由电缆头、磁性定位器、旋转接头、上偏水眼接头、堵塞器总成、堵塞器座、剪切销子、小钻头、下偏水眼接头等组成，如图 11－62 所示。

③水眼冲砂工具的起下主要由电缆来完成。起下钻工具由卡瓦座、卡瓦、安全卡瓦、上卸扣钳子、短钻杆等组成。

(3)使用方法

①下钻对扣。

②安装井口工具。将旋转头、三通、下旋塞、防喷管(可缺省)、提升短节、防喷盒等依次连接好，将电缆穿过上述工具的水眼，并用大钩吊离井口 5～10m。

③接井下冲砂工具。井下冲砂工具组合为：小钻头＋剪削

短节+小钻杆+上偏水眼接头+旋转接头+磁性定位器+电缆头+电缆。

④下放井口工具使旋转头与井口钻具对扣。

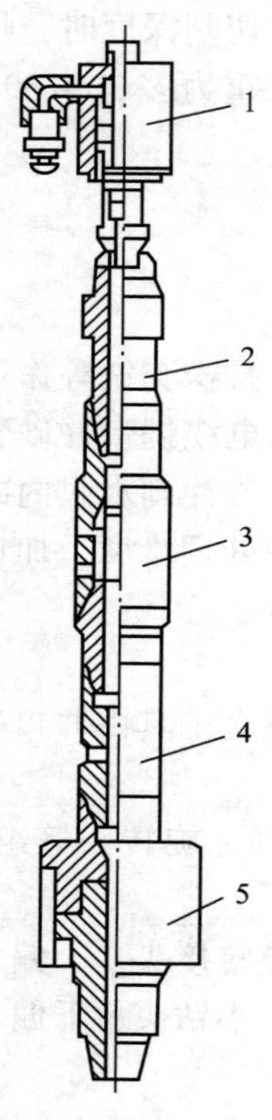

图11-61　水眼冲砂井口工具

1—防喷盒；2—提升短节；3—下旋塞；4—三通；5—旋转头

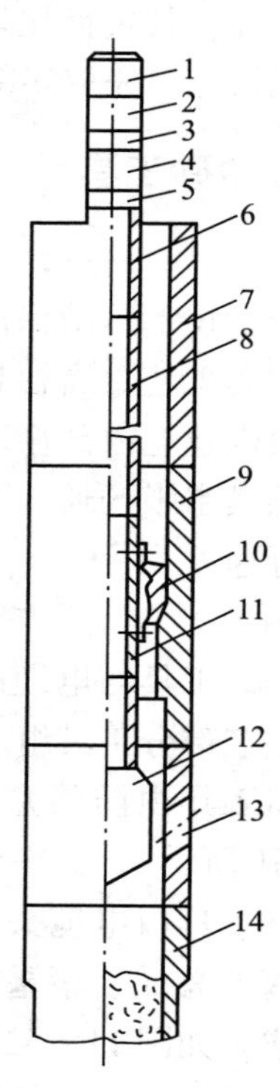

图11-62　水眼冲砂井下工具

1—电缆头；2—磁定位器；3—配合接头；4—旋转接头；5—配合接头；6—上偏水眼接头；7—配合钻具；8—小钻杆；9—堵塞器座；10—堵塞器总成；11—剪切短节；12—小钻头；13—下偏水眼接头；14—砂堵钻具

⑤冲砂工具下到砂面之后开泵冲砂。当全部砂堵被解除之后，停泵起出冲砂工具。

(4)技术参数

水眼冲砂工具的技术参数见表11－62。

表11－62　水眼冲砂工具技术参数

钻具规格	冲洗水眼直径/mm	A型堵塞器外径/mm	B型堵塞器外径/mm	堵塞器座内径/mm	小钻头外径/mm
127mm钻杆	108.6	88	85	80	64
127mm内外加厚钻杆	93.7				
159mm钻铤	71.4	55	60	50	45
178mm钻铤	71.4				
203mm钻铤	71.4				
89mm钻杆	76.0	55	60	50	45
121mm钻铤	57.2				

6　切割工具

对于井下被卡落鱼的未卡部分或已套铣的部分，如不用倒扣的方法，而采用切割办法分段取出落鱼，此时需使用切割工具。

6.1　机械式内割刀

内割刀是从管柱内径向外切割的工具。它可对钻杆、套管、油管进行切割，也可以和打捞作业同时进行，以提高作业效率。

(1)结构

机械式内割刀由摩擦扶正，锚定缓冲和切割三部分组成。其结构如图11－63所示。

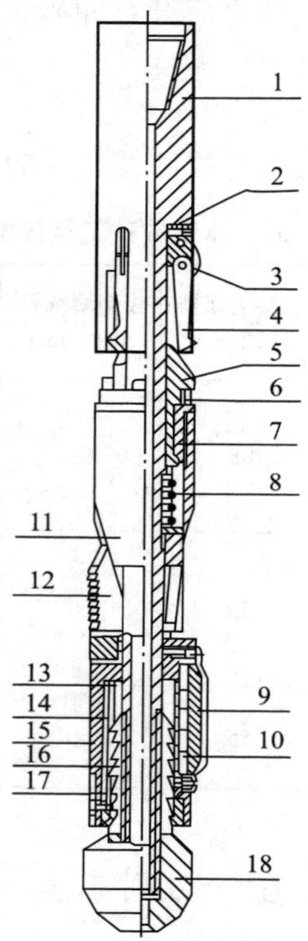

图11－63　机械式内割刀

1—芯轴；2—刀片支撑；3—刀片簧4—刀片；5—推刀块；
6—止推环；7—开合螺环；8—主簧；9—摩擦块；10—摩擦块弹簧；
11—卡瓦锥体；12—卡瓦；13—滑牙片；14—滑牙片簧；15—扶正体；
16—滑牙套；17—定位环；18—引鞋

(2)工作原理

①正转芯轴，由于摩擦块和套管内壁的摩擦阻力，摩擦扶正部分并不随割刀芯轴转动，在其内部滑牙的啮合作用下，摩擦扶正部分向上运动，并推动锚定缓冲部分一起向上运动，在斜面燕尾槽的作用下，锚定缓冲部分的卡瓦工作外径逐渐扩大，直到抵住套管内壁，工具被固定。

②此时摩擦扶正部分内部滑牙脱开啮合。下放割刀，割刀在卡瓦作用下被固定在套管内壁上。在下放割刀的同时，锚定缓冲部分相对向上运动，推动切削部分的刀片逐渐向外张开，旋转割刀就能进行切割了。

③切割完毕，上提割刀，摩擦扶正部分和描定缓冲部分相对中芯轴向下运动，直至抵住引锥，刀头收回，卡瓦失去楔紧作用，于是工具便可提出井外。

(3)使用方法

①将内割刀联接于钻柱上，下到指定井深，但应避开套管、油管接箍、钻杆接头等处。

②正转割刀 3 圈，使摩擦扶正部分内滑牙脱开。

③下放加压(500~1000kg)，使卡瓦与切割管柱内壁咬紧。

④以 10~18r/min 的转速正转进行切割作业。切割过程中应逐渐加压，每次下放钻具 2mm，不要超过 3mm。这样当下放钻具长度达到 32mm 时，旋转自如，无反扭矩出现表明切割完成。此时，可提高转速到 28r/min，并反复加压(500kgf)两次，若扭矩值无增，即证明管柱切断。

⑤停止转动钻具，先缓慢上提，使内割刀恢复初始状态后，起钻。

⑥进行打捞作业，取出被割断的管柱。

注：在落鱼较深的情况下，为简化打捞程序，可在割刀上部接适当的小钻杆，其长度等于切割位置到鱼顶处的长度，小钻杆上端接打捞矛。这样割断后先上提割刀使之回复初始状态，然后，再下放钻柱使打捞矛进入鱼顶孔内，反转一圈，上提钻柱，即可把落鱼与割刀一起取出。

(4)注意事项

①下井前应核对被切割的管柱内径尺寸是否和割刀相适应。

②刀片是否处于缩回状态。

③下放内割刀时严禁转动钻柱，如下放遇阻，应上提钻柱检查原因。

④切割时应缓慢正转，操作要平稳，送钻要均匀。

(5)技术参数

高峰石油机械有限公司 NG 型机械式内割刀技术参数见表 11 - 63。

表 11 - 63　NG 型机械式内割刀技术参数

型　号	内割刀外径/mm	接头螺纹 API	水眼/mm	切割管外径/mm(in)
NG60	46	CYG22 抽油杆螺纹	12	60.3($2\frac{3}{8}$)油管
NG73	57	1.900TBG	14	73($2\frac{7}{8}$)油管
NG89	67	$2\frac{3}{8}$TBG，1.900TBG	14	88.9($3\frac{1}{2}$)油管
NG102	83	$2\frac{3}{8}$TBG	14	101.6(4)油管
NG114	85	NC26	16	114.3($4\frac{1}{2}$)套管
				114.3($4\frac{1}{2}$)油管
				114.3($4\frac{1}{2}$)钻杆
				127.0(5)钻杆
NG127	102	$2\frac{7}{8}$REG	16	127.0(5)套管
				127.0(5)钻杆
NG154	102	NC31	16	139.75($5\frac{1}{2}$)套管
NG168	127	NC38	20	168.3($6\frac{5}{8}$)套管
NG168	138	NC38	20	168.3($6\frac{5}{8}$)套管
NG178	145	$3\frac{1}{2}$REG	40	177.8(7)套管
NG219	185	$5\frac{1}{2}$FH	50	219.1($8\frac{5}{8}$)套管
NG245	210	$6\frac{5}{8}$REG	55	244.5(9)套管
NG298	260	$6\frac{5}{8}$REG	80	298.4($11\frac{3}{4}$)套管
NG340	295	$6\frac{5}{8}$REG	80	339.7($13\frac{3}{8}$)套管
NG406	370	$6\frac{5}{8}$REG	125	406.4(16)套管
NG508	475	$6\frac{5}{8}$REG	125	508(20)套管

6.2　水力式内割刀

(1)结构

水力式内割刀是利用液压推动的力量从管子内部切割管体

的工具，结构如图 11－64 所示。利用调压总成的限流作用，在活塞总成的上、下形成压差，迫使活塞下行，经过导流管总成推动割刀片向外张开，切割管壁。完成切割后，停止循环钻井液，活塞总成在弹簧力的作用下向上移动，刀片自动收拢，便可取出钻具。

(2)技术参数

水力式内割刀的技术参数见表 11－64。

表 11－64　水力式内割刀技术参数

工具型号	接头螺纹	本体外径/mm	刀片收缩外径/mm	刀片张开外径/mm	总长/mm	扶正套与扶正块外径/mm	可切割管柱/mm	
							外径	壁厚
TGX－9	NC50	210	210	310	1512	222	244.47	8.94
						220		10.03
						218		10.05
						216		11.99
TGX－7	NC46	146	146	210	1313	158	177.8	8.05
						156		9.19
						154		10.36
						151		11.51
						149		12.65
						147		13.72
TGX－5	NC31	114	114	170	1287	121	139.7	7.72
						118		9.17
						115		10.54

6.3　机械式外割刀

(1)结构

机械式外割刀主要由三部分组成：

①切割部分，由刀头和进刀环组成。

②定位与操纵部分，由卡紧套、滑环、主弹簧、进刀环和销钉组成。当割刀下到预定位置，上提钻具，割刀内卡紧套上的卡簧向上顶住落鱼台肩。筒体通过剪销带动进刀环向上移动，弹簧被压缩，在拉力超过剪销允许负荷时剪销剪断，弹簧推动进刀环下行将割刀推向落鱼并定位。

③自动给进部分，由上、下止推环组成一副止推轴承。上止推环与卡紧套和落鱼接头固定一体不转动，而筒体带动下止推环以下部件一起转动。在禁止钻具上下活动的情况下完成切割。由弹簧势能推动进刀环实现自动进刀。

机械式外割刀结构如图 11－65 所示。

(2)技术参数

WD－J 型机械式外割刀技术参数见表 11－65。

表 11－65　WD－J 型机械式外割刀技术参数

工具型号	外径/mm	内径/mm	可切割管外径/mm	适用最小井眼/mm	能过最大落鱼外径/mm	接头螺纹	销钉剪力/kN	
							单	双
WD－J58	58	41		62			1.29	2.58
WD－J98	98	79	60	105	78		1.29	2.58
WD－J114	114	82	60	120.6	79	NC31	2.89	5.78
WD－J119	119	98	73	125.4	95	NC38	1.29	2.58
WD－J143	143	111	52.89	146.2	108	NC38	2.89	5.78
WD－J149	149	117	60.89	155.6	114	NC38	2.89	5.78
WD－J154	154	124	60.101	158.8	120	NC46	2.89	5.78
WD－J194	194	162	89、101、114、127	209.5	159	NC50	2.89	5.78
WD－J206	206	168	101.146	219.0	165	6⅝ REG	2.89	5.78

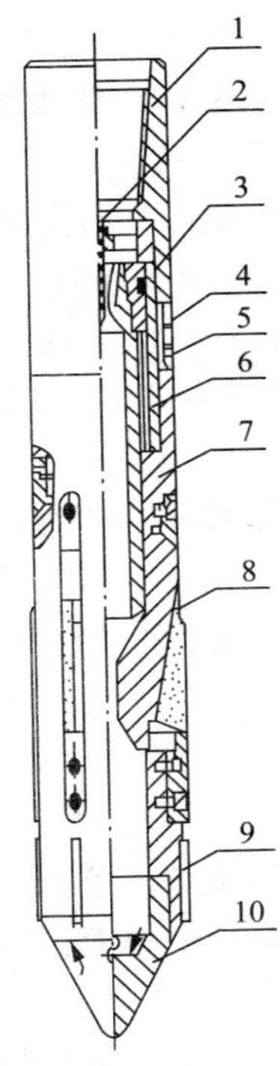

图 11－64　水力式内割刀

1—上接头；2—调压总成；
3—活塞总成；4—缸套；
5—弹簧；6—导流管总成；
7—本体；8—刀片总成；
9—扶正器；10—堵头

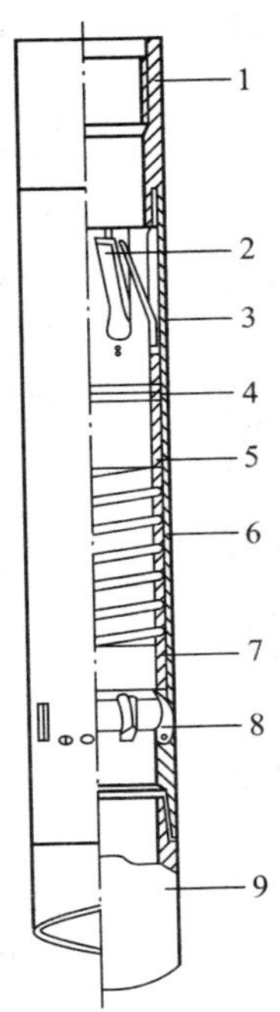

图 11－65　机械式外割刀

1—上接头；2—卡簧体、卡簧；
3—筒体；4—止推轴承；
5—卡紧套；6—主弹簧；
7—进刀环；8—刀头；
9—引鞋

6.4　水力式外割刀

(1)结构

水力式外割刀结构如图 11－66 所示。

(2)工作原理

当水力式外割刀用套铣管下入井内到达预定切割位置时，开泵并逐渐加大排量，在分瓣活塞上下造成压力差时，两剪

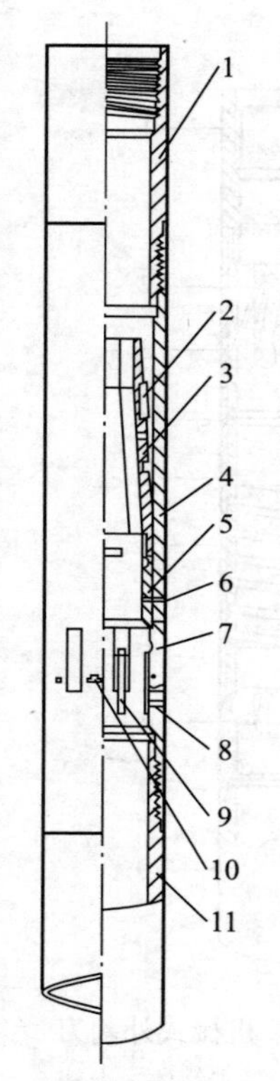

图 11-66　水力式外割刀

1—上接头；2—胶皮箍；3—分瓣活塞；4—壳体；5—进刀环；6—剪销；7—刀头；8—螺钉；9—压刀弹簧；10—刀头销；11—引鞋

销剪断；或者上提钻具到分瓣活塞顶住落鱼的台肩，继续上提，由于分瓣活塞向下推动进刀环，进刀环相对壳体下行，两剪销剪断，进刀环下行推动刀头向里转动抵住落鱼。此时开泵循环，转动钻柱，由于分瓣活塞上下有一个压力差，此压力差即连续推动进刀环使刀头连续进刀切割，直到割断落鱼。

割断落鱼后，上提钻具，由于分瓣活塞靠胶皮箍的作用始终抱住落鱼本体，因此，在起钻中，分瓣活塞会顶住落鱼的台肩将落鱼与割刀一起取出。

(3)使用方法

1)切割前的准备

①切割前，首先要套铣被卡落鱼，套铣长度要比准备切割长度长一个单根，以便切割时切点处落鱼容易找中。

②根据要切割的落鱼规格，选择相应的外割刀和分瓣活塞。装配好后把外割刀接在套铣管的下端。套铣管下端的铣鞋外径要略大于割刀的外径，以保证割刀与井眼有一定的间隙，使其能顺利套入落鱼。

2)切割

①当割刀下放到预定切割位置时，开泵循环，调整钻井液性能，冲洗钻杆上的泥饼。继续慢慢下放，同时循环，直到预定切割位置。

②继续循环，空转割刀，记下空转扭矩。加大泵的排量，提高泵压直至剪断剪销(或上提钻具到 13kN 剪断剪销)然后再调整割刀到切点位置。

③用小排量循环，以 40 ~ 50r/min 的转速正转割刀，以水力自动进刀切割，直到割断落鱼。

④判断落鱼已被割断，即可起出割刀和落鱼。

3）是否割断的判断方法

①切断时指重表明显跳动，悬重增加，扭矩减小。

②将钻杆慢慢上提 30 ~ 55mm，指重表悬重增加，其增加量为被割断部分落鱼的重量。

③旋转钻柱，转动自如。当割断短落鱼时，则转速增加；割断长落鱼时，则悬重增加。

④继续上提，悬重不再增加，证明已经割断。

（4）技术参数

高峰石油机械有限公司 WD – S 型水力式外割刀技术参数见表 11 – 66。

表 11 – 66　WD – S 型水力式外割刀技术参数

型　号	外径/mm	内径/mm	最小井径/mm	切割管径/mm	剪销剪断力/kN
WD – S95	95	73	111. 13	33. 34 ~ 52. 39	9
WD – S103	103	81	120. 65	33. 34 ~ 60. 33	9
WD – S113	113	92	130. 18	49. 21 ~ 73. 03	9
WD – S119	119	98	136. 53	49. 21 ~ 73. 03	11
WD – S143	143	109. 5	158. 75	52. 39 ~ 101. 60	11
WD – S154	154	124	168. 28	60. 33 ~ 101. 60	14
WD – S204	204	165	215	88. 90 ~ 127	14
WD – S210	210	171	219	88. 90 ~ 127	14

6.5　水力切割接头

在以下几种情况下，可使用水力切割接头，处理卡钻事故。一是被卡钻柱由于强扭强转，爆炸松扣成功率很低；二是对超过 4000m 的深井，由于上部井眼的摩阻。钻柱扭矩很难传递下去，松扣位置的准确性难以保证；三是边远探井，爆炸松扣的组织工作需要很长时间，会造成事故恶化。水力切割接头可将本体切断，使事故的进一步处理更加容易。结构见图 11 - 67。

正常钻进时将该工具接在钻柱的预定部位。当钻具被卡时，将堵头由地面钻杆水眼投入，堵塞接头阀座。开泵循环时，钻井液经上、下定位套的缝隙高速喷出，对接头本体进行切割，40min 到 2h 就能把本体切断。切断后，堵头、上定位套和护套可随上部钻具一同起出，然后对落鱼进行其他方法的处理。

技术参数见表 11 - 67。

表 11 - 67　SQJ 型水力切割接头技术参数

型　号	外径/mm	接头螺纹	总长/mm
SQJ178	178	NC50	800

7　电缆及仪器打捞工具

7.1　内钩捞绳器

(1)结构与工作原理

内钩捞绳器也叫内捞矛，是在厚壁钢管内壁上焊上挂钩制成，如图 11 - 68 所示。挂钩顺时针方向倾斜，电缆被挂钩挂住之后，转动捞绳器，钩体向内收缩，使打捞更为可靠。

(2)技术规格

使用内钩捞绳器时，其外径与套管内径或井眼直径的间隙不得大于电缆直径。其规格见表 11 - 68。

表 11-68　内钩捞绳器技术规格

外径/mm	接头螺纹	挂钩数目/只	挂钩直径/mm	开口长度/mm	总长/mm
219	NC50	6	16	950	1400
194	NC50	5	14	800	1200
168	NC38	4	14	600	1100
140	NC38	3	14	500	900
102	NC31	3	14	400	800

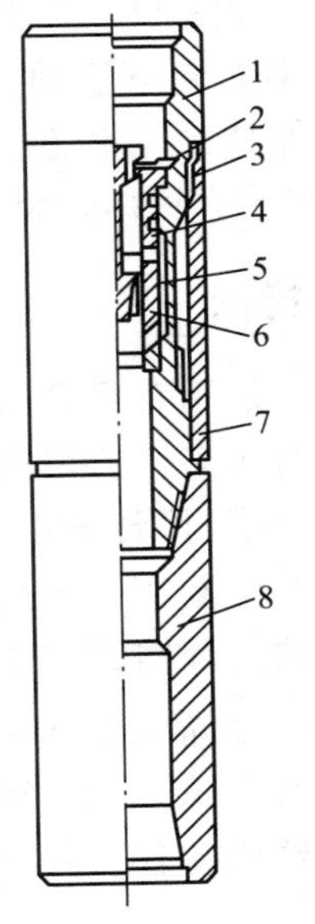

图 11-67　水力切割接头

1—本体；2—挡圈；3—护套；4—上定位套；5—下定位套；6—堵头；7—螺钉；8—对扣接头

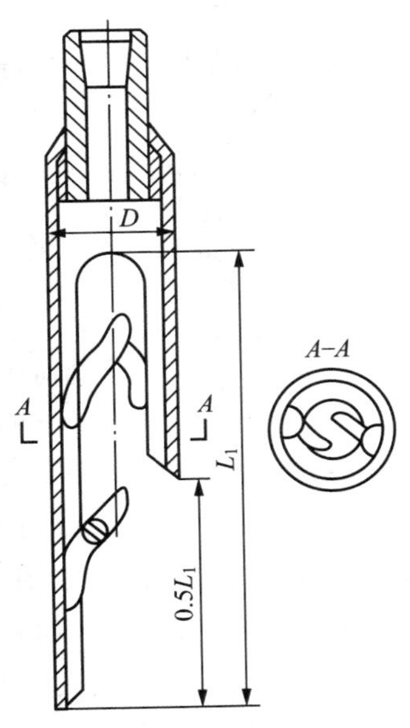

图 11-68　内钩捞绳器

7.2　外钩捞绳器

外钩捞绳器也叫外捞矛。由接头、挡绳帽、本体和捞钩组成，如图 11-69 所示。本体的锥体部分焊有直径为 15mm 的捞钩，捞钩与本体直线呈正旋方向倾角，挡绳帽的外径应比钻头直径小 8 ~ 10mm，圆周可以开 6 ~ 8 个斜水槽。

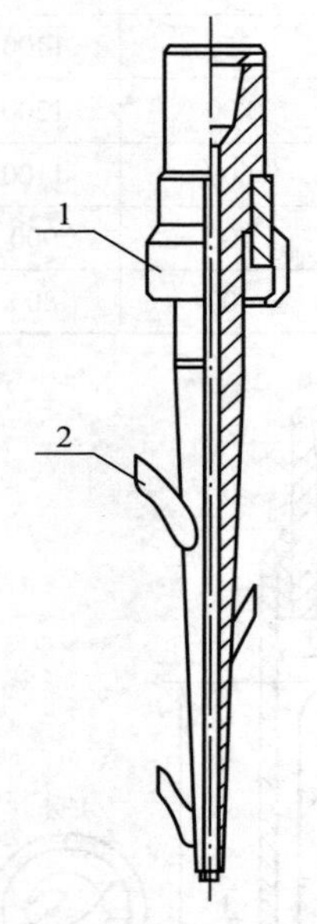

图 11 - 69　外钩捞绳器
1—挡绳帽；2—捞钩

7.3　卡板式打捞筒

卡板式打捞筒用于打捞落入井内的细长杆状物件，如测斜仪、电测仪、撬杠等。

卡板式打捞筒由接头、筒体、两副卡板和引鞋组成，如图 11 - 70 所示。卡板只能向上活动不能向下活动，通常由于弹簧的作用，保持水平状态，因此它只能让落物进入而不允许落物脱出。

7.4　卡簧式打捞筒

卡簧式打捞筒是用直径合适的套管制成的。在套管的适当位置沿圆周均匀分布割 4 个窗口，其下端与管体相连，其余 3 面与套管本体割离，形成一个舌状钢板。用火烤软，砸向管体中心，形成一个卡簧式打捞筒，如图 11 - 71 所示。上部大小头与钻柱连接，下部引鞋(也可以直接割制引鞋)引导鱼头入筒，筒体上有两排卡簧式打捞篮，是为了可靠地将落物夹持住，其打捞原理和卡板式打捞筒相同。

7.5　打捞筒引鞋

打捞筒引鞋基本型式有 3 种，如图 11 - 72 所示：

①加大引鞋，在井眼大捞筒小的情况下适用。

②半圆式引鞋，即沿周向将管壁的 1/2 筒体削去 0.3 ~ 0.4m，形成一个高差，这对于判明井下打捞情况十分有利。因为细长杆落物斜倚于井壁，能不能把它引入捞筒是打捞成败的

关键。用这种引鞋能正确判断落鱼是否已进入捞筒，在现场多次使用，成功率极高。

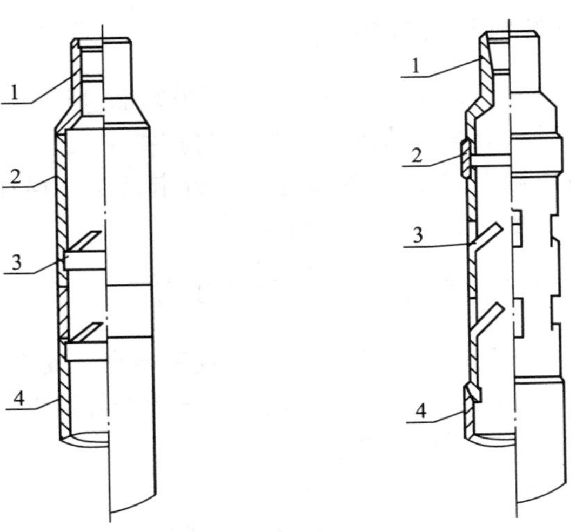

图 11－70　卡板式打捞筒结构示意图
1—接头；2—筒体；
3—卡板；4—引鞋

图 11－71　卡簧式打捞筒结构示意图
1—大小头；2—接箍；
3—卡簧；4—引鞋

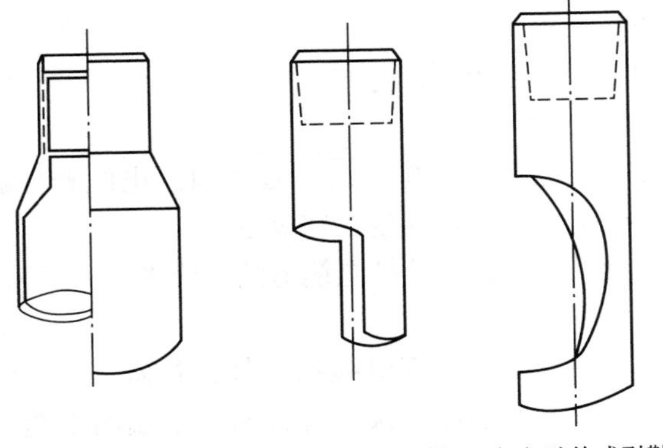

（a）加大引鞋　（b）半圆式引鞋　（c）壁钩式引鞋

图 11－72　打捞筒引鞋结构示意图

③壁钩式引鞋，它可以拨动鱼头，改变鱼头在井内所处的位置，有利于引入。

7.6 旁开式测井仪打捞筒

旁开式测井仪打捞筒是一种不截断电缆而进行打捞的工具，打捞时用钻具从电缆旁边下入打捞筒打捞被卡仪器。因为不截断电缆，可以随时监视仪器和电缆的解卡情况。捞住仪器后，也不必拉断电缆。其结构见图 11－73。

7.7 钻杆穿心法解卡电缆与仪器工具

钻杆穿心法是目前使用最普遍、效率最高、安全性最好的电缆解卡打捞方法，它能一次将仪器和电缆全部捞出。

(1)钻杆穿心打捞工艺需要的工具

①带“T”形杆的电缆悬挂器；

②上部电缆头、加重杆和快速母接头；

③下部电缆头、快速公接头；

④C 形开口板；

⑤卡瓦打捞筒；

⑥电缆悬挂短节。

其结构如图 11－74 所示。

(2)穿心打捞操作

①轻轻上提电缆(约 1000kg)，在井口用电缆悬挂器把电缆卡牢，下放电缆，使悬挂器坐在转盘上。

②在转盘以上适当部位把电缆剪断。应考虑井的实际情况，留有足够的长度余量。

③在剪断的上部和下部电缆切口处，各做一个电缆头。使上端的电缆头带上加重杆和快速母接头，下端的电缆头带快速公接头。

④在第一柱钻杆下端接上卡瓦打捞筒(据打捞部位尺寸确定打捞筒尺寸)。卡瓦打捞筒引鞋的底面不能太锋利，以防其

在“狗腿”或井内其他台肩处坐在电缆上，切断电缆。

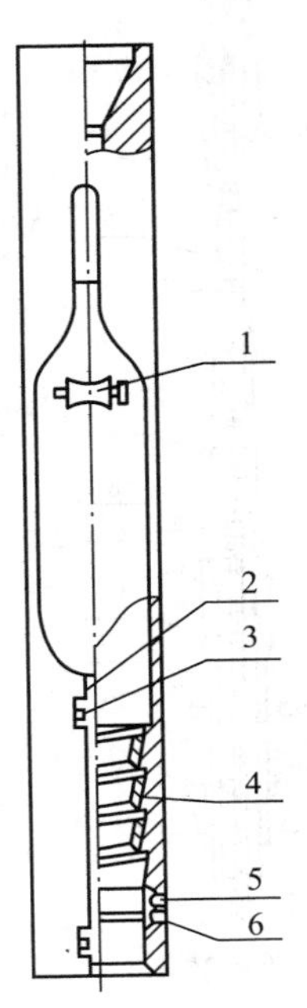

图 11－73 旁开式测井仪捞筒

1—滚轮；2—侧板；
3—固定螺钉 4—螺旋卡瓦；
5—卡瓦锁环；6—控制螺钉

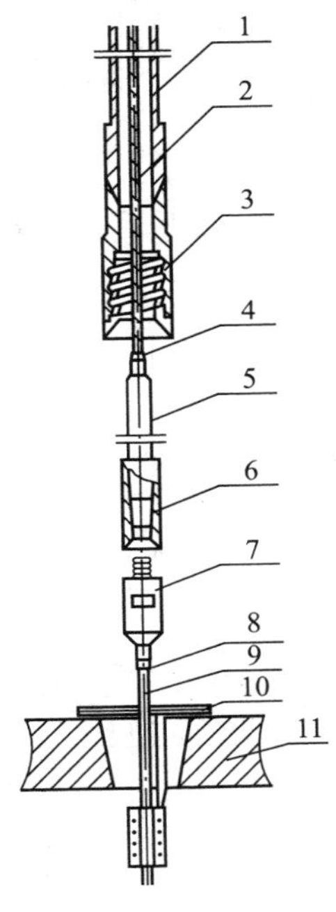

图 11－74 电缆穿心打捞专用工具示意图

1—钻杆；2—上部电缆；
3—卡瓦打捞筒；4、8—电缆头；
5—加重杆；6—快速母接头
7—快速公接头；9—下部电缆；
10—电缆悬挂器；11—转盘

⑤绞车工收电缆至二层平台，井架工将快速母接头及加重杆放入钻杆内。提起钻杆，绞车工下放电缆，当快速母接头从钻杆立柱下端露出，把快速母接头与快速公接头接好。拉紧电缆，卸开电缆悬挂器，即可下一柱钻杆，见图 11－75(a)。

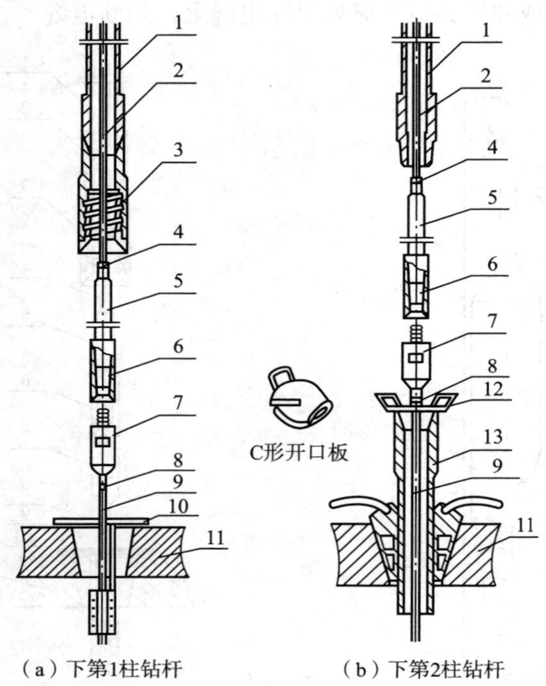

(a) 下第1柱钻杆　　(b) 下第2柱钻杆

图 11 - 75　电缆穿心打捞操作示意图

1、13—钻杆；2—上部电缆；3—卡瓦打捞筒；4、8—电缆头；5—加重杆；6—快速母接头；7—快速公接头；9—下部电缆；10—电缆悬挂器；11—转盘；12—C 形开口板

⑥立柱下完，吊卡坐在转盘上，将 C 形开口板套过电缆坐在井口钻杆母扣上，使下部电缆的电缆头坐在 C 形板上。松开快速公、母接头之间的丝扣。

⑦重复以上⑤、⑥两操作步骤，直至卡瓦捞筒触到仪器本体或和尚头，并将其抓获，见图 11 - 75(b)。

仪器是否真的被抓住了？验证的方法是：上提钻杆，看电缆是否呈现松驰状态。如果电缆呈现松驰状态，则证明仪器被抓获了。

⑧在钻杆顶部装上电缆悬挂短节，将下部电缆头及快速公

接头可卡在偏心座内。

⑨接上方钻杆或循环接头，开泵循环，使泵压作用在卡瓦捞筒内的落鱼上，保证落鱼被抓牢，不会在起钻中滑脱。注意，循环时排量不可太大，泵压不能太高，防止将捞住的仪器蹩掉。循环时要多活动钻具，防止钻具黏卡，活动范围3～5m。

⑩证实落鱼确实被抓牢后，在下部电缆断口以下再卡上电缆悬挂器，去掉电缆头，打一个方扣把两段电缆连接起来，然后用吊卡和电缆悬挂器把电缆从仪器上方的电缆头弱点处拉脱。收电缆起钻，钻杆即可将仪器带出。

⑪与所有入井仪器一样，测井仪器，包括电缆头、打捞和尚头以及仪器本身，下井前都要记录其长度与直径。用上述方法打捞测井仪器时，卡瓦捞筒的卡瓦以上必须要有足够的空间，必要时可接加长筒，以便容纳各种进入卡瓦以上的落鱼。

8　其他工具

8.1　井眼扩大器

(1)用途

井眼扩大器可以对局部需要扩大井眼的井段进行扩眼。例如，在断铣和导斜开窗侧钻工艺中，对井眼进行局部扩大；对侧钻后完成的新井眼进行扩眼，以提高固井质量。

(2)结构

井眼扩大器主要由上接头、筒体、喷嘴、承压杆、刀体、弹簧、螺旋稳定器及密封元件等组成，如图11－76所示。

(3)工作原理

井眼扩大器下入井中，钻井液通过其喷嘴时，由于喷嘴的节流作用产生压差，使承压杆下行压缩弹簧，同时推动筒体内的刀体外张，进行扩眼工作。

工作完毕后，卸去钻井液压力，被压缩的弹簧复位，使刀体收入筒体内。

(4)技术参数

高峰石油机械有限公司 KYQ 型井眼扩大器技术参数见表 11－69。

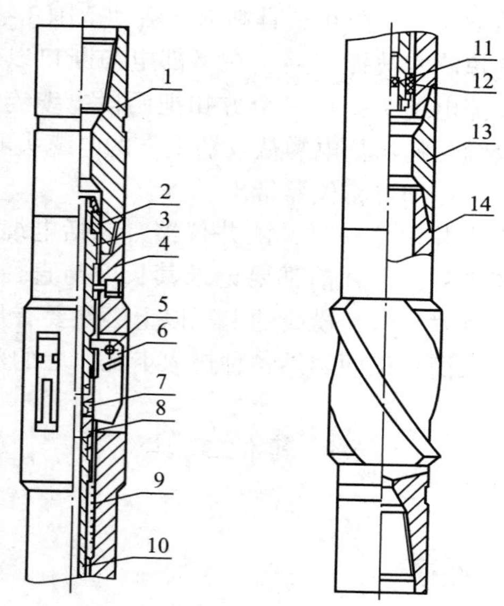

图 11－76　井眼扩大器

1—上接头；2、12—密封；3—承压杆；4—筒体；5—轴销；6—刀体；7、11—喷嘴；8—接头；9—弹簧；10—接头体；13—双母接头；14—螺旋稳定器

(5)操作

扩眼器下入预定位置，循环钻井液，调整钻井液泵压到足够大，使扩眼器刀体外张，处于工作状态，进行扩眼工作。扩眼完成后，卸去泵压，刀体收回筒体内，方可取出工具。

表 11－69　KYQ 型井眼扩大器技术参数

型　号	筒体外径/mm	水眼直径/mm	接头螺纹
KYQ203	203	30	NC38

8.2　破键槽器

破键槽是为了破坏井身键槽而设计的井下专用工具。该工具连接于钻铤上方，能有效的扩大键槽部位的尺寸，是钻井过程中常用的工具。

(1)结构

破键槽器由上接头、滑套、芯轴、下接头四部分组成。滑套可以在芯轴上作上下移动，当滑套处于中位时可以分离转动，其外表面堆焊五条螺旋硬质合金棱。滑套两端有锯齿形牙嵌，可分别与上接头牙嵌和下接头牙嵌相啮合一起转动，如图11－77所示。

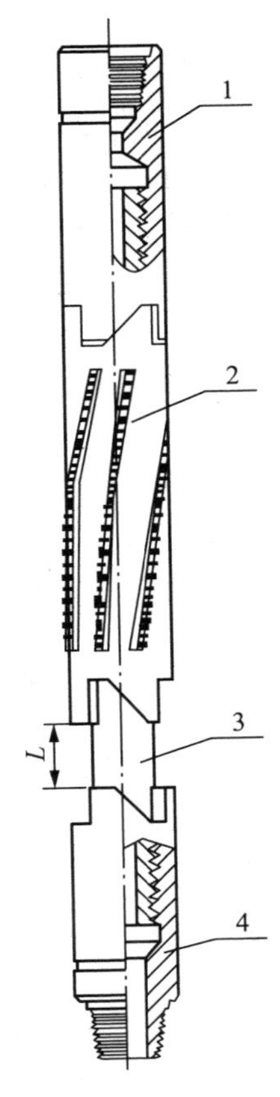

图11－77　键槽扩大器

1—上接头；2—滑套；3—芯轴；4—下接头

(2)工作原理

正常情况下，滑套在自重的作用下，滑套牙嵌与下接头牙嵌啮合，钻进时随钻柱一起旋转。钻进或下钻时，扩大器到达键槽部位，滑套受阻脱离下接头牙嵌与上接头牙嵌啮合，加压正转迫使滑套进入键槽，螺旋硬质合金棱切削键槽，扩大键槽尺寸。起钻或倒划眼，滑套在提拉力的作用下，与下接头牙嵌啮合，外缘的五条螺旋硬质合金棱切削键槽，从而破坏键槽。

(3)操作

①起下钻遇卡，应分清是钻具遇卡还是扩大器遇卡。键槽扩大器遇卡与钻具遇卡的区别是：扩大器遇卡时钻具能自由转动，且有上下为图11－77中“L”的移动行程。而钻具遇卡时不能转动，也没有移动行程。

②起钻中键槽扩大器遇卡(一般是扩大器滑套被卡)，应下

放钻具，加压30～50kN转动钻具，使上接头与滑套牙嵌啮合产生震击使滑套解卡。

③接方钻杆开泵，比原悬重多提10～20kN，正转使下接头和滑套牙嵌相啮合。采用倒划眼方法使滑套外圆的螺旋硬质合金棱切削键槽，从而破坏键槽。

④检查键槽是否完全被破坏，可将钻具下过原键槽井段，然后起钻观察是否遇卡。也可以将钻具下到井底，钻进8～10h后再起钻，观察是否有遇卡。

(4)技术参数

高峰石油工具有限公司JKQ型键槽扩大器技术参数见表11－70。

表11－70　键槽扩大器技术参数

型　号	外径/mm	水眼/mm	接头螺纹API	硬质合金棱外径/mm	滑套行程/mm	最高工作温度/℃	总长/mm
JKQ121	121	40	NC38	125	315	200	1602
JKQ159	159	57	NC46	163	251	200	1650
JKQ178	178	57	NC50	183	251	200	1740
JKQ203	203	70	NC50	207	251	200	1739

8.3　独轮扩孔器

(1)用途及优点

独轮扩孔器是江苏德瑞石油工具有限公司的专利产品，分牙轮和刮刀两种类型。适用于钻井工程及其他特殊环境，需要把原有井眼直径扩大的施工工艺。例如：在缩径井段、增加井眼的泄油面积、处理事故、超短半径水平井的前期工程等。主要优点：

①扩眼尺寸范围大。独轮扩孔器可从120mm直径的井眼中下入，把径扩大到650mm；从215mm直径井眼中下入，可把井径扩大到1000mm以上。

②扩眼井段可依据工程需要任意选定，不需要从井口依次下扩。

③安全，不必担心扩出新眼或卡钻。

(2)结构

独轮扩孔器由本体、控制喷嘴、活塞、滑块、推杆、牙轮总成及密封组件组成。本体与牙轮总成之间用轴销连接，如图11－78所示。

(3)工作原理

工作时，钻井液经过喷嘴“2”时，喷嘴节流作用形成的压力差，推动活塞下行，活塞通过滑块压迫推杆下行，迫使牙轮总成绕轴销旋转一个角度(最大可达90°)，使牙轮压紧井壁。在钻具转动的过程中，牙轮破碎井壁把井径扩大到设计尺寸。

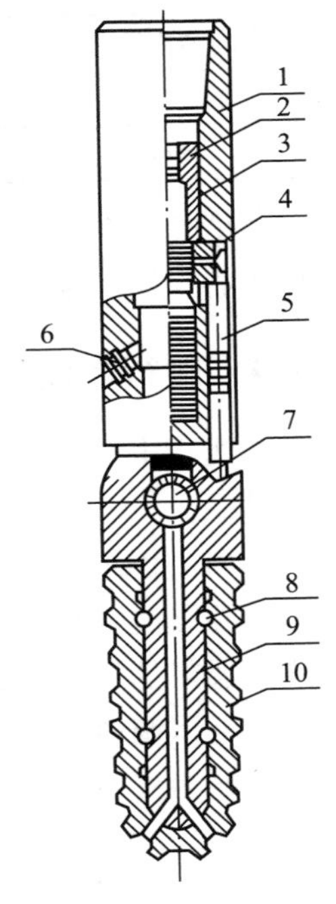

图11－78　独轮扩孔器
1—本体；2、6—喷嘴；3—活塞；4—滑块；5—推杆；7—轴销；8—弹子；9—牙轮轴；10—牙轮壳体

(4)技术参数

独轮扩孔器技术参数见表11－71。

(5)使用方法及注意事项

①下井前，检查活塞、推杆及牙轮是否灵活，喷嘴是否符合要求，牙轮轴旷动间隙及牙轮直径。

②观察牙轮转动情况，以能用手转动为准。

③下到目的井段开泵，确保泵压在泵的工作范围内，转动转盘观察扭矩和钻屑情况。轻压慢转，记好方入，试放有无遇阻，确定是否形成台肩。台肩一旦形成即可稍加大钻压钻进。工作参数大小视扩径大小确定，具体见表11－72。

④钻进中随时观察钻屑返出及扭矩、泵压变化情况。

表 11－71　独轮扩孔器技术参数

型　号	最大外径/mm	最小喷嘴直径/mm	接头螺纹
DDKQ－114	114	ϕ28	2⅞IF
DDKQ－146	146	ϕ28	3½IF
DDKQ－196	196	ϕ28	NC50

表 11－72　扩孔钻井技术参数

原井眼直径/mm	钻压/t	排量/(L/s)	转速
ϕ114	<2	>10	Ⅰ挡
ϕ215	<4	>20	Ⅰ挡

⑤定时停泵，观察扩眼效果，上提钻具冲洗新井眼(注意：要上提钻具，必须先停泵)。

8.4　爬行电测仪引导器

爬行电测仪引导器是江苏德瑞石油机械有限公司的专利产品。

(1)用途

裸眼测井过程中，由于井眼“狗腿”、“大肚子”原因造成电测仪遇阻的情况是经常发生的。这种遇阻往往与钻井液质量无关，不是调整钻井液性能所能奏效的，因此处理起来非常棘手。爬行电测仪引导器是引导遇阻电测仪走出困境的理想工具。

(2)结构

爬行电测仪引导器由压力调节缸、活塞、变位杆及其变位机构、推杆、链轮爬行机构及壳体组成，如图 11－79 所示。

(3)工作原理

工作时，爬行电测仪引导器安装在电测仪的下部。电测仪下放过程中遇有“狗腿”遇阻，爬行轮首先接触遇阻点，链轮爬行机构及其壳体停止下行。而这时其上部的变位杆、变位机构及缸体继续下行，其重量全部作用在推杆下端的链条推齿上，链条推齿推动链条下行，链条带动主动链轮及爬行轮旋转，引导仪器向下部井眼爬行。

爬行轮一次爬行的方向，不一定就是下部井眼的走向，这时将仪器提高1～2m，再下放寻找，反复操作，直至通过遇阻点。之所以要反复提起下放操作，是因为每提起下放一次，在推杆变位机构的作用下推杆带动爬行轮都要旋转72°转角。如此多方向寻找，就可以找到下部井眼，解除遇阻。

在“狗腿”、“大肚子”遇阻井段，爬行轮实际是在作横向爬行，一次爬行距离在50cm以上，一般电测仪在上部井眼中间的遇阻点距下部井眼的距离不会超过50cm。

为了保证引导器操作灵敏，上部装有活塞缸体，用于平衡缸体内外钻井液液柱压力，使变位杆运动不受液柱压力影响。另外，除爬行轮之外的整个爬行机构、推杆、和变位机构都侵泡在润滑油中。

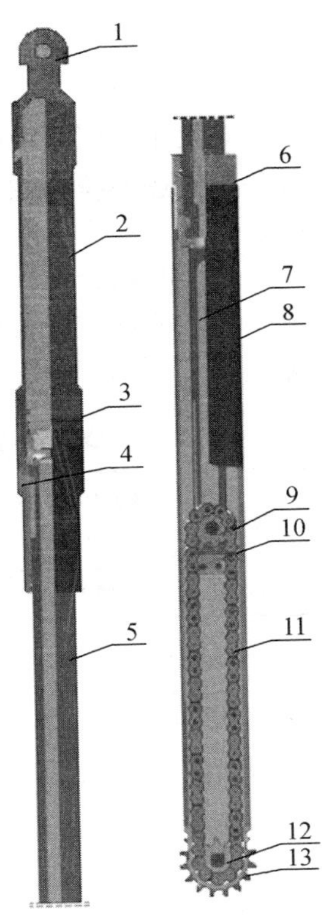

图11－79　爬行电测仪引导器

1—提环；2—缸体；3—活塞；4—变位机构；5—变位杆；6—端盖；7—推杆；8—外筒；9—从动链轮；10—推齿；11—链条；12—主动链轮；13—爬行轮

(4)使用方法

①本引导器只对类似“狗腿”、“大肚子”遇阻有效。

②下井前应对引导器进行地面试验，试验方法：将引导器吊起，使爬行轮落在钻台木板上，观察爬行轮转动爬行情况。依靠引导器自身重量(或再加压少许)爬行轮应爬行50cm以上。

③将引导器接在电测仪的下端，要连接牢固并要有一定

柔性。

④电测仪下井，同日常操作。

⑤发生遇阻，说明爬行轮已爬行过一次，但爬行方向与下段井眼轨迹不符，须将仪器提高 1 ~ 2m 再下放试爬，直至遇阻解除。

(5)技术参数

江苏德瑞石油机械有限公司爬行电测仪引导器技术参数见表 11 – 73。

表 11 – 73　爬行电测仪引导器技术参数

规格/mm	最大外径/mm	允许拉力/kN	一次爬行距离/mm	爬行夹角/(°)	总长/mm	质量/kg
ϕ120	140	10	500	72	3200	110

第十二章　套管开窗侧钻工具

套管开窗侧钻技术是在定向钻井技术基础上发展起来的一项新的钻井技术。随着这项技术的发展，开窗侧钻工具也在不断改进、完善和创新。这里列出一些国内外常用的开窗侧钻工具。

1　通井工具

通井工具主要有通径规和刮管器两大类。

1.1　通径规

(1) 结构

通径规结构见图 12－1。

(2)技术规范

通径规技术规范见表 12－1。

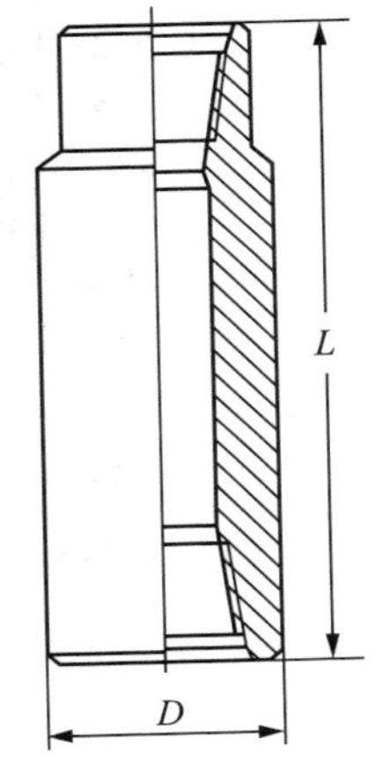

图 12－1　通径规结构

表 12－1　套管通径规技术规范

套管外径/mm	通井规外径 D/mm	长度 L/mm	连接螺纹
114.3	92～95	500	NC26
127	102～107	500	NC26
139.7	114～118	500	NC31
146	119～128	500	NC31
168	136～148	500	NC31
177.8	146～158	500	NC38
244.5	210～220	500	NC50

1.2 刮管器

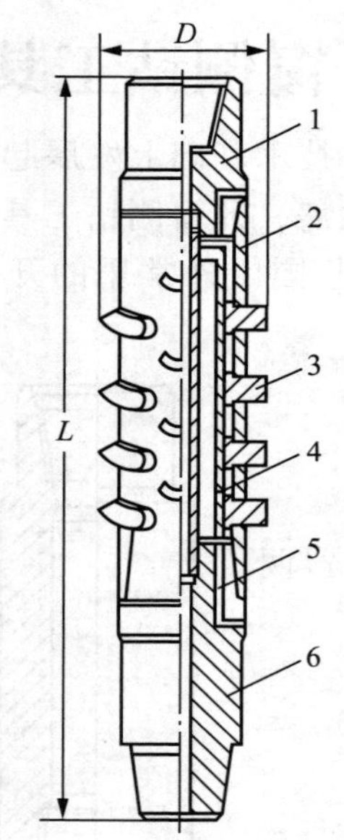

图12-2 胶筒式刮管器结构

1—上接头；2—壳体；3—刀片；4—胶筒；5—冲管；6—下接头

1.2.1 胶筒式刮管器

(1)结构

胶筒式刮管器结构见图12-2。

(2)工作原理及使用方法

由于刀片最大外径略大于套管内径，依靠胶筒弹力，下压入井后能使刀片紧贴套管内壁，通过上下活动和转动刮管器，结合循环洗井清除脏物达到清洁套管内壁的目的。对于一般油泥锈蚀，采用上下活动即可清除，因为360°圆周上均有刀片工作面。对于较大较硬阻块，则应采用轻压慢转的方法，逐步刮削清除，直至畅通无阻。

(3)技术规范

胶筒式刮管器技术规范见表12-2。

表12-2 胶筒式刮管器技术规范

型　号	外形尺寸/mm（直径 D ×长度 L）	刀片伸出量/mm	刮削套管/mm	连接螺纹
GX-G114	112×1119	13.5	114.3	NC26
GX-G127	119×1340	12	127	NC26
GX-G140	129×1443	9	139.7	NC31
GX-G146	133×1443	11	146	NC31
GX-G168	156×1604	15.5	168	3½REG
GX-G178	166×1604	20.5	177.8	3½REG
GX-G245	237×1780	25.5	244.5	4½REG

1.2.2　弹簧式刮管器

(1)结构

弹簧式刮管器结构，见图 12－3。

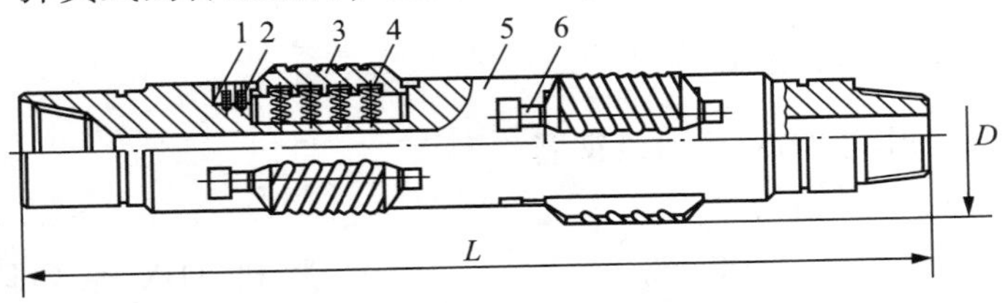

图 12－3　弹簧式刮管器结构

1—固定块；2—内六角螺钉；3—刀板；4—弹簧；5—壳体；6—刀板座

(2)技术规范

弹簧式刮管器技术规范，见表 12－3。

表 12－3　弹簧式刮管器技术规范

规格型号	外形尺寸/mm（直径 D ×长度 L）	刀片伸出量/mm	刮削套管/mm	连接螺纹
GX－T114	112×1119	13.5	114.3	NC26
GX－T127	119x 1340	12	127	NC26
GX－T140	129×1443	9	139.7	NC31
GX－T146	133×1443	11	146	NC31
GX－T168	156×1604	15.5	168	3½REG
GX－T178	166×1604	20.5	177.8	3½REG
GX－T245	233×1780	25.5	244.5	4½REG

(3)工作原理及使用方法

在弹簧的支撑下，刮管器最大外径略大于套管内径，使刀板紧贴套管内壁。通过上下活动和转动刮管器，并结合循环洗井，清除管壁污物。

2　套管段铣工具

2.1　国内段铣工具

2.1.1　胜利 TDX 系列段铣器

(1)工具结构

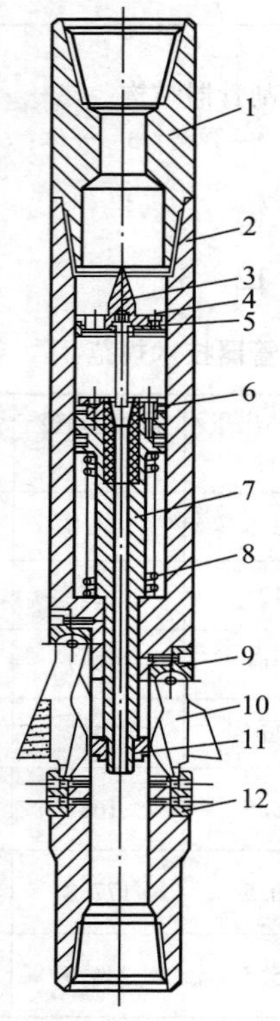

图12－4　胜利 TDX 系列段铣器

1—上接头；2—本体；3—锥帽；4—小弹簧；5—锥帽座；6—活塞上体；7—活塞下体；8—大弹簧；9—支撑块；10—刀片；11—止推螺母；12—限位块

胜利 TDX 系列段铣器结构见图12－4。

(2)工作原理

开泵后，工具活塞在压差作用下下行，活塞下部推盘推动刀片张开；停泵后，活塞在弹簧作用下复位，刀片自动收回。

(3)技术规范

TDX 系列段铣工具技术规范，见表12－4。

(4)使用方法

① 工具在下井前需在井口作试验。

a. 试验目的。一是检验工具的可靠性；二是试验刀片张开前后的泵压变化，为判断井下套管是否完全切断提供依据。

b. 试验方法。用 ϕ2mm 铁丝(单股)将工具刀片捆紧。然后将其与方钻杆连接，将下端出口下到转盘面以下开泵，排量由小到大，逐渐增加至工具使用说明书要求的切割套管所需排量。此时，捆刀片的铁丝应被断开，六个刀片顺利张开至最大位置，记录下刀片开合前后的泵压变化值(约 2 ~ 2.5MPa)。然后停泵，停泵后六个刀片应顺利收拢。如试验情况达不到上述要求，工具不得下井。

c. 试验完毕，再用 ϕ 2mm 铁丝将刀片捆好，防止下钻过程中刀片张开，导致刃尖碰坏、划伤套管或造成下钻突然遇阻等复杂情况的发生。

② 切割、磨铣套管推荐钻具组合，见表 12 – 5。

③ 段铣参数，见表 12 – 6。

表 12 – 4　TDX 系列段铣工具技术规范

工具型号	本体外径/mm	刀片收拢时外径/mm	刀片张开最大外径/mm	工具总长/mm	连接螺纹	限位扶正套与下扶正短节扶正外径/mm	段铣套管/mm	
							外径	壁厚
TDX – 245	210	214	310	1776	NC50	$222^{0}_{-0.5}$	244.5	8.94
						$220^{0}_{-0.5}$		10.03
						$218^{0}_{-0.5}$		11.05
						$216^{0}_{-0.5}$		11.99
TDX – 178	144	144	210	1470	NC38	$158^{0}_{-0.5}$	177.8	8.05
						$156^{0}_{-0.5}$		9.19
						$154^{0}_{-0.5}$		10.36
						$151^{0}_{-0.5}$		11.51
						$149^{0}_{-0.5}$		12.65
						$147^{0}_{-0.5}$		13.72
TDX – 140	114	114	170	1292	NC31	$121^{0}_{-0.5}$	139.7	7.72
						$118^{0}_{-0.5}$		9.17
						$115^{0}_{-0.5}$		10.54

表 12 – 5　推荐钻具组合

段铣工具型号	钻具组合
TDX – 245	TDX – 245 + ϕ177.8 钻铤 ×1 根 + ϕ216 螺旋钻柱稳定器 + ϕ177.8 钻铤 ×8 根 + ϕ127 钻杆
TDX – 178	TDX – 178 + NC38 × NC35 + ϕ120.7 钻铤 ×1 根 + ϕ148 螺旋钻柱稳定器 + ϕ120.7 钻铤 ×5 根 + NC35 × NC38 + ϕ88.9 钻杆
TDX – 140	TDX – 140 + NC31 × NC26 + ϕ88.9 钻铤 ×1 根 + ϕ116 螺旋钻柱稳定器 + ϕ88.9 钻铤 ×8 根 + NC26 × NC31 + ϕ73 钻杆
	TDX – 140 + ϕ104.8 钻铤 ×1 根 + ϕ116 螺旋钻柱稳定器 + ϕ104.8 钻铤 ×8 根 + ϕ73 钻杆

表 12 – 6　段铣参数

工具型号	工艺过程	段铣参数		
		钻压/kN	转速/(r/min)	排量/(L/s)
TDX – 245	切割		50 ~ 60	16
	段铣	10 ~ 30	80 ~ 100	24 ~ 25
TDX – 178	切割		50 ~ 60	9
	段铣	10 ~ 30	90 ~ 120	16 ~ 17
TDX – 140	切割		50 ~ 60	8
	段铣	10 ~ 25	90 ~ 120	13 ~ 14

2.1.2　TX 型段铣工具

(1)工具结构

TX 型段铣器结构见图 12 – 5。

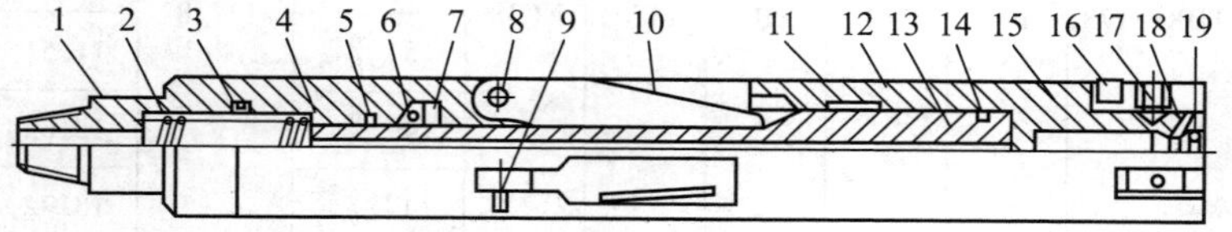

图 12 – 5　TX 型段铣器结构

1—上接头；2—弹簧；3—O 形圈；4—弹簧座；5—挡圈；6—密封圈；7—密封承托；8—铰链销；9—螺钉；10—刀臂总成；11—油封；12—本体；13—活塞杆；14—密封圈；15—下接头；16—扶正块；17—螺钉；18—喷嘴；19—挡圈

(2)工作原理

在工具的下部装有喷嘴，开泵后在压差作用下，推动活塞上行，活塞凸块则将刀片推出进行磨铣工作；停泵后，在弹簧作用下，活塞复位，刀片收回。

(3)技术参数

TX 型段铣器技术参数见表 12－7。

表 12－7　TX 系列段铣工具技术规范

工具型号	本体外径/mm	工具收缩时外径/mm	工具张开时外径/mm	段铣套管外径/mm	工具总长/mm	连接螺纹
5TX14	114	117	186	139.7	1778	2 7/8 REG
7TX140	140	149	220	177.8	1880	3 7/8 REG
9TX184	184	216	316	224.5	2260	4 1/2 REG

2.1.3　DX 型段铣器

(1)工具结构

DX 型段铣器结构见图 12－6。

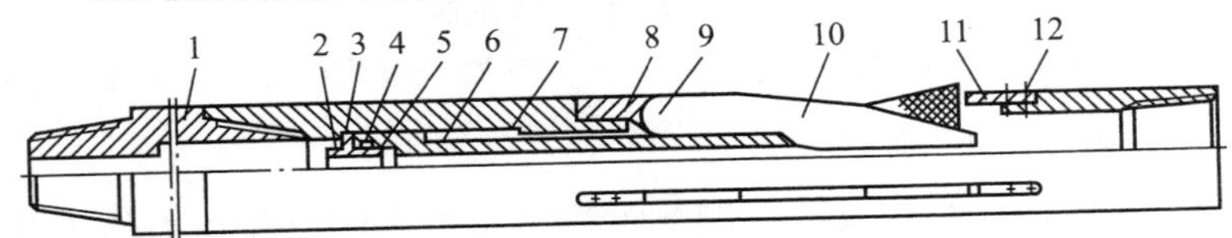

图 12－6　DX 型段铣器

1—上短节；2—分流器；3—喷嘴；4—O 形圈；5—弹性挡圈；6—活塞；7—弹簧；8—上压块；9—柱销；10—磨铣刀；11—下压块；12—内六角螺钉

(2)工作原理

通过开泵，在压差作用下推动活塞下行，活塞杆的凸块将刀片推出达到磨铣工作状态；停泵后，在弹簧作用下，活塞复位，刀片收回。

(3)技术参数

DX 型段铣器技术参数见表 12－8。

表12－8　DX系列段铣工具技术规范

型号	本体外径/mm	刀片最大外径/mm	段铣套管尺寸/mm	刀片结构	喷嘴/mm	连接螺纹	
						上端	下端
DX114	114	176	139.7	6翼6刀	11.18	2 7/8REG(外)	NC31(内)
DX150	149	199	177.8	3翼6刀	12.7	3 1/2REG(外)	3 1/2REG(内)

2.1.4　偏心段铣器

(1)工具结构

偏心段铣器为江苏德瑞石油工具有限公司专利产品。偏心段铣器由芯轴、侧喷嘴、刀片和下接头组成，见图12－7。

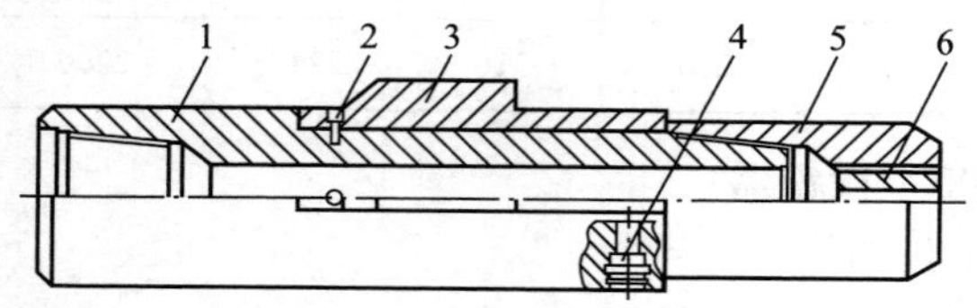

图12－7　偏心段铣器

1—芯轴；2—螺钉；3—段铣刀片；4—侧喷嘴；5—下接头；6—控压套

(2)工作原理

钻井液从盘式段铣器侧喷嘴喷出，产生的反作用力使工具被推靠在对面套管壁上，刀片吃入套管，钻具转动后对套管产生切割。套管被切断后施加一定钻压，即开始段铣。

与其他国产段铣器相比，偏心段铣器的主要特点是：

①工具依靠钻井液从侧喷嘴喷出的反作用力，向套管壁推靠，停泵后反作用力消失，则工具自动处于居中位置。因此，结构简单，操作方便。

②段铣刀片有长、短三种规格，用户可以依据需段铣井段的长短，选择刀片。

③段铣刀片有“自锐”功能，段铣速度快。

(3)技术参数

江苏德瑞石油工具有限公司盘式段铣器技术参数见表12－9。

表12－9　盘式段铣工具技术规范

型　号	本体外径/mm	刀片最大外径/mm	段铣套管尺寸/mm	喷嘴/mm	连接螺纹
DPDQ89	88.9	104	139.7	11.18	2 ⅜REG(内)
DPDQ127	127.0	161	177.8	12.7	3 ½REG(内)
DPDQ140	139.7	180	244.5	12.7	4 ½REG(内)
DPDQ180	177.8	240	339.7	12.7	6 ⅝REG(内)

2.2　国外段铣工具

2.2.1　三洲公司D型段铣器

(1)段铣器结构

D型段铣器结构见图12－8。

(2)技术规格与工作参数

技术规格与工作参数见表12－10。

(3)工作原理

三洲公司D型段铣工具喷嘴位于上部，开泵后活塞在压差作用下下行，驱使活塞下部的推盘(或凸轮)推动刀片使之张开。

三洲公司有的D型工具上还安装有喷嘴挡针，允许投入增压球。有利于压力判断且可增大作用于刀臂上的力。

切割套管时液流相当于通过9.53 mm孔的面积，心管最小压力可达到2.8MPa，以便给切削臂提供较大的伸张力。当套管铣穿刀片伸出后，液流面积增大至相当于19.05 mm孔的面积，压力下降至1.38MPa。

需要回收工具时，停泵，活塞在弹簧作用下上行复位，刀臂自动收回。

表12-10　三洲公司D型段铣器技术规范

工具外径		最大张开尺寸		磨铣套管尺寸		推荐转速/(r/min)	连接螺纹
in	mm	in	mm	in	mm		
3 3/4	95.3	5 1/4	133.4	4 1/2	114.3	140~180	2 3/8 REG
4 1/2	114.3	6 5/8	168.3	5 1/2	139.7	120~150	2 7/8 REG
4 1/2	114.3	7 3/4	196.9	6 5/8	168.3	100~150	2 7/8 REG
5 1/2	139.7	8 1/4	209.6	7	177.8	100~150	3 1/2 REG
6 1/4	158.8	9	228.6	7 5/8	193.7	100~150	3 1/2 REG
7 1/4	184.2	10 3/4	273.1	8 5/8	219.1	100~150	4 1/2 REG
8 1/4	209.6	12 1/4	311.2	9 5/8	244.5	100~150	4 1/2 REG
9 1/4	235.0	12 3/4	323.9	10 3/4	273.1	100~150	6 5/8 REG
9 3/4	247.0	13 1/4	336.6	11 3/4	298.5	100~150	6 5/8 REG
11 1/2	292.1	15 1/2	393.7	13 3/8	339.7	100~150	6 5/8 REG

2.2.2　美国贝克休斯段铣工具

(1)工具结构

贝克休斯段铣工具结构见图12-9。

(2)技术规格与工作参数

技术规格与工作参数见表12-11。

(3)工作原理

贝克休斯段铣工具工作原理与TDX型段铣器类似。

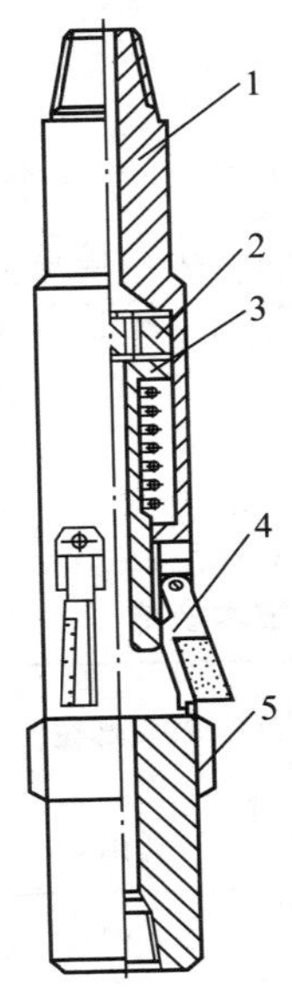

图 12－8 三洲公司 D 型段铣器

1—外筒；2—分水盘；3—活塞；4—刀片；5—扶正器

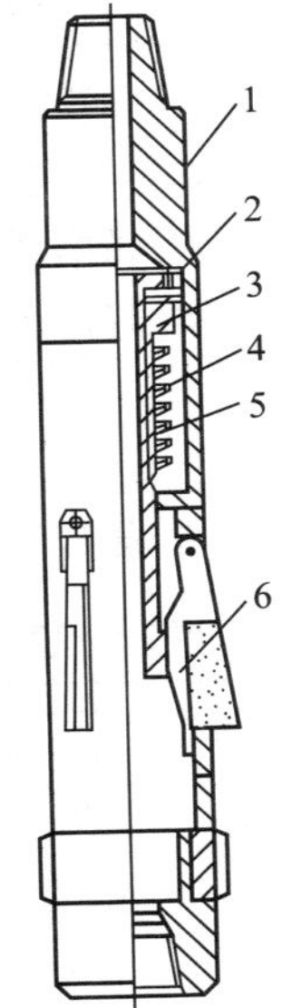

图 12－9 美国贝克休斯公司段铣器

1—本体；2—水眼；3—活塞；4—中心杆；5—弹簧；6—刀片

表 12－11 美国贝克休斯段铣工具技术规范

工具尺寸/mm	推荐压降/MPa	流量/(L/s)		推荐转速/(r/min)	钻压/kN
		无压力球	有压力球		
50.8	12.6	6.3	4.1	80～100	9～18
101.6	9.1	11.84	5.9	80～100	13～22
127.0	9.0	16.4	6.8	90～100	13～22
152.4	8.1	25.2	18.0	90～100	13～27
177.8	6.2	26.4	14.8	80～100	18～31
228.6	3.0	23.9	8.2	60～80	22～36
254.0	2.5	36.9	4.7	60～80	27～40

2.2.3 Smith 公司的段铣工具

(1)结构与工作原理

Smith 公司的段铣器有上下两组六个刀片，每三个为一组。开泵后，工具压降推动一组工具刀片张开，切割套管。切割完成后，另外一组刀片也张开，此时施加钻压，两组六个刀片一起磨铣套管。

(2)技术规范

技术规范见表 12-12。

表 12-12 Smith 公司的段铣器技术规范

工具系列	套管尺寸/in	本体直径/in	打捞尺寸/in		总长/in	连接螺纹	质量/lb
			长度	直径			
3600	4 ½	3 ⅝	18	3 ⅛	56	2 ⅜REG	135
4100	5	4 ⅛	18	3 ¼	66	2 ⅜REG	175
4500	5 ½，6″	4 ½	18	4 ⅛	70	2 ⅞REG	220
5500	6 ⅝，7″	5 ½	18	4 ¾	74	3 ½REG	350
6100	7 ⅝	6 ⅛	18	4 ¾	74	3 ½REG	368
7200	8 ⅝，9 ⅝	7 ¼	18	5 ¾	89	4 ½REG	554
8200	9 ⅝	8 ¼	18	5 ¾~8	87	4 ½~6 ⅝REG	900
9200	10 ¾，11 ¾	9 ¼	18	5 ¾~8	87	4 ½~6 ⅝REG	980
11700	13 ⅜，16″	11 ½	18	8~9	90	6 ⅝~7 ⅝REG	1725

3 套管开窗侧钻用斜向器工具

3.1 胜利 YTS 系列斜向器

(1)结构

斜向器结构，见图 12-10。

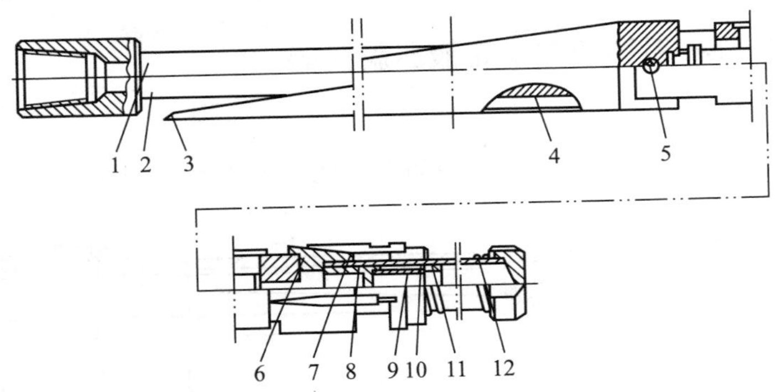

图 12－10　YTS 型地锚斜向器

1—定向键；2—送入杆；3—斜向器体；4—传压管；5—销轴；6—锥体；7—卡瓦片；8—活塞；9—传压杆；10—剪切套；11—剪切销钉；12—弹簧

(2)技术规范

YTS 型地锚斜向器技术规范，见表 12－13。

表 12－13　YTS 型地锚斜向器技术规范

型　号	外径/mm	总长/mm	导斜面斜度/(°)	适用套管外径/mm	适用套管通径/mm	接头螺纹
YTS－118	118	3600	3	139.7	118.5～130	NC31
YTS－150	150	4400	3	177.8	154～160	NC38

(3)工作原理

地锚斜向器下至预定井深后，通过送入杆内定向键与斜向器斜面在同一方向上这一特定结构，下入 SST 或陀螺测量定向，并将斜向器斜面对准开窗方位，然后缓慢开泵。液体通过斜向器背面的传压管传递压力推动液控系统中的活塞下行，活塞推动传压杆，迫使剪切套剪断销钉，小球落入筒中，激活悬挂系统。在弹簧压缩力的作用下，推动卡瓦片上行，接触套管并产生一定的外挤力，而后下放钻柱加压，剪断护送螺钉，完成斜向器锚定。

另外，该工具还可通过护送销钉连接复式铣锥构成“一趟钻开窗系统”，一次下钻完成斜向器坐挂、套管开窗和修窗等几项作业，提高施工时效。

3.2 SZ系列双向锚定液压斜向器

(1)结构

SZ系列双向锚定液压斜向器结构，见图12－11。

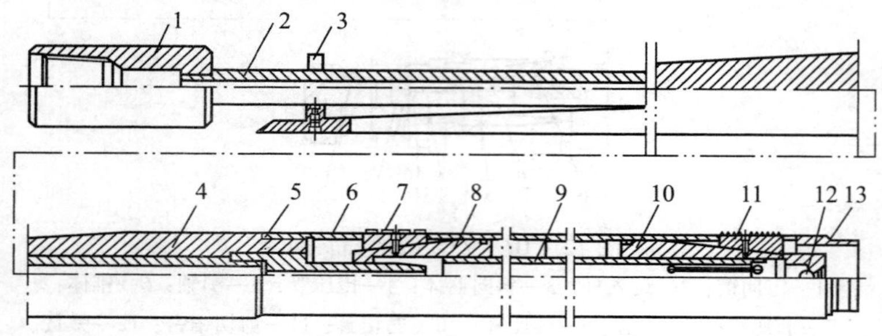

图12－11　SZ系列双向锚定液压斜向器

1—上接头；2—送入杆；3—扶正盘；4—导斜体；5—喷嘴；6—外壳；7—上卡瓦；8—上部活塞；9—中心杆；10—下部活塞；11—下卡瓦；12—钢球；13—丝堵

(2)技术规范

SZ系列双向锚定液压斜向器技术规范，见表12－14。

表12－14　SZ系列双向锚定液压斜向器参数表

型　号	公称外径/mm	斜面度数/(°)	斜面长度/mm	总长/mm	连接螺纹
SZ－118	118	3	1930	3870	NC31
SZ－152	152	3	2900	4116	NC38
SZ－216	216	3	4121	5337	NC50
SZ－311	305	6.5	2500	4650	NC50

(3)工作原理

工具下至预定深度，定向使工具斜面对准设计方位，然后通过开泵憋压推动上、下活塞外挤上、下卡瓦使之坐挂到套管内壁上，并通过自锁机构锁紧上、下活塞。之后正转管柱，倒扣丢手。起出送入杆完成斜向器锚定作业。

3.3　贝克休斯公司斜向器

3.3.1　贝克休斯公司 Windowmaster 斜向器

(1)结构

Windowmaster 斜向器结构，见图 12－12。

(2)工作原理

使用该工具，可以实现一趟钻完成下斜向器和开窗。将工具下至预定深度，定向使工具斜面对准设计方位，然后将工具坐挂在这一位置；加压剪断斜向器和铣锥间的连接销钉，完成开窗作业。

(3)技术规范

贝克休斯公司提供的技术规范，见表 12－15。

3.3.2　贝克休斯公司 ETM 型斜向器

(1)结构

ETM 型斜向器结构见图 12－13。

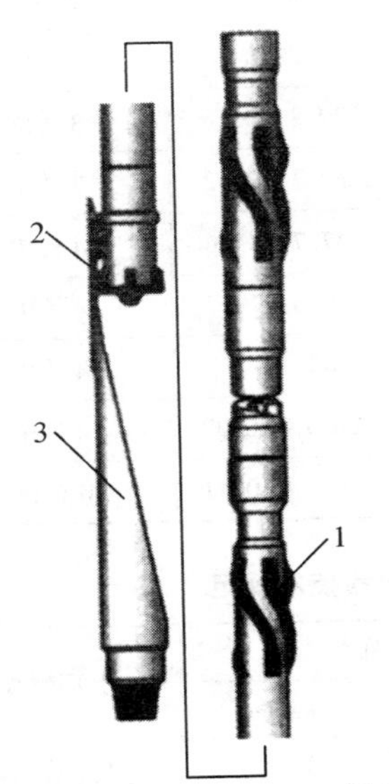

图 12－12　Windowmaster 斜向器

1—钻柱铣；2—开窗铣；3—斜向器

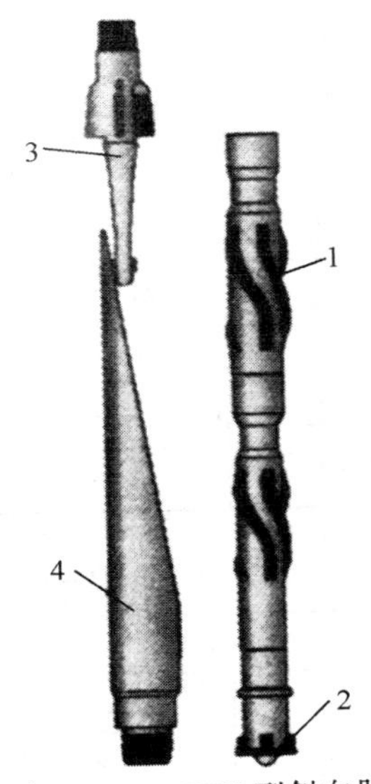

图 12－13　ETM 型斜向器

1—钻柱铣；2—开窗铣；3—起始铣；4—斜向器体

(2)工作原理

使用该工具，通常需要两趟钻完成下斜向器和开窗。其中一趟钻将起始铣和斜向器一起下至预定深度并坐挂在这一位置，然后用起始铣开出一个起始窗口。起出起始铣后换用开窗铣锥完成开窗，并钻出一定长度的领眼。

根据不同的具体要求，当该斜向器与不同类型的地锚及封隔器配合使用时，需要额外增加一趟钻或两趟钻进行地锚和封隔器的坐挂。

(3)技术规范

贝克休斯公司 ETM 型斜向器技术规范见表 12－16。

表 12－15　Windowmaster 型斜向器技术参数

套管外径		质量范围		上部螺纹
in	mm	lb/ft	kg/m	
5 ½	139.7	14～26	20.8～38.7	2 ⅞IF
6 ⅝	168.3	20	29.8	3 ½IF
7	177.8	20～38	29.8～56.6	3 ½IF
7 ⅝	193.7	26.4～47.1	39.3～70.2	3 ½IF
8 ⅝	219.1	32～36	47.7～53.6	4 ½IF
9 ⅝	244.5	40～53.5	59.6～79.7	4 ½IF
10 ¾	273.1	40.5～51	60.4～76	4 ½IF
11 ¾	298.5	54～71	80.7～105.7	4 ½IF
13 ⅜	339.7	54.5～72	90.7～107.1	4 ½IF

表 12－16　ETM 型斜向器技术规范

套管外径		质量范围		上部螺纹
in	mm	lb/ft	kg/m	
4 ½	114.3	11.6	17.3	2 ⅝PAC TSI
5	127	11.5～23.2	17.1～34.5	2 ⅜PAC TSI

续表

套管外径		质量范围		上部螺纹
in	mm	lb/ft	kg/m	
5 ½	139.7	13 ~ 23	19.3 ~ 34.2	2 ⅞IF
6	152.4	15 ~ 23	22.3 ~ 34.2	2 ⅞IF
6 5/7	168.3	17 ~ 32	25.3 ~ 47.6	3 ½IF
7	177.8	17 ~ 49.5	25.3 ~ 73.7	3 ½IF
7 ⅝	193.7	26.4 ~ 47.1	39.3 ~ 70.2	3 ½IF
8 ⅝	219.1	24 ~ 49	35.7 ~ 72.9	3 ½IF
9 ⅝	244.5	32.3 ~ 53.5	48.1 ~ 79.6	4 ½IF
10 ¾	273.1	32.75 ~ 55.5	48.7 ~ 82.6	4 ½IF
11 ¾	298.5	38 ~ 60	56.6 ~ 89.3	4 ½IF
13 ¾	339.7	48 ~ 72	71.4 ~ 107.1	4 ½IF

3.3.3　贝克休斯公司的裸眼用斜向器

(1)结构

裸眼用斜向器结构，见图 12 – 14。

该工具主要由特殊设计的内插管柱(包括定位接头、坐挂接头和插入管)、封隔器、液压丢手、浮阀组成。工具的最上端是斜向器，之下依此连接着液压丢手、封隔器、浮阀。内插管通过斜向器的中心孔与连在斜向器下面的液压丢手连接。

(2)工作原理

将斜向器组合下到预定位置并进行定向，然后注入水泥浆使封隔器胀封。当管柱内的压力增加到一定值时，液压丢手脱开，斜向器坐挂在预定位置。

(3)技术规范

裸眼用斜向器技术规范，见表 12 – 17。

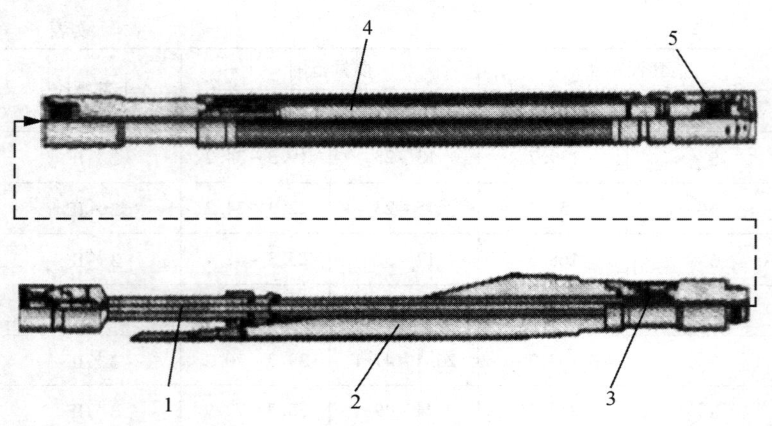

图 12－14　裸眼用斜向器

1—内插管柱；2—斜向器体；3—液压丢手；4—封隔器；5—浮阀

表 12－17　裸眼用斜向器技术规范

(产品组代码 H30149，H30155，H30156，15076)

裸眼尺寸		斜向器尺寸		管外封隔器外径		管外封隔器长度		管外封隔器质量		地锚额定扭矩
in	mm	in	mm	in	mm	ft	m	lb/ft	kg/m	ft · lbs
6 ~ 6½	152.4 ~ 165.1	5½	139.7	4½	114.3	20	2.13	5.6	143.0	6.000
8½	215.9	8	203.2	5½	139.7	20	2.13	7	177.8	10.000

3.3.4　贝克休斯公司的分支井用斜向器系统

(1) 结构

该工具主要由分支井斜向器体、防堵塞环、卸载阀、连接销钉组成，见图 12－15。

(2) 工作原理

起始铣锥和斜向器一起下至预定位置，地锚坐挂后加压剪断连接销钉后用起始铣开出长为约 60cm 的窗口，然后下入开窗铣与西瓜皮铣组合管柱完成开窗。

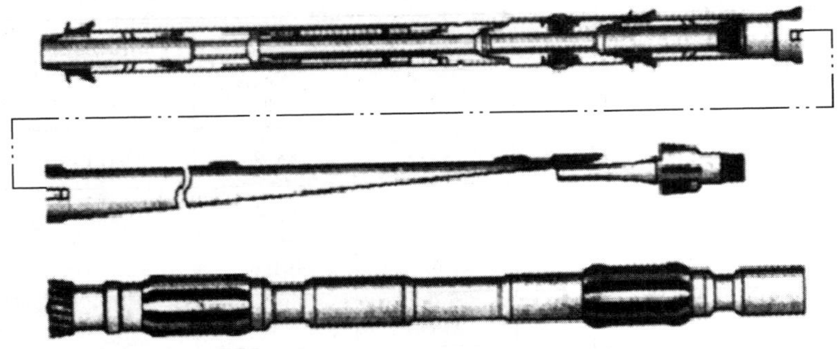

图 12－15　贝克休斯公司的分支井用斜向器系统
（代码 H15045）

（3）技术规范

分支井用斜向器系统技术规范，见表 12－18。

表 12－18　贝克休斯公司分支井用斜向器技术规范（代码 H5045）

套管外径		质量范围		上部连接螺纹
in	mm	lbs/ft	kg/m	
7	177.8	20～35	29.8～52.1	3 ½IF
9 ⅝	244.5	36～53.5	53.6～79.6	4 ½IF

3.4　威得福斜向器

3.4.1　威得福 Whipback 斜向器

（1）结构

Whipback 斜向器有可回收和不可回收两种结构，见图 12－16。

（2）工作原理

采用机械式的坐挂机构。应用于斜井，可以实现在高边或低边进行开窗。

（3）技术规范

Whipback 斜向器技术规范，见表 12 – 19。

表 12 – 19　威得福 Whipback 斜向器技术规范

套管尺寸		直　径		斜面度数
in	mm	in	mm	(°)
4 ½	114.3	3 ½	88.9	1.1
5	127	3 ⅝	98.4	1.3
		4	101.6	1.3
5 ½	139.7	4 ¼	108.0	1.5
		4 ½	114.3	1.5
7	177.8	5 ¼	133.3	1.8
		5 ½	139.7	1.9
7 ⅝	193.7	6	152.4	2.2
		6 ¼	158.9	2.2
8 ⅝	219.1	7	177.8	2.5
9 ⅝	244.5	8	203.2	3.0
10 ¾	273.0	9	228.6	3.2
11 ¾	298.5	10	254	3.6
13 ⅜	339.7	11 ½	292	3.9

3.4.2　威得福井底型斜向器(Bottom Trip)

(1)结构

该工具结构，见图 12 – 17。

(2)工作原理

采用机械式坐挂，坐挂后进行开窗。工具不能回收。

(3)技术规范

威得福井底型斜向器技术规范，见表 12 - 20。

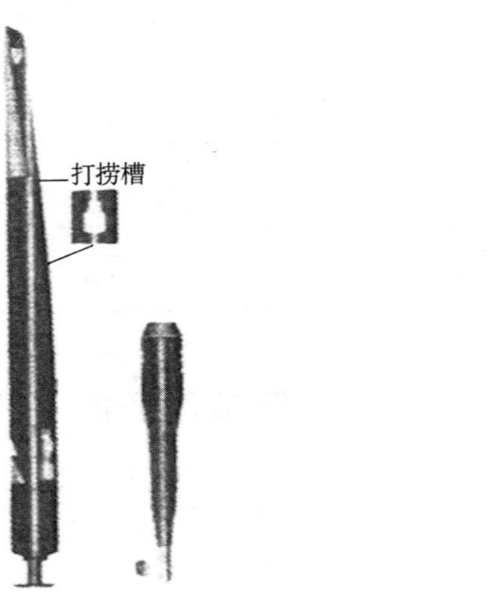

图 12 - 16　Whipback 斜向器及打捞工具　　图 12 - 17　井底型斜向器

表 12 - 20　威得福井底型斜向器技术规范

套管尺寸		直　径		斜面度数
in	mm	in	mm	(°)
4 ½	114.3	3 ½	88.9	1.1
5	127	3 ⅝	98. 4	1. 3
		4	101. 6	1. 3
5 ½	139.7	4 ¼	108. 0	1. 5
		4 ½	114. 3	1. 5
7	177.8	5 ¼	133. 3	1. 8
		5 ½	139.7	1. 9
7 ⅝	193.7	6	152.4	2.2
7 ⅝	193.7	6 ¼	158.9	2.2
8 ⅝	219.1	7	177.8	2.5

续表

套管尺寸		直　径		斜面度数
in	mm	in	mm	(°)
9 ⅝	244.5	8	203.2	3.0
10 ¾	273.0	9	228.6	3.2
11 ¾	298.5	10	254	3.6
13 ⅜	339.7	11 ½	292	3.9

4　套管开窗侧钻用磨铣工具

4.1　起始铣

(1)结构

起始铣结构见图12－18。

(2)工作原理

起始铣鞋用于对套管进行最初的开口磨铣。其下部设计成锥形或圆柱形，使钻压产生的水平分力将切削作用力加载到套管上。这种结构设计，既可在铣削过程中防止磨损斜向器，又可防止铣鞋滑出套管。

(3)技术规范

起始铣技术规范见表12－21。

表12－21　胜利QX型起始铣技术规范

型　号	最大外径/mm	总长/mm	上部螺纹
QX－118	118	700	NC31
QX－152	152	800	NC38
QX－216	216	1100	NC50
QX－311	305	1200	6 ⅝REG

4.2　开窗铣锥

(1)结构

开窗铣锥结构，见图 12－19。

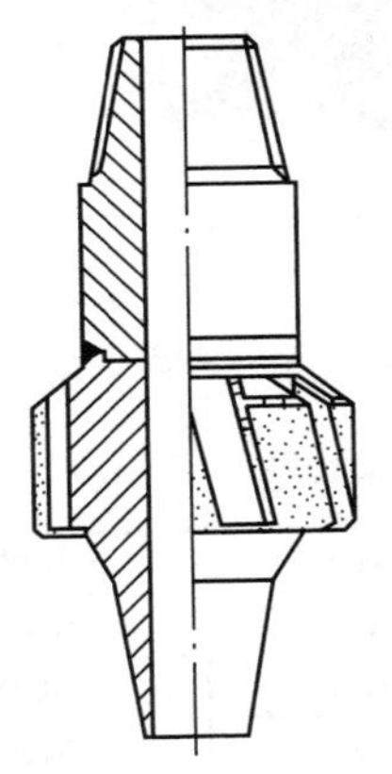

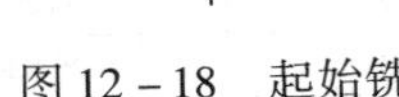

图 12－18　起始铣

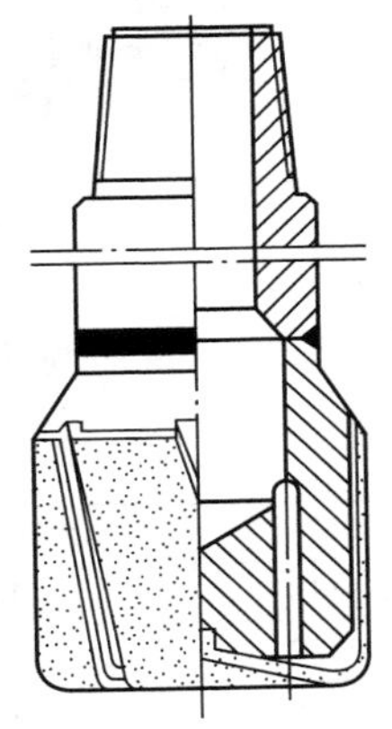

图 12－19　胜利开窗铣锥

(2)功能

该工具可以用在经过起始铣磨铣后再完成套管开窗作业，也可以不经过起始铣直接完成套管开窗。

(3)技术规范

开窗铣锥技术规范，见表 12－22。

表 12－22　胜利 KXZ 型开窗铣锥技术规范

型　号	最大外径/mm	水　眼	总长/mm	上部螺纹
KXZ－118	118	3 × ϕ12	400	NC31
KXZ－152	152	3 × ϕ10	450	NC38
KXZ－216	216	3 × ϕ15	500	NC50
KXZ－311	305	4 × ϕ18	700	6 5/8 REG

4.3　钻柱铣

(1)功能

用于对开窗铣锥开出的窗口进行修整。

2)结构

该工具结构见图 12 - 20。

图 12 - 20　胜利钻柱铣

(3)技术规范

钻柱铣技术规范见表12 - 23。

表 12 - 23　胜利钻柱铣技术规范

型　号	最大外径/mm	总长/mm	连接螺纹
ZZX - 118	118	800	NC31
ZZX - 152	152	800	NC38
ZZX - 216	216	1100	NC50
ZZX - 311	305	1100	6 5/8 REG

4.4　复式铣锥

(1)功能

复式铣锥具有较长的铣锥体，因此可以完成开窗及修窗作业。铣锥头最先起到磨铣作用并形成上窗口，磨铣到圆柱体时，下窗口已经形成。随着钻柱的推进，过渡部分再扩大修整窗口，铣锥体的保径部分再对窗口进行磨铣修整窗口。

(2)结构

该工具结构，见图 12 - 21。

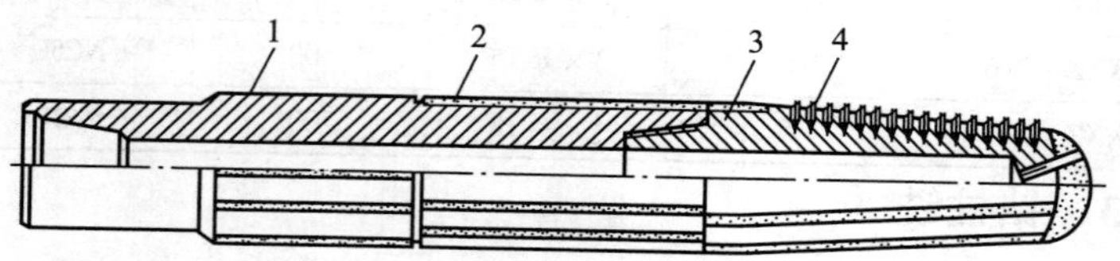

图 12 - 21　胜利 XZ 型复式铣锥

1—上体；2—硬质合金；3—下锥体；4—切削齿

(3)技术规范

胜利 XZ 型复式铣锥技术规范，见表 12－24。操作参数见表 12－25。

表 12－24　胜利 XZ 型复式铣锥技术规范

型　号	最大外径/mm	总长/mm	水　眼	上部螺纹
XZ－118	118	1070	3×ϕ12	NC31
XZ－152	152	1100	3×ϕ10	NC38
XZ－216	216	1200	3×ϕ15	NC50
XZ－311	305	1280	4×ϕ18	6 ⅝REG

表 12－25　胜利 XZ 型复式铣锥操作参数表

型　号	起始段		骑套段		出套段	
	钻压/kN	转速/(r/min)	钻压/kN	转速/(r/min)	钻压/kN	转速/(r/min)
XZ－118	2	50～60	10～25	60～80	2～10	60～90
XZ－152	3	50～60	15～30	60～80	2～10	60～90
XZ－216	4	50～60	20～40	60～80	5～15	60～90
XZ－311	5	50～60	20～40	60～80	5～15	60～90

4.5　威得福公司铣锥

4.5.1　起始铣

(1)结构

该工具结构见图 12－22。

(2)工作原理。

起始铣锥用于对套管进行最初的开口磨铣。其下部设计成锥形或圆柱形，使钻压产生的水平分力将切削作用力加载到套管上。这种结构设计，既可在铣削过程中防止磨损斜向器，又可防止铣锥滑出套管。

(3)技术规范

起始铣技术规范见表 12－26。

4.5.2 开窗铣

(1)功能

该工具可以用在经过起始铣磨铣后完成开窗作业，也可以不经过起始铣直接完成开窗作业。

(2)结构

该工具结构见图 12－23。

图 12－22 起始铣

图 12－23 开窗铣

(3)技术规范

开窗铣技术规范见表 12－26。

表 12－26 开窗铣锥技术规范

套管直径		套管质量		铣锥尺寸	
in	mm	lbs/ft	kg/m	in	mm
4 ½	114.3	13.5	20.1	3 ¾	95.3
		11.6	17.3	3 ⅞	98.6
		9.5	14.1	3 ⅞	98.6

续表

套管直径		套管质量		铣锥尺寸	
in	mm	lbs/ft	kg/m	in	mm
5	127	23	34.3	4	101.6
		18	26.8	4 1/8	104.7
		15	22.4	4 1/4	108.0
		13	19.4	4 3/8	111.3
		11.5	17.1	4 3/8	111.3
5 1/2	139.7	23	34.3	4 1/2	114.3
		20	29.8	4 5/8	117.6
		17	25.3	4 3/4	120.7
		15.5	23.1	4 3/4	120.7
		14	20.9	4 7/8	124.0
		13	19.4	4 7/8	124.0
6	152.4	23	34.3	5	127.0
		20	29.8	5 1/8	130.1
		18	26.8	5 1/4	133.4
		15	22.4	5 3/8	136.7
6 5/8	168.3	32	47.7	5 1/2	139.7
		28	41.7	5 5/8	143.0
		24	35.8	5 3/4	146.1
		20	29.8	5 7/8	149.4
		17	25.3	6	152.4

续表

套管直径		套管质量		铣锥尺寸	
in	mm	lbs/ft	kg/m	in	mm
7	177.8	38	56.6	5 3/4	146.1
		35	52.2	5 7/8	149.4
		32	47.7	5 7/8	149.4
		29	43.2	6	152.4
		26	38.7	6 1/8	155.5
		23	34.3	6 1/8	155.5
		20	29.8	6 1/4	158.8
		17	25.3	6 3/8	162.1
7 5/8	193.7	39	58.1	6 1/2	165.1
		33.7	50.2	6 5/8	168.4
		29.7	44.3	6 3/4	171.5
		26.4	39.3	6 3/4	171.5
		24	35.8	6 7/8	174.8
		20	29.8	7	177.8
8 5/8	219.1	49	73.0	7 3/8	187.5
		44	65.6	7 1/2	190.5
		40	59.6	7 1/2	190.5
		36	53.6	7 5/8	193.8
		32	47.7	7 3/4	196.9
		28	41.7	7 7/8	200.2
		24	35.8	7 7/8	200.2

续表

套管直径		套管质量		铣锥尺寸	
in	mm	lbs/ft	kg/m	in	mm
9 5/8	244.5	53.5	79.7	8 3/8	212.9
		47	70.3	8 1/2	215.9
		43.5	64.8	8 1/2	215.9
9 5/8	244.5	40	59.6	8 5/8	219.2
		36	53.6	8 3/4	222.3
		32.3	48.1	8 7/8	225.6
		29.3	43.7	8 7/8	225.6
10 3/4	273.1	55.5	82.7	9 1/2	241.3
		51	76.0	9 5/8	244.6
		45.5	67.6	9 3/4	247.7
		40.5	60.3	9 3/4	247.7
		32.75	48.8	9 7/8	251.0
11 3/4	298.5	60	89.4	10 1/2	266.7
		54	80.5	10 5/8	270.0
		47	70.3	10 3/4	273.1
		42	62.6	10 3/4	273.1
		38	56.6	10 7/8	276.4
13 3/8	339.7	72	107.3	12	304.8
		68	101.3	12 1/4	311.2
		61	90.9	12 1/4	311.2
		54.5	81.2	12 1/4	311.2
		48	71.5	12 1/4	311.2

4.5.3　钻柱铣和西瓜皮铣

(1)结构

该工具结构见图 12－24。

(a)钻柱铣

(b)西瓜皮铣

图 12－24　钻柱铣和西瓜皮铣

(2)工作原理

钻柱铣和西瓜皮铣接在开窗铣的上部，具有修窗、延长窗口等作用。

(3)技术规范

钻柱铣和西瓜皮铣技术规范参考表 12－26。

第十三章 特种技术钻井工具

1 气体钻井

1.1 概述

气体钻井是以压缩空气或其他气体作为循环介质的一种欠平衡钻井技术。气体钻井技术在国外(特别是加拿大、美国)已得到广泛应用，采用空气和天然气钻井技术已能钻达5000m的深度。

气体钻井由于其本身的特点，相对于常规钻井液钻井，在提高探井勘探成功率、非常规油气资源的开发、老油田的改造、提高低压低渗油气田产量和采收率、提高钻井速度、消除井漏和水敏性坍塌等方面，有着广泛的应用前景。

1.1.1 气体钻井分类

气体钻井分为纯气体钻井和混合气体钻井两种方式。

(1)纯气体钻井

纯气体钻井包括空气钻井、氮气钻井、天然气钻井和尾气钻井。

空气钻井：应用在提高非储层段的机械钻速和对付非储层段井漏上，要求钻进的井段没有水层或地层出水较小，工艺相对较为简单。

纯氮气钻井、天然气钻井和尾气钻井：设备要比气体钻井庞大，相对成本也高。主要是应用在油气储层井段的钻进，目的是为了避免对储层的伤害和避免井下可能发生的火灾与爆炸。

(2)混合气体钻井

混合气体钻井包括雾化钻井、泡沫钻井和充气钻井。

气体/雾化钻井：同时向井内注入发泡胶液和气体，利用高速气流将注入的液体雾化，以提高流体的携岩能力，注入的气量和压

力比纯气体钻井要大。密度适用范围 0.02 ~0.07g/cm^3;

泡沫钻井：同时向井内注入较小排量的空气和较大排量的发泡胶液，形成细小稳定的泡沫，连续相为液相。其优点是需要气体排量小、密度低、滤失量小、可防止井下爆炸、对油气层伤害小、提高机械钻速、携岩能力强。密度适用范围 0.07 ~0.60g/cm^3;

充气钻井液钻井：以钻井液为连续相的钻井循环流体，同时将气体注入井内以降低液柱压力。气体注入包括通过立管注气和井下注气两种方式。井下注气技术是通过寄生管、同心管、钻柱或连续油管等在钻进的同时往井下的钻井液中注入空气、天然气或氮气。密度可根据充气量来调节，适用范围为 0.7 ~ 0.9g/cm^3，是应用广泛的一种欠平衡钻井方法。

1.1.2 气体钻井适用条件和要求

①地层压力剖面、岩性剖面清楚。钻进及其上部裸眼井段无应力垮塌地层、高产水层及油、气显示层。

②地层流体不含 H_2S 气体。

③井架底座净空高度足以安装正常钻井井口装置和旋转防喷器组合(环型防喷器上端面至转盘大梁下端面的距离不小于 1800mm)。

④转盘通径足以通过旋转防喷器的旋转总成。

⑤井场足以摆放下气体钻井所需的设施(不小于 10m × 30m)。

1.2 地面设备

1.2.1 气体钻井井场布置

气体钻井除正常液体钻井所必要的设备设施外，还需有高低压空压机机组、气体流量计撬、高压雾泵机组、旋转防喷器、排沙管及一系列管线、阀门等。氮气钻井还要有制氮机组、柴油机尾气钻井还要有尾气收集及冷却设备系统。气体钻井井场布置需根据现场实际情况而定，气体钻井地面流程见图 13 -1。

图 13 －2、图 13 －3 为气体钻井典型的井场布置。图 13 －4 为柴油机尾气钻井典型的井场布置。

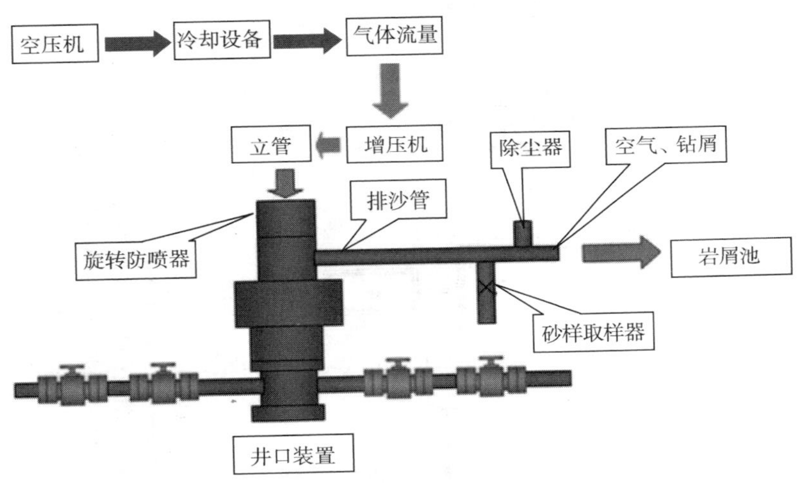

图 13 －1　气体钻井地面工艺流程

图 13 －2　气体钻井井场布置

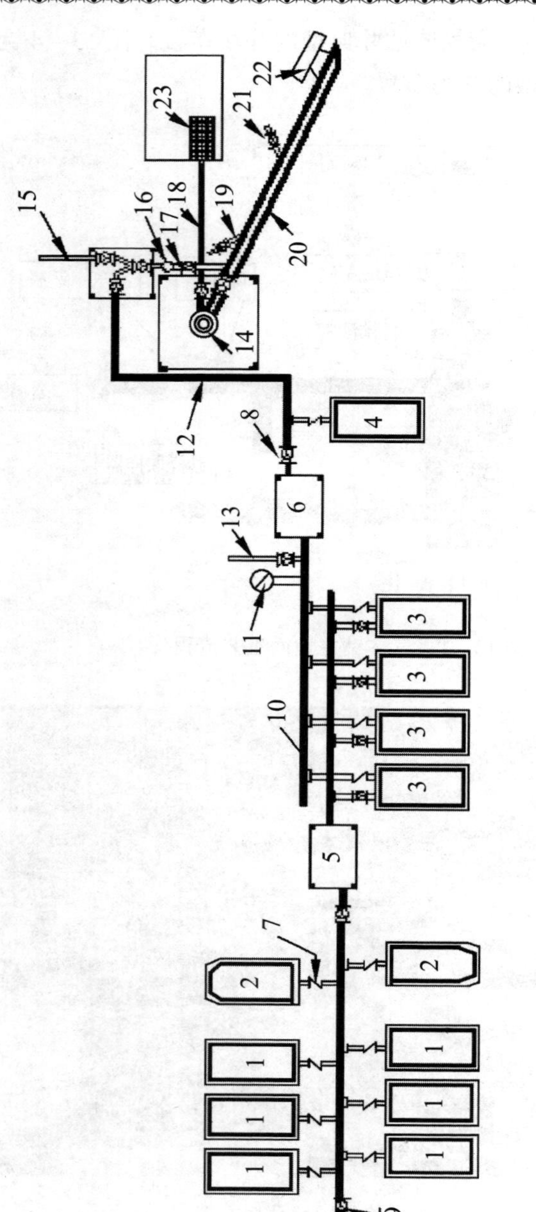

图13-3　气体钻井井场布局

1—螺杆压缩机；2—制氮车；3—增压机；4—高压雾泵；5—低压计量撬；6—高压计量撬；
7—单流阀；8—闸阀；9—放空阀；10、12—高压气管线；13—高压放空；14—井口；
15—钻井液管线；16—立管；17—泄压管；18—钻井液排出管；19—降尘管；
20—排屑管；21—取样口；22—点火装置；23—振动筛

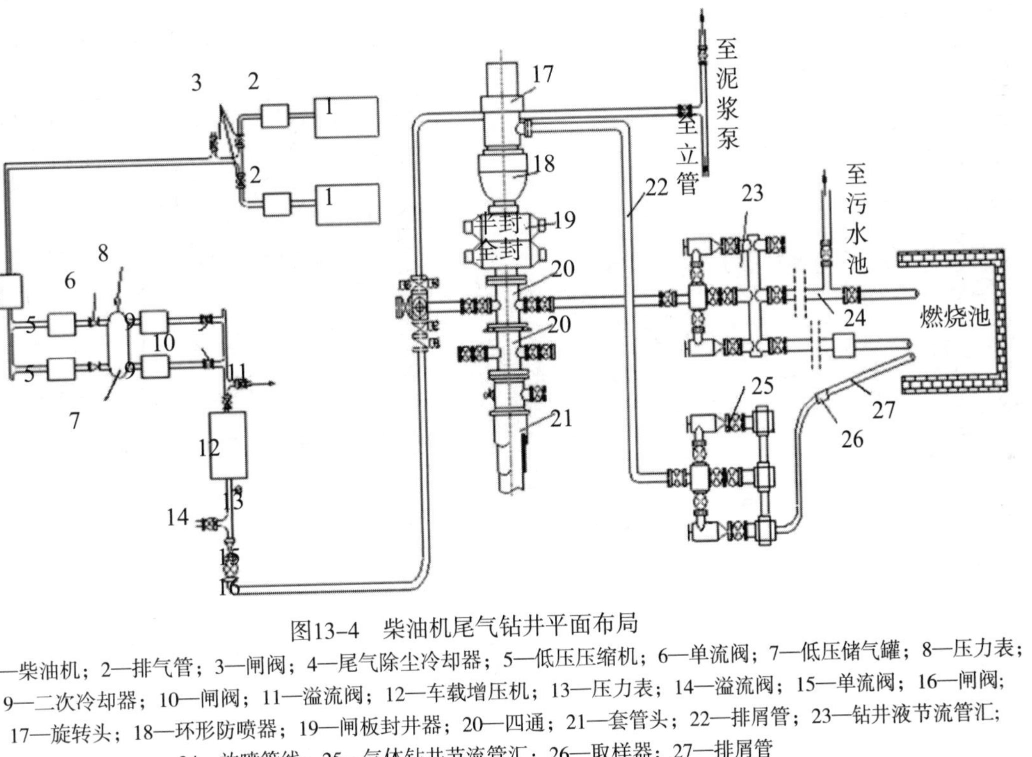

图13-4　柴油机尾气钻井平面布局

1—柴油机；2—排气管；3—闸阀；4—尾气除尘冷却器；5—低压压缩机；6—单流阀；7—低压储气罐；8—压力表；9—二次冷却器；10—闸阀；11—溢流阀；12—车载增压机；13—压力表；14—溢流阀；15—单流阀；16—闸阀；17—旋转头；18—环形防喷器；19—闸板封井器；20—四通；21—套管头；22—排屑管；23—钻井液节流管汇；24—放喷管线；25—气体钻井节流管汇；26—取样器；27—排屑管

1.2.2　压缩机

1.2.2.1　压缩机的分类

压缩机的分类方法比较多，名称也不尽相同。按压缩机的结构与工作原理，通常将压缩机分为容积式和速度式(透平式)两大类，如图 13－5 所示。

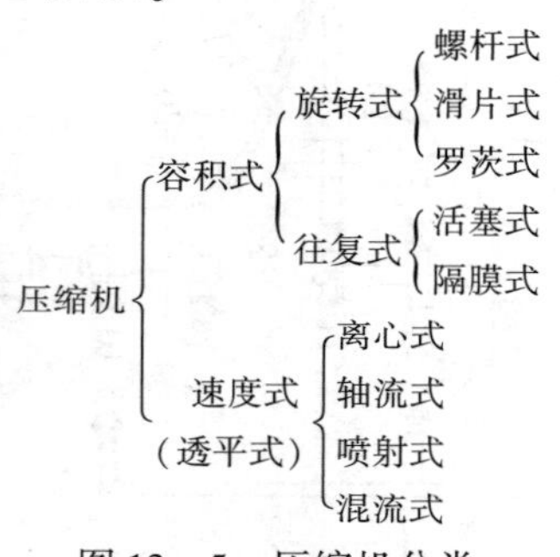

图 13－5　压缩机分类

1.2.2.2　部分空气压缩机主要技术参数

部分空压缩机技术参数见表 13－1、表 13－2、表 13－3、表 13－4。

表 13－1　优尼可尔(北京)压缩机有限公司压缩机技术参数

型号	排气量/(m^3/min)	排气压力/MPa	功率/kW	外型尺寸/mm	质量/t
W－1.0/400	1	40	37	2000×2300×1750	2.1
W－1.5/400	1.5	40	40	2000×2300×1750	2.0
W－2.0/400	2.0	40	45	2000×2300×1750	2.1
W－2.5/400	2.5	40	55	2000×2300×1750	2.3
W－3.0/400	3.0	40	75	3000×2450×1850	3.5
W－5.0/400	5	40	110	3000×2450×1850	4.2
LG.D－8/100	8	10	132	5000×2500×1850	6.0
LG.D－10/100	10	10	160	5000×2500×1850	8.0
LG.D－15/100	15	10	220	5000×2500×1850	8.5
LG.D－20/100	20	10	315	5000×2500×1850	10.0
LG.M－30/100	30	10	450	6500×2500×2000	15.5
LG.M－40/100	40	10	630	7000×2500×2200	16.0

续表

型号	排气量/ (m^3/min)	排气压力/ MPa	功率/ kW	外型尺寸/ mm	质量/ t
LG. M－50/100	50	10	710	7000×2500×2400	18.0
LG. D－8/150	8	15	132	5000×2500×1850	8.0
LG. D－10/150	10	15	185	5000×2500×1850	8.0
LG. D－15/150	15	15	250	5000×2500×1850	8.5
LG. D－20/150	20	15	355	7000×2500×1850	10.0
LG. M－30/150	30	15	500	7000×2500×2200	16
LG. W－8/250	8	25	160	5000×2500×1850	8
LG. W－10/250	10	25	185	5000×2500×1850	8
LG. W－15/250	15	25	280	5000×2500×1850	8.5
LG. W－8/400	8	40	185	5000×2500×1850	8
LG. W－10/400	10	40	200	5000×2500×1850	8
LG. W－15/400	15	40	315	5000×2500×1850	8.5

表 13－2　美国 SULLAIR 寿力公司移动式空压机技术参数

产品型号	排气量/ (m^3/min)	排气压力/ (kg/cm^2)	发动机型号	功率/ kW	分类
1150XHH/1350XH	32.6～38.2	24.1～34.5	卡特彼勒	470	双工况
900XHH/1150XH	25.5～32.6	24.1～34.5	卡特彼勒	403	双工况
1150XH	32.6	24.0	卡特彼勒	403	高压
1070XH	30.3	24.1	卡特彼勒	347	高压
780RH	22.1	20.7	康明斯 M－11	246	中高压
980XH	27.8	24.1	卡特彼勒 3406C	328	中高压
900XH	25.5	24.0	卡特彼勒 C－12	317	中高压
750XH	21.2	13.8	康明斯 M11－C300 /卡特彼勒 C－9	224	中压
1050	29.7	8.6	康明斯 M11－C300 /卡特 C9	224	中高压
980RH	27.8	20.7	卡特彼勒 C－12	317	中高压
900H	25.5	12.0	康明斯 M11－C330	246	中高压
900XHH	25.5	34.5	卡特彼勒 C－15	403	中高压
825VH	23.4	24.0	卡特彼勒 C－12	317	中高压

注：本表产品由北京三仁宝业科技发展有限公司代理销售

表 13－3　德国德斯兰空气压缩机技术参数

型　号		DSR－75W	DSR－100W	DSR－125W	DSR－150W	DSR－180W	DSR－220W	DSR－250W	DSR－300W	DSR－340W	DSR－400W	DSR－480W
排气量/排气压力/(m^3/min/MPa)		10.5/0.7	13.6/0.7	16.3/0.7	20.2/0.7	24.0/0.7	28.0/0.7	32.5/0.7	40.0/0.7	43.5/0.7	50.8/0.7	60.0/0.7
		9.8/0.8	13.0/0.8	15.8/0.8	19.0/0.8	23.0/0.8	26.5/0.8	31.0/0.8	36.8/0.8	42.0/0.8	48.2/0.8	57.0/0.8
		8.7/1.0	11.6/1.0	14.0/1.0	17.0/1.0	20.0/1.0	22.5/1.0	28.0/1.0	32.2/1.0	38.1/1.0	42.6/1.0	50.0/1.0
		7.6/1.3	10.0/1.3	12.03/1.3	14.6/1.3	17.7/1.3	20.1/1.3	25.1/1.3	28.5/1.3	34.6/1.3	39.8/1.3	45.0/1.3
电动机	功率/kW	55	75	90	110	132	160	185	220	250	300	350
	转数/(r/min)	1480	1480	1480	2980	2980	2980	2980	2980	2980	2980	2980
	电压 V/频率 H	380/50										
	启动方式	Y－△启动										
噪音 DB/A		75±3							78	78	80	82
出口管径/in			2	2	DN65	DN65	DN65	DN80	DN100	DN100	5	5
使用环境温度/℃		－5～45										
排气温度/℃		水冷＜40℃						风冷＜环境温度 8℃				
外形尺寸	长 L/mm	2000	2000	2000	2540	2540	2800	2800	2850	2850	5010	5200
	宽 W/mm	1450	1450	1450	1640	1640	1800	1800	1850	1850	2210	2500
	高 H/mm	1620	1660	1660	1860	1860	1900	1900	1950	1950	2130	2130
质量/kg		2200	2300	2800	4000	4500	4800	5200	5600	6000	8000	8500

表 13－4　鞍山力邦压缩机有限公司油田中高压压缩机技术规范

序号	产品型号	压缩介质	容积流量/(m^3/min)	进气压力/MPa	排气压力/MPa	功率/kW	冷却方式	转速/(r/min)	驱动机		外形尺寸($L \times W \times H$)/mm	全机质量/t
									型号	功率/kW		
1	WF－5/40 空气压缩机		5		4	58		987	Y315S－6	75	2900×1830×1600	4
2	WF－5/40 空气压缩机		5		4	58		1300	6135N	90	4145×1650×1550	5.5
3	WF－5/60 空气压缩机		5		6	69		967	Y3155－6	75	2900×1830×1600	4
4	WF－5/60 空气压缩机		5		6	69		1330	6135N	90	4145×1650×1550	5.5
5	Wf－7.5/40 空气压缩机		7.5		4	65		987	$Y315L_2$－6	110	3340×1800×1970	5
6	Wf－7.5/60 空气压缩机		7.5		6	95		987	$Y315L_2$－6	110	3340×1800×1970	5.2
7	SF－7.5/80 空气压缩机	空气	7.5	常压	8	105	水冷	987	$Y315L_2$－6	132	3340×1800×1970	5.5
8	SF－7/150 空气压缩机		7		15	110		987	$Y315L_2$－6	132	5550×2200×2300	5.5
9	SF－7/250 空气压缩机		7		25	125		980	$Y315M_2$－6	160	5550×2200×2300	6
10	W－10/40 空气压缩机		10		4	100		1300	TBO234V6	227	6500×2200×2300	7.5
11	W－10/60 空气压缩机		10		6	111		1300	TBO234V6	227	6500×2200×2300	7.5
12	SF－10/150 空气压缩机		10		15	139		1300	TBO234V6	227	7000×2200×2300	8.5
13	SF－10/250 空气压缩机		10		25	174		1300	TBO234V6	227	7000×2200×2300	8.5

续表

序号	产品型号	压缩介质	容积流量/(m^3/min)	进气压力/MPa	排气压力/MPa	功率/kW	冷却方式	转速/(r/min)	驱动机		外形尺寸($L\times W\times H$)/mm	全机质量/t
									型号	功率/kW		
14	W-10/150空气压缩机	空气	10	常压	15	161	闭式水冷	1000	TBO234V6	227	5600×2400×2300	8
15	W-10/250空气压缩机		10		25	177		1000	TBO234V6	227	5600×2400×2300	8
16	WF-1.28/12-160坑道气压缩机	坑道气	1.28	1.2	16		风冷	990	Y355 M_2-6	160	6200×2200×2210	5
17	WF-1.6/24-100空气压缩机	空气	1.6	2.4	10			1330	TBO234V6	227	6200×2400×2300	8.5
18	WF-1/10-250氮气压缩机	氮气	1	1	25			960	Y355 L_2-6	120	5200×2200×2300	8
19	W-15/10空气压缩机	空气	15	常压	1.0	100		1330	6135AZG	125	6200×2200×2300	5.5
20	W-1.25/1.1-250氮气压缩机	氮气	1.25	1.1	35		水冷	980	Y355 M_2-6	185	8000×2500×2500	15
21	LHC-15/150空气压缩机	空气	15	常压	15	240	风冷闭式水冷				8500×2500×2400	12
22	LHC-20/150空气压缩机	空气	20		15	320					8500×2500×2400	12
23	LHC-25/150空气压缩机		25		15	400					8500×2500×2400	12
24	LHC-12/250空气压缩机		12		25	210					8500×2500×2400	13
25	LHC-15/350空气压缩机		15		35	285					8500×2500×2400	13

1.2.3　制氮机

1.2.3.1　制氮机的分类

制氮机依其结构与工作原理分为深冷空分制氮、分子筛空分制氮与膜空分制氮三种。目前，氮气钻井中主要用的是后者。

(1)深冷空分制氮

深冷空分制氮是一种传统的制氮方法，已有近几十年的历史。它是以空气为原料，经过压缩、净化，再利用热交换使空气液化成为液空。液空主要是液氧和液氮的混合物，利用液氧和液氮的沸点不同(在1大气压下，前者的沸点为 -183℃，后者的为 -196℃)，通过液空的精馏，使它们分离来获得氮气。深冷空分制氮设备复杂、占地面积大，设备一次性投资较多，运行成本较高，宜于大规模工业制氮，而中、小规模制氮就显得不经济。

(2)分子筛空分制氮

以空气为原料，以碳分子筛作为吸附剂，运用变压吸附原理，利用碳分子筛对氧和氮的选择性吸附而使氮和氧分离的方法，通称PSA制氮。

此法是20世纪70年代迅速发展起来的一种新的制氮技术，与传统制氮法相比，它具有工艺流程简单、自动化程度高、产气快(15～30min)、能耗低，产品纯度可在较大范围内根据用户需要进行调节，操作维护方便、运行成本较低、装置适应性较强等特点，故在1000Nm^3/h以下制氮设备中颇具竞争力，成为中、小型氮气用户的首选方法。

(3)膜空分制氮

以空气为原料，在一定压力条件下，利用氧和氮等不同性质的气体在膜中具有不同的渗透速率来使氧和氮分离。和其他制氮设备相比它具有结构更为简单、体积更小、无切换阀门、维护量更少、产气更快(≤3min)、增容方便等优点，它特别适宜于氮气纯度≤98%的中、小型氮气用户，有最佳功能价格比。

1.2.3.2 部分制氮机主要技术参数

部分制氮机主要技术参数见表 13－5。

表 13－5 山东科瑞石油装备有限公司制氮机组技术参数

<table>
<tr><td rowspan="9">陆地油田撬装式系列</td><td>产品型号</td><td colspan="2">HY900/350C</td><td colspan="2">HY1200/350C</td><td colspan="2">HY2000/350C</td></tr>
<tr><td>氮气纯度/%</td><td colspan="2">90～99.9</td><td colspan="2">90～99.9</td><td colspan="2">90～99.9</td></tr>
<tr><td>氮气流量/(Nm^3/h)</td><td colspan="2">900</td><td colspan="2">1200</td><td colspan="2">2000</td></tr>
<tr><td>工作压力/MPa</td><td colspan="2">35</td><td colspan="2">35</td><td colspan="2">35</td></tr>
<tr><td>驱动方式</td><td colspan="6">柴驱</td></tr>
<tr><td>冷却方式</td><td colspan="6">风冷</td></tr>
<tr><td>使用环境温度/℃</td><td colspan="6">－40～45</td></tr>
<tr><td>排出温度/℃</td><td colspan="6">环境温度＋5～10</td></tr>
<tr><td colspan="7"></td></tr>
<tr><td rowspan="8">车载式油田专用系列</td><td>产品型号</td><td colspan="2">HY600/250C
(单车)</td><td colspan="2">HY900/350C
(双车)</td><td colspan="2">HY1200/350C
(双车)</td></tr>
<tr><td>氮气纯度/%</td><td colspan="2">90～99.9</td><td colspan="2">90～99.9</td><td colspan="2">90～99.9</td></tr>
<tr><td>氮气流量/(Nm^3/h)</td><td colspan="2">600</td><td colspan="2">900</td><td colspan="2">1200</td></tr>
<tr><td>工作压力/MPa</td><td colspan="2">25</td><td colspan="2">35</td><td colspan="2">35</td></tr>
<tr><td>驱动方式</td><td colspan="6">柴油机驱动</td></tr>
<tr><td>冷却方式</td><td colspan="6">风冷</td></tr>
<tr><td>环境温度/℃</td><td colspan="6">－40～45</td></tr>
<tr><td>排出温度/℃</td><td colspan="6">环境温度＋5～10</td></tr>
<tr><td rowspan="8">欠平衡钻井系列</td><td>产品型号</td><td>HYZJ1200/180C</td><td>HYZJ1800/180C</td><td>HYZJ2400/180C</td><td>HYZJ3000/180C</td><td>HYZJ3600/180C</td><td>HYZJ5400/180C</td></tr>
<tr><td>氮气纯度/%</td><td>90～99.9</td><td>90～99.9</td><td>90～99.9</td><td>90～99.9</td><td>90～99.9</td><td>90～99.9</td></tr>
<tr><td>氮气流量/(Nm^3/h)</td><td>1200</td><td>1800</td><td>2400</td><td>3000</td><td>3600</td><td>5400</td></tr>
<tr><td>工作压力/MPa</td><td>18</td><td>18</td><td>18</td><td>18</td><td>18</td><td>18</td></tr>
<tr><td>驱动方式</td><td colspan="6">柴油机驱动</td></tr>
<tr><td>冷却方式</td><td colspan="6">风冷</td></tr>
<tr><td>环境温度/℃</td><td colspan="6">－40～45</td></tr>
<tr><td>排出温度/℃</td><td colspan="6">环境温度＋5～10</td></tr>
</table>

续表

	产品型号	HY600/250C	HY600/250D	HY900/350C	HY1200/350C
海洋石油平台撬装式系列	氮气纯度/%	90～99.9	90～99.9	90～99.9	90～99.9
	氮气流量/(Nm^3/h)	600	600	900	1200
	工作压力/MPa	25	25	35	35
	防爆等级	dllBT4	dllBT4	dllBT4	dllBT4
	防护等级	IP56	IP56	IP56	IP56
	最大倾角/(°)	≤5			
	驱动方式	柴驱	电驱	柴驱	柴驱
	冷却方式	风冷			
	环境温度/℃	-20～45			

1.2.4 旋转防喷器(旋转头)

由于气体钻井井口返出的流体具有一定的压力，为了确保钻井的安全、顺利，井口除装有常规防喷器组外，还必须安装旋转控制头。

旋转防喷器结构、工作原理及技术规范见第八章2.4旋转防喷器。

1.2.5 管汇

1.2.5.1 气体输送管线及阀门

为将压缩机系统的压缩空气输送到钻机的立管，需要用钢管或软管来输送。在这些连接管线中安装有单流阀、安全阀和球阀，以保护压缩机和方便泄压。

在空气输入的主管线上还安装有旁通管线，方便接单根或需要泄压时使用。

1.2.5.2 排砂管线

气体钻井作业时，井内返出的岩屑和气体都通过排沙管线排出进入地面回收池。为了便于采集岩样、气样，在排砂管线上安装有岩屑取样器。取样器位于排砂管线某一方便点，如需采集岩样，打开阀门即可，如图 13 - 6 所示。

图 13 - 6　岩屑取样器

1.3　井下工具

1.3.1　空气锤钻头

气体钻井可用三牙轮钻头或 PDC 钻头，但采用空气锤钻头效果更佳，特别是钻研磨性地层。

1.3.1.1　空气锤钻头基本结构及工作原理

空气锤钻头，严格说应是空气锤与钻头的组合体。由上接头、逆止阀、配气座、气缸、活塞、尾管、保持环及钻头组成，如图 13 - 7 所示。

空气锤有正循环空气锤和反循环空气锤之分。正循环空气锤其外径范围较大(3 ~ 16in)可钻出直径 3 ⅝ ~ 17 ½in 的井眼。反循环空气锤是使环空中的空气，通过空气锤的外壳入口进入空气锤推动空气锤工作。其钻头表面有两个大的水眼，以使返回的空气流带着岩屑经此水眼进入钻柱内返回地面。反循环空气锤的外径范围更大(6 ~ 24in)，可钻直径 7 ⅞ ~33 ½in 的井眼。图 13 - 8 为正循环空气锤使用的两种典型的空气锤钻头。

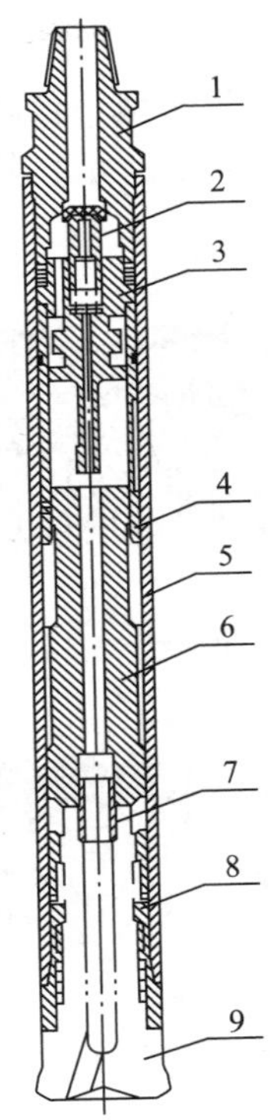

图 13－7　空气锤钻头结构示意图

1—上接头；2—逆止阀；3—配气座；4—气缸；5—壳体；6—活塞；7—尾管；8—保持环；9—钻头

图 13－8　两种典型的凹面空气锤钻头

空气锤钻头的工作原理为，空气锤钻井综合了旋转钻井和空气冲击钻井两种破岩效果。目前，石油行业钻井空气锤主要以气体作为驱动介质进行工作。气体进入配气座后，配气座将气流分为两部分，一部分通过中心通道和钻头直接到达井底清洁井底并把岩屑带走。一部分进入空气锤上气室，并与下气室配合，共同驱动活塞做上下往复运动。运动中的活塞直接冲击钻头从而对井底岩石进行高频冲击破碎岩石。同时，伴随着钻柱和钻头的旋转，不断更换钻头与井底的接触位置，提高了破岩效率。

空气锤钻头切削面有中心凹槽型、凹面型、台阶型、双径型和平面型等类型，如图13－9、图13－10所示。其应用条件见图13－11。

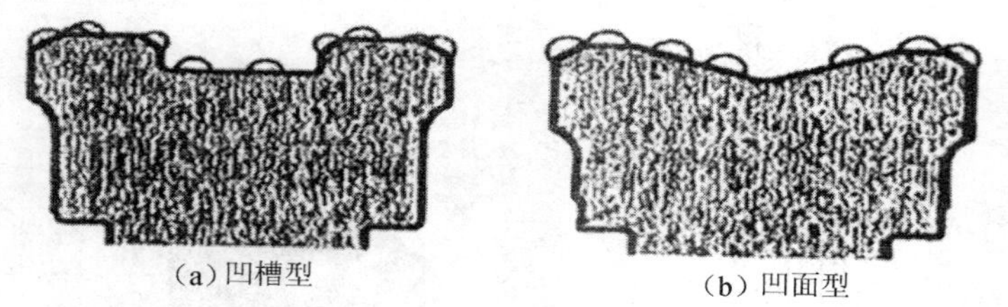

(a)凹槽型　(b)凹面型

图13－9　空气锤钻头切削面形状

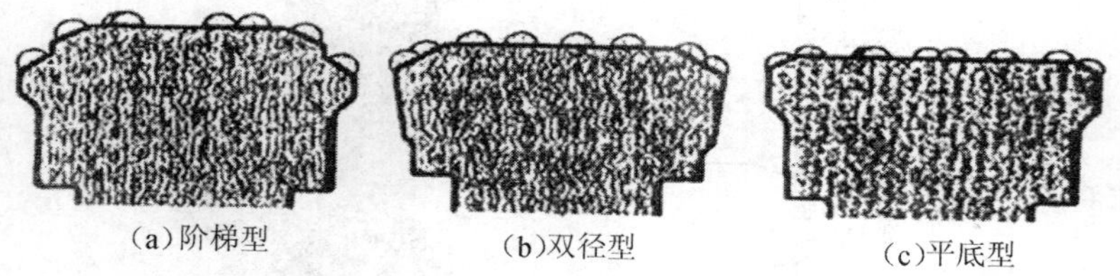

(a)阶梯型　(b)双径型　(c)平底型

图13－10　空气锤钻头切削面形状

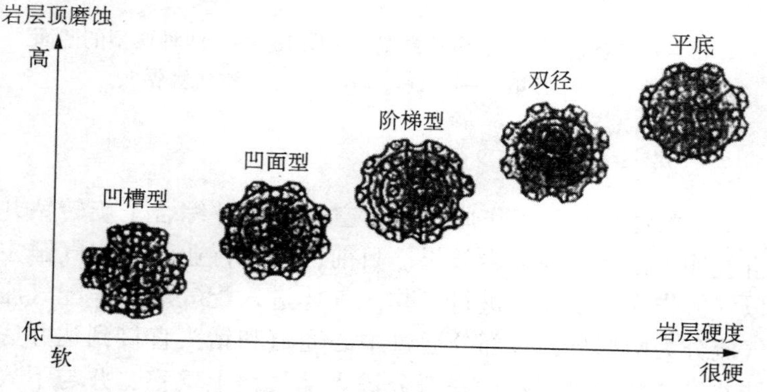

图13－11　不同形状切削面空气锤钻头的应用

1.3.1.2　空气锤钻头技术参数

(1)国产空气锤钻头技术参数见表13－6。

表 13－6　北京石油机械厂空气锤钻头技术参数

产品型号	KQC180	KQC275－310	KQC275－445
空气锤外径/mm	180	275. 8	275. 8
全长(不含钎头)/mm	1314	2270	2270
接头螺纹	4 ½REG	7 ⅝REG	7 ⅝REG
钻孔范围/mm	ϕ200～305	ϕ310～350	ϕ444～450
工作风压/MPa	0. 6～2. 5	0. 6～2. 5	0. 6～2. 5
冲击频率/Hz	27	27	27
耗风量/(L/s)	105	120	120
额定轴压/kN	18. 3	18. 3	18. 3
转速 /(r/min)	35	35	35

(2)国外空气锤钻头技术参数见表 13－7、表 13－8、表13－9。

表 13－7　美国 NUMA 公司空气锤钻头技术参数

产品型号	孔径范围/mm	外径/mm	缸径/mm	质量/kg	锤体长度/mm	工作长度/mm	连接扣型
Champion 330	838～1092	711	508	5811	2273	2680	10 Beco
Champion 240	610～864	508	381	2512	2032	2389	8 ⅝
Patriot 240	610～864	508	381	2214	1883	2238	8 ⅝
Champion 180	457～762	394	305	1492	1975	2229	8 ⅝
Patriot 125	311～508	273	235	512	1695	1924	6 ⅝
Patriot 120	302～445	257	216	476	1695	1924	6 ⅝
Challenger 100	251～381	229	191	341	1499	1676	6 ⅝
Challenger 80	200～254	181	152	202	1420	1550	4 ½
Challenger 60	152～216	137	108	109	1320	1420	3 ½
Patriot 60W	152～216	140	114	93	1046	1138	3 ½
Patriot 50WQ	152～216	140	114	93	1046	1138	3 ½
Patriot 50	140～156	124	102	63	937	1019	3 ½
Champion 40	108～130	95	76	36	908	984	2 ⅜
Patriot 35A	89～105	79	64	21	727	791	2 ⅜

表 13 - 8　韩国 PENTA 公司空气锤钻头技术参数

产品型号	孔径范围/mm	外径/mm	缸径/mm	冲程/mm	质量/kg	锤体长度/mm	连接扣型
PT30	762 ~ 1016	635	455	150	3960	2088	六角接头
PT24N	610 ~ 850	517	385	150	2467	2046	8 5/8 API Reg. BOX
PT12D	300 ~ 445	275	216	100	627	1735	6 5/8 或六角接头
PT12S	300 ~ 445	275	216	100	625	1713	
PT8D	195 ~ 270	183	150	100	200	1322	4 1/2
PT6D	152 ~ 190	138	117	100	102	1221	3 1/2
PT5D	127 ~ 149	118	95	100	68	1072	3 1/2
PT4D	105 ~ 127	96	77	100	37	929	2 3/8

表 13 - 9　韩国 TOPDRILL 公司空气锤钻头技术参数

产品型号	孔径范围/mm	前接头类型	外径/mm	锤体长度/mm	质量/kg	连接扣型
ACE200C	445 ~ 660	QL200	396	1680	1180	API 8 5/8
ACE120C	302 ~ 445	N120	257	1964	536	API 6 5/8
ACE60	152 ~ 194	QL60	142	1163	90	API 3 1/2
ACE50C	130 ~ 152	DHD350	120	1169	57	API 3 1/2
ACE40	105 ~ 127	DHD340	98	1000	38	API 2 3/8
ACE35	90 ~ 105	DHD3. 5	85	870	24	API 2 5/8
TD800	870 ~ 1150	TD800	758	2434	6000	Hex Joint
TD700	760 ~ 1000	TD700	650	2432	4300	Hex Joint
TD550	610 ~ 850	N240	520	2041	2500	API 8 5/8
TD450S	460 ~ 610	SD18	420	2018	1492	API 8 5/8
TD450	460 ~ 610	N180	400	2137	1364	API 8 5/8

续表

产品型号	孔径范围/mm	前接头类型	外径/mm	锤体长度/mm	质量/kg	连接扣型
TD380	445 ~ 559	SD15	376	1870	1230	API 8 $\frac{5}{8}$
TD350	445 ~ 508	SD15	357	1850	1080	API 8 $\frac{5}{8}$
TD320	355 ~ 475	TD320	320	1782	1020	API 7 $\frac{5}{8}$
TD112	302 ~ 381	SD12	274	1788	618	API 6 $\frac{5}{8}$
TD100	251 ~ 305	N100	225	1575	350	API 6 $\frac{5}{8}$
TD80	194 ~ 254	DHD380	180	1420	180	API 4 $\frac{1}{2}$
TD50	130 ~ 152	DHD350	R. G. 116 H. D. 121	1264	62	API 3 $\frac{1}{2}$
TD20	66 ~ 80	DHD065	58	781	11	BOX

注：表 13 －7、表 13 －8、表 13 －9 所列产品由北京三仁宝业科技发展有限公司代理销售。

1.3.2　气体钻井螺杆钻具

1.3.2.1　气体(或泡沫)螺杆钻具的特点

空气/泡沫螺杆钻具不同于液体钻井螺杆钻具。主要问题是空气本身的热传导性能很差，橡胶也是一种热传导性能很差的材料，使得钻具定子在应力的作用下产生的热量无法及时有效进行传导，导致局部橡胶温度过高。当热量聚集到一定程度超过橡胶的耐受能力时，就会发生诸如撕裂、掉块等现象，导致钻具失效。因此在空气或泡沫钻井中，如何避免螺杆钻具定子橡胶因应变生热而失效是至关重要的，如在定子与转子之间添加必要的润滑物质、轴承的密封与润滑、避免在钻进中或钻头离开井底时转子产生高速运转等，这些问题必须得到妥善解决。

1.3.2.2　部分气体钻井螺杆钻具的性能技术参数

北京石油机械厂气体钻井螺杆钻具的性能技术参数见表13－10。

表 13－10　北石厂气体钻井螺杆钻具性能技术参数

产品型号		K7LZ95＊7.0	K7LZ120＊7.0	K7LZ165＊7.0	K7LZ172＊7.0	K7LZ197＊7.0	K7LZ244＊7.0
外径	in	3 ¾	4 ¾	6 ½	6 ¾	7 ¾	9 ⅝
	mm	95	120	165	172	197	244
流量/中空流量/(L/s)		5～10	10～20	19～38	22～38.5	33.5～57	42～70
钻头转速/(r/min)		60～130	50～100	46～92	50～100	50～80	40～70
马达压降/MPa		2	1.8	2.4	2.4	2.4	2.4
工作扭矩/N·m		1000	2770	5750	6000	11000	15000
最大扭矩/N·m		1600	4430	9200	9600	17600	24000
推荐钻压/kN		30	55	90	150	200	210
最大钻压/kN		60	100	180	300	380	400
最大功率/kW		13.61	29	73	62.8	92.2	110
长度/m		5.8	6.2	7.6	6.7	6.9	7.8
连接螺纹	上	2⅞REG	3½REG	4½REG	4½REG	4½REG	6⅝REG
	下	2⅞REG	3½REG	4½REG	4½REG	6⅝REG	6⅝REG

1.3.3　井下气动涡轮马达

井下气动涡轮马达在 20 世纪 80 年代早期得到发展，最先用于北加利福尼亚的 Geysers 地热区块中。井下气动涡轮马达可用于空气、天然气或其他惰性气体钻井，也可用于雾化或泡沫钻井。

(1)结构

井下气动涡轮马达由空气过滤器、调节器、单级涡轮、高速耦合器、齿轮箱、涡轮轴、轴承及壳体组成，如图 13－12 所示。

(2)工作原理

高压气流通过涡轮定子和转子时，推动转子带动涡轮轴作高速旋转，进而带动钻头旋转。

涡轮转速由连接在涡轮轴顶部的调速器来控制。但仍不能达到钻头的转速要求，因此，在涡轮输出轴的底部装有密闭的齿轮减速装置——齿轮减速箱。井下气动涡轮马达可以安装几个齿轮减速箱，可以把转速比最低从 40 降到 1，最高可以从 120 降到 1。涡轮上的调速器通过控制涡轮转速，使齿轮箱的输入转速不致过高，为齿轮提供保护。

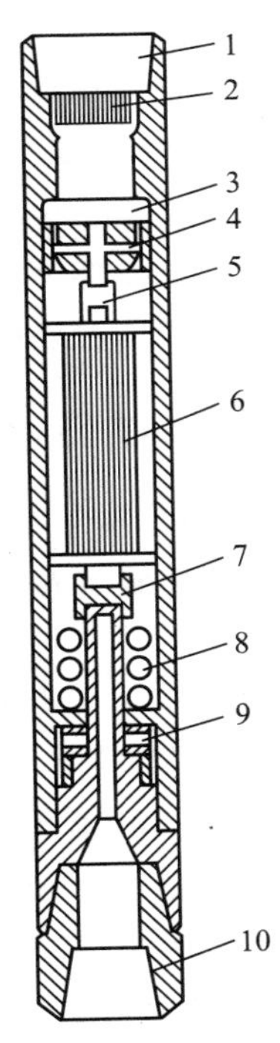

图 13－12　井下气动涡轮结构示意图

1—标准接头；2—空气过滤器；3—调节器；4—单级涡轮；5—高速耦合器；6—齿轮箱；7—高速耦合器；8—向芯轴承；9—止推轴承；10—标准钻头接头

齿轮箱输出轴与主驱动轴之间，装有高速耦合器。该耦合器允许较高的非瞬间扭矩，从齿轮箱输出轴传递到主驱动轴。而瞬间的冲击扭矩会被耦合装置中的弹簧吸收，以保护齿轮箱中的齿轮免受冲击力破坏。

为保证气体质量，必要时可安装空气过滤器。

2　超高压钻井

超高压钻井工艺及其配套设备、工具，均为江苏德瑞石油机械有限公司专利产品。

2.1　概述

钻井施工中，机械钻速与钻井泵压成正比，随着泵压的提高，机械钻速也提高。实践证明，泵压由20MPa提高到40～45MPa，可以使机械钻速提高2倍以上。因此，强化钻井泵功率，改善钻具及循环系统的密封能力，实现超高压钻井，能有效地缩短钻井周期和降低钻井成本。

2.2　超高压钻井配套设备及工具

2.2.1　高压钻井泵

超高压钻井泵有盘式8缸钻井泵、卧式12缸钻井泵两种类型。

2.2.1.1　盘式8缸钻井泵

(1)结构

盘式8缸钻井泵由变频电机、超越离合器、传动箱、泵缸、底座及相应的上水、排水系统组成。结构如图13－13所示。

(2)工作原理

钻井泵由4台变频电机并行驱动，8个泵缸围绕传动箱呈环形排列，故称盘式泵。变频电机通过超越离合器带动传动箱里的偏心轮转动，偏心轮的长轴缘依次推动泵缸十字头及柱塞，完成排水动作。偏心轮长轴缘转过后，排水凡尔关闭，上水在灌注泵泵压的作用下，推开上水凡尔，并推动泵缸的柱塞及十字头回位，完成上水动作。如此往复完成泵的运转。

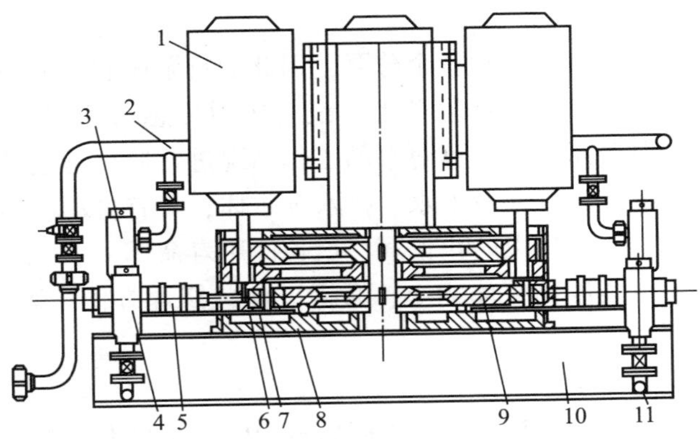

(a)盘式泵主视图

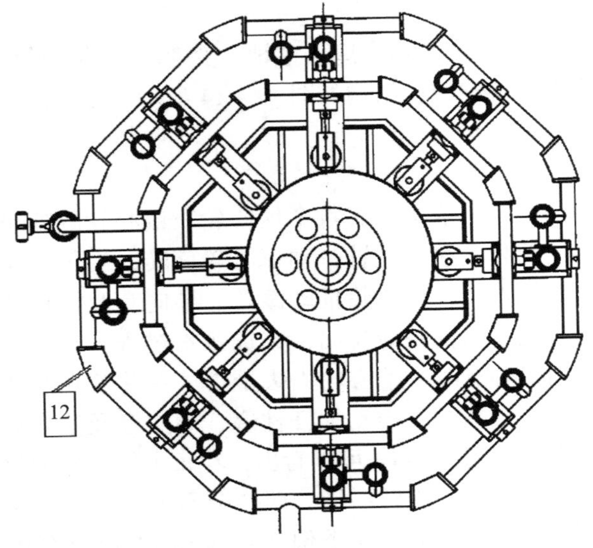

(b)盘式泵俯视图

图 13－13　盘式 8 缸钻井泵结构示意图

1—变频电机；2—排水管线；3—排水凡尔；4—上水凡尔；5—泵缸；6—十字头导轨；7—十字头；8—传动箱壳体；9—偏心轮；10—底座；11—上水管线；12—供浆泵

(3)优点

①偏心轮依次驱动各个分泵，因此运行泵压非常平稳。

②在各分泵的缸体缸盖上，设有压力传感器插座孔。装上传感器及其显示装置，可对泵的工作情况进行监视与记录。

③泵的推杆柱塞及上水、排水凡尔体，具有自动旋转机构，工作时可自动旋转以防止偏磨，增长使用寿命。

④耐压强度高，体积小，搬运方便，修理方便，运行可靠性好。

(4)技术参数

盘式 8 缸钻井泵额定工作压力 60MPa，排量大于 25L/s。

2.2.1.2　卧式 12 缸钻井泵

(1)结构

卧式 12 缸钻井泵由底座、主轴、变速箱、偏心轮组、柱塞泵及进排水系统组成，结构如图 13－14 所示。单体泵结构如图 13－15 所示。

(2)工作原理

在泵的主轴上依次装有数个偏心轮，偏心轮的外缘始终与柱塞泵的滚轮相接触。主轴带动偏心轮旋转，当偏心轮转过短轴点转向长轴点时，偏心轮推动滚轮、导向套及推杆柱塞向前运动，将泵缸里的钻井液排出，完成排水过程。当偏心轮转过长轴点转向短轴点时，偏心轮失去推力，钻井液在灌注泵压力的作用下进入泵缸，并推动推杆柱塞、导向套及滚轮后退，完成上水过程。由图 13－14 可以看出，在每个偏心轮两侧各安装一台分泵，偏心轮每旋转一周，两个分泵分别完成一个进、排水过程。如此连续运转，6 个偏心轮带动 12 台分泵完成连续循环。

(3)优点

① 每个偏心轮的安装，相对于主轴都旋转了一个角度，使各个分泵的工作次序都错落有致，因此运行泵压非常平稳。

② 在各分泵的缸体缸盖上，设有压力传感器插座孔。装上

传感器及其显示装置，可对泵的工作情况进行监视与记录。

③ 泵的推杆柱塞及上水、排水凡尔体，具有自动旋转机构，工作时可自动旋转以防止偏磨，增长使用寿命。

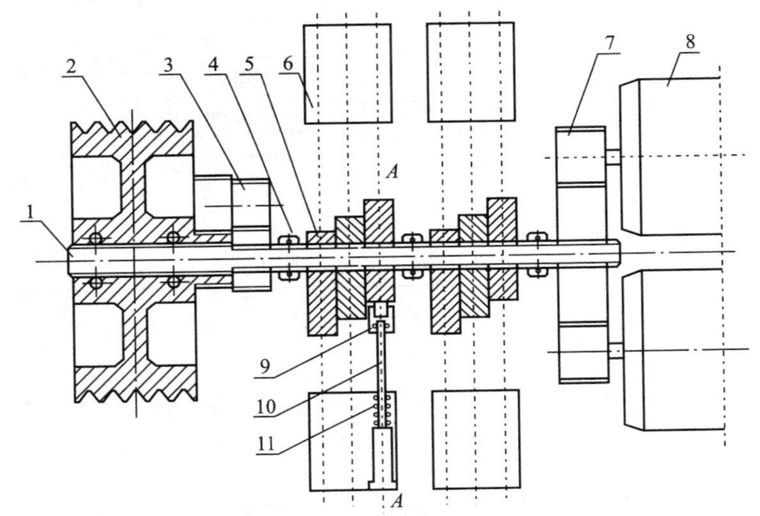

图 13－14　卧式 12 缸钻井泵总体结构示意图

1—主轴；2—皮带轮；3—变速箱；4—轴承座；5—偏心轮组；6—柱塞泵；7—传动机构；8—电机(柴油机)；9—导向套；10—推杆柱塞；11—柱塞密封环

④ 适应性强。可用联动机驱动，也可单独驱动。可用电机驱动，也可用柴油机驱动。可用于大型钻机，也可用于常规联运中型钻机。

(4)技术参数

卧式 12 缸钻井泵额定泵压 60MPa，最低排量 25L/s。

2.2.2　耐高压水龙头

耐高压水龙头与普通水龙头的主要区别是，耐高压水龙头将冲管密封从中心管上部移到中心管下部。将依靠盘根的压紧密封改为密封圈自动密封。

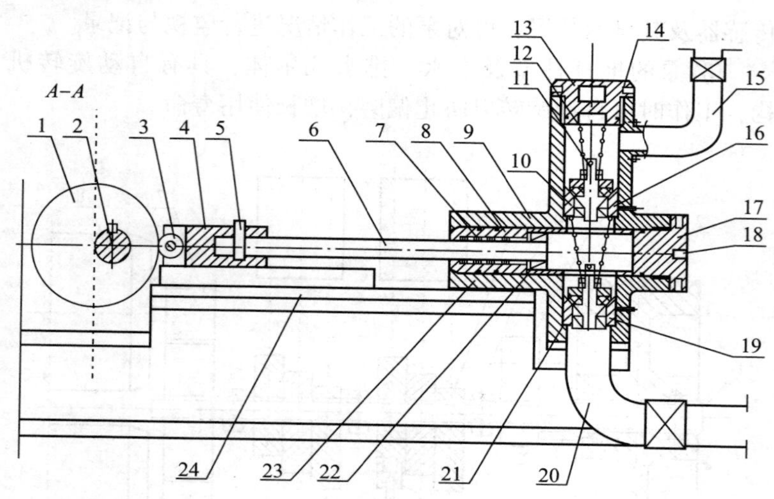

图 13-15　卧式12缸钻井泵单体结构示意图

1—偏心轮；2—主轴；3—滚轮；4—导向套；5—推杆销；6—推杆柱塞；7—柱塞密封环；8—密封套；9—密封缸套；10—排水凡尔座；11—排水凡尔体；12—排水凡尔弹簧；13 排水缸盖；14—缸盖密封；15—排水管线；16—凡尔座密封；17—缸盖；18—压力传感器插座；19—凡尔座；20—上水管线；21—凡尔体；22—柱塞旋转叶片；23—柱塞泵体；24—底座

其优点是耐压能力高，使用寿命长，更换密封件较方便。

(1)结构与工作原理

耐高压水龙头由水龙头主体、加长冲管和冲管密封总成组成，如图 13-16 所示。主体与普通水龙头无区别。冲管密封总成接在中心管下端，总成内装有密封衬套和小冲管，形成一个高压密封组合，实现动密封。加长冲管上端固定在水龙头鹅颈管和支架之间，贯穿中心管后，下端插入密封总成的小冲管内，由于其长度大，同心度问题得到自动改善，进一步提高了密封效果。

(2)使用方法及注意事项：

① 更换冲管密封总成。

a. 在用冲管密封总成失效后，将其上下端丝扣卸开，从冲管下端抽掉。

b. 将装好的备用密封总成母扣端套入冲管，并使冲管装入小冲管密封圈，上紧丝扣即可。

② 装好备用的密封总成。

将换下来的密封总成拆开，检查所有部件及密封件，更换损坏部件，依照说明书要求装好备用。

(3)主要技术参数

额定压力 60MPa，静试压 90MPa。

注：因水龙头的型号很多，具体结构、尺寸按不同的型号有针对的设计，包括顶驱中水龙头的改造。

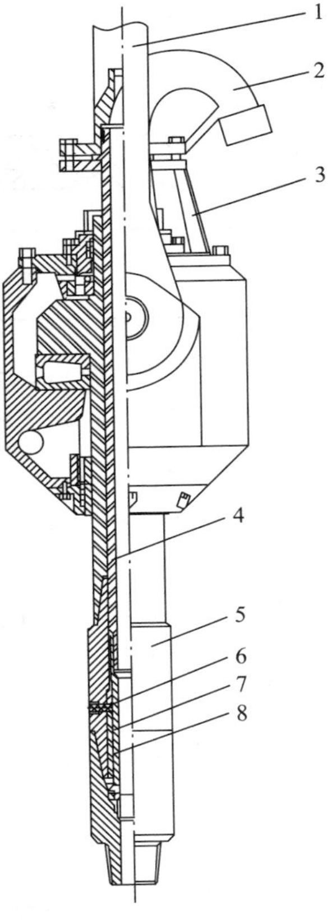

2.2.3　对水龙带的技术要求

额定压力 60MPa，静试压 150MPa。

2.2.4　对高压阀门组的技术要求

额定压力 60MPa，静试压 90MPa。

图 13-16　耐压水龙头

1—水龙头提环；2—鹅颈管；3—支架；4—冲管；5—冲管密封总成；6—注油塞锁销；7—小冲管；8—密封套

2.2.5　高压钻具接头

2.2.5.1　普通高压接头

(1)结构

普通高压钻具接头母接头、公接头及辅助密封组成，如图 13-17 所示。辅助密封由耐高温密封圈和刮泥器构成，与丝扣台肩构成双重密封。

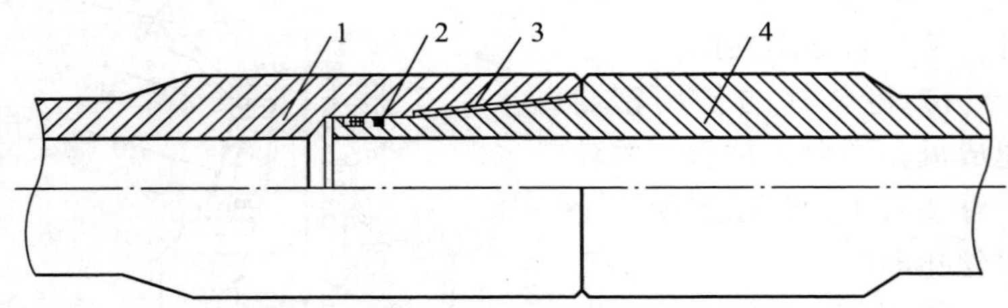

图 13－17　普通高压接头

1—母接头；2—辅助密封；3—标准钻杆丝扣；4—公接头

(2)技术参数

额定压力 60MPa，静试压 90MPa。

2.2.5.2　快速高压接头

该快速高压接头上卸速度在半分钟以内，密封能力在 100 MPa以上。

(1)结构

快速高压接头由母接头、密封圈、锁销、扭矩传导键、对卡螺纹和公接头组成，如图 13－18 所示。

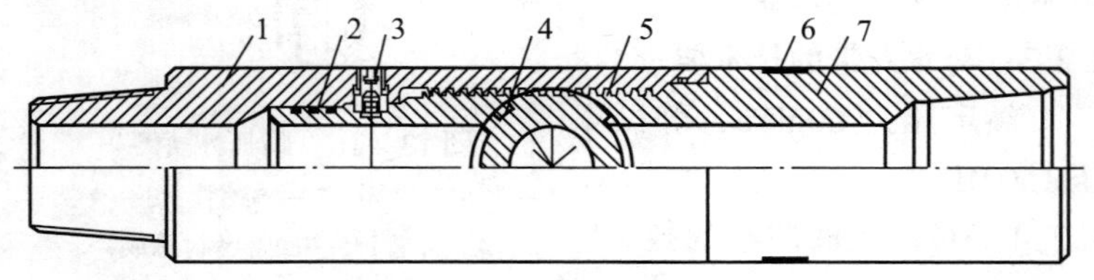

图 13－18　快速高压接头

1—母接头；2—密封圈；3—锁销；4—扭矩传导键；
5—对卡螺纹；6—耐磨带；7—公接头

对卡螺纹分为公扣螺纹和母扣螺纹。公扣螺纹结构如图 13－19(a)所示，螺纹牙型为标准钻杆螺纹牙型，螺纹分为两段，每段为 83°，两段间隔一侧为 83°，另一侧为 110°装有扭矩传导键。母扣螺纹也分为两段结构如图 13 – 19（b）所示，螺纹牙型及段长、间隔与公扣螺纹相同。

(2)工作原理及操作方法

① 上扣：

a. 用专用工具将锁销拉出。

b. 按照规定方向将公扣螺纹插入母扣右旋 81°，两段公、母扣啮合，扭矩传导键靠紧母扣边缘，密封圈进入密封座。如图 13 – 19（c)所示。

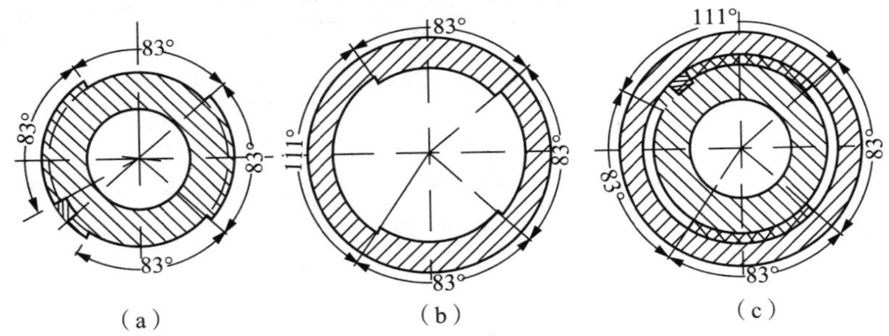

图 13 – 19　快速高压接头丝扣结构

c. 松开锁销，锁销锁住公扣，防止公扣反转。

螺纹啮合承受拉力，扭矩传导键承受扭矩，密封圈承受密封压力。

② 卸扣

卸扣程序与上扣相反。

a. 用专用工具将锁销拉出。

b. 左旋公接头 83°，两段公、母扣松开。

c. 将公接头提出母接头，完成卸扣。

(3)技术参数

额定泵压 100MPa，抗拉能力 6000kN 以上。

2.2.6　泵压变换器

此工具使用时接在钻头上，钻头接触井底时侧水眼关闭，钻井液只能从钻头水眼喷出实现超高压钻进。钻头离开井底后，侧水眼打开，液流从侧水眼流出，在排量不变的情况下使泵压大幅度降低。便于携带岩屑清洁井眼及特殊作业，同时可以降低油料消耗节约钻井成本。

(1)结构

泵压变换器由分流接头、凡尔座、凡尔体、上下密封、护套、键套、芯轴、上密封、上接头组成，如图13－20所示。

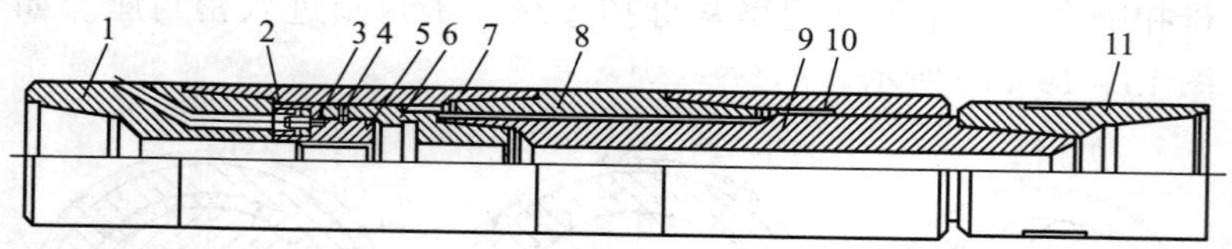

图13－20　泵压变换器结构示意图

1—分流接头；2—凡尔座；3—凡尔体；4—锁销；5—压圈；6—下密封
7—护套；8—键套；9—芯轴；10—上密封；11—上接头

(2)工作原理

钻头接触井底后，钻压通过芯轴、压圈、凡尔体、凡尔座及分流接头传递到钻头上。此时，凡尔体与凡尔座接触，封闭了侧水眼，液流只能通过钻头水眼喷出，实现超高压钻进。

钻头离开井底后，在泵压及钻头、分流接头、护套、键套重量及泥浆流推力的作用下，整体沿着芯轴花键下滑，使凡尔座与凡尔体分离，侧水眼打开实现液流分流，泵压下降。

钻进时，转盘扭矩通过芯轴花键传给键套，进而驱动钻头。

(3)技术参数

江苏德瑞公司泵压变换器技术参数见表13－11。

表13－11　江苏德瑞公司泵压变换器技术参数

型　号	外径/mm(in)	最小内径/mm	有效行程/mm	总长/mm	接头扣型	
					上	下
DBHQ－178	178(7)	40	22	1678	NC46	NC50

续表

型　号	外径/mm(in)	最小内径/mm	有效行程/mm	总长/mm	接头扣型	
					上	下
DBHQ－203	203(8)	50	22	1720	6 ⅝REG	6 ⅝REG
DBHQ－245	245(9)	60	25	1900	7 ⅝REG	7 ⅝REG

3　径向水平井技术及工具

径向水平井技术，是在油气储层井段围绕主井轴心穿过套管和水泥环，利用喷嘴射出的高压液流破岩，钻出一个至数个垂直于主井轴心的水平井眼，完后采用裸眼或筛管完井。

径向水平井主要用于渗透率低的致密储层、稠油油气开发或作为老井增产挖潜的措施。

径向水平井钻井，依据工艺特点分为扩孔径向水平井钻井技术与不扩孔径向水平井钻井技术两种类型。前者，指先进行原井套管段铣和地层扩孔后，再进行径向水平井钻井。后者，指不进行套管段铣和地层扩孔直接进行径向水平井钻井。径向水平井技术可在 5 ½in 和 7in 套管内施工。

3.1　超短半径径向水平井技术

超短半径径向水平井(The U1tra－short Radius Radial System，简称 URRS)是指曲率半径远比常规短曲率半径水平井更小的一种水平井。在高压液体的推动下，钻杆在转向器内完成 90°弯曲转向，然后进入地层，利用喷嘴射出的高压液流破岩，形成一定长度的水平井眼，完井后井眼轨迹中不存在弯曲段。

URRS 钻井系统由地面设备和井下工具两部分组成。地面设备主要由常规修井钻机、高压车组、数据实时采集与处理系统、送进控制系统等组成，为井场标准设备；井下工具由转向器总成、锚定器和方位定向节组成。

3.1.1 地面设备

(1) 修井钻机，具有2000m以上大修井能力，能完成起下油管及井下工具的修井作业。

(2) 钻井泵，功率大于368kW，用于钻前通井、洗井作业。

(3) 固控系统，要求具有三级净化能力。

(4) 防喷器及控制系统。

(5) 压裂车2台，可提供60MPa以上的压力、钻杆转向、推进的推进力以及钻头破岩所需的水力能量。

(6) 均匀送钻装置，主要用于控制钻进时钻杆的送进和回拉速度。提升载荷在40kN以上。

(7) 外径为 ϕ 16mm 的送进光杆，长度视钻杆送进长度而定，主要用于穿过井口密封，下放和回拉钻杆。

(8) ϕ 16mm 和 ϕ 19mm 两种规格尺寸的抽油杆，用于连接送进光杆和钻杆，其长度与钻杆下入井深有关。

地面设备布置如图 13 – 21 所示。

3.1.2 井下工具

3.1.2.1 石油大学井下工具

(1) 套管段铣工具及局部井眼扩孔工具

套管段铣工具用于铣掉目标井段套管，露出生产储层，以便进行扩孔作业。局部井眼扩孔工具将露出的生产储层井段的井径扩大，以符合转向总成的工作要求。

套管段铣工具结构、工作原理、技术规范及使用方法见第12 章第 2 节。

局部井眼扩孔工具结构、工作原理、技术规范及使用方法见第 11 章事故处理工具第 8.3 独轮扩孔器。

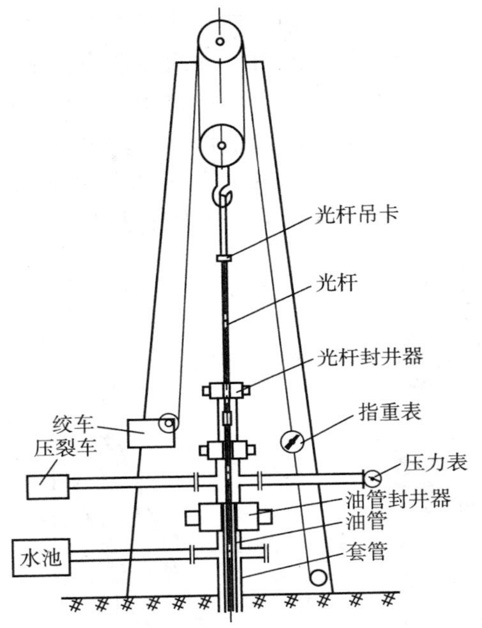

图 13－21　径向井地面装备布置示意图

(2)井下转向系统

井下转向系统包括定向短节、锚定器和转向器总成。

定向短节的作用是确定水平井眼钻进的方位，一般与陀螺仪配合使用。锚定器用于将井下设备固定于套管上，防止钻进过程中井下设备上下窜动。锚定器有座卡和解卡两种状态。两种状态之间的转换是通过控制油管的运动来实现。

转向器总成是 URRS 系统的核心(石油大学转向器总成实物见图 13－22)，超短半径水平井钻管的弯曲转向全部在转向器内完成。由于大直径扩孔施工困难，转向器滑道轨迹的最小弯曲半径有减小的趋势，目前最小弯曲半径不大于 300 mm。

转向器总成结构：

转向器总成主要包括导向滑道、钻管高压密封和校直器等，石油大学钻杆转向器结构如图 13－23 所示。转向器滑道分为转向段和校直段(校直器)。由于刚性滑道无法下入井内，因此滑道必须具有收拢和打开的能力。转向器滑道由多段刚性短节通过铰链联接而成，各刚性短节采用封闭式结构，起下时呈收拢状态，工作时打开。转向段使钻杆在其中沿预定轨迹运动，方向由垂直变为水平；校直段用于将钻管的残余弯曲应变消除，保证钻管以平直状态进入地层，从而保证钻杆水平钻进。

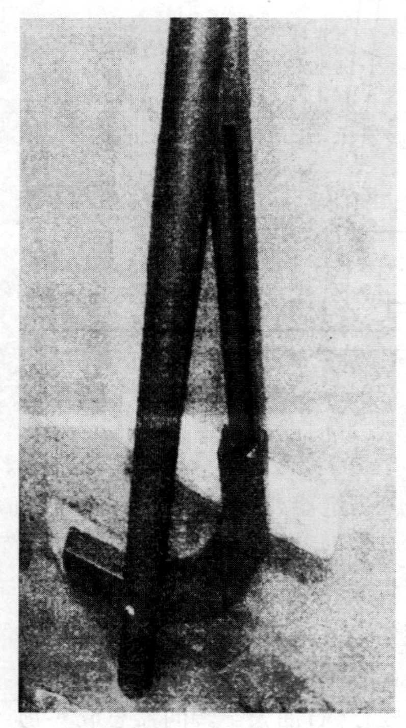

图 13－22　石油大学转向器总成

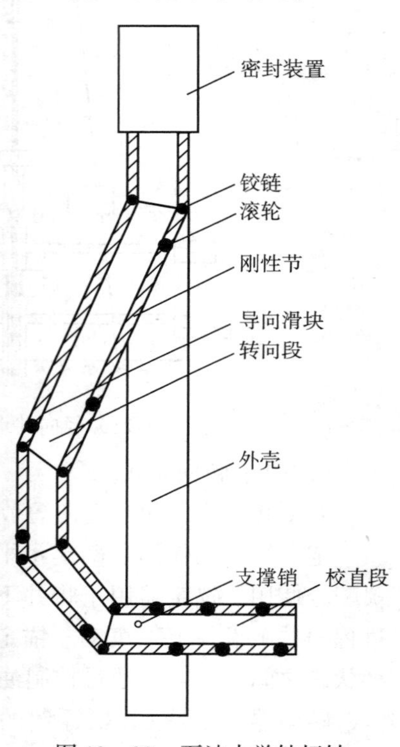

图 13－23　石油大学钻杆转向器结构示意图

转向段和校直段内均设有滚轮和导向滑块，构成虚拟态的连续光滑滑道。在滑道曲率急剧变化处，靠近支撑轮上部的位置，设有导向块，引导钻杆通过滚轮。通过设置导向块，可以降低滑道不连续性产生的阻力波动，增加操作的平稳性和安全性。

(3)钻杆、钻头

要保证在较小的转向半径内完成转向并沿着水平方向钻进，钻杆必须有一定的稳定性，保证不能旋转，同时为钻具的连续送进提供动力。本 URRS 系统钻杆采用的是 ϕ 32 × 3mm 16Mn 无缝钢管，力学性能较好，工作稳定。

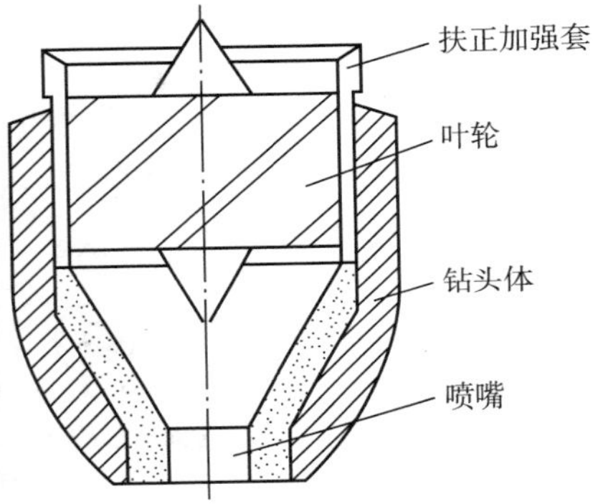

图 13－24　水力钻头结构示意图

水力钻头为旋转水射流喷射钻头，无活动部件，依靠水力喷射钻进，如图 13－24 所示。具有结构简单、破岩效率高、钻孔直径大、工作寿命长的优点。工作时将水力钻头与硬质钢管通过氩气保护焊接工艺焊接成一体，增强工作的可靠性。

3.1.2.2　江苏德瑞公司井下工具

(1)井下转向系统

井下转向系统由锚定器、密封盒、校直器、转向器及校平器组成，如图 13－25 所示。

德瑞公司转向器总成与石油大学的转向器主要区别在于：德瑞公司的转向器增加了支杆、支撑套和支柱、支爪。起下钻时转向器伸直与支杆、支柱一起装入支撑套内，可以自由在套管内起下。工作时，转向器总成下至扩眼井段下部被段铣套管处，转向器支爪顶住套管顶面，支撑套继续下放，支柱带动支杆上行，在铰链的作用下支杆带动转向器从支柱开口槽内滑出，使转向器固定。

(2)锚定器

锚定器的用途是用来固定转向器系统，防止其上下错动和转动。

锚定器主要由上接头、短节、芯轴、锚定块和壳体组成，如图 13－26 所示。

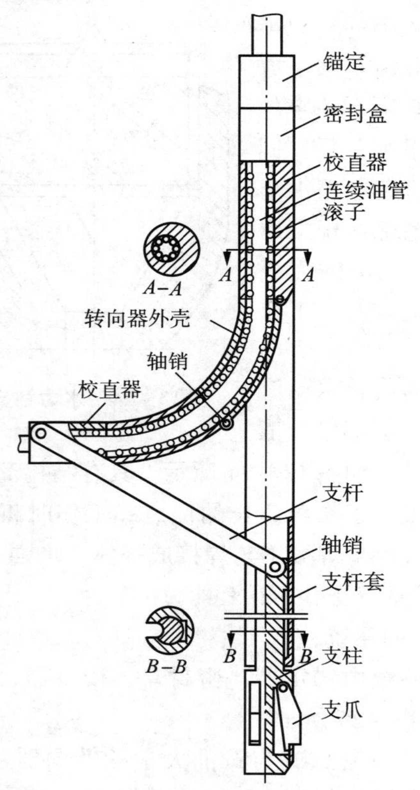

图 13－25　井下转向系统结构示意图

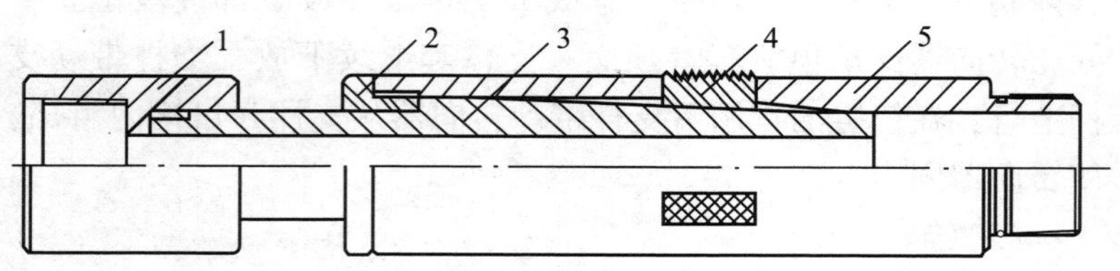

图 13－26　锚定器结构示意图

1—上接头；2—短节；3—芯轴；4—锚定块；5—壳体

锚定器芯轴为一倒置的锥形体，当转向器支爪不在井底(扩眼井段下部被段铣套管顶部)时，锚定器壳体及短节在下部部件重量的作用下下滑，锚定块处于芯轴直径最小的部位，转向器可以自由上下活动或旋转。当转向器支爪接触井底(扩眼井段下部被段铣套管顶部)支杆套下行与支柱台肩接触后，锚定器壳体及短节上行，锚定块被芯轴锥体推出卡在套管内壁上，转向器被锚定。

(3)密封盒

密封盒主要用来密封油管和钻杆(连续油管)之间的环形空间。

密封盒依据密封件结构的不同，分为新、旧两种型号。由密封件、顶丝及壳体组成，其结构如图 13－27 所示。

(4)校直器(校平器)

校直器、校平器用于消除钻杆残余弯曲和扭转应力，保证钻杆以平直状态进入地层钻进和起下钻安全。

校直器与校平器为同一种结构的工具，接在转向器上部垂直段的称为校直器，接在转向器下部水平段的称为校平器。其结构如图 13－28 所示。

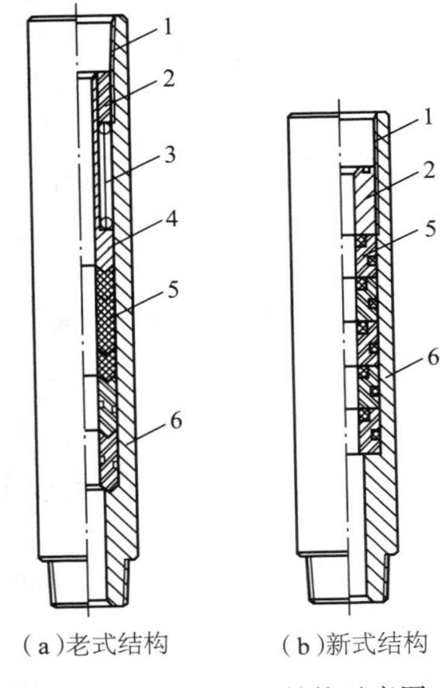

图 13－27 密封盒结构示意图

1—油管扣；2—顶丝；3—弹簧；4—压环；5—主密封；6—壳体

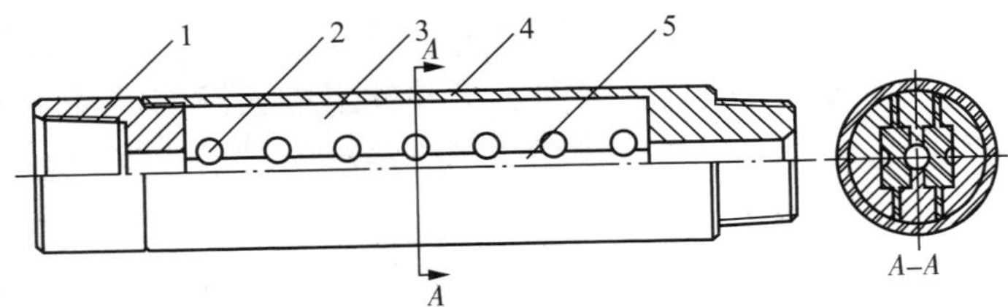

图 13－28 校直器、校平器结构示意图

1—上接头；2—滚子；3—滚子支架；4—壳体；5—连续油管孔

(5)钻杆、钻头

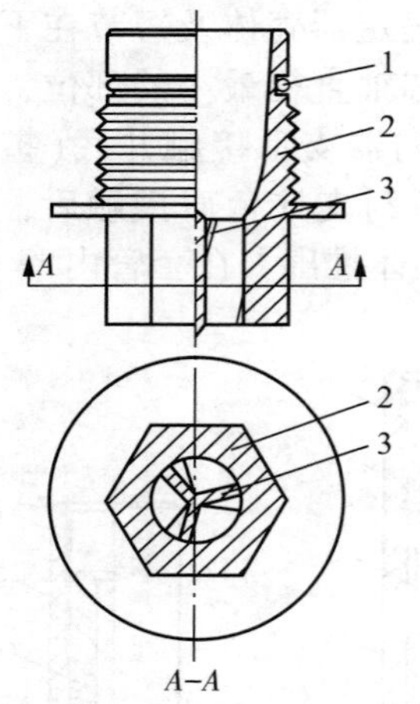

图 13 – 29　水力钻头结构

1—密封圈；2—本体；3—叶片

钻杆采用的是连续油管。

水力钻头为旋转水射流喷嘴，无活动部件，依靠水力喷射钻进。水力钻头整体为硬质合金压铸，抗磨强度高，使用时间长。钻头采用螺纹装配，便于现场更换，结构如图 13 – 29 所示。

3. 1. 2. 3　URRS 工作原理

井下工具从地面用 2 ⅞in 油管送下，油管上端与压裂车组的高压管汇相通。

钻水平井眼的钻杆用抽油杆从地面下至转向器总成的高压密封处。抽油杆的最上端连接光杆，光杆从井口密封中穿出，通过修井机的提升系统连接到送进机构上。钻杆下端与水力钻头连接，系统结构如图 13 – 30 所示。

井下工具最上端是方向定位短节。当工具下到预定位置时，由地面从油管中下入陀螺仪，测出短节中定向键的方位，换算成转向器对应的方位，通过旋转油管，将转向器的方位调整到预定的水平井眼方位上。

方向定位短节下连锚定器，用于将井下工具固定在套管内壁上，防止钻进过程中井下工具上下窜动或旋转。转向器总成位于井下工具最下端，是径向水平井技术最关键的设备。转向器总成有收拢和打开两种状态。转向器起下时呈收拢状态，工作时呈打开状态。

系统工作时，来自压裂车高压管汇的钻井液，在高压腔内建立起稳定的高压，连接于高压腔两端密封的钻杆和控制光杆，由于截面面积差的原因，在内压力的驱动下向下端移动。钻杆

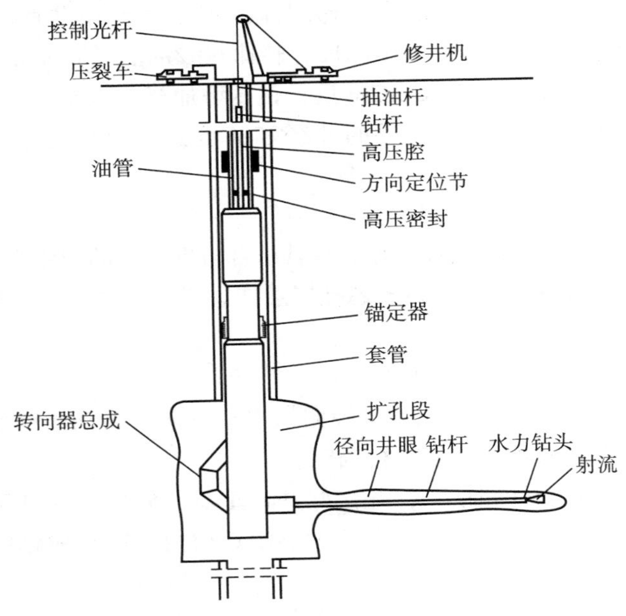

图 13－30　URRS 系统结构示意图

通过转向器时，由垂直变为水平状态，通过校直段时，钻杆由弯变直，水平进入地层，同时高压钻井液经钻杆内孔由钻头水眼喷出，破碎岩石，钻出井眼。

3.1.2.4　URRS 工艺流程

URRS 钻井过程一般分为井眼准备、段铣套管、扩大井眼、水平井眼钻进四个步骤。具体如下：

①井眼准备，通井、洗井；

②下入套管段铣工具，段铣套管。段铣参数见表 13－12。

表 13－12　套管段铣技术参数

工具型号	工艺过程	泵压/MPa	转速/(r/min)	排量/(L/s)
TDX－139	切割套管	5～8	50～60	8～10
	段铣	10～25	60～100	10～12

③下入扩孔器，套管段铣井井段井眼扩大到所需直径；

扩孔参数：泵压 8 ~ 10MPa，转速 60r/min，约 5min 后开始加压，钻压 5kN，进尺 0.2m 后，钻压增加至 15 kN。

④测井，测量扩孔段的井径和高度，检验是否达到扩孔要求；

⑤下入转向器、锚定器。

a. 顺序下入转向器工作管柱其组合自下而上的顺序为：稳定短节 + 转向器总成 + 可调式悬挂器悬挂短节 + 定向接头 + ϕ73mm 油管 + 井口三通。

b. 上紧井口并适当固定。

c. 下入陀螺测斜仪测量转向器出口方向，转动油管使转向器出口符合要求，之后进行锚定。

⑥下入钻杆和钻头，并接好井口工具及管线，钻杆下至井下工具密封处，进口送进光杆也要实现密封，以组成钻杆的送进系统。

⑦水平井眼喷射钻进，可分为三个阶段：

a. 低压循环阶段：启动压裂泵，泵压升至 50MPa，循环 3 ~ 5min，检查系统联结组装及密封等情况。

b. 喷射钻头通过转向器阶段：逐渐升高泵压至 50MPa，缓缓送进 ϕ16mm 光杆。张力明显降低时将送进速度减至 100mm/min，提高泵压。张力重新上升后，继续送进。

c. 水平钻进阶段：稳压 50 ~ 55MPa，缓缓送进 ϕ16mm 光杆。送进速度以张力变化是否均匀稳定为准。即：根据地质情况设定一个基本送进速度，若以此速度释放时，张力值在较小范围内(2 ~ 3kN)变化，则此速度合适；若张力值有持续减小的趋势，说明送进速度过快，应暂停送进，待张力值恢复后，再以较低的速度送进。

⑧其他水平井眼钻进。

其他水平井眼的钻进不必起出井下工具，只需将钻杆抽出水平段，重定向即可再次钻进。

⑨钻进完成，回收转向器。

⑩裸眼完井或砾石充填完井。

3.2　不扩孔径向水平井钻进技术

3.2.1　不扩孔径向水平井钻进技术基本概念

不扩孔径向水平井钻进技术，是一种新型的零转向半径的水平钻进技术，是指在不进行套管段铣和地层扩孔的情况下，通过高压流体推动钻杆并进行水力喷射，在地层中形成一定直径和长度的水平井眼，达到提高油气采收率的目的。相对现有径向水平井钻进技术，该技术具有转向半径更小、适应能力强、工序简单、工作效率高等特点，非常适于在低压低渗油气藏等产能不足的老油田推广。

不扩孔径向水平井钻进施工工作压力为50MPa左右，水平钻进长度可达20~100m，水平钻孔直径不小于30mm，可在同一层位钻出4~8个水平井眼，极大提高油气产层的渗流面积，提高油气产量。

3.2.2　不扩孔径向水平井系统组成

不扩孔径向水平井系统包括地面系统和井下系统两部分，其中地面部分主要作用是控制井下工具下放与回收、输送钻进所需动力等，井下系统主要用于具体的施工作业，包括工具的锚定、方位定向、提供钻杆弯曲条件等。具体所需设备、工具除转向器和钻杆外，与超短半径径向水平井基本相同。具体如下：

(1)不扩孔转向器总成

不扩孔径向水平井技术要求钻管在套管内狭小空间既实现由竖直转为水平又可对套管进行开窗。不扩孔转向器既承担套管微开窗的任务，又要提供可供钻管通过的连续滑道，主要由冲压机构、钻管推进机构、锁紧机构、钻管弯曲导向机构构成，如图13-31所示。

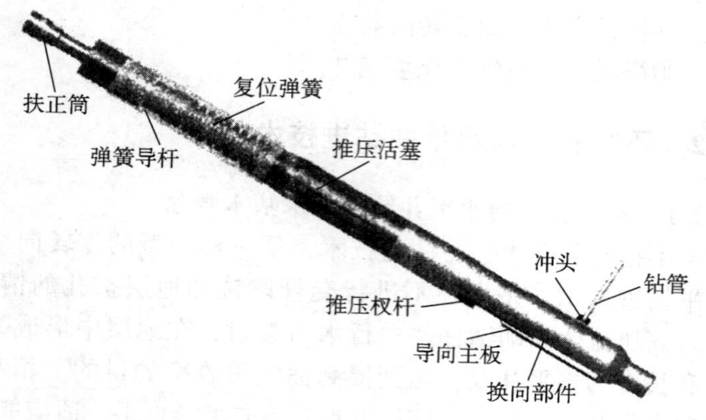

图 13－31　不扩孔径向水平井转向器三维示意图

不扩孔径向水平井套管微开窗采用水力冲压模式，泵压作用于转向器内液压活塞，产生的推力依次传递至推压杈杆、换向部件。推力作用于换向部件的同时，将液压活塞产生的推力放大数倍(一般为初始推力的 3～5 倍)，作用于冲压头对套管的压力，瞬间冲穿套管及部分管外水泥环，随后带有水力钻头的连续钻管从冲头的中心孔伸出前行，依次经过导向主板、换向部件、冲头并利用高压射流在地层中喷射钻进。

钻进结束后，柱塞泵停止工作，复位弹簧将工具内部各部件提升复位，可进行工具回收或者改变方位钻另外的分支井眼。

(2)钻杆

钻杆选用规格尺寸为 $\phi 14 \times 1.5$mm 的国产合金钢管。

3.2.3　不扩孔径向水平井钻进技术工作原理

不扩孔径向水平井系统工作原理如图 13－32 所示。

①施工作业时，需要下井的工具与油管连接，下到预定深度。油管上端通过高压三通与高压管汇连接。

②将带有水力钻头的钻杆与抽油杆连接，抽油杆上端与控制光杆连接，控制光杆通过井口三通与地面均匀送钻装置连接，通过均匀送钻装置可以调节钻进过程中钻杆的行进速度。

③转向器与油管之间连接有定向短节，其内部有凸起的定

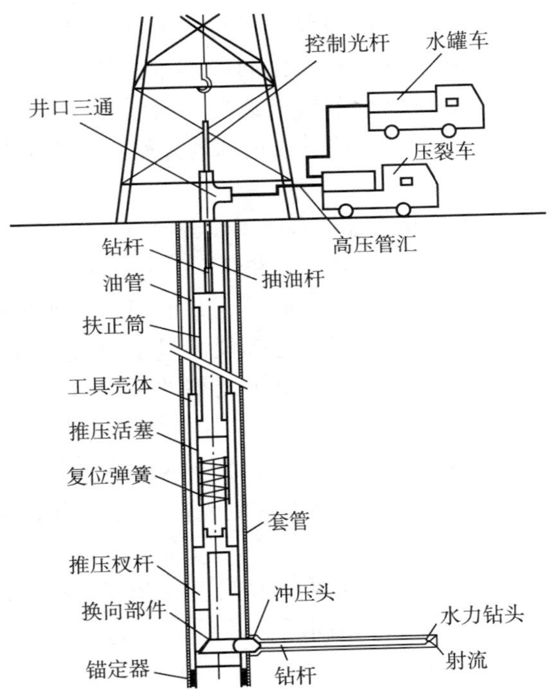

图 13－32　不扩孔径向水平井系统工作图

向键。转向器下到预定深度后，从油管中下入陀螺仪，使用陀螺仪可测出键的方位，进而确定转向器出口方位。转向器出口方位确定后，下放工具串，锚定器座卡，将转向器与油管固定于套管内壁。

④转向器有展开与收拢两种工作状态，收拢状态为外径 ϕ 114mm 圆柱体，可适用于多种规格套管，应用范围比较广泛。转向器尾部设有加压活塞，展开时，地面压裂车开动，通过井口三通向油管内注入高压流体，在油管内形成高压腔，转向器瞬时运作，前端冲压头伸出本体，刺穿套管与部分水泥环。

⑤加锁固定转向器展开状态，以便钻杆顺利通过连续滑道进入地层钻孔，

⑥钻杆上部设有密封短节，密封短节外径尺寸大于抽油杆外径，高压流体在二者之间产生向前的推力使钻杆送进，通过地面均匀送钻装置可以调节送进速度。密封短节侧面有一定数量过流孔，高压流体可由此进入钻杆内并从钻头喷出破碎地层，形成地层孔道。

3.2.4 不扩孔水平井钻进技术施工步骤

①选择合适的通径规通井，并开动钻井泵循环洗井。

②下入不扩孔水平井转向器。入井前记录冲头出口与定向接头的方位夹角，入井后利用陀螺仪测量定向接头方位，并转化为冲头出口方位，依据设计要求调整冲头出口方位，用锚定器固定。

③用抽油杆将钻杆通过密封短节下入井内，使钻头部位准确进入不扩孔转向器内部。接上控制光杆使其上端从井口伸出，由均匀送钻装置牵引。

④进行喷射钻进。注意泵压由低逐渐升高，在低压阶段保持3～5min，以便检查存在问题，随后进行高压喷射，根据实际地层情况均匀送进钻杆。

⑤钻完井眼后，上提抽油杆，将水力钻头起至转向器内，将井下工具解除锚定，重新定向，重复过程②至过程④，钻另一水平井眼。

⑥钻进结束后，回拉钻杆，解除锚定，上提油管，将井下工具回收，完成整个作业。

不扩孔径向水平井钻进技术是对原有径向水平井钻进技术的一种技术简化，其大致工艺流程由以下几个步骤组成：下入转向器→工具定向及锚定→利用抽油杆下入钻杆→水力破岩水平钻井→回拉钻杆→进行第二个水平井眼的钻进→钻进结束→取出转向器。

第十四章　地层测试工具

1　概　述

1.1　地层测试在石油天然气勘探开发中的作用

地层测试又称为钻杆测试，在国外叫 DST，是 Drill Stem Testing 的缩写。地层测试是在钻井过程中对已被钻开的油气层进行裸眼测试或在完井之后对油气层进行试油的总称。地层测试的目的是取得目的层的流体样品及产层的产量、温度和井底开关井时间—压力关系曲线卡片。通过分析解释获得的地层和流体的各种特性参数，可及时准确地对产层做出评价。

地层测试还能计算出诸如地层渗透率、地层损害程度、油藏压力、测试半径、油藏边界异常等一些参数，供油藏评价和分析，这种方法与老的试油方法相比，显示出较大的优越性，所以，在石油天然气勘探开发中具有十分重要的地位和作用。

1.2　地层测试工具的类型

地层测试工具按测试阀开关方式分为靠上提下放操作开关井工具、靠环空压力控制开关井工具和靠旋转控制开关井工具三种类型，地层测试工具有井底测试阀、封隔器和压力计三个核心部件。

井底测试阀起井下开关作用，它在起下钻过程中均处于关闭状态。根据储层地质条件及流体性质情况确定开关井工作制度及时间分配。井底测试阀依靠地面上提和下放管柱、环空加压或地面旋转管柱等方式进行操作，从而实现井底多次开关井。封隔器起着分隔预测试地层与非测试地层的作用，在封隔器坐封、测试阀打开后，它承担上部环空压井液重量，使地层流体产生地层压力与钻杆内压力的压力差，地层液便在该生产压差作用下从地层流入井筒、测试工具、钻杆，直至地面。在整个测试期间，压力计记录井底任意时刻压力/温度随时间变化情况。开井时，记录流动压力曲线；关井时，记录压力恢复曲线。

1.2.1 靠上提下放操作开关井工具

这类工具有江斯顿公司的 MFE(Multiflow Evaluator)测试工具、哈利伯顿公司的 HST(Hydrospring Tester)液压弹簧测试工具以及莱茵斯(Lynes)公司生产的液力开关工具等。以 MFE 和 HST 测试器为主组成的各种测试管柱是目前普遍应用的测试管柱，也称为常规测试管柱，其特点是靠钻杆上提下放来打开和关闭测试阀，适用于陆地油田裸眼井或套管井。

该类工具靠管柱重量产生的压负荷使测试阀延时打开。延时机构的原理是，当测试阀芯轴下行时，下油室液压流靠一微小缝隙通道阻流而流向上油室，从而实现测试阀芯轴延时下行和打开测试阀。预关井时，上提管柱一定高度，然后下放即可。它的优点是打开测试阀需延时，防止下钻过程中由于遇阻提前打开测试阀。

1.2.2 靠环空压力控制开关井工具

这类工具主要有美国哈利伯顿公司生产的 APR(Annulus Pressure Responsive)测试工具和江斯顿公司生产的 PCT(Pressure Controlled Tester)测试工具。这类工具的共同特点是利用环空压力压缩或释放氮气室压力，从而推动动力芯轴上行或下行，使球阀打开或关闭。

1.2.3 靠旋转控制开关井工具

这类工具主要由哈利伯顿和莱茵斯公司生产。其工作原理是，地面右旋钻柱使滑套阀运动到不同位置，使井底阀打开或关闭。通常，这类工具有三个开关位置，依次旋转可实现开关井。到最后关井时，可实现反循环。

各类型工具的型号、开关方式及适用环境见表 14-1。

表 14-1　各类型工具的型号、开关方式及适用环境

测试器类型	生产厂商	测试器开关方式	适用环境	备　注
MFE 多流测试器	江斯顿公司	钻杆上提下放控制操作	陆地裸眼井、套管井	海上及大斜度井中判断困难，易失误
HST 液压弹簧测试器	哈利佰顿、莱茵斯公司			
膨胀封隔器测试工具	哈利佰顿、莱茵斯、曼德林公司	转动钻杆控制操作	裸眼井	① 密封不规则井径，不需支撑物即可坐封。② 深井效果差一些
APR 测试管柱	哈利佰顿公司	环空压力控制操作	套管井，定向井，可用于海上完井试油	通径大，在测试前后可进行射孔、挤注、酸化等作业
PCT 测试管柱	江斯顿公司			

2　裸眼井测试工具

地层测试按不同类型的井可分为裸眼井测试和套管井测试；按测试方式可分为常规测试和跨隔测试。常规测试是最简单的一种，封隔器下部只有一个测试层。而跨隔测试则是在一口井中有多层的情况下对其中的某一组或某一层进行测试。因此，必须用两个或两组封隔器将测试层的上部和下部都封隔开。跨隔测试的方法有许多种，有支承于井底的跨隔测试；有用裸眼选层锚悬挂于井壁的跨隔测试；有用膨胀封隔器进行的跨隔测试。具体使用什么方法，需根据井的具体情况和地质录井的具体要求来确定。

2.1　MFE(多流测试器)测试管柱

2.1.1　管柱结构

(1) MFE 裸眼常规管柱结构(自下而上)

支撑尾管 + 两只压力计托筒 + 重型筛管 + 裸眼封隔器 + 安全密封 + 安全接头 + TR 震击器 + 裸眼旁通阀 + MFE 多流

测试器 + 钻铤 + 反循环接头 + 钻铤 + 钻杆 + 地面控制设备(见图 14 - 1)。

(2) MFE 裸眼跨隔管柱结构(自下而上)

监测压力计托筒 + 选层锚 + 裸眼下封隔器 + 两只压力计托筒 + 重型筛管 + 支撑调整管 + 裸眼上封隔器 + 安全密封 + 旁通管上接头 + 安全接头 + TR 震击器 + 裸眼旁通阀 + MFE 多流测试器 + 钻铤 + 反循环(投杆式) + 钻铤 + 钻杆 + 地面控制设备(见图 14 - 2)。

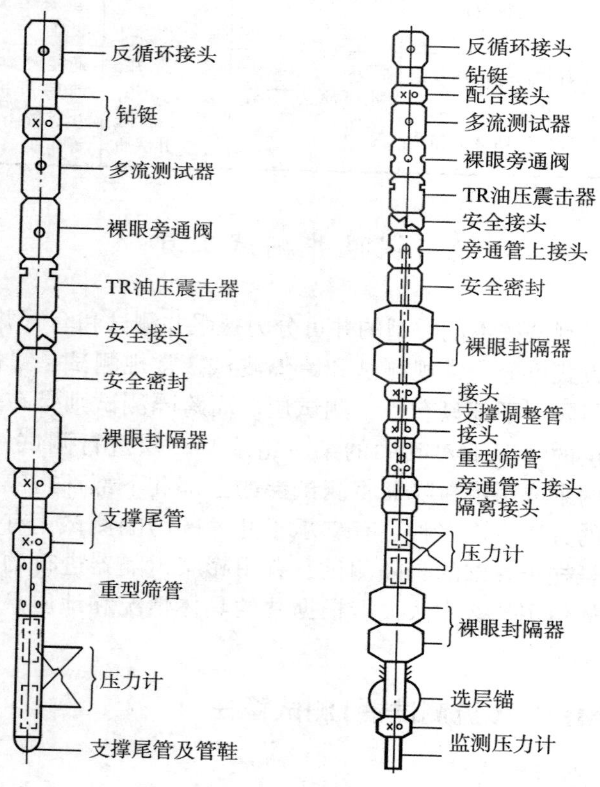

图 14 - 1　MFE 裸眼常规管柱结构

图 14 - 2　MFE 裸眼跨隔管柱结构

2.1.2 MFE 测试管柱各部件的功能

2.1.2.1 多流测试器

多流测试器是 MFE 测试管柱的核心部件，实际是一个井底开关阀，主要用于井底开关和取样。

多流测试器由换位机构、延时机构和取样机构组成，如图 14-3 所示。

① 换位机构。由花键芯轴，花键套及换位销组成。花键芯轴上沿 180°的圆周面铣有换位槽，换位销固定在花键套上，换位销的平头插入换位槽内，借助于钻杆的上、下运动使得换位销变换开关井的位置，通过多次变换，实现多次开关井。

② 液压延时机构。由阀，阀座，阀外筒，上、下芯轴，补偿活塞等组成。其特点是：

下钻过程中工具遇阻时，短时间内测试阀不至于打开。施加钻杆重量打开测试阀以前，保证封隔器先坐封。测试阀打开时，能给出管柱自由下坠 25.4mm 的显示。当下放管柱加压时延时机构起作用；而当管柱上提拉伸时，延时机构不起延时作用。

液压延时机构的延时性能检验标准是：127mm MFE 施加压缩负荷 178kN，95mm MFE 施加压缩负荷 133.5kN，延时 2 ~ 5min 为合格。

③ 取样机构，既是取样器，又是井底开关阀。由取样器外壳，取样芯轴，上、下密封套及两组“O”形和“V”形密封圈，放样接头，放样塞，安全阀组成。它是井下测试阀，起开关井的作用。在下入和起出井眼时，测试阀保持关闭状态，而在测试时可进行任意次的开井和关井。在操作终关井的瞬间，可取得终流动压力的高压物性样品。

127mmMFE 取样器容积为 2500cm^3，阀面积为 25.8cm^2；95mmMFE 取样器容积为 1200cm^3，阀面积为 9.68cm^2。

地面取样器氮气试压，压力为 7MPa，30min 不漏为合格。

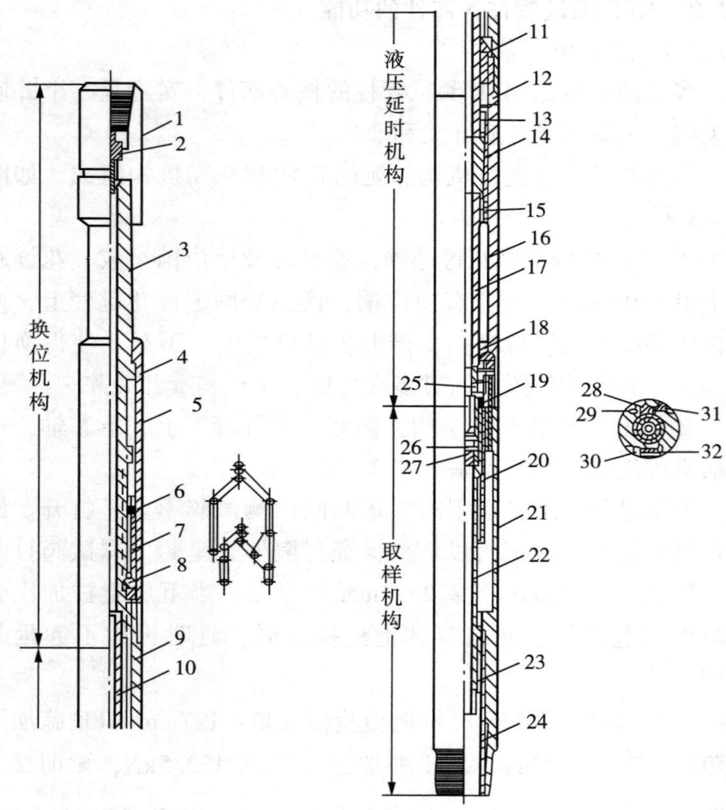

图 14－3　MFE 测试器结构示意图

1—上接头；2—油嘴挡圈；3—花键芯轴；4—沉头管塞；5—上外筒；6—止推垫圈；7—花键套；8—J 形销；9—花键短节；10—上芯轴；11—补偿活塞；12—注油塞；13—阀；14—阀座；15—阀弹簧；16—阀外筒；17—下芯轴；18—注油塞；19—V 形圈；20—上密封套；21—取样器外壳；22—取样器芯轴；23—密封压帽；24—下密封套；25—密封芯轴；26—螺旋销；27—塞子；28—泄油阀；29—弹性挡圈；30—安全销帽；31—管塞；32—安全塞

多流测试器技术参数见表 14－2。

表 14－2 多流测试器技术参数

外径/mm(in)	拉伸强度/kN	扭距/kN·m	破裂压力/MPa	屈服压力/MPa	接头螺纹
95(3 ¾)	976.09	10.74	106.8	107.8	2 ⅞REG
127(5)	1867.0	20.32	151.8	138.0	3 ½FH

2.1.2.2 裸眼旁通阀

测试管柱在井眼中起下，遇到缩径井段时，钻井液可以从封隔器芯轴内孔经旁通阀的旁通孔流过，使测试管柱顺利起下；在测试结束时，旁通阀打开，使封隔器上、下方压力平衡，便于使封隔器解封。

旁通阀是装在多流测试器下方的一个部件，它由主旁通阀、副旁通阀和延时机构组成，如图 14－4 所示。

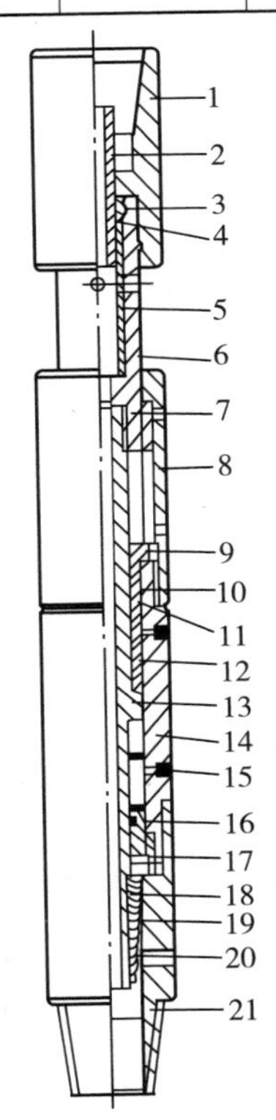

图 14－4 裸眼旁通阀

1—上接头；2—平衡阀套；3—O 形圈；4—螺旋销；5—平衡密封套；6—花键芯轴；7—O 形圈；8—花键短节；9—上密封活塞；10—阀挡圈；11—螺旋销环；12—阀；13—阀芯轴；14—阀外筒；15—注油塞；16—补偿活塞；17—挡圈盖；18—密封芯轴；19—V 形圈；20—密封压帽；21—下接头

旁通阀靠上提、下放管柱来控制。它的延时方向与多流测试器方向相反，即上提拉伸过程中延时，而下放加压过程中不延时。一般操作拉力大于 89kN 时，延时1～4min 就可打开旁通阀。

配备副旁通的目的是：

当测试管柱下钻遇阻时，由于延时机构不起作用，主旁通阀会立即关闭，但副旁通还是打开的，它是由螺旋销销定在打开位置，钻井液仍能通过副旁通孔流动。只有在打开多流测试器的一瞬间，MFE 芯轴推动副旁通阀套剪切螺旋销下行关闭副旁通。副旁通一旦关闭就不能再打开。

裸眼旁通阀地面延时性能检验：拉力 133.5kN，延时 1 ~ 4min 为合格。

裸眼旁通阀技术参数见表 14 – 3。

表 14 – 3　裸眼旁通阀技术参数

外径/mm(in)	拉伸强度/kN	扭距/kN · m	破裂压力/MPa	屈服压力/MPa	接头螺纹
95(3 ¾)	976.8	12.6	186.3	149.0	2 ⅞REG
127(5)	2382.7	32.5	112.1	120.3	3 ½FH

2.1.2.3　安全密封

安全密封必须与裸眼封隔器配套使用，它相当于一个液压锁紧机构。当上提管柱操作多流测试器进行开关井时，给封隔器一个锁紧力，使封隔器继续保持密封。

安全密封由上、下油室、计量滑阀和止回阀组成。其工作原理参见图 14 – 5。滑阀的一侧受弹簧力和地层压力的作用，另一侧受泥浆液柱压力作用。测试阀没有打开之前没有压差作用，滑阀处在平衡状态，上下油室连通。当加压坐封，胶筒膨胀，芯轴上行，下油室的液压油经滑阀和止回阀流入上油室。测试阀打开后，管柱内外出现压差，环空压力大于管内压力 1.034MPa 时滑阀就保持在上、下油室不通的位置，关闭上、下油室通道。胶筒继续压缩，下油室的油仍然通过止回阀流到上油室，保证坐封封隔器的可靠性。

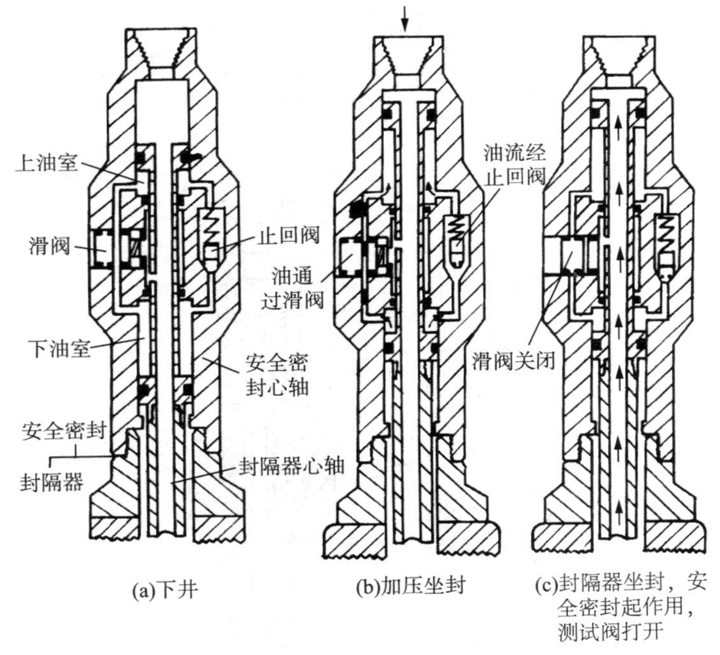

图 14－5　安全密封工作原理

上提管柱时，只要不提开旁通阀，管柱内外始终存在着压差，滑阀就一直处在关闭状态，封隔器就不会解封。测试结束后，给旁通阀上施加 89kN 拉力，延时 1～4min 旁通阀打开，管柱内、外压力平衡，滑阀在弹簧力的作用下向外滑动回到上、下油室连通的自由位置，允许封隔器解封。

2.1.2.4　BT 型裸眼封隔器

封隔器的作用是封隔测试井段，把测试层段上、下与环空钻井液柱隔开。

BT 型裸眼封隔器是一种耐挤压的封隔器，当工具下到设计深度后，下接头和芯轴由支柱或井壁锚支撑，通过上部管柱施加压力，使滑动头向下移动，对胶筒加压，胶筒的压力先使它下面的金属承托盘展平，压平后的金属盘外径比原来增大 19mm，这就缩小了与井眼之间的间隙，成为胶筒的承压平台，增加了胶筒的承压能力。继续对胶筒加压，胶筒膨胀封住全部间隙，使测试层段被隔开(见图 14 -6)。

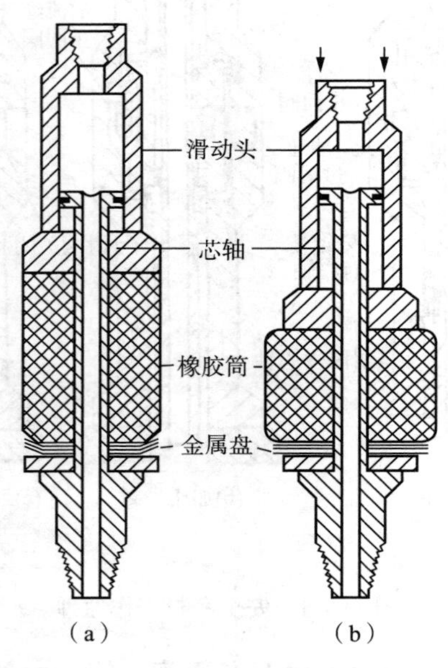

图 14 -6　封隔器坐封示意图

在与 MFE 结合使用时，封隔器必须与安全密封连在一起，形成安全密封封隔器。对于深井一般用两个封隔器组成一组。对于跨隔测试，则要上、下两组封隔器。每组可用一只或两只封隔器，无论用多少只封隔器，安全密封只用一个，而且必须连接最上部，保证测试过程中封隔器一直由安全密封锁定在封隔状态。测试完毕，提升管柱，打开旁通，使安全密封解锁，由滑动头、扣环把胶筒拉伸缩回，解封地层，起出工具。

胶筒外径要根据井眼的内径确定，一般选用比井眼内径小

25.4mm 为宜。间隙过小不容易下井；间隙过大，承压能力下降，不易密封。

推荐胶筒加压负荷，见表 14－4。

表 14－4　推荐胶筒加压负荷

胶筒外径/mm(in)	加压负荷/kN
120.7～168.3(4¾～6⅝)	53.329～71.172
219.1～241.3(8⅝～9½)	71.172～111.206
247.7～323.9(9¾～12¾)	111.206～133.477

2.1.2.5　裸眼选层锚

当测试层距井底较远时，可用选层锚作固定器固定测试管柱。使用条件是必须有规则的井眼和可锚定的硬地层。

裸眼选层锚的工作原理：下井时摩擦弹簧紧贴井壁，换位机构的定位销处于定位芯轴“J”形槽底部的短槽内，卡瓦机构处于收缩状态。要锚定选层锚时，上提管柱，定位销在“J”形槽下部，此时右转管柱半圈，在保持扭矩中下放管柱，使定位销换到“J”形槽的长槽中，再下放管柱加压锥体将卡瓦胀开锚定井壁。

解脱锚定时，只需上提管柱，定位销会自动回到短槽，卡瓦收缩，恢复原状。

MFE 测试器管柱各部件规格和技术规范见表 14－5。

2.2　液压弹簧测试器(HST)测试管柱

HST 测试管柱组合如图 14－7 所示。是哈利佰顿公司生产的常规测试工具，多数部件与 MFE 类似，较有特色的部件功能如下。

表 14－5　MFE 测试器各部件规格和技术规范

工具尺寸/in	部件名称	外径/mm	内径/mm	抗拉强度/kN	抗扭强度/kN·m	破裂压力/MPa	屈服压力/MPa	连接扣型	工作环境
5	多流测试器	127		1868.3	20.38	151.63	137.84	API 3 ½FH 母×4 ¾四扣修正公	非 H_2S 裸眼套管
	裸眼旁通	127	29.9	2384.2	32.54	119.92	120.15	4 ⅜－4 修正母×API 3 ½FH 公	非 H_2S 裸眼井
	安全密封	152.4		3892.2	216.93	196.00	104.36	API 3 ½FH 母	非 H_2S 裸眼井
	反循环接头	120.6		3113.8	29.83			API 3 ½IF 母×公	套管、裸眼井
	反循环接头	155.6		4715.1	59.66			API 4 ½IF 母×公	套管、裸眼
	波温安全接头	120.6	61.9					API 3 ½FH 母×公	套管、裸眼
	TR－震击器	120.6	47.6					API 3 ½FH 母×公	套管、裸眼
	压力计托筒	123.8						API 3 ½FH 母×公	套管、裸眼
3 ¾	多流测试器	95.2		976.6	10.74	106.69	107.66	API 2 ⅞REG 母×公	防 H_2S,套管裸眼
	裸眼旁通	95.2	19	907.4	12.61	186.00	148.87	API 2 ⅞REG 母×公	防 H_2S,裸眼井
	锁紧接头	95.2	19	1015.7	19.97	182.70	137.84	API 2 ⅞REG 母×公	防 H_2S,套管井
	平衡接头	95.2	19	845.7	19.24	156.50	198.87	API 2 ⅞REG 母×公	防 H_2S,套管井
	反循环接头			1067.6	16.95			2 ⅞外加厚油管母×公	
	波温安全接头	95.2	31.7					API 2 ⅞REG 母×公	
	TR－震击器	95.2	38.1					API 2 ⅞REG 母×公	
	压力计托筒	98.3						API 2 ⅞REG 母×公	

2.2.1　液压弹簧测试器(HST)

液压弹簧测试器和 MFE 一样，也是靠上部管柱的上提下放使测试阀打开、关闭的主测试阀，它也是由换位机构、计量延时机构和测试阀三部分组成，但本身不带取样器。带 J 形槽的液压弹簧测试器结构如图 14 – 8 所示。下井时，换位凸耳处在 J 形换位槽的关闭位置“A”点，要开井时对钻柱施加 5000 ~ 30000lb (2268 ~ 13608kg) 钻压，延时计量机构起作用，芯轴缓缓下降约 4.5in，在此过程中先把旁通阀关闭，再把封隔器坐封，接着进入自由行程，凸耳落到换位槽的“B”点，打开测试阀，这时管柱自由下落 1.5in，在地面指重表上能有自由点显示。

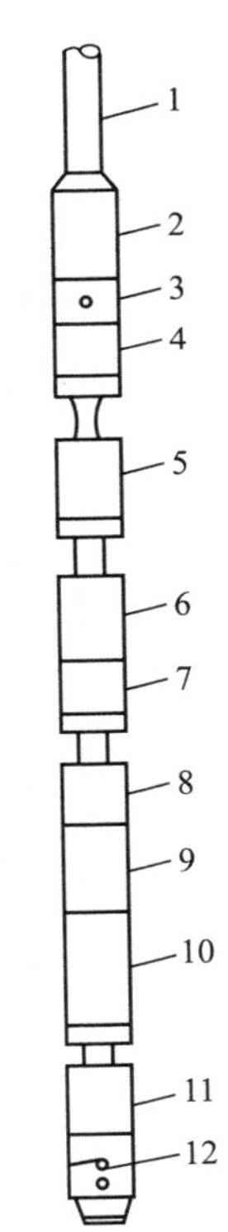

图 14 – 7　HST 测试管柱结构图

1—钻杆；2—钻铤；3—反循环接头；4—钻铤；5—提升短节油嘴总成；6—HST 液压弹簧测试器；7—取样器；8—伸缩接头；9—钻铤；10—压力计托筒；11—震击器；12—安全接头

要关井时，上提管柱至自由点悬重，提够 6in 行程，凸耳至“C”点，然后下放加压至原坐封悬重，凸耳至“D”点即可关井。重复上述操作，则可多次开、关井。

2.2.2　提升短节和油嘴总成

它装在测试工具的顶部，备有扣吊卡的地方，为在测试管柱上组装或拆卸第一根立根钻杆提供方便。结构如图 14 – 9 所示，短节内装有油嘴，可以帮助控制高压井。油嘴还设有旁通，可通过旁通泵注大流量液体。

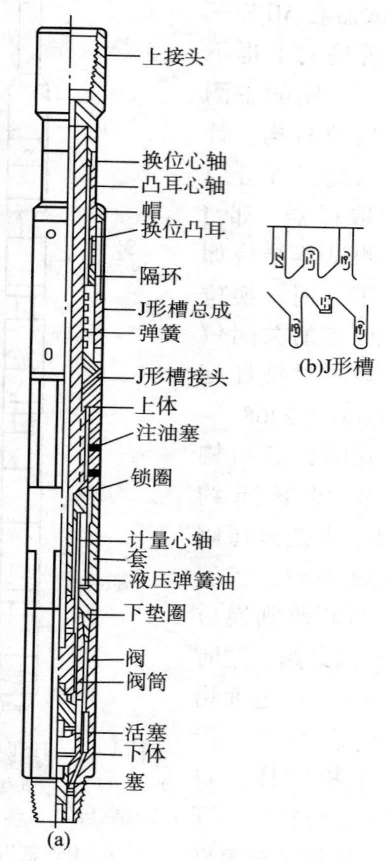

图 14-8　带 J 形槽的液压弹簧测试器

2.2.3　伸缩接头

伸缩接头的结构如图 14-10 所示，它与 HST 配合使用，能提供 30in 附加的自由行程，使测试阀打开和关闭时，在地面从指重表上可以方便地观察到“自由点”，它还可以防止封隔器提松。

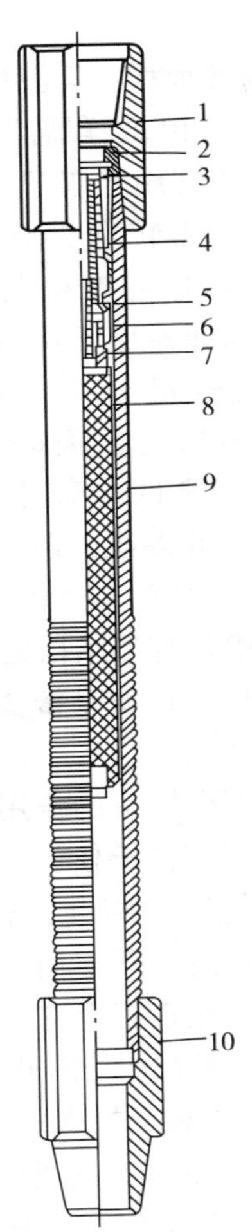

图 14－9　提升短节和油嘴总成

1—上接头；2—加长座；3—阀杆盖；4—弹簧；5—阀座；6—阀杆；7—油嘴；7—油嘴；8—滤网；9—外筒；10—下接头

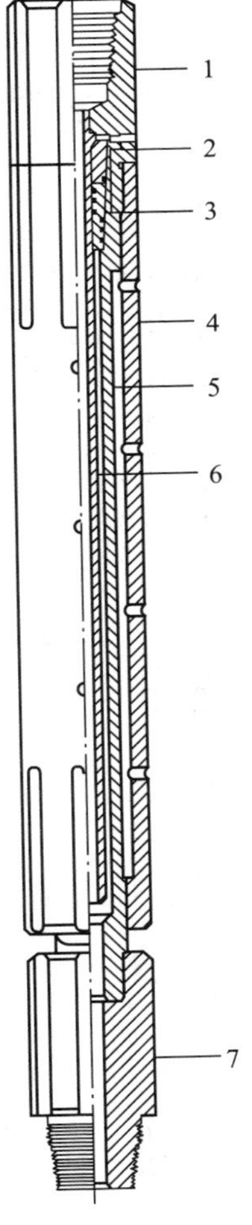

图 14－10　伸缩接头

1—上接头；2—压紧螺母；3—密封套；4—外筒；5—伸缩颈；6—芯轴；7—下接头

2.2.4 CIP 取样器

因 HST 本身不带取样器，如果需要取样，需配用 CIP 取样器。CIP 取样器分为双 CIP 取样器和多 CIP 取样器两种，双 CIP 取样器适用于双开双关的常规测试，由转动钻杆关闭取样阀，可避免提松封隔器；多 CIP 取样器用于不宜转动钻杆的条件(定向井、超高压井)，通过管柱上、下运动开、关取样阀，测试过程中可以任意开、关井多次，由于 J 形换位槽的作用而不至提松封隔器，多 CIP 取样器结构见图14－11。

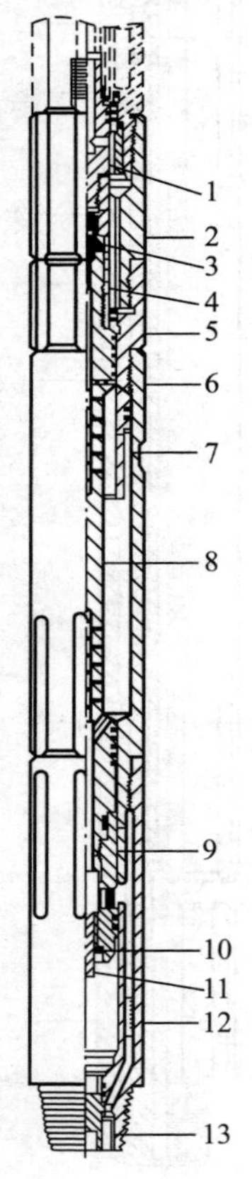

图 14－11 多 CIP 取样器

1—延伸芯轴；2—接头；3—放样阀；4—上放样管；5—上阀；6—取样室；7—上液塞；8—阀芯轴；9—活塞；10—下阀螺母；11—下放样阀 12—下体；13—堵塞

2.2.5 VR 安全接头和锚管安全接头

安全接头的作用是当测试管柱下部被卡住，可从安全接头处把工具卸开，VR 安全接头装在封隔器上面，锚管安全接头接在筛管上部，当筛管被埋卡时可在此处断开。

VR 安全接头采用左旋防倒扣，且由花键槽和凸耳锁住，正常提放管柱测试操作不会松开安全接头，必须多次反复右旋和上提下放钻杆才可松扣，但螺母上面还有限位套筒挡住，还不能完全断开，必须施加约 450kg(10000lb)的钻压剪断 4 个固定套筒的剪销，安全接头才能完全倒开。VR 安全接头还设有旁通，起旁通阀的作用，起钻时使封隔器上下压力平衡。

液压弹簧测试器(HST)管柱各部件名称和规格见表 14 -6。

表 14 -6　液压弹簧测试器(HST)管柱各部件名称和规格

部件型号名称	公称尺寸/in	外径/mm	内径/mm	长度/m	连接扣型
断塞式循环接头	2 ⅞ 3 ½ 4 ½	98.3 127 155.4	43.9 57.15 76.2	0.369 0.3048 0.3048	2 ⅞in EVE8 牙油管扣 3 ½in API IF 4 ½in API IF
泵压式循环接头	2 ⅞ 3 ½ 4 ½	98.3 127 155.4	43.9 57.15 76.2	0.3696 0.3048 0.3048	2 ⅞in EVE8 牙油管扣 3 ½in API IF 4 ½in API IF
提升短节油嘴总成	3 ⅞ 5	98.3 127	各种油嘴	1.3317 1.3716	2 ⅞in 钻杆细扣 3 ½in API FH
液压弹簧测试器(HST)	3 ⅞ 5	99 127	测试阀 测试阀	1.9123 1.6192	2 ⅞in 钻杆细公扣 × 3 ⅛in 8牙美国标准螺纹 3 ½in API FH
MCIP 取样器	3 ⅞ 5	99 127	取样室 取样室	1.7406 1.3764	3 ⅛in 8 牙美国标准螺纹 3 ½in API FH
30in 伸缩接头	3 ⅞	95.55	22.35	1.2809	3 ⅛in8 牙美国标准螺纹

2.3 膨胀式封隔器测试管柱

2.3.1 结构与工作原理

该封隔器一般用于裸眼，可接成单封隔器测试管柱或双封隔器跨隔测试管柱。其工作原理是旋转钻杆驱动井下泵把环空泥浆打进封隔器胶筒，胶筒被钻井液充满一定压力后便膨胀而密封井筒，然后按照设计程序操作井底阀完成测试任务。该测试器同前述的常规测试器相比，优点是密封的井径比相同尺寸的常规封隔器要大，并且，由于它不需要支撑物就能坐封，更适合用于下套管之前对任何井段的测试。其缺点是胶筒膨胀幅度随承受压差的增大和温度的增高而减小，就是说深井的效果要差一些。

2.3.2 莱茵斯膨胀测试工具管柱

(1)常规管柱(自下而上)

锚管鞋+摩擦弹簧+外压力计托筒+带孔组合接头+膨胀封隔器+滤网短节+井下膨胀泵+安全接头+震击器+内压力计托筒+取样器+液压开关工具+钻铤+断销反循环阀+钻杆+投杆器，见图14-12。

(2)跨隔测试管栏(自下而上)

摩擦弹簧+外压力计托筒+旁通管短节+下膨胀封隔器+加长钻铤+外压力计托筒+筛管+上膨胀封隔器+释放装置+滤网短节+井下膨胀泵+安全接头+震击器+内压力计托筒+取样器+液压开关工具+钻铤+反循环阀+钻杆，见图14-13。

2.3.3 部件功能

组成管柱的多数部件功能与常规管柱内的部件相同，只把与“膨胀”特点有关的部件简介如下：

①膨胀泵。其功能是通过旋转钻杆带动它的空心凸轮轴，而轴上的凸轮又驱动一组呈径向排列的活塞泵，由活塞泵吸入环空钻井液通过释放装置而打入封隔器胶筒。

②释放装置。释放装置是由缸套、活塞组成的一个特殊阀，由泵打来的环空钻井液经过它而使封隔器膨胀坐封；解封时，上提管柱使封隔器内带压的钻井液直接排入环空，起泄压收缩封隔器的作用。

③膨胀封隔器胶筒。它是用耐油橡胶和细钢索制作的空心软胶筒，最大外径可膨胀到大于名义尺寸两倍，但随着胀大尺寸的增大，在一定温度下承受压差的能力也急剧降低。

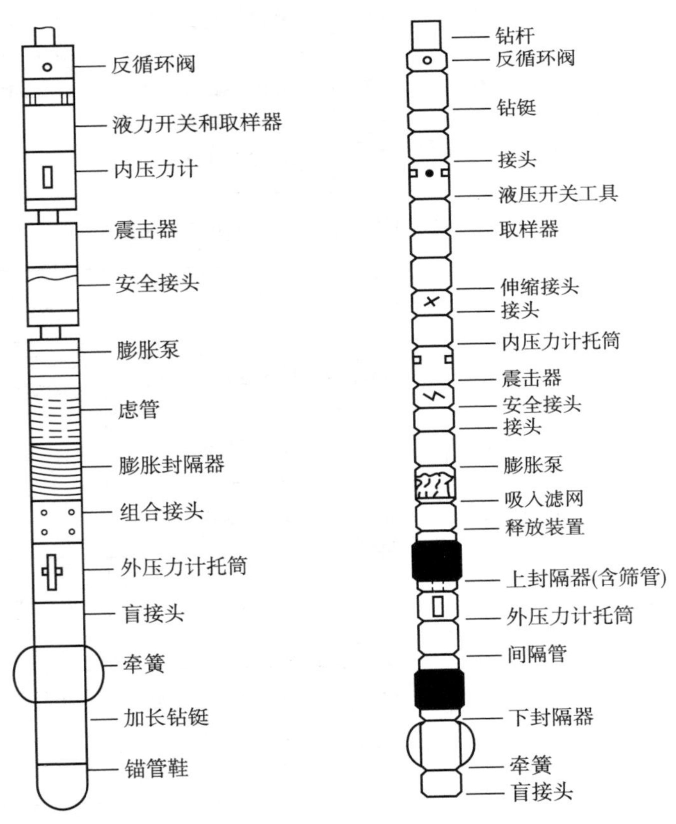

图 14 - 12　裸眼膨胀式常规测试管柱

图 14 - 13　裸眼膨胀式跨隔测试管柱

膨胀式封隔器测试管柱各部件尺寸见表14－7。

表14－7　曼德林公司膨胀式测试系统各部件尺寸

名　称	外径/mm	内径/mm	长度/m	连接扣型	说　明
泵出式反循环接头	127	59	0.406		循环孔13mm
水力开关	127	19	1.81	API 3½IF公×母	
取样器	127	101	1.20	API 3½IF公×母	取样3.51
伸缩接头	127	25	1.77	API 3½IF公×母	
压力计悬挂器	127		0.3	API 3½IF公×母	
震击器					波温公司产品
膨胀泵	140		A型0.9 B型1.31	API 3½母×4FH公	泄放压力：10340kPa
过滤筛管	127	25	1.34	API 4FH公×母	
释放装置	140	25	1.09	API 4FH公×母	
上封隔器	127	25	2.46	API 4FH母×3½ IF公	胶筒外径：128.6mm
双压力计托筒	127		1.61	API 3½ IF公×母	
旁通管	27	11	0.5、1、2、3		
下封隔器			2.47	API 3½ IF公×母	胶筒外径：128.6mm
阻滞弹簧			1.56	API 3½ IF母	

3　套管井测试工具

套管井测试与裸眼井测试原理相同，只是下井的工具有较大差异。测试管柱也分为单封隔器测试与跨隔测试，与裸眼井测试相比，套管井测试简单安全，测试时间长，还可进行其他作业。

3.1　MFE(多流测试器)测试管柱

3.1.1　管柱结构

(1)MFE 常规测试管柱(自下而上)

两只压力计 + 开槽尾管 + Posi - test 封隔器 + 安全接头 + TR 震击器 + 液压锁紧接头 + MFE 多流测试器 + 钻杆或油管 + 反循环阀 + 钻杆或油管至地面，见图 14 - 14。

(2)MFE 跨隔测试管柱(自下而上)

监测压力计 + Posi - test 封隔器 + 盲接头十加长间隔管 + 两只压力计托筒 + 重型筛管 + 剪销封隔器 + 套管旁通 + 安全接头 + TR 震击器 + 液压锁紧接头 + MFE 多流测试器 + 钻杆或油管 + 反循环阀 + 钻杆或油管至地面，见图 14 - 15。

3.1.2　各部件的功能

3.1.2.1　液压锁紧接头

锁紧接头与套管封隔器配合使用，其功能与裸眼测试的安全密封相同，使封隔器在上提管柱操作多流测试器开关井时不至于解封。同时也产生一个向上顶多流测试器芯轴的力，帮助关闭多流测试器。

其工作原理是：液压锁紧接头与多流测试器配套使用，下井后由于液柱压力的作用把液压锁紧接头芯轴向上推，与多流测试器芯轴紧贴在一起。操作多流测试器开关井时，液压锁紧接头芯轴随 MFE 芯轴上、下运动，而外筒和下接头受向下的作用力，使封隔器保持坐封。锁紧力的大小等于液压面积与液柱压力之积。

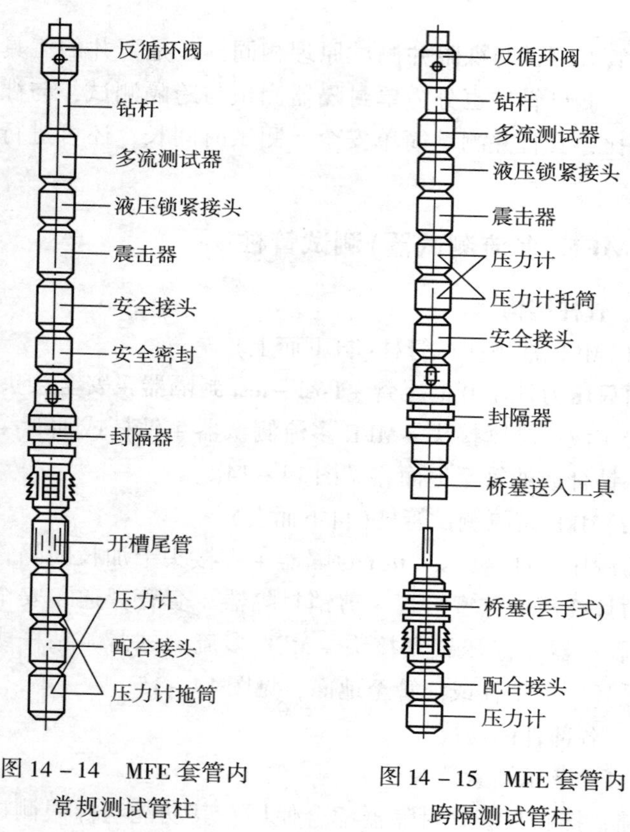

图 14 - 14　MFE 套管内常规测试管柱

图 14 - 15　MFE 套管内跨隔测试管柱

液压面积是指芯轴与浮套之间的环形面积，它的值刻在芯轴上部的端面上，很容易查对。

95mm 外径的锁紧接头，液压面积有 1.61cm^2、3.23cm^2、6.45cm^2 三种规格。

127mm 外径的锁紧接头，液压面积有 3.23cm^2、6.45cm^2、9.68cm^2 和 12.90cm^2 四种规格。

合理选择使用液压面积要根据测试井的具体情况而定，井比较深且液柱压力比较高，应选择小的锁紧面积。否则，操作MFE开井时就必须施加较大的负荷。

3.1.2.2　套管测试封隔器

3.1.2.2.1　PT套管卡瓦封隔器(Posi－Test封隔器)

(1)结构与工作原理

卡瓦封隔器主要用于套管井测试，是一种压缩座封封隔器，能承受来自环形空间的小于25MPa高压差。可用于地层压力系数等于或小于1的测试施工作业：

下井时，钻井液可通过空芯轴，绕过胶筒，由大面积旁通流过，从而减小下井时钻井液对管柱的阻力。座封封隔器时，上提、右旋再下放管柱，使定位凸耳沿芯轴上的“J”形槽运动，从而使卡瓦张开卡在套管壁上，胶筒压缩胀开封住井筒，并关闭封隔器旁通。套管卡瓦封隔器结构如图14－16所示。

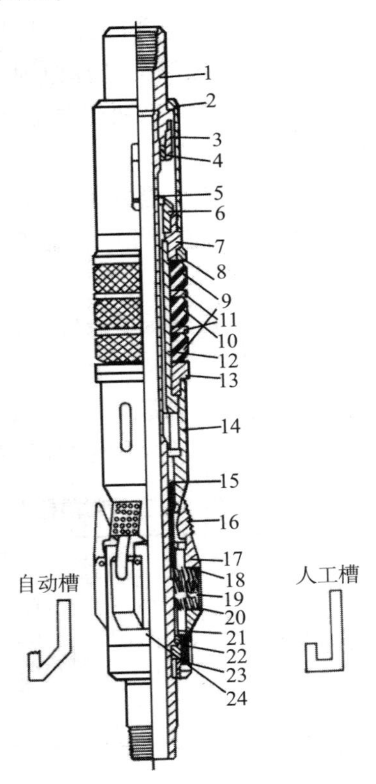

图14－16　套管卡瓦封隔器结构图

1—上接头；2—旁通外筒；3—密封挡圈；4—端面密封；5—坐封芯轴；6—密封唇；7—密封接头；8—上通径规环；9—胶筒；10—胶筒；11—隔圈；12—胶筒芯轴；13—下通径规环；14—锥体；15—固紧套；16—卡瓦；17—螺旋销；18—卡瓦弹簧；19—摩擦垫块；20—垫块弹簧；21—垫块外筒；22—定位凸耳；23—凸耳挡圈；24—沉头螺钉；

解封时，用较大的

拉力上提管柱，若用自动型“J”形槽，则凸耳自动回到长槽，胶筒缩回，卡瓦收拢；若选用人工型“J”形槽，则需上提管柱，左旋管柱四分之一圈，使凸耳回到长槽，封隔器解封。在斜井和有衬管的井应选用自动“J”形槽。

(2)封隔器胶筒的选择原则

① 有效负荷。取决于井深、管柱重量及套管内径与测试管柱外径比率。

② 井下温度。当井下温度在 250 ~ 300°F 时，应选择邵氏硬度为 90°的胶筒；当井下温度大于 300°F 后应选择邵氏硬度为 95°的高温胶筒。

③ 压差。在高压差条件下，应选用大直径通径规环和相应规格的胶筒。

(3)套管封隔器胶筒与坐封加压参数

套管封隔器胶筒与坐封加压参数，见表 14 – 8。

表 14 – 8　套管封隔器选择胶筒与坐封加压参数

<table>
<tr><th rowspan="3">胶筒硬度排列(邵氏硬度)</th><th rowspan="3">温度/℃</th><th colspan="5">胶筒通称尺寸/mm(in)</th></tr>
<tr><th>108.0 ~ 127.0 (4¼ ~ 5)</th><th>139.7 ~ 152.4 (5½ ~ 6)</th><th>168.3 ~ 193.7 (6⅝ ~ 7)</th><th>219.1 ~ 244.5 (8⅝ ~ 9⅝)</th><th>273.1 ~ 339.7 (10¾ ~ 13⅜)</th></tr>
<tr><th colspan="5">加压负荷/kN(lb)</th></tr>
<tr><td>70 ~ 50 ~ 70</td><td>–18 ~ 66</td><td>13.345 (3000)</td><td>17.793 (4000)</td><td>22.241 (5000)</td><td>35.586 (8000)</td><td>80.068 (18000)</td></tr>
<tr><td>80 ~ 60 ~ 80</td><td>38 ~ 93</td><td>17.793 (4000)</td><td>22.241 (5000)</td><td>26.689 (6000)</td><td>53.379 (12000)</td><td>88.964 (20000)</td></tr>
<tr><td>80 ~ 70 ~ 80</td><td>66 ~ 93</td><td>22.241 (5000)</td><td>26.689 (6000)</td><td>31.138 (7000)</td><td>66.723 (15000)</td><td>111.206 (25000)</td></tr>
</table>

续表

胶筒硬度排列（邵氏硬度）	温度/℃	胶筒通称尺寸/mm(in)				
		108.0～127.0 (4¼～5)	139.7～152.4 (5½～6)	168.3～193.7 (6⅝～7)	219.1～244.5 (8⅝～9⅝)	273.1～339.7 (10¾～13⅜)
		加压负荷/kN(lb)				
90～70～90	66～121	22.241 (5000)	26.689 (6000)	31.138 (7000)	66.723 (15000)	111.206 (25000)
90～80～90	93～135	26.689 (6000)	31.38 (7000)	40.034 (9000)	88.964 (20000)	124.550 (28000)
90～90～90	121～163	31.138 (7000)	35.586 (8000)	44.482 (10000)	111.206 (25000)	133.447 (30000)

(4) PT 封隔器技术规范

PT 封隔器技术规范见表 14－9。

表 14－9 PT 封隔器技术规范

型 号/in		4¼～5½	5½～7	6⅝～7⅝	8⅝～9⅝	10¾～13⅜
适用套管内径/mm		99.6～121.4	119.0～150.0	150.0～178.0	190.8～230.2	242.8～322.9
接头螺纹		2 UPTBG	2 UPTBG	2½UPTBG	3 UPTBG	4½FH
配备标准胶筒芯轴的压力/MPa	工作	66.24	71.07	67.62	56.58	76.59
	屈服	98.67	105.57	100.74	84.18	114.54
配备高压胶筒芯轴的压力/MPa	工作	93.84	96.6	106.26	96.6	114.54
	屈服	138.0	144.21	158.7	144.21	171.12
芯轴负荷/kN	工作	355.4	341.84	494.76	1030.42	837.94
	屈服	545.44	509.87	738.36	1537.62	1250.46
芯轴内径/mm		46.0	49.3	62.0	76.2	76.2

3.1.2.2.2　剪销型套管封隔器

(1)结构与工作原理

剪销型封隔器，用于套管井配合卡瓦封隔器进行跨隔测试。结构如图14－17所示。

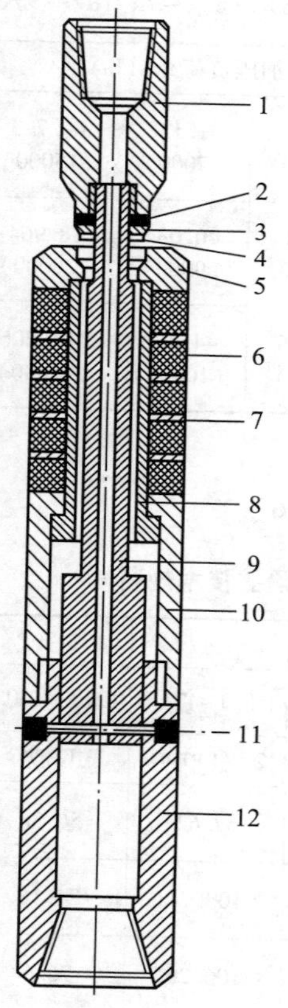

图14－17　剪销型套管封隔器

1—上接头；2—密封圈；3—浮圈；4—螺母；5—阀座；6—胶筒；7—隔环；8—环套；9—芯轴；10—套筒；11—销钉；12—花键外筒

剪销型套管封隔器接在卡瓦封隔器上部，两封隔器之间由重型筛管和钢性强的管柱连接。坐封操作和常规方法一样，加压后下部卡瓦封隔器先坐封，封堵住下部产层。继续施加更大压力，上部剪销封隔器的销钉被切断，胶筒受压膨胀，封隔上部井筒液柱。测试阀打开后，测试层产出流体通过重型筛管及上封隔器芯轴进入管柱。

剪销型套管封隔器销钉直径有6.35mm和7.94mm两种规格，其剪断负荷分别为17.8～35.6kN和26.7～53.4kN。

(2)技术参数

剪销型套管封隔器技术参数，见表14－10。

表 14－10 套管剪销型封隔器技术规范

型号/in	适用套管/mm	拉伸强度/kN	屈服扭矩/kN · m	上接头螺纹	下接头螺纹
2 ⅜	114.4	286	1.36	2 ⅜REG	2 ⅜REG
2 ⅞	120.65	286	1.36	2 ⅞REG	2 ⅞REG
2 ⅞	127.0	488	2.71	2 ⅞REG	2 ⅞REG
2 ⅞	139.7	488	2.71	2 ⅞REG	2 ⅞REG
3 ½	177.8	887	7.18	3 ½FH	3 ½FH
3 ½	193.68	889	7.18	3 ½FH	3 ½FH
4 ½	244.48	1920	25.74	4 ½FH	4 ½FH

3.1.2.2.3 可回收式桥塞

(1)用途与分类

桥塞用来封堵测试层下部的产层，代替常规打水泥塞，是测试常用的井下工具。

桥塞分为永久式、可钻式和可回收式三种。可回收式桥塞在井下能长期使用，用完后可将其完整地取出来。

(2)工作原理

下部与 PT 型挂壁式封隔器相似，尾部有蝶形螺母锁紧机构，把封隔器坐定在套管内壁上，能承受上、下方的压力。上部有一套坐封、脱手和打捞装置，可实现任意坐封、脱开和解封等目的。

送进工具(见图 14－18)连接在管柱的尾端，桥塞闩锁在送进工具上。闩锁是借助送进工具的两个凸耳，与桥塞打捞颈上的两个“J”形槽的啮合来实现的。

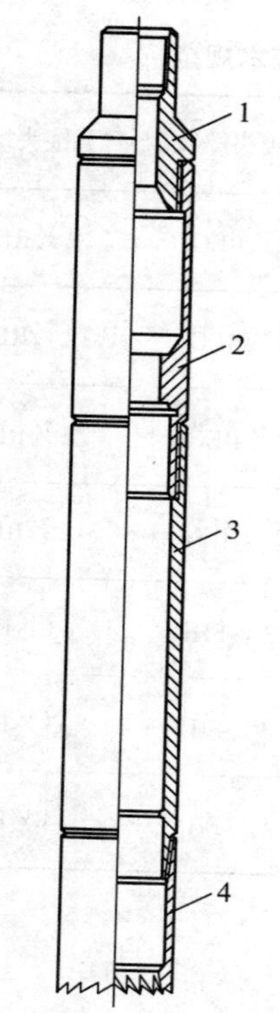

图 14－18　桥塞送进工具

1—上接头；
2—打捞筒中接头总成；
3—弹簧夹筒；4—铣鞋

送进工具弹簧夹的作用有二个：一是关闭桥塞的平衡阀，二是保持凸耳在“J”形槽的顶部。当送进工具闩锁桥塞时，工具上的台肩就顶开了平衡阀，当送进工具从桥塞上解脱时，弹簧夹就关闭平衡阀。

(3)使用方法及要求

① 桥塞下井。

下井过程中切勿使管柱右旋，每下 5 根立柱应上提 1 ~ 2m 管柱一次，这对右旋管柱的下入是一项安全措施。

② 坐定桥塞。

下至预定深度后，右旋管柱 3 ~ 4 圈，下放管柱即可坐定。一旦桥塞承载，立即停止转动，接着再以 49 ~ 68. 6kN 压力加于桥塞使胶筒胀开。

③ 脱手。

加压 49kN 左右，并左旋四分之一转，然后上提即可脱手。脱开后它会同时关闭平衡阀，脱开拉力有 19. 6kN 左右。

④ 回收桥塞。

送进工具对桥塞加压 19. 6 ~ 39. 2kN，工具将与打捞颈自动扣接，并同时打开平衡阀。如果桥塞顶部有沉砂等物，则工具装有铣鞋，可边转边下放，进行循环洗井，能直接清理到胶筒。因为桥塞芯轴可自由转动，所以与打捞颈扣接后管柱仍可转动。

右旋保持管柱应变，伴以 14. 7kN 拉力，直到负荷消失为止，然后边提边右旋 15 转，即可起出，或移到另一位置再次坐定。

3.2　APR 测试管柱

如前述，常规测试器或膨胀式封隔器的测试管柱，井底测试阀的开关都必须通过活动管柱来实现，并依据指重表的显示来判断“开”或“关”。这在海上钻井和大斜度井中，由于管柱浮动或大斜度井的摩擦力影响，往往判断困难，造成失误。因此，在套管井内应用了不需活动管柱，通过环空压力控制井底阀开关的 APR、PCT 等测试器。大通径压力控制测试器从井口到管柱末端都具有一个畅通的内径，可以在测试前后下入射孔枪或其他工具进行射孔、挤注、酸化等作业，节约起下钻时间。这些使它们成为目前海上完井试油的主要工具。

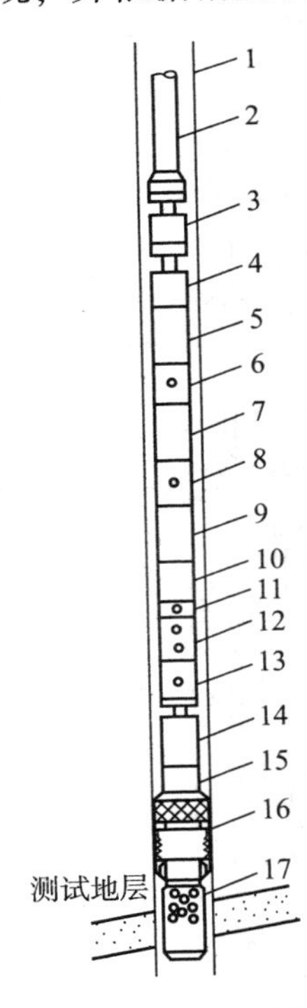

图 14－19　APR 测试管柱示意图

1—套管；2—钻杆；3、4—伸缩接头；5—钻铤；6—APR－A 循环阀；7—钻铤；8—APR－M_2 安全循环阀；9—钻铤；10—取样器；11—排样阀；12—LPR－N 测试阀；13—全通径液压旁通；14—震击器(全通径)；15—安全接头(全通径)；16—RTTS 封隔器；17—压力计托筒

3.2.1　APR 常规测试管柱

悬挂式压力计托＋RTTS 封隔器＋RTTS 安全接头＋RTTS 反循环阀＋震击器＋LPR－N 测试阀＋钻铤＋APR－M_2 阀＋APR－A 循环阀＋钻铤、钻杆＋伸缩接头＋钻杆至地面，见图 14－19。

3. 2. 2 主要部件功能

3. 2. 2. 1 LPR – N 测试阀

LPR – N 测试阀主要由球阀、动力机构和计量机构组成。球阀部分由上下球座、球阀、控制臂及外筒组成。动力机构由氮气室、动力芯轴、充氮阀体和浮动活塞等组成。计量机构主要由上下液压油室、液压油、计量套及外筒组成，如图 14 – 20 所示。

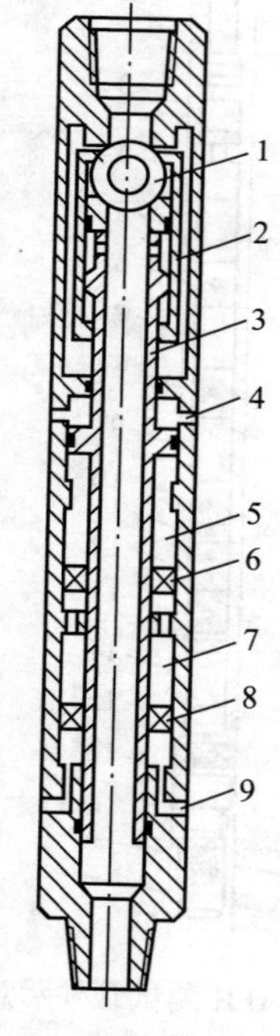

图 14 – 20 LPR – N 测试阀结构示意图

1—球阀；2—控制臂；3—动力芯轴；4—传压孔；5—氮气室；6—浮动活塞；7—硅油室；8—平衡活塞；9—传压孔

它的工作原理是：APR 测试阀下井前，对氮气室充氮气，其充氮压力作用在动力芯轴上，使球阀处于半闭位置。下钻过程中，平衡活塞不断将环空压力传递给液压油，当环空压力比氮气室压力高 2. 8MPa 时，下油室液压油流向上油室，使浮动活塞上行，压缩氮气，使氮气室增压。封隔器坐封后，环空加压，该压力和钻井液静压力作用在动力芯轴上，当这两个力克服固定剪销和氮气室压力的合力时，动力芯轴下移带动控制臂使球阀转动 90°开井。在开井期间，平衡活塞将环空压力传给液压油，当下油室压力高于上油室压力 2. 8MPa 时，计量套导通，下油室油通过计量套流向上油室，推动浮动活塞，使氮气室增压，直至比环空压力小 2. 8MPa 为止。当放掉井口压力时，氮气室压力高于环空压力，氮气室压力作用在动力芯轴上，带动控制臂关闭球阀。重复井口加压和放压，就可以实现多次开关井。

3.2.2.2　APR－M2取样循环阀

它具有取样器、安全阀和循环阀的功能，即是说它能够获得一定数量的终流动流体样品，提供反循环钻井液的通道，需要时，可把取样阀改装成安全阀(见图14－21)。

3.2.2.3　APR－A循环阀

它是由环空压力操作的反循环阀，如图14－22所示。

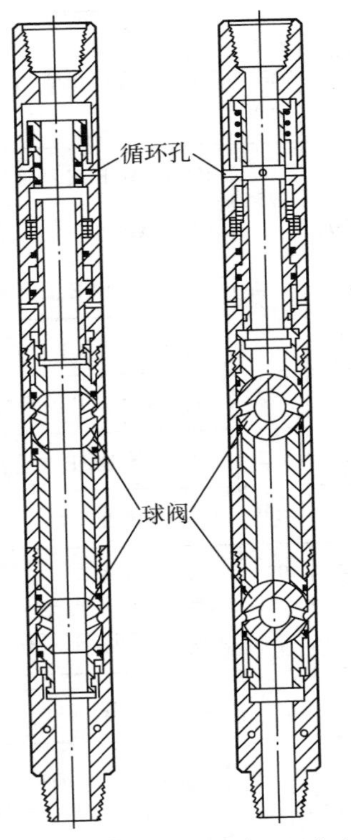

(a)球阀开启状态 (b)取样状态

图14－21　APR－M_2阀结构示意图

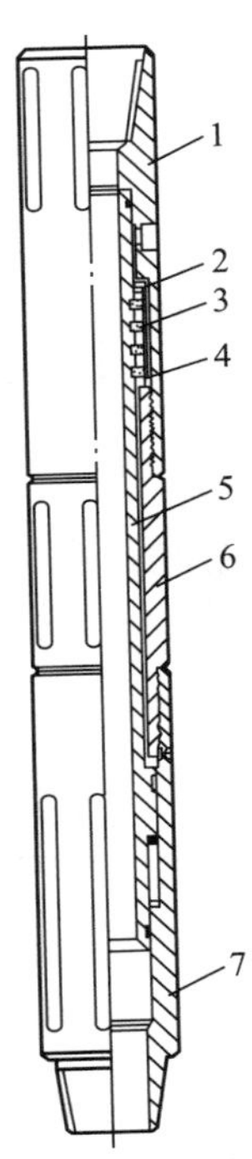

图14－22　APR－A阀结构示意图

1—上接头；2—剪切套盖；3—剪销；4—剪切套；5—剪切芯轴；6—短节；7—下接头

3.2.2.4　伸缩接头

其作用主要是补偿钻井浮船的上下浮动，以便保持封隔器上的加压重量恒定不变。

3.2.3　APR 测试管柱常用部件尺寸和技术规范

APR 测试管柱常用部件尺寸和技术规范，见表 14－11。

表 14－11　APR 测试管柱常用部件尺寸和技术规范

部件型号名称	公称尺寸/in	外径/mm	内径/mm	长度/mm	抗拉强度/kN	连接扣型
伸缩接头	$3\frac{7}{8}$	98.4	45.7	3885	1754	$2\frac{7}{8}$in 8牙 EUE 油管扣
	5	127.0	57.2	4010		$3\frac{1}{2}$in API IF
APR－A 循环阀	$3\frac{7}{8}$	98.4	45.97	736	1383	$2\frac{7}{8}$in 8牙 EUE 油管扣
	5	127	57.15	914		$3\frac{1}{2}$in API IF
APR－M_2 取样阀	3	77.72	25.4	2907	828	$2\frac{3}{8}$in 8牙 EUE 油管扣
	$3\frac{7}{8}$	98.4	45.97	3455	912	$2\frac{7}{8}$in 8牙 ELSE 油管扣
	$4\frac{5}{8}$	118.87	50.8	3397.0	1895	$3\frac{1}{2}$in API IF
	5	127.76	57.15	3444	1998	$3\frac{1}{2}$in API IF
全通径放样阀	$3\frac{7}{8}$	99.06	45.72	304.8		$2\frac{7}{8}$in 8牙 EUE 油管扣
	5	127	57.15	297.9		$3\frac{1}{2}$in API IF
LPR－N 测试阀	$3\frac{7}{8}$	99.06	45.72	5026		$2\frac{7}{8}$in 8牙 EUE 油管扣
	5	127	57.15	4993		$3\frac{1}{2}$in API IF
震击器						
全通径 VR 安全接头	$4\frac{5}{8}$	117.5		12478		$3\frac{1}{2}$in API IF

续表

部件型号名称	公称尺寸/in	外径/mm	内径/mm	长度/mm	抗拉强度/kN	连接扣型
RTTS 循环阀	5	90.4	45.7	816.9		2 3/8in 8牙 EUE 油管扣母×3 3/32in－10N－3THD 2 3/8in 8牙 EUE 油管扣母×3 1/2in 8UN 公
RTTS 安全接头	5	93.5	48.3	978.4		2 3/8in 8牙 EUE 油管扣
	5 1/2	103.1	50.8	980.7		2 3/8in 8牙 EUE 油管扣
全通径压力计托筒	3 1/8	136.5	57.2	2430	1453	3 1/2 in API IF
提升短节油嘴总成						
锚鞋托筒	5	127		1237		3 1/2in API FH
液压循环阀	4 5/8	118.9	57.2	2126		3 1/2in API IF

3.2.4　APR 工具的特点

①用环空加压控制开关井，不用移动管柱。适用于直井、斜井测试。

②APR 管柱是大通径的，127mm 和 98.4mm APR 的通径分别是 57.2mm 和 45.7mm，有利于酸化及挤注作业施工。

③APR 管柱可任意组合，不象 MFE 管柱那样有固定的连接顺序。

④RTTS 安全接头操作方便，工作可靠。它是靠上提管柱、右旋、下放管柱操作倒开的。

⑤反循环方式可任选。有 APR－A 泵压式及上提—右旋—下放控制的 RTTS 循环阀。

⑥取样体积任选。除了 APR－M_2 取样循环阀可取到 2775cm^3（对 127mmAPR）和 1768cm^3（对 98.4mm APR）外，可以

在 APR 阀与取样阀间增加放样阀，调整所需要的体积。

3.3 PCT 测试管柱

3.3.1 PCT 测试管柱组成结构

PCT 测试管柱组成结构如图 14－23 所示。

3.3.2 PCT 测试器工作原理及其主要部件

PCT 测试器是靠环空压力控制开关的测试器，分为全通径(球阀式)和滑阀式两种。全通径 PCT 的结构工作原理基本与 APR 测试器相同。滑阀式 PCT 测试器工作原理如图 14－24 所示。

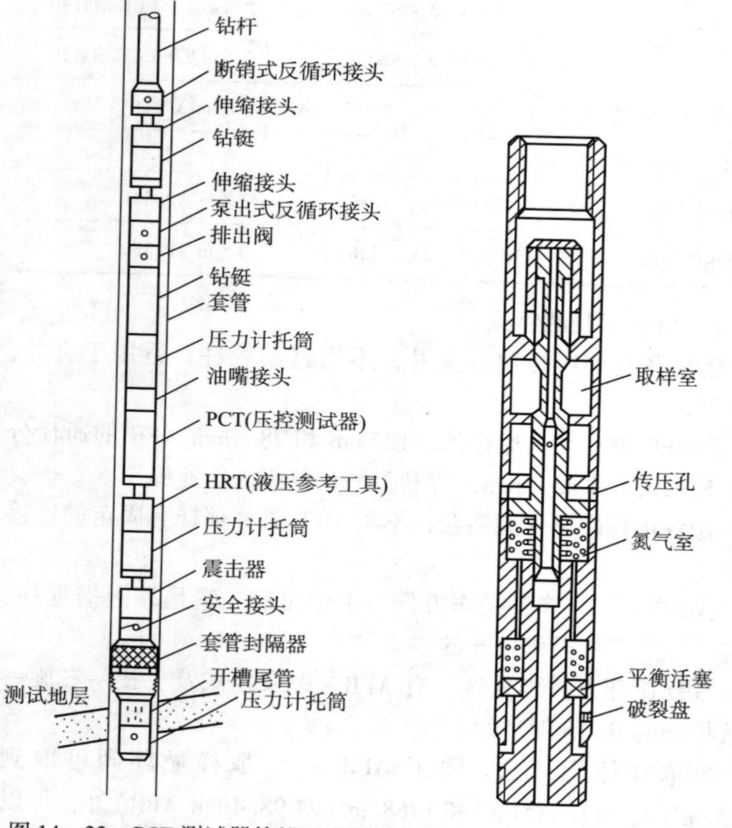

图 14－23　PCT 测试器管柱示意图　　图 14－24　PCT 测试器工作原理图

其他主要部件：液压标准工具(HRT)是一个双阀工具，上部是钻井液压力标准阀，下部是旁通阀，还有延时机构，其结构原理示意图如图14－25所示。泵压式反循环阀结构如图14－26所示。

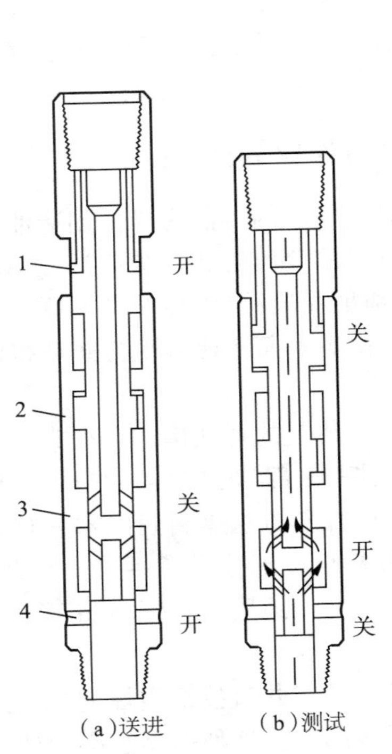

图14－25　液压标准工具(HRT)工作原理示意图

1—静泥浆压力标准阀；2—液压延时机构；3—控制阀；4—旁通阀

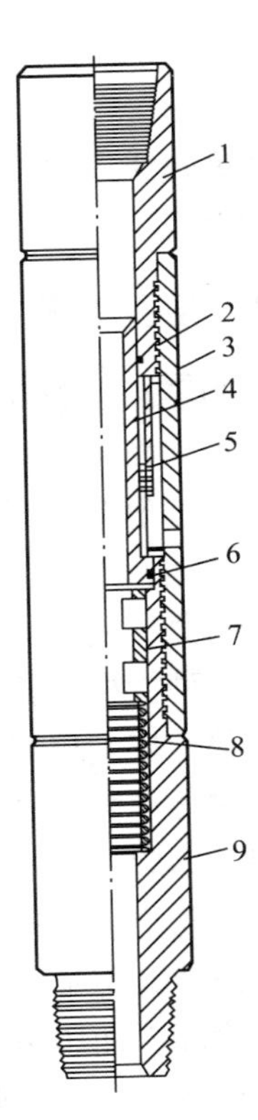

图14－26　泵压式反循环阀结构图

1—上接头；2—O形圈；3—剪套外筒；4—剪套芯轴；5—剪套总成；6—O形圈；7—衬套；8—弹簧；9—下接头

3.3.3 PCT 工具的特点

①PCT 测试管柱系统为大通径，127mm PCT 工具的通径为 57.15mm。

②全通径双球阀可取得 $1850cm^3 \pm 50cm^3$ 的地层流体样品。

③可根据活塞芯轴的活塞面积和静液柱压力来计算阀的关闭力。

④PCT 工具系统管柱中有伸缩接头，适用于斜井、浮动平台等测试。

3.4 射孔装置－测试器联合作业管柱

为了减少射孔时压井液对油气层的再次污染，创造油气产出的最佳条件，目前，各种方式的负压射孔已被广泛应用。而油管传输射孔装置(或称无电缆射孔枪)与地层测试器联合作业进行试油，不但减少了起下钻次数，而且比其他方式获得油气生产的负压差更为理想。

这种管柱是把油管传输射孔装置的射孔枪、点火头、激发器等部件接到单封隔器测试管柱的底部(见图 14－27)。管柱下到待射孔和测试井段后，按一般操作方法坐封封隔器并打开测试阀，然后，对环空加压或投棒启动激发器——点火头装置，引爆射孔枪上的射孔弹对地层射孔，地层在负压状态下产出油气流而转入正常测试程序。

除环空加压引爆的方法外，还有井口投棒引爆的方法。引爆铁棒将要经过油管、测试器各部件，这种引爆法必须使用全通经测试器才行。

3.5 桥塞－测试器联合作业管柱

这种作业是用电缆或测试管柱把桥塞送到并安置在待测井段的底部，然后在待测井段顶部用测试器测试。测试结束后回收桥塞。该法最大的特点是不受跨隔距离的限制。桥塞——测试器联合作业管柱结构如图 14－28 所示。

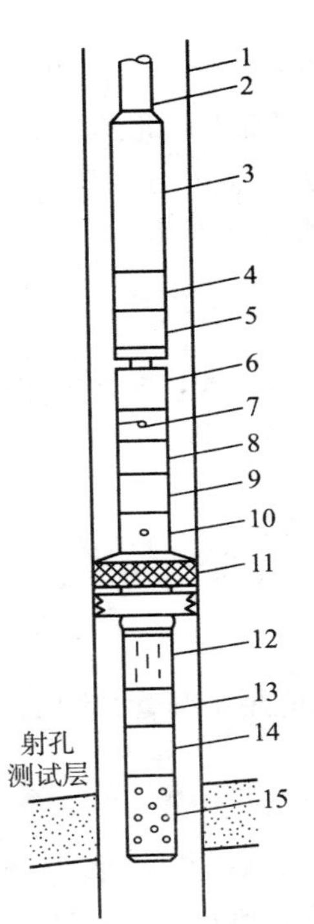

图 14－27　油管传输射孔－测试联合作业示意图

1—套管；2—钻杆或油管；3—测试器；4、5—压力计托筒；6—震击器；7—安全接头；8—阻流器；9—油管；10—激发器(环空加压点火)；11—封隔器；12—开槽尾管；13—减震器；14—点火头；15—射孔枪

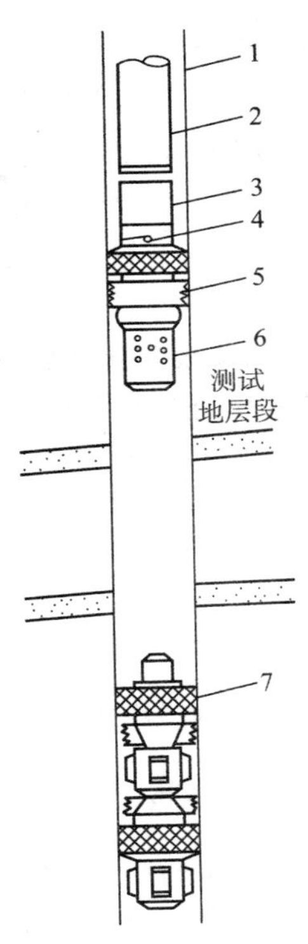

图 14－28　桥塞－测试器联合作业示意图

1—套管；2—测试工具；3—震击器；4—安全接头；5—套管封隔器；6—压力计托筒；7—桥塞

3.5.1　桥塞的用途及工作原理

桥塞是测试时常用的井下工具，分为永久式，可钻式和可回收式三种。可回收式桥塞在井下能长期使用，用完后可将其

完整地取出来。

桥塞主要用来封堵测试层下部的产层，代替常规打水泥塞。其下部与 PT 型挂壁式封隔器相似，尾部有蝶形螺母锁紧机构，把封隔器坐定在套管内壁上，能承受上、下方的压力。上部有一套坐封、脱手和打捞装置，即可实现任意坐封、脱开和解封等作用。

3.5.2　桥塞使用操作要点

桥塞送进工具结构及使用操作要点与 MFE(多流测试器)相同，详见 3.1.2.2.3。

4　通用测试工具

通用工具能用于裸眼井测试，也能用于套管井测试。

4.1　反循环阀

测试常用的反循环阀有断销式、泵压式和旋转式三种。

测试结束解封起管柱时，井下测试阀处于关闭状态，为便于起管柱，必须将管柱内的地层流体反循环出地面。其目的是：① 避免原油喷洒在钻台上，减少着火的危险；② 防止天然气排入大气造成污染；③ 防止起管柱过程中因井内钻井液减少而造成井喷；④ 有井喷显示时可进行循环压井。为达此目的，在测试管柱测试阀上部接一反循环阀，起管柱前，将反循环阀打通，达到反循环的目的。

4.1.1　断销式反循环阀

断销式反循环阀由上、下循环接头本体和两只空心断销组成。当测试结束时，从井口向钻杆内投下一根冲杆，击断空心销，使管柱内外沟通，如图 14 - 29 所示。

为了防止沉砂埋掉剪销，一般断销式反循环阀接在多流测试器上方的 1 ~ 2 个立柱处。

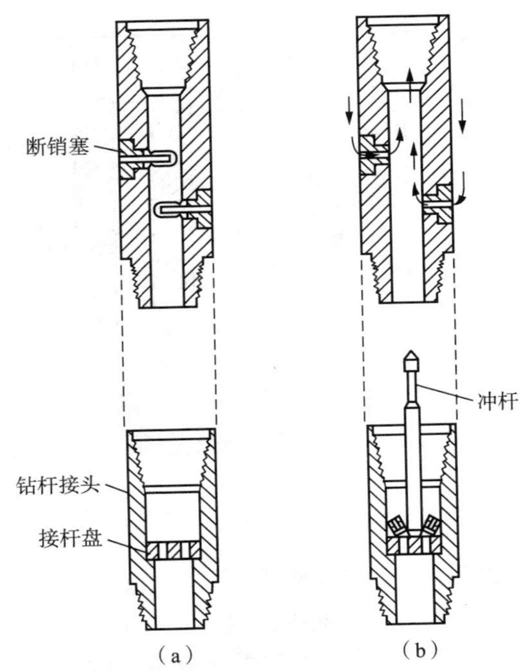

图 14－29　断销式反循环阀

4.1.2　泵出式反循环阀

泵出式反循环阀结构很简单，如图 14－30 所示，当向管柱内加压，内外压差超过铜片的剪切强度时，铜片破裂冲出，打开内外通道。

4.1.3　反循环阀技术参数

反循环阀技术参数见表 14－12。

表 14－12　反循环阀技术参数

外径/mm(in)	拉伸强度/kN	扭矩/kN·m	连接螺纹
73(2 ⅞)	1088.64	16.94	2 ⅞UPTBG
88.9(3 ½)	3175.2	29.81	3 ½FH
114.3(4 ½)	4808.2	60.43	4 ½FH

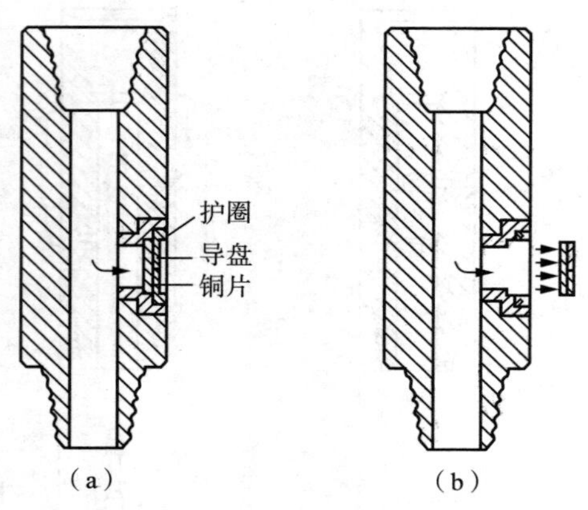

图 14－30　泵出式反循环阀

4.2　震击器(TR 型)

TR 型震击器是一种井下解卡工具。主要由调时机构和液压机构组成(见图 14－31)。液压机构主要由上、下芯轴、主外筒和计量阀组成。当震击器以下的工具被卡住时，等于把主外筒卡住，向上提拉测试管柱时，是把芯轴上拉，上芯轴下部的凸出台肩相当一个活塞，压挤上油室的油，计量阀只有一个很小的间隙(0.05～0.07mm)让油从上油室流到下油室，对台肩产生一个很大的阻尼力，等于把芯轴拉住不放，使上部管柱全部被拉伸，积蓄了很大的弹性力。但当芯轴慢慢走过阻尼行程后，计量阀与主外筒之间间隙突然增大，液压油迅速通过间隙流到下油室，等于突然泄掉了对芯轴的阻力，在管柱弹性力作用下，高速向上运动，芯轴向外凸出的台肩猛烈撞击主外筒向内突出的台肩，对下部被卡管柱产生向上的震击作用。下放管柱时，计量阀不起阻尼作用，油很容易由下油室流到上油室。再次上提管柱，又将产生一次震击，这样多次震击直至解卡。

调时系统靠调节液压阀的行程来调整震击时间，阀的自由行程为 101.6mm。

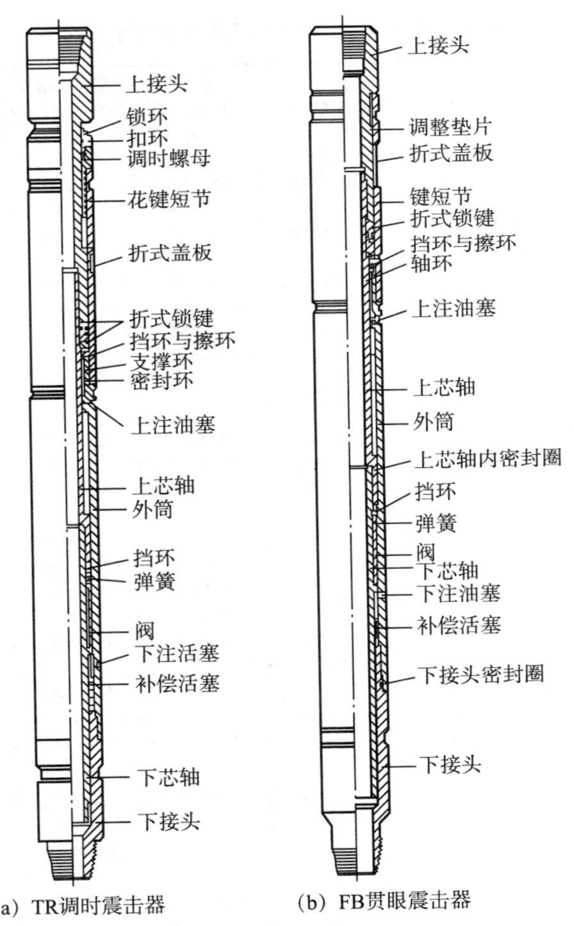

(a) TR调时震击器　　(b) FB贯眼震击器

图 14－31　震击器结构示意图

震击器技术参数见表 14－13。

4.3　安全接头

安全接头见第十一章第四节 4.1。

表 14－13　江斯顿油压震击器技术参数

型号	外径	内径	接头螺纹	推荐最大上提(拉)力/kN	最大屈服上提(拉)力/kN	最大震击力/kN
FB	87.31	38.1	2 ⅜ UPTBG	88，91	133.36	480.09
FB	92.08	49.21	2 ⅜ UPTBG	146.69	231.16	1031.3
FB	114.3	60.33	2 ⅜ UPTBG	240.05	368.96	1413.6
TR	95.25	38.1	2 ⅜IF	222.26	346.73	1102.43
TR/DC	104.78	38.1	2 ⅞IF	311.17	475.65	1471.39
TR	104.78	50.8	2 ⅞IF	200.04	311.17	1422.5
TR/DC	120.65	47.63	3 ½FH	355.62	555.66	1684.77
DC	120.65	50.8	3 ½FH	297.84	457.87	1618.09
TR/DC	146.05	50.8	4 ½FH	582.33	973.52	2893.89
TR/DC	158.75	50.8	4 ½FH	844.6	1298.03	3227.29
TR	161.93	50.8	4 FH	875.72	1382.49	3227.29
TR	165.1	63.5	4 ½IF	711.24	1111.33	4334.17
TR/DC	171.45	63.5	5 ½REG	844.6	1298.03	4334.17
TR	177.8	63.5	4 ½IF	933.51	1475.84	4334.17
DC	184.15	63.5	4 ½IF	1044.65	1653.65	4334.17
TR/DC	196.85	76.2	6 ⅝REG	924.62	1049.16	6178.97
DC	209.55	76.2		1084.65	1715.89	6178.97
DC	228.6	76.2	6 ⅝FH	1333.59	2107.07	6178.97

4.4　压力计和压力计托筒

地层测试器用的压力计是地层测试器中的唯一计量仪表，

除高压物性资料可从流体样品得到外，其他一切地层资料都从压力计记录的时间－压力曲线分析得到。配合 MFE 测试器的压力计多采用 200－J 型，也可采用 RPG－3 型等机械压力计或井下储存电子压力计。

4.4.1　机械式压力计

(1)压力计

200－J 型压力计的工作原理是：装在记录筒内的压力卡片由时钟带动均匀转动，与压力活塞相连的记录笔尖随压力活塞而轴向运动，压力活塞的位移由作用的压力来决定。这样，测试过程中，压力卡片就记录了记录笔尖的任意时刻的变化情况，形成压力变化曲线。

常用的机械式压力计技术参数见表 14－14。

表 14－14　井下测试机械压力计技术参数

生产公司	仪器名称	外径/mm	长度/mm	感压元件类型	最大压力/MPa	精度/%	灵敏度/%	最高使用温度/℃	最大时钟运行时间/h
江斯顿	J－200	73	1352	P①	137.84	0.25		204	192
哈力伯顿	BT	57.2	987	B②	206.76	0.25		343	144
阿梅瑞达	RPG－3	31.8	1960	B	172.3	0.20	0.05	260	360
	RPG－4	25.4	1910	B	172.3	0.20	0.06	260	144
库斯特	K2	25.4	1130	B	110.27	0.25		260	120
	K1	32	1200	B	137.84	0.25		260	120
	AK－1	57	914		206.76	0.25	0.025	177	120

注：①“P”表示活塞；②“B”表示波登管。

(2)压力计托筒

压力计托筒是压力计安装和保护的装置，既提供传压通道，又为管柱组合提供方便。可以按设计要求组合在封隔器的上方或下方。200－J 压力记录仪托筒结构见图 14－32。

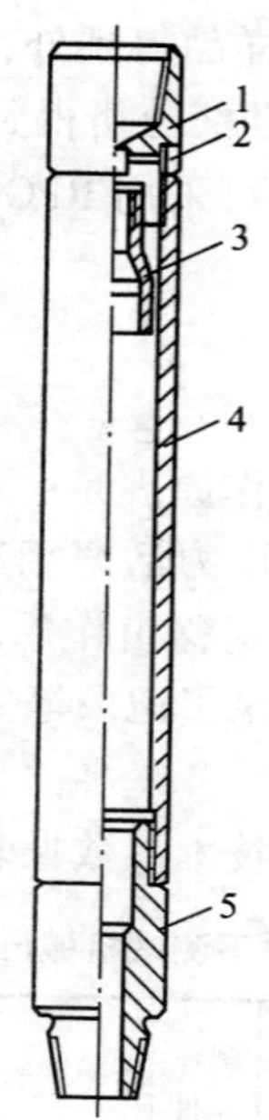

图 14－32　200－J 压力记录仪托筒

1—上接头；2—泄油塞；3—压力计接头；4—托筒体；5—下接头

200－J 压力记录仪托筒技术参数见表 14－15。

表 14－15　压力记录仪托筒技术参数

外径/mm（in）	长度/mm（in）	接头螺纹
98.43(3 ⅞)	1498.6(59)	2 ⅞REG
123.83(4 ⅞)	1473.2(58)	3 ½FH
139.7(5 ½)	1524.0(60)	4 ½FH
146.05(5 ¾)	1524.0(60)	4 ½FH
155.58(6 ⅛)	1524.0(60)	4 ½FH

4.4.2　电子压力计

4.4.2.1　电子压力计测试简介

电子压力计测试可分为地面直读测试和井下存储测试两部分。

(1)地面直读测试

地面直读测试是将直读式电子压力计随测试工具一起下入井中，再从井口下入电缆进行对接，电子压力计将测试期间压力计感应到的井下压力、温度，通过电缆传到地面接口箱，然后传到计算机系统，计算机将数据存贮、显示。利用计算机内的试井解释软件，可以在现场进行资料解释。

测试人员能根据井底实时反映的情况，及时采取相应措施，使测试工作制度更合理，录取的资料满足地质要求。也可用地面直读系统进行井底流量测量、井底噪声测量、磁性定位、高压物性取样、负压射孔、测卡解卡、生产测井等多功能作业。

系统装置主要由井下仪器和工具、井口防喷装置、计算机资料录取与分析系统、电缆测试车四大部分组成。

(2)井下存储测试

井下存储测试是将电子压力计、存储记录仪和电池组成一体，随测试工具下入井中(或用钢丝下入井中)。存储记录仪就象一台微机一样，按事先编制的程序把电子压力计感应到的压力、温度存储起来。测试结束后，从井内起出压力计，将其与计算机相连，按程序将存储的压力、温度信号进行回放。

4.4.2.2　电子压力计工作原理

(1)PANEX 电子压力计

PANEX 电子压力计为石英晶体电子压力计。石英晶体具有压电效应：若在石英晶片上施加机械压力，将在晶片相应的方向上产生数量相等的正负电荷，电荷量与压力大小成正比。由于电荷发生变化，导致由晶片做成电容的电容量发生变化，进而引起由感压元件和其他原件组成的振荡电路的输出频率发生变化(在实际电路中，PANEX 采用了双频测量技术，利用这项技术精确地测量两个电容值的比率——这两个电容值随地层压力变化而变化)。

PANEX 直读式压力计直接将频率信号传给地面接口箱，接口箱把信号修正后变成数字量并传给主机，主机将数据存贮、显示，终端可改变采样速率，并能进行现场资料解释。

PANEX 存贮压力计传感器与直读式相同，不同的是压力计的存贮部分将频率信号转换成原始数据码，并按照预定编程的指令将原始数据码存入 EEPROM，测试结束后再用计算机将 EEPROM 中的数据进行回放、修正、处理。

(2) DRUCK 压力计

DRUCK 是一种地面压力传感器，通过相应的接口箱供电，同时接口箱将传感器送来的电信号进行修正，显示并送给计算机处理。

该传感器采用集成硅应变桥方式进行压电转换。机芯部分包含有先进的微机械压力敏感件。它张紧在高度整体的玻璃钢密封架上，与压力介质保持隔离。压力通过硅油传给变送器。电路部分有温度补偿，允许用户调零、调量程。

(3) Starburst 电子压力计

与 PANEX 一样，Starburst 电子压力计也有直读和存储两种。传感器产生的信号经模/数转换后送到微处理器。

如果采用直读方式，微处理器直接将信号通过 RS232 接口传给地面接口箱(接口箱同时供电)，接口箱将信号送给计算机进行修正存储、显示、处理。

如果采用存储方式(电池供电)，微处理器按编程要求判断后将有用的数据点存入 EEPROM。测试结束后，操作人员用计算机通过 RS232 接口将数据进行回放。可通过相同路径给压力计编程。

4.4.2.3 电子压力计性能

电子压力计性能指标对比详见表 14 - 16。

表 14 – 16 电子压力计性能指标对比

规格型号	压力精度/%	温度精度	压力量程/MPa	温度量程/℃	压力、温度分辨率/（kPa/℃）	容量点	生产厂家
1525SRO	0. 025	±0. 5	34. 483	0 ~ 125	0. 068936 0. 01		美国：PANEX
1550SRO	0. 025	±0. 5	34. 483 68. 966	0 ~ 150	0. 068936 0. 01		美国 PANEX
1420BSRO	0. 025	±0. 5	68. 966	0 ~ 199	0. 068936 0. 01		美国 PANEX
1130A	0. 026	±0. 5	3. 499 6. 897 34. 483	– 40 ~ 82	0. 068966 0. 01		美国 PANEX
1100A	0. 025		34. 483		0. 068966		美国 PANEX
1420 – 130						13619	美国 PANEX
1525MRO	0. 025	±0. 5	34. 483 68. 966	0 ~ 125	0. 068966 0. 01	13619	美国 PANEX
1550MRO	0. 025	±0. 5	34. 483 68. 966	0 ~ 150	0. 068966 0. 01	13619	美国 PANEX
ULM – Ⅱ	0. 03	±0. 1	41. 362 68. 936	0 ~ 145	满量程 0. 0004% 0. 01℃	13030 26137	加拿大 Starburst
PTX610	0. 1		6 70		0. 1		英国 DRUCK

4. 5 重型筛管及开槽尾管

重型筛管和开槽尾管是钻有很多孔或槽的厚壁管子，为测试层液流进入测试管柱内部形成通道。在常规测试管柱中接在封隔器下面，用来支撑封隔器和全部测试管柱。在跨隔测试管柱中，重型筛管接在上下封隔器之间，起过滤筛网和调节封隔器坐封位置的作用。

由于重型筛管的孔或槽很小，能阻止泥饼或岩屑等颗粒进入管内，起第一道过滤筛作用。开槽尾管一般用于套管井测试。

重型筛管技术规范见表 14 – 17。

表 14－17　重型筛管技术规范

外径/mm(in)	拉伸强度/kN	接头螺纹
79.38(3 ⅛)	1000.19	2 ⅜REG
95.25(3 ¾)	1644.75	2 ⅞REG
120.65(4 ¾)	3000.56	3 ½FH
146.05(5 ¾)	3911.85	4 ½FH

5　地面控制装置及流程

在测试过程中，地层流体经测试管柱流到地面之后，必须要有控制地将其引导到分离器和燃烧器中，此装置称为地面控制系统。它可以安全有效地控制流体的压力和流量。

5.1　地面控制装置

地面控制装置由投杆器、控制头、钻台管汇、显示头及活动管汇等组成，如图 14－33 所示。

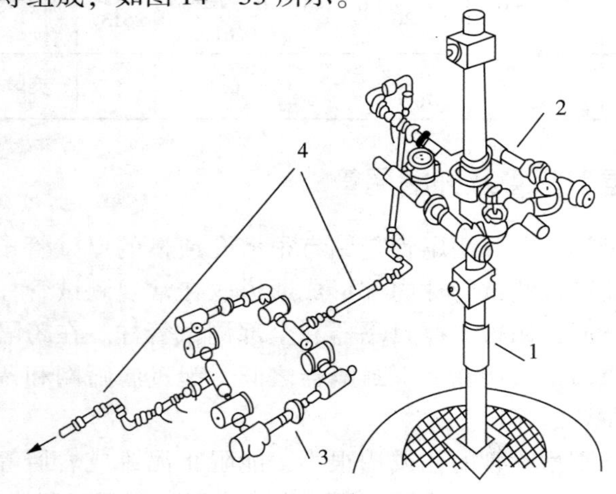

图 14－33　地面控制装置

1—投杆器；2—高压控制头；3—钻台管汇；4—活动管汇

5.1.1　投杆器

投杆器上连井口控制头下接测试管柱，是专门用来放置和控制释放冲杆的装置。冲杆搁置在投杆器的释放销上，需要打开反循环阀时，松开释放销，冲杆下落打开反循环阀。

投杆器结构如图 14－34 所示。

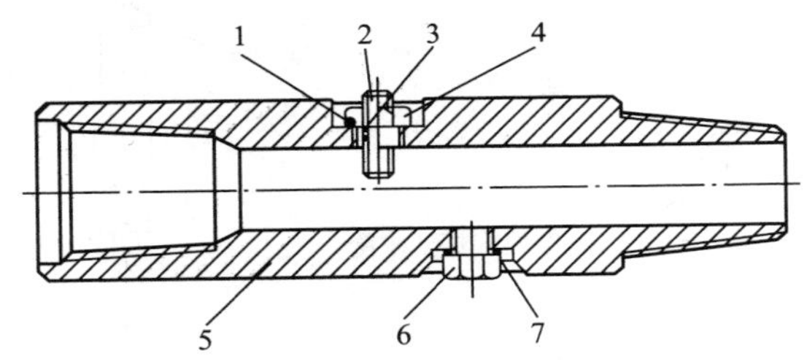

图 14－34　投杆器结构示意图

1、3、7—O 形密封圈；2—冲杆释放销；4—释放控制套；5—本体；6—释放控制堵头

投杆器技术规范见表 14－18。

表 14－18　投杆器技术规范

投杆器螺纹	抗拉强度/kN	抗扭屈服强度/kN·m	试验压力/MPa
3½IF	3110.0	29.81	70.0
4½IF	4700.0	60.43	70.0

5.1.2　控制头

控制头连接在测试管柱的最上部，分为旋转和不旋转两种类型。根据其承压能力分为 35MPa、70MPa 和 105MPa 三种规格。

控制头既可让管柱内高压液流流出，也可向井内泵入流体。油嘴总成起过滤和节流作用，根据需要可临时任意变换油嘴尺寸。

5.1.2.1　单翼控制头

单翼控制头结构如图 14－35 所示。

5.1.2.2　双翼控制头

双翼控制头结构如图 14－36 所示。

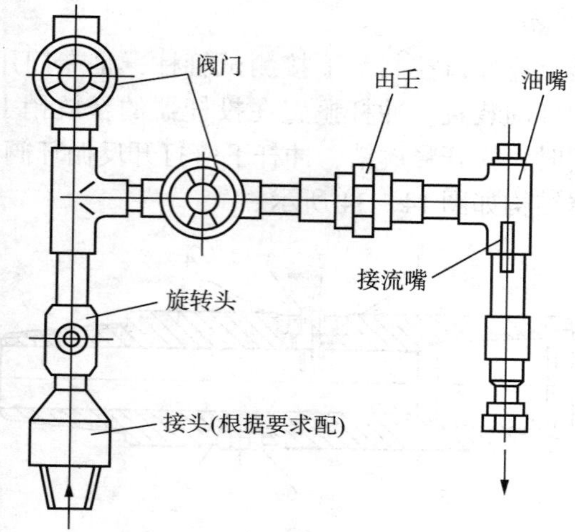

图 14－35　单翼井口控制头

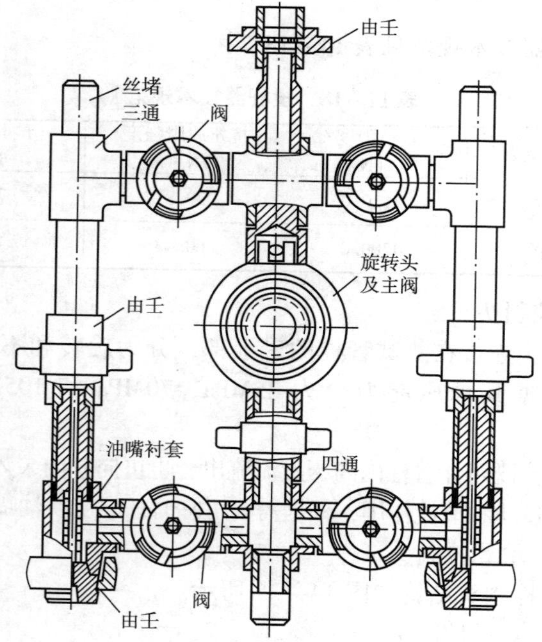

图 14－36　双翼控制头

5.1.3　钻台管汇

钻台管汇用于控制流体的压力、流量。下接控制头，上连分离器、放喷管线。

钻台管汇结构见图 14－37。

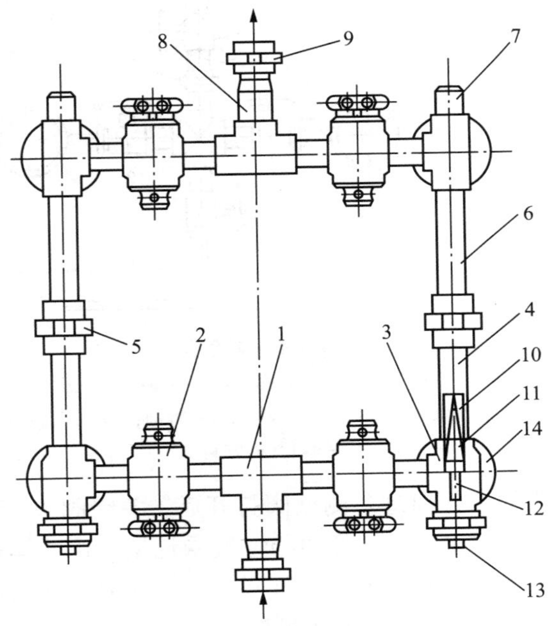

图 14－37　双翼钻台管汇

1—三通；2—旋塞阀；3—阻流器三通；4—阻流器短节；5—由壬；6—短节；7—堵头；8—大小头；9—由壬；10—阻流器衬套；11—锥形阻流器；12—阻流器虑管；13—沉头管塞；14—支座

钻台管汇的工作压力分为 35MPa、70MPa、105MPa 三种规格。相应的试验压力为 70MPa、105MPa、140MPa。

5.1.4　显示头

显示头是用来观察和判断地层流体流动状况及压力变化的装置。其结构见图 14－38。

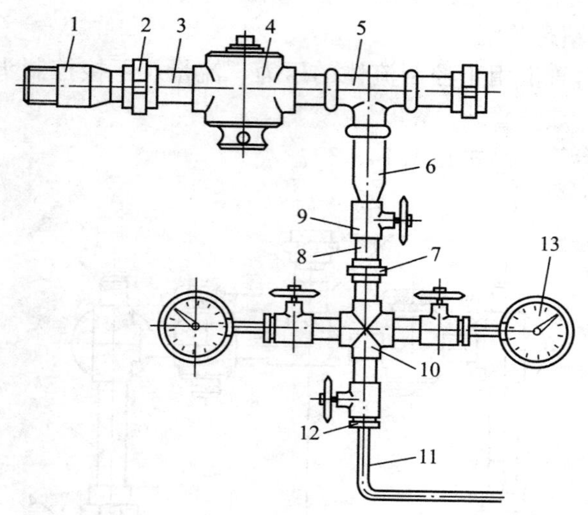

图 14－38　显示头

1—大小头；2—由壬；3—短节；4—阀；5—三通；
6—大小头；7—由壬；8—短节；9—针阀；10—四通；
11—软管；12—套管(六方)；13—压力表

显示头的工作原理：测试阀打开后，关闭阀 4，将显示头软管插入水桶的水中，钻杆内的空气受地层产出流体压缩，软管会冒出气泡，表明测试阀已打开。根据气泡的强弱可判断地层流体产出的大小，帮助确定测试时间。

显示头装有两支压力表，用于显示井口控制压力。

5.1.5　活动管汇

用于连接控制头、钻台管汇和放喷管线的高压活动管汇。它由特制加厚无缝钢管、由壬及活动弯头组成，见图 14－39。

管汇工作压力分为 35MPa、70MPa 和 105MPa 三种规范；相对应的试验压力为 70MPa、105MPa、140MPa。

5.2　地面计量流程

地面计量流程主要用于对测试地层喷出的油气流进行控制、分离、计量和处理。

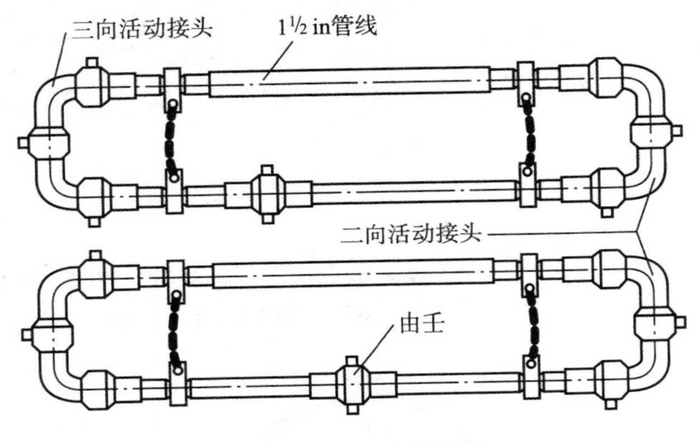

图 14－39　活动管汇

5.2.1　地面流程

地面流程结构如图 14－40 所示。

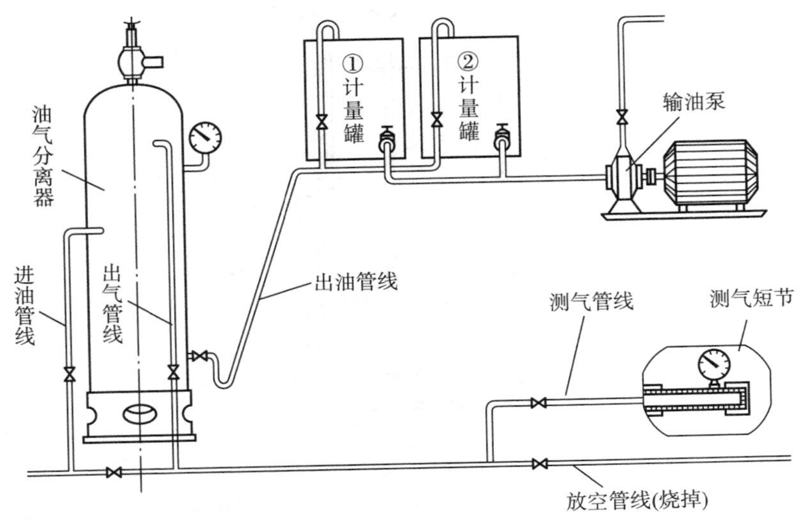

图 14－40　地层测试地面计量流程图

地面流程的安装要求：油气分离器能控制只让油水进罐，

而天然气不能串入罐内，分离器距井口 15 ~ 30m。计量罐距井口 20m 以上，输油泵距计量罐 4 ~ 8m。天然气放空燃烧系统不测气时要将天然气导人放空管线放空烧掉，燃烧口距井口 50m 以外。

5.2.2　油气分离器

5.2.2.1　结构

油气分离器依据主体的安装形态，分为卧式分离器和立式分离器两类。其结构如图 14 - 41、图 14 - 42 所示。

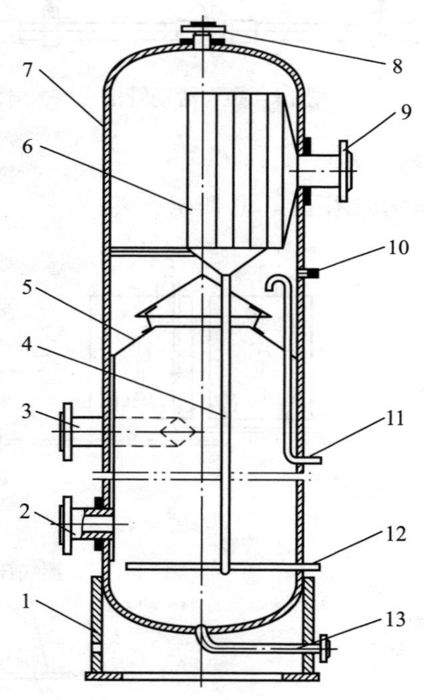

图 14 - 41　立式分离器

1—底座；2—出油口；3—油气进口；4—导流管；5—散油帽；6—分离箱；7—筒体；8—安全阀；9—出气口；10—压力表接头；11—液面计接头；12—热水管；13—排污管

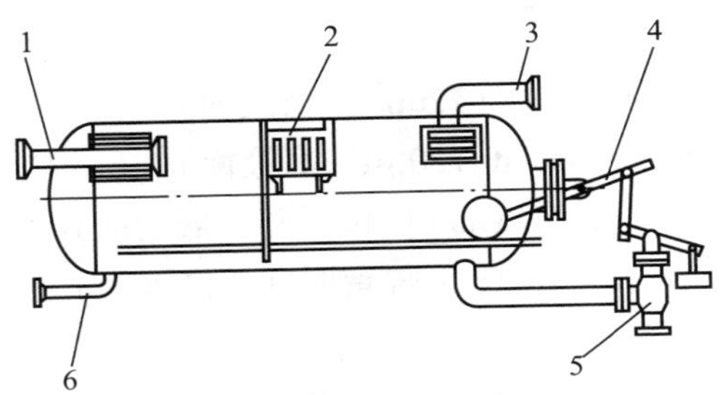

图 14－42　卧式分离器

1—油气进口；2—分离箱；3—出气口；4—浮漂连杆机构；
5—出油阀；6—排污口

5.2.2.2　工作原理

油气分离器采用重力分离原理工作。油气混合体经进液管线沿分离器切线方向进入分离器，经高速旋转使油气分离，气往上跑，经出气口进入气体燃烧计量系统。油和水往下沉进入液体计量大罐。浮漂保持分离器的液面高度，阀锤控制分离器的压力。

5.2.2.3　油、气、水分离器技术规范

（1）600psi 36in×10 ft 三相分离器

① 处理量：

气体：792870 m^3/d（600psi　低液位）

　　　251821 m^3/d（600psi　高液位）

液体：413 m^3/d（1min 保留时间，低液位）

　　　1669 m^3/d（1min 保留时间，高液位）

② 计量装置：

气体：巴顿记录仪（三笔仪）
- 静压　0～1000psi
- 压差　0～400in 水柱
- 温度　0～93.3℃

油：3in 流量计　135～1350 m^3/d

　　2in 流量计　15.9～350 m^3/d

水：2in 流量计　15.9～350 m^3/d

（2）720psi－42in×15ft 三相卧式分离器

① 处理量：

气体：1161000 m^3/d(720psi　低液面)

　　　5098700 m^3/d(720psi　高液面)

液体：1.669 m^3/d(1min 停留时间，低液面)

　　　3.783 m^3/d(1min 停留时间，高液面)

② 计量装置：

气体：巴顿记录仪（三笔仪）
- 静压　0～1000psi
- 压差　0～400in 水柱
- 温度　0～200 ℉

油：3in 流量计　350～3500 m^3/d

　　2in 流量计　15.9～350 m^3/d

水：2in 流量计　15.9～350 m^3/d

(3)1440psi－42in×10ft 三相卧式分离器

① 处理量：

气体：1699000m^3/d（1440psi　低液位）

　　　707900 m^3/d（1440psi　高液位）

液体：1057 m^3/d(1min 停留时间，低液位)

　　　1669m^3/d(1min 停留时间，高液位)

② 计量装置：

气体：巴顿记录仪（三笔仪）
- 静压　0～1500psi
- 压差　0～400in 水柱
- 温度　0～93.3℃

油：3in 流量计　350～3500 m^3/d

　　2in 流量计　15.9～350 m^3/d

水：2in 流量计　15.9～350 m^3/d

5.2.3　气体流量计

气体流量计利用气体流经孔板所形成的压差来计算气体流量。

5.2.3.1　垫圈流量计

垫圈流量计具有结构简单，携带方便等优点，适用于测量较小的气体流量，结构如图 14－43 所示。

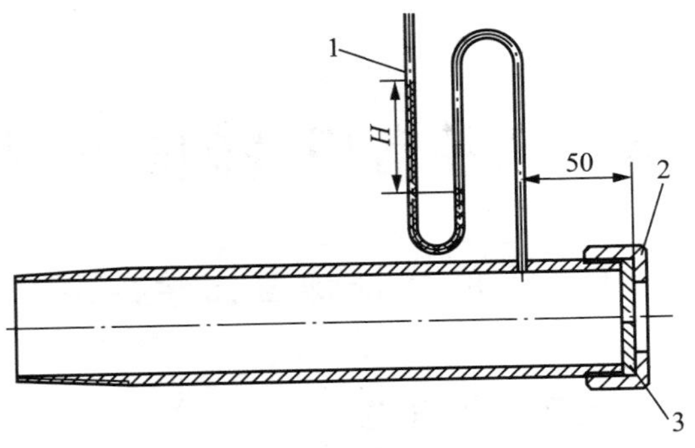

图 14－43　垫圈流量计

1—"U"形管压力计；2—压帽；3—孔板

用于地层测试和试油中气体的计量，当 U 形管内盛水时，只适用于测量 3000 m^3/d 以下的气体流量。当 U 形管内盛水银时，可测量 3000～8000 m^3/d 的气体流量，

5.2.3.2　临界速度流量计

临界速度流量计主要用于气流量 >8000m^3/d 井的气体计量，结构见图 14－44。

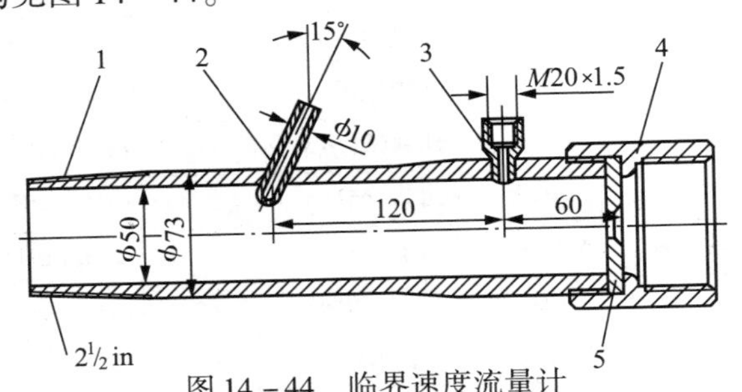

图 14－44　临界速度流量计

1—油管扣；2—温度计插管；3—压力表接头；4—压帽；5—孔板

当天然气通过孔板，上流压力大于下流压力约 1 倍时，即 $p_2 \leq 0.546 p_1$（p_1 为孔板上流压力，p_2 为孔板下流压力）就可达到临界气流。临界气流时，在流束断面最小处，天然气的流速等于天然气中的声速，此时即使 p_1 再增大，断面最小处的流速并不增加，仍为声速，只是气体密度增加。因此利用孔板上流压力即可计算流量。

附录A 钻井常用基础数据及计算

1 常用材料物理化学性质

1.1 常用化工产品化学式

常用化工产品化学式见表A－1。

表A－1 常用化工产品化学式

化学名称	化学式	化学名称	化学式
烧碱(氢氧化钠)	$NaOH$	木质素磺酸铁铬盐	FClS
生石灰(氧化钙)	CaO	电石气，乙炔	C_2H_2
熟石灰(氢氧化钙)	$Ca(OH)_2$	石棉	$CaO \cdot 3MgO \cdot SiO_2$
食盐(氯化钠)	$NaCl$	铅白，铅粉	$Pb(OH)_2 \cdot PbCO_3$
氯化钙	$CaCl_2$	硼砂	$Na_2B_4O_7 \cdot 10H_2O$
碳酸	H_2CO_3	硫酸铵	$(NH_4)_2SO_4$
氢氧化钾	KOH	铁锈(氢氧化铁)	$Fe(OH)_3$
纯碱(碳酸钠)	Na_2CO_3	醋(醋酸)	CH_3COOH
小苏打(碳酸氢钠)	$NaHCO_3$	蜜	$C_3H_5(OH)_3$
碳酸钙	$CaCO_3$	一氧化碳	CO
硫酸	H_2SO_4	硝酸	HNO_3
芒硝(硫酸钠)	Na_2SO_4	盐酸	HCl
石膏(硫酸钙)	$CaSO_4$	火酒，酒精(乙醇)	C_2H_5OH
煤碱液	NaC	水	H_2O
丹宁碱液	NaT	水解聚丙烯腈(钙盐)	Ca－HPAN(CPAN)
羧甲基纤维素	CMC	水解聚丙烯腈(钠盐)	Na－HPAN(HPAN)
腐植酸铬铁	FeCrHm	水解聚丙烯腈(铵盐)	NH_4－HPAN(NPAN)

续表

化学名称	化学式	化学名称	化学式
腐植酸钾	KHm	泻盐(硫酸镁)	$MgSO_4$
氯化钾	KCl	三氯化铁	$FeCl_3$
磺化聚丙烯酰胺	SPAM	氢氧化镁	$Mg(OH)_2$
重晶石(硫酸钡)	$BaSO_4$	水解聚丙烯腈(钾盐)	K－HPAN(KPAN)
硫酸钾	K_2SO_4	磺甲醛酚醛树脂	SMP(SP)
氯化镁	$MgCl_2$	甲醛	HCHO
硅酸钠	Na_2SiO_3	水解聚丙烯酰胺	PHP
磺甲基褐煤	SMC	聚丙烯酰胺	PAM
钛铁矿粉	$TiO_2 \cdot Fe_3O_4$		

1.2 常用材料密度

常用材料密度见表 A－2。

表 A－2 常用材料密度

材料名称	密度/(g/cm^3)	材料名称	密度/(g/cm^3)	材料名称	密度/(g/cm^3)
水	1.00	生石灰	1.15～1.25	焦碳	1.25～1.4
海水	1.026	水泥	3.15	石棉	2.1～2.8
空气	0.00129	软木	0.25～0.45	钢	7.85
天然气	0.000603	木材	0.4～1.05	铸铁	7.15
硫化氢	0.0011906	橡胶	1.3～1.8	熟铁	7.69
酒精	0.79	毛毡	0.24～0.38	铝	2.77
甘油	1.26	有机玻璃	1.18	黄铜	8.4～8.86
石油	0.85～0.89	普通玻璃	2.5～2.7	紫铜	8.89
汽油	0.70～0.75	干砂	1.4～1.6	铅	11.34
柴油	0.86～0.87	泥岩	1.5～2.0	黄金	19.361
煤油	0.78～0.82	页岩	1.9～2.6	银	10.5
机油	0.90～0.91	砂岩	2.0～2.7	锰	7.44

续表

材料名称	密度/(g/cm³)	材料名称	密度/(g/cm³)	材料名称	密度/(g/cm³)
凝析油	0.68~0.79	灰岩	2.6~2.8	锌	6.872
水银	13.559	砾石	1.75	赤铁矿	4.9
沥青	1.10~1.50	石灰岩	2.60~2.80	褐铁矿	4.60~4.70
硫酸(100%)	1.89	干黏土	1.8	菱铁矿	3.8
硝酸(100%)	1.513	结晶石膏	2.17~2.31	黄铁矿	2.0
盐酸(40%)	1.20	石膏	2.96	钛铁矿	4.70
氢氟酸(40%)	1.11~1.13	卵石	1.8~2	石墨	1.8~2.35
单宁	1.69	金刚石	3.4~3.6	重晶石	4.0~4.5
烧碱	3.40~3.90	褐煤	1.2~1.4	高岭土	2.2
纯碱	2.53	烟煤	1.27	混凝土	1.8~2.5
芒硝	1.4~1.5	无烟煤	1.5	松香	1.07
氯化钙	2.50	海泡石土	1.80~1.90	氧化铁	4.30~5.00
氯化钠	2.16	水玻璃	2.0~2.4	搬土	2.30~2.70
黏　土	2.5~2.7				

1.3　石油的化学成分

石油的化学成分见表A－3。

表A－3　石油的化学成分

成　分	所占百分比/%	成　分	所占百分比/%
碳	82.2~87.1	氮	0.1~2.4
氢	11.7~14.7	氧	0.1~7.4
硫	0.1~5.5	矿物质	0.1~1.2

1.4　典型矿物硬度

典型矿物硬度见表A－4。

表 A－4　典型矿物硬度

矿物	莫氏硬度	绝对硬度/MPa	矿物	莫氏硬度	绝对硬度/MPa
滑　石	1	49.0333	磷灰石	5	2324.1761
石　膏	2	137.2931	长石	6	2481.0825～2687.0221
岩　盐	2	196.1330	石英	7	3020.4482
方解石	3	902.2118	黄玉	8	5148.4913
萤　石	4	1078.7315	钢玉	9	11277.6475
重燧石	4	1667.1305	金钢石	10	
轻燧石	4	2059.3965			

1.5　岩石的强度

①部分岩石简单应力条件下的强度，见表 A－5。

表 A－5　岩石的强度

岩石	抗压强度(σ_c)/MPa	抗拉强度(σ_t)/MPa	抗剪强度(τ_t)/MPa	抗弯强度(σ_r)/MPa
粗粒砂岩	142	5.14		10.3
中粒砂岩	151	5.2		13.1
细粒砂岩	185	7.95		24.9
页岩	14～61	1.7～8		36
泥岩	18	3.2		3.5
石膏	17	1.9		6
含膏石灰岩	42	2.4		6.5
安山岩	98.6	5.8	98	
白云岩	162	6.9	118	
石灰岩	138	9.1	145	
花岗岩	166	12	198	
正长岩	215.2	14.3	221	
辉长岩	230	13.5	244	
石英岩	305	14.4	316	

②某些沉积岩各向强度的差异，见表 A－6。

表 A－6　某些沉积岩各向强度的差异

岩石名称	抗压强度(σ_c)/MPa		抗拉强度(σ_t)/MPa		抗剪强度(τ_t)/MPa		抗弯强度(σ_r)/MPa	
	//	⊥	//	⊥	//	⊥	//	⊥
粗砂岩	118. 5 ~ 157. 5	142. 3 ~ 176. 0	48. 3	47	4. 43	5. 1 ~ 5. 3	11. 1 ~ 17. 2	10. 3
中粒砂岩	117 ~ 210	147. 0 ~ 200. 0	33. 6 ~ 59. 4	48. 2 ~ 61. 8	7. 7	5. 2	16. 2 ~ 22. 6	13. 1 ~ 19. 4
细砂岩	137. 8 ~ 241. 0	133. 5 ~ 220. 5	45. 2 ~ 59. 5	52. 4 ~ 64. 9	8. 1 ~ 1. 2	6 ~ 8	20. 9 ~ 26. 5	17. 75
粉砂岩	34. 4 ~ 104. 3	55. 4 ~ 114. 7	4. 8 ~ 11. 3	12. 9 ~ 19. 8			2. 3 ~ 16. 6	4. 3

注：“//”为水平方向，“⊥”为垂直方向。

1. 6　金属硬度换算

金属硬度换算见表 A－7、表 A－8。

表 A－7　金属硬度换算之一

硬　度								抗拉强度 σ_b/N · mm^{-2}	
洛　氏		表面洛氏		维氏		布氏($F / D^2 = 30$)		碳钢	铬钼钢
HRC	HRA	HR15N	HR30N	HR45N	HV	HBS	HBW		
20. 0	60. 2	68. 8	40. 7	19. 2	226	225		774	747
21. 0	60. 7	69. 3	41. 7	20. 4	230	229		793	760
22. 0	61. 2	69. 8	42. 6	21. 5	235	234		813	774
23. 0	61. 7	70. 3	43. 6	22. 7	241	240		833	789
24. 0	62. 2	70. 8	44. 5	23. 9	247	245		854	805
25. 0	62. 8	71. 4	45. 5	25. 1	253	251		875	822
26. 0	63. 3	71. 9	46. 4	26. 3	259	257		897	840
27. 0	63. 8	72. 4	47. 3	27. 5	266	263		919	860
28. 0	64. 3	73. 0	48. 3	28. 7	273	269		942	880
29. 0	64. 8	73. 5	49. 2	29. 9	280	276		965	902
30. 0	65. 3	74. 1	50. 2	31. 1	288	283		989	924
31. 0	65. 8	74. 7	51. 1	32. 3	296	291		1014	948
32. 0	66. 4	75. 2	52. 0	33. 5	304	298		1039	974
33. 0	66. 9	75. 8	53. 0	34. 7	313	306		1065	1001
34. 0	67. 4	76. 4	53. 9	35. 9	321	314		1092	1029

续表

硬度								抗拉强度 σ_b/N · mm^{-2}	
洛氏		表面洛氏		维氏		布氏($F/D^2=30$)			
HRC	HRA	HR15N	HR30N	HR45N	HV	HBS	HBW	碳钢	铬钼钢
35.0	67.9	77.0	54.8	37.0	331	323		1119	1058
36.0	68.4	77.5	55.8	38.2	340	332		1147	1090
37.0	69.0	78.1	56.7	39.4	350	341		1177	1122
38.0	69.5	78.7	57.6	40.6	360	350		1207	1157
39.0	70.0	79.3	58.6	41.8	371	360		1238	1192
40.0	70.5	79.9	59.5	43.0	381	370	370	1271	1230
41.0	71.1	80.5	60.4	44.2	393	380	381	1305	1269
42.0	71.6	81.1	61.3	45.4	404	391	392	1340	1310
43.0	72.1	81.7	62.3	46.5	416	401	403	1378	1353
44.0	72.6	82.3	63.2	47.7	428	413	415	1417	1397
45.0	73.2	82.9	64.1	48.9	441	424	428	1459	1444
46.0	73.7	83.5	65.0	50.1	454	436	441	1503	1492
47.0	74.2	84.0	65.9	51.2	468	449	455	1550	1542
48.0	74.7	84.6	66.8	52.4	482		470	1600	1595
49.0	75.3	85.2	67.7	53.6	497		486	1653	1649
50.0	75.8	85.7	68.6	54.7	512		502	1710	1706
51.0	76.3	86.3	69.5	55.9	527		518		1764
52.0	76.9	86.8	70.4	57.1	544		535		1825
53.0	77.4	87.4	71.3	58.2	561		552		1888
54.0	77.9	87.9	72.2	59.4	578		569		
55.0	78.5	88.4	73.1	60.5	596		585		
56.0	79.0	88.9	73.9	61.7	615		601		
57.0	79.5	89.4	74.8	62.8	635		616		
58.0	80.1	89.8	75.6	63.9	655		628		
59.0	80.6	90.2	76.5	65.1	676		639		
60.0	81.2	90.6	77.3	66.2	698		647		
61.0	81.7	91.0	78.1	67.3	721				
62.0	82.2	91.4	79.0	67.9	745				
63.0	82.8	91.7	79.8	69.0	770				
64.0	83.3	91.9	80.6	70.1	795				
65.0	83.9	92.2	81.3	70.6	822				
66.0	84.4				850				
67.0	85.0				879				
68.0	85.5				909				

表 A-8 金属硬度换算值之二

硬度							抗拉强度 σ_b/N · mm^{-2}
洛氏	表面洛氏			维氏	布氏		
HRB	HR15T	HR30T	HR45T	HV	HBS		
					$F/D^2=10$	$F/D^2=30$	
60.0	80.4	56.1	30.4	105	102		375
61.0	80.7	56.7	31.4	106	103		379
62.0	80.9	57.4	32.4	108	104		382
63.0	81.2	58.0	33.5	109	105		386
64.0	81.5	58.7	34.5	110	106		390
65.0	81.8	59.3	35.5	112	107		395
66.0	82.1	59.9	36.6	114	108		399
67.0	82.3	60.6	37.6	115	109		404
68.0	82.6	61.2	38.6	117	110		409
69.0	82.9	61.9	39.7	119	112		415
70.0	83.2	62.5	40.7	121	113		421
71.0	83.4	63.1	41.7	123	115		427
72.0	83.7	63.8	42.8	125	116		433
73.0	84.0	64.4	43.8	128	118		440
74.0	84.3	65.1	44.8	130	120		447
75.0	84.5	65.7	45.9	132	122		455
76.0	84.8	66.3	46.9	135	124		463
77.0	85.1	67.0	47.9	138	126		471
78.0	85.4	67.6	49.0	140	128		480
79.0	85.7	68.2	50.0	143	130		489
80.0	85.9	68.9	51.0	146	133		498
81.0	86.2	69.5	52.1	149	136		508
82.0	86.5	70.2	53.1	152	138		518
83.0	86.8	70.8	54.1	156		152	529
84.0	87.0	71.4	55.2	159		155	540
85.0	87.3	72.1	56.2	163		158	551
86.0	87.6	72.7	57.2	166		161	563
87.0	87.9	73.4	58.3	170		164	576
88.0	88.1	74.0	59.3	174		168	589
89.0	88.4	74.6	60.3	178		172	603

续表

硬度							抗拉强度 σ_b/N · mm^{-2}
洛氏	表面洛氏			维氏	布氏		
					HBS		
HRB	HR15T	HR30T	HR45T	HV	$F/D^2=10$	$F/D^2=30$	
90.0	88.7	75.3	61.4	183		176	617
91.0	89.0	75.9	62.4	187		180	631
92.0	89.3	76.6	63.4	191		184	646
93.0	89.5	77.2	64.5	196		189	662
94.0	89.8	77.8	65.5	201		195	678
95.0	90.1	78.5	66.5	206		200	695
96.0	90.4	79.1	67.6	211		206	712
97.0	90.6	79.8	68.6	216		212	730
98.0	90.9	80.4	69.6	222		218	749
99.0	91.2	81.0	70.7	227		226	768
100.0	91.5	81.7	71.7	233		232	788

1.7 我国主要油田地质岩石可钻性及机械性质测定结果汇总表

我国主要油田地质岩石可钻性及机械性质测定结果见表A－9。

2 钻井常用法定计量单位及换算

2.1 常用法定计量单位及换算

2.1.1 用于构成十进倍数单位和分数单位的SI词头(GB 3100—1993)

用于构成十进倍数单位和分数单位的SI词头，见表A－10。

表 A-9　我国主要油田地层岩石可钻性及机械性质测定结果汇总表

地质时代	层位	深度	岩性简述	岩石可钻性①			硬度	塑性系数
		km		秒数	级别	块数	MPa	
大港油田								
第三系		1.3~2.9	泥岩、砂岩、灰岩	6~103	2~6	9		
胜利油田								
第三系	馆陶	1.52~1.58	灰质砂岩	14	3	1	981	3.8
	东营	1.82~1.84	泥岩	8~14	3	2	667~883	2.5~3.2
	沙一	1.7~2.8	泥岩、砂岩、灰岩	3.5~83	1~6	9	186~1569	1.6~>6
	沙二	1.9~2.9	泥岩、砂岩、细砂	3~100	1~6	9	324~2020	1.9~>6
	沙三	1.8~3.3	泥岩、砂岩、白云岩	3~195	1~7	14	313~2962	1.2~>6
	沙四	1.5~3.2	泥岩、砂岩、灰岩、白云岩、岩盐、底砾岩	2.3~356	1~8	35	29~3275	1.2~∞
	孔店							
石炭二叠系		1.55	泥岩	158	7	1	2412	1.8
奥陶系		1.56	灰岩	205	7	1	1863	1.7
寒武系		1.7~2.1	灰岩、玄武岩	3~90.1	1~6	3	226~3746	1.7~>6

续表

地质时代	层位	深度	岩性简述	岩石可钻性①			硬度	塑性系数
		km		秒数	级别	块数	MPa	
江苏油田								
第三系	戴2段	2.7	粉砂岩	34.7	5	1	2491	2.3
	真1~2段	1.2~2.2	泥岩、砂岩	7.5~7.8	2	2	637~829	2.8~2.9
	阜1~4段	1.4~2.7	泥岩、砂岩	14.9~49	3~5	4	637~1500	1.7~2.9
白垩系	浦口组	1.9~2.6	砂质泥岩	36.9~41.2	5	2	1147~1274	1.5~1.6
侏罗系	大王山组	1.0~1.3	粗面岩	571~1297	9~10	2	4021~4217	1.9
长庆油田								
白垩系	华池环河组	0	粉砂岩、细砂岩	24~87	6	2	2040~3344	2.9~3
侏罗系	直罗系	0.4~1.7	砂岩	39.9~61.5	5	3	1255~3344	1.6~3
侏罗系	富县组	1.3~2.1	砂岩、砾岩	29~116	4~6	3	2040~3187	1.4~5
三叠系	延2~10	0.3~2.2	砂岩(含 FeS)、泥岩	14~276	3~8	35	588~3511	1.1~6
三叠系	T_1^{-3}~Y_1^{-3}	1.6~2.3	砂岩	22.6~107	4~6	3	1373~2373	1.2~3.2
三叠系	长1~10	0.37~2.2	砂岩、泥岩	8.6~163.3	3~7	28	863~2697	1.2~7.6
二叠系	山西组	1.5	砂岩	47	5	1	2491	2
二叠系	安定组	1.6	泥灰岩、灰岩	41.7~227	5~7	2	1726~3511	1.4~2.3

续表

地质时代	层位	深度	岩性简述	岩石可钻性①			硬度	塑性系数
		km		秒数	级别	块数	MPa	
江汉油田								
第三系	新1~2段	0.7~1.0	泥岩、砂岩	13~89	3~5	4	971~1373	2.1~3
	荆沙组	1.74~1.75	泥岩、砂岩	3~13	1~3	2	912~1138	2.5~>6
	潜江组	0.8~3.1	泥岩、砂岩	4~151	2~7	9	461~2628	1.5~>6
白垩系		1.4~1.8	砂岩、角砾岩	165~365	7~8	2	2393~3197	2.4~2.6
二叠三叠系		1.2~1.5	泥灰岩、灰岩	133~136	7	2	1716~1893	2.6~3.3
志留寒武系		1.5~1.9	页岩、白云岩	81~135	6~7	2	1726~2167	1.5~2.1
华北油田								
第三系	明化镇	1.4~1.5	砂岩	3	1	2		
	馆陶	1.63~1.66	砂岩	3.2~3.8	1	2		
	东营组	2.2~2.7	泥岩、砂岩	33~66.4	5~6	2		
	沙1~3段	1.0~3.1	泥岩、砂岩	4.6~92.1	2~6	12	481~1667	1.9~4.3
	沙4段	1.8~3.8	砂岩、砾岩	40.5~234	5~7	3	1334~3168	2.1~>6
	孔店组	1.8~2.2	油砂、砾岩、灰岩、白云岩	3.3~229	1~7	6	1157~1804	1.6~3.9
中生代		1.8~3.4	泥岩、砂岩、白云岩	30.2~344	4~8	9	1010~3746	1.5~3.7
震旦系		1.1~3.3	灰岩、白云岩	21.5~844	4~9	7	1942~4913	1.3~2.5

续表

地质时代	层位	深度	岩性简述	岩石可钻性[①]			硬度	塑性系数
		km		秒数	级别	块数	MPa	
大庆油田								
白垩系	葡萄花	1. 410	含砂泥岩	17. 1	4	1	628	4
	太平屯	1. 4 ~ 2. 2	砂岩	16 ~ 78	4 ~ 6	6	588 ~ 2118	1. 8 ~ 3. 5
	姚 1 ~ 4 段	1. 3 ~ 1. 5	泥岩、砂岩	17 ~ 71. 4	4 ~ 6	5	736 ~ 1746	1. 4 ~ 2. 5
	泉 1 ~ 4 段	1. 9 ~ 2. 7	泥岩、砂岩	23. 5 ~ 350	4 ~ 8	17	588 ~ 5100	1. 4 ~ 3. 6
白垩系	登 3 ~ 4 段	2. 9 ~ 3. 2	泥岩、砂岩	13 ~ 1332. 8	3 ~ 10	12	941 ~ 5296	1 ~ 2. 4
侏罗系		4. 46 ~ 4. 6	砾岩、流纹岩	267. 5 ~ 1025	8 ~ 10	4	1961 ~ 6178	1 ~ 2
四川油田								
侏罗系	自流井[②]		泥岩、页岩、砂岩				520 ~ 4531	1. 7 ~ 3. 2
	香 1 ~ 2	2. 2 ~ 3. 6	砂岩、砂质泥岩	40. 4 ~ 243	5 ~ 7	4	785 ~ 3668	1 ~ 3. 2
三叠系	嘉 3 ~ 4	2. 3 ~ 3. 8	石膏、灰岩、白云岩	66. 4 ~ 124. 4	6 ~ 7	4	549 ~ 3511	1. 6 ~ 2. 8
	飞仙关	2. 68 ~ 2. 7	页岩、泥质灰岩	86. 4 ~ 124. 4	6	2	1353 ~ 2491	2. 7 ~ 3. 2
二叠系	乐平、阳 3	2. 2 ~ 4. 7	百灰岩	17 ~ 159. 5	4 ~ 7	4	1402 ~ 2550	1 ~ 3. 6
震旦系	灯影组	1. 0 ~ 3. 7	白云岩	249. 5 ~ 479	7 ~ 8	3	3776 ~ 4786	1. 2 ~ 2. 7

续表

地质时代	层位	深度 km	岩性简述	岩石可钻性① 秒数	级别	块数	硬度 MPa	塑性系数
			新疆油田					
下白垩系	吐谷鲁系		砂岩,泥岩				196~461	3.15~>6
中侏罗系	齐依古系		泥岩,砂岩				98~922	3.72~>6
	含煤系		泥岩,砂岩				69~1854	1.77~>6
三叠系	克拉玛依系		泥岩,砂岩				461~745	2.2~>6
	泥盆纪		泥岩,板岩				324~2373	2.3~4
			青海油田					
第三系	Trh_3		泥岩,砂岩				196~363	5~>6
	Trh_2		泥岩,砂岩				324~755	2.1~>6
	Trh_1		石灰岩,泥岩,砂岩				628~2226	1.6~3.5
			玉门油田					
第三系	胳塘沟		泥岩,砂岩				186~392	>6
	弓形山		黏土,砂质泥岩				402~922	1.8~4.8
	干油泉		泥岩,砂质泥岩				333~765	2.2~>6
	石油沟		泥岩,砂质泥岩				481~892	2.4~>6
	闻泉子		砂　岩				157~216	>6
	火烧沟		泥　岩				951	1.9

注:① 由华东石油学院于1978年测定。

② 引自《石油勘探》1959年11期第26~30页及《松辽石油勘探局钻井技术研究院》,1963年7月。

表 A－10　用于构成十进倍数单位和分数单位的 SI 词头

因数	词头名称		符号	因数	词头名称		符号	因数	词头名称		符号
	英文	中文			英文	中文			英文	中文	
10^{24}	yotta	尧[它]	Y	10^{3}	ki10	千	k	10^{-9}	nano	纳[诺]	n
10^{21}	zetta	泽[它]	Z	10^{2}	hecto	百	h	10^{-12}	pico	皮[可]	p
10^{18}	exa	艾[可萨]	E	10^{1}	deca	十	da	10^{-15}	femto	飞[母托]	f
10^{15}	peta	拍[它]	P	10^{-1}	deci	分	d	10^{-18}	atto	阿[托]	a
10^{12}	giga	太[拉]	T	10^{-2}	centi	厘	c	10^{-21}	zepto	仄[普托]	z
10^{9}	tera	吉[咖]	G	10^{-3}	milli	毫	m	10^{-24}	yocto	幺[科托]	y
10^{6}	mega	兆	M	10^{-6}	micro	微	μ				

注：①$10^4$ 称为万，10^8 称为亿，10^{12}称为万亿，这类数词的使用不受词头名称的影响，但不应与词头混淆。②[　]内的字，是在不致混淆的情况下，可以省略的字。

2.1.2　常用法定计量单位及换算

常用法定计量单位及换算见表 A－11。

表 A－11　常用法定计量单位及换算

量的名称	法定计量单位		非法定计量单位		换算因数
	名称	符号	单位	符号	
长度	米	m			SI 基本单位，米不得称为公尺
	分米	dm			$1\text{dm}=10^{-1}\text{m}$
	厘米	cm			$1\text{cm}=10^{-2}\text{m}$
	毫米	mm			$1\text{mm}=10^{-3}\text{m}$
	微米	μm			$1\mu\text{m}=10^{-6}\text{m}$
	千米(公里)	km			1km(公里)＝1000m， 公里为我国习惯用法
	海里(国际)	n mile			1 海里(国际)＝1852m (只用于航程)
			英寸	in	1in＝25.4mm＝2.54cm ＝0.0254m
			英尺	ft	1ft＝12in＝304.8mm ＝30.48cm＝0.3048m

续表

量的名称	法定计量单位		非法定计量单位		换算因数
	名称	符号	单位	符号	
长度			码	yd	1yd = 3ft = 914.4mm = 91.44cm = 0.9144m
			英里	mile	1mile = 5280ft = 1609.344m
			英海里	n mile	1nmile = 1853148mm = 185314.8cm = 1853.148m
			[市]里		1[市]里 = 150 丈 = 500m
			丈		1 丈 = (10/3)m≈3.33m
			尺		1 尺 = (1/3)m≈0.33m
			寸		1 寸 = (1/30)m≈0.033m
面积	平方米	m^2			SI 导出单位
	公顷	hm^2			$1hm^2 = 10^4 m^2$
	平方千米	km^2			$1km^2 = 10^6 m^2$
	平方分米	dm^2			$1dm^2 = 10^{-2} m^2$
	平方厘米	cm^2			$1cm^2 = 10^{-4} m^2$
	平方毫米	mm^2			$1mm^2 = 10^{-6} m^2$
	平方微米	μm^2			$1\mu m^2 = 10^{-12} m^2$
			平方英寸	in^2	$1\ in^2 = 645.16mm^2$
			平方英尺	ft^2	$1\ ft^2 = 0.092,90304m^2$
			平方码	yd^2	$1\ yd^2 = 0.83612736m^2$
			平方英里	$mile^2$	$1\ mile^2 = 2.589988km^2$
			亩		1 亩 ≈ $666.6m^2$
			公亩		1 公亩 = $100m^2$
			公顷		1 公顷 = $10000m^2$

续表

量的名称	法定计量单位		非法定计量单位		换算因数
	名称	符号	单位	符号	
体积（容积）	立方米	m^3			S1 导出单位
	升	L(l)			$1L=10^{-3}m^3=1dm^3$
	立方分米	dm^3			$1\ dm^3=10^{-3}m^3$
	立方厘米	cm^3			$1cm^3=10^{-6}m^3=1cc=10^{-3}L$
	立方毫米	mm^3			$1mm^3=10^{-9}m^3$
	毫升	mL（ml）			$1mL=10^{-6}m^3=1cm^3$
			立方英寸	in^3	$1in^3=16.387064cm^3$ $=16.3871\times10^{-3}L$
			立方英尺	ft^3	$1\ ft^3=28.31685dm^3$ $=2.832\times10^{-2}m^3=28.32L$
			立方码	yd^3	$1yd^3=0.7645549m^3$ $=764.55L$
			（英）加仑	ukgal	$1(uk)gal\ =4.5461\times10^{-3}m^3$ $=4.546L$
			（美）加仑	usgal	$1(us)gal\ =3.7854\times1010^{-3}m^3$ $=3.785L$
			（英）石油桶	（英）桶	1（uk）桶 =163.654dm^3 =163.654L
			（美）石油桶	（美）桶	1（us）桶 =158.9873dm^3 =158.9873L
时间	秒	s			SI 基本单位
	天（日）	d			$1d=24h=1440min=86400s$
	小时	h			$1h=60min=36\times10^2s$
	分	min			$1min=60s$
	毫秒	ms			$1ms=10^{-3}s$
力	牛[顿]	N			SI 导出单位，$1N=1kg\cdot m/s^2$
	兆牛[顿]	MN			$1MN=10^6N$
	千牛[顿]	kN			$1kN=10^3N$
	毫牛[顿]	mN			$1mN=10^{-3}N$
	微牛[顿]	μN			$1\mu N=10^{-6}N$
			达因	dgn	$1dgn=10^{-5}N$
			磅力	lbf	$1\ 1bf=4.448222N$
			千克力	kgf	$1kgf=9.80665N$
			英顿力	uktonf	$1uktonf=9964.02N=9.96402kN$

续表

量的名称	法定计量单位		非法定计量单位		换算因数
	名称	符号	单位	符号	
压力(压强、应力)	帕[斯卡]	Pa			SI 导出单位，$1Pa = 1N/m^2$
	兆帕[斯卡]	MPa			$1\ MPa = 10^6 Pa = 1N/mm^2$
	千帕[斯卡]	kPa			$1\ kPa = 10^3 Pa$
	毫帕[斯卡]	mPa			$1\ mPa = 10^{-3} Pa$
			磅力每平方英寸	lbf/in^2	$1\ lbf/in^2 = 6894.757Pa$
			磅力每平方英尺	lbf/ft^2	$1\ lbf/ft^2 = 47.8803Pa$
			达因每平方厘米	dgn/cm^2	$1\ dgn/cm^2 = 0.1Pa$
			英寸汞柱高	inHg	$1inHg = 3386.39Pa$
			英尺水柱高	ftH_2O	$1\ ftH_2O = 2989.07Pa$
			千克力每平方米	kgf/m^2	$1\ kgf/m^2 = 9.80665Pa = 9.80665 \times 10^{-6} MPa$
			千克力每平方厘米	kgf/cm^2	$1\ kgf/cm^2 = 9.80665 \times 10^4 Pa = 0.0980665MPa$
			千克力每平方毫米	kgf/mm^2	$1\ kgf/mm^2 = 9.80665 \times 10^6 Pa = 9.80665MPa$
			巴	bar	$1\ bar = 100kPa = 10^5 Pa = 0.1MPa$
			标准大气压	atm	$1\ atm = 101325Pa = 0.101325MPa$
			工程大气压	at	$1\ at = 1kgf/cm^2 = 0.0980665MPa$
			约定毫米汞柱	mmHg	$1\ mmHg = 13.5951mmH_2O = 133.3224Pa$
			约定毫米水柱	mmH_2O	$1\ mmH_2O = 10^{-4} at = 9.80665Pa$

续表

量的名称	法定计量单位		非法定计量单位		换算因数
	名称	符号	单位	符号	
质量	千克	kg			SI 基本单位
	克	g			$1\ g=10^{-3}kg$
	吨	t			$1\ t=1000kg$
	兆克	Mg			$1\ Mg=10^{6}g=10^{3}kg$
	毫克	mg			$1\ mg=10^{-3}g=10^{-6}kg$
			磅	lb	1 lb =0.45359237kg
			英担	cwt	1(uk)cwt =121 lb =50.80235kg
			美担	cwt	1(us)cwt =100 lb =45.359237kg
			英顿(长)	ukton(长)	1(uk)ton(长) =1 长顿(美) =2240 lb =1016.047kg
			英顿(短)	ukton(短)	1(uk)ton(短) =2000 lb =907.1847kg
			盎司	oz	1oz =1/16 lb =28.34952g
			[米制]克拉		1[米制]克拉 =200mg
			斤		1 斤 =500g =0.5kg
密度	千克每立方米	kg/m^3			SI 导出单位
	吨每立方米	t/m^3			$1\ t/m^3=10^3kg/m^3=1g/cm^3$
	千克每升	kg/L			$1kg/L=10^3kg/m^3=1g/cm^3$
	兆克每立方米	Mg/m^3			$1\ Mg/m^3=10^3kg/m^3$
	千克每立方分米	kg/dm^3			$1\ kg/dm^3=10^3kg/m^3$
	克每立方厘米	g/cm^3			$1\ g/cm^3=10^3kg/m^3$
	克每升	g/L			$1\ g/L=1kg/m^3$
	毫克每升	mg/L			$1\ mg/L=10^{-3}kg/m^3$
			磅每立方英寸	lb/in^3	$1\ lb/in^3\approx 2.76799kg/m^3$

续表

量的名称	法定计量单位		非法定计量单位		换算因数
	名称	符号	单位	符号	
密度			磅每立方英尺	lb/ft^3	$1\ lb/ft^3 \approx 16.01846kg/m^3$
			磅每立方英码	lb/yd^3	$1\ lb/yd^3 \approx 0.59328kg/m^3$
			磅每(美)加仑	lb/usgaL	$1\ lb/usgaL = 0.119826g/cm^3$
			磅每(英)加仑	lb/ukgaL	$1\ lb/ukgaL = 0.0997763g/cm^3$
			磅(美)石油桶	lb/usbbL	$1\ lb/usbbL = 0.00285301g/cm^3$
			磅(英)石油桶	lb/ukbbL	$1\ lb/ukbbL = 0.002771654g/cm^3$
质量流量	千克每秒	kg/s			SI 导出单位
	克每分	g/min			$1\ g/min \approx 1.666667 \times 10^{-5}kg/s$
	千克每天	kg/d			$1\ kg/d \approx 1.157407 \times 10^{-5}kg/s$
	千克每小时	kg/h			$1\ kg/h \approx 2.777778 \times 10^{-4}kg/s$
	吨每天	t/d			$1\ t/d \approx 1.157407 \times 10^{-2}kg/s$
	吨每小时	t/h			$1\ t/h \approx 0.277778kg/s$
	吨每分	t/min			$1\ t/min \approx 16.666667kg/s$
			磅每秒	lb/s	$1\ lb/s \approx 0.45359237kg/s$
体积流量	立方米每秒	m^3/s			SI 导出单位
	升每天	L/d			$1\ L/d \approx 1.157407 \times 10^{-8}m^3/s$
	升每小时	L/h			$1\ L/h \approx 2.777778 \times 10^{-7}m^3/s$
	升每分	L/min			$1\ L/min \approx 1.666667 \times 10^{-5}m^3/s$
	升每秒	L/s			$1\ L/s \approx 10^{-3}m^3/s$
	立方米每天	m^3/d			$1\ m^3/d \approx 1.157047 \times 10^{-5}m^3/s$
	立方米每小时	m^3/h			$1\ m^3/h \approx 2.777778 \times 10^{-4}m^3/s$
			石油桶每天	bbl/d	$1\ bbl/d \approx 1.8041307 \times 10^{-6}m^3/s$

续表

量的名称	法定计量单位		非法定计量单位		换算因数
	名称	符号	单位	符号	
体积流量			石油桶每小时	bbl/h	1 bbl/h = 4. 416313748 × 10^{-5} m^3/s
			英加仑每天	ukgal/d	1 ukgal/d ≈ 5. 261680414 × 10^{-8} m^3/s
			英加仑每小时	ukgal/h	1 ukgal/h ≈ 1. 2628033 × 10^{-6} m^3/s
			美加仑每天	usgal/d	1 usgal/d ≈ 4. 381263639 × 10^{-8} m^3/s
			美加仑每小时	usgal/h	1 usgal/h ≈ 1. 051503273 × 10^{-6} m^3/s
能（功/热）	焦[耳]	J			SI 导出单位
	瓦[特]小时	W · h			1W · h = 3. 6 × 10^3 J = 3. 6kJ
	电子伏[特]	eV			1eV ≈ 1. 60217733 × 10^{-19} J
	兆焦[耳]	MJ			1MJ = 10^6 J
	千焦[耳]	kJ			1kJ = 10^3 J
	毫焦[耳]	mJ			1mJ = 10^{-3} J
	千瓦[特]小时	kW · h			1kW · h = 3. 6MJ
	兆瓦[特]小时	MW · h			1MW · h = 3. 6 × 10^3 MJ
	千电子伏[特]	keV			1keV ≈ 1. 60217733 × 10^{-16} J
	兆电子伏[特]	MeV			1MeV = 1. 60217733 × 10^{-13} J
			尔格	erg	1erg = 10^{-7} J
			英尺磅力	ft · lbf	1ft · lbf = 1. 35581794833J
			千克力米	kgf · m	1kgf · m = 9. 80665J
			国际蒸气表卡	caliT	1caliT = 4. 1868J. 1McaliT = 1. 163kW · h
			热化学卡	cal_{th}	1 cal_{th} = 4. 184J
			平均卡	$\overline{cal}$	1 $\overline{cal}$ = 4. 1897J

续表

量的名称	法定计量单位		非法定计量单位		换算因数
	名称	符号	单位	符号	
功率	瓦[特]	W			SL 导出单位，J/s
	兆瓦(特]	MW			$1MW = 10^6 W$
	千瓦[特]	kW			$1kW = 10^3 W = 1.36$ 马力
	毫瓦[特]	mW			$1mW = 10^{-3} W$
			英尺磅力每秒	ft · lbf/s	1fT · lbf/s≈1. 355818W
			千克力米每秒	kgf · m/s	1kgf · m/s≈9. 80665W
			[米制]马力		1[米制]马力 =75kgf · m/s =735. 49875W
			英制热单位小时	Btu/h	1 Btu/h≈0. 2930711W
			[英制]马力	hp	1 hp =745. 69987158227W
			尔格每秒		$1erg/s = 10^{-7} W$
			(水)马力		1(水)马力 =746. 043W
			(电工)马力		1(电工)马力 =746. 000W
			卡每秒		1 卡每秒 =4. 1868W
动力黏度	帕[斯卡]·秒	Pa · s			SI 导出单位
	毫帕[斯卡]·秒	mPa · s			$1 mPa \cdot s = 10^{-3} Pa \cdot s$
			泊	P	1 P =0. 1Pa · s，石油工程常用 mPa · s
			厘泊	cp	$1cp = 1mPa \cdot s = 10^{-3} Pa \cdot s$
			千克力秒每平方米	$kgf \cdot s/m^2$	$1kgf \cdot s/m^2 = 9.80665Pa \cdot s$
			磅力秒每平方英尺	$1bf \cdot s/ft^2$	$1lbf \cdot s/ft^2 = 47.88026Pa \cdot s$

续表

量的名称	法定计量单位		非法定计量单位		换算因数
	名称	符号	单位	符号	
运动黏度	二次方米每秒	m^2/s			SI 导出单位
	二次方毫米每秒	mm^2/s			$1\ mm^2/s = 10^{-6} m^2/s$
			斯[托克斯]	st	$1\ st = 10^{-4} m^2/s$
			二次方英寸每秒	in^2/s	$1 in^2/s = 6.4516 \times 10^{-4} m^2/s$
			二次方英尺每秒	ft^2/s	$1\ ft^2/s = 9.2903 \times 10^{-2} m^2/s$
温度	开(尔文)	K			SI 基本单位
	摄氏度	℃	华氏度	℉	表示温度差和温度间隔 1℃ = 1K 表示温度的数值时：摄氏度值 ℃ = (K − 273.15) 表示温度差和温度间隔时： $1\ ℉ = \frac{5}{9}$ ℃ 表示温度的数值
					$K = \frac{5}{4}$ (℉ + 459.67) $℃ = \frac{5}{9}$ (℉ − 32)
速度(流速、风速)	米每秒	m/s			SI 导出单位
	千米每小时	km/h			$1 km/h = 10^3 m/h$
	节	kn			1kn = 1n mile/h = 0.51444m/s(只用于航行)
			英寸每秒	in/s	1in/s = 0.0254m/s
			英尺每秒	ft/s	1ft/s = 0.3048m/s
			码每小时	yd/h	1yd/h = 0.9144m/h $= 0.254 \times 10^{-3}$ m/s
			英里每小时	mile/h	1 mile/h = 0.447m/s
			英节	ukkont	1ukkont = 1.00064kn = 0.514773m/s

续表

量的名称	法定计量单位		非法定计量单位		换算因数
	名称	符号	单位	符号	
加速度	米每二次方秒	m/s^2			SI 导出单位
	重力加速度	g			1 标准重力加速度 $=9.80665m/s^2$
			伽	cal	$1cal=0.01m/s^2=1cm/s^2$
			英尺每二次方秒	ft/s^2	$1\ ft/s^2=0.3048m/s^2$
平面角	弧度	rad			SI 辅助单位
	度	(°)			SL 的法定单位。 $1°=60'=(\frac{\pi}{180})rad$
	[角]分	(′)			SI 的法定单位。 $1'=60''=(\frac{\pi}{10800})rad$
	[角]秒	(″)			SI 的法定单位。 $1''=(\frac{\pi}{64800})rad$
力矩	牛[顿]·米	N·m			SI 导出单位，石油工程常用单位为千牛[顿]·米
					$1N\cdot m=10^{-3}kN\cdot m$
			磅英呎	lb·ft	$1\ lb\cdot ft=0.138257lkg\cdot m$ $=1.355838N\cdot m$ $=1.355838\times10^{-3}kN\cdot m$
渗透率	平方米	m^2			SI 导出单位，石油工程常用 μm^2
	平方微米	μm^2			
			达西	D	$1\ D=1\mu m^2=10^3mD$(毫达西)
			毫达西	mD	$1mD=10^{-3}D=10^{-3}\mu m^2$

2.2 常用面积计算公式

常用面积计算公式见表 A-12。

表 A－12　常用面积计算公式表

名　称	简　图	计算公式
正方形	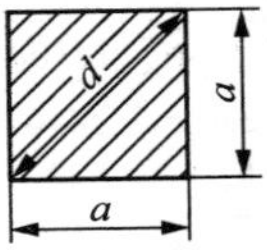	$F = a^2; a = 0.707d = \sqrt{F}$; $d = 1.414a = 1.414\sqrt{F}$
长方形	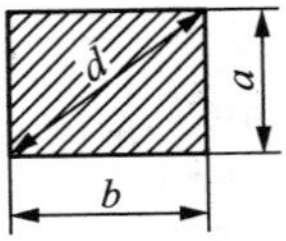	$F = a \times b = a\sqrt{d^2 - a^2} = b\sqrt{d^2 - b^2}$; $d = \sqrt{a^2 + b^2}; a = \sqrt{d^2 - b^2} = \frac{F}{b}$; $b = \sqrt{d^2 - a^2} = \frac{F}{a}$
平行四边形	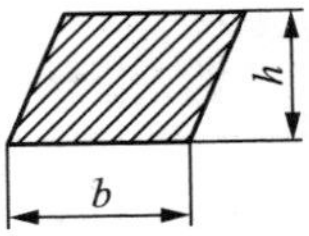	$F = b \times h; h = \frac{F}{b}; b = \frac{F}{h}$
三角形	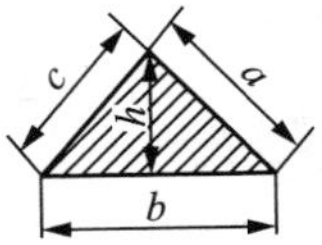	$F = \frac{b \times h}{2} = \frac{b}{2}\sqrt{a^2 - \left(\frac{a^2 + b^2 - c^2}{2b}\right)^2}$; $P = \frac{1}{2}(a + b + c)$; $F = \sqrt{P(P-a) \times (P-b) \times (P-c)}$
梯形	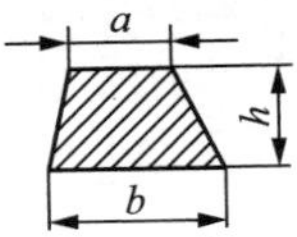	$F = \frac{(a+b)}{2} \times h; h = \frac{2F}{a+b}$; $a = \frac{2F}{h} - b; b = \frac{2F}{h} - a$
正六角形	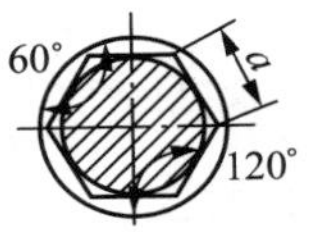	$F = 2.598a^2 = 2.598R^2 = 3.464r^2$; $R = a = 1.155r; r = 0.866a = 0.866R$
圆	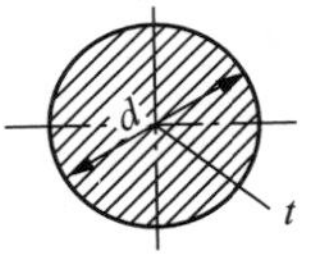	$F = \pi \times r^2 = 3.1416r^2 = 0.7854d^2$; $L = 2\pi \times r = 6.2832r = 3.1416d$; $r = L/6.2832 = \sqrt{R/3.1416} = 0.564\sqrt{F}$; $d = L/3.1416 = \sqrt{F/0.7854} = 1.128\sqrt{F}$

续表

名 称	简 图	计算公式
椭圆		$F = \pi \times a \times b = 3.1416ab$, 即 $F = \pi \times a \times b = 3.1416ab$ 周长的近似值:$2P \approx 3.1416\sqrt{2(a^2 + b^2)}$; 比较正确的计算: $2P = 3.1416\sqrt{2(a^2 + b^2) - \frac{(a-b)^2}{4}}$
扇形		$l = \frac{r \times \alpha \times 3.1416}{180} = 0.1745\alpha \times r; l = \frac{2F}{r}$ $F = \frac{1}{2}rl = 0.08727a \times r^2; \alpha = \frac{57.296l}{r}$ $r = \frac{2F}{l} = \frac{57.2961}{\alpha}$
弓形		$c = 2\sqrt{h(2r-h)}; F = \frac{1}{2}[rl - c(r-h)]$; $r = \frac{c^2 + 4h^2}{8h}; l = 0.01745r \times \alpha$; $\alpha = \frac{57.296l}{r}; h = r - \frac{1}{2}\sqrt{4r^2 - c^2}$;
圆环		$F = \pi(R^2 - r) = 3.1416(R^2 - r^2)$ $= 0.7854(D^2 - d^2)$
环式扇形		$F = \frac{\alpha \times \pi}{360}(R^2 - r^2) = 0.00873\alpha(R^2 - r^2)$ $= \frac{\alpha \times \pi}{4 \times 360}(D^2 - d^2) = 0.00218\alpha(D^2 - d^2)$

注：F— 面积;P— 半周长;L— 圆周长度;R— 外接圆的半径;r— 内切圆的半径。

2.3　常用体积和表面积计算公式

常用体积和表面积计算公式见表 A－13。

表 A-13　常用体积和表面积计算公式表

名　称	简　图	计算公式	
		表面积 S、侧表面积 M	体积 V
正立方体	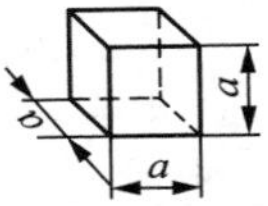	$S=6a^2$	$V=a^3$
长立方体	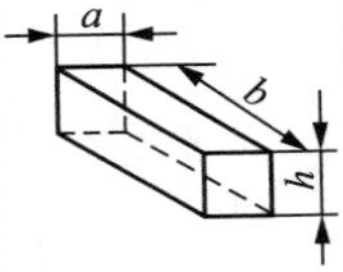	$S=2(a\times h+b\times h+a\times b)$	$V=a\times b\times h$
圆柱	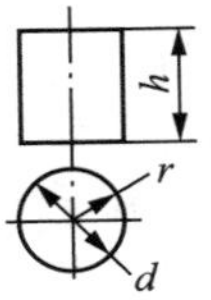	$M=2\pi\times r\times h=\pi\times d\times h$	$V=\pi\times r^2\times h=\left(\frac{d^2\times\pi}{4}\right)\times h$
空心圆柱（管）	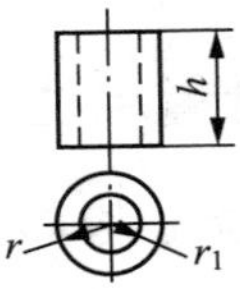	$M=$ 内侧表面积 + 外侧表面积 $=2\pi\times h(r+r_1)$	$V=\pi\times h(r^2-r_1^2)$
斜底截圆柱	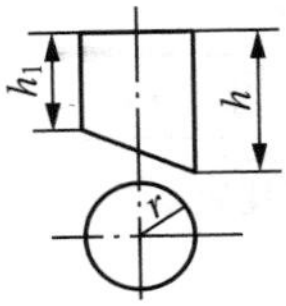	$M=\pi\times r(h+h_1)$	$V=\pi\times r^2\left(\frac{h+h_1}{2}\right)$
正六角柱	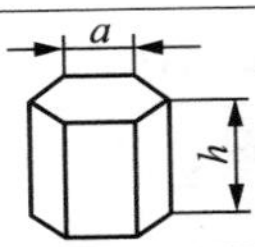	$S=2\times 2.598a^2+6ah$	$V=2.598a^2\times h$
正方角锥台	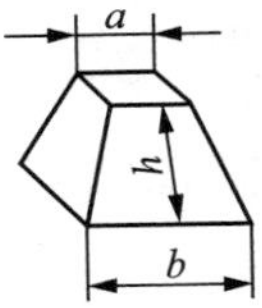	$S=a^2+b^2+4\times\left(\frac{a+b}{2}h\right)$	$V=h/3(a^2+b^2+a\times b)$

续表

名称	简图	计算公式	
		表面积 S、侧表面积 M	体积 V
球		$S = 4\pi \times r^2 = \pi \times d^2$	$V = 4/3\pi \times r^3 = \pi \times d^3/6$
圆锥		$M = \pi \times r \times l = \pi \times r\sqrt{r^2 + h^2}$	$V = h/3 \times \pi \times r^2$
截头圆锥		$M = \pi(r + r_1)$	$V = \frac{1}{3}(r^2 + r_1^2 + r \times r_1)\pi h$

2.4 石油钻井工程常用参数代码及计量单位

石油钻井工程常用参数代码及计量单位见表 A-14。

表 A-14 石油钻井工程常用参数代号及计量单位

代码	名称	单位符号	代码	名称	单位符号
$L_{(1)}$	长度	km、m、cm、mm	D_{lh}	尾管挂深度	m
D	井深	m	D_{cd}	导管深度	m
D_b	钻头深度	m	D_z	零轴向力点深	m
D_{tv}	目标点垂深	m	D_s	卡点深	m
D_c	套管深度	m	D_v	垂直井深	m
D_{rc}	水泥返高	m	D_m	测量井深(斜深)	m
D_{cp}	水泥塞面深度	m	D_{cr}	临界井深	m
D_{sc}	表层套管深	m	D_{kop}	造斜点深度	m
D_{ic}	中间套管深	m	S_h	水平位移	m

续表

代码	名 称	单位符号	代码	名 称	单位符号
D_{pc}	生产套管深	m	L_{cs}	套管柱长度	m
D_{ls}	漏失液面深	m	L_k	方钻杆长	m
D_l	尾管深度	m	L_{ki}	方入	m
L_b	钻头深度	m	d_{∞}	套管外径	mm
L_c	钻铤长度	m	d_{cin}	套管内径	mm
L_p	钻杆长度	m	H_o	油层厚度	m
L_{∞}	岩芯长度	m	δ_{ca}	套管壁厚	mm
L_j	接头长度	m	δ_p	钻杆壁厚	mm
L_{bs}	弯接头长	m	δ_c	钻铤壁厚	mm
L_{nm}	无磁钻铤长	m	δ_m	滤饼厚	mm
L_{hw}	加重钻杆长	m	F	进尺	m
L_s	稳定器长度	m	F_d	日进尺	m/d
L_m	动力钻具长度	m	F_m	月进尺	m/mon
r_t	靶区半径	m	F_a	年进尺	m/a
r_c	井眼曲率半径	m	F_c	取心进尺	m
d_h	井眼直径	mm	F_b	钻头进尺	m
d_b	钻头直径	mm	A	面积	km^2、m^2 cm^2、mm^2
d_n	喷嘴直径	mm	A_b	井底面积	mm^2
d_{ne}	喷嘴(当量)直径	mm	A_{nt}	喷嘴总面积	mm^2
d_c	钻铤外径	mm	A_{cs}	套管截面积	mm^2
d_{ci}	钻铤内径	mm	A_p	钻杆截面积	mm^2
d_p	钻杆外径	mm	A_o	钻铤截面积	mm^2
d_{pi}	钻杆内径	mm	A_a	环空面积	mm^2
d_{jo}	钻杆接头外径	mm	V	体积	m^3、cm^3 mm^3、L、mL
d_{ji}	钻杆接头内径	mm	V_o	油流量	m^3/min
V_g	气流量	m^3/min	t_l	测井时间	h，min

续表

代码	名　称	单位符号	代码	名　称	单位符号
V_w	水流量	m^3/min	t_{cm}	固井时间	h，min
V_{po}	管外每米容积	L/m	t_{sm}	辅助工作时间	h，min
V_{pi}	管内每米容积	L/m	t_a	事故时间	h，min
V_{cs}	水泥浆用量	m^3	t_{td}	测试时间	h，min
V_{df}	钻井液量	m^3	t_m	组织停工时间	h，min
V_{lo}	漏失量	m^3	t_{ph}	复杂时间	h，min
V_{of}	溢出量	m^3	t_r	修理时间	h，min
FL	滤失量	mL(mL/30min)	t_n	非生产时间	h，min
Y_d	造浆率	m^3/t	t_p	生产时间	h，min
Q	排量	L/s	t_{∞}	取心时间	h，min
Q_o	最优排量	L/s	t_{cp}	完井时间	h，min
Q_r	额定排量	L/s	t_{cs}	建井周期	d，h
Q_c	临界排量	L/s	t_{dr}	钻井周期	d，h
t	时间	s，min，h，d，mon，a	t_c	完井周期	d，h
t_d	纯钻时间	h，min	v	速度	km/h m/h m/s
t_t	起下钻时间	h，min	v_J	射流喷速	m/s
t_{cn}	接单根时间	h，min	v_a	环空返速	m/s
t_{rr}	划眼时间	h，min	v_{cr}	临界返速	m/s
t_{cb}	换钻头时间	h，min	v_p	纯钻速(机械钻速)	m/h
t_{cf}	循环时间	h，min	v_t	行程钻速	m/h
v_s	岩屑滑落速度	m/s	P	压力	MPa、kPa、Pa
n	转盘转速	r/min	P_h	静液柱压力	MPa
n_p	泵速	冲/min	P_{st}	立管压力	MPa
v_m	钻机月速	m/台月	ΔP	压差	MPa
α	[平面]角	rad、(°)(′)(″)	ΔP_b	钻头压降	MPa

续表

代码	名 称	单位符号	代码	名 称	单位符号
α_i	井斜角	(°)	ΔP_{cs}	循环系统压耗	MPa
Φ	方位角	(°)	ΔP_g	地面管汇压耗	MPa
θ	磁偏角	(°)	ΔP_i	管内压耗	MPa
β	装置角	(°)	ΔP_a	环空压耗	MPa
β_t	工具面角	(°)	P_p	孔隙压力	MPa
α_{max}	最大井斜角	(°)	P_o	上覆岩层压力	MPa
β_r	动力钻具反扭角	(°)	P_f	地层破裂压力	MPa
R_h	全角变化率	(°)/30m	P_{ci}	初始循环压力	MPa
R_a	方位变化率	(°)/30m	P_{cf}	终了循环压力	MPa
R_b	造斜率	(°)/30m	P_{sd}	关井立管压力	MPa
R_d	降斜率	(°)/30m	P_{sc}	关井套管压力	MPa
F	力	MN、kN、N	P_{wh}	井口压力	MPa
W	钻压	kN	P_{bh}	井底压力	MPa
F_i	射流冲击力	N	P_r	额定压力	MPa
W_s	悬重	kN	σ_n	正应力	Pa
W_{st}	净重	kN	σ_t	拉应力	Pa
W_u	单位长度重	kN/m	σ_c	压应力	Pa
σ_b	弯曲应力	Pa	$\eta(\mu)$	[动力]黏度	Pa·s
τ_{yp} (YP)	动切力	Pa	PV	塑性黏度	mPa·s
τ_g	静切力	Pa	FV	漏斗黏度	s
τ_i	初切(10s)	Pa	AV	表观黏度	mPa·s
τ_{lo}	终切(10min)	Pa	P	功率	kW
G_h	静液压力梯度	MPa/m	P_r	泵额定功率	kW
G_p	孔隙压力梯度	MPa/m	P_{ao}	泵允用功率	kW
G_o	上覆岩层压力梯度	MPa/m	P_b	钻头水功率	kW
G_f	地层破裂压力梯度	MPa/m	P_p	泵实际功率	kW

续表

代码	名　称	单位符号	代码	名　称	单位符号
m	质量	t、kg、g	P_s	比水功率	W/mm^2
ρ	密度	t/m^3 kg/m^3 g/cm^3	t	温度(摄氏)	℃
ρ_d	钻井液密度	g/cm^3	t_i	钻井液进口温度	℃
ρ_c	水泥浆密度	g/cm^3	t_o	钻井液出口温度	℃
ρ_{rs}	解卡液密度	g/cm^3	t_g	地温梯度	℃/100m
ρ_e	等效循环密度	g/cm^3	C_u	钻井直接成本	元/m
ρ_{fw}	地层水密度	g/cm^3	C_b	钻头单价	元/只
ρ_B	质量浓度	kg/L、g/L、mg/L	C_r	每小时钻机使用费	元/h
ρ_b	膨润土含量	g/L	K_p	岩石塑性系数	无因次量
ρ_s	固相含量	g/L	e	转速指数	无因次量
ρ_w	加重剂含量	g/L	f	比水功率指数	无因次量
k_e	井眼扩大系数	无因次量	n	流性指数	无因次量
k_i	管内压耗系数	无因次量	R_e	雷诺数	无因次量
k_a	环空压耗系统	无因次量	μ	岩石泊松比	无因次量
k_c	循环系统压耗系数	无因次量	S_t	抗拉安全系数	无因次量
k_b	钻头压降系数	无因次量	S_c	抗挤安全系数	无因次量
k_g	地面管汇压耗系数	无因次量	S_b	抗内压安全系数	无因次量
k	浮力系数	无因次量	θ_{300}	旋转黏度计 300r/min 时读数	无因次量
k_{Wg}	井身质量合格率	无因次量	θ_{600}	旋转黏度计 600r/min 时读数	无因次量
k_r	钻机利用率	无因次量			
d	钻压指数	无因次量			
d_c	d_c 指数	无因次量			

3　井眼与环形容积

3.1　井筒容积

井筒容积见表 A – 15。

表 A – 15　井筒容积

井眼尺寸		容积/(L/m)	井眼尺寸		容积/(L/m)
in	mm		in	mm	
3 1/2	88.9	6.20	7 1/2	190.5	28.50
3 3/4	95.3	7.13	7 5/8	193.7	29.46
3 7/8	98.4	7.61	7 7/8	200.0	31.42
4 1/8	104.8	8.62	8 3/8	212.7	35.54
4 1/4	108.0	9.15	8 1/2	215.9	36.61
4 1/2	114.3	10.26	8 5/8	219.1	37.69
4 5/8	117.5	10.84	8 3/4	222.3	38.79
4 3/4	120.7	11.44	9	228.6	41.04
4 7/8	123.8	12.04	9 1/2	241.3	45.73
5 5/8	142.9	16.03	9 5/8	244.5	46.95
5 3/4	146.1	16.75	9 3/4	247.3	48.17
5 7/8	149.2	17.49	9 7/8	250.8	49.41
6	152.4	18.24	10	254.0	50.67
6 1/8	155.6	19.01	10 5/8	269.9	57.20
6 1/4	158.7	19.79	11	279.4	61.31
6 1/2	165.1	21.41	11 5/8	295.3	68.48
6 5/8	168.3	22.24	12	304.8	72.97
6 3/4	171.5	23.09	12 1/4	311.2	76.04
7 3/8	187.3	27.56	12 3/8	314.0	77.60

续表

井眼尺寸		容积/(L/m)	井眼尺寸		容积/(L/m)
in	mm		in	mm	
12 15/32	316.7	78.78	18	457.2	164.17
13 1/8	333.4	87.29	18 5/8	473.1	175.77
13 5/8	346.1	94.07	19 1/4	489.0	187.77
13 3/4	349.3	95.80	20	508.0	202.68
14 3/4	374.6	110.24	22	558.8	245.25
15	381.0	114.01	24	609.6	291.86
15 1/2	393.7	121.74	26	660.0	342.53
16	406.4	129.72	32	812.8	518.87
17 1/2	444.5	155.18	36	914.4	656.69

3.2 井眼与钻杆环形容积

井眼与钻杆环形容积见表A-16。

表A-16 井眼与钻杆环形容积 单位：L/m

井径/in(mm)	井筒容积/(L/m)	钻杆尺寸/in						
		3 1/2	4	4 1/2	5	5 1/2	5 9/16	6 5/8
5 7/8 (149.2)	17.49	11.23	9.33					
6 (152.4)	18.24	11.94	10.04	7.88				
6 1/2 (165.1)	21.41		13.28	11.12				

续表

井径/in (mm)	井筒容积/(L/m)	钻杆尺寸/in						
		3 ½	4	4 ½	5	5 ½	5 9/16	6 5/8
7 7/8 (200.0)	31.42		23.31	21.15	18.75	16.10		
8 3/8 (212.7)	35.54		27.50	25.35	22.90	20.31	19.92	
8 ½ (215.9)	36.61		28.54	26.38	23.98	21.32	20.95	
9 ½ (241.3)	45.73			35.35	32.95	30.30	29.92	23.45
12 ¼ (311.1)	76.04				63.29	60.64	60.25	53.79
17 ½ (444.5)	155.18				142.86	140.20	139.78	133.29
26 (660.4)	342.36				329.70	327.04	326.68	320.12

注：表中数据未考虑钻杆接头的影响。

3.3 井眼与钻铤环形容积

井眼与钻铤环形容积见表 A－17。

表 A－17 井眼与钻铤环形容积表 单位：L/m

井径/in (mm)	井筒容积/(L/m)	钻铤尺寸/in						
		3 ½	4 ¾	6	6 ¼	7	8	9
5 7/8 (149.2)	17.49	11.23						
6 (152.4)	18.24	11.94	6.71					

续表

井径/in (mm)	井筒容积/(L/m)	钻铤尺寸/in						
		3½	4¾	6	6¼	7	8	9
6½ (165.1)	21.41	15.18	9.95	3.14				
7⅞ (200.0)	31.42		19.98	13.17	11.62	6.58		
8⅜ (212.7)	35.54			17.39	15.84	10.80		
8½ (215.9)	36.61			18.4	16.85	11.81		
9½ (241.3)	45.73					20.78	13.19	
12¼ (311.1)	76.04					51.11	43.54	34.92
17½ (444.5)	155.18					130.36	122.76	114.14
26 (660.4)	342.53						309.94	301.32

注：表中所列钻铤均为圆钻铤。

3.4 井眼与套管环形容积

井眼与套管环形容积见表A－18。

3.5 套管与钻杆、钻铤环形容积

套管与钻杆、钻铤环形容积见表A－19。

表 A－18　井眼与套管环形容积

单位：L/m

井径/in (mm)	井筒容积/(L/m)	套管尺寸，in													
		4 ½	5	5 ½	6 ⅝	7	7 ⅝	8 ⅝	9 ⅝	10 ¾	11 ¾	13 ⅜	16	18 ⅝	20
5 ⅞ (149.2)	17.49	7.23													
6 (152.4)	18.24	7.98	5.57												
6 ½ (165.1)	21.41	11.12	8.72												
7 ⅞ (200.0)	31.42	21.15	18.75	16.09	9.18										
8 ⅜ (212.7)	35.54		22.87	20.22	13.40	10.71									
8 ½ (215.9)	36.61		23.94	21.32	14.41	11.78	7.15								
9 ½ (241.3)	45.73			30.41	23.49	20.79	16.27	7.91							
12 ¼ (311.1)	76.04					51.21	46.58	38.34	29.09	17.49					
17 ½ (444.5)	155.18								108.2	96.63	85.25	64.55	25.47		
26 (660.4)	342.36											251.7	212.6	166.7	139.7

表A-19　套管与钻杆、钻铤环形容积

套管			套管-钻杆		套管-钻铤	
规格/in	壁厚/mm	内容积/(L/m)	钻杆规格/(in)	环空容积/(L/m)	钻铤规格/in	环空容积/(L/m)
5	6.43	10.23	2 ⅜	7.27	3 ½	4.03
	7.52	9.85		6.89		3.65
	9.19	9.26		6.30		3.06
	11.10	8.62		5.66		2.42
	12.7	8.10		5.14		1.9
5 ½	7.72	12.13	2 ⅜	9.17	3 ½	5.93
	9.17	11.57		8.61		5.37
	10.54	11.04		8.08		4.84
	12.09	10.47		7.51		4.27
6 ⅝	7.32	18.52	2 ⅞	14.16	4 ¾	7.09
	8.94	17.76		13.40		6.33
	10.59	16.98		12.62		5.55
	12.07	16.32		11.96		4.89
7	6.91	21.11	3 ½	14.60		9.68
	8.05	20.53		14.02		9.10
	9.19	19.95		13.44		8.52
	10.36	19.37		12.86		7.94
	11.51	18.81		12.30		7.38
	12.65	18.26		11.75		6.83
7 ⅝	8.33	24.59		18.08		13.16
	9.53	23.93		17.42		12.50
	10.92	23.17		16.66		11.74
	12.70	22.24		15.73		10.81
	14.27	21.40		14.89		9.97

续表

套管			套管－钻杆		套管－钻铤	
规格/in	壁厚/mm	内容积/(L/m)	钻杆规格/in	环空容积/(L/m)	钻铤规格/in	环空容积/(L/m)
8 ⅝	8.94	31.78	3 ½	25.27	6 ¼	11.99
	10.16	31.02		24.51		11.23
	11.43	30.22		23.71		10.43
	12.70	29.45		22.99		9.66
	14.15	28.58		22.07		8.79
9 ⅝	8.94	40.31	4 ½	29.61	7	15.49
	10.03	39.53		28.83		14.71
	11.05	38.83		28.13		14.01
	11.95	38.17		27.74		13.35
	13.84	36.90		26.20		12.08
10 ¾	8.89	51.16	5	37.98		26.34
	10.16	50.13		36.95		25.31
	11.43	49.14		35.96		24.32
	12.57	48.24		35.06		23.42
	13.84	47.27		34.09		22.45
11 ¾	9.53	61.32		48.14	8	28.90
	11.05	59.97		46.79		27.55
	12.42	58.76		45.58		26.34
13 ⅜	8.38	81.90		68.72	8/9	49.5/40.86
	9.65	80.58		67.40		48.2/39.54
	10.92	79.33		66.15		46.9/38.3
	12.19	78.04		64.86		45.6/37.0
16	9.53	117.81		104.63		85.4/76.8
	11.13	115.87		102.69		83.5/74.8
	12.57	114.13		100.95		81.7/73.1

续表

套　管			套管 - 钻杆		套管 - 钻铤	
规格/in	壁厚/mm	内容积/(L/m)	钻杆规格/in	环空容积/(L/m)	钻铤规格/in	环空容积/(L/m)
18 5/8	11.05	159.67	5	146.49	8/9	127.3/118.6
20	11.13	185.26		172.08		152.8/144.2
	12.70	182.82		169.64		150.4/141.8
	16.13	177.64		164.46		145.2/136.6

3.6　井眼与下入套管尺寸常用配合

井眼与下入套管尺寸常用配合系列见表 A - 20。

表 A - 20　井眼与下入套管尺寸常用配合系列

井　眼/mm(in)	套　管/mm(in)
155.5(6 1/8)	114.3(4 1/2)
165.1(6 1/2)	127(5)
200.0(7 7/8)	127(5)、139.7(5 1/2)
215.9(8 1/2)	139.7(5 1/2)、168.3(6 5/8)、177.8(7)
222.3(8 3/4)	177.8(7)
241.3(9 1/2)	193.7(7 5/8)、196.9(7 3/4)
269.9(10 5/8)	219.1(8 5/8)
311.1(12 1/4)	244.5(9 5/8)、250.8(11 7/8)
347.6(14 3/4)	273(10 3/4)、298.4(11 3/4)、310.6(11 7/8)
444.5(17 1/2)	339.7(13 3/8)、355.6(14)
508(20)	406.4(16)
609.6(24)	473.08(18 5/8)
660.4(26)	406.4(16)、473.08(18 5/8)、508(20)
914.4(36)	762.0(30)

4 钻井常用数据计算

4.1 混凝土体积配合比用料计算

4.1.1 计算公式

设混凝土中材料配合比为“水泥: 砂子: 石子 =1∶m∶n”。根据经验，配制1m³混凝土所需的各种材料用如下公式计算：

$$水泥\ C=\frac{2340}{1+m+n}\ \text{kg} \tag{A-1}$$

$$砂子\ S=\frac{1.55m}{1+m+n}\ \text{m}^3 \tag{A-2}$$

$$石子\ P=\frac{1.55n}{1+m+n}\ \text{m}^3 \tag{A-3}$$

4.1.2 混凝土常用体积配合比及用料量

混凝土常用体积配合比及用料量见表A-21。

表A-21 混凝土常用体积配合比及用料量

混凝土用途	体积配合比	1m³ 混凝土用料量		
		水泥/kg	砂子/m³	石子/m³
坚硬土壤上的井架脚，小基墩井架脚，基墩的上部分	1:2:4	335	0.45	0.90
厚而大的突出基墩	1:2.5:5	276	0.46	0.91
支承台、浇灌坑穴及其他	1:3:6	234	0.46	0.93
承受很大负荷和冲击力的小基墩	1:1:2	585	0.39	0.78
承受负荷不大的基墩	1:4:8	180	0.48	0.96

4.2 钻井液有关计算

4.2.1 钻井液主要性能参数、单位及计算公式

钻井液主要性能参数、单位及计算公式见表A-22。

表 A-22　钻井液主要性能参数、单位及计算公式

序号	性能名称	代号	单位	计算公式
1	密度	D(或ρ)	g/cm^3	
2	漏斗黏度	μ_{FV}	s	
3	表观黏度	μ_{AV}	mPa · s	$\phi_{600}/2$
4	塑性黏度	μ_{PV}	mPa · s	$\phi_{600}-\phi_{300}$
5	动切力	τ_{yp}	Pa	$0.5(2\phi_{300}-\phi_{600})$
6	静切力	τ_{GELS}	Pa	$\phi_3/2$
7	流性指数	n		$3.3210g(\phi_{600}/\phi_{300})$
8	稠度系数	K	Pa · s^n	$5.11\phi_{300}/511^n$
9	滤失量	FL	mL	
10	高温高压滤失量	FL_{HTP}	mL	注明压差和温度
11	滤饼厚度	C_k	mm	
12	摩阻系数	K_f		
13	固相含量	C_m	%	
14	含砂量	C_s	%	
15	膨润土含量	C_b	g/L	$14.3\times(V_{亚甲蓝}/V_{钻井液})$
16	pH			
17	油水比	R_{ow}	%	
18	钻井液碱度	P_m	mL/mL	
19	滤液碱度	P_f	mL/mL	
		M_f	mL/mL	
20	氯根含量	$c[Cl^-]$	Mg/L	
21	钙离子含量	$c[Ca^{2+}]$	Mg/L	
22	钾离子含量	$c[K^+]$	Mg/L	

4.2.2　钻井液密度确定

$$\rho_d=\frac{p_p}{0.00981D} \tag{A-4}$$

式中　ρ_d——钻井液密度，g/cm^3；

p_p——地层压力，MPa；

D——井深，m。

一般情况下，钻井液液柱压力应稍大于地层压力，所以真正使用的钻井液密度应在(A-4)公式计算结果的基础上再增加

一定附加值。对于油层，附加值为 0.05 ~0.10 g/cm^3；对于气层，附加值范围为 0.07 ~0.15 g/cm^3。

4.2.3　井内钻井液量的计算

井内钻井液总量等于各不同井径井段容量的总和，计算如下：

$$V_{df} = \sum \frac{\pi}{4} d_h^2 \cdot D_m \qquad (A-5)$$

式中　V_{df}——井筒容积，m^3；

d_h——井径，m；

D_m——井深，m。

4.2.4　配制钻井液所需膨润土量的计算

配制钻井液所需膨润土量的计算公式如下：

$$W_{土} = \frac{V \times \rho_{土} \times (\rho - \rho_{水})}{\rho_{土} - \rho_{水}} \qquad (A-6)$$

式中　$W_{土}$——膨润土质量，t；

V——钻井液量，m^3；

$\rho_{水}$——水的密度，t/m^3；

$\rho_{土}$——膨润土密度，t/m^3；

ρ——钻井液密度，t/m^3。

4.2.5　配制钻井液所需水量计算

配制钻井液所需水量的计算公式如下：

$$Q_{水} = V - \frac{W_{土}}{\rho_{土}} \qquad (A-7)$$

式中　$Q_{水}$——所需水量，m^3；

V——钻井液量，m^3；

$W_{土}$——膨润土质量，t；

$\rho_{土}$——膨润土密度，t/m^3。

4.2.6　降低钻井液密度时加水量计算

降低钻井液密度时加水量的计算公式如下：

$$Q = \frac{V_{原} \times (\rho_{原} - \rho_{稀}) \times \rho_{水}}{\rho_{稀} - \rho_{水}} \qquad (A-8)$$

式中　Q——所需水量，m^3；

$V_{原}$——原钻井液体积，m^3；

$\rho_{原}$——原钻井液密度，t/m^3；

$\rho_{稀}$——稀释后钻井液密度，t/m^3；

$\rho_{水}$——水的密度，t/m^3。

4.2.7　提高钻井液密度时加重剂用量计算

钻井液加重剂用量的计算公式如下：

$$W_{加}=\frac{\rho_{加}V_{原}(\rho_{重}-\rho_{原})}{\rho_{加}-\rho_{重}} \qquad (A-9)$$

式中　$W_{加}$——加重剂用量，t；

$V_{原}$——加重前钻井液体积，m^3；

$\rho_{原}$——加重前钻井液密度，t/m^3；

$\rho_{重}$——加重后钻井液密度，t/m^3；

$\rho_{加}$——加重剂密度，t/m^3。

用密度为4.2g/cm^3的重晶石加重不同密度钻井液用量见表A-23速查表。

4.3　地层压力计算

4.3.1　静液压力

$$P_{h}=0.00981\rho h_{1} \qquad (A-10)$$

式中　P_{h}——静液压力，MPa；

ρ——液体的密度，g/cm^3；

h_1——液柱的垂直高度，m。

4.3.2　上覆岩层压力

$$p_0=0.00981[(1-\phi)\rho_{ma}+\phi\cdot\rho]\cdot H \qquad (A-11)$$

式中　p_0——上覆岩层压力，MPa；

ϕ——岩石孔隙度，%；

ρ_{ma}——岩石基质密度，g/cm^3；

ρ——岩石孔隙中流体密度，g/cm^3；

H——地层垂直深度，m。

表 A－23 加重 $1m^3$ 钻井液所需重晶石用量

原钻井液密度/(g/cm^3)	所需钻井液密度及重晶石加量（用密度为 $4.2g/cm^3$ 的重晶石加重）/kg																													
	1.05	1.10	1.15	1.20	1.25	1.30	1.35	1.40	1.45	1.50	1.55	1.60	1.65	1.70	1.75	1.80	1.85	1.90	1.95	2.00	2.05	2.10	2.15	2.20	2.25	2.30	2.35	2.40	2.45	2.50
1.00	67	135	207	280	356	434	516	600	687	778	872	969	1071	1176	1286	1400	1519	1643	1773	1909	2051	2200	2356	2520	2692	2874	3065	3267	3480	3706
1.05		68	138	210	285	362	442	525	611	700	792	888	988	1092	1200	1313	1430	1552	1680	1814	1953	2100	2254	2415	2585	2763	2951	3150	3360	3582
1.10			69	140	214	290	368	450	535	622	713	808	906	1008	1114	1225	1340	1461	1587	1718	1856	2000	2151	2310	2477	2653	2838	3033	3240	3459
1.15				70	142	217	295	375	458	544	634	727	824	924	1029	1138	1251	1370	1493	1623	1758	1900	2049	2205	2369	2542	2724	2917	3120	3335
1.20					71	145	221	300	382	467	555	646	741	840	943	1050	1162	1278	1400	1527	1660	1800	1946	2100	2262	2432	2611	2800	3000	3212
1.25						72	147	225	305	389	475	565	659	756	857	963	1072	1187	1307	1432	1563	1700	1844	1995	2154	2321	2497	2683	2880	3088
1.30							74	150	229	311	396	485	576	672	771	875	983	1096	1213	1336	1465	1600	1741	1890	2046	2211	2384	2567	2760	2965
1.35								75	153	233	317	404	494	588	686	788	894	1004	1120	1241	1367	1500	1639	1785	1938	2100	2270	2450	2640	2841
1.40									76	156	238	323	412	504	600	700	804	913	1027	1145	1270	1400	1537	1680	1831	1989	2157	2333	2520	2718
1.45										78	158	242	329	420	514	613	715	822	933	1050	1172	1300	1434	1575	1723	1879	2043	2217	2400	2594
1.50											79	162	247	336	429	525	626	730	840	955	1074	1200	1332	1470	1615	1768	1930	2100	2280	2471
1.55												81	165	252	343	438	536	639	747	859	977	1100	1229	1365	1508	1658	1816	1983	2160	2347
1.60													82	168	257	350	447	548	653	764	879	1000	1127	1260	1400	1547	1703	1867	2040	2224
1.65														84	171	263	357	457	560	668	781	900	1024	1155	1292	1437	1589	1750	1920	2100
1.70															86	175	268	365	467	573	684	800	922	1050	1185	1326	1476	1633	1800	1976
1.75																88	179	274	373	477	586	700	820	945	1077	1216	1362	1517	1680	1853

续表

原钻井液密度/(g/cm^3)	所需钻井液密度及重晶石加量(用密度为4.2g/cm^3的重晶石加重)/kg																													
	1.05	1.10	1.15	1.20	1.25	1.30	1.35	1.40	1.45	1.50	1.55	1.60	1.65	1.70	1.75	1.80	1.85	1.90	1.95	2.00	2.05	2.10	2.15	2.20	2.25	2.30	2.35	2.40	2.45	2.50
1.80																	89	183	280	382	488	600	717	840	969	1105	1249	1400	1560	1729
1.85																		91	187	286	391	500	615	735	862	995	1135	1283	1440	1606
1.9																			93	191	293	400	512	630	754	884	1022	1167	1320	1482
1.95																				95	195	300	410	525	646	774	908	1050	1200	1359
2.00																					98	200	307	420	538	663	795	933	1080	1235
2.05																						100	205	315	431	553	681	817	960	1112
2.10																							102	210	323	442	568	700	840	988
2.15																								105	215	332	454	583	720	865
2.20																									108	221	341	467	600	741
2.25																										111	227	350	480	618
2.30																											114	233	360	494
2.35																												117	240	371
2.40																													120	247
2.45																														124
2.50																														

4.3.3 地层压力监测

常用的地层压力监测的方法有 d_c 指数法、标准化钻速法和页岩密度法等，主要介绍 d_c 指数法。d_c 指数法实质上是机械钻速法，计算公式如下：

$$d_c = d\frac{\rho_n}{\rho_d} = \frac{\lg\dfrac{0.0547v_p}{n}}{\lg\dfrac{0.0684W}{d_b}} \cdot \frac{\rho_n}{\rho_d} \tag{A-12}$$

式中 d_c——钻压指数，即 d_c 指数；

v_p——机械钻速，m/h；

n——转盘转速，r/min；

W——钻压，kN；

d_b——钻头直径，mm；

ρ_n——正常压力层段地层水密度，g/cm^3；

ρ_d——实际钻井液密度，g/cm^3。

四种求地层压力梯度等效密度公式如下：

(1)对数式

$$\rho_p = 0.91 \times \lg(d_{cn} - d_c) + 1.98 \tag{A-13}$$

(2)等效深度式

$$\rho_p = \rho_n + (\rho_0 - \rho_n)\frac{d_{cn} - d_c}{a \cdot H_e} \tag{A-14}$$

(3)反算式

$$\rho_p = \frac{d_{cn}}{d_c}\rho_n \tag{A-15}$$

(4)伊顿式

$$\rho_p = \rho_0 + (\rho_0 - \rho_n)\left(\frac{d_c}{d_{cn}}\right)^{1.2} \tag{A-16}$$

式中 ρ_p——地层压力梯度等效密度，g/cm^3；

ρ_0——上覆压力梯度等效密度，g/cm^3；

ρ_n——正常地层压力梯度等效密度，g/cm^3；

d_{cn}——目标层深度 H 处的正常趋势线 d_c 指数值；

d_c ——实际计算的 d_c 值；g/cm³；

a ——正常趋势线斜率，m^{-1}；

H_e ——等效深度，m。

4.3.4　地层破裂压力

(1)伊顿(Eaton)法

$$p_f = p_p + \left(\frac{\mu}{1-\mu}\right)\sigma \qquad (A-17)$$

式中　p_f ——地层破裂压力，MPa；

p_p ——地层空隙压力，MPa；

μ ——岩石的泊松比；

σ ——垂向岩石骨架应力，MPa。

(2)计算地层破裂压力新方法(黄荣樽法)

$$p_f = p_p + \left(\frac{2\mu}{1-\mu} - K_{ss}\right)(p_v - p_p) + S_{rt} \qquad (A-18)$$

式中　K_{ss} ——非均匀的地质构造应力系数，无因次；

S_{rt} ——岩石的抗拉强度，MPa；

p_v ——上覆岩层压力，MPa。

(3)用液压实验法求地层破裂压力当量密度

$$\rho_f = \rho_m + p_L/(0.00981 \cdot H) \qquad (A-19)$$

式中　ρ_f ——地层破裂压力当量密度，g/cm³；

ρ_m ——试验用钻井液密度，g/cm³；

p_L ——漏失压力，MPa；

H ——试验井深，m。

4.4　钻柱有关计算

4.4.1　垂直井眼中钻柱中和点高度

$$L_N = \frac{W}{\rho_c K_B} \qquad (A-20)$$

其中　$K_B = 1 - \rho_d / \rho_s$

式中 L_N ——中和点距井底的高度，m；

W ——钻压，kN；

ρ_c ——钻铤单位长度重力，kN/m，称为“线重”（Linear Weight）；

K_B ——浮力系数；

ρ_d ——钻井液密度，g/cm³；

ρ_s ——钻铤钢材密度，g/cm³。

4.4.2 钻头与钻柱尺寸配合

常用的钻头与钻柱尺寸配合，参考表A－24。

表A－24 钻头与钻柱尺寸配合

钻头直径/mm(in)	钻铤外径/mm(in)	钻杆外径/mm(in)	方钻杆方宽/mm(in)
>299 (11 3/4)	203(8)	168(6 5/8)	152(6)
248～299 (9 3/4～11 3/4)	178～203(7～8)	140(5 1/2)	133，152(5 1/4，6)
197～248 (7 3/4～9 3/4)	152～178(6～7)	114，127 (5 1/2，5)	108，133 (4 1/4,5 1/4)
146～216 (5 3/4～8 1/2)	120.7～178 (4 3/4～7)	89～127 (3 1/2～5)	89，133 (3 1/2,5 1/4)

4.4.3 钻铤长度的确定

$$L_c = \frac{S_N W_{max}}{q_c K_B \cos\alpha} \quad (A-21)$$

式中 L_c ——钻铤长度，m；

W_{max} ——设计的最大钻压，kN；

S_N ——安全系数，防止遇到意外附加力(动载、井壁摩擦力等)时，中和点移到较弱的钻杆上，一般取 $S_N = 1.15 \sim 1.25$；

q_c ——每米钻铤在空气中的重力，kN/m；

K_B ——浮力系数；

α ——井斜角度数，直井时，$\alpha = 0°$。

4.5 水力参数计算

4.5.1 射流喷射速度

钻头喷嘴出口处的射流速度称为射流喷射速度，习惯上称为喷速。其计算式为：

$$v_j = \frac{10Q}{A_0} \tag{A-22}$$

其中

$$A_0 = \frac{\pi}{4}\sum_{i=1}^{z} d_i^2$$

式中 v_j ——射流喷速，m/s；

Q ——通过钻头喷嘴的钻井液流量，L/s；

A_0 ——喷嘴出口截面积，cm^2；

d_i——喷嘴直径($i = 1, 2, \cdots, z$)，cm；

z—— 喷嘴个数。

4.5.2 射流冲击力

射流冲击力，是指射流在其作用的面积上的总作用力。喷嘴出口处的射流冲击力表达式可以根据动量原理导出，其形式为

$$F_j = \frac{\rho_d Q^2}{100A_0} \tag{A-23}$$

式中 F_j ——射流冲击力，kN；

ρ_d ——钻井液密度，g/cm^3。

4.5.3 射流水功率

单位时间内射流所具有的做功能量，为射流水功率。其表达式为

$$P_{\mathrm{j}} = \frac{0.05\rho_{\mathrm{d}}Q^{3}}{A_{0}^{2}} \tag{A-24}$$

式中 P_{j}——射流水功率，kW。

4.5.4 钻头压力降

钻头压力降是指钻井液流过钻头喷嘴以后钻井液压力降低的值。

$$\Delta p_{\mathrm{b}} = \frac{0.05\rho_{\mathrm{d}}Q^{2}}{C^{2}A_{0}^{2}} \tag{A-25}$$

式中 Δp_{b}——钻头压力降，MPa；

C——喷嘴流量系数，无因次，与喷嘴的阻力系数有关，C的值总是小于1。

如果喷嘴出口面积用喷嘴当量直径表示，则钻头压力降计算式为

$$\Delta p_{\mathrm{b}} = \frac{0.081\rho_{\mathrm{d}}Q^{2}}{C^{2}d_{\mathrm{ne}}} \tag{A-26}$$

$$d_{\mathrm{ne}} = \sqrt{\sum_{i=1}^{z} d_{\mathrm{i}}^{2}}$$

式中 d_{ne}——喷嘴当量直径，cm；

d_{i}——喷嘴直径（$i=1$，2，…，z），cm；

z——喷嘴数量。

4.5.5 钻头水功率

钻头水功率是指钻井液流过钻头时所消耗的水力功率。

$$p_{\mathrm{b}} = \frac{0.05\rho_{\mathrm{d}}Q^{3}}{C^{2}A_{0}^{2}} \tag{A-27}$$

或

$$p_b = \frac{0.081\rho_d Q^3}{C^2 d_{ne}^4} \quad (A-28)$$

4.5.6 循环系统压耗计算

对管内流

$$\Delta p_L = \frac{0.2f\rho_d L v^2}{d_i} \quad (A-29)$$

对环空流

$$\Delta p_L = \frac{0.2f\rho_d L v^2}{d_h - d_p} \quad (A-30)$$

上两式中 Δp_L ——压力损耗，MPa；

f ——管路的水力摩阻系数，无因次；

ρ_d ——钻井液密度，g/cm^3；

L ——管路长度，m；

v ——钻井液在管路的平均流速，m/s；

d_i ——管路内径，cm；

d_h ——井眼直径，cm；

d_p ——管柱外径，cm。

4.5.7 泵的额定功率、额定泵压和额定排量的关系

$$P_r = p_r Q_r \quad (A-31)$$

式中 P_r ——额定泵功率，kW；

p_r ——额定泵压，MPa；

Q_r ——额定排量，L/s。

4.5.8 水力参数优选

$$\Delta p_b = p_s - K_L Q^{1.8} \quad (A-32)$$

$$v_j = K_v \sqrt{p_s - K_L Q^{1.8}} \quad (A-33)$$

$$F_j = K_F Q \sqrt{p_s - K_L Q^{1.8}} \quad (A-34)$$

$$P_b = Q(p_s - K_L Q^{1.8}) \quad (A-35)$$

其中

$$K_v = 10C\sqrt{\frac{20}{\rho_d}}$$

$$K_F = \frac{C\sqrt{20\rho_d}}{100}$$

式中　Δp_b、p_s——钻头压降和泵压，MPa；

v_j——射流速度，m/s；

F_j——射流冲击力，kN；

P_b——钻头水功率，kW；

ρ_d——钻井液密度；g/cm³；

Q——排量，L/s；

C——喷嘴流量系数，无因次。

4.5.9　最优喷嘴直径的确定

$$d_e = 4\sqrt{\frac{0.081\rho_d Q_a^2}{C^2[p_r - (a + mD)Q_a^{1.8}]}} \tag{A-36}$$

式中　d_e——钻头喷嘴当量直径，cm；

ρ_d——钻井液密度，g/cm³；

D——井深，m；

Q_a——携岩所需的最小排量，L/s；

p_r——额定泵压，MPa；

C——喷嘴流量系数，无因次。

4.5.10　确定最小排量

$$Q_a = \frac{\pi}{40}(d_h^2 - d_p^2)v_a \tag{A-37}$$

其中

$$v_a = \frac{18.24}{\rho_d d_h}$$

式中 Q_a ——携岩所需的最小排量，L/s；

v_a ——携岩所需的最低环空返速，m/s；

d_h ——井眼直径，cm；

d_p ——钻柱外径，cm；

ρ_d ——钻井液密度，g/cm^3。

4.6 井眼轨迹计算

4.6.1 井眼轨迹的基本参数及其表示方法

井眼轨迹的基本参数指井深、井斜角和井斜方位角。

①井深：指井口(通常以转盘面为基准)至测点的井眼长度，以钻柱或电缆的长度来量测。井深既是测点的基本参数之一，又是表明测点位置的标志。井深以 D_m 表示，单位为米(m)。两测点之间的井段称为测段或井深增量，用 ΔD_m 表示。

②井斜角：过井眼轴线上某测点作井眼轴线的切线，该切线向井眼前进方向延伸的部分称为井眼方向线。井眼方向线与重力线之间的夹角就是井斜角。用 α 表示，单位为度(°)。一个测段内井斜角的增量是用下测点井斜角减去上测点井斜角，用 $\Delta\alpha$ 表示。

③井斜方位角：某测点处的井眼方向线投影到水平面上，称为井眼方位线，或井斜方位线。以正北方位线为始边，顺时针方向旋转到井眼方位线上所转过的角度，即井眼方位角。井斜方位角用 Φ 表示，单位为度(°)。井斜方位角的增量是用下测点井斜方位角减去上测点的井斜方位角，用 $\Delta\Phi$ 表示。

目前广泛使用的磁性测斜仪是以地球磁北方位为基准的，并不是真方位角。欲求得真方位角需要进行磁偏角校正。换算的方法如下：

$$真方位角 = 磁方位角 + 东磁偏角$$

$$真方位角 = 磁方位角 - 西磁偏角$$

4.6.2 轨迹的计算参数及表示方法

所谓计算参数是根据基本参数计算出来的参数。轨迹的计算参数可用于描述轨迹的形状和位置，也可用于轨迹绘图。

①垂直深度：简称垂深，是指轨迹上某点至井口所在水平面的距离。垂深以 D 表示，垂增以 ΔD 表示。

②水平投影长度：简称水平长度或平长，是指井眼轨迹上某点至井口的长度在水平面上的投影，即井深在水平面上的投影长度。平常以字母 L_P 表示，平增以 ΔL_P 表示。

③水平位移：简称平移，指轨迹上某点至井口所在铅垂线的距离，或指轨迹上某点至井口的距离在水平面上的投影。此投影线称为平移方位线。在国外将水平位移称作闭合距，我国油田现场常特指完钻时的水平位移为闭合距。水平位移常以字母 S 表示，A、B 两点的水平位移分别为 S_A、S_B。

④平移方位角：指平移方位线所在的方位角，即以正北方位为始边顺时针转至平移线上所转过的角度。在国外将平移方位角称作闭合方位角，我国油田现场常特指完钻时的平移方位角为闭合方位角。平移方位角常以字母 θ 表示，A、B 两点的水平位移分别为 θ_A、θ_B。

⑤N 坐标和 E 坐标：是指轨迹上某点在以井口为原点的水平面坐标系里的坐标值。此水平面坐标系有两个坐标轴，一是南北坐标轴，以正北方向为正方向；一是东西坐标轴，以正东方向为正方向。A、B 两点的水平坐标分别为 N_A 、E_A 和 N_B 、E_B ，水平坐标可以有增量，以 ΔN 、ΔE 表示。

⑥视平移：亦称投影位移，是水平位移在设计方位线上的投影长度。视平移以字母 V 表示，A、B 两点的视平移分别为 V_A 、V_B 。

⑦井眼曲率：指井眼轨迹曲线的曲率。由于实钻井眼轨迹是任意的空间曲线，其曲率是不断变化的，所以在工程上常常计算井段的平均曲率。井眼曲率也称作“狗腿严重度”或“全角变化率”。

对一个测段(或井段)来说，上、下二测点处的井眼方向线是不同的，两条方向线之间的夹角(注意是在空间的夹角)称为

"狗腿角"或"全角变化值"。狗腿角被测段(或井段)除即可得到该段的井眼平均曲率，所取测(井)段越短，平均曲率就越接近实际曲率。

我国钻井行业标准规定狗腿角用下式计算：

$$\gamma = (\Delta\alpha^2 + \Delta\Phi^2 \cdot \sin^2\alpha_c)^{0.5} \quad (A-38)$$

$$K_c = 30\gamma/\Delta D_m \quad (A-39)$$

上两式中　γ ——该测段的全角变化值，(°)；

K_c ——该测段的平均井眼曲率，(°)/30 m；

α_c ——该测段的平均井斜角，(°)。

4.6.3　井眼轨迹的计算

4.6.3.1　测段轨迹计算

对一个测段来说，需要计算的参数有五个，即四个坐标增量(ΔD 、ΔL_P、ΔN 、ΔE)和井眼曲率 K_c 。

计算测段的四个坐标增量有很多方法。我国钻井行业标准规定：手工计算时用平均角法，计算机计算时用校正平均角法。

(1)平均井斜角法

$$\Delta D = \Delta D_m \cdot \cos\alpha_c \quad (A-40)$$

$$\Delta L_P = \Delta D_m \cdot \sin\alpha_c \quad (A-41)$$

$$\Delta N = \Delta D_m \cdot \sin\alpha_c \cdot \cos\Phi_c \quad (A-42)$$

$$\Delta E = \Delta D_m \cdot \sin\alpha_c \cdot \sin\Phi_c \quad (A-43)$$

以上四式中　α_c ——平均井斜角，$\alpha_c = (\alpha_{i-1} + \alpha_i)/2$ ；

Φ_c ——平均井斜方位角，$\Phi_c = (\Phi_{i-1} + \Phi_i)/2$ 。

(2)校正平均角法

$$\Delta D = f_D \cdot \Delta D_m \cdot \cos\alpha_c \quad (A-44)$$

$$\Delta L_P = f_D \cdot \Delta D_m \cdot \sin\alpha_c \quad (A-45)$$

$$\Delta N = f_H \cdot \Delta D_m \cdot \sin\alpha_c \cdot \cos\Phi_c \quad (A-46)$$

$$\Delta E = f_H \cdot \Delta D_m \cdot \sin\alpha_c \cdot \sin\Phi_c \quad (A-47)$$

以上四式中，f_D 、f_H 为校正系数。

$$f_D = 1 - \Delta\alpha^2/24 \quad (A-48)$$

$$f_H = 1 - (\Delta\alpha^2 + \Delta\Phi^2)/24 \quad (A-49)$$

(3)测段井眼曲率 K_c ，可通过公式(A－38)、(A－39)来计算

4.6.3.2　测点坐标值计算

对一个测点来说，需要计算的参数有七个，即五个直角坐标值(D 、L_P 、N 、E 、V)和两个极坐标值(S 、θ)。

对于任一测段 i 来说，在算出该测段的坐标增量后，即可求得该测段下测点的坐标值。用公式表达为：

$$D_i = D_{i-1} + \Delta D_i \quad (A-50)$$

$$L_{Pi} = L_{Pi-1} + \Delta L_{Pi} \quad (A-51)$$

$$N_i = N_{i-1} + \Delta N_i \quad (A-52)$$

$$E_i = E_{i-1} + \Delta E_i \quad (A-53)$$

4.7　钟摆钻具组合的设计

钟摆钻具组合设计的关键在于计算扶正器至钻头的距离 L_Z。

$$L_Z = \sqrt{\frac{\sqrt{B^2 + 4AC} - B}{2A}} \quad (A-54)$$

式中 $A = \pi^2 \cdot q_m \cdot \sin\alpha$;

$B = 82.04 \cdot W \cdot r$;

$C = 184.6\pi^2 \cdot E \cdot J \cdot r$;

$r = (d_h - d_c)/2$，m

L_Z——扶正器至钻头的最优距离，m;

W——钻压，kN;

E——钻铤钢材的杨氏模量，kN/m^2;

J——钻铤截面的轴惯性矩，m^4;

q_m——钻铤在钻井液中的线重，kN/m;

d_h——井径，m;

d_c ——钻铤直径，m；

α ——允许的最大井斜角，(°)。

考虑到扶正器的磨损和井径的扩大，在实际使用时，扶正器至钻头的距离可比计算的 L_Z 降低 5% ~10%。

4.8 卡钻事故处理相关计算

4.8.1 卡点深度计算

(1)同一尺寸钻具卡点深度的计算

同一尺寸钻具卡点深度的计算公式如下：

$$L = \frac{EA_P\Delta L}{10^3 F} \qquad (A-55)$$

式中 L ——卡点以上钻杆长度，m；

ΔL ——钻具多次提升的平均伸长量，cm；

E ——钢材弹性模量，$E = 2.06\times10^5$ MPa；

F ——钻具连续提升时超过钻具原悬重的平均静拉力，kN；

A_P ——钻杆管体截面积，cm^2。

(2)复合钻具卡点深度的计算

① 通过大于钻具原悬重的拉力 F，量出钻具总伸长 ΔL。为了使 ΔL 更加准确，可多拉几次，用平均法计算出 ΔL。

② 计算在该拉力下，每段钻具的绝对伸长(假设有三种钻具)：

$$\Delta L_1 = \frac{10^3 F L_1}{EA_{P1}} \qquad (A-56)$$

$$\Delta L_2 = \frac{10^3 F L_2}{EA_{P2}} \qquad (A-57)$$

$$\Delta L_3 = \frac{10^3 F L_3}{EA_{P3}} \qquad (A-58)$$

③ 分析 ΔL 与 $\Delta L_1 + \Delta L_2 + \Delta L_3$ 值的关系，确定卡点的大致位置：

a. 若 $\Delta L \geqslant \Delta L_1 + \Delta L_2 + \Delta L_3$，说明卡点在钻头上；

b. 若 $\Delta L_1 + \Delta L_2 \leqslant \Delta L < \Delta L_1 + \Delta L_2 + \Delta L_3$，说明卡点在第三段上；

c. $\Delta L_1 \leqslant \Delta L < \Delta L_1 + \Delta L_2$，说明卡点在第二段上；

d. $\Delta L \leqslant \Delta L_1$，说明卡点在第一段上；

④ 以 $\Delta L_1 + \Delta L_2 \leqslant \Delta L < \Delta L_1 + \Delta L_2 + \Delta L_3$ 为例，计算卡点位置：

a. 计算 ΔL_3，$\Delta L_3 = \Delta L - (\Delta L_1 + \Delta L_2)$

b. 计算 L_3'，$L_3' = EA_{P3}\Delta L_3/(10^3 F)$

该值即为第三段钻具没卡部分的长度。

c. 计算卡点位置：$L = L_1 + L_2 + L_3'$

以上式中　L——卡点位置，m；

F——上提拉力，kN；

E——钢材弹性模量，$E = 2.06 \times 10^5$ MPa；

L_1、L_2、L_3——自上而下三种钻具的各自长度，m；

ΔL——钻具总伸长，cm；

ΔL_1、ΔL_2、ΔL_3——自上而下三种钻具的各自伸长，cm；

A_{P1}、A_{P2}、A_{P3}——自上而下三种钻具的横截面积，cm^2；

L_3'——第三段钻具没卡部分的长度，m。

4.8.2　浸泡油量的计算

浸泡油量的计算公式如下：

$$V_0 = K_{hD} \times 0.785(d_b^2 - d_P^2)H_1 + 0.785 d_{P_i}^2 H_2 \quad (A-59)$$

式中　V_0——浸泡油量，m^3；

K_{hD}——井径附加系数，取 1.2～1.5；

d_b——钻头直径，m；

d_P——钻杆外径，m；

d_{P_i}——钻杆内径，m；

H_1——环空泡油高度，m；

H_2——钻杆内油柱高度，m。

4.8.3 钻杆允许扭转圈数计算

(1)不考虑钻杆轴向拉力作用:

$$N = KH \tag{A-60}$$

$$K = \frac{10^2 \sigma_s}{2\pi G S d_p} \tag{A-61}$$

式中 N——允许扭转圈数，圈;

K——扭转系数，圈/m;

H——卡点深度，m;

σ_s——钻杆钢材屈服强度，MPa;

G——钢材剪切弹性模量，7.854×10^4 MPa;

S——安全系数，取1.5;

d_p——钻杆外径，cm。

不考虑轴向拉力作用时，API钻杆扭转系数见表A-25。

表A-25　不考虑轴向拉力API钻杆扭转系数K

钻杆外径		扭转系数K/(圈/m)				
in	mm	S-135	G-105	X-95	E-75	D-55
2⅜	60.3	0.020869	0.016231	0.014685	0.011594	0.008502
2⅞	73.0	0.017239	0.013408	0.012131	0.009577	0.007023
3½	88.9	0.014161	0.011014	0.009965	0.007867	0.005769
4	101.6	0.012391	0.009637	0.008719	0.006884	0.005048
4½	114.3	0.011014	0.008566	0.007751	0.006119	0.004487
5	127.0	0.009913	0.007710	0.006975	0.005507	0.004038
5½	139.7	0.009011	0.007009	0.006341	0.005006	0.003671
6⅝	168.3	0.007481	0.005819	0.005265	0.004156	0.003048

注：各钢级钻杆钢材屈服强度如下：

S-135，σ_s=930.79MPa；G-105，σ_s=723.95 MPa；X-95，σ_s=655.00 MPa；E-75，σ_s=517.11 MPa；D-55，σ_s=379.21 MPa。

(2)考虑钻杆轴向拉力作用(单一钻柱)

$$N = \frac{Q_t \cdot H}{2\pi G \cdot J} \times 10^5 \tag{A-62}$$

$$Q_t = 0.01154J[(100\sigma/1.5)^2 - (P/A_P)^2]^{0.5}/d_P \tag{A-63}$$

$$J = \frac{\pi}{32} \times (d_P^4 - d_{P_i}^4) \tag{A-64}$$

式中 N——钻杆允许扭转圈数，圈；
Q_t——钻杆允许倒扣扭矩，N·m；
J——钻杆极惯性矩，cm^4；
H——卡点深度，m；
d_P——钻杆外径，cm；
d_{P_i}——钻杆内径，cm；
σ——钻杆最小屈服强度，MPa；
P——钻杆串浮重，kN，
A_P——钻杆本体横截面积，cm^2；
G——钻杆钢材剪切弹性模量，7.854×10^4MPa。

(3)考虑轴向拉力作用(复合钻柱)

$$Q_{ti} = 0.01154J_i[(100\sigma_i/1.5)^2 - (P_i/A_i)^2]^{0.5}/d_{0i} \tag{A-65}$$

$$N_i = \frac{Q_{t\min} \cdot L_i}{2\pi G_i \cdot J_i} \times 10^5 \tag{A-66}$$

$$J_i = \frac{\pi}{32} \times (d_{0i}^4 - d_{ii}^4) \tag{A-67}$$

式中 Q_{ti}——第 i 段钻杆允许倒扣扭矩，N·m；
$Q_{t\min}$——各段钻杆允许倒扣扭矩 Q_{ti}的最小扭矩，N·m；
J_i——第 i 段钻杆极惯性矩，cm^4；
d_{0i}——第 i 段钻杆外径，cm；
d_{ii}——第 i 段钻杆内径，cm；

σ_i——第 i 段钻杆最小屈服强度，MPa；

P_i——第 i 段钻杆顶部所受拉力，kN；

A_i——第 i 段钻杆本体横截面积，cm^2；

N_i——第 i 段钻杆允许扭转圈数，圈；

L_i——第 i 段钻杆长度，m；

G_i——第 i 段钻杆剪切弹性模量，钢材为 7.854×10^4 MPa。

计算步骤如下：

① 计算各段钻杆顶部所受拉力 P_i；

② 计算各段钻杆允许倒扣扭矩 Q_{ti}；

③ 将各段钻杆允许倒扣扭矩 Q_{ti} 中的最小值作为倒扣时的最大扭矩，分别计算每段钻杆的扭转圈数 N_i；

④ 各段钻杆允许扭转圈数 N_i 之和 $\sum N_i$ 即为井口转盘面处允许扭转圈数。

4.8.4 钻杆伸长量计算

钻杆伸长量的计算公式如下：

$$\Delta L = K_c \cdot \frac{10P \cdot L}{E \cdot A} \tag{A-68}$$

式中 ΔL——钻杆伸长量，m；

K_c——接头拉伸系数，0.85～0.90；

p——作用于钻杆的外拉力，kN；

L——钻杆长度，m；

E——钢材弹性模量，2.1×10^5 MPa；

A——钻杆截面积，cm^2。

4.9 压井计算

4.9.1 油气上窜速度计算(迟到时间法)

油气上窜速度的计算公式如下：

$$\mu = \frac{H_{油} - \frac{H_{钻头}}{t_{迟}} \cdot t}{t_{静}} \tag{A-69}$$

式中 μ——油气上窜速度，m/s；

$H_{油}$——油气层深度，m；

$H_{钻头}$——循环钻井液时钻头的深度，m；

$t_{迟}$——井深[$H_{钻头}$]处的迟到时间，min；

t——从开泵循环至见油气显示的时间，min；

$t_{静}$——井内钻井液静止时间，即上次停泵至本次开泵的时间，min。

4.9.2 井筒内钻井液量计算

井筒内钻井液量的计算公式如下：

$$V = \frac{\pi}{4}D^2 \cdot H \tag{A-70}$$

式中 V——井筒内钻井液量，m³；

D——井径，m；

H——井深，m。

4.9.3 钻井液循环时间计算

钻井液循环时间的计算公式如下：

$$T = \frac{V_{井} - V_{柱}}{60Q} \tag{A-71}$$

式中 T——钻井液循环一周的时间，min；

$V_{井}$——井筒容积，L；

$V_{柱}$——钻柱体积，L；

Q——钻井液排量，L/s。

4.9.4 关井立管压力计算

关井立管压力的计算公式如下：

$$P_{d} + P_{md} = P_{p} = P_{a} + P_{ma} \tag{A-72}$$

$$P_{p} = P_{d} + 9.807\rho_{m} \cdot H \tag{A-73}$$

式中 P_{d}——关井立管压力，kPa；

P_{md}——钻柱内钻井液液柱压力，kPa；

P_p ——地层压力，kPa；

P_a ——关井套管压力，kPa；

P_{ma} ——环空内受侵钻井液液柱压力，kPa；

ρ_m ——钻井液密度，g/cm³；

H ——垂直井深，m。

4.9.5 压井所需钻井液密度计算

压井所需钻井液密度的计算公式如下：

$$\rho_{ml} = \frac{0.102}{H}(P_p + P_e) \tag{A-74}$$

式中 ρ_{ml} ——压井所需钻井液密度，g/cm³；

P_p ——地层流体压力，kPa；

P_e ——安全附加压力，油井为 1500～3500kPa，气井为 3000～5000kPa；

H ——井深，m。

4.9.6 压井过程中循环时立管总压力计算

压井过程中循环时立管总压力的计算公式如下：

$$P_T = P_d + P_c + P_e \tag{A-75}$$

式中 P_T ——立管总压力，kPa；

P_d ——关井立管压力，kPa；

P_c ——一定排量压井循环时钻柱内、钻头水眼及环形空间流动阻力，kPa；

P_e ——考虑平衡安全的附加压力，kPa。

4.9.7 压井初始循环压力计算

压井初始循环压力的计算公式如下：

$$P_{Ti} = P_d + P_{ci} + P_e \tag{A-76}$$

式中 P_{Ti} ——压井初始循环压力，kPa；

P_d ——关井立管压力，kPa；

P_{ci} ——压井开始前不同排量循环时的立管压力，kPa；

P_e ——附加压力值，kPa。

4.9.8 压井终了循环压力计算

压井终了循环压力的计算公式如下：

$$P_{cf} = \frac{\rho_{ml}}{\rho_m} P_{ci} = P_{Tf} \tag{A-77}$$

式中 P_{cf}——压井终了循环压力，kPa；

ρ_{ml}——压井时所需钻井液密度，g/cm^3；

ρ_m——关井时钻柱内未气浸钻井液密度，g/cm^3；

P_{ci}——不同排量循环时立管压力，kPa；

P_{Tf}——用 ρ_{ml} 钻井液循环终了时立管总压力，kPa。

4.10 固井常用计算

4.10.1 水泥配浆数据计算

4.10.1.1 纯水泥配水泥浆计算

(1)已知水泥浆密度，计算水泥量：

$$C = \frac{\rho_S - \rho_W}{\rho_C - \rho_W} \cdot \rho_C \cdot S \tag{A-78}$$

计算水量：

$$W = \left[1 - \frac{\rho_S - \rho_W}{\rho_C - \rho_W}\right] \cdot S \tag{A-79}$$

计算水灰比：

$$K = \frac{\rho_C - \rho_S}{\rho_S - \rho_W} \cdot \frac{\rho_W}{\rho_C} \tag{A-80}$$

(2)已知水灰比，计算水泥量

$$C = \frac{\rho_C \cdot \rho_W}{\rho_W + K\rho_C} \cdot S \tag{A-81}$$

计算水量：

$$W = \frac{K \cdot \rho_C \cdot \rho_W}{K \cdot \rho_C + \rho_W} \cdot S \tag{A-82}$$

式中 C——水泥量，t；

W——配浆水体积，m^3；

S ——水泥浆体积，m^3；

ρ_S ——水泥浆密度；g/cm^3；

ρ_C ——水泥密度，g/cm^3；

ρ_W ——配浆水密度，g/cm^3；

K ——水灰比，当 $\rho_W = 1\ g/cm^3$ 时，$K = \left|\frac{W}{C}\right|$。

4.10.1.2　加入外掺料(如硅粉、铁矿粉、硅藻土)的水泥配水泥浆计算

$$\rho_m = \frac{100 + X}{\frac{100}{\rho_c} + \frac{X}{\rho_X}} \tag{A-83}$$

$$M = \frac{\rho_S - \rho_W}{\rho_m - \rho_W} \cdot \rho_m \cdot S \tag{A-84}$$

$$W = \left(1 - \frac{\rho_S - \rho_W}{\rho_m - \rho_W}\right) \cdot S \tag{A-85}$$

$$K' = \frac{\rho_m - \rho_S}{\rho_S - \rho_W} \cdot \frac{\rho_W}{\rho_m} \tag{A-86}$$

水泥体积: 外加剂的体积 = 100: X

式中　X ——外加剂与水泥的体积比；

M ——加入外加剂的水泥量，t；

W ——配浆水体积，m^3；

S ——水泥浆体积，m^3；

ρ_S ——水泥浆密度，g/cm^3；

ρ_C ——水泥密度，g/cm^3；

ρ_X ——外加剂密度，g/cm^3；

ρ_m ——加入外加剂后水泥的密度，g/cm^3；

ρ_W ——配浆水密度，g/cm^3；

K' ——水灰比(当 $\rho_W = 1\ g/cm^3$ 时，$K' = \frac{W}{M}$)。

4.10.2　套管在自重作用下伸长量计算

套管在自重作用下伸长量的计算公式如下：

$$\Delta L = \frac{\rho_S - \rho_m}{2E} \cdot g \cdot L^2 \times 10^{-3} \tag{A-87}$$

式中 ρ_m——钻井液密度，g/cm³；

ρ_S——套管钢材密度，7.85 g/cm³；

E——钢材弹性模量，2.1×10^5 MPa；

g——重力加速度，9.8 m/s²；

ΔL——套管自重下的伸长量，m；

L——套管原有长度，m。

4.10.3 套管自由段恢复自重时回缩长度计算

套管自由段恢复自重时回缩长度的计算公式如下：

$$\Delta L = \frac{L_{自}}{E \cdot 10^3}(L_{固}\rho_S - L_{总}\rho_m) \cdot g \tag{A-88}$$

式中 ΔL——套管回缩长度，m；

$L_{自}$——自由段套管长度，m；

$L_{固}$——水泥封固段套管长度，m；

$L_{总}$——套管总长，m；

ρ_S——钢材密度，7.85 g/cm³；

ρ_m——井内钻井液密度，g/cm³；

E——钢材弹性模量，2.1×10^5 MPa；

g——重力加速度，9.8 m/s²。

附录B　钻井设备

1　石油钻机技术规范

1.1　石油钻机的基本形式和基本参数

1.1.1　石油钻机基本形式

石油钻机基本形式包括：驱动形式、传动形式、运移方式。

按驱动形式分为：柴油机驱动、电驱动和液压驱动三种类型。其中电驱动又分为：交流电驱动、直流电驱动和交流变频电驱动。

按传动形式分为：链条传动、V形皮带传动和齿轮传动。

按运移方式分为：块装式、自行式和拖挂式。

1.1.2　石油钻机的基本参数行业标准(SY/T 5609—1999)

石油钻机按名义钻深范围上限和最大钩载共分为九个级别，各级别钻机的基本参数行业标准(SY/T 5609—1999)见表B－1。

1.2　石油钻机的主要技术参数

1.2.1　宝鸡石油机械有限公司钻机基本参数

宝鸡石油机械有限公司钻机基本参数见表B－2。

1.2.2　兰州兰石国民油井石油工程有限公司钻机基本参数

兰州兰石国民油井石油工程有限公司钻机基本参数见表B－3。

1.2.3　四川宏华石油设备有限公司钻机基本参数

四川宏华石油设备有限公司钻机基本参数见表B－4。

1.2.4　南阳二机石油设备(集团)有限公司钻机基本参数

南阳二机石油设备(集团)有限公司钻机基本参数见表B－5

1.2.5　中曼石油天然气集团钻机基本参数

中曼石油天然气集团钻机基本参数见表B－6。

表 B－1　石油钻机型式与基本参数（SY/T5609—1999）

钻机级别		10/600	15/900	20/1350	30/1700	40/2250	50/3150	70/4500	90/6750 90/5850③	120/9000
名义钻深范围①/m	127mm钻杆	500～800	700～1400	1100～1800	1500～2500	2000～3200	2800～4500	4000～6000	5000～8000	7000～10000
	114mm钻杆	500～1000	800～1500	1200～2000	1600～3000	2500～4000	3500～5000	4500～7000	6000～9000	7500～12000
最大钩载/kN（tf）		600（60）	900（90）	1350 （135）	1700 （170）	2250 （225）	3150 （315）	4500 （450）	6750（675） 5850（585）③	9000 （900）
绞车额定功率/kW（hp）		110～200 （150～270）	257～330 （350～450）	330～400 （450～550）	400～550 （550～750）	735 （1000）	1100 （1500）	1470 （2000）	2210 （3000）	2940 （4000）
游动系统绳数	钻井绳数	6	8	8	8	8	10	10	12/10③	12
	最多绳数	6	8	8	10	10	12	12	16/14③	16
钻井钢丝绳直径②/mm（in）		22（$\frac{7}{8}$）	26（1）	29（$1\frac{1}{8}$）	32（$1\frac{1}{4}$）	32（$1\frac{1}{4}$）	35（$1\frac{3}{8}$）	38（$1\frac{1}{2}$）	42（$1\frac{5}{8}$）	52（2）

续表

钻机级别	10/600	15/900	20/1350	30/1700	40/2250	50/3150	70/4500	90/6750 90/5850③	120/9000
钻井泵单台功率最小值/kW(hp)	260 (350)	370 (500)	590 (800)	735 (1000)		960 (1300)	1180 (1600)		1470 (2000)
转盘开口直径/mm(in)	381，445 (15，$17\frac{1}{2}$)		445，520，700 ($17\frac{1}{2}$，$20\frac{1}{2}$，$27\frac{1}{2}$)			700，950，1260 ($27\frac{1}{2}$，$37\frac{1}{2}$，$49\frac{1}{2}$)			
钻台高度/m	3，4	4，5				5，6，7.5		7.5，9，10.5，12	
井架④	各级钻机均采用可提升28m立柱的井架。对10/600，15/900，20/1350三级钻机也可采用提升19m立柱的井架，对120/9000一级钻机可采用37m立柱的井架								

注：① 114mm钻杆组成的钻柱的平均质量30kg/m，127mm钻杆组成的钻柱的平均质量36kg/m，以114mm钻杆标定的名义钻深范围上限作为钻机型号的表示依据。

② 所选用钢丝绳应保证在游动系统最多绳数和最大钩载的情况下的安全系数不小于2，在钻井绳数和最大钻柱载荷情况下的安全系数不小于3。

③ 为非优先采用参数。

④ 不适合用于自行式钻机、拖挂式钻机。

表 B-2 宝鸡石油机械有限公司钻机基本参数

钻机形式	交流变频电驱动						
钻机型号	ZJ20DBX（斜井）	ZJ15/900DB-1	ZJ20/1350DB	ZJ40/2250DB	ZJ70/4500DB（人工岛环轨）	ZJ90/6750DB	ZJ120/9000DB
名义钻井深度（114mm 钻杆）/m	井架倾斜 45° 1200~2000	800~1500	2000	2500~4000	4500~7000	6000~9000	9000
最大钩载/kN	1700	900	1350	2250	4500	6750	
提升系统结构	4×5	4×5	4×5	5×6	6×7	14	
钢丝绳直径/mm	29	26	29	32	38	45	
绞车额定功率/kW		400	400	735	1470	2940	4400
绞车挡数		2 挡无级调速	2 挡无级调速	6 挡无级调速	2 挡无级调速	1 挡无级调速	
动力机功率×台数		500kW×1 600kW×1	500kW	800kW×3			
泥浆泵型号×台数		F-1000 泵×1 台	F-1300×1 台	965kW×2	F-1600×3	F-1600HL	
转盘开口直径及挡数		445mm 1 挡无级调速	445mm 2 挡无级调速	698mm	952.5mm 1 挡无级调速	952.5mm 1 挡无级调速	
井架型式×高度	K 型两节伸缩×24m	两节伸缩式×31m	A 型×40m	A 型×44m	K×45m	K×48m	52
钻台面高度/m	4.5	4.5	前台 3.8	7.5	10.5	12	12m 旋升底座
转盘梁下净空高度/m		3.5	2.88		9	10.3	

续表

钻机形式	交(直)流电驱动					
钻机型号	ZJ15/900JD	ZJ30/1700DZ	ZJ30/1700JD	ZJ50/3150D	ZJ70/4500D	ZJ70/4500DS 沙漠钻机
名义钻井深度(114mm 钻杆)/m	1500	3000	3000	5000m	5000 ~ 7000m	7000m
最大钩载/kN	900kN	1700kN	1700kN	3150kN	4500kN	4500kN
提升系统结构	4 × 5	4 × 5 或 5 × 6	4 × 5 或 5 × 6	6 × 7	6 × 7	6 × 7
钢丝绳直径/mm	ϕ26mm	ϕ29mm	ϕ29mm	ϕ35mm	ϕ38mm	ϕ35mm
绞车额定功率/kW		800	380	1100	1470	1470
绞车挡数	3 正	2 挡无级变速	4 正 1 倒	4 挡无级调速	4 挡无级调速	2 × 2
动力机功率 × 台数		800kW	380kW	735kW × 6	800kW × 6	700kW × 5
泥浆泵型号 × 台数	NB1 – 350 × 2	F – 1300	F – 1300	F – 1300 泵 × 2	F – 1600 × 2	1300HP × 2
转盘开口直径及挡数	445 × 3 正 + 1 倒	两挡无级变速	445mm 四正一倒	952	950mm 两挡无级调速	952
井架型式 × 高度	39m	A 型 × 40m	A 型 × 40m	前开口型 45m	前开口型 45m	前开口 45m
钻台面高度/m		前 3.8m 后 3.24m	前 3.8m 后 3.24m	9m	9m	9m
转盘梁下净空高度/m	1.97	2.88	2.88	7.52	7.62	

续表

钻机形式	机械驱动						
钻机型号	ZJ10/585	ZJ30/1700B	ZJ40/2250L	ZJ40/2250L1	ZJ40/2250T 沙漠钻机	ZJ50/3150L	ZJ70/4500L
名义钻井深度（114mm 钻杆）/m	1000	2500 ~ 3000	2500 ~ 4000	2500 ~ 4000	2500 ~ 4000	3500 ~ 5000	4500 ~ 7000
最大钩载/kN	585	1700	2250	2250	2250	3150	4500
提升系统结构	4 × 5	4 × 5 或 5 × 6	5 × 6	5 × 6	5 × 6	6 × 7	6 × 7
钢丝绳直径/mm	22	29	32	32	32	35	38
绞车额定功率/kW	210	440(515kW)	735	735	2250	1100kW	1470
绞车挡数	2 正 1 倒无级变速	4 正 1 倒(3 正 1 倒无级变速)	4 正 2 倒	4 正 2 倒	6 正 2 倒	4 正 2 倒	4 正 2 倒
动力机功率 × 台数	294kW	841kW	930kW × 3		463kW × 2 754kW × 2		735kW × 4
泥浆泵型号 × 台数	F – 800 × 1	F – 1000 × 1	F – 1300 × 2	F – 1300 × 2	F – 1300 × 2	F – 1600 × 2	F – 1600 × 2
转盘开口直径及挡数	445mm 2 正 1 倒无级变速	445mm 4 正 1 倒(3 正 1 倒无级变速)	520mm 4 正 2 倒	700mm 4 正 2 倒	698.5mm 3 正 1 倒	700mm 4 正 2 倒	952mm 4 正 2 倒
井架型式 × 高度	A 型 × 31m	K，A × 41m	K × 42m	K × 43m	K型伸缩式×40m	K 型 × 45m	前开口型 × 45m
钻台面高度/m	3000mm	前 4m 后 2.95m	6m		5.5m	前 7.5m 后 0.4m	拼装式 7.5m
转盘梁下净空高度/m	2.21		4.8		4.3	6.3	

续表

钻机形式	混合驱动		半拖挂车装		车装钻修机	
钻机型号	ZJ30/1700	ZJ70/4500LD	ZJ15X 斜直井钻机	ZJ40/2250LT	ZJ40/2250T 沙漠钻机	ZJ20/1350Z
名义钻井深度 (114mm 钻杆)/m	1600~3000	4500~7000	1500(127mm 钻杆斜深)	2500~4000	2500~4000	钻井 2000m 修井 7000m
最大钩载/kN	1700	4500	1000	2250	2250	1350
提升系统结构	4×5 或 5×6	6×7	4×5	5×6	5×6	
钢丝绳直径/mm	29	38	26	32	32	
绞车额定功率/kW	485	1470		735	735	410
绞车挡数	五正一倒		5 正 1 倒		6 正 2 倒	5 正 1 倒
动力机功率×台数	725HP×1 台	810kW×3 柴油机 630kW×2 电动机 800kW×1 直流电机		810kW×3 台	463kW×2 754kW×2	CAT3406×2 CLBT-5861×2 CATD379×2
泥浆泵型号×台数	F-800×2	F-1600×2	F-800×2	F-1300×2	F-1300×2	F-800×2
转盘开口直径及挡数	445mm	952.5mm		698mm	698.5mm 3 正 1 倒	
井架型式×高度	K 型 32m	45m	21m	43m	K 型×40m	JJ136/35-W×31m
钻台面高度/m	4.5	9	3.1	6	5.5	4.5
转盘梁下净空高度/m					4.3	3.82

表 B-3 兰州兰石国民油井石油工程有限公司钻机基本参数

钻机形式	交流变频电驱动			
钻机型号	ZJ40/2250DB	ZJ50/3150DB	ZJ70/4500DB	ZJ90/5850DB
名义钻井深度(114mm 钻杆)/m	2500～4000	3500～5000	4500～7000	6000～9000
最大钩载/kN	2250	3150	4500	5850
游动系统最多绳数	10	12	12	14
钢丝绳直径/mm	32	35	38	42
绞车额定功率/kW	735	1100	1470	2210
绞车挡数	1 挡无级调速	1 挡无级调速	1 挡无级调速	1 挡无级调速
游动系统滑轮外径/mm	1120	1270	1524	1524
泥浆泵单台功率×台数	735kW×2 台	960kW、1180kW×2 台	1180kW×3 台	1470kW×3 台
转盘开口直径及挡数	520.7、698.5mm 1 挡无级调速	698.5、952.5mm 1 挡无级调速	952.5mm 1 挡无级调速	1257.3mm 2 挡无级调速
井架工作高度/m	43	45	45	46
钻台面高度/m	7.5	7.5、9	9、10.5	10.5、12
转盘梁下净空高度/m	6.26	7.62、8.92	7.42、8.92	8.7、10

续表

钻机形式	交直流电驱动			
钻机型号	ZJ40/2250DZ	ZJ50/3150DZ	ZJ70/4500DZ	ZJ90/5850DZ
名义钻井深度(114mm 钻杆)/m	2500 ~ 4000	3500 ~ 5000	4500 ~ 7000	6000 ~ 9000
最大钩载/kN	2250	3150	4500	5850
游动系统最多绳数	10	12	12	14
钢丝绳直径/mm	32	35	38	42
绞车额定功率/kW	735	1100	1470	2210
绞车挡数	4	4	4	4
游动系统滑轮外径/mm	1120	1270	1524	1524
泥浆泵单台功率×台数	735kW×2 台	960kW、1180kW×2 台	1180kW×3 台	1470kW×3 台
转盘开口直径及挡数	520.7、698.5mm 2 挡无级调速	698.5、952.5mm 2 挡无级调速	952.5mm 2 挡无级调速	1257.3mm 2 挡无级调速
井架工作高度/m	43	45	45	46
钻台面高度/m	7.5	7.5、9	9、10.5	10.5、12
转盘梁下净空高度/m	6.26	7.62、8.92	7.42、8.92	8.7、10

续表

钻机形式	机械驱动				
钻机型号	ZJ20/1350L(J)	ZJ30/1700 L(J)	ZJ40/2250 L(J)	ZJ50/3150 L(J)	ZJ70/4500L
名义钻井深度(114mm 钻杆)/m	1200～2000	1600～3000	2500～4000	3500～5000	4500～7000
最大钩载/kN	1350	1700	2250	3150	4500
游动系统最多绳数	8	10	10	12	12
钢丝绳直径/mm	29	32	32	35	38
绞车额定功率/kW	400	550	735	1100	1470
绞车挡数	3 正 +1 倒	3 正 +1 倒	4 正 +2 倒、6 正 +2 倒	4 正 +2 倒、6 正 +2 倒	6 正 +2 倒
游动系统滑轮外径/mm	915	915	1120	1270	1524
泥浆泵单台功率 ×台数	735 ×1 台	735 ×2 台	960kW ×2	1180kW ×2	1180kW ×2
转盘开口直径及挡数	445mm 3 正 +1 倒	520. 7mm 3 正 +1 倒	698. 5mm 4 正 2 倒、6 正 2 倒	952. 5mm 4 正 2 倒、6 正 2 倒	952. 5mm 4 正 2 倒、6 正 2 倒
井架工作高度/m	31. 5	31. 5	43	45	45
钻台面高度/m	4. 5	4. 5	6	7. 5	9
转盘梁下净空高度/m	3. 54	3. 44	4. 76	6. 26	7. 7

续表

钻机形式	机电复合驱动				
钻机型号	ZJ40/2250LDB	ZJ40/2250JDB	ZJ50/3150LDB	ZJ50/3150JDB	ZJ70/4500LDB
名义钻井深度（114mm 钻杆）/m	2500 ~ 4000	2500 ~ 4000	3500 ~ 5000	3500 ~ 5000	4500 ~ 7000
最大钩载/kN	2250	2250	3150	3150	4500
游动系统最多绳数	10	10	12	12	12
钢丝绳直径/mm	32	32	35	35	38
绞车额定功率/kW	735	735	1100	1100	1470
绞车挡数	4	4	4	4	6
柴油机数量	3	3	3	3	4
泥浆泵单台功率×台数	960kW ×2	960kW ×2	1180kW ×2	1180kW ×2	1180kW ×2
转盘开口直径及挡数	698. 5mm 1 挡无级调速	698. 5mm 1 挡无级调速	952. 5mm 1 挡无级调速	952. 5mm 1 挡无级调速	952. 5mm 1 挡无级调速
井架工作高度/m	43	43	45	45	45
钻台面高度/m	6	7. 5	7. 5	7. 5	9
转盘梁下净空高度/m	4. 76	6. 26	6. 26	6. 26	7. 7

表 B－4 四川宏华石油设备有限公司钻机基本参数

钻机形式	交流变频电驱动					
钻机型号	ZJ90/6750 DBS 数控变频	ZJ70/4500DBS 数控变频	ZJ50/3150DBS 数控变频	ZJ40/2250DBS 数控变频	ZJ90DBS 数控变频低温	ZJ70/4500DBS 数控变频低温 列车式平移
名义钻井深度（114mm 钻杆）/m	6000～9000	7000	3500～5000	2500～4000	6000～9000	7000m （127mm 钻杆）
最大钩载/kN	6750	4500	3150	2250	6750	4500
提升系统结构	7×8，顺穿	6×7，顺穿	6×7，顺穿	5×6，顺穿	7×8，顺穿	6×7，顺穿
钢丝绳直径/mm	45	38	35	32	45	38
绞车额定功率/kW	3200	1470	1100	1000	3200	1470
绞车挡数	两挡无级调速	一挡无级调速	一挡无级调速	一挡无级调速	两挡无级调速	一挡无级调速
动力机功率×台数	1600kW×2 45kW×2 800kW×1 1200kW×3	600kW×1 1000kW×2 45kW×1 1200kW×3	600kW×3 45kW ×1 1200kW×2	1000kW×3 45kW×1 600kW× 1	1200kW×5	600kW×1 1000kW×2 1200kW×2 45kW×1
泥浆泵型号×台数	F－1600×3	F－1600×3	F－1600×2	F－1300×2	F－1600×3	F－1600×2
转盘开口直径及挡数	1257.3mm 一挡无级调速	950mm 一(二)挡 无级调速	952.5mm 698.5mm 一挡无级调速	698.5mm 一挡无级调速	1257.3mm 一挡无级调速	952.5mm 1 挡无极调速
井架型式×高度	K 型×48m	K 型×45m	K 型×45m	K 型×43m	K 型×48m	K 型×45m
底座高度及转盘梁下净空高度/m	12，10	9，7.6(弹弓) 10.5，9.2(扒杆)	9，7.6(弹弓)	7.5，6.26(弹弓)	12，10	12.7，11.3

续表

钻机形式	交流变频电驱动			交直流电驱动	
钻机型号	ZJ50/3150DBS 数控变频低温	ZJ30/1700DBS 数控变频低温 列车式平移	ZJ30/1700DBS 数控变频低温 直升机吊装	ZJ50/3150D 直流电驱动	ZJ50/3150D 直流电驱动
名义钻井深度(114mm 钻杆)/m	3500～5000	1600～3000	1600～3000	7000	5000
最大钩载/kN	3150	1700	1700	4500	3150
提升系统结构	6×7，顺穿	5×6，顺穿	5×6，顺穿	6×7，顺穿	6×7，顺穿
钢丝绳直径/mm	35	28	28	38	35
绞车额定功率/kW	1100	600	600	1470	1100
绞车挡数	一挡无级调速	一挡无级调速	一挡无级调速	4正+4倒，无级调速	4正+4倒
动力机功率×台数	600kW×3，45kW×1 1200kW×2	600kW×4 45kW×1	600kW×4 45kW×1	800kW×9	800kW×7(直流) 45kW×1(变频)
泥浆泵型号×台数	F－1600×2	F－800×2	F－800×2	F－1600×3	F－1600×2
转盘开口直径及挡数	952.5mm，698.5mm 一挡无级调速	700mm 一挡无级调速	700mm 一挡无级调速	952.5mm 一、二挡无级调速	952.5mm 2正+2倒
井架型式×高度	K型×45m	K型×41m	K型×41m	K型×45m	K型×45m
底座高度及转盘梁下净空高度/m	9，7.6	8.6，6.5	8.6，6.5	9，7.62(弹弓式) 10.5，8.92(旋升)	9，7.62(块状式) 9，7.75(旋升式)

续表

钻机形式	机械驱动				
钻机型号	ZJ70/4500L	ZJ50/3150L	ZJ40/2250L	ZJ40/2250J	ZJ30/1700L
名义钻井深度（114mm 钻杆）/m	7000	3500 ~ 5000	2500 ~ 4000	4000	3000
最大钩载/kN	4500	3150	2250	2250	1700
提升系统结构	6×7，顺穿	6×7，顺穿	5×6，顺穿	5×6，顺穿	5×6，顺穿
钢丝绳直径/mm	38	35	32	32	29
绞车额定功率/kW	1470	1100	735	735	560
绞车挡数	4 正 +2 倒 6 正 +2 倒	4 正 +2 倒 6 正 +2 倒	4 正 +2 倒 6 正 +2 倒	4 正 +2 倒 6 正 +2 倒	4 正 +2 倒
动力机功率×台数	810kW×4（柴油机）	810kW×3（柴油机）	810kW×3（柴油机）	810kW×3（柴油机）	810kW×2（柴油机）
泥浆泵型号×台数	F－1600×2	F－1600×2	F－1300×2	F－1300×2	F－1300×1
转盘开口直径及挡数	952.5mm 或 698.5mm 4 正 +2 倒	952.5mm 或 698.5mm 4 正 +2 倒或 6 正 +2 倒	698.5mm 4 正 +2 倒或 6 正 +2 倒	698.5mm 4 正 +2 倒或 6 正 +2 倒	520.7mm 4 正 +2 倒
井架型式×高度	K 型×45m	K 型×44.5m	K 型×43m	K 型×43m	K 型×41m
底座高度及转盘梁下净空高度/m	7.5，6.26	7.5，6.3 （块装式）	7.5，6.3 （块装式）	7.5，6.3（块装式） 6，4.8（箱叠式）	5.5，4.5 （箱叠式）

续表

钻机形式	复合驱动				拖挂钻机	
钻机型号	ZJ70/4500LDB 转盘独立电驱动	ZJ50/3150LDB 转盘独立电驱动	ZJ40/2250LDB 转盘独立电驱动	ZJ30/1700LDB 转盘独立电驱动	ZJ900YDT 液压单根拖挂	ZJ50/3150DBST 交流电驱动拖挂
名义钻井深度 (114mm 钻杆)/m	7000	3500×5000	4000	3000	9000	3500~5000
最大钩载/kN	4500	3150	2250	1700	900	3150
提升系统结构	6×7,顺穿	6×7,顺穿	5×6,顺穿	5×6,顺穿		6×7,顺穿
钢丝绳直径/mm	38	35	32	29	44	35
绞车额定功率/kW	1470	1100	735	551		1200
绞车挡数	4正+2倒 6正+2倒	4挡,6挡	4正,4正+2倒	4挡		无级调速
动力机功率×台数	810kW×3(柴油机) 600kW×1(变频电机) 45kW×1(变频电机)	810kW×3(柴油机) 600kW×1(变频电机) 45kW×1(变频电机)	810kW×3(柴油机) 600kW×1(变频电机) 45kW×1(变频电机)	810kW×2(柴油机) 300kW×1(变频电机) 22kW×1(变频电机)	522kW×1 (柴油机)	600kW×3(变频电机) 1200kW×2(变频电机) 45kW×1(变频电机)
泥浆泵型号×台数	F-1600×2	F-1600×2	F-1300×2	F-1300×1		F-1600×2
转盘开口直径 及挡数	950mm 1挡,二挡	952.5mm 或 698.5mm 1挡,二挡	698.5mm 1挡无级调速 2挡无级调速	520.7mm 1挡无级调速		952.5mm 1挡
井架型式×高度	K型×45m	K型×44.5m	K型×43m	K型×42m	W型×23.3m	K型×45m
底座高度及转盘 梁下净空高度/m	9,7.6(块装式) 10.5,9(旋升式)	9,7.62 (块装式)	7.5,6.3 (块装式)	4.5,3.58 (箱叠式)	3,2	9,7.6 (弹弓式)

续表

钻机形式	拖挂钻机					
钻机型号	ZJ50/3150DT 直流电驱动拖挂	ZJ40/2250DBST 交流电驱动拖挂	ZJ40/2250DT 直流电驱动拖挂	ZJ30/1800T 机械驱动	ZJ20/1580T 机械驱动	ZJ30/1800T 机械低温拖挂
名义钻井深度 (114mm 钻杆)/m	3500～5000	2500～4000	2500～4000	3000	2000	3000
最大钩载/kN	3150	2250	2250	1800	1580	1800
提升系统结构	6×7，顺穿	5×6，顺穿	5×6，顺穿	5×6，顺穿	4×5，顺穿	5×6，顺穿
钢丝绳直径/mm	35	32	32	29	29	29
绞车额定功率/kW	1100	1000	800	520	400	520
绞车挡数	4 正 +4 倒	1 挡无级调速	4 挡 +4 倒	5 正 +1 倒	5 正 +1 倒	5 正 +1 倒
动力机功率 及台数	800×7kW(直流) +45kw(交流)	1000kW×3(交流) 45kW×1(交流) 600kW×1(交流)	800kW×4(直流) 45kW×1 (交流变频)	CAT C15/ 403kW	CAT C18/ 522kW	CAT C15/ 403kw/2 台
泥浆泵型号×台数	F－1600×2	F－1300×2	F－1000×2	F－1000×1	F－800×1	F－1000×1
转盘开口直径 mm 及挡数	952.5 2 正 +2 倒	698.5 1 挡无级调速	698.5 2 挡 +2 倒	520 5 正 +1 倒	520 5 正 +1 倒	520 5 正 +1 倒
井架型式×高度	K 型×45m	K 型×43m	K 型×43m	桅型，双节伸缩 ×38m	桅型，双节套装 ×36m	桅型，双节套装 ×38m
底座高度及转盘 梁下净空高度/m	9m，7.6m (弹弓式)	7.5m，6.26m (弹弓式)	7.5m，6.26m (弹弓式)	6m，4.3m (旋升式)	6m，4.3m (旋升式)	6m，4.3m (旋升式)

续表

钻机形式	拖挂	车载		宏华车载 ZJ30/1350CT 复合连续管钻机		
钻机型号	ZJ20/1580T 机械低温拖挂	ZJ40CZ	ZJ30CZ	卷筒拖车参数	长×宽×高	13m×4.25m×4.69m
名义钻井深度 (114mm 钻杆)/m	2000	4000	3000 大修深度 5700m	井架底座拖车参数	长×宽×高	23.8m×4.3 m ×4.79m
最大钩载/kN	1580	2250	1700	机械手拖车参数	长×宽×高	17.6m×3.7m×3.7m
提升系统结构	4×5，顺穿	5×6，顺穿	5×6，顺穿	卷筒容管量	$2\frac{7}{8}$in 连续管	3000m
钢丝绳直径/mm	29	32	29		$3\frac{1}{2}$in 连续管	2000m
绞车额定功率/kW	400	735	550	注入头	提升载荷	534 kN
绞车挡数	5 正 +1 倒	5 正 +1 倒	5 正 +1 倒	直驱绞车	提升载荷	1350 kN
动力机功率×台数	CAT C18/ 522kW	522 kW×2	403kW×2	举升机械手， 翻转机械手	夹持管子直径	88.9 ~ 244.5mm
泥浆泵型号×台数	F−800×1	F−1000×2	F−800×2		最大载荷	30kN
转盘开口直径 及挡数	520mm 5 正 +1 倒	698.5mm 5 正 +1 倒	520.7mm 5 正 +1 倒	动力水龙头	额定载荷	135kN
					最大扭矩	35kN · m
井架型式高度	桅型，双节套装 ×36m	桅型，套装伸 缩式×38m	桅型，套装伸 缩式×38m	井架净空高		18.5
底座高度及转盘 梁下净空高度/m	6，4.3 （旋升式）	6，4.9 （旋升式）	6，4.9 （旋升式）	钻台面高度及 转盘梁下净空高		4.5，4.1
				铁钻工	紧扣扭矩/kN · m	81.9
					卸扣扭矩/kN · m	108.5

表 B－5　南阳二机石油设备(集团)有限公司钻机基本参数

钻机形式	交流变频驱动					直流电驱动
钻机型号	ZJ10DB－A	ZJ30/1700DB	ZJ40DB	ZJ50DB	ZJ70DB	ZJ50D
名义钻井深度(114mm 钻杆)/m	1000(127mm 钻杆)	3000	2500 ～4000	6000	6000(127mm 钻杆)	3500～5000
最大钩载/kN	675	1700	2250	3150	4500	3150
提升系统结构	4×5	5×6	5×6	6×7	6×7	6×7
钢丝绳直径/mm	21.5	29	32	35	38	35
绞车额定功率/kW	250	500		1200	1600	1100
绞车挡数		2 挡				4＋4R 无级变速
动力机功率×台数			396kW×2	1250kW×3	1250kW×4	800kW×7(直流电机)
泥浆泵型号×台数				RGF1300×2	F－1600×3	F－1600×2
转盘开口直径及挡数			700mm	952.5mm	952.5mm	952.5mm Ⅰ＋ⅠR 无级变速
井架型式×高度	K 式×31m	K 型直立式×41m	K 式×43m	K 型×43m、45m	K 型×45m	K 型×45m
底座高度及转盘梁下净空高度/m	2.7		7.5，6	9，7.5	10.5，9 旋升式或双升式	10.5，9 旋升式或双升式

续表

钻机形式	直流电驱动	机械驱动			复合驱动(撬装钻机)	
钻机型号	ZJ70D	ZJ20K	ZJ30K	ZJ40K	ZJ40LDB	ZJ70LDB
名义钻井深度(114mm 钻杆)/m	4500~7000	2500	2500(127mm 钻杆)	2500~4000	3200(127mm 钻杆)	6000(127mm 钻杆)
最大钩载/kN	4500	1580	1700	2250	2250	4500
提升系统结构	6×7	4×5	5×6/4×5	5×6	5×6	6×7
钢丝绳直径/mm	38	29	Φ29/Φ32	32	32	38
绞车额定功率/kW	1400		400	735	735	1470
绞车挡数	4+4R 无级变速					
动力机功率×台数	800kW×7(直流电机)	485kW	396kW×2 或 392×2kW	396kW×2	810kW×3	1060kW×3
泥浆泵型号×台数	F-1600×3		RGF1000×2	RGF1300×2	RGF1300×2	F-1600×3
转盘开口直径及挡数	952.5mm I+IR 无级变速	520mm	520.7mm,698.2mm	700mm	698.2mm	952.5mm
井架型式×高度	K 型×45.5m	31m	33m	K 式×43m	K 型×43m	K 型×45m
底座高度及转盘梁下净空高度/m	10.5,9 旋升式或双升式	4.5	5.6	7.5,6	7.5,6	10.5,9(旋升式)

续表

钻机形式	拖挂钻机						
钻机型号	ZJ20/1580CT	ZJ30/1700CT	ZJ30/17000BT 交流变频 电驱动	ZJ40/2250CT	ZJ40/2250DBT 交流变频 电驱动	Super single TZJ10	Super single Supper Rig
名义钻井深度(114mm钻杆)/m	2000	3000	3000	4000	4000	2000	500～1000
最大钩载/kN	1580	1800	1800	2250	2250	1350	900
提升系统结构	4×5	5×6	5×6	5×6	5×6	4×5	3×4
钢丝绳直径/mm	29	29	29	32	32	26	26
绞车型号	JC20CT	JC30CT	JC30DBT	JC40CT	JC40DBT		
绞车挡数							
动力机功率×台数	485kW或492kW	354kW×2	1000kW×2+600	485kW×2或492kW×2	1250kW×2+600		440kW
泥浆泵型号×台数	RGF800	RGF800×2	RGF1000×2	RGF1300×2	RGF1300×2	RGF800×2	RGF800
转盘开口直径及挡数	444.5mm	698.5mm	520.7mm	698.5mm	698.5mm	520.7mm	444.5mm
井架型式×高度	桅形或直立套装×36/38m	桅形或直立套装×36/38m	桅形或直立套装×36/38m	桅形或直立套装×36/38m	桅形或直立套装×36/38m	桅杆式双节套装×35m	22m
底座高度及转盘梁下净空高度/m	4.5(箱叠式)	6(箱叠式)	5.5(箱叠式)	6(箱叠式)	6～6.7	5 半拖车自走式	3.9

续表

钻机形式	车载钻机					
钻机型号	ZJ10/900CZ（自走式）	ZJ15/1125CZ（自走式）	ZJ20/1580CZ（自走式）	ZJ30/1700CZ（双滚筒车装自走式）	ZJ40/2250CZ（自走式）	ZJ40CZ/K（直立井架自走式）
名义钻井深度（114mm 钻杆）/m	1000（127mm 钻杆）	1500（127mm 钻杆）	2000（127mm 钻杆）	3000	2500～4000	2500－4000
最大钩载/kN	900	1125	1580	1800	2250	2250
提升系统结构	3×4	4×5	4×5	4×5	5×6	5×6
钢丝绳直径/mm	26	26	29	32	32	32
绞车额定功率/kW					735	
绞车挡数				五正一倒		
动力机功率×台数	268.5kW	394kW	485kW	792kW(双机)		386kW×2
泥浆泵型号×台数					RGF1000	
转盘开口直径及挡数	444.5mm	444.5mm	444.5mm	700mm 五正五倒	700mm	700mm
井架型式×高度	29m	32m	35m	38m	38m	32m（K 型五节套装）
底座高度及转盘梁下净空高度/m	0.29	0.311	0.311	6	6，5.5	6

表B-6 中曼石油天然气集团钻机基本参数

钻机形式	交流变频电动钻机					直流电动钻机
钻机型号	ZJ30/1700DB	ZJ30/1700DZ	ZJ40/2250DB	ZJ50/3150DB	ZJ70/4500DB	ZJ90/5850DB
名义钻井深度（114mm 钻杆）/m	1600～3000	1600～3000	2500～4000	3500～5000	4500～7000	6000～9000
最大钩载/kN	1700	1700	2250	3150	4500	5850
提升系统结构	5×6 顺穿/花穿	5×6 顺穿/花穿	5×6 顺穿/花穿	6×7 顺穿/花穿	6×7 顺穿/花穿	7×8 顺穿/花穿
钢丝绳直径/mm	29	29	32	35	38	42
绞车额定功率/kW	550	550	735	2000	1470	2321
绞车挡数	无级调速	4/无级调速	无级调速	无级调速	无级调速	无级调速
动力机功率×台数	1200×3	1200(1632)×3	1200×3	1100×3	1200×3	1200×4
泥浆泵功率 kW(hp)×台数	735(1000)×2	735(1000)×2	956(1300)×2	956(1300)×2 1180(1600)×3	1180(1600)×2 1180(1600)×3	1470(2000)×3
转盘开口直径 mm 及挡数	520.7 1 无级调速	520.7 2	698.5 1 无级调速	698.5，952.5 1 无级调速	952.5 1 无级调速	1257.3 1 无级调速
井架型式×高度	41m	41m	43m	45m	45m	46m
钻台高度/m	5，6，7.5	5，6，7.5	5，6，7.5	7.5，9，10.5	7.5，9，10.5	9，10.5，12
转盘梁下净空高度/m	3.76，4.7，6.26		3.76，4.76，6.26	6.12，7.62，9.12	6.12，7.62，9.12	7.62，9.12，12

续表

钻机形式	直流电动钻机				机电复合驱动钻机	
钻机型号	ZJ40/2250DZ	ZJ30/1700LDB	ZJ40/2250LDB	ZJ50/3150DZ	ZJ70/4500DZ	ZJ90/5850DZ
名义钻井深度 (114mm 钻杆)/m	2500 ~ 4000	1600 ~ 3000	2500 ~ 4000	3500 ~ 5000	4500 ~ 7000	6000 ~ 9000
最大钩载/kN	2250	1700	2250	3150	4500	5850
提升系统结构	5 × 6 顺穿/花穿	5 × 6 顺穿/花穿	5 × 6 顺穿/花穿	6 × 7 顺穿/花穿	6 × 7 顺穿/花穿	7 × 8 顺穿/花穿
钢丝绳直径/mm	32	29	32	35	38	42
绞车额定功率/kW(hp)	735 (1000)	550(750)	735(1000)	1100 (1500)	1470(2000)	2321 (3000)
绞车挡数	4/无级调速	4 正 +2 倒	4 正 +2 倒	4/无级调速	4/无级调速	4/无级调速
柴油机功率 kW(hp) × 台数	1200(1632) ×3	810(1100) ×3	810(1100) ×3	1100(1500) ×3	1200(1632) ×3	1200(1632) ×4
泥浆泵功率 kW(hp) × 台数	956(1300) ×2	735(1000) ×2	956(1300) ×2	1180(1600) ×2/3	1180(1600) ×2/3	1470(2000) ×3
转盘开口直径 mm 及挡数	520.7, 698.5 2	520.7 无级调速	698.5 无级调速	698.5 2	952.5 2/无级调速	952.5 2/无级调速
井架型式 × 高度	43m	41m	43m	45m	45m	46m
钻台高度/m	5, 6, 7.5	5, 6, 7.5	5, 6, 7.5	7.5, 9, 10.5	7.5, 9, 10.5	9, 10.5, 12
转盘梁下净空高度/m					3.76, 4.76, 6.26	3.76, 4.76, 6.26

注：LDB——后台链条并车，前台电驱动。

续表

钻机形式	机电复合驱动钻机			链条传动钻机		
钻机型号	ZJ50/3150LDB	ZJ30/1700L	ZJ40/2250L	ZJ50/3150L	ZJ70/4500LDB	ZJ90/5850LDB
名义钻井深度（114mm 钻杆）/m	3500～5000	1600～3000	2500～4000	3500～5000	4500～7000	6000～9000
最大钩载/kN	3150	1700	2250	3150	4500	5850
提升系统结构	6×7 顺穿/花穿	5×6 顺穿/花穿	5×6 顺穿/花穿	6×7 顺穿/花穿	6×7 顺穿/花穿	7×8 顺穿/花穿
钢丝绳直径/mm	35	29	32	35	38	42
绞车额定功率/kW(hp)	1100(1500)	550(750)	735（1000）	1100（1500）	1470(2000)	2321(3000)
绞车挡数	4 正＋2 倒 6 正＋2 倒	4 正＋2 倒	4 正＋2 倒	4 正＋2 倒	6 正＋2 倒	6 正＋2 倒
柴油机功率 kW(hp)×台数	1100(1500)×3	810(1100)×3	810(1100)×3	1100(1500)×3	1100(1500)×3	1200(1632)×3
泥浆泵功率 kW(hp)×台数	1180(1600)×2/3	735(1000)×2	956(1300)×2	1180(1600)×2/3	1180(1600)×2/3	1470(2000)×3
转盘开口直径 mm 及挡数	698.5 无级调速	520.7 4 正＋2 倒	698.5 4 正＋2 倒	952.5 4 正＋2 倒	952.5 无级调速	1257.3 无级调速
井架型式×高度	45m	41m	43m	45m	47m	48m
钻台高度/m	7.5，9，10.5	5，6，7.5	5，6，7.5	7.5，9，10.5	7.5，9，10.5	9，10.5，12
转盘梁下净空高度/m	6.12，7.62，9.12	3.76，4.76，6.26	3.76，4.76，6.26	6.12，7.62，9.12	6.12，7.62，9.12	7.62，9.12，12

注：L——链条并车。

续表

钻机形式	链条传动钻机		皮带传动钻机		
钻机型号	ZJ70/4500L	ZJ90/5850L	ZJ30/1700J	ZJ40/2250J	ZJ50/3150J
名义钻井深度(114mm 钻杆)/m	4500~7000	6000~9000	1600~3000	2500~4000	3500~5000
最大钩载/kN	4500	5850	1700	2250	3150
提升系统结构	6×7 顺穿/花穿	7×8 顺穿/花穿	5×6	5×6	5×6
钢丝绳直径/mm	38	42	32	32	35
绞车额定功率/kW(hp)	1470 (2000)	2321(3000)	550(748)	735(1000)	1100(1500)
绞车挡数	4 正+2 倒	6 正+2 倒	3 正+1 倒	4 正+2 倒 6 正+2 倒	4 正+2 倒 6 正+2 倒
柴油机功率 kW(hp)×台数	1100(1500)×3	1200(1632)×3	1200(1632)×2	1100(1500)×3	1200(1632)×3
泥浆泵功率 kW(hp)×台数	1180(1600)×2/3	1180(1600)×3	735(1000)×2	960(1300)×2/3	1180(1600)×2
转盘开口直径 mm 及挡数	952.5 4 正+2 倒	1257.3 6 正 2 倒	520.7 3 正 + 1 倒	698.5 4 正+2 倒, 6 正+2 倒	698.5, 952.5 4 正+2 倒, 6 正+2 倒
井架型式×高度	45m	46m	31.5m	43m	45m
钻台高度/m	7.5, 9, 10.5	9, 10.5, 12	4.5	6	7.5
转盘梁下净空高度/m	6.12, 7.62, 9.12	7.62, 9.12, 12	3.44	4.76	6.26

注：J——胶带并车

1.2.6　江汉第四石油机械厂钻机基本参数

江汉第四石油机械厂钻机基本参数见表 B－7。

表 B－7　江汉第四石油机械厂钻机基本参数

钻机形式	车载钻机						
钻机型号	ZJ10/1125 CZ	ZJ15/1350 CZ	ZJ20/1470 CZ-自走车装	ZJ20/1470 CZ-煤层气车装	ZJ30/1700 CZ	ZJ40/2250 CZ	ZJ30 低温钻机
钻井深度($4\frac{1}{2}$in 钻杆)/m	1000	1500	2000	2000	3000	4000	3000
大修深度($3\frac{1}{2}$in 钻杆)/m	3500	4000	5500	5500	6500	7500	6500
大钩最大载荷/kN	1125	1350	1470	1470	1700	2250	1800
大绳直径 mm/有效绳数	ϕ26/8	ϕ26/8	ϕ29/8	ϕ29/8	ϕ29/10	ϕ32/10	ϕ29
大钩最大提升速度/(m/s)	1.23	1.33	1.31	1.31	1.36	1.36	225
移动状态外型尺寸/m	17.5×3.1×4.18	19.6×2.9×4.3	20.13×3.2×4.4	20.13×3.2×4.4	20.25×3.3×4.47	22.45×3.3×4.48	
质量/kg	42000	51000	56000	56000	76000	82000	82000
适应环境温度/℃							－45

续表

钻机形式		半挂钻机车				低位链传动钻机
钻机型号		ZJ15/1125TZ	ZJ30/1800TZ	ZJ30/1700 DBT	ZJ40DBT 从式井电驱	ZJ40/2250L
钻井深度/m	$4\frac{1}{2}$in 钻杆	1500	3000	3200m	4000	4000
	5in 钻杆			4000m	3200	3200
大修深度($3\frac{1}{2}$in 钻杆)/m		3500	6500	6500		
大钩最大载荷/kN		1125	1800	1700	2250	2250
大绳直径 mm/有效绳数		ϕ26/8	ϕ32/10	ϕ32/10		ϕ32/10
大钩最大提升速度/(m/s)		1.23	1.36	1.1		0.23~1.5
移动状态外型尺寸/m		17.6×2.8×4.25	24.8×3.3×4.5	14.3×3.3×4.47		
质量/kg		4960	7500	7100		
绞车额定功率/kW					735	
钻井泵台数与功率/kW					2×800kW	
井架型式与有效高度					K 型，31.5m	K 型拉升
主发电机组功率 kW×台数					1090×3	
钻台高度/m						7.5
转盘梁下净空高度/m						6.3

续表

钻机形式		复合驱动钻机		直流电动钻机		低温交流变频钻机	直升机吊装钻机
钻机型号		ZJ40/2250LDB	ZJ70D/4500	ZJ40/2250D	ZJ50/3150D	ZJ50DB－ST	LS20H
钻井深度/m	$4\frac{1}{2}$in 钻杆	4000～6000	4000	4000	5000	5000	
	5in 钻杆	4500～7000	3200				2000
大修深度($3\frac{1}{2}$in 钻杆)/m							5600
大钩最大载荷/kN		2250	4500kN	2450	3430	3200	1470
大绳直径 mm/有效绳数		ϕ32/10		ϕ32/10	ϕ35 /12	ϕ35/6×7	ϕ26/8
大钩最大提升速度/(m/s)		0. 23～1. 5		0. 25～1. 64	0. 23～1. 5	1. 5	0. 23～1. 5
绞车额定功率/kW			1470			1100	
钻井泵台数与功率/kW							
井架型式与有效高度		K 型拉升	K 型			旋升式 43m	双升式
主发电机组功率×台数							
钻台高度/m		7. 5					
转盘梁下净空高度/m		6. 3					

1.2.7 部分将逐步退役钻机基本参数

部分将逐步退役钻机基本参数见表B-8。

表B-8 部分将逐步退役钻机基本参数

钻机类型		E2100	C-2-Ⅱ	C-3-Ⅱ	F320	大庆Ⅱ型
名义钻深/m		6500 (114mm 钻杆)	7620 (114mm 钻杆)	9144 (114mm 钻杆)	6000 (114mm 钻杆)	3200 (127mm 钻杆)
大绳直径/mm		34.9	34.9(38.1)	34.9(38.1)	34.9	32
提升系统绳数		12	12	14	10	12
绞车	型号	E2100	C-2-Ⅱ	C-3-Ⅱ	TF-38	JC14.5
	输入功率/kW	1470	1470	2205	1470	507
	挡数	4正4倒	4正2倒	4正2倒	4正2倒	4正1倒
	质量/kg	29940	31056	35982	34768	
天车	型号	CB-585-7-60	RA-60-7-650CB	RA-60-8-750CB	6-35GF-400	TC200
	最大负荷/kN	5733	6370	7350	3920	1960
	滑轮数	7	7	8	6	6
	质量/kg	5486	6391	7983	3494	
游车	型号	UTB-525-6-60	RA-52-6-500TB	RA-60-7-750TB	MC-400A	YC200
	滑轮数	6	6	7	S	5
	额定负荷/kN	5145	4900	7350	3920	2000
	质量/kg	10841(含大鈎)	7650	10374	10512(含大鈎)	

续表

钻机类型		E2100	C－2－Ⅱ	C－3－Ⅱ	F320	大庆Ⅱ型
大钩	型号	UTB－525－6－60	BJ5500	BJ5700	MC－400	DG200
	最大钩载/kN	5145	4900	7350	3920	1960
水龙头	型　号	TL－500	LB－500	LB－650	CH－400	SL250
	额定负荷/kN	4900	4900	6370	3920	2500
	工作压力/MPa	31.6	35	35	30	35
	质量/kg	2495	2835	3150	2730	
转盘	型　号	LR－275	T－2750－53$\frac{1}{4}$	T－3750－53$\frac{1}{4}$	MRL－27.5	ZP520
	开口直径/mm(in)	698.5(27$\frac{1}{2}$)	952.5(37$\frac{1}{2}$)	698.5(27$\frac{1}{2}$)	698.5(27$\frac{1}{2}$)	520
	额定静载/kN	5586	4900	6370	4900	2000
	挡数	2正2倒	2正2倒	2正2倒	4正+2倒	3正+1倒
	质量/kg	4808(含大方瓦)	7330(含大方瓦)	7303	5267(含大方瓦)	
井架及底座	型　号	HFM142－1000	CRH142	CRB－150	MA320	TJ2－41
	高度/m	43.3	43－3	45.7	43.5	41
	底座高度/m	9.14	9.14，8.23	8.7	6.7	4.5

2　钻机主要部件技术规范

2.1　天车

部分国产天车主要技术参数见表B－9、表B－10。

表B－9　宝鸡石油机械有限责任公司天车参数

型　号		TC30	TC50	TC90	TC135	TC170	TC225	TC315	TC450
最大钩载/kN		300	500	900	1350	1700	2250	3150	4500
滑轮外径/mm(in)		475 (18¾)	610 (24)	762 (30)	1005 (40)	1005 (40)	1120 (44)	1270 (50)	1524 (60)
滑轮数		4	5	5	5	6	6	7	7
钢丝绳直径/mm(in)		24 (15/16)	24 (15/16)	26 (1)	29 (1⅛)	29 (1⅛)	32 (1¼)	35 (1⅜)	38 (1½)
外形尺寸/mm	长	738	860	2447	2320	2668	3668	3112	3410
	宽	472	670	1208	1436	2460	2709	2783	2753
	高	575	588	1092	1781	1855	2469	2800	2938
质量/kg		1245	1464	1500	2775	4540	5650	7600	9800

表B－10　兰州兰石国民油井石油工程有限公司天车参数

型　号		TC135	TC170	TC225	TC315	TC450	TC585
最大钩载/kN		1350	1700	2250	3150	4500	5850
滑轮外径/mm(in)		915 (36)	1005 (40)	1120 (44)	1270 (50)	1524 (60)	1524 (60)
滑轮数		5	6	6	7	7	8
钢丝绳直径/mm(in)		29 (1⅛)	29 (1⅛)	32 (1¼)	35 (1⅜)	38 (1½)	42 (1⅝)
外形尺寸/mm	长	2500	2687	3200	3295	3068	3070
	宽	2050	2150	3347	2776	2906	3000
	高	1920	2046	3640	2514	3576	3600
质量/kg		2400	2920	5310	7400	9500	10000

2.2 游车

部分国产游车主要技术参数见表B－11、表B－12。

表B－11 兰州兰石国民油井石油工程有限公司游车参数

型号		YC90	YC135	YC170	YC225	YC315	YC450	YC585
最大钩载/kN		900	1350	1700	2250	3150	4500	5850
滑轮数		4	4	5	5	6	6	7
滑轮外径/mm		762	915	915	1120	1270	1524	1524
钢丝绳直径/mm		26	26	29	32	35	38	42
外形尺寸/mm	长	1500	1800	2100	2294	2680	3075	3100
	宽	806	960	960	1190	1350	1600	1600
	高	533	610	630	630	974	800	965
质量/kg		1810	2200	3010	3805	6842	8135	9600

表B－12 四川宏华石油设备有限公司游车参数

型号		YC170	YC225	YC315	YC450	YC675	YC900
最大钩载/kN		1700	2250	3150	4500	6750	9000
滑轮数		5	5	6	6	7	7
滑轮外径/mm		915	1120	1270	1524	1524	1830
钢丝绳直径/mm		29	29，32	32，35	35，38	45	48
外形尺寸/mm	长	2000	2294	2580	3075	3010	3740
	宽	1004	1190	1350	1600	1605	1920
	高	630	630	800	800	980	1280
质量/kg		2790	3805	6842	8135	9738	18225

2.3 游车大钩

部分国产游车大钩主要技术参数见表B－13、表B－14。

表 B-13　宝鸡石油机械有限责任公司游车大钩参数表

型　号		YG135	YG170	YC170	YC225	YC315	YC450
最大钩载/kN		1350	1700	1700	2250	3150	4500
滑轮数		4	5	5	5	6	6
钢丝绳直径/mm(in)		29(1⅛)	29(1⅛)	29(1⅛)	32(1¼)	35(1⅜)	38(1½)
外形尺寸/mm	长	3294	3400	2030	2294	2690	3110
	宽	960	960	1060	1190	1350	1600
	高	610	715	620	630	800	840
质量/kg		4350	4590	2410	3788	5500	8300

表 B-14　山东科瑞石油装备有限公司游车大钩参数表

型号		YG50	YG70	YG80	YG90	YG110	YG150	YG180	YG200	YG350
最大钩载/mm		500	675	800	900	1125	1500	1800	2000	3500
滑轮外径/mm		575	610	610	760	760	760	1060	1100	1118
滑轮数		3	4	5	3	4	4	5	5	5
钢丝绳直径/mm(in)		22(⅞)	22(⅞)	26(1)	26(1)	26(1)	26(1) 29(1⅛)	29(1⅛)	32(1¼)	32(1¼)
钩口开口直径/mm		110	110	110	110	150	180	180	190	190
弹簧行程/mm		115	115	153	153	150	150	150	180	180
外形尺寸/mm	长	2220	1844	2244	2350	2334	2768	3469	3964	3600
	宽	602	692	670	830	673	830	1110	1200	1218
	高	445	540	631	413	562	711	768	915	812
质量/kg		785	1397	2150	2000	1424	2180	5146	7320	4860

2.4 大钩

部分国产大钩主要技术参数见表 B－15、表 B－16。

表 B－15 兰州兰石国民油井石油工程有限公司大钩参数

型号	最大钩载/kN	弹簧行程/mm	主钩口开口尺寸/mm	外形尺寸/mm（长×宽×高）	质量/kg
DG－90	900	180	155	2000×680×600	1800
DG－135	1350	180	165	2200×720×616	1910
DG－170	1700	180	180	2450×750×630	2020
DG－225	2250	180	190	2545×780×750	2180
DG－315	3150	200	220	2953×890×830	3410
DG－450	4500	200	220	2950×890×880	3496
DG－585	5850	200	238	3156×930×930	3900

表 B－16 山东科瑞石油装备有限公司大钩参数

型号	最大钩载/kN	弹簧行程/mm	主钩口开口尺寸/mm	外形尺寸/mm（长×宽×高）	质量/kg
DG－50	500	140	130	1660×522×500	419
DG－100	1000	140	140	1900×765×700	1310
DG－135	1350	150	165	1997×700×730	1685
DG－170	1700	180	150	2450×750×630	2020
DG－225	2250	180	190	2545×780×750	2180
DG－315	3150	200	220	2953×890×830	3410
DG－450	4500	200	220	2950×890×883	3496
DG－450S	4500	200	220	2953×880×930	3496
DG－585	5850	200	238	3156×930×930	3900

2.5　水龙头

部分国产水龙头主要技术参数见表 B－17、表 B－18。

表 B－17　兰州兰石国民油井石油工程有限公司水龙头参数

型　号		SL90	SL135	SL225	SL450	SL585
最大静负荷/kN		900	1350	2250	4500	5850
最高转速/(r/min)		300	300	300	300	300
最高工作压力/MPa		25	35	35	35	35
大钩间隙/mm		435	495	540	549	584
中心管通径/mm		64	64	75	75	75
接头螺纹	接中心管	$4\frac{1}{2}$in REG－LH	$4\frac{1}{2}$in REG－LH	$6\frac{5}{8}$in REG－LH	$7\frac{5}{8}$in REG－LH	$7\frac{5}{8}$in REG－LH
	接方钻杆	$6\frac{5}{8}$in REG－LH	$6\frac{5}{8}$in REG－LH	$6\frac{5}{8}$in REG－LH	$6\frac{5}{8}$in REG－LH	$6\frac{5}{8}$in REG－LH
外形尺寸/mm (长×宽×高)		2380×750 ×800	2505×758 ×840	2880×1046 ×1065	3015×1096 ×1065	3115×1143 ×990
质量/kg		1200	1341	2570	3060	4000

表 B－18　山东科瑞石油装备有限公司转盘参数

型号	最大静载荷/kN	最高转速/(r/min)	中心管内径/mm	接头螺纹		最高工作压力/MPa	外形尺寸/mm (长×宽×高)	质量/kg
				接中心管	接方钻杆			
SL90	900	300	60	$4\frac{1}{2}$in FH－LH	$6\frac{5}{8}$in REG－LH	27.5	1898×628 ×722	1106
SL120	1200	300	54	$4\frac{1}{2}$ LH	$3\frac{1}{2}$in REG－LH	35	1898×628 ×722	1289

续表

型号	最大静载荷/kN	最高转速/(r/min)	中心管内径/mm	接头螺纹		最高工作压力/MPa	外形尺寸/mm(长×宽×高)	质量/kg
				接中心管	接方钻杆			
SL135	1350	300	64	4½in REG – LH	6⅝in REG – LH	35	2520×758×840	1341
SL160	1600	300	64	4½in REG – LH	6⅝in REG – LH	35	2175×781×660	1689
SL170	1700	300	64	4½in REG – LH	6⅝in REG – LH	35	2786×706×791	1834
SL225	2250	300	75	6⅝in REG – LH	6⅝in REG – LH	35	2880×1026×820	2246
SL315	3150	300	75	6⅝in REG – LH	6⅝in REG – LH	35	2418×1056×1041	3000
SL450	4500	300	75	6⅝in REG – LH	6⅝in REG – LH	35	3015×1096×960	2700
SL585	5850	300	75	6⅝in REG – LH	6⅝in REG – LH	35	3115×1143×990	4000

2.6 转盘

部分国产转盘主要技术参数见表 B – 19、表 B – 20。

表 B – 19 兰州兰石国民油井石油工程有限公司转盘参数

型　号	ZP175	ZP205	ZP275	ZP375	ZP495
通孔直径/mm	444.5	520.7	698.5	952.5	1257.3
最大静负荷/kN	1350	3150	4500	5850	7250
最大工作扭矩/N · m	14000	23000	28000	33000	37000
最高转速/(r/min)	300	300	300	300	300

续表

型　号		ZP175	ZP205	ZP275	ZP375	ZP495
齿轮传动比		3.58	3.22	3.67	3.56	3.93
转盘中心线至链轮内侧齿中心线的距离/mm		1118	1353	1353	1353	1651
外形尺寸/mm	长	1935	2292	2392	2468	2940
	宽	1280	1475	1670	1810	2184
	高	585	668	685	718	813
质量/kg		3888	5530	6163	8026	11626

表 B－20　山东科瑞石油装备有限公司转盘参数

型　号		ZP105	ZP175	ZP205	ZP275	ZP375	ZP495
通孔直径/mm		266.7	444.5	520	698.5	952.5	1257.3
最大静负荷/kN		1050	2250	3150	4500	5800	7250
最大工作扭矩/N · m		9882	3792	22555	27459	32362	37000
最高转速/(r/min)		300	300	300	300	300	300
齿轮传动比		3.375	3.58	3.68	3.667	3.56	3.56
转盘中心线至链轮内侧齿中心线的距离/mm		1138	1138	1353	1353	1353	1651
外形尺寸/mm	长	1705	1280	2053	2417	2415	2940
	宽	980	935	1400	1680	1810	2184
	高	530	585	605	686	718	813
质量/kg		1405	3890	4180	6773	7970	11626

2.7　绞车

部分国产绞车主要技术参数见表 B－21、表 B－22。

表 B－21　四川宏华石油设备有限公司绞车主要技术参数

绞车系列	常规绞车系列							
型　号	JC20DB	JC30	JC30DB	JC40	JC40D	JC40DB	JC50	JC50D
名义钻深(5in 钻杆)/m	2000	3000	3000	4000	4000	4000	5000	5000
最大输入功率/kW	400	560	450	735	735	900	1100	1100
最大快绳拉力/kN	200	200	200	280	275	275	350	350
钢丝绳公称直径/mm	29	29	29	32	32	32	35	35
滚筒尺寸(直径×宽度)/mm	457×1000	508×1178	508×1182	640×1139	640×1139	640×1139	685×1209	685×1245
刹车轮毂尺寸/mm		900×250		1400×269 1600	1500	1400	1400×267 1600	1600
刹车包角/(°)		300		325			330	
提升速度挡数	2	4+2R	1	4+2R	2	1	4+2R	2
主刹车		带刹 液压盘刹		带刹 液压盘刹	液压盘刹	液压盘刹	带刹 液压盘刹	液压盘刹
辅助刹车		DS30		DS40	DS40		DS50	DS50
速度及功能控制	能耗制动交流变频控制		能耗制动、交流变频控制			能耗制动、交流变频控制		
紧急制动及手动控制	液压盘刹		液压盘刹			液压盘		

续表

绞车系列	常规绞车系列				行星减速器绞车系列			
型号	JC50DB	JC70	JC70DB	JC90DB	型号	JC70DB	JC90DB	JC120DB
名义钻深(5in 钻杆)/m	5000	7000	7000	9000	名义钻深/m	7000	9000	12000
额定输入功率/kW	1200	1470	1940	3200	额定输入功率/kW	1400	2800	2800
最大快绳拉力/kN	350	487	487	643	额定快绳拉力/kN	480	770	850
钢丝绳公称直径/mm	35	38	38.1	45	钢丝绳公称直径/mm	$\phi 38$	$\phi 45$	$\phi 48$
滚筒尺寸(直径×宽度)/mm	685×1245	770×1439	770×1439	980x1840	滚筒(直径×长度)/mm	1368×1165	1496×1965	1396×1616
刹车轮毂尺寸/mm	1300	1400×267 1600	1600	2100	钩速/(m/s)	1.69	1.69	1.45
刹车包角/(°)		330			速度及功能控制	能耗制动及交流变频控制		
提升速度挡数	1	4+2R	1	2	速度及功能控制	能耗制动及交流变频控制		
主刹车		带刹 液压盘刹		液压盘刹	刹车	主刹车浮动盘刹、辅助刹车能耗制动		
辅助刹车		DS70			刹车	主刹车浮动盘刹、辅助刹车能耗制动		
速度及功能控制	能耗制动、交流变频控制		能耗制动、交流变频控制	能耗制动、交流变频控制	外形尺寸(长度×宽度×高度)/mm	4915×2495×2740	8240×2495×2830	8660×2320×2830
紧急制动及手动控制	液压盘刹		液压盘刹		绞车质量/t	30.2	51	55

表 B－22 宝鸡石油机械有限责任公司绞车参数

绞车型号		JC10B	JC15DB	JC30B	JC30DB	JC40DB	JC40B	JC50B	JC50D	JC50DB	JC70B	JC70D
名义钻井深度（114mm 钻杆）/m		1000	1500	3000	3000	4000	4000	5000	5000	5000	7000	7000
最大输入功率/kW		210	500	400	600	735	735	1100	1100	1100	1470	1470
最大快绳拉力/kN		80	150	200	210	280	280	350	350	350	487	487
钻井钢丝绳直径/mm		22	26	29	29	32	32	35	35	35	38	38
滚筒（直径×宽度）/mm		400×650	473×900	560×1120	560×1320	644×1208	640×1208	685×1160	770×1310	770×1310	770×1310	770×1310
刹车轮毂（直径×宽度）/mm		1100×230	1500（盘刹）	1500（盘刹）	1500（盘刹）	1168×265	1168×265	1100×230	1500（盘刹）	1500（盘刹）	1500（盘刹）	1500（盘刹）
刹带包角/（°）		273				280	280	273				
捞砂滚筒（直径×宽度）/mm						400×1080						
捞砂滚筒容量/mL						4000			5000			7000
提升速度挡数		2	2	5	1	4	4	4(6)正2倒	4正4倒	1正1倒	4(6)正2倒	4正4倒
转盘速度挡数		2	2	5	1	2	2	2	2	5	1	
辅助刹车			FDWS15	FDWS30	能耗制动	FDWS40	FDWS40	FDWS50	SDF45	能耗制动	FDWS70	FDWS70
外形尺寸/mm	长	7390	4500	6500	4700	7000	6300	6760	7190	6530	7180	7670
	宽	2500	2400	2500	2800	3695	2628	2565	4335	2920	2920	4335
	高	2410	2500	2800	2552	3010	2699	2881	3216	2680	2945	3216
质量/kg		9819	11000	17500	20366	39125	28000	34203	49600	3600	46050	55809

2.8 井架

部分国产井架主要技术参数见表 B－23、表 B－24。

表 B－23　宝鸡石油机械有限责任公司井架参数

型号	井架高度		最大钓载		4½in 钻杆立根容量		井架可承受最大风速	
	m	ft	kN	t	lbs	m	ft	km/h
TJ2－41	41	135	2205	225	500000	4000	13000	80
HJJ315/45－T	45	147	3087	315	700000	5000	16400	172
HJJ315/49－T	49	160	4410	450	1000000	7000	22900	172
HJJ450/45－T	45	147	4410	450	1000000	7000	22900	172
JJ50/18－W	18	95	490	50	110000			112
JJ50/29－W	29	95	490	80	110000			112
JJ80/29－W	29	95	784	80	176000			112
JJ90/33－W	33	108	882	90	200000	1500	5000	112
JJ100/30－W	30	98	980	100	220000			112
JJ120/31－W	31	101	1176	120	260000			112
JJ135/35－W	35	115	1323	135	300000	2000	6600	112
JJ150/31－W	31	101	1470	150	330000			112
JJ90/38－K	38	125	882	90	200000	1500	5000	172
JJ135/40－K	40	131	1323	135	300000	2000	6600	172
JJ170/41－K	41	135	1666	170	370000	3000	9800	172
JJ225/43－K	43	141	2205	225	500000	4000	13000	172
JJ315/45－K	45	147	3087	315	700000	5000	16400	172
JJ450/45－K	45	147	4410	450	1000000	7000	22900	172
JJ60/29－A	29	95	588	60	132000	1000	3280	172
JJ90/39－A	39	128	882	90	200000	1500	5000	172
JJ135/40－A	40	131	1323	135	300000	2000	6600	172
JJ170/41－A	41	135	1666	170	370000	3000	9800	172
JJ225/42－A	42	138	2205	225	500000	4000	13000	172
JJ315/43－A	43	141	3087	315	700000	5000	16400	172

表 B－24 四川宏华石油设备有限公司井架主要技术参数

形式		桅型井架	桅型井架	K 型井架	K 型井架	K 型井架	K 型井架	K 型井架	K 型井架
型号		J158/36－W	JJ180/36－W	JJ170/41－K2	JJ225/43.2－K	JJ315/45－K	JJ450/45－K	JJ450/45－K7	JJ675/48－K
最大静负荷/kN		1580	1800	1700	2250	3150	4500	4500	6750
工作高度/m		36	36	41	43.2	45	45	45	48
顶部跨距(正面×侧面)/m				1.7×2.0	2.0×2.0	2.1×2.05	2.2×2.2	2.5×2.3	2.5×2.3
底部跨距(正面×侧面)/m				7.5×2.3	8	8	9.11	8.5	10
二层台高度/m		20.2	20.2	22.2	24.5	24.5	24.5	24.5	24.5
		21.5	21.5	22.8	25.5	25.5	25.5	25.5	25.5
		22.5	22.5	33.4	26.5	26.5	26.5	26.5	26.5
		24.0	24.0						
二层台容量/m(φ114mm 钻杆)		2000	3000	3000	4000	5000	7000	7000	9000
抗风能力	非工作状态(无立根、无钩载)/(m/s)	31	31	47.8	47.8	47.8	47.8	47.8	47.8
	非工作状态(满立根、无钩载)/(m/s)	31	31	36	36	36	36	36	36
	起放井架/(m/s)	≤8.3	≤8.3	≤8.3	≤8.3	≤8.3	≤8.3	≤8	≤8

2.9 井架底座

部分国产井架底座主要技术参数见表 B－25、表 B－26。

表 B－25 宝鸡石油机械有限责任公司底座参数

型　号	形式	钻台高度/m	动力机台高度/m	转盘大梁下/净空高度/m	转盘大梁负荷/kN	立根盒负荷/kN
DZ60/3－T	拖撬式	3	2.16	1.9	588	392
DZ90/3.9－T	拖撬式	(3.2)3.9	(2.6)3.54	(2.55)3.2	882	588
DZ135/4.5－T	拖撬式	(3.2)4.5	1.5	(2.5)3.5	1323	784
DZ170/4－T	拖撬式	(3.6)4	(2.25)2.95	(2.51)2.91	1666	882
DZl35/4.5－C	车装式	4.5	1.5	3.5	1323	784
TJ2－41	叠箱式	4.5	1.5	3.2	2205	1274
DZ225/6－K	块装式	(4.5)6	(1.5)0.4~1.4	(3.2)4.8	2205	1274
DZ225/7.5－K	块装式	7.5	1.4	6.2	2450	1274
DZ315/6－K	块装式	6	1.5	4.5	3087	1764
DZ450/6.7－K	块装式	(6)6.7	(3)0.4~1.4	(4.5)5.5	4410	2352
DZ315/9－S	举升式	9	9	7.69	3087	1764
DZ450/9－S	举升式	9	9	7.5	4410	2352

表 B－26 四川宏华石油设备有限公司底座主要技术参数

型　号	形式	钻台高度/m	转盘大梁下净空高度/m	转盘大梁负荷/kN	立根盒负荷/kN	井架底部跨距/m
DZ158/6－S	旋升式	6	4.3	1580	870	
DZ180/6－S	旋升式	6	4.3	1800	1080	
DZ450/10.5－S	一次旋升式	10.5	9.23	4500	2520	8.5
DZ675/12－S	旋升式	12	10	6750	3250	10

续表

型 号	形式	钻台高度/m	转盘大梁下净空高度/m	转盘大梁负荷/kN	立根盒负荷/kN	井架底部跨距/m
DZ170/8.6－XD	叠箱式	8.6	7.22	1700	1080	7.5
DZ225/7.5－G	弹弓式	7.5	6.26	2250	1125	8
DZ315/9－G	弹弓式	9	7.62	3150	1800	8
DZ450/9－G	弹弓式	9	7.6	4500	2520	9
DZ225/7.5－K	块装式	7.5	6.32	2250	1440	8
DZ315/7.5－K	块装式	7.5	6.26	3150	1800	9.11
DZ315/9－K	块装式	9	7.62	3150	1800	9.11
DZ450/9－K	块装式	9	7.73	4500	2520	9.11

2.10 钻井泵

2.10.1 部分国产钻井泵主要技术参数

部分国产钻井泵主要技术参数见表B－27～表B－29。

表B－27 宝鸡石油机械有限责任公司F系列钻井泵技术参数表

泵型号	F－500	F－800	F－1000	F－1300	F－1600	F－2200
额定输入功率/kW(hp)	373(500)	596(800)	746(1000)	969(1300)	1193(1600)	1640(2200)
额定冲数/(冲/min)	165	150	140	120	120	105
活塞冲程/mm(in)	191(7.5)	229(9)	254(10)	305(12)	305(12)	356(14)
齿轮传动比	4.286	4.185	4.207	4.206	4.206	3.512
最高工作压力/MPa	26.77	27.26	32.85	30.60	37.65	
最大缸套直径/mm	170	170	170	180	180	230

续表

泵型号	F－500	F－800	F－1000	F－1300	F－1600	F－2200
吸入管直径/mm(in)	203.2(8)	254(10)	304.8(12)	304.8(12)	304.8(12)	304.8(12)
排出管直径/mm(in)	102(4)	127(5)	127(5)	127(5)	127(5)	127(5)
质量/kg	9770	14500	18790	24572	24791	38460

表 B－28　四川宏华石油设备有限公司 3NB、5NB 钻井泵技术参数

形　式		三缸电机直驱系列钻井泵组			五缸电机直驱系列钻井泵组		
型　号		3NB 1000DBZ	3NB 1600DBZ	3NB 2200DBZ	5NB 1000DBZ	5NB 1600DBZ	5NB 2200DBZ
额定输入功率/kW		746	1193	1641	746	1193	1641
最高工作压力/MPa		34.5	34.5	51.7	34.5	51.7	69
额定冲数/(冲/min)		140	120	105	—	—	—
最大缸套直径×冲程/mm		170×254	180×305	230×356	130×254	110/130×305	105/120/180×356
吸入管口尺寸/in		12					
排出管口尺寸/mm		130					
泵组外形尺寸/mm	长	4063	5200	5740	3500	4280	5570
	宽	3352	3435	3817	1900	3150	3650
	高	2750	3005	3322	2500	2910	3400
泵组总质量/kg		24340	32600	49900	21000	30500	42500

表 B－29　青州石油机械有限公司钻井泵技术参数

型　号	QF－500	QF－800	QF－1000	QF－1300	QF－1600	SL3NB－1300	SL3NB－1600
额定输入功率/kW	370	588	746	956	1176	956	1194
最高工作压力/MPa	26.7	34.2	34.3	34.3	34.3	34.3	35

续表

型　号	QF－500	QF－800	QF－1000	QF－1300	QF－1600	SL3NB－1300	SL3NB－1600
额定冲数/(冲/min)	165	150	140	120	120	120	120
最大缸套直径/mm	170	170	170	180	180	180	190
冲程长度/mm	190.5	228.6	254	305	305	305	305
吸入管口尺寸/mm			305	305	305	300	300
排出管口尺寸/mm			130	130	130	102	102
齿轮传动比	4.286	4.185	4.2	4.206	4.206	4.194	4.194
泵组总质量/kg	9543	14000	16642	24200	24800	20800	27100

2.10.2　三缸单作用泵每冲次排量

三缸单作用泵每冲次排量见表 B－30。

表 B－30　三缸单作用泵每冲排量　　单位：L

冲程/mm	缸套直径/mm									
	100	110	120	130	140	150	160	170	180	190
180	4.24	5.13	6.11	7.17	8.31	9.54	10.86	12.26	13.74	15.31
190	4.48	5.42	6.45	7.57	8.77	10.07	11.46	12.94	14.50	16.16
196	4.62	5.59	6.65	7.80	9.05	10.39	11.82	13.35	14.96	16.67
216	5.09	6.16	7.33	8.60	9.98	11.45	13.03	14.71	16.49	18.37
228	5.37	6.50	7.74	9.08	10.53	12.09	13.75	15.53	17.41	19.39
235	5.54	6.70	7.97	9.36	10.85	12.46	14.17	16.00	17.94	19.99
254	5.98	7.24	8.62	10.11	11.73	13.47	15.32	17.30	19.39	21.60
273	6.43	7.78	9.26	10.87	12.61	14.47	16.47	18.59	20.84	23.22
305	7.19	8.70	10.35	12.14	14.09	16.17	18.40	20.77	23.28	25.94

注：容积效率 100%。

2.11 顶部驱动装置

2.11.1 部分国产顶部驱动装置主要技术参数

辽河油田天意石油装备有限公司顶部驱动装置技术参数见表B-31。

大庆景宏钻采技术开发有限公司顶部驱动装置技术参数见表B-32。

北京石油机械厂顶部驱动装置技术参数见表B-33。

表B-31 辽河油田天意石油装备有限公司顶部驱动装置技术参数

型 号	DQ-30 LHTY-2	DQ-40 LHTY-A	DQ-50 LHTY-1	DQ-70 LHTY-1
额定载荷/kN	1800	2250	3150	4500
工作高度/m	5.20	5.12	5.90	6.07
电机功率(连续)/kW	100	275	350	350×2
工作扭矩(连续)/kW·m	10.6	26	36	57
最大卸扣扭矩/kN·m	15	39	50	80
刹车扭矩/kN·m	15.6	47	53	53×2
额定循环压力/MPa	35	35	35	35
IBOP额定压力/MPa	70	70	70	70
主轴中心通道内径/mm	76	76	76	76
主轴中心与导轨中心距离/mm	475	510	690	992
主轴中心与前端最大距离/mm	853	452	475	505
转速范围/(r/min)	0~180	0~180	0~180	0~220
电源电压/VAC	400	575~625	575~625	575~625
额定工作电源频率/Hz	0~16.5	47~53	47~53	47~53
额定工作电流/A	240	310	416	436×2
环境温度/℃	-35~55	-35~55	-35~55	-35~55

表 B-32 大庆景宏钻采技术开发有限公司顶部驱动装置技术参数

型 号	DQ20YA-JH	DQ40YA-JH	DQ40B-JH	DQ50B-JH	DQ70BS-JH
驱动方式	液压驱动		交流变频驱动		
名义钻井深度/mm（114mm 钻杆）	2000	4000	4000	5000	7000
最大载荷/kN	1350	2250	2250	3150	4500
供电电源/(VAC/Hz)	380/50	380/50	600/50	600/50	600/50
额定电流/A			465	465	350
最大电流/A			700	700	622
额定功率(连续)/kW	300	400	375	375	295×2
转速范围/(r/min)	0~180	0~180	0~180	0~180	0~230
工作扭矩(连续)/kW·m	25	35	40	40	55
最大卸扣扭矩/kN·m	49	49	60	60	82
背钳夹持范围/mm	87~270	87~270	87~216	87~216	87~216
液压系统工作压力/MPa	35	35	16	16	16
辅助系统工作压力/MPa	16	16			
IBOP 额定压力/MPa	70	70	70	70	70
中心管通孔直径/mm	62	62	75	75	75
中心管通孔额定压力/MPa	35	35	35	35	35
主轴中心与导轨中心距离/mm	587	587	705	705	930
本体有效高度/m	3.6	3.8	5.0	5.0	5.5
环境温度/℃	-35~55				

表 B－33　北京石油机械厂顶部驱动装置技术参数

型号	DQ30Y	DQ40Y	DQ40BCQ	DQ50BC	DQ70BSE	DQ70BSC	DQ70BSD	DQ90BSC	DQ90BSD	DQ120BSC
驱动方式	液压驱动		交流变频驱动							
名义钻井深度/m（114mm 钻杆）	3000	4000	4000	5000	7000	7000	7000	9000	9000	12000
额定载荷/kN	1700/2000	2250	2250	3150	4500	4500	4500	6750	6750	9000
供电电源	380VAC/50(60)Hz		600VAC/50Hz(可选 60Hz)							
主电机额定功率/kW(连续)	380	400	295	368	295×2	295×2	368×2	368×2	440×2	440×2
转速范围/(r/min)	0～250	0～180	0～200	0～180	0～220	0～220	0～220	0～220	0～220	0～220
工作扭矩/kN·m(连续)	22	30	30	40	50	50	60	70	85	85
最大卸扣扭矩/kN·m	40	45	45	60	75	75	90	125	135	135
背钳夹持范围/mm	87～187				87～197			87～216		
液压系统工作压力/MPa	35		16	16	16	16	16	16	16	16
中心管通孔直径/mm	64	75	75	75	75	75	75	89	89	102
本体工作高度/m	5.4	5.6	5.9	5.9	6.1	6.1	6.4	6.5	6.7	6.9
本体宽度/mm	990	1330	1196	1537	1594	1663	1778	1778	2096	2096
导轨中心距井口中心距离/mm	500	622	525	700	930	930	930	960	1090	1090

2.11.2 部分国外顶部驱动装置主要技术参数

部分国外顶部驱动装置主要技术参数见表B－34～表B－38。

表B－34 美国Varco－BJ公司顶部驱动装置主要性能参数

型号	IDS－1	TDS－4H TDS－4S	TDS－6S	TDS－8SA	TDS－9SA	TDS－10SA	TDS－11SA
适用范围	海洋自升式钻井装置、平台石油钻机、钻井船和陆地石油钻机	所有海洋石油钻机、钻井船和大型陆地石油钻机	大型海洋石油钻机	所有海洋石油钻机和大型陆地石油钻机	中、小型陆地石油钻机和海上平台、自升式平台石油钻机		
电动机类型与功率/kW(hp)	GE752 并激高扭矩直流电动机，809(1100)	GE752 串激或并激高扭矩直流电动机，831(1130)		GEGEB－20A1交流电动机，846(1150)	交流电动机，2×257(2×350)	交流电动机，257(350)	交流电动机，2×257(2×350)，可选用2×294(2×400)
API提升载荷/kN[tf(美)]	4550(500)	5910或6800(650或750)	6800(750)	5910或6800(650或750)	3630(400)	2270(250)	4550(500)
管子处理装置扭矩/kN·m	PH－60d 81.36	PH－85 115.26		PH－100 135.6		PH－55 74.58	PH－75 101.70
钻杆尺寸/mm(in)	88.9～127 $(3\frac{1}{2}\sim5)$	88.9～168 $(3\frac{1}{2}\sim6\frac{5}{8})$			73～127 $(2\frac{7}{8}\sim5)$		88.9～127 $(3\frac{1}{2}\sim5)$

续表

型号	IDS－1	TDS－4H TDS－4S		TDS－6S	TDS－8SA	TDS－9SA	TDS－10SA	TDS－11SA
叠加高度/ m(ft)	6.9(22.8)	TDS－4H，7.9(26.2) TDS－4S，6.3(20.8)		7(23)	6.3(20.8)	5.4(17.8)	4.7(15.3)	5.4(17.8)
	并激	串激	并激	并激				
连续输出扭矩/ kN. m (lbf·ft)	47.32 (34900)	高速 44.07 (32500) 低速 69.02 (50900)	高速 40.19 (29640) 低速 62.89 (46380)	81.36 (60000)	85.43 (63000)	44.07 (32500)	标准 27.1 (20000) 高速 10.03 (7400)	标准 44.1 (32500) 选用值 49.5 (36500)
间歇输出扭矩/ kN. m (lbf·ft)	52.61 (38800)	高速 58.85 (43400) 低速 91.94 (67800)	高速 53.56 (39500) 低速 83.8 (61800)	114.17 (84200)	127.46 (94000)	62.38 (46000)	标准 49.5 (36500) 高速 18.16 (13390)	标准 62.4 (46000) 选用值 74.6 (55000)
全功率 最高转速/ (r/min)	173	高速 190 低速 120	高速 205 低速 130	195	188	228	标准，182 高速，240	标准，228 选用值，228

表B－35 挪威 Maritime Hydraulies 公司顶部驱动装置主要性能参数

顶驱系列		PTD				DDM			
型号		PTD－$350	PTD410	PTD－500	DDM650HY	DDM650HY(750)	DDM500DC DDML650L－DC	DDM650DC(750)	DDM650DC "Forontier"(750)
提升载荷/kN[tf(美)]		3180(350)	3720(410)	4550(500)	5910(650)	5910(650) 选择容量 6800(750)	5910(650)	5910(650)	5910(650) 选择容量 6800(750)
连续扭矩/kN·m		46.0	38.0	54.0	55.0	55.0	68.35	68.35	88.0
间歇扭矩/kN·m							76.90	76.90	99.0
最高转速扭矩/kN·m		21.0	19.0	33.2	26.5	26.5	26.5		
最高转速/(r/min)		200	200	235	265	265	186	186	240
最高扭矩转速/(r/min)		90	90	140	120	120	104	104	163
最大输入功率/kW		580	580	1178	ΔP 33MPa/1600 L/min	ΔP 32MPa/1600 L/min	783	783	1566
电流/A	连续工作						1250	1250	2×1200
	间歇工作						1435	1435	2×1435
质量(包括滑车)/kg(lb)		4717(10400)	5579(12300)	5747(12670)	9979(22000)	16102(35500)	16012(35300)	20548(45300)	23995(52900)

表 B－36　美国 BOWEN 公司顶部驱动装置主要性能参数

型　号	TD350P	TD250HTP	TD120P
提升能力/kN[tf(美)]	3180(350)	2270(250)	1090(120)
钻井扭矩/N·m(lbf·ft)	37290(22750)	28476(21000)	10984(8100)
卸扣扭矩/N·m(lbf·ft)	81360(60000)	44748(33000)	
制动扭矩/N·m(lbf·ft)	23052(17000)	47460(35000)	10984(8100)
输出功率/kW(hp)	386(525)	294(400)	110(150)
中心管直径/mm(in)	76(3)	76(3)	57($2\frac{1}{4}$)
长/mm(in)	4407(174)	4103(162)	2736(108)
宽/mm(in)	1545(61)	804($31\frac{3}{4}$)	975($38\frac{1}{2}$)
道深/mm(in)	1165(46)	1103($43\frac{9}{16}$)	836(33)
质量/kg(lb)	7484(16500)	5988(13200)	1497(3300)

表 B－37　加拿大 Tesco 公司顶部驱动装置性能参数

电驱动顶部驱动装置			
型　号	ECI 型 AC 变频电驱动顶驱		EMIS 电驱动顶驱
最大钩载/kN[tf(美)]	4550(S00)或5910(650)	4550(500)或5910(650)	2270(250)
功率/kW(hp)	670(900)	1007(1350)	336(450)
质量/kg(lb)	5897(13000)	6260(13800)	4990(11000)
工作高度(含吊环)/m(in)	4.36(172)	4.36(172)	4.47(176)
上扣扭矩/kN·m(ft·lbf)	61.01(45000)	94.49(68000)	42.03(31000)
刹车扭矩/kN·m(ft·lbf)	75.92(56000)	113.89(84000)	48.81(36000)
最大钻进扭矩/kN·m(ft·lbf)	49.76(37600)	78.60(58000)	25.60(19000)
最高转速/(r/min)	193	193	186
中心管直径/mm(in)	63.5($2\frac{1}{2}$)	63.5($2\frac{1}{2}$)	63.5($2\frac{1}{2}$)
动力系统(动力模块)			
质量/kg(lb)	3992(8800)	4309(9500)	7258(16000)
长度/mm(in)	2921(115)	2921(115)	6096(240)
宽/mm(in)	2311(91)	2311(91)	2438(96)

续表

液压驱动顶部驱动装置			
型 号	HCI 750	HCI 1205	250 HMIS 475
最大钩载/kN[tf(美)]	4550 或 5910(500 或 650)		2270(250)
功率/kW(hp)	886(1205)	900(1205)	336(475)
质量(含水龙头)/kg(lb)	8754(19300)		3629(8000)
工作高度(含吊环)/m(in)	6.10(240)		4.39(173)
最大钻进扭矩/kN·m(fl·lbf)	60.47(44600)	73.21(54000)	28.47(21000)
最高转速/(r/min)	160	210	170
中心管直径/mm(in)	63.5(2.5)	63.5(2.5)	57(2–25)
动力系统	CAT3412,DD12V2000	DDl6V2000	DD60 系列
质量/kg(lb)	14515(32000)	16329(36000)	7348(16200)
长度/mm(ft)	10668(35)	10668(35)	7132(23.4)
宽/mm(ft)	1905(6.25)	1905(6.25)	1420(4.66)

表 B–38 加拿大 CANRIG 公司顶部驱动装置主要性能参数表

单速传动系列顶驱基本参数						
顶驱型号	6027E		8035E	1050E		1175E
名义钻深/m	3600	3600	5000	7000	7000	9000
额定载荷/kN[tf(美)]	2500(275)		3180(350)	4540(500)		6800(750)
输出功率/kW	450	450	670	840	840	840
齿轮速比	5.563	9.387	5.0	5.0	7.12	7.12
最大连续扭矩/kN·m	19.70	33.10	29.80	40.70	57.90	57.90
最高转速/(r/min)	320	200	265	265	185	185
质量/t	8.6	8.6	12.3	12.7	12.7	13.2
最低井架高度/m	39	39	41	42	42	43

续表

双速传动系列顶驱基本参数 8				
顶驱型号	6027E - 2SP 6017E - 2SP - HELI		1050E - 2SP 1165E - 2SP	
输出功率/kW	450		840	
齿轮速比	低挡	高挡	低挡	高挡
	7.250	2.324	8.425	5.458
最大连续扭矩/kN · m	25.60	8.20	68.50	44.40
最大间歇扭矩/kN · m	31.40	10.10	77.0	49.90
最高转速/(r/min)	250	775	155	240

3 钻机动力机组技术规范

3.1 柴油机

济南柴油机股份有限公司柴油机

①济南柴油机股份有限公司柴油机型号说明如下：

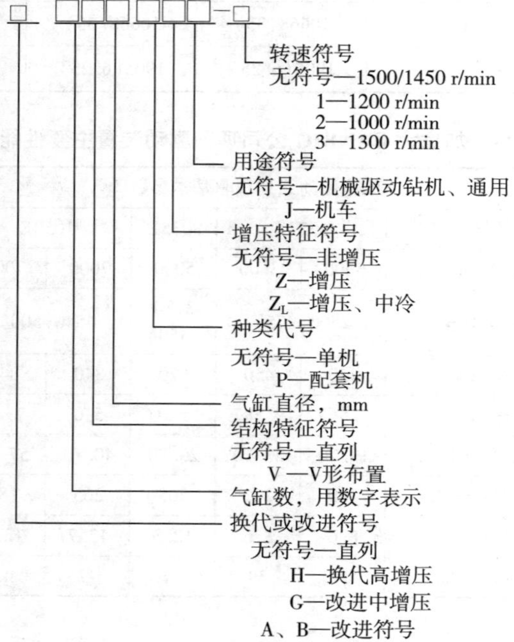

②济南柴油机股份有限公司柴油机主要技术规范及参数见表 B－39，柴油耦合器机组主要技术参数见表 B－40。

表 B－39 济南柴油机股份有限公司柴油机主要技术规范及参数

柴油机系列	型 号	12h 功率/转速/[kW/(r/min)]	持续功率/转速/[kW/(r/min)]	燃油/机油消耗率/[g/(kW·h)]	外形尺寸(长×宽×高)/mm	质量/kg
2000系列柴油机	$G12V190Z_L$	900/1500	800/1500	≤209.4/≤1.6	2692×1560×2070	5300
	$G12V190PZ_L$	900/1500	800/1500		3860×2040×2678	8100
	$G12V190Z_L-3$	810/1300	730/1300		2692×1560×2070	5300
	$G12V190PZ_L-3$	810/1300	730/1300		3860×2040×2678	8100
	$G12V190Z_L-1$	740/1200	660/1200		2692×1560×2070	5300
	$G12V190PZ_L-1$	740/1200	660/1200		3860×2040×2678	8100
	$G12V190Z_L-2$	600/1000	540/1000		2692×1560×2070	5300
	$G12V190PZ_L-2$	600/1000	540/1000		3860×2040×2678	8100
	$G8V190Z_L$	600/1500	540/1500	≤213.5/≤2.7	1802×1560×2070	4300
	$G8V190PZ_L$	600/1500	540/1500		3280×2040×2678	6750
	$G8V190Z_L-3$	510/1300	460/1300		1802×1560×2070	4300
	$G8V190PZ_L-3$	510/1300	460/1300		3280×2040×2678	6750
	$G8V190Z_L-1$	470/1200	425/1200		1802×1560×2070	4300
	$G8V190PZ_L-1$	470/1200	425/1200		3280×2040×2678	6750
	$G8V190Z_L-2$	390/1000	350/1000		1802×1560×2070	4300
	$G8V190PZ_L-2$	390/1000	350/1000		3280×2040×2678	6750
	主要技术参数					
	缸数/排列	12(8)/60°V 型				
	型式	四冲程，水冷，增压，中冷，直喷燃烧室				
	汽缸直径/mm	190				
	活塞行程/mm	210				
	活塞总排量/L	71.45(47.6)				
	压缩比	14:1				
	转向	逆时针(面向输出端)				
	启动方式	气马达，电马达				
	润滑方式	压力和飞溅润滑				

续表

柴油机系列	型　号	12h功率/转速/[kW/(r/min)]	持续功率/转速/[kW/(r/min)]	燃油/机油消耗率/[g/(kW·h)]	外形尺寸(长×宽×高)/mm	质量/kg
3000系列柴油机	A12V190Z_L	1200/1500	1080/1500	≤205/≤1.0	2950×1980×2206	9300
	A12V190PZ_L	1200/1500	1080/1500		3980×2250×2739	11000
	A12V190Z_L-3	1100/1300	990/1300		2950×1980×2206	9300
	A12V190PZ_L-3	1100/1300	990/1300		3980×2250×2739	11000
	A12V190Z_L-1	1000/1200	900/1200		2950×1980×2206	9300
	A12V190PZ_L-1	1000/1200	900/1200		3980×2250×2739	11000
	A12V190Z_L-2	900/1000	810/1000		2950×1980×2206	9300
	A12V190PZ_L-2	900/1000	810/1000		3980×2250×2739	11000
	A8V190Z_L	900/1500	810/1500	≤205/≤1.4	2300×1774×2173	7200
	A8V190PZ_L	900/1500	810/1500		3380×2250×2738	9100
	A8V190Z_L-3	760/1300	684/1300		2300×1774×2173	7200
	A8V190PZ_L-3	760/1300	684/1300		3380×2250×2738	9100
	A8V190Z_L-1	700/1200	630/1200		2300×1774×2173	7200
	A8V190PZ_L-1	700/1200	630/1200		3380×2250×2738	9100
	A8V190Z_L-2	600/1000	540/1000		2300×1774×2173	7200
	A8V190PZ_L-2	600/1000	540/1000		3380×2250×2738	9100
	主要技术参数					
	缸数/排列	12(8)/60°V型				
	型式	四冲程，水冷，增压中冷，直喷燃烧室				
	汽缸直径/mm	190				
	活塞行程/mm	215				
	活塞总排量/L	73.15(48.77)				
	压缩比	14.5:1				
	转向	逆时针(面向输出端)				
	启动方式	气马达，电马达				
	润滑方式	压力和飞溅润滑				

续表

柴油机系列	型　号	12h 功率/转速/[kW/(r/min)]	持续功率/转速/[kW/(r/min)]	燃油/机油消耗率/[g/(kW·h)]	外形尺寸(长×宽×高)/mm	质量/kg
B3000系列柴油机	B12V190Z_L	1320/1500	1200/1500	≤202/≤1.0	2950×1980×2206	9300
	B12V190PZ_L	1320/1500	1200/1500		3980×2250×2739	11000
	B12V190Z_L -3	1180/1300	1080/1300		2950×1980×2206	9300
	B12V190PZ_L -3	1180/1300	1080/1300		3980×2250×2739	11000
	B12V190Z_L -1	1140/1200	1040/1200		2950×1980×2206	9300
	B12V190PZ_L -1	1140/1200	1040/1200		3980×2250×2739	11000
	B12V190Z_L -2	930/1000	840/1000		2950×1980×2206	9300
	B12V190PZ_L -2	930/1000	840/1000		3980×2250×2739	11000
	BH12V190Z_L	1360/1500	1235/1500		2950×2280×2069	9300
	BH12V190PZ_L	1360/1500	1235/1500		4189×2345×2636	11000
	BH12V190Z_L -3	1210/1300	1100/1300		2950×2280×2069	9300
	BH12V190PZ_L -3	1210/1300	1100/1300		4189×2345×2636	11000
	BH12V190Z_L -1	1160/1200	1060/1200		2950×2280×2069	9300
	BH12V190PZ_L -1	1160/1200	1060/1200		4189×2345×2636	11000
	BH12V190Z_L -2	960/1000	870/1000		2950×2280×2069	9300
	BH12V190PZ_L -2	960/1000	870/1000		4189×2345×2636	11000
	主要技术参数					
	缸数/排列	12/60°V 型				
	型式	四冲程，水冷，增压中冷，直喷燃烧室				
	汽缸直径/mm	190				
	活塞行程/mm	215				
	活塞总排量/L	73.15				
	压缩比	14.5:1				
	转向	逆时针(面向输出端)				
	启动方式	气马达，电马达				
	润滑方式	压力和飞溅润滑				

续表

柴油机系列	型　号	12h 功率/转速/[kW/(r/min)]	持续功率/转速/[kW/(r/min)]	燃油/机油消耗率/[g/(kW·h)]	外形尺寸(长×宽×高)/mm	质量/kg
3000系列长冲程柴油机	L12V190Z_L -1	1200/1200	1080/1200	≤202/≤1.0	2950×1980×2312	9300
	L12V190PZ_L -1	1200/1200	1080/1200		3980×2250×2850	11000
	L12V190Z_L -2	1000/1000	900/1000		2950×1980×2312	9300
	L12V190PZ_L -2	1000/1000	900/1000		3980×2250×2850	11000
	L12V190Z_L -3	1300/1300	1170/1300		2950×1980×2312	9300
	L12V190PZ_L -3	1300/1300	1170/1300		3980×2250×2850	11000
	主要技术参数					
	缸数/排列	12/60°V 型				
	型式	四冲程，水冷，增压中冷，直喷燃烧室				
	汽缸直径/mm	190				
	活塞行程/mm	255				
	活塞总排量/L	86.72				
	压缩比	14.5:1				
	转向	逆时针(面向输出端)				
	启动方式	气马达，电马达				
	润滑方式	压力和飞溅润滑				

柴油机系列	型　号	12h 功率/转速/[kW/(r/min)]	持续功率/转速/[kW/(r/min)]	燃油/机油消耗率/[g/(kW·h)]	外形尺寸(长×宽×高)/mm×mm×mm	质量/kg
6000系列柴油机	H12V190Z_L	1740/1500	1560/1500	≤200/≤1.0	3234×1140×2268	9500
	H12V190PZ_L	1740/1500	1560/1500		5417×3145×3174	13700
	H12V190Z_L -1	1400/1200	1260/1200		3234×1140×2268	9500
	H12V190PZ_L -1	1400/1200	1260/1200		5417×3145×3174	9500
	H12V190Z_L -2	1160/1000	1040/1000		3234×1140×2268	13700

续表

柴油机系列	型　号	12h 功率/转速/[kW/(r/min)]	持续功率/转速/[kW/(r/min)]	燃油/机油消耗率/[g/(kW·h)]	外形尺寸(长×宽×高)/mm	质量/kg
6000系列柴油机	$H12V190PZ_L-2$	1160/1000	1040/1000	≤200/≤1.0	5417×3145×3174	13700
	$H16V190Z_L$	2400/1500	2160/1500		3525×2060×2331	13000
	主要技术参数					
	缸数/排列	12(16)/60°V 型				
	型式	四冲程，水冷，增压中冷，直喷燃烧室				
	汽缸直径/mm	190				
	活塞行程/mm	215				
	活塞总排量/L	73.15(97.53)				
	压缩比	14.5:1				
	转向	逆时针(面向输出端)				
	启动方式	气马达，电马达				
	润滑方式	压力和飞溅润滑				

3.2　柴油发电机组、电动机

3.2.1　国内部分生产厂商柴油发电机组

(1)济南柴油机股份有限公司柴油发电机组

济南柴油机股份有限公司 2000 系列柴油发电机组主要技术参数见表 B-41。

(2)河南柴油机重工有限公司道依茨柴油发电机组

河南柴油机重工有限公司道依茨柴油发电机组主要技术参数见表 B-42。

(3)潍柴动力股份有限公司柴油发电机组

潍柴动力股份有限公司柴油发电机组主要技术参数见表 B-43。

(4)北京复盛机械有限公司柴油发动机组

北京复盛机械有限公司柴油发动机组主要技术参数见表 B-44。

表 B－40　柴油偶合器机组技术参数

系列	偶合器型号	柴油机型号	柴油机参数 Ge/[g/(kW·h)]	柴油机参数 n/(r/min)	柴油机参数 Ne/kW	机组型号	输入功率	最高效率/%	外形尺寸/mm (长×宽×高)	中心高/mm
2000 系列	Y0ZJ750－20FL. sh	G12V190PZ_L－1	209	1200	740	G12V190PZ_L－1/0	695	95±2	5349×2040×2678	760
	Y0ZJ750－20FL. sh	G12V190PZ_L－3		1300	810	G12V190PZ_L－3/0	770			
	Y0ZJ750－20FL. sh	G12V190PZ_L		1500	900	G12V190PZ_L/0	860			
	Y0J700－[ ]MLw	G8V190PZ_L－1		1200	470	G8V190PZ_L－1/0	430		4450×2040×2678	
	Y0J700－[ ]MLw	G8V190PZ_L－3		1300	510	G8V190PZ_L－3/0	470			
	Y0J700－[ ]MLw	G8V190PZ_L		1500	600	G8V190PZ_L/0	560			
3000 系列	Y0J800－[ ]^F_MLw	A12V190PZ_L－1	205	1200	1000	A12V190PZ_L－1/0	960	95±2	4540×2250×2753	760
	Y0J800－[ ]^F_MLw	A12V190PZ_L－3		1300	1100	A12V190PZ_L－3/0	1060			
	Y0J800－[ ]^F_MLw	A12V190PZ_L		1500	1200	A12V190PZ_L/0	1160			
	Y0J800－[ ]^F_MLw	A8V190PZ_L－1		1200	700	A8V190PZ_L－1/0	660			
	Y0J800－[ ]^F_MLw	A8V190PZ_L－3		1300	760	A8V190PZ_L－3/0	720		3940×2250×2753	
	Y0J800－[ ]^F_MLw	A8V190PZ_L		1500	900	A8V190PZ_L/0	860			
	Y0TFJ875－25FLsh	L12V190PZ_L		1300	1300	C01300F－3/25			6410×2335×2740	1355

表B-41 济南柴油机股份有限公司2000系列柴油发电机组主要技术规格

机组型号	柴油机型号	发电机型号	额定功率/[kW/(kV·A)]	额定电压/V	额定频率/Hz	启动方式	操纵方式	外形尺寸/mm（长×宽×高）	质量/kg
500GF	G12V190PZLD-2	1FC5 456-6TA42	500/625	400/230	50	24V直流电启动	自控/手控	5925×2040×2678	13800
500GF-K	G12V190ZLD-2	1FC5 456-6TA42	500/625	400/230	50			4515×2040×2678	11800
500GFZ	G12V190PZLD-2	1FC5 456-6TA42	500/625	400/230	50			5925×2040×2678	13800
550GF1-K	G12V190ZLD-1	1FC5 456-6TA42	550/688	400/230	60			4515×2040×2678	12000
630GF	G12V190PZLD2	1FC5 456-4TA42	630/788	400/230	50			5925×2040×2678	13600
630GF-K	G12V190ZLD2	1FC5 456-4TA42	630/788	400/230	50			4515×2040×2678	11800
630GFZ	G12V190PZLD2	1FC5 456-4TA42	630/788	400/230	50			5925×2040×2678	13600
700GF1	G12V190PZLD5	1FC5 456-4TA42	700/875	400/230	50			5925×2040×2678	13600
700GF1-K	G12V190ZLD5	1FC5 456-4TA42	700/875	400/230	50			4515×2040×2678	11800
700GFZ1	G12V190PZLD4	1FC5 456-4TA42	700/875	400/230	50			5925×2040×2678	13600
800GF	G12V190PZLD	1FC6 502-4LA42	800/1000	400/230	50			5925×2040×2678	13600
800GF-K	G12V190ZLD	1FC6 502-4LA42	800/1000	400/230	50			4515×2040×2678	11800
800GFZ	G12V190PZLD6	1FC6 502-4LA42	800/1000	400/230	50			5925×2040×2678	13600

主要电气性能指标

电压				频率			
稳态调整率/%	瞬态调整率/%	稳定时间/s	波动率/%	稳态调整率/%	瞬态调整率/%	稳定时间/s	波动率/%
±2.5	+20，-15	1.5	0.5	5	±10	7	0.5

注：控制屏：用于控制发电机组的电能输送，具有欠电压、过电流、自动调速、逆功率保护等功能，同时，可以监控发动机的转速、水温、油温、油压、排气温度等参数并设有声光报警输出。

电压调节范围：空载电压调定95%~105%额定电压。

表 B－42　河南柴油机重工有限公司道依茨柴油发电机组主要技术参数

机组型号	机组基本参数			柴油机参数					外形尺寸（长×宽×高）/mm	质量/kg
	额定/备用功率/kW	额定电流/A	全负荷燃油消耗率/[g/kW·h]	柴油机型号	最大输出功率/kW	气缸排列数量	缸径/冲程/mm	总排量/L		
300GFD	300/330	541	≤210	TBD236V8	380	V8	132/140	15. 3	3260×1120×1710	3400
360GFD	360/400	631	≤208	TBD234V12	444	V12	128/140	21. 6	4170×1320×2015	4900
400GFD	400/440	722	≤207	TBD234V12	488	V12			4170×1320×2015	5300
400GFD	400/440	722	≤209	TBD604BL6	515	L6	170/195	26. 6	4470×1505×2156	5300
450GFD	450/500	812	≤201	TBD604BL6	564				4470×1505×2156	5500
500GFD	500/550	902	≤201	TBD604BL6	594				4526×1505×2156	5600
600GFD	600/660	1082	≤199	TBD620L6	718				4600×1716×2316	6350
640GFD	640/700	1155	≤198	TBD620L6	750				4650×1716×2316	6450
800GFD	800/880	1443	≤198	TBD620V8	922	V8		35. 4	4830×1716×2316	8500
1000GFD	1000/1100	1804	≤202	TBD620V12	1251	V12		53. 2	5600×1825×2316	9000
1100GFD	1100/1210	1985	≤195	TBD620V12	1320				5650×1825×2316	9500
1200GFD	1200/1320	2165	≤195	TBD620V12	1384				5700×1825×2316	9540
1500GFD	1500/1650	2706	≤195	TBD620V16	1760	V16		70. 8	6035×1716×2316	13950
1600GFD	1600/1760	2706	≤195	TBD620V16	1844				6055×1716×2316	14150
1700GFD	1700	3067	≤197	TBD620V16	1844				6085×1710×2316	14370

注：各型号发电机均为无刷自励发电机。

表 B－43　潍柴动力股份有限公司柴油发电机组主要技术参数

机组型号	备用功率/(kW/kVA)	持续功率/(kW/kVA)	额定负载燃油耗/(L/h)	柴油机型号	润滑油容量/L	包装尺寸/mm(长×宽×高)	质量/kg
WD687.5/JS4	550/687.5	500/625	116	CW6200ZD	141	5200×2250×2600	11000
WD742/JS3	594/742	540/675	125.5	CW6200ZD	141	5200×2250×2600	11500
WD866/JS4	693/866	630/787.5	146.5	XCW6200ZD	141	5200×2250×2600	11500
WD921/JS4	737/921	670/837	156	XCW6200ZD－1	141	5200×2250×2600	11500
WD962.5/JS4	770/962.5	700/875	163	CW8200ZD	185	5800×2200×2600	13800
WD1100/JS4	880/1100	800/1000	186	XCW8200ZD	185	5800×2200×2600	13800
WD1196/JS3	957/1196	870/1087	202	XCW8200ZD－1	185	5800×2200×2600	14500
WD1237.5/JS3	990/1237.5	900/1125	209	XCW8200ZD－1	185	5800×2200×2600	14500
WD1375/JS2	1100/1375	1000/1250	232.5	CW12V200ZD	310	7700×2500×3200	19500
WD1856/JS2	1485/1856	1350/1687.5	314	CW12V200ZD－1	310	7700×2500×3200	21000
WD2062.5/JS5	1650/2062.5	1500/1875	349	CW16V200ZD－6	400	9000×2500×3200	24000
WD2296/JS5	1837/2296	1670/2087.5	388	CW16V200ZD	400	9000×2500×3200	24000

注：机组配置：

①发电机选项：潍柴、兰电、柳电西门子、汾西西门子。

②标准配置：三相，50Hz，400/230V，气启动，机械调速，开式水冷，电机防护等级：IP21。

③可选配置：电子调速，四保护，水电加热，油电加热，并车装置，自启动，自切换，三遥装置，空压机，900kW 以下。

续表

机组型号	备用功率/(kW/kVA)	持续功率/(kW/kVA)	额定负载燃油耗/(L/h)	柴油机型号	润滑油容量/L	包装尺寸/mm 长×宽×高	质量/kg
WD619/JS4Z	495/619	450/562	1500/3500	CW6200ZD	141	5200×2250×2600	11000
WD687/JS3Z	550/687	500/625	1500	CW6200ZD	141	5200×2250×2600	11500
WD756/JS4Z	605/756	550/687	1500	XCW6200ZD	141	5200×2250×2600	11500
WD852/JS4Z	682/852	620/775	1500	XCW6200ZD-1	141	5200×2250×2600	11500
WD866/JS3Z	693/866	630/787	1500/3500	CW8200ZD	185	5800×2200×2600	13800
WD1106/JS2Z	880/1100	800/1000	1500	XCW8200ZD-1	185	5800×2200×2600	14500
WD1114/JS3Z	891/1114	810/1012	1500	XCW8200ZD-1	185	5800×2200×2600	14500
WD1306/JS2Z	1045/1306	950/1187	1500/3500	CW12V200ZD	310	7700×2500×3200	19500
WD1650/JS2Z	1320/1650	1200/1500	1500	CW12V200ZD-1	310	7700×2500×3200	21000
WD1952/JS5Z	1562/1950	1420/1775	1500	CW16V200ZD-6	400	9000×2500×3200	24000

注：机组配置：

① 发电机选项：潍柴、兰电、柳电西门子、汾西西门子。

② 标准配置：三相，50Hz，400/230V，气启动，机械调速，水冷，电机防护等级：IP21。

③ 可选配置：电子调速，四保护，水电加热，油电加热，并车装置，自启动，自切换，三遥装置，空压机。

表B-44 北京复盛机械有限公司柴油发电机组

系列	机组型号	功率				额定电流/A	柴油机参数				机油容量/L	燃油油耗/[g/(kW·h)]	发电机型号	机组尺寸（长×宽×高）/mm	机组质量/kg
		kW		kVA			柴油机型号	缸数/型号	缸径×行程/mm	排量/L					
		常用	备用	常用	备用										
康明斯系列发电机组	FDCW35	25	28	31	35	45	4B3.9－G2	4L	102×120	3.9	11	209	LSA43.2S1	1680×750×1380	1070
	FDCW50	36	40	45	50	65	4BTA3.9－G	4L	102×120	3.9	11	209	LSA43.5S25	1680×750×1380	1070
	FDCW70	50	55	63	70	90	4BTA3.9－G	4L	102×120	3.9	11	209	LSA43.2L65	1800×750×1380	1070
	FDCW100	72	85	90	100	130	6BT5.9－G1	6L	102×120	5.9	16.4	210	LSA44.2VS3	2100×830×1460	1200
	FDCW110	80	88	100	110	145	6BT5.9－G2	6L	102×121	5.9	16.4	210	LSA44.2VS45	2100×830×1460	1200
	FDCW163	120	130	150	165	217	6BTAA5.9－G	6L	102×122	5.9	16.4	210	LSA44.2M95	2200×830×1490	1400
	FDCW215	160	170	200	220	289	6CTAA8.3－G	6L	102×123	8.3	20	207	LSA46.2M5	2560×880×1150	1700
	FDCW275	200	220	250	275	362	NT855－GA	6L	102×124	14	36.7	207	LSA46.2L6	2950×970×1650	3100
	FDCW313	220	250	275	313	416	NT855－G1A	6L	102×125	14	36.7	202	LSA46.2VL12	2950×970×1650	3100
	FDCW350	250	285	313	350	452	NT855－G2	6L	102×126	14	36.7	211	LSA46.2VL12	3050×970×1650	3250
	FDCW388	280	315	350	388	506	NT855－G2	6L	102×127	14	36.7	218	LSA47.2VS2	2950×970×1650	3250
	FDCW413	300	330	375	413	543	NTAA855－GA	6L	102×128	14	36.7	213	LSA47.2S4	3000×970×1650	3750
	FDCW450	330	360	412	450	597	NTAA855－G7A	6L	102×129	14	36.7	213	LSA47.2S4	3350×1340×1650	3750
	FDCW500	360	400	450	500	651	KTA19－G3	6L	102×130	18.9	50	201	LSA47.2S5	3410×1230×1920	4800
	FDCW550	400	440	500	550	723	KTA19－G4	6L	102×131	18.9	50	201	LSA47.2M7	3470×1920×1920	4800
	FDCW625	450	500	563	625	815	KTAA19－G5	6L	102×132	18.9	50	212	LSA47.2L9	3490×1920×2380	4800

续表

系列	机组型号	功率 kW 常用	功率 kW 备用	功率 kVA 常用	功率 kVA 备用	额定电流/A	柴油机参数 柴油机型号	柴油机参数 缸数/型号	柴油机参数 缸径×行程/mm	柴油机参数 排量/L	机油容量/L	燃油油耗/[g/(kW·h)]	发电机型号	机组尺寸(长×宽×高)/mm	机组质量/kg
康明斯系列发电机组	FDCW650	480	520	600	650	868	KTAA19 - G6	6L	102×133	18.9	50	212	LSA47.2L9	3490×1920×2380	4800
	FDCW688	500	550	625	688	905	KTAA19 - G7	6L	102×134	18.9	50	212	LSA49.1S4	3590×1920×2380	4800
	FDCW825	600	660	750	825	1085	KTA38 - G2	12V	102×135	37.8	135	213	LSA49.1M75	4240×1630×2250	8950
	FDCW1000	720	800	900	1000	1302	KTA38 - G2	12V	102×136	37.8	135	205	LSA49.1L105	4240×1630×2250	8950
	FDCW1100	800	880	1000	1100	1446	KTA38 - G5	12V	102×137	37.8	135	208	LSA50.1M6	4370×1890×2250	9650
	FDCW1370	1000	1100	1250	1375	1809	KTAA38 - G9	12V	102×138	37.8	135	208	LSA50.1L8	4800×1920×2380	4800
	FDCW1650	1200	1320	1500	1650	2170	KTA50 - G8	12V	102×139	50.5	204	210	LSA51.1VL10	5870×1780×2240	9740
	FDCW2200	1600	1760	2000	2200	2895	QSK60 - G4	12V	102×140	60	280	215	LSA51.2M60	6090×2290×2610	16650
VOLVO系列发电机组	FDVW85	64	70	80	88	116	TD520GE	4	108×130	4.76	13	213	LSA43.2LB	2280×760×1380	1700
	FDVW85S													3100×1200×1800	2370
	FDVW110	80	88	100	110	145	TAD520GE	4	108×130	4.76	13	213	LSA44.3VS45	2280×760×1380	1130
	FDVW110S													3500×1200×1800	2630
	FDVW130	100	110	125	138	181	TD720GE	6	108×130	7.15	20	211	LSA44.2VS7	2750×750×1360	1360
	FDVW130S													4000×1270×2060	2560
	FDVW160	120	132	150	165	217	TAD720GE	6	108×130	7.15	20	197	LSA44.2M95	2750×870×1360	1400
	FDVW160S													4000×1270×2060	2950

续表

系列	机组型号	功率				额定电流/A	柴油机参数				机油容量/L	燃油油耗/[g/(kW·h)]	发电机型号	机组尺寸(长×宽×高)/mm	机组质量/kg
		kW		kVA			柴油机型号	缸数/型号	缸径×行程/mm	排量/L					
		常用	备用	常用	备用										
VOLVO系列发电机组	FDVW200	150	165	185	205	268	TAD721GE	6	108×130	7.15	34	204	LSA46.2M5	2510×980×1520	1400
	FDVW200S													4000×1270×2060	2950
	FDVW220	165	182	206	226	298	TAD722GE	6	108×130	7.15	34	205	LSA46.2M5	2580×870×1500	1480
	FDVW220S													4500×1500×2062	3060
	FDVW270													2840×1500×1800	2200
	FDVW270S	200	216	250	270	361	TAD740GE	6	107×135	7.28	29	200	LSA46.2L6	4300×1500×2062	3590
	FDVW270P													4000×1900×2300	3640
	FDVW350													2840×1500×1900	2510
	FDVW350S	250	280	312	350	471	TAD941GE	6	120×138	9.36	33	202	LSA46.2VL12	4500×1500×2062	4190
	FDVW350P													4000×1900×2300	4200
	FDVW410													3100×1500×1958	2690
	FDVW410S	300	330	375	412	543	TAD1241GE	6	131×150	12.13	35	198	LSA47.2S4	4800×1500×2100	4300
	FDVW410P													4000×1900×2300	4520
	FDVW550	400	436	500	545	732	TAD1641GE	6	144×165	16.12	48	198	LSA47.2M7	3570×1500×2080	3320
	FDVW550S													5162×1500×2200	5480
	FDVW640	450	510	563	637	825	TAD1642GE	6	144×165	16.12	48	200	LSA47.2L9	3300×1500×2126	3620
	FDVW640S													6000×1700×2668	5600

3.2.2 国内部分生产厂商电动机

(1)四川宏华石油设备有限公司 HTB 系列异步电动机技术参数(见表 B－45)

表 B－45 四川宏华石油设备有限公司 HTB 系列异步电动机技术参数

型号	额定功率/kW	额定电压/V	额定电流/A	额定转矩/N·m	额定转速/(r/min)	额定频率/Hz	功率因数	效率/%	恒功最高转速/(r/min)	最高转速/(r/min)	质量/kg	应用
HTB01	700	575	813	4606	1452	49.2	0.91	95	2518	2600	1935	DQ70B 顶驱
HTBO2	600	575	745	8686	660	33.5	0.86	94	1060	2200	2930	转盘，绞车
HTB03	800	575	983	10310	741	37.5	0.86	95	1253	2200	3300	转盘，绞车，泥浆泵
HTB04	900	575	1095	13023	660	33.5	0.87	95	1090	2200	3600	绞车，泥浆泵
HTB05	1200	575	1449	11459	1000	50.5	0.88	95	1500	2200	3370	泥浆泵
HTB06	1000	575	1215	11937	800	40.6	0.87	95	1200	2200	3380	转盘，绞车，泥浆泵
HTB08	500	575	700	33897	142	19.2	0.76	94	252		3980	HH135X 斜井钻机(2000m)直驱绞车
HTB09	370	575	491	23555	150	20.4	0.81	93	250		5130	ZJ30/1350CT 连续油管钻机(3000m)动力水龙头
HTB10	295	575	347	2184	1290	43.9	0.91	94	2365		1090	DQ70B 顶驱(双电机)
HTB11	1000	575	1230	14470	660	33.5	0.85	96	1008	2200	3680	转盘，绞车，泥浆泵

续表

型号	额定功率/kW	额定电压/V	额定电流/A	额定转矩/N·m	额定转速/(r/min)	额定频率/Hz	功率因数	效率/%	恒功最高转速/(r/min)	最高转速/(r/min)	质量/kg	应用
HTB12	1200	575	1531	22918	500	68	0.82	96	700		3186	1600HP 3 缸直驱泥浆泵
HTB13	580	575	774	44039	125	19.6	0.82	93	220		6328	DQ70BZ 直驱顶驱
HTB15	880	575	1159	70033	120	20.5	0.82	93	167		7000	4000 米直驱绞车
HTB16	580	575	774	44309	125	16.9	0.82	93	220		3186	DQ70BZ 直驱顶驱
HTB17	1200	575	1504	25529	449	30.5	0.85	95	623	808	6000	1600HP 5 缸泥浆泵
HTB18	250	575	293	1611	1482	50	0.91	96	2200		1200	ZJ30/1350CT 连续油管钻机(3000m)变量泵
HTB19	288	575	399	25945	106	11	0.79	91	181		5030	DQ40BZ 直驱顶驱
HTB20	1225	575	1544	92602	126	21.3	0.86	93	188	459	8100	5000m 直驱绞车
HTB21	750	575	970	12160	589	59.5	0.82	95	786		2627	1000HP 3 缸直驱泥浆泵
HTB22	500	575	656	33620	142	19.2	0.84	92	252		4025	ZJ30/1350CT 连续油管钻机(3000m)直驱绞车
HTB26	1130	575	1496	89929	120	20.5	0.82	93	200		11294	DQ120BZ 直驱顶驱
HTB30	900	575	1196	71625	120	20.5	0.83	92	200		9396	DQ90BZ 顶驱
HTB31	30	380	102	477	600	51			750		410	俯仰起重机

(2)永济新时速电机电器有限责任公司电动机

YJ 系列交流变频调速异步电动机技术参数及结构特点见表 B－46，YZ 系列直流电机技术参数及结构特点见表 B－47。

表 B－46　YJ 系列交流变频调速异步电动机技术参数及结构特点

电机型号	额定功率/kW	额定电压/V	额定电流/A	额定转速/(r/min)	额定频率/Hz	额定转矩/N·m	恒功最高转速/(r/min)	功率因数	额定效率	绝缘等级	质量/kg
YJ13	800	550	1040	660	33.5	11575	1060	0.86	0.95	200	3100
YJ13A	800	550	1040	660	33.5	11575	1060	0.86	0.95	200	3100
YJ13B	700	600	854	661	33.5	10108	1200	0.83	0.95	200	2900
YJ13BX1	700	600	854	661	33.5	10108	1200	0.83	0.95	200	3100
YJ13BX2	700	600	854	661	33.5	10108	1200	0.83	0.95	200	3100
YJ13BX3	700	600	854	661	33.5	10108	1200	0.83	0.95	200	3100
YJ13BX4	700	600	854	661	33.5	10108	1200	0.83	0.95	200	2650
YJ13BX5	700	600	854	661	33.5	10108	1200	0.83	0.95	200	2650
YJ13BX6	700	600	854	661	33.5	10108	1200	0.83	0.95	200	2900
YJ13BX7	700	600	854	661	33.5	10108	1200	0.83	0.95	200	2900
YJ13C	700	600	854	661	33.5	10108	1200	0.83	0.95	200	3100
YJ13D	550	690	574	794	40	6615	1984	0.84	0.95	200	—

续表

电机型号	额定功率/kW	额定电压/V	额定电流/A	额定转速/(r/min)	额定频率/Hz	额定转矩/N·m	恒功最高转速/(r/min)	功率因数	额定效率	绝缘等级	质量/kg
YJ13E	450	400	782	794	40	5412	1981	0.84	0.94	200	—
YJ13E1	600	690	618	794	40	7217	1990	0.83	0.95	200	3090
YJ13E2	600	690	618	794	40	7217	1990	0.83	0.95	200	3090
YJ13F	450	400	782	794	40	5412	1981	0.84	0.94	200	—
YJ13G	1200	690	1193	1001	50	11443	1506	0.88	0.95	200	3200
YJ13G1	1200	690	1193	1001	50	11443	1506	0.88	0.95	200	3200
YJ13H	400	400	710	400	20.5	9633	1200	0.9	0.9	200	—
YJ13X1	800	600	915	740	33.5	10324	1253	0.89	0.95	200	3100
YJ13X2	800	600	915	740	33.5	10324	1253	0.89	0.95	200	3100
YJ13X4	1200	600	1354	1000	50.5	11460	1500	0.9	0.94	200	—
YJ13X5	800	600	915	741	37.5	10303	1253	0.89	0.95	200	3100
YJ13X6	800	600	915	741	37.5	10303	1253	0.89	0.95	200	3100
YJ14	400	550	582	652	33.5	5860	1060	0.782	0.92	200	2200
YJ14A	400	550	582	652	33.5	5860	1060	0.782	0.92	200	2200
YJ14B	400	380	754	980	50	3897	1660	0.867	0.92	200	2350

续表

电机型号	额定功率/kW	额定电压/V	额定电流/A	额定转速/(r/min)	额定频率/Hz	额定转矩/N·m	恒功最高转速/(r/min)	功率因数	额定效率	绝缘等级	质量/kg
YJ14C	400	400	727	709	36.5	5400	1070	0.86	0.92	200	2500
YJ19	400	600	517	660	33.5	5780	1060	0.81	0.92	200	2200
YJ19A	400	600	517	660	33.5	5780	1060	0.81	0.92	200	2200
YJ19AX1	400	600	517	660	33.5	5787	1060	0.81	0.92	200	
YJ19B	400	600	517	660	33.5	5780	1060	0.81	0.92	200	2200
YJ19C	400	600	517	660	33.5	5780	1060	0.81	0.92	200	2500
YJ19CX1	400	600	517	660	33.5	5787	1060	0.81	0.92	200	
YJ19X1	400	600	517	660	33.5	5780	1060	0.81	0.92	200	2450
YJ19X2	400	600	517	660	33.5	5780	1060	0.81	0.92	200	
YJ21	800	660	850	800	40.5	9550	1200	0.86	0.95	200	3000
YJ23	600	600	714	661	33.5	8684	1060	0.85	0.95	200	2650
YJ23A	500	600	600	660	33.4	7234	1060	0.83	0.96	200	2650
YJ23A1	500	690	504	663	33.5	7208	1780	0.87	0.95	200	2650
YJ23A2	500	690	504	663	33.5	7208	1780	0.87	0.95	200	2650
YJ23A3	600	400	1034	672	34	8526	1000	0.89	0.94	200	2650

续表

电机型号	额定功率/kW	额定电压/V	额定电流/A	额定转速/(r/min)	额定频率/Hz	额定转矩/N·m	恒功最高转速/(r/min)	功率因数	额定效率	绝缘等级	质量/kg
YJ23A4	600	400	1034	672	34	8526	1000	0.89	0.94	200	2650
YJ23A4	700	600	798	1000	50.5	6685	1400	0.89	0.94	200	2650
YJ23A4X1	600	400	1034	672	34	8526	1000	0.89	0.94	200	2650
YJ23A4X2	600	400	1034	672	34	8526	1000	0.89	0.94	200	2650
YJ23A4X3	700	600	798	1000	50.5	6685	1400	0.89	0.94	200	—
YJ23A4X4	600	400	1034	672	34	8526	1000	0.89	0.94	200	—
YJ23A5	600	400	1034	672	34	8526	1000	0.89	0.94	200	2650
YJ23A6	600	600	714	660	33.5	8684	1060	0.85	0.95	200	2650
YJ23A6X1	600	600	714	660	33.5	8684	1060	0.85	0.95	200	2650
YJ23A6X2	600	600	714	660	33.5	8684	1060	0.85	0.95	200	2650
YJ23A6X3	600	600	714	660	33.5	8684	1060	0.85	0.95	200	2650
YJ23A7	600	600	714	660	33.5	8684	1060	0.85	0.95	200	2650
YJ23A7X1	600	600	714	660	33.5	8684	1060	0.85	0.95	200	2650
YJ23A7X2	600	600	714	661	33.5	8684	1060	0.85	0.95	200	2650
YJ23B	600	600	717	661	33.5	8670	1220	0.85	0.94	200	2650

续表

电机型号	额定功率/kW	额定电压/V	额定电流/A	额定转速/(r/min)	额定频率/Hz	额定转矩/N·m	恒功最高转速/(r/min)	功率因数	额定效率	绝缘等级	质量/kg
YJ23B1	600	600	717	661	33.5	8683	1060	0.85	0.94	200	2650
YJ23C	600	690	605	661	33.5	8670	1200	0.88	0.94	200	2650
YJ23CX1	600	690	605	661	33.5	8670	1200	0.89	0.92	200	2650
YJ23D	600	600	717	661	33.5	8683	1060	0.85	0.95	200	2650
YJ23E	600	690	618	794	40	7217	1990	0.86	0.95	200	2650
YJ23F	600	600	714	661	33.5	8670	1060	0.85	0.95	200	2650
YJ23F1	600	600	714	661	33.5	8670	1060	0.85	0.95	200	2650
YJ23G	600	600	714	661	33.5	8670	1060	0.85	0.95	200	2650
YJ23H	600	600	714	661	33.5	8684	1060	0.85	0.95	200	2650
YJ23X1	600	600	714	661	33.5	8670	1060	0.85	0.95	200	2650
YJ23X2	600	600	714	661	33.5	8670	1060	0.85	0.95	200	2650
YJ23X3	600	600	714	661	33.5	8670	1060	0.85	0.95	200	2650
YJ23X4	600	600	714	661	33.5	8684	1060	0.85	0.95	200	2650
YJ23X5	600	600	714	661	33.5	8684	2400	0.85	0.95	200	2650
YJ23X6	600	600	714	661	33.5	8684	2400	0.85	0.95	200	2650

续表

电机型号	额定功率/kW	额定电压/V	额定电流/A	额定转速/(r/min)	额定频率/Hz	额定转矩/N·m	恒功最高转速/(r/min)	功率因数	额定效率	绝缘等级	质量/kg
YJ23X7	600	600	714	660	33.5	8670	1060	0.85	0.95	200	2650
YJ23X8	600	600	714	660	33.5	8670	1060	0.85	0.95	200	2650
YJ23X9	600	600	714	661	33.5	8670	1060	0.85	0.95	200	2650
YJ27	230	380	444	686	35	3200	1170	0.85	0.92	200	2350
YJ27A	230	380	444	686	35	3200	1170	0.85	0.92	200	2350
YJ31	970	700	975	800	40.6	11575	1200	0.87	0.95	200	3100
YJ31A	1100	690	1077	1000	50.5	10520	1500	0.9	0.95	200	3100
YJ31B	720	600	826	600	30.5	11400	1180	0.9	0.94	200	3100
YJ31B1	720	600	826	600	30.5	11400	1180	0.9	0.94	200	3100
YJ31BX1	700	600	854	661	33.5	10108	1200	0.83	0.95	200	2950
YJ31BX2	700	600	854	661	33.5	10108	1200	0.83	0.95	200	2950
YJ31C	720	600	826	600	30.5	11400	1180	0.9	0.94	200	3100
YJ31C1	720	600	826	600	30.5	11400	1180	0.9	0.94	200	3100
YJ31C2	600	690	605	833	40	6879	1920	0.88	0.96	200	3100
YJ31C3	600	690	605	833	40	6879	1920	0.88	0.96	200	3100

续表

电机型号	额定功率/kW	额定电压/V	额定电流/A	额定转速/(r/min)	额定频率/Hz	额定转矩/N·m	恒功最高转速/(r/min)	功率因数	额定效率	绝缘等级	质量/kg
YJ31D	720	600	826	600	30. 5	10400	1180	0. 9	0. 94	200	3100
YJ31DX1	970	690	960	800	40. 6	11575	1042	0. 9			
YJ31E	500	600	575	540	27. 5	8849	784	0. 9	0. 92	200	3100
YJ31E1	1100	600	1265	1000	50. 5	10502	1504	0. 88		200	3200
YJ31E1X1	1200	600	1348	1000	50. 5	11460	1504	0. 9	0. 95	200	
YJ31E2	1100	600	1265	1000	50. 5	10502	1504	0. 89	0. 95	200	3100
YJ31E2X1	1200	600	1380	1000	50. 5	11460	1504	0. 88	0. 95	200	3200
YJ31F	1000	600	1140	803	40. 6	11876	1205	0. 89	0. 95	200	3100
YJ31G	970	690	962	870	44	10640	1580	0. 88	0. 96	200	3100
YJ31G1	970	690	962	870	44	10640	1580	0. 88	0. 96	200	3100
YJ31H	720	600	826	600	30	11460	1180	0. 9			
YJ31H1	720	600	826	600	30	11460	1180	0. 9			
YJ35	400	400	776. 3	687	35	5557	1176	0. 8	0. 92	200	2390
YJ35A	400	400	776. 3	687	35	5557	1176	0. 8	0. 92	200	2315
YJ35AH	550	690	574	794	40. 6	6615	1984	0. 85	0. 96	200	3000

续表

电机型号	额定功率/kW	额定电压/V	额定电流/A	额定转速/(r/min)	额定频率/Hz	额定转矩/N·m	恒功最高转速/(r/min)	功率因数	额定效率	绝缘等级	质量/kg
YJ35H	550	690	574	794	40	6615	1984	0.85	0.96	200	3000
YJ39	300	400	556	653	33.5	4388	1035	0.85	0.91	200	2315
YJ39A	300	400	556	653	33.5	4388	1035	0.85	0.91	200	2415
YJ39B	300	400	556	653	33.5	4388	1035	0.85	0.91	200	2315
YJ39B1	300	690	295	661	33.5	4340	1060				
YJ39C	300	600	362	655	33.5	4377	1033	0.86	0.92	200	2500
YJ39C1	300	600	362	655	33.5	4377	1033	0.86	0.92	200	2500
YJ51	200	600	244	660	33.5	2984	1060	0.84	0.95	200	2580
YJ51A	300	600	350	660	33.5	4340	1060	0.87	0.94	200	2600
YJ56	1600	690	1530	992	50	15403	1500	0.91	0.96	200	5000
YJ56A	1100	600	1280	661	33	15893	1000	0.9	0.95	200	5000
YJ61	315	600	405	1200	61	2500	2400	0.81	0.92	200	1900
YJ73	315	600	356	1200	40.6	2507	2000	0.91	0.93		
YJ73A	315	600	356	1200	40.6	2507	2000	0.91	0.93		

表 B-47　YZ 系列直流电机技术参数及结构特点

型号	额定功率/kW	额定电压/V	额定电流/A	他励电流/A	额定转速/(r/min)	额定效率/%	额定转矩/kN·m	最大电流/A	最大转矩/kN·m	最高转速/(r/min)	励磁方式	绝缘等级	质量/kg
YZ08	800	750	1150		970	92.7	8.034	1600	12.2	1500	串激	H/H	3200
YZ08A	800	750	1150		970	92.7	8.034	1600	12.2	1500	串激	H/H	3200
YZ08B	800	750	1150		970	92.7	8.034	1600	12.2	1500	串激	H/H	3200
YZ08C	800	750	1150		970	92.7	8.034	1600	12.2	1500	串激	H/H	3200
YZ08C1	800	750	1150		970	92.7	8.034	1600	12.2	1500	串激	H/H	3200
YZ08D	800	750	1150		970	93	8.034	1600	12.2	1500	串激	H/H	
YZ08F	800	750	1150	60	1060	92.7	7.3	1600	9.45	1500	他励	H/H	3250
YZ08F1	800	750	1150	60	1060	92.7	7.3	1600	9.45	1500	他励	H/H	3250
YZ08F1A	800	750	1150	60	1060	92.7	7.3	1600	9.45	1500	他励	H/H	3250
YZ08F2	800	750	1150	60	1060	92.7	7.3	1600	9.45	1500	他励	H/H	
YZ08F3	800	750	1150	60	1060	92.7	7.3	1600	9.45	1500	他励	H/H	
YZ10	800	750	1150	60	1060	92.7	7.3	1600	9.45	1500	他励	H/H	3500

续表

型号	额定功率/kW	额定电压/V	额定电流/A	他励电流/A	额定转速/(r/min)	额定效率/%	额定转矩/kN·m	最大电流/A	最大转矩/kN·m	最高转速/(r/min)	励磁方式	绝缘等级	质量/kg
YZ29	438	750	650		880	89.8	4.65	800		1500	串激	H/H	2385
YZ29A	438	750	650		880	89.8	4.65	800		1500	串激	H/H	2385
YZ47	580	750	840		1000	92	5.64	1200	8.2	1500	串激	H/H	3000
YZ47A	580	750	840		1000	92	5.64	1200	8.2	1500	串激	H/H	3000
YZ47B	600	750	880		1000	92	5.738	1200		1500	串激	H/H	
YZ47B1	600	750	880		1000	92	5.738	1200		1500	串激	H/H	
YZ08X1	800	750	1150		970	92.7	8.034	1600	12.2	1500	串激	H/H	3200
YZ08AX1	800	750	1150		970	92.7	8.034	1600	12.2	1500	串激	H/H	3200
YZ08A2	800	750	1150		970	92.7	8.034	1600	12.2	1500	串激	H/H	
YZ29AX1	438	750	650		880	89.8	4.65	800		1500	串激	H/H	

3.2.3 国外部分生产厂商柴油发电机组

(1) CAT 柴油发电机组

CAT 柴油发电机组技术参数见表 B－48。

表 B－48 CAT3512 柴油发电机组主要技术参数

柴油机型号	CAT3512DITA
类型	四冲程涡轮增压
额定功率/kW	1030
额定转速/(r/min)	1500
怠速/(r/min)	550
汽缸数	12 缸 50°V 型排列
缸径/mm	170
冲程/mm	190
汽缸单缸排量/L	4.3
汽缸总排量/L	51.8
压缩比	13:1
空气滤清器	单级或双级
进气门间隙/mm	0.38
排气门间隙/mm	0.76
发火顺序(顺时针)	1－4－9－8－5—2－11－10－3－6－7－12
发火顺序(逆时针)	1－12－9－4－5－8－11－2－3－10－7－6
旋转方向(从飞轮端)	标准是逆时针，顺时针也可选
起动方法	电动或气动

(2) 底特律柴油发电机组

底特律柴油发电机组技术参数见表 B－49。

表 B-49　底特律 1200kW 柴油发电机组主要技术参数

底特律 12V4000 系列柴油机			
型　号	T123—7K16	类　型	四冲程涡轮增压
汽缸数及排列方式	12 缸 V 形排列	转速/(r/min)	1500
缸径/mm	160	冲程/mm	190
排气量/L	49	压缩比	14:1
活塞速度/(m/s)	9.5	额定输出，ISO 主功率/kW	1330
额定输出，ISO 持续功率/kW	1095	调速器	DDECIV 电子
100% 负载油耗/(kg/h)	262.10	75% 负载油耗/(kg/h)	195.76
50% 负载油耗/(kg/h)	133.91	冷却水量/L	300
润滑油量/L	220	长×宽×高/mm	2409×1400×1735
干重/kg	5555	湿重/kg	5887
发电机			
型　号	Marathon 744FSIM238S	额定输出功率/kW	1200
相数	3	频率/Hz	50
额定电压/V	600	功率因数	0.7
绝缘等级	H	励磁方式	旋转磁场，无刷永磁发电机通过旋转整流器提供
励磁电压/V	4.4	励磁电流/A	1.83
电压降(1200kW 负载)	9.5%		

3.3　液力变矩器参数及其与柴油机的匹配

液力变矩器参数见表 B-50，液力变矩器与柴油机的匹配见表 B-51。

表 B-50　YBLT900 系列液力变矩器参数

最大输入功率/kW	1000	最大输入转速/(r/min)	1500	供油压力/MPa	0.3~0.47
最大输入扭矩/kN·m	6.5	最大输出扭矩/kN·m	38.0	工作油温度/℃	≤110
最高效率	85±2%	工作腔直径/mm	900	使用油品	6 号液力传动油
加油量/L	240	质量/kg	2100	外形尺寸/mm(长×宽×高)	1330×950×1073

表 B-51　YBLT900 系列液力变矩器与 Z12V190 柴油机匹配

<table>
<tr><th rowspan="2">柴油机型号</th><th colspan="3">柴油机参数</th><th rowspan="2">变矩器型号</th><th colspan="4">变矩器参数</th><th rowspan="2">备　注</th></tr>
<tr><th>N_C/(r/min)</th><th>P_C/kW</th><th>P_{CF}/kW</th><th>P_{BI}/kW</th><th>P_{BG}/kW</th><th>P_{BF}/kW</th><th>P_{BB}/kW</th></tr>
<tr><td>PZ12V 190B-1</td><td>1200</td><td>657</td><td>37</td><td>YBLT 900-45</td><td>620</td><td rowspan="4">6</td><td>4</td><td>610</td><td>基本型</td></tr>
<tr><td>PZ12V 190B-1</td><td rowspan="3">1200</td><td>735</td><td>37</td><td>YBLT 900-45A</td><td>698</td><td>4</td><td>688</td><td>增容,换导轮</td></tr>
<tr><td>PZ12V 190BB_L-1</td><td rowspan="2">1000</td><td>60</td><td>YBLT 900-45AL</td><td>675</td><td>0</td><td>669</td><td>增容,换导轮</td></tr>
<tr><td>PZ12V 190B-1</td><td>0</td><td>YBLT 900-45Dw</td><td>735</td><td>0</td><td>729</td><td>增容,换导轮</td></tr>
<tr><td>PZ12V 190B-3</td><td rowspan="6">1300</td><td>810</td><td>37</td><td>YBLT 900-45B</td><td>773</td><td rowspan="6">7</td><td>5</td><td>761</td><td>减容,换导轮</td></tr>
<tr><td>PZ12V 190BB_L-3</td><td rowspan="2">1100</td><td>60</td><td>YBLT 900-45BL</td><td>750</td><td>0</td><td>743</td><td>减容,换导轮和泵轮</td></tr>
<tr><td>Z12V 190B-3</td><td>0</td><td>YBLT 900-45Bw</td><td>810</td><td>0</td><td>803</td><td>增容,换导轮</td></tr>
<tr><td>PZ12V 190GB_3-3</td><td>870</td><td>50</td><td>YBLT 900-45C</td><td>820</td><td>5</td><td>808</td><td>增容,换导轮</td></tr>
<tr><td>PZ12V190 GB_3B_L-3</td><td rowspan="2">1185</td><td>60</td><td>YBLT 900-45CL</td><td>810</td><td>0</td><td>803</td><td>增容,换导轮</td></tr>
<tr><td>Z12V190 GB_3-3</td><td>0</td><td>YBLT 900-45CW</td><td>870</td><td>0</td><td>863</td><td>增容,换导轮</td></tr>
</table>

续表

柴油机型号	柴油机参数			变矩器型号	变矩器参数				备 注
	N_C/(r/min)	P_C/kW	P_{CF}/kW		P_{BI}/kW	P_{BG}/kW	P_{BF}/kW	P_{BB}/kW	
PZ12V 190B	1500	882	44	YBLT 900 -45D	838	11	7	820	减容，换导轮和泵轮
PZ12V 190BB$_L$		1200	60	YBLT900 -45DL	822		0	811	减容，换导轮和泵轮
Z12V 190B			0	YBLT900 -45DW	882		0	871	减容，换导轮和泵轮
PZ12V 190BG$_3$		992	60	YBLT 900 45E	932		7	914	减容，换导轮和泵轮
PZ12V 190BG$_3$B$_L$		1350	60	YBLT 900 -45EL	932		0	921	减容，换导轮和泵轮
PZ12V 190BG$_3$			0	YBLT900 -45CEW	932		0	981	减容，换导轮和泵轮

注1：表中符号的含义：N_C 为柴油机标定转速，r/min；P_C 为柴油机标定功率，kW；P_{CF} 为柴油机附属设备（冷却风扇和空滤器）功率，kW；$P_{BI}=P_C-P_{CF}$ 为变矩器输入功率，kW；P_{BG} 为变矩器供油泵功率，kW；P_{BF} 为变矩器风扇功率，kW；$P_{BB}=P_{BI}-P_{BG}-P_{BF}$ 为变矩器泵轮吸收功率，kW；

注2：变矩器型号中的符号和数值的含义：YB为液（Ye）力变（Bian）矩器；L为离（Li）心涡轮；T为充油调（Tiao）节；900为工作腔直径mm；45（或60）为最高效率转速比的百分数；A、B、C、D、E为变形代号；L为联合冷却；W为外部冷却。

附录C　钻井常用材料及其他

1　钻井常用钢材

1.1　黑色金属材料的表示方法

1.1.1　钢铁产品牌号符号及其含义

钢铁产品牌号符号及其含义见表C－1。

表C－1　钢铁产品牌号符号及其含义（GB/T 221—2000）

名　称	采用的汉字及汉语拼音		采用符号	字体	位置
	汉字	汉语拼音			
炼钢用生铁	炼	LIAN	L	大写	牌号头
铸造用生铁	铸	ZHU	Z	大写	牌号头
球墨铸铁用生铁	球	QIU	Q	大写	牌号头
脱碳低磷粒铁	脱炼	TUO LIAN	TL	大写	牌号头
含钒生铁	钒	FAN	F	大写	牌号头
耐磨生铁	耐磨	NAI MO	NM	大写	牌号头
碳素结构钢	屈	QU	Q	大写	牌号头
低合金高强度钢	屈	QU	Q	大写	牌号头
耐候钢	耐候	NAI HOU	NH	大写	牌号尾
保证淬透性钢			H	大写	牌号尾
易切削非调质钢	易非	YI FEI	YF	大写	牌号头
热锻用非调质钢	非	FEI	F	大写	牌号头
易切削钢	易	YI	Y	大写	牌号头
电工用热轧硅钢	电热	DIAN RE	DR	大写	牌号头
电工用冷轧无取向硅钢	无	WU	W	大写	牌号中
电工用冷轧取向硅钢	取	QU	Q	大写	牌号中
电工用冷轧取向高磁感硅钢	取高	QU GAO	QG	大写	牌号中

续表

名　　称	采用的汉字及汉语拼音		采用符号	字体	位置
	汉字	汉语拼音			
(电讯用)取向高磁感硅钢	电高	DIAN GAO	DG	大写	牌号头
电磁纯铁	电铁	DIAN TIE	DT	大写	牌号头
碳素工具钢	碳	TAN	T	大写	牌号头
塑料模具钢	塑模	SU MO	SM	大写	牌号头
(滚珠)轴承钢	滚	GUN	G	大写	牌号头
焊接用钢	焊	HAN	H	大写	牌号头
钢轨钢	轨	GUI	U	大写	牌号头
铆螺钢	铆螺	MAO LUO	ML	大写	牌号头
锚链钢	锚	MAO	M	大写	牌号头
地质钻探钢管用钢	地质	DI ZHI	DZ	大写	牌号头
船用钢			采用国际符号		
汽车大梁用钢	梁	LIANG	L	大写	牌号尾
矿用钢	矿	KUANG	K	大写	牌号尾
压力容器用钢	容	RONG	R	大写	牌号尾
桥梁用钢	桥	QIAO	q	小写	牌号尾
锅炉用钢	锅	GUO	g	小写	牌号尾
焊接气瓶用钢	焊瓶	HAN PING	HP	大写	牌号尾
车辆车轴用钢	辆轴	LIANG ZHOU	LZ	大写	牌号头
机车车轴用钢	机轴	JI ZHOU	JZ	大写	牌号头
管线用钢			S	大写	牌号头
沸腾钢	沸	FEI	F	大写	牌号尾
半镇静钢	半	BAN	b	小写	牌号尾
镇静钢	镇	ZHEN	Z	大写	牌号尾
特殊镇静钢	特镇	TE ZHEN	TZ	大写	牌号尾
质量等级			A	大写	牌号尾
			B	大写	牌号尾
			C	大写	牌号尾
			D	大写	牌号尾
			E	大写	牌号尾

注：没有汉字及汉语拼音的，采用符号为英文字母。

1.1.2　金属材料力学性能代号及其含义

金属材料力学性能代号及其含义见表 C－2。

表 C－2　金属材料力学性能代号及其含义

代号	名称	单位	含　义
σ_b σ_{bc} σ_{bb}	抗拉强度 抗压强度 抗弯强度	MPa 或 N/mm^2	材料试样受拉力时，在拉断前所承受的最大应力； 材料试样受压力时，在压坏前所承受的最大应力； 材料试样受弯曲力时，在破坏前所承受的最大应力；
τ τ_b	抗剪强度 抗扭强度		材料试样受剪力时，在剪断前所承受的最大剪应力； 材料试样受扭转力时，在扭断前所承受的最大剪应力
σ_s $\sigma_{0.2}$	屈服点 屈服强度		材料试样在拉伸过程中，负荷不增加或开始有所降低而变形继续发生的现象称为屈服，屈服时的最小应力称为屈服点或屈服极限。 对某些屈服现象不明显的金属材料，测定屈服点比较困难，为便于测量，通常按其产生永久变形量等于试样原长 0.2% 时的应力称为屈服强度或条件屈服强度
σ_e σ_p	弹性极限 比例极限		材料能保持弹性变形的最大应力。真实的弹性极限难以测定，实际规定按永久变形为原长的 0.005% 时的应力值表示。 在弹性变形阶段，材料所承受的和应变能保持正比的最大应力，称比例极限，σ_p 与 σ_e。两数值很接近，一般常互相通用
E G	弹性模量 切变模量		在比例极限的范围内，应力与应变成正比时的比例常数，衡量材料刚度的指标。 $E=\dfrac{\sigma}{\varepsilon}$　ε——试样纵向线应变 $G=\dfrac{\tau}{\gamma}$　γ——试样切应变
μ	泊松比		在弹性范围内，试样横向线应变与纵向线应变的比值。 $\mu=\left\|\dfrac{\varepsilon'}{\varepsilon}\right\|$　$\varepsilon'=-\mu\varepsilon$ ε——试样横向线应变
σ_{-1}	疲劳极限	MPa 或 N/mm^2	材料试样在对称弯曲应力作用下，经受一定的应力循环数 N 而仍不发生断裂时所能承受的最大应力。对钢来说，如应力循环数 N 达 $10^6\sim10^7$ 次仍不发生疲劳断裂时，则可认为随循环次数的增加，将不再发生疲劳断裂。因此常采用 $N=(0.5\sim1)\times10^7$ 为基数，确定钢的疲劳极限

续表

代号	名称	单位	含 义
$\sigma_{1/10^4}$ $\sigma_{1/10^5}$ $\sigma_{0.2/200}$ ……	蠕变极限	MPa 或 N/mm^2	在一定的温度(通常在高温下)和恒定载荷作用下，材料在规定的时间(使用期间)内的蠕变变形量或蠕变速度不超过某一规定值的最大应力。符号右下角的分数中，分子表示规定的变形量的百分数，分母表示产生该变形量所经历的时间(h)。$\sigma_{1/10^4}$ 表示在 10000h 产生 1% 变形量的应力，有时在符号的右上角标明试验温度，如 $\sigma_{2/10^4}^{600}$ 表示在 600℃ 时在 10000h 内产生 2% 变形量的应力
DVM	蠕变极限		加载后观测 25～35h，可允许的伸长速度为 10×10^{-4}%/h 的应力
$\sigma_{b/10^4}$ $\sigma_{b/10^5}$ $\sigma_{b/200}$	持久极限		在一定的温度(通常在高温)下，材料在恒定载荷作用时，在一定时间(使用期间)内材料破坏时的应力 符号右下角分数中分母表示时间(h)。有时在符号的右上角标明试验温度，$\sigma_{b/100}^{700}$ 表示在试验温度为 700℃ 时，持久时间为 100h 的应力
δ δ_5 δ_{10}	伸长率 (延伸率)	%	材料试样被拉断后，标距长度的增加量与原标距长度之百分比 试样的标距等于 5 倍直径时的伸长率 试样的标距等于 10 倍直径时的伸长率
ψ	断面 收缩率		材料试样在拉断后，其断裂处横截面积的缩减量与原横截面积的百分比。收缩率和伸长率均用来表示材料塑性的指标
α_{kU} 或 α_{kV}	冲击 韧性值	J/cm^2	金属材料对冲击负荷的抵抗能力称为韧性，通常都是以大能量的一次冲击值(α_{kU} 或 α_{kV})作为标准的。它是采用一定尺寸和形状的标准试样，在摆锤式一次冲击试验机上来进行试验，试验结果，以冲断试样上所消耗的功(A_{kU} 或 A_{kV})与断口处横截面积(F)之比值大小来衡量。冲击试样的基本类型有：梅氏、夏氏、艾氏、DVM 等数种，我国目前一般多采用 GB 229《夏比 U 形缺口冲击试样》为标准试样，也有采用 GB/T 229《夏比 V 形缺口试样》的，其形状、尺寸和试验方法参见 GB/T 229 标准中的规定。由于 α_k 值的大小，不仅取决于材料本身，同时还随试样尺寸、形状的改变及试验温度的不同而变化，因而 α_k 值只是一个相对指标。目前国际上许多国家直接采用冲击功 A_k。作为冲击韧性的指标，我国将逐步用 A_k 代替 α_k。 工程上很多承受冲击载荷的机件，在使用中很少因受大能量一次冲击而破坏的，大多数是经千百万次的小能量多次重复冲击，最后导致破断。因此，用 A_k 值来衡量材料的冲击抗力，不符合实际情况，所以，有人建议用“小能量多次重复冲击试验”来测定材料承受冲击抗力的能力，目前在这方面的试验方法和指标表示方法尚未标准化
A_{kU} 或 A_{kV}	冲击功	J	

续表

<table>
<tr><th>代号</th><th>名称</th><th>单位</th><th colspan="2">含 义</th></tr>
<tr><td>HB
(HBS
或
HBW)</td><td>布氏硬度</td><td>kgf/
mm^2
(一般
不标
注)</td><td colspan="2">硬度是指金属抵抗硬的物体压入其表面的能力。
用淬硬小钢球或硬质合金球压入金属表面，保持一定时间待变形稳定后卸载，以其压痕面积除加在钢球上的载荷，所得之商，即为金属的布氏硬度数值。硬度小于等于450HBS时使用钢球测定。硬度小于等于650HBW(见GB/T—231)使用硬质合金球测定。
当试验力单位为N时，布氏硬度值为：
$HB = 0.102 \times \frac{2F}{\pi D\left(D - \sqrt{D^2 - d^2}\right)}$
式中 F——钢球上的载荷，N；
D——钢球直径，mm；
d——压痕直径，mm
如果试验力单位为kgf，则式中系数0.102应为1</td></tr>
<tr><td>HRC</td><td>洛氏硬度
C级</td><td></td><td>用1471N载荷，将顶角为120°的圆锥形金刚石的压头，压入金属表面，取其压痕的深度来计算硬度的大小，即为金属的HRC硬度，HRC用来测量HB=230~700的金属材料，主要用于测定淬火钢、调质钢等较硬的金属材料(见GB/T—230下同)</td><td rowspan="2">$HR = K - \frac{\overline{bd}}{0.002}$
式中 K——常数，HRC及HRA的K值=100，HRB的K值=130；
$\overline{bd}$——压痕深度，mm；
0.002——试验机刻度盘上每一小格所代表的压痕深度，mm，每一小格即表示洛氏硬度1度</td></tr>
<tr><td>HRA</td><td>洛氏硬度
A级</td><td></td><td>指用588.4N载荷和顶角为120°的圆锥形金刚石的压头所测定出来的硬度。一般用来测定硬度很高或硬而薄的金属材料，如碳化物、硬质合金或表面淬火层，HRA用来测量HB>700的金属材料</td></tr>
<tr><td>HRB</td><td>洛氏硬度
B级</td><td></td><td>指用980.7N载荷和直径为1.59mm(即1/16in)的淬硬钢球所测得的硬度。主要用于测定HB=60~230这一类较软的金属材料，如软钢、退火钢、正火钢、铜、铝等有色金属</td><td></td></tr>
</table>

续表

代号	名称	单位	含义	
HRN HRT	表面洛氏硬度		试验原理同上面洛氏硬度，不同的是试验载荷较轻，HRN的压头是顶角为120°金刚石圆锥体，HRT的压头是直径为1.5875mm的淬硬钢球。二者的载荷均为15kgf、30kgf和45kgf。二者的标注分别为HRN15、HRN30、HRN45和HRT15、HRT30、HRT45。表面洛氏硬度只适用于钢材表面渗碳、渗氮等处理的表面层硬度，以及较薄、较小试件的硬度测定，数值比较准确(见GB/T—1818)	$\left.\begin{matrix}HRN\\HRT\end{matrix}\right\}=100-1000t$ 式中 t——表示主载荷与初载荷两次加载的压痕深度的差值，mm
HV	维氏硬度	kgf/mm^2(一般不标注)	用49.03～980.7N(分6级)以内的载荷，将顶角为136°的金刚石四方角锥体压头压入金属的表面，经一定的保荷时间后卸载，以其压痕表面积除载荷所得之商，即为维氏硬度值。HV只适用测定很薄(0.3～0.5mm)的金属材料、金属薄镀层或化学热处理后的表面层硬度(如镀铬、渗碳、氮化、碳氮共渗层等)(见GB/T—4340.1)	$HV=0.102\frac{2p}{d^2}\sin\frac{136°}{2}$ $=0.1891\frac{p}{d^2}$ 式中 p——压头上的负荷，N； d——压痕对角线长度，mm
HS	肖氏硬度		以一定重量的冲头，从一定的高度落于被测试样的表面，以其冲头的回跳高度表示硬度的度量。适用于测定表面光滑的一些精密量具或不易搬动的大型机件	

1.1.3 各种硬度值对照

各种硬度值对照见表C－3。

表 C-3　各种硬度值对照表

洛氏 HRC	肖氏 HS	维氏 HV	布氏	
			HBS(HBW)$30D^2$	d/mm(10/3000)
70		1037		
69		997		
68	96.6	959		
67	94.6	923		
66	92.6	889		
65	90.5	856		
64	88.4	825		
63	86.5	795		
62	84.8	766		
61	83.1	739		
60	81.4	713		
59	79.7	688		
58	78.1	664		
57	76.5	642		
56	74.9	620		
55	73.5	599		
54	71.9	579		
53	70.5	561		
52	69.1	543		
51	67.7	525	(501)	2.73
50	66.3	509	(488)	2.77
49	65	493	(474)	2.81
48	63.7	478	(461)	2.85
47	62.3	463	449	2.89
46	61	449	436	2.93
45	59.7	436	424	2.97
44	58.4	423	413	3.01

续表

洛氏 HRC	肖氏 HS	维氏 HV	布氏	
			HBS(HBW)30D^2	d/mm(10/3000)
43	57.1	411	401	3.05
42	55.9	399	391	3.09
41	54.7	388	380	3.13
40	53.5	377	370	3.17
39	52.3	367	360	3.21
38	51.1	357	350	3.26
37	50	347	341	3.30
36	48.8	338	332	3.34
35	47.8	329	323	3.39
34	46.6	320	314	3.43
33	45.6	312	306	3.48
32	44.5	304	298	3.52
31	43.5	296	291	3.56
30	42.5	289	283	3.61
29	41.6	281	276	3.65
28	40.6	274	269	3.70
27	39.7	268	263	3.74
26	38.8	261	257	3.78
25	37.9	255	251	3.83
24	37	249	245	3.87
23	36.3	243	240	3.91
22	35.5	237	234	3.95
21	34.7	231	229	4.00
20	34	226	225	4.03
19	33.2	221	220	4.07
18	32.6	216	216	4.11
17	31.9	211	211	4.15

1.1.4　钢的热处理种类和应用

①普通热处理的方法、目的和应用，见表 C－4。

②表面热处理的方法、目的和应用，见表 C－5。

表 C－4　普通热处理方法、目的和应用

名称	操作方法	目　的	应用要点
退火	将钢件加热到 Ac_3 +30～50℃或 Ac_1 +30～50℃或 Ac_1 以下的温度，经透烧和保温后，随炉或在绝热物质中缓慢冷却	①降低硬度，提高塑性，改善切削加工与压力加工性能。②细化晶粒,改善性能，为下一步工序做准备。③消除冷、热加工中产生的内应力	①适用于合金结构钢、碳素工具钢、合金工具钢、高速钢等的锻件、焊接件以及供应状态不合格的原材料。②一般在毛坯状态进行退火
正火	将钢件加热到 Ac_3 或 Ac_m 线以上 30～50℃，保温后以稍大于退火的冷却速度，冷却下来	正火的目的与退火相似	正火通常作为锻件、焊接件以及渗碳零件的预先热处理工序。对于性能要求不高的低碳和中碳的碳素结构钢及低合金钢件，也可以作为最后热处理。对于一般中、高合金钢空冷可导至完全或局部淬火，则不能作为最后热处理工序
淬火	将钢件加热到相变温度以上，保温一定时间，然后在水、硝盐、油或空气中快速冷却	淬火一般是为了得到高硬度的马氏体组织，有时对某些高合金，如不锈钢、耐磨钢淬火时，则是为了获得单一均匀的奥氏体组织，以提高其耐蚀性和耐磨性	①一般均用于含碳量大于 0.3% 的碳钢和合金钢。②淬火能充分地发挥钢的强度和耐磨件潜力，但同时会造成很大的内应力，降低钢的塑性和冲击韧度。故需进行回火以得到较好的综合力学性能

续表

名称	操作方法	目　　的	应用要点
回火	将淬火后的钢件重新加热到一定温度。经保温后，于空气或油、热水、水中冷却	①降低或消除淬火后的内应力，减少工件的变形和开裂；②调整硬度，提高塑性和韧性获得工件所要求的性能；③稳定工件尺寸	①保持钢在淬火后的高硬度和耐磨性，用低温回火；保持一定韧性的条件下提高弹性和屈服强度，用中温回火；以高的冲击韧度和塑性为主，又有足够强度时用高温回火。②一般钢尽量避免在230～280℃，不锈钢在400～450℃之间回火，因这时会产生一次回火脆性
调质	淬火加高温回火称为调质。即钢件加热到比淬火时高10～20℃的温度，保温后进行淬火，然后在400～720℃的温度下进行回火	①改善切削加工性能，提高加工表面光洁程度；②减小淬火时的变形和开裂；③获得良好的综合力学性能	①适用于淬透性较高的合金结构钢、合金工具钢和高速钢；②不仅可以作为各种较为重要的结构件的最后热处理，而且还可作为某些精密件，如丝杠等的预先热处理，以减小变形
时效	将钢件加热到80～200℃，保温5～20h或更长一些时间，然后随炉或取出在空气中冷却	①稳定钢件淬火后的组织，减小存放或使用期间的变形；②减轻淬火以及磨削加工后的内应力，稳定形状和尺寸	①适用于经淬火后的各钢种；②常用于要求形状不再发生变形的精密工件，如精密丝杠、测量工具、床身、箱体等
冷处理	将淬火后的钢件，在低温介质(如干冰、液氮)中冷却到零下60～80℃或更低，温度均匀一致后，取出均温到室温	①使淬火钢件内的残余奥氏体全部或大部转变为马氏体，从而提高钢件的硬度、强度、耐磨性和疲劳极限；②稳定钢的组织，以稳定钢件的形状和尺寸	①钢件淬火后应立即进行冷处理，然后再经低温回火，以消除低温冷却时的内应力；②冷处理主要适用于合金钢制的精密刀具、量具和精密零件

表 C-5　表面热处理方法、目的和应用

名称	操作方法	目　的	应用要点
火焰表面淬火	用乙炔-氧混合气体燃烧的火焰，喷射到钢件表面上，快速加热，当达到淬火温度后，立即喷水冷却	提高钢件表面硬度、耐磨性及疲劳强度，心部仍保持韧性状态	①多用于中碳钢制件，一般淬透层深为 2~6mm； ②适用于单件或小批生产的大型工件和需要局部淬火的工件
感应加热表面淬火	将钢件放入感应器中，使钢件表层产生感应电流，在极短的时间内加热到淬火温度，然后立即喷水冷却		①多用于中碳钢和中碳合金结构钢制件； ②由于集肤效应，高频感应淬火淬透层一般为 1~2mm；中频淬火一般为 3~5mm；工频淬火一般大于 10mm
渗碳	将钢件放入渗碳介质中，加热至 900~950℃并保温，使钢件表面获得一定浓度和深度的渗碳层		①多用于含碳量为(0.15~0.25)%的低碳钢及低碳合金钢制件。一般渗碳层深0.5~2.5mm。 ②渗碳后必须经过淬火，使表面得到马氏体。才能实现渗碳的目的
渗氮	利用在 500~600℃时，氨气分解出来的活性氮原子，使钢件表面被氮饱和，形成渗氮层	提高钢件表面的硬度、耐磨性和疲劳强度，以及抗蚀能力	多用于含有铝、铬、钼等合金元素的中碳合金结构钢，以及碳钢和铸铁。一般渗氮层深为 0.025~0.8mm
碳氮共渗	向钢件表面同时渗氮和渗碳的方法		①多用于低碳钢、低合金结构钢以及工具钢制件。一般氮化层深为 0.02~3mm。 ②渗氮后需淬火和低温回火

1.2　钻井常用钢材的机械性能

API 标准石油钻采钢管用钢机械性能见表 C-6。

新钻杆强度数据见表 C-7。

表 C－6 API 标准石油钻采钢管用钢机械性能

钢级	屈服强度/（kg/mm^2）			抗拉强度/（kg/mm^2）		伸长率/%	断面收缩率/%	冲击韧性/（$kg·m/cm^2$）	应用范围							
	最小	平均	最大	最小	平均				钻杆接头料	岩心管	钻杆	石油钻杆	钻铤	方钻杆	套管	油管
F－25	17.6			28.1		40									△	△
H－40	28.1	35.2		42.2		27									△	△
J－55	38.7	45.7	56.2	52.7	59.8	20									△	△
K－55	38.7	45.7	56.2	66.8	75.2										△	△
D	38.7			66.8		18	40	4	△*		△					
E	52.7			70.3		18	40	4	△*	△	△			△		
C－75	52.7	50.8	63.3	66.8	77.3	16					△				△	
N－80	56.2	63.3	77.3	70.3	80.8	16					△				△	△
C－95	66.8		77.3	73.8	84.4						△				△	
P－105	73.8	84.4	94.9	84.4		15					△	△	△		△	△
P－110	77.3	87.9	98.4	87.9	119.5	15					△				△	
V－150	105.5	114.6		120.0		12			△						△	
AISI 3140	70.3		83	84～99		15		8	△							
AISI 4140	80			90～110		12	45	8	△					△		
AISI 4142														△		
AISI 4145													△	△		
AISJ 4150			132.2	70～149		13	43						△	△		

注：① △* 表示自行调质处理，达到表列性能。

② 屈服强度是在拉伸试验时 2h 试样的伸长值等于原始长度的 0.5% 的条件下得到的。

表 C－7　新钻杆强度数据

钻杆外径		名义重量		扭力屈服强度/kN · m					按最小屈服强度计算的最小抗拉力/kN				
mm	in	N/m	lb/ft	D	E	95	105	135	D	E	95	105	135
60.3	$2\frac{3}{8}$	97.12	6.65	6.21	8.46	10.71	11.85	15.25	451.02	615.04	779.06	861.02	107.00
73.0	$2\frac{7}{8}$	151.86	10.40	11.47	15.64	19.82	21.90	28.16	699.45	953.75	1208.10	1335.27	1716.79
88.9	$3\frac{1}{2}$	138.71	9.50		19.15					864.40			
		194.14	13.30	18.42	25.12	31.82	35.17	45.21	886.02	1208.41	1350.66	1691.73	2175.11
		226.22	15.50	20.94	28.55	36.16	39.97	51.39	1053.38	1436.28	1819.27	1010.78	2585.29
101.6	4	172.95	11.85		26.36					1206.77			
		204.31	14.00	23.13	31.53	39.49	44.15	56.75	931.24	1269.77	1605.45	1777.66	2285.60
114.3	$4\frac{1}{2}$	200.71	13.75		15.07					1201.56			
		242.31	16.60	30.58	41.71	52.83	58.39	75.07	1078.52	1470.90	1863.09	2058.24	2647.58
		291.95	20.00	36.63	49.97	63.28	69.94	89.92	1345.55	1843.89	2324.18	2568.83	3302.76
127.0	5	284.78	19.50	40.87	55.73	70.59	78.03	100.32	1290.86	1760.31	2229.71	2464.39	3168.51
		372.40	25.60	51.88	70.74	89.61	99.05	127.36	1729.92	2358.97	2988.08	3302.58	4246.19
139.7	$5\frac{1}{2}$	319.71	21.91	50.35	68.66	86.97	96.12	123.58	1426.36	1945.06	2463.72	2723.05	3501.08
		360.52	24.70	56.16	76.59	97.02	107.23	137.87	1622.50	2212.49	2802.48	3097.49	3982.30

续表

钻杆外径		名义重量		最小抗挤压力/MPa					按最小屈服强度计算的抗内压力/MPa				
mm	in	N/m	lb/ft	D	E	95	105	135	D	E	95	105	135
60. 3	$2\frac{3}{8}$	97. 12	6. 65	78. 89	107. 58	136. 27	150. 62	193. 65	78. 27	106. 69	135. 17	149. 38	192. 07
73. 0	$2\frac{7}{8}$	151. 86	10. 40	83. 52	113. 86	144. 20	159. 38	204. 96	83. 59	114. 00	144. 34	159. 58	205. 17
88. 9	$3\frac{1}{2}$	138. 71	9. 50		69. 24					65. 66			
		194. 14	13. 30	71. 38	97. 30	123. 31	136. 27	175. 17	69. 79	95. 17	120. 55	133. 24	171. 13
		226. 22	15. 50	84. 83	115. 65	146. 55	161. 93	208. 20	85. 17	116. 14	147. 10	162. 55	290. 03
101. 6	4	172. 95	11. 85		58. 00					59. 31			
		204. 3L	14. 00	57. 45	78. 27	99. 17	109. 65	139. 10	54. 76	74. 69	94. 62	104. 55	134. 41
114. 3	$4\frac{1}{2}$	200. 71	13. 75		49. 65					54. 48			
		242. 31	16. 60	52. 55	71. 65	87. 93	95. 32	115. 86	49. 72	67. 78	85. 86	94. 90	122. 00
		291. 95	20. 00	65. 58	89. 38	113. 24	125. 17	160. 89	63. 45	86. 48	109. 58	121. 10	155. 72
127. 0	5	284. 78	19. 50	50. 96	68. 96	82. 83	89. 58	108. 27	48. 07	65. 52	83. 03	91. 72	118. 00
		372. 40	25. 60	68. 27	93. 10	117. 93	130. 34	167. 58	66. 34	90. 48	114. 62	126. 76	162. 89
139. 7	$5\frac{1}{2}$	319. 71	21. 91	45. 59	58. 21	68. 96	74. 04	87. 85	43. 59	59. 38	75. 24	83. 17	106. 96
		360. 52	24. 70	52. 90	72. 14	89. 10	96. 55	116. 70	50. 07	68. 27	86. 48	95. 58	122. 96

注：本表根据 AP1 RP 7G 整理。

2　钻井常用材料

2.1　钻井钢丝绳

2.1.1　钢丝绳的分类

①按钢丝绳股数目分，有三股、六股、八股和十八股、三十四股等。

②按钢丝绳股内各层钢丝相互接触状态分为：点接触钢丝绳和线接触钢丝绳。

线接触钢丝绳，依据股内钢丝的数量及排列方式的不同分为：单层式、西鲁式、瓦林吞式、填充式和组合式等形式。

③按钢丝绳股的断面形状分，有圆形股钢丝绳和异形股钢丝绳。

④按钢丝绳捻制方法的不同分为：交互捻(左交互捻、右交互捻)和同向捻(左同向捻、右同向捻)两种。

2.1.2　钢丝绳的基本结构、钢级与代号

2.1.2.1　钢丝绳的基本结构

钢丝绳由三条或以上的股组成。除特殊用途外，一般由六股和一条绳芯合成。每条股由数十条钢丝组合而成，如图 C－1 所示。

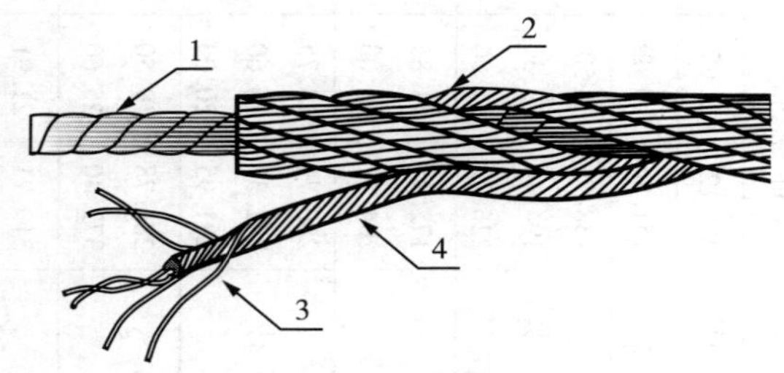

图 C－1　钢丝绳结构示意图

1—纤维芯；2—钢丝绳；3—钢丝；4—股

2.1.2.2 股的结构

股的结构是指每股中钢丝的数目和排列。对于同一直径的股来说，钢丝的数量越多，每根钢丝的直径就越小，股的柔软性能就越好，但钢丝绳的耐磨损和抗变型能力就较差。

(1)股的钢丝排列形式

钢丝的排列有点接触和线接触两种形式。点接触股的两层钢丝具有不同的捻角和捻距，股中各层钢丝间呈点接触状态，见图C－2(a)。

线接触的股一次捻制完成，所有钢丝具有相同的捻距，股中各层钢丝间呈线接触状态。上层钢丝刚好排在下层钢丝的间隙中，并可采用不同直径的钢丝，股内钢丝排列紧密，由于接触面积大，改善了受力状态，使用寿命较长，见图C－2(b)。

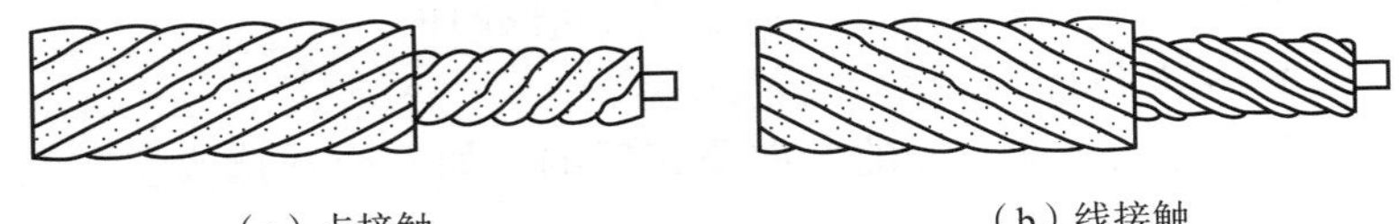

(a) 点接触　　(b) 线接触

图C－2　股内各层钢丝的接触形式

(2)线接触股结构的基本类型

线接触股结构的基本类型，有单层、西鲁式、半西鲁式、瓦林吞式、填充式及组合式等形式，如图C－3所示。

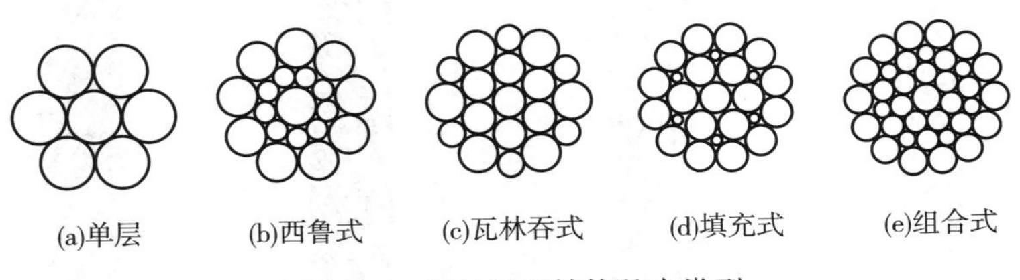

(a)单层　(b)西鲁式　(c)瓦林吞式　(d)填充式　(e)组合式

图C－3　钢丝绳股结构基本类型

①单层，为一芯六丝，即1～6。

②西鲁式，股内钢丝数量按 $1+n+n$ 排列，内层钢丝根数与外层钢丝根数相等，外层钢丝刚好落在内层钢丝的间隙中。

③瓦林吞式，股内钢丝数量按 $1+n+(n+n)$ 排列，外层钢丝的数量是内层钢丝数量的两倍，外层是粗、细两种钢丝相间。这种瓦林吞式钢丝绳较少使用。

④填充式，股内钢丝数量按 $1+n+(n)+2n$ 排列，在外层与内层钢丝之间的间隙中填充有细钢丝，其数量与内层钢丝的数量相等。这种填充式钢丝绳有较好的抗疲劳和柔软性能，被广泛应用。

⑤组合式，除以上几种基本类型外的为组合式钢丝绳，即西鲁式(外层)和瓦林吞式或填充式(内层)。

除以上基本类型外，还有异型股(三角股、扇形股、椭圆股)、面接触股和不旋转或微旋转及金属绳芯涂塑钢丝绳。

2.1.2.3　钢丝绳的捻法及特点

①钢丝绳的捻法分为交互捻和同向捻两种。

A. 交互捻(普通捻)

钢丝绳的捻向与股的捻向是相反的，如右交互捻或左交互捻。见图 C－4(a)、图 C－4(b)。

B. 同向捻(顺捻)

钢丝绳的捻向与股的捻向是相同的，如右同向捻或左同向捻。见图 C－4(c)、图 C－4(d)。

(a) 右交互捻

(b) 左交互捻

(c) 右同向捻

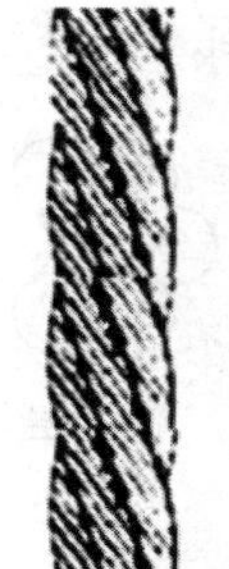
(d) 左同向捻

图 C－4　钢丝绳捻法示意图

②不同捻法钢丝绳的特点比较

不同捻法钢丝绳的特点比较见表 C－8。

表 C－8 不同捻法钢丝绳的特点比较

捻 法	交 互 捻	同 向 捻
外观	钢丝的走向与钢丝绳的轴线近似平行	钢丝的走向与钢丝绳的轴线呈一定的角度
优点	钢丝绳不易打结，即使打结，也容易解开。结构紧密，不易松散	耐磨性能和抗疲劳性能较好
缺点	耐磨性能和抗疲劳性能较差	反拨力大，容易打结

2.1.2.4 预变性

捻制钢丝绳时给股和钢丝进行变形，使股和钢丝达到捻成钢丝绳后的形状。经过这种加工，当钢丝绳被切断时，其断头不会松散。大多数钢丝绳的生产都进行预变形，只有在特殊需要时才采用非预变形的钢绳。

2.1.2.5 钢丝绳的钢级

钢丝绳按公称破断拉力分为 PS(犁钢)、IPS(优质犁钢)、EIPS(超级犁钢)和 EEIPS(超强犁钢)四级。相对应的强度级别见表 C－9。

表 C－9 钢丝绳钢材分级的抗拉强度

钢 级	抗拉强度	
	N/mm²	kgf/mm²
PS(犁钢)	1570	160
IPS(优质犁钢)	1770	180
EIPS(超级犁钢)	1960	200
EEIPS(超强犁钢)	2160	220

2.1.2.6 钢丝绳的结构和钢级代号

钢丝绳的结构和钢级代码见表 C－10。

表 C－10　钢丝绳结构及钢级代码

股结构代码					
名称	西鲁式	瓦林吞式	填充式	组合式	异型股
代码	S	W	FW	WS	FS

捻向、钢芯及钢丝变形代码						
名称	右捻向	左捻向	纤维芯	绳式钢芯	预变形	非预变形
代码	RL	LL	FC	IWRC	PF	NPF

钢级代码				
名称	犁钢级	优质犁钢级	超级犁钢级	超强犁钢级
代码	PS	IPS	EIPS	EEIPS

注：钢丝绳代号示例：

示例 1：纤维芯西鲁式钢丝绳的全称为 6(9＋9＋1)＋FC，简称为 6×19S＋FC。

示例 2：绳式钢芯瓦林吞西鲁式钢丝绳的全称为 6(10＋5/5＋5＋1)＋IWRC，简称为 6×26WS＋IWRC。

2.1.3　钻井钢丝绳(大绳)的使用

2.1.3.1　钻井钢丝绳(大绳)的安全系数

(1) 安全系数的定义

安全系数的定义如下：

$$f=\frac{T}{t_a} \tag{C－1}$$

式中　f——安全系数；

T——钢丝绳的破断强度，kN；

t_a——快绳拉力，kN。

(2) 最小允许安全系数

根据现场调研，我国旋转钻机钻井钢丝绳安全系数为 3～4.5。

(3) 快绳拉力计算

快绳拉力计算公式如下：

$$t_a=\frac{F}{N\eta_m} \tag{C－2}$$

式中　F——大钩载荷，kN；

t_a——快绳拉力，kN；

N——穿绳数；

η_m——穿绳效率。

穿绳效率与穿绳数、摩擦系数的关系见表 C－11。

表 C－11　穿绳效率与穿绳数、摩擦系数关系表

穿绳数 N	2	4	6	8	10	12	14
摩擦系数 $K=1.09$（滑动轴承）	0.880	0.810	0.748	0.692	0.642	0.597	0.556
摩擦系数 $K=1.04$（滚动轴承）	0.943	0.907	0.874	0.842	0.811	0.782	0.755

$$\eta_m=\frac{K^N-1}{N(K-1)K^N} \qquad (C-3)$$

应用举例：起重系统穿了 8 根钢丝绳，$N=8$；大钩载荷 $F=1500$kN；钻井钢丝绳 $1\frac{1}{4}$in（31.7mm），6×19 独钢绳芯，超级犁钢，破断强度 $T=711$kN；滑轮为滚动轴承，摩擦系数 $K=1.04$。则快绳拉力和安全系数为：

$$t_a=\frac{F}{N\eta_m}=1500/(8\times0.842)=222.7\text{kN}$$

$$f=\frac{T}{t_a}=711/222.7=3.20$$

如果在绞车与天车之间安装使用了惰性张紧轮，则按上述公式计算得出的快绳拉力，还必须乘以摩擦系数（$K=1.04$），乘的次数等于使用惰性张紧轮的个数。譬如上例，如果使用了两个惰性张紧轮，则此时的快绳拉力和安全系数为：

$$t_a=222.7\times1.04\times1.04=241\text{kN}$$

$$f=711/241=2.95$$

2.1.3.2　钻井钢丝绳的钢级和破断强度

①　6×19 和 6×37 类光面（无镀层纤维芯）钢丝绳破断强度见表 C－12。

表 C－12　钻井钢丝绳的钢级和破断强度(1)

公称直径/mm(in)	单位质量/(kg/m)	破断强度/kN		
		犁钢	优质犁钢	超级犁钢
12.7(1/2)	0.63	83.2	95.2	105
14.3(9/16)	0.79	106	120	132
15.9(5/8)	0.98	129	149	163
19.1(3/4)	1.41	184	212	233
22.3(7/8)	1.92	249	286	315
25.4(1)	2.50	324	372	409
28.6(1 1/8)	3.17	407	468	514
31.8(1 1/4)	3.91	600	575	632
35(1 3/8)	4.73		691	760
38.1(1 1/2)	5.63		818	898
41.3(1 5/8)	6.61		952	1050
44.5(1 3/4)	7.66		1100	1220
47.6(1 7/8)	8.80		1250	1560
50.8(2)	10.0		1420	1560

注：先镀后拉钢丝绳规定的公称拉力与光面钢丝绳相同；镀锌钢丝绳是光面钢丝绳拉力的90%。

② 6×19 类光面(无镀层绳式钢芯)钢丝绳破断强度见表C-13。

表 C－13　钻井钢丝绳的钢级和破断强度(2)

公称直径/mm(in)	单位质量/(kg/m)	破断强度/kN		
		优质犁钢	超级犁钢	超强犁钢
19(3/4)	1.55	228	262	288
22.3(7/8)	2.11	308	354	389
25.4(1)	2.75	399	372	506

续表

公称直径/mm(in)	单位质量/(kg/m)	破断强度/kN		
		优质犁钢	超级犁钢	超强犁钢
28.6(1⅛)	3.48	503	579	636
31.8(1¼)	4.30	617	711	782
35(1⅜)	5.21	743	854	943
38(1½)	6.19	880	1010	1112
41.3(1⅝)	7.26	1020	1170	1300
44.5(1¾)	8.44	1180	1360	1500
47.6(1⅞)	9.67	1350	1550	1710
50.8(2)	11.0	1630	1760	1930

注：先镀后拉钢丝绳规定的公称拉力与光面钢丝绳相同；镀锌钢丝绳是光面钢丝绳拉力的90%。

③　6×25B型、6×27H型、6×30G型、6×31V型异型股光面(无镀层绳式钢芯)钢丝绳的破断强度见表C-14。

表C-14　钻井钢丝绳的钢级和破断强度(3)

公称直径/mm(in)	单位质量/(kg/m)	破断强度/kN	
		优质犁钢	超级犁钢
22.3(⅞)	2.17	330	373
25.4(1)	2.81	439	484
28.6(1⅛)	3.56	553	609
31.8(1¼)	4.39	679	747
35(1⅜)	5.31	817	898
38(1½)	6.32	961	1060
41.3(1⅝)	7.43	1130	1250

注：先镀后拉钢丝绳规定的公称拉力与光面钢丝绳相同；镀锌钢丝绳是光面钢丝绳拉力的90%。

2.1.3.3　钻井钢丝绳直径与滑轮槽和滚筒槽根半径的匹配

钢丝绳直径与滑轮和滚筒槽根半径的匹配不好会导致钢丝绳的磨损速度加快。因此，新的和修复的，特别是磨损后的滑轮槽及滚筒槽根半径应及时或定期使用滑轮规检查。钻井钢丝绳直径与滑轮槽和滚筒槽根半径的匹配见表 C－15。

表 C－15　滑轮槽和滚筒槽根允许半径

钢丝绳公称直径/mm(in)	新的或修复的槽根最大半径/mm	磨损后槽根最小半径/mm
16(5/8)	8.47	8.13
19(3/4)	10.49	9.75
22(7/8)	12.22	11.38
26(1)	13.79	13.03
29(1 1/8)	15.72	14.66
32(1 1/4)	17.48	16.28
35(1 3/8)	19.20	17.91
38(1 1/2)	20.96	19.53
42(1 5/8)	22.71	21.16
45(1 3/4)	24.46	22.78
48(1 7/8)	26.19	24.41
51(2)	27.94	26.04

2.1.3.4　钻井钢丝绳的倒剁

钢丝绳在使用中出现以下情况之一者，则应及时倒剁：

①钢丝绳内、外部磨损造成绳径缩小 7% 以上，即使未出现断丝也应当倒剁。钢丝绳直径的测量方法，如图 C－5 所示。

②钢丝绳的股芯或多层结构的绳股内部损坏和钢丝绳有严重外伤、挤伤、变形、腐蚀。

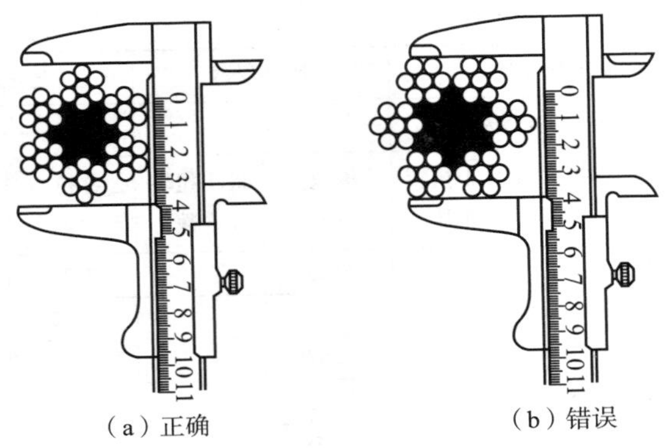

图 C－5 钢丝绳直径的测量方法

③外层钢丝断裂根数达到或超过限定值。

外层钢丝断裂根数限定值见表 C－16。

表 C－16 外层钢丝断裂根数限定值(推荐)

钢丝绳结构	外层钢丝根数	钢丝断裂根数	
		1 个捻距内	5 个捻距内
6×19S	54	3	5
6×25FW	72	4	7
6×30G	72	4	7

注：本表钢丝绳结构为交互捻。

2.1.4 钻井录井钢丝

录井钢丝主要性能见表 C－17。

表 C－17 录井钢丝主要性能

优质钢材			超级犁钢		超强犁钢	
最小延展率 1.5%			—*		—*	
钢丝直径/mm(±0.3)	公称拉力/kN	最小扭转次数	公称拉力/kN	最小扭转次数	公称拉力/kN	最小扭转次数
1.6	3.28	34	3.82	—*	3.98	—*
1.8	4.16	30	4.95	—*	5.08	—*

续表

优质钢材			超级犁钢		超强犁钢	
最小延展率　1.5%			—*		—*	
钢丝直径/mm(±0.3)	公称拉力/kN	最小扭转次数	公称拉力/kN	最小扭转次数	公称拉力/kN	最小扭转次数
2.0	5.10	27	6.05	—*	6.27	—*
2.2	6.12	24	7.25	—*	7.52	—*
2.4	7.20	22	8.57	—*	8.88	—*
2.5	7.79	21	9.28	—*	9.62	—*
2.8	9.70	19	11.58	—*	11.98	—*

注："*"值由厂家和用户双方商定。

2.2　白棕绳

白棕绳也叫马尼拉绳，是用蕉麻或龙舌兰麻制成的。良好的棕绳成银白色或淡黄色，有光泽，且很柔软，抗拉力及耐腐蚀性极好。遇水后柔度降低，但抗拉强度并不降低，甚至会有增加。

在石油工业中常用于钻井作业中起吊重物。

钻井常用白棕绳的规格和强度见表C-18。

表C-18　钻井常用白棕绳的规格和强度

公称直径/mm(in)	股数	细股数	每100m质量/kg		破断拉力/kN		
			特级	甲乙级	特级	甲级	乙级
12.7　(½)	3	18	13.63	12.7	9.11	7.68	5.88
15.9　(⅝)	3	33	22.7	21.8	16.00	11.76	9.80
19.1　(¾)	3	42	28.2	27.3	18.81	15.03	11.76
22.2　(⅞)	3	63	40.9	38.6	26.01	20.80	17.15
25.4　(1)	3	75	50.0	47.7	32.81	26.24	24.01
28.6　(1⅛)	3	102	61.4	59.1	42.01	31.51	25.48

续表

公称直径/mm(in)	股数	细股数	每100m质量/kg		破断拉力/kN		
			特级	甲乙级	特级	甲级	乙级
38.1 (1½)	3	161	100.0	91.0	66.71	46.65	39.20
41.3 (1⅝)	3	192	109.1	104.5	80.02	56.01	47.04
44.5 (1¾)	3	222	127.1	118.2	100.02	70.10	59.78
50.8 (2)	3	264	163.6	154.5	120.02	84.02	66.15

2.3 传动链条

2.3.1 链条的分类

按照链条的结构可分为套筒滚子链和齿形链等类型，按照链条的排数可分为单排链条和多排链条。

套筒滚子链用“TG”来表示，根据链条的使用场合和破断载荷的不同，套筒滚子链分为A、B两级：A级用于重载、高速和重要的传动；B级用于一般传动。

2.3.2 链条标记识别及代号

主要介绍符合SY/T 5595—1997的钻井作业的滚子链条系列。

链条标记识别及代号如下：

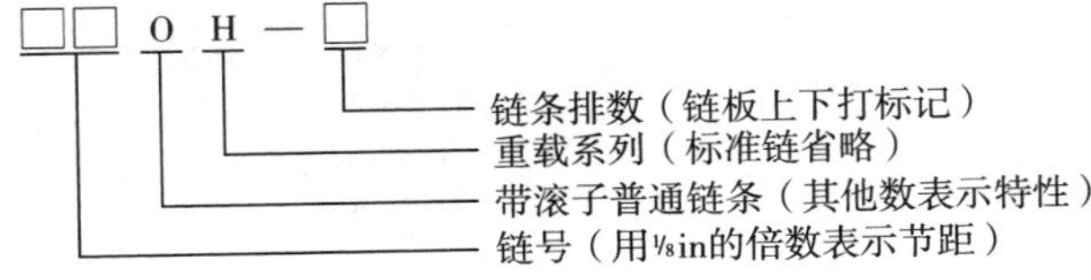

示例：160H－3表示节距为50.81mm(2in)，带滚子的加重链条，排数为3排。

2.3.3 链条标准规范及性能

链条标准规范及性能见表C－19。

表 C-19　钻井常用链条标准规范及性能

链号	节距 P/mm	滚子直径 D(最大)/mm	内链节内宽 W/mm	销轴直径 DP/mm	链板厚度 LPT/mm		最小极限拉伸载荷/kN
					标准系列	加重系列	
40	12.70	7.92	7.92	3.96	1.52		13900
50	15.88	10.16	9.52	5.08	2.03		21710
60	19.05	11.91	12.70	5.94	2.39	3.18	31270
80	25.40	15.87	15.88	7.92	3.18	3.96	55600
100	31.75	19.05	19.05	9.52	3.96	4.75	86840
120	38.10	22.22	25.40	11.10	4.75	5.56	125100
140	44.45	25.40	25.40	12.70	5.56	6.35	170270
160	50.80	28.57	31.75	14.27	6.35	7.14	222400
180	57.15	35.71	35.71	17.45	7.14	7.92	281570
200	63.50	39.67	38.10	19.84	7.92	9.52	347410
240	76.20	47.62	47.62	23.80	9.528	12.70	500400

2.3.4　钻井常用链条

钻井常用链条型号、尺寸和数量见表 C-20。

表 C-20　钻井常用链条型号、尺寸和数量

机　型	安装部位	链条型号	需要节数	执行标准
大庆 130 Ⅰ、Ⅱ型	①绞车传动链条; ②转盘传动链条; ③绞车内全部传动链条; ④1 号联动机组链条传动箱	TG508A3 TG508A2 TG508A2 TG445A2	194/152 158/160 532 52	SY/T 5609—99
ZJ45	①爬台、绞车输入; ②绞车、带转盘; ③绞车、带转盘; ④绞车、带转盘	TG508A3 TG506A3 TG508A3 TGl59A3	520 196 86 106	SY/T 5609—99
ZJ45J	①传动链条箱; ②主绞车; ③主绞车、猫头绞车; ④传动链条箱、主绞车	28S-8 32S-3 32S-2 08B-2	526 288 478 446	SY/T 5609—99
ZJ50J	①绞车; ②传动链条箱	160-2×80 160-3×288 140-8×446	80 288 446	SY/T 5595—1997

续表

机　型	安装部位	链条型号	需要节数	执行标准
ZJ50D	绞车(带翻转箱)	120 - 4 × 134 160 - 2 × 296 160 - 3 × 208	134 296 208	SY/T 5595—1997
ZJ70L	①绞车； ②传动链箱	140 - 8 × 140 160 - 4 × 368 160 - 2 × 86 140 - 8 × 538		SY/T 5595—1997
ZJ70D	①中间轴 - 猫头轴传动； ②滚筒轴 - 转盘，中间轴传动； ③转盘中间轴 - 转盘传动轴传动； ④转盘传动轴 - 转盘驱动轴传动； ⑤中间轴 - 滚筒轴(高速)； ⑥中间轴 - 滚筒轴(低速)； ⑦输入轴 - 中间轴传动(高速)； ⑧输入轴 - 中间轴传动(低速)； ⑨齿轮油泵传动	32S - 2 × 88 32S - 2 × 82 32S - 2 × 54 32S - 2 × 86 32S - 4 × 104 32S - 4 × 124 24S - 6 × 78 24S - 6 × 68 08B - 2 × 122	88 82 54 86 104 124 78 68 122	GB 3638—83 GB 1243. 1—83
ZJ32J	①绞车； ②链条箱	32S - 2 × 44 32S - 2 × 48 32S - 2 × 54 32S - 2 × 58 32S - 2 × 60 32S - 2 × 64 32S - 2 × 80 32S - 2 × 82 32S - 2 × 96 32S - 2 × 124 28S - 8 × 84 28S - 8 × 98 28S - 8 × 124 28S - 8 × 136 08B - 2 × 134	44 48 54 58 60 64 80 82 96 124 84 98 124 136 134	GB 3638—83 GB 1243. 1—83

2. 3. 5　上海大隆牌部分A系列滚子链条技术参数

上海大隆牌部分A系列滚子链条技术参数见表C - 21、表C - 22。

表 C－21 大隆牌 A 系列短节距传动用高强度精密滚子链条技术参数

链条排数	大隆链号	GB 链号 ISO 链号	节距 P/mm	滚子直径 d_1(max)/mm	内链节内宽 b_1(min)/mm	销轴直径 d_2(max)/mm	链板厚度 s(max)/mm	链板高度 h_2(max)/mm	排距 P_t/mm	销轴长度 L(max)/mm	抗拉载荷 (min)/kN	每米质量/(kg/m)
1 排	80G－1	16A－1	25.40	15.87	15.75	7.94	3.18	24.13		32.6	55.6	2.76
	100G－1	20A－1	31.75	19.05	18.90	9.54	3.96	30.18		39.6	86.74	4.15
	120G－1	24A－1	38.10	22.22	25.23	11.11	4.75	36.20		49.9	125.1	6.05
	140G－1	28A－1	44.45	25.40	25.23	12.71	5.56	42.24		53.7	170.27	7.99
	160G－1	32A－1	50.80	28.57	31.55	14.29	6.35	48.26		63.9	222.4	10.33
	180G－1	36A－1	57.15	35.71	35.48	17.46	7.14	54.31		72.2	280.2	13.78
	200G－1	40A－1	63.50	39.67	37.85	19.85	7.92	60.33		77.9	347.5	17.04
	240G－1	48A－1	76.20	47.62	47.35	23.81	9.52	72.39		95.1	500.4	24.93
2 排	80G－2	16A－2	25.40	15.87	15.75	7.94	3.18	24.13	29.29	61.9	111.2	5.45
	100G－2	20A－2	31.75	19.05	18.90	9.54	3.96	30.18	35.76	75.4	173.48	8.20
	120G－2	24A－2	38.10	22.22	25.23	11.11	4.75	36.20	45.44	95.3	250.2	11.99

续表

链条排数	大隆链号	GB 链号 ISO 链号	节距 P/mm	滚子直径 d_1(max)/mm	内链节内宽 b_1(min)/mm	销轴直径 d_2(max)/mm	链板厚度 s(max)/mm	链板高度 h_2(max)/mm	排距 P_t/mm	销轴长度 L(max)/mm	抗拉载荷(min)/kN	每米质量/(kg/m)
2排	140G-2	28A-2	44.45	25.40	25.23	12.71	5.56	42.24	48.87	102.6	340.54	15.44
	160G-2	32A-2	50.80	28.57	31.55	14.29	6.35	48.26	58.55	122.5	444.8	20.50
	180G-2	36A-2	57.15	35.71	35.48	17.46	7.14	54.31	65.84	138.0	560.5	27.70
	200G-2	40A-2	63.50	39.67	37.85	19.85	7.92	60.33	71.55	149.5	695.0	33.83
	240G-2	48A-2	76.20	47.62	47.35	23.81	9.52	72.39	87.83	183.0	1000.8	49.54
3排	80G-3	16A-3	25.40	15.87	15.75	7.94	3.18	24.13	29.29	91.2	166.8	8.15
	100G-3	20A-3	31.75	19.05	18.90	9.54	3.96	30.18	35.76	111.2	260.22	12.25
	120G-3	24A-3	38.10	22.22	25.23	11.11	4.75	36.20	45.44	140.8	375.3	17.93
	140G-3	28A-3	44.45	25.40	25.23	12.71	5.56	42.24	48.87	151.4	510.81	23.09
	160G-3	32A-3	50.80	28.57	31.55	14.29	6.35	48.26	58.55	181.0	667.2	30.67
	180G-3	36A-3	57.15	35.71	35.48	17.46	7.14	54.31	65.84	203.9	840.7	41.44
	200G-3	40A-3	63.50	39.67	37.85	19.85	7.92	60.33	71.55	221.0	1042.5	50.63
	240G-3	48A-3	76.20	47.62	47.35	23.81	9.52	72.39	87.83	270.8	1501.2	74.16

表 C-22 大隆牌 A 系列短节距传动用逐节可拆高强度精密滚子链条技术参数

链条排数	大隆链号	GB 链号 ISO 链号	节距 P/mm	滚子直径 d_1(max)/mm	内链节内宽 b_1(min)/mm	销轴直径 d_2(max)/mm	链板厚度 s(max)/mm	链板高度 h_2(max)/mm	排距 P_t/mm	销轴长度 L(max)/mm	抗拉载荷(min)/kN	每米质量/(kg/m)
1排	80GA-1	16A-1	25.40	15.87	15.75	7.94	3.18	24.13		32.6	55.6	2.84
	100GA-1	20A-1	31.75	19.05	18.90	9.54	3.96	30.18		39.6	86.74	4.25
	120GA-1	24A-1	38.10	22.22	25.23	11.11	4.75	36.20		49.9	125.1	6.18
	140GA-1	28A-1	44.45	25.40	25.23	12.71	5.56	42.24		53.7	170.27	7.94
	160GA-1	32A-1	50.80	28.57	31.55	14.29	6.35	48.26		63.9	222.4	10.47
	180GA-1	36A-1	57.15	35.71	35.48	17.46	7.14	54.31		72.2	280.2	13.96
	200G-1	40A-1	63.50	39.67	37.85	19.85	7.92	60.33		77.9	347.5	17.35
	240G-1	48A-1	76.20	47.62	47.35	23.81	9.52	72.39		95.1	500.4	25.20
2排	80GA-2	16A-2	25.40	15.87	15.75	7.94	3.18	24.13	29.29	61.9	111.2	5.54
	100GA-2	20A-2	31.75	19.05	18.90	9.54	3.96	30.18	35.76	75.4	173.48	8.31
	120GA-2	24A-2	38.10	22.22	25.23	11.11	4.75	36.20	45.44	95.3	250.2	12.12
	140GA-2	28A-2	44.45	25.40	25.23	12.71	5.56	42.24	48.87	102.6	340.54	15.60
	160GA-2	32A-2	50.80	28.57	31.55	14.29	6.35	48.26	58.55	122.5	444.8	20.65
	180GA-2	36A-2	57.15	35.71	35.48	17.46	7.14	54.31	65.84	138.0	560.5	27.88
	200G-2	40A-2	63.50	39.67	37.85	19.85	7.92	60.33	71.55	149.5	695.0	34.14
	240G-2	48A-2	76.20	47.62	47.35	23.81	9.52	72.39	87.83	183.0	1000.8	49.81

续表

链条排数	大隆链号	GB 链号 ISO 链号	节距 P/mm	滚子直径 d_1(max)/mm	内链节内宽 b_1(min)/mm	销轴直径 d_2(max)/mm	链板厚度 s(max)/mm	链板高度 h_2(max)/mm	排距 P_t/mm	销轴长度 L(max)/mm	抗拉载荷(min)/kN	每米质量/(kg/m)
3排	80GA－3	16A－3	25. 40	15. 87	15. 75	7. 94	3. 18	24. 13	29. 29	91. 2	166. 8	8. 23
	100GA－3	20A－3	31. 75	19. 05	18. 90	9. 54	3. 96	30. 18	35. 76	111. 2	260. 22	12. 36
	120GA－3	24A－3	38. 10	22. 22	25. 23	11. 11	4. 75	36. 20	45. 44	140. 8	375. 3	18. 06
	140GA－3	28A－3	44. 45	25. 40	25. 23	12. 71	5. 56	42. 24	48. 87	151. 4	510. 81	23. 25
	160GA－3	32A－3	50. 80	28. 57	31. 55	14. 29	6. 35	48. 26	58. 55	181. 0	667. 2	30. 82
	180GA－3	36A－3	57. 15	35. 71	35. 48	17. 46	7. 14	54. 31	65. 84	203. 9	840. 7	41. 62
	200G－3	40A－3	63. 50	39. 67	37. 85	19. 85	7. 92	60. 33	71. 55	221. 0	1042. 5	50. 94
	240G－3	48A－3	76. 20	47. 62	47. 35	23. 81	9. 52	72. 39	87. 83	270. 8	1501. 2	74. 43
4排	80GA－4	16A－4	25. 40	15. 87	15. 75	7. 94	3. 18	24. 13	29. 29	120. 5	222. 4	10. 93
	100GA－4	20A－4	31. 75	19. 05	18. 90	9. 54	3. 96	30. 18	35. 76	146. 9	346. 96	16. 41
	120GA－4	24A－4	38. 10	22. 22	25. 23	11. 11	4. 75	36. 20	45. 44	186. 2	500. 4	23. 99
	140GA－4	28A－4	44. 45	25. 40	25. 23	12. 71	5. 56	42. 24	48. 87	200. 3	681. 08	30. 90
	160GA－4	32A－4	50. 80	28. 57	31. 55	14. 29	6. 35	48. 26	58. 55	239. 6	889. 6	40. 99
	180GA－4	36A－4	57. 15	35. 71	35. 48	17. 46	7. 14	54. 31	65. 84	269. 7	1121. 0	55. 36
	200GA－4	40A－4	63. 50	39. 67	37. 85	19. 85	7. 92	60. 33	71. 55	221. 0	1390. 0	67. 73
	240GA－4	48A－4	76. 20	47. 62	47. 35	23. 81	9. 52	72. 39	87. 83	358. 6	2001. 6	99. 04

续表

链条排数	大隆链号	GB 链号 ISO 链号	节距 P/mm	滚子直径 d_1(max)/mm	内链节内宽 b_1(min)/mm	销轴直径 d_2(max)/mm	链板厚度 s(max)/mm	链板高度 h_2(max)/mm	排距 P_t/mm	销轴长度 L(max)/mm	抗拉载荷(min)/kN	每米质量/(kg/m)
5 排	80GA-5	16A-5	25.40	15.87	15.75	7.94	3.18	24.13	29.29	149.8	278.0	13.63
	100GA-5	20A-5	31.75	19.05	18.90	9.54	3.96	30.18	35.76	182.6	433.70	20.47
	120GA-5	24A-5	38.10	22.22	25.23	11.11	4.75	36.20	45.44	231.7	625.5	29.93
	140GA-5	28A-5	44.45	25.40	25.23	12.71	5.56	42.24	48.87	249.2	831.35	38.55
	160GA-5	32A-5	50.80	28.57	31.55	14.29	6.35	48.26	58.55	298.1	1112.0	51.60
6 排	80GA-6	16A-6	25.40	15.87	15.75	7.94	3.18	24.13	29.29	179.1	333.6	16.32
	100GA-6	20A-6	31.75	19.05	18.90	9.54	3.96	30.18	35.76	218.4	520.44	24.52
	120GA-6	24A-6	38.10	22.22	25.23	11.11	4.75	36.20	45.44	277.1	750.6	35.87
	140GA-6	28A-6	44.45	25.40	25.23	12.71	5.56	42.24	48.87	298.1	1021.62	46.20
	160GA-6	32A-6	50.80	28.57	31.55	14.29	6.35	48.26	58.55	356.7	1334.4	61.33
8 排	80GA-8	16A-8	25.40	15.87	15.75	7.94	3.18	24.13	29.29	237.6	444.8	21.72
	100GA-8	20A-8	31.75	19.05	18.90	9.54	3.96	30.18	35.76	289.9	693.92	32.63
	120GA-8	24A-8	38.10	22.22	25.23	11.11	4.75	36.20	45.44	368.0	1000.8	47.75
	140GA-8	28A-8	44.45	25.40	25.23	12.71	5.56	42.24	48.87	395.8	1362.16	61.50
	160GA-8	32A-8	50.80	28.57	31.55	14.29	6.35	48.26	58.55	473.8	1779.2	81.68
10 排	120GA-10	24A-10	38.10	22.22	25.23	11.11	4.75	36.20	45.44	458.9	1251.0	59.63
	140GA-10	28A-10	44.45	25.40	25.23	12.71	5.56	42.24	48.87	493.5	1702.70	76.81

2.4　三角胶带

三角胶带(V型胶带)是传动胶带的一种。由橡胶和增强材料(如棉帆布、人造丝、合成纤维或钢丝等)构成。以多层挂胶帆布、合成纤维织物、帘线和钢丝等作抗拉层，覆合橡胶后经成型、硫化而制成。与齿轮传动、链条传动相比，胶带传动具有机构简单、噪声小和设备成本低等优点，广泛用于各种机械的动力传动。

近些年来，为适应各种传动装置的特殊需要，除普通标准型的三角带之外，还出现了数量众多、形状各异的特种三角带，主要有：窄型和宽型三角带、小角和大角三角带、活络和冲孔三角带等。

钻井常用的三角带有普通三角带、联组窄皮带等。

2.4.1　普通三角带

三角带是标准件，标准化的三角带断面呈梯形，整圈无接头。按其剖面尺寸由小到大分为O型、A型、B型、C型、D型、E型、F型七种型号、从O型到F型胶带剖面面积逐渐增大。普通三角带的宽高比为1:(1.5~1.6)，而窄型和宽型的三角带分别为1:1.2和1:2.0。

①普通三角带断面结构如图C-6所示。

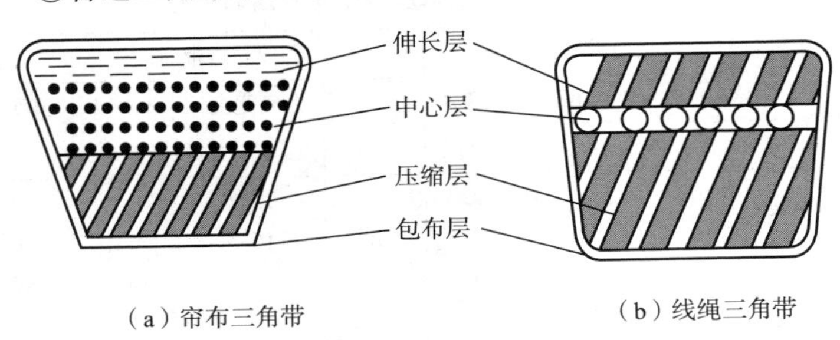

图C-6　普通三角带断面结构示意图

②普通三角带断面尺寸见图C-7及表C-23。

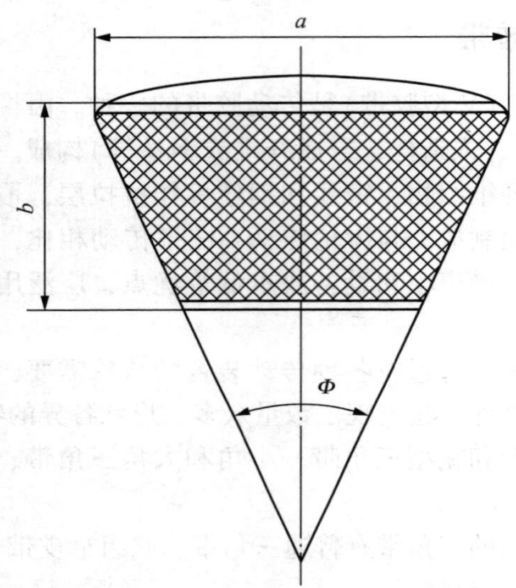

图 C－7　普通三角带断面尺寸

a—三角带的上底宽度；*b*—三角带的高度；

Φ—三角带的夹角

③普通三角皮带型号及规范见表 C－24。

④普通三角皮带物理机械性能见表 C－25。

表 C－23　普通三角皮带型号及断面尺寸

甲种(及苏式)三角带断面规格				乙种三角带断面规格			
型号	上底宽度 *a*	高度 *b*	角度 *Φ*	型号	上底宽度 *a*	高度 *b*	角度 *Φ*
	mm		(°)		mm		(°)
0	10	6	40	A	12.7	8.7	40
A	13	8	40	B	16.5	11	40
B(Б)	17	10.5	40	C	22	13.5	40
C(B)	22	13.5	40	D	31.5	19	40
D(Γ)	32	19	40	E	38	25.4	40
E(Д)	38	23.5	40				
F(E)	50	30	40				

表 C－24 普通三角带型号及规范

三角带内周长度[①]/mm	各型三角带的计算长度/mm						
	O	A	B	C	D	E	F
450	469						
500	519						
560	579	585					
630	649	655	663				
710	729	735	743				
800	819	825	833				
900	919	925	933				
1000	1019	1025	1033				
1120	1139	1145	1153				
1250	1269	1275	1283	1294			
1400	1419	1425	1433	1444			
1600	1619	1625	1633	1644			
1800	1819	1825	1833	1844			
2000	2019	2025	2033	2044			
2240	2259	2265	2273	2284			
2500	2519	2525	2533	2544			
2800		2825	2833	2844			
3150		3175	3183	3194	3210		
3550		3575	3583	3594	3610		
4000		4025	4033	4044	4060		
4500			4533	4544	4560	4574	
5000			5033	5044	5060	5074	
5600			5633	5644	5660	5674	
6300			6333	6344	6360	6374	6395
7100				7144	7160	7174	7195
8000				8044	8060	8074	8095
9000				9044	9060	9074	9095
10000					10060	10074	10095
11200					11260	11274	11295
12500						12574	12595
14000						14074	14095
16000						16074	16095

注：①内周长度是指三角带内周的长度。

表 C－25　普诵三角皮带物理机械性能

性 能 名 称	标 准	
	帘布结构	线绳结构
中心层附着力/(kg/cm)	>4.5	>4.5
包布层附着力/(kg/cm)	>2.5	>2.5
压缩层扯断拉力/(kg/cm^2)	>120	>120
压缩层扯断伸长率/%	>300	>300
压缩层硬度(邵氏)/(°)	65～75	65～75
O 型整条扯断拉力/(kg/条)	>100	>80
A 型整条扯断拉力/(kg/条)	>200	>180
B 型整条扯断拉力/(kg/条)	>320	>300
C 型整条扯断拉力/(kg/条)	>600	>500
D 型整条扯断拉力/(kg/条)	>1000	>900
E 型整条扯断拉力/(kg/条)	>1400	>1200
F 型整条扯断拉力/(kg/条)	>2500	>2200
各型成品扯断伸长率/%	<14	<12

2.4.2　国内几种常用钻机传动胶带规格和数量

国内几种常用钻机传动胶带规格和数量见表 C－26。

表 C－26　国内几种常用钻机传动胶带规格和数量

钻机型号	安装部位	名称规格	单位	数量
ZJ32J 钻机	并车传动	联组窄型三角带 4/8V2500	根	8
	传动钻井泵	联组窄型三角带 4/8V4500	根	8
	传动空压机	三角胶带 C2500	根	8
ZJ45D 钻机	钻井泵	尼龙三角带 E10160	根	32
	空气压缩机	三角胶带 D3124	根	6
	钻井泵灌注泵	三角胶带 C3150	根	10
	空气包充气压缩机	三角胶带 B2000	根	3
	钻井泵喷淋泵	三角胶带 A3150	根	4
ZJ45J 钻机	并车传动	三角胶带 E6700	根	40
	钻井泵	三角胶带 E10160	根	32
	空气压缩机	三角胶带 D3550	根	8
	钻井泵灌注泵	三角胶带 C3150	根	10
	钻井泵喷淋泵	三角胶带 C3150	根	4

续表

钻机型号	安装部位	名称规格	单位	数量
大庆130 Ⅰ、Ⅱ钻机	并车传动 钻井泵 空气压缩机	三角胶带 E6700 三角胶带 E10160 三角胶带 C4250	根 根 根	31 32 4
F320－3DH 钻机	自动压风机 自动、电动压风机 变矩器风扇皮带	三角胶带 C2360 三角胶带 A1500 三角胶带 A2100	根 根 根	5 各2 15

2.5 水龙带

2.5.1 美国TAURUS公司钻井用水龙带

美国TAURUS公司钻井用水龙带技术性能见表C－27。

表C－27 美国TAURUS公司钻井水龙带技术性能

水龙带内径尺寸			mm(in)	50.8(2)	63.5(2½)	76.2(3)	88.9(3½)	101.6(4)
管线螺纹尺寸			mm(in)	63.5(2½)	76.2(3)	101.6(4)	101.6(4)	127(5)
级别				A,B,C	A,B,C,D,E	C,D,E	C,D,E	C. D
工作压力	级别	A	MPa	10.34	10.34			
			psi	1500	1500			
		B	MPa	13.79	13.79			
			psi	2000	2000			
		C	MPa	27.59	27.79	27.79	27.79	27.79
			psi	4000	4000	4000	4000	4000
		D	MPa		34.48	34.48	34.48	34.48
			psi		5000	5000	5000	5000
		E	MPa		51.72	51.72	51.72	
			psi		7500	7500	7500	

续表

水龙带内径尺寸			mm(in)	50.8(2)	63.5($2\frac{1}{2}$)	76.2(3)	88.9($3\frac{1}{2}$)	101.6(4)
管线螺纹尺寸			mm(in)	63.5($2\frac{1}{2}$)	76.2(3)	101.6(4)	101.6(4)	127(5)
级别				A，B，C	A，B，C，D，E	C，D，E	C，D，E	C.D
实验压力	级别	A	MPa	20.69	20.69			
			psi	3000	3000			
		B	MPa	27.59	27.59			
			psi	4000	4000			
		C	MPa	55.17	55.17	55.17	55.17	55，17
			psi	8000	8000	8000	8000	8000
		D	MPa		68.96	68.96	68.96	68.96
			psi		10000	10000	10000	10000
		E	MPa		103.45	103.45	103.45	
			psi		15000	15000	15000	
弯曲半径			m(ft)	0.91(3)	1.22(4)	1.22(4)	1.37($4\frac{1}{2}$)	1.37($4\frac{1}{2}$)
工作温度			℃	−37～190(−38～88)				
水龙带长度			m(ft)	9.14～27.43(30～90)				

2.5.2 河北景县华北橡胶厂水龙带

河北景县华北橡胶厂水龙带技术参数见表 C－28。

表 C－28　河北景县华北橡胶厂水龙带技术参数

胶管代号(层数×内径×工作压力)/MPa	胶管内径/mm	胶管外径/mm	缠绕层外径/mm	工作压力/MPa	最小爆破压力/MPa	最小弯曲半径/mm	单位质量/(kg/m)
2SP－51－15	51±1.0	66±1.5	60.8±1.0	15	60	850	5.0
2SP－64－15	64±1.2	82±1.5	75±1.0	15	60	1000	5.7
2SP－76－15	76±1.4	99±2.0	92±2.0	15	60	1100	8.5
2SP－89－15	89±1.4	114±2.0	107±2.0	15	60	1200	9.5

续表

胶管代号(层数×内径×工作压力)/MPa	胶管内径/mm	胶管外径/mm	缠绕层外径/mm	工作压力/MPa	最小爆破压力/MPa	最小弯曲半径/mm	单位质量/(kg/m)
2SP-102-15	102±1.5	126±2.0	119±2.0	15	60	1300	12
4SP-51-35	51±1.0	69±1.5	63.8±1.0	35	87	900	5.7
4SP-64-35	64±1.2	85±1.5	78±1.0	35	87	1100	6.7
4SP-76-35	76±1.4	107±2.0	101±2.0	35	87	1200	16.2
4SP-89-35	89±1.4	122±2.0	114±2.0	35	87	1300	18.4
4SP-102-35	102±1.5	139±2.0	132±2.0	35	87	1400	20.3
4SP-51-35	51±1.0	69±1.5	63.8±1.0	35	87	900	5.7
6SP-51-50	51±1.0	71±1.5	66.8±1.0	45	87	1000	6.2
6SP-51-70	51±1.0	72±1.5	66.8±1.0	70	175	1000	6.2
6SP-64-70	64±1.2	88±1.5	81±1.0	70	175	1200	7.4
6SP-76-70	76±1.4	116±2.0	109±2.0	70	175	1300	23.7
6SP-89-70	89±1.4	129±2.0	122±2.0	70	175	1400	26.6
6SP-102-70	102±1.5	142±2.0	135±2.0	70	175	1600	29.8

3 钻井用油料

3.1 石油产品总分类

1987年，我国颁布了GB 498—87《石油产品及润滑剂的总分类》，根据石油产品的主要特征对其进行了分类，分为燃料、溶剂和化工原料、润滑剂及有关产品、蜡、沥青以及焦等六大类。其类别名称代号是按反映各类产品主要特征的英文名称的第一个前缀字母确定的，见表 C－29。

表 C－29　石油产品总分类

GB 498—87 标准			ISO 8681 标准	
序号	类别	各类别含义	Class	Designation
1	F	燃料	F	Fuels
2	S	溶剂和化工原料	S	Solvents and raw materials for the chemical industry
3	L	润滑剂及有关产品	L	Lubricants, industrial oil and related products
4	W	蜡	W	Waxes
5	B	沥青	B	Bitumen
6	C	焦	C	(Cokes)

3.2　石油燃料(F 类)

石油燃料占石油产品总量的 90% 以上，其中以汽油、柴油等发动机燃料为主。GB/T 12692—90《石油产品燃料(F 类)分类总则》将燃料分为四组，详见表 C－30。

表 C－30　石油燃料分类

组别	燃料类型	各类别含义
G	气体燃料	主要由甲烷或乙烷，或它们混合组成
L	液化气燃料	主要由 C_3、C_4 的烷烃、烯烃混合组成，并经加压液化
D	馏分燃料	常温常压下为液态的石油燃料，包括汽油、煤油和柴油，以及含有少量蒸馏残油的重质馏分油(锅炉燃料)
R	残渣燃料	主要由蒸馏残油组成

3.2.1　汽油

汽油分车用汽油和航空汽油两大类。车用无铅汽油和车用乙醇汽油的质量标准见表 C－31。

表 C-31 汽油的质量标准

项目		质量指标(GB 17930—1999)						
		车用乙醇汽油				车用无铅汽油		
		90#	93#	95#	97#	90#	93#	95#
研究法辛烷值(RON)	≥	90	93	95	97	90	93	95
抗爆指数(RON+MON)/2	≥	85	88	90	报告	85	88	90
铅含量/(g/L)	≤	0.005				0.005		
馏 程								
10%蒸发温度/℃	≤	70				70		
50%蒸发温度/℃	≤	120				120		
90%蒸发温度/℃	≤	190				190		
终馏点/℃	≤	205				205		
残留量/%(V/V)	≤	2				2		
蒸气压/kPa								
从9月16日至3月15日	≤	88				88		
从3月16日至9月15日	≤	74				74		
实际胶质/(mg/100mL)	≤	5				5		
诱导期/min	≥	480				480		
硫含量/%	≤	0.08				0.08		
铜片腐蚀(50℃, 3h)/级	≤	1				1		
水溶性酸或碱		无				无		
机械杂质及水分		无				无		
苯含量/%(V/V)	≤	2.5				2.5		
芳烃含量/%(V/V)	≤	40				40		
烯烃含量/%(V/V)	≤	35				35		
水分/%	≤	0.20						
乙醇含量/%(V/V)		10.0±2.0						
其他含氧化合物/%	≤	0.1						
锰含量/(g/L)	≤	0.018						
铁含量/(g/L)	≤	0.010						

3.2.2 柴油

柴油分为轻柴油(沸点范围约180~370℃)和重柴油(沸点范围约350~410℃)两大类。轻柴油按凝点划分为10号、5号、0号、-10号、-20号、-35号和-50号七个牌号；重柴油则按其50℃运动黏度(mm^2/s)划分为10号、20号、30号三个牌号。不同凝点的轻柴油适用于不同的地区和季节，不同黏度的重柴油适用于不同类型和不同转速的柴油发动机。

GB/T 19147—2003标准，参照EN 590—1998标准制定，要求项目与国外标准相当，与国际水平基本一致。要求硫含量不大于0.05%，达到欧Ⅱ排放要求。我国一些重要牌号的轻柴油的质量标准见表C-32，重柴油的质量标准见表C-33。

表C-32　车用轻柴油的质量标准

项　　目	质量指标(GB/T 19147—2003)						
	10号	5号	0号	-10号	-20号	-35号	-50号
凝点/℃　≤	10	5	0	-10	-20	-35	-50
氧化安定性总不溶物/(mg/100mL)　≤	2.5						
硫含量/%　≤	0.05						
10%蒸余物残炭/%　≤	0.3						
灰分/%	0.01						
铜片腐蚀(50℃,3h)/级　≤	1						
水分/%(V/V)　≤	痕迹						
机械杂质	无						
润滑油性 磨痕直径(60℃)/μm　≤	460						
运动黏度(20℃)/(mm^2/s)	3.0~8.0				2.5~8.0	1.8~7.0	
冷滤点/℃	12	8	4	-5	-14	-29	-44
凝点/℃　≤	10	5	0	-10	-20	-35	-50
闪点(闭口)/℃　≥	55				50	45	

续表

项　目	质量指标(GB/T 19147—2003)						
	10 号	5 号	0 号	-10 号	-20 号	-35 号	-50 号
着火性(需满足下列要求之一) 十六烷值 ≥	49				46	45	
十六烷指数 ≥	46					43	
馏程/℃ 50% 回收温度 ≤ 90% 回收温度 ≤ 95% 回收温度 ≤	 300 355 365						
密度(20℃)/(kg/m^3)	820～860				800～840		

表 C-33　重柴油技术标准(GB 445—77.1988)

项　目		质量指标			备　注
标号		10 号	20 号	30 号	
运动黏度(20℃)/(mm^2/s)	≤	13.5	20.5	36.2	GB 265
闪点(闭口杯法)/℃	≥	65	65	65	GB 261
倾点/℃	≤	13	23	33	GB 3535
硫含量/%	≤	0.5	0.5	1.5	GB 387
水分/%	≤	0.5	1.0	1.5	GB 260
残炭/%	≤	0.5	0.5	1.5	GB 268
灰分/%	≤	0.004	0.06	0.08	GB 508
机械杂质/%	≤	0.1	0.1	0.5	GB 511
水溶性酸或碱		无	无		GB 259

3.2.3　煤油

煤油的技术标准见表 C-34。

表 C－34　煤油技术标准(GB 235—89)

项　目		质量指标			备注
		优级品	一等品	合格品	
色度/号	≥	+25	+19	+13	GB/T 3555
硫醇硫含量/%	≤	0.001	0.003		GB/T 1792
硫含量/%	≤	0.04	0.06	0.10	GB/T 380
馏程：10%馏出温度/℃	≤	205	205	225	GB/T 6536
馏终点/℃	≤	300	300	310	
闪点(闭口杯法)/℃	≥	40			GB/T 261
冰点/℃	≤	－30			GB/T 2430
浊点/℃	≤		－15	－12	GB/T 6986
运动黏度(40℃)/(mm^2/s)		1.0～1.9	1.0～2.0		GB/T 265
燃烧性(点灯实验)：16h(实验结束时达到下列要求)平均燃烧速度/(g/h)		18～26	18～26		GB/T 11130
火焰宽度变化/mm	≤	6	6		
火焰高度降低/mm	≤	5	5		
灯罩附着物浓密程度	≤	轻微			
灯罩附着物颜色	≤	白色			
烟点/mm	≥			20	GB/T 382
铜片腐蚀(100℃，3h)/级	≤	1	1		GB/T 5096
(100℃，2h)/级	≤			1	GB/T 5096
机械杂质及水分/%		无			目测
水溶性酸或碱		无			GB/T 259
密度(20℃)/(g/cm^3)	≤	0.84			GB/T 1884

3.3　溶剂油(S 类)

溶剂油是对某些物质起溶解、洗涤、萃取作用的轻质石油产品。与人们的衣食住行密切相关，其中用量最大的首推涂料溶剂油(俗称油漆溶剂油)，此外在食用油、印刷油墨、皮革、农药、杀虫剂、橡胶、化妆品、香料、化工聚合，医药等诸方面都有广泛的用途。

溶剂油的分类有按沸程、按化学结构和按用途分类几种方法。目前各国采用最多的是按溶剂油的用途分类。根据用途划分，馏程60～80℃的称为石油醚，75～120℃的称溶剂汽油，60～160℃的称为橡胶溶剂油，140～200℃称为油漆溶剂油，150～300℃的称为溶剂煤油。

我国溶剂油按国家标准GB 1922—80(88)分为6种，见表C－35。

表C－35 我国溶剂油牌号及主要用途

牌号	名　称	馏程/℃	主要用途	执行标准
NY－70	香花溶剂油	60～70	香花料及油脂工业作抽提溶剂	GB 1922—80
NY－90	石油醚	60～90	化学试剂、医药溶剂等	
NY－120	橡胶溶剂油	80～120	橡胶工业	
NY－190	洗涤溶剂油	40～190	机械零件洗涤和工农业生产作溶剂	
NY－200	油漆溶剂油	140～200	油漆工业溶剂和稀释剂	
NY－260	特种煤油型溶剂	195～260	矿石的萃取	

市场上销售的溶剂油远不止这些，生产厂家可根据用户需要，生产其他各种规格的溶剂油，其规格可根据用户要求采用企业自定标准。

3.4 润滑油类(L类)

3.4.1 润滑剂的分组

国家标准GB/T 7631—87《润滑剂和有关产品(L)的分类 第一部分：总分组》，根据尽可能地包括润滑剂和有关产品的应用场合这一原则，将润滑剂分为 19 组，具体见表 C-36。

表 C-36 润滑剂和有关产品(L)的分类(GB/T 7631.1—87)

序号	组别代号	组别名称	使用场合
1	A	全耗损系统油	全耗损系统 Total loss systems
2	B	脱模油	脱模 Mould release
3	C	齿轮油	齿轮 Gears
4	D	压缩机油、冷冻机油和真空泵油	压缩机(包括冷冻机和真空泵) Compressors
5	E	内燃机油	内燃机 Internal combustion engine
6	F	主轴、轴承和离合器油	主轴、轴承和离合器 spindle bearing，bearingand associated clutches
7	G	导轨油	导轨 Slideways
8	H	液压系统用油	液压系统 Hydraulic systems
9	M	金属加工油	金属加工 Metal working
10	N	电器绝缘油	电器绝缘 Electrical insulation
11	P	风动工具油	风动工具 Pneumatic tools
12	Q	热传导油	热传导 Heat transfer
13	R	暂时保护防腐蚀油	暂时保护防腐蚀 Temporary protection against corrosion
14	T	汽轮机油	汽轮机 Turbines
15	U	热处理油	热处理 Heat treatment
16	X	润滑脂	用润滑脂的场合 Applications requiring grease
17	Y	其他应用场合油	其他应用场合 Other application
18	Z	蒸汽汽缸油	蒸汽汽缸 Steam cylinders
19	S	特殊润滑剂应用油	特殊润滑剂应用场合 Applications of particular lubricants

3.4.2 润滑油的质量指标

润滑油质量的高低，是由润滑油的理化性能指标来反映的，其常用质量指标如表 C-37 所示。

表C-37 润滑油的常用质量指标

名称	意义	试验方法
黏度/(mm^2/s)	当流体在外力作用下流动时，相邻两层流体分子间存在的内摩擦力将阻滞流体的流动，这种特性称为流体的黏性，衡量黏性大小的物理量称为黏度。黏度值用来表示流体流动时分子间摩擦产生阻力的大小。是润滑油的主要技术指标，常用的黏度指标有100℃和40℃运动黏度，表示方式为v_{100}、v_{40}，它们表示在100℃和40℃下仪器测得的油品的黏稠度。绝大多数的润滑油是根据其黏度的大小来划分牌号的，黏度大小直接影响润滑效果。黏度过大的润滑油不能流到配合间隙很小的两摩擦表面之间，因而不能起到润滑作用；若黏度过小，润滑油易从需润滑的部位挤出，同样起不到润滑作用。因此，机械所用润滑油的黏度必须适当	GB/T 265
黏度指数(Ⅵ)	温度升高，油品黏度变小，温度降低则黏度增大。油品黏度随温度变化的这个特性称为油品的黏温特性，黏温特性的好坏用黏度指数来表示，黏度指数是与标准油黏度随温度变化的程度比较而得出的相对数值。黏度指数高，表示油品黏度随温度的变化小，黏温性能好，因此，选用润滑油必须考虑机械设备工作环境的温度变化	GB/T 1995
闪点(开口)/℃	指火源接触油蒸气发生闪火时的最低温度，是润滑油运输及使用的安全指标，同时也是润滑油的挥发性指标。闪点低的润滑油，挥发性高，容易着火，安全性较差。润滑油的挥发性高，在工作过程中容易蒸发损失，严重时甚至引起润滑油黏度增大，影响润滑油的作用。重质润滑油的闪点如突然降低，可能发生轻油混油事故	GB/T 3536
凝点/℃	凝点是指油品在规定条件下冷却至停止移动时的最高温度。是评定润滑油低温流动性的重要指标之一。某些润滑油产品的牌号是以润滑油的凝点高低来划分的	GB/T 3535
倾点/℃	倾点是指油品在规定条件下冷却能够保持流动的最低温度。倾点的使用意义与凝点基本相同，但倾点不能确切表征其低温使用性能，所以选用低温润滑油时，应结合油品的凝点、黏温性能等全面考虑	
水分/%	表示油品中含水量的多少，用质量百分数表示，润滑油中大多数水分指标为“痕迹”，即含量小于0.03%。润滑油中如有水分存在，将破坏润滑油膜，使润滑效果变差，加速油中有机酸对金属的腐蚀作用。水分还造成对机械设备的锈蚀，并导致润滑油的添加剂失效，使润滑油的低温流动性变差，甚至结冰，堵塞油路，妨碍润滑油的循环及供应	GB/T 260

续表

名　称	意　义	试验方法
机械杂质/%	润滑油中不溶于汽油或苯的沉淀和悬浮物，经过滤而分离出的杂质。润滑油中机械杂质的存在，将加速机械零件的研磨、拉伤和划痕等磨损，而且堵塞油路油嘴和滤油器，造成润滑失效。变压器油中存在机械杂质，会降低其绝缘性能	GB/T 511
抗乳化性/min	评定润滑油在一定温度下的分水能力。抗乳化性好的润滑油遇水后，虽经搅拌振荡，也不易形成乳化液，或虽形成乳化液但是不稳定，易于迅速分离。抗乳化性差的油品，其抗氧化安定性也差	GB/T 7305
抗泡性/mL	指润滑油生成泡沫的性能和使泡沫消失的特性，以测得的油品泡沫体积来表示。抗泡性不好，在润滑系统中会形成泡沫，且不能迅速破除，影响润滑油的润滑性，加速它的氧化速度，导致润滑油溢出损失，也阻碍润滑油在循环系统中的传送，使供油中断	GB/T 12579
腐蚀性(铜片腐蚀、有机酸、水溶性酸碱)	腐蚀试验是测定油品在一定温度下对金属的腐蚀作用。腐蚀试验不合格是不能使用的，否则将对设备造成腐蚀。腐蚀是在氧(或其他腐蚀性物质)和水分同时与金属表面作用时发生的。因此防止腐蚀目的在于防止这些物质侵蚀金属表面	GB/T 5096 GB/T 7304 GB/T 259
氧化安定性	是润滑油在实际使用、储存和运输中氧化变质或老化倾向的重要特性。氧化安定性差，易氧化生成有机酸，造成设备的腐蚀。润滑油氧化的结果，黏度逐渐增大(聚醚油除外)，流动性变差，同时还产生沉淀、胶质和沥青质，这些物质沉积于机械零件上，恶化散热条件，阻塞油路，增加摩擦磨损，造成一系列恶果	SH/T 0196 SH/T 0259
酸值/(mgKOH/g)	中和1g油品中酸性物质所需的氢氧化钾毫克数称酸值。酸值的大小可以反映润滑油在使用过程中被氧化变质的程度，对其使用有很大影响。酸值大，说明油品中有机酸含量高，可能会对机械造成腐蚀。酸值是多种润滑油使用过程中质量变化的监控指标之一	GB/T 264
残炭/%	指在规定条件下，油品进行蒸发和裂解后所形成的残留物。残炭用来判断润滑油基础油的精制程度和润滑油的性质。形成残炭的主要物质是油中的胶质、沥青质和多环芳烃等。润滑油中残炭多，容易形成积炭，增大机械磨损。需要注意的是现在许多润滑油中均加有残炭值很高的添加剂，因此油品加添加剂前后的残炭值是完全不一样的	GB/T 268 SH/T 0170

续表

名　称	意　义	试验方法
灰分/%	指油品在规定条件下灼烧所剩下的无机物，一般认为是一些金属元素及其盐类，多用于基础油或不含有金属盐类添加剂的油品的灰分测定，此时灰分越小越好	GB/T 508
硫酸盐灰分/%	在规定条件下，油品灼烧后炭化残留物经硫酸处理，转化为硫酸盐后再经灼烧所得的无机物。多用于如内燃机油等含金属盐类添加剂的油品的灰分测定。对于加有金属盐类添加剂的新油品，灰分不是越少越好，而是可作为控制添加剂加入量多少的指标	

3.4.3 不同用途润滑油的分类与选择

3.4.3.1 内燃机用润滑油

3.4.3.1.1 内燃机用润滑油的分类

内燃机润滑油有按用途分类、按黏度分类和按使用(质量)分类，三种分类方法。重点介绍后两种分类方法。

(1)SAE 黏度分类法

黏度分类法是美国汽车工程师学会(SAE)制定的机油分类方法，它主要考虑的是机油的黏度，按低温动力黏度、低温泵送性和100℃时的运动黏度分为 W 系列(冬用)和非 W 系列(春夏用)。W 系列包括0W、5W、10W、15W、20W、25W 六个级别，非 W 系列包括20、30、40、50、60 五个级别，我国内燃机润滑油黏度分类国家标准见表 C－38。

表 C－38　内燃机用润滑油的黏度分类(GB/T 14906—1994)

黏度等级	低温动力黏度①		边界泵送温度②/℃，不高于	100℃运动黏度③/(mm²/s)	
	温度/℃	黏度/(mPa·s),不大于		不小于	小于
0W	－30	3250	－35	3.8	
5W	－25	3500	－30	3.8	
10W	－20	3500	－25	4.1	
15W	－15	3500	－20	5.6	
20W	－10	4500	－15	5.6	
25W	－5	6000	－10	9.3	

续表

黏度等级	低温动力黏度①		边界泵送温度②/℃，不高于	100℃运动黏度③/(mm²/s)	
	温度/℃	黏度/(mPa·s),不大于		不小于	小于
20				5.6	9.3
30				9.3	12.5
40				12.5	16.3
50				16.3	21.9
60				21.9	26.1

注：①用GB/T 6538方法测定；②对于0W、20W和25W油采用GB/T 9171方法测定，对于5W、10W和15W油采用SH/T 0562方法测定；③用GB/T 265方法测定。

(2) API使用分类法

API使用分类也称质量分类，根据油的性能和使用场合不同，把内燃机用润滑油分为S系列(汽油机用)和C系列(柴油机用)。S系列包括SA、SB、SC、SD、SE、SF、SG、SH等级别，C系列包括CA、CB、CC、CD、CE、CF等级别。该分类方法能正确反映除黏度以外的所有性能的综合要求，所以也称为质量分类法。油的级号越高，性能越好，适用的工作条件越苛刻。

我国参照使用分类法及SAEJ183标准，制定了内燃机用润滑油性能和使用分类，见表C-39。

表C-39　内燃机用润滑油性能和使用场合分类(GB/T 7631.3—1995)

应用范围	品种代号	特性和使用场合
汽油机用润滑油	SC	用于货车、客车或其他汽油机以及要求使用API SC级油的汽油机，可控制汽油机高、低温沉积及磨损、锈蚀
	SD	用于货车、客车和某些轿车的汽油机以及要求使用API SD、SC级油的汽油机。此种油品控制汽油机高、低温沉积及磨损、锈蚀和腐蚀的性能优于SC，并可代替SC
	SE	用于轿车和某些货车的汽油机以及要求使用API SE、SD级油的汽油机。此种油品的抗氧化及控制汽油机高温沉积物及锈蚀和腐蚀的性能优于SD或SC，并可代替SD或SC

续表

应用范围	品种代号	特性和使用场合
汽油机用润滑油	SF	用于轿车和某些货车的汽油机以及要求使用 API SF、SE、SD 及 SC 级油的汽油机。此种油品的抗氧化及抗磨性能优于 SE，还具有控制汽油机沉积及锈蚀和腐蚀的性能，并可代替 SE、SD 或 SC
	SG	用于轿车、货车和轻型卡车的汽油机以及要求使用 API SG 级油的汽油机，SG 质量还包括 CC(或 CD)的使用性能。此种油品改进了 SF 级油控制发动机沉积物、磨损和油的氧化性能，具有抗锈蚀和腐蚀性能，并可代替 SF、SF/CD、SE 或 SE/CC
	SH	用于轿车、货车和轻型卡车的汽油机以及要求使用 API SH 级油的汽油机。SH 质量在汽油机磨损、锈蚀及沉积物的控制和氧化方面优于 SG，并可代替 SG
柴油机用润滑油	CC	用于在中及重负荷下运行的非增压、低增压或增压式柴油机，并包括一些重负荷汽油机。对于柴油机具有控制高温沉积物和轴瓦腐蚀的性能；对于汽油机具有控制锈蚀、腐蚀和高温沉积物的性能
	CD	用于需要高效控制磨损及沉积物或使用包括高硫非燃料非增压、低增压或增压柴油机以及国外要求使用 CD 级油柴油机。具有控制轴承腐蚀和高温沉积物的性能，并可代替 CC 级油
	CD－Ⅱ	用于要求高效控制磨损和沉积物的重负荷二冲程柴油机以及要求使用 API CD－Ⅱ级油发动机，同时也可满足 CD 级油性能要求
	CE	用于低速高负荷和高速高负荷条件下运行的低增压和增压式重负荷柴油机，以及要求使用 API CE 级油发动机，同时也满足 CD 级油性能要求
	CF－4	用于高速四冲程柴油机以及要求使用 API CF－4 级油柴油机。在油耗和活塞沉积物控制方面性能优于 CE，并可代替 CE，此种油品特别适用于高速公路行驶的重负荷卡车

3.4.3.1.2　内燃机润滑油的品种

我国国家标准规定的汽油机用润滑油包括 SC、SD、SE 和 SF 四个品种以及 SD/CC、SE/CC、SF/CD 三个品种的汽油机/柴油机通用润滑油，每个品种又按黏度划分等级，如表 C-40 所示。柴油机用润滑油的品种见表 C-41。

表 C-40　汽油机及汽油机/柴油机通用润滑油品种(GB 11121—1995)

品种代号	黏度等级
SC	5W/20，10W/30，15W/40，30，40
SD(SD/CC)	5W/30，10W/30，15W/40，20W/20，30，40
SE(SE/CC)	5W/30，10W/30，15W/40，20W/20，30，40
SF(SF/CD)	5W/30，10W/30，15W/40，30，40

表 C-41　柴油机用润滑油的品种(GB 11122—1997)

品种代号	黏度等级
CC	5W/30，10W/30，15W/40，20W/40，20W/20，30，40
CD	10W，5W/30，10W/30，15W/30，15W/40，20W/40，20W/20，30，40

注：商品牌号综合了内燃机用润滑油的使用场合、黏度等级和质量等级等信息。如 CD 10W/30 中，CD——质量级，表示柴油机油为“D”级；

10W/30——多级油的黏度级别，表示冬夏季通用油；10W——W 黏度等级为“10”级；30——100℃黏度等级为“30”级。

3.4.3.1.3　内燃机润滑油的选用

(1)质量等级选用

汽油机用润滑油的质量等级一般是根据发动机负荷、压缩比等进行选择，见表 C-42。但首先应当遵照生产厂家说明书规定选用润滑油。

表 C－42　汽油机用润滑油质量等级选择

压缩机	发动机附属装置	质量等级
6.5		SC
7.8～8.0	曲轴箱正压排气(PCV)	SD
>7.5	废气循环	SE
>8.0	废气循环	SE 或 SF
>8.0	涡轮机增压	SF/CC 或 SE/CC

(2)黏度选用

具体黏度选用可参考表 C－43。

表 C－43　推荐选用黏度表

气候	地区	气温范围/℃	适用牌号
严寒	东北、西北	－25～－30 －30～30	5W 5W/20
寒	华北、中西部及黄河以北地区	－30～－25 －25～30 －5～－20 －20～20 －20～30	0W 10W/30 15W 15W/20 15W/30
寒－温	黄河以南、长江以北	－5～－15 －15～30	20W 20W/30
温	长江以南、南岭以北	－10～30 0～30	20 30
温－热	南方	0～50	40

3.4.3.2　齿轮油

齿轮油按用途分为车辆齿轮油和工业齿轮油两大类，下面重点介绍工业齿轮油。

工业齿轮油按使用场合不同分为工业闭式齿轮油和工业开式齿轮油。

3.4.3.2.1　工业齿轮油分类

(1)按质量分类

按质量的要求，工业闭式齿轮油分为 CKB、CKC、CKD、CKE、CKS、CKT、CKG 七个等级，工业开式齿轮油分为 CKH、

CKJ、CKI. 、CKM 四个等级。具体见表 C－44。

表 C－44 工业齿轮油的质量分类(GB/T 7631. 7—1995)

品种代号 L－	组成特性	典型应用
CKB	精制矿油，并具有抗氧化抗腐蚀性以及抗泡性	在轻负荷下运转的齿轮
CKC	同 CKB 油，并提高其极压和抗磨性	保持在正常或中等恒定油温和重负荷下运转的齿轮
CKD	同 CKC 油，并提高其热氧化安定；能用于较高的温度	在高的恒定油温和重负荷下运转的齿轮
CKE	同 CKB 油，并具有低的摩擦系数	在高摩擦下运转的齿轮(即蜗轮)
CKS	在极低和极高温度条件下使用的具有抗氧化、抗摩擦和抗腐蚀性的润滑剂	在更低的、低的或更高的恒定流体温度和轻负荷下运转的齿轮
CKT	用于极低和极高温度和重负荷下的 CKS 型润滑剂	在更低的、低的或更高的恒定流体温度和重负荷下运转的齿轮
CKG	具有极压和抗磨性的润滑脂	在轻负荷下运转的齿轮
CKH	通常具有抗腐蚀性的沥青型产品	在中等环境温度和通常在轻负荷下运转的圆柱形齿轮或伞齿轮
CKJ	同 CKH 油型产品，并提高其极压和抗磨性	适用于苛刻条件下的开式或半封闭齿轮
CKL	具有改善极压、抗磨、抗腐和热稳定性的润滑脂	
CKM	为允许在极限负荷条件下使用的、改善抗擦伤性的产品和具有抗腐蚀性的产品	适用于极限条件下的开式齿轮

(2)按黏度分类

工业齿轮油的黏度分类按 GB 3141—94 标准执行，见表

C-45。表中给出各黏度(牌号)的黏度范围以及与美国齿轮制造商协会(AGMA)、国际标准化组织(ISO)黏度等级的对应关系。

表 C-45 工业齿轮油黏度分类

GB 3141	40℃运动黏度/(mm^2/s)	AGMA 黏度级	ISO 黏度级
68	61.2~74.8	2	VG68
100	90~110	3	VG100
150	135~165	4	VG150
220	198~242	5	VG220
320	288~352	6	VG320
460	414~506	7	VG460
680	612~748	8	VG680

3.4.3.2.2 工业齿轮油技术指标

闭式工业齿轮油技术指标见表 C-46、开式工业齿轮油技术指标表 C-47。

表 C-46 闭式工业齿轮油技术指标

项目	质量指标							备注
黏度等级(按 GB 3141)	68	100	150	220	320	460	680	
运动黏度 40℃/(mm^2/s)	61.2~74.8	90~110	135~165	198~242	288~352	414~506	612~748	GB/T 265
黏度指数 ≥	90							GB/T 2541
闪点(开口)/℃ ≥	180		200				220	GB/T 267
倾点/℃ ≤	-8						-5	GB/T 3535
机械杂质/% ≤	0.02							GB/T 511
腐蚀实验(铜片, 100℃, 3h)/级 ≤	1							GB/T 5096

续表

项　目	质量指标							备注
黏度等级(按 GB3141)	68	100	150	220	320	460	680	
氧化安定性(95℃，312h) 100℃运动黏度增长/%　≤	10							SH/T 0123
泡沫性(泡沫倾向/稳定性)/(mL/mL) 24℃　≤ 93℃　≤	75/10 75/10							GB/T 12579
抗乳化性(82℃) 油中水/%　≤ 乳化层/mL　≤ 总分离水/mL　≥	1.0 2.0 60				1.4 4.0 50			GB/T 8022

表 C－47　开式工业齿轮油技术指标

项　目	质量指标					备注
黏度等级(按 SH 0363—92)	68	100	150	220	320	
运动黏度 100℃/(mm^2/s)	60 ~ 75	90 ~ 110	135 ~ 165	200 ~ 245	290 ~ 350	SH 0363 附录 A
闪点(开口)/℃　≥	200			210		GB/T 267
腐蚀实验(45#钢片，100℃，3h)	合格					SH/T 0505
防锈性(15#钢，蒸馏水)	无锈					GB/T 11143
最大无卡咬负荷 PB/N　≥	686					GB/T 3141
清洁性	必须无沙子和磨料					

3.4.3.2.3　工业齿轮油选择

(1)品种选择

工业齿轮油的选用较车辆齿轮油复杂。根据工业用齿轮的类型、使用条件，品种选择见表C－48。

表C－48　齿轮类型使用条件与用油品种

齿轮类型	使用条件	应选品种
直齿轮、斜齿轮、锥齿轮	轻负荷	抗氧防锈型齿轮油
	重负荷	极压型齿轮油
蜗轮	不论任何使用条件	极压型或合成型齿轮油
准双曲线齿轮		双曲线齿轮油
开式齿轮		开式齿轮用合成齿轮油

(2)黏度级别选择

闭式齿轮选择齿轮油黏度级别见表C－49。

表C－49　闭式齿轮黏度级别选用

齿轮类型	节线速度/(m/s)	40℃运动黏度/(mm^2/s)
直齿轮	0.15 1.3 2.5	460～1000 320～680 220～460
斜齿轮	5.0 12.5	150～320 100～220
锥齿轮	25 50	68～150 46～100

3.4.3.3　液压油

3.4.3.3.1　液压油的分类

(1)品种分类

液压油的分类标准见表C－50。

表C－50　液压油的分类（GB/T 7631.2—2003）

产品代号	系统	应用范围	组成和特性	典型应用	备注
L－HH	流体静压系统	液压系统	无抗氧剂的精制矿物油		
L－HL			精制矿物油，并改善其防锈和抗氧性		
L－HM			HL油，并改善其抗磨性	高负荷部件的一般液压系统	
L—HR			HL油，并改善其黏温性		
L—HV			HM油，并改善其黏温性	机械和船用设备	
L—HS			无特定难燃性的合成液		特殊性能
HETG		用于环境可接收的场合	甘油三酸酯	一般液压系统（活动装置的）	①
HEPG			聚乙二醇		
HEES			合成酯		
HFPR			聚α－烯烃和相关烃类产品		
L－HG		液压导轨系统	HM油，并具有黏－滑性	液压和滑动轴承导轨润滑系统合用的机床在低速下使振动或间断滑动（黏－滑）减少为最小	具有多种用途，但并非在所有液压应用中皆有效
L－HFAE	流体静压系统	需要难燃液的场合	水包油乳化液		含水大于80%
L－HFAS			水的化学溶液		
L－HFB			油包水乳化液		含水小于80%②
L－HFC			含聚合物水溶液		
L－HFDR			磷酸酯无水合成液		
L－HFDU			其他成分的无水合成液		②
L－HA	流体动力系统	自动传动			组成和特性的划分原则待定
L－HN		偶合器和变矩器			

注：①每个品种的基础液的最小含量应不少于70%；②这类液体满足HE品种规定的生物降解性和毒性要求。

(2)黏度分级

用40℃运动黏度的某一中心值为黏度牌号，共分为10、15、22、32、46、68、100、150八个黏度等级，见表C-51。

表C-51 液压油黏度等级(牌号)

黏度级(新牌号)	40℃运动黏度/(mm^2/s)	ISO黏度级
10	9.00～11.0	VG10
15	13.5～16.5	VG15
22	19.8～24.2	VG22
32	28.8～35.2	VG32
46	41.4～50.6	VG46
68	61.2～74.8	V068
100	90.0～110	VG100
150	135～165	VG150

3.4.3.3.2 液压油的主要品种

我国液压油根据产品特性和组成分为烃类液压油和难燃液压油。烃类液压油又分为矿物油型和合成烃型液压油。在GB/T 7631.2分类中的HH、HL、HM、HR、HV、HG液压油均属矿油型液压油，这类油的品种多，使用量约占液压油总量的85%以上，汽车与工程机械液压系统常用的液压油多属这类。

液压油大体上可分为抗磨液压油、抗燃液压油、清净液压油、绿色液压油(可生物降解液压油)等品种，其中使用量最大的为抗磨液压油。液压油采用统一的命名方式，一般形式如下：

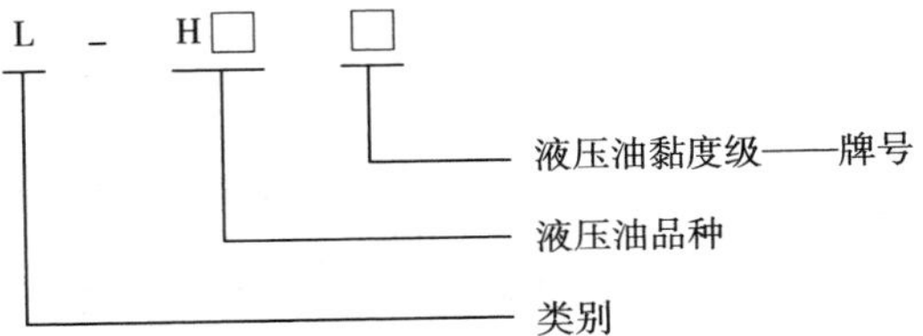

3.4.3.3.3 液压油的选择

依据液压系统的工作环境、工况条件及液压油的特性，选择合适的液压油品种和黏度级别，具体选择推荐见表C-52。

表 C－52　各组液压油主要产品特性与应用推荐

产品符号		组成、特性	主要应用
L－HH(精制矿油)	15 22 32 46 68 100 150	无(或含有少量)抗氧剂的精制矿油	适用于对润滑油无特殊要求的一般循环润滑系统。如低压系统和有十字头压缩曲轴箱等循环润滑系统；也可适用于其他要求换油期较长的非循环系统，如轻负荷传动机械、滑动轴承和滚动轴承等。最高使用温度为70℃，质量水平比全损耗系统用油(即L－AN油)高。无本产品时可选用L－HL油
L－HL(通用型机床液压油)	15 22 32 46 68 100	精制矿油，并改善其防锈和抗氧性的润滑油	常用于低压液压系统，也可适用于要求换油期较长的轻负荷机械的油浴式非循环润滑系统。最高使用温度80℃。无本产品时可用L－HM油或用其他抗氧防锈型润滑油
L－HM(抗磨液压油)	15 22 32 46 68 100 150	在L－HL油基础上改善其抗磨性的润滑油	适用于低、中、高压液压系统，也可用于其他中等负荷机械润滑部位。最高使用温度90℃。对油有低温性能要求或无本产品时，可选用L－HV和L－HS油
L－HV(低凝液压油或低温液压油)	15 22 32 46 68 100	在L－HM油基础上改善其黏温性的润滑油	适用于环境温度变化较大和工作条件恶劣的(指野外工程和远洋船舶等)低、中、高压液压系统和其他中等负荷的机械润滑部位。最高使用温度95℃。对油有更好的低温性能要求或无本产品时，可选用L－HS油

续表

产品符号		组成、特性	主要应用
L－HR	15 32 46	在L－HL油基础上改善其黏温性的润滑油	适用于环境温度变化较大和工作条件恶劣的（指野外工程和远洋船舶等）低压液压系统和其他轻负荷机械的润滑部件。最高使用温度90℃。对于有银部件的液压系统，在北方可选用L－HR油，而在南方可选用对青铜或银部件无腐蚀的另一种HM油或HL油
L－HS（合成低温液压油）	10 15 22 32 46	合成烃油，比L－HV油的低温黏度更小	最高使用温度90℃。主要应用同L－HV油，可用于北方寒季，也可全国四季通用
L－HG（液压导轨油）	32 68	在L－HM油基础上改善其黏滑性的润滑油	适用于液压和导轨润滑系统合用的机床，也可适用于其他要求良好黏附性的机械润滑部位
L－HFAE（水包油乳化液）	7 10 15 22 32	是一种乳化型高水基液，通常含水80%以上，低温性、黏温性和润滑性差，但难燃性好	适用于煤矿液压支架静压系统和其他不要求回收废液和不要求用有良好润滑性，但要求有良好难燃性液体的其他液压系统或机械部位。使用温度为5～50℃
L－HFAS（化学水溶液、高水基液）	7 10 15 22 32	含水80%以上，是一种含有化学品添加剂的高水基液，通常呈透明状的真溶液。低温性、黏温性和润滑性差，但难燃性好，价格便宜	适用于需要难燃液的低压液压系统和金属加工等机械。使用温度为5～50℃

续表

产品符号		组成、特性	主要应用
L－HFB(油包水乳化液)	22 32 46 68 100	常含油60%以上，其余为水和添加剂。低温性差，难燃性比L－HF－DR液差	适用于冶金、煤矿等行业的中压和高压、高温和易燃场合的液压系统。使用温度为5～50℃
L－HFC(水的聚合物溶液、水－乙二醇)	15 22 32 46 68 100	本产品通常为含乙二醇或其他聚合物的水溶液，低温性、黏温性和对橡胶适应性好。它的难燃性好。但比L－HF－DR液差	适用于冶金和煤矿等行业的低压和中压液压系统。使用温度为－20～50℃
L－HFDR(磷酸酯无水合成液)	15 22 32 46 68 100	各种磷酸酯作基础油加入各种添加剂制得，难燃性较好，但黏温性和低温性较差，对丁腈橡胶和氯丁橡胶的适应性不好	适用于冶金、火力发电、燃气轮机等高温高压下操作的液压系统。使用温度－20～100℃

3.4.3.4　压缩机油

3.4.3.4.1　压缩机油的分类

国家标准GB 7631.9—1997对压缩机油进行了分类，包括空气压缩机油、真空泵油、气体压缩机油以及制冷压缩机油，具体见表C－53、表C－54、表C－55。

表 C－53 空气压缩机油和真空泵油的分类

品种代号 L－	应用范围	特殊应用	更具体应用	典型应用	备注
DAA	空气压缩机	压缩室有油润滑的容积式空气压缩机	往复式或滴油回转(滑片)式	轻载荷	
DAB				中载荷	
DAC				重载荷	
DAG			喷油回转式(滑片和螺杆压缩机)	轻载荷	
DAH				中载荷	
DAJ				重载荷	
		压缩室无油润滑的容积式空压机	液环式压缩机，喷水滑片和螺杆式压缩机，无油润滑回转式压缩机		润滑剂用于齿轮、轴承和运动部件
		速度式压缩机	离心式和轴流式压缩机		润滑剂用于轴承和齿轮
DVA	真空泵	压缩室有油润滑的容积型真空泵	往复式、滴油回转式、喷油回转式(滑片和螺杆)真空泵	低真空，用于无腐蚀性气体	低真空为 $10^2 \sim 10^{-1}$kPa
DVB				低真空，用于有腐蚀性气体	
DVC			油封式(回转滑片和回转柱塞)真空泵	中真空，用于无腐蚀性气体	中真空为 $10^{-1} \sim 10^{-4}$kPa
DVD				中真空，用于有腐蚀性气体	
DVE				高真空，用于无腐蚀性气体	高真空为 $10^{-4} \sim 10^{-8}$kPa
DVF				高真空，用于有腐蚀性气体	

表 C-54 气体压缩机油的分类

品种代号L-	特殊应用	具体应用	产品类型和(或)性能要求	典型应用	备注
DGA	容积型往复式和回转式压缩机。用于除冷冻或热泵循环或空气压缩机以外的所有气体压缩机	不与深度精制矿物油起化学反应或不使矿物油的黏度降低到不能使用程度的气体	深度精制矿物油	小于10^4kPa压力下的氮、氢、氨、氩、二氧化碳；任何压力下的氦、二氧化硫、硫化氢；小于103kPa压力下的一氧化碳	有些润滑油中所含的某些添加剂要与氨起反应
DGB		用于DGA油的气体，但含有湿气或冷凝物	特定矿物油		
DGC		在矿物油中有高的溶解度而降低其黏度的气体	常用合成液	任何压力下的烃类；大于10^4kPa压力下的氨、二氧化碳	有些润滑油中所含的某些添加剂要与氨起反应
DGD		与矿物油发生化学反应的气体	常用合成液	任何压力下氯化氢、氯、氧和富氧空气；大于10^3kPa压力下的一氧化碳	对于氧和富氧空气应禁止使用矿物油，只有少数合成液是合适的
DGE		非常干燥的惰性气或还原气(露点-40℃)	常用合成液	>10^4kPa压力下的氮、氢、氩	这些气体使润滑困难，应特殊考虑

表 C－55 制冷压缩机油的分类

品种代号 L－	特殊应用	具体应用 操作温度 制冷剂类型	产品类型和（或）性能要求	典型应用	备注
DRA	往复式和回转式的容积型压缩机（封闭、半封闭或开放式）	大于－40℃（蒸发器）氨或卤代烷	深度精制矿物油（环烷基油、石蜡基油或白油）和合成烃油	普通冷冻机；空调	
DRB		小于－40℃（蒸发器）氨或卤代烷	合成烃油．允许烃/制冷剂混合物有适当相容性控制。这些合成烃必须互溶	普通冷冻机	装有干蒸发器时，相容性就不重要了。在某些情况下，根据制冷剂的类型可使用深度精制矿物油（要考虑低温和相容性）
DRC		大于0℃（蒸发器或冷凝器）和/或高排气压力和温度；卤代烷	深度精制矿物油；具有良好热/化学稳定性的合成烃油	热泵；空调；普通冷冻机	允许对烃/制冷剂的相容性适当控制的合成烃油或烃/矿物油的混合物
DRD		所有蒸发温度（蒸发器）；烃类	合成液（与制冷剂、矿物油或合成烃油无相容性）	润滑剂和制冷剂必须不互溶，并能迅速分离	用于某些开放式压缩机

3.4.3.4.2　压缩机油的选用

压缩机油的选择取决于压缩机的结构类型、工作参数(压缩比、排气压力和排气温度等)及被压缩气体的性质等多种因素，活塞式压缩机工作条件较为苛刻，对压缩机油的选择也较为严格，这里将重点予以说明。

不同的压缩气体决定着对压缩机油类型的选择。例如，在氧气压缩机里，氧气会使矿物性润滑油剧烈氧化而引起压缩机燃烧和爆炸，因此避免采用油润滑，或者采用无油润滑的方式，或者采用水型乳化液或蒸馏水添加质量分数 6% ~8% 的工业甘油进行润滑；在氯气压缩机里，烃基润滑油可与氯气化合生成氯化氢，对金属(铸铁和钢)具有强烈的腐蚀作用，因此一般均采用无油润滑或固体(石墨)润滑；对于压缩高纯气体的乙烯压缩机等为防止润滑油混入气体中影响产品的质量和性能，通常也不采用矿物油润滑，而多用医用白油或液态石蜡润滑等等。只是在一般空气、惰性气体、烃类(碳氢化合物)气体、氮、氢等类气体压缩机中，大量广泛采用矿物油润滑。

表 C－56 列出了压送不同气体时选用压缩机油的参考意见。

表 C－56　压送不同气体时选用压缩机油参考表

介质类型	对压缩机油的要求	推荐压缩机油
空气	①因有氧，油的抗氧化性能要好，油的闪点应比最高排气温度高 40℃	L－DAB100 或 L－DAB150 号防锈抗氧压缩机油
氢氮	特殊影响，可用与①相同的油	普通压缩机传动部件用 L－AN100 全损耗系统用油
氩、氦、氖	气体较贵重、气体中应不含水分和油，多用膜片式压缩机压送	内腔用 L－HL32 液压油、汽轮机油或全损耗系统用油
氧	会使润滑油剧烈氧化和爆炸，不用矿物油润滑	用无油润滑或蒸馏水加质量分数为 6% ~8% 的工业甘油

续表

介质类型	对压缩机油的要求	推荐压缩机油
氯	在一定条件下与烃作用生成氯化氢	无油润滑(石墨)
硫化氢 二氧化碳 一氧化碳	润滑油应不含水分，否则水溶解气体可生成酸，会破坏润滑性	防锈抗氧压缩机油或汽轮机油
二氧化碳 二氧化硫	能与油互溶，降低黏度，油中应不含水分并应防止生成腐蚀性酸	防锈抗氧汽轮机油
氨	如有水分会与油的酸性氧化物生成沉淀，与酸性防锈剂生成不溶性皂	防锈抗氧汽轮机油
天然气	湿而含油	湿气用复合压缩机油，干气用压缩机油
石油气	会产生冷凝液稀释润滑油	L－DAB100或L－DAB150号防锈抗氧压缩机油
乙烯	避免润滑油与压送气体混合而影响产品性能，不用矿物油润滑	白油或液体石蜡
丙烷	与油混合可被稀释，高纯度的丙烷应用无油润滑	乙醇肥皂润滑剂，防锈抗氧汽轮机油
焦炉气 水煤气	对润滑油无特殊影响，但气体较脏，含硫多时有破坏作用	压缩机油
煤气	杂质多，易弄脏润滑油	经过滤的压缩机油，传动部件用L－AN46、L－AN68、L－AN100全损耗系统用油

3.4.3.5　润滑脂

润滑脂是将稠化剂及某些特性的添加剂和填料加入到液体润滑剂中形成的一种稳定的半流体至固态状产品。润滑脂通常由70%～90%的基础油，5%～30%的稠化剂，10%左右的添加剂，以及少量的填充剂组成。稠化剂往往决定了润滑脂的耐温性能和防水性能，而润滑脂的润滑性和耐磨性主要决定于基础油和添加剂。

3.4.3.5.1 润滑脂的分类

(1)按稠化剂类型分类

润滑脂按稠化剂类型可分为皂基润滑脂、烃基润滑脂、无机润滑脂和有机润滑脂。

皂基润滑脂占润滑脂总产量的90%以上，皂基润滑脂又可按稠化剂的不同分成各种单皂基润滑脂、混合皂基润滑脂和复合皂基润滑脂。单皂基润滑脂有钙基润滑脂、钠基润滑脂等；混合皂基润滑脂有钙—钠基润滑脂、铝—钙基润滑脂等；复合皂基润滑脂有复合钙基润滑脂、复合铝基润滑脂、复合锂基润滑脂、复合钡基润滑脂等。

以纯烃类化合物稠化基础油的润滑脂称为烃基润滑脂。凡士林就是一种典型的烃基润滑脂，主要用于防护。

以无机化合物为稠化基础油的润滑脂称为无机润滑脂，以有机化合物为稠化基础油的润滑脂称为有机润滑脂。主要作特种用途专用脂。

(2)按使用性能分类

GB 7631.8—90 润滑剂和有关产品(L 类)的分类第 8 部分：X 组(润滑脂)。按润滑脂应用场合的操作环境、操作条件及需要润滑脂具备的各种使用性能进行了分类。

润滑脂的代号由一组英文字母和数字组成，表示方法如下

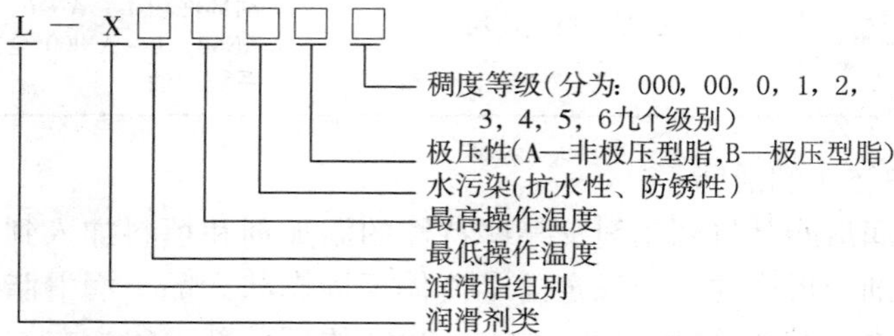

注：最低操作温度、最高操作温度及水污染各项，另有分类代码。

示例：一种润滑脂使用在下述条件：最低操作温度：－20℃；最高操作温度：160℃；环境条件：经受水洗，不需要防锈；负荷条件：高负荷；稠度等级：2，则这种润滑脂的分类代号为：L—XBEGB 2。

3.4.3.5.2 几种典型稠化剂所制脂的主要性能及应用

几种典型稠化剂以石油润滑油为基础油所制脂的主要性能及应用见表C-57。

表C-57 几种典型稠化剂所制脂的主要性能及应用

稠化剂	滴点/℃	连续使用最高温度/℃	耐热性	抗水性	机械安定性	防锈性	泵送性(0℃)	典型应用
钙皂	75~100	80	差	优	好	好	优	汽车底盘、履带辊柱
钠皂	150~180	120	好	差	好	好	差	工业、轴承
锂皂	170~190	120或更高	好	好	好	好	优	多效、工业
铝皂	70~90	80	差	优	差	优	好	海洋机械防护脂
钙钠皂	130~150	120	一般	一般	好	好	好	轴承
复合钙	>250	120或更高	好	一般	好	一般	差	工业、轴承
微晶蜡	>50	50	差	优	差	优		防护
膨润土	无	160	优	一般	好	一般		航空高温轴承
聚脲	>250	180	优	优	好	好	好	高速摩擦部件

3.4.3.5.3 钻井常用密封脂

(1)钻头螺纹密封脂技术指标见表C-58。

表C-58 钻头螺纹密封脂技术指标

项　目	质量指标	备　注
	7411#	
外观	黑色均匀油膏	目测
滴点/℃	≥260	GB/T 3498
工作锥入度/(1/10mm)	300~350	GB/T 265
蒸发度(150℃，24h)	≤5.0	SY/T 2723

续表

项　目	质量指标	备　注
	7411#	
分油量/%	≤15	GB/T 392
腐蚀(100℃, 3h)45 号钢	合格	SY2710

(2)钻具螺纹密封脂技术指标见表 C-59。

表 C-59　钻具螺纹密封脂技术指标

项　目	质量指标			备注
	7409	7409-1	JL-1	
滴点/℃　≥			180(普通) 160(高寒)	GB/T 4929
工作锥入度/(1/10mm)	340~380	340~385	290~350	GB/T 269
分油量(65℃, 24h)/%　≤			5	SH/T 0324
腐蚀(100℃, 3h)45 号钢	合格	合格	合格	SY 2710
蒸发度(150℃, 24h)　≤	4.0	4.0	4	SY 2723
相似黏度/mPa·s				SY 2720
(-10℃, $10s^{-1}$)　≤	0.001			
(-30℃, $10s^{-1}$)　≤		0.0022		
水励滤(65℃, 2h)/%　≤			5.0	SY/T 5198

(3)套管螺纹密封脂技术指标见表 C-60。

表 C-60　套管螺纹密封脂技术指标

项　目	质量指标			备注
	7405	7405-1	JL-3	
滴点/℃　≥			138	GB/T 4929
工作锥入度/(1/10mm)	220~280	300~380	300~400	GB/T 269
分油量/%　≤	5.0		10	GB 392
腐蚀(100℃, 3h)45 号钢	合格	合格	合格	SY 2710
蒸发度(150℃, 24h)　≤	4.0	4.0	3.75	SY 2723
逸气量(66℃, 120h)/mL ≤			20	SY/T 5199
水励滤(66℃, 2h)/%　≤			5.0	SY/T 5199

(4)3#防锈锂基润滑脂技术指标见表C－61。

表C－61 3号防锈锂基润滑脂技术指标

项 目	质量指标	备注
	3#	
外观	浅黄色至褐色均匀洒膏	目测
滴点/℃	≥170	SH/T 0115
工作锥入度/(1/10mm)	220～260	GB/T 265
游离碱 NaOH/%	≤0.15	SH/T 0329
游离有机酸	无	SH/T 0329
分油量/%	≤15	GB/T 392
腐蚀(100℃，3)45号钢，T_2紫铜片	合格	SH 0331
水分/%	无	GB/T 512
机械杂质/%	无	GB/T 513
用 途	用于－40～130℃间各种类型的载重汽车、高级进口轿车及各类型电机和钻机轴承的润滑与防锈	

3.4.3.5.4 钻井常用汽油、柴油、润滑油、密封脂

钻井常用汽油、柴油、润滑油、密封脂品种见表C－62。

表C－62 钻井常用燃油、润滑油、密封脂一览表

类别	品种规格	适用范围或要求	备注
柴油	0# －10# －20# －35# －50#	夏季 南方冬季 黄河以南、长江以北冬季 寒区冬季 极寒区冬季	GB 252—87

续表

类别	品种规格		适用范围或要求	备注
汽油	车用	90#	解放、东风	GB/T 12692—90
		93#	BJ213、桑塔娜	
		97#	奥迪、雪铁龙	
	无铅	90#	解放、东风	SH 0041—93
		93#	BJ213、桑塔娜	
	车用	95#	奥迪、雪铁龙	
润滑油	150#齿轮油		钻井泥浆泵(冬季)	GB 7631.7—89
	220#齿轮油		钻井泥浆泵(夏季)	
	GL-5 齿轮油		高速齿轮	
	26#双曲线齿轮油		拖拉机变速箱	
	DAB-100 压缩机油		空气压缩机	GB 7631.9—92
	DAB-150 压缩机油			
	N46 冷冻机油		冷库、冷冻机	
	30CD 柴油机油		冬季(中增压、高负荷)	GB 7631.3—89
	40CD 柴油机油		夏季	
	15W/30CD 柴油机油		冬夏通用	
	15W/40CD 柴油机油			
	N32 抗磨液压油		液压大钳	GB 7631.2—87
	N46 抗磨液压油		挖掘机(国产)	
	N68 抗磨液压油		(进口)	
	8#液力传动油		汽车后压包	
	N32 防锈汽轮机油		井控装置	
密封脂	3#锂基脂(黄油)		轴承	Q/SH 006.1.43—94
	3#二硫化钼锂基脂		适合高温高载荷精密设备	
	JL-3、7405#套管丝扣密封脂		耐高温高压	
	JL-1、7409#钻具螺纹润滑脂		耐高温高压、抗水抗酸碱	SY 5199—87
	7411#钻头脂		适合高温高速	
	7603#阀杆密封脂		井口装置液控防喷器等	

4　常用钻井液及油井水泥添加剂

4.1　常用钻井液添加剂

常用钻井液添加剂见表 C-63。

表 C－63 常用钻井液添加剂

类别	名称	代号	主要用途
黏土材料	天然钠膨润土		配制钻井液，提高黏度、切力，降低滤失量，适用水基钻井液体系
	人工钠膨润土		
	累托土		
	复合黏土粉	JFF	
	抗盐土	SALT－GEL	配制钻井液，提高黏度、切力，降低滤失量，适用盐水钻井液体系
	有机土	ZAL－1 等	配制钻井液提高黏度、切力，降低滤失量，适用油基钻井液体系
加重材料	石灰石粉	$CaCO_3$	提高≤1.3g/cm^3 以下钻井液密度
	重晶石粉	$BaSO_4$	提高钻井液密度
	钛铁矿粉		
	钒钛铁矿粉		
	高密度氧化铁矿粉		
	酸溶性加重剂	VJF	
碱度控制剂	氢氧化钠	NaOH	调节 pH 值，控制钙镁含量
	碳酸钠	Na_2CO_3	调节 pH 值，降低钙镁含量(处理石膏和水泥侵)
	(生)石灰	CaO	调节 pH 值，配制钙处理钻井液
	碳酸氢钠	$NaHCO_3$	调节 pH 值，降低钙镁含量(处理水泥侵，pH 值不升高)
	氢氧化钾	KOH	调节钾基钻井液 pH 值，提高防塌能力，控制钙镁含量

续表

类别		名称	代号	主要用途
降滤失剂	纤维素类	羧甲基纤维素钠盐	CMC – MV	降滤失并适当提黏
		羟丙基纤维素	HPS	
		复合纤维素	OH – COC	
		羟乙基淀粉醚	CES	
		磺甲基酚醛树脂	SMP	
		碱性羧甲基纤维索	CMC	降滤失
		低黏羧甲基纤维索	CMC – LV	
		聚阴离子纤维素	PAC – LV	
	淀粉类	改性淀粉	GD10 – 2	降滤失并适当提黏
		改性淀粉	DFD – Ⅱ	
		改性淀粉	CT – 38	
		抗温改性淀粉	DFD – 140	降滤失
		羧甲基淀粉	CMS	
		聚合淀粉	STP	
		聚合淀粉	LS – 1，LS – 2	
	聚合物类	正电胶降滤失剂	SJ – 3	降滤失剂，适用正电胶钻井液
		惰性降滤失剂	HL – 1	降滤失
		共聚型聚合物	JT – 41	降滤失并提高钻井液抑制能力
		聚合物降滤失剂	JT – 1	
		降滤失剂	GD – 1	
		降滤失剂	JS90	
		降滤失剂	FJ9301	
		降滤失剂	HLS – 202	
		降滤失剂	A903	
		乙烯单体多元共聚物降滤失剂	PACl42 或 SK 系列	
		中分子聚合物(复合离子型聚丙烯酸盐)	MAN – 101 MAN104	
		无荧光防塌降滤失剂	PA – 1	
		防卡降滤失剂	PPL	降滤失，防卡

续表

类别		名称	代号	主要用途
降滤失剂	聚合物类	聚合物降滤失剂	CPF	抗高温抗盐降滤失并适当提高黏度和钻井液抑制能力
		两性离子降滤失剂	JT888 等	
		复合金属两性离子聚合物降滤失剂	JMHA－1	
		增黏降滤失剂	PMHA－1	
		高聚物降滤失剂	PSC90－4	
		聚合物增黏降失水剂	PAC143	
		钻井液用降滤失剂	JST501	
		钻井液用降滤失剂	A－902	
		降滤失剂	DK－HT1	
		抗高温降滤失剂	DK－JA，DKYK－1	
		水解聚丙烯腈钠盐	Na－HPAN	降滤失
		多元共聚铵盐	NPAN－2	降滤失并提高钻井液抑制能力
		水解聚丙烯腈铵盐	NPAN	
		双聚铵盐	HMP－21	
		钻井液用降滤失剂	A96－1	
		降滤失剂	NP924	
温度稳定剂		抗高温抗盐降滤失剂	SPNH	抗高温抗盐降滤失
		磺化酚醛树脂	SMP	
		磺甲基酚醛树脂	SMP－I，SMP－Ⅱ	
		抗高温抗盐降滤失剂	SPC	
		磺甲基酚醛树脂	SPR	
		磺甲基酚醛树脂	SP	
		高温高压降滤失剂	SCUR	
		木质素磺化酚醛树脂	SLSP	
		复合离子抗温抗盐剂	JT－983	
		抗温抗盐降滤失剂	HUC	
		抗温抗盐降滤失剂	SHR	
		抗高温降滤失剂	S－88	
		抗高温降滤失剂	SG－1	

续表

类别	名称	代号	主要用途
温度稳定剂	抗温降滤失剂	EJ9301	抗高温、抗盐、降滤失
	抗高温降滤失剂	SJ－1	
	高温抗盐降滤失剂	Q－195	
	降滤失剂	HLS－202	
	降滤失剂	C3	
	多功能高温降滤失剂	HMF－Ⅱ	
	磺甲基褐煤树脂	HMF	
	磺化腐植酸铬	PSC	
	抗温抗盐降滤失剂	RSTF	
	高温降滤失剂	FLA	
	磺化褐煤、酚醛树脂共聚物	SCSP	
增黏剂	改性石棉	HN－1	提高黏度和切力
	改性石棉纤维素	SM－1	
	羟乙基田菁粉		提高黏度，降低滤失量，包被钻屑并抑制泥页岩水化膨胀分散
	羧丙基瓜尔胶粉		
	高效增黏剂	ZW－1	
	增黏剂	KP－241	
	聚阴离子纤维素	JX	
	香豆胶	FA－XD	
	黄原胶	XC	
	两性离子共聚物	FA367	
	高黏羧甲基纤维素	CMC－HV	
	丙烯酸盐与丙烯酰胺共聚物(复合离子型聚丙烯酸盐)	PACl41	
	聚合物增黏剂	DK－ZA	
	聚合物增黏剂	80A51，FPK	
	复合金属离子聚合物增黏剂	PMHA	
	聚阴离子纤维素	PAC－HV	

续表

类别	名称	代号	主要用途
增黏剂	羧甲基羟乙基纤维素	CT－91	提高黏度，降低滤失量，包被钻屑并抑制泥页岩水化膨胀分散
	黄原胶	XC	
	抗温抗盐增黏聚合物	PAMS601	
	磺甲基化聚丙烯酰胺		
	正电胶	MSH－Ⅱ	
	羟乙基纤维素	HEC	
稀释剂和解絮凝剂	低聚物降黏剂	XB－40	降黏度、切力，抑制页岩水化膨胀
	两性离子解絮凝剂	XY－27	
	降黏剂	XY－28	
	阳离子型降黏剂	XH－1	
	两性离子降黏剂	HT－401	
	复合离子聚合物降黏剂	PSC90－8	
	降黏剂	HMP	
	单宁酸钾	KTN	
	焦磷酸钠		降黏度、切力
	三聚磷酸钠		
	无铬磺化褐煤	GSMC	降黏度、切力，降滤失
	木质素乙烯基共聚降黏剂	YD	
	高效稀释剂	HMP－Ⅲ	
	降黏剂(钛铁盐)	CT3－4，CT3－5	
	降黏剂	LS－2	
	降黏剂	PPL	
	降黏剂	LT－3系列	
	羟乙基叉二膦酸	HEDP	
	氨基三钾叉膦酸	ATMP	
	乙二铵四钾叉膦酸	EDTMP	
	水解马来酸酐	HPAM	
	聚丙烯酸	PAA	
	聚丙烯酸钠	PAAS	

续表

类别	名称	代号	主要用途
稀释剂和解絮凝剂	降黏剂	HRV	降黏度、切力，抑制页岩水化膨胀
	降黏剂	HCN－3	
	降黏剂	LH－VⅡ	
	高效稀释剂	X－D	
	降黏剂	XY－29	
	降黏剂	PT－1	
	降黏剂	SK－3	
	降黏剂	YJH－1	
	降黏剂	GX－928	
	抑制型降黏剂	XK423	
	复合阳离子降黏剂	AXY－27	
	有机硅腐植酸钾	OSHM－K	
	阳离子稀释剂		
	稀释剂	FHY－1	
	磺化单宁酸钾	SKTN	
	有机硅腐殖酸钾	GKHm	
	降黏剂	SGD－18	
	抑制稀释剂	GD－1，GD－18	
	硅稀释剂	HFJ－801	
	AMPS/AA 栲胶共聚物		
	硅稀释剂	HJN－301	
	硅稀释剂	GX－1	
	硅稳定剂	GW－1	
	抗高温高效稀释剂	DKX－1	
	高效抗温分散剂	ZW－2	降黏度、切力，降滤失
	木质素磺酸铁	M－9	
	无铬磺化褐煤	GSMC	
	聚合物降黏剂	PT	
	降黏剂	JN	

续表

类别		名称	代号	主要用途
稀释剂和解絮凝剂		铁铬木质素磺酸盐	FCLS	降黏度、切力，降滤失
		无铬钻井液降黏剂	XD9201	
		无铬稀释剂	GHM	
		腐植酸钠	NaHm	
		磺甲基五倍子单宁酸钠（磺化单宁）	SMT	
		钻井液降黏剂	SMT－88	
		改性褐煤降黏剂		
		泥浆降黏剂	XG－1	
		降黏剂	XY－27	
		钻井液用高温降黏剂		
		SSMA 高温降黏剂		
		共聚型聚合物降黏剂	PAC－145	
		磺化栲胶	SMK	
		单宁酸钠	NaT	
		分散剂	ALS	
		磺化单宁稀释剂	SMT－3	
页岩抑制剂	沥青类	低荧光防塌剂	WFT－666	堵塞泥页岩微裂缝
		无荧光防塌剂	MW－Ⅱ	
		无荧光防塌剂	BWF－Ⅱ	
		无荧光防塌剂	SWF－I	
		无荧光防塌剂	GMFF	
		无荧光防塌剂	MHP	
		无荧光防塌剂	HMP	
		无荧光防塌剂	ZHF－1	
		防塌润滑剂	FRH	堵塞和覆盖泥页岩微裂缝，增强钻井液润滑性能
		沥青质防塌剂	FY－KB	
		氧化沥青粉	AL	
		磺化沥青钠盐	SAS－1	
		阳离子沥青粉		

续表

类别		名称	代号	主要用途
页岩抑制剂	沥青类	低软化点沥青粉		堵塞和覆盖泥页岩微裂缝，增强钻井液润滑性能
		水分散沥青	SR－401	
		磺化沥青	DLSAS	
		高改沥青	HAHN	
		磺化树脂沥青粉	SFT	
		活化沥青	NH－3	
		腐植沥青		
		磺化沥青	FT－80	
		改性沥青	FT－D	
		低软化点沥青	LFT－70. LFT－110	
		磺化沥青	FT－1	
		高改沥青	KAHm	
		高改沥青	HZNl01	
		改性沥青	FT－341，FT－342	
		防塌剂	FT－346	
		高效润滑防塌剂	GLA	
		无荧光防卡润滑剂	JH－Ⅱ	
		防塌剂	ZFJ－1	
		防塌剂	K21	
		防塌剂	SBI－1	
		聚阳离子聚合物	MP－2	抑制泥页岩水化，膨胀、分散
		小阳离子	SW－1	
		阳离子黏土稳定剂	HT－101	
		高温稳定剂	JHW－1，JHW－2	
		小阳离子页岩抑制剂	GD－5	
		广谱扩壁剂	CSP	
		小阳离子	NW－1	
		高效抑制剂	SHSA	
		井壁稳定剂	F501，F601	

续表

类别		名称	代号	主要用途
页岩抑制剂	阳离子类	聚季铵黏土稳定剂	GB3－1	抑制泥页岩水化，膨胀、分散
		聚沉剂	NW－Ⅱ	
		井壁稳定剂	FPN	
		聚季铵	PTA	
		醚化剂		
		聚季铵	TDC－15	
		新型微粒稳定剂	FS－1	
		小阳离子防塌剂	CSW－1	
		聚季铵	TB－F3	
		阳离子页岩抑制剂	GD5－1，GD－2	
		黏土防膨剂	P－100，P－201	
		小阳离子	LCI－18	
		聚合醇防塌剂	CFH－2	
		高纯阳离子醚化剂		
		聚季铵黏土防膨剂		
		多效黏土稳定剂	JYK－931	
		多效黏土稳定剂	BCS－851	
		高温稳定剂	SAC－Ⅲ	
		防膨防塌剂	ZHF－01，ZHF－03	
		有机硅腐植酸钾	OSHMKS	抑制泥页岩水化、膨胀、分散，降滤失
		硅稳定剂	GWJ	
		硅腐植酸	SAH	
		硅稳定剂	GW－1	
		硅铝腐植酸		
		有机硅稳定剂		
		防塌剂(硅稳定剂)	HFT－401	
		有机硅腐植酸钾	OXAM－K	
		有机硅腐钾	OSAM－K	

续表

类别		名称	代号	主要用途
页岩抑制剂	铵盐类	聚丙烯腈铵盐	K－HPAN	抑制泥页岩水化、膨胀、分散，降滤失
		铵盐复配处理剂	NF－923	
		钾铵基水解聚丙烯腈	KNPAN	
		聚丙烯腈铵盐		
		水解聚丙烯腈铵盐		
		复合剂	FH－2、FH－3	
		复合铵盐	NF958	
		多元共聚铵盐	NPAN－2	
	钾盐类	腐植酸钾	KHm	
		磺化硝基腐植酸钾	SNK－2	
		单宁酸钾	KHM(KT)	
		水解聚丙烯腈钾盐	K－HPAN	
		硝基腐植酸钾	NHmK	
		有机硅腐植酸钾	OXAM－K	
		有机硅腐植酸钾	QSHM－K－S1	
		腐植酸钾	S－KTN	
		改性腐植酸钾	GKHM	
		磺化硝基腐植酸钾	NSHmK	
		共聚型聚丙烯腈钾盐	K－PAN	
		页岩抑制剂	KAHM	
	包被类	丙烯腈丙烯酰胺钾盐	KHPAM	抑制泥页岩水化、膨胀、分散并包被泥页岩的微裂缝
		丙烯腈丙烯酰胺共聚物	PMNK	
		磺化聚丙烯酰胺	SPAM	
		甲叉基聚丙烯酰铵	PHMP	
		阳离子聚合物	CD	
		高聚物包被剂	CUD	
		包被剂	SP－Ⅱ	
		包被抑制剂	BY－Ⅱ	
		聚丙烯酸钾	PAM	

续表

类别		名称	代号	主要用途
页岩抑制剂	包被类	甲基聚丙烯酰胺		抑制泥页岩水化、膨胀、分散并包被泥页岩的微裂缝
		复合离子型页岩抑制剂	CD	
		大阳离子	HCF－98	
		强包剂	FA－369	
		丙烯酰胺丙烯酸钠共聚物		
		聚丙烯酸钙	CPA	
		聚丙烯酸钠	PAAS	
		聚丙烯酸钠	80A44，80A46	
		共聚阳离子型聚丙烯酰胺	AM－DMC	
		复合离子聚丙烯酸盐	FA367	
		强抑制剂——大钾	FK－1	
		乙烯基单体多元共聚物	MAN104	
		丙烯腈丙烯酸钠共聚物	80A51	
		阳离子聚丙烯酰胺	JH－801	
		强包被剂	FK421	
		强包被剂	HFB－102	
		高分子聚合物防塌剂	PSC90－3	
		流型调节剂	FK－1	
		改型剂	PDMDAAL	
		高聚物	P602	
		阳离子型聚丙烯酰胺	CPAM	
		大阳离子	MP－Ⅰ，MP－Ⅲ	
		水解聚丙烯酸钾	FPK	
		防塌降滤失剂	KH－931	抑制泥页岩水化、膨胀、分散，降滤失
		水解聚丙烯腈钙盐	Ca－HPAN	
		中黏共聚物	KP	
		共聚型聚合物悬浮液	DPA－9302	
		高聚物	M101	
		聚醚多元醇	E1050	

续表

类别		名称	代号	主要用途
页岩抑制剂	其他类	防塌降滤失剂	KH－931	抑制泥页岩水化、膨胀、分散，降滤失
		阳离子褐煤		
		防塌剂(磺化酚醛树脂)	HFT系列	
		无铬磺化褐煤	GSMC	
		磺化褐煤	SMC	
		铁腐植酸	FeHm	
		抗高温腐植酸铝	HW－1	
		硝基腐植酸钠		
		硝基腐植酸铁		
		聚合腐植酸	SCH	
		高强度井壁封护剂	QPL－Y	
		SK系列处理剂	SK系列	
		共聚型丙烯酸	FRK	
润滑剂		极压润滑剂	RH－2、RH－3、RH－4	降低摩阻，增强钻井液润滑性能
		极压润滑剂	RH_3－3S	
		固体润滑剂	L－GRJ－Ⅱ	
		玻璃小球	GMFT	
		塑料小球	HZN－102	
		钢化玻璃球	GRJ－1	
		无荧光润滑剂	RH8501	
		无荧光润滑剂	RH525	
		无荧光润滑剂	HRH－201	
		无荧光润滑剂	SNR－1	
		无荧光润滑剂	DG－5A	
		润滑剂	RH9501	
		润滑剂	RH443	
		润滑剂	TRH－3	
		润滑剂	XOJ－4	
		荧光润滑剂	XR－Ⅲ	

续表

类别	名称	代号	主要用途
润滑剂	高效冷却润滑剂	WS1、WS2、WS3	降低摩阻，增强钻井液润滑性能
	润滑剂	YHP007	
	塑料脂润滑剂	HZN－102	
	润滑剂	RT－881	
	润滑剂	CT3－6	
	润滑剂	LZ－1	
	高效植物油润滑剂	RT－003	
	磺化妥尔油	ST	
	石墨粉		
	改性石墨润滑剂		
	颗粒状石墨钻井液处理剂		
	多元醇润滑剂	DHZ－1	
	聚合醇水基润滑防塌剂	DHZ－2	
	固体润滑剂	GRJ－2	
	无荧光液体防卡剂	RH8501	
	低荧光润滑剂	MHR－86D	
	润滑剂	DBLUBE	
	润滑剂	LH－Ⅱ	
	润滑剂	DH－1、DH－4	
	防卡润滑剂	C8501	降低摩阻，增强钻井液润滑性能，防止卡钻
	防卡润滑剂	MY－1	
	防卡润滑剂	DG58	
	妥尔油沥青磺酸钠	STOP	
	葵籽油防卡剂		
	防卡润滑剂		
	防卡润滑剂	FK－10	
	速效防卡润滑剂	GLA	
	高效防卡润滑剂	J－ST	
	防卡润滑剂	RT441、RT443	

续表

类别	名称	代号	主要用途
润滑剂	清洁剂	D，D	降低摩阻，增强钻井液润滑性能，清洁钻头防止泥包
	清洁剂	RH_4 －4S	
	清洁剂	RH_4	
	防塌润滑剂	RJ9501	降低摩阻，增强钻井液润滑性能，防止井塌
	防塌润滑剂	SO－1	
	防塌润滑剂	ZRH－3	
消泡剂	甘油聚醚	CN33025	消泡
	固体消泡剂		
	消泡润滑剂	XR－Ⅱ	
	高效消泡剂	FF	
	液体除泡剂	SFT－E－01	
	有机硅消泡剂	GD13－1	
	灭泡剂	MPR	
	消泡剂	XP－1，XP－2	
	消泡剂	CO－89	
	消泡剂	DF－4	
	消泡剂	DSMA－6	
	消泡剂	BF	
	泡敌	GPE	
	消泡剂	PD100	
	消泡剂	GX8901	
	液体消泡剂	DHX－101、DHX－102	
	消泡剂	35－AF	
	硬脂酸铝		
	硬脂酸铅		
	消泡剂	7501	
絮凝剂	正电胶	MMH 等	钻井液形成正电胶结构，适用正电胶钻井液
	氯化钾	KCl	提高防塌和抑制能力

续表

类别	名称	代号	主要用途
絮凝剂	氯化钠	$NaCl$	配制盐水钻井液
	氯化钙	$CaCl_2$	钻井液钙处理
	硅酸钠(钾)	$(K_2)Na_2SiO_3$	提高防塌和抑制能力
	重铬酸钾(钠)	$(Na_2)K_2Cr_2O_7$	调整钻井液流变性能
	碳酸锌	$ZnCO_3$	除硫
	聚丙烯酰胺	PAM	包被钻屑
	水解聚丙烯酰胺	HPAM	
	丙烯酰胺与丙烯酸钠共聚物	80A51	
	聚丙烯酰胺干粉	PHP	
	聚丙烯酰胺	PAM－S1	
	流型调节剂	MLS	包被钻屑，调整钻井液黏度
	抗温抗盐聚合物絮凝剂		
	阳离子高分子絮凝剂	ZXW－Ⅱ	包被钻屑，抑制页岩水化
	聚合氯化铝	SEG－2	抑制泥页岩水化、分散、膨胀
	碱式氯化铝	SEG－18	
	钻井液固相化学清洁剂	ZSC－201	
	净水剂	XG－91	抑制泥页岩水化、分散、膨胀
	絮凝剂	CT4－35	
	生石灰粉	CaO	
	絮凝剂	NA－2	
	高效絮凝剂	XN－1	
	聚凝剂	KY－3	
	絮凝剂	PX－01	
解卡剂	粉状解卡剂	SR－301	解除压差卡钻
	解卡剂(液体)	SR－301	
	解卡剂	AR－1	
	解卡剂	SJK－2	
	解卡剂	PIPELAX	
	解卡剂	PIPELAX－W	

续表

类别	名称	代号	主要用途
堵漏材料	果壳粉		堵漏
	云母	MICA	
	蛭石		
	贝壳粉	CONCH	
	核桃壳		
	核桃壳粉	DBG－1	
	狄塞尔堵漏剂	DGF－1	
	狄塞尔堵漏剂	Z－DTR	
	凝胶堵漏剂	PMN	
	系列堵漏剂	FDJ	
	石棉纤维	SM－1	
	化学堵漏剂	CT－32	
	堵漏灵	JH－Ⅰ、JH－Ⅱ	
	堵漏剂	NFD801	
	随钻堵漏剂	SD－1、SD－2	
	钻井堵漏剂	801	
	综合堵漏剂		
	酸溶性堵漏剂	PCC	堵漏并保护储层
	惰性颗粒堵漏材料		
	酸溶性桥塞堵漏剂		
	钻井液用快速堵漏剂		
	EP低荧光防塌封堵剂		
	暂堵剂	DL701	
	液体套管	QCX－1	堵漏、降滤失、保护储层
	储层保护屏蔽剂	QCX－1	
	储层屏蔽剂	DE－1	
	单向压力暂堵剂	DCL－1	堵漏并保护储层
	单向压力暂堵剂	FC	
	单向压力堵漏剂	FD－923	

续表

类别	名称	代号	主要用途
堵漏材料	单向压力暂堵剂	FCDT－1	堵漏并保护储层
	单向压力暂堵剂	YTK	
	单向压力暂堵剂	DYF	
	单向压力封闭剂	DF－1	
	单向压力封闭剂	GD12－1	
	单向压力封闭剂	DF－4	
	单向压力封闭剂	FC－S1	
	单向压力封闭剂	DX	
	单向压力封闭剂	DF－A	
缓蚀剂	碱式碳酸锌	$Zn_2(OH)_2CO_3$	除去钻井液中的硫
	缓蚀阻垢剂	JC－463	降低钻井液中酸、碱等电解质对钻井设备的腐蚀作用和在钻具上的结垢作用
	缓蚀阻垢剂	JH 系列	
	缓蚀阻垢剂	BF－603	
	水质稳定阻垢剂	GD8－1	
	缓蚀阻垢剂	818	
	有机胺类缓蚀剂	CT2－7	抑制钻井液中细菌对钻井设备的腐蚀作用
	咪唑啉季铵盐		
	咪唑啉类缓蚀剂	M2	
	咪唑啉硫代膦酸酯	SL－2B	抑制钻井液中细菌对钻井设备的腐蚀作用
	抑菌剂	JA－1	
	其他各系列缓蚀剂		
	COs 缓蚀剂	WSI－02	降低酸性物质的腐蚀
	抗氧缓蚀剂	KO－1	降低氧化物质的腐蚀
杀菌剂	有机铵盐类杀菌剂	CT10－1	杀菌
	有机硫复配杀菌剂	SQ－8	
	有机硫类杀菌剂	S－20	
	有机硫复配型杀菌剂	WC－85	
	醛类复配型杀菌剂	KB910 系列	
	十二烷基二甲基苄基氯化铵	1227	

续表

类别	名称	代号	主要用途
杀菌剂	十二烷基甲基苄基氯化铵	1227	杀菌
	福尔马林(又名甲醛)	HCHO	
	高效杀菌剂	GD8 – 2	
	杀菌解堵剂	W201	
	复合 1227 杀菌剂		
乳化剂	烷基磺酸钠	AS	水包油乳化剂，表面张力降低剂、清洁剂等
	烷基苯磺酸钠	ABS	
	平平加	OS – 15	
	十二烷基苯磺酸钙		
	渗透剂 T		
	乳百灵		
	钻井液复合乳化剂		
	斯盘 – 80	SPAN – 80	
	斯盘 – 80	SP – 80	
	十二烷基苯磺酸三乙醇胺	ABSN	油包水、水包油乳化剂，适用油基钻井液体系
	固体乳化剂	SN – S_1	
	硬脂酸		
	乳化剂	TW80	
	乳化剂	HFR – 101	
	OP 系列	OP – 10	
	低毒油基钻井液乳化剂	OFA	油包水乳化剂，适用油基钻井液体系
泡沫剂	烷基磺酸钠	AS	泡沫钻井液的发泡剂
	烷基苯磺酸钠	ABS	
	高效发泡剂	LF – Ⅱ	
	发泡剂	KRA – 1	
其他	超细碳酸钙	QS – 2	堵漏、降滤失、保护储层
	超微细碳酸钙	QCX – 1	
	盐重结晶抑制剂	NTA	抑制盐重结晶
	渗透剂	快 T	提高液体渗透能力

续表

类别	名称	代号	主要用途
其他	快钻剂	SN－2	
	废钻井液固化剂	GH－1	固化废钻井液
	油溶树脂	JHY	降滤失、保护储层
	暂堵保护剂	GXB5－1	堵漏、降滤失、保护储层
	暂堵型保护剂	ASC－1	
	油层暂堵剂	HZDJ－1	
	暂堵剂	PCC	
	蓖麻油		配制密闭取心液

4.2　钻井完井液常用保护储层处理剂

钻井完井液常用保护储层处理剂见表C－64。

表C－64　完井液常用保护储层处理剂

类　别	处理剂代号	主要用途	推荐加量/%
大阳离子	SP－2	增强完井液的抑制能力，降低滤液对储层的水敏损害	0.3～0.4
小阳离子	NW－1、CSW－1		0.3～0.4
两性离子降滤失剂	FA－367		0.3～0.5
两性离子解絮凝剂	XY－27		0.2～0.3
正电胶	MMH、MSF－1	降低水敏损害	0.2～0.4
低荧光磺化沥青，磺化沥青	DYFT－1、FT－1	变形粒子，屏蔽暂堵	2～3
超(微)细碳酸钙	QS－2、QCX－1	刚性粒子，屏蔽暂堵	3
油溶性暂堵剂	JHY	变形粒子，屏蔽暂堵	2～3
表面活性剂	NP－30	降低水锁损害	0.1
单向压力封闭剂	DF－1	降低滤失量	2～3
固井质量强化剂	DKDG	降虑失、防坍塌、提高顶替效果	10

4.3 常用加重材料技术标准

常用加重材料技术标准见表 C－65。

表 C－65　常用加重材料技术标准

加重材料名称	项目		指标
重晶石粉 ($BaSO_4$)	密度/(g/cm^3)		≥4.20
	75μm 筛余物质量分数(m/m)/%		≤3.0
	小于 6μm 颗粒(m/m)/%		≤30
	水溶性碱土金属(以钙计)/(mg/kg)		≤250
石灰石粉 ($CaCO_3$)	密度/(g/cm^3)		≥2.7
	碳酸钙含量/%		≥90.0
	酸不溶物含量/%		≤10.0
	水不溶物含量/%		≤0.10
	细度/%	75μm 筛余量	≤3.0
		小于 6μm 颗粒	≤39.0
氧化铁粉	密度/(g/cm^3)		≥4.5
	盐酸溶解度/%		≥75.0
	细度/%	75μm 筛余量	≤3.0
		6μm 颗粒通过量	5.0～15.0
	水含量/%		≤0.1
	黏度效应/mPa·s	加硫酸钙前	≤125
		加硫酸钙后	≤125
	三氧化铁含量/%		≥85
	磁性/(特[斯拉])		<0.02(相当 200 高斯)
钛铁矿粉	密度/(g/cm^3)		≥4.7
	细度/%	75μm 筛余量	≤3.0
		6μm 颗粒通过量	5.0～15.0
	水溶性碱土金属(以钙计)/(mg/L)		≤100
	湿度/%		≤1

续表

加重材料名称	项目		指标
钛铁矿粉	二氧化钛含量/%		≥12
	全铁含量/%		≥54
	黏度效应/mPa·s	加硫酸钙前	≤125
		加硫酸钙后	≤125
几种无机盐饱和溶液	无机盐名称	饱和水溶液密度/(g/m³)	温度/℃
	KCl NaCl $CaCl_2$ $CaBr_2$ $ZnBr_2$	1.18 1.20 1.40 1.80 2.30	20 30 60 10 40

4.4　油井水泥及外加剂

4.4.1　油井水泥

高温高压，特别高温作用使硅酸盐水泥的强度显著下降，因此，不同温度的油井或井段，应该用不同组分的水泥。根据油井水泥的特殊使用环境及其性能的要求，API 将油井水泥分 A、B、C、D、E、F、G 和 H 八个级别，每种水泥适用于不同的井况。此外还根据水泥抗硫酸盐能力将其分为普通型(O)、中抗硫型(MSR)和高抗硫型(HSR)三种类型。我国 GB 10238—2005 标准规定的油井水泥分类与适用范围，基本与 API 标准一致。

各级别水泥的类型和适用范围见表 C－66。

油井水泥的物理性能要求包括：水灰比、水泥比表面积、15～30min 内的初始稠度，在特定温度和压力下的稠化时间以及在特定温度、压力和养护龄期下的抗压强度。见表 C－67。

表 C－66　API 各级别水泥的类型及适用范围

水泥级别	类　型			适用范围
	普通	抗硫酸盐型		
		中	高	
A 级	●			无特殊性能要求的浅层油气井
B 级		●	●	适用于浅层油气井，有中抗硫酸盐(MSR)和高抗硫酸盐(HSR)两种类型
C 级	●	●	●	井下条件要求高早期强度的浅层油气井，有普通、中抗硫酸盐(MSR)和高抗硫酸盐(HSR)三种类型
D 级		●	●	适用于中温中压油气井，有中抗硫酸盐(MSR)和高抗硫酸盐(HSR)两种类型
E 级		●	●	适用于高温高压油气井，有中抗硫酸盐(MSR)和高抗硫酸盐(HSR)两种类型
F 级		●	●	适用于高温高压油气井，有中抗硫酸盐(MSR)和高抗硫酸盐(HSR)两种类型
G 级		●	●	该产品是一种基本油井水泥，有中抗硫酸盐(MSR)和高抗硫酸盐(HSR)两种类型
H 级		●	●	

表 C－67　API 水泥的物理性能

水泥级别	主要物理性能要求								
	水灰比	15～30 min 初级稠度/Bc①	稠化时间			抗压强度			
			试验条件		时间/min	养护条件			最低抗压强度/MPa
			温度/℃	压力/MPa		温度/℃	压力/MPa	时间/h	
A	0.46	≤30	45	27.2	≥90	38	常压	8	1.7
						38	常压	24	12.4
B	0.46	≤30	45	27.2	≥90	38	常压	8	1.4
						38	常压	24	10.3
C	0.56	≤30	45	27.2	≥90	38	常压	8	2.1
						38	常压	24	13.8

续表

水泥级别	主要物理性能要求								
	水灰比	15~30 min初级稠度/Bc①	稠化时间			抗压强度			
			试验条件		时间/min	养护条件			最低抗压强度/MPa
			温度/℃	压力/MPa		温度/℃	压力/MPa	时间/h	
D	0.38	≤30	45	27.2	≥90	110	20.7	8	3.4
						77	20.7	24	6.9
		≤30	62	51.6	≥100	110	20.7	24	13.8
E	0.38	≤30	62	51.6	≥100	143	20.7	8	3.4
						77	20.7	24	6.9
	0.38	≤30	97	92.3	≥154	143	20.7	24	13.8
F	0.38	≤30	62	51.6	≥100	160	20.7	8	3.4
			120	111.3	≥190	110	20.7	24	6.9
						160	20.7	24	6.9
G	0.44	≤30	52	35.6	90~120	38	常压	8	2.1
						60	常压	8	10.3
H	0.38	≤30	52	35.6	90~120	38	常压	8	2.1
						60	常压	8	10.3

注：①Bc为水泥浆稠度单位，伯登。

4.4.2　油井水泥外加剂

4.4.2.1　国产油井水泥外加剂

国产油井水泥外加剂的性质及相关说明见表C－68。

表C－68　国产油井水泥外加剂

外加剂类型		产品代号	说明	形态
钻井液转化为水泥浆系列外加剂	水化材料	BFS	高炉水淬矿渣	粉末
	激活剂	BA－IL	促使BFS水化加速，调节稠化时间	液体
		BAS－1		固体
		M19S		固体
		CS－8		固体

续表

外加剂类型	产品代号		说明	形态
泡沫水泥系列外加剂	激活助剂	BA－2L	与 BA－IL 配合使用	液体
	发气剂稳泡剂	FCA	通过化学反应产生惰性气体	固体
		FCB		液体
		FCF	与发气剂配合使用，增强生成泡沫的稳定性	液体
	增强剂	FCP	与 FCA、FCB、FCF 配合使用	粉末
降滤失剂			羧甲基羟乙基纤维素	
	HS－2A、SZ1－1、SZ1－2		羟乙基纤维素	粉末
	LT－1、LT－2		胶乳	液体
				粉末
	LW－1、XS－2		丙烯酰胺和丙烯酸的共聚物	粉末
	S24、S27		羧甲基纤维素与羧酸盐混合物	粉末
	SP		磺化酚醛树脂	
	M83S		干混，适用于浅井及中深井	粉末
	G306		干混，适用于浅井及中深井	粉末
	M89L		水溶，有一定抗盐性，适用于浅井及中深井	液体
	M86L		水溶，可用于盐浓度达 18% 的水泥浆中，适用于深井及超深井	液体
	G33S		干混与水溶，可用于盐浓度达 18% 的水泥浆中，适用于深井及超深井	粉末
	G301		干混与水溶，有一定抗盐性，适用于浅井及中深井	粉末
	S27		干混与水溶，可用于盐浓度达 18% 的水泥浆中	粉末
	SQ－2		推荐干混亦可水溶，可用于盐浓度达 18% 的水泥浆中	粉末

续表

外加剂类型	产品代号	说明	形态
降失水剂	TD－X	干混，可用于小井眼固井水泥浆体系	粉末
	TD－S	干混，可用于常规水泥和低密度水泥	粉末
	T121	干混，适用于水平井固井	粉末
	G601	使用温度为35～160℃，所用水质为淡水	液体
	FCW	适用于 FC 泡沫水泥浆体系	粉末
	G601	适用温度为35～160℃，水质为淡水	液体
	SXY、SZ－A	磺化酮醛缩聚物	粉末
	USZ	由甲醛、丙酮等原料复合改性而成	粉末
		木质素磺酸钠	粉末
		木质素磺酸钙	粉末
	UNF－2	主要是β－基萘磺酸盐聚合物	粉末
	T45	水溶或干混，应用温度30～90℃	粉末
	CF40S	水溶或干混，应用温度35～170℃	粉末
	MT－1	水溶或干混，应用温度30～100℃	粉末
消泡剂		辛醇－2	液体
	RS－1	甘油聚醚	液体
	GX－2	GX－2有机硅	液体
	G603、XP－1	消除水泥浆中的泡沫	液体
缓凝剂	FCLS	铁铬木质素磺酸盐类	粉末
	UC	木质素磺酸盐类	
	NaT	单宁酸钠	
	SMT	磺化单宁	
	SMK	磺化栲胶	
	SMC	磺化褐煤	
	FeHm	腐植酸铁	
	H_3BO_3	硼酸	
		酒石酸，酒石酸钾钠	

续表

外加剂类型	产品代号	说明	形态
缓凝剂	SN－1	柠檬酸	
	CMC或SY－8	羧甲基纤维素	
	HS－R、SN	葡萄糖酸钙，葡萄糖酸钠	液体
	H－1或HEPPA	有机磷酸盐	
	HR－A	硼酸、硼酸、天然聚合物混合物	
	S12	β－羟基葡萄糖酸盐	
	GH－2	高温缓凝剂，由磷酸盐、有机盐类组成	液体
	GH－6	中温缓凝剂，由纤维素衍生物、羟基盐酸等组成	液体
	GH－7	中温缓凝剂，有机膦酸类	液体
	GH－8	高温缓凝剂	液体
	GH－9	高温缓凝剂	液体
	M61L	中温缓凝剂，有机膦酸类	液体
	M63L	高温缓凝剂，有机膦酸类	液体
	S12	水溶性，可与SQ－2、S27相溶	液体
	J－RL	水溶性，可与TD－S、TD－X、J－2B相溶	液体
	G604	适用温度50～110℃，水质为低矿化度淡水	粉末
	G606	适用湿度为50～120℃，淡水，与G60系列降失水剂、渗透剂相溶	液体
	H88	与G60－S(高温型)配合使用，适用温度100～150℃	固体
	H98	与G60－S(高温型)配合使用，适用温度130～180℃	固体
	FCR	用于FC泡沫水泥浆体系，适用温度30～90℃	粉末

续表

外加剂类型	产品代号	说明	形态
速凝剂及早强剂	$CaCl_2$	氯化钙	固体
	KCl	氯化钾	固体
	NaCl	氯化钠	固体
	Na_2CO_3	纯碱	固体
	Na_2SiO_3	硅酸钠	固体
	NaOH	氢氧化钠	固体
	CH_3NO	甲酰胺	
	SW. ST	无氯离子早强剂	粉末
	T-90	干混，用于常规和低密度水泥浆，适用27~50℃	粉末
	S603	干混或水溶，适用温度30~50℃	粉末
	T-93	干混，用于超低密度水泥浆，适用温度30~80℃	粉末
	CA901L	应用温度20~50℃	液体
	CA902S	与CA901L配合应用	固体
	CA903S	应用温度20~50℃	固体
	GES	应用温度30~50℃，与G60-S(分散型)配合用	粉末
	CA-2	应用温度20~50℃	粉末
	M53S	以无机盐为主	固体
	M51S	由无机早强材料组成	固体
	G202	由无机早强材料组成	固体
	CW-1	由无机早强材料组成	固体

续表

外加剂类型	产品代号	说明	形态
减轻剂		膨润土	粉末
		沥青粉	粉末
		硅藻土	粉末
		膨胀珍珠岩	微粒
	WZ	粉煤灰	粉末
	PZ	玻璃微珠	微粒
	SNC	主要是硅酸钠基	液体
加重剂	$BaSO_4$	重晶石	粉末
	$TiO_2 \cdot Fe_3O_4$	钛铁矿粉	粉末
		赤铁矿粉	粉末
		磁铁矿粉	粉末
		锰铁矿粉	粉末
控制高温强度退化剂	SiO_2	石英砂、硅粉，微硅	固体
防气窜剂	KQ－A	铝粉	粉末
	ZG－2	铝粉	粉末
	DG_{29}	铝粉	粉末
	G502	铝粉	粉末
	QJ－625	铝粉	粉末
	TD－X	干混，可用于小井眼固井水泥浆体系	粉末
	TD－S	干混，可用于常规水泥和低密度水泥	粉末
	J－2B(早强、普通、分散型)	适用于浅高压气井，油水活跃地层固井	粉末
	T121	干混，适用于水平井固井	粉末
	G601	适用温度为35～160℃，所用水质为低矿化度淡水	液体

续表

外加剂类型	产品代号	说明	形态
防气窜剂	G60－S（分散型）	适用温度为 30～110℃，所用水质为低矿化度淡水	粉末
	G60－S（高温型）	适用温度为 70～180℃，所用水质为低矿化度淡水	粉末
游离液控制剂	T120	干混，用于水平井，适用温度 50～120℃	粉末
膨胀剂	PZ－2，SEP－2，SUP	干混，适用温度 30～50℃，或 45～120℃	粉末
增韧剂	F27A BCE－200S	纤维类	固体
前置液、隔离液外加剂	SNC，DSF，DMH（油基钻井液用），SAPP，CX－2，CY－1，QY－1，H105，G－90，FCLS，SMK，CMC，DJK－2，FSK，MBS－1，BP，CT3－4（7），JYC－1，CP－SP CW－700，WH－2 CW－600、WH－1	具有冲刷井壁、悬浮固相颗粒、保护井壁，隔离钻井液与水泥浆的作用	

4.4.2.2　国外油井水泥外加剂

具有代表性的公司主要有道威尔、哈里伯顿（HALLIBURTION），BJ 休斯（BJ. Hughes）；威士顿（西方）（WESTERN）、福拉斯马斯特公司等。其中道威尔及哈里伯顿公司垄断了大部分外加剂国际市场，并通过注水泥技术服务推销公司有关产品（包括外加剂、工具和装备）。

国外公司油井水泥外加剂对照见表 C－69。

表 C－69　国外公司油井水泥外加剂对照

类型	材料名称及说明	道威尔	哈利伯顿	BJ	福拉斯马斯特	西方	产品状态
促凝剂	氯化钠	D44	盐	A－5 或 NaCl	盐	盐	粒状
	氯化钙	SI	$CaCl_2$	A－7 或 $CaCl_2$	$CaCl_2$	$CaCl_2$	固体
		D77	液体 $CaCl_2$	A－7 或 $CaCl_2$	CA－2L	$CaCl_2$－L	液体
	硅酸钠	D79 DiacaA	Econlite DiaceA	A－7L 偏硅酸钠 DiacaA	TXC－1	Thrifty-Lite DiaceA	粉末或微珠
		D75	液体 Econlite	A－3L 或硅酸钠	EXT－100		液体
	半水石膏或无水石膏，促凝剂。常用于生产触变水泥	D53	Cal－Seal EA－2	A－10 或石膏	Utraca－60		
	氯化钾，防止泥页岩造浆	M117	KCl	A－9 或 KCl	KCl	KCl	
缓凝剂	木质素磺酸盐或改性木质素磺酸盐，用于82℃以下	D13	HR－4 HR－7	R－1	CR－1		粉末
		D81	HR－4L HR－7L		CR－100	WR－2L	液体
	木质素磺酸盐与改性木质素磺酸盐的混合物，用于52～107℃	D800	HR－5	R－3	CR－2	WR－15	粉末
		D801	HR－6L	R－21 R－12	CR－102		液体

续表

类型	材料名称及说明	道威尔	哈利伯顿	BJ	福拉斯马斯特	西方	产品状态
缓凝剂	有机酸及其盐的混合物，用于79～300℃				CR－5		粉末
		D110			CR－105		液体
	羧甲基羟乙基纤维素（CMHEC，Diacel LWL），用于66～149℃	D8	Diacel LWL	R－6或DiacelLWL	CMHEC	DiacelLWL	粉末
							液体
	改性木质素磺酸盐混合物，用于107℃以上的高温	D28	HR－12 HR－15	R－8	CR－5	WR－6	粉末
		D150	HR－12L HR－13L	R－23L R－15L	CR－105	WR－6L	液体
	木质素磺酸盐、改性木质素磺酸、硼砂和硼酸的混合物，使用温度高于149℃		HR－20		CR－3 CR－5	WR6，WR7	粉末
	硼砂或硼酸盐，用作木质素磺酸盐类缓凝助剂	D93	Component R	R－9或硼酸钠	CR－3	WR－7	粉末
	非硼砂或硼酸盐,用作木质素磺酸盐类缓凝助剂	D121	HR－25				粉末
	合成聚合物缓凝剂，有效温度高达121℃		SCR－100				粉末
			SCR－100L				液体
	合成聚合物缓凝剂，有效温度高达232℃		HR－25	SR30			粉末
			HR－25L	R－14L R－15LS			液体
	用于长水泥柱存在显著温差的井段作缓凝剂，有利于提高顶部抗压强度	D161	SCR－100	SR30			粉末
		D110	SCR－100L				液体

续表

类型	材料名称及说明		道威尔	哈利伯顿	BJ	福拉斯马斯特	西方	产品状态
缓凝剂	用于高表面积的微细水泥作缓凝剂			MMCR				液体
缓凝剂	用于含有石膏或半水石膏的触变水泥作缓凝剂		D74		R－18	CR－4	WR－10	粉末
缓凝剂	用于含有石膏或半水石膏的触变水泥作缓凝剂							液体
缓凝剂	柠檬酸或柠檬酸盐或类似材料	永冻层固井缓凝剂		柠檬酸钠		FRC－2	XR－2	粉末
缓凝剂	柠檬酸或柠檬酸盐或类似材料	永冻层固井缓凝剂						液体
缓凝剂	木质素磺酸盐类	永冻层固井缓凝剂	D13	HR－4		CR－1		粉末
缓凝剂	木质素磺酸盐类	永冻层固井缓凝剂	D81	HR－4L		CR－100	WR－2L	液体
充填剂	膨润土，天然胶体黏土		D－20	Gel	膨润土	膨润土	Gel	粉末
充填剂	绿坡缕石，天然胶体黏土		D128	绿坡缕石	绿坡缕石	Salt Gel	Ataclay	粉末
充填剂	F 型粉煤灰	都是人造火山灰，石灰含量 F 型比 C 型低	D35	PozmixA	粉煤灰	火山灰	PozmentA	粉末
充填剂	C 型粉煤灰	都是人造火山灰，石灰含量 F 型比 C 型低	D132	C 型粉煤灰	粉煤灰		PozmentA	粉末
充填剂	天然火山灰，天然形成的硅质和铝质材料，活性火山灰		D61		火山灰			粉末
充填剂	硅藻土，轻质材料，主要是硅藻残余物演变成的脆性硅质材料		D56	DiaceLD	DiaceLD		DiaceLD	粉末或粒状
充填剂	珍珠岩或膨胀珍珠岩，火山灰质的玻璃中空球体		D72	珍珠岩	珍珠岩	珍珠岩	珍珠岩	粒状或小珠状

续表

类型	材料名称及说明	道威尔	哈利伯顿	BJ	福拉斯马斯特	西方	产品状态
充填剂	硅灰(干)，高表面积无定形硅	D154	硅质岩或致密硅质岩	BA－58，BA－90	FS－1	CSE	粉末
	硅灰(悬浮液)	D155	液态硅质岩 Microblock	BA－58L，LW－8L	FS－101	CSE－L	液体
	玻璃微珠，Scotchlit 或类似材料	按需供应	玻璃珠	LW–7–2，LW–7–4		Ultralite	微珠
	火山灰，微珠，球状，由粉煤灰中提取的膨胀火山灰	D124	Spherrelite	LW－6	陶瓷微珠	Ceno－spheres	微珠状粉末
	硅酸钠	D79 DiaceLA	Econolite DiaceLA	Thrifty Mix FWC－2，DiaceLA	TXC－1	Thrifty-Lite DiacelA	粉末或珠状
		D75	液体 Econolite	Thrifty Mix－L	EXT–100	WE－1L	液体
	专用充填剂		VersaSet	T-40 FWC-10 FWC-47			固体
		D111	GasCon469 VersaSet L	AFF-100L T-40L			液体
分散剂	聚萘磺酸盐型(PNs)，代表产品有 Lomb－D、Daxad－19 或相当材料	D65	CFR－2	CD－31	FRC－3	TF－4	粉末
		D80	CFR－2L	CD－31L	FRC－100	TF－4L	液体
	既非 PNS，也非木质素磺酸盐，而是专用产品		CFR－3				粉末
		D145	CFR－3L				液体
	专用产品			CD－32			粉末
				CD－32L			液体

续表

类型	材料名称及说明	道威尔	哈利伯顿	BJ	福拉斯马斯特	西方	产品状态
分散剂	用于井底循环温度 93℃ 的专用产品	D121				TFPlus500	粉末
	柠檬酸及其盐或类似产品，用于饱和盐水水泥浆	D45	FE－2		FRC－2	XR－2	粉末或细颗粒
	聚合物材料，但不是有机酸或有机酸盐，用于饱和盐水水泥浆	D65A	CFR－3				粉末
		D80A D604AM	CFR－3L				液体
	具有非沉降或抗沉降的分散剂		CFR－2	CD－32			粉末
			CFR－2L	CD－32L			液体
胶结增强和膨胀剂	丁苯胶乳	D600	Latex-2000	BA－86L	Latex－1	GasLok	液体
	胶乳，丙烯酸或相当产品	D134	LAP－1，FloBloc210	BA-10 BA-56 BA-56HT		WL-IP	粉末
			LA－2			WL－IL	液体
胶结增强和膨胀剂	硅灰，具有高表面积无定形硅	D154	硅质盐，致密硅质岩	BA－58 BA－90	FS－1	CSE	粉末
		D155	液体硅质盐，Microblock	BA－58L	FS－101	CSE－L	液体
	硅灰粉煤灰混合物		硅质岩混合物	BA－91			粉末
	提高盐层固井质量	D65A					粉末
		D80A， D604AM， D604M					液体
	半水石膏或石膏	D53	Cal－Seal EA－2	A－10 或石膏	Ultraca 160	Thixad	粉末

续表

类型	材料名称及说明	道威尔	哈利伯顿	BJ	福拉斯马斯特	西方	产品状态
胶结增强和膨胀剂	发泡剂铝粉或类似材料		SuperCBL	BA-29 BA-61	CPC-1		粉末
			Gas-Chek Inhibited				液体
	金属氧化物		Micrbond MicrbondM MicrbondHT			Microseal Superbond, XA	粉末
		D604M	CFR-2L	CD-32L			液体
	专用产品			EC-1 BA-92	Bondmaster		粉末
							液体
热稳定剂	砂，约过100目晶体硅	D30	SSA-2	S-8C	SFA-100	SF-4	粒状固体
	硅粉，约过200目或更细的晶体硅	D66	SSA-1	S-8	SFA-200	SF-3	细粉末
降失水剂	用于淡水或盐浓度低于5%(BWOW)水泥浆,低于49℃		LAP-1	FL-62	FLC-1 FLC-5		粉末
			LA-2		FLC-100		液体
	用于盐浓度10%(BWOW)水泥浆，温度15.6~49℃					CF-19 CF-20LT	粉末
						CF-20L	液体
	用于盐浓度达18%(BWOW)的水泥浆，温度15.6~49℃	D146	Halad-322 Halad-344 Halad-413	FL-33	FLC-7	CF-18 CF-22	粉末
			Halad-322L Halad-322FS Halad-344FS Halad-413L Halad-361A	FL-33L	FLC-107	CF-18L CF-22L	液体

续表

类型	材料名称及说明	道威尔	哈利伯顿	BJ	福拉斯马斯特	西方	产品状态
降失水剂	仅用于淡水水泥浆，温度27～93℃		LAP－1 FloBloc210	FL－62	FLC－1 FLC－7 FLC－4	WL－1P	粉末
			LA－2		FLC－100	WL－1L	液体
	用于盐浓度10%（BWOW）水泥浆，温度27～93℃					CF－3	粉末
		D300	Halad－10L			CT－20L	液体
	用于盐浓度18%（BWOW）水泥浆，温度27～93℃	D60	Halad－9 Halad－322			CF－1 CF－14A	粉末
			Halad－9L Halad－9FS Halad－322L Halad－322FS				液体
	用于盐浓度18%（BWOW）水泥浆，温度15.6～49℃	D59		FL－25 FL－52	FLC－4 FLC－7	CF－2 CF－22	粉末
					FLC－107	CF－22L	液体
	仅用于淡水水泥浆，温度121℃						粉末
						CF－19	液体
	用于盐浓度10%（BWOW）水泥浆,温度121℃					CF－20	粉末
						CF－20L	液体
	用于盐浓度18%（BWOW）水泥浆，温度121℃		Halad－22A Halad－344				粉末
		D603 D159	Halad－22AL Halad－22AFS			CF－15L	液体
	用于盐浓度18%（BWOW）水泥浆，温度121℃	D65A					粉末
		D80A D604AM					液体

续表

类型	材料名称及说明	道威尔	哈利伯顿	BJ	福拉斯马斯特	西方	产品状态
降失水剂	仅用于淡水水泥浆，温度149℃			FL－45LN FL－45LS			粉末
							液体
	用于盐浓度18%（BWOW）水泥浆，温度149℃		Halad－14		FLC－7		粉末
			Halad－14FS		FLC－107		液体
	用于盐浓度18%（BWOW）以上水泥浆，温度149℃			FL－25			粉末
				FL－52			液体
	仅用于淡水水泥浆，温度149℃				FLC－7		粉末
					FLC－107		液体
	用于盐浓度18%（BWOW）水泥浆，温度149℃						粉末
		D73 D158 D73.1					液体
	用于盐浓度18%（BWOW）以上水泥浆，温度149℃以上	D8 D143 Diacel LWL	Halad－413 Halad－100A Diacel LWL	FL－33 Diacel LWL		CF－18 CF－22 Diacel LWL	粉末
		D158	Halad－413L Halad－361A	FL－33L		CF－18L CF－22L	液体
	用于淡水或盐浓度18%(BWOW)水泥浆,93～204℃	D600 D134	Latex 2000	BA－86L	Latex－1	GasL0k	液体
	仅用于淡水水泥浆，93～121℃		LAP－1 FloBloc 201			WL－1P	粉末
			LA－2			WL－1L	液体

续表

类型	材料名称及说明	道威尔	哈利伯顿	BJ	福拉斯马斯特	西方	产品状态
降失水剂	低密度水泥浆失水控制剂	D112 D156		FL－52	FLC－4 FLC－7	CF－20	粉末
		D159 D300			FLC－100	CF－20L	液体
	高温或盐水条件下稳定剂低密度水泥浆稳定剂	D135	稳定剂 434B 稳定剂 434C			GasLOk S	液体
		D138	稳定剂 434B 稳定剂 434C			TF－4L	液体
	降失水助剂，高于 93℃	D121			FLC－2	TFPlus 500	粉末
	降失水助剂，低于 93℃	D136			FLC－2		粉末
抑泡剂和消泡剂	大分子醇、多元醇或类似材料，防止或消除混拌水泥浆时的泡沫	D46	D－Airl	FP－8	DEF－1	AF－S AF－11	颗粒或小珠状粉末
		D47 M45 D144	D－Air2 D－Air3 NF－3 NF－4	FP－9L FP－12L	DEF－3	AF－L AF－11L AF－12L	液体
防气窜剂				BA－56 BA－56HT			粉末
		D600 D134	Latex 2000	BA－86L	Latex－1		液体
			LAP－1 FloBloc210	BA－10			粉末
			LA－2				液体
		D154	硅质岩	BA－58 BA－90	FS－1		粉末
		D155		BA－58L	FS－101		液体
		D53		A－10 或石膏	Utracal 60		粉末

5　其　他

5.1　常用焊接器材

5.1.1　常用焊条的类型与型号

目前，国内市场上的焊条型号有两种表示方法，一是原机械工业部编制按国标GB 980—76颁布的焊条国家标准；二是为适应焊条的国际标准，85年颁布的焊条国家标准。二者没有原则区别，前者用商业牌号表示，后者用型号表示。为使用方便，两种编号方法应对照记忆。

5.1.1.1　国标GB 980—76焊条标准型号规范及表示方法

国标GB 980—76按母材种类和应用特点将焊条分为十大类型(商业牌号)见表C－70。

表C－70　焊条的类型与型号代码

类别	焊条名称	焊条牌号	类别	焊条名称	焊条牌号
1	结构钢焊条	结×××或J×××	6	铸铁焊条	铸×××或Z×××
2	钼和铬钼耐热钢焊条	热×××或R×××	7	镍与镍合金焊条	镍×××或Ni×××
3	低温钢焊条	温×××或W×××	8	铜与铜合金焊条	铜×××或T×××
4	不锈钢焊条①	铬×××或G××× 奥×××或A×××	9	铝与铝合金焊条	铝×××或L×××
5	堆焊焊条	堆×××或D×××	10	特殊用途焊条	特×××或TS×××

注：①不锈钢焊条分铬及铬镍不锈钢焊条两种，后者又称奥氏体不锈钢焊条。

焊条牌号前面的大写字母表示各大类类别，字母后三位数字中前两位表示各大类中的小类，第三位数字为各类焊条的药皮类型及焊接电流种类，见表C－71。

表 C－71　焊条药皮类型及焊接电流种类

牌号	药皮类型	焊接电流种类	牌号	药皮类型	焊接电流种类
××0	不属已规定类型	不规定	××5	纤维素型	直流或交流
××1	氧化钛型	直流或交流	××6	低氢钾型	直流或交流
××2	氧化钛钙型	直流或交流	××7	低氢钠型	直流反接
××3	钛铁矿型	直流或交流	××8	石墨型①	直流或交流
××4	氧化铁型	直流或交流	××9	盐基型②	直流

注：①石墨型药皮用于铸铁焊条；②盐基型药皮用于铝及铝合金焊条。

结构钢焊条牌号的类型及表示方法见表 C－72。

表 C－72　结构钢焊条类型及表示方法

牌号	焊缝抗拉强度等级/MPa(kgf/mm^2)	焊缝屈服强度等级/MPa(kgf/mm^2)	牌号	焊缝抗拉强度等级/MPa(kgf/mm^2)	焊缝屈服强度等级/MPa(kgf/mm^2)
J42×	420(43)	330(34)	J75×	740(75)	640(65)
J50×	490(50)	410(42)	J80×	780(80)	
J55×	540(55)	440(45)	J85×	830(85)	740(75)
J60×	590(60)	530(54)	J10×	980(100)	
J70×	690(70)	590(60)			

焊条类别代码后前两位数字代表焊缝抗拉强度。第三位代表焊条的药皮类型，结构钢焊条药皮有 1～7 七种类型(见表 C－72)。其中除 J××6 与 J××7 为碱性焊条外，其余均为酸性焊条。

当药皮中加 20% 以上铁粉使名义熔敷效率① ≥105% 时，在牌号末尾加注“Fe”，如“J506Fe”表示焊缝抗拉强度为 $50kgf/mm^2$、交直流两用的铁粉低氢型焊条。一些有特殊性能的专用焊条，可在牌号后加注起主要作用的元素或代表主要用途的符号。如“J502CuP”表示用于焊接含铜磷的抗大气、抗 H_2S、耐海水腐蚀用钢的 50 公斤级钛钙型结构钢焊条(注：①熔敷效率为熔敷金属与溶化的焊芯金属质量比值。)

5.1.1.2　85 年颁布的焊条国家标准型号规范及表示方法

为适应焊条的国际标准，85 年颁布的焊条国家标准，将结构钢焊条分为《碳钢焊条》(GB 5117—85)及《低合金钢焊条》

(GB 5118—85)两部分。其分类与型号表示和前述的商业牌号不同，焊条型号按熔敷金属抗拉强度、药皮类型、焊接位置和焊接电流种类划分。

5.1.1.2.1　结构钢焊条(碳钢和低合金钢焊条)

碳钢焊条型号按 GB 5117—85 表示方法如下：

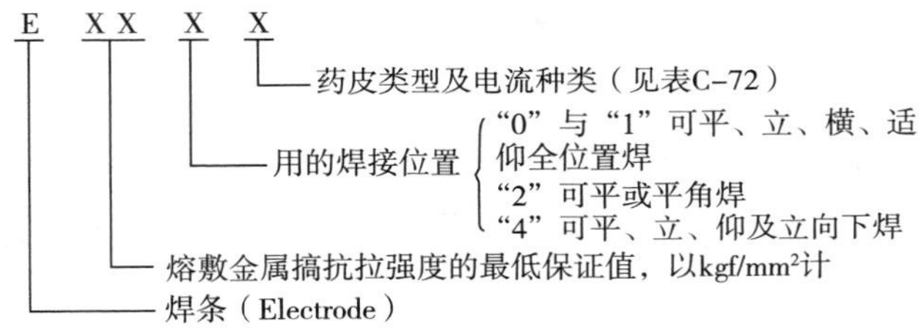

例如：E4303 相当于商业牌号的 J422；E5015 相当于 J507。

低合金钢焊条型号按 GB 5118—85 表示方法如下：

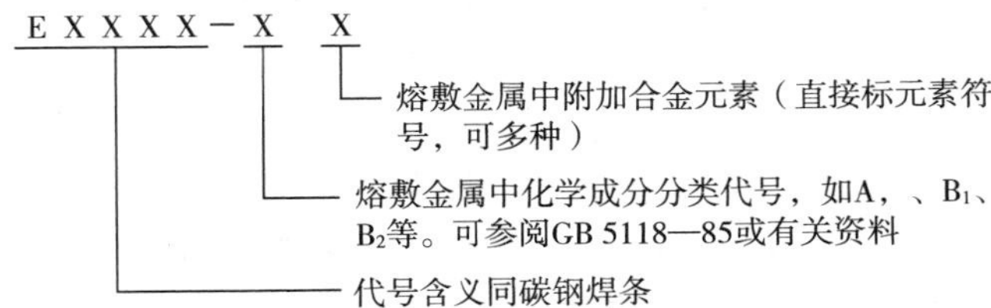

结构钢焊条(碳钢和低合金钢焊条)国标型号与原商业牌号表示方法对照见表 C－73。

表 C－73　焊条国标型号与商业牌号表示方法对照表

国标型号	商业牌号	药皮类型	电流种类
E××$^{12}_{13}$	J××1	高钛$^{钠}_{钾}$型	正接 正、反接
E××03	J××2	氧化钛型	交、直
E××01	J××3	钛铁矿型	交、直

续表

国标型号	商业牌号	药皮类型	电流种类
$E\times\times{}^{20}_{22}$	J××4	氧化铁型	正接 正、反接
$E\times\times{}^{10}_{11}$	J××5	高纤维$^{钠}_{钾}$型	正接 正、反接
$E\times\times{}^{15}_{16}$	$J\times\times{}^{15}_{16}$	低氢$^{15}_{16}$型	直，反接 交、直反接
$E\times\times{}^{14}_{24}$	J××1Fe	铁粉钛型	正接 正、反接
E××27	J××4Fe	铁粉氧化铁型	交、直正
E××18 E××28 E××48	$J\times\times{}^{6}_{7}$ Fe	铁粉低氢型	交、直反
E××00	J××0	特殊型	不规定

例如：E5515 - B2 相当于 R307 焊条（C≤0.12%、Cr = 0.70% ~1.10%、Mo = 0.4% ~0.70%）。

可见，焊条的国际型号与多年来实行的商业牌号有很大区别。为使用方便，两种编号方法应对应记忆。

5.1.1.2.2　钼和铬钼耐热钢(珠光体耐热钢)焊条

钼和铬钼耐热钢(珠光体耐热钢)焊条型号表示方法如下。

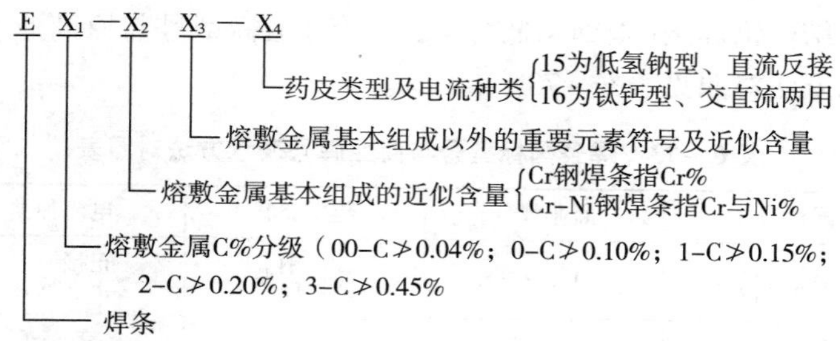

珠光体耐热钢焊条举例如表 C - 74。

表 C－74　铬和铬钼耐热钢焊条举例

商业牌号	国标型号	熔敷金属主要成分等级/%	熔敷金属力学性能			预热	焊后回火	主要用途
			σ_b/MPa	δ_5/%	A_{kv}/J	℃		
R107	E5015－A1	Mo 0.40～0.50	≥490	≥22	115～165	90～110	605～635	焊接510℃以下工作的15Mo等珠光体耐热钢构件如锅炉管道
R202	E5503－B1	Cr 0.40～0.65 Mo 0.40～0.65	≥540	≥16		160～200	605～635	焊接510℃以下工作的12CrMo钢件如蒸汽管道和过热器管道
R327	E5515－B2－VW	Cr 1.0～1.5 Mo 0.7～1.0 V0.20～0.25 W0.25～0.50	≥540	≥17		250～300	715～745	焊接570℃以下工作的15CrMoV等钢
R407	E6015－B3	Cr 2.0～2.5 Mo 0.90～1.20	≥590	≥15	105～150	160～200	675～705	焊接550℃以下工作的2¼CrMo钢，如10CMo1高温高压管道、石油裂化设备等
R707	E1－9M0－15	Cr 8.5～10.0 Mo 0.70～1.0	≥590	≥16		350～400	730～750	焊接Cr0Mo钢件如过热器管道等

5.1.1.2.3　不锈钢焊条

不锈钢焊条包括铬和铬镍(即奥氏体不锈钢)不锈钢焊条。牌号后第一、二位数字分别代表熔敷金属成分等级及同一等级中的不同牌号，举例如表 C-75。

表 C-75　不锈钢焊条举例

商业牌号	国标型号(GB 983—85)	熔敷金属主要成分/%	预热/℃	焊后回火/℃	主要用途
G202	E1-13-16	C≤0.12 Cr11.0~13.5	250	700~730	焊接 0Cr13、1Cr13 氏体不锈钢及耐磨耐蚀表面堆焊
G307	E01-17-15	C≤0.10 Cr≤18.0~21.0	200	750~800	焊接 Cr17、Cr17Ti 耐热耐硝酸铁素体不锈钢
A102	E0-19-10-16	C≤0.10 Cr18.0~21.0 Ni9.0~11.0			焊接 300℃以下工作要求抗晶间腐蚀的 0Cr19Ni9、0Cr19Ni9Ti 石油化工设备用钢
A137	E0-19-10Nb-15	C≤0.08 Cr18.0~21.0 Ni9.0~11.0			焊接重要的 0Cr19Ni11Ti 钢结构
A307	El-23-13-15	C≤0.15 Cr22.0~25.0 Ni12.0~14.0		760~780	焊接 25-20 型奥氏体不锈钢；当焊接 Cr25Ti 抗氧化铁素体钢时要焊后回火
A407	E2-26-21-15	C≤0.20 Cr25.0~28.0 Ni20.0~22.0	工件厚大时预热 < 200℃		焊接 25-20 型奥氏体不锈钢；当焊接 1Cr13、2Cr13 马氏体钢时要预以及异种钢焊接时作为堆焊隔离层

5.1.1.2.4 铸铁焊条

铸铁焊条尚无国家标准，只有商业牌号，可按形成的焊缝与铸铁母材是否同质对焊条分类。石墨化的铸铁焊缝即同质焊缝，需热焊；非铸铁焊缝为异质焊缝，应冷焊。牌号后第一、二位数字表示焊缝金属成分类型及同一类中的不同牌号，举例见表C-76。

表C-76 铸铁焊条举例

商业牌号	焊缝金属材质	焊芯	焊接工艺	主要用途
Z122Fe	中碳钢	H08	冷焊(稀释第一层缝)	补焊一般灰铸铁件的非加工面
Z208	铸铁	碳钢	热焊	补焊一般灰铸铁件
Z308	纯镍	纯镍	冷焊	补焊重要灰铸铁薄壁件和球墨铸铁件
Z408	镍铁合金	镍铁合金	冷焊	补焊高强灰铸铁和球墨铸铁件

5.1.2 **焊条的选用**

5.1.2.1 焊条的选用原则

下面重点介绍低合金高强钢，其焊条选用原则不是根据母材的化学成分而是根据母材的力学性能决定的。

(1)等强原则

强度级别较低的热轧与正火钢，应根据母材的抗拉强度选用相应的焊条，以保证结构的承载能力。在等强原则基础上还应考虑以下几点：

①焊缝的冷却速度和熔合比。角接缝比对接缝的冷速大，不开坡口对接时熔合比大，这两种情况都将使焊缝的强度偏高，故应选用强度低一级的焊条。

②焊后的热处理条件。一般说来，消除应力退火对焊缝强度影响不大。焊后正火处理应选用比母材强度高一级的焊条。

焊后调质处理则按等强原则选用焊条较合适。

③高强钢或超高强钢(即调质高强钢)，接头的冷裂倾向大，则不能强调等强原则，而应在保证韧性的条件下等强，宁低勿高。特别对屈服强度大于 980MPa 的超高强钢，应强调等韧原则，以确保焊缝与母材等韧。

④焊接强度级别不同的异种钢时，按其中强度级别低的母材选焊条。

(2)药皮类型的选择

焊条的强度越高，允许的扩散氢量越低。焊接抗拉强度不超过 600MPa 的高强钢，可采用碳钢焊条的各类药皮。对 $\sigma_b >$ 600MPa 的高强钢结构，焊条药皮类型的选择应考虑以下几方面：

①承受动载及冲击载荷的结构，应选用低氢焊条。

②在高温高压下工作的锅炉及压力容器等重要结构，应选用低氢焊条。

③几何形状复杂或厚度大的刚性结构应选用低氢焊条。

④母材含碳量较高时应选用低氢焊条。例如铸钢一般含碳量较高，且厚度大、形状复杂，极易产生焊接裂纹，特别当合金元素含量较多时就更突出。

⑤坡口表面的铁锈、氧化铁皮受条件所限难以清理时，应选用对铁锈不敏感的钛铁矿与氧化铁型酸性焊条。

⑥当现场无直流焊机而需采用碱性焊条时，应选用交直流两用的 E××16 低氢钾型焊条。

⑦在密闭容器内施工时，应力求避免采用低氢焊条，必须用时应有防毒、通风等安全措施。

⑧若酸性及碱性焊条均能满足接头使用性能要求时，应采用工艺性能优良的酸性焊条。

5.1.2.2 常用低合金高强钢的焊条选用

常用低合金高强钢的焊条选用可参考表 C－77。

表C-77　低合金高强钢的焊条选用

σ_s/MPa	供货状态	钢号	Ceg①	选用焊条		预热和焊后热处理规范②
				国标型号	商业牌号	
294	热轧	09Mn2 09Mn2Cu 09Mn2Si 09MnV 12Mn 09MnNb	0.36 0.36 0.35 0.28 0.35 0.26	E4303 E4301 E4316 E4315	J422 J423 J426 J427	不预热和焊后热处理（一般供应的板厚≤16mm）
343	热轧	14MnNb 16Mn 16MnRe 16MnCu	0.31 0.39 0.39 0.39	E5003 E5001 E5016 E5015	J502 J503 J506 J507	E5003与E5001主要用于板厚≤10mm的薄板结构；板厚<30mm，一般不预热，板厚≥30mm，预热100~150℃焊后600~650℃回火
393	热轧	15MnV 15MnVCu 16MnNb	0.40 0.40 0.36	E5016 E5015 E5516-G E5515-G	J506 J507 J556 J557	一般不预热，板厚≥28mm，预热100~150℃，焊后550℃或650℃回火
	正火	15MnTi 15MnTiCu 14MnMoNb	0.38 0.38 0.44			
442	正火	15MnVN 15MnVNCu 14MnVTiRe	0.43 0.43 0.41	E5016 E5015 E5516-G E5515-G	J506 J507 J556 J557	板厚≥25mm，预热100~150℃
491	正火+回火	14MnMoV 14MnMoVCu 18MnMoNb	0.50 0.50 0.50	E6015-D1 E7015-D2	J607 J707	预热温度150~200℃，焊后600~650℃回火
540	正火	14MnMoVB	0.47	E6015-D1 E7015-D2	J607 J707	预热温度≥150℃
588	调质	15MnMoVN	0.54	E7015-D2 E7015-G	J707 J707Ni	板厚<22mm，预热与层间温度100~150℃；板厚>22mm则150~200℃
588~745	质	12Ni3CrMoV	0.65	E7515-G E8515-G	J757 J857	板厚<22mm，预热与层间温度150~200℃；板厚>22mm则200~250℃
686		14MnMoNbB	0.55			

注：①Ceg = C + Mn/6 + (Cr + Mo + V)/5 + (Ni + Cu)/15；

②产品预热及焊后热处理规范应由试验最后确定或遵照有关技术条件。

5.2 工程常用塑料

工程常用塑料的特点和用途见表C－78。

表C－78　工程常用塑料的特点和用途

塑料名称(代号)	特　点	用　途
硬聚氯乙烯(PVC)	①耐腐蚀性能好，除强氧化性酸(浓硝酸、发烟硫酸)、芳香族及含氟的碳氢化合物和有机溶剂外，对一般的酸、碱介质都是稳定的。 ②机械强度高，特别是抗冲击强度均优于酚醛塑料。 ③电性能好。 ④软化点低，使用温度－10～55℃	①可代替铜、铝、铅、不锈钢等金属材料作耐腐蚀设备与零件。 ②可作灯头、插座、开关等
低压聚乙烯(HDPE)	①耐寒性良好，在－70℃时仍柔软。 ②摩擦系数低，为0.21。 ③除浓硝酸、汽油，氯化烃及芳香烃外，可耐强酸、强碱及有机溶剂的腐蚀。 ④吸水性小，有良好的电绝缘性能和耐辐射性能。 ⑤注射成型工艺性好，用火焰，静电喷涂法涂于金属表面，作为耐磨、减摩及防腐涂层。 ⑥机械强度不高，热变形温度低，故不能承受较高的载荷，否则会产生蠕变及应力松弛。使用温度可达80～100℃	①作一般结构零件。 ②作减摩自润滑零件，如低速、轻载的衬套等。 ③作耐腐蚀的设备与零件。 ④作电器绝缘材料，如高频、水底和一般电缆的包皮等
改性有机玻璃(372)(PMMA)	①有极好的透光性，可透过92%以上的太阳光，紫外线光达73.5%。 ②综合性能超过聚苯乙烯等一般塑料，机械强度较高，有一定耐热耐寒性。 ③耐腐蚀、绝缘性能良好。 ④尺寸稳定，易于成型。 ⑤质较脆，易溶于有机溶剂中，作为透光材料，表面硬度不够，易擦毛	可作要求有一定强度的透明结构零件

续表。

塑料名称（代号）	特　点	用　途
聚丙烯（PP）	①是最轻的塑料之一，它的屈服、拉伸和压缩强度以及硬度均优于低压聚乙烯，有很突出的刚性，高温（90℃）抗应力松弛性能良好。 ②耐热性能较好，可在100℃以上使用，如无外力，在150℃也不变形。低温呈脆性，耐磨性不高。 ③除浓硫酸、浓硝酸外，在许多介质中，几乎都很稳定。但低分子量的脂肪烃、芳香烃、氯化烃对它有软化和溶胀作用。 ④几乎不吸水，高频电性能好，成型容易，但成型收缩率大	①作一般结构零件。 ②作耐腐蚀化工设备与零件。 ③作受热的电气绝缘零件
改性聚苯乙烯（204、203A）（PS）	①有较好的韧性和一定的冲击强度。 ②有优良的透明度（与有机玻璃相似）。 ③化学稳定性、耐水、耐油性能都较好，并易于成型	作透明结构零件，如汽车用各种灯罩、电气零件等
聚砜（PSU）	①不仅能耐高温，也能在低温下保持优良的力学性能，故可在-100～+150℃下长期使用。 ②在高温下能保持常温下所具有的各种力学性能和硬度，蠕变值很小。冲击强度高，良好的尺寸稳定性。 ③化学稳定性好。 ④电绝缘、热绝缘性能良好。 ⑤用F-4填充后，可作摩擦零件	适于高温下工作的耐磨受力传动零件，如汽车分速器盖、齿轮等，电绝缘零件以及耐热零件
丙烯腈-丁二烯-苯乙烯共聚物（ABS）	①由于ABS是由苯乙烯-丁二烯-丙烯腈为基的三元共聚体，故具有良好的综合性能，即高的冲击韧性和良好的机械强度。 ②优良的耐热、耐油性能和化学稳定性。 ③尺寸稳定，易于成型和机械加工，且表面还可镀金属。 ④电性能良好	①作一般结构或耐磨传动零件，如齿轮、叶轮、轴承等。 ②作耐腐蚀设备与零件。 ③用ABS制成的泡沫夹层板可作小轿车车身

续表

塑料名称(代号)		特　点	用　途
聚酰胺	尼龙 66 (PA - 66)	疲劳强度和刚性较高，耐热性较好，耐磨性好，但吸湿性大，尺寸稳定性不够，摩擦因数为 0.15 ~ 0.40，PV 极限值为 0.9×10^{5} Pa · m/s	适于中等载荷、使用温度≤100 ~ 120℃、无润滑或少润滑条件下工作的耐磨受力传动零件
	MC 尼龙 (PA - MC)	强度、耐疲劳性、耐热性、刚性均优于尼龙 6 及 66，吸湿性低于尼龙 6 及 66，耐磨性好，能直接在模型中聚合成型。适宜浇铸大型零件，如大型齿轮、蜗轮，轴承及其他受力零件等。摩擦因数为 0.15 ~ 0.30	在较高载荷，较高的使用温度(最高使用温度小于 120℃)、无润滑或少润滑条件下工作的零件
聚甲醛 (POM)		①耐疲劳强度和刚性高于尼龙，尤其是弹性模数高，硬度高，这是其他塑料所不能相比的。 ②自润滑性能好，耐磨性好，摩擦因数为 0.15 ~ 0.35，PV 极限值为 1.26×10^{5} Pa · m/s。 ③较小的蠕变性和吸水性，故尺寸稳定性好，但成型收缩率大于尼龙。 ④长期使用温度为 -40 ~ 100℃。 ⑤用聚四氟乙烯填充的聚甲醛，可显著降低摩擦因数，提高耐磨性和 PV 极限值	①作对强度有一定要求的一般结构零件。 ②轻载荷，无润滑或少润滑条件下工作的各种耐磨受力传动零件。 ③作减磨自润滑零件
聚碳酸酯 (PC)		①力学性能优异，尤其是具有优良的抗冲击强度。 ②蠕变性相当小，故尺寸稳定性好。 ③耐热性高于尼龙、聚甲醛，长期工作温度可达 130℃。 ④疲劳强度低，易产生应力开裂，使长期允许负荷较小，以及耐磨性欠好。 ⑤透光率达 89%，接近有机玻璃	①作耐磨受力的传动零件。 ②也可作支架，壳体、垫片等一般结构零件。 ③可作耐热透明结构零件，如防爆灯，防护玻璃等。 ④各种仪器仪表的精密零件

续表

塑料名称（代号）	特　点	用　途
氯化聚醚（CPE）	①具有独特的耐腐蚀性能，仅次于聚四氟乙烯，可与聚三氟乙烯相比，能耐各种酸碱和有机溶剂。在高温下不耐浓硝酸，浓双氧水和湿氯气等。 ②可在120℃下长期使用。 ③强度、刚性比尼龙、聚甲醛等低；耐磨性略优于尼龙，PV极限值为0.72×10^{5}Pa·m·s。 ④吸水性小，成品收缩率小，尺寸稳定，成品精度高。 ⑤可用火焰喷镀法涂于金属表面	①作耐腐蚀设备与零件。 ②作为在腐蚀介质中使用的低速或高速、低负荷的精密耐磨受力传动零件
聚酚氧	①具有优良的力学性能，高的刚性、硬度和韧性。冲击强度可与聚碳酸酯相比，抗蠕变性能与大多数热塑性塑料相比属于优等。 ②吸水性小，尺寸稳定，成型精度高。 ③一般推荐的最高使用温度为77℃	①适用于精密的，形状复杂的耐磨受力传动零件。 ②仪表，计算机等零件
线型聚酯（聚对苯二甲酸乙二醇酯）（PETP）	①具有很高的力学性能，抗拉强度超过聚甲醛，抗蠕变性能、刚性和硬度都胜过多种工程塑料。 ②吸水性小，线胀系数小，尺寸稳定性高。 ③热力学性能与冲击性能很差。 ④耐磨性可与聚甲醛、尼龙比美。 ⑤增强的线型聚酯，其性能相当于热固性塑料	①作耐磨受力传动零件，特别是与有机溶剂如油类、芳香烃、氯化烃接触的上述零件。 ②增强的聚酯可代替玻璃纤维填充的酚醛、环氧等热固性塑料
聚苯醚（PPO）	①在高温下仍能保持良好的力学性能，最突出的特点是抗张强度和蠕变性极好。 ②较高的耐热性，可与一般热固性塑料相比美，长期使用温度为－127～120℃。 ③成型收缩率低，尺寸稳定。 ④耐高浓度的无机酸、有机酸及其盐的水溶液、碱及水蒸汽；但溶于氯化烃和芳香烃中，在丙酮、石油、甲酸中龟裂和膨胀	①适用于作高温工作下的耐磨受力传动零件。 ②作耐腐蚀的化工设备与零件，如泵叶轮、阀门、管道等。 ③可代替不锈钢作外科医疗器械

续表

塑料名称（代号）	特　点	用　途
聚四氟乙烯（F-4）（PTFE）	①聚四氟乙烯素称“塑料王”，具有高度的化学稳定性，对强酸、强碱、强氧化剂、有机溶剂均耐腐蚀，只有对熔融状态的碱金属及高温下的氟元素才不耐蚀。 ②有异常好的润滑性，具有极低的动、静摩擦因数，对金属的摩擦因数为0.07～0.14，自摩擦因数接近冰，PV极限值为0.64×10^5Pa·m/s。 ③可在-250～260℃长期连续使用。 ④优异的电绝缘性。 ⑤耐大气老化性能好。 ⑥突出的表面不黏性，几乎所有的黏性物质都不能附在它的表面上。 ⑦其缺点是强度低、刚性差，冷流性大，必须用冷压烧结法成型，工艺较麻烦	①作耐腐蚀化工设备及其衬里与零件。 ②作减摩自润滑零件，如轴承、活塞环、密封圈等。 ③作电绝缘材料与零件
聚全氟乙丙烯（F-46）（FEP）	①力学、电性能和化学稳定性基本与F-4相同，但突出的优点是冲击韧性高，即使带缺口的试样也冲不断。 ②能在-85～205℃温度范围内长期使用。 ③可用注射法成型。 ④摩擦因数为0.08，PV极限值为$(0.6\sim0.9)\times10^5$Pa·m/s	①同F-4。 ②用于制造要求大批量生产或外形复杂的零件，并用注射成型代替F-4的冷压烧结成型
聚酰亚胺（PI）	①是新型的耐高温、高强度的塑料之一，可在260℃温度下长期使用，在有惰性气体存在下，可在300℃下长期使用，间歇使用温度高达430℃。 ②耐磨性能好，摩擦因数为0.17。 ③电性能和耐辐射性能良好。 ④有一定的化学稳定性，不溶于一般有机溶剂和不受酸的侵蚀；但在强碱、沸水、蒸汽持续作用下会破坏。 ⑤主要缺点是质脆，对缺口敏感，不宜在室外长期使用	①适用于高温、高真空条件下作减摩、自润滑零件。 ②高温电机、电器零件

续表

塑料名称（代号）	特 点	用 途
酚醛塑料（PF）	①具有良好的耐腐蚀性能，能耐大部分酸类、有机溶剂，特别能耐盐酸、氯化氢、硫化氢、二氧化硫、三氧化硫、低及中等浓度硫酸的腐蚀，但不耐强氧化性酸（如硝酸、铬酸等）及碱、碘、溴、苯胺嘧啶等的腐蚀。 ②热稳定性好，一般使用温度为 -30～130℃。 ③与一般热塑性塑料相比，它的刚性大，弹性模数均为60～150MPa；用布质和玻璃纤维层压塑料，力学性能更高，具有良好的耐油性。 ④在水润滑条件下，只有很低的摩擦因数，约为0.01～0.03。 ⑤电绝缘性能良好。 ⑥冲击韧性不高，质脆，故不宜在机械冲击，剧烈震动、温度变化大的情况下使用	①作耐腐蚀化工设备与零件。 ②作耐磨受力传动零件，如齿轮、轴承等。 ③作电器绝缘零件
聚苯硫醚（PPS）	①突出的热稳定性。 ②吸水性小，易加工。 ③与金属、无机材料有良好的附着性、尺寸稳定性好。 ④耐化学性极好，在191～204℃没有能溶解它的溶剂	①最适宜作耐腐蚀涂层。 ②注射制品可代替金属材料，制作汽车、照相机部件，如轴承、衬套。 ③泵的叶轮、压盖、滚动轴承保持架、机械密封件、密封圈等

5.3 常用橡胶

5.3.1 常用橡胶的特点和用途

常用橡胶的特点和用途见表C-79；

表 C－79　常用橡胶的特点和用途

品种 (代号)	特　点	主要用途
天然橡胶 (NR)	弹性大、拉伸强度高、抗撕裂性和电绝缘性优良，耐磨性和耐寒性良好，加工性佳，易与其他材料黏合，在综合性能方面优于多数合成橡胶；缺点是耐氧及耐臭氧性差，容易老化变质；耐油和耐溶剂性不好，抵抗酸碱的腐蚀能力低；耐热性及热稳定性差	制作轮胎、减震制品、胶辊、胶鞋、胶管、胶带、电线电缆的绝缘层和护套以及其他通用制品
丁苯橡胶 (SBR)	性能接近天然橡胶，其特点是耐磨性、耐老化和耐热性超过天然橡胶，质地也较天然橡胶均匀；缺点是：弹性较低，抗屈挠，抗撕裂性能较差；加工性能差，特别是自黏性差、生胶强度低	主要用以代替天然橡胶制作轮胎、胶板、胶管、胶鞋及其他通用制品
顺丁橡胶 (BR)	结构与天然橡胶基本一致，突出的优点是：弹性与耐磨性优良，耐老化、耐低温性优越，在动负荷下发热量小，易与金属黏合，缺点是强度较低，抗撕裂性差，加工性能与自黏性差	一般多和天然或丁苯橡胶混用，主要制作轮胎胎面、减震制品、输送带和特殊耐寒制品
异戊橡胶 (IR)	性能接近天然橡胶，故有合成天然橡胶之称；它具有天然橡胶的大部分优点，耐老化性优于天然橡胶，但弹性和强度比天然橡胶稍低，加工性能差，成本较高	制作轮胎、胶鞋、胶管、胶带以及其他通用制品
氯丁橡胶 (CR)	具有优良的抗氧、抗臭氧性，不易燃、着火后能自熄，耐油、耐溶剂、耐酸碱以及耐老化、气密性好等特点；其物理机械性能亦不次于天然橡胶，故可用作通用橡胶，又可用作特种橡胶；主要缺点是耐寒性较差，比重较大、相对成本高，电绝缘性不好，加工时易黏辊、易焦烧及易黏模；此外，生胶稳定性差，不易保存	主要用于制造要求抗臭氧、耐老化性高的重型电缆护套；耐油、耐化学腐蚀的胶管、胶带和化工设备衬里；耐燃的地下采矿用橡胶制品(如输送带、电缆包皮)，以及各种垫圈、模型制品、密封圈、黏接剂等

续表

品种（代号）	特点	主要用途
丁基橡胶（IIR）	最大特点是气密性小，耐臭氧、耐老化性能好，耐热性较高，长期工作温度130℃以下；能耐无机强酸（如硫酸、硝酸等）和一般有机溶剂，吸振和阻尼特性良好，电绝缘性也非常好；缺点是弹性不好（是现有品种中最差的），加工性能、黏着性和耐油性差、硫化速度慢	主要用作内胎、水胎、气球、电线电缆绝缘层、化工设备衬里及防振制品、耐热输送带、耐热耐老化的胶布制品等
丁腈橡胶（NBR）	耐汽油及脂肪烃油类的性能特别好，仅次于聚硫橡胶、丙烯酸酯橡胶和氟橡胶，而优于其他通用橡胶；耐热可达170℃，气密性、耐磨及耐水性等均较好，黏接力强；缺点是耐寒性及耐臭氧性较差，强力及弹性较低，耐酸性差，电绝缘性不好，耐极性溶剂性能也较差	主要用于制作各种耐油制品，如耐油的胶管、密封圈、贮油槽衬里等，也可用作耐热输送带
乙丙橡胶（EPM）	密度小(0.865)、颜色最浅、成本较低的新品种，其特点是耐化学稳定性很好(仅不耐浓硝酸)，耐臭氧、耐老化性能优异，电绝缘性能突出，耐热可达150℃左右，耐极性溶剂——酮、酯等，但不耐脂肪烃及芳香烃，容易着色，且色泽稳定；缺点是黏着性差，硫化缓慢	主要用作化工设备衬里、电线电缆包皮、蒸汽胶管、耐热输送带、汽车配件车辆密封条
硅橡胶（Si）	既耐高温（最高300℃），又耐低温（最低-100℃），是目前最好的耐寒、耐高温橡胶；同时电绝缘性优良，对热氧化和臭氧的稳定性很高，化学惰性大；缺点是机械强度较低，耐油、耐溶剂和耐酸碱性差，较难硫化，价格较贵	主要用于制作耐高低温制品（如胶管、密封件等）、耐高温电缆电线绝缘层；由于其无毒无味，还用于食品及医疗工业
氟橡胶（FPM）	耐高温可达300℃，不怕酸碱，耐油性是耐油橡胶中最好的，抗辐射及高真空性优良；其他如电绝缘性、机械性能、耐化学药品腐蚀、耐臭氧、耐大气老化作用等都很好，是性能全面的特种合成橡胶；缺点是加工性差，价格昂贵，耐寒性差，弹性和透气性较低	主要用于耐真空、耐高温、耐化学腐蚀的密封材料、胶管及化工设备衬里

续表

品种（代号）	特　点	主要用途
聚氨酯橡胶（UR）	耐磨性能高，强度高，弹性好，耐油性优良；其他如耐臭氧、耐老化、气密性等也都很好；缺点是耐温性能较差，耐水和耐酸碱性不好，耐芳香族、氯化烃及酮、酯、醇类等溶剂性较差	制作轮胎及耐油、耐苯零件、垫圈、防震制品等以及其他需要高耐磨、高强度和耐油的场合，如胶辊、齿形同步带、实心轮胎等
聚丙烯酸酯橡胶（AR）	良好的耐热、耐油性能，可在180℃以下热油中使用；还耐老化、耐氧与臭氧、耐紫外光线，气密性也较好；缺点是耐寒性较差，在水中会膨胀，耐乙二醇及高芳香族类溶剂性能差，弹性和耐磨、电绝缘性差，加工性能不好	主要用于耐油、耐热、耐老化的制品，如密封件、耐热油软管、化工衬里等
氯磺化聚乙烯橡胶（CSM）	耐臭氧及耐老化优良，耐油性高于其他橡胶；不易燃、耐热、耐溶剂及耐大多数化学试剂和耐酸碱性能也都较好；电绝缘性尚可，耐磨性与丁苯相似；缺点是抗撕裂性差，加工性能不好，价格较贵	用于制作臭氧发生器上的密封材料，耐油垫圈、电线电缆包皮以及耐腐蚀件和化工衬里
氯醇橡胶（均聚型CHR，共聚型CHC）	耐脂肪烃及氯化烃溶剂、耐碱、耐水、耐老化性能极好，耐臭氧性、耐油性及耐热性、气密性好，抗压缩变形良好，黏结性也很好，容易加工，原料便宜易得；缺点是拉伸强度较低、弹性差、电绝缘性不良	作胶管、密封件、薄膜和容器衬里、油箱、胶辊，是制作油封、水封的理想材料
氯化聚乙烯橡胶	性能与氯磺化聚乙烯近似，其特点是流动性好，容易加工；有优良的耐大气老化性、耐臭氧性和耐电晕性，耐热、耐酸碱、耐油性良好；缺点是弹性差、压缩变形较大，电绝缘性较低	电线电缆护套、胶管、胶带、胶辊、化工衬里；与聚乙烯掺合可作电线电缆绝缘层
聚硫橡胶（T）	耐油性突出，仅略逊于氟橡胶而优于丁腈橡胶，其次是化学稳定性也很好，能耐臭氧、日光、各种氧化剂、碱及弱酸等，不透水，透气性小；缺点是耐热、耐寒性不好，机械性能很差，压缩变形大，黏着性小，冷流现象严重	由于易燃烧、有催泪性气味，故在工业上很少用作耐油制品，多用于制作密封腻子或油库覆盖层

5.3.2　橡胶的综合性能

橡胶的综合性能见表 C－80。

表 C-80 橡胶的综合性能

类别	名称	代号	生胶密度/（g/cm³）	抗拉强度/MPa	伸长率/%	长期使用温度/℃	抗撕性	耐磨性	回弹性	耐油性	耐碱性	耐老化性
通用橡胶	天然橡胶	NR	0.90～0.95	25～35	650～900	-55～70	优	优	优	劣	良	劣
	异戊橡胶	IR	0.92～0.94	20～30	600～900	-55～70	优	优	优	劣	良	劣
	丁苯橡胶	SBR	0.92～0.94	15～20	500～800	-45～100	良	优	良	劣	良	可
	顺丁橡胶	BR	0.91～0.94	18～25	450～800	-70～100	良	优	优	劣	良	次
	氯丁橡胶	CR	1.15～1.30	25～27	800～1000	-40～120	优	优	良	良	良	良
	丁基橡胶	IIR	0.91～0.93	17～21	650～800	-40～130	良	良	次	劣	优	良
	丁腈橡胶	NBR	0.96～1.20	15～30	300～800	-10～120	良	优	可	优	良	可
特种橡胶	三元乙丙橡胶	EPDM	0.86～0.87	15～25	400～800	-50～130	优	优	良	劣	优	优
	氯磺化聚乙烯橡胶	CSM	1.11～1.13	7～20	100～500	-30～130	良	优	可	良	良	优
	聚丙烯酸酯橡胶	AR	1.09～1.10	7～12	400～600	-10～180	可	良	劣	良	可	优
	聚氨酯橡胶	UR	1.09～1.30	20～35	300～800	-30～70	良	优	良	良	可	良
	硅橡胶	Si	0.95～1.40	4～10	50～500	-100～250	可	良	良	劣	良	优
	氟橡胶	FPM	1.80～1.82	20～22	100～500	-10～280	良	优	劣	优	优	优
	聚硫橡胶	T	1.35～1.41	9～15	100～700	-10～70	可	可	劣	优	优	优
	氯化聚乙烯橡胶		1.16～1.32	>15		90～105	优	优	劣	良	良	优

注：①性能等级：优→良→可→次→劣。
②表列性能系指经过硫化的软橡胶而言。

参考资料

1. 李克向．钻井手册(甲方). 石油工业出版社,1990.
2. 赵金洲,张桂林. 钻井工程技术手册. 中国石化出版社,2008.
3. 王胜启,高志强,秦礼曹. 钻井监督技术手册. 石油工业出版社,2008.
4. 李克向. 保护油气层钻井完井技术. 石油工业出版社,1993.
5. 陈庭根,管志川. 钻井工程理论与技术. 中国石油大学出版社,2006.
6. 【美】William C. Lyons/Boyun Guo/Frank A. Seidel,曾义金,樊洪海译. 空气和气体钻井手册. 中国石化出版社,2006.
7. 成大先. 机械设计手册单行本钻井工程材料. 化学工业出版社,2004.
8. 程绪贤. 金属的焊接与切割. 中国石油大学出版社,2007.
9. 程丽华,吴金林. 石油产品基础知识. 中国石化出版社,2009.
10. 各有关生产厂网站及书面资料.